Richard Schwertassek
Oskar Wallrapp

Dynamik flexibler Mehrkörpersysteme

Unseren Familien gewidmet.

Grundlagen und Fortschritte der Ingenieurwissenschaften

Fundamentals and Advances in the Engineering Sciences

herausgegeben von
Prof. Dr.-Ing. Dr.-Ing. E. h. *Wilfried B. Krätzig*, Ruhr-Universität Bochum
Prof. em. Dr.-Ing. Dr.-Ing. E. h. *Theodor Lehmann[†]*, Ruhr-Universität Bochum
Prof. Dr.-Ing. Dr.-Ing. E. h. *Oskar Mahrenholtz*, TU Hamburg-Harburg
Prof. Dr. *Peter Hagedorn*, TH Darmstadt

Konvektiver Impuls-, Wärme- und Stoffaustausch
von Michael Jischa

Einführung in Theorie und Praxis der Zeitreihen- und Modalanalyse
von Hans G. Natke

Mechanik der Flächentragwerke
von Yavuz Basar und Wilfried B. Krätzig

Computational Mechanics of Reinforced Concrete Structures
von Günter Hofstetter und Herbert A. Mang

Strömungsmechanik
von Klaus Gersten und Heinz Herwig

Konzepte der Bruchmechanik
von Reinhold Kienzler

Dünnwandige Stab- und Stabschalentragwerke
von Johann Altenbach, Wolfgang Kissing
und Holm Altenbach

Simulation von Kraftfahrzeugen
von Georg Rill

Berechnung von Phasengleichgewichten
von Ralf Dohrn

Wärme- und Stoffübertragung in Zweiphasenströmungen
von Jürgen Köhler

Methoden der Randelemente in Statik und Dynamik
von Lothar Gaul und Christian Fiedler

Dynamik flexibler Mehrkörpersysteme
von Richard Schwertassek und Oskar Wallrapp

Richard Schwertassek
Oskar Wallrapp

Dynamik flexibler Mehrkörpersysteme

Methoden der Mechanik
zum rechnergestützten Entwurf und zur Analyse
mechatronischer Systeme

Mit 98 Bildern und 25 Tabellen

http://www.vieweg.de

Konzeption und Layout: Ulrike Weigel, www.CorporateDesignGroup.de
Druck und buchbinderische Verarbeitung: Lengericher Handelsdruckerei, Lengerich
Gedruckt auf säurefreiem Papier

ISBN 978-3-322-93976-0   ISBN 978-3-322-93975-3 (eBook)
DOI 10.1007/978-3-322-93975-3

Vorwort

Bei der Entwicklung technischer Produkte, wie z. B. Luft- und Raumfahrzeuge, Schienen- und Straßenfahrzeuge, Maschinen, Roboter oder Prothesen, zeigt sich ein wachsender Trend zur Einsparung von Material und Energie und, damit verbunden, zu leichter Bauweise. Beispiele hierzu finden sich in Kapitel 1. Aus der Leichtbauweise resultierende Probleme im Bewegungsverhalten und in der Aufnahme der zu den Bewegungen gehörenden Kräfte lassen sich durch Einsatz von zunehmend kostengünstigen Sensoren, Aktuatoren und Elektronik, also von Regelungstechnik, beherrschen. In diesem Zusammenhang spricht man auch oft von „intelligenten" Systemen und Mechatronik. Viele Probleme bei der Analyse und beim Entwurf mechatronischer Systeme erfordern deren Modellierung als Mehrkörpersysteme, wobei wegen der leichten Bauweise auch elastische Verformungen der Körper berücksichtigt werden müssen. Die Entwicklung der Methode der Mehrkörpersysteme gilt für Systeme starrer Körper seit Mitte der achtziger Jahre, mit Verfügbarkeit der sog. O(n)-Formalismen, als weitgehend abgeschlossen. Für Mehrkörpersysteme mit verformbaren Körpern trifft dies aber nicht zu, im Gegenteil: in der Literatur zur Mehrkörperdynamik findet sich bis in die jüngste Zeit eine wachsende Zahl von Publikationen zum Thema des vorliegenden Buchs.

Eines der Ziele der Mehrkörperdynamik ist die Angabe effizienter Formalismen zur rechnergestützten Erstellung der Bewegungsgleichungen. Die Entwicklung der auf diesen Gleichungen aufbauenden Simulationsprogramme erfordert neben den Formalismen auch noch die Lösung einer ganzen Palette anderer Aufgaben, z. B. die numerische Lösung der Systemgleichungen und den Entwurf eines benutzerfreundlichen und „offenen" Simulationsprogramms, d. h. von Software, die mit der Vielzahl der zum Entwurf mechatronischer Systeme benötigten Rechenprogramme kommunizieren kann. Solche Probleme werden in diesem Buch nicht behandelt. Die Darstellung konzentriert sich auf die Erläuterung der Methoden der Mechanik zur Entwicklung der Rechenprogramme. Die Beherrschung dieser Methoden wird auch zur kritischen Beurteilung von Simulationsergebnissen benötigt, ein Gesichtspunkt, der wegen zunehmender Verbreitung kommerziell verfügbarer Programme an Bedeutung gewinnt. An den eben genannten Zielen orientiert sich die Auswahl des Stoffs. In Kapitel 2 findet sich eine Darstellung der Grundlagen zur Modellierung flexibler Körper in Mehrkörpersystemen, der Kontinuumsmechanik und Elastizitätstheorie. Ausgehend von diesen Modellvorstellungen lassen sich Modelle der technischen Mechanik, wie der starre Körper, Kontinua mit inneren Bindungen, Finite-Elemente-Strukturen und Mehrkörpersysteme, durch Angabe entsprechender Zwangsgleichungen für die Bewegungen der Punkte eines dreidimensionalen Kontinuums gewinnen. Die Herleitung der Bewegungsgleichungen erfordert dann die Prinzipe der Mechanik, die in Kapitel 3 erläutert sind. Die Prinzipe werden in den Kapiteln 4 und 5 genutzt zur Angabe der Bewegungsgleichungen zweier Modelle flexibler Körper, von Balken als Beispiel eines Kontinuums mit inneren Bindungen und von Finite-Elemente-Strukturen. Kapitel 6 enthält Methoden der Mehrkörperdynamik.

Die Verformungen der Körper in Mehrkörpersystemen sind bei vielen Anwendungen klein. Dies kann man zur Linearisierung der Bewegungsgleichungen in den Variablen zur Beschreibung der Verformungen nutzen. Die Angabe der linearisierten Bewegungsgleichungen führt zu einem speziellen Linearisierungsproblem, der Berücksichtigung geometrischer Steifigkeiten. Das Problem läßt sich am Beispiel der Bewegungsgleichungen von Balken – im Vergleich zu Finite-Elemente-Strukturen einfach – erläutern. Eine Linearisierung der Bewegungsgleichungen für kleine Verformungen erfordert die Abspaltung dieser Bewegungen der Körper von möglicherweise großen Referenzbewegungen mit großen Beschleunigungen. Infolge solcher Bewegungen ergeben sich große Trägheitskräfte. Die Verformungen bleiben nur klein, wenn die Körper gegenüber diesen Belastungen einen hohen Verformungswiderstand besitzen. Damit wird aber, wie z. B. aus der Elastostabilität bekannt, eine Berücksichtigung geometrischer Steifigkeiten in den linearisierten Gleichungen für die Teilbewegungen mit geringem Verformungswiderstand erforderlich.

Die Finite-Elemente-Methode kann man als rechnerorientierte Form des Ritzschen Verfahrens ansehen, wobei einfache Ansätze für die Bewegungen von Teilen eines Körpers, den finiten Elementen, zu einem Ansatz zur Darstellung der Verformungen eines komplex geformten Körpers zusammengesetzt werden. Nach einer Erläuterung des Ritzschen Verfahrens sind in Kapitel 5 die wichtigsten Ergebnisse der Methode der finiten Elemente zusammengetragen, die zur Berücksichtigung solcher Modelle in Mehrkörpersystemen benötigt werden. Die Zusammenstellung umfaßt insbesondere auch Angaben zur Berechnung der Trägheitskräfte, die infolge von Referenzbewegungen auf Finite-Elemente-Strukturen wirken und Angaben zur Ermittlung geometrischer Steifigkeiten für diese Modelle.

Zur Berücksichtigung der Verformungen von Körpern in Mehrkörpersystemen gibt es eine ganze Reihe von Vorschlägen. Die vorliegende Darstellung beschränkt sich auf das bei kleinen Verformungen günstigste Verfahren, die Methode des bewegten Bezugssystems. Bei dieser Vorgehensweise wird die Bewegung der Körper dargestellt als Überlagerung von Referenzbewegung und Verformung. Das zu den Verformungen gehörende Verschiebungsfeld der Punkte eines Körpers wird nach dem Ritzschen Verfahren approximiert. Ausgehend von den Modellvorstellungen und Methoden der Mechanik aus den Kapiteln 2 bis 5 enthält Kapitel 6 die der Methode des bewegten Bezugssystems angepaßte Beschreibung von Kinematik und Kinetik. Die kinematischen und kinetischen Bewegungsgleichungen eines repräsentativen Körpers des Systems werden zunächst unter Verwendung der Modellvorstellungen der Kontinuumsmechanik formuliert. Durch Angabe entsprechender Bindungsgleichungen erhält man dann die in Anwendungen benötigten, speziellen Modelle. Die Allgemeinheit der Ausgangsgleichungen ermöglicht die Definition einer allgemeinen Datenschnittstelle zur Beschreibung flexibler Körper in Mehrkörpersystemen. Sie erlaubt die Entwicklung von Preprozessoren zur Ermittlung der Daten aus beliebigen Modellen, insbesondere auch unter Verwendung beliebiger Finite-Elemente-Programme, und sie vereinfacht den Austausch von Modellen und den Vergleich von Simulationsergebnissen – vgl. Hauptabschnitt 6.4. Der letzte Hauptabschnitt 6.5 des Kapitels ist der Angabe von Formalismen zur Ermittlung der Deskriptor- und der Zustandsform der Bewegungsgleichungen von Mehrkörpersystemen mit flexiblen Körpern gewidmet. Die Effizienz von Rechenprogrammen zur Simulation solcher Systeme kann durch die sog. modale Beschreibung der Bewegungen der Körper – im Vergleich zur Berücksichtigung kompletter Finite-Elemente-Modelle – erheblich gesteigert werden. Dieser Vorteil wird aber mit dem Problem der Angabe geeigneter Ansatzfunktionen erkauft. Gesichtspunkte zur Wahl dieser Funktionen sind im Schlußabschnitt zusammengetragen.

Die hier vorgestellten Methoden werden an Beispielen erläutert, die bei den Modellen aus Kapitel 5 und 6 vergleichsweise komplex sind. Zu ihrer Behandlung stehen glücklicherweise symbolische und numerische Computer Algebra Systeme wie Mathematica, Maple und Matlab zur Verfügung. Die Benutzung solcher Programme befreit von lästigen Rechnungen, erlaubt aber die Kontrolle eines jeden Rechenschritts. Das Nachrechnen der Beispiele soll mit Möglichkeiten zur kritischen Beurteilung der Tragfähigkeit von Aussagen vertraut machen, die mit komplexen Modellen und Simulationsprogrammen gewonnen wurden: Geeignete, einfache Modelle zum Systemverhalten liefern ja oft Hinweise zur Verbesserung der komplexen Modelle technischer Systeme. Die in den Kapiteln 5 und 6 dokumentierten Beispiele wurden mit Mathematica, Version 2.2, bearbeitet. Die zugehörigen Notebook-Files sind unter der Internet-Adresse

http://www.vieweg.de/downloads/

zu finden.

Abschließend noch ein paar Angaben zur äußeren Form der Darstellung. Die Bezeichnungsweise ist im Anhang erläutert. Gleichungen, Bilder, Tabellen und Beispiele sind in jedem Kapitel, mit 1 beginnend, numeriert, wobei die Kapitelnummer der Gleichungs-, Bild-, Tabellen- und Beispielnummer vorangestellt ist. Verzeichnisse der Seiten, auf denen sich die Bilder, Tabellen und Beispiele befinden, sind im Anschluß an das Inhaltsverzeichnis angegeben, um ihr Auffinden zu erleichtern. Literaturzitate sind am Schluß des Buchs und für jedes Kapitel separat zusammengestellt.

Wie eingangs gesagt, kann die Entwicklung der Methode der Mehrkörpersysteme für Systeme mit flexiblen Körpern keineswegs als abgeschlossen angesehen werden. Neben der Methode des bewegten Bezugssystems werden eine Reihe anderer Verfahren entwickelt, die u. a. auch eine Analyse großer Verformungen erlauben. Die Verfahren haben ihre Wurzeln in den derzeit noch konkurrierenden Methoden der Mehrkörpersysteme und der finiten Elemente. Ihre weitere Entwicklung sollte aber eine Synthese der beiden Modellvorstellungen und die Entwicklung entsprechender Rechenprogramme erlauben. Das Erreichen des Ziels erfordert nicht zuletzt ein vertieftes Verständnis der beiden Modellvorstellungen, zu dem das vorliegende Buch einen Beitrag leisten soll.

Einige der hier dokumentierten Ergebnisse wurden in Forschungsvorhaben der Deutschen Forschungsgemeinschaft erarbeitet. Wir bedanken uns für die Unterstützung. Die Alexander-von-Humboldt-Stiftung ermöglichte u. a. einen Forschungsaufenthalt von Herrn Prof. A. A. Shabana, University of Illinois at Chicago am Institut für Robotik und Systemdynamik des Deutschen Zentrums für Luft- und Raumfahrt (DLR) in Oberpfaffenhofen. Seminare während dieses Aufenthalts und die damit initiierte Zusammenarbeit mit Herrn Shabana trugen zur Klärung der hier verwendeten Modellvorstellungen bei. Beiden, der Alexander-von-Humboldt-Stiftung und Herrn Shabana gebührt unser Dank. Außerdem bedanken wir uns bei Herrn Prof. P. Hagedorn, Darmstadt, der den Anstoß zu dieser Dokumentation gab und last not least bei unseren Familien für die Geduld, mit der sie den zu ihren Lasten gehenden Zeitbedarf zur Fertigstellung des Buchs verkraftet haben.

Oberpfaffenhofen/Weßling, im März 1999   *Richard Schwertassek*
                                                                                                       Oskar Wallrapp

Inhaltsverzeichnis

Bilderverzeichnis

Tabellenverzeichnis

Verzeichnis der Beispiele

1 Einleitung

Als Computermechanik (computational mechanics) bezeichnet man eine der aktuellen Entwicklungsstufen der Mechanik. Ihre Anfänge liegen in den fünfziger Jahren, als erstmals genügend leistungsfähige Digitalrechner zur Behandlung komplexer, mechanischer Probleme zur Verfügung standen. Als Ergebnisse der Entwicklungen haben sich u. a. die Methoden der finiten Elemente und der Mehrkörpersysteme durchgesetzt. Die Weiterentwicklung der Methode der Mehrkörpersysteme seit Beginn der achtziger Jahre lieferte vor allem Verfahren zur Berücksichtigung flexibler Körper in den Systemmodellen. Die Darstellung dieser Verfahren ist das Thema des Buchs und begründet die Auswahl des Stoffs.

1.1 Computermechanik

Bei technischen Systemen zeigen sich seit längerem zwei Trends: zunehmende *Leichtbauweise* zur Reduktion von Material- und Energieverbrauch und kompakte *Integration von Elektronik und Mikroprozessoren* in mechanische Systeme, um ein gewünschtes Systemverhalten zu erzielen trotz der wegen leichter Bauweise hohen Verformbarkeit von Bauteilen. Für diese Entwicklung hat sich der Begriff Mechatronik etabliert. Entwurf und Analyse mechatronischer Systeme stützen sich auf vielen Gebieten, wie Luft- und Raumfahrt, Fahrzeugtechnik und Robotik, in steigendem Maß auf eine digitale Simulation der Systembewegungen. Für die Mechanik stellen sich damit, in Zusammenarbeit mit anderen Fachdisziplinen, wie z. B. Regelungstechnik, numerischer Mathematik und Informatik, folgende Aufgaben:

- Entwicklung von Software zur Simulation komplexer, mechanischer Systeme,

- Nutzung dieser Werkzeuge zur Auswahl, zur iterativen Verbesserung und zur Optimierung eines Systementwurfs, sowie zur

- Analyse des Systemverhaltens während seiner gesamten Lebensdauer, z. B. bei sich abzeichnenden Schäden oder bei Änderungen von Betriebszustand und Systemumgebung.

Wegen der Komplexität der Modelle ist man bei der Lösung der Systemgleichungen auf numerische Verfahren und letztlich auf den Einsatz von Rechnern angewiesen. In den fünfziger Jahren tauchte erstmals der Gedanke auf, den Rechner nicht nur zur Lösung sondern auch zum Aufstellen der Systemgleichungen zu verwenden. Eine rechnergestützte Herleitung von Bewegungsgleichungen mechanischer Systeme erfordert eine Systematisierung der Vorgehensweise. Dazu müssen die vor Verfügbarkeit leistungsfähiger Rechner entwickelten Methoden umgearbeitet werden in rechnerorientierte Formalismen. Die aus Übung und Erfahrung resultierende Fähigkeit des Menschen zur eleganten Formulierung von Bewegungsgleichungen im Einzelfall ist dem Rechner (zumindest derzeit) nicht vermittelbar, wohl aber der systematische "Dienstweg" zur Behandlung gewisser Modellklassen. Nicht die elegante Bearbeitung einer einzelnen Aufgabe ist hier gefragt sondern die Entwicklung von Werkzeugen zur systematischen Behandlung möglichst großer Modellklassen. Die Herausforderung liegt in der Entwicklung dieser Werkzeuge und in ihrer kreativen Nutzung zur Systemanalyse und -verbesserung. Der Verzicht auf die individuelle Behandlung eines jeden Einzelproblems befreit zwar von fehleranfälliger Routinearbeit bei der Formulierung der Systemgleichungen, er birgt aber auch Gefahren: Der bei einer "manuellen" Herleitung der Systemgleichungen gewonnene

Einblick in das mathematische Modell steht zur Beurteilung der Ergebnisse von Modellgleichungen, die mit rechnergestützten Verfahren gewonnen wurden, nicht mehr zur Verfügung. Die Nutzung der Simulationswerkzeuge und insbesondere die Beurteilung der mit ihnen gewonnenen Ergebnisse erfordert daher eine genügend tiefe Vertrautheit mit den in den Rechenprogrammen verwendeten Verfahren. Diese Kenntnisse können und müssen nicht so weit gehen, daß die Programme (außer an den eigens hierfür vorgesehenen Stellen) selbständig erweitert werden können. Ein Benutzer benötigt aber alle Kenntnisse, die erforderlich sind, um die Tragfähigkeit der in den Programmen verwendeten Verfahren für seine konkreten Fragestellungen zu beurteilen.

Für die an den eben genannten Zielsetzungen orientierte Weiterentwicklung und Nutzung der Methoden der Mechanik hat sich der Begriff "computational mechanics" eingebürgert, der zuweilen mit Computermechanik übersetzt wird – vgl. Bild 1-1. In den fünfziger und frühen sechziger Jahren, war der Begriff Computermechanik gleichbedeutend mit Finite-Elemente-Methode (FEM). Die rechnergestützte Behandlung von Mehrkörpersystemen (MKS) setzte erst später, Mitte der sechziger Jahre, ein. Oft wird nach den Einsatzspektren beider Methoden, FEM und MKS, gefragt. Die Methoden ergänzen sich, es gibt Grauzonen, wo beide tragen, aber jede Methode ist auch durch die zu Beginn ihrer Entwicklung verfolgten Ziele geprägt. Die ersten Finite-Elemente-Verfahren dienten vornehmlich der Analyse *statischer* Probleme bei Strukturen, in denen die *Verformbarkeit gleichmäßig verteilt* ist. Ergebnis der Untersuchungen waren die aus äußeren Belastungen resultierenden inneren Kräfte, die Spannungen, sowie die an den Lagerungen der Struktur wirksamen Kräfte. Dagegen lag der Schwerpunkt der ersten Anwendungen der MKS-Methodik in der Lösung *dynamischer* Probleme, wobei die *Verformbarkeit* der untersuchten Systeme *lokal in Verbindungen* zwischen starren oder nur wenig verformbaren Körpern *konzentriert* ist. In solchen Fällen interessiert man sich vor allem für die Bewegungen und für die aus ihnen resultierenden Belastungen von Bauelementen. Insbesondere benötigt man zur Systembeurteilung auch die aus Einschränkungen der Bewegungsmöglichkeiten des Mehrkörpersystems resultierenden Zwangskräfte. Hier sind in den achtziger Jahren entwickelte Verfahren zur Modellierung flexibler Körper in Mehrkörpersystemen dargestellt, die eine integrierte Nutzung beider Modellvorstellungen FEM und MKS erlauben. Neuere Arbeiten zur Analyse großer Verformungen von Strukturen – vgl. [67, 69, 70] und dort zitierte Literatur – zeigen Möglichkeiten für eine Synthese der beiden Methoden (FEM und MKS) und eine Entwicklung entsprechender Programme.

Der Begriff Computermechanik drängt sich nicht nur bei Analyse der Anforderungen zur Weiterentwicklung und Nutzung der Methoden der Mechanik auf, er ergibt sich auch bei einem Blick auf die Geschichte der Mechanik zur Kennzeichnung des jüngsten Entwicklungsabschnitts. Am Anfang stand die Formulierung der Methoden der klassischen Mechanik, die spätestens Ende des letzten Jahrhunderts abgeschlossen war. Das heißt aber nicht, daß die Mechanik damals zu einer toten Wissenschaft verkam. Das Stimulans der weiteren Entwicklung war die vor der Jahrhundertwende einsetzende Neuorientierung von der Entwicklung der Theorie zur Behandlung praktischer Probleme – die technische Mechanik wurde neben der analytischen Mechanik zu einer eigenständigen Wissenschaft. Methoden zur Behandlung technischer Probleme wurden in der ersten Hälfte dieses Jahrhunderts entwickelt und erprobt. Die Anwendungen beschränkten sich fast immer auf vergleichsweise einfache Modelle mit wenigen Freiheitsgraden. Komplexere Probleme konnten mit erträglichem Rechenaufwand einfach nicht behandelt werden. Dies änderte sich mit dem Aufkommen der Digitalrechner. Rechenkapazität stand bei fallenden Kosten in wachsendem Umfang zur Verfügung und außerdem gab es – zunächst vornehmlich in der Luft- und Raumfahrtindustrie – Probleme, die eine Analyse komplexer Modelle erforderten und – last not least – es gab dort Geldgeber, die bereit waren, für die Problemlösungen zu zahlen. Die Methoden der technischen Mechanik mußten aber noch der Arbeitsweise des Digitalrechners angepaßt werden – aus der technischen Mechanik ging die Computermechanik hervor.

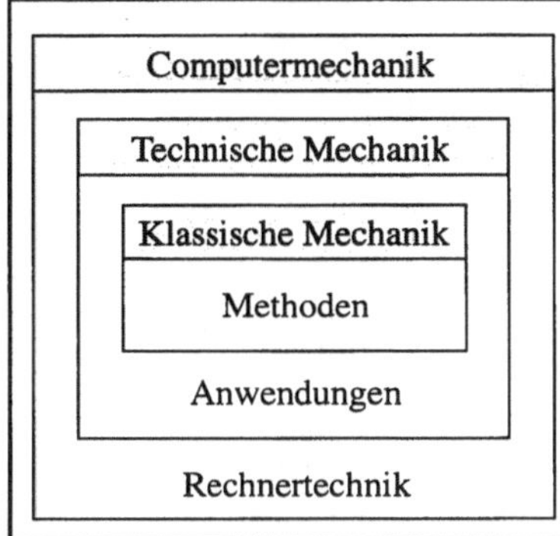

Anforderungen: Die Entwicklung wie auch die *Nutzung* der Werkzeuge der Computermechanik erfordern die Methoden der klassischen Mechanik und die Anwendungsorientierung der technischen Mechanik.

Geschichte der Mechanik: Nach Verfügbarkeit der Methoden der klassischen Mechanik entwickelte sich durch Anwendungsorientierung die technische Mechanik. Ihre Verfahren werden in der Computermechanik der Arbeitsweise des Rechners angepaßt und seiner steigenden Leistungsfähigkeit entsprechend weiterentwickelt.

Bild 1-1: Computermechanik. Voraussetzungen zur Entwicklung und Nutzung ihrer Werkzeuge und ihre Einbettung in die Entwicklungsstufen der Geschichte der Mechanik.

Die wesentlichen Schritte zur Entwicklung der Methoden der Mehrkörpersysteme und der finiten Elemente und die Entwicklung der für die beiden Methoden benötigten Grundlagen sind in [42, 47, 52, 53, 76] beschrieben. Die in der Mehrkörperdynamik benötigten Aussagen zur Bewegung starrer Körper wurden von Newton, Euler und Lagrange bis 1788 erarbeitet. Gegen Ende des letzten Jahrhunderts schrieb Resal, wohl als erster, MKS-Bewegungsgleichungen an, ohne aber auch nur irgend etwas mit ihnen anzufangen. Das erste Anwendungsbeispiel der Mehrkörperdynamik lieferte die Biomechanik. Um die Jahrhundertwende untersuchte Otto Fischer aus Leipzig MKS-Modelle des menschlichen Körpers – in einem aus heutiger Sicht etwas ungewöhnlichen Zusammenhang, nämlich im Auftrag des preußischen Militärs, das u. a. wissen wollte, wie ein Soldat wohl am besten stehe, [7]. Fischer hat damals alle Gleichungen und Konzepte publiziert [20, 21], die 60 Jahre später, ohne Kenntnis seiner Beiträge, von neuem entwickelt wurden. Leider konnte er ohne Rechner nicht allzuviel mit seinen Gleichungen anfangen.

Das Mitte der sechziger Jahre wieder auflebende Interesse an der Analyse von Mehrkörpersystemen wurde durch Fragestellungen aus der Raumfahrt und der Entwicklung von Mechanismen angestoßen. An zwei amerikanischen Universitäten kam man damals, voneinander unabhängig, auf die Idee, den Rechner nicht nur zur Lösung sondern auch zur Formulierung der Bewegungsgleichungen von Mehrkörpersystemen einzusetzen, [64]. Chace und Callahan gingen in Michigan daran, rechnerorientierte Verfahren zur Analyse von Mehrkörpersystemen zu entwickeln, ausgehend von Erfolgen bei der Simulation elektrischer Netzwerke und den damals viel diskutierten mechanisch-elektrischen Analogien, [11, 14]. Die Methoden wurden zunächst zur Analyse von Mechanismen und später in der Fahrzeugtechnik angewandt. Etwas früher wurden Roberson an der University of California und Margulies bei Lockheed mit einem Problem konfrontiert, das einen Anstoß zum Verlassen ausgetretener Pfade lieferte. Die beiden arbeiteten gemeinsam an der Analyse der Bewegungen von Raumfahrzeugen, deren Entwürfe oft geändert wurden. Die Modelländerungen wurden ärgerlicherweise oft gerade dann bekannt, wenn ein mit vieler Mühe und langwieriger Abstimmung ermittelter Satz von Bewegungsgleichungen gefunden war. Der Ärger wurde fruchtbar umgesetzt: Roberson und Margulies beschlossen gemeinsam, die Herleitung von Bewegungsgleichungen zu automatisieren. Die beiden resultierenden Arbeiten [32, 54] werden heute oft als die ersten Beiträge zur rechnergestützten Erstellung der Bewegungsgleichungen von Mehrkörpersystemen zitiert.

Bei der Finite-Elemente-Methode verlief die Entwicklung ähnlich, setzte aber – stimuliert durch Anforderungen aus der Baustatik und dem Flugzeugbau – früher ein. Detaillierte Angaben zur Entwicklung der Elastizitätstheorie und der Verfahren zur Diskretisierung der Gleichungen der Kontinuumsmechanik sind in den Einleitungen der Bücher von Love und Knothe und in der Geschichte der Prinzipe der Mechanik von Szabo dargestellt, [42, 47, 76].

1.2 Neuere Entwicklungen in der Mehrkörperdynamik

Typische Beispiele technischer Systeme, die bis Mitte der achtziger Jahre mit MKS-Simulationsprogrammen untersucht wurden, zeigt Bild 1-2. Die formale Herleitung der Bewegungsgleichungen von Systemen starrer Körper war zu dieser Zeit, wie beispielsweise in [53, 64] dargestellt, gut verstanden. Eine grobe Klassifizierung zeigt zwei Gruppen von Verfahren, die sich durch folgende Stichworte kennzeichnen lassen:

- Beschreibung der Bewegungen der Körper des Systems mit redundanten Absolutkoordinaten und Formulierung der Bewegungsgleichungen und Zwangsbedingungen in Form eines gekoppelten Systems von Differentialgleichungen und algebraischen Gleichungen (DAE = differential algebraic equations), das zuweilen als *Deskriptorform* der Systemdarstellung bezeichnet wird;

- Verwendung von Relativkoordinaten zur Angabe der Bewegungen der Körper des Systems und Reduktion der Bewegungsgleichungen auf *Zustandsform*, also auf ein System von gewöhnlichen Differentialgleichungen (ODE = ordinary differential equations).

Bei Systemen mit geschlossenen Schleifen kommen auch Mischformen beider Darstellungen vor.

Bei der ersten Alternative ist die Angabe der Systemgleichungen, der Lagrangeschen Bewegungsgleichungen erster Art, äußerst einfach, aber ihre Lösung war in den sechziger Jahren ein noch wenig verstandenes Problem. Neben anderen Anwendungsgebieten, wie z. B. der Simulation elektrischer Netzwerke oder chemischer Prozesse, haben Anforderungen von Seiten der Simulation von Mehrkörpersystemen die Entwicklung numerischer Verfahren zur Lösung differential/algebraischer Gleichungen stark gefördert. Heute sind zuverlässige Verfahren vorhanden, [17, 30]. Ausgereifte numerische Verfahren zur Integration der Zustandsgleichungen standen dagegen bereits in den sechziger Jahren zur Verfügung. Dies erklärt, daß man damals auch die Entwicklung von Formalismen zur Angabe der im Vergleich zu den Lagrangeschen Gleichungen erster Art erheblich komplexeren Zustandsgleichungen angestrebt hat. Die sich seinerzeit stark unterscheidende Zuverlässigkeit von Verfahren zur numerischen Lösung der Deskriptor- und Zustandsgleichungen hatte auch zur Folge, daß die heute gut verstandenen Vor- und Nachteile der beiden Alternativen ein zuweilen heiß diskutiertes Thema waren. Während eine Darstellung der Systembewegung durch Absolutgrößen in einer einfachen Massenmatrix und vergleichsweise komplexen Ausdrücken für die generalisierten Kräfte resultiert, ergeben sich bei Verwendung von Relativgrößen eine sehr komplexe, zustandsabhängige Massenmatrix aber (insbesondere bei Systemen mit Baumstruktur) sehr einfache ge-

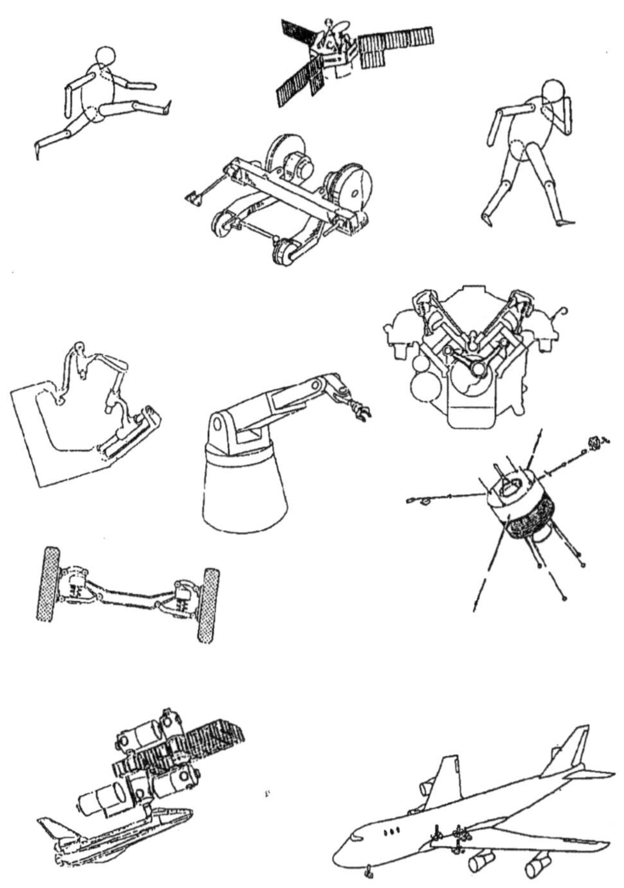

Bild 1-2: Beispiele technischer Systeme, die als Mehrkörpersysteme modelliert wurden.

neralisierte Kräfte. Dies erleichtert die Elimination der unbekannten Zwangskräfte. Dieser Unterschied der durch eine Koordinatentransformation ineinander überführbaren Systemgleichungen in Absolut- und Relativkoordinaten sorgte im Zusammenhang mit der Entwicklung von Formalismen für Mehrkörpersysteme nicht zum ersten Mal für Diskussionsstoff*). Bei der Analyse linearer Schwingungssysteme bezeichnet man Variable, die in einer diagonalförmigen Massenmatrix resultieren, zuweilen als Trägheitskoordinaten. Variable, bei deren Verwendung die Steifigkeitsmatrix Diagonalform annimmt, heißen Federkoordinaten, [41], S. 43. Bei Verwendung von Trägheits- bzw. Federkoordinaten erhält man i. a. in den Ausschlägen bzw. in den Beschleunigungen gekoppelte *Bewegungsgleichungen*. Bei Untersuchungen zur Schwingungstilgung bei Schiffen mit Hilfe von Schlingertanks sprach man zuweilen auch von ausschlags- und beschleunigungsgekoppelten *Systemen*. Ausschlags- und Beschleunigungskopplung sind natürlich keine Systemeigenschaft sondern eine Frage der Koordinatenwahl, eine Tatsache, die seinerzeit offenbar der Klarstellung bedurfte – vgl. [41], S. 339.

Zur Vereinfachung und zur Interpretation der bei der zweiten Vorgehensweise sehr komplexen Systemmatrizen wurden erhebliche Anstrengungen unternommen, u. a. durch Einsatz graphentheoretischer Verfahren, die eine bequeme Beschreibung der Systemtopologie erlauben und durch Einführung sog. baryzentrischer Vektoren, die eine schöne Interpretation von Elementen der Systemmatrizen gestatten – vgl. beispielsweise [53, 89, 90]. In [46] stellte P. Likins 1988 fest: "It is true that our equations are more useful and less beautiful than those published originally by Roberson and Wittenburg. In many cases today the equations are as-

---

*) Der Hinweis ist Herrn W. Schiehlen, Stuttgart, zu verdanken, obwohl es für einen der Autoren dieses Buchs, R. Schwertassek, naheliegender gewesen wäre, sich des entsprechenden Steckenpferds seines Doktorvaters, Herrn K. Klotter, zu erinnern.

sembled symbolically by the computer and never seen by the analyst, much less admired for their form." Was ist mit diesem Verdikt der "schönen" Gleichungen gemeint? Auf Matrizen zur Beschreibung von Graphen aufbauende, rekursive Algorithmen erlauben zwar eine effiziente Berechnung der in den Bewegungsgleichungen mit Relativkoordinaten erscheinenden Matrizen, [63], aber der Aufwand zur Inversion der in diesen Gleichungen zustandsabhängigen Massenmatrix ist hoch. Er steigt mit der dritten Potenz der Zahl n der Körper des Mehrkörpersystems. Einen Ausweg bieten sog. $O(n)$-Formalismen. Mit ihnen läßt sich die explizite Form der dynamischen Bewegungsgleichungen mit einem Rechenaufwand ermitteln, der nur linear mit der Zahl n der Körper wächst, ein Ende der achtziger Jahre gut bekanntes Resultat, das P. Likins u. a. in seiner oben zitierten Aussage ansprach. $O(n)$-Formalismen wurden zu Beginn der achtziger Jahre von einer ganzen Reihe von Autoren angegeben, [65]. Es gab aber einen Vorläufer, A. F. Vereshchagin, der die Vorgehensweise schon 1974 publiziert hat, [78]. Leider wurde sein Beitrag, zumindest von den Entwicklern von MKS-Programmen, nicht zur Kenntnis genommen. Bei der Weiterentwicklung von $O(n)$-Formalismen zur Implementierung auf parallelen Rechnerarchitekturen zeigte sich, daß man die Effizienz des Verfahrens bei manchen Anwendungen noch steigern kann, wenn man Erstellung und Lösung der Bewegungsgleichungen in geeigneter Weise aufeinander abstimmt. Gewisse Integratoren benötigen nämlich gar nicht den Wert der rechten Seite der Bewegungsgleichungen für einen gegebenen Zustand sondern vielmehr den Fehler, der sich bei Vorgabe von Schätzwerten des Zustands und seiner (zeitlichen) Ableitung ergibt. Die Berechnung dieses Fehlers, des "Residuums", ist mit geeigneten Verfahren ("residual $O(n)$-formulations") erheblich effizienter als mit "klassischen" $O(n)$-Formalismen, [18, 19]. Mit den in den achtziger Jahren erzielten Fortschritten gilt die Entwicklung von Formalismen für Systeme starrer Körper als weitgehend abgeschlossen.

Mitte der achtziger Jahre verursachte eine Veröffentlichung zur Modellierung flexibler Körper in Mehrkörpersystemen, zumindest in den USA, einigen Wirbel. In [37] wurde festgestellt: "... there exist multibody computer programs, such as ... , for which a claim is made in the associated documentation that these programs can produce accurate simulation results of "large" motions of systems containing flexible bodies that are themselves concurrently undergoing "small" deformations. In fact, ... these programs can produce totally incorrect results in certain situations." Es ist verständlich, daß eine so pointierte Aussage für Unruhe sorgte. Der Grund für die angesprochenen Fehler lag im Übersehen einer in der Elastostabilität wohlbekannten Erscheinung, dem Auftreten sog. geometrischer Steifigkeiten in den für kleine Deformationen linearisierten Gleichgewichtsbedingungen flexibler Körper, auf die große Belastungen einwirken. Die Herleitung der für diesen Fall linearisierten Gleichungen geht auf Euler zurück, und ausführliche Darstellungen finden sich (für Balken) in Lehrbüchern und Arbeiten, die um die Jahrhundertwende erschienen – vgl. z. B. [47, 50] und [23]. Der Effekt wird aber offenbar immer wieder einmal übersehen, wie man beispielsweise bei Durchsicht der Arbeiten [44] und [45] erkennt: Die zweite Arbeit enthält eine Verbesserung, eben die in der ersten vergessenen geometrischen Steifigkeiten.

Die großen Lasten auf wenig verformbare flexible Körper sind in Mehrkörpersystemen oft aus einer großen Referenzbewegung der Körper resultierende Trägheitskräfte, etwa Zentrifugalkräfte. Auf deren Bedeutung bei der Analyse der Schwingungen von Turbinenschaufeln wurde schon 1970 in [85] hingewiesen. Ein weiteres Beispiel, in dem geometrische Steifigkeiten berücksichtigt werden müssen, sind elastische Roboterarme, für die in [77] und [9] eine Positionsregelung entworfen wurde. Die u. a. in diesen Untersuchungen erkannte Bedeutung geometrischer Steifigkeiten zur Entwicklung von MKS-Programmen mit flexiblen Körpern wurde bereits in [8] erläutert. Es ist aber das Verdienst der Kaneschen Veröffentlichung [37], daß sie Mitte der achtziger Jahre ein breites Interesse an der Modellierung flexibler Körper in Mehrkörpersystemen weckte und eine ganze Reihe von Veröffentlichungen zu diesem Thema auslöste. Die Verfahren wurden zunächst für einfache Balkenmodelle entwickelt und stehen heute auch für allgemeine Modelle von Finite-Elemente-Strukturen zur Verfügung.

Das verstärkte Interesse an der Modellierung flexibler Körper in Mehrkörpersystemen schlug sich also in einer Reihe von Arbeiten und Dissertationen nieder, in denen Modellierungsprobleme und Fragen der Ermittlung der Daten flexibler Strukturen behandelt werden – vgl. [2, 3, 6, 8, 12, 27, 31, 34-36, 39, 40, 43, 48, 49, 51, 58, 59, 66, 72-75, 77, 91-95]. Eine Sichtung dieser Literatur zeigt, daß die Modellierung flexibler Körper in Mehrkörpersystemen derzeit eines der lebendigsten Forschungsgebiete der Mehrkörperdynamik ist. In den meisten Untersuchungen wird angenommen, daß sich die Bewegung eines flexiblen Körpers in einem Mehrkörpersystem zusammensetzen läßt aus einer *großen* Referenzbewegung (oft als Starrkörperbewegung bezeichnet) und *kleinen*, überlagerten Deformationen. Dagegen sind Arbeiten zur Modellierung *großer* Deformationen selten.

Eine grobe Einteilung der derzeit bekannten Methoden zur Analyse der Bewegungen flexibler Körper in drei Gruppen wurde in [67-69] vorgeschlagen:

1. Methode des bewegten Bezugssystems ("Floating Frame of Reference Formulation").

Die Bewegung eines flexiblen Körpers wird dargestellt als Überlagerung der Bewegung eines Bezugssystems und der Deformation des Körpers relativ zu diesem bewegten Koordinatensystem. In den meisten Fällen wird angenommen, daß das Bezugssystem *große* Translations- und Rotationsbewegungen ausführt, während die Deformation des Körpers bezüglich des bewegten Systems *klein* bleibt, womit man die Bewegungsgleichungen in den Deformationskoordinaten linearisieren kann. Diese Vorgehensweise wird in der überwiegenden Zahl der Untersuchungen zur Modellierung flexibler Körper in Mehrkörpersystemen verwendet.

Die Bewegungsgleichungen eines einzelnen flexiblen Körpers, die sich mit der Methode des bewegten Bezugssystems ergeben, zeigen eine starke Kopplung zwischen den Koordinaten zur Beschreibung von Referenzbewegung und Deformationen. Die Koppelterme erscheinen in der komplex aufgebauten, zustandsabhängigen, generalisierten Massenmatrix – die Steifigkeitsmatrix ist einfach. In [68] wird gezeigt, daß die bei dieser Formulierung erscheinende Massenmatrix korrekte generalisierte Trägheitsterme liefert, wenn die Struktur wie ein starrer Körper rotiert – ein, wie sich unten zeigen wird, nicht selbstverständliches Ergebnis.

Die Methode des bewegten Bezugssystems wird insbesondere auch in MKS-Programmen verwendet, die von einer Systembeschreibung mit Relativkoordinaten ausgehen. Die Massenmatrix eines Mehrkörpersystems aus starren Körpern ist dann äußerst komplex, zustandsabhängig und voll besetzt, womit eine voll besetzte Massenmatrix einzelner flexibler Körper keine zusätzlichen Nachteile bringt. Der zur Inversion solcher Massenmatrizen erforderliche Rechenaufwand läßt sich aber durch Verwendung der bereits angesprochenen $O(n)$-Formalismen entscheidend verringern.

Als Vorteil der Methode des bewegten Bezugssystems wird oft angeführt, daß sich die Bewegungsgleichungen bei Annahme kleiner Deformationen in den Deformationskoordinaten leicht linearisieren lassen, was in Rechenzeitvorteilen bei MKS-Simulationen resultiert. Im Einzelnen wurden in der Literatur u. a. folgende Probleme behandelt:

- Einfluß geometrischer Steifigkeiten auf die Regelung eines als Balken modellierten elastischen Roboterarms mit stark unterschiedlichen Biegesteifigkeiten, [77];

- Berücksichtigung geometrischer Steifigkeiten bei Platten und bei flexiblen Körpern beliebiger Form, [2, 3, 8, 10, 59, 75];

- geschlossene Schleifen in Mehrkörpersystemen mit flexiblen Körpern, [74];

- Bewegungsgleichungen von Balken in Mehrkörpersystemen in Verschiebungs- und Verformungskoordinaten, parametererregte Schwingungen und innere Resonanz, [6];

- Berücksichtigung von Finite-Elemente-Modellen in Mehrkörpersystemen und Berechnung der aus den Bewegungen resultierenden Spannungen, [49];

- Erfassung geometrischer Steifigkeiten mit Hilfe von Substrukturtechniken [48, 93];

- Beiträge einzelner Ansatzfunktionen zur Darstellung der Deformationen der Körper, [79];

- Formulierung Lagrangescher Bewegungsgleichungen zur Simulation der Bewegungen beliebiger, flexibler Strukturen mit großen Referenzbewegungen unter Nutzung der Modellierungsmöglichkeiten kommerziell verfügbarer Finite-Elemente-Programme, [29].

Große Verformungen wurden mit dieser Methode bisher, soweit bekannt, nicht untersucht.

2. FEM für dynamische Probleme ("Incremental Finite Element Formulation").

Die Bewegungen von Finite-Elemente-Strukturen werden durch Knotenkoordinaten beschrieben, die beispielsweise bei Balken- und Plattenelementen die Starrkörperbewegungen der Elemente nur in linearer Näherung erfassen. Zur Analyse großer Verformungen infolge großer Lasten (äußere Kräfte und aus Referenzbewegungen resultierende Trägheitskräfte) sind dann Iterationsverfahren erforderlich, bei denen große Belastungen in hinreichend kleine Kräfte aufgeteilt werden, so daß die in den Systemgleichungen lineare Approximation der Starrkörperbewegungen zur Ermittlung der Deformationen ausreicht – vgl. [4, 5, 22, 33, 96, 97]. Bei der Analyse großer Rotationsbewegungen kann man eine falsche Massenmatrix erhalten, ein Problem, das sich mit den in [68] erläuterten Hilfsmitteln beheben läßt.

3. Interpolationsansatz für die Referenzbewegung ("Large Rotation Vector Approach").

Bei herkömmlichen Platten- und Balkenelementen können mit Hilfe der Knotenkoordinaten keine großen Starrkörperrotationen dargestellt werden. Eine Modifikation der Vorgehensweise wird in [71] für schubweiche Balken vorgeschlagen. Ihre Bewegungsgleichungen werden hergeleitet, indem man sowohl die Verschiebungen der Punkte der Balkenachse wie auch die (als groß zugelassenen) Verdrehungen der Balkenquerschnitte gegenüber einem Inertialsystem als Produkte vorgegebener Interpolationsfunktionen und unbestimmter Zeitfunktionen angibt. Im Unterschied zur klassischen Formulierung der Gleichungen finiter Elemente erhält man so eine Beschreibung ihrer Bewegung, die eine Erfassung auch großer Starrkörperrotationen der Elemente durch die Ansatzfunktionen erlaubt. Die Darstellung ist, trotz der eindrucksvollen Ergebnisse zur Ermittlung großer Verformungen, nicht ganz unproblematisch: Die Ansätze für die Verschiebungen der Punkte der Balkenachse und für die Verdrehungen der Querschnitte werden in [71] als unabhängig eingeführt, obwohl ein Teil der Rotation der Querschnitte (nämlich derjenige, der zu einem schubstarren Balken gehört) bereits durch die Ansätze für die Verschiebungen der Achse erfaßt wird. Das angegebene Modell des schubweichen Balkens kann daher nicht in ein Modell eines schubstarren Balkens überführt werden, ohne daß die

Darstellung der Starrkörperrotationen redundant wird. Ähnliche Verfahren wurden auch in [13, 27] zur Analyse von Mehrkörpersystemen mit flexiblen Körpern vorgeschlagen.

Weitere Arbeiten, die sich nicht in der obigen Klassifikation unterbringen lassen, behandeln folgende Probleme:

- Modellierung eines Balkens als Mehrkörpersystem, bestehend aus Einzelmassen, die durch geeignet gewählte Gelenke und Federn verbunden sind, [51];

- Entwicklung eines Näherungsverfahrens zur Analyse der Wechselwirkungen zwischen großen Referenzbewegungen und kleinen Deformationen der Körper eines Mehrkörpersystems unter Verwendung verfügbarer MKS- und FEM-Programme, [35];

- Analyse und Regelung der Bewegung längenvariabler, flexibler Roboterarme unter Verwendung von nichtlinearen, (in den Deformationskoordinaten quadratischen) Balkenmodellen, [73]; zu längenvariablen Balken, vgl. auch [80];

- Analyse flexibler Bohrgestänge in räumlich gekrümmten Bohrlöchern unter Verwendung von Balkenmodellen mit gekoppelten Biege-, Längs- und Torsionsbewegungen, [31];

- Analyse flexibler Mechanismen und Roboter mit Finite-Elemente-Methoden, [28]. Hier werden neben flexiblen Körpern auch verformbare Gelenke betrachtet.

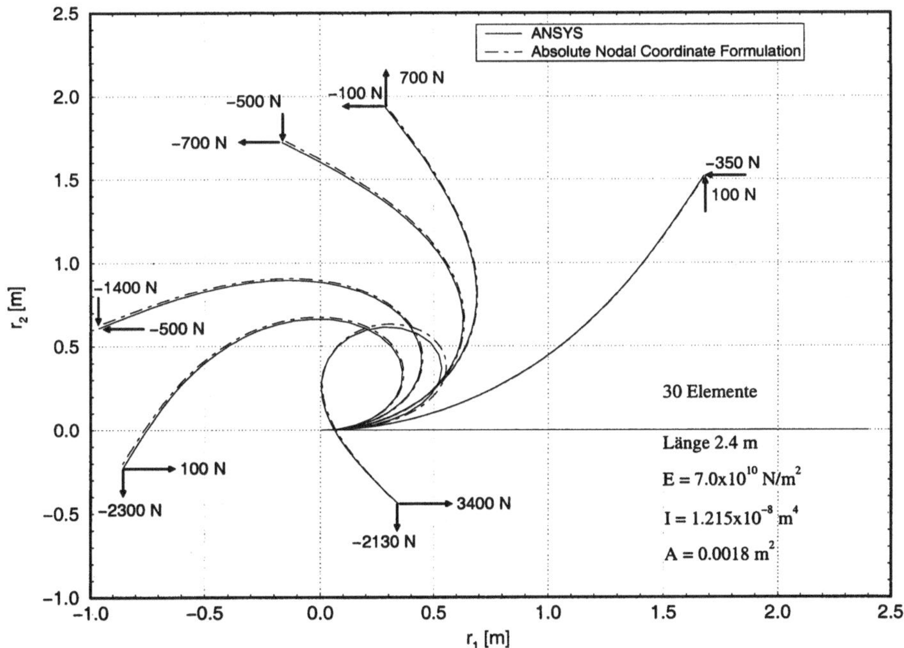

Bild 1-3: Mit einem FEM-Programm (ANSYS) und mit der "Absolute Nodal Coordinate Formulation" ermittelte Verformungen eines einseitig eingespannten Balkens unter verschiedenen Lasten. Man erkennt, daß die Starrkörperbewegungen der Elemente groß sind, was die Bedeutung einer vollständigen Modellierung dieser Teilbewegung bei dynamischen Problemen verdeutlicht.

Zusammenfassend kann festgestellt werden, daß Probleme der Modellierung flexibler Körper in Mehrkörpersystemen umfassend bearbeitet wurden für Fälle, in denen die Deformationen der Körper klein bleiben. Die Entwicklung von Verfahren zur Simulation von Bewegungen mit großen Verformungen ist noch nicht abgeschlossen. Ein von A. A. Shabana vorgeschlagenes Verfahren ("Absolute Nodal Coordinate Formulation") sucht die bei den oben erwähnten Methoden angesprochenen Nachteile zu vermeiden. Der Vorschlag ist sehr einfach. Die in Balken- und Plattenelementen von Finite-Elemente-Programmen üblicherweise verwendeten Variablen erlauben keine Darstellung großer Starrkörperbewegungen der Elemente, was die Nachteile der ursprünglich zur Analyse statischer Probleme entwickelten Methoden zur Folge hat: bei großen Bewegungen solcher Elemente ergibt sich eine falsche Massenmatrix. Verzichtet man aber auf eine einfache Interpretierbarkeit der Knotenvariablen und verwendet anstelle von Winkeln materielle Ableitungen der Knotenkoordinaten zur Beschreibung der Rotationen von Querschnitten und Linien in Balken- und Plattenelementen, so gelingt eine Darstellung großer Starrkörperbewegungen solcher Elemente, [67]. Im Unterschied zur Methode des bewegten Bezugssystems, die in einer komplexen Massenmatrix resultiert, ergibt sich hier eine komplexe Steifigkeitsmatrix. Die Massenmatrix ist zustandsunabhängig und einfach invertierbar. Ein Nachweis der Tragfähigkeit des Shabanaschen Vorschlags findet sich in Bild 1-3. Es zeigt die ebenen Verformungen eines eingespannten Balkens bei verschiedenen Lasten am Balkenende. Die Ergebnisse wurden mit der klassischen Methode der finiten Elemente (ANSYS) und mit dem neuen Verfahren gewonnen, [16]. Man erkennt, daß die Ergebnisse bei diesem statischen Problem gut übereinstimmen. Bei dynamischen Probleme sollten die Vorteile der neuen Methode zum Tragen kommen. Sie könnte eine Synthese von MKS- und FEM-Programmen ermöglichen.

1.3 Zielsetzung

Die hier erläuterten Verfahren zur MKS-Simulation und zur Modellierung flexibler Körper in Mehrkörpersystemen resultieren aus Arbeiten zur Entwicklung der Programme MULTI-BODY, [53], MEDYNA, [81] und SIMPACK, [55-57]. Bild 1-4 zeigt ein sehr grobes Struktogramm des modernsten dieser Produkte, SIMPACK, zusammen mit anderen, beim rechnergestützten Entwurf (CAE = computer-aided-engineering) benötigten Werkzeugen.

Wie im Bild angedeutet, sind MKS-Simulationsprogramme ein zwar wichtiges, aber eben auch nur eines der Werkzeuge, die zum Entwurf und zur Analyse technischer Systeme eingesetzt werden. Eine integrierte Nutzung aller benötigten Werkzeuge erfordert einen Entwurf "offener" Programme, d. h. von Softwarepaketen, die miteinander über Datenschnittstellen oder durch Import und Export von rechnergestützt erstelltem Modellcode kommunizieren können. Beispiele sind der Export von MKS-Modellen in Reglerentwurfs- und -analysesoftware oder ein Import der mit Entwurfswerkzeugen entwickelten Reglermodelle in MKS-Programme. Eine weitere, oft gewünschte Option ist die Nutzung von MKS-Modellen in blockorientierten Simulationssystemen wie MATRIX$_X$/SystemBuild oder MATLAB/SIMULINK, wobei die importierten Modelle wie Blöcke des Simulationssystems behandelt werden sollen. Derartige Schnittstellen von SIMPACK zu anderen CAE-Paketen, wie CAD-, Optimierungs-, FEM- und Reglerentwurfs-Software, sind in Bild 1-4 durch Stecker dargestellt. Die vielfältigen Probleme bei der Realisierung solcher Optionen werden hier nicht angesprochen. Die Darstellung beschränkt sich auf die Methoden der Mechanik, die zur Entwicklung von Datenschnittstellen zwischen MKS- und FEM-Programmen benötigt werden.

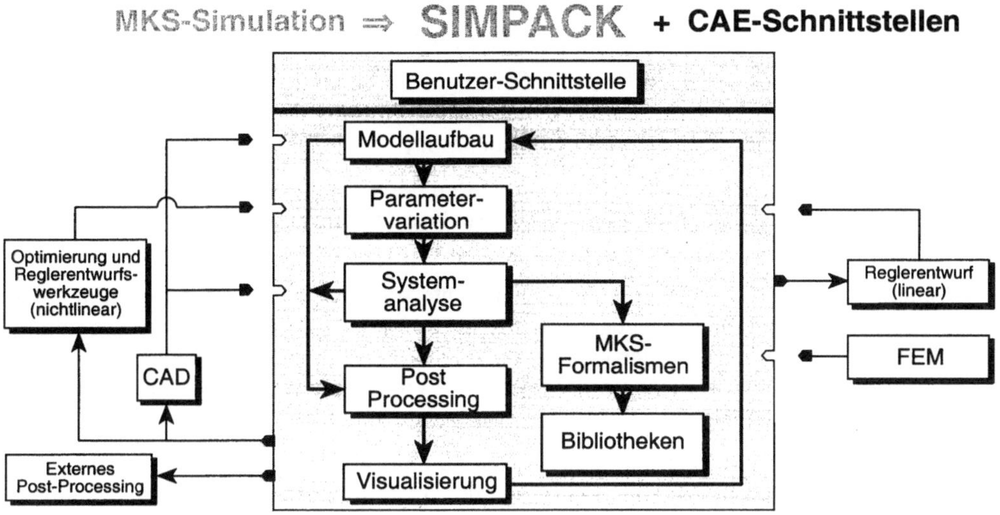

Bild 1-4: Das Mehrkörperprogramm SIMPACK, seine Grobstruktur und seine Schnittstellen zu anderen, im Entwurfsprozeß benötigten CAE-Paketen.

Im Kern eines jeden MKS-Programms sind MKS-Formalismen implementiert, wie z. B. in SIMPACK die oben angesprochenen $O(n)$-Formalismen. Sie generieren die Systemgleichungen aus den Benutzerdaten mit Informationen, die in Bibliotheken von Systemelementen abgelegt sind – Blöcke "MKS-Formalismen" und "Bibliotheken" in Bild 1-4. Die zugehörigen Verfahren werden hier, neben den bereits angesprochenen Schnittstellenproblemen, erläutert. Um ein MKS-Programm zu einem benutzerfreundlichen und nützlichen Werkzeug zu machen, müssen aber, neben den Methoden zur Gleichungserstellung und -lösung, auch noch Verfahren zur Realisierung einer Reihe weiterer Optionen bereitgestellt werden. Diese sind in dem grauen Kasten aus Bild 1-4, der Leistungen von SIMPACK repräsentiert, durch die noch nicht angesprochenen Blöcke dargestellt. Lösungen dieser Probleme werden in diesem Buch gar nicht oder nur am Rande besprochen. Die wichtigsten der Probleme können durch folgende Stichworte umrissen werden:

- *Benutzerschnittstelle:* Grafische Benutzeroberflächen dienen der Modelldefinition und sollen eine einfache Anwendung der im Rechenprogramm verfügbaren Methoden ermöglichen.

- *Modellaufbau:* Neben den Daten, die zur Beschreibung des mechanischen Modells benötigt werden, sind für eine Animation der Systembewegungen auch Daten zur bildlichen Darstellung des Systems erforderlich. Sie können z. B. unter Verwendung von CAD-Systemen gewonnen werden – vgl. Schnittstelle CAD in Bild 1-4. Mit Hilfe einer bildlichen Darstellung des Systems lassen sich Eingabedaten oft besonders einfach überprüfen.

- *Parametervariation:* Vom Rechner durchgeführte Variationen der Systemparameter ermöglichen den Anschluß von Optimierungsverfahren zur rechnergestützten Verbesserung des Systemverhaltens. Hierfür sind auch weitere Informationen erforderlich oder wünschenswert, wie etwa die in manchen Optimierungsverfahren benötigten Gradienten.

- *Systemanalyse:* Neben numerischen Verfahren zur Integration der Systemgleichungen werden oft eine ganze Reihe zusätzlicher Methoden benötigt wie eine

  - *statische Analyse*, zur Ermittlung der Gleichgewichtskonfiguration des Mehrkörpersystems bei vorgegebenen Kräften oder auch zur Ermittlung der Kräfte, für die das Mehrkörpersystem eine gegebene Konfiguration einnimmt;

  - *kinematische Analyse*, zur Ermittlung der Systembewegungen infolge einer vorgegebenen Antriebsbewegung, eine Option, die zur Analyse der Bewegungen von Mechanismen hilfreich ist;

  - *dynamische Analyse*, bei der man zwei Fälle unterscheidet, nämlich die Ermittlung der Systembewegungen infolge vorgegebener Kräfte, und das inverse Problem der Ermittlung der Kräfte, die eine gegebene Bewegung realisieren (eine Analyse, die etwa in der Robotik zur Angabe der Gelenkantriebsmomente benötigt wird, die eine gewünschte Bewegung der Roboterhand realisieren);

  - *Zusammenbaubarkeitsanalyse*, eine hilfreiche Option zur Überprüfung der Systemdaten mit Hilfe einer bildlichen Darstellung des Systems, insbesondere bei komplexen Systemen mit geschlossenen Schleifen – vgl. Modellaufbau;

  - *lineare Systemanalyse*, d. h. Ermittlung und Analyse der um eine Gleichgewichtslage des Mehrkörpersystems linearisierten Gleichungen.

- *Postprocessing:* Hierher gehört die Berechnung aller Größen, mit deren Hilfe umfangreiche Simulationsergebnisse in wenige, aussagekräftige Daten verdichtet werden können, beispielsweise eine Fourieranalyse der Systembewegungen, oder die Ermittlung der zu den Systembewegungen gehörenden Spannungen.

- *Visualisierung:* Darstellung aller Analyseergebnisse in Diagrammen und Computeranimation der Systembewegungen.

Die vielfältigen Probleme, die mit der Realisierung aller genannten Optionen in MKS-Simulationsprogrammen verbunden sind, werden in diesem Buch, wie gesagt, nicht angesprochen. Dies gilt auch für die Verfahren zur numerischen Lösung der Systemgleichungen, die allenfalls am Rande erwähnt werden. Eine ausführliche Darstellung des letzteren Problemkreises findet sich in [17], ausgehend von den in [25] weiterentwickelten Verfahren zur numerischen Lösung von DAE.

Die Notwendigkeit zur Berücksichtigung flexibler Körper in Mehrkörpersystemen ergab sich in vielen Anwendungsgebieten, wie die folgenden Beispiele belegen. Eine Vorreiterrolle spielte die Raumfahrt, wo die Anforderungen an Leichtbau und hierdurch verursachte Probleme schon bei den ersten Missionen sichtbar wurden, vgl. [9], S. 8. Ein neueres Beispiel zeigt Bild 1-5. Eine Antenne ist mit Hilfe eines Gittermasts an einer Raumstation befestigt. In [26, 60] wird untersucht, wie man durch Manöver der Station induzierte Schwingungen der Antenne aktiv dämpfen kann, wobei als Stellglieder Piezoelemente in Fügestellen verwendet werden, über die der flexible Mast mit der Raumstation verbunden ist. Entwurf und Analyse solcher Regelungen erfordern Systemmodelle, in denen große Bewegungen starrer Körper und bei flexiblen Körpern zusätzlich kleine überlagerte Verformungen berücksichtigt werden können – vgl. [61, 62, 82-84].

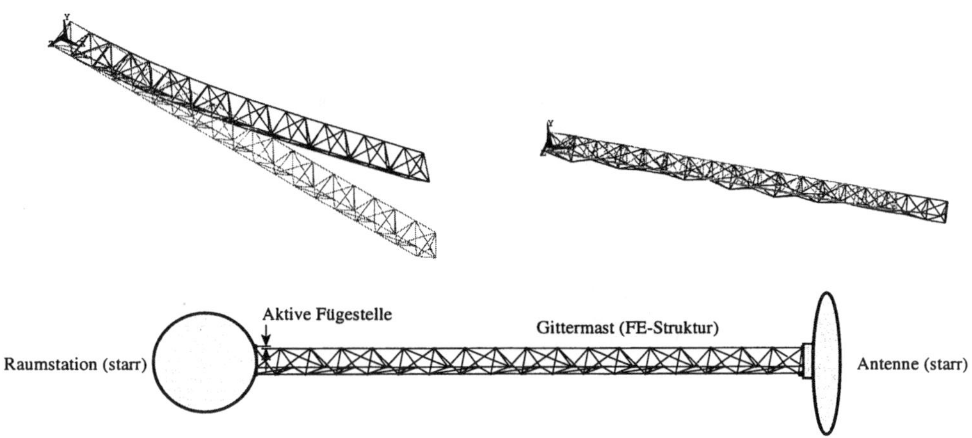

Bild 1-5: Aktive Schwingungsdämpfung der Antenne an einer Raumstation. Die angegebenen Eigenfunktionen des Gittermasts werden zur Darstellung der Bewegungen dieser Struktur verwendet, [60].

Das Zusammenwirken der Verformbarkeit von Tragflügeln und Luftkräften führt bei Flugzeugen und verwandten technischen Systemen wie beispielsweise Windturbinen – vgl. Bild 1-6 und [38] – zu den gefürchteten Flattererscheinungen, [24]. Die leichte Verformbarkeit von Flugzeugen resultiert aber auch in Problemen beim Rollbetrieb: Die auf rauhen Lande- und Rollbahnen induzierten Vertikalschwingungen beeinträchtigen Passagierkomfort und Handhabbarkeit des Flugzeugs, insbesondere bei gestreckten Versionen von Passagierflugzeugen. In [87, 88] werden mit MKS-Modellen entwickelte Konzepte von Fahrwerken vorgeschlagen, die nicht nur die großen Kräfte bei der Landung aufnehmen, sondern auch eine geringere Belastung der flexiblen Flugzeugstruktur im Rollbetrieb bei gleichzeitiger Steigerung des Passagierkomforts versprechen. Ohne Berücksichtigung der in Bild 1-7 übertrieben dargestellten Verformbarkeit des Flugzeugs ist ein Entwurf solcher Fahrwerke nicht denkbar.

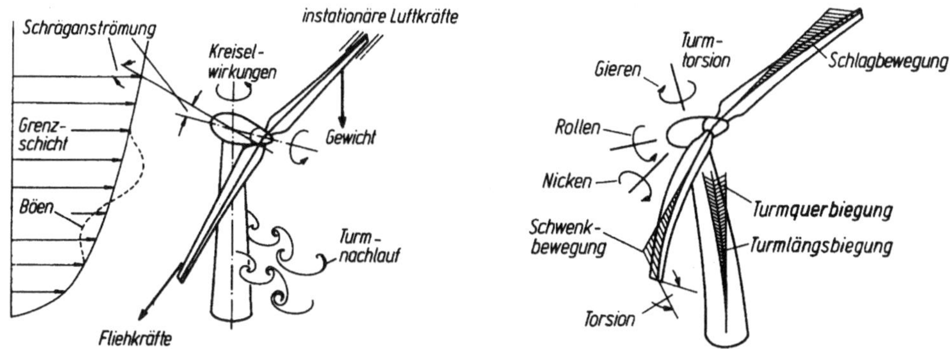

Bild 1-6: In Flatterproblemen resultierende Kräfte und Verformungen an einer Windturbine, [38].

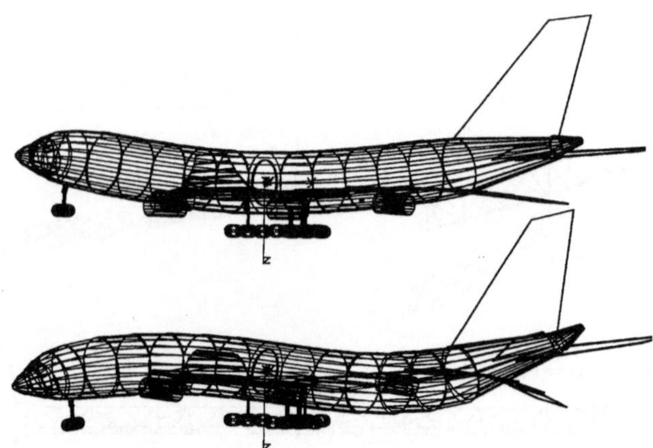

Bild 1-7: Die beiden ersten Eigenformen eines flexiblen Flugzeugs. MKS-Modelle flexibler Flugzeuge mit
Fahrwerk werden zur integrierten Auslegung von Flugzeugzelle und -fahrwerk verwendet, [87].

Ein weiteres Beispiel aus der Luftfahrttechnik zeigt Bild 1-8. Durch den Rotor induzierte
Schwingungen des gesamten Hubschraubers beeinträchtigen die Haltbarkeit von Systemkom-
ponenten, den Komfort von Pilot und Passagieren und sie verursachen nicht zuletzt beträchtlichen Lärm. In [86] beschriebene Untersuchungen haben zum Ziel, diese Probleme durch neu-
artige Regelungen, wie die individuelle Ansteuerung der einzelnen Rotorblätter (IBC = Indivi-
dual Blade Control) zu vermindern. Analyse und Entwurf solcher Regelungssysteme erfordern Mehrkörpermodelle des Hubschraubers, bei denen die Verformbarkeit der Rotorblätter
und relativ komplexe Modelle der Luftkräfte berücksichtigt sind.

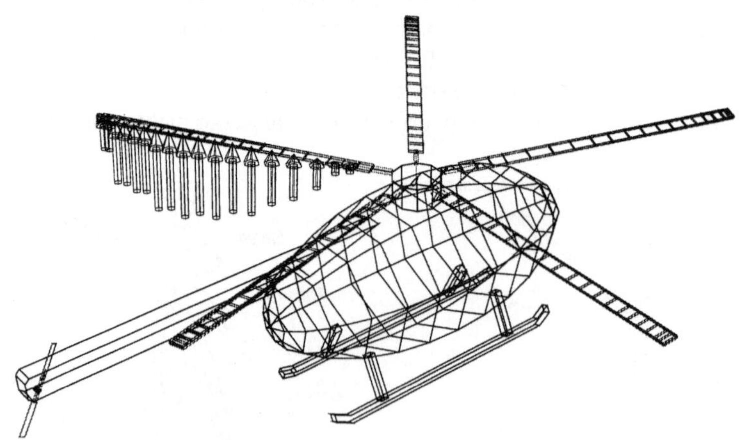

Bild 1-8: Mehrkörpermodell eines Hubschraubers mit elastischen Rotorblättern.

Die Planeten-Wälz-Gewindespindel aus Bild 1-9, links – vgl. [15] – hat eine ungewöhnliche
Verzahnung, die eine reibungsarme Umsetzung schneller Drehbewegungen mit niedrigem
Moment in langsame Linearbewegungen hoher Kraft ermöglicht. Integriert man die Spindel in
einen Elektromotor – vgl. Bild 1-9, rechts – so entsteht ein kompaktes, lineares Antriebsele-

ment, das eine vielseitig verwendbare Alternative zu pneumatischen und hydraulischen Stellgliedern darstellt. Durch zusätzliche Integration von Sensorik und Regelung soll ein aktives, elektromechanisches Stellglied mit frei programmierbarer Charakteristik entwickelt werden, ein Musterbeispiel mechatronischer Stellgliedtechnik, [1]. Die Unterstützung dieser Entwicklung durch Rechnersimulationen erfordert neben der Modellierung der Kontaktmechanik in der Planeten-Wälz-Gewindespindel auch eine Erfassung der Verformbarkeit des Kraftmeßsystems: Ein Finite-Elemente-Modell der Membran des Kraftsensors muß bei der Analyse von Reglerentwürfen in einem MKS-Modell des Stellglieds berücksichtigt werden, ein Beispiel, in dem die Modellierung der Verformbarkeit von Körpern in einem kompakten, mechatronischen System erforderlich ist.

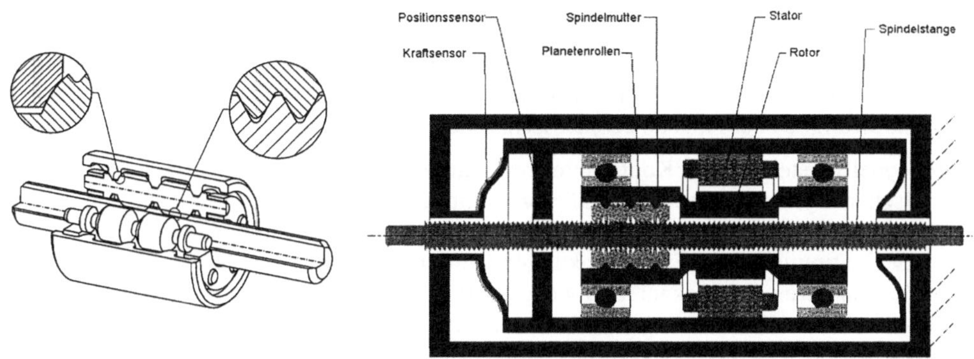

Bild 1-9: Die Integration eines Getriebes (linkes Bild) in einen Motor ergibt mit geeigneter Sensorik und Regelung (rechtes Bild) ein Stellglied mit frei wählbarer Charakteristik, [1].

Die Beispiele zeigen, daß sich Anforderungen zur Berücksichtigung der Verformbarkeit von Körpern eines Mehrkörpersystems bei einer breiten Palette von Anwendungen ergeben und daß die Körper i. a. zwar große Bewegungen ausführen, sich dabei aber nur wenig verformen. Mit der hier ausschließlich verwendeten Methode des bewegten Bezugssystems wird die Bewegung der Körper getrennt in eine Referenzbewegung und in Verformungen. Die Bewegungsgleichungen kann man dann in den Koordinaten zur Beschreibung der Verformungen linearisieren, womit sich einfachere Gleichungen und damit Rechenzeitvorteile ergeben. Die Trennung der beiden Bewegungen ist aber nicht eindeutig – es gibt viele Optionen, die sich auswirken auf die Größe der Teilbewegungen, die Effizienz der Formalismen und die Güte, mit der die Bewegungen durch Näherungen nach dem Ritzschen Verfahren dargestellt werden.

Der Rest des Abschnitts ist einer Erläuterung der Auswahl der Methoden der Mechanik gewidmet, die hier zur Angabe von Formalismen zur Herleitung der linearisierten Bewegungsgleichungen dienen. Modelle flexibler Körper sind bei Untersuchungen im Frühstadium eines Systementwurfs häufig Balken oder auch Platten und Schalen, also Kontinua mit inneren Bindungen. Die Simulation fortgeschrittener Entwürfe erfordert wegen der dann oft komplexen Körperformen eine Modellierung flexibler Körper als Finite-Elemente-Strukturen. Die zur Berücksichtigung aller dieser Modelle der technischen Dynamik erforderlichen Methoden der Mechanik werden ausgehend von den Modellvorstellungen der Kontinuumsmechanik, genauer der Elastizitätstheorie, entwickelt. Dafür sprechen zwei Gesichtspunkte:

- Kontinuumsmechanik und Elastizitätstheorie liefern klare Vorstellungen zu den bei der Modellierung flexibler Körper in Mehrkörpersystemen verwendeten Konzepten, die u. a. auch die eingangs erwähnte Fähigkeit zur Beurteilung von Modellen fördern.

- Die Gleichungen der Elastizitätstheorie erlauben die Definition einer objektorientierten Datenstruktur zur Beschreibung flexibler Körper in Mehrkörpersystemen. Da sich die entsprechenden Modelle der Körper aus dem Modell der Kontinuumsmechanik durch Spezialisierung ergeben, ist eine hinreichende Allgemeinheit der Daten gesichert.

Nach der Modellvorstellung der Kontinuumsmechanik ist ein mechanisches System eine Menge von Punkten, denen gewisse physikalische Eigenschaften zugeordnet sind. Zwei Grundgesetze der Mechanik, die Bilanzgleichungen für Impuls und Drehimpuls, liefern die Bewegungsgleichungen des Kontinuums (in Form partieller Differentialgleichungen) und die Symmetrie des Spannungstensors. Die Bewegungsgleichungen flexibler Körper in Mehrkörpersystemen werden hier zwar nur in der für kleine Verformungen linearisierten Form benötigt, ihre Herleitung erfordert aber doch die nichtlinearen Gleichungen der Elastizitätstheorie, da gewisse Nichtlinearitäten zur Angabe geometrischer Steifigkeiten erforderlich sind.

Aus der Modellvorstellung der Kontinuumsmechanik erhält man die hier benötigten Modelle der technischen Dynamik, also starre Körper, Kontinua mit inneren Bindungen, Finite-Elemente- und Mehrkörpersysteme, durch Einschränkung der Bewegungsmöglichkeiten der Punkte des Kontinuums. Die Einschränkungen werden durch Zwangsgleichungen beschrieben und sie resultieren in unbekannten Zwangskräften, über die die Grundgesetze der Mechanik nichts aussagen. Die zur Angabe der Bewegungsgleichungen erforderlichen Aussagen werden von den Prinzipen der Mechanik geliefert. Zwänge, und damit Zwangskräfte, ergeben sich auch, wenn man das Verschiebungsfeld der Punkte der hier betrachteten Kontinua nach dem Ritzschen Verfahren mit Hilfe einer endlichen Zahl von Ansatzfunktionen approximiert. Anstelle partieller erhält man dann gewöhnliche Differentialgleichungen zur Angabe von Näherungen für die Systembewegungen. Die Prinzipe der Mechanik garantieren eine Herleitung von Näherungsgleichungen, die den Gesetzen der Mechanik nicht widersprechen.

Als erstes Beispiel zur Anwendung der Prinzipe werden die Bewegungsgleichungen eines als eindimensionales Kontinuum modellierten Balkens angegeben. Mit den Gleichungen lassen sich Notwendigkeit zur Berücksichtigung und Vorgehensweise zur Ermittlung geometrischer Steifigkeiten einfach zeigen. Eine Erläuterung der Grundzüge der Finite-Elemente-Methode folgt. Die Methode kann als rechnerorientierte Form des Ritzschen Verfahren angesehen werden, wobei globale Ansatzfunktionen für Körper komplexer Form aus lokal begrenzten Ansatzfunktionen für einfache Körper, den finiten Elementen, gewonnen werden. Auf die zur Modellierung flexibler Körper in Mehrkörpersystemen besonders relevanten Probleme der Ermittlung geometrischer Steifigkeiten und der Berechnung von Belastungen durch Trägheitskräfte infolge einer Referenzbewegung wird besonders eingegangen. Nach diesen Vorbereitungen lassen sich Formalismen für beide Darstellungen der Systembewegungen, der Deskriptor- und der Zustandsform, angeben, insbesondere die zur Ermittlung der expliziten Zustandsgleichungen effizienten $O(n)$-Formalismen. Mit symbolischen Computer Algebra Systemen nachvollziehbare Beispiele verdeutlichen die Methoden und insbesondere auch die Auswirkungen der Optionen zur Trennung von Referenzbewegung und Verformung und die damit verbundene Wahl von Ansatzfunktionen im Ritzschen Verfahren.

2 Elastizitätstheorie

Die Elastizitätstheorie verwendet Modellvorstellungen der Kontinuumsmechanik zur Analyse der Bewegungen fester, elastischer Körper und der in ihnen wirkenden Kräfte. In der Kontinuumsmechanik werden, ausgehend von experimentellen Erfahrungen, Modelle materieller Körper konstruiert. Dabei kommt man ohne Rückgriff auf die mikroskopische, atomare Struktur der Materie aus. Eine Berechtigung finden diese Modelle, die Kontinua, nur in ihrer erfolgreichen Anwendung zur Analyse technischer Systeme, d. h. in der Übereinstimmung der mit dem Modell erarbeiteten Aussagen mit der Realität.

2.1 Beschreibung der Bewegung

Nach der Modellvorstellung der Kontinuumsmechanik ist ein Körper $\mathcal{K}$ eine zusammenhängende und abgeschlossene Menge materieller[*] Punkte, [20], S. 226, [19], S. 37, [2], S. 9. Die Bewegung von $\mathcal{K}$ bezüglich eines kartesischen Koordinatensystems $\{O, \underline{\mathbf{e}}\}$ – vgl. (7.7) – eines Bezugssystems, ist bekannt, wenn der Ort aller Punkte $P(t)$ des Körpers in $\{O, \underline{\mathbf{e}}\}$ zu allen Zeiten t angegeben werden kann – vgl. Bild 2-1.

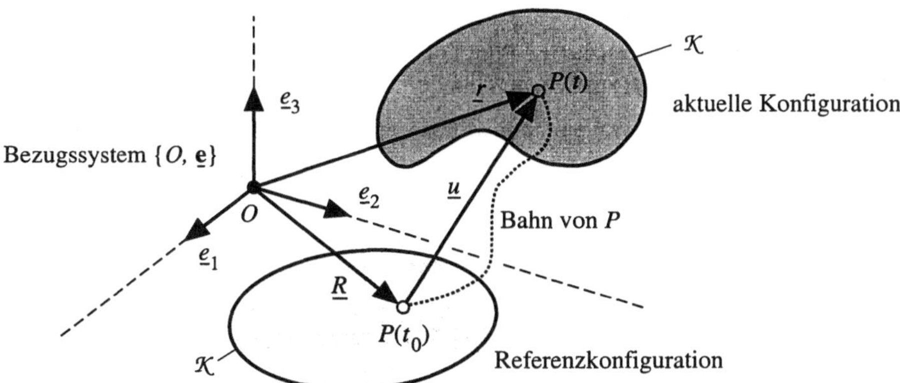

Bild 2-1: Beschreibung der Bewegung der Punkte P eines deformierbaren Körpers $\mathcal{K}$.

Zur Festlegung der zum Körper gehörenden Punkte betrachtet man eine Referenzkonfiguration. Sie wird zur Zeit $t = t_0$ eingenommen. In der Referenzkonfiguration werden den Punkten $P(t_0)$ des Körpers die Ortsvektoren

$$\underline{R} = \underline{\mathbf{e}}^T \mathbf{R}, \quad \mathbf{R} = [R_\alpha] \tag{2.1}$$

zugeordnet. Die Koordinaten $\mathbf{R}$ kennzeichnen die zum Körper gehörenden Punkte, sie sind deren "Namen".

---

[*] Zur Darstellung der Kinematik sind physikalische Eigenschaften der Punkte des Kontinuums irrelevant. Zur Angabe der kinetischen Gleichungen werden den Punkten des Kontinuums Kräfte und Massen zugeordnet.

Bei einer Bewegung des Körpers kommt der Punkt **R** zur Zeit t an den Ort

$$\underline{r} = \underline{e}^T \, \mathbf{r}, \quad \mathbf{r} = [r_\alpha] \tag{2.2}$$

des Raums. Die Bewegung des Körpers kann somit beschrieben werden durch die Funktionen

$$r_\alpha = r_\alpha(R_1, R_2, R_3, t, t_0) \quad \text{also} \quad \mathbf{r} = \mathbf{r}(\mathbf{R}, t, t_0). \tag{2.3}$$

Sie geben den Ort **r** des Punkts mit dem Namen **R** zur Zeit t an, also desjenigen Punkts, der sich zur Zeit t_0 am Ort **R** befand und erfassen die aktuelle Konfiguration des Körpers. Die Funktionen **r** hängen auch von t_0 ab, weil sich die Koordinaten **R** bei einem Wechsel von t_0 ändern. Zur Referenzzeit $t = t_0$ gilt

$$\mathbf{r}(\mathbf{R}, t_0, t_0) = \mathbf{R}. \tag{2.4}$$

Die hier betrachteten Körper sollen bei beliebiger Bewegung $\mathbf{r}(\mathbf{R}, t, t_0)$ folgende Eigenschaften besitzen, [20], S. 243 und S. 325, [2], S. 11:

- *Unzerstörbarkeit:* Zusammenhängende Kurvenstücke aus Punkten des Körpers bleiben zusammenhängend.

- *Erhaltung des Körpers:* Vorhandene Punkte können nicht verschwinden und zu den vorhandenen Punkten kommen keine neuen hinzu.

- *Undurchdringbarkeit:* Der von einem Punkt besetzte Ort kann nicht gleichzeitig von anderen Punkten eingenommen werden.

Modelle von Körpern, die diesen Bedingungen genügen, nennt man Kontinua; die Bedingungen selbst heißen Kontinuitätsaxiome. Sie gewährleisten, daß die durch (2.3) beschriebene und in Bild 2-1 veranschaulichte Zuordnung der Punkte $P(t_0)$ und $P(t)$ eineindeutig und stetig ist. Die Zuordnung (2.3) soll auch noch für alle später folgenden Definitionen hinreichend oft differenzierbar sein, eine Forderung, der die obigen Axiome nicht im Wege stehen.

Die Gleichungen (2.3) lassen sich nach **R** auflösen und man erhält die Umkehrfunktionen

$$\mathbf{R} = \mathbf{R}(\mathbf{r}, t, t_0). \tag{2.5}$$

Wählt man die Zeit t als Referenzzeit, also $t_0 = t$, so gilt nach Bild 2-1 $\underline{R} = \underline{r}$, also

$$\mathbf{R}(\mathbf{r}, t, t) = \mathbf{r}. \tag{2.6}$$

Die Funktionen (2.5) geben demnach den Namen **R** desjenigen Punkts P an, der sich zur Zeit t am Ort **r** befindet.

In den Gleichungen (2.3) werden die Koordinaten **R** und in (2.5) die Koordinaten **r** als unabhängige Variable verwendet. Man nennt (siehe z. B. [2], S. 11): $\mathbf{R} = [R_\alpha]$ *materielle, substantielle* oder *Lagrangesche Koordinaten* und $\mathbf{r} = [r_\alpha]$ *lokale, räumliche* oder *Eulersche Koordinaten*. Es sei Φ eine für jeden Punkt des Kontinuums zu allen Zeiten t angebbare, physikalische Größe, z. B. die Temperatur. Mit anderen Worten: Φ ist als Funktion der materiellen Koordinaten R_α und der Zeit t gegeben. Man nennt

$$\Phi = \Phi(R_1, R_2, R_3, t, t_0) = \Phi(\mathbf{R}, t, t_0) \quad \text{Lagrangesche Beschreibung von } \Phi. \tag{2.7}$$

Mit (2.5) kann man die materiellen Koordinaten R_α durch die räumlichen Koordinaten r_α ersetzen[*)] und dementsprechend heißt

$$\Phi = \Phi\big(\mathbf{R}(\mathbf{r}, t, t_0), t, t_0\big) = \Phi(\mathbf{r}, t, t_0) \quad \text{Eulersche Beschreibung von } \Phi. \tag{2.8}$$

Insbesondere spricht man bei (2.3) von einer materiellen oder Lagrangeschen und bei (2.5) von einer räumlichen oder Eulerschen Beschreibung der Bewegung. Die Eulersche Beschreibung wird auch als Feldbeschreibung bezeichnet.

Anstelle der Ortsvektoren $\underline{r}$ kann man auch die Verschiebungsvektoren

$$\underline{u} = \underline{r} - \underline{R} = \underline{\mathbf{e}}^T \mathbf{u}, \qquad \mathbf{u} = \big[u_\alpha\big] \tag{2.9}$$

aus Bild 2-1 zur Angabe des Orts der Punkte $P(t)$ des Körpers heranziehen. Damit erhält man aus (2.3) und (2.5) die beiden Alternativen

$$\mathbf{u} = \mathbf{u}(\mathbf{R}, t, t_0) = \mathbf{r}(\mathbf{R}, t, t_0) - \mathbf{R} \quad \text{(Lagrangesche Darstellung)} \tag{2.10}$$

und

$$\mathbf{u} = \mathbf{u}(\mathbf{r}, t, t_0) = \mathbf{r} - \mathbf{R}(\mathbf{r}, t, t_0) \quad \text{(Eulersche Darstellung)} \tag{2.11}$$

zur Angabe der Bewegung mit Hilfe der Verschiebungsvektoren.

Die Einführung von Verschiebungsvektoren ist oft nützlich, etwa in geometrisch linearisierten Gleichungen oder zur Angabe von Verzerrungstensoren. In den geometrisch linearisierten Gleichungen verschwinden die Unterschiede zwischen materiellen und lokalen Koordinaten, aber ihre klare, begriffliche Trennung kann bei Analyse der nichtlinearen Bewegungsgleichungen nicht genügend betont werden, [21], S. 79.

Die beiden Darstellungen der Bewegung des Kontinuums lassen sich mit Hilfe allgemeiner Koordinaten (vgl. [6], S. 251) interpretieren. In der Lagrangeschen Betrachtungsweise stellt man sich im allgemeinsten Fall vor, daß das Kontinuum in seiner Referenzkonfiguration mit einem Koordinatensystem beliebiger Art fest verbunden ist, so daß die Gitterlinien des Koordinatensystems die Deformationen des Kontinuums mitmachen, siehe z. B. [7], S. 64 und [20], S. 242. Die in (2.1) eingeführten Koordinaten $\mathbf{R}$ sind ein spezielles Beispiel: Zur Zeit $t = t_0$, d. h. in der Referenzkonfiguration, ist das Kontinuum mit einem Netz kartesischer

---

[*)] N. B.: In (2.8) wird für $\Phi(\mathbf{r}, t, t_0)$ dasselbe Funktionssymbol wie in (2.7) für $\Phi(\mathbf{R}, t, t_0)$ benutzt, obwohl es sich i. a. um verschiedene Funktionen handelt. Dies hat den Vorteil, daß man nicht zwei unterschiedliche Symbole für ein und dieselbe physikalische Größe einführen muß, erzwingt aber unterschiedliche Bezeichnungen für Zeitableitungen von Φ – siehe z. B. [2], S. 13.

Koordinatenlinien markiert – vgl. Bild 2-2.a, links. Ihre Schnittpunkte repräsentieren die Punkte $\mathbf{R}$ des Kontinuums. Diese fallen nach (2.4) zur Zeit $t = t_0$ mit den Punkten $\mathbf{r}(\mathbf{R},t_0,t_0)$ des Raums zusammen – also mit den Schnittpunkten der gestrichelt gezeichneten Gitterlinien. Nun wird das Kontinuum deformiert – Bild 2-2.a, rechts. Seine Punkte $\mathbf{R}$, die Schnittpunkte der Koordinatenlinien, gelangen nach (2.3) zu den Punkten $\mathbf{r}(\mathbf{R},t,t_0)$ des Raums. Die auf dem Kontinuum markierten kartesischen Koordinatenlinien werden mit ihm deformiert. Durch die zur Beschreibung der Bewegung des Kontinuums eingeführten Funktionen $\mathbf{r}(\mathbf{R},t,t_0)$ ist demnach auch ein krummliniges, i. a. nicht orthogonales Koordinatensystem mit den Koordinaten $\mathbf{R}$ definiert: Die Koordinaten $\mathbf{R}$ repräsentieren Punkte des Kontinuums, die sich zur Zeit t_0 am Ort $\mathbf{r}(\mathbf{R},t_0,t_0) = \mathbf{R}$ und zur Zeit t am Ort $\mathbf{r}(\mathbf{R},t,t_0)$ des Raums befinden.

Die Interpretation der Gleichungen (2.5) und (2.6) für die Eulersche Darstellung der Bewegung ist in Bild 2-2.b veranschaulicht. Durch die zur Angabe der Bewegung des Kontinuums verwendeten Funktionen $\mathbf{R}(\mathbf{r},t,t_0)$ ist wieder ein allgemeines Koordinatensystem definiert, jetzt aber mit den Koordinaten $\mathbf{r}$. Die Schnittpunkte der Koordinatenlinien repräsentieren die Punkte $\mathbf{r}$ des Raums. Diese fallen nach (2.6) in der aktuellen Konfiguration des Kontinuums

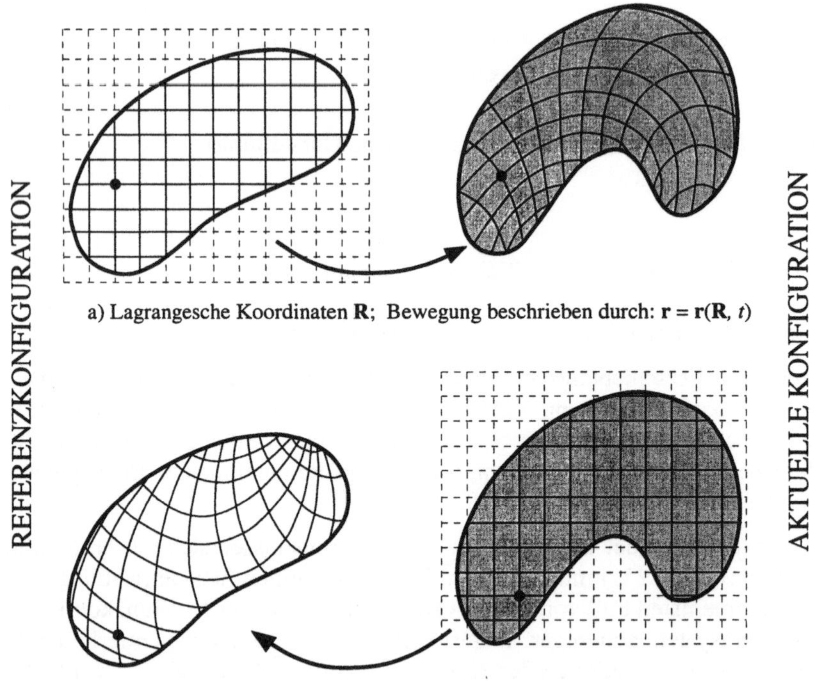

a) Lagrangesche Koordinaten $\mathbf{R}$; Bewegung beschrieben durch: $\mathbf{r} = \mathbf{r}(\mathbf{R},\,t)$

b) Eulersche Koordinaten $\mathbf{r}$; Bewegung beschrieben durch: $\mathbf{R} = \mathbf{R}(\mathbf{r},\,t)$

Bild 2-2: Zuordnung von Gitterlinien eines raumfesten, kartesischen Koordinatensystems, das auf dem Kontinuum a) in der Referenzkonfiguration und b) in der aktuellen Konfiguration markiert ist, zu den Gitterlinien eines Systems allgemeiner Koordinaten. Letztere erfassen die Deformation des Kontinuums bei a) Lagrangescher und b) Eulerscher Darstellung der Bewegung.

mit dessen Punkten **R** zusammen: Das Netz der im Bild 2-2.b gestrichelt gezeichneten, kartesischen Koordinatenlinien des Raums stimmt in der aktuellen Konfiguration mit einem Netz kartesischer Gitterlinien überein, das zur Zeit t auf dem Kontinuum markiert ist. In der Referenzkonfiguration sind den kartesischen Koordinatenlinien krummlinige Koordinatenlinien zugeordnet, die die Orte **R** der Punkte des Kontinuums zur Referenzzeit angeben. Die Koordinaten **r** repräsentieren demnach Punkte des Raums, die in der aktuellen Konfiguration mit den Punkten **R** des Kontinuums zusammenfallen. Die Namen **R** der Punkte geben die Orte an, an denen sich die Punkte des Kontinuums zur Referenzzeit befanden. Wird das Kontinuum in Abhängigkeit von der Zeit t deformiert, so ändern sich die Punkte **R**, die sich am Ort **r** befinden. Die von der Zeit t abhängige Bewegung $\mathbf{R}(\mathbf{r},t,t_0)$ wird demnach durch die zeitliche Änderung der Koordinatenlinien in der Referenzkonfiguration erfaßt.

Die Wahl zwischen den beiden Darstellungen hängt vornehmlich vom Anwendungsfall ab. Die Lagrangesche Beschreibung wird bei festen Körpern bevorzugt, [11], S. 189. In ihr sind die Bahnen der Punkte des Kontinuums unmittelbar gegeben. In der Hydro- und Gasdynamik benötigt man das Geschwindigkeitsfeld einer Strömung, d. h. die Geschwindigkeit am Ort **r** – die Verfolgung der Bewegung einzelner Flüssigkeitsteilchen, beispielsweise die Geschwindigkeit eines bestimmten Punkts **R** des Kontinuums, interessiert weniger, [10], S. 153 und 247, [7], S. 89. Demgemäß benutzt man die Eulersche Beschreibung häufig bei der Analyse von Strömungsvorgängen, also zur Darstellung der Bewegungen von Flüssigkeiten und Gasen. Zur Angabe der Bewegungen fester Körper in Mehrkörpersystemen wird hier ausschließlich die Lagrangesche Betrachtungsweise (2.10) verwendet.

Die Funktionen (2.3) und (2.10) stellen auch Bewegungen beliebiger mechanischer Systeme dar: Die Systembewegung ist erfaßt, wenn die Bewegung eines jeden Punkts des Systems, also die Funktionen $\mathbf{r}(\mathbf{R},t)$ oder $\mathbf{u}(\mathbf{R},t)$ angegeben werden können. Bei vielen Modellen der technischen Dynamik kann man diese Funktionen durch einfachere Funktionen ausdrücken. Solche Modellvorstellungen und die Definition der dann zur Angabe der Bewegung benötigten Variablen werden in Abschnitt 3.1.1 erläutert.

2.2 Verzerrungszustand

Infolge der Relativbewegungen der Punkte eines Kontinuums wird es deformiert oder verzerrt – zur Terminologie vgl. [2], S. 45. Da sich die Verzerrungen von Punkt zu Punkt unterscheiden können, benötigt man lokal, d. h. für jeden Punkt, definierte Verzerrungsmaße. Man kann sie aus den Maßtensoren der allgemeinen Koordinatensysteme gewinnen, die oben zur Veranschaulichung der Bewegungen eines Kontinuums herangezogen wurden.

2.2.1 Allgemeine Koordinaten

Der Ort des Punkts $P(t)$ aus Bild 2-1 ist in der Lagrangeschen Darstellung nach (2.3) gegeben durch die kartesischen Koordinaten $\mathbf{r} = \mathbf{r}(\mathbf{R})$, d. h. durch $r_\alpha = r_\alpha(R_1,R_2,R_3)$. Die drei Funktionen sind nach Abschnitt 2.1 eineindeutig und stetig differenzierbar. Auf die Argumente t und t_0 der Funktionen (2.3) kommt es hier nicht an. Hält man in (2.3) einen Wert R_β fest, so geben die $r_\alpha(R_1,R_2,R_3)$ eine Fläche an. Für verschiedene Werte R_β erhält man eine Flächenschar. Die Gleichungen (2.3) definieren daher für

$$R_\beta = \text{const.}, \quad \beta = 1,2,3, \quad \text{d. h. für} \quad R_1 = \text{const.}, \quad R_2 = \text{const.}, \quad R_3 = \text{const.} \qquad (2.12)$$

drei Flächenscharen im Raum – vgl. Bild 2-3. Wegen der Eineindeutigkeit der Funktionen (2.3) geht durch jeden Punkt des Raums je eine und nur eine der Flächen dieser drei Scharen hindurch. Somit legt das Zahlentripel R_β, ebenso wie r_α, den Punkt $P(t)$ eindeutig fest. Die R_β heißen krummlinige oder allgemeine Koordinaten von $P(t)$ – siehe [6], S. 251 ff. Je zwei Flächen $R_\beta = \text{const.}$ schneiden sich in einer Kurve, auf der zwei der drei Koordinaten R_β fest sind. Man bezeichnet diese Kurven als 1-, 2- und 3-Kurven, Koordinatenlinien oder Gitterlinien durch $P(t)$. Aus (2.3) folgt für die nicht normierten und i. a. nicht orthogonalen Tangentenvektoren an die Koordinatenlinien $R_\alpha = \text{const.}, R_\gamma = \text{const.}$:

$$\underline{b}_\beta = \underline{\mathbf{e}}^T \left[\frac{\partial r_\alpha}{\partial R_\beta} \right] \quad \text{d.h.} \quad \underline{b}_1 = \underline{\mathbf{e}}^T \left[\frac{\partial r_\alpha}{\partial R_1} \right], \quad \underline{b}_2 = \underline{\mathbf{e}}^T \left[\frac{\partial r_\alpha}{\partial R_2} \right], \quad \underline{b}_3 = \underline{\mathbf{e}}^T \left[\frac{\partial r_\alpha}{\partial R_3} \right]. \qquad (2.13)$$

Die Vektoren $\underline{b}_\beta$ sind in Bild 2-3 angegeben. Sie werden als Gittervektoren (lattice-vectors, [21], S. 81) oder kovariante Basisvektoren, [12], S. 26 und 81, [9], S. 51 der allgemeinen Koordinaten R_α bezeichnet.

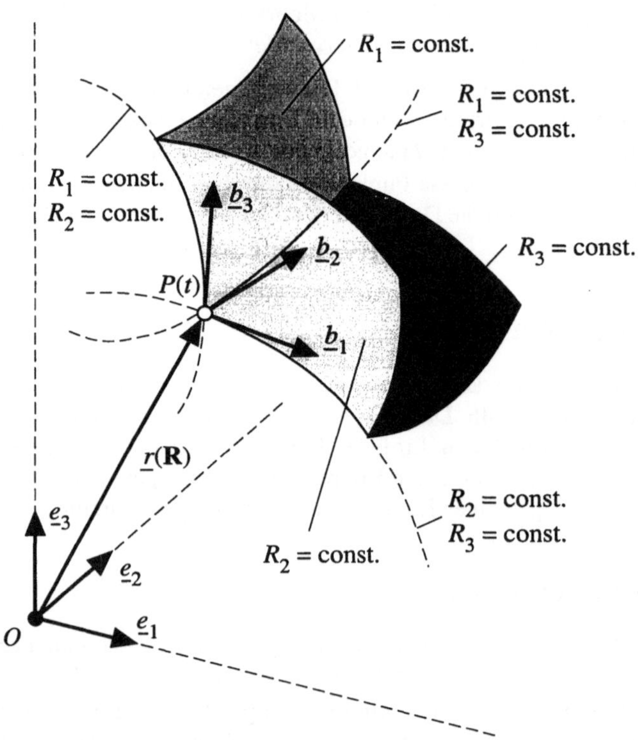

Bild 2-3: Allgemeine Koordinaten R_α, Koordinatenflächen, Gitterlinien und Gittervektoren $\underline{b}_\alpha$.

2.2.2 Deformationsgradient

Die Maßzahlen der Gittervektoren sind die drei Spalten

$$\mathbf{F}_{*1} = \left[\frac{\partial r_\alpha}{\partial R_1}\right], \quad \mathbf{F}_{*2} = \left[\frac{\partial r_\alpha}{\partial R_2}\right], \quad \mathbf{F}_{*3} = \left[\frac{\partial r_\alpha}{\partial R_3}\right] \quad \text{oder allgemein} \quad \mathbf{F}_{*\beta} = \left[\frac{\partial r_\alpha}{\partial R_\beta}\right] \tag{2.14}$$

der Funktionalmatrix

$$\mathbf{F} = \mathbf{F}(\mathbf{R},t,t_0) = \begin{bmatrix} \mathbf{F}_{*1} & \mathbf{F}_{*2} & \mathbf{F}_{*3} \end{bmatrix} = \begin{bmatrix} F_{\alpha\beta} \end{bmatrix} = \left[\frac{\partial r_\alpha}{\partial R_\beta}\right] = \begin{bmatrix} \dfrac{\partial r_1}{\partial R_1} & \dfrac{\partial r_1}{\partial R_2} & \dfrac{\partial r_1}{\partial R_3} \\[2mm] \dfrac{\partial r_2}{\partial R_1} & \dfrac{\partial r_2}{\partial R_2} & \dfrac{\partial r_2}{\partial R_3} \\[2mm] \dfrac{\partial r_3}{\partial R_1} & \dfrac{\partial r_3}{\partial R_2} & \dfrac{\partial r_3}{\partial R_3} \end{bmatrix} \tag{2.15}$$

der Funktionen (2.3). Wegen der Voraussetzungen aus Abschnitt 2.1 hat $\mathbf{F}$ stets vollen Rang. Damit kann man in P ein lokales, schiefwinkliges Koordinatensystem $\{P, \underline{\mathbf{b}}\}$ errichten mit

$$\underline{\mathbf{b}} = \begin{bmatrix} \underline{b}_\beta \end{bmatrix} \quad \text{wo} \quad \underline{b}_\beta = \underline{\mathbf{e}}^T \mathbf{F}_{*\beta} = \mathbf{F}_{*\beta}^T \underline{\mathbf{e}} \tag{2.16}$$

mit $\mathbf{F}_{*\beta}$ aus (2.13), (2.14). Die drei Ausdrücke für $\underline{b}_\beta$ lassen sich zusammenfassen in

$$\underline{\mathbf{b}} = \mathbf{F}^T \underline{\mathbf{e}} \quad \text{mit} \quad \underline{\mathbf{b}} = \begin{bmatrix} \underline{b}_\alpha \end{bmatrix}, \quad \mathbf{F} = \begin{bmatrix} F_{\alpha\beta} \end{bmatrix}, \quad \underline{\mathbf{e}} = \begin{bmatrix} \underline{e}_\beta \end{bmatrix}. \tag{2.17}$$

Die Funktionalmatrix vermittelt somit eine Transformation zwischen der orthogonalen Basis $\underline{\mathbf{e}}$ und der schiefwinkligen Basis $\underline{\mathbf{b}}$. Ihre Elemente bilden die Koordinaten eines Tensors, des *Deformationsgradienten*, [2], S. 18

$$\underline{\underline{F}} = \underline{\mathbf{e}}^T \mathbf{F} \, \underline{\mathbf{e}}. \tag{2.18}$$

2.2.3 Bewegung von Linien-, Flächen- und Volumenelementen

Die Volumina des Kontinuums in der Referenzkonfiguration und in der aktuellen Konfiguration seien V_0 und V. Verzerrungen des Kontinuums werden durch Vergleich von Volumenelementen in den beiden Konfigurationen erfaßt. In der Referenzkonfiguration ist das Kontinuum aus Bild 2-2.a, links, von einem Netz kartesischer Koordinatenlinien durchzogen. Die Kantenvektoren eines Volumenelements ΔV_0 seien in der Referenzkonfiguration zu diesen Koordinatenlinien parallel. In der aktuellen Konfiguration gehen die kartesischen Koordinatenlinien in die im Bild 2-2.a, rechts, angegebenen Kurven über. Aus dem Quader ΔV_0 am Punkt $P(t_0)$ in der Referenzkonfiguration wird daher in der aktuellen Konfiguration ein krummlinig begrenztes Volumenelement ΔV am Punkt $P(t)$. Man erhält in der aktuellen Konfiguration aber

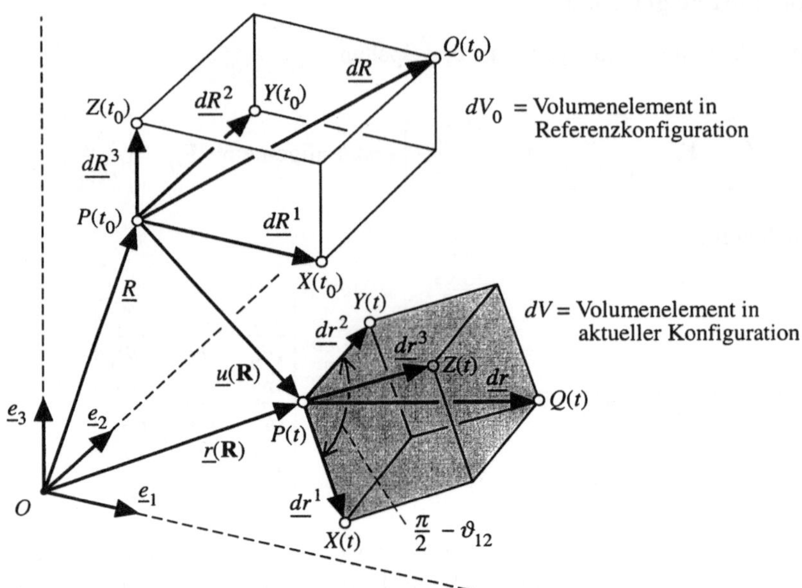

Bild 2-4: Deformation eines infinitesimalen, kartesischen Volumenelements dV_0 am Punkt $P(t_0)$ eines Kontinuums in ein schiefwinkliges Volumenelement dV am Punkt $P(t)$.

ebenfalls ein geradlinig begrenztes Volumenelement, i. a. ein Parallelepiped, wenn man infinitesimale Volumenelemente*) dV_0 und dV betrachtet – vgl. Bild 2-4.

Bisher wurde nur die durch $\mathbf{r}(\mathbf{R},t)$ oder $\mathbf{u}(\mathbf{R},t)$ gegebene Bewegung der Punkte des Kontinuums betrachtet. Zur Definition und Interpretation von Verzerrungsmaßen braucht man auch Gleichungen zur Erfassung der Bewegungen geometrischer Bestimmungsstücke infinitesimaler Volumenelemente an den Punkten P – vgl. auch [20], S. 247. Die in diesen Gleichungen benötigten Größen sind in Bild 2-4 veranschaulicht. Der Vektor

$$\underline{dR} = \underline{\mathbf{e}}^T \, \mathbf{dR} \,, \quad \mathbf{dR} = \left[dR_\alpha \right] \tag{2.19}$$

gibt die Lage eines zu $P(t_0)$ benachbarten Punkts $Q(t_0)$ in der Referenzkonfiguration an. Er liegt in der Diagonalen des infinitesimalen Volumenelements dV_0 mit den Kantenvektoren

$$\underline{dR}^\alpha = \underline{e}_\alpha \, dR_\alpha = \underline{\mathbf{e}}^T \, \mathbf{dR}^\alpha \quad \text{wo} \quad \mathbf{dR}^\alpha = \left[dR_\beta^\alpha \right] = \left[\delta_{\beta\alpha} \, dR_\alpha \right] \quad \text{also} \quad dR_\beta^\alpha = \delta_{\beta\alpha} \, dR_\alpha \tag{2.20}$$

---

*) Die Kantenvektoren $\underline{dr}^\alpha$ eines infinitesimalen Volumenelements dV am Punkt $P(t)$ sind die Tangentenvektoren an die Koordinatenlinien in diesem Punkt, also die Gittervektoren. Infinitesimale Volumenelemente sind insbesondere nicht "unendlich klein" – sie können in jeder Größe veranschaulicht werden. Die Bezeichnung $\underline{dr}^\alpha$ geht von der in [5], S. 125 angegebenen Deutung des Differentialquotienten aus.

mit dem Kronecker-Symbol $\delta_{\beta\alpha}$. Die Kantenvektoren $\underline{dR}^{\alpha}$ von dV_0 haben die Längen dR_{α} und sie legen die Punkte $X(t_0)$, $Y(t_0)$ und $Z(t_0)$ fest. Sie sind parallel zu den in der Referenzkonfiguration auf dem Kontinuum markierten Gittervektoren $\underline{e}_{\alpha}$. In der aktuellen Konfiguration ist dV_0 an den Punkt $P(t)$ mit den kartesischen Koordinaten $\mathbf{r}$ gemäß (2.3) verschoben und in das Parallelepiped dV deformiert. Die Kanten von dV sind

$$\underline{dr}^{\alpha} = \underline{e}^T \, \mathbf{dr}^{\alpha} \, , \quad \mathbf{dr}^{\alpha} = \left[dr_{\beta}^{\alpha} \right] . \tag{2.21}$$

Die Vektoren $\underline{dr}^{\alpha}$ legen die Punkte $X(t)$, $Y(t)$ und $Z(t)$ fest, in die die Punkte $X(t_0)$, $Y(t_0)$ und $Z(t_0)$ bei der durch die Bewegung (2.3) vermittelten Abbildung übergehen. Dem Punkt $Q(t_0)$ ist der Punkt $Q(t)$ zugeordnet. Seine Lage bezüglich $P(t)$ ist gegeben durch den Vektor

$$\underline{dr} = \underline{e}^T \, \mathbf{dr} \, , \quad \mathbf{dr} = \left[dr_{\alpha} \right] \quad \text{wo} \quad \underline{dr} = \sum_{\alpha} \underline{dr}^{\alpha} . \tag{2.22}$$

Unter Verwendung dieser Größen werden jetzt die Gleichungen angegeben für die durch die Bewegungen der Punkte vermittelten Transformationen der

- Linienelemente (siehe [2] , S. 18) $\underline{dR}$ und $\underline{dr}$,

- Flächenelemente $\underline{dA}_{n0}$ und $\underline{dA}_n$, die von je zwei einander zugeordneten Linienelementen $\underline{dR}^{\alpha}$ und $\underline{dr}^{\alpha}$ in den Punkten $P(t_0)$ und $P(t)$ aufgespannt werden,

- Volumina der beiden Volumenelemente dV_0 und dV.

In allen Transformationsgleichungen kommt der Deformationsgradient (2.18) vor.

Linienelemente

Für $\underline{dR}$ und $\underline{dr}$ aus (2.19) und (2.22) ergibt sich mit dem vollständigen Differential von (2.3) unter Beachtung von (2.15)

$$\mathbf{dr} = \mathbf{F} \, \mathbf{dR} \quad \text{also} \quad \underline{dr} = \underline{\underline{F}} \cdot \underline{dR} . \tag{2.23}$$

Setzt man (2.23) in (2.22) ein, so findet man mit (2.17) anstelle von (2.22)

$$\underline{dr} = \underline{e}^T \, \mathbf{F} \, \mathbf{dR} = \underline{b}^T \, \mathbf{dR} \quad \text{also} \quad \underline{dr} = \sum_{\alpha} \underline{b}_{\alpha} \, dR_{\alpha} . \tag{2.24}$$

Der Vektor $\underline{dr}$ in der aktuellen Konfiguration hat demnach in der schiefwinkligen Basis $\mathbf{b}$ dieselben Koordinaten $\mathbf{dR}$ wie der ihm in der Referenzkonfiguration zugeordnete Vektor $\underline{dR}$ in der kartesischen Basis $\underline{e}$: Wenn die Basis eines Koordinatensystems am Punkt P die Deformation des Kontinuums mitmacht, so bleiben die Koordinaten von Vektoren in der Referenzkonfiguration und in der aktuellen Konfiguration bezüglich der jeweils zugeordneten Basis unverändert. Für die Kantenvektoren des Volumenelements dV gilt

$$\underline{dr}^{\alpha} = \underline{b}_{\alpha} \, dR_{\alpha} = \underline{e}^T \, \mathbf{F}_{*\alpha} \, dR_{\alpha} \quad \text{also} \quad \mathbf{dr}^{\alpha} = \mathbf{F}_{*\alpha} \, dR_{\alpha} \quad \text{oder} \quad dr_{\beta}^{\alpha} = F_{\beta\alpha} \, dR_{\alpha} . \tag{2.25}$$

In (2.20) und (2.25) sind die Kantenvektoren der Volumenelemente dV_0 und dV durch die dR_α ausgedrückt. Als Koeffizienten erscheinen die Elemente $\delta_{\beta\alpha}$ der Einheitsmatrix und die Elemente $F_{\beta\alpha}$ des Deformationsgradienten.

Volumina

Die Beziehung zwischen den Volumina der Volumenelemente dV_0 und dV erhält man mit den Transformationsgleichungen (2.23) für die Linienelemente am Punkt P. Für die Referenzkonfiguration gilt mit (2.20)

$$dV_0 = dR_1\, dR_2\, dR_3. \tag{2.26}$$

Das Volumenelement dV nach der Deformation ist durch die (i. a. nicht orthogonalen) Vektoren $\underline{dr}^\alpha$ begrenzt. Sein Volumen dV ist mit (2.25) gegeben durch das Spatprodukt

$$dV = \left(\underline{dr}^1 \times \underline{dr}^2\right)\cdot \underline{dr}^3 = \left(\tilde{\mathbf{F}}_{*1}\,\mathbf{F}_{*2}\right)^T \mathbf{F}_{*3}\, dR_1\, dR_2\, dR_3. \tag{2.27}$$

Das in (2.27) auftretende Produkt von Spalten des Deformationsgradienten liefert die Determinante von $\mathbf{F}$, die Funktionaldeterminante der Funktionen (2.3):

$$\Delta = \Delta(\mathbf{R},t,t_0) = \det \mathbf{F}(\mathbf{R},t,t_0) = \left(\tilde{\mathbf{F}}_{*1}\,\mathbf{F}_{*2}\right)^T \mathbf{F}_{*3}. \tag{2.28}$$

Damit wird aus (2.27) unter Verwendung von (2.26)

$$dV = \Delta\, dV_0. \tag{2.29}$$

Da die Funktionalmatrix voraussetzungsgemäß stets vollen Rang hat, gilt $\Delta \neq 0$ für alle $\mathbf{R}$ und t. Für $t = t_0$ ist $dV = dV_0$ und somit $\Delta = 1$. Da $\Delta \neq 0$ eine stetige Funktion der Argumente t und $\mathbf{R}$ ist, folgt für alle t und $\mathbf{R}$

$$\Delta(\mathbf{R},t,t_0) = \det \mathbf{F}(\mathbf{R},t,t_0) > 0. \tag{2.30}$$

Bei vorgegebenem positiven Volumen dV_0 bleibt dV – wie zu erwarten – stets positiv.

Flächenelemente

Ein infinitesimales Flächenelement in der Referenzkonfiguration sei

$$\underline{dA}_{n0} = \underline{n}_0\, dA_0, \quad \underline{n}_0 = \underline{\mathbf{e}}^T \mathbf{n}_0, \quad \mathbf{n}_0 = [n_{0\alpha}], \quad \mathbf{n}_0^T \mathbf{n}_0 = 1 \tag{2.31}$$

mit dem Flächeninhalt dA_0 und dem normierten Normalenvektor $\underline{n}_0$. In der aktuellen Konfiguration hat das von den zugeordneten Punkten gebildete Flächenelement den Flächeninhalt dA und die Normale $\underline{n}$, also

$$\underline{dA}_n = \underline{n}\, dA\,, \quad \underline{n} = \mathbf{e}^T \mathbf{n}\,, \quad \mathbf{n} = \left[n_\alpha \right]\,, \quad \mathbf{n}^T \mathbf{n} = 1. \tag{2.32}$$

Zur Herleitung der Transformationsgleichung für die Flächenelemente (2.31) und (2.32) ergänzt man das Flächenelement $\underline{dA}_{n0}$ nach [2], S. 24 durch einen beliebigen Vektor $\underline{dR}$ zu einem Volumenelement mit dem Inhalt dV_0:

$$dV_0 = \underline{dA}_{n0} \cdot \underline{dR} = dA_0\, \mathbf{n}_0^T\, \mathbf{dR}\,. \tag{2.33}$$

In der aktuellen Konfiguration wird hieraus ein Volumenelement mit dem Inhalt dV:

$$dV = \underline{dA}_n \cdot \underline{dr} = dA\, \mathbf{n}^T\, \mathbf{dr}\,. \tag{2.34}$$

Nach Einsetzen von (2.23), (2.29) und (2.33) wird:

$$\left. \begin{aligned} dV = {}& dA\, \mathbf{n}^T\, \mathbf{F}\, \mathbf{dR} = \Delta\, dV_0 = \Delta\, dA_0\, \mathbf{n}_0^T\, \mathbf{dR} \\ \text{also} \quad & dA\, \mathbf{n}^T\, \mathbf{F}\, \mathbf{dR} = \Delta\, dA_0\, \mathbf{n}_0^T\, \mathbf{dR}\,. \end{aligned} \right\} \tag{2.35}$$

Da $\mathbf{dR}$ beliebig gewählt werden kann, folgt aus (2.35) die Transformationsgleichung für die in (2.31) und (2.32) definierten Flächenelemente zu

$$\mathbf{n}\, dA = \Delta \left(\mathbf{F}^{-1} \right)^T \mathbf{n}_0\, dA_0\,. \tag{2.36}$$

Der Deformationsgradient (2.18) erscheint damit in den Transformationsgleichungen aller oben betrachteten, geometrischen Bestimmungsstücke infinitesimaler Volumenelemente. Es transformieren sich Linienelemente mit $\mathbf{F}$ gemäß (2.23), Flächenelemente mit $\Delta(\mathbf{F}^{-1})^T$ gemäß (2.36) und Volumina von Volumenelementen mit $\Delta = \det \mathbf{F}$ gemäß (2.29). Die Transponierte des Deformationsgradienten vermittelt nach (2.17) die Zuordnung zwischen den orthonormalen Basisvektoren $\underline{e}_\alpha$, den Gittervektoren in der Referenzkonfiguration, und den schiefwinkligen Gittervektoren $\underline{b}_\alpha$ in der aktuellen Konfiguration.

2.2.4 Verschiebungsgradient

Anstelle der Ortsvektoren $\underline{r}$ kann man auch die Verschiebungsvektoren $\underline{u}$ – vgl. Bilder 2-1 und 2-5 – zur Darstellung der Bewegung des Kontinuums heranziehen. In der Lagrangeschen Darstellung der Bewegung treten dann an die Stelle der Funktionen (2.3) die Funktionen $u_\alpha = u_\alpha(R_1, R_2, R_3, t, t_0)$ aus (2.10). Ausgehend von diesen drei Gleichungen kann man die gleichen Überlegungen wie oben anstellen. Die zu (2.10) gehörende Funktionalmatrix ist in Analogie zu (2.15)

$$\Delta \mathbf{F} = \Delta \mathbf{F}(\mathbf{R}, t, t_0) = \left[\Delta F_{\alpha\beta} \right] = \left[\frac{\partial u_\alpha}{\partial R_\beta} \right]. \tag{2.37}$$

Sie enthält die Elemente des Verschiebungsgradienten[*] – vgl. [2], S. 48/49 – oder des Verschiebungstensors – vgl. [7], S. 50

$$\underline{\underline{\Delta F}} = \underline{e}^T \, \Delta\mathbf{F} \, \underline{e} \,. \tag{2.38}$$

Stellt man u_α in (2.37) gemäß (2.10) dar, so folgt mit (2.15)

$$\frac{\partial u_\alpha}{\partial R_\beta} = \frac{\partial r_\alpha}{\partial R_\beta} - \frac{\partial R_\alpha}{\partial R_\beta} \quad \text{also} \quad \Delta\mathbf{F} = \mathbf{F} - \mathbf{E}. \tag{2.39}$$

Während der Deformationsgradient $\underline{\underline{F}}$ mit (2.23) die Transformation des Linienelements $\underline{dR}$ in $\underline{dr}$ angibt, vermittelt der Verschiebungsgradient $\underline{\underline{\Delta F}}$ die Zuordnung von $\underline{dR}$ zu

$$\underline{du} = \underline{e}^T \, \mathbf{du}\,, \quad \mathbf{du} = \left[du_\alpha \right] \tag{2.40}$$

durch die Gleichung

$$\mathbf{du} = \Delta\mathbf{F} \, \mathbf{dR} \quad \text{oder} \quad \underline{du} = \underline{\underline{\Delta F}} \cdot \underline{dR}. \tag{2.41}$$

Für das Linienelement $\underline{du}$ gilt mit (2.9), (2.23), (2.39) und (2.41)

$$\mathbf{du} = \mathbf{dr} - \mathbf{dR} \quad \text{und} \quad \mathbf{dr} = \mathbf{F} \, \mathbf{dR} = (\mathbf{E} + \Delta\mathbf{F}) \, \mathbf{dR} = \mathbf{dR} + \mathbf{du}, \tag{2.42}$$

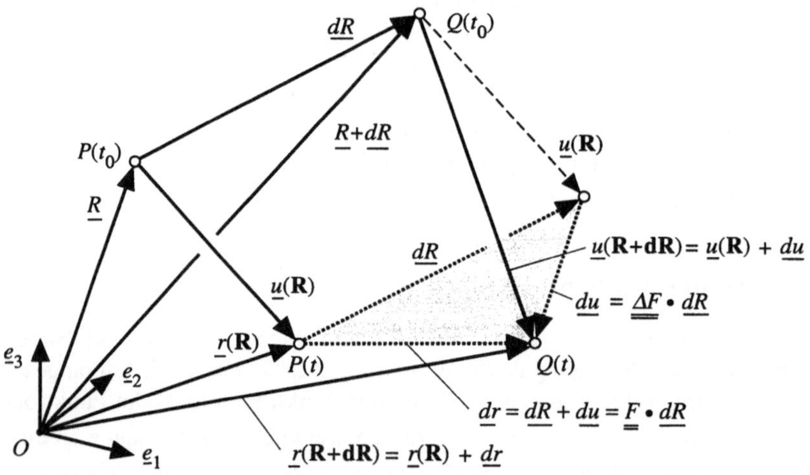

Bild 2-5: Zuordnung der Linienelemente $\underline{dR}$ und $\underline{dr}$ aus Bild 2-4 und von $\underline{du}$ gemäß (2.40) bis (2.42).

---

[*] Die Bezeichnung $\Delta\mathbf{F}$ wurde in Anlehnung an die in [2] verwendete Notation $\delta\mathbf{F}$ gewählt – das einem Symbol vorangestellte δ wird hier später zur Bezeichnung virtueller Größen verwendet.

also $\underline{dr} = \underline{dR} + \underline{du}$ – vgl. schattiertes Dreieck in Bild 2-5. Alle Zuordnungen der Linienelemente $\underline{dR}$, $\underline{dr}$ und $\underline{du}$ sind im Bild auch veranschaulicht. Translationsbewegungen von Linienelementen am Punkt P werden durch $\underline{u}(\mathbf{R},t)$ erfaßt. Zusätzlich erfahren die Elemente noch Längen- und Richtungsänderungen, die durch die Tensoren $\underline{F}$ und $\underline{\Delta F}$ gegeben sind.

2.2.5 Verzerrungstensoren

Die Tensoren $\mathbf{F}$ und $\mathbf{\Delta F}$ sind nicht geeignet, das zu beschreiben, was man üblicherweise eine Verzerrung nennt – vgl. dazu [2], S. 45. Dies zeigt sich, wenn die in den Bewegungen infinitesimaler Linien-, Flächen- und Volumenelemente enthaltenen Teilbewegungen durch polare Zerlegung von $\mathbf{F}$ ermittelt werden. Man findet – vgl. [19] S. 52, [2], S. 41/47:

$$\mathbf{F} = \mathbf{D}\,\mathbf{U} = \mathbf{V}\,\mathbf{D} \quad \text{wo} \quad \mathbf{U} = \left(\mathbf{F}^T\mathbf{F}\right)^{1/2} = \mathbf{C}^{1/2} \quad \mathbf{V} = \left(\mathbf{F}\,\mathbf{F}^T\right)^{1/2} = \mathbf{B}^{1/2}$$

also

$$\mathbf{C} = \mathbf{F}^T\mathbf{F} = \mathbf{U}\,\mathbf{U} \quad \mathbf{B} = \mathbf{F}\,\mathbf{F}^T = \mathbf{V}\,\mathbf{V} \quad \text{wo} \quad \mathbf{C} = \mathbf{C}^T \quad \text{und} \quad \mathbf{B} = \mathbf{B}^T$$

und

$$\mathbf{D} = \mathbf{F}\,\mathbf{U}^{-1} = \mathbf{V}^{-1}\mathbf{F} \quad \text{wo} \quad \mathbf{D}^{-1} = \mathbf{D}^T \quad \text{mit} \quad \det\mathbf{D} = +1 .$$

$$(2.43)$$

Mit (2.43) kann man die Zuordnung (2.23) umschreiben in

$$\mathbf{dr} = \mathbf{D}\,\mathbf{U}\,\mathbf{dR} . \tag{2.44}$$

Die durch $\mathbf{F}$ vermittelte Transformation von $\mathbf{dR}$ in $\mathbf{dr}$ entspricht einer Hintereinanderschaltung zweier Transformationen $\mathbf{U}$ und $\mathbf{D}$ in dieser Reihenfolge. Dabei ist $\mathbf{D}$ eigentlich orthogonal, also $\mathbf{D}^{-1} = \mathbf{D}^T$ mit $\det\mathbf{D} = +1$, und $\mathbf{U}$ ist symmetrisch und positiv definit.

Zur Interpretation von (2.44) zeigt Bild 2-6 ein infinitesimales Quadrat, dessen Kanten in der Referenzkonfiguration zu den Hauptachsen von $\mathbf{U}$ parallel sind. Die Transformation $\mathbf{U}$, die erste in (2.44), ändert die Kantenrichtung nicht, modifiziert aber die Länge der Kanten je nach Größe des zugehörigen Eigenwerts λ von $\mathbf{U}$ ($\lambda < 1$ bedeutet eine Stauchung und $\lambda > 1$ eine Dehnung) – vgl. Bild 2-6, a. Die anschließende Transformation $\mathbf{D}$ ist wegen $\det\mathbf{D} = +1$ – vgl. (2.43) – eine Drehung. Sie dreht das entstandene Rechteck bei der durch $\mathbf{r}(\mathbf{R},t,t_0)$ beschriebenen Bewegung. Wegen $\mathbf{F} = \mathbf{F}(\mathbf{R},t,t_0)$ hängen auch $\mathbf{D}$ und $\mathbf{U}$ von diesen Argumenten ab. Im Unterschied zum starren Körper sind demnach beim Kontinuum die Volumenelemente an verschiedenen Orten unterschiedlichen Translationen und Rotationen unterworfen und erfahren zusätzlich noch eine Verzerrung. Die Translationsbewegung des Volumenelements ist durch die Koordinaten $\mathbf{u}(\mathbf{R},t,t_0)$ des Verschiebungsvektors $\underline{u}$ gegeben – vgl. Bilder 2-4, 2-5. Anstelle von (2.44) kann man mit (2.43) auch

$$\mathbf{dr} = \mathbf{V}\,\mathbf{D}\,\mathbf{dR} \tag{2.45}$$

schreiben. Die Drehung $\mathbf{D}$ ist hier die erste Bewegung und mit der vorigen identisch – vgl. Bild 2-6, b. Die für die Verzerrung maßgebenden Eigenwerte von $\mathbf{U}$ und $\mathbf{V}$ müssen nach dieser Veranschaulichung ebenfalls übereinstimmen, was man formal durch Umschreiben der Bestimmungsgleichung für die Eigenwerte, also der Maße für die Verzerrungen erkennt:

$$\det(\mathbf{V} - \lambda\,\mathbf{E}) = \det(\mathbf{DUD}^T - \lambda\,\mathbf{E}) = \det\left(\mathbf{D}(\mathbf{U} - \lambda\,\mathbf{E})\mathbf{D}^T\right)$$
$$= (\det\mathbf{D})^2 \det(\mathbf{U} - \lambda\,\mathbf{E}) = \det(\mathbf{U} - \lambda\,\mathbf{E})\,. \tag{2.46}$$

Beide Tensoren $\mathbf{U}$ und $\mathbf{V}$, sowie die ihnen nach (2.43) zugeordneten Tensoren $\mathbf{C}$ und $\mathbf{B}$, eignen sich als Maße für die Verzerrung infinitesimaler Volumenelemente am durch $\mathbf{R}$ gegebenen Punkt. Man nennt – vgl. [2], S. 46, [19], S.53 – $\mathbf{C}$ bzw. $\mathbf{B}$ *Rechts-* bzw. *Links-Cauchy-Green-Tensor* und $\mathbf{U}$ bzw. $\mathbf{V}$ *Rechts-* bzw. *Links-Streck-Tensor*. Alle heißen Verzerrungstensoren. Verzerrungsfreiheit wird durch den Einheitstensor $\mathbf{E}$ repräsentiert. Eine Veranschaulichung dieser Verzerrungstensoren bei Betrachtung der Deformation einer infinitesimalen Kugel am Punkt $\mathbf{R}$ in ein Ellipsoid findet sich in [2], S. 46/47.

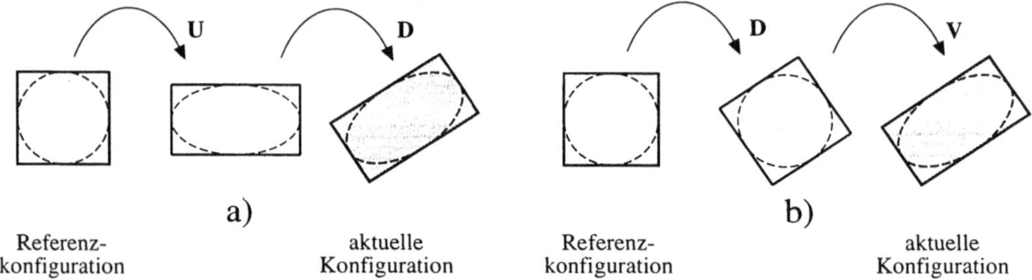

Bild 2-6: Durch den Deformationsgradienten $\mathbf{F}$ vermittelte Transformationen eines infinitesimalen Quadrats bei Zerlegung der Bewegung in a) Verzerrung und Rotation und b) Rotation und Verzerrung.

Die eingangs erläuterte Interpretation der Deformation eines Kontinuums als Transformation von kartesischen in allgemeine Koordinaten erlaubt eine Betrachtungsweise, die verzerrungsfreie Bewegungen der Volumenelemente ausschließt und direkt zu den Verzerrungen allein führt. Der Unterschied der Koordinatensysteme in der Referenzkonfiguration und der aktuellen Konfiguration ist aus den unterschiedlichen Gittervektoren $\underline{e}_\alpha$ und $\underline{b}_\alpha$ ersichtlich. Das skalare Produkt der Basisvektoren $\underline{e}_\alpha$ ergibt die Elemente $\delta_{\alpha\beta}$ des Maßtensors in den kartesischen Koordinaten. Entsprechend ergibt das skalare Produkt der Basisvektoren $\underline{b}_\alpha$ die Elemente des (kovarianten) Maßtensors in den allgemeinen Koordinaten R_α – vgl. [8], S. 72 und [6], S. 254. Mit (2.16) und (2.43) findet man

$$\underline{b}_\alpha \cdot \underline{b}_\beta = \mathbf{F}_{*\alpha}^T\,\underline{e}\cdot\underline{e}^T\,\mathbf{F}_{*\beta} = \mathbf{F}_{*\alpha}^T\,\mathbf{F}_{*\beta} = C_{\alpha\beta}\,. \tag{2.47}$$

Der Maßtensor selbst ist

$$\underline{\underline{C}} = \underline{e}^T\,\mathbf{C}\,\underline{e}\,, \quad \mathbf{C} = \left[C_{\alpha\beta}\right] = \mathbf{F}^T\,\mathbf{F}\,, \tag{2.48}$$

also gleich dem in (2.43) definierten Rechts-Cauchy-Green-Tensor. Der Unterschied der Koordinatensysteme zeigt sich in den verschiedenen Maßtensoren $\mathbf{E} = [\delta_{\alpha\beta}]$ und $\mathbf{C} = [C_{\alpha\beta}]$. Maßtensoren werden benötigt, um fundamentale Invarianten der metrischen Geometrie, z. B. Längen und Winkel, in allgemeinen Koordinaten anzugeben. Daher ist es nicht überraschend, daß sie in der Kontinuumsmechanik bei der Suche nach Verzerrungsmaßen auftauchen.

Dies erkennt man auch durch folgende Betrachtung. In der Referenzkonfiguration erscheint bei Berechnung des Abstands $ds_0 = |\underline{dR}|$ der Punkte $P(t_0)$ und $Q(t_0)$ der Maßtensor $\mathbf{E}$ kartesischer Koordinaten, da nach Bild 2-4 und (2.19)

$$(ds_0)^2 = \underline{dR} \cdot \underline{dR} = \mathbf{dR}^T \underline{\mathbf{e}} \cdot \underline{\mathbf{e}}^T \, \mathbf{dR} = \mathbf{dR}^T \, \mathbf{E} \, \mathbf{dR}. \tag{2.49}$$

Der Abstand $ds = |\underline{dr}|$ der entsprechenden Punkte $P(t)$ und $Q(t)$ in der aktuellen Konfiguration soll ebenfalls durch $\mathbf{dR}$, also in allgemeinen Koordinaten, ausgedrückt werden. Mit (2.24), (2.17) und (2.48) erkennt man, daß dann der zugehörige Maßtensor $\mathbf{C}$ benötigt wird

$$(ds)^2 = \underline{dr} \cdot \underline{dr} = \mathbf{dR}^T \underline{\mathbf{b}} \cdot \underline{\mathbf{b}}^T \, \mathbf{dR} = \mathbf{dR}^T \, \mathbf{F}^T \underline{\mathbf{e}} \cdot \underline{\mathbf{e}}^T \, \mathbf{F} \, \mathbf{dR} = \mathbf{dR}^T \, \mathbf{C} \, \mathbf{dR}. \tag{2.50}$$

Eine geometrische Interpretation der Elemente von $\mathbf{C}$ erhält man durch Vergleich der Längen der Kanten $\underline{dR}^\alpha$ und $\underline{dr}^\alpha$ der infinitesimalen Volumenelemente dV_0 und dV aus Bild 2-4. Sie sind $ds_0^\alpha = |\underline{dR}^\alpha| = dR_\alpha$ und $ds^\alpha = |\underline{dr}^\alpha|$ und ergeben mit (2.20), (2.25) und (2.47) zu

$$\left.\begin{aligned} (ds_0^\alpha)^2 &= \underline{e}_\alpha \cdot \underline{e}_\alpha \, (dR_\alpha)^2 = \delta_{\alpha\alpha} \, (dR_\alpha)^2 \\ (ds^\alpha)^2 &= \underline{b}_\alpha \cdot \underline{b}_\alpha \, (dR_\alpha)^2 = C_{\alpha\alpha} \, (dR_\alpha)^2 . \end{aligned}\right\} \tag{2.51}$$

Die *Dehnung* (zu Dehnungsmaßen vgl. [10], S. 121)

$$\varepsilon_\alpha = \frac{ds^\alpha - ds_0^\alpha}{ds_0^\alpha} \tag{2.52}$$

von in der Referenzkonfiguration achsenparallelen Linienelementen ist demnach

$$\varepsilon_\alpha = \sqrt{C_{\alpha\alpha}} - 1. \tag{2.53}$$

Damit ergibt sich die geometrische Deutung der Diagonalelemente $C_{\alpha\alpha}$ von $\mathbf{C}$ zu

$$C_{\alpha\alpha} = (1 + \varepsilon_\alpha)^2. \tag{2.54}$$

Ein Vergleich der von den Kantenvektoren der Volumenelemente dV_0 und dV eingeschlossenen Winkel liefert die Interpretation der restlichen Elemente von $\mathbf{C}$. Die Vektoren $\underline{dR}^\alpha$ und $\underline{dR}^\beta$ mit $\alpha \neq \beta$ sind orthogonal und der von $\underline{dr}^\alpha$ und $\underline{dr}^\beta$ eingeschlossene Winkel sei $\pi / 2 - \vartheta_{\alpha\beta}$, also

$$\cos\left(\frac{\pi}{2} - \vartheta_{\alpha\beta}\right) = \frac{\underline{dr}^{\alpha} \cdot \underline{dr}^{\beta}}{\left|\underline{dr}^{\alpha}\right|\left|\underline{dr}^{\beta}\right|}. \tag{2.55}$$

Die Winkeländerung $\vartheta_{\alpha\beta}$ wird als *Schubverzerrung* oder *Scherung* bezeichnet. Sie ist für $\alpha = 1$ und $\beta = 2$ in Bild 2-4 eingetragen. Das skalare Produkt der Vektoren $\underline{dr}^{\alpha}$ und $\underline{dr}^{\beta}$ liefert mit (2.25) und (2.47)

$$\underline{dr}^{\alpha} \cdot \underline{dr}^{\beta} = dR_{\alpha}\, \underline{b}_{\alpha} \cdot \underline{b}_{\beta}\, dR_{\beta} = C_{\alpha\beta}\, dR_{\alpha}\, dR_{\beta}. \tag{2.56}$$

Andererseits gilt mit (2.51) und (2.55)

$$\underline{dr}^{\alpha} \cdot \underline{dr}^{\beta} = \left|\underline{dr}^{\alpha}\right|\left|\underline{dr}^{\beta}\right| \cos(\frac{\pi}{2} - \vartheta_{\alpha\beta}) = ds^{\alpha}\, ds^{\beta}\, \sin\vartheta_{\alpha\beta}$$
$$= \sqrt{C_{\alpha\alpha}C_{\beta\beta}}\, dR_{\alpha}\, dR_{\beta}\, \sin\vartheta_{\alpha\beta}\,. \tag{2.57}$$

Mit (2.54) schließt man aus den beiden Gleichungen (2.56) und (2.57)

$$C_{\alpha\beta} = (1 + \varepsilon_{\alpha})\, (1 + \varepsilon_{\beta})\, \sin\vartheta_{\alpha\beta}\,. \tag{2.58}$$

Die Elemente von $\mathbf{C}$ sind nach (2.54) und (2.58) einfache Funktionen der in (2.52) definierten Dehnungen ε_{α} und der in (2.55) eingeführten Schubverzerrungen $\vartheta_{\alpha\beta}$ von in der Referenzkonfiguration achsenparallelen Linienelementen, also von Größen, die die Verzerrung von dV gegenüber dV_0 vollständig beschreiben. Mit anderen Worten: Wie nach den Überlegungen aus Abschnitt 2.1 zu erwarten, ist der Maßtensor $\mathbf{C}$ ein zum Messen von Verzerrungen des Kontinuums geeigneter Tensor, bei dem Verzerrungsfreiheit, d. h. $\varepsilon_{\alpha} = 0$ und $\vartheta_{\alpha\beta} = 0$, durch $\mathbf{C} = \mathbf{E}$ beschrieben wird.

Zur Formulierung von Materialgesetzen sind Verzerrungstensoren bequemer, die bei Verzerrungsfreiheit verschwinden. Zwei Möglichkeiten zur Definition solcher Tensoren werden hier besprochen – vgl. auch [20], S. 257. In (2.49) und (2.50) wurden die Normen der Linienelemente $\underline{dr}$ und $\underline{dR}$ mit Hilfe der Maßtensoren $\mathbf{E}$ und $\mathbf{C}$ ausgedrückt. Ein Maß für die Verzerrung, das bei Verzerrungsfreiheit verschwindet, ist die Differenz dieser Normen. Mit (2.49) und (2.50) wird

$$(ds)^2 - (ds_0)^2 = \mathbf{dR}^T\, (\mathbf{C} - \mathbf{E})\, \mathbf{dR} = 2\, \mathbf{dR}^T\mathbf{G}\, \mathbf{dR} \tag{2.59}$$

mit dem *Greenschen Verzerrungstensor* $\mathbf{G}$. Er ist definiert als die halbe Differenz der Maßtensoren nach und vor der Deformation, also

$$\mathbf{G} = \tfrac{1}{2}\,(\mathbf{C} - \mathbf{E}) = \tfrac{1}{2}\left(\mathbf{F}^T\mathbf{F} - \mathbf{E}\right) \quad \text{wo} \quad \mathbf{G} = \mathbf{G}^T. \tag{2.60}$$

Der willkürliche Faktor 1/2 erklärt sich mit Gleichung (2.71) weiter unten. Mit (2.39) kann $\mathbf{G}$ auch durch den Verschiebungsgradienten ausgedrückt werden

$$\mathbf{G} = \left[G_{\alpha\beta}\right] = \tfrac{1}{2}\left(\Delta\mathbf{F} + \Delta\mathbf{F}^T + \Delta\mathbf{F}^T\,\Delta\mathbf{F}\right). \tag{2.61}$$

Für die Elemente von $\mathbf{G}$ erhält man demnach

$$G_{\alpha\beta} = G_{\beta\alpha} = \tfrac{1}{2}\left(\frac{\partial u_\alpha}{\partial R_\beta} + \frac{\partial u_\beta}{\partial R_\alpha} + \sum_{\gamma=1}^{3}\frac{\partial u_\gamma}{\partial R_\alpha}\cdot\frac{\partial u_\gamma}{\partial R_\beta}\right). \tag{2.62}$$

Die geometrische Deutung der Elemente von $\mathbf{G}$ ergibt sich aus (2.60), (2.54) und (2.58) zu

$$\begin{aligned}
G_{\alpha\alpha} &= \tfrac{1}{2}\left((1+\varepsilon_\alpha)^2 - 1\right) = \tfrac{1}{2}\varepsilon_\alpha(2+\varepsilon_\alpha) \\
G_{\alpha\beta} &= \tfrac{1}{2}(1+\varepsilon_\alpha)(1+\varepsilon_\beta)\sin\vartheta_{\alpha\beta}\,,\quad \alpha \neq \beta
\end{aligned} \tag{2.63}$$

mit den ε_α und $\vartheta_{\alpha\beta}$ aus (2.52) und (2.55). Weitere Angaben zur Definition von Verzerrungstensoren findet man in [20], S. 268/270.

Es erhebt sich die Frage, ob jeder symmetrische Tensor ein Verzerrungstensor $\mathbf{G}$ sein kann. Sollte dies zutreffen, so muß man aus seinen Elementen $G_{\alpha\beta}$ die Koordinaten u_α der Verschiebungsvektoren durch Integration von (2.62) berechnen können. Dies liefert sechs Gleichungen zur Bestimmung der drei Unbekannten u_α. Lösungen gibt es nur, wenn gewisse Integrabilitätsbedingungen erfüllt sind, die als Kompatibilitätsbedingungen bezeichnet werden. Ihre Herleitung und Interpretation findet man beispielsweise in [9], S. 99 und der dort zitierten Literatur.

2.2.6 Geometrische Linearisierung

In der linearisierten Elastizitätstheorie (siehe z. B. [13], Kap. X, oder [2], S. 48) nimmt man an, daß die Verschiebungsableitungen klein sind, d. h. daß

$$\left|\partial u_\alpha/\partial R_\beta\right| \ll 1 \tag{2.64}$$

und daß Produkte der Verschiebungsableitungen vernachlässigt werden können. Bei Verwendung dieser Annahmen zur Herleitung linearer Näherungen für die bisher angegebenen Gleichungen spricht man von geometrischer Linearisierung.

Es sei $\Phi = \Phi(\mathbf{R})$ eine beliebige Funktion der materiellen Koordinaten. Wegen (2.3) gilt

$$\frac{\partial\Phi}{\partial R_\alpha} = \sum_\beta \frac{\partial\Phi}{\partial r_\beta}\frac{\partial r_\beta}{\partial R_\alpha} \tag{2.65}$$

und wegen $r_\beta(\mathbf{R}) = R_\beta + u_\beta(\mathbf{R})$ – vgl. (2.10):

$$\frac{\partial \Phi}{\partial R_\alpha} = \sum_\beta \frac{\partial \Phi}{\partial r_\beta} \left(\frac{\partial R_\beta}{\partial R_\alpha} + \frac{\partial u_\beta}{\partial R_\alpha} \right) = \sum_\beta \frac{\partial \Phi}{\partial r_\beta} \left(\delta_{\alpha\beta} + \frac{\partial u_\beta}{\partial R_\alpha} \right). \tag{2.66}$$

Bei Vernachlässigung von $\partial u_\beta / \partial R_\alpha$ gegenüber $\delta_{\alpha\beta}$ wird

$$\frac{\partial \Phi}{\partial R_\alpha} = \frac{\partial \Phi}{\partial r_\alpha}. \tag{2.67}$$

Bei geometrischer Linearisierung können demnach Ableitungen nach den materiellen Koordinaten R_α durch Ableitungen nach den räumlichen Koordinaten r_α ersetzt werden.

Für den Verzerrungstensor $\mathbf{G}$ hat die Vernachlässigung von Produkten der Verschiebungsableitungen zur Folge, daß der Term $\mathbf{\Delta F}^T \mathbf{\Delta F}$ in (2.61) entfällt, womit

$$\mathbf{G} = \frac{1}{2} \left(\mathbf{\Delta F} + \mathbf{\Delta F}^T \right). \tag{2.68}$$

Den Tensor (2.68) bezeichnet man manchmal als infinitesimalen Cauchyschen Verzerrungstensor, [10], S. 128. Da wegen (2.64) alle $G_{\alpha\beta}$ klein sind, folgt aus (2.53) mit $C_{\alpha\beta} = \delta_{\alpha\beta} + 2G_{\alpha\beta}$ – vgl. (2.60) – daß

$$\varepsilon_\alpha = \sqrt{C_{\alpha\alpha}} - 1 = \sqrt{1 + 2G_{\alpha\alpha}} - 1 = 1 + G_{\alpha\alpha} - 1 = G_{\alpha\alpha}. \tag{2.69}$$

Damit sind die ε_α ebenfalls klein und aus (2.63) folgt

$$\sin \vartheta_{\alpha\beta} = \vartheta_{\alpha\beta} = \frac{2\,G_{\alpha\beta}}{1 + \varepsilon_\alpha + \varepsilon_\beta} = 2\,G_{\alpha\beta} \left(1 - \varepsilon_\alpha - \varepsilon_\beta \right) = 2\,G_{\alpha\beta}. \tag{2.70}$$

Bei geometrischer Linearisierung stimmen die Elemente des Greenschen Verzerrungstensors demnach mit den Dehnungen ε_α und den Schubverzerrungen $\sin \vartheta_{\alpha\beta}/2 = \vartheta_{\alpha\beta}/2$ überein:

$$G_{\alpha\alpha} = \varepsilon_\alpha, \quad G_{\alpha\beta} = \frac{1}{2} \vartheta_{\alpha\beta}. \tag{2.71}$$

Die Gleichungen zeigen, daß der zunächst willkürlich erscheinende Faktor 1/2 in (2.60) aus dem Wunsch resultiert, die Dehnungen ε_α und die halben Schubverzerrungen $\vartheta_{\alpha\beta}$ als Elemente von $\mathbf{G}$ zu erhalten.

Die oben angegebene polare Zerlegung des Deformationsgradienten und die dort definierten Verzerrungstensoren vereinfachen sich ebenfalls. Aus (2.43) und (2.39) folgt:

$$\begin{aligned} \mathbf{U}\mathbf{U} = \mathbf{F}^T \mathbf{F} &= \left(\mathbf{E} + \mathbf{\Delta F}^T \right) \left(\mathbf{E} + \mathbf{\Delta F} \right) = \mathbf{E} + \mathbf{\Delta F} + \mathbf{\Delta F}^T + \mathbf{\Delta F}^T \mathbf{\Delta F} \\ &= \left(\mathbf{E} + \frac{1}{2} \left(\mathbf{\Delta F} + \mathbf{\Delta F}^T \right) \right) \left(\mathbf{E} + \frac{1}{2} \left(\mathbf{\Delta F} + \mathbf{\Delta F}^T \right) \right) + \mathbf{\Delta F}^T \mathbf{\Delta F} - \frac{1}{4} \left(\mathbf{\Delta F} + \mathbf{\Delta F}^T \right) \left(\mathbf{\Delta F} + \mathbf{\Delta F}^T \right) \end{aligned} \tag{2.72}$$

Bei Vernachlässigung der von 2. Ordnung kleinen Produkte von $\mathbf{\Delta F}$ erhält man für $\mathbf{U}$ (und in analoger Weise auch für $\mathbf{V}$):

$$\mathbf{U} = \mathbf{V} = \mathbf{E} + \frac{1}{2}\left(\mathbf{\Delta F} + \mathbf{\Delta F}^{T}\right). \tag{2.73}$$

Bei geometrischer Linearisierung verschwindet somit der Unterschied zwischen Rechts- und Links-Streck-Tensor. Durch Vergleich mit (2.68) erkennt man weiter, daß

$$\mathbf{U} = \mathbf{E} + \mathbf{G}. \tag{2.74}$$

Die Inverse von $\mathbf{U}$ gemäß (2.74) ist

$$\mathbf{U}^{-1} = \mathbf{E} - \frac{1}{2}\left(\mathbf{\Delta F} + \mathbf{\Delta F}^{T}\right), \tag{2.75}$$

was man durch Ausmultiplizieren von $\mathbf{U}\,\mathbf{U}^{-1}$ leicht bestätigt. Mit dem in (2.43) angegebenen Ausdruck für die Drehmatrix $\mathbf{D}$ findet man mit (2.75) und (2.39)

$$\mathbf{D} = (\mathbf{E} + \mathbf{\Delta F})\left(\mathbf{E} - \frac{1}{2}\left(\mathbf{\Delta F} + \mathbf{\Delta F}^{T}\right)\right) = \mathbf{E} + \mathbf{\Delta F} - \frac{1}{2}\mathbf{\Delta F} - \frac{1}{2}\mathbf{\Delta F}^{T} = \mathbf{E} + \frac{1}{2}\left(\mathbf{\Delta F} - \mathbf{\Delta F}^{T}\right). \tag{2.76}$$

Aus (2.76) und (2.73) folgen die Gleichungen

$$\left.\begin{aligned}
&\mathbf{U} - \mathbf{E} = \frac{1}{2}\left(\mathbf{\Delta F} + \mathbf{\Delta F}^{T}\right) \qquad\qquad \mathbf{D} - \mathbf{E} = \frac{1}{2}\left(\mathbf{\Delta F} - \mathbf{\Delta F}^{T}\right) \\
&\text{und} \\
&\mathbf{U} + \mathbf{D} - 2\,\mathbf{E} = \mathbf{\Delta F} = \mathbf{F} - \mathbf{E} \quad \text{also} \quad \mathbf{F} = \mathbf{U} + \mathbf{D} - \mathbf{E}.
\end{aligned}\right\} \tag{2.77}$$

Mit (2.74) wird schließlich

$$\mathbf{F} = \mathbf{D} + \mathbf{G}. \tag{2.78}$$

Bei geometrischer Linearisierung tritt somit an die Stelle der polaren Zerlegung $\mathbf{F} = \mathbf{DU} = \mathbf{VD}$ des Deformationsgradienten die additive Zerlegung von $\mathbf{F}$ in $\mathbf{D} + \mathbf{G}$, also in einen symmetrischen Anteil $\mathbf{G} = \mathbf{G}^{T}$ und einen antimetrischen Anteil $\mathbf{D} = -\mathbf{D}^{T}$.

Die im allgemeinen Fall aus einer Hintereinanderschaltung von Rotation und Verzerrung zusammengesetzte Bewegung von $\underline{dR}$ in $\underline{dr}$ geht bei geometrischer Linearisierung in eine Addition der Bewegungen über. Dies ist in Bild 2-7 veranschaulicht, wobei angenommen wurde, daß $\underline{dR}$ zu einer der Hauptachsen von $\underline{U}$ parallel ist. Mit (2.23), (2.77) und (2.78) wird

$$\mathbf{dr} = \mathbf{F}\,\mathbf{dR} = \mathbf{D}\,\mathbf{dR} + \mathbf{U}\,\mathbf{dR} - \mathbf{dR} = \mathbf{D}\,\mathbf{dR} + \mathbf{G}\,\mathbf{dR}. \tag{2.79}$$

Das Linienelement $\underline{dr}$ ergibt sich demnach aus $\underline{dR}$ durch Addition des gedrehten Linienelements $\underline{D} \cdot \underline{dR}$ und des verzerrten Linienelements $\underline{G} \cdot \underline{dR}$.

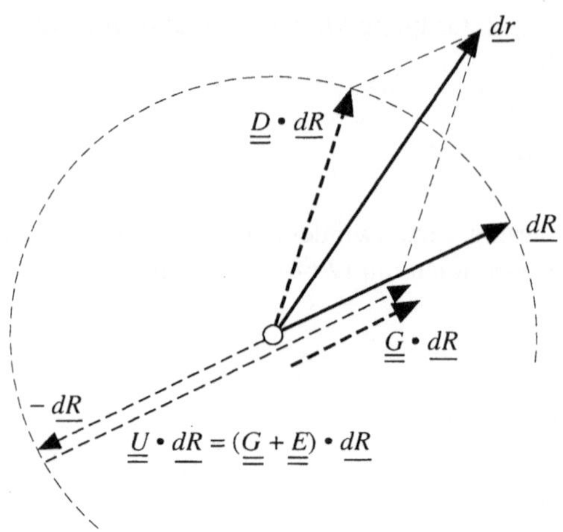

Bild 2-7: Zuordnung der Linienelemente **dR** und **dr** bei geometrischer Linearisierung.

● **Beispiel 2.1: Verzerrung eines infinitesimalen Würfels.** Die Elemente $G_{\alpha\beta}$ von $\underline{G}$ können bei geometrischer Linearisierung einfach veranschaulicht werden, wenn man die Deformation eines infinitesimalen Würfels dV_0 – vgl. Bild 2-4 – mit den Kantenvektoren $\underline{dR}^\alpha = \underline{e}_\alpha$ betrachtet – vgl. Bild 2-8. Die Kanten $\underline{dr}^\alpha$ aus (2.21) des dV_0 zugeordneten deformierten Volumenelements dV, eines Parallelepipeds, sind nach (2.79) gegeben durch

$$\mathbf{dr}^\alpha = (\mathbf{D}+\mathbf{G})\,\mathbf{dR}^\alpha. \tag{2.80}$$

Für den Spezialfall einer Bewegung ohne Drehung, d. h. **D** = **E**, ergibt sich eine reine Verzerrung und die Kanten $\underline{dr}^\alpha$ von dV sind nach (2.80) gegeben durch:

$$\mathbf{dr}^\alpha = (\mathbf{E}+\mathbf{G})\,\mathbf{dR}^\alpha. \tag{2.81}$$

Wegen $\underline{dR}^\alpha = \underline{e}_\alpha$ also $\left|\underline{dR}^\alpha\right| = 1$ folgt:

$$\mathbf{dr}^\alpha = \left[\delta_{\beta\alpha} + G_{\beta\alpha}\right]. \tag{2.82}$$

Die Koordinaten $\mathbf{dr}^\alpha$ der drei Kanten des Parallelepipeds dV, das ausschließlich durch Verzerrung eines infinitesimalen Würfels dV_0 mit der Kantenlänge 1 entsteht, sind die Elemente des Tensors **E** + **G**, wie in Bild 2-8 veranschaulicht. Insbesondere repräsentieren die Diagonalelemente $G_{\alpha\alpha}$ nach (2.71) die in (2.52) definierten Dehnungen ε_α der Kanten $\underline{dR}^\alpha$ in $\underline{dr}^\alpha$, da bei geometrischer Linearisierung

$$\left|\underline{dr}^\alpha\right| = \sqrt{\sum_\beta \left(\delta_{\beta\alpha}+G_{\beta\alpha}\right)^2} = \sqrt{1+2\,G_{\alpha\alpha}+\sum_\beta G_{\beta\alpha}^2} = 1+G_{\alpha\alpha} = 1+\varepsilon_\alpha. \tag{2.83}$$

Die drei restlichen Elemente $G_{\beta\alpha} = G_{\alpha\beta}$ von **G** geben nach (2.71) die Änderungen der von den Kanten des Volumenelements eingeschlossenen und vor der Deformation rechten Winkel an. Bei geometrischer Linearisierung gilt für $\alpha \neq \beta$ mit (2.80), mit $\underline{dR}_\alpha = \underline{e}_\alpha$ und mit (2.71)

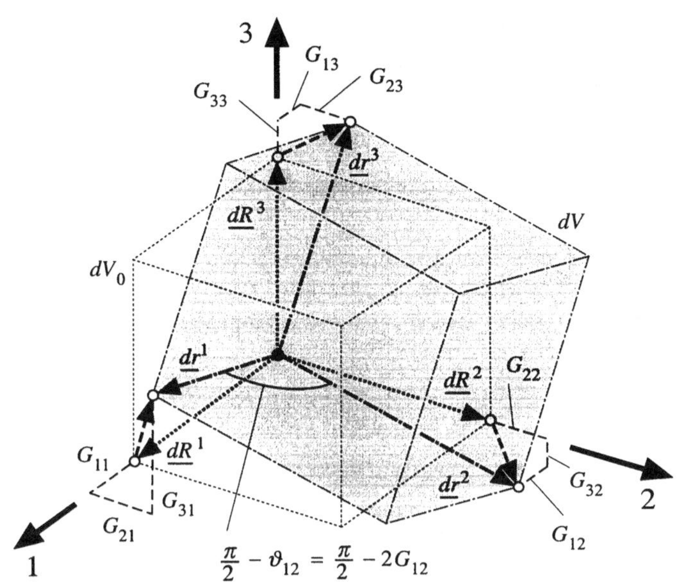

Bild 2-8: Deutung der Elemente des Greenschen Verzerrungstensors (bei geometrischer Linearisierung).

$$\underline{dr}^\alpha \cdot \underline{dr}^\beta = \mathbf{dR}^{\alpha T}(\mathbf{E} + \mathbf{G}^T)(\mathbf{E} + \mathbf{G})\,\mathbf{dR}^\beta = \mathbf{dR}^{\alpha T}(\mathbf{E} + 2\,\mathbf{G})\,\mathbf{dR}^\beta = 2\,G_{\alpha\beta} = \vartheta_{\alpha\beta}. \tag{2.84}$$

Der Winkel $\pi/2 - \vartheta_{12}$ ist in Bild 2-8 markiert.

● **Beispiel 2.2: Dehnung und Scherung eines Flächenelements.** Die durch **F** bzw. **ΔF** gegebenen Zuordnungen (2.23) und (2.41) der Linienelemente **dR** einerseits und **dr** bzw. **du** andererseits resultieren in Rotationen, Dehnungen und Scherungen infinitesimaler Volumenelemente. Zu diesen Bewegungen kommen noch die durch **u(R)** erfaßten Translationen. Die Bewegungen lassen bei geometrischer Linearisierung einfach veranschaulichen. Dazu wird ein zum Flächenelement in der 1, 2 - Ebene degeneriertes Volumenelement dV_0 am Ort **R** betrachtet. Es wird durch die Linienelemente

$$\mathbf{dR}^1 = \begin{bmatrix} 1 \\ 0 \\ 0 \end{bmatrix} ds_0 \,, \qquad\qquad \mathbf{dR}^2 = \begin{bmatrix} 0 \\ 1 \\ 0 \end{bmatrix} ds_0 \,. \tag{2.85}$$

begrenzt – vgl. Bild 2-9. Diese Linienelemente befinden sich nach der Deformation am Ort $\mathbf{r}(\mathbf{R}) = \mathbf{R} + \mathbf{u}(\mathbf{R})$ – vgl. (2.10) – und sie gehen gemäß (2.23) und (2.39) über in $\mathbf{dr} = (\mathbf{E} + \mathbf{\Delta F})\,\mathbf{dR}$ mit **ΔF** aus (2.37), also

$$\mathbf{dr}^1 = \begin{bmatrix} 1 + \dfrac{\partial u_1}{\partial R_1} \\[2mm] \dfrac{\partial u_2}{\partial R_1} \\[2mm] \dfrac{\partial u_3}{\partial R_1} \end{bmatrix} ds_0 \,, \qquad\qquad \mathbf{dr}^2 = \begin{bmatrix} \dfrac{\partial u_1}{\partial R_2} \\[2mm] 1 + \dfrac{\partial u_2}{\partial R_2} \\[2mm] \dfrac{\partial u_3}{\partial R_2} \end{bmatrix} ds_0 \,. \tag{2.86}$$

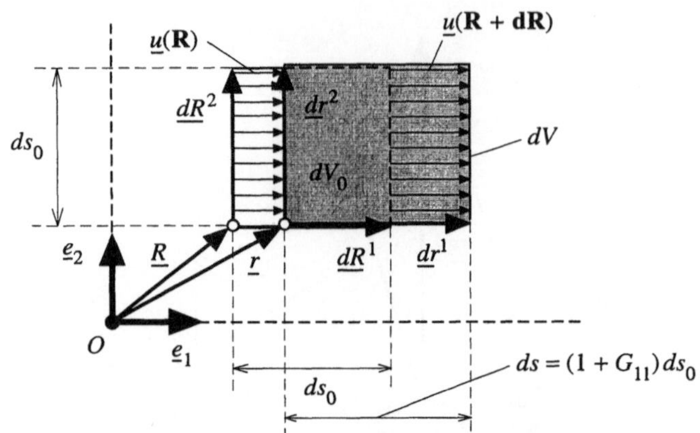

Bild 2-9: Translation und Dehnung eines Flächenelements (bei geometrischer Linearisierung).
Das Element wird in 1-Richtung um $u_1(\mathbf{R})$ verschoben und um $G_{11}\,ds_0 = \varepsilon_1\,ds_0$ gedehnt.

Bei geometrischer Linearisierung erhält man die Aufspaltung der durch **F** beschriebenen Bewegung der Linienelemente in eine Rotation und in eine Verzerrung gemäß (2.78), wenn man **F** in einen symmetrischen und
einen antimetrischen Anteil zerlegt. Damit wird

$$
\mathbf{dr}^1 =
\begin{bmatrix}
1 + \dfrac{\partial u_1}{\partial R_1} \\[2mm]
\dfrac{1}{2}\left(\dfrac{\partial u_2}{\partial R_1} + \dfrac{\partial u_1}{\partial R_2} \right) \\[2mm]
\dfrac{1}{2}\left(\dfrac{\partial u_3}{\partial R_1} + \dfrac{\partial u_1}{\partial R_3} \right)
\end{bmatrix} ds_0
+
\begin{bmatrix}
0 \\[2mm]
\dfrac{1}{2}\left(\dfrac{\partial u_2}{\partial R_1} - \dfrac{\partial u_1}{\partial R_2} \right) \\[2mm]
\dfrac{1}{2}\left(\dfrac{\partial u_3}{\partial R_1} - \dfrac{\partial u_1}{\partial R_3} \right)
\end{bmatrix} ds_0 ,
\tag{2.87}
$$

$$
\mathbf{dr}^2 =
\begin{bmatrix}
\dfrac{1}{2}\left(\dfrac{\partial u_1}{\partial R_2} + \dfrac{\partial u_2}{\partial R_1} \right) \\[2mm]
1 + \dfrac{\partial u_2}{\partial R_2} \\[2mm]
\dfrac{1}{2}\left(\dfrac{\partial u_3}{\partial R_2} + \dfrac{\partial u_2}{\partial R_3} \right)
\end{bmatrix} ds_0
+
\begin{bmatrix}
\dfrac{1}{2}\left(\dfrac{\partial u_1}{\partial R_2} - \dfrac{\partial u_2}{\partial R_1} \right) \\[2mm]
0 \\[2mm]
\dfrac{1}{2}\left(\dfrac{\partial u_3}{\partial R_2} - \dfrac{\partial u_2}{\partial R_3} \right)
\end{bmatrix} ds_0 .
\tag{2.88}
$$

Diese Zuordnung der $\mathbf{dr}^i$ und $\mathbf{dR}^i$ wird unten für drei Sonderfälle betrachtet – vgl. auch [10], S. 129/130. Damit
die Flächenelemente auch nach der Deformation in der 1, 2 - Ebene bleiben, wird angenommen, daß in allen
Fällen

$$
u_3 = 0, \quad \dfrac{\partial u_3}{\partial R_\alpha} = \dfrac{\partial u_\alpha}{\partial R_3} = 0 .
\tag{2.89}
$$

1. Fall: Dehnung. Es sei

$$
u_1(\mathbf{R}) \neq 0, \quad u_2(\mathbf{R}) = 0, \quad \dfrac{\partial u_1}{\partial R_1} \neq 0, \quad \dfrac{\partial u_1}{\partial R_2} = \dfrac{\partial u_2}{\partial R_1} = \dfrac{\partial u_2}{\partial R_2} = 0 .
\tag{2.90}
$$

Das von $\mathbf{dR}^1$ und $\mathbf{dR}^2$ gemäß (2.85) begrenzte Flächenelement wird wegen (2.87), (2.89) und (2.90) nach der Bewegung begrenzt durch

$$\mathbf{dr}^1 = \begin{bmatrix} 1+\dfrac{\partial u_1}{\partial R_1} \\ 0 \\ 0 \end{bmatrix} ds_0 = \begin{bmatrix} 1+G_{11} \\ 0 \\ 0 \end{bmatrix} ds_0 = \begin{bmatrix} 1+\varepsilon_1 \\ 0 \\ 0 \end{bmatrix} ds_0 = (1+\varepsilon_1)\,\mathbf{dR}^1, \quad \mathbf{dr}^2 = \begin{bmatrix} 0 \\ 1 \\ 0 \end{bmatrix} ds_0 = \mathbf{dR}^2. \tag{2.91}$$

Das von $\mathbf{dr}^1$ und $\mathbf{dr}^2$ begrenzte Flächenelement dV geht somit aus dem von $\mathbf{dR}^1$ und $\mathbf{dR}^2$ begrenzten Element dV_0 hervor durch eine Verschiebung um $u_1 \neq 0$ und durch eine Dehnung in 1-Richtung – vgl. Bild 2-9.

2. Fall: Scherung. Es sei

$$u_1(\mathbf{R}) = u_2(\mathbf{R}) = 0, \quad \frac{\partial u_1}{\partial R_2} = \frac{\partial u_2}{\partial R_1} \neq 0, \quad \frac{\partial u_1}{\partial R_1} = \frac{\partial u_2}{\partial R_2} = 0 \;. \tag{2.92}$$

Damit ergibt sich aus (2.87) und (2.88)

$$\mathbf{dr}^1 = \begin{bmatrix} 1 \\ \dfrac{1}{2}\left(\dfrac{\partial u_2}{\partial R_1}+\dfrac{\partial u_1}{\partial R_2}\right) \\ 0 \end{bmatrix} ds_0 = \begin{bmatrix} 1 \\ G_{21} \\ 0 \end{bmatrix} ds_0 = \begin{bmatrix} 1 \\ \tfrac{1}{2}\vartheta_{12} \\ 0 \end{bmatrix} ds_0 \tag{2.93}$$

$$\mathbf{dr}^2 = \begin{bmatrix} \dfrac{1}{2}\left(\dfrac{\partial u_1}{\partial R_2}+\dfrac{\partial u_2}{\partial R_1}\right) \\ 1 \\ 0 \end{bmatrix} ds_0 = \begin{bmatrix} G_{12} \\ 1 \\ 0 \end{bmatrix} ds_0 = \begin{bmatrix} \tfrac{1}{2}\vartheta_{12} \\ 1 \\ 0 \end{bmatrix} ds_0. \tag{2.94}$$

Wie in Bild 2-10 dargestellt, ergibt sich das deformierte Flächenelement (ein Rhombus) aus dem undeformierten Element (einem Quadrat) durch Scherung.

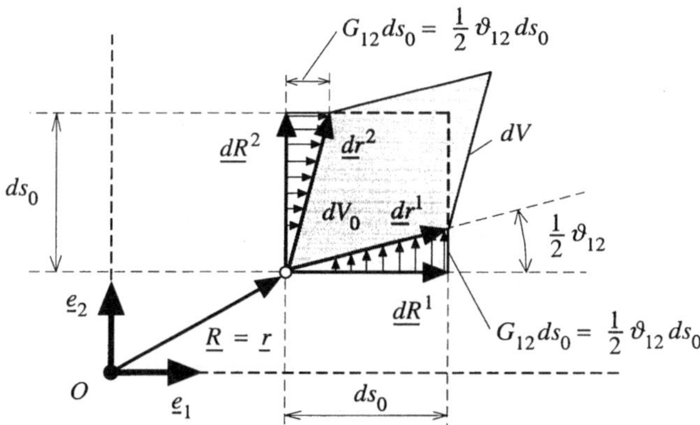

Bild 2-10: Scherung eines Flächenelements (bei geometrischer Linearisierung). Die durch $\underline{dR}^i$ gegebenen Eckpunkte werden um $G_{12}\,ds_0 = (\vartheta_{12}/2)\,ds_0$ verschoben – aus dem Quadrat wird ein Rhombus.

3. Fall: Scherung und Drehung. Es seien die gleichen Parameter gewählt wie im Fall 2, also wie in (2.90), und zusätzlich sei

$$\frac{\partial u_2}{\partial R_1} = 0 \quad \text{aber nach wie vor} \quad \frac{\partial u_1}{\partial R_2} \neq 0. \tag{2.95}$$

Damit ergibt sich aus (2.87)

$$\mathbf{dr}^1 = \begin{bmatrix} \frac{1}{2}\frac{\partial u_1}{\partial R_2} \\ 0 \end{bmatrix} ds_0 + \begin{bmatrix} 0 \\ -\frac{1}{2}\frac{\partial u_1}{\partial R_2} \\ 0 \end{bmatrix} ds_0 = \mathbf{dR}^1, \quad \mathbf{dr}^2 = \begin{bmatrix} \frac{1}{2}\frac{\partial u_1}{\partial R_2} \\ 1 \\ 0 \end{bmatrix} ds_0 + \begin{bmatrix} \frac{1}{2}\frac{\partial u_1}{\partial R_2} \\ 0 \\ 0 \end{bmatrix} ds_0 . \tag{2.96}$$

Die Bewegung setzt sich jetzt aus zwei Teilbewegungen zusammen. Sie sind in Bild 2-11 dargestellt. Die ersten Summanden von $\mathbf{dr}^1$ und $\mathbf{dr}^2$ repräsentieren eine Verzerrung (Scherung) des quadratischen Flächenelements in einen Rhombus und die zweiten Summanden erfassen den aus seiner Drehung resultierenden Anteil.

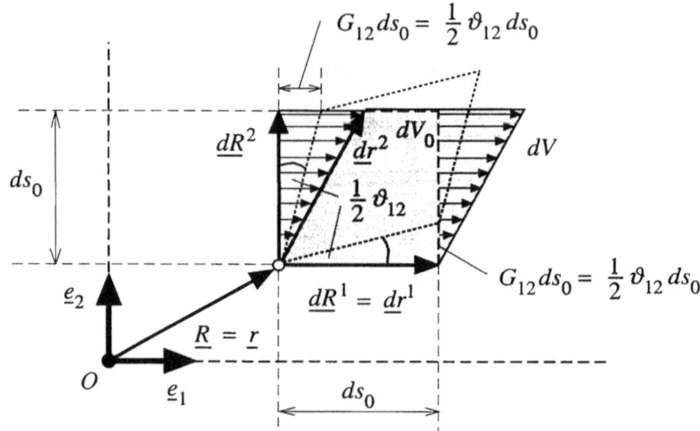

Bild 2-11: Scherung und Drehung eines Flächenelements (bei geometrischer Linearisierung). Die infolge der Scherung des Elements erreichte Lage ist gepunktet gezeichnet. Aus ihr kommt man durch eine Drehung in die Endlage.

2.3 Spannungszustand

Bei den hier betrachteten, nichtpolaren Kontinua, deren Elemente (die Punkte) keine rotatorischen Freiheitsgrade besitzen, sind im Inneren nur Kraft- und keine Momentenfelder wirksam. Die Kraftfelder im Inneren lassen sich durch Spannungen an den Oberflächen infinitesimaler Volumenelemente darstellen. Zwei Möglichkeiten zur Beschreibung des Spannungszustands werden hier erörtert, die Darstellung der inneren Kräfte durch den *Cauchyschen Spannungstensor* und durch die *Piolaschen Spannungstensoren*. Letztere vereinfachen die Formulierung der Materialgleichungen, wenn man den Verzerrungszustand durch den Greenschen Verzerrungstensor erfaßt.

Die Elemente der Piolaschen Spannungstensoren repräsentieren Spannungen an einem in der aktuellen Konfiguration schiefwinkligen Volumenelement, die auf Flächen des in der Referenzkonfiguration zugeordneten, kartesischen Volumenelements bezogen sind. Dies läßt die Beschreibung des Spannungszustands etwas verwickelt – zumindest aber gewöhnungsbedürftig – erscheinen. Zur Erläuterung der Konzepte wird deshalb zuerst eine der Anschauung einfacher zugängliche Darstellung, der Cauchysche Spannungstensor betrachtet. Seine Elemente sind Koordinaten von *Spannungsvektoren* an den Oberflächen eines in der aktuellen Konfiguration kartesischen Volumenelements.

2.3.1 Volumen- und Oberflächenkräfte

Das Kontinuum werde durch Kräfte aus einer kräftefreien Referenzkonfiguration in die aktuelle Konfiguration deformiert. An den Punkten P der hier betrachteten "klassischen" Kontinua sind keine Momente wirksam und die Kräfte sind nur in der aktuellen Konfiguration von Null verschieden. Der Fall einer nicht kräftefreien Referenzkonfiguration wird in [21], S. 138 betrachtet, und eine Übersicht zu polaren Kontinua, deren Punkten die sechs Freiheitsgrade des starren Körpers zugeordnet werden und in denen neben Kräften auch Momente wirken, ist in [2], S. 67 angegeben. Erläuterungen zum Kraftbegriff findet man beispielsweise in [11], S. 6 ff, [20], S. 531 oder in [19], S. 39. Die auf die Punkte in einem Volumen ΔV einwirkenden Kräfte teilt man in Volumenkräfte und Oberflächenkräfte ein. *Volumenkräfte* sind räumlich über ΔV verteilt und *Oberflächenkräfte* wirken nur auf Punkte an der Oberfläche von ΔV. Beispiele sind die an einer Masse wirksamen Gravitationskräfte und die aerodynamischen Kräfte an einem Flugkörper.

Die Resultierende aller auf ΔV am Ort $\mathbf{r}$ zur Zeit t einwirkenden Volumenkräfte sei $\underline{\Delta K}$. Damit ergibt sich die mittlere Volumenkraftdichte zu $\underline{\Delta k} = \underline{\Delta K} / \Delta V$. Die Erfahrung zwingt zu der Annahme, daß $\underline{\Delta K} \to 0$ für $\Delta V \to 0$ ohne daß der Grenzwert

$$\underline{k} = \underline{k}(\mathbf{r},t) = \lim_{\Delta V \to 0} \frac{\underline{\Delta K}}{\Delta V} = \frac{d\underline{K}}{dV} \quad \text{mit} \quad \underline{k}(\mathbf{r},t) = \underline{\mathbf{e}}^T \mathbf{k}(\mathbf{r},t)\,, \quad \mathbf{k} = \left[k_\alpha \right] \tag{2.97}$$

verschwindet. Das Vektorfeld $\underline{k}(\mathbf{r},t)$ heißt *räumliche* oder *örtliche Volumenkraftdichte*. Man kann die Volumenkräfte $\underline{\Delta K}$ auch auf das Volumen ΔV_0 am Punkt $\mathbf{R}$ in der Referenzkonfiguration beziehen, das dem Volumen ΔV am Ort $\mathbf{r}$ zugeordnet ist. Damit ergibt sich anstelle von $\underline{\Delta k}$ die auf ΔV_0 bezogene, mittlere Volumenkraftdichte $\underline{\Delta k}_0 = \underline{\Delta K} / \Delta V_0$. Wie in (2.97) erhält man nach dem Grenzübergang $\Delta V_0 \to 0$ die *materielle Volumenkraftdichte*

$$\underline{k}_0 = \underline{k}_0(\mathbf{R},t) = \lim_{\Delta V_0 \to 0} \frac{\underline{\Delta K}}{\Delta V_0} = \frac{d\underline{K}}{dV_0} \quad \text{mit} \quad \underline{k}_0(\mathbf{R},t) = \underline{\mathbf{e}}^T \mathbf{k}_0(\mathbf{R},t)\,, \quad \mathbf{k}_0 = \left[k_{0\alpha} \right]. \tag{2.98}$$

Beide Kraftdichten $\underline{k}(\mathbf{r},t)$ und $\underline{k}_0(\mathbf{R},t)$ stellen die Volumenkraft $d\underline{K}$ auf das Volumen dV am Punkt $P(t)$ des Kontinuums dar, also

$$d\underline{K} = \underline{k}(\mathbf{r},t)\, dV = \underline{k}_0(\mathbf{R},t)\, dV_0\,. \tag{2.99}$$

Mit (2.29) ergibt sich die Zuordnung der beiden Kraftdichten zu

$$\underline{k}_0(\mathbf{R},t) = \Delta(\mathbf{R},t,t_0)\,\underline{k}(\mathbf{r},t). \tag{2.100}$$

In der hier zur Beschreibung der Bewegungen fester Körper bevorzugten Lagrangeschen Darstellung wird meist die materielle Volumenkraftdichte $\underline{k}_0(\mathbf{R},t)$ verwendet, [9], S. 440.

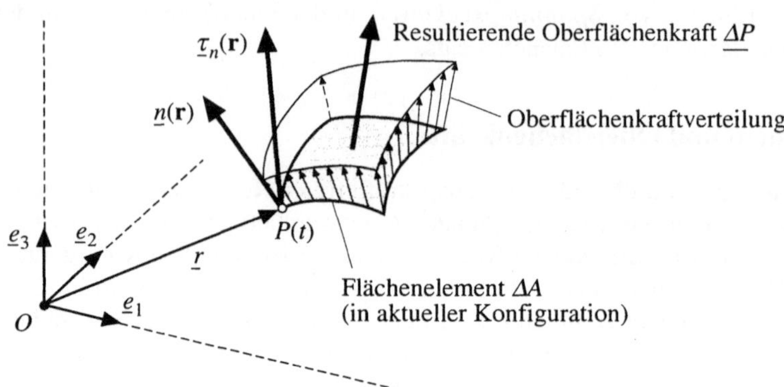

Bild 2-12: Oberflächenkräfte an einem Flächenelement ΔA und Spannungsvektor im Punkt $P(t)$.

Oberflächenkräfte stellt man mit Hilfe von Spannungen dar [9], S. 58/60, [18], S. 2, [20], S. 537. Auf ein Flächenelement ΔA am Ort $\mathbf{r}$ wirke die Resultierende $\underline{\Delta P}$ der Oberflächenkraftverteilung – vgl. Bild 2-12. Wie im Fall der Volumenkräfte nimmt man in Übereinstimmung mit der Erfahrung an, daß $\underline{\Delta P} \to 0$ für $\Delta A \to 0$ und daß ein von Null verschiedener Grenzwert existiert, die Spannung

$$\underline{\tau} = \underline{\tau}(\mathbf{r},t) = \lim_{\Delta A \to 0} \frac{\underline{\Delta P}}{\Delta A} = \frac{\underline{dP}(\mathbf{r},t)}{dA}. \tag{2.101}$$

Oberflächenkräfte können äußere Kräfte an einem Kontinuum sein oder Schnittkräfte, die beim Aufschneiden eines Kontinuums an den Schnittflächen ΔA freigelegt werden. Die an der Oberfläche ΔA angreifenden Kräfte $\underline{\Delta P}$ hängen von der Orientierung der Schnittfläche ab: Verschieden orientierte Schnittflächen ΔA ergeben unterschiedliche Kräfte $\underline{\Delta P}$ und damit auch unterschiedliche Spannungen $\underline{\tau}$. Die nach dem Grenzübergang in (2.101) erscheinenden Vektoren $\underline{dP}$ und $\underline{\tau}$ hängen daher auch vom Normalenvektor $\underline{n}$ des aus ΔA beim Grenzübergang hervorgehenden infinitesimalen Flächenelements $\underline{dA}_n$ aus (2.32) ab. In der Bezeichnung des Spannungsvektors $\underline{\tau}$ und des zugehörigen Kraftvektors $\underline{dP}$ bringt man diese Abhängigkeit durch einen Index, hier n, zum Ausdruck, also

$$\underline{dP}_n = \underline{\mathbf{e}}^T\,\mathbf{dP}_n\,,\quad \mathbf{dP}_n = \left[dP_{n\alpha}\right]. \tag{2.102}$$

Anstelle von (2.101) schreibt man für die Spannung an einem Flächenelement $\underline{dA}_n$

$$\underline{\tau}_n(\mathbf{r},t) = \frac{\underline{dP}_n(\mathbf{r},t)}{dA} \quad \text{wo} \quad \underline{\tau}_n = \underline{\mathbf{e}}^T\,\boldsymbol{\tau}_n\,,\quad \boldsymbol{\tau}_n = \left[\tau_{n\alpha}\right]. \tag{2.103}$$

Man sagt, daß die Spannung $\underline{\tau}_n$ der Fläche $\underline{dA}_n$ mit dem (normierten) Normalenvektor $\underline{n} = \underline{n}(\mathbf{r},t)$ und dem Flächeninhalt dA zugeordnet sei. Durch Multiplikation von $\underline{\tau}_n$ mit dem Flächeninhalt dA des Flächenelements $\underline{dA}_n$ erhält man die an der Oberfläche $\underline{dA}_n$ im Punkt $P(t)$ wirksame Kraft

$$\underline{dP}_n(\mathbf{r},t) = \underline{\tau}_n(\mathbf{r},t)\, dA \quad \text{oder} \quad \mathbf{dP}_n(\mathbf{r},t) = \boldsymbol{\tau}_n(\mathbf{r},t)\, dA . \tag{2.104}$$

Der Spannungsvektor $\underline{\tau}_n(\mathbf{r},t)$ gibt die am Flächenelement $\underline{dA}_n$ im Punkt $P(t)$, also am Ort $\mathbf{r}$, wirkende Kraft $\underline{dP}_n(\mathbf{r},t)$ an. Die Koordinaten $\boldsymbol{\tau}_n(\mathbf{r},t)$ des Spannungsvektors werden als *örtliche* Spannungen bezeichnet.

In Analogie zur materiellen Volumenkraftdichte (2.98) kann man die Spannungen auch auf das dem Flächenelement $\underline{dA}_n$ am Ort $\mathbf{r}$ in der Referenzkonfiguration zugeordnete Flächenelement (2.31), also auf $\underline{dA}_{n0}$ am Punkt $\mathbf{R}$, beziehen. Man erhält dann anstelle von (2.103)

$$\underline{\Sigma}_n(\mathbf{R},t) = \frac{\underline{dP}_n(\mathbf{R},t)}{dA_0} \quad \text{wo} \quad \underline{\Sigma}_n = \underline{\mathbf{e}}^T \boldsymbol{\Sigma}_n , \quad \boldsymbol{\Sigma}_n = \left[\Sigma_{n\alpha} \right] . \tag{2.105}$$

Dabei ist $\underline{\Sigma}_n$ derjenige Spannungsvektor, der die Kraft $\underline{dP}_n$ in der Form

$$\underline{dP}_n(\mathbf{R},t) = \underline{\Sigma}_n(\mathbf{R},t)\, dA_0 \quad \text{oder} \quad \mathbf{dP}_n(\mathbf{R},t) = \boldsymbol{\Sigma}_n(\mathbf{R},t)\, dA_0 \tag{2.106}$$

darstellt. Die $\Sigma_{n\alpha}$ bezeichnet man, im Gegensatz zu den $\tau_{n\alpha}$, als *materielle* Spannungen. Sie geben die auf das Flächenelement $\underline{dA}_n$ am durch $\mathbf{R}$ gekennzeichneten Punkt $P(t)$ einwirkende Kraft $\underline{dP}_n$ gemäß (2.106) an.

Das Oberflächenelement ΔA gehöre zu einem Volumenelement ΔV, das durch Herausschneiden aus einem Kontinuum gewonnen wurde und beispielsweise durch die Koordinatenflächen aus Bild 2-3 begrenzt ist. Damit das Kontinuum nicht gestört wird, müssen an den beiden Schnittufern aller Oberflächenelemente von ΔV die jeweils von dem einen auf den anderen Teil ausgeübten inneren Kräfte bzw. die inneren Spannungen angebracht werden. Da sich die inneren Kräfte auf ΔA beim Einfügen von ΔV in das Kontinuum wieder tilgen müssen, folgt, daß die an beiden Schnittufern auftretenden Kräfte (und da die Flächen übereinstimmen auch die Spannungen) entgegengesetzt gleich sind, [9], S. 59, [13], S. 29. Spannungsvektoren erhalten hier ein positives Vorzeichen, wenn sie derjenigen Schnittfläche $\underline{dA}_n$ bzw. $\underline{dA}_{n0}$ zugeordnet sind, deren Normalenvektoren $\underline{n}$ bzw. $\underline{n}_0$ aus dem mit Materie erfüllten Teilvolumen herauszeigen – vgl. Bild 2-13.

Durch einen Punkt P des Kontinuums kann man beliebig viele, verschieden orientierte Schnittflächen $\underline{dA}_n$ legen und erhält so in P beliebig viele, verschiedene Spannungen. Es wird sich zeigen, daß man alle diese Spannungen, also die Gesamtheit der in P wirksamen, inneren Kräfte, angeben kann, wenn man drei Spannungsvektoren kennt, die drei Flächenelementen in P zugeordnet sind. Die neun Koordinaten dieser Spannungsvektoren bilden die Elemente eines Tensors, des Spannungstensors. Spannungstensoren können in vielfältiger Weise definiert werden – zwei Möglichkeiten werden hier angegeben.

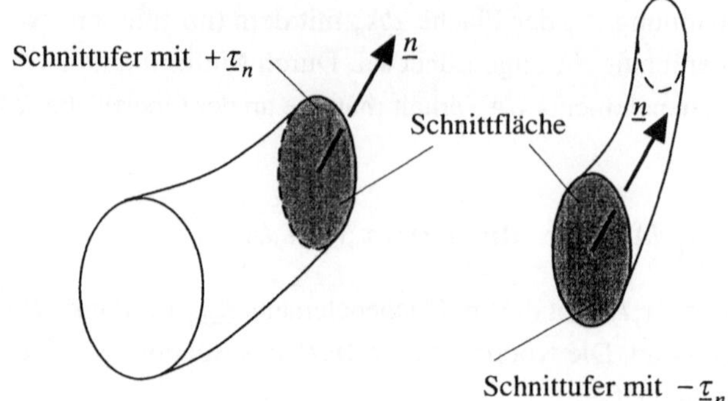

Bild 2-13: Festlegung des Vorzeichens von Spannungsvektoren.

2.3.2 Cauchyscher Spannungstensor

Bild 2-14 zeigt ein aus der aktuellen Konfiguration eines Kontinuums herausgeschnittenes, infinitesimales, kartesisches Volumenelement dV. Die Kantenvektoren $\underline{dr}^\alpha$ von dV am Punkt $P(t)$ sind parallel zu den Basisvektoren $\underline{e}_\alpha$ des kartesischen Bezugssystems $\{O, \underline{e}\}$, also $\underline{dr}^\alpha = \underline{e}_\alpha\, dr_\alpha$. In der Referenzkonfiguration sind ihnen Kantenvektoren eines schiefwinkligen Volumenelements dV_0 am Punkt $P(t_0)$ zugeordnet. Den Cauchyschen Spannungstensor zur Beschreibung des Spannungszustands am Ort $\underline{r}$ erhält man bei Angabe der Gleichgewichtsbedingungen für die an einem solchen Volumenelement dV angreifenden Kräfte.

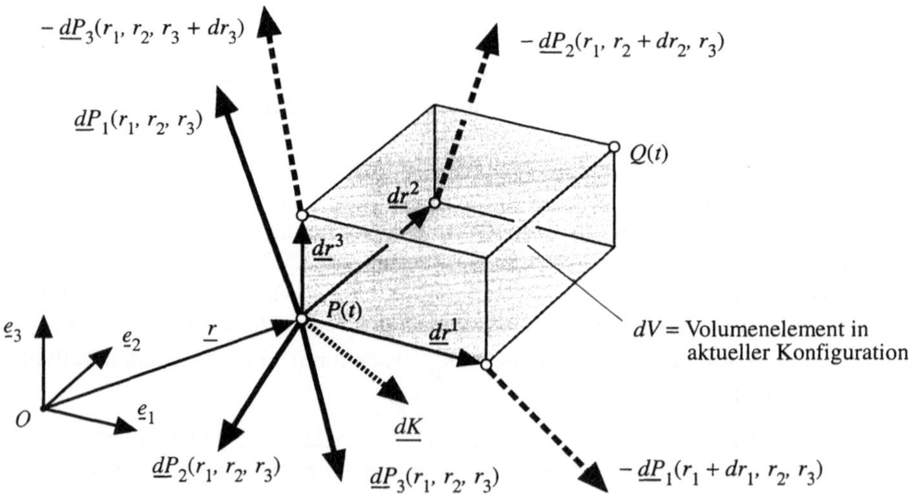

Bild 2-14: Kräfte an einem infinitesimalen Volumenelement dV am Punkt $P(t)$, dessen Kanten parallel sind zu den Koordinatenlinien des Bezugssystems $\{O, \underline{e}\}$. Die durchgezogenen bzw. gestrichelten Pfeile repräsentieren die Oberflächenkräfte an den in $P(t)$ bzw. $Q(t)$ zusammenlaufenden Flächen von dV. Erstere sind am Ort $\underline{r}$ und letztere an den durch $\underline{dr}^\alpha$ modifizierten Orten wirksam.

Die Volumenkräfte $\underline{dK}$ an dV sind durch (2.99) gegeben. Die Oberflächenkräfte auf die drei Seitenflächen

$$\underline{dA}_\alpha = \underline{e}_\alpha \, dr_\beta \, dr_\gamma \,, \quad \alpha,\beta,\gamma = \text{zyklische Permutationen von } 1,2,3\,, \tag{2.107}$$

von dV, die sich in den von $P(t)$ ausgehenden Kantenvektoren $\underline{dr}^\alpha$ schneiden, seien $\underline{dP}_\alpha$. Sie können nach (2.104) mit Hilfe von Spannungsvektoren angegeben werden, die hier für den speziellen Fall der Oberflächen des kartesischen Volumenelements aus Bild 2-14 mit $\underline{\tau}_\alpha$ bezeichnet werden:

$$\underline{dP}_\alpha(r_1,r_2,r_3) = -\,\underline{\tau}_\alpha(r_1,r_2,r_3)\, dr_\beta \, dr_\gamma\,. \tag{2.108}$$

In (2.108) sind α,β,γ, wie in (2.107), die zyklischen Permutationen von 1, 2, 3. Das Vorzeichen in (2.108) erklärt sich mit der Vereinbarung aus Bild 2-13. Die Spannungsvektoren

$$\underline{\tau}_\alpha = \underline{\mathbf{e}}^T \boldsymbol{\tau}_\alpha\,, \quad \boldsymbol{\tau}_\alpha = \boldsymbol{\tau}_\alpha(\mathbf{r}) = \begin{bmatrix} \tau_{\alpha 1} \\ \tau_{\alpha 2} \\ \tau_{\alpha 3} \end{bmatrix}, \quad \text{wo} \quad \tau_{\alpha\beta} = \tau_{\alpha\beta}(r_1,r_2,r_3) \tag{2.109}$$

sind den Flächenelementen $\underline{dA}_\alpha$ mit den Normalenvektoren $\underline{e}_\alpha$ zugeordnet. Der erste Index von $\tau_{\alpha\beta}$ kennzeichnet den Normalenvektor der den Spannungen zugeordneten Fläche (2.107) und der zweite Index gibt die Koordinaten von $\underline{\tau}_\alpha$ an. Die Bedeutung der Indizes von Spannungsvektoren ist in der Literatur uneinheitlich – vgl. auch [20], S. 548. Während beispielsweise in [13], S. 71 die hier angegebene Notation verwendet wird, ist die Rolle der Indizes in [2], S. 61 vertauscht. Die Projektionen $\tau_{\alpha\alpha}$ der Spannungsvektoren $\underline{\tau}_\alpha$ auf die Normalenvektoren der zugeordneten Flächen heißen *Normalspannungen*. Die Maßzahlen $\tau_{\alpha\beta}$, $\alpha \neq \beta$ von $\underline{\tau}_\alpha$, also die in der zugeordneten Fläche liegenden Spannungen, heißen *Schubspannungen*. Alle sind in Bild 2-15 für die drei Flächenelemente aus (2.107) dargestellt.

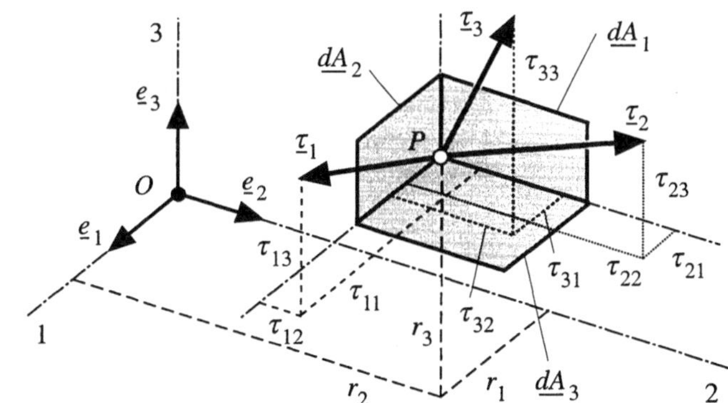

Bild 2-15: Spannungsvektoren $\underline{\tau}_\alpha$, -koordinaten $\tau_{\alpha\beta}$ und zugeordnete Flächenelemente $\underline{dA}_\alpha$ am Punkt $P(t)$.

Die Kräfte auf die im Punkt $Q(t)$ zusammenlaufenden Flächen von dV seien $\underline{dP}_\alpha^Q$. Nach der Konvention aus Bild 2-13 über das Vorzeichen von Spannungsvektoren gilt

$$
\left.
\begin{aligned}
\underline{dP}_1^Q &= -\underline{dP}_1(r_1 + dr_1, r_2, r_3) = +\underline{\tau}_1(r_1 + dr_1, r_2, r_3)\, dr_2\, dr_3, \\[4pt]
\underline{dP}_2^Q &= -\underline{dP}_2(r_1, r_2 + dr_2, r_3) = +\underline{\tau}_2(r_1, r_2 + dr_2, r_3)\, dr_3\, dr_1, \\[4pt]
\underline{dP}_3^Q &= -\underline{dP}_3(r_1, r_2, r_3 + dr_3) = +\underline{\tau}_3(r_1, r_2, r_3 + dr_3)\, dr_1\, dr_2 .
\end{aligned}
\right\}
\tag{2.110}
$$

Eine Taylorentwicklung der Spannungsvektoren $\underline{\tau}_\alpha(r_1, r_2, r_3) = \underline{\tau}_\alpha(\mathbf{r})$ liefert:

$$
\left.
\begin{aligned}
\underline{dP}_1^Q &= +\underline{\tau}_1(\mathbf{r})\, dr_2\, dr_3 \; + \; \frac{\partial \underline{\tau}_1(\mathbf{r})}{\partial r_1}\, dr_1\, dr_2\, dr_3 + O(dr_\alpha^4), \\[6pt]
\underline{dP}_2^Q &= +\underline{\tau}_2(\mathbf{r})\, dr_3\, dr_1 \; + \; \frac{\partial \underline{\tau}_2(\mathbf{r})}{\partial r_2}\, dr_1\, dr_2\, dr_3 + O(dr_\alpha^4), \\[6pt]
\underline{dP}_3^Q &= +\underline{\tau}_3(\mathbf{r})\, dr_1\, dr_2 \; + \; \frac{\partial \underline{\tau}_3(\mathbf{r})}{\partial r_3}\, dr_1\, dr_2\, dr_3 + O(dr_\alpha^4) .
\end{aligned}
\right\}
\tag{2.111}
$$

Dabei bezeichnet $O(dr_\alpha^4)$ Terme einer Größenordnung, die von der vierten Potenz von dr_α abhängt. Die Kräfte an dV sind im Gleichgewicht, wenn

$$
\sum_\alpha (\underline{dP}_\alpha + \underline{dP}_\alpha^Q) + \underline{dK} = 0 .
\tag{2.112}
$$

Mit $dV = dr_1\, dr_2\, dr_3$ erhält man aus (2.99), (2.108) und (2.111) nach Division durch $dV \neq 0$ und anschließendem Grenzübergang $dr_\alpha \to 0$ die Bedingungen für Kräftegleichgewicht im Punkt $P(t)$ des Kontinuums zu

$$
\sum_\alpha \frac{\partial \underline{\tau}_\alpha}{\partial r_\alpha} + \underline{k} = 0
\tag{2.113}
$$

oder bei Darstellung der Vektoren gemäß (2.109) und (2.97) in der Basis $\mathbf{e}$

$$
\frac{\partial \tau_{1\beta}}{\partial r_1} + \frac{\partial \tau_{2\beta}}{\partial r_2} + \frac{\partial \tau_{3\beta}}{\partial r_3} + k_\beta = 0, \qquad \beta = 1,2,3 .
\tag{2.114}
$$

Mit der 3×3-Matrix

$$
\boldsymbol{\tau} = \boldsymbol{\tau}(\mathbf{r}) = \left[\tau_{\alpha\beta}(r_1, r_2, r_3)\right],
\tag{2.115}
$$

deren Zeilen die Koordinaten der drei Spannungsvektoren $\underline{\tau}_\alpha$ enthalten, und mit der 3×1-Matrix

$$\mathbf{Div}\ \boldsymbol{\tau} = \left[\sum_\alpha \frac{\partial \tau_{\alpha\beta}}{\partial r_\alpha}\right] = \left[\sum_\alpha \frac{\partial \tau_{\alpha 1}}{\partial r_\alpha} \quad \sum_\alpha \frac{\partial \tau_{\alpha 2}}{\partial r_\alpha} \quad \sum_\alpha \frac{\partial \tau_{\alpha 3}}{\partial r_\alpha}\right]^T \tag{2.116}$$

kann man (2.114) auch kompakter schreiben:

$$\mathbf{Div}\ \boldsymbol{\tau} + \mathbf{k} = \mathbf{0}. \tag{2.117}$$

Die Volumenkräfte an dV sind demnach im Gleichgewicht mit den Differenzen der an je zwei parallelen Flächen von dV wirksamen Oberflächenkräfte. Volumenkräfte an einem Kontinuum sind i. a. äußere Kräfte, während die an den Oberflächen von dV wirksamen Kräfte die aus den Deformationen des Kontinuums resultierenden inneren Kräfte erfassen. Die Gleichungen (2.117) sind somit die Bedingungen für Gleichgewicht zwischen den am Kontinuum wirksamen äußeren Kräften und den durch die resultierenden Deformationen hervorgerufenen, inneren Kräften. Die inneren Kräfte werden in (2.117) durch neun Größen, die Spannungen $\tau_{\alpha\beta}$, erfaßt. Es wird sich zeigen, daß sie symmetrisch sind ($\tau_{\alpha\beta} = \tau_{\beta\alpha}$) und daß sie einen Tensor, den *Cauchyschen Spannungstensor*, mit den Koordinaten $\boldsymbol{\tau} = \boldsymbol{\tau}(\mathbf{r})$ bilden, der den Zustand der inneren Kräfte am Punkt P des Kontinuums, den Spannungszustand, vollständig erfaßt. Die Größe $\mathbf{Div}\ \boldsymbol{\tau}$ aus (2.116) ist die Divergenz des Tensorfelds $\boldsymbol{\tau}(\mathbf{r})$. Die durch sie erfaßte örtliche Änderung des Cauchyschen Spannungstensors steht nach (2.117) mit der örtlichen Volumenkraftdichte im Gleichgewicht.

Die Symmetrie der Spannungen $\tau_{\alpha\beta}$ am Punkt P folgt aus der Gleichgewichtsbedingung für die Momente. Die Momente an dV bezüglich $P(t)$ sind im Gleichgewicht, wenn

$$\sum_\alpha \underline{dr}^\alpha \times \underline{dP}^Q_\alpha = 0. \tag{2.118}$$

Mit (2.111) und $\underline{dr}^\alpha = \underline{e}_\alpha\, dr_\alpha$ – vgl. Bild 2-14 – wird

$$\left(\underline{\tau}_1\, dr_2\, dr_3 + \frac{\partial \underline{\tau}_1}{\partial r_1} dV + O(dr_\alpha^4)\right) \times \underline{e}_1\, dr_1 + \left(\underline{\tau}_2\, dr_3\, dr_1 + \frac{\partial \underline{\tau}_2}{\partial r_2} dV + O(dr_\alpha^4)\right) \times \underline{e}_2\, dr_2$$

$$+ \left(\underline{\tau}_3\, dr_1\, dr_2 + \frac{\partial \underline{\tau}_3}{\partial r_3} dV + O(dr_\alpha^4)\right) \times \underline{e}_3\, dr_3 = 0$$

also

$$\left.\begin{aligned}
&\sum_\alpha \left(\underline{\tau}_\alpha \times \underline{e}_\alpha\right) dV + \sum_\alpha \left((\frac{\partial \underline{\tau}_\alpha}{\partial r_\alpha} \times \underline{e}_\alpha) dr_\alpha\right) dV + O(dr_\alpha^4) = 0 \\[4pt]
&\text{oder, nach Division durch } dV \neq 0, \\[4pt]
&\sum_\alpha \left(\underline{\tau}_\alpha \times \underline{e}_\alpha\right) + \sum_\alpha \left(\left(\frac{\partial \underline{\tau}_\alpha}{\partial r_\alpha} \times \underline{e}_\alpha\right) dr_\alpha\right) + O(dr_\alpha) = 0.
\end{aligned}\right\} \tag{2.119}$$

Für $dr_\alpha \to 0$ erhält man damit die Bedingungen für Momentengleichgewicht an dV in $P(t)$ zu

$$\sum_\alpha (\underline{\tau}_\alpha \times \underline{e}_\alpha) = 0. \tag{2.120}$$

Mit den Koordinaten (2.109) der Spannungsvektoren wird

$$\sum_\alpha \left(\boldsymbol{\tau}_\alpha^T \, \underline{\mathbf{e}} \times \underline{e}_\alpha \right) = \sum_\alpha \boldsymbol{\tau}_\alpha^T \begin{bmatrix} \underline{e}_1 \times \underline{e}_\alpha \\ \underline{e}_2 \times \underline{e}_\alpha \\ \underline{e}_3 \times \underline{e}_\alpha \end{bmatrix} = 0. \tag{2.121}$$

Eine Auswertung der Summe zeigt, daß (2.121) nur erfüllt werden kann, wenn die Spannungskoordinaten aus (2.115) symmetrisch sind, also wenn

$$\tau_{\alpha\beta} = \tau_{\beta\alpha}, \quad \text{d. h.} \quad \boldsymbol{\tau}^T(\mathbf{r},t) = \boldsymbol{\tau}(\mathbf{r},t). \tag{2.122}$$

Nach den bisherigen Erläuterungen erlauben die $\tau_{\alpha\beta}$ eine Ermittlung der Oberflächenkräfte nur für die Koordinatenflächen $\underline{dA}_\alpha$ kartesischer Koordinaten – vgl. (2.107). Es bleibt noch zu zeigen, daß die $\tau_{\alpha\beta}$ den Spannungszustand in einem Kontinuum beschreiben, also einen Tensor bilden, mit dem die Kräfte an den beliebig orientierten Flächenelementen $\underline{dA}_n$ aus (2.32) ermittelt werden können. Dazu betrachtet man das in Bild 2-16 dargestellte Tetraeder, einen Teil des Volumenelements dV aus Bild 2-14, [20], S. 542.

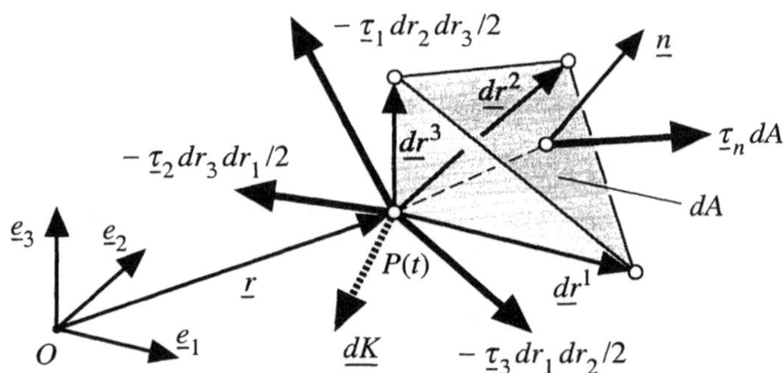

Bild 2-16: Gleichgewicht an einem infinitesimalen Tetraeder, dessen Kanten mit den Kantenvektoren des in den Bild 2-14 dargestellten Volumenelements dV übereinstimmen.

Die von den Endpunkten der Vektoren $\underline{dr}^\alpha$ aus Bild 2-16 aufgespannte Fläche sei $\underline{dA}_n$. Gesucht ist derjenige Spannungsvektor $\underline{\tau}_n$, der die auf die Fläche $\underline{dA}_n$ wirkende Kraft $\underline{dP}_n$ durch (2.104), also durch $\underline{\tau}_n \, dA$ darstellt. Neben dieser Kraft wirken am Tetraeder in $P(t)$ noch die Oberflächenkräfte $\underline{\tau}_\alpha \, dr_\beta \, dr_\gamma /2$ auf die in $P(t)$ zusammentreffenden Dreiecke und die Volumenkraft $\underline{dK} = \underline{k} \, dV$. Das Volumen des Tetraeders ist

$$dV = \frac{1}{3}\, h\, dA \tag{2.123}$$

mit der h. Für das Flächenelement $\underline{dA}_n$ gemäß (2.32) aus Bild 2-16 gilt

$$\underline{dA}_n = \frac{1}{2}\left(\underline{dr}^1 - \underline{dr}^3\right) \times \left(\underline{dr}^2 - \underline{dr}^3\right) = \frac{1}{2}(dr_2\, dr_3\, \underline{e}_1 + dr_3\, dr_1\, \underline{e}_2 + dr_1\, dr_2\, \underline{e}_3). \tag{2.124}$$

Durch Vergleich mit (2.32) erhält man

$$dr_2\, dr_3 = 2\, dA\, n_1, \quad dr_3\, dr_1 = 2\, dA\, n_2, \quad dr_1\, dr_2 = 2\, dA\, n_3. \tag{2.125}$$

Damit die auf das Tetraeder einwirkenden Kräfte im Gleichgewicht stehen, muß gelten

$$\frac{1}{3}\, h\, dA\, \underline{k} + \underline{\tau}_n\, dA - \frac{1}{2}\left(\underline{\tau}_1\, dr_2\, dr_3 + \underline{\tau}_2\, dr_3\, dr_1 + \underline{\tau}_3\, dr_1\, dr_2\right) = 0. \tag{2.126}$$

Mit (2.125) folgt

$$\left(\frac{1}{3}\, h\, \underline{k} + \underline{\tau}_n - n_1\, \underline{\tau}_1 - n_2\, \underline{\tau}_2 - n_3\, \underline{\tau}_3\right) dA = 0. \tag{2.127}$$

Für $h \to 0$, also beim Zusammenziehen des Tetraeders auf den Punkt $P(t)$, folgt für den gesuchten Spannungsvektor $\underline{\tau}_n$

$$\underline{\tau}_n = \sum_\alpha n_\alpha\, \underline{\tau}_\alpha = \sum_\alpha (\underline{n} \cdot \underline{e}_\alpha)\, \underline{\tau}_\alpha. \tag{2.128}$$

Mit (2.103), (2.32), (2.109) und (2.122) erhält man in der Basis $\underline{e}$

$$\left.\begin{aligned}
\underline{\tau}_n = \boldsymbol{\tau}_n^T\, \underline{\mathbf{e}} &= \sum_\alpha \underline{n} \cdot \underline{e}_\alpha\, \boldsymbol{\tau}_\alpha^T\, \underline{\mathbf{e}} = \mathbf{n}^T \underline{\mathbf{e}} \cdot \left(\underline{e}_1\, \boldsymbol{\tau}_1^T + \underline{e}_2\, \boldsymbol{\tau}_2^T + \underline{e}_3\, \boldsymbol{\tau}_3^T\right) \underline{\mathbf{e}} \\
&= \mathbf{n}^T \underline{\mathbf{e}} \cdot \underline{\mathbf{e}}^T \boldsymbol{\tau}\, \underline{\mathbf{e}} = \mathbf{n}^T \boldsymbol{\tau}\, \underline{\mathbf{e}} = \underline{\mathbf{e}}^T \boldsymbol{\tau}^T\, \mathbf{n} = \underline{\mathbf{e}}^T \boldsymbol{\tau}\, \mathbf{n} = \underline{\mathbf{e}}^T \boldsymbol{\tau}\, \underline{\mathbf{e}} \cdot \underline{\mathbf{e}}^T \mathbf{n}
\end{aligned}\right\} \tag{2.129}$$

mit der 3×3-Matrix $\boldsymbol{\tau}$ der Spannungskoordinaten aus (2.115). Mit dem Cauchyschen Spannungstensor

$$\underline{\underline{\tau}} = \underline{\mathbf{e}}^T \boldsymbol{\tau}\, \underline{\mathbf{e}}, \quad \boldsymbol{\tau} = \boldsymbol{\tau}(\mathbf{r}) = \left[\tau_{\alpha\beta}\right] \quad \text{wo} \quad \tau_{\alpha\beta} = \tau_{\alpha\beta}(r_1, r_2, r_3) \quad \text{und} \quad \boldsymbol{\tau} = \boldsymbol{\tau}^T \tag{2.130}$$

kann man (2.129) auch in der Form

$$\underline{\tau}_n = \underline{n} \cdot \underline{\underline{\tau}} = \underline{\underline{\tau}} \cdot \underline{n} \quad \text{also} \quad \boldsymbol{\tau}_n = \boldsymbol{\tau}\, \mathbf{n} \tag{2.131}$$

schreiben. Die Gleichungen (2.131) besagen, daß man in jedem Punkt des Kontinuums die Spannungen $\underline{\tau}_n$ an einem beliebig orientierten Flächenelement $\underline{dA}_n$ aus den Koordinaten $\tau_{\alpha\beta}$

des Spannungstensors $\underline{\underline{\tau}}$ berechnen kann. Durch das Tensorfeld $\underline{\underline{\tau}} = \underline{\underline{\tau}}(\mathbf{r},t)$ wird der Spannungszustand in P vollständig erfaßt. Die Koordinaten $\mathbf{dP}_n$ aus (2.102) der auf das Flächenelement $\underline{dA}_n$ einwirkenden Kraft $\underline{dP}_n$ ergeben sich mit (2.131) zu

$$\mathbf{dP}_n = \boldsymbol{\tau}_n \, dA = \boldsymbol{\tau} \, \mathbf{n} \, dA . \tag{2.132}$$

Weiter ergibt sich aus (2.131) die einer beliebig orientierten Fläche (2.32) mit dem Normalenvektor $\underline{n}$ zugeordnete Normalspannung τ_{nn} zu

$$\tau_{nn} = \mathbf{n}^T \boldsymbol{\tau}_n = \mathbf{n}^T \boldsymbol{\tau} \, \mathbf{n} . \tag{2.133}$$

Die Größe der Schubspannung in Richtung eines zu $\underline{n}$ orthogonalen Einheitsvektors $\underline{m}$, wo

$$\underline{m} = \underline{\mathbf{e}}^T \mathbf{m} , \quad \mathbf{m} = [m_\alpha] \quad \text{mit} \quad \mathbf{m}^T \mathbf{m} = 1 \quad \text{und} \quad \mathbf{m}^T \mathbf{n} = 0 , \tag{2.134}$$

ergibt sich zu

$$\tau_{mn} = \mathbf{m}^T \boldsymbol{\tau}_n = \mathbf{m}^T \boldsymbol{\tau} \, \mathbf{n} . \tag{2.135}$$

Zwei zueinander orthogonale Vektoren $\underline{m} = \underline{m}_1$ und $\underline{m} = \underline{m}_2$ bilden mit $\underline{n}$ die Basisvektoren $\underline{e}^2_\alpha$ eines kartesischen Dreibeins $\underline{\mathbf{e}}^2$. Für diese drei Vektoren liefern die Gleichungen (2.133) und (2.135) neun Zahlen $\tau_{mn} = {}^2\tau_{\alpha\beta}$. Die Orientierung von $\underline{\mathbf{e}}^2$ bezüglich $\underline{\mathbf{e}}^1 \equiv \underline{\mathbf{e}}$ ist gegeben durch die Koordinaten der Vektoren $\underline{e}^2_\alpha$ in der Basis $\underline{\mathbf{e}}^1$, also durch die Koordinaten von $\underline{m}_1$, $\underline{m}_2$ und $\underline{n}$. Demnach bilden die drei Zeilen $\mathbf{m}_1^T$, $\mathbf{m}_2^T$ und $\mathbf{n}^T$ mit den Koordinaten der Vektoren $\underline{m}_1, \underline{m}_2$ und $\underline{n}$ die Richtungskosinusmatrix $\mathbf{A}^{21}$ zur Beschreibung der relativen Orientierung der Dreibeine $\underline{\mathbf{e}}^2$ und $\underline{\mathbf{e}}^1$ gemäß $\underline{\mathbf{e}}^2 = \mathbf{A}^{21} \, \underline{\mathbf{e}}^1$. Mit dieser Deutung kann man die Gleichungen (2.133) und (2.135) zusammenfassen in

$$^2\boldsymbol{\tau} = \mathbf{A}^{21} \, {}^1\boldsymbol{\tau} \, \mathbf{A}^{21^T} \quad \text{wo} \quad \underline{\underline{\tau}} = \underline{\mathbf{e}}^{1^T} \, {}^1\boldsymbol{\tau} \, \underline{\mathbf{e}}^1 = \underline{\mathbf{e}}^{2^T} \, {}^2\boldsymbol{\tau} \, \underline{\mathbf{e}}^2 \tag{2.136}$$

mit $^1\boldsymbol{\tau} \equiv \boldsymbol{\tau}$ gemäß (2.130). Die Gleichungen (2.133) und (2.135) liefern somit das Transformationsgesetz (2.136) für die kartesischen Koordinaten eines Tensors, also den formalen Nachweis, daß die Spannungskoordinaten $\tau_{\alpha\beta}$ die Elemente eines Tensors $\underline{\underline{\tau}}$ bilden.

2.3.3 Piolasche Spannungstensoren

Der Cauchysche Spannungstensor wurde aus den Gleichgewichtsbedingungen an einem in der aktuellen Konfiguration kartesischen Volumenelement dV gewonnen. Mit der gleichen Berechtigung kann man von dem schiefwinkligen Volumenelement dV aus Bild 2-4 ausgehen. Damit erhält man die Piolaschen Spannungstensoren, [19], S. 124. Ihre Elemente sind Spannungen,

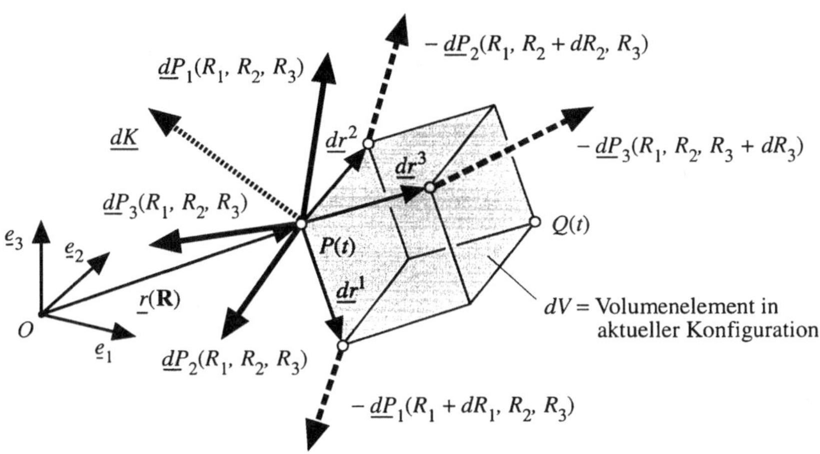

Bild 2-17: Kräfte am schiefwinkligen, infinitesimalen Volumenelement dV aus Bild 2-4.
Die durchgezogenen bzw. gestrichelten Pfeile repräsentieren die Oberflächenkräfte an den in $P(t)$
bzw. $Q(t)$ zusammenlaufenden Flächen von dV. Erstere wirken am Ort $\underline{r}$, d. h. am Punkt $\mathbf{R}$ und
letztere greifen am Ort $\underline{r} + \underline{dr}^{\alpha}$ an, d. h. an den durch $\underline{dR}^{\alpha}$ modifizierten Punkten.

die nicht auf die Begrenzungsflächen von dV sondern auf die Oberflächen des zugeordneten
Volumenelements dV_0 in der Referenzkonfiguration bezogen sind.

Das deformierte Volumenelement dV aus Bild 2-4 ist in Bild 2-17 nochmals gezeigt, zusammen mit den an ihm wirksamen Kräften. Die Oberflächenkräfte auf die drei Flächen von dV,
die sich in den vom Punkt $P(t)$ ausgehenden Kantenvektoren $\underline{dr}^{\alpha} = \underline{b}_{\alpha} \, dR_{\alpha}$ – vgl. (2.25) –
schneiden, werden in Analogie zu (2.106) dargestellt in der Form

$$\underline{dP}_{\alpha}(R_1, R_2, R_3) = -\underline{\Sigma}_{\alpha}(R_1, R_2, R_3) \, dR_{\beta} \, dR_{\gamma} \,, \tag{2.137}$$

wo α, β, γ die zyklischen Permutationen von 1, 2, 3 sind. Dabei ist $\underline{\Sigma}_{\alpha}$ derjenige Spannungsvektor, der die beim Freischneiden der Fläche

$$\underline{dA}_{\alpha} = \underline{b}_{\beta} \times \underline{b}_{\gamma} \, dR_{\beta} \, dR_{\gamma} \tag{2.138}$$

in der aktuellen Konfiguration erscheinenden Kräfte $\underline{dP}_{\alpha}$ gemäß (2.137) darstellt, also durch
Bezug der Spannungen auf diejenige Fläche

$$\underline{dA}_{0\alpha} = \underline{e}_{\beta} \times \underline{e}_{\gamma} \, dR_{\beta} \, dR_{\gamma} = \underline{e}_{\alpha} \, dR_{\beta} \, dR_{\gamma} \,, \tag{2.139}$$

die der Fläche $\underline{dA}_{\alpha}$ in der Referenzkonfiguration zugeordnet ist – vgl. auch Bild 2-4. Die
Kräfte $\underline{dP}_{\alpha}^{Q}$ auf die am Punkt $Q(t)$ zusammenlaufenden Flächen von dV sind wegen (2.137)

$$\left.\begin{aligned}
\underline{dP}_1^Q &= -\,\underline{dP}_1(R_1 + dR_1,\, R_2,\, R_3) &&= +\,\underline{\Sigma}_1(R_1 + dR_1,\, R_2,\, R_3)\, dR_2\, dR_3, \\
\underline{dP}_2^Q &= -\,\underline{dP}_2(R_1,\, R_2 + dR_2,\, R_3) &&= +\,\underline{\Sigma}_2(R_1,\, R_2 + dR_2,\, R_3)\, dR_3\, dR_1, \\
\underline{dP}_3^Q &= -\,\underline{dP}_3(R_1,\, R_2,\, R_3 + dR_3) &&= +\,\underline{\Sigma}_3(R_1,\, R_2,\, R_3 + dR_3)\, dR_1\, dR_2\,.
\end{aligned}\right\} \tag{2.140}$$

Eine Taylorentwicklung der Spannungsvektoren liefert wie in (2.111):

$$\left.\begin{aligned}
\underline{dP}_1^Q &= +\,\underline{\Sigma}_1(\mathbf{R})\, dR_2\, dR_3 + \frac{\partial \underline{\Sigma}_1(\mathbf{R})}{\partial R_1}\, dR_1\, dR_2\, dR_3 + O(dR_\alpha^4), \\[2mm]
\underline{dP}_2^Q &= +\,\underline{\Sigma}_2(\mathbf{R})\, dR_3\, dR_1 + \frac{\partial \underline{\Sigma}_2(\mathbf{R})}{\partial R_2}\, dR_1\, dR_2\, dR_3 + O(dR_\alpha^4), \\[2mm]
\underline{dP}_3^Q &= +\,\underline{\Sigma}_3(\mathbf{R})\, dR_1\, dR_2 + \frac{\partial \underline{\Sigma}_3(\mathbf{R})}{\partial R_3}\, dR_1\, dR_2\, dR_3 + O(dR_\alpha^4)\,.
\end{aligned}\right\} \tag{2.141}$$

Die Kräfte an dV sind im Gleichgewicht, wenn (2.112) erfüllt ist. Dabei werden die Volumen-kräfte jetzt mit Hilfe der materiellen Volumenkraftdichte $\underline{k}_0$ aus (2.98) angegeben. Mit dem Volumenelement in der Referenzkonfiguration $dV_0 = dR_1\, dR_2\, dR_3$ – vgl. Bild 2-4 – und mit (2.137) und (2.141) erhält man für $dR_\alpha \to 0$ die Bedingungen für Kräftegleichgewicht am Punkt $P(t)$ des Kontinuums jetzt in der Form

$$\sum_\alpha \frac{\partial \underline{\Sigma}_\alpha}{\partial R_\alpha} + \underline{k}_0 = 0\,. \tag{2.142}$$

Bei Darstellung der Spannungsvektoren $\underline{\Sigma}_\alpha$ in der Basis $\underline{\mathbf{e}}$, also mit

$$\underline{\Sigma}_\alpha = \underline{\mathbf{e}}^T\, \Sigma_\alpha\,, \quad \Sigma_\alpha = \Sigma_\alpha(\mathbf{R}) = \begin{bmatrix} \Sigma_{\alpha 1} \\ \Sigma_{\alpha 2} \\ \Sigma_{\alpha 3} \end{bmatrix} \quad \text{wo} \quad \Sigma_{\alpha\beta} = \Sigma_{\alpha\beta}(R_1, R_2, R_3), \tag{2.143}$$

wird unter Verwendung von (2.98)

$$\sum_\alpha \frac{\partial \Sigma_\alpha}{\partial R_\alpha} + \mathbf{k}_0 = \mathbf{0}\,. \tag{2.144}$$

Mit der in Analogie zu (2.115) aufgebauten Matrix der Spannungskoordinaten in der Basis $\underline{\mathbf{e}}$

$$\Sigma = \Sigma(\mathbf{R}) = \left[\Sigma_{\alpha\beta}(R_1, R_2, R_3)\right] \tag{2.145}$$

und mit der aus (2.116) bekannten Divergenz von Tensorfeldern

$$\mathbf{Div}\,\Sigma = \left[\sum_\alpha \frac{\partial \Sigma_{\alpha\beta}}{\partial R_\alpha}\right] = \begin{bmatrix} \sum\limits_\alpha \dfrac{\partial \Sigma_{\alpha 1}}{\partial R_\alpha} \\[2ex] \sum\limits_\alpha \dfrac{\partial \Sigma_{\alpha 2}}{\partial R_\alpha} \\[2ex] \sum\limits_\alpha \dfrac{\partial \Sigma_{\alpha 3}}{\partial R_\alpha} \end{bmatrix} \qquad\qquad (2.146)$$

kann man (2.144) in der kompakteren Form

$$\mathbf{Div}\,\Sigma + \mathbf{k}_0 = \mathbf{0} \qquad\qquad (2.147)$$

schreiben. Ein Vergleich mit den Bedingungen (2.117) für Kräftegleichgewicht an einem in der aktuellen Konfiguration kartesischen Volumenelement zeigt, daß anstelle von τ und $\mathbf{k}$ jetzt die auf Flächen- und Volumenelemente in der Referenzkonfiguration bezogenen Größen Σ und $\mathbf{k}_0$ erscheinen.

Die Zeilen von Σ aus (2.145) sind die Koordinaten (2.143) der Spannungsvektoren $\underline{\Sigma}_\alpha$ in der Basis $\underline{\mathbf{e}}$. Die neun Spannungen $\Sigma_{\alpha\beta}$ bilden, wie die $\tau_{\alpha\beta}$, die Koordinaten eines Tensors, des *ersten Piolaschen Spannungstensors* – vgl. [21], S. 84 und 576-583 oder [2], S. 63 und 174. Häufig wird er auch als *Lagrangescher Spannungstensor* bezeichnet, z. B. in [9], S. 438.

Im Unterschied zu den $\tau_{\alpha\beta}$ aus (2.115) sind die Spannungen $\Sigma_{\alpha\beta}$ aber nicht symmetrisch. Man erhält aber auch hier symmetrische Spannungskoordinaten, wenn man die Spannungsvektoren $\underline{\Sigma}_\alpha$ aus (2.143) in der durch die Gittervektoren $\underline{b}_\alpha$ gegebenen Basis $\underline{\mathbf{b}}$ aus (2.16) darstellt. Die dann erscheinenden Koordinaten $^b\Sigma_{\alpha\beta}$ werden hier einfachheitshalber mit $S_{\alpha\beta}$ bezeichnet, also $\mathbf{S}_\alpha \equiv \,^b\Sigma_\alpha$, womit

$$\underline{\Sigma}_\alpha = \underline{\mathbf{b}}^T \,{}^b\Sigma_\alpha = \underline{\mathbf{b}}^T \mathbf{S}_\alpha \,, \quad \mathbf{S}_\alpha = \mathbf{S}_\alpha(\mathbf{R}) = \begin{bmatrix} S_{\alpha 1} \\ S_{\alpha 2} \\ S_{\alpha 3} \end{bmatrix} \quad \text{wo} \quad S_{\alpha\beta} = S_{\alpha\beta}(R_1, R_2, R_3). \qquad (2.148)$$

Die $S_{\alpha\beta}$ bilden die Koordinaten des *zweiten Piolaschen Spannungstensors*

$$\mathbf{S} = \mathbf{S}(\mathbf{R}) = \left[S_{\alpha\beta}(R_1, R_2, R_3)\right], \qquad\qquad (2.149)$$

der zuweilen auch als *Kirchhoffscher Spannungstensor* bezeichnet wird, z. B. [9], S. 438. Die Transformationsgleichungen zwischen den beiden Tensoren Σ und $\mathbf{S}$ aus (2.145) und (2.149) ergeben sich mit (2.17). Mit dieser Beziehung zwischen den Basisvektoren $\underline{e}_\alpha$ und $\underline{b}_\alpha$ gilt für die in (2.143) und (2.148) definierten Spannungskoordinaten

$$\Sigma_\alpha = \mathbf{F}\,\mathbf{S}_\alpha \quad \text{d. h.} \quad \Sigma_{\alpha\beta} = \sum_\gamma F_{\beta\gamma}\,S_{\alpha\gamma} = \sum_\gamma S_{\alpha\gamma}\,F_{\beta\gamma}\,. \tag{2.150}$$

Mit (2.145) und (2.149) kann man die Transformationsgleichungen kompakter schreiben

$$\Sigma = \mathbf{S}\,\mathbf{F}^T\,. \tag{2.151}$$

Die Symmetrie der Spannungskoordinaten $S_{\alpha\beta}$ erschließt man aus den Bedingungen für Momentengleichgewicht an dV bezüglich $P(t)$. Aus (2.118) folgt mit (2.141) und (2.25)

$$\sum_\alpha (\underline{\Sigma}_\alpha \times \underline{b}_\alpha)\, dV_0 + \sum_\alpha \left((\frac{\partial \underline{\Sigma}_\alpha}{\partial R_\alpha} \times \underline{b}_\alpha)\, dR_\alpha \right) dV_0 + O(dR_\alpha^4) = 0\,. \tag{2.152}$$

Hieraus folgt man nach Division durch $dV_0 \neq 0$ für $dR_\alpha \to 0$, daß die Momente an dV in P im Gleichgewicht sind, wenn

$$\sum_\alpha (\underline{\Sigma}_\alpha \times \underline{b}_\alpha) = 0\,. \tag{2.153}$$

Mit den Spannungskoordinaten $\mathbf{S}_\alpha$ aus (2.148) wird

$$\sum_\alpha \left(\mathbf{S}_\alpha^T\, \mathbf{b} \times \underline{b}_\alpha \right) = \sum_\alpha \mathbf{S}_\alpha^T \begin{bmatrix} \underline{b}_1 \times \underline{b}_\alpha \\ \underline{b}_2 \times \underline{b}_\alpha \\ \underline{b}_3 \times \underline{b}_\alpha \end{bmatrix} = 0\,. \tag{2.154}$$

Die Auswertung der Summe aus (2.154) liefert

$$S_{\alpha\beta} = S_{\beta\alpha} \quad \text{also} \quad \mathbf{S}(\mathbf{R},t) = \mathbf{S}^T(\mathbf{R},t)\,. \tag{2.155}$$

Die Bedingungen für Momentengleichgewicht zeigen, daß die Maßzahlen $S_{\alpha\beta}$ der Spannungsvektoren $\underline{\Sigma}_\alpha$ in der schiefwinkligen Basis $\mathbf{b}$ symmetrisch sind. Dies bedeutet aber nicht, daß auch die Maßzahlen $\Sigma_{\alpha\beta}$ aus (2.143) in der Basis $\mathbf{e}$ symmetrisch wären. Die neun Maßzahlen $\Sigma_{\alpha\beta}$ genügen aber drei Bedingungsgleichungen, die sich aus (2.155) und den Transformationsgleichungen (2.151) ergeben.

Den Nachweis, daß die jeweils neun Größen $\Sigma_{\alpha\beta}$ und $S_{\alpha\beta}$ die Maßzahlen zweier Tensoren bilden, die es erlauben, die Spannungen an beliebig orientierten Flächenelementen zu errechnen, erbringt man durch Formulierung der Gleichgewichtsbedingungen an einem Tetraeder, wie beim Cauchyschen Spannungstensor. Dort zeigte sich, daß die Volumenkräfte bei Verkleinerung des Volumens mit der dritten Potenz einer das Volumenelement charakterisierenden Länge gegen Null streben, die Oberflächenkräfte aber nur mit der zweiten. An genügend kleinen Volumenelementen stehen die Oberflächenkräfte daher für sich allein genommen im Gleichgewicht – vgl. auch [7], S. 71 und [21], S. 83 ff – und man kann die Volumenkräfte bei der Herleitung des einer beliebig orientierten Fläche zugeordneten Spannungsvektors weglassen. Bild 2-18 zeigt ein Tetraeder in der Referenzkonfiguration und das zugeordnete Tetraeder in der aktuellen Konfiguration. Beide sind durch die Kantenvektoren der in Bild 2-4 dargestellten Volumenelemente gegeben. Die von den Punkten $X(t_0)$, $Y(t_0)$ und $Z(t_0)$ aufgespannte Fläche sei $\underline{dA}_{n0}$ gemäß (2.31) und die ihr in der aktuellen Konfiguration zugeordnete Fläche sei $\underline{dA}_n$ gemäß (2.32). Die Eckpunkte von $\underline{dA}_n$ sind $X(t)$, $Y(t)$ und $Z(t)$. Gesucht ist der Spannungsvektor $\underline{\Sigma}_n$ gemäß (2.105), der die auf $\underline{dA}_n$ wirkende Kraft $\underline{dP}_n$ als $\underline{\Sigma}_n\, dA_0$, also gemäß (2.106), darstellt. Damit alle Oberflächenkräfte am deformierten Tetraeder im Gleichgewicht stehen, muß bei Darstellung der Kräfte gemäß (2.137) gelten

$$\underline{\Sigma}_n\, dA_0 = \frac{1}{2}\left(\underline{\Sigma}_1\, dR_2\, dR_3 + \underline{\Sigma}_2\, dR_3\, dR_1 + \underline{\Sigma}_3\, dR_1\, dR_2 \right). \tag{2.156}$$

Wie in (2.125) für das Flächenelement $\underline{dA}_n$ schließt man hier für $\underline{dA}_{n0}$, daß

$$dR_2\, dR_3 = 2\, dA_0\, n_{01}, \quad dR_3\, dR_1 = 2\, dA_0\, n_{02}, \quad dR_1\, dR_2 = 2\, dA_0\, n_{03}. \tag{2.157}$$

Setzt man dies in (2.156) ein, so folgt, wie in (2.128), für den hier gesuchten Spannungsvektor $\underline{\Sigma}_n$:

$$\underline{\Sigma}_n = \sum_\alpha n_{0\alpha}\, \underline{\Sigma}_\alpha = \sum_\alpha \left(\underline{n}_0 \cdot \underline{e}_\alpha \right) \underline{\Sigma}_\alpha. \tag{2.158}$$

Mit (2.105) und (2.143) erhält man in Analogie zu (2.129) in der Basis $\underline{e}$:

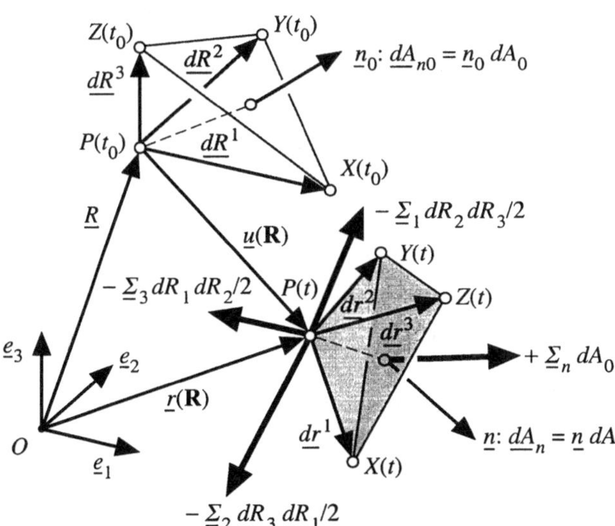

Bild 2-18: Gleichgewicht der Oberflächenkräfte an einem infinitesimalen Tetraeder, das durch die Kantenvektoren des in den Bildern 2-4 und 2-17 dargestellten Volumenelements dV gegeben ist.

$$\underline{\Sigma}_n = \Sigma_n^T \, \underline{e} \;\; = \sum_\alpha \underline{n}_0 \cdot \underline{e}_\alpha \, \Sigma_\alpha^T \, \underline{e} = \mathbf{n}_0^T \, \underline{e} \cdot \left(\underline{e}_1 \, \Sigma_1^T + \underline{e}_2 \, \Sigma_2^T + \underline{e}_3 \, \Sigma_3^T \right) \underline{e}$$
$$= \mathbf{n}_0^T \, \underline{e} \cdot \underline{e}^T \, \Sigma \, \underline{e} = \mathbf{n}_0^T \, \Sigma \, \underline{e} = \underline{e}^T \, \Sigma^T \, \mathbf{n}_0 \; . \tag{2.159}$$

Damit ist der Nachweis des Tensorcharakters des ersten Piolaschen Spannungstensors erbracht:

$$\underline{\underline{\Sigma}} = \underline{e}^T \, \Sigma \, \underline{e}, \;\; \Sigma = \Sigma(\mathbf{R}) = \left[\Sigma_{\alpha\beta}(R_1, R_2, R_3) \right]. \tag{2.160}$$

Mit ihm kann man in Analogie zu (2.131) schreiben

$$\underline{\Sigma}_n = \underline{n}_0 \cdot \underline{\underline{\Sigma}} \;\; \text{oder} \;\; \Sigma_n = \Sigma^T \, \mathbf{n}_0 . \tag{2.161}$$

Weiter erhält man aus (2.158) mit den in (2.148) definierten Maßzahlen $S_{\alpha\beta}$ der Spannungsvektoren $\underline{\Sigma}_\alpha$ in der Basis $\underline{b}$, also mit S aus (2.149), unter Beachtung von (2.17) und (2.155)

$$\underline{\Sigma}_n = \Sigma_n^T \, \underline{e} \;\; = \sum_\alpha \underline{n}_0 \cdot \underline{e}_\alpha \, S_\alpha^T \, \underline{b} = \mathbf{n}_0^T \, \underline{e} \cdot \left(\underline{e}_1 \, S_1^T + \underline{e}_2 \, S_2^T + \underline{e}_3 \, S_3^T \right) \underline{b}$$
$$= \mathbf{n}_0^T \, \underline{e} \cdot \underline{e}^T \, S \, F^T \, \underline{e} = \mathbf{n}_0^T \, \underline{e} \cdot \underline{e}^T \, S \, \underline{e} \cdot \underline{e}^T \, F^T \, \underline{e} = \mathbf{n}_0^T \, S \, F^T \, \underline{e} \; . \tag{2.162}$$

Dies liefert den Nachweis des Tensorcharakters des zweiten Piolaschen Spannungstensors:

$$\underline{\underline{S}} = \underline{e}^T S \, \underline{e} \;\; \text{mit} \;\; S^T = S \;\; \text{wo} \;\; S = S(\mathbf{R}) = \left[S_{\alpha\beta}(R_1, R_2, R_3) \right]. \tag{2.163}$$

Mit ihm erhält man aus (2.162) die Spannungskoordinaten Σ_n an beliebig orientierten Flächenelementen $\underline{dA}_n$ zu

$$\Sigma_n = F \, S \, \mathbf{n}_0 . \tag{2.164}$$

Die Koordinaten $\mathbf{dP}_n$ aus (2.102) der auf das Flächenelement $\underline{dA}_n$ einwirkenden Kraft $\underline{dP}_n$ ergeben sich mit (2.106), (2.161) und (2.164) in Übereinstimmung mit (2.151) zu

$$\mathbf{dP}_n = \Sigma_n \, dA_0 = \Sigma^T \, \mathbf{n}_0 \, dA_0 = F \, S \, \mathbf{n}_0 \, dA_0 \;\; \text{wo} \;\; \Sigma^T = F \, S . \tag{2.165}$$

Dies entspricht der unter Verwendung des Cauchyschen Spannungstensors angegebenen Darstellung (2.132) von $\mathbf{dP}_n$.

2.3.4 Transformationsgleichungen

Mit den Piolaschen Spannungstensoren wurde der Spannungszustand hier in Abhängigkeit von den materiellen Koordinaten angegeben, also $\Sigma = \Sigma(\mathbf{R})$ bzw. $S = S(\mathbf{R})$ während der gleiche Spannungszustand mit dem Cauchyschen Spannungstensor $\boldsymbol{\tau} = \boldsymbol{\tau}(\mathbf{r})$ in Abhängigkeit von den lokalen Koordinaten beschrieben wurde. Zum Übergang von einer Darstellung zur anderen benötigt man die entsprechenden Transformationsgleichungen, [2], S. 62/63, [21], S. 576 ff. Die durch (2.165) und durch (2.132) mit Hilfe der Spannungstensoren von Piola und Cauchy angegebenen Darstellungen von $\underline{dP}_n$ repräsentieren die gleiche Oberflächenkraft, nämlich die an einem Flächenelement $\underline{dA}_n$ mit dem Normalenvektor $\underline{n}$. Folglich muß gelten

$$\mathbf{dP}_n = \boldsymbol{\Sigma}^T \mathbf{n}_0 \, dA_0 = \boldsymbol{\tau}^T \mathbf{n} \, dA = \boldsymbol{\tau} \, \mathbf{n} \, dA. \tag{2.166}$$

Drückt man den Normalenvektor $\underline{n}$ mit (2.36) durch den zugeordneten Normalenvektor $\underline{n}_0$ aus, so wird

$$\boldsymbol{\Sigma}^T \mathbf{n}_0 \; = \; \frac{dA}{dA_0} \boldsymbol{\tau}^T \mathbf{n} \; = \; \Delta \, \boldsymbol{\tau}^T \mathbf{F}^{-1^T} \mathbf{n}_0 \quad \text{also} \quad \boldsymbol{\Sigma}^T = \Delta \, \boldsymbol{\tau}^T \mathbf{F}^{-1^T}, \tag{2.167}$$

da die erste Gleichung in (2.167) für beliebige Normalenvektoren $\underline{n}_0$ (und die zugeordneten Normalenvektoren $\underline{n}$) gilt. Unter Beachtung von (2.151) erhält man die folgenden Transformationen zwischen den hier angegebenen Spannungstensoren:

$$\text{Erster Piolascher Spannungstensor:} \quad \boldsymbol{\Sigma} = \mathbf{S} \, \mathbf{F}^T = \Delta \, \mathbf{F}^{-1} \, \boldsymbol{\tau},$$

$$\text{Zweiter Piolascher Spannungstensor:} \quad \mathbf{S} = \mathbf{S}^T = \boldsymbol{\Sigma} \, \mathbf{F}^{-1^T} = \Delta \, \mathbf{F}^{-1} \, \boldsymbol{\tau} \, \mathbf{F}^{-1^T}, \tag{2.168}$$

$$\text{Cauchyscher Spannungstensor:} \quad \boldsymbol{\tau} = \boldsymbol{\tau}^T = \frac{1}{\Delta} \mathbf{F} \, \boldsymbol{\Sigma} = \frac{1}{\Delta} \mathbf{F} \, \mathbf{S} \, \mathbf{F}^T.$$

Weitere Alternativen zur Darstellung des Spannungszustands in einem Kontinuum finden sich z. B. in [2], S. 174.

2.4 Materialgesetz

Spannungs- und Verzerrungszustand eines Kontinuums sind nicht unabhängig. Die Gesetze, die sie verknüpfen, sind durch den Werkstoff bestimmt, aus dem der Körper besteht. Diese Materialgesetze oder Materialgleichungen müssen experimentell ermittelt werden. Hier wird das einfachste Gesetz für feste Körper, das Hookesche Gesetz, erläutert.

2.4.1 Anforderungen an Materialgleichungen

Materialgesetze müssen gewissen Bedingungen genügen, die hier für Materialien angegeben werden, die *homogen, isotrop* und *elastisch* sind ([2], S. 138 ff und 164 ff, [19], S. 119 ff). *Homogene* Materialien haben in jedem Punkt die *gleichen* physikalischen Eigenschaften. Sind diese Eigenschaften überdies *richtungsunabhängig* so spricht man von *isotropen* Materialien. Darüber hinaus nennt man ein Material *elastisch,* wenn die Spannungen am Punkt $P(t)$ nur von den Elementen des Deformationsgradienten (2.18) an diesem Ort und zu dieser Zeit abhängen.

Die Spannungen seien durch den Cauchyschen Spannungstensor $\underline{\underline{\tau}}$ aus (2.130) erfaßt. Seine Elemente $\tau_{\alpha\beta} = \tau_{\alpha\beta}(r_1, r_2, r_3, t)$ seien mit Hilfe der Gleichungen (2.3) als Funktionen der R_α angegeben, also $\tau_{\alpha\beta} = \tau_{\alpha\beta}(R_1, R_2, R_3, t)$. Für homogene, elastische Materialien gilt dann mit den Elementen $F_{\alpha\beta}$ des Deformationsgradienten $\mathbf{F}$

$$\tau_{\alpha\beta}(\mathbf{R}, t) = \varphi_{\alpha\beta}\big(F_{11}(\mathbf{R}, t), \dots F_{33}(\mathbf{R}, t)\big), \tag{2.169}$$

wo $\varphi_{\alpha\beta}$ beliebige, nichtlineare Funktionen sind. Neben Homogenität wurde in (2.169) auch noch Zeitunabhängigkeit des Materialgesetzes vorausgesetzt: Weder $\mathbf{R}$ noch t kommen explizite als Argumente der Funktionen $\varphi_{\alpha\beta}$ vor. Man schreibt (2.169) einfacher in der symbolischen Form

$$\boldsymbol{\tau} = \boldsymbol{\varphi}(\mathbf{F}) \tag{2.170}$$

mit der tensorwertigen Funktion $\boldsymbol{\varphi}$ des tensorwertigen Arguments $\mathbf{F}$.

Eine grundlegende Forderung an sinnvolle Materialgleichungen ist die der *materiellen Objektivität* oder der *Beobachterindifferenz*: Alle Beobachter, wie auch immer sie sich bewegen, müssen aus der Beziehung (2.170) für jede gemessene Bewegung des Materials (d. h. des Deformationsgradienten $\mathbf{F}$) auf denselben Spannungszustand schließen. Die Relativbewegung zweier Beobachter in den Systemen $\{O^1, \underline{e}^1\}$ und $\{O^2, \underline{e}^2\}$ aus Bild 2-19 sei gegeben durch die Funktionen $\underline{r}^{21}(t)$ und $\mathbf{A}^{21}(t)$, wo $\underline{e}^2 = \mathbf{A}^{21}\,\underline{e}^1$. Zur Zeit t_0 falle das System $\{O^2, \underline{e}^2\}$ mit $\{O^1, \underline{e}^1\}$ zusammen, d. h. $\underline{r}^{21}(t_0) = 0$ und $\mathbf{A}^{21}(t_0) = \mathbf{E}$. Der Beobachter 2 in $\{O^2, \underline{e}^2\}$ ordnet den materiellen Punkten dann dieselben Koordinaten R_α zu wie der Beobachter 1 in $\{O^1, \underline{e}^1\}$. Wenn sich das System 2, wie oben angegeben, bewegt, mißt der Beobachter 2 die Bewegung $\underline{r} = \underline{r}^2(\mathbf{R}, t)$, während der Beobachter 1 die Bewegung $\underline{r} = \underline{r}^1(\mathbf{R}, t)$ ermittelt.

Stellt man die Vektoren $\underline{r}^1$ und $\underline{r}^{21}$ in $\underline{e}^1$ dar und $\underline{r}^2$ in $\underline{e}^2$, so lautet die Beziehung zwischen den beiden Messungen

$$\mathbf{r}^2(\mathbf{R}, t) = \mathbf{A}^{21}(t)\left(\mathbf{r}^1(\mathbf{R}, t) - \mathbf{r}^{21}(t)\right). \tag{2.171}$$

Hieraus ergibt sich durch Differentiation der Zusammenhang zwischen den Elementen $^2F_{\alpha\beta} = \partial r_\alpha^2/\partial R_\beta$ von $^2\mathbf{F}$, die der Beobachter 2 mißt, und den Elementen $^1F_{\alpha\beta} = \partial r_\alpha^1/\partial R_\beta$ von $^1\mathbf{F}$, die der Beobachter 1 ermittelt, zu

$$^2\mathbf{F}(\mathbf{R}, t) = \mathbf{A}^{21}(t)\,{}^1\mathbf{F}(\mathbf{R}, t). \tag{2.172}$$

Der Beobachter 2 setzt $^2\mathbf{F}$ in die Materialgleichung (2.170) ein und erhält das Ergebnis

$$^2\boldsymbol{\tau} = \boldsymbol{\varphi}(^2\mathbf{F}) = \boldsymbol{\varphi}(\mathbf{A}^{21}\,{}^1\mathbf{F}), \tag{2.173}$$

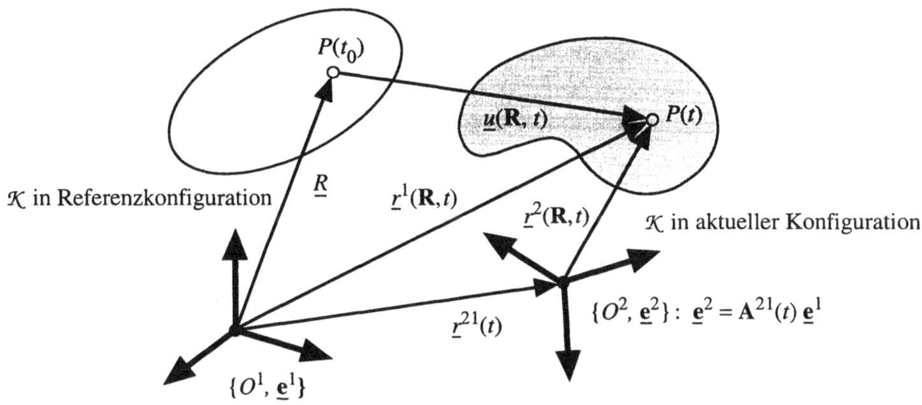

Bild 2-19: Zwei Bezugssysteme $\{O^1, \underline{e}^1\}$ und $\{O^2, \underline{e}^2\}$ zur Ermittlung von Materialgesetzen.

während der Beobachter 1, der ja $^1\mathbf{F}$ benutzt, das Ergebnis

$$^1\boldsymbol{\tau} = \boldsymbol{\varphi}(^1\mathbf{F}) \tag{2.174}$$

ermittelt. Die Forderung nach Objektivität besagt, daß beide dasselbe, durch den Tensor $\underline{\underline{\tau}}$ beschriebene Resultat erhalten müssen. Stellt man den Spannungstensor $\underline{\underline{\tau}}$ in den beiden Koordinatensystemen durch die Maßzahlen $^1\boldsymbol{\tau}$ und $^2\boldsymbol{\tau}$ dar, so müssen diese dem Transformationsgesetz aus (2.136) genügen. Der Beobachter 2 muß also $\mathbf{A}^{21}\,^1\boldsymbol{\tau}\,\mathbf{A}^{21^T}$ erhalten, wenn der Beobachter 1 die Koordinaten $^1\boldsymbol{\tau}$ mißt. Wegen (2.173) und (2.174) muß das Materialgesetz $\boldsymbol{\varphi}$ demnach für alle Deformationsgradienten $\mathbf{F} \equiv {}^1\mathbf{F}$ die *Bedingung nach Objektivität*

$$\boldsymbol{\varphi}(\mathbf{A}^{21}\,\mathbf{F}) = \mathbf{A}^{21}\,\boldsymbol{\varphi}(\mathbf{F})\,\mathbf{A}^{21^T} \tag{2.175}$$

erfüllen. Weitere Interpretationen dieser Gleichung findet man in [2], S. 139/140.

Zur Formulierung der Forderung nach *Isotropie* des Materials wird ein Kontinuum betrachtet, das aus einer spannungsfreien Referenzkonfiguration in eine durch $\mathbf{F}$ gekennzeichnete, aktuelle Konfiguration gebracht wird. Die entsprechende Zuordnung der Linienelemente ist durch (2.23) gegeben und in Bild 2-20.a veranschaulicht. Mit $\mathbf{F}$ erhält man aus (2.170) in der aktuellen Konfiguration die Spannungen $\boldsymbol{\tau}$. Wenn das Material dagegen zunächst aus der Referenzkonfiguration herausgedreht wird – die Drehmatrix sei $\mathbf{A}^{21}$ und ein Linienelement $\mathbf{dR}$ geht dabei über in ein Linienelement $\mathbf{A}^{21}\,\mathbf{dR}$ – und anschließend genauso wie vorher deformiert wird – also wie durch $\mathbf{F}$ beschrieben – so ist die Gesamtbewegung gegeben durch

$$\mathbf{dr} = \mathbf{F}\,\mathbf{A}^{21}\,\mathbf{dR}, \tag{2.176}$$

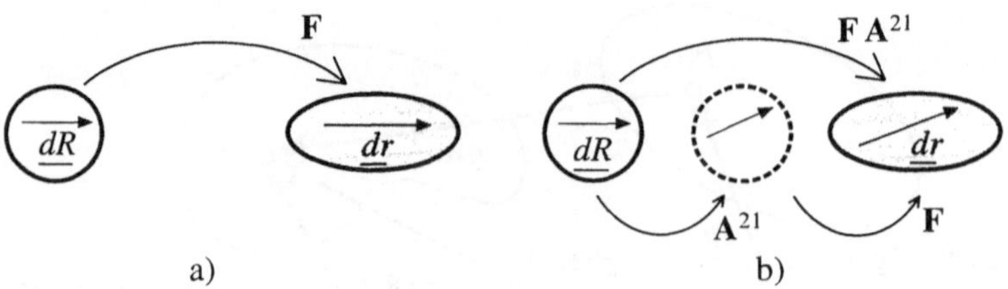

Bild 2-20: Verformung isotroper Stoffe: a) Durch $\mathbf{F}$ erfaßte Deformation eines isotropen Kontinuums aus der Referenzkonfiguration in die aktuelle Konfiguration. b) Deformation $\mathbf{F}$ desselben Kontinuums nach einer vorherigen, durch $\mathbf{A}^{21}$ beschriebenen Drehung.

also durch $\mathbf{F}\,\mathbf{A}^{21}$ – vgl. Bild 2-20.b. Die Forderung nach Isotropie des Materials besagt, daß die aus der Bewegung $\mathbf{F}\,\mathbf{A}^{21}$ resultierende Spannung dieselbe sein soll wie die durch die Bewegung $\mathbf{F}$ verursachte. Demnach müssen die *Materialgleichungen isotroper Stoffe* der folgenden Bedingung genügen:

$$\boldsymbol{\varphi}(\mathbf{F}\,\mathbf{A}^{21}) = \boldsymbol{\varphi}(\mathbf{F}). \tag{2.177}$$

Mit den Bedingungen (2.175) und (2.177) kann man sich klar machen, welche Spannungs- und Verzerrungsmaße in einem Materialgesetz kombiniert werden können. In (2.43) wurde der Deformationsgradient polar zerlegt, also $\mathbf{F} = \mathbf{D}\,\mathbf{U}$, wobei $\mathbf{D}$ ein Drehtensor ist und $\mathbf{U} = \mathbf{U}^T$ ausschließlich Verzerrungen beschreibt. Einsetzen von $\mathbf{F} = \mathbf{D}\,\mathbf{U}$ in die linke Seite von (2.175) liefert

$$\boldsymbol{\varphi}(\mathbf{A}^{21}\,\mathbf{D}\,\mathbf{U}) = \mathbf{A}^{21}\,\boldsymbol{\varphi}(\mathbf{F})\,\mathbf{A}^{21^T}. \tag{2.178}$$

Diese Gleichung muß speziell auch für $\mathbf{A}^{21} = \mathbf{D}^T$ richtig sein, womit folgt

$$\boldsymbol{\varphi}(\mathbf{U}) = \mathbf{D}^T\,\boldsymbol{\varphi}(\mathbf{F})\,\mathbf{D} \quad \text{und hieraus} \quad \boldsymbol{\varphi}(\mathbf{F}) = \mathbf{D}\,\boldsymbol{\varphi}(\mathbf{U})\,\mathbf{D}^T. \tag{2.179}$$

Stellt man den Spannungszustand durch die Koordinaten $\mathbf{S}$ des zweiten Piolaschen Spannungstensors dar – vgl. (2.149) – so wird mit (2.168) und (2.170), mit $\mathbf{F}^{-1} = \mathbf{U}^{-1}\mathbf{D}^{-1}$, $\mathbf{D}^{-1} = \mathbf{D}^T$ und (2.179)

$$\mathbf{S} = \Delta\,\mathbf{F}^{-1}\,\mathbf{D}\,\boldsymbol{\varphi}(\mathbf{U})\,\mathbf{D}^T\,\mathbf{F}^{-1^T} = \Delta\,\mathbf{U}^{-1}\,\mathbf{D}^T\,\mathbf{D}\,\boldsymbol{\varphi}(\mathbf{U})\,\mathbf{D}^T\,\mathbf{D}\,\mathbf{U}^{-1} = \Delta\,\mathbf{U}^{-1}\,\boldsymbol{\varphi}(\mathbf{U})\,\mathbf{U}^{-1}. \tag{2.180}$$

Zusammengefaßt gilt für $\mathbf{S}$

$$\mathbf{S} = \boldsymbol{\psi}(\mathbf{U}) \quad \text{mit} \quad \boldsymbol{\psi}(\mathbf{U}) = \Delta\,\mathbf{U}^{-1}\,\boldsymbol{\varphi}(\mathbf{U})\,\mathbf{U}^{-1}. \tag{2.181}$$

Die Forderung (2.175) nach Beobachterindifferenz von Materialgleichungen zeigt demnach, daß die Spannungskoordinaten $\mathbf{S}$ des zweiten Piolaschen Spannungstensors mit den Verzerrungen nur durch solche Materialgleichungen verknüpft werden können, in denen ausschließlich der Rechts-Streck-Tensor $\mathbf{U}$ aus (2.43) vorkommt.

Zusätzliche Aussagen über das Materialgesetz erhält man, wenn gefordert wird, daß der Werkstoff isotrop sein soll. Mit der bei Herleitung von (2.179) getroffenen Wahl $\mathbf{A}^{21} = \mathbf{D}^{T}$ folgt aus (2.177), daß $\boldsymbol{\varphi}(\mathbf{D\,U\,D}^{T}) = \boldsymbol{\varphi}(\mathbf{F})$ und erneuter Anwendung von (2.179)

$$\boldsymbol{\varphi}(\mathbf{D\,U\,D}^{T}) = \mathbf{D}\,\boldsymbol{\varphi}(\mathbf{U})\,\mathbf{D}^{T}. \tag{2.182}$$

Mit (2.181) zeigt man, daß dann auch gilt

$$\boldsymbol{\psi}(\mathbf{D\,U\,D}^{T}) = \mathbf{D}\,\boldsymbol{\psi}(\mathbf{U})\,\mathbf{D}^{T}. \tag{2.183}$$

Dies ist die Objektivitätsbedingung für ein elastisches, isotropes Material. Eine tensorwertige Funktion, die (2.183) erfüllt, heißt "isotrope" Tensorfunktion [2], S. 141, [10], S. 188 ff. Die allgemeinste Form einer solchen Funktion ist

$$\boldsymbol{\psi}(\mathbf{U}) \;=\; \psi_0\,\mathbf{E} + \psi_1\,\mathbf{U} + \psi_2\,\mathbf{U\,U}, \tag{2.184}$$

wobei ψ_0, ψ_1, ψ_2 beliebige Funktionen der drei Grundinvarianten von $\mathbf{U}$ sind – vgl. [2], S. 141/142. Mit (2.181) folgt das allgemeinste Materialgesetz für homogene, isotrope und elastische Stoffe [21], S. 87, [13], S. 165/166

$$\mathbf{S} = \boldsymbol{\psi}(\mathbf{U}) \;=\; \psi_0\,\mathbf{E} + \psi_1\,\mathbf{U} + \psi_2\,\mathbf{U\,U}. \tag{2.185}$$

Materialgleichungen werden meist mit dem Greenschen Verzerrungstensor $\mathbf{G}$ angegeben, bei dem Verzerrungsfreiheit durch den Nulltensor dargestellt wird. Der Verzerrungstensor $\mathbf{U}$ aus (2.185) kann nach (2.43) und (2.60) durch $\mathbf{G}$ ausgedrückt werden: $\mathbf{U} = (\mathbf{E} + 2\mathbf{G})^{1/2}$. Demnach zeigt (2.185), daß sich bei Beschreibung des Spannungszustands durch den zweiten Piolaschen Spannungstensor sinnvolle Materialgleichungen ergeben, wenn die Verzerrungen mit dem Greenschen Verzerrungstensor $\mathbf{G}$ dargestellt werden – vgl. dazu auch [1], S. 359. Mit ähnlichen Argumenten findet man, daß bei Beschreibung des Spannungszustands durch den Cauchyschen Spannungstensor $\boldsymbol{\tau}$ nur solche Materialgleichungen sinnvoll sind, in denen ausschließlich der Links-Streck-Tensor $\mathbf{V}$ vorkommt.

2.4.2 Physikalische Linearisierung und Hookesches Gesetz

Für homogene, elastische und isotrope Stoffe mit einer spannungsfreien Referenzkonfiguration gilt nach (2.185) bei Verwendung des Greenschen Verzerrungstensors

$$S_{\alpha\beta} = S_{\alpha\beta}(G_{11}, G_{12}, \dots G_{33}) \quad \text{mit} \quad S_{\alpha\beta}(0, 0, \dots 0) = 0. \tag{2.186}$$

Wenn die Verzerrungen $G_{\alpha\beta}$ hinreichend klein sind, kann man (2.186) in der Umgebung von $G_{\alpha\beta} = 0$ linearisieren und erhält

$$S_{\lambda\mu} = \sum_{\alpha} \sum_{\beta} a_{\lambda\mu\alpha\beta}\, G_{\alpha\beta}\,. \tag{2.187}$$

Bei dieser *physikalischen* Linearisierung werden die Verzerrungen $G_{\alpha\beta}$ als klein angenommen, im Unterschied zu der in Abschnitt 2.2.6 besprochenen *geometrischen* Linearisierung, bei der die Verschiebungsableitungen $\partial u_{\alpha}/\partial R_{\beta}$ als klein angesehen wurden.

Für homogene und isotrope Stoffe vereinfachen sich die linearisierten Gleichungen (2.187) erheblich – vgl. [7], S. 74, [21], S. 88 und die dort zitierte Literatur, [13], S. 166, [10], S. 187. In diesem Fall können die 81 Koeffizienten $a_{\lambda\mu\alpha\beta}$ aus (2.187) ausgedrückt werden als

$$a_{\lambda\mu\alpha\beta} = \frac{\mathcal{E}\,\mu}{(1+\mu)(1-2\mu)}\delta_{\lambda\mu}\,\delta_{\alpha\beta} + \mathcal{G}\left(\delta_{\lambda\alpha}\,\delta_{\mu\beta} + \delta_{\lambda\beta}\,\delta_{\mu\alpha}\right) \tag{2.188}$$

mit den drei Materialparametern $\mathcal{E}$, $\mathcal{G}$ und μ. Nur zwei von ihnen sind unabhängig, da sie der Beziehung

$$\mathcal{E} = 2\mathcal{G}(1+\mu) \tag{2.189}$$

genügen. Die drei Parameter bezeichnet man als *Schubmodul* ($\mathcal{G}$), *Elastizitätsmodul* ($\mathcal{E}$) und *Querdehnungs-* oder *Poissonzahl* (μ). Mit (2.188) erhält man aus (2.187) das einfachste lineare Materialgesetz für feste Körper, das *Hookesche Gesetz*:

$$\mathbf{S} = 2\mathcal{G}\left(\mathbf{G} + \frac{\mu}{1-2\mu}\,\mathrm{sp}\mathbf{G}\,\mathbf{E}\right) \quad \text{wo} \quad \mathrm{sp}\mathbf{G} = G_{11} + G_{22} + G_{33}. \tag{2.190}$$

Aus (2.190) findet man für die Elemente von $\mathbf{S}$ und $\mathbf{G}$:

$$S_{\alpha\alpha} = 2\mathcal{G}\left(G_{\alpha\alpha} + \frac{\mu}{1-2\mu}\,\mathrm{sp}\mathbf{G}\right), \quad S_{\alpha\beta} = 2\,\mathcal{G}\,G_{\alpha\beta}\,, \quad \alpha \neq \beta. \tag{2.191}$$

Das Hookesche Gesetz läßt sich hauptsächlich bei Metallen anwenden, solange die Verzerrungen $G_{\alpha\beta}$ klein sind. Kleinheit von Verzerrungen bedeutet aber nicht, daß auch die Verschiebungsableitungen $\partial u_{\alpha}/\partial R_{\beta}$ klein sein müssen – vgl. Beispiel 2.3. Bei der Linearisierung der Gleichungen der Elastizitätstheorie ist es daher sinnvoll, zu unterscheiden zwischen

*   *physikalischer* Linearisierung, d. h. Linearisierung des Materialgesetzes unter der Annahme *kleiner Verzerrungen*, z. B. kleiner $G_{\alpha\beta}$ und

- *geometrischer* Linearisierung, d. h. Linearisierung der Verzerrungstensoren, z. B. Approximation von $\mathbf{G}$ gemäß (2.61) durch (2.68) unter der Annahme *kleiner Verschiebungsableitungen* $\partial u_\alpha / \partial R_\beta$ – vgl. (2.67).

Bei der Modellierung deformierbarer Körper in Mehrkörpersystemen ist es wichtig, geometrische und physikalische Linearisierung klar zu unterscheiden. Es wird sich zeigen – vgl. Kap. 4.3 – daß man bei der Herleitung der für kleine Deformationen linearisierten Bewegungsgleichungen flexibler Körper in Mehrkörpersystemen zwar von einem linearisierten Materialgesetz ausgehen kann aber gewisse geometrisch nichtlineare Terme berücksichtigen muß. Das Problem ist auch aus der Elastostatik bekannt – es zeigt sich dort bei der Analyse des Knickens von Stäben und des Beulens von Platten und Schalen.

Das folgende Beispiel zeigt, daß die klare Trennung physikalischer und geometrischer Linearisierung auch in anderen Fällen wichtig ist. Große Verschiebungsableitungen können trotz kleiner Verzerrungen vorkommen, was zwar eine physikalische Linearisierung erlaubt, aber eine geometrische Linearisierung unmöglich macht.

Beispiel 2.3: Verformung einer Blattfeder. Die Mittelebene der dünnen Blattfeder aus Bild 2-21 wird aus der gestreckten Lage dehnungslos zu einem Halbzylinder mit dem Radius ρ gebogen, [13], S. 167. Ein Punkt im Abstand h von der Mittelebene hat vor und nach der Verformung die Koordinaten

$$\mathbf{R} = \begin{bmatrix} R_1 \\ R_2 \end{bmatrix} \quad \text{und} \quad \mathbf{r} = \begin{bmatrix} r_1 \\ r_2 \end{bmatrix} \quad \text{wo} \quad \begin{cases} R_1 = \rho\,\alpha \\ R_2 = \rho + h \end{cases} \quad \text{und} \quad \begin{cases} r_1 = (\rho+h)\sin\alpha = R_2\sin\alpha \\ r_2 = (\rho+h)\cos\alpha = R_2\cos\alpha\,. \end{cases} \tag{2.192}$$

Die Verzerrungen $G_{\alpha\beta}$ erhält man mit (2.62), wo $\mathbf{u} = \mathbf{u}(\mathbf{R})$ durch (2.10) gegeben ist. Mit (2.192) wird

$$\mathbf{u}(\mathbf{R}) = \mathbf{r}(\mathbf{R}) - \mathbf{R} = \begin{bmatrix} R_2 \sin\dfrac{R_1}{\rho} - R_1 \\[2ex] R_2 \cos\dfrac{R_1}{\rho} - R_2 \end{bmatrix}. \tag{2.193}$$

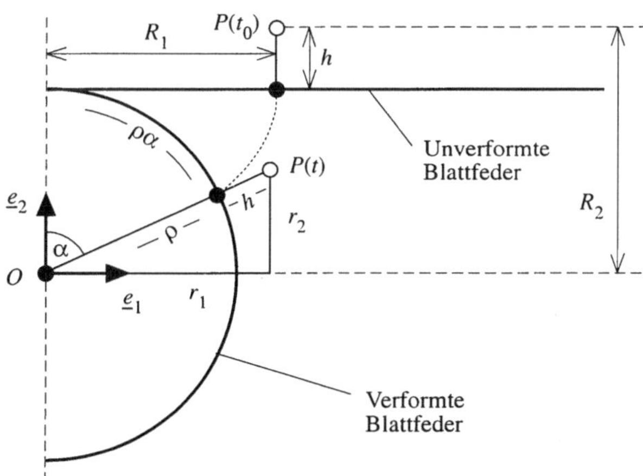

Bild 2-21: Verformung einer Blattfeder aus der gestreckten Lage in einen Halbzylinder.

Damit ergibt sich für die Verschiebungsableitungen

$$\frac{\partial u_1}{\partial R_1} = \frac{R_2}{\rho}\cos\frac{R_1}{\rho} - 1\,, \quad \frac{\partial u_1}{\partial R_2} = \sin\frac{R_1}{\rho}\,, \quad \frac{\partial u_2}{\partial R_1} = -\frac{R_2}{\rho}\sin\frac{R_1}{\rho}\,, \quad \frac{\partial u_2}{\partial R_2} = \cos\frac{R_1}{\rho} - 1 \tag{2.194}$$

und für die Verzerrungen unter Verwendung von (2.62)

$$G_{11} = \tfrac{1}{2}\left((R_2/\rho)^2 - 1\right)\,, \quad G_{12} = G_{21} = 0\,, \quad G_{22} = 0\,. \tag{2.195}$$

Für $h = 0$ ist nach (2.192) $R_2 = \rho$ und man erhält

$$G_{11} = G_{12} = G_{21} = G_{22} = 0 \quad \text{für} \quad h = 0\,. \tag{2.196}$$

Auf der Mittelebene $h = 0$ verschwinden demnach alle Verzerrungen $G_{\alpha\beta}$. Die Verschiebungsableitungen für die Punkte $h = 0$ sind dagegen

$$\frac{\partial u_1}{\partial R_1} = \cos\frac{R_1}{\rho} - 1\,, \quad \frac{\partial u_1}{\partial R_2} = \sin\frac{R_1}{\rho}\,, \quad \frac{\partial u_2}{\partial R_2} = -\sin\frac{R_1}{\rho}\,, \quad \frac{\partial u_2}{\partial R_2} = \cos\frac{R_1}{\rho} - 1\,, \tag{2.197}$$

also nicht notwendigerweise klein. Insbesondere gilt für $\alpha = \pi/2$, d. h. für $R_1 = \rho\pi/2$:

$$\frac{\partial u_1}{\partial R_1} = -1\,, \quad \frac{\partial u_1}{\partial R_2} = 1\,, \quad \frac{\partial u_2}{\partial R_1} = 1\,, \quad \frac{\partial u_2}{\partial R_2} = -1 \tag{2.198}$$

und für $\alpha = \pi$, d. h. für $R_1 = \rho\pi$:

$$\frac{\partial u_1}{\partial R_1} = -2\,, \quad \frac{\partial u_1}{\partial R_2} = 0\,, \quad \frac{\partial u_2}{\partial R_1} = 0\,, \quad \frac{\partial u_2}{\partial R_2} = -2\,. \tag{2.199}$$

2.4.3 Verzerrungsenergie elastischer Körper

Das Integral

$$W_{12}^P = \int_1^2 \mathbf{k}^T\, d\mathbf{r} = \int_1^2 \sum_\alpha k_\alpha\, dr_\alpha \tag{2.200}$$

ist die pro Volumeneinheit geleistete *Arbeit*, wenn sich ein Punkt P eines Körpers durch ein Kraftfeld $\mathbf{k}(\mathbf{r}) = [k_\alpha(r_1,r_2,r_3)]$ – vgl. (2.97) – in einem kartesischen Koordinatensystem von einem Ort P_1 zu einem Ort P_2 bewegt. Damit die Arbeit vom Weg zwischen P_1 und P_2 unabhängig ist, muß der Ausdruck unter dem Integral (2.200) ein vollständiges Differential

$$dU^P = \sum_\alpha \frac{\partial U^P}{\partial r_\alpha}\, dr_\alpha \tag{2.201}$$

einer Funktion $U^P = U^P(\mathbf{r})$ sein, d. h. für das Kraftfeld $\mathbf{k}$ muß gelten

$$k_\alpha = -\frac{\partial U^P}{\partial r_\alpha}. \tag{2.202}$$

Das Minuszeichen in (2.202) ist willkürlich und wird aus Gründen der physikalischen Deutung von U^P eingeführt. Die Funktion $U^P(\mathbf{r})$ heißt *Potential* des Kraftfelds. Kraftfelder, die ein Potentialfeld besitzen, heißen *konservativ*. Für die Bewegung in einem konservativen Kraftfeld gilt nach den obigen Gleichungen

$$W_{12}^P = \int_1^2 \sum_\alpha k_\alpha \, dr_\alpha = -\int_1^2 \sum_\alpha \frac{\partial U^P}{\partial r_\alpha} dr_\alpha = -\int_1^2 dU^P = -\left(U_2^P - U_1^P \right). \tag{2.203}$$

Die bei Bewegung des Punktes P eines Körpers geleistete Arbeit ist somit gleich der Abnahme der *potentiellen Energie*.

Die potentielle Energie, die bei Verformung eines elastischen Körpers in diesem gespeichert wird, bezeichnet man als *Verzerrungsenergie*. Zur ihrer Ermittlung betrachtet man das infinitesimale Volumenelement dV_0 am Punkt $P(t_0)$ eines in der Referenzkonfiguration spannungsfreien Kontinuums – vgl. Bild 2-4. Bei Belastung gelangt dV_0 an den Ort $P(t)$ und wird in dV verzerrt, wobei der Verlauf der Verzerrung durch die Elemente $G_{\alpha\beta}$ des Greenschen Verzerrungstensors gegeben ist. Für diesen Verlauf der Verzerrung kann man das Integral

$$\int_{0,\ldots,0}^{G_{11},\ldots G_{33}} \sum_{\alpha,\beta} S_{\alpha\beta} \, dG_{\alpha\beta} \tag{2.204}$$

unter Verwendung der Materialgleichung (2.186) auswerten. Dazu muß der Spannungszustand durch Koordinaten eines Spannungstensors – hier des zweiten Piolaschen Spannungstensors – erfaßt werden, der mit dem Greenschen Verzerrungstensor in einem Materialgesetz verknüpfbar ist. Das Integral ist wegunabhängig, wenn der Integrand in (2.204) ein vollständiges Differential einer Funktion $U^P = U^P(G_{\alpha\beta})$ ist, d. h. wenn

$$\sum_{\alpha,\beta} S_{\alpha\beta} \, dG_{\alpha\beta} = dU^P \quad \text{mit} \quad S_{\alpha\beta} = \frac{\partial U^P}{\partial G_{\alpha\beta}}. \tag{2.205}$$

Die Funktion $U^P(G_{\alpha\beta})$ ist die zur Verzerrung von dV am Punkt P erforderliche Verzerrungsenergie. Für elastische Körper läßt sich zeigen, daß eine Funktion U^P, ein elastisches Potential, mit der Eigenschaft (2.205) existiert und daß sie sich zu

$$U^P(G_{11}, G_{12}, \ldots G_{33}) = \frac{1}{2} \sum_{\alpha,\beta} S_{\alpha\beta} \, G_{\alpha\beta} \quad \text{wo} \quad S_{\alpha\beta} = S_{\alpha\beta}(G_{11}, G_{12}, \ldots G_{33}) \tag{2.206}$$

ergibt – vgl. [3], S. 353, [13], S. 179 oder [21], S. 93.

Mit (2.205) und (2.206) gilt für die von den inneren Kräften bei Verzerrung eines Volumenelements dV am Punkt P geleistete Arbeit

$$dW_i^P = -U^P.\tag{2.207}$$

Die Arbeit der inneren Kräfte bei Verzerrung eines elastischen Körpers $\mathcal{K}$ erhält man durch Integration über alle Punkte des Körpers, d. h. über die den Punkten P zugeordneten Volumenelemente, also

$$W_i = -U = -\int_{V_0} U^P \, dV_0 = -\frac{1}{2}\int_{V_0} \sum_{\alpha,\beta} S_{\alpha\beta}\, G_{\alpha\beta}\, dV_0.\tag{2.208}$$

Bei Auswertung des Integrals in (2.208) wird über das Volumen in der Referenzkonfiguration integriert, da U^P in (2.207) durch die von den materiellen Koordinaten R_α abhängenden Größen $G_{\alpha\beta}$ ausgedrückt ist. Das zu dieser Potentialfunktion U gehörende vollständige Differential ist nach (2.205)

$$dU = \int_{V_0} dU^P \, dV_0 = \int_{V_0} \sum_{\alpha,\beta} S_{\alpha\beta}\, dG_{\alpha\beta}\, dV_0.\tag{2.209}$$

Der Ausdruck für U aus (2.208) läßt sich mit Hilfe des Materialgesetzes noch so umformen, daß entweder nur die Verzerrungen oder die Spannungen erscheinen. Bei Verwendung von (2.191) erhält man

$$U = \mathcal{G}\int_{V_0}\left(\frac{1-\mu}{1-2\mu}\,(\mathrm{sp}\,\mathbf{G})^2 - 2\left(G_{11}\,G_{22} + G_{11}\,G_{33} + G_{22}\,G_{33}\right)\right.$$
$$\left.+ 2\left(G_{12}^2 + G_{13}^2 + G_{23}^2\right)\right)\,dV_0,\tag{2.210}$$

also den Ausdruck für das elastische Potential in Abhängigkeit der Verzerrungen $G_{\alpha\beta}$.

2.5 Bewegungsgleichungen

Wenn den Punkten des Kontinuums die Eigenschaft Masse zugeordnet wird, kann man mit den jetzt verfügbaren Begriffen die Bilanzgleichungen für Impuls und Drehimpuls formulieren. Letztere liefern, wie die Bedingungen für Momentengleichgewicht, die Symmetrie des Spannungstensors, während die Bilanzgleichungen für den Impuls in drei partiellen Differentialgleichungen für die Bewegungen der Punkte des Kontinuums resultieren. Zusammen mit den Beziehungen zwischen den Elementen des Verzerrungstensors und den Verschiebungsableitungen und mit den Materialgleichungen, also den Beziehungen zwischen den Elementen des Spannungs- und des Verzerrungstensors, erhält man insgesamt 15 Gleichungen für dieselbe Anzahl von Unbekannten u_α, $\Sigma_{\alpha\beta} = \Sigma_{\beta\alpha}$ und $G_{\alpha\beta} = G_{\beta\alpha}$.

2.5.1 Grundbegriffe

Die Masse eines Volumenelements ΔV_0 am Ort $\mathbf{R}$, also in der Referenzkonfiguration des Kontinuums, sei Δm. Mit der Annahme, daß $\Delta m \to 0$ für $\Delta V_0 \to 0$, ohne daß der Grenzwert

$$\rho_0 = \rho_0(\mathbf{R}) = \lim_{\Delta V_0 \to 0} \frac{\Delta m}{\Delta V_0} = \frac{dm}{dV_0} \tag{2.211}$$

verschwindet, erhält man die *materielle Massendichte* ρ_0 des Körpers. Man kann auch vom Kontinuum in der aktuellen Konfiguration zur Zeit t ausgehen, ein Volumenelement ΔV am Ort $\mathbf{r}$ betrachten und erhält mit der Forderung nach der Existenz des Grenzwerts

$$\rho = \rho(\mathbf{r},t) = \lim_{\Delta V \to 0} \frac{\Delta m}{\Delta V} = \frac{dm}{dV} \tag{2.212}$$

die *örtliche Massendichte* ρ. Durch (2.211) und (2.212) werden den infinitesimalen Volumenelementen dV_0 und dV an den Orten $P(t_0)$ und $P(t)$, also den Punkten des Kontinuums aus Bild 2-1, Massen zugeordnet. Ein Punkt mit dem Namen $\mathbf{R}$ bzw. ein Punkt $P(t)$ am Ort $\mathbf{r}$, dem die Eigenschaft $\rho_0(\mathbf{R})$ bzw. $\rho(\mathbf{r},t)$ zugeordnet ist, wird als *materieller* Punkt bezeichnet. Die Masse m des Kontinuums ändert sich nach den Kontinuitätsaxiomen nicht, woraus mit (2.29) folgt, daß

$$m = \int_{V_0} \rho_0(\mathbf{R})\, dV_0 = \int_V \rho(\mathbf{r},t)\, dV = \int_{V_0} \rho(\mathbf{r},t)\, \Delta\, dV_0 = const. \tag{2.213}$$

Da die Integrale aus (2.213) für beliebige Integrationsbereiche V_0 übereinstimmen müssen, erhält man

$$\rho_0(\mathbf{R}) = \Delta(\mathbf{R},t,t_0)\, \rho(\mathbf{r},t). \tag{2.214}$$

Insbesondere muß (2.214) auch für $t = t_0$ gelten. Wegen $\Delta = 1$ und $\mathbf{r} = \mathbf{R}$ für $t = t_0$ folgt

$$\rho_0(\mathbf{R}) = \Delta(\mathbf{R},t_0,t_0)\, \rho(\mathbf{R},t_0) = \rho(\mathbf{R},t_0), \tag{2.215}$$

womit ersichtlich wird, daß ρ_0 die Massendichte ρ am Punkt $\mathbf{R}$ zur Referenzzeit t_0 ist. Für $t \neq t_0$ zeigt (2.214), wie die Dichten ρ_0 und ρ in den beiden Konfigurationen des Kontinuums – vgl. Bild 2-1 – zusammenhängen.

Die Geschwindigkeit eines materiellen Punkts P am Ort $\underline{r} = \underline{r}(\mathbf{R},t)$ bezüglich $\{O,\underline{e}\}$ ist gegeben durch die "materielle" Ableitung – vgl. [2], S. 13 – von $\underline{r}$ gemäß (2.2) und (2.3), also durch

$$\frac{\partial \underline{r}(\mathbf{R},t)}{\partial t} = \underline{e}^T \dot{\mathbf{r}}, \quad \dot{\mathbf{r}} = \left[\dot{r}_\alpha(\mathbf{R},t)\right] = \left[\frac{\partial r_\alpha(\mathbf{R},t)}{\partial t}\right]. \tag{2.216}$$

Die Beschleunigung von P bezüglich $\{O, \underline{e}\}$ ist dementsprechend

$$\frac{\partial^2 \underline{r}(\mathbf{R},t)}{\partial t^2} = \underline{e}^T \ddot{\mathbf{r}}, \quad \ddot{\mathbf{r}} = \left[\ddot{r}_\alpha(\mathbf{R},t)\right] = \left[\frac{\partial^2 r_\alpha(\mathbf{R},t)}{\partial t^2}\right]. \tag{2.217}$$

An den Punkten des Kontinuums, genauer an den infinitesimalen Volumenelementen, sind in der aktuellen Konfiguration die in Abschnitt 2.3 erläuterten Kräfte wirksam. In der Lagrangeschen Darstellung der Bewegung beschreibt man Volumen- und Oberflächenkräfte an dV durch Kraftdichten $\underline{k}_0$ und Spannungen $\underline{\Sigma}_\alpha$, die auf das Volumenelement dV_0 in der Referenzkonfiguration bezogen sind, das dem Volumenelement dV zugeordnet ist. Die an einem Volumenelement dV am Punkt P wirksamen Oberflächenkräfte sind nach (2.137) und (2.141) in materieller Darstellung gegeben durch

$$\sum_\alpha \left(d\underline{P}_\alpha + d\underline{P}_\alpha^Q\right) = \sum_\alpha \frac{\partial \underline{\Sigma}_\alpha(\mathbf{R},t)}{\partial R_\alpha} \, dV_0 = \underline{e}^T \, \mathbf{Div} \, \Sigma(\mathbf{R},t) \, dV_0 \tag{2.218}$$

mit der in (2.146) eingeführten Divergenz des ersten Piolaschen Spannungstensors $\Sigma(\mathbf{R},t)$ – vgl. (2.160). Für die Volumenkräfte an dV gilt nach (2.98) und (2.99)

$$d\underline{K} = \underline{k}_0(\mathbf{R},t) \, dV_0 = \underline{e}^T \, \mathbf{k}_0(\mathbf{R},t) \, dV_0 \tag{2.219}$$

mit der materiellen Kraftdichte $\underline{k}_0$ der Volumenkräfte. Das wichtigste Beispiel einer Volumenkraft ist die Schwerkraft. Die zugehörige örtliche Kraftdichte ist $\underline{k}(\mathbf{r}) = \rho(\mathbf{r}) \, \underline{g}(\mathbf{r})$ mit der örtlichen Massendichte ρ des Körpers und mit dem Schwerebeschleunigungsfeld $\underline{g}(\mathbf{r})$. Mit (2.100) wird

$$\underline{k}_0 = \Delta \, \rho \, \underline{g} = \rho_0 \, \underline{g} \quad \text{also} \quad d\underline{K} = \Delta \, \rho \, \underline{g} \, dV_0 = \rho_0 \, \underline{g} \, dV_0. \tag{2.220}$$

Mit den oben eingeführten Größen können die Bewegungsgleichungen des Kontinuums formuliert werden.

2.5.2 Cauchysche Bewegungsgleichungen

Das Produkt

$$_0\underline{J}^P(\mathbf{R},t) = \frac{\partial \underline{r}(\mathbf{R},t)}{\partial t} \, dm = \frac{\partial \underline{r}(\mathbf{R},t)}{\partial t} \, \rho_0(\mathbf{R}) \, dV_0 \tag{2.221}$$

ist der Impuls eines materiellen Punkts P bezüglich des Ursprungs O des Bezugssystems in materieller Darstellung. Ein *Grundgesetz der klassischen Mechanik* besagt, daß es ein Bezugssystem $\{O, \underline{e}\}$, das Inertialsystem

$$\{O, \underline{e}\} = \{O^I, \underline{e}^I\}, \quad \underline{e}^I = [\underline{e}^I_\alpha], \tag{2.222}$$

gibt, in dem die zeitliche Ableitung des Impulses $_O\underline{J}^P \equiv {}_I\underline{J}^P$ eines materiellen Punkts P übereinstimmt mit der Resultierenden der am infinitesimalen Volumenelement dV in P wirksamen Kräfte (2.218) und (2.219), also

$$\frac{^I d_I \underline{J}^P}{dt} = {}_I \underline{\dot{J}}^P = \underline{dK} + \sum_\alpha \left(\underline{dP}_\alpha + \underline{dP}^Q_\alpha \right). \tag{2.223}$$

Der Index I an $\underline{J}^P$ und an d erinnert daran, daß der Impuls von P und seine Ableitung bezüglich des Inertialsystems berechnet werden. Mit den absoluten Beschleunigungen

$$\underline{\ddot{r}} = \underline{e}^{IT} \, {}^I\ddot{\mathbf{r}} \quad \text{wo} \quad \underline{r} = \underline{e}^{IT} \, {}^I\mathbf{r} \tag{2.224}$$

der Punkte P des Kontinuums und mit den Darstellungen (2.218) und (2.219) der in P wirksamen Kräfte wird aus (2.223)

$$\underline{\ddot{r}} \, \rho_0 \, dV_0 = \left(\underline{k}_0 + \sum_\alpha \frac{\partial \underline{\Sigma}_\alpha}{\partial R_\alpha} \right) dV_0 . \tag{2.225}$$

Die Benennung dieses Grundgesetzes, der Bilanzgleichungen für den Impuls, ist uneinheitlich – siehe z. B. [2], S. 59, [20], S. 531, [13], S. 68, [15], S. 66, 79, [17], Kapitel I A, B und [4], § 2. Bei Angabe aller Vektoren in der Basis $\underline{e} \equiv \underline{e}^I$ und mit $\mathbf{r} \equiv {}^I\mathbf{r}$ erhält man nach Division durch $dV_0 \neq 0$ [*]

$$\rho_0(\mathbf{R}) \, \ddot{\mathbf{r}}(\mathbf{R},t) = \mathbf{k}_0(\mathbf{R},t) + \mathbf{Div} \, \Sigma(\mathbf{R},t). \tag{2.226}$$

Die Gleichungen (2.226) sind die *Cauchyschen Bewegungsgleichungen* in materieller oder Lagrangescher Darstellung und beschreiben die Bewegung der Punkte im Inneren des Kontinuums. Für $\ddot{\mathbf{r}}(\mathbf{R},t) \equiv 0$ gehen sie in die aus (2.147) bekannten Gleichgewichtsbedingungen über. Sie können also aus diesen Gleichungen gewonnen werden, indem man bei bewegten Punkten zusätzlich die Trägheitskräfte $- \rho_0(\mathbf{R}) \, \ddot{\mathbf{r}}(\mathbf{R},t)$ berücksichtigt. Diese Aussage wird zuweilen als d'Alembertsches Prinzip bezeichnet. Hier wird unter dem d'Alembertschen Prinzip die unten, in Kapitel 3, erläuterte Aussage über die Natur der Zwangskräfte (das "d'Alembertsche Prinzip in der Lagrangeschen Fassung") verstanden.

Oft verwendet man zur Beschreibung der Bewegungen des Kontinuums anstelle der Vektoren $\underline{r}(\mathbf{R},t)$ die Verschiebungsvektoren $\underline{u}(\mathbf{R},t)$, also die in (2.10) definierten Funktionen $\mathbf{u}(\mathbf{R},t) =$

---

[*] Das Bezugssystem $\{O, \underline{e}\}$ ist in den restlichen Gleichungen des Kapitels stets ein Inertialsystem. Wo immer möglich, wird der zu seiner Kennzeichnung in (2.222) verwendete Index I, wie angedeutet, weggelassen.

$\mathbf{r}(\mathbf{R},t) - \mathbf{R}$. Identifiziert man das in (2.9) verwendete Bezugssystem $\{O,\underline{\mathbf{e}}\}$ mit dem Inertialsystem, so folgt für die Beschleunigungen

$$\ddot{\mathbf{r}}(\mathbf{R},t) = \ddot{\mathbf{u}}(\mathbf{R},t) = \left[\ddot{u}_\alpha(\mathbf{R},t)\right] = \left[\frac{\partial^2 u_\alpha(\mathbf{R},t)}{\partial t^2}\right]. \tag{2.227}$$

Damit gehen die Cauchyschen Bewegungsgleichungen (2.226) über in

$$\rho_0(\mathbf{R})\,\ddot{\mathbf{u}}(\mathbf{R},t) = \mathbf{k}_0(\mathbf{R},t) + \mathbf{Div}\,\Sigma(\mathbf{R},t). \tag{2.228}$$

Der Drehimpuls eines materiellen Punkts P bezüglich des Ursprungs O des Bezugssystems ist in materieller Darstellung in Analogie zu (2.221) definiert als

$$_O\underline{H}^P(\mathbf{R},t) = \underline{r}(\mathbf{R},t) \times \frac{\partial \underline{r}(\mathbf{R},t)}{\partial t}\,dm = \underline{r}(\mathbf{R},t) \times \frac{\partial \underline{r}(\mathbf{R},t)}{\partial t}\,\rho_0(\mathbf{R})\,dV_0. \tag{2.229}$$

Ein weiteres Grundgesetz der klassischen Mechanik besagt, daß die zeitliche, materielle Ableitung des Drehimpulses $_I\underline{H}^P(\mathbf{R},t)$ von P bezüglich $O = O^I$ im Inertialsystem übereinstimmt mit der Resultierenden der Momente der an in P wirksamen Kräfte bezüglich O^I, also

$$\underline{r} \times \underline{\ddot{r}}\,\rho_0\,dV_0 = \underline{r} \times \left(\underline{k}_0 + \sum_\alpha \frac{\partial \underline{\Sigma}_\alpha}{\partial R_\alpha}\right) dV_0. \tag{2.230}$$

Aus diesen Bilanzgleichungen für den Drehimpuls ergeben sich nach Kapitel 2.3 keine neuen Bewegungsgleichungen – sie besagen, daß der Spannungstensor auch bei bewegten Körpern symmetrisch ist, liefern also das nach Boltzmann benannte Axiom, nach dem die Spannungen den Symmetriebedingungen (2.155) genügen.

2.5.3 Randbedingungen

Die Gleichungen (2.226) und (2.230) beschreiben die Bewegungen der Punkte im Inneren des Kontinuums $\mathcal{K}$. Auf der Oberfläche von $\mathcal{K}$, dem *Rand* des Kontinuums, sind entweder Kräfte oder Verschiebungen und Verzerrungen vorgegeben. Sie resultieren in *Randbedingungen* für die Größen $\mathbf{S}(\mathbf{R},t)$ und $\mathbf{u}(\mathbf{R},t)$. Zur Formulierung der Randbedingungen wird die Oberfläche A von $\mathcal{K}$ in der aktuellen Konfiguration die beiden Bereiche A_u und A_p unterteilt – vgl. Bild 2-22. Auf A_u sind Verschiebungen und Verzerrungen vorgegeben und auf A_p die Kräfte, also Spannungen. Die A_u und A_p in der Referenzkonfiguration entsprechenden Oberflächen sind A_{u0} und A_{p0}.

Die auf A_u vorgegebenen Bedingungen bezeichnet man als *kinematische* oder *geometrische* Randbedingungen. Bei Vorgabe der Verschiebungen lauten sie

$$\mathbf{u}(\mathbf{R},t) = \bar{\mathbf{u}}(\mathbf{R},t)\quad \text{für } \mathbf{R} \text{ auf } A_{u0}, \tag{2.231}$$

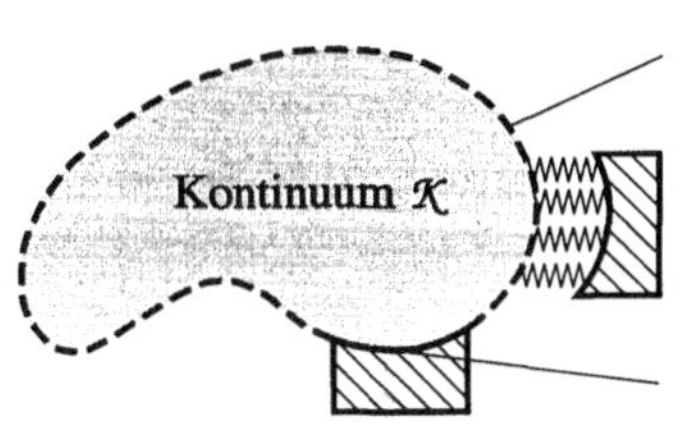

Oberfläche A_p:

Kraftdichte ($= 0$ und $\neq 0$) ist vorgegeben

Oberfläche A_u:

Verschiebungen und Verzerrungen sind vorgegeben

Bild 2-22: Klassifikation der Randbedingungen auf der Oberfläche eines Kontinuums.

wo $\overline{\mathbf{u}}(\mathbf{R},t)$ bekannte Funktionen sind. In vielen Fällen gilt $\overline{\mathbf{u}}(\mathbf{R},t) \equiv 0$. Neben Verschiebungen können auf A_u auch Verzerrungen, d. h. nach (2.62) die Ableitungen $u_{\alpha,\beta} = \partial u_\alpha / \partial R_\beta$ vorgegeben sein. Die Randbedingungen haben dann die Form

$$u_{\alpha,\beta}(\mathbf{R},t) = \overline{u}_{\alpha,\beta}(\mathbf{R},t) \quad \text{für } \mathbf{R} \text{ auf } A_{u0} \tag{2.232}$$

mit bekannten Funktionen $\overline{u}_{\alpha,\beta}(\mathbf{R},t)$.

Eine Vorgabe von Verzerrungen auf dem Rand A_u legt nicht notwendigerweise alle Verschiebungsableitungen $u_{\alpha,\beta}(\mathbf{R},t)$ für die $\mathbf{R}$ auf A_{u0} fest. Soll beispielsweise eine Fläche A_u mit dem Normalenvektor $\underline{e}_3$ auf dem Rand des Kontinuums unverzerrt bleiben, so bedeutet dies nach Bild 2-4 und mit den in (2.52) und (2.55) eingeführten Dehnungen und Schubverzerrungen, daß $\varepsilon_1 = \varepsilon_2 = \vartheta_{12} = \vartheta_{21} = 0$. Mit (2.63) erkennt man, daß dann auf A_u $G_{11} = G_{12}$ $= G_{21} = G_{22} = 0$ gelten muß. Nach (2.62) resultieren diese Forderungen in Bedingungen für die Verschiebungsableitungen $u_{\alpha,\beta}$ – es folgt aber nicht, daß alle $u_{\alpha,\beta}$ verschwinden müssen.

Auf A_p vorgegebene Bedingungen heißen *kinetische, dynamische* oder *mechanische* Randbedingungen. Die auf ein Element $\underline{dA}_n$ von A_p wirkende, vorgegebene Kraft sei $\overline{dP}_n$. Sie wird in Analogie zu (2.98) dargestellt durch die Kraftdichte $\underline{\overline{p}}_0(\mathbf{R},t)$, die bezogen ist auf das $\underline{dA}_n$ in der Referenzkonfiguration zugeordnete Flächenelement $\underline{dA}_{n0}$, also

$$\left. \begin{aligned} \overline{\underline{dP}}_n(\mathbf{R},t) &= \underline{\overline{p}}_0(\mathbf{R},t)\, dA_0 \\ \text{mit} \quad \overline{\underline{dP}}_n &= \underline{\mathbf{e}}^T\, \overline{\mathbf{dP}}_n, \quad \overline{\mathbf{dP}}_n = \left[\overline{dP}_{n\alpha}\right] \quad \text{und} \quad \underline{\overline{p}}_0 = \underline{\mathbf{e}}^T\, \overline{\mathbf{p}}_0, \quad \overline{\mathbf{p}}_0 = \left[\overline{p}_{0\alpha}\right]. \end{aligned} \right\} \tag{2.233}$$

Damit kann man die auf A_p vorgegebenen Bedingungen schreiben in der Form

$$\mathbf{dP}_n(\mathbf{R},t) = \overline{\mathbf{dP}}_n(\mathbf{R},t) \quad \text{für } \mathbf{R} \text{ auf } A_{p0}. \tag{2.234}$$

Mit (2.165) und (2.233) lassen sich die Kräfte in (2.234) durch die Spannungen Σ oder $\mathbf{S}$ und durch die Kraftdichte $\overline{\mathbf{p}}_0$ ausdrücken. Man erhält mit der Normalen $\mathbf{n}_0$ des Flächenelements $\underline{dA}_{n0}$ in der Referenzkonfiguration

$$\left.\begin{aligned}
&\Sigma^T(\mathbf{R},t)\,\mathbf{n}_0(\mathbf{R},t) = \overline{\mathbf{p}}_0(\mathbf{R},t)\\
&\text{oder}\\
&\mathbf{F}(\mathbf{R},t)\,\mathbf{S}(\mathbf{R},t)\,\mathbf{n}_0(\mathbf{R},t) = \overline{\mathbf{p}}_0(\mathbf{R},t)
\end{aligned}\right\} \quad \text{für } \mathbf{R} \text{ auf } A_{p0}\,. \tag{2.235}$$

In (2.235) sind die kinetischen Randbedingungen durch die Piolaschen Spannungstensoren $\mathbf{S}$ und Σ ausgedrückt, wobei die Elemente $S_{\alpha\beta}$ von $\mathbf{S}$ nach (2.191) mit den Verzerrungen $G_{\alpha\beta}$ aus $\mathbf{G}$ verknüpft sind.

2.5.4 Impuls- und Drehimpulssatz

Durch Umformung der über den gesamten Körper $\mathcal{K}$ integrierten Bilanzgleichungen für Impuls und Drehimpuls erhält man globale Aussagen über die Bewegungen des Kontinuums, nämlich über die Bewegung seines Massenmittelpunkts und die Änderung seines Gesamtdralls. Aus (2.225) folgt bei Integration über V_0

$$\int\limits_{V_0} \underline{\ddot{r}}\,\rho_0\,dV_0 = \int\limits_{V_0}\left(\underline{k}_0 + \sum_\alpha \frac{\partial \underline{\Sigma}_\alpha}{\partial R_\alpha}\right) dV_0\,, \tag{2.236}$$

wo $\underline{r}$ und $\underline{\ddot{r}}$ Ort und Beschleunigung der Punkte des Kontinuums bezüglich O^I angeben. Das Integral auf der linken Seite ist die zeitliche Ableitung des Gesamtimpulses $_I\underline{J}$ des Körpers bezüglich O^I und kann mit (2.221) für Körper, deren Masse sich nicht ändern – vgl. Voraussetzung (2.213) – umgeformt werden in

$$\int\limits_{V_0} \underline{\ddot{r}}\,\rho_0\,dV_0 = \frac{{}^I d}{dt}\int\limits_{V_0} \underline{\dot{r}}\,\rho_0\,dV_0 = {}_I\underline{\dot{J}} \quad \text{mit} \quad {}_I\underline{J} = \int\limits_{V_0} \underline{\dot{r}}\,\rho_0\,dV_0\,. \tag{2.237}$$

Wenn man beachtet, daß der Impuls des Kontinuums bezüglich seines Massenmittelpunkts CM verschwindet – vgl. [14], S. 134 – so erhält man für $m = \text{const.}$

$$_I\underline{\dot{J}}(t) = m\,\underline{\ddot{r}}^{CM}(t), \quad \text{wo} \quad \underline{r}^{CM}(t) = \frac{1}{m}\int\limits_{V_0} \underline{r}(\mathbf{R},t)\rho_0(\mathbf{R})\,dV_0 \tag{2.238}$$

den Ort des Massenmittelpunkts CM des Kontinuums bezüglich $O = O^I$ angibt.

Das auf der rechten Seite von (2.236) erscheinende System von Kräften läßt sich nach der in [14], S. 139 erläuterten Vorgehensweise durch ein äquivalentes Kraftsystem[*] ersetzen, wobei die Kräfte am Massenmittelpunkt CM angreifen. Da sich die Oberflächenkräfte an den Volumenelementen dV des Kontinuums wechselseitig tilgen, erscheint als Reduktionsresultante $\underline{F}$ die Summe der am Kontinuum wirksamen, äußeren Kräfte

$$\underline{F}(t) = \int\limits_{V_0} \underline{k}_0(\mathbf{R},t)\, dV_0 + \int\limits_{A_{p0}} \underline{\bar{p}}_0(\mathbf{R},t)\, dA_0 \,, \tag{2.239}$$

wo $\underline{\bar{p}}_0(\mathbf{R},t)$ die in (2.233) eingeführte Kraftdichte der auf dem Rand vorgegebenen Oberflächenkräfte ist. Mit (2.237) bis (2.239) erhält man aus (2.236) den sogenannten *Impulssatz*:

$$_I\underline{\dot{J}}(t) = \underline{F}(t) \quad \text{oder} \quad m\,\underline{\ddot{r}}^{CM}(t) = \underline{F}(t)\,. \tag{2.240}$$

Die Beziehung besagt, daß die zeitliche Änderung des Impulses des Kontinuums bezüglich des Ursprungs des Inertialsystems gleich ist der Resultierenden $\underline{F}$ aller äußeren Kräfte. Der Massenmittelpunkt CM eines Kontinuums bewegt sich so, als würde die Resultierende $\underline{F}$ an ihm angreifen. Die inneren Kräfte haben auf die Bewegung des Massenmittelpunkts keinen Einfluß. Die Aussage gilt auch für starre Körper – die irrelevanten inneren Kräfte sind in diesem Spezialfall durchweg Zwangskräfte. Überdies ist CM beim starren Körper ein körperfester Punkt. Die einfachen Gleichungen (2.240) können daher im Fall des starren Körpers verwendet werden, um die Translationsbewegungen des Körpers zu beschreiben, d. h. diejenigen Teilbewegungen, bei denen alle körperfesten Punkte parallele Bahnen durchlaufen. Die in dieser Form interpretierte Gleichung (2.240) wird als *Newtonsches Grundgesetz* bezeichnet.

In analoger Weise lassen sich die Bilanzgleichungen für den Drehimpuls umformen. Aus (2.230) folgt bei Integration über V_0

$$\int\limits_{V_0} \underline{r} \times \underline{\ddot{r}}\, \rho_0\, dV_0 = \int\limits_{V_0} \underline{r} \times \left(\underline{k}_0 + \sum_\alpha \frac{\partial \underline{\Sigma}_\alpha}{\partial R_\alpha} \right) dV_0\,. \tag{2.241}$$

Für das Integral auf der linken Seite ergibt sich mit dem auf $O = O^I$ bezogenen Drehimpuls $_I\underline{H}$ für Körper, deren Masse sich nicht ändert,

$$\int\limits_{V_0} \underline{r} \times \underline{\ddot{r}}\, \rho_0\, dV_0 = \frac{{}^I d\, _I\underline{H}}{dt} = {}_I\underline{\dot{H}} \quad \text{mit} \quad _I\underline{H} = \int\limits_{V_0} \underline{r} \times \underline{\dot{r}}\, \rho_0\, dV_0\,. \tag{2.242}$$

Das Integral auf der rechten Seite von (2.241) ist die Gesamtheit der Momente

---

[*] Äquivalente Kraftsysteme sind solche, die an starren (nicht aber an deformierbaren) Körpern die gleichen physikalischen Wirkungen erzeugen.

$$_I\underline{L}(t) = \int\limits_{V_0} \underline{r}(\mathbf{R},t) \times \underline{k}_0(\mathbf{R},t)\, dV_0 + \int\limits_{A_{p0}} \underline{r}(\mathbf{R},t) \times \underline{\bar{p}}_0(\mathbf{R},t)\, dA_0 \qquad (2.243)$$

der am Kontinuum wirksamen äußeren Kräfte bezüglich $O = O^I$. Die Momente der inneren Kräfte tilgen sich. Damit reduziert sich (2.241) in

$$_I\underline{\dot{H}}(t) \;=\; {}_I\underline{L}(t). \qquad (2.244)$$

Wie in [14], S. 144 schließt man aus (2.244), daß diese einfache Beziehung (abgesehen von einem zweiten, für Anwendungen unwichtigen Fall) auch dann gilt, wenn man anstelle von O^I den Massenmittelpunkt CM als Bezugspunkt wählt:

$$_{CM}\underline{\dot{H}}(t) \;=\; {}_{CM}\underline{L}(t). \qquad (2.245)$$

Die Gleichungen (2.244) und (2.245) bezeichnet man als *Drehimpulssatz*. Sie besagen, daß die zeitliche Änderung des gesamten Drehimpulses eines Kontinuums bezüglich eines inertial festen Punkts, oder bezüglich des Massenmittelpunkts CM, gleich ist den Momenten der äußeren Kräfte bezüglich dieser Punkte.

Der Drehimpulssatz weist eine gewisse Analogie zum Impulssatz (2.240) auf: Dem Impuls $\underline{J}$ entspricht der Drehimpuls $\underline{H}$ und der Kraft $\underline{F}$ das Moment $\underline{L}$. In beiden Sätzen kommen die inneren Kräfte nicht vor. Bei einem Kontinuum können die inneren Kräfte aber die Massenverteilung und damit den Drehimpuls ändern, während die für den Impuls allein maßgebende Masse konstant bleibt. Daher können innere Kräfte zwar die Bewegung des Massenmittelpunkts nicht beeinflussen, wohl aber die Orientierung des Kontinuums. Im Fall des starren Körpers kann man den Drehimpuls einfach durch den Trägheitstensor und die Winkelgeschwindigkeit eines körperfesten Dreibeins ausdrücken [14], S. 135. Der Drehimpulssatz liefert dann die Bewegungsgleichungen für die Rotationsbewegungen des starren Körpers, die *Eulerschen Kreiselgleichungen*. Er wird in diesem Zusammenhang oft als *Eulersches Grundgesetz* bezeichnet.

2.6 Zusammenfassung

Die Elastizitätstheorie liefert 15 nichtlineare Gleichungen für 15 unbekannte Koordinaten, die Verschiebungskoordinaten u_α aus $\mathbf{u}$, die Verzerrungskoordinaten $G_{\alpha\beta}$ aus $\mathbf{G} = \mathbf{G}^T$ und die Spannungskoordinaten $S_{\alpha\beta}$ aus $\mathbf{S} = \mathbf{S}^T$. In der Literatur zur Finite-Elemente-Methode hat sich für diese Gleichungen eine Matrizenschreibweise eingebürgert, die hier angegeben wird. Sie erlaubt insbesondere auch eine kompakte Darstellung der linearisierten Gleichungen.

2.6.1 Nichtlineare Elastizitätstheorie

Verschiebungskoordinaten

Der aktuelle Ort aller materiellen Punkte P des Kontinuums ist gegeben durch die Ortsvektoren $\underline{r}(\mathbf{R},t)$, wo $\mathbf{R}$ die Koordinaten von P in der Referenzkonfiguration sind. Meistens verwendet man zur Beschreibung der Bewegungen des Kontinuums die Verschiebungskoordinaten aus (2.10), also

$$\mathbf{u}(\mathbf{R},t) = \mathbf{r}(\mathbf{R},t) - \mathbf{R}. \tag{2.246}$$

Alle Vektoren und Tensoren werden hier im Inertialsystem $\{O, \underline{\mathbf{e}}\} \equiv \{O^I, \underline{\mathbf{e}}^I\}$ aus (2.222) angegeben. Für die Beschleunigungen der Punkte gilt nach (2.227) $\ddot{\mathbf{r}}(\mathbf{R},t) = \ddot{\mathbf{u}}(\mathbf{R},t)$.

Verzerrungen und Verzerrungs-Verschiebungs-Beziehungen

Aus dem Deformationsgradienten $\mathbf{F}$ – vgl. (2.15) – oder dem Verschiebungsgradienten $\mathbf{\Delta F}$ – vgl. (2.37) und (2.39) – also aus

$$\mathbf{F} = \mathbf{E} + \mathbf{\Delta F} \quad \text{mit} \quad \mathbf{\Delta F} = \left[\Delta F_{\alpha\beta}\right], \quad \Delta F_{\alpha\beta} = \frac{\partial u_\alpha}{\partial R_\beta} \tag{2.247}$$

erhält man sechs unabhängige Verzerrungsmaße

$$G_{\alpha\beta} = \frac{1}{2}\left(\frac{\partial u_\alpha}{\partial R_\beta} + \frac{\partial u_\beta}{\partial R_\alpha} + \sum_{\gamma=1}^{3} \frac{\partial u_\gamma}{\partial R_\alpha} \frac{\partial u_\gamma}{\partial R_\beta} \right) = G_{\beta\alpha}. \tag{2.248}$$

Sie bilden die Elemente des Greenschen Verzerrungstensors

$$\mathbf{G} = \left[G_{\alpha\beta}\right] = \frac{1}{2}\left(\mathbf{F}^T\mathbf{F} - \mathbf{E}\right) = \frac{1}{2}\left(\mathbf{\Delta F} + \mathbf{\Delta F}^T + \mathbf{\Delta F}^T\mathbf{\Delta F}\right) \tag{2.249}$$

aus (2.61) und (2.62). Ordnet man die sechs verschiedenen Elemente von $\mathbf{G}$ in der 6×1-Matrix

$$\boldsymbol{\varepsilon} = \left[G_{11}, G_{22}, G_{33}, 2G_{12}, 2G_{23}, 2G_{31}\right]^T \tag{2.250}$$

an – vgl. z. B. [22], S. 25, [16], S. 476 oder [15], S. 43 – so kann man die Verzerrungs-Verschiebungs-Beziehungen (2.248) in der oft bequemeren Matrizendarstellung

$$\boldsymbol{\varepsilon} = \mathbf{L}(\mathbf{u})\mathbf{u} \quad \text{mit} \quad \mathbf{L}(\mathbf{u}) = \mathbf{L}_L + \frac{1}{2}\mathbf{L}_N(\mathbf{u}) \tag{2.251}$$

angeben. Die ersten drei Elemente von $\boldsymbol{\varepsilon}$ hängen nach (2.63) ausschließlich von den in (2.52) definierten Dehnungen ε_α ab, während in die drei restlichen Elemente auch die Schubverzerrungen $\vartheta_{\alpha\beta}$ eingehen. Die Matrizen $\mathbf{L}_L$ und $\mathbf{L}_N(\mathbf{u})$ sind – in (2.251) auf $\mathbf{u}$ angewandte – Differentialoperatoren:

$$\mathbf{L}_L = \begin{bmatrix} \partial_1 & 0 & 0 \\ 0 & \partial_2 & 0 \\ 0 & 0 & \partial_3 \\ \partial_2 & \partial_1 & 0 \\ 0 & \partial_3 & \partial_2 \\ \partial_3 & 0 & \partial_1 \end{bmatrix}, \mathbf{L}_N = \begin{bmatrix} \partial_1 u_1 \partial_1 & \partial_1 u_2 \partial_1 & \partial_1 u_3 \partial_1 \\ \partial_2 u_1 \partial_2 & \partial_2 u_2 \partial_2 & \partial_2 u_3 \partial_2 \\ \partial_3 u_1 \partial_3 & \partial_3 u_2 \partial_3 & \partial_3 u_3 \partial_3 \\ \partial_1 u_1 \partial_2 + \partial_2 u_1 \partial_1 & \partial_1 u_2 \partial_2 + \partial_2 u_2 \partial_1 & \partial_1 u_3 \partial_2 + \partial_2 u_3 \partial_1 \\ \partial_2 u_1 \partial_3 + \partial_3 u_1 \partial_2 & \partial_2 u_2 \partial_3 + \partial_3 u_2 \partial_2 & \partial_2 u_3 \partial_3 + \partial_3 u_3 \partial_2 \\ \partial_3 u_1 \partial_1 + \partial_1 u_1 \partial_3 & \partial_3 u_2 \partial_1 + \partial_1 u_2 \partial_3 & \partial_3 u_3 \partial_1 + \partial_1 u_3 \partial_3 \end{bmatrix}. \qquad (2.252)$$

Die Matrix $\mathbf{L}_L$ enthält nur partielle Ableitungen $\partial_\alpha = \partial../\partial R_\alpha$. Produkte von $\partial_\alpha u_\beta = \partial u_\beta / \partial R_\alpha$ und ∂_α sind in $\mathbf{L}_N(\mathbf{u})$ zusammengefaßt.

Spannungen und Spannungs-Verzerrungs-Beziehungen

Nach (2.186) ist der Greensche Verzerrungstensor $\mathbf{G} = \mathbf{G}^T = [G_{\alpha\beta}]$ in sinnvollen Materialgesetzen mit dem zweiten Piolaschen Spannungstensor $\mathbf{S} = \mathbf{S}^T = [S_{\alpha\beta}]$ verknüpft. Mit ihm ergibt sich das elastische Potential U eines elastischen Körpers nach (2.208):

$$U = \frac{1}{2} \int_{V_0} \sum_{\alpha,\beta} S_{\alpha\beta} G_{\alpha\beta}\, dV_0. \qquad (2.253)$$

Die sechs verschiedenen Spannungskoordinaten $S_{\alpha\beta}$ faßt man in Analogie zu (2.250) in der 6×1-Matrix

$$\boldsymbol{\sigma} = \begin{bmatrix} S_{11}, S_{22}, S_{33}, S_{12}, S_{23}, S_{31} \end{bmatrix}^T \qquad (2.254)$$

zusammen und erhält aus (2.253) für U die Darstellung

$$U = \frac{1}{2} \int_{V_0} \boldsymbol{\sigma}^T \boldsymbol{\varepsilon}\, dV_0. \qquad (2.255)$$

Für homogene, elastische und isotrope Stoffe liefert das Materialgesetz sechs, i. a. nichtlineare Gleichungen. Bei Verwendung der Matrizen $\mathbf{S}$ und $\mathbf{G}$ bzw. $\boldsymbol{\sigma}$ und $\boldsymbol{\varepsilon}$ haben sie die Formen

$$\mathbf{S} = \mathbf{S}(\mathbf{G}) \quad \text{bzw.} \quad \boldsymbol{\sigma} = \boldsymbol{\sigma}(\boldsymbol{\varepsilon}). \qquad (2.256)$$

Bewegungsgleichungen

Die Verschiebungen (2.246) genügen den Cauchyschen Bewegungsgleichungen (2.228)

$$\rho_0\,\ddot{\mathbf{u}} = \mathbf{k}_0 + \mathbf{Div}\,\boldsymbol{\Sigma} \quad \text{wo} \quad \boldsymbol{\Sigma} = \mathbf{S}\mathbf{F}^{T}. \tag{2.257}$$

Die Größen $\rho_0 = \rho_0(\mathbf{R})$ und $\mathbf{k}_0 = \mathbf{k}_0(\mathbf{R},t)$ sind die Massen- und Volumenkraftdichten aus (2.211) und (2.219), und die Spannungen $\mathbf{S}$ genügen dem Materialgesetz (2.256).

Rand- und Anfangsbedingungen

Mit (2.257), (2.248) oder (2.251) und (2.256) sind 15 Gleichungen für die 15 Unbekannten

$$\left.\begin{aligned}
u_\alpha &= u_\alpha(R_1, R_2, R_3, t) & & \\
G_{\alpha\beta} &= G_{\alpha\beta}(R_1, R_2, R_3, t) & \text{mit} \quad & G_{\alpha\beta} = G_{\beta\alpha} \\
S_{\alpha\beta} &= S_{\alpha\beta}(R_1, R_2, R_3, t) & \text{mit} \quad & S_{\alpha\beta} = S_{\beta\alpha}
\end{aligned}\right\} \tag{2.258}$$

bekannt. Die Lösungen dieser partiellen Differentialgleichungen müssen i. a. Randbedingungen genügen, die nach Abschnitt 2.5.3 in kinematische und kinetische eingeteilt werden. Die kinematischen Randbedingungen sind nach (2.231) und (2.232)

$$\mathbf{u}(\mathbf{R},t) = \overline{\mathbf{u}}(\mathbf{R},t) \quad \text{und} \quad u_{\alpha,\beta}(\mathbf{R},t) = \overline{u}_{\alpha,\beta}(\mathbf{R},t) \quad \text{für } \mathbf{R} \text{ auf } A_{u0}. \tag{2.259}$$

Die kinetischen Randbedingungen (2.234) lassen sich nach (2.235) durch die Gleichgewichtsbedingungen zwischen den Spannungen $S_{\alpha\beta}$ und den auf der Oberfläche A_p durch die Kraftdichte $\overline{\mathbf{p}}_0$ aus (2.233) vorgegebenen Kräften ausdrücken:

$$\boldsymbol{\Sigma}^{T}(\mathbf{R},t)\,\mathbf{n}_0(\mathbf{R},t) = \mathbf{F}(\mathbf{R},t)\,\mathbf{S}(\mathbf{R},t)\,\mathbf{n}_0(\mathbf{R},t) = \overline{\mathbf{p}}_0(\mathbf{R},t) \quad \text{für } \mathbf{R} \text{ auf } A_{p0}. \tag{2.260}$$

Dabei ist $\mathbf{n}_0$ die Normale eines Flächenelements $\underline{dA}_{n0}$ auf A_p in der Referenzkonfiguration, also auf A_{p0}.

Außerdem gelten für die drei Verschiebungen aus (2.257) noch sechs zu einer Anfangszeit $t = \breve{t}$ vorgegebene Anfangsbedingungen

$$\left.\begin{aligned}
u_\alpha(R_1, R_2, R_3, \breve{t}) &= \breve{u}_\alpha(R_1, R_2, R_3) \\
\dot{u}_\alpha(R_1, R_2, R_3, \breve{t}) &= \dot{\breve{u}}_\alpha(R_1, R_2, R_3).
\end{aligned}\right\} \tag{2.261}$$

Mit (2.259) bis (2.261) wird eine Lösung der Gleichungen (2.257), (2.248) oder (2.251) und (2.256) eindeutig festgelegt.

2.6.2 Linearisierte Elastizitätstheorie

Die Gleichungen (2.248) oder (2.251) und (2.256) können einerseits für kleine Verzerrungen und andererseits für kleine Verschiebungsableitungen linearisiert werden. Zur Unterscheidung der beiden Fälle spricht man von geometrischer und physikalischer Linearisierung.

Physikalische Linearisierung

Bei hinreichend kleinen Verzerrungen kann das Materialgesetz (2.256) approximiert werden durch das in (2.191) angegebene Hookesche Gesetz

$$S_{\alpha\alpha} = 2\,\mathcal{G}\left(G_{\alpha\alpha} + \frac{\mu}{1-2\mu}\,\mathrm{sp}\,\mathbf{G}\right), \quad S_{\alpha\beta} = 2\,\mathcal{G}\,G_{\alpha\beta},\, \alpha \neq \beta. \tag{2.262}$$

Mit $\boldsymbol{\sigma}$ und $\boldsymbol{\varepsilon}$ aus (2.254) und (2.250) kann man anstelle von (2.262) schreiben

$$\boldsymbol{\sigma} = \mathbf{H}\,\boldsymbol{\varepsilon}, \tag{2.263}$$

mit der symmetrischen 6×6-Material- oder Elastizitätsmatrix, [1], S. 161, [22], S. 26

$$\mathbf{H} = \frac{\mathcal{E}}{(1+\mu)(1-2\mu)}\begin{bmatrix} 1-\mu & \mu & \mu & & & \\ \mu & 1-\mu & \mu & & \mathbf{0} & \\ \mu & \mu & 1-\mu & & & \\ & & & \frac{1}{2}(1-2\mu) & 0 & 0 \\ & \mathbf{0} & & 0 & \frac{1}{2}(1-2\mu) & 0 \\ & & & 0 & 0 & \frac{1}{2}(1-2\mu) \end{bmatrix}. \tag{2.264}$$

In (2.262) und (2.264) kommen drei Materialparameter vor, der *Schubmodul $\mathcal{G}$*, der *Elastizitätsmodul $\mathcal{E}$* und die *Querdehnungs-* oder *Poissonzahl μ*. Nur zwei der drei Parameter sind unabhängig, da sie der Bedingung (2.189) genügen, also

$$\mathcal{E} = 2\,\mathcal{G}(1+\mu) \quad \text{oder} \quad \mathcal{G} = \frac{\mathcal{E}}{2(1+\mu)}. \tag{2.265}$$

Mit (2.263) erhält man für das elastische Potential aus (2.255)

$$U = \frac{1}{2}\int\limits_{V_0}\left(\mathbf{L}(\mathbf{u})\mathbf{u}\right)^T \mathbf{H}\left(\mathbf{L}(\mathbf{u})\mathbf{u}\right) dV_0. \tag{2.266}$$

Wegen der in $\mathbf{L}(\mathbf{u})$ gemäß (2.251) und (2.252) noch enthaltenen, nichtlinearen Terme ist U, auch bei linearem Materialgesetz, eine in den Verschiebungen $\mathbf{u}$ nichtquadratische Funktion.

Geometrische Linearisierung

Für kleine Verschiebungsableitungen

$$\left| \partial u_\alpha / \partial R_\beta \right| \ll 1, \tag{2.267}$$

erhält man drei, oft hilfreiche Vereinfachungen der obigen Gleichungen:

1. *Identität materieller und lokaler Ableitungen.* Partielle Ableitungen $\partial / \partial r_\alpha$, sog. lokale Ableitungen, die sich auf das verformte Kontinuum beziehen, können nach (2.67) durch materielle Ableitungen $\partial / \partial R_\alpha$ am unverformten Kontinuum ersetzt werden:

$$\partial / \partial R_\alpha = \partial / \partial r_\alpha . \tag{2.268}$$

2. *Lineare Verzerrungs-Verschiebungs-Beziehungen.* In den Gleichungen (2.249) und (2.248) werden Produkte von Verschiebungsableitungen wegen (2.267) vernachlässigt, womit der Greensche Verzerrungstensor die einfache Form (2.68) annimmt:

$$\mathbf{G} = \tfrac{1}{2}\left(\Delta\mathbf{F} + \Delta\mathbf{F}^T \right) \quad \text{d. h.} \quad G_{\alpha\beta} = \frac{1}{2}\left(\frac{\partial u_\alpha}{\partial R_\beta} + \frac{\partial u_\beta}{\partial R_\alpha} \right). \tag{2.269}$$

In der Matrizendarstellung (2.251) der Verzerrungs-Verschiebungs-Beziehungen muß nur der lineare Term $\mathbf{L}_L$ berücksichtigt werden:

$$\boldsymbol{\varepsilon} = \mathbf{L}_L \, \mathbf{u} . \tag{2.270}$$

3. *Äquivalenz von Lagrangescher und Eulerscher Darstellung.* Die Funktionaldeterminante $\Delta = \det \mathbf{F} = \det(\mathbf{E} - \Delta\mathbf{F})$ vermittelt nach (2.29) die Transformation zwischen den Volumenelementen dV und dV_0. Vernachlässigt man wegen (2.267) die Verschiebungsableitungen $\partial u_\alpha / \partial R_\beta$ gegenüber $\delta_{\alpha\beta}$, so gilt $\Delta = 1$. Damit folgt aus (2.29), (2.214) und (2.100) für Volumenelemente sowie für Massen- und Volumenkraftdichte:

$$dV = dV_0, \quad \rho = \rho_0, \quad \mathbf{k} = \mathbf{k}_0 . \tag{2.271}$$

Mit $\mathbf{F} = \mathbf{E} + \Delta\mathbf{F}$ gemäß (2.247) folgt aus der in (2.168) angegebenen Gleichung $\Delta\,\boldsymbol{\tau} = \mathbf{F}\,\boldsymbol{\Sigma} = \mathbf{F}\,\mathbf{S}\,\mathbf{F}^T$ bei Vernachlässigung von $\Delta\mathbf{F}$ gegen $\mathbf{E}$

$$\boldsymbol{\tau} = \boldsymbol{\Sigma} = \mathbf{S} . \tag{2.272}$$

Damit erübrigt sich in den geometrisch linearisierten Gleichungen eine Unterscheidung der Piolaschen und Cauchyschen Spannungstensoren. Mit den Definitionen (2.116) und (2.146) der Divergenz von Tensorfeldern, mit dem Differentialoperator $\mathbf{L}_L$ aus (2.252) und mit (2.268) bis (2.272) schließt man, daß sich die Bewegungsgleichungen (2.257) bei geometrischer Linearisierung schreiben lassen in der Form

$$\rho_0 \, \ddot{\mathbf{u}} = \mathbf{k}_0 + \mathcal{L}_L^T \, \boldsymbol{\sigma} \quad \text{mit} \quad \mathcal{L}_L^T \, \boldsymbol{\sigma} \equiv \text{Div } \mathbf{S} \equiv \text{Div } \boldsymbol{\tau} \equiv \text{Div } \boldsymbol{\Sigma}. \tag{2.273}$$

Geometrische und physikalische Linearisierung zusammen haben zur Folge, daß das elastische Potential aus (2.266) eine in den Verschiebungen $\mathbf{u}$ quadratische Funktion wird:

$$U = \frac{1}{2} \int_{V_0} (\mathcal{L}_L \, \mathbf{u})^T \, \mathbf{H} \, (\mathcal{L}_L \, \mathbf{u}) \, dV_0 \,. \tag{2.274}$$

Ein wesentlicher Vorteil der linearisierten Gleichungen ist die Gültigkeit des Überlagerungsprinzips: Bewegungen infolge komplexer Belastungen und Randbedingungen ergeben sich als Linearkombination der Ergebnisse einfacher Probleme.

3 Prinzipe der Mechanik

Die Prinzipe ermöglichen die Angabe der Bewegungsgleichungen mechanischer Systeme, deren Bewegungsmöglichkeiten durch vorgeschriebene Bedingungen, sog. Bindungen, eingeschränkt sind. Beispiele sind Kontinua mit inneren Bindungen wie Balken und Platten, der frei bewegliche oder durch Führungen gefesselte starre Körper sowie Finite-Elemente-Systeme und Mehrkörpersysteme. Derartige, gebundene Systeme umfassen als Spezialfälle natürlich auch die freien Systeme, deren Bewegungen keinen Einschränkungen unterliegen. Die Wirkung der Bindungen kann man durch Zwangskräfte ersetzen. Diese sind im allgemeinen unbekannt. Daher benötigt man in Ergänzung zu den oben verwendeten Grundgesetzen der Mechanik noch Angaben über die Natur der Zwangskräfte, eben die Prinzipe der Mechanik. Sie wurden durch Verallgemeinerung von in einfachen Fällen unmittelbar einleuchtenden Aussagen gewonnen. So ist es beispielsweise naheliegend, für einen auf einer Fläche gleitenden Punkt anzunehmen, daß die aus einer solchen Bindung resultierende Zwangskraft mit der Flächennormalen zusammenfällt. Die Prinzipe der Mechanik sind Verallgemeinerungen dieser einleuchtenden Annahme, die sich auch bei komplexeren Bindungen bewähren, [4], S. 143.

Neben der Möglichkeit, die Bewegungsgleichungen gebundener Systeme zu formulieren, bieten die Prinzipe der Mechanik noch die in [31], S. 7 detaillierter erläuterten Vorteile:

1. Sie werden unter Verwendung physikalischer Begriffe (z. B. Arbeit oder Energie) formuliert, die gegenüber Koordinatentransformationen invariant sind.

2. Sie machen Verfahren zur Lösung von Variationsproblemen verfügbar, um die Lösungen der Bewegungsgleichungen mechanischer Systeme zu ermitteln. Insbesondere gestatten sie die Formulierung von Problemen, die zu einem gegebenen Problem äquivalent, aber einfacher lösbar sind.

3. Sie ermöglichen die Angabe von Näherungslösungen, die mit den Gesetzen der Mechanik und der angestrebten Güte der Näherung kompatibel sind.

4. Sie erlauben die Angabe von Fehlerschranken für Näherungslösungen der Systemgleichungen.

3.1 Grundbegriffe

Hier werden die Prinzipe von d'Alembert, Jourdain und Hamilton erläutert, also zwei Differentialprinzipe und ein Integral- oder Variationsprinzip. Angaben zu weiteren Prinzipen finden sich in vielen Lehrbüchern, beispielsweise in [20], [11], S. 41 oder [4], S. 195 und eine Darstellung der Geschichte ihrer Entwicklung in [26]. Zur Formulierung der Prinzipe sind ein paar Begriffe erforderlich, die vorab erläutert werden.

3.1.1 Zwangsbedingungen bei Modellen der technischen Dynamik

Die Bewegungsmöglichkeiten der Punkte P der oben betrachteten, dreidimensionalen Kontinua sind, wenn man von den Randbedingungen absieht, in keinerlei Weise eingeschränkt. Die durch die Randbedingungen beschriebenen Bindungen bereiten keine Schwierigkeiten. Sie werden vielmehr, zusammen mit den Anfangsbedingungen, zur Angabe einer eindeutigen

Lösung der Bewegungsgleichungen benötigt, wie die Existenz- und Eindeutigkeitssätze der
Theorie partieller Differentialgleichungen besagen – vgl. z. B. [27], S. 41 ff. Diese Sätze zeigen auch, wieviele Anfangs- und Randbedingungen zur eindeutigen Festlegung einer Lösung
erforderlich sind und wann ein Problem durch Anfangs- und Randbedingungen überbestimmt
ist, also aus einer sinnlosen Fragestellung resultiert.

Bindungen und Zwangsgleichungen

Modelle mit Bedingungen für die Bewegungen der Punkte eines Kontinuums, die über die
Randbedingungen hinausgehen, können mit den Gleichungen aus Kapitel 2 nicht behandelt
werden. Solche Modelle benötigt man aber zur Lösung von Aufgaben der technischen Dynamik – vgl. z. B. [22], S. 11 ff. Beispiele sind

- Kontinua mit inneren Bindungen, z. B. Balken, Platten und Schalen,

- starre Körper,

- Finite-Elemente-Systeme,

- Mehrkörpersysteme aus starren Körpern,

- Mehrkörpersysteme, die auch deformierbare Körper enthalten.

Diese speziellen Modelle sind aus der allgemeinen Modellvorstellung der Kontinuumsmechanik ableitbare Näherungen, die eine effiziente Behandlung technischer Probleme gestatten. Die
Einschränkung der Bewegungsmöglichkeiten hat zwei Konsequenzen:

- die Bewegungen können durch *einfachere Koordinaten* beschrieben werden und

- in den Bewegungsgleichungen kommen *unbekannte Zwangskräfte* vor.

Zur Bestimmung der zusätzlichen Unbekannten braucht man über die Grundgesetze der Dynamik aus Kapitel 2.5.2 hinausgehende Aussagen. Sie werden von den Prinzipen der Mechanik
geliefert. Zur Formulierung der Prinzipe sind die Bindungs- oder Zwangsgleichungen erforderlich, die die Einschränkungen der Bewegungsmöglichkeiten angeben.

Der Ort $\mathbf{r} = \mathbf{r}(\mathbf{R},t)$ oder die Verschiebung $\mathbf{u} = \mathbf{u}(\mathbf{R},t)$ der Punkte $\mathbf{R}$ eines Modells der technischen Dynamik läßt sich mit Hilfe eines reduzierten Satzes von Koordinaten

$$\mathbf{y} = \left[y_i \right], \quad i = 1, 2, \dots n_y \tag{3.1}$$

angeben. Sie werden hier, wie in [21], S. 90, als *Lagezustandsgrößen* bezeichnet, wenn
(3.1) ein *Minimalsatz* von Variablen zur Angabe der Lage des Systems ist. Bei gegebenem $\mathbf{y}$
lassen sich $\mathbf{r}$ und $\mathbf{u}$ berechnen durch Funktionen der Form

$$\mathbf{r} = \mathbf{r}(\mathbf{y},t) \quad \text{und} \quad \mathbf{u} = \mathbf{u}(\mathbf{y},t). \tag{3.2}$$

Die Gleichungen (3.2) bezeichnet man als *explizite Zwangsgleichungen* für die Lagevariablen. In ihrer oben angeschriebenen Form ist nur der funktionale Zusammenhang zwischen $\mathbf{r}$
und $\mathbf{u}$ einerseits und $\mathbf{y}$ und t andererseits zum Ausdruck gebracht. Wie die Ortsvariablen R_α
in diese Gleichungen und in die Argumente von $\mathbf{y}$ eingehen wird für die einzelnen Modelle der
technischen Dynamik separat erläutert.

Kontinua mit inneren Bindungen

Der Begriff wurde wohl von Volterra bei der Untersuchung von Balken eingeführt, [29, 30]. Zur Vereinfachung des Modells aus Kapitel 2 verwendete Annahmen über die Bewegung speziell geformter Strukturen (Balken, Platten und Schalen) werden als Zwangsgleichungen für die Bewegungen der Punkte des Kontinuums gedeutet und als innere Bindungen bezeichnet. Wegen der Annahmen lassen sich die Bewegungen der Modelle durch Funktionen der Form

$$\mathbf{y} = \mathbf{y}\left(\mathbf{R}^y, t\right) \quad \text{mit} \quad \mathbf{R} = \mathbf{R}^y + \mathbf{R}^r \tag{3.3}$$

beschreiben, wo die 3×1-Matrix $\mathbf{R}^y$ nur zwei oder eine der Koordinaten R_α enthält, also beispielsweise $\mathbf{R}^y = [R_1, 0, 0]^T$ oder $\mathbf{R}^y = [R_1, R_2, 0]^T$. Die restlichen, nicht in $\mathbf{R}^y$ enthaltenen Koordinaten erscheinen in $\mathbf{R}^r$. Die Funktionen $\mathbf{y}(\mathbf{R}^y, t)$ sollen keinen weiteren Bedingungen genügen, also Zustandsgrößen zur Angabe der Bewegungen des Kontinuums mit inneren Bindungen sein. Wenn der Hinweis erforderlich ist, daß sie Deformationen (und keine Starrkörperbewegungen) darstellen, werden sie hier *Deformationsvariable* genannt. Da $\mathbf{y}$ von nur zweien oder einer der Variablen R_α abhängt, bezeichnet man die Modelle häufig auch als zwei- oder eindimensionale Kontinua. Die expliziten Zwangsgleichungen (3.2) lauten:

$$\mathbf{r}(\mathbf{R}, t) = \mathbf{r}\left(\mathbf{R}^r, t, \mathbf{y}\left(\mathbf{R}^y, t\right)\right) \quad \text{oder} \quad \mathbf{u}(\mathbf{R}, t) = \mathbf{u}\left(\mathbf{R}^r, t, \mathbf{y}\left(\mathbf{R}^y, t\right)\right). \tag{3.4}$$

Ihre spezielle Form ergibt sich aus der Definition des Modells. Als Beispiel wird in Kapitel 4 der in Bild 3-1 gezeigte Balken betrachtet.

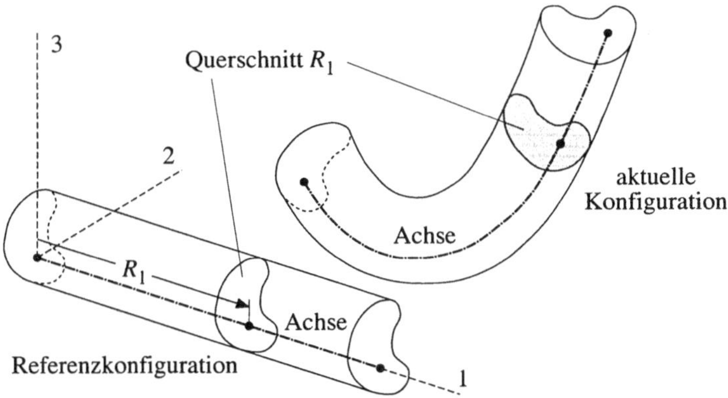

Bild 3-1: Balkenmodell: Die Querschnitte des Balkens bleiben unverformt.

Bei diesem Modell wird angenommen, daß die Querschnitte bei Bewegungen unverformt bleiben. Ein bestimmter Querschnitt wird durch seine Koordinate R_1 in der Referenzkonfiguration gekennzeichnet. Der Ort aller Punkte im Querschnitt R_1 kann angegeben werden, wenn man in der aktuellen Konfiguration Ort und Orientierung eines im Querschnitt R_1 festen Koordinatensystems kennt. Dies erfordert sechs Variable, womit man sechs Deformationsvariable $y_i =$

$y_i(R_1,t)$ zur Angabe der Bewegung des Balkenmodells aus Bild 3-1 benötigt. Andere Balkenmodelle, bei denen mehr oder weniger Variable $y_i(R_1,t)$ verwendet werden, finden sich, zusammen mit Platten- und Schalenmodellen, z. B. in [1, 28, 33].

Der starre Körper

Bei *starren Körpern* schränken Zwangsbedingungen die Bewegungen der Punkte soweit ein, daß die Menge der Koordinaten $\mathbf{R}^y$ leer ist, also $\mathbf{R}^r \equiv \mathbf{R}$. Die Variablen $\mathbf{y}$ hängen dann nur von der Zeit t ab, und die Zwangsgleichungen (3.4) werden besonders einfach. Bild 3-2 zeigt den Körper aus Bild 2-1, der jetzt als starr angenommen wird, in der Referenzkonfiguration und in einer aktuellen Konfiguration. Das Bezugssystem $\{O, \underline{\mathbf{e}}\} \equiv \{O^1, \underline{\mathbf{e}}^1\}$ und ein körperfestes Koordinatensystem $\{O^2, \underline{\mathbf{e}}^2\}$ sollen in der Referenzkonfiguration zusammenfallen. In der aktuellen Konfiguration sind Ort und Orientierung von $\{O^2, \underline{\mathbf{e}}^2\}$ in Bild 3-2 dargestellt.

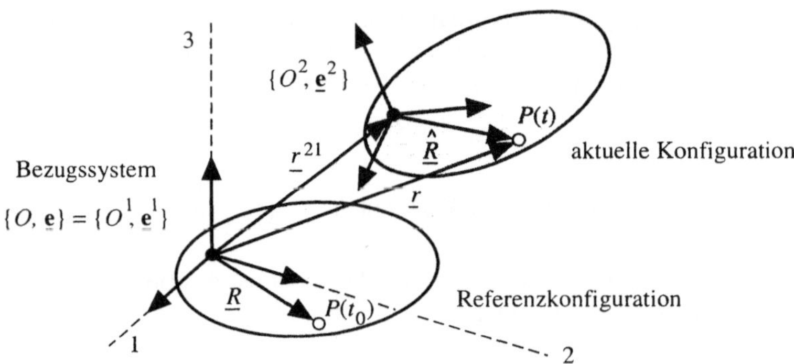

Bild 3-2: Beschreibung der Bewegung eines starren Körpers.

Beim starren Körper stimmen die Koordinaten $^2\mathbf{R} \equiv \mathbf{R}$ von $\hat{\underline{R}}$ in $\{O^2, \underline{\mathbf{e}}^2\}$ überein mit den Koordinaten $^1\mathbf{R} \equiv \mathbf{R}$ von $\underline{R}$ in $\{O^1, \underline{\mathbf{e}}^1\}$. Damit kann man die Bewegung $\mathbf{r}(\mathbf{R},t) \equiv {}^1\mathbf{r}(\mathbf{R},t)$ aller Punkte P darstellen durch die Koordinaten $^1\mathbf{r}^{21}(t) \equiv \mathbf{r}^{21}(t)$ des Vektors $\underline{r}^{21}(t)$ in der Basis $\underline{\mathbf{e}}^1 \equiv \underline{\mathbf{e}}$ und durch die mit $\underline{\mathbf{e}}^2 = \mathbf{A}^{21}\,\underline{\mathbf{e}}^1$ definierte Drehmatrix $\mathbf{A}^{21} = \mathbf{A}^{21}(t)$ in der Form

$$\mathbf{r}(\mathbf{R},t) = \mathbf{r}^{21}(t) + \mathbf{A}^{21^T}(t)\,\mathbf{R}. \tag{3.5}$$

Eine Analyse der Kinematik der ungebundenen Bewegungen starrer Körper zeigt, daß die zwölf Variablen $r_\alpha^{21}(t)$ und $A_{\alpha\beta}^{21}(t)$ aus (3.5) durch $n_y = 6$ unabhängige Variable $y_i(t)$ darstellbar sind, also

$$\mathbf{r}^{21}(t) = \mathbf{r}^{21}(\mathbf{y}(t)), \quad \mathbf{A}^{21}(t) = \mathbf{A}^{21}(\mathbf{y}(t)) \quad \text{mit} \quad \mathbf{y}(t) = [y_i(t)], \quad i = 1,2,\dots 6. \tag{3.6}$$

Die Gleichungen (3.5) und (3.6) sind die expliziten Zwangsgleichungen für freie Bewegungen des starren Körpers, die mit Hilfe der sechs Lagezustandsgrößen $\mathbf{y}(t)$ erfaßt werden.

Wie in Abschnitt 2.5.4 gezeigt, gewinnt man aus den Cauchyschen Bewegungsgleichungen den Impulssatz (2.240) und den Drehimpulssatz (2.244). Mit den Prinzipen der Mechanik kann man nachweisen, daß diese Aussagen beim starren Körper die Grundgesetze der Dynamik der Starrkörperbewegung von Newton und Euler liefern. Diese Gleichungen sind der meist gewählte Ausgangspunkt für Darstellungen der gebundenen Bewegungen des einzelnen starren Körpers und von Systemen solcher Körper – vgl. [21], S. 59 und S. 142.

Finite-Elemente-Strukturen

Finite-Elemente-Modelle werden zur Analyse der Verformungen und Spannungen von Bauteilen verwendet, wenn deren geometrische Form, Materialgesetz und Lagerung mit den einfachen Modellvorstellungen der Kontinua mit inneren Bindungen nicht in der wünschenswerten Genauigkeit darstellbar sind. Bei der Methode wird das Kontinuum $\mathcal{K}$ in geometrisch einfache Teilkörper, die finiten Elemente aufgeteilt – vgl. Bild 3-3.

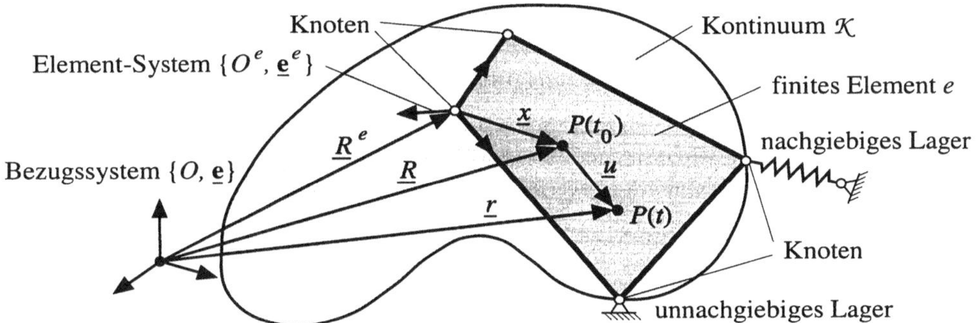

Bild 3-3: Modellvorstellung "Finite-Elemente-Struktur" mit nachgiebigen und unnachgiebigen Lagern.

Die Finite-Elemente-Methode ist eine rechnerorientierte Form des Ritzschen Verfahrens zur Angabe einer Näherungslösung $\mathbf{r}(\mathbf{R},t) = \mathbf{\Phi}(\mathbf{R})\,\mathbf{q}(t)$ der Bewegungsgleichungen kontinuierlicher Systeme. Mit dem Ritzschen Verfahren – vgl. Kap. 5.1 – werden die partiellen Bewegungsgleichungen eines Kontinuums nach Wahl geeigneter Ansatzfunktionen $\mathbf{\Phi}(\mathbf{R})$ approximiert durch gewöhnliche Differentialgleichungen für die Unbekannten $\mathbf{q}(t)$. Die Wahl der Ansatzfunktionen ist das zentrale Problem des Verfahrens. Mit der Finite-Elemente-Methode – vgl. Kap. 5 – lassen sich die globalen Ansatzfunktionen $\mathbf{\Phi}(\mathbf{R})$ für das gesamte Kontinuum zusammensetzen aus lokalen Ansätzen für die Bewegung der finiten Elemente. Die lokalen Ansätze liefern mit den Gleichungen der Kontinuumsmechanik eine Näherung für die Bewegung der Elemente. Der Aufbau der Systemgleichungen der gesamten Struktur aus den Elementgleichungen ergibt sich durch einfache Matrizenoperationen.

Zur einfachen Formulierung der Bedingungen für den Zusammenhalt der Struktur wählt man für die unbekannten Variablen in den lokalen Ansätzen sog. Knotenkoordinaten, d. h. Verschiebungen und Verschiebungsableitungen der auf dem Rand der Elemente liegenden Knoten. Die Gesamtheit der Knotenkoordinaten zur Angabe der Strukturbewegung ist

$$\mathbf{z}_F(t) = \left[z_{Fi}(t)\right], \quad i = 1, 2, \ldots n_F. \tag{3.7}$$

Ein Ritz-Ansatz für das in $\{O^e, \underline{\mathbf{e}}^e\}$ angegebene Verschiebungsfeld $^e\mathbf{u}(\mathbf{x},t)$ der durch ihre Koordinaten $\mathbf{x}$ in $\{O^e, \underline{\mathbf{e}}^e\}$ gekennzeichneten Punkte eines Elements e liefert

$$^e\mathbf{u}(\mathbf{x},t) = \mathbf{N}^e(\mathbf{x})\,\mathbf{T}^e\,\mathbf{z}_F(t) \tag{3.8}$$

mit der von den materiellen Koordinaten $\mathbf{x}$ abhängigen Interpolationsmatrix $\mathbf{N}^e(\mathbf{x})$ und der konstanten Matrix $\mathbf{T}^e$. Letztere sammelt aus $\mathbf{z}_F$ die zur Darstellung der Bewegung des Elements e erforderlichen Koordinaten z_{Fi} und wird demgemäß als Sammelmatrix bezeichnet. Sie enthält neben Nullen und Einsen die von $\mathbf{x}$ und t unabhängigen Drehmatrizen $\mathbf{\Gamma}^e$ zur Angabe der Orientierung des Element-Koordinatensystems relativ zum globalen Bezugssystem $\{O, \underline{\mathbf{e}}\}$ gemäß $\underline{\mathbf{e}}^e = \mathbf{\Gamma}^e\,\underline{\mathbf{e}}$. Bei Transformation aller Elementansätze in $\{O, \underline{\mathbf{e}}\}$, Summation über alle n_E Elemente e der Struktur und mit $\mathbf{N}^e(\mathbf{x}) \equiv \mathbf{0}$ für $\mathbf{x}$ nicht im Element e erhält man

$$\mathbf{r}(\mathbf{R},t) = \mathbf{R} + \sum_{e=1}^{n_E} \mathbf{\Gamma}^{e^T}\,\mathbf{N}^e(\mathbf{x})\,\mathbf{T}^e\,\mathbf{z}_F(t) \quad \text{wo} \quad \mathbf{x} = \mathbf{\Gamma}^e(\mathbf{R} - \mathbf{R}^e) \quad \text{für } \mathbf{R} \text{ im Element } e. \tag{3.9}$$

Dies sind die expliziten Zwangsgleichungen für eine ungelagerte Finite-Elemente-Struktur. Die Gleichungen zur Beschreibung der Lagerungen ergeben sich aus den Randbedingungen für die Bewegungen des durch die Finite-Elemente-Struktur modellierten Kontinuums. Zuweilen unterscheidet man nachgiebige und unnachgiebige Lager – vgl. Bild 3-3 – entsprechend den in Bild 2-22 veranschaulichten kinetischen und kinematischen Randbedingungen. Wegen der den kinematischen Randbedingungen (2.231) und (2.232) entsprechenden unnachgiebigen Lager sind die Bewegungen $\mathbf{z}_F(t) = \overline{\mathbf{z}}_F(t)$ einiger Knoten der Struktur vorgegeben. Die Koordinaten $\mathbf{y}(t) = \overline{\overline{\mathbf{z}}}_F(t)$ der restlichen Knoten sind unbekannt und entsprechen den Lagezustandsgrößen der Struktur. Demgemäß kann man schreiben

$$\mathbf{z}_F(t) = \overline{\mathbf{T}}\,\overline{\mathbf{z}}_F(t) + \overline{\overline{\mathbf{T}}}\,\overline{\overline{\mathbf{z}}}_F(t) \quad \text{wo} \quad \overline{\overline{\mathbf{z}}}_F(t) \equiv \mathbf{y}(t). \tag{3.10}$$

Mit (3.10) erhält man aus (3.9) die expliziten Zwangsgleichungen einer gelagerten Finite-Elemente-Struktur zu

$$\mathbf{r}(\mathbf{R},t) = \mathbf{R} + \sum_{e=1}^{n_E} \mathbf{\Gamma}^{e^T}\,\mathbf{N}^e(\mathbf{x})\,\mathbf{T}^e\left(\overline{\mathbf{T}}\,\overline{\mathbf{z}}_F(t) + \overline{\overline{\mathbf{T}}}\,\mathbf{y}(t)\right) \quad \text{mit } \mathbf{x} \text{ gemäß (3.9).} \tag{3.11}$$

Einzelheiten zur Ermittlung der hier eingeführten Matrizen werden in Kapitel 5 besprochen.

Mehrkörpersysteme

Die Elemente der in [21] betrachteten Mehrkörpersysteme sind starre Körper, masselose Verbindungen und eine Umgebung, in der sich das System bewegt – vgl. Bild 3-4. Die Umgebung erfaßt eine eventuell vorhandene Globalbewegung des Systems. Die Körper repräsentieren Abmessungen und Trägheit des Systems und auf sie wirken eingeprägte, äußere Kräfte, beispielsweise Gewichtskräfte. Die Verbindungen können aus mehreren Elementen bestehen, die zur Modellierung der einzelnen, zwischen den Körpern wirksamen Kräfte dienen. Bei Mehrkörpersystemen mit ausschließlich starren Körpern ist eine solche Zusammenfassung von Elementen in einer einzigen Verbindung vorteilhaft: Die zwischen den Körpern wirksamen inneren Kräfte können durch ihre Reduktionsresultanten, der zur Verbindung gehörenden Schnittkraft und dem zugehörigen Moment, ersetzt werden, eine Vereinfachung, die bei den in Kapitel 6 betrachteten Mehrkörpersystemen mit flexiblen Körpern nicht mehr möglich ist. Es ist zweckmäßig, die Elemente der Verbindungen in zwei Klassen einzuteilen, in Kraftelemente (Federn, Dämpfer, Stellmotoren, etc.), mit denen die zwischen den Körpern wirksamen eingeprägten Kräfte modelliert werden und in Gelenke, z. B. Lager, Koppelstangen oder Kardangelenke. Sie schränken die Relativbewegungen der Körper ein und resultieren in unbekannten Zwangskräften.

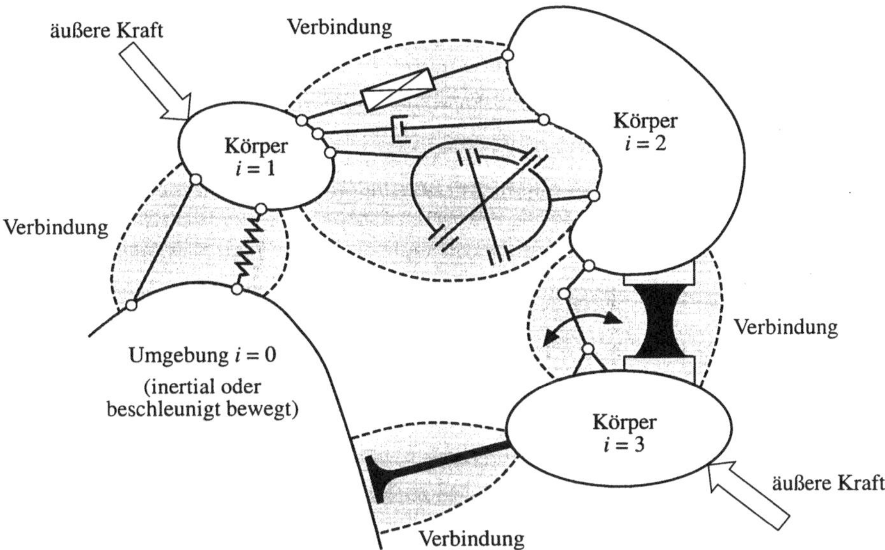

Bild 3-4: Modellvorstellung Mehrkörpersystem mit starren Körpern.

Die Angabe von Lage und Orientierung eines einzelnen, freien, starren Körpers erfordert sechs Variable. Bei Mehrkörpersystemen aus $i = 1, 2, \ldots n$ starren Körpern benötigt man somit $n_z = 6n$ Variable $\mathbf{z}(t)$. Wenn die Bewegung des in der Umgebung $i = 0$ festen Koordinatensystems $\{O^0, \underline{e}^0\}$ bezüglich eines Inertialsystems bekannt ist (der Fall des kinematischen Bezugssystems aus [21]), kann man als Variable $\mathbf{z}(t)$ Größen wählen, die den Ort $\mathbf{r}^{i0}(t)$ und die Orientierung $\mathbf{A}^{i0}(t)$ von körperfesten Koordinatensystemen $\{O^i, \underline{e}^i\}$ relativ zu $\{O^0, \underline{e}^0\}$ beschreiben. Mit den Lagevariablen $\mathbf{z}(t)$ kann man in Analogie zu (3.5) und (3.6) den Ort $\mathbf{r}(\mathbf{R}, t)$ eines jeden Punkts $\mathbf{R}$ des Mehrkörpersystems in $\{O^0, \underline{e}^0\}$ angeben durch Funktionen f_α, die von $\mathbf{R}$ und $\mathbf{z}(t)$ abhängen, also

$$\mathbf{r}(\mathbf{R}, t) = \mathbf{f}(\mathbf{R}, \mathbf{z}(t)), \quad \mathbf{f} = [f_\alpha], \quad \mathbf{z}(t) = [z_j(t)], \quad j = 1, 2, \ldots n_z, \quad n_z = 6n. \tag{3.12}$$

Infolge der Einschränkungen der Bewegungen der Körper durch die Gelenke hat das Mehrkörpersystem aber nur $n_y < n_z$ Freiheitsgrade. Daher reicht ein reduzierter Satz von n_y Lagezustandsgrößen

$$\mathbf{y}(t) = \left[y_j(t) \right], \quad j = 1, 2, \dots n_y \tag{3.13}$$

zur Angabe von Ort und Orientierung der Körper aus. Die $n_z = 6n$ Lagevariablen $\mathbf{z}(t)$ können durch die n_y Lagezustandsgrößen $\mathbf{y}(t)$ dargestellt werden in der Form

$$\mathbf{z}(t) = \mathbf{z}\big(\mathbf{y}(t), t\big). \tag{3.14}$$

Dies sind die expliziten Zwangsgleichungen für ein Mehrkörpersystem aus starren Körpern, wenn man von einer Darstellung der Bewegungen der einzelnen Körper gemäß (3.5) ausgeht und die Bewegungen $\mathbf{r}^{i0}(t)$ und $\mathbf{A}^{i0}(t)$ der n starren Körper durch die $n_z = 6n$ Variablen $\mathbf{z}(t)$ ausdrückt. Einzelheiten zur Formulierung der Zwangsgleichungen (3.14) unter Verwendung von in Gelenkbibliotheken abgelegten Daten und unter Berücksichtigung der aus geschlossenen, kinematischen Schleifen resultierenden Verträglichkeitsbedingungen für die Bewegungen der Körper des Systems finden sich in [21, 32]. Alternativen, die sich bei Verwendung anderer Koordinaten anbieten, sind in [12, 14, 15, 17, 18, 22, 23, 25, 34] angegeben.

3.1.2 Klassifikation der Zwangsgleichungen

Zwangsgleichungen mechanischer Systeme können nach vielen Gesichtspunkten klassifiziert werden. Hier werden explizite und implizite sowie rheonome und skleronome Zwangsgleichungen für Lage und Geschwindigkeit unterschieden.

Rheonome und skleronome Zwangsgleichungen

Falls die Zeit t, wie in (3.2), explizit vorkommt, spricht man von *rheonomen* Zwangsgleichungen oder Bindungen – von der Zeit unabhängige Bindungen heißen *skleronom*, vgl. [13], S. 216. Rheonome Bindungen erfassen nicht gesperrte, aber a priori bekannte Systembewegungen. Die Unterscheidung rheonomer und skleronomer Bindungen wird insbesondere bei der Erläuterung virtueller Verschiebungen benötigt.

Implizite und explizite Zwangsgleichungen

In (3.4), (3.5) mit (3.6), (3.11) sowie (3.12) mit (3.14) werden die redundaten Koordinaten $\mathbf{r}(\mathbf{R}, t)$ durch zuvor gewählte Lagezustandsgrößen $\mathbf{y}$ ausgedrückt. Solche Zwangsgleichungen der Form (3.2) heißen *explizit*. Sie zeigen, wie man die redundaten Koordinaten $\mathbf{r}(\mathbf{R}, t)$ aus einem Minimalsatz von Variablen $\mathbf{y}$, den Lagezustandsgrößen, erhält. Man kann die Einschränkung von Bewegungen aber auch beschreiben, ohne sich auf bestimmte Lagezustandsgrößen festzulegen. In dieser Form angegebene Bindungsgleichungen nennt man *implizit*. Sie haben die allgemeine Form

$$\mathbf{g}(\mathbf{r}, t) = \mathbf{0}, \tag{3.15}$$

wo $\mathbf{g} \equiv \mathbf{0}$ für beliebige $\mathbf{y}(\mathbf{R}^y, t)$ bzw. $\mathbf{y}(t)$, wenn $\mathbf{r}(\mathbf{R}, t)$ gemäß (3.4), (3.5) mit (3.6) und (3.11) eingesetzt wird. Die den expliziten Zwangsgleichungen (3.14) bei Systemen starrer Körper entsprechenden, impliziten Zwangsgleichungen haben die allgemeine Form

$$\mathbf{g}(\mathbf{z}, t) = \mathbf{0}, \quad \mathbf{g} = \begin{bmatrix} g_j \end{bmatrix}, \quad j = 1, 2, \dots n_c, \quad n_c = n_z - n_y. \tag{3.16}$$

Dabei sind $\mathbf{z} = \mathbf{z}(t)$ die zur Beschreibung der Bewegungen der starren Körper eingeführten Koordinaten aus (3.12).

Die Unterscheidung expliziter und impliziter Zwangsgleichungen wird beispielsweise erforderlich bei der formalen Herleitung der Bewegungsgleichungen von Mehrkörpersystemen mit Hilfe von Daten aus Gelenkbibliotheken – vgl. z. B. [21, 24].

Zwangsgleichungen für die Geschwindigkeiten

Neben den Lagevariablen $\mathbf{r}(\mathbf{R}, t)$ sind die Geschwindigkeiten $\dot{\mathbf{r}}(\mathbf{R}, t)$ bei ungebundenen Bewegungen Zustandsgrößen – erst die Beschleunigungen $\ddot{\mathbf{r}}(\mathbf{R}, t)$ lassen sich nach dem Grundgesetz (2.225) durch die von Lage und Geschwindigkeit abhängigen Kräfte ausdrücken. Bei gebundenen Systemen benötigt man demnach neben den bisher erläuterten Zwangsgleichungen für die Lagevariablen auch noch die Zwangsgleichungen für die Geschwindigkeiten $\dot{\mathbf{r}}(\mathbf{R}, t)$. Sie ergeben sich bei *holonomen Bindungen* durch Ableitung der Zwangsgleichungen für die Lagevariablen nach der Zeit. Mit $\dot{\mathbf{r}}$ gemäß (2.216) erhält man aus (3.2)

$$\dot{\mathbf{r}} = \frac{\partial \mathbf{r}}{\partial \mathbf{y}} \dot{\mathbf{y}} + \frac{\partial \mathbf{r}}{\partial t}, \quad \frac{\partial \mathbf{r}}{\partial t} = \begin{bmatrix} \frac{\partial r_\alpha}{\partial t} \end{bmatrix}, \quad \dot{\mathbf{y}} = \begin{bmatrix} \dot{y}_j \end{bmatrix}, \quad j = 1, 2, \dots n_y \tag{3.17}$$

mit der zu den Funktionen (3.2) gehörenden $3 \times n_y$-Jacobimatrix

$$\boldsymbol{\varphi} = \frac{\partial \mathbf{r}}{\partial \mathbf{y}} = \begin{bmatrix} \frac{\partial r_\alpha}{\partial y_j} \end{bmatrix} \quad \text{wo} \quad \alpha = 1, 2, 3, \quad j = 1, 2, \dots n_y. \tag{3.18}$$

Nichtholonome Bindungen resultieren in zusätzlichen, nicht integrierbaren Zwangsgleichungen für die Geschwindigkeiten. In rein mechanischen Systemen sind nur in den Geschwindigkeiten lineare, nichtholonome Bindungen bekannt, [13], S. 365. Nichtholonome Bindungen erzwingen eine Unterscheidung von Lage- und Geschwindigkeitsfreiheitsgraden – vgl. z. B. [21], S. 96 – und $\boldsymbol{\varphi}$ ist in solchen Fällen keine Jacobimatrix, also eine Matrix mit integrierbaren, partiellen Ableitungen von Funktionen $\mathbf{r}$. Einfachheitshalber werden hier nur holonome Bindungen betrachtet.

Für Mehrkörpersysteme aus starren Körpern erhält man insbesondere aus (3.14)

$$\dot{\mathbf{z}} = \frac{\partial \mathbf{z}}{\partial \mathbf{y}} \dot{\mathbf{y}} + \frac{\partial \mathbf{z}}{\partial t} = \boldsymbol{\varphi}\, \dot{\mathbf{y}} + \overline{\boldsymbol{\chi}}, \quad \dot{\mathbf{y}} = \begin{bmatrix} \dot{y}_j \end{bmatrix}, \quad j = 1, 2, \dots n_y \tag{3.19}$$

mit der speziellen $n_z \times n_y$-Jacobimatrix

$$\boldsymbol{\varphi} = \frac{\partial \mathbf{z}}{\partial \mathbf{y}} = \left[\frac{\partial z_i}{\partial y_j}\right] \quad \text{wo} \quad i = 1, 2, \ldots n_z, \quad j = 1, 2, \ldots n_y \tag{3.20}$$

und mit den vorgegebenen Geschwindigkeiten

$$\overline{\boldsymbol{\chi}} = \overline{\boldsymbol{\chi}}(t) = \frac{\partial \mathbf{z}}{\partial t} = \left[\frac{\partial z_i}{\partial t}\right], \quad i = 1, 2, \ldots n_z, \tag{3.21}$$

die nur bei rheonomen Bindungen nicht identisch verschwinden.

Die Gleichungen (3.17) und (3.19) sind die *expliziten Zwangsgleichungen für die Geschwindigkeiten* allgemeiner Modelle der technischen Mechanik und speziell der Mehrkörpersysteme aus starren Körpern. Die Gleichungen zeigen, wie sich die redundanten Geschwindigkeitskoordinaten $\dot{\mathbf{r}}$ und $\dot{\mathbf{z}}$ aus den zur Angabe der Geschwindigkeit gewählten Zustandsgrößen $\dot{\mathbf{y}}$ errechnen.

Die *impliziten Zwangsgleichungen für die Geschwindigkeiten* erhält man in entsprechender Weise durch Ableitung von (3.15) nach der Zeit, also

$$\frac{\partial \mathbf{g}}{\partial \mathbf{r}} \dot{\mathbf{r}} + \frac{\partial \mathbf{g}}{\partial t} = \mathbf{0}. \tag{3.22}$$

Die (durch Gelenke bedingten) impliziten Zwangsgleichungen werden in manchen Formalismen für Mehrkörpersysteme zur Herleitung von Schleifenschließungsbedingungen – vgl. Kap. 6.5.4 – benötigt. Die Gleichungen haben dann die aus (3.16) folgende, spezielle Form

$$\overline{\boldsymbol{\psi}}^T \dot{\mathbf{z}} = \dot{\overline{\mathbf{y}}} \tag{3.23}$$

mit der $n_c \times n_z$-Matrix

$$\overline{\boldsymbol{\psi}}^T = \frac{\partial \mathbf{g}}{\partial \mathbf{z}} = \left[\frac{\partial g_i}{\partial z_j}\right] \quad \text{wo} \quad i = 1, 2, \ldots n_c, \quad j = 1, 2, \ldots n_z \tag{3.24}$$

und den nur bei rheonomen Bindungen von Null verschiedenen rechten Seiten

$$\dot{\overline{\mathbf{y}}} = \dot{\overline{\mathbf{y}}}(t) = -\frac{\partial \mathbf{g}}{\partial t} = -\left[\frac{\partial g_j}{\partial t}\right], \quad j = 1, 2, \ldots n_c. \tag{3.25}$$

Die n_c Elemente von $\dot{\overline{\mathbf{y}}}$ sind bekannte Geschwindigkeiten. Sie ergeben sich nach (3.23) bei Projektion der n_z redundanten Geschwindigkeiten aus $\dot{\mathbf{z}}$ auf die n_c Spalten von $\overline{\boldsymbol{\psi}}$.

Die Elemente von $\overline{\boldsymbol{\psi}}$ aus (3.23) sind i. a. nichtlineare Funktionen der Lagevariablen $\mathbf{z}$, aber die Gleichung ist linear in den Geschwindigkeiten $\dot{\mathbf{z}}$. Zur Analyse der Bindungsgleichungen für die Geschwindigkeiten kann man daher Methoden der linearen Algebra einsetzen, [21], S.

97: Die Zwangsgleichungen (3.23) sind ein unvollständiges System von n_c linearen Gleichungen für die $n_z > n_c$ unbekannten Geschwindigkeiten $\dot{z}$. Die Lösungen von (3.23) lassen sich gemäß (3.19) mit $n_y = n_z - n_c$ freien Parametern darstellen, den aus den Zwangsgleichungen (3.23) nicht bestimmbaren Zustandsgrößen $\dot{y}$ zur Angabe der Geschwindigkeiten. Insbesondere ist $\dot{z} = \varphi\,\dot{y}$ die Lösung der homogenen Gleichung $\overline{\psi}^T\dot{z} = 0$, also $\overline{\psi}^T\varphi\,\dot{y} = 0$. Da die Elemente von $\dot{y}$ frei wählbare Größen sind, folgt

$$\overline{\psi}^T\varphi = 0. \tag{3.26}$$

Die n_z Elemente der Matrix $\overline{\chi}(t)$ aus (3.19) und (3.21) geben eine Partikularlösung der linearen Gleichungen (3.23) zur rechten Seite $\dot{\overline{y}}(t)$ an, also

$$\overline{\psi}^T\overline{\chi} = \dot{\overline{y}}. \tag{3.27}$$

Die Gleichung zeigt, wie sich die n_z redundanten, bekannten Systembewegungen $\overline{\chi}(t)$ durch einen Minimalsatz von n_c bekannten Bewegungen $\dot{\overline{y}}(t)$ ausdrücken lassen.

Nach (3.26) sind die Matrizen $\overline{\psi}$ und φ orthogonal. Die $n_c + n_y = n_z$ Spalten der Matrizen $\overline{\psi}$ und φ spannen zwei getrennte Unterräume des n_z-dimensionalen Vektorraums auf, den n_c-dimensionalen Raum mit den durch die Bindungen gegebenen Bewegungen $\dot{\overline{y}}(t)$ (Spalten von $\overline{\psi}$) und den n_y-dimensionalen Raum der freien Bewegungen $\dot{y}(t)$ (Spalten von φ). Die freien Bewegungen können aus den Zwangsgleichungen (3.23), d. h. aus kinematischen Beziehungen, nicht ermittelt werden – zu ihrer Bestimmung werden die dynamischen Gleichungen benötigt. Die Interpretation der Zwangsgleichungen für die Geschwindigkeiten in linearen Vektorräumen wird in Kap. 6.2.3 weiter vertieft und zur Angabe der zu Gelenken gehörenden Bindungsgleichungen verwendet.

3.1.3 Virtuelle Verschiebungen und virtuelle Geschwindigkeiten

Die Definition virtueller Verschiebungen ist von zentraler Bedeutung für die Formulierung der Bewegungsgleichungen gebundener, mechanischer Systeme. Ergänzende Angaben zu den folgenden Erläuterungen finden sich in [11], S. 20, [16], S. 53, [19], S. 128 und [2], S. 38, [13], S. 66, 216, 236, [4], S. 62, 144.

Die expliziten Zwangsgleichungen haben für die Modelle der technischen Dynamik die allgemeine Form (3.2). Eine infinitesimale Änderung des Orts eines repräsentativen Punkts P eines solchen Systems ist gegeben durch das vollständige Differential

$$\mathbf{dr} = \frac{\partial\mathbf{r}}{\partial\mathbf{y}}\mathbf{dy} + \frac{\partial\mathbf{r}}{\partial t}dt, \quad \mathbf{dr} = \left[dr_\alpha\right], \quad \mathbf{dy} = \left[dy_i\right], \quad i = 1, 2, \ldots n_y \tag{3.28}$$

mit den aus (3.18) und (3.17) bekannten Matrizen $\varphi = \partial\mathbf{r}/\partial\mathbf{y}$ und $\partial\mathbf{r}/\partial t$. Die Größen $\mathbf{dr}$ aus (3.28) sind die zu den Änderungen $\mathbf{dy}$ und dt von $\mathbf{y}$ und t gehörenden infinitesimalen Änderungen von $\mathbf{r}$. Mit anderen Worten: $\mathbf{dr}$ gibt diejenige Änderung von $\mathbf{r}$ im Tangentialraum an, die aus einer Änderung von **y** und t in **y** + **dy** und $t + dt$ resultiert. Für hinreichend kleine **dy** und dt ist **r**$(\mathbf{y}, t)$ + **dr** eine Näherung, die lineare Näherung für **r**$(\mathbf{y} + \mathbf{dy}, t + dt)$.

Man bezeichnet **dr** als *wirkliche, infinitesimale Verschiebung* von P. Sie ist in Bild 3-5 für eine Koordinate r_α von **r** veranschaulicht, wobei angenommen wird, daß alle r_α von nur einer Variablen $y(t)$ und von der Zeit t abhängen. Da die Funktionen **r**$(\mathbf{y}, t)$ aus (3.2) die Bewegung des mechanischen Systems angeben, erfüllen hinreichend kleine Verschiebungen **dr** neben den Zwangsgleichungen auch die Bewegungsgleichungen – die wirklichen, infinitesimalen Verschiebungen **dr** sind nach den Gesetzen der Mechanik mögliche Verschiebungen. Mit **r** + **dr** repräsentieren sie zu einer Konfiguration **r** des Systems (vgl. Bild 2-1) benachbarte, mit allen Systemgleichungen, d. h. mit den kinematischen Bedingungen *und* mit den Gesetzen der Dynamik verträgliche Konfigurationen. Zur Ermittlung der realen, infinitesimalen Verschiebungen **dr** werden nach (3.28) sowohl die durch **y** beschriebene Lage wie auch die Zeit t variiert.

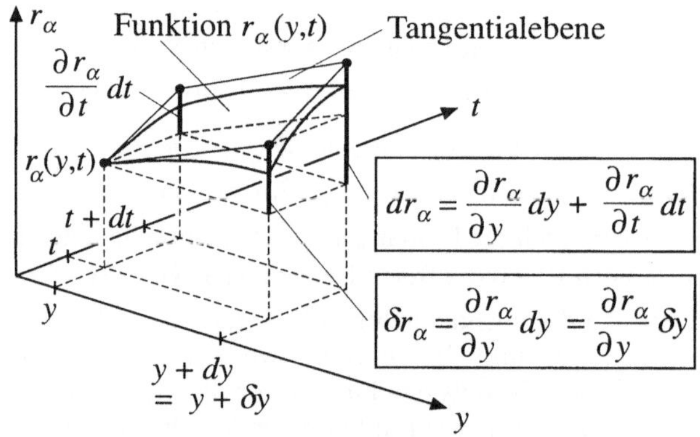

Bild 3-5: Infinitesimale und virtuelle Verschiebungen bei einem durch die Zwangsgleichungen (3.2) gebundenen System. Erstere sind Näherungen für kleine, reale Verschiebungen.

Eine *virtuelle Verschiebung* **δr** von P muß dagegen *nur* den kinematischen Bedingungen genügen, denen die Lage eines Punkts unterworfen ist, wobei eine eventuell vorhandene, explizite Abhängigkeit der Zwangsgleichungen von der Zeit unberücksichtigt bleibt, [13], S. 216. Die durch **r** + **δr** repräsentierte Lage kann, im Unterschied zu **r** + **dr**, die Gesetze der Dynamik verletzen. Man erhält **δr**, indem man vollständige Differentiale bei festgehaltener Zeit bildet: "Virtuelle Verschiebungen erfolgen in der Zeit $dt = 0$". Bei einem mechanischen System, dessen Bewegungen Zwangsbedingungen der Form (3.2) unterworfen sind, gilt demnach für die virtuellen Verschiebungen

$$\boldsymbol{\delta r} = \frac{\partial \mathbf{r}}{\partial \mathbf{y}}\,\boldsymbol{\delta y} = \boldsymbol{\varphi}\,\boldsymbol{\delta y}, \quad \boldsymbol{\delta r} = \left[\delta r_\alpha\right], \quad \boldsymbol{\delta y} = \left[\delta y_i\right], \quad i = 1, 2, \dots n_y. \tag{3.29}$$

Für das in Bild 3-5 betrachtete Beispiel einer Bewegung $r_\alpha = r_\alpha(y, t)$ ist neben dr_α auch die virtuelle Verschiebung δr_α veranschaulicht. Sie ist die aus einer Änderung $dy = \delta y$ von y bei festgehaltener Zeit ($dt = \delta t = 0$) resultierende, infinitesimale Änderung von r_α. Bei skleronomen Bindungen kommt die Zeit t in (3.2) nicht explizite vor. Demnach gilt dann in (3.28)

$\partial \mathbf{r}/\partial t \equiv 0$ und die virtuellen Verschiebungen $\boldsymbol{\delta r}$ stimmen in diesem Fall mit den realen, infinitesimalen Verschiebungen $\mathbf{dr}$ überein. Das bedeutet aber nicht, daß virtuelle Verschiebungen "unendlich klein" sein müssen – vgl. auch Anmerkungen am Schluß von Abschnitt 3.1.4.

Für die Verschiebungen $\mathbf{u}(\mathbf{R}, t)$ gilt (2.10), also $\mathbf{r}(\mathbf{R}, t) = \mathbf{R} + \mathbf{u}(\mathbf{R}, t)$. Die Ableitung dieser Gleichung nach der Zeit liefert, da sich $\mathbf{R}$ für einen bestimmten Punkt P in Abhängigkeit von der Zeit t nicht ändert, $\mathbf{du} = \mathbf{dr}$ und somit auch

$$\boldsymbol{\delta u} = \boldsymbol{\delta r} \quad \text{wo} \quad \boldsymbol{\delta u} = \left[\delta u_\alpha \right]. \tag{3.30}$$

Kinematische Bedingungen für die Bewegungen eines Kontinuums sind auch die kinematischen Randbedingungen (2.231) und (2.232) auf dem Teil A_u seiner Oberfläche. Da virtuelle Verschiebungen mit allen kinematischen Bedingungen verträglich sein sollen, muß neben $\mathbf{u}$ auch $\mathbf{u} + \boldsymbol{\delta u}$ den Bedingungen (2.231) genügen, d. h. aber $\boldsymbol{\delta u} = \mathbf{0}$ und wegen (3.30) auch $\boldsymbol{\delta r} = \mathbf{0}$ für alle Punkte auf A_u, also

$$\boldsymbol{\delta u}(\mathbf{R}, t) = \mathbf{0} \quad \text{und} \quad \boldsymbol{\delta r}(\mathbf{R}, t) = \mathbf{0} \quad \text{für alle } \mathbf{R} \text{ auf } A_u. \tag{3.31}$$

In der gleichen Weise erhält man aus (2.232) die Bedingungen für die partiellen Ableitungen $\delta u_{\alpha,\beta}(\mathbf{R}, t) = \partial\left(\delta u_\alpha(\mathbf{R}, t)\right)/\partial R_\beta$ der virtuellen Verschiebungen $\delta u_\alpha(\mathbf{R}, t)$ auf dem Rand A_u.

Die Gleichungen (3.29) und (3.31), denen virtuelle Verschiebungen definitionsgemäß genügen müssen, werden unten zur Formulierung der eingangs erwähnten Prinzipe der Mechanik benötigt.

Die obigen Definitionen virtueller Verschiebungen gehen von den expliziten Zwangsgleichungen (3.2) aus. Die Analyse von Mehrkörpersystemen erfordert auch die impliziten Zwangsgleichungen der Form (3.16). Da partielle Ableitungen nach der Zeit bei der Ermittlung virtueller Verschiebungen unberücksichtigt bleiben, genügen die $\boldsymbol{\delta z}$ den n_c Gleichungen

$$\frac{\partial \mathbf{g}}{\partial \mathbf{z}} \boldsymbol{\delta z} = \overline{\boldsymbol{\psi}}^T \boldsymbol{\delta z} = 0 \quad \text{wo} \quad \boldsymbol{\delta z} = \left[\delta z_j \right], \quad j = 1, 2, \ldots n_z \tag{3.32}$$

mit der aus (3.24) bekannten $n_c \times n_z$-Matrix $\overline{\boldsymbol{\psi}}^T$.

Die zu den impliziten Zwangsgleichungen (3.16) gehörenden, expliziten Zwangsgleichungen sind durch (3.14) gegeben. Damit gilt für die virtuellen Verschiebungen aus (3.32) auch

$$\boldsymbol{\delta z} = \frac{\partial \mathbf{z}}{\partial \mathbf{y}} \boldsymbol{\delta y} = \boldsymbol{\varphi}\, \boldsymbol{\delta y} \quad \text{wo} \quad \boldsymbol{\delta y} = \left[\delta y_j \right], \quad j = 1, 2, \ldots n_y \tag{3.33}$$

mit der $n_z \times n_y$-Jacobimatrix $\boldsymbol{\varphi}$ aus (3.20).

Die n_z virtuellen Verschiebungen $\boldsymbol{\delta z}$ sind redundant – sie genügen den Gleichungen (3.32) und sie können mit (3.33) durch die voneinander unabhängigen n_y virtuellen Verschiebungen $\boldsymbol{\delta y}$ ausgedrückt werden.

Die Formulierung des Jourdainschen Prinzips erfordert den Begriff virtueller Geschwindig-
keiten. Die den Geschwindigkeitsvariablen $\dot{\mathbf{z}}$ und $\dot{\mathbf{y}}$ entsprechenden virtuellen Geschwindigkeiten sind

$$\delta\dot{\mathbf{z}} = \left[\delta\dot{z}_i\right], \quad i = 1, 2, \ldots n_z \quad \text{und} \quad \delta\dot{\mathbf{y}} = \left[\delta\dot{y}_j\right], \quad j = 1, 2, \ldots n_y. \tag{3.34}$$

Wenn die Geschwindigkeitsvariablen $\dot{\mathbf{r}}$, $\dot{\mathbf{z}}$ und $\dot{\mathbf{y}}$ den Gleichungen (3.17), (3.19) und (3.23)
genügen, so erfüllen die entsprechenden virtuellen Geschwindigkeiten

$$\delta\dot{\mathbf{r}} = \frac{\partial\mathbf{r}}{\partial\mathbf{y}}\,\delta\dot{\mathbf{y}} = \boldsymbol{\varphi}\,\delta\dot{\mathbf{y}}, \quad \delta\dot{\mathbf{z}} = \frac{\partial\mathbf{z}}{\partial\mathbf{y}}\,\delta\dot{\mathbf{y}} = \boldsymbol{\varphi}\,\delta\dot{\mathbf{y}} \quad \text{und} \quad \overline{\boldsymbol{\psi}}^{T}\,\delta\dot{\mathbf{z}} = \mathbf{0}. \tag{3.35}$$

Wie bei den virtuellen Verschiebungen entfallen bei Ermittlung der Gleichungen für die virtuellen Geschwindigkeiten die partiellen Ableitungen nach der Zeit – die virtuellen Geschwin-
digkeiten resultieren aus Änderungen der Geschwindigkeitsvariablen – hier $\dot{\mathbf{z}}$ und $\dot{\mathbf{y}}$ – allein.

3.1.4 Variation eines Funktionals

Zur Formulierung des Hamiltonschen Prinzips benötigt man den Begriff der Variation einer
Bewegung, allgemeiner eines Funktionals. Die Bewegung eines Punkts P eines mechanischen
Systems, wird beschrieben durch die Funktionen $\mathbf{r} = \mathbf{r}(\mathbf{R}, t)$. Eine den Gesetzen der Dynamik
genügende Bahn von P zwischen den Zeitpunkten t_0 und t_1, in denen sich P in P_0 und P_1
befindet, ist in Bild 3-6 als wirkliche Bahn $\underline{r}(\mathbf{R},t)$ bezeichnet. Daneben zeigt Bild 3-6 eine
variierte Bahn $\hat{\underline{r}}(\mathbf{R},t)$. Auf ihr genügt die Bewegung des Punkts nicht notwendigerweise den
Gesetzen der Mechanik. Punkte $\hat{P}(t)$ auf der variierten Bahn werden Punkten $P(t)$ auf der
wirklichen Bahn durch Vektoren $\underline{\delta r}$ in eindeutiger Weise zugeordnet durch zwei Forderungen:
Erstens sollen einander entsprechende Punkte zur gleichen Zeit t gehören – die Verschiebung
von Punkten auf der wirklichen Bahn in Punkte auf der variierten Bahn soll in der Zeit $\delta t = 0$
erfolgen. *Zweitens* sollen die Verschiebungen $\underline{\delta r}$ mit den Bindungen des Systems verträglich
sein. Mit den genannten Forderungen entsprechen die Koordinaten $\boldsymbol{\delta r}$ von $\underline{\delta r}$ in der Basis $\underline{\mathbf{e}}$
den in Abschnitt 3.1.3 erläuterten virtuellen Verschiebungen:

$$\boldsymbol{\delta r}(\mathbf{R}, t) = \hat{\mathbf{r}}(\mathbf{R}, t) - \mathbf{r}(\mathbf{R}, t) \quad \text{mit} \quad \delta t = 0. \tag{3.36}$$

Zur Vermeidung von Fehlinterpretationen sei angemerkt, daß die variierte Bahn im Gegensatz
zur wirklichen Bahn und zu den virtuellen Verschiebungen die Bindungsgleichungen nur dann
erfüllt, wenn diese holonom sind – vgl. [4], S. 153.

Weiter wird, wie in Bild 3-6 dargestellt, noch gefordert, daß die wirkliche und die variierte
Bahn in P_0 und P_1 zusammenfallen, also

$$\boldsymbol{\delta r}(\mathbf{R}, t_0) = \boldsymbol{\delta r}(\mathbf{R}, t_1) = \mathbf{0}. \tag{3.37}$$

Wegen (3.36) gilt für die Geschwindigkeitskoordinaten $\mathbf{v}$ und $\hat{\mathbf{v}}$ der Punkte P und $\hat{P}$

$$\hat{\mathbf{v}} - \mathbf{v} = \frac{d\hat{\mathbf{r}}}{dt} - \frac{d\mathbf{r}}{dt} = \frac{d}{dt}(\delta\mathbf{r}). \tag{3.38}$$

Die zeitliche Ableitung der virtuellen Verschiebung $\delta\mathbf{r}$ entspricht somit der Differenz der Geschwindigkeiten auf der wahren und der variierten Bahn. Faßt man δ bzw. $\boldsymbol{\delta}$ als Operatoren auf, die zur wirklichen und zur variierten Bewegung gehörende Größen einander nach den Vorschriften (3.36) und (3.37) zuordnen, so kann man (3.38) auch in der Form

$$\frac{d}{dt}(\delta\mathbf{r}) = \delta\mathbf{v} = \delta\left(\frac{d\mathbf{r}}{dt}\right) = \delta\dot{\mathbf{r}} \tag{3.39}$$

schreiben. Die Operationen d und δ dürfen demnach vertauscht werden – vgl. [4], S. 152.

Nach diesen Vorbereitungen kann der Begriff der Variation eines Funktionals einfach definiert werden. Es sei

$$\Phi = \Phi(\mathbf{r}, \mathbf{v}, t) \tag{3.40}$$

eine Funktion der zur Beschreibung der Bewegung von P verwendeten Größen $\mathbf{r}(\mathbf{R}, t)$ und $\mathbf{v}(\mathbf{R}, t)$. Φ ist demnach eine Funktion von Funktionen, d. h. eine Funktionenfunktion, [6], Bd. I, S. 142 oder ein Funktional, [5], S. 219. Die Differenz der Φ-Werte auf der wirklichen und der variierten Bahn ist

$$\Phi\left(\mathbf{r} + \delta\mathbf{r}, \frac{d}{dt}(\mathbf{r} + \delta\mathbf{r}), t\right) - \Phi\left(\mathbf{r}, \frac{d\mathbf{r}}{dt}, t\right) = \Phi(\mathbf{r} + \delta\mathbf{r}, \mathbf{v} + \delta\mathbf{v}), t) - \Phi(\mathbf{r}, \mathbf{v}, t). \tag{3.41}$$

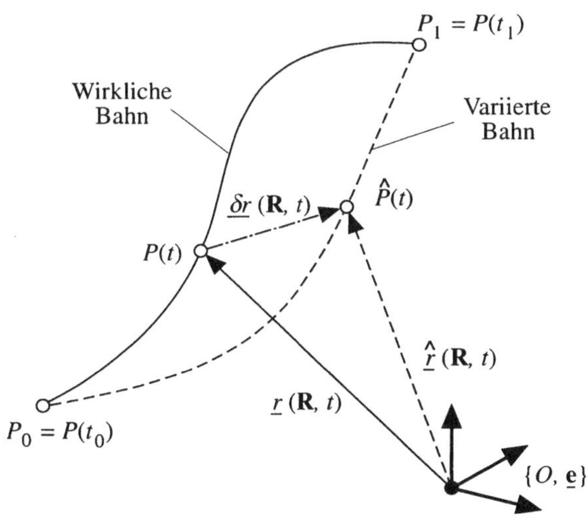

Bild 3-6: Variation der Bahn eines repräsentativen Punkts P eines mechanischen Systems. Die Vektoren $\underline{r}$, $\hat{\underline{r}}$ und δr werden in der Basis $\underline{\mathbf{e}}$ des Bezugssystems durch ihre Koordinaten $\mathbf{r}$, $\hat{\mathbf{r}}$ und $\delta\mathbf{r}$ dargestellt.

Den ersten Term in (3.41) kann man unter Beachtung von (3.39) in eine Taylorreihe nach Potenzen von $\boldsymbol{\delta r}$ und $\boldsymbol{\delta v}$ entwickeln. Die sich aus dieser Reihe ergebende lineare Näherung für die Differenz (3.41), also

$$\delta\Phi = \sum_\alpha \left(\frac{\partial\Phi}{\partial r_\alpha}\,\delta r_\alpha + \frac{\partial\Phi}{\partial v_\alpha}\,\delta v_\alpha \right) \tag{3.42}$$

bezeichnet man als Variation des Funktionals Φ. Sie entspricht dem vollständigen Differential $d\Phi$ von Φ, wenn man $dt = \delta t = 0$ setzt. Variationen von Funktionalen werden demzufolge wie virtuelle Verschiebungen und Geschwindigkeiten berechnet, indem man vollständige Differentiale bei festgehaltener Zeit bildet. Während die Berechnung virtueller Verschiebungen bzw. Geschwindigkeiten aber nur die Variation der Lage- bzw. der Geschwindigkeitskoordinaten *allein* erfordert, werden bei der Angabe der Variation eines Funktionals *alle* Zustandsgrößen, d. h. Orts- und Geschwindigkeitskoordinaten variiert.

Der Begriff der Variation eines Funktionals stammt aus der Variationsrechnung. Eine kurze Rekapitulation der Vorgehensweise zur Lösung von Variationsproblemen liefert eine Interpretation der oben eingeführten Begriffe der virtuellen Verschiebung und der Variation einer Funktion aus einem Blickwinkel, der den Unterschied der Begriffe – trotz Gleichheit der Rechenvorschrift zu ihrer Ermittlung – verdeutlicht. Der Integrand I eines Integrals Φ hänge von der Funktion $y = y(x, t)$ und von ihren partiellen Ableitungen y_t und y_x, y_{xx} nach t und x ab. Eines der einfachsten Variationsprobleme ist die Aufgabe, das Integral Φ durch geeignete Wahl von y zum Extremum zu machen, also

$$\Phi = \int_{t_0}^{t_1}\int_{x_0}^{x_1} I(x, t, y, y_t, y_x, y_{xx})\,dx\,dt = extr. \tag{3.43}$$

Auf Variationsprobleme dieser Form stößt man beispielsweise bei der Herleitung der Bewegungsgleichungen von Balken mit dem Hamiltonschen Prinzip – vgl. Kapitel 4.

Das Variationsproblem (3.43) kann durch eine "gewöhnliche" Extremwertaufgabe (eine Aufgabe zur Bestimmung des Extremwerts einer Funktion) ersetzt werden. Dazu nimmt man an, daß $y(x, t)$ eine Lösung des Variationsproblems sei, und führt eine einparametrige Schar von zulässigen Vergleichsfunktionen

$$\hat{y}(x, t) = y(x, t) + \varepsilon\,\eta(x, t) \tag{3.44}$$

mit dem Scharparameter ε ein. Das nun nur noch von ε abhängige Integral

$$\Phi = \Phi(\varepsilon) = \int_{t_0}^{t_1}\int_{x_0}^{x_1} I\big(x, t, y + \varepsilon\,\eta, y_t + \varepsilon\,\eta_t, y_x + \varepsilon\,\eta_x, y_{xx} + \varepsilon\,\eta_{xx}\big)\,dx\,dt \tag{3.45}$$

macht man durch Nullsetzen der Ableitung des Integrals nach ε zum Extremum. Als Ergebnis erhält man unter Verwendung des Fundamentallemmas der Variationsrechnung die zum Variationsproblem (3.43) gehörende (partielle) Eulersche Differentialgleichung – vgl. beispielsweise [7], S. 191 oder [6], Bd. I, S. 157 – zu

$$\frac{\partial I}{\partial y} - \frac{\partial}{\partial t}\left(\frac{\partial I}{\partial y_t}\right) - \frac{\partial}{\partial x}\left(\frac{\partial I}{\partial y_x}\right) + \frac{\partial^2}{\partial x^2}\left(\frac{\partial I}{\partial y_{xx}}\right) = 0 \ . \tag{3.46}$$

Außerdem findet man aus (3.45), daß die Bedingungen

$$\int_{x_0}^{x_1}\left[\frac{\partial I}{\partial y_t}\eta\right]_{t_0}^{t_1} dx + \int_{t_0}^{t_1}\left[\left(\frac{\partial I}{\partial y_t} - \frac{\partial}{\partial x}\left(\frac{\partial I}{\partial y_{xx}}\right)\right)\eta + \frac{\partial I}{\partial y_{xx}}\eta_x\right]_{x_0}^{x_1} dt = 0 \tag{3.47}$$

erfüllt sein müssen. Sie liefern bei Variationsproblemen mit "freien" Rändern die sog. *natürlichen* (bei mechanischen Problemen die *kinetischen*) Randbedingungen.

Als Variation der *Funktion* $y(x,t)$ bezeichnet man die Größe

$$\delta y(x,t) = \hat{y}(x, t) - y(x, t) = \varepsilon\,\eta(x, t). \tag{3.48}$$

Für die Variation eines *Funktionals* erhält man mit (3.48) folgende Interpretation: Bildet man die Variation $\delta\Phi$ des Funktionals Φ aus (3.43) nach der Vorschrift (3.42), so zeigt sich, daß $\delta\Phi$ übereinstimmt mit der Ableitung $d\Phi\,/\,d\varepsilon$ an der Stelle $\varepsilon = 0$ multipliziert mit $\varepsilon \neq 0$, also

$$\begin{aligned}\left(\frac{d\Phi(\varepsilon)}{d\varepsilon}\Bigg|_{\varepsilon=0}\right)\varepsilon &= \int_{t_0}^{t_1}\int_{x_0}^{x_1}\left(\frac{\partial I}{\partial y}\eta + \frac{\partial I}{\partial y_t}\eta_t + \frac{\partial I}{\partial y_x}\eta_x + \frac{\partial I}{\partial y_{xx}}\eta_{xx}\right) dx\,dt\ \varepsilon \\[2mm] &= \int_{t_0}^{t_1}\int_{x_0}^{x_1}\left(\frac{\partial I}{\partial y}\delta y + \frac{\partial I}{\partial y_t}\delta\dot{y} + \frac{\partial I}{\partial y_x}\delta y' + \frac{\partial I}{\partial y_{xx}}\delta y''\right) dx\,dt\ = \delta\Phi\end{aligned} \tag{3.49}$$

Bei Aufgabenstellungen der Dynamik ist die in (3.48) angegebene Variation δy der Funktion $y(x,t)$ eine virtuelle Verschiebung, ausgedrückt in einer (durch explizite Zwangsgleichungen der Form (3.2) definierten) Minimalkoordinate y. Der Zusammenhang zwischen virtuellen Verschiebungen $\delta\mathbf{y}$ in Minimalkoordinaten $\mathbf{y}$ und virtuellen Verschiebungen $\delta\mathbf{r}$ in den redundanten Koordinaten $\mathbf{r}$ ist durch (3.29) gegeben. Das Beispiel aus Gleichung (3.48) zeigt, daß die virtuellen Verschiebungen $\delta\mathbf{y}$ und $\delta\mathbf{r}$ keineswegs "unendlich klein" sein müssen, da die Größe des Parameters ε der einparametrigen Schar von Vergleichsfunktionen keinerlei Voraussetzungen unterliegt – vgl. auch [2], S. 41.

3.2 Die Prinzipe von d'Alembert, Jourdain und Hamilton

Das d'Alembertsche Prinzip ist das bekannteste Differentialprinzip der Mechanik. In seiner ursprünglichen, von d'Alembert angegebenen Form besagt es, daß man ein dynamisches Problem formal auf ein statisches zurückführen kann, indem man zu den auf das System wirkenden, eingeprägten Kräften die sog. Trägheitskräfte, d. h. die mit den Massen multiplizierten, negativen Beschleunigungen addiert. Heute versteht man unter dem d'Alembertschen Prinzip die unten erläuterte Fassung, die auf Lagrange zurückgeht, [13], S. 219, [4], S. 145, und spricht demzufolge vom d'Alembertschen Prinzip in der Lagrangeschen Fassung. Das Jourdainsche Prinzip ist eine einfache Modifikation des Prinzips von d'Alembert, die sich oft einfacher handhaben läßt, insbesondere wenn man als Geschwindigkeitsvariable nicht die Ableitungen der Lagevariablen verwendet. Das Hamiltonsche Prinzip, ein Integralprinzip, ergibt sich durch eine einfache Umformung des Prinzips von d'Alembert.

3.2.1 Aussagen der Prinzipe

In Kapitel 2 wurden die Cauchyschen Bewegungsgleichungen für ein Kontinuum in materieller Darstellung angegeben. Die Bewegungen der Punkte des Kontinuums sind im gesamten Volumen in keinerlei Weise eingeschränkt. Auf der Oberfläche A müssen sie den kinematischen und kinetischen Randbedingungen genügen. Die in den angesprochenen Gleichungen vorkommenden Kräfte sind durchweg bekannte Funktionen des Bewegungszustands der Punkte und der Zeit, also eingeprägte Kräfte. Die Bewegungsgleichungen und Randbedingungen reichen zur Ermittlung der Bewegungen des Kontinuums und der in ihm wirksamen Kräfte aus. Wenn die Bewegungsmöglichkeiten der Punkte eines mechanischen Systems aber, wie in Abschnitt 3.1.1 erläutert, eingeschränkt sind, so kommen zu den bekannten, eingeprägten Kräften noch unbekannte Zwangskräfte hinzu. Zur vollständigen Beschreibung der Bewegung braucht man dann noch Angaben über die zusätzlichen Unbekannten. Sie werden von den Prinzipen der Mechanik geliefert.

Das d'Alembertsche Prinzip macht Aussagen über die von den Kräften am System geleistete virtuelle Arbeit. Die an einem Kontinuum ohne Bewegungseinschränkungen wirksamen Kräfte sind einerseits die nach den Bewegungsgleichungen (2.226) im Gleichgewicht stehenden eingeprägten Kräfte und Trägheitskräfte und andererseits die in den dynamischen Randbedingungen (2.235) vorkommenden und im Gleichgewicht stehenden Kräfte. Multipliziert man alle Kräfte mit den virtuellen Verschiebungen $\delta\mathbf{r}$ der Punkte, an denen sie angreifen, so wird nach Integration über den gesamten Körper

$$\int_{V_0} \delta\mathbf{r}^T (-\rho_0\,\ddot{\mathbf{r}} + \mathbf{k}_0 + \mathbf{Div}\,\Sigma)\,dV_0 + \int_{A_0} \delta\mathbf{r}^T (\overline{\mathbf{p}}_0 - \Sigma^T\mathbf{n}_0)\,dA_0 \;=\; 0. \tag{3.50}$$

Beiträge aus den kinematischen Randbedingungen (2.231) kommen in (3.50) nicht vor, da die virtuellen Verschiebungen auf A_u gemäß (3.31) verschwinden. Nach (3.50) verschwindet die virtuelle Arbeit aller an den Punkten eines Kontinuums wirksamen Kräfte, eine Aussage die im d'Alembertschen Prinzip verallgemeinert wird.

Das Hamiltonsche Prinzip setzt bei der Frage an, wie sich die Bahnen der Punkte eines mechanischen Systems bei seiner Bewegung zwischen zwei Zuständen zu den Zeiten t_0 und t_1 von anderen, möglichen Bahnen unterscheiden. Die Frage führt auf ein Variationsproblem. Längs der Bahnen mechanischer Systeme wird die Lagrangefunktion, die Differenz aus kinetischer und potentieller Energie, stationär. Das Hamiltonsche Prinzip läßt sich durch Umformung des d'Alembertschen Prinzips gewinnen. Die Aussagen beider Prinzipe sind somit – zumindest für die hier betrachteten Modelle der technischen Dynamik – identisch.

3.2.2 Virtuelle Arbeit der durch Spannungen repräsentierten Kräfte

Geht man bei Erläuterung der Prinzipe von den Cauchyschen Bewegungsgleichungen aus, ist es zweckmäßig, die virtuelle Arbeit der durch die Spannungen $\boldsymbol{\Sigma}$ dargestellten Kräfte in (3.50), also die Terme $\delta\mathbf{r}^T\,\mathbf{Div}\,\boldsymbol{\Sigma}\,dV_0$ und $\delta\mathbf{r}^T\boldsymbol{\Sigma}^T\mathbf{n}_0\,dA_0$, durch das elastische Potential auszudrücken. Das Volumenintegral über die Divergenz (2.146) des Spannungstensors

$$\int_{V_0}\delta\mathbf{r}^T\,\mathbf{Div}\,\boldsymbol{\Sigma}\,dV_0 \;=\; \int_{V_0}\delta\mathbf{r}^T\,\sum_\alpha\left[\frac{\partial\Sigma_{\alpha\beta}}{\partial R_\alpha}\right]dV_0 \tag{3.51}$$

ist nach (2.218) die virtuelle Arbeit der durch die Spannungen an den Oberflächen der Volumenelemente dV eines Kontinuums repräsentierten Kräfte. Bei Ableitung des Produkts $\delta\mathbf{r}^T\Sigma_\alpha$ nach den Ortskoordinaten R_α und Summation über α findet man für die rechte Seite von (3.51):

$$\int_{V_0}\delta\mathbf{r}^T\,\mathbf{Div}\,\boldsymbol{\Sigma}\,dV_0 \;=\; \int_{V_0}\sum_\alpha\frac{\partial}{\partial R_\alpha}\left(\delta\mathbf{r}^T\Sigma_\alpha\right)dV_0 \;-\; \int_{V_0}\sum_\alpha\left(\frac{\partial\delta\mathbf{r}}{\partial R_\alpha}\right)^T\Sigma_\alpha\,dV_0. \tag{3.52}$$

Der erste Term auf der rechten Seite von (3.52) läßt sich mit dem Gaußschen Integralsatz – vgl. z. B. [8], S. 240 und S. 323 oder [10], S. 95 – umformen. Für eine Feldgröße $\mathbf{v}=\mathbf{v}(\mathbf{x})$, wo $\mathbf{v}=[v_\alpha]$, $\mathbf{x}=[x_\alpha]$ stellt der Satz eine Beziehung her zwischen dem Integral über ein Volumen V und einem Integral über die Oberfläche A des Volumens: Das Volumenintegral über die Divergenz des Vektorfeldes $\mathbf{v}(\mathbf{x})$ kann ersetzt werden durch den Fluß des Feldes durch die Randfläche A, also

$$\int_V\sum_\alpha\frac{\partial v_\alpha}{\partial x_\alpha}\,dV = \int_A\sum_\alpha v_\alpha\,dA_\alpha = \int_A\sum_\alpha v_\alpha\,n_\alpha\,dA. \tag{3.53}$$

Dabei sind $dA_\alpha = n_\alpha\,dA$ die drei Koordinaten eines Flächenelements $\underline{dA}=\underline{n}\,dA$ von A mit dem (normierten) Normalenvektor $\underline{n}$. Mit dem in (2.31) eingeführten Normalenvektor $\underline{n}_0$ des Flächenelements $\underline{dA}_0$ der Oberfläche des Kontinuums in der Referenzkonfiguration und nach Zusammenfassung der Spannungskoordinaten Σ_α im ersten Piolaschen Spannungstensor gemäß (2.145) erhält man aus (3.52) unter Verwendung von (3.53)

$$\int_{V_0}\delta\mathbf{r}^T\mathbf{Div}\,\boldsymbol{\Sigma}\,dV_0 = \int_{A_0}\delta\mathbf{r}^T\boldsymbol{\Sigma}^T\mathbf{n}_0\,dA_0 - \int_{V_0}\sum_\alpha\left(\frac{\partial\delta\mathbf{r}}{\partial R_\alpha}\right)^T\Sigma_\alpha\,dV_0. \tag{3.54}$$

Da $\delta\mathbf{r}$ nach (3.31) nur auf der Oberfläche A_p von Null verschieden ist, erstreckt sich die Integration in (3.54) nur über diesen Teil der Oberfläche in der Referenzkonfiguration.

Der zweite Term auf der rechten Seite von (3.54) kann weiter umgeformt werden. Mit (2.150) lassen sich die Elemente $\Sigma_{\alpha\beta}$ des ersten Piolaschen Spannungstensors durch die Elemente $S_{\alpha\beta}$ des symmetrischen, zweiten Piolaschen Spannungstensors ersetzen. Unter Beachtung der Eigenschaft (3.39) des Symbols δ, nach der $\partial(\delta...)/\partial R = \delta(\partial(...)/\partial R)$, wird mit (2.15)

$$\int_{V_0} \sum_{\alpha} \left(\frac{\partial \boldsymbol{\delta r}}{\partial R_\alpha}\right)^T \Sigma_\alpha \, dV_0 = \int_{V_0} \sum_{\alpha,\beta,\gamma} S_{\alpha\beta} F_{\gamma\beta} \delta\left(\frac{\partial r_\gamma}{\partial R_\alpha}\right) dV_0 = \int_{V_0} \sum_{\alpha,\beta,\gamma} S_{\alpha\beta} F_{\gamma\beta} \delta F_{\gamma\alpha} \, dV_0 . \tag{3.55}$$

Mit der Definition (2.60) des Greenschen Verzerrungstensors erkennt man unter Ausnutzung seiner Symmetrie

$$\begin{aligned} 2\,\boldsymbol{\delta G} &= 2\left[\delta G_{\alpha\beta}\right] = \boldsymbol{\delta F}^T \boldsymbol{F} + \boldsymbol{F}^T \boldsymbol{\delta F} \\[2mm] &= \left[\sum_\gamma \left(\delta F_{\gamma\alpha}\, F_{\gamma\beta} + F_{\gamma\alpha}\, \delta F_{\gamma\beta}\right)\right] = 2\left[\sum_\gamma F_{\gamma\beta}\, \delta F_{\gamma\alpha}\right]. \end{aligned} \tag{3.56}$$

Damit läßt sich (3.55) unter Beachtung von (3.42) umschreiben in:

$$\int_{V_0} \sum_{\alpha} \left(\frac{\partial \boldsymbol{\delta r}}{\partial R_\alpha}\right)^T \Sigma_\alpha \, dV_0 = \int_{V_0} \sum_{\alpha,\beta} S_{\alpha\beta}\, \delta G_{\alpha\beta} \, dV_0 . \tag{3.57}$$

Nach (2.209) und (3.42) ist der Term auf der rechten Seite von (3.57) die Variation des elastischen Potentials (2.208) des Kontinuums. Sie kann nach (2.255) unter Verwendung der in (2.250) und (2.254) eingeführten Matrizen $\boldsymbol{\varepsilon}$ und $\boldsymbol{\sigma}$ in folgender Form geschrieben werden:

$$\delta U = \int_{V_0} \sum_{\alpha,\beta} S_{\alpha\beta}\, \delta G_{\alpha\beta} \, dV_0 = \int_{V_0} \boldsymbol{\delta\varepsilon}^T \boldsymbol{\sigma} \, dV_0 . \tag{3.58}$$

Mit (3.57) und (3.58) erhält man aus (3.54)

$$\int_{V_0} \boldsymbol{\delta r}^T \, \mathbf{Div}\, \Sigma \, dV_0 - \int_{A_0} \boldsymbol{\delta r}^T \, \Sigma^T \mathbf{n}_0 \, dA_0 = -\delta U . \tag{3.59}$$

Die virtuelle Arbeit der durch Spannungen repräsentierten Kräfte aus (3.50) entspricht demnach der negativen Variation des in (2.208) und (2.255) eingeführten elastischen Potentials, also der virtuellen Arbeit der inneren Kräfte des Kontinuums.

3.2.3 Das d'Alembertsche Prinzip

Ausgehend von der Gleichung (3.50) für ungebundene Systeme wird das zur Behandlung gebundener Systeme erforderliche d'Alembertsche Prinzip erläutert. Mit (3.58) und (3.59) wird

$$\int\limits_{V_0} \left(\delta \mathbf{r}^T \left(-\rho_0\, \ddot{\mathbf{r}} + \mathbf{k}_0 \right) - \delta \boldsymbol{\varepsilon}^T\, \boldsymbol{\sigma} \right) dV_0 + \int\limits_{A_0} \delta \mathbf{r}^T \overline{\mathbf{p}}_0\, dA_0 = 0. \tag{3.60}$$

Nach (3.60) verschwindet die virtuelle Arbeit der am Kontinuum wirksamen Kräfte. Die gesamte virtuelle Arbeit setzt sich zusammen aus der virtuellen Arbeit der Trägheitskräfte, für die mit (2.211) gilt

$$\delta W_t = -\int\limits_{V_0} \delta \mathbf{r}^T\, \ddot{\mathbf{r}}\, \rho_0\, dV_0 = -\int\limits_{m} \delta \mathbf{r}^T\, \ddot{\mathbf{r}}\, dm, \tag{3.61}$$

der virtuellen Arbeit der inneren Kräfte

$$\delta W_i = -\delta U = -\int\limits_{V_0} \delta \boldsymbol{\varepsilon}^T\, \boldsymbol{\sigma}\, dV_0 = -\int\limits_{V_0} \sum_{\alpha,\beta} S_{\alpha\beta}\, \delta G_{\alpha\beta}\, dV_0 \tag{3.62}$$

und der virtuellen Arbeit der äußeren Kräfte

$$\delta' W_a = \int\limits_{V_0} \delta \mathbf{r}^T\, \mathbf{k}_0\, dV_0 + \int\limits_{A_0} \delta \mathbf{r}^T\, \overline{\mathbf{p}}_0\, dA_0. \tag{3.63}$$

Der Strich an $\delta' W_a$ in (3.63) soll darauf hindeuten, daß der Ausdruck nicht notwendigerweise die Variation einer Funktion W_a sein muß – vgl. [4], S. 153.

Die virtuelle Arbeit der inneren und äußeren Kräfte wird zusammengefaßt in

$$\delta' W = \delta W_i + \delta' W_a = \int\limits_{\mathcal{K}} \delta \mathbf{r}^T\, d\mathbf{F}. \tag{3.64}$$

Dabei sind $d\mathbf{F}$ die Koordinaten der an den Punkten P des Kontinuums $\mathcal{K}$ wirksamen Kräfte $\underline{dF}$, also

$$\underline{dF} = \underline{\mathbf{e}}^T\, d\mathbf{F} \quad \text{wo} \quad d\mathbf{F} = d\mathbf{F}(\mathbf{R}, t) = \left[dF_\alpha \right]. \tag{3.65}$$

Für Punkte auf dem Rand des Kontinuums $\mathcal{K}$ gilt $d\mathbf{F} = (\overline{\mathbf{p}}_0 - \boldsymbol{\Sigma}^T \mathbf{n}_0)\, dA_{p0}$ und für Punkte im Inneren $d\mathbf{F} = (\mathbf{Div}\, \boldsymbol{\Sigma} + \mathbf{k}_0)\, dV_0$. Mit (3.61) und (3.64) kann man (3.60) kompakter schreiben

$$\delta' W + \delta W_t = 0. \tag{3.66}$$

Die virtuelle Arbeit der Trägheitskräfte ist also bei Bewegungen des Kontinuums gleich der Summe der virtuellen Arbeiten aller am Kontinuum wirksamen Kräfte. Die Gleichung (3.66) ist bis jetzt lediglich eine Umformung der dynamischen Grundgleichungen unter Einführung der virtuellen Arbeit der Kräfte an den Punkten im Inneren und an der Oberfläche des Kontinuums. Dabei sind die Bewegungen der Punkte in keinerlei Weise eingeschränkt und alle

Kräfte sind eingeprägte Kräfte $\mathbf{dF} = \mathbf{dF}_e$. Unterliegen die Bewegungsmöglichkeiten der Punkte des Kontinuums aber Zwangsbedingungen der Form (3.2), so wirken neben den bekannten, eingeprägten Kräften $\mathbf{dF}_e$ auch unbekannte Zwangskräfte $\mathbf{dF}_{\underset{\sim}{z}}$, also

$$\mathbf{dF} = \mathbf{dF}_e + \mathbf{dF}_{\underset{\sim}{z}}. \tag{3.67}$$

Aus (3.66) wird eine *neue Aussage*, das d'Alembertsche Prinzip, wenn man in Übereinstimmung mit der Erfahrung fordert, daß *nur* die eingeprägten Kräfte $\mathbf{dF}_e$ zur virtuellen Arbeit $\delta'W$ beitragen aber nicht die aus den Bewegungseinschränkungen resultierenden Zwangskräfte $\mathbf{dF}_{\underset{\sim}{z}}$, d. h. daß

$$\int_{\mathcal{K}} \delta\mathbf{r}^T \, \mathbf{dF}_{\underset{\sim}{z}} = 0. \tag{3.68}$$

Somit gilt für mechanische Systeme mit Zwangsbedingungen der Form (3.2) nach wie vor (3.66), aber die virtuelle Arbeit (3.64) der inneren und äußeren Kräfte muß ersetzt werden durch die virtuelle Arbeit aller (d. h. der inneren und äußeren) *eingeprägten* Kräfte

$$\delta'W = \int_{\mathcal{K}} \delta\mathbf{r}^T \, \mathbf{dF}_e. \tag{3.69}$$

Das Prinzip ermöglicht die Herleitung der Bewegungsgleichungen gebundener Systeme. Sie werden aus (3.66) mit δW_t gemäß (3.61) und mit $\delta'W$ aus (3.69) erschlossen, also aus

$$\int_{\mathcal{K}} \delta\mathbf{r}^T \mathbf{dF}_e - \int_m \delta\mathbf{r}^T \ddot{\mathbf{r}} \, dm = 0$$

oder

$$\delta W_t + \delta'W = 0 \quad \text{mit} \quad \left\{ \begin{array}{l} \delta W_t = -\int_{V_0} \delta\mathbf{r}^T \ddot{\mathbf{r}} \rho_0 \, dV_0 = -\int_m \delta\mathbf{r}^T \ddot{\mathbf{r}} \, dm \\[2ex] \delta'W = \delta W_i + \delta'W_a \\[2ex] \delta W_i = -\int_{V_0} \delta\boldsymbol{\varepsilon}^T \boldsymbol{\sigma} \, dV_0 = -\int_{V_0} \sum_{\alpha,\beta} S_{\alpha\beta} \, \delta G_{\alpha\beta} \, dV_0 \\[2ex] \delta'W_a = \int_{V_0} \delta\mathbf{r}^T \mathbf{k}_0 \, dV_0 + \int_{A_0} \delta\mathbf{r}^T \overline{\mathbf{p}}_0 \, dA_0 \end{array} \right. \tag{3.70}$$

wobei in $\delta'W$ **nur eingeprägte Kräfte** berücksichtigt werden.

Die zur Anwendung des d'Alembertschen Prinzips erforderlichen Definitionen und Erläuterungen von eingeprägten Kräften und Zwangskräften (bei Hamel "Reaktionskräften") finden sich beispielsweise in [13], S. 65-75, [4], S. 55 oder [21], S. 154. Es ist wichtig zu beachten, daß beim d'Alembertschen Prinzip mit (3.68) und (3.70) gefordert wird, daß die *Gesamtheit* der Zwangskräfte virtuell keine Arbeit leistet und nicht etwa jede einzelne Kraft $\mathbf{dF}_{\underset{\sim}{z}}(\mathbf{R}, t)$ am Punkt $\mathbf{R}$ – vgl. dazu [4], S. 144.

Die Gleichungen (3.70) gelten natürlich auch für ungebundene Systeme, die oben mit (3.50) und (3.60) angegeben wurden. In diesem Fall zeigt (3.70) zusammen mit (3.2) und (3.29) lediglich, wie man mit einer Koordinatentransformation $\mathbf{r} = \mathbf{r}(\mathbf{y})$ von einer Beschreibung der Systembewegung durch die kartesischen Koordinaten $\mathbf{r}$ zur Darstellung der Bewegung durch die gleiche Zahl generalisierter Koordinaten $\mathbf{y}$ kommt und wie man die Bewegung unter Verwendung der Arbeit der im System wirksamen Kräfte beschreibt. Insbesondere gewährleistet die Verwendung von (3.70), daß man auch bei Verwendung der Koordinaten $\mathbf{y}$ eine Systembeschreibung mit symmetrischer Massenmatrix erhält, während die alleinige Berücksichtigung der Transformation $\mathbf{r} = \mathbf{r}(\mathbf{y})$ in (2.226) zu Bewegungsgleichungen mit einer unsymmetrischen Massenmatrix führt – vgl. [21], S. 152/154. Die in den Bewegungsgleichungen mit symmetrischer Massenmatrix erscheinenden Kräfte sind – vgl. (3.70) und (3.29)

$$\left(\frac{\partial \mathbf{r}}{\partial \mathbf{y}}\right)^{T} \mathbf{dF}_e = \left(\frac{\partial \mathbf{r}}{\partial \mathbf{y}}\right)^{T} \mathbf{dF} \quad \text{oder} \quad \boldsymbol{\varphi}^{T} \mathbf{dF}_e = \boldsymbol{\varphi}^{T} \mathbf{dF}, \tag{3.71}$$

da bei ungebundenen Systemen $\mathbf{dF} \equiv \mathbf{dF}_e$. Die in (3.71) definierten Kräfte bezeichnet man als die zu den generalisierten Koordinaten $\mathbf{y}$ gehörenden, generalisierten, eingeprägten Kräfte. Während sich die virtuellen Verschiebungen $\boldsymbol{\delta}\mathbf{y}$ in den generalisierten Koordinaten $\mathbf{y}$ aus den virtuellen Verschiebungen $\boldsymbol{\delta}\mathbf{r}$ in den kartesischen Koordinaten $\mathbf{r}$ nach (3.29) durch Multiplikation mit $\boldsymbol{\varphi} = \partial \mathbf{r} / \partial \mathbf{y}$ ergeben, erhält man die zugehörigen generalisierten Kräfte durch Multiplikation mit der Transponierten dieser Matrix.

● **Beispiel 3.1: Bewegungsgleichungen des freien, starren Körpers.** Ein Kontinuum, dessen Bewegungen den Zwangsgleichungen (3.5) unterliegen, bewegt sich als starrer Körper. Mit Hilfe des d'Alembertschen Prinzips sind seine Bewegungsgleichungen angeben. Dazu wird angenommen, daß das Bezugssystem aus Bild 3-2 ein Inertialsystem ist, also $\{O^1, \underline{\mathbf{e}}^1\} \equiv \{O^I, \underline{\mathbf{e}}^I\}$.

Da beim starren Körper $\mathcal{K}$ alle inneren Kräfte Zwangskräfte sind, entfällt im d'Alembertschen Prinzip (3.70) der Term δW_i und man erhält mit dm gemäß (2.211)

$$\int_{\mathcal{K}} \boldsymbol{\delta}\mathbf{r}^{T}\,\ddot{\mathbf{r}}\, dm - \int_{\mathcal{K}} \boldsymbol{\delta}\mathbf{r}^{T}\, \mathbf{dF}_e = 0, \quad \text{wo} \quad \int_{\mathcal{K}} \boldsymbol{\delta}\mathbf{r}^{T}\, \mathbf{dF}_e = \int_{V_0} \boldsymbol{\delta}\mathbf{r}^{T}\, \mathbf{k}_0\, dV_0 - \int_{A_{p0}} \boldsymbol{\delta}\mathbf{r}^{T}\, \overline{\mathbf{p}}_0\, dA_{p0} \tag{3.72}$$

die virtuelle Arbeit der eingeprägten, äußeren Volumen- und Oberflächenkräfte ist. Verwendet man als Lagevariable die zwölf Elemente von $\mathbf{r}^{21}(t)$ und $\mathbf{A}^{21}(t)$ aus (3.5), so liefern die Gleichungen (3.28) das vollständige Differential von (3.5) zu

$$\mathbf{dr} = \mathbf{dr}^{21} + \mathbf{dA}^{21^{T}}\mathbf{R}, \tag{3.73}$$

wo $\mathbf{dr}$ und $\mathbf{dr}^{21}$, wie $\mathbf{r}$ und $\mathbf{r}^{21}$ in (3.5), Koordinaten in der Basis $\underline{\mathbf{e}}^1 \equiv \underline{\mathbf{e}}^I$ des Inertialsystems sind. Die Matrix $\mathbf{R} \equiv {}^2\mathbf{R}$ enthält die Koordinaten von P im körperfesten System $\{O^2, \underline{\mathbf{e}}^2\}$. Das vollständige Differential $\mathbf{dA}^{21}$ der Drehmatrix $\mathbf{A}^{21}$ läßt sich angeben mit Hilfe der drei Koordinaten $\boldsymbol{\rho}^{21} = [\rho_\alpha^{21}]$ des in [8], S. 171 oder [21], S. 67 definierten, infinitesimalen Drehvektors. Für seine zeitliche Ableitung gilt nach [21], S. 80

$$\dot{\boldsymbol{\rho}}^{21} = \frac{\mathbf{d}\boldsymbol{\rho}^{21}}{dt} = {}^2\boldsymbol{\omega}^{21} = \boldsymbol{\omega}^{21} \tag{3.74}$$

mit den Koordinaten $\boldsymbol{\omega}^{21} \equiv {}^{2}\boldsymbol{\omega}^{21}$ der Winkelgeschwindigkeit $\underline{\omega}^{21}$ von $\underline{e}^2$ bezüglich $\underline{e}^1$ in der Basis $\underline{e}^2$. Mit der Poissonschen Gleichung – vgl. [21], S. 81 – folgt aus (3.74) bei Interpretation des Differentialquotienten $d\mathbf{A}^{21}/dt$ gemäß [9], S. 125:

$$\mathbf{dA}^{21} = -\left(\mathbf{d\rho}^{21}\right)^{\sim} \mathbf{A}^{21}. \tag{3.75}$$

Die Vorschrift zur Ermittlung virtueller Verschiebungen aus Abschnitt 3.1.3 liefert mit (3.73) und (3.75)

$$\delta\mathbf{r} = \delta\mathbf{r}^{21} - \mathbf{A}^{12}\,\tilde{\mathbf{R}}\,\delta\boldsymbol{\rho}^{21} \quad \text{mit} \quad \mathbf{A}^{12} = \mathbf{A}^{21^{T}}. \tag{3.76}$$

Damit ist $\delta\mathbf{r}$ durch sechs unabhängige virtuelle Verschiebungen $\delta\mathbf{y}$ ausgedrückt, die zu den sechs Zustandsgrößen $\mathbf{y}$ zur Angabe der Lage eines freien, starren Körpers gehören, wo

$$\mathbf{y} = \begin{bmatrix} \mathbf{r}^{21} \\ \boldsymbol{\rho}^{21} \end{bmatrix} \quad \text{und} \quad \delta\mathbf{y} = \begin{bmatrix} \delta\mathbf{r}^{21} \\ \delta\boldsymbol{\rho}^{21} \end{bmatrix}. \tag{3.77}$$

Für die in (3.72) benötigten Beschleunigungen $\ddot{\mathbf{r}}$ findet man aus (3.5) unter Verwendung der Poissonschen Gleichung

$$\ddot{\mathbf{r}} = \ddot{\mathbf{r}}^{21} + \mathbf{A}^{12}\left(-\tilde{\mathbf{R}}\,\dot{\boldsymbol{\omega}}^{21} + \tilde{\boldsymbol{\omega}}^{21}\,\tilde{\boldsymbol{\omega}}^{21}\,\mathbf{R}\right). \tag{3.78}$$

Einsetzen von (3.76) und (3.78) in die Aussage (3.72) des d'Alembertschen Prinzips liefert

$$\int_{\mathcal{K}}\left(\delta\mathbf{r}^{21^{T}} + \delta\boldsymbol{\rho}^{21^{T}}\,\tilde{\mathbf{R}}\,\mathbf{A}^{21}\right)\left(\ddot{\mathbf{r}}^{21} + \mathbf{A}^{21^{T}}\left(-\tilde{\mathbf{R}}\,\dot{\boldsymbol{\omega}}^{21} + \tilde{\boldsymbol{\omega}}^{21}\,\tilde{\boldsymbol{\omega}}^{21}\,\mathbf{R}\right)\right)dm$$
$$-\int_{\mathcal{K}}\left(\delta\mathbf{r}^{21^{T}} + \delta\boldsymbol{\rho}^{21^{T}}\,\tilde{\mathbf{R}}\,\mathbf{A}^{21}\right)\mathbf{dF}_{e} = 0. \tag{3.79}$$

Legt man den Ursprung O^2 des körperfesten Koordinatensystems in den Massenmittelpunkt CM, so gilt $\mathbf{r}^{21} = \mathbf{r}^{CM}$, $\delta\mathbf{r}^{21} = \delta\mathbf{r}^{CM}$ und – vgl. [21], S. 130

$$\int_{\mathcal{K}} \tilde{\mathbf{R}}\,dm = 0. \tag{3.80}$$

Weiter wird zur Vereinfachung der Schreibweise $\boldsymbol{\omega} \equiv \boldsymbol{\omega}^{21} \equiv {}^{2}\boldsymbol{\omega}^{21}$ eingeführt, sowie die Masse m des Körpers gemäß (2.214) und (2.211) und die auf CM bezogenen Reduktionsresultaten des Systems der äußeren Kräfte – vgl. [21], S. 139 – also

$$\int_{\mathcal{K}}\mathbf{dF}_{e} = {}^{1}\mathbf{F} = \mathbf{F} \quad \text{und} \quad \int_{\mathcal{K}}\tilde{\mathbf{R}}\,\mathbf{A}^{21}\,\mathbf{dF}_{e} = \int_{\mathcal{K}}\tilde{\mathbf{R}}\,{}^{2}\mathbf{dF}_{e} = {}^{2}\mathbf{L} = \mathbf{L}. \tag{3.81}$$

Dabei sind $\mathbf{F}$ die Koordinaten (in der Basis $\underline{e}^1$) der an CM wirksamen Summe der äußeren Kräfte und $\mathbf{L}$ sind die Koordinaten des resultierenden Moments bezüglich CM in der Basis $\underline{e}^2$. In (3.79) erscheinen noch die Koordinaten $\mathbf{I}$ des Trägheitstensors von $\mathcal{K}$ bezüglich CM in der Basis $\underline{e}^2$ – vgl. [21], S. 131 und 50 – und ein unter Verwendung der Eigenschaft (7.17) des Tilde-Operators mit Hilfe des Trägheitstensors angebbares Produkt mit Winkelgeschwindigkeiten:

$$\mathbf{I} = {}^{2}\mathbf{I} = \int_{\mathcal{K}} \left(\mathbf{R}^{T}\,\mathbf{R}\,\mathbf{E} - \mathbf{R}\,\mathbf{R}^{T} \right) dm = -\int_{\mathcal{K}} \tilde{\mathbf{R}}\,\tilde{\mathbf{R}}\, dm\,; \qquad \int_{\mathcal{K}} \tilde{\mathbf{R}}\,\tilde{\boldsymbol{\omega}}\,\tilde{\boldsymbol{\omega}}\,\mathbf{R}\, dm = -\,\tilde{\boldsymbol{\omega}}\int_{\mathcal{K}} \tilde{\mathbf{R}}\,\tilde{\mathbf{R}}\, dm\,\boldsymbol{\omega} = \tilde{\boldsymbol{\omega}}\,\mathbf{I}\,\boldsymbol{\omega}\,. \tag{3.82}$$

Mit (3.80) bis (3.82) folgt aus (3.79)

$$\delta\mathbf{r}^{CM^{T}} \left(m\,\ddot{\mathbf{r}}^{CM} - \mathbf{F} \right) + \delta\boldsymbol{\rho}^{21^{T}} \left(\mathbf{I}\,\dot{\boldsymbol{\omega}} + \tilde{\boldsymbol{\omega}}\,\mathbf{I}\,\boldsymbol{\omega} - \mathbf{L} \right) = 0\,. \tag{3.83}$$

Da die sechs virtuellen Verschiebungen $\delta\mathbf{r}^{CM}$ und $\delta\boldsymbol{\rho}^{21}$ unabhängig und beliebig wählbar sind, ergeben sich aus (3.83) die Grundgesetze der Dynamik der Starrkörperbewegung von Newton und Euler:

$$m\,\ddot{\mathbf{r}}^{CM} = \mathbf{F} \quad \text{und} \quad \mathbf{I}\,\dot{\boldsymbol{\omega}} + \tilde{\boldsymbol{\omega}}\,\mathbf{I}\,\boldsymbol{\omega} = \mathbf{L}\,. \tag{3.84}$$

Dabei ist das Newtonsche Gesetz für Translationsbewegungen im Inertialsystem $\{O^{1}, \underline{\mathbf{e}}^{1}\} \equiv \{O^{I}, \underline{\mathbf{e}}^{I}\}$ angegeben, während die Eulerschen Kreiselgleichungen im körperfesten Koordinatensystem $\{O^{2}, \underline{\mathbf{e}}^{2}\} \equiv \{CM, \underline{\mathbf{e}}^{2}\}$ gelten. Diese Grundgesetze werden häufig als Ausgangspunkt zur Behandlung von Problemen der Starrkörperdynamik verwendet, z. B. in [21]. Das D'Alembertsche Prinzip wendet man dann direkt auf die Gleichungen (3.84) an, um gebundene Bewegungen von starren Körpern zu untersuchen.

3.2.4 Das Jourdainsche Prinzip

Eine Modifikation des d'Alembertschen Prinzips, das Jourdainsche Prinzip, wird oft zur Herleitung der Bewegungsgleichungen von Mehrkörpersystemen mit starren Körpern eingesetzt. Während das d'Alembertsche Prinzip eine Aussage über die *virtuelle Arbeit* der Zwangskräfte macht, besagt das Jourdainsche Prinzip, daß die Zwangskräfte *virtuell leistungslos* sind, – vgl. z. B. [20], S. 83, [4], S. 203 oder [22], S. 87. Anstelle von (3.70) erhält man so

$$\int_{\mathcal{K}} \delta\dot{\mathbf{r}}^{T}\mathbf{dF}_{e} - \int_{m} \delta\dot{\mathbf{r}}^{T}\ddot{\mathbf{r}}\, dm = 0$$

oder

$$\delta P_{t} + \delta'P = 0 \quad \text{mit} \quad \left\{ \begin{array}{l} \delta P_{t} = -\displaystyle\int_{V_{0}} \delta\dot{\mathbf{r}}^{T}\ddot{\mathbf{r}}\,\rho_{0}\, dV_{0} = -\displaystyle\int_{m} \delta\dot{\mathbf{r}}^{T}\ddot{\mathbf{r}}\, dm \\[2ex] \delta'P = \delta P_{i} + \delta'P_{a} \\[2ex] \delta P_{i} = -\displaystyle\int_{V_{0}} \delta\dot{\boldsymbol{\varepsilon}}^{T}\,\boldsymbol{\sigma}\, dV_{0} = -\displaystyle\int_{V_{0}} \sum_{\alpha,\beta} S_{\alpha\beta}\,\delta\dot{G}_{\alpha\beta}\, dV_{0} \\[2ex] \delta'P_{a} = \displaystyle\int_{V_{0}} \delta\dot{\mathbf{r}}^{T}\mathbf{k}_{0}\, dV_{0} + \displaystyle\int_{A_{0}} \delta\dot{\mathbf{r}}^{T}\overline{\mathbf{p}}_{0}\, dA_{0} \end{array} \right. \tag{3.85}$$

wobei in $\delta'P$ **nur eingeprägte Kräfte** berücksichtigt werden.

Dabei sind $\delta\dot{\mathbf{r}}$ die in (3.35) definierten, virtuellen Geschwindigkeiten und $\delta\dot{\boldsymbol{\varepsilon}}$ und $\delta\dot{G}_{\alpha\beta}$ sind Verzerrungsgeschwindigkeiten.

Das Jourdainsche Prinzip wird bei der Analyse von Starrkörperbewegungen oft bevorzugt, da sich die virtuellen Geschwindigkeiten in diesem Fall meistens bequemer als die virtuellen Verschiebungen ermitteln lassen.

● **Beispiel 3.2: Angabe der Bewegungsgleichungen des freien, starren Körpers mit Hilfe des Jourdainschen Prinzips.** Die in Beispiel 3.1 ermittelten Bewegungsgleichungen des starren Körpers sollen unter Verwendung der dort erläuterten Größen mit Hilfe des Jourdainschen Prinzips angegeben werden. Nach (3.85) sind hierzu die virtuellen Geschwindigkeiten $\delta\dot{\mathbf{r}}$ erforderlich. Aus (3.5) erhält man unter Verwendung der Poissonschen Gleichung

$$\dot{\mathbf{r}} = \mathbf{v}^{21} - \mathbf{A}^{12}\,\tilde{\mathbf{R}}\,\boldsymbol{\omega}^{21} \tag{3.86}$$

mit den Koordinaten (in der Basis $\underline{\mathbf{e}}^1$)

$$\mathbf{v}^{21} = {}^1\mathbf{v}^{21} = \dot{\mathbf{r}}^{21} \tag{3.87}$$

der Geschwindigkeit von O^2 bezüglich O^1 und den Koordinaten $\boldsymbol{\omega}^{21} \equiv {}^2\boldsymbol{\omega}^{21}$ der Winkelgeschwindigkeit $\underline{\omega}^{21}$ in der Basis $\underline{\mathbf{e}}^2$. Aus (3.86) folgt für die virtuellen Geschwindigkeiten

$$\delta\dot{\mathbf{r}} = \delta\mathbf{v}^{21} - \mathbf{A}^{12}\,\tilde{\mathbf{R}}\,\delta\boldsymbol{\omega}^{21}. \tag{3.88}$$

Diese Gleichung unterscheidet sich von (3.76) nur durch die Bezeichnung der virtuellen Größen. Einsetzen von (3.88) in (3.85) liefert damit, wie oben, die Bewegungsgleichungen (3.84).
Beim Jourdainschen Prinzip erübrigen sich die verwickelt erscheinenden Argumente zur Herleitung von (3.75) und (3.76). Es wird daher bei der Analyse von Systemen starrer Körper bevorzugt. Auch bei nichtholonomen Bindungen ist das Prinzip einfacher zu handhaben, und bei nichtlinearen und nichtholonomen Bindungen ist man auf seinen Einsatz angewiesen.

3.2.5 Das Hamiltonsche Prinzip

Das Hamiltonsche Prinzip erhält man durch einfache Umformungen aus dem d'Alembertschen Prinzip. Nach (3.70) gilt

$$\delta'W - \int\limits_{V_0} \delta\mathbf{r}^T\,\ddot{\mathbf{r}}\,\rho_0\,dV_0 = 0, \tag{3.89}$$

wo $\ddot{\mathbf{r}}$ die Beschleunigungen der Punkte des mechanischen Systems bezüglich $\{O^I,\underline{\mathbf{e}}^I\}$ aus (2.222), also *absolute* Beschleunigungen, sind. Die Größe $\delta'W$ ist die virtuelle Arbeit der *eingeprägten* Kräfte und $\delta\mathbf{r}$ sind die virtuellen Verschiebungen im Inertialsystem. Der Integrand aus (3.89) läßt sich umformen in:

$$\int\limits_{V_0} \delta\mathbf{r}^T\,\ddot{\mathbf{r}}\,\rho_0\,dV_0 = \int\limits_{V_0} \ddot{\mathbf{r}}^T\,\delta\mathbf{r}\,\rho_0\,dV_0 = \int\limits_{V_0}\left(\frac{d}{dt}(\dot{\mathbf{r}}^T\,\delta\mathbf{r}) - \dot{\mathbf{r}}^T\frac{d}{dt}(\delta\mathbf{r})\right)\rho_0\,dV_0. \tag{3.90}$$

Mit (3.39) gilt weiter:

$$\int_{V_0} \delta\mathbf{r}^T \ddot{\mathbf{r}}\,\rho_0\,dV_0 \;=\; \int_{V_0}\left(\frac{d}{dt}(\dot{\mathbf{r}}^T\,\delta\mathbf{r}) - \dot{\mathbf{r}}^T\,\delta\dot{\mathbf{r}}\right)\rho_0\,dV_0$$

$$\;=\; \int_{V_0}\left(\frac{d}{dt}(\dot{\mathbf{r}}^T\,\delta\mathbf{r}) - \delta(\tfrac{1}{2}\dot{\mathbf{r}}^T\dot{\mathbf{r}})\right)\rho_0\,dV_0\,. \tag{3.91}$$

Die Operationen d/dt und δ können vor das Integral gezogen werden, da die Integrationsgrenzen konstant sind:

$$\int_{V_0} \delta\mathbf{r}^T \ddot{\mathbf{r}}\,\rho_0\,dV_0 = \frac{d}{dt}\int_{V_0}\dot{\mathbf{r}}^T\,\delta\mathbf{r}\,\rho_0\,dV_0 - \delta\int_{V_0}\tfrac{1}{2}\,\dot{\mathbf{r}}^T\dot{\mathbf{r}}\,\rho_0\,dV_0\,. \tag{3.92}$$

Das zweite Integral auf der rechten Seite von (3.92) ist die kinetische Energie

$$T \;=\; \tfrac{1}{2}\int_{V_0}\dot{\mathbf{r}}^T\dot{\mathbf{r}}\,\rho_0\,dV_0\,. \tag{3.93}$$

Damit wird aus (3.89) unter Beachtung von (3.64)

$$\frac{d}{dt}\int_{V_0}\dot{\mathbf{r}}^T\delta\mathbf{r}\,\rho_0\,dV_0 \;=\; \delta T + \delta'W \;=\; \delta T + \delta W_i + \delta'W_a \tag{3.94}$$

mit der Variation der kinetischen Energie – vgl. (3.91) bis (3.93)

$$\delta T \;=\; \tfrac{1}{2}\delta\int_{V_0}\dot{\mathbf{r}}^T\dot{\mathbf{r}}\,\rho_0\,dV_0 \;=\; \int_{V_0}\dot{\mathbf{r}}^T\,\delta\dot{\mathbf{r}}\,\rho_0\,dV_0\,. \tag{3.95}$$

Die Gleichung (3.94) bezeichnet man manchmal als Lagrangesche Zentralgleichung, [13], S. 233, [4], S. 153, [2], S. 46. Aus ihr erschließt man durch Integration zwischen t_0 und t_1 unter Beachtung der Forderung (3.37), nach der die virtuellen Verschiebungen $\delta\mathbf{r}$ für t_0 und t_1 verschwinden

$$\left[\int_{V_0}\dot{\mathbf{r}}^T\delta\mathbf{r}\,\rho_0\,dV_0\right]_{t_0}^{t_1} \;=\; \int_{V_0}\left[\dot{\mathbf{r}}^T\,\delta\mathbf{r}\right]_{t_0}^{t_1}\rho_0\,dV_0 \;=\; 0 \tag{3.96}$$

also

$$\int_{t_0}^{t_1}(\delta T + \delta'W)\,dt \;=\; 0\,.$$

Damit gilt für die Bewegungen eines gebundenen, mechanischen Systems

$$\int_{t_0}^{t_1} (\delta T + \delta'W)\, dt = 0 \quad \text{wo} \quad \left\{ \begin{array}{l} \delta T = -\int_{V_0} \dot{\mathbf{r}}^T\, \delta\dot{\mathbf{r}}\, \rho_0\, dV_0 \\[2mm] \delta'W = \delta W_i + \delta'W_a \\[2mm] \delta W_i = -\int_{V_0} \delta\boldsymbol{\varepsilon}^T\, \boldsymbol{\sigma}\, dV_0 = -\int_{V_0} \sum_{\alpha.\beta} S_{\alpha\beta}\, \delta G_{\alpha\beta}\, dV_0 \\[2mm] \delta'W_a = \int_{V_0} \delta\mathbf{r}^T\, \mathbf{k}_0\, dV_0 + \int_{A_0} \delta\mathbf{r}^T\, \bar{\mathbf{p}}_0\, dA_0 \end{array} \right\} \tag{3.97}$$

wobei in $\delta'W$ **nur eingeprägte Kräfte** berücksichtigt werden.

Dies ist das verallgemeinerte Hamiltonsche Prinzip.

Wenn man einfach nur vom Hamiltonschen Prinzip spricht, meint man die folgende, für konservative Systeme gültige Form von (3.97). In diesem Fall besitzen alle eingeprägten Kräfte am System ein Potential, d. h. $\delta'W = -\delta U$ und aus (3.97) wird

$$\int_{t_0}^{t_1} \delta(T - U)\, dt = 0. \tag{3.98}$$

Hieraus erhält man das Hamiltonsche Prinzip – vgl. [4], S. 154

$$\delta \int_{t_0}^{t_1} L\, dt = 0 \quad \text{wo} \quad L = T - U \tag{3.99}$$

die bekannte Lagrangefunktion ist.

Das Hamiltonsche Prinzip besagt, daß das Integral über die Lagrangesche Funktion zwischen t_0 und t_1 längs der wirklichen Bahn einen stationären Wert, i. a. einen Extremwert, besitzt. Als Vergleichsbahnen sind die gemäß (3.36) und (3.37) variierten Bahnen zugelassen. Die Lagrangefunktion, die Differenz aus kinetischer und potentieller Energie, ist eine physikalische Größe und kann durch beliebige Koordinaten ausgedrückt werden.

Mathematisch gesprochen ist (3.99) ein Variationsproblem, was allerdings, wie in [13], S. 235 erläutert, nur bei den hier betrachteten holonomen Systemen zutrifft: Durch geeignete Wahl der Funktion $\mathbf{r} = \mathbf{r}(\mathbf{R},t)$ in $L = L(\mathbf{r})$ soll der Wert des Integrals aus (3.99) zu einem Extremum gemacht werden. Mit Methoden der Variationsrechnung lassen sich Bewegungsgleichungen und Randbedingungen gebundener, mechanischer Systeme aus dem Hamiltonschen Prinzip rein formal gewinnen, wenn man einen Ausdruck für die Lagrangefunktion L des Systems hergeleitet hat – vgl. [4], S. 155. Die Vorgehensweise wird hier für den Fall ungebundener Kontinua skizziert.

Wenn man anstelle von $\mathbf{r}$ die Verschiebungskoordinaten $\mathbf{u}$ verwendet – vgl. dazu (2.11) und (3.30) – so besagt das Hamiltonsche Prinzip (3.97) für Kontinua, bei denen die Bewegungen der Punkte P nicht eingeschränkt sind

$$\int_{t_0}^{t_1}\left(\int_{V_0}\left(\delta\dot{\mathbf{u}}^T\,\dot{\mathbf{u}}\,\rho_0 + \delta\mathbf{u}^T\,\mathbf{k}_0 - \delta\boldsymbol{\varepsilon}^T\boldsymbol{\sigma}\right)dV_0 + \int_{A_0}\delta\mathbf{u}^T\,\overline{\mathbf{p}}_0\,dA_0\right)dt = 0. \tag{3.100}$$

Zur Ermittlung der Bewegungsgleichungen formt man das Integral über V_0 in (3.100) so um, daß im Integranden nur noch virtuelle Verschiebungen $\delta\mathbf{u}$ stehen. Aus (3.100) findet man mit $\delta\mathbf{r} = \delta\mathbf{u}$ unter Beachtung von (3.58) und (3.59)

$$\int_{t_0}^{t_1}\left(\int_{V_0}\left(\delta\dot{\mathbf{u}}^T\,\dot{\mathbf{u}}\,\rho_0 + \delta\mathbf{u}^T\,\mathbf{k}_0 + \delta\mathbf{u}^T(\mathbf{Div}\,\boldsymbol{\Sigma})\right)dV_0 + \int_{A_0}\delta\mathbf{u}^T\left(\overline{\mathbf{p}}_0 - \boldsymbol{\Sigma}^T\mathbf{n}_0\right)dA_0\right)dt = 0. \tag{3.101}$$

Der Term mit $\delta\dot{\mathbf{u}}$ aus (3.101) kann durch partielle Integration umgeformt werden. Mit (3.37) findet man – vgl. auch [4], S. 367:

$$\left.\begin{aligned}\int_{t_0}^{t_1}\left(\int_{V_0}\delta\dot{\mathbf{u}}^T\,\dot{\mathbf{u}}\,\rho_0\,dV_0\right)dt &= \int_{V_0}\left[\delta\mathbf{u}^T\,\dot{\mathbf{u}}\,\rho_0\right]_{t_0}^{t_1}dV_0 - \int_{t_0}^{t_1}\left(\int_{V_0}\delta\mathbf{u}^T\,\ddot{\mathbf{u}}\,\rho_0\,dV_0\right)dt\\[1em] &= -\int_{t_0}^{t_1}\left(\int_{V_0}\delta\mathbf{u}^T\,\ddot{\mathbf{u}}\,\rho_0\,dV_0\right)dt\,.\end{aligned}\right\} \tag{3.102}$$

Damit wird aus (3.101)

$$\int_{t_0}^{t_1}\left(\int_{V_0}\delta\mathbf{u}^T\left(-\rho_0\,\ddot{\mathbf{u}} + \mathbf{k}_0 + (\mathbf{Div}\,\boldsymbol{\Sigma})\right)dV_0 + \int_{A_0}\delta\mathbf{u}^T\left(\overline{\mathbf{p}}_0 - \boldsymbol{\Sigma}^T\mathbf{n}_0\right)dA_0\right)dt = 0. \tag{3.103}$$

Wenn die Bewegungen der Punkte keinen Einschränkungen unterliegen, sind $\delta\mathbf{u}(\mathbf{R},t)$ für $\mathbf{R}$ aus V_0 und aus A_{p0} unabhängige Größen – für $\mathbf{R}$ aus A_{u0} verschwinden sie. Damit erhält man mit den aus der Variationsrechnung geläufigen Argumenten – vgl. z. B. [7], S. 191 ff oder [6], Bd. I, S. 157 ff – unter Verwendung des Fundamentallemmas der Variationsrechnung aus (3.103) die Cauchyschen Bewegungsgleichungen (2.228) – Verschwinden des ersten Integrals – und die kinetischen Randbedingungen (2.235) – Verschwinden des zweiten Integrals. Die eben skizzierte Vorgehensweise wird beispielsweise in [16], S. 70 oder [3], S. 25 zur Herleitung der Bewegungsgleichungen von Balken und Wellen verwendet. Hier wird das Hamiltonsche Prinzip in Kapitel 4 zur Angabe der Bewegungsgleichungen eines rotierenden Balkens und der zugehörigen Randbedingungen benutzt.

Die bei Herleitung der Bewegungsgleichungen aus dem Hamiltonschen Prinzip auch anfallende Aussage zu den Randwerten wird häufig als Vorteil des Prinzips genannt. Wie die Herleitung von (3.66) zeigt sind die Aussagen zu den Randwerten auch im d'Alembertschen und Jourdainschen Prinzip enthalten. Nach (3.70) liefert beispielsweise das Prinzip von d'Alembert für ungebundene Kontinua, wenn man anstelle der Koordinaten $\mathbf{r}$ die Verschiebungen $\mathbf{u}$ verwendet:

$$\int\limits_{V_0} \left(\delta\dot{\mathbf{u}}^T \dot{\mathbf{u}}\, \rho_0 + \delta\mathbf{u}^T \mathbf{k}_0 - \delta\boldsymbol{\varepsilon}^T \boldsymbol{\sigma} \right) dV_0 + \int\limits_{A_0} \delta\mathbf{u}^T \overline{\mathbf{p}}_0 \, dA_0 = 0 . \tag{3.104}$$

Um aus dieser Aussage die Bewegungsgleichungen zu erschließen, müssen die virtuellen Verzerrungen $\delta\boldsymbol{\varepsilon}$ durch die virtuellen Verschiebungen $\delta\mathbf{u}$ ausgedrückt werden. Dies gelingt mit (3.58) und (3.59) und man erhält

$$\int\limits_{V_0} \delta\mathbf{u}^T \left(-\rho_0\, \ddot{\mathbf{u}} + \mathbf{k}_0 + (\mathbf{Div}\,\Sigma) \right) dV_0 + \int\limits_{A_0} \delta\mathbf{u}^T \left(\overline{\mathbf{p}}_0 - \Sigma^T \mathbf{n}_0 \right) dA_0 = 0 . \tag{3.105}$$

Da alle virtuellen Verschiebungen $\delta\mathbf{u} = \delta\mathbf{u}(\mathbf{R},t)$ in den beiden Integralen voneinander unabhängig sind – im ersten Integral sind die $\delta\mathbf{u}$ Verschiebungen von Punkten $\mathbf{R}$ im Inneren und im zweiten von Punkten auf dem Rand von $\mathcal{K}$ – liefert (3.105) wieder die Bewegungsgleichungen und die kinetischen Randbedingungen.

4 Modellierung von Balken

Balken sind Kontinua, deren Abmessungen in Längsrichtung im Verhältnis zu den Querschnittsdimensionen groß sind, bei denen aber, im Gegensatz zu Saiten, die Biegesteifigkeit nicht vernachlässigt werden kann. Balken können allein auf Grund ihrer Elastizität, d. h. ohne Vorspannung, Schwingungen ausführen. Man kann sie als Kontinua auffassen, bei denen die Bewegungsmöglichkeiten der materiellen Punkte durch innere Bindungen eingeschränkt sind [29, 30]. Die Bewegungsgleichungen von Balken werden mit Hilfe des Hamiltonschen Prinzips angegeben.

4.1 Modellvorstellung und Beschreibung der Bewegung

Da die Querschnittsabmessungen von Balken im Vergleich zur Länge klein sind, kann man in einem Kontinuumsmodell annehmen, daß die Querschnitte bei Deformationen eben bleiben und keine Querkontraktion erfahren. In dieser Näherung stellt man sich den Balken als eine elastisch deformierbare Kurve, seine Achse, vor, an der starre Querschnitte angeheftet sind. In weiterer Vereinfachung des Modells nimmt man häufig an, daß die Querschnitte stets orthogonal zur Achse bleiben. Solche Modelle bezeichnet man als Bernoulli-Balken. Zur Beschreibung der Bewegung von Balken mit starren Querschnitten bieten sich zwei Alternativen von Variablen an, die Verschiebungs- und die Verformungsgrößen. Ihre relativen Vor- und Nachteile zeigen sich bei Formulierung der im Hamiltonschen Prinzip benötigten Energieausdrücke.

4.1.1 Balkenmodelle und Verschiebungsgrößen

Balken sind also dreidimensionale Kontinua, deren Verschiebungsfeld $\mathbf{u}(\mathbf{R},t)$ sich mit Annahmen über die Verformung der Querschnitte an den Orten R_1 näherungsweise angeben läßt. Wegen der Annahmen kann das Verschiebungsfeld dargestellt werden mit Variablen $y_i(R_1,t)$, $i = 1, 2, \ldots n_y$, die nur vom Ort R_1 und von der Zeit t abhängen. Solche Modelle bezeichnet man als eindimensionale Kontinua, und die Koordinaten $y_i(R_1,t)$ heißen hier *Deformationsvariable* oder *Deformationskoordinaten*. Das Modell muß so beschaffen sein, daß man das dreidimensionale Verschiebungsfeld $\mathbf{u}(\mathbf{R},t)$ aller Punkte des Balkens eindeutig und vollständig aus den Deformationskoordinaten ermitteln kann. Die Zahl n_y der Deformationskoordinaten hängt vom Detaillierungsgrad des Modells ab. Einige Beispiele finden sich, zusammen mit einem allgemeinen Schema zur Konstruktion eindimensionaler Kontinua, in [5].

Modellvorstellung

Bei den hier betrachteten Modellen sind starre Querschnitte an eine deformierbare Achse angeheftet. Bild 4-1 zeigt Achse und Querschnitt eines solchen Balkenmodells in der Referenzkonfiguration und in einer aktuellen Konfiguration. Die Achse wird festgelegt als der geometrische Ort der Massenmittelpunkte der Querschnitte. In der Referenzkonfiguration sei die Achse gerade. Die Bewegungen der materiellen Punkte P des Balkens werden bezüglich eines nicht inertialen Koordinatensystems $\{O^1, \underline{\mathbf{e}}^1\}$, des Balkenbezugssystems, angegeben. In ihm sind die Punkte der Achse in der Referenzkonfiguration und damit auch die Querschnitte durch die Koordinaten R_1 gekennzeichnet. Ein im Querschnitt R_1 festes Koordinatensystem ist $\{O^2, \underline{e}^2\}$. Der Ursprung O^2 liegt auf der Achse und die 1-Richtung der Basis $\underline{e}^2$ fällt mit dem Normalenvektor der Querschnittsfläche zusammen. Die Basisvektoren $\underline{e}_2^2$ und $\underline{e}_3^2$ stimmen mit den Hauptträgheitsachsen des Querschnitts überein. Das Balkenbezugssystem $\{O^1, \underline{e}^1\}$ sei so gewählt, daß es zur Referenzzeit t_0, also wenn sich der Balken in seiner Referenzkonfiguration befindet, mit dem im Endquerschnitt $R_1 = 0$ festen System $\{O^2, \underline{e}^2\}$ zusammenfällt.

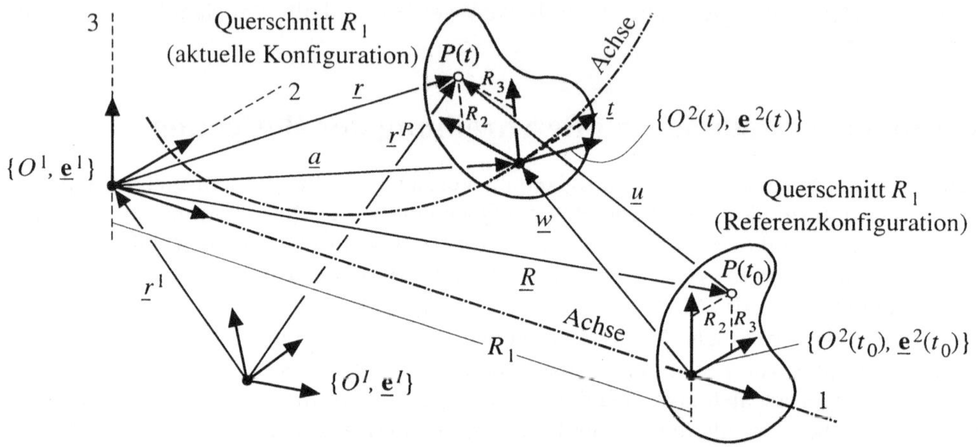

Bild 4-1: Balkenmodell: An einer deformierbaren Achse sind starre Querschnitte befestigt.

Wenn die Bewegung der starren Querschnitte nicht weiter eingeschränkt ist, spricht man von schubweichen Balken, [15], S. 287. Ein Beispiel ist der Timoshenko-Balken, z. B. [3], S. 86, bei dem die Orientierung der Querschnitte mit Näherungen zur Berücksichtigung ihrer Verwölbung ermittelt wird. Bei schubstarren Balken bleiben die Querschnitte orthogonal zur Achse. Der Basisvektor $\underline{e}_1^2$ von $\{O^2, \underline{e}^2\}$ fällt dann mit dem Tangentenvektor $\underline{t}$ an die Achse zusammen. Das einfachste Modell eines schubstarren Balkens ist der Bernoulli-Balken. Das Modell liegt der technischen Biegelehre zu Grunde, in der u. a. die Rotationsträgheit der Querschnitte vernachlässigt wird, vgl. Abschnitt 4.2.2. Modelle schubstarrer Balken, in denen diese Terme berücksichtigt sind, werden in [3], S. 78 als Rayleigh-Bernoulli-Balken bezeichnet. Die Modellierung von Balken in Mehrkörpersystemen wird hier am Beispiel des Bernoulli-Balkens erläutert. Ein paar einfache Erweiterungen der Gleichungen für schubweiche Balken dienen ausschließlich der Erläuterung dieser Modellvorstellung.

Kinematik schubweicher Balken

Bei der Modellierung von Balken in Mehrkörpersystemen stellt man ihre Bewegung dar als Überlagerung von Verformungen im Bezugssystem $\{O^1, \underline{e}^1\}$, also von Bewegungen der Punkte P bezüglich $\{O^1, \underline{e}^1\}$, und einer Referenzbewegung dieses Koordinatensystems. Die Darstellung erlaubt eine Linearisierung der Bewegungsgleichungen für kleine Deformationen bei großer Referenzbewegung. Eine eindeutige Definition der beiden Bewegungen, also von Referenzbewegung und Verformung, erfordert die Festlegung von $\{O^1, \underline{e}^1\}$ auch zur aktuellen Zeit

t. Man kann beispielsweise fordern, daß $\{O^1, \underline{e}^1\}$ auch in der aktuellen Konfiguration mit dem in $R_1 = 0$ festen System $\{O^2, \underline{e}^2\}$ zusammenfällt. Ein solches Bezugssystem bezeichnet man als Tangentensystem. Alternativen werden in den Abschnitten 6.2.1 und 6.3.6 erläutert.

Der Ort von O^1 bezüglich eines Inertialsystems $\{O^I, \underline{e}^I\}$ sei gegeben durch

$$\underline{r}^1 = \underline{e}^{1^T} \mathbf{r}^1, \quad \mathbf{r}^1 = \left[r_\alpha^1 \right] \tag{4.1}$$

und für die Orientierung von $\underline{e}^1$ bezüglich $\underline{e}^I$ gelte

$$\underline{e}^1 = \mathbf{A}^1 \underline{e}^I, \quad \mathbf{A}^1 = \left[A_{\alpha\beta}^1 \right]. \tag{4.2}$$

Der Ort aller zum Balken gehörenden Punkte $P = P(t_0)$ ist in der Referenzkonfiguration in $\{O^1, \underline{e}^1\}$ gekennzeichnet durch

$$\underline{R} = \underline{e}^{1^T} \mathbf{R}, \quad \mathbf{R} = \left[R_\alpha \right]. \tag{4.3}$$

In der aktuellen Konfiguration befinden sich die Punkte $P = P(t)$ in $\{O^1, \underline{e}^1\}$ am Ort

$$\underline{r} = \underline{e}^{1^T} \mathbf{r}, \quad \mathbf{r} = \left[r_\alpha \right] \quad \text{wo} \quad r_\alpha = r_\alpha(R_1, R_2, R_3, t) \quad \text{also} \quad \mathbf{r} = \mathbf{r}(\mathbf{R}, t). \tag{4.4}$$

Die Verschiebung eines beliebigen Punkts ist gegeben durch den Verschiebungsvektor

$$\underline{u} = \underline{e}^{1^T} \mathbf{u}, \quad \mathbf{u} = \left[u_\alpha \right] \quad \text{wo} \quad u_\alpha = u_\alpha(R_1, R_2, R_3, t) \quad \text{also} \quad \mathbf{u} = \mathbf{u}(\mathbf{R}, t). \tag{4.5}$$

Die Funktionen $\mathbf{r} = \mathbf{r}(\mathbf{R}, t)$ oder $\mathbf{u} = \mathbf{u}(\mathbf{R}, t)$ beschreiben die Bewegungen des Balkens bezüglich des Koordinatensystems $\{O^1, \underline{e}^1\}$. Da die Querschnitte starr sind, kann man den Ort aller Punkte P im Querschnitt R_1 angeben, wenn man Ort und Orientierung des im Querschnitt festen Koordinatensystems $\{O^2, \underline{e}^2\}$ kennt. Ort und Orientierung von $\{O^2, \underline{e}^2\}$ hängen in der aktuellen Konfiguration nur von der Koordinate R_1 und von der Zeit t ab. Die Verschiebungsvektoren der Punkte O^2 auf der Achse seien

$$\underline{w} = \underline{e}^{1^T} \mathbf{w}, \quad \mathbf{w} = \left[w_\alpha \right] \quad \text{wo} \quad w_\alpha = w_\alpha(R_1, t) \quad \text{also} \quad \mathbf{w} = \mathbf{w}(R_1, t) \tag{4.6}$$

und die Orientierung von $\underline{e}^2(t)$ bezüglich $\underline{e}^2(t_0) \equiv \underline{e}^1$ werde beschrieben durch

$$\underline{e}^2 = \mathbf{\Theta} \underline{e}^1, \quad \mathbf{\Theta} = \left[\Theta_{\alpha\beta} \right] \quad \text{wo} \quad \Theta_{\alpha\beta} = \Theta_{\alpha\beta}(R_1, t) \quad \text{also} \quad \mathbf{\Theta} = \mathbf{\Theta}(R_1, t). \tag{4.7}$$

Die Elemente der Drehmatrix $\mathbf{\Theta}(R_1, t)$ lassen sich durch drei Winkel

$$\boldsymbol{\vartheta}(R_1,t) = \left[\vartheta_\alpha(R_1,t)\right] \tag{4.8}$$

ausdrücken, die zur unten angegebenen Folge von Elementardrehungen – vgl. (7.23) – der Dreibeine $\underline{\varepsilon}^1 \equiv \underline{e}^1$ bis $\underline{\varepsilon}^4 \equiv \underline{e}^2$ gehören:

$$\underline{e}^2 \equiv \underline{\varepsilon}^4 = {}^1\mathbf{A}(\vartheta_1)\,\underline{\varepsilon}^3\,,\quad \underline{\varepsilon}^3 = {}^2\mathbf{A}(\vartheta_2)\,\underline{\varepsilon}^2\,,\quad \underline{\varepsilon}^2 = {}^3\mathbf{A}(\vartheta_3)\,\underline{\varepsilon}^1 \equiv \underline{e}^1. \tag{4.9}$$

Bei dieser Parametrisierung läßt sich $\boldsymbol{\Theta}$ mit den Elementardrehungen schreiben als

$$\boldsymbol{\Theta} = {}^1\mathbf{A}(\vartheta_1)\,{}^2\mathbf{A}(\vartheta_2)\,{}^3\mathbf{A}(\vartheta_3). \tag{4.10}$$

Die Darstellung wird sich weiter unten, bei der Formulierung der Zwangsgleichungen für Bernoulli-Balken, als zweckmäßig erweisen. Aus (4.10) erhält man

$$\boldsymbol{\Theta} = \begin{bmatrix} +c_2\,c_3 & +c_2\,s_3 & -s_2 \\ -c_1\,s_3 + s_1\,s_2\,c_3 & +c_1\,c_3 + s_1\,s_2\,s_3 & +s_1\,c_2 \\ +s_1\,s_3 + c_1\,s_2\,c_3 & -s_1\,c_3 + c_1\,s_2\,s_3 & +c_1\,c_2 \end{bmatrix} \quad \text{mit} \quad \begin{cases} c_\alpha = \cos\vartheta_\alpha \\ s_\alpha = \sin\vartheta_\alpha\,. \end{cases} \tag{4.11}$$

Im Koordinatensystem $\{O^2, \mathbf{e}^2\}$ hat ein Punkt P des Querschnitts R_1 die Koordinaten

$$\mathbf{R}^Q = \begin{bmatrix} 0 & R_2 & R_3 \end{bmatrix}^T. \tag{4.12}$$

Die Punkte der Achse im Balkenbezugssytem $\{O^1, \underline{e}^1\}$ sind gegeben durch

$$\mathbf{R}^A = \begin{bmatrix} R_1 & 0 & 0 \end{bmatrix}^T. \tag{4.13}$$

Bei Angabe aller Vektoren in der Basis $\underline{e}^1$ erkennt man mit (4.7) aus Bild 4-1, daß $\mathbf{R} + \mathbf{u} = \mathbf{R}^A + \mathbf{w} + \boldsymbol{\Theta}^T\,\mathbf{R}^Q$. Demnach wird das Verschiebungsfeld $\mathbf{u}(\mathbf{R},t)$ durch die oben eingeführten Größen dargestellt in der Form

$$\mathbf{u}(\mathbf{R},t) = \mathbf{R}^A + \mathbf{w}(R_1,t) + \boldsymbol{\Theta}(R_1,t)^T\,\mathbf{R}^Q - \mathbf{R}. \tag{4.14}$$

Zur Beschreibung der Verformung des Balkens erhält man anstelle der *drei* Funktionen $u_\alpha = u_\alpha(R_1,R_2,R_3,t)$ von *drei* Ortskoordinaten R_α (und der Zeit t) die *sechs* Funktionen $w_\alpha(R_1,t)$ und $\vartheta_\alpha(R_1,t)$ von nur *einer* Ortskoordinaten R_1 (und der Zeit t). Die zur Modellvorstellung aus Bild 4-1 gehörenden sechs Deformationskoordinaten sind

$$\mathbf{y}(R_1,t) = \begin{bmatrix} \mathbf{w}(R_1,t) \\ \boldsymbol{\vartheta}(R_1,t) \end{bmatrix}. \tag{4.15}$$

Sie beschreiben Translationen und Rotationen der Querschnitte und werden als Verschiebungsgrößen bezeichnet.

Der Ort von P im Inertialsystem

$$\underline{r}^P = \underline{\mathbf{e}}^{I^T}\, {}^I\mathbf{r}^P = \underline{\mathbf{e}}^{I^T}\, \mathbf{r}^P\,, \quad {}^I\mathbf{r}^P = \left[\, {}^I r_\alpha^P \right], \quad \mathbf{r}^P = \left[r_\alpha^P \right] \quad \text{mit} \quad \mathbf{r}^P = \mathbf{A}^1\, {}^I\mathbf{r}^P \tag{4.16}$$

ergibt sich nach Bild 4-1 und mit den bisher eingeführten Größen zu

$$ {}^I\mathbf{r}^P = \mathbf{A}^{1^T}\mathbf{r}^1 + \mathbf{A}^{1^T}\left(\mathbf{R}^A + \mathbf{w}\right) + \mathbf{A}^{1^T}\mathbf{\Theta}^T\, \mathbf{R}^Q. \tag{4.17}$$

Dies sind die expliziten Zwangsgleichungen (3.2) für das Modell des schubweichen Balkens aus Bild 4-1 bei Verwendung der Deformationsvariablen $\mathbf{y}(R_1,t)$ aus (4.15) zur Beschreibung seiner Bewegung bezüglich des Referenzsystems $\{O^1, \underline{\mathbf{e}}^1\}$ und bei Angabe der Bewegung des Referenzsystems durch $\mathbf{r}^1(t)$ und $\mathbf{A}^1(t)$ – zur Festlegung von $\{O^1, \underline{\mathbf{e}}^1\}$ vgl. Abschnitte 6.2.1 und 6.3.6.

Verschiebungsgrößen bei Bernoulli-Balken

Bei dem nach Bernoulli benannten Balkenmodell nimmt man an, daß die Querschnitte stets orthogonal zur Tangente an die Balkenachse bleiben. Demzufolge stimmt der durch (4.7) und (4.11) gegebene Normalenvektor $\underline{e}_1^2$ der Querschnittsfläche, also

$$\underline{e}_1^2 = \sum_\beta \Theta_{1\beta}\, \underline{e}_\beta^1 = \cos\vartheta_2 \cos\vartheta_3\, \underline{e}_1^1 + \cos\vartheta_2 \sin\vartheta_3\, \underline{e}_2^1 - \sin\vartheta_2\, \underline{e}_3^1, \tag{4.18}$$

überein mit dem Tangentenvektor $\underline{t}$ an die durch $\mathbf{w}(R_1,t)$ gegebene Achse

$$\underline{t} = \frac{(1+w_1')\,\underline{e}_1^1 + w_2'\,\underline{e}_2^1 + w_3'\,\underline{e}_3^1}{\sqrt{(1+w_1')^2 + (w_2')^2 + (w_3')^2}} \quad \text{wo} \quad w_\alpha'(R_1,t) = \frac{\partial w_\alpha(R_1,t)}{\partial R_1}. \tag{4.19}$$

Die Gleichung ist aus der Differentialgeometrie von Raumkurven bekannt – vgl. auch Abschnitt 4.1.2.

Mit der Zwangsbedingung $\underline{t} = \underline{e}_1^2$ kann man die Winkel $\vartheta_2(R_1,t)$ und $\vartheta_3(R_1,t)$ durch die Ableitungen $w_\alpha'(R_1,t)$ der Verschiebungen ausdrücken. Man findet

$$\left.\begin{aligned}
\sin\vartheta_2 &= \frac{-w_3'}{\sqrt{(1+w_1')^2 + (w_2')^2 + (w_3')^2}}, & \cos\vartheta_2 &= \frac{\sqrt{(1+w_1')^2 + (w_2')^2}}{\sqrt{(1+w_1')^2 + (w_2')^2 + (w_3')^2}}, \\[2ex]
\sin\vartheta_3 &= \frac{w_2'}{\sqrt{(1+w_1')^2 + (w_2')^2}}, & \cos\vartheta_3 &= \frac{1+w_1'}{\sqrt{(1+w_1')^2 + (w_2')^2}}.
\end{aligned}\right\} \tag{4.20}$$

Wegen der zusätzlichen Zwangsbedingungen (4.20) für Bernoulli-Balken kann man deren Bewegungen bezüglich $\{O^1, \underline{\mathbf{e}}^1\}$ mit nur vier Deformationsvariablen, den Verschiebungsgrößen

$$\mathbf{y}(R_1,t) \equiv \mathbf{v}(R_1,t) = \left[v_i(R_1,t) \right] = \left[w_1(R_1,t) \quad w_2(R_1,t) \quad w_3(R_1,t) \quad \vartheta_1(R_1,t) \right]^T \qquad (4.21)$$

angeben. Die Zwangsgleichungen (4.20) lassen den Grund für die Wahl (4.9) der Winkel ϑ_α zur Parametrisierung von Θ erkennen. Bei Verwendung dieser Drehfolge gehen nur die Winkel ϑ_2 und ϑ_3 in die Darstellung (4.18) des Normalenvektors $\underline{e}_1^2$ ein und demzufolge erscheinen nur ϑ_2 und ϑ_3 in der Zwangsgleichung $\underline{t} = \underline{e}_1^2$. Die Drehwinkel ϑ_2 und ϑ_3 lassen sich daher durch Ableitungen der Verschiebungen $w_\alpha(R_1,t)$ allein ausdrücken. Bei anderen Winkeln würde die Deformationsvariable $\vartheta_1(R_1,t)$ noch zusätzlich in diesen Zwangsgleichungen erscheinen – vgl. auch [12].

Zur Herleitung der Bewegungsgleichungen von Balken wird das Hamiltonsche Prinzip verwendet. Es erfordert die Formulierung der Ausdrücke für die kinetische und potentielle Energie des verformten Körpers. Die kinetische Energie läßt sich mit den Verschiebungsgrößen (4.21) einfach angeben – vgl. Abschnitt 4.1.4.

4.1.2 Differentialgeometrie von Raumkurven

Die Differentialgeometrie von Raumkurven – vgl. z. B. [7] – liefert eine Beschreibung der Achse, die eine zuweilen vorteilhafte Alternative zur Definition von Deformationsvariablen erlaubt: Anstelle der Verschiebungsgrößen $\mathbf{v}(R_1,t)$ kann man Verformungsgrößen $\boldsymbol{\chi}(R_1,t)$ einführen. Sie gestatten eine einfache Angabe des elastischen Potentials.

Nach Bild 4-1 ist die Achse des Balkens zur Zeit t im Bezugssystem $\{O^1, \underline{\mathbf{e}}^1\}$ gegeben durch

$$\underline{a} = \underline{a}(R_1,t), \quad \underline{a} = \underline{\mathbf{e}}^{1^T} \mathbf{a}, \quad \mathbf{a} = \left[a_\alpha \right] \quad \text{wo} \quad a_\alpha = a_\alpha(R_1,t). \qquad (4.22)$$

Das Argument t von $\mathbf{a}(R_1,t)$ spielt bei den folgenden Erläuterungen keine Rolle und wird ab jetzt weggelassen, also $\mathbf{a} = \mathbf{a}(R_1)$. Die drei Funktionen $\mathbf{a} = \mathbf{a}(R_1)$ sind die Parameterdarstellung der Punkte $O \equiv O^2$ einer Raumkurve $\mathcal{R}$, der Achse des Balkens – vgl. Bild 4-2. Die Ableitungen von $a_\alpha = a_\alpha(R_1)$ sind die Koordinaten eines Vektors

$$\underline{a}'(R_1) = \underline{\mathbf{e}}^{1^T} \mathbf{a}'(R_1), \quad \mathbf{a}'(R_1) = \frac{d\mathbf{a}}{dR_1} = \left[\frac{da_\alpha}{dR_1} \right] = \left[a_\alpha'(R_1) \right], \qquad (4.23)$$

dessen Richtung mit der Tangente an $\mathcal{R}$ im Punkt O übereinstimmt. Der Einheitsvektor

$$\underline{t}(R_1) = \underline{\mathbf{e}}^{1^T} \mathbf{t}(R_1), \quad \mathbf{t}(R_1) = \left[t_\alpha(R_1) \right] = \frac{\mathbf{a}'}{\sqrt{\mathbf{a}'^T \mathbf{a}'}} \quad \text{wo} \quad \sqrt{\mathbf{a}'^T \mathbf{a}'} > 0 \quad \text{und} \quad \mathbf{t}^T \mathbf{t} = 1 \qquad (4.24)$$

heißt *Tangentenvektor* an $\mathcal{R}$. Der Skalar

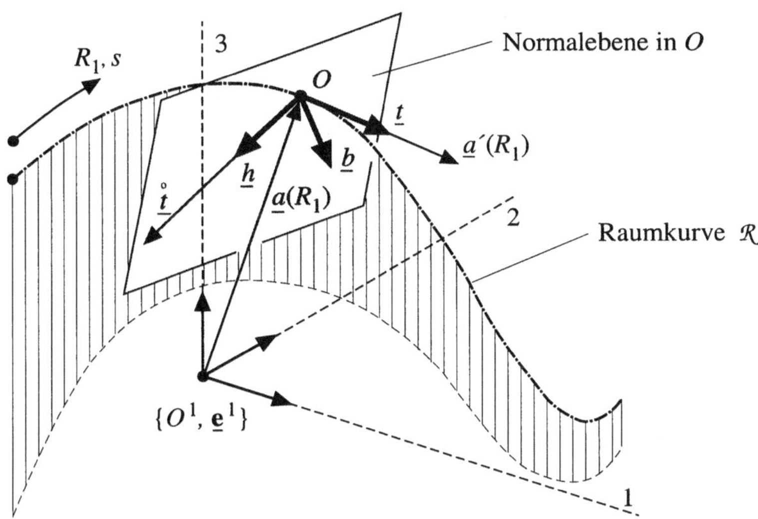

Bild 4-2: Parameterdarstellung und begleitendes Dreibein einer Raumkurve $\mathcal{R}$.

$$s(R_1) = \int\limits_0^{R_1} \sqrt{\mathbf{a}'(x)^T \mathbf{a}'(x)} \; dx \tag{4.25}$$

ist die von $R_1 = 0$ gemessene *Bogenlänge*, die einfachste Invariante von $\mathcal{R}$, [7], S. 332. Die Ableitung

$$s'(R_1) = \frac{ds(R_1)}{dR_1} = \sqrt{\mathbf{a}'(R_1)^T \mathbf{a}'(R_1)} \tag{4.26}$$

heißt Bogenableitung von $\mathcal{R}$. An ihrer Stelle betrachtet man oft das als infinitesimales Bogenelement bezeichnete Differential

$$ds(R_1) = s'(R_1)\,dR_1 = \sqrt{\mathbf{a}'(R_1)^T \mathbf{a}'(R_1)} \; dR_1. \tag{4.27}$$

Anstelle von R_1 kann man in (4.22) auch die Bogenlänge $s = s(R_1)$ als Parameter verwenden, also die Darstellung $\mathbf{a} = \mathbf{a}(s)$ der Raumkurve $\mathcal{R}$. Für Ableitungen nach s und R_1 gilt

$$\frac{d}{dR_1} = \frac{d}{ds}\frac{ds}{dR_1} = \frac{d}{ds}\,s' = \frac{d}{ds}\sqrt{\mathbf{a}'^T \mathbf{a}'}. \tag{4.28}$$

Bezeichnet man Ableitungen nach der Bogenlänge s durch Kringel, so gilt insbesondere

$$\mathbf{a}' = \frac{d\mathbf{a}}{ds}\,\frac{ds}{dR_1} = \overset{\circ}{\mathbf{a}}\, s' = \overset{\circ}{\mathbf{a}}\sqrt{\mathbf{a}'^T \mathbf{a}'}\,. \tag{4.29}$$

Damit folgt aus (4.24)

$$\mathbf{t} = \left[t_\alpha\right] = \left[\overset{\circ}{a}_\alpha\right] = \overset{\circ}{\mathbf{a}} \quad \text{und} \quad \overset{\circ}{\mathbf{a}}^T \overset{\circ}{\mathbf{a}} = 1\,. \tag{4.30}$$

Aus der zweiten Gleichung in (4.30) erhält man bei Differentiation nach s

$$\overset{\circ}{\mathbf{a}}^T \overset{\circ\circ}{\mathbf{a}} = 0 \quad \text{wo} \quad \overset{\circ\circ}{\mathbf{a}} = \left[\overset{\circ\circ}{a}_\alpha\right] = \left[\overset{\circ}{t}_\alpha\right] = \overset{\circ}{\mathbf{t}}\,. \tag{4.31}$$

Demnach steht der Vektor $\underline{\overset{\circ}{t}}$ senkrecht auf dem Tangentenvektor $\underline{\overset{\circ}{a}} = \underline{t}$ – er liegt in der Normalebene von $\mathcal{R}$ in O, vgl. Bild 4-2, und er zeigt zur konkaven Seite der Kurve. Sein Betrag

$$k_1 = k_1(s) = \left|\underline{\overset{\circ}{t}}\right| = \sqrt{\overset{\circ}{\mathbf{t}}^T \overset{\circ}{\mathbf{t}}} = \sqrt{\overset{\circ\circ}{\mathbf{a}}^T \overset{\circ\circ}{\mathbf{a}}} \tag{4.32}$$

ist eine weitere Invariante von $\mathcal{R}$, die *erste Krümmung* von $\mathcal{R}$ in O. Der Einheitsvektor

$$\underline{h} = \frac{1}{k_1}\underline{\overset{\circ}{t}} = \underline{e}^{1^T}\mathbf{h}\,, \quad \mathbf{h} = \left[h_\alpha\right] = \frac{1}{k_1}\overset{\circ}{\mathbf{t}} \tag{4.33}$$

heißt *Hauptnormalenvektor* von $\mathcal{R}$ in O. Die Vektoren $\underline{t}$ und $\underline{h}$ spannen die *Schmiegebene* von $\mathcal{R}$ im Punkt O auf. Mit dem *Binormalenvektor*

$$\underline{b} = \underline{t} \times \underline{h} = \underline{e}^{1^T}\mathbf{b}\,, \quad \mathbf{b} = \left[b_\alpha\right] = \tilde{\mathbf{t}}\,\mathbf{h}\,, \tag{4.34}$$

erhält man im Punkt O ein orthogonales, rechtshändiges Dreibein, das *natürliche* oder *begleitende Dreibein* von $\mathcal{R}$

$$\underline{\varepsilon} = \left[\underline{t}\quad \underline{h}\quad \underline{b}\right]^T, \tag{4.35}$$

und zusammen mit O das Koordinatensystem $\{O, \underline{\varepsilon}\}$. Sein Ursprung ist durch $\mathbf{a} = \mathbf{a}(s)$ gegeben und seine Orientierung bezüglich $\underline{e}^1$ durch eine Drehmatrix $\mathbf{D} = \mathbf{D}(s)$, wo

$$\underline{\varepsilon}(s) = \mathbf{D}(s)\,\underline{e}^1 \quad \text{mit} \quad \mathbf{D} = \left[D_{\alpha\beta}\right]. \tag{4.36}$$

Beim Durchlaufen der Kurve im Sinn wachsender Parameter s führt das Koordinatensystem $\{O, \underline{\varepsilon}\}$ demnach gegenüber $\{O^1, \underline{e}^1\}$ eine durch $\mathbf{a}(s)$ beschriebene Translationsbewegung und eine durch $\mathbf{D}(s)$ erfaßte Rotationsbewegung aus. Einen Ausdruck für die Winkelgeschwindigkeit zu der durch $\mathbf{D}(s)$ gegebenen Rotationsbewegung erhält man durch Ermittlung der Gleichungen für die infinitesimalen Änderungen der Basisvektoren des begleitenden Dreibeins $\boldsymbol{\varepsilon}$ beim Durchlaufen von $\mathcal{R}$, also bei Änderung von s. Die Änderung des Tangentenvektors bei Änderung von s ergibt sich aus (4.33) als

$$\overset{\circ}{\mathbf{t}} = k_1\,\mathbf{h}\,. \tag{4.37}$$

Zur Ermittlung von $\overset{\circ}{\mathbf{h}}$ geht man von $\mathbf{h}^T\mathbf{h} = 1$ aus. Durch Differentiation nach s folgt

$$\mathbf{h}^T\overset{\circ}{\mathbf{h}} = 0 \quad \text{wo} \quad \overset{\circ}{\mathbf{h}} = \left[\overset{\circ}{h}_\alpha\right]. \tag{4.38}$$

Der Vektor $\underset{\sim}{\overset{\circ}{h}}$ mit den Koordinaten $\overset{\circ}{\mathbf{h}}$ steht demnach senkrecht auf $\underset{\sim}{h}$ und liegt somit in der von $\underset{\sim}{b}$ und $\underset{\sim}{t}$ aufgespannten Ebene – vgl. Bild 4-2. Folglich gilt

$$\overset{\circ}{\mathbf{h}} = \alpha\,\mathbf{t} + k_2\,\mathbf{b} \tag{4.39}$$

mit den beiden, noch unbestimmten Parametern α und k_2. Für sie findet man aus den skalaren Produkten von $\overset{\circ}{\mathbf{h}}$ mit $\mathbf{t}$ und $\mathbf{b}$:

$$\alpha = \mathbf{t}^T\overset{\circ}{\mathbf{h}}, \quad k_2 = \mathbf{b}^T\overset{\circ}{\mathbf{h}}\,. \tag{4.40}$$

Aus $\mathbf{t}^T\mathbf{h} = 0$ folgt durch Differentiation $\overset{\circ}{\mathbf{t}}{}^T\mathbf{h} + \mathbf{t}^T\overset{\circ}{\mathbf{h}} = 0$. Also ist $\alpha = -\overset{\circ}{\mathbf{t}}{}^T\mathbf{h} = -k_1\mathbf{h}^T\mathbf{h} = -k_1$ – vgl. (4.37). Damit wird aus (4.39)

$$\overset{\circ}{\mathbf{h}} = -\,k_1\,\mathbf{t} + k_2\,\mathbf{b}\,. \tag{4.41}$$

Die Größe k_2 ist neben k_1 und s eine dritte Invariante von $\mathcal{R}$, die *zweite Krümmung* oder die *Windung* von $\mathcal{R}$. Oft wird k_2 auch als Torsion von $\mathcal{R}$ bezeichnet, ein Begriff der hier für die von k_2 i. a. verschiedene Verdrehung von Balkenquerschnitten verwendet werden soll – vgl. Abschnitt 4.1.3.

Zur Ermittlung von $\overset{\circ}{\mathbf{b}}$ geht man von $\mathbf{b}^T\mathbf{b} = 1$ aus. Durch Differentiation nach s findet man ähnlich wie oben für $\overset{\circ}{\mathbf{h}}$ – vgl. [7], S. 334

$$\overset{\circ}{\mathbf{b}} = -\,k_2\,\mathbf{h}\,. \tag{4.42}$$

Mit (4.37), (4.41) und (4.42) sind die Ableitungen der Basisvektoren des begleitenden Dreibeins ausgedrückt durch die Basisvektoren selbst in der Form

$$
\left.\begin{array}{rcl}
\overset{\circ}{\mathbf{t}} &=& +k_1\,\mathbf{h} \\[2mm]
\overset{\circ}{\mathbf{h}} &=& -k_1\,\mathbf{t} \qquad\quad +k_2\,\mathbf{b} \\[2mm]
\overset{\circ}{\mathbf{b}} &=& \qquad\quad -k_2\,\mathbf{h}.
\end{array}\right\}
\tag{4.43}
$$

Mit (4.35) läßt sich (4.43) unter Verwendung des Tilde-Operators kompakter schreiben als

$$
\frac{d\underline{\boldsymbol{\varepsilon}}}{ds}=\overset{\circ}{\underline{\boldsymbol{\varepsilon}}}=-
\begin{bmatrix}
0 & -k_1 & 0 \\
k_1 & 0 & -k_2 \\
0 & k_2 & 0
\end{bmatrix}
\underline{\boldsymbol{\varepsilon}}=-\,\tilde{\mathbf{k}}\,\underline{\boldsymbol{\varepsilon}} \quad\text{wo}\quad
\mathbf{k}=\mathbf{k}(s)=
\begin{bmatrix}
k_2(s) \\
0 \\
k_1(s)
\end{bmatrix}.
\tag{4.44}
$$

Bei Darstellung von (4.44) in der Basis $\underline{\mathbf{e}}^1$ wird mit (4.36)

$$
\overset{\circ}{\mathbf{D}}(s)=-\,\tilde{\mathbf{k}}(s)\,\mathbf{D}(s).
\tag{4.45}
$$

Die Formeln (4.43) bis (4.45) werden als Ableitungsgleichungen der Kurventheorie oder als *Frenetsche Gleichungen* bezeichnet. Sie sind ein Spezialfall der aus [22], S. 81 bekannten Poissonschen Gleichung für die Ableitung einer Drehmatrix nach einem Parameter, der hier nicht die Zeit t sondern die Bogenlänge s angibt. Der Vektor

$$
\underline{k}=\underline{\boldsymbol{\varepsilon}}^T\,\mathbf{k}, \quad \mathbf{k}=\begin{bmatrix}k_2 & 0 & k_1\end{bmatrix}^T
\tag{4.46}
$$

repräsentiert die Krümmung der Raumkurve $\mathcal{R}$. Bei Darstellung im begleitenden Dreibein $\underline{\boldsymbol{\varepsilon}}$ hat $\underline{k}$ nach (4.44) nur zwei von Null verschiedene Koordinaten, die beiden Invarianten k_1 und k_2 von $\mathcal{R}$. Ist die Bewegung des Dreibeins $\underline{\boldsymbol{\varepsilon}}$ längs $\mathcal{R}$ als Funktion $s=s(t)$ der Zeit gegeben, so gibt $\mathbf{k}=\mathbf{k}(s(t))$ die Winkelgeschwindigkeit des begleitenden Dreibeins an.

Ebenso wie die drei Gleichungen $a_\alpha=a_\alpha(R_1)$ beschreiben die beiden Funktionen $k_i=k_i(s)$, $i=1,2$ die Raumkurve $\mathcal{R}$ vollständig. Insbesondere geben die beiden Krümmungen k_i wegen (4.43) den Verlauf von $\mathcal{R}$ in der Umgebung des Ursprungs des begleitenden Dreibeins an. Daraus abgeleitete geometrische Deutungen der k_i finden sich in [7], S. 337. Sie werden unten zur Definition der Verformungsgrößen benötigt.

Die erste Krümmung k_1 ergibt sich aus der zweiten Ableitung der Parameterdarstellung $\mathbf{a}=\mathbf{a}(s)$ der Raumkurve gemäß (4.32). Eine analoge, für Rechnungen brauchbare Gleichung zur Ermittlung der zweiten Krümmung k_2, der Windung von $\mathcal{R}$, wird in [7], S. 335 hergeleitet:

$$
k_2=\frac{1}{k_1^2}\,\overset{\circ}{\mathbf{a}}{}^T\,\overset{\circ\circ}{\tilde{\mathbf{a}}}\,\overset{\circ\circ\circ}{\mathbf{a}}\,.
\tag{4.47}
$$

Bei Vorgabe der Raumkurve in Abhängigkeit von R_1, also durch $\mathbf{a}=\mathbf{a}(R_1)$, gehen diese Gleichungen über in

$$k_1(R_1) = \frac{1}{(s')^3} \sqrt{\left(\mathbf{a}'^T\mathbf{a}'\right)\left(\mathbf{a}''^T\mathbf{a}''\right) - \left(\mathbf{a}'^T\mathbf{a}''\right)^2} = \sqrt{\frac{\left(\mathbf{a}'^T\mathbf{a}'\right)\left(\mathbf{a}''^T\mathbf{a}''\right) - \left(\mathbf{a}'^T\mathbf{a}''\right)^2}{\left(\mathbf{a}'^T\mathbf{a}'\right)^3}}$$

$$k_2(R_1) = \frac{\mathbf{a}'^T\tilde{\mathbf{a}}''\mathbf{a}'''}{\left(\mathbf{a}'^T\mathbf{a}'\right)\left(\mathbf{a}''^T\mathbf{a}''\right) - \left(\mathbf{a}'^T\mathbf{a}''\right)^2} \; . \tag{4.48}$$

Biegelinien von Balken wurden in Abschnitt 4.1.1 nicht durch die Abstände $\mathbf{a}(R_1)$ vom Ursprung sondern durch die Verschiebungen $\mathbf{w}(R_1)$ angegeben. Die Vektoren $\underline{w}(R_1)$ ordnen nach den Bildern 4-1 und 4-3 den Punkten der 1-Achse mit den Koordinaten $\mathbf{R}^A$ aus (4.13) die Punkte der Biegelinie mit den Koordinaten $\mathbf{a}(R_1) = \mathbf{R}^A + \mathbf{w}(R_1)$ zu. Für die Bogenlänge $s(R_1)$ der durch $\mathbf{w}(R_1)$ gegebenen Biegelinie gilt mit (4.25)

$$s(R_1) = \int_0^{R_1} \sqrt{\left(1 + w_1'(x)\right)^2 + \left(w_2'(x)\right)^2 + \left(w_3'(x)\right)^2} \; dx . \tag{4.49}$$

Für das infinitesimale Bogenelement ds ergibt sich mit (4.27)

$$ds(R_1) = \sqrt{\left(dR_1 + dw_1(R_1)\right)^2 + \left(dw_2(R_1)\right)^2 + \left(dw_3(R_1)\right)^2} , \tag{4.50}$$

eine Gleichung, die, wie in Bild 4-3 angedeutet, auch geometrisch interpretiert werden kann. Zuweilen werden solche Vorstellungen zur anschaulichen Herleitung von (4.50) benutzt.

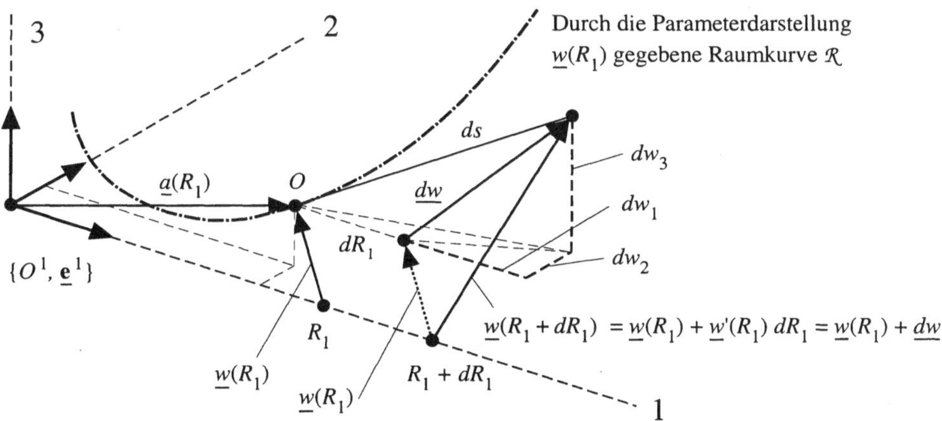

Bild 4-3: Bogenelement ds in O einer in der Parameterdarstellung $w_\alpha = w_\alpha(R_1)$ gegebenen Raumkurve.

Den Tangentenvektor an die durch $\mathbf{a}(R_1) = \mathbf{R}^A + \mathbf{w}(R_1)$ gegebene Biegelinie erhält man mit (4.24) bis (4.26) und (4.49) zu

$$\underline{t}(R_1) = \underline{e}^{1^T} \frac{1}{s'(R_1)} \begin{bmatrix} 1 + w'_1(R_1) \\ w'_2(R_1) \\ w'_3(R_1) \end{bmatrix}, \quad s'(R_1) = \sqrt{\left(1 + w'_1(R_1)\right)^2 + \left(w'_2(R_1)\right)^2 + \left(w'_3(R_1)\right)^2}, \quad (4.51)$$

also die bereits in (4.19) verwendete Darstellung von $\underline{t}$.

4.1.3 Verformungsgrößen bei Bernoulli-Balken

In Abschnitt 4.1.1 wurden Bewegungen von Bernoulli-Balken durch die vier Verschiebungsgrößen $\mathbf{\upsilon}$ aus (4.21) erfaßt. Alternativ kann man mit den Hilfsmitteln aus der Differentialgeometrie von Raumkurven Deformationsvariable definieren, die Verformungsgrößen $\mathbf{\chi}$. Sie
beschreiben je eine der vier Verformungen des Balkens, nämlich Dehnung, zwei Biegungen
und Torsion, separat, was u. a. eine einfache Angabe des elastischen Potentials erlaubt.

Die in Bild 4-4 dargestellte Raumkurve sei die Achse eines Bernoulli-Balkens. Mit den in (4.6)
und (4.13) definierten Größen $\mathbf{w}$ und $\mathbf{R}^A$ ist sie gegeben durch die Parameterdarstellung

$$\mathbf{a} = \mathbf{a}(R_1) = \mathbf{R}^A + \mathbf{w}(R_1). \tag{4.52}$$

Nach Abschnitt 4.1.2 lassen sich dieser Raumkurve drei Invarianten zuordnen, die in (4.25)
und (4.49) angegebene Bogenlänge $s(R_1)$ und die beiden Krümmungen $k_1(R_1)$ und $k_2(R_1)$
aus (4.48). Die drei Invarianten geben Ort und Orientierung des Koordinatensystems $\{O^2, \underline{\varepsilon}\}$
auf der Kurve an. Die Orientierung des begleitenden Dreibeins $\underline{\varepsilon}$ aus (4.35) bezüglich $\{O^1, \underline{e}^1\}$
wird durch (4.36) beschrieben. Sie ist eine Funktion von s bzw. R_1, also $\mathbf{D} = \mathbf{D}(s)$ bzw. $\mathbf{D} =
\mathbf{D}(R_1)$. Die Änderung der Orientierung des begleitenden Dreibeins bei Änderung von s, also
beim Fortschreiten längs der Balkenachse, ist durch die Frenetschen Gleichungen (4.43) bis
(4.45) gegeben. Sie wird erfaßt durch die beiden Krümmungen k_i der Achse.

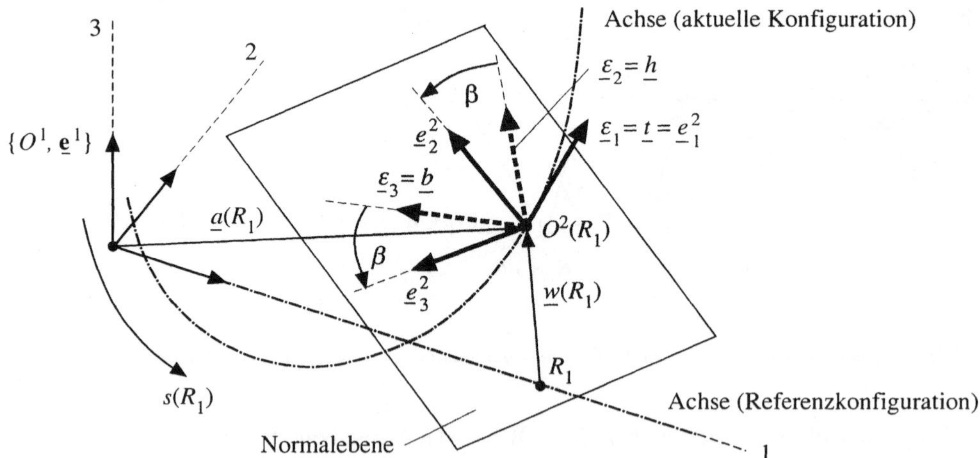

Bild 4-4: Achse eines Bernoulli-Balkens mit begleitendem Dreibein $\mathbf{\varepsilon}$ und querschnittfestem System $\{O^2, \underline{e}^2\}$.

Es erscheint naheliegend, das begleitende Dreibein $\underline{\varepsilon}$ im Fall des Bernoulli-Balkens als Basis des querschnittfesten Koordinatensystems aus Bild 4-1 zu verwenden. Dies ist aber nur im Sonderfall torsionsfreier Bewegungen möglich, wie das einfache Beispiel eines geraden, tordierten Balkens zeigt, [28], S. 5: Beide Krümmungen k_1 und k_2 sind für eine Gerade gleich Null und Drehungen der Balkenquerschnitte können in diesem Fall durch die Bewegung des begleitenden Dreibeins nicht erfaßt werden. Man ist gezwungen, das gegenüber dem begleitenden Dreibein verdrehte, querschnittfeste Koordinatensystem $\{O^2, \underline{e}^2\}$ einzuführen – vgl. Bild 4-4. Seine 2- und 3-Achsen, die Hauptträgheitsachsen, sind gegenüber dem begleitenden Dreibein $\underline{\varepsilon}$ um den Winkel $\beta = \beta(s)$ verdreht, also

$$\underline{e}^2 = {}^1\mathbf{A}\,\underline{\varepsilon}, \quad \text{wo} \quad {}^1\mathbf{A} = {}^1\mathbf{A}(\beta) \quad \text{mit} \quad \beta = \beta(s) \tag{4.53}$$

und mit der Elementardrehung ${}^1\mathbf{A}(\beta)$ – vgl. (7.23). Die Orientierung von $\underline{e}^2$ bezüglich $\underline{e}^1$ wird durch die in (4.7) eingeführte Matrix $\boldsymbol{\Theta}$ beschrieben. Mit (4.53) und (4.36) erhält man $\boldsymbol{\Theta} = {}^1\mathbf{A}\,\mathbf{D}$. Für die Änderung der Orientierung von $\underline{e}^2$ bezüglich $\underline{e}^1$ bei Änderung von s gilt mit (4.53), (4.44) und (4.36)

$$\overset{\circ}{\underline{e}}{}^2 = {}^1\overset{\circ}{\mathbf{A}}\,\underline{\varepsilon} + {}^1\mathbf{A}\,\overset{\circ}{\underline{\varepsilon}} = \left({}^1\overset{\circ}{\mathbf{A}} - {}^1\mathbf{A}\,\tilde{\mathbf{k}}\right)\mathbf{D}\,\underline{e}^1 \quad \text{wo} \quad {}^1\overset{\circ}{\mathbf{A}} = \frac{d\,{}^1\mathbf{A}}{ds}. \tag{4.54}$$

Aus (4.54) folgt wegen ${}^1\mathbf{A}^T\,{}^1\mathbf{A} = \mathbf{E}$ unter Beachtung von $\boldsymbol{\Theta} = {}^1\mathbf{A}\,\mathbf{D}$

$$\overset{\circ}{\underline{e}}{}^2 = \left({}^1\overset{\circ}{\mathbf{A}}\,{}^1\mathbf{A}^T - {}^1\mathbf{A}\,\tilde{\mathbf{k}}\,{}^1\mathbf{A}^T\right)\boldsymbol{\Theta}\,\underline{e}^1 = -\tilde{\boldsymbol{\kappa}}\,\boldsymbol{\Theta}\,\underline{e}^1 \tag{4.55}$$

mit der schiefsymmetrischen Matrix

$$\tilde{\boldsymbol{\kappa}} = \left({}^1\mathbf{A}\,\tilde{\mathbf{k}}\,{}^1\mathbf{A}^T - {}^1\mathbf{A}\,{}^1\overset{\circ}{\mathbf{A}}{}^T\right) = \begin{bmatrix} 0 & -k_1\cos\beta & k_1\sin\beta \\ k_1\cos\beta & 0 & -k_2 - \overset{\circ}{\beta} \\ -k_1\sin\beta & k_2 + \overset{\circ}{\beta} & 0 \end{bmatrix}, \quad \overset{\circ}{\beta} = \frac{d\beta}{ds}. \tag{4.56}$$

Andererseits folgt aus (4.7)

$$\overset{\circ}{\underline{e}}{}^2 = \overset{\circ}{\boldsymbol{\Theta}}\,\underline{e}^1 \quad \text{mit} \quad \boldsymbol{\Theta} = \boldsymbol{\Theta}(s) \quad \text{und} \quad \overset{\circ}{\boldsymbol{\Theta}} = \frac{d\boldsymbol{\Theta}}{ds} = \left[d\Theta_{\alpha\beta}/ds\right]. \tag{4.57}$$

Ein Vergleich mit (4.55) ergibt

$$\overset{\circ}{\boldsymbol{\Theta}} = -\tilde{\boldsymbol{\kappa}}\,\boldsymbol{\Theta} \tag{4.58}$$

mit der in (4.56) definierten Matrix $\tilde{\kappa}$. Die Beziehung (4.58) ist der aus der Kinematik der Rotationsbewegungen starrer Körper bekannten Poissonschen Gleichung zur Angabe der zeitlichen Ableitungen des Rotationstensors durch den Winkelgeschwindigkeitsvektor völlig äquivalent – der Zeit t entspricht hier die Bogenlänge s und den Koordinaten $\boldsymbol{\omega}$ der Winkelgeschwindigkeit entsprechen hier die drei verschiedenen Elemente von $\tilde{\kappa}$. Die zu $\tilde{\kappa}$ gehörende 3×1-Matrix $\boldsymbol{\kappa}$ enthält die Koordinaten des Vektors

$$\underline{\kappa} = \lim_{\Delta s \to 0} \frac{\Delta \psi}{\Delta s} \underline{u}, \tag{4.59}$$

wo $\underline{u}$ und $\Delta \psi$ Drehachse und Drehwinkel der durch $\underline{e}^2(s + \Delta s) = \Delta \boldsymbol{\Theta} \, \underline{e}^2(s)$ definierten Drehmatrix $\Delta \boldsymbol{\Theta}$ angeben. Der Vektor $\underline{\kappa}$ wird als *modifizierter Krümmungsvektor* bezeichnet. Mit den in [22], S. 81 bei der Herleitung der Poissonschen Gleichung angegebenen Argumenten folgt aus (4.59) mit (4.56) bis (4.58), daß $\boldsymbol{\kappa}$ die Koordinaten von $\underline{\kappa}$ in der Basis $\underline{e}^2$ sind, also

$$\underline{\kappa} = \underline{e}^{2^T} \boldsymbol{\kappa}, \quad \boldsymbol{\kappa} = \boldsymbol{\kappa}(s) = \left[\kappa_\alpha\right] = \begin{bmatrix} k_2(s) + \overset{\circ}{\beta}(s) \\ k_1(s) \sin \beta(s) \\ k_1(s) \cos \beta(s) \end{bmatrix}. \tag{4.60}$$

Die Gleichungen (4.53) bis (4.60) zeigen, daß sich die Änderung der Orientierung des querschnittfesten Dreibeins $\underline{e}^2$ bezüglich $\underline{e}^1$ bei Änderung von s zusammensetzt aus der Änderung der Orientierung des begleitenden Dreibeins $\underline{\varepsilon}$ bezüglich $\underline{e}^1$, die durch die Krümmungen k_1 und k_2 der Balkenachse gegeben ist, und aus der Änderung $d\beta / ds$ der Hauptachsen $\underline{e}^2_{2,3}$ der Querschnitte bezüglich des begleitenden Dreibeins $\underline{\varepsilon}$. Die drei Größen k_1, k_2 und $d\beta / ds$ legen die Koordinaten des modifizierten Krümmungsvektors $\underline{\kappa}$ fest, der die Änderung (4.58) der Orientierung von $\underline{e}^2$ bezüglich $\underline{e}^1$ bei Änderung der Bogenlänge s angibt. Die geometrische Deutung der modifizierten Krümmungen κ_α ergibt sich aus (4.60) mit den aus der Differentialgeometrie bekannten Interpretationen der Krümmungen k_1 und k_2.

Mit den modifizierten Krümmungen κ_α und mit der Bogenlänge s lassen sich vier *Verformungsgrößen* χ_i definieren, die die vier Verformungsmöglichkeiten eines Bernoulli-Balkens separat erfassen. Die Längenänderung oder *Dehnung* der Balkenachse[*)] am Ort R_1 ergibt sich mit der Bogenlänge (4.49) zu

$$\chi_1(R_1,t) = s(R_1,t) - R_1. \tag{4.61}$$

[*)] Die Bezeichnung "Dehnung" wird hier für χ_1 anstelle des umständlichen Worts "Längenänderung" verwendet, obwohl der Begriff in (2.52) auch für die auf die Ausgangslänge bezogene Längenänderung ε_α eingeführt wurde. Verwechslungen lassen sich ausschließen, wenn man von den Dehnungen ε_α und den Dehnungen χ_1 spricht.

Biegungen und Torsion werden erfaßt durch Integrale über die Krümmungen $\kappa_\alpha(s)$. Mit $s(R_1)$ gemäß (4.49) kann man die κ_α als Funktionen von R_1 schreiben, also $\kappa_\alpha = \kappa_\alpha(s(R_1))$ und man erhält drei weitere Verformungsgrößen, nämlich zwei Deformationsvariable zur Beschreibung von *Biegungen* in 2- und 3- Richtung

$$\chi_2(R_1,t) = +\int\limits_0^{R_1}\int\limits_0^{\xi}\kappa_3(\eta,t)\,d\eta\,d\xi\,, \qquad \chi_3(R_1,t) = -\int\limits_0^{R_1}\int\limits_0^{\xi}\kappa_2(\eta,t)\,d\eta\,d\xi \qquad (4.62)$$

und eine Deformationsvariable zur Darstellung der *Torsion*

$$\chi_4(R_1,t) = +\int\limits_0^{R_1}\kappa_1(\xi,t)\,d\xi. \qquad (4.63)$$

Die Verformungsgrößen

$$\mathbf{y}(R_1,t) \equiv \boldsymbol{\chi}(R_1,t) = \left[\chi_i(R_1,t)\right],\quad i = 1, 2, \cdots 4 \qquad (4.64)$$

stellen die Bewegungen des Bernoulli-Balkens ebenso dar wie die Verschiebungsgrößen $\mathbf{v}(R_1,t)$ aus (4.21). Dies läßt sich durch Angabe des Verschiebungsfelds $\mathbf{u}(\mathbf{R},t)$ der Punkte P des Balkens mit den Variablen χ_i zeigen. Dazu müssen nach (4.14) die Verschiebungskoordinaten $\mathbf{w}(R_1,t)$ der Punkte der Balkenachse und die Orientierung $\boldsymbol{\Theta}(R_1,t)$ des querschnittfesten Dreibeins als Funktionen der χ_i angegeben werden. Diese Gleichungen erhält man wie folgt: Aus den Darstellungen des Tangentenvektors durch (4.51) einerseits und durch (4.18) andererseits schließt man mit (4.61)

$$w_1' = s'\cos\vartheta_2\cos\vartheta_3 - 1,\ \ w_2' = s'\cos\vartheta_2\sin\vartheta_3\,,\ \ w_3' = -s'\sin\vartheta_2\ \ \text{wo}\ \ s' = 1 + \chi_1'. \quad (4.65)$$

Drückt man die Winkel ϑ_α durch χ_i, also durch s und κ_α aus, so sind mit (4.65) und (4.11) die gesuchten Größen, also $\mathbf{w}$ und $\boldsymbol{\Theta}$, durch die Verformungsgrößen (4.64) angegeben. Die Beziehungen zwischen den ϑ_α einerseits und s und κ_α andererseits erhält man aus der Definition des Krümmungsvektors $\underline{\kappa}(s)$. Nach (4.57) und (4.58) erfaßt er die Änderung der Orientierung von $\underline{e}^2(s)$ bezüglich $\underline{e}^1$ bei einer Änderung von s. Die Orientierung selbst wird nach (4.7) durch die Drehmatrix $\boldsymbol{\Theta}(s)$ beschrieben. Sie ergibt sich in der Darstellung (4.11) aus den drei Elementardrehungen $^\alpha\mathbf{A}(\vartheta_\alpha)$ gemäß (4.10). Die Summe der zu diesen Elementardrehungen gehörenden Krümmungsvektoren ergibt $\underline{\kappa}(s)$, also

$$\underline{\kappa} = \underline{e}^{2^T}\boldsymbol{\kappa} = \underline{\varepsilon}^{2^T}\begin{bmatrix} 0 \\ 0 \\ \mathring{\vartheta}_3 \end{bmatrix} + \underline{\varepsilon}^{3^T}\begin{bmatrix} 0 \\ \mathring{\vartheta}_2 \\ 0 \end{bmatrix} + \underline{e}^{2^T}\begin{bmatrix} \mathring{\vartheta}_1 \\ 0 \\ 0 \end{bmatrix} \quad \text{wo}\quad \mathring{\vartheta}_\alpha = \frac{d\vartheta_\alpha}{ds}. \qquad (4.66)$$

Nach Transformation aller Vektoren aus (4.66) in die Basis $\underline{\mathbf{e}}^2$ mit Hilfe der Drehmatrizen aus (4.9) wird

$$\boldsymbol{\kappa} = \begin{bmatrix} \mathring{\vartheta}_1 - \mathring{\vartheta}_3 \sin \vartheta_2 \\ + \mathring{\vartheta}_2 \cos \vartheta_1 + \mathring{\vartheta}_3 \sin \vartheta_1 \cos \vartheta_2 \\ - \mathring{\vartheta}_2 \sin \vartheta_1 + \mathring{\vartheta}_3 \cos \vartheta_1 \cos \vartheta_2 \end{bmatrix} = \begin{bmatrix} 1 & 0 & -\sin \vartheta_2 \\ 0 & \cos \vartheta_1 & \sin \vartheta_1 \cos \vartheta_2 \\ 0 & -\sin \vartheta_1 & \cos \vartheta_1 \cos \vartheta_2 \end{bmatrix} \begin{bmatrix} \mathring{\vartheta}_\alpha \end{bmatrix}. \qquad (4.67)$$

Drückt man die Ableitungen $\mathring{\vartheta}_\alpha$ der Winkel ϑ_α nach s mit (4.28) und (4.61) durch Ableitungen nach R_1 aus, so erhält man aus (4.67) mit den Definitionen (4.61) bis (4.63)

$$\left. \begin{aligned} \vartheta_1' &= (1 + \chi_1') \left(\chi_4' + \left(-\chi_3'' \sin \vartheta_1 + \chi_2'' \cos \vartheta_1 \right) \tan \vartheta_2 \right), \\ \vartheta_2' &= (1 + \chi_1') \left(-\chi_3'' \cos \vartheta_1 - \chi_2'' \sin \vartheta_1 \right), \\ \vartheta_3' &= (1 + \chi_1') \left(-\chi_3'' \sin \vartheta_1 + \chi_2'' \cos \vartheta_1 \right) / \cos \vartheta_2 \, . \end{aligned} \right\} \qquad (4.68)$$

Bei gegebenen Verformungsgrößen χ_i sind dies drei Differentialgleichungen für die Winkel ϑ_α. Die Lösungen ϑ_α von (4.68) liefern nach Integration der Gleichungen (4.65) die Verschiebungen $\mathbf{w}(R_1,t)$. Die Orientierung $\boldsymbol{\Theta}(R_1,t)$ ergibt sich aus den Winkeln ϑ_α mit (4.11), womit das Verschiebungsfeld $\mathbf{u}(\mathbf{R},t)$ aller Punkte des Balkens nach (4.14) berechnet werden kann. Die Ermittlung von $\mathbf{u}(\mathbf{R},t)$ aus $\boldsymbol{\chi}(R_1,t)$ erfordert demnach die Lösung der nichtlinearen Differentialgleichungen (4.68). Bei Verwendung von Verschiebungsgrößen $\mathbf{\upsilon}(R_1,t)$ ist die Angabe von $\mathbf{u}(\mathbf{R},t)$ einfacher. Die Verschiebungen $\mathbf{w}(R_1,t)$ sind die ersten drei Elemente von $\mathbf{\upsilon}(R_1,t)$ aus (4.21). Das vierte Element ist der zur Angabe von $\boldsymbol{\Theta}(R_1,t)$ gemäß (4.11) erforderliche Winkel $\vartheta_1(R_1,t)$. Die zusätzlich in (4.11) benötigten Winkel $\vartheta_2(R_1,t)$ und $\vartheta_3(R_1,t)$ ergeben sich aus (4.20).

Die Beschreibung der Balkenbewegungen durch Verformungsgrößen $\mathbf{y} = \boldsymbol{\chi}$ erscheint damit erheblich verwickelter als durch Verschiebungsgrößen $\mathbf{y} = \mathbf{\upsilon}$. Sie hat aber einen für die Modellierung von Balken in Mehrkörpersystemen einen oft zitierten Vorteil, [2, 4]: Soll bei Modellierung eines Körpers des Systems als Balken eine bestimmte Verformung, also Dehnung, Biegung oder Torsion, unberücksichtigt bleiben, so muß nur die entsprechende Verformungskoordinate gleich Null gesetzt werden – eine Berücksichtigung komplizierter Zwangsbedingungen erübrigt sich. Ein weiterer Vorteil der Verformungsgrößen zeigt sich im nächsten Abschnitt bei Formulierung des Ausdrucks für die Verzerrungsenergie.

4.1.4 Energieausdrücke in Verschiebungs- und Verformungsgrößen

Zur Herleitung der Bewegungsgleichungen von Balken mit Hilfe des Hamiltonschen Prinzips (3.97) müssen die drei Terme δT, δW_i und $\delta' W_a$ unter dem Integral als Funktionen der Deformationsvariablen angegeben werden. Für den ersten Term, die Variation δT der kinetischen Energie gilt (3.95), also bei Darstellung der Bewegung gemäß (4.17)

$$\delta T = \int\limits_{V_0} {}^I\dot{\mathbf{r}}^{PT}\, \boldsymbol{\delta}^I\dot{\mathbf{r}}^P \rho_0\, dV_0 \quad \text{wo} \quad {}^I\mathbf{r}^P = \mathbf{A}^{1^T}\mathbf{r}^1 + \mathbf{A}^{1^T}\left(\mathbf{R}^A + \mathbf{w}\right) + \mathbf{A}^{1^T}\boldsymbol{\Theta}^T\mathbf{R}^Q, \tag{4.69}$$

mit der in (2.211) definierten Dichte ρ_0. Die Koordinaten ${}^I\mathbf{r}^P(\mathbf{R},t)$ hängen von der durch $\mathbf{r}^1(t)$ und $\mathbf{A}^1(t)$ erfaßten Referenzbewegung des Koordinatensystems $\{O^1, \underline{\mathbf{e}}^1\}$ ab und von den mit $\mathbf{w}(R_1,t)$ und $\boldsymbol{\Theta}(R_1,t)$ beschriebenen Verformungen. Für Bernoulli-Balken lassen sich $\mathbf{w}(R_1,t)$ und $\boldsymbol{\Theta}(R_1,t)$ durch die Verschiebungsgrößen $\mathbf{v}(R_1,t)$ aus (4.21) oder durch die Verformungsgrößen $\boldsymbol{\chi}(R_1,t)$ aus (4.64) angeben. Damit können ${}^I\dot{\mathbf{r}}^P$ und $\boldsymbol{\delta}^I\dot{\mathbf{r}}^P$ mit Hilfe von Ableitungen und Variationen von $\mathbf{r}^1(t)$ und $\mathbf{A}^1(t)$ und von $\mathbf{v}(R_1,t)$ oder $\boldsymbol{\chi}(R_1,t)$ ausgedrückt werden. Während die Beziehungen zwischen den Verschiebungsgrößen $\mathbf{v}$ und den Matrizen $\mathbf{w}$ und $\boldsymbol{\Theta}$ gewöhnliche Gleichungen sind, läßt sich ihr Zusammenhang mit den Verformungsgrößen $\boldsymbol{\chi}$ nach den Erläuterungen am Ende des vorigen Abschnitts nur durch Differentialgleichungen ausdrücken. Demzufolge erhält man bei Verwendung von Verformungsgrößen aus dem Hamiltonschen Prinzip Integralgleichungen zur Beschreibung der Bewegung, während die Bewegungsgleichungen in Form von Differentialgleichungen anfallen, wenn die Verformung des Balkens mit Verschiebungsgrößen angegeben wird[*]. In beiden Fällen ergibt sich δT durch mehr oder weniger umfangreiche Rechnungen, bei denen die aus (4.69) und dem Hamiltonschen Prinzip (3.97) resultierenden Integrale so umgeformt werden, daß unter dem Integral über V_0 nur noch Faktoren von Variationen der Zustandsgrößen erscheinen.

Der zweite Term in (3.97) ist die virtuelle Arbeit $\delta W_i = -\,\delta U$ der inneren eingeprägten Kräfte aus (3.62). Die Variation δU der Verzerrungsenergie kann auf zwei Wegen ermittelt werden, mit den Gleichungen der Elastizitätstheorie und durch Angabe von U mit Verformungskoordinaten. In (3.58) ist δU mit den Koordinaten $S_{\alpha\beta}$ und $G_{\alpha\beta}$ des zweiten Piolaschen Spannungstensors und des Greenschen Verzerrungstensors angegeben. Die Deutung (2.63) der $G_{\alpha\beta}$ mit den Dehnungen ε_α und den Schubverzerrungen $\vartheta_{\alpha\beta}$ aus (2.52) und (2.55) zeigt, daß die $G_{\alpha\beta}$ bei den hier betrachteten Modellen besonders einfach werden. Wegen der Unverformbarkeit der Querschnitte gilt $\varepsilon_2 \equiv \varepsilon_3 \equiv 0$ und $\vartheta_{23} \equiv \vartheta_{32} \equiv 0$ und aus (2.63) folgt

$$G_{22} = G_{33} = G_{32} = G_{23} = 0. \tag{4.70}$$

Spannungs- und Verzerrungstensor sind über das Materialgesetz verknüpft. Hier wird das linearisierte Materialgesetz (2.191) für elastische Körper verwendet. Vernachlässigt man in Übereinstimmung mit der Annahme starrer Querschnitte die Querkontraktion des Balkens, setzt also $\mu = 0$, so geht die Materialgleichung aus (2.191) über in

$$S_{\alpha\beta} = 2\,\mathcal{G}\,G_{\alpha\beta} = \left.\frac{\mathcal{E}}{1+\mu}G_{\alpha\beta}\right|_{\mu=0} = \mathcal{E}\,G_{\alpha\beta}. \tag{4.71}$$

---

[*] Bei Linearisierung der Bewegungsgleichungen kann man die Lösungen der Differentialgleichungen (4.68) angeben. Dann erhält man auch bei Verwendung von Verformungsgrößen partielle Differentialgleichungen zur Beschreibung der Bewegung. Einzelheiten hierzu werden in Abschnitt 4.2.2 erläutert.

Hier zeigt sich, daß die Modellvorstellung eine Näherung ist, die auf Widersprüche führen kann. Mit (4.71) ist zwar gewährleistet, daß mit $G_{23} \equiv G_{32} \equiv 0$ und $G_{22} \equiv G_{33} \equiv 0$ auch die entsprechenden Spannungen verschwinden, also $S_{23} \equiv S_{32} \equiv 0$ und $S_{22} \equiv S_{33} \equiv 0$. Mit dem Modell lassen aber wegen (4.71) sich nur solche Balken behandeln, deren Materialeigenschaften von nur einen Parameter abhängen. Dies widerspricht der Erfahrung. Läßt man dagegen $\mu \neq 0$ zu, so liefern die Materialgleichungen (2.191) Spannungen $S_{22} \neq 0$ und $S_{33} \neq 0$. Man steht dann vor dem Dilemma, daß in den Querschnitten des Balkens in den Richtungen $\underline{e}_2^2$ und $\underline{e}_3^2$ Schubspannungen ungleich Null wirken, obwohl die Querschnitte nicht verformt werden. Diese Widersprüche im Modell resultieren in Schwierigkeiten bei der Anwendung der Modellgleichungen – z. B. [25], S. 132 – die sich aber durch Erweiterung des Modells beseitigen lassen, [32], S. 237. Ein einfacher und häufig beschrittener Ausweg besteht in der Annahme eines Spannungszustands $S_{23} \equiv S_{32} \equiv 0$ und $S_{22} \equiv S_{33} \equiv 0$. Die Annahme kann auch dahingehend interpretiert werden, daß das isotrope Materialgesetz (2.191) ersetzt wird durch ein anisotropes Gesetz der Form

$$S_{\alpha\beta} = \hat{\mathcal{E}}\, G_{\alpha\beta} \quad \text{wo} \quad \hat{\mathcal{E}} = \left\{ \begin{array}{ll} \mathcal{E} & \text{für } \alpha = \beta \\ \mathcal{E}/(1+\mu) & \text{für } \alpha \neq \beta . \end{array} \right\} \tag{4.72}$$

Unter Verwendung der in (2.250) und (2.254) eingeführten Matrizen $\boldsymbol{\varepsilon}$ und $\boldsymbol{\sigma}$ kann man anstelle von (4.72) auch schreiben

$$\boldsymbol{\sigma} = \mathbf{H}\,\boldsymbol{\varepsilon} \quad \text{mit} \quad \mathbf{H} = \mathbf{diag}\left[\mathcal{E} \quad \mathcal{E} \quad \mathcal{E} \quad \tfrac{1}{2}\hat{\mathcal{E}} \quad \tfrac{1}{2}\hat{\mathcal{E}} \quad \tfrac{1}{2}\hat{\mathcal{E}} \right]. \tag{4.73}$$

Für das elastische Potential U erhält man mit (4.72) und (4.70) aus (2.208)

$$U = \frac{1}{2}\int_{V_0}\sum_{\alpha,\beta} \hat{\mathcal{E}}\, G_{\alpha\beta}^2 \, dV_0 = \frac{1}{2}\int_{V_0}\left(\mathcal{E}\,G_{11}^2 + \frac{2\mathcal{E}}{1+\mu}\left(G_{12}^2 + G_{13}^2 \right)\right) dV_0 \tag{4.74}$$

und für die Variation δU gilt mit (4.72) nach (2.209)

$$\delta U = \int_{V_0}\sum_{\alpha,\beta} \hat{\mathcal{E}}\, G_{\alpha\beta}\, \delta G_{\alpha\beta} \, dV_0 = \int_{V_0}\left(\mathcal{E}\,G_{11}\,\delta G_{11} + \frac{2\mathcal{E}}{1+\mu}\sum_{i=2}^{3} G_{1i}\,\delta G_{1i} \right) dV_0 . \tag{4.75}$$

Die Verschiebungen $\mathbf{u}(\mathbf{R},t)$ lassen sich zwar nach (4.14) einfach durch die Verschiebungskoordinaten $\mathbf{v}(R_1,t)$ ausdrücken, aber die Berechnung der zur Angabe von $G_{\alpha\beta}$ benötigten Ableitungen aus (2.248) und die Berechnung der Variationen $\delta G_{\alpha\beta}$ aus (4.75) wird aufwendig. Näherungen bis zu Termen 4. Ordnung finden sich in [6] und [2].

Erheblich einfacher wird die Angabe der potentiellen Energie mit Hilfe der Verformungsgrößen aus (4.61) bis (4.63). Jede der vier Variablen χ_i erfaßt eine die vier Verformungen von Bernoulli-Balken. Zur Ermittlung von U multipliziert man die passende Ableitung von χ_i mit der zugehörigen Steifigkeit und addiert die vier Terme. Für das elastische Potential erhält man so mit den in (2.188) eingeführten Materialparametern $\mathcal{E}$ und $\mathcal{G}$:

$$
\begin{aligned}
U \;\; &= \; \frac{1}{2} \int_0^\ell \left(\mathcal{E}\, A\, (s'-1)^2 + \mathcal{G}\, J_T\, \kappa_1^2 + \mathcal{E}\, J_{33}\, \kappa_3^2 + \mathcal{E}\, J_{22}\, \kappa_2^2 \right) dR_1 \\[2mm]
&= \; \frac{1}{2} \int_0^\ell \left(\mathcal{E}\, A\, \chi_1'^2 + \mathcal{G}\, J_T\, \chi_4'^2 + \mathcal{E}\, J_{33}\, \chi_2''^2 + \mathcal{E}\, J_{22}\, \chi_3''^2 \right) dR_1 \; .
\end{aligned}
\tag{4.76}
$$

In (4.76) ist ℓ die Länge des Balkens in der Referenzkonfiguration,

$$
A \; = \; \int_{A_0} dR_2\, dR_3 = \int_{A_0} dA
\tag{4.77}
$$

ist die Querschnittsfläche und

$$
J_{22} = \int_{A_0} R_3^2\, dA, \quad J_{33} = \int_{A_0} R_2^2\, dA
\tag{4.78}
$$

sind die axialen Flächenmomente 2. Ordnung der Querschnitte, bezogen auf die 2- und 3-Achsen des im Querschnitt festen Koordinatensystems $\{O^2, \underline{e}^2\}$. Die Flächenmomente 1. Ordnung verschwinden, da die Punkte O^2 in den Massenmittelpunkten der Querschnitte liegen,

$$
\int_{A_0} R_2\, dA = \int_{A_0} R_3\, dA = 0.
\tag{4.79}
$$

Dies gilt auch für das Flächendeviationsmoment, also

$$
J_{23} = \int_{A_0} R_2\, R_3\, dA = 0,
\tag{4.80}
$$

da $\underline{e}_2$ und $\underline{e}_3$ Hauptachsen sind. Der Parameter J_T aus (4.76) erfaßt den Widerstand des Balkens gegen Torsionsverformungen. Er wird als Drillwiderstand bezeichnet – vgl. z. B. [34], S. 165 und 241. Für kreisförmige Querschnitte gilt beispielsweise $J_T = J_p$ mit dem polaren Flächenmoment

$$
J_p = J_{22} + J_{33} = \int_{A_0} \left(R_2^2 + R_3^2 \right) dA \; .
\tag{4.81}
$$

In [2] ist gezeigt, daß die Ausdrücke (4.74) und (4.76) für U bei Balken mit kreisförmigem Querschnitten, d. h. für $J_T = J_p$ bis zu Termen 4. Ordnung identisch sind, wenn die Dehnungen klein sind. Hier wird mit beiden Darstellungen (4.74) und (4.76) von U gearbeitet. Bei komplexen, räumlichen Modellen von Balken, insbesondere wenn Torsionsverformungen berücksichtigt werden, hat die Darstellung (4.76) und die Verwendung von Verformungsgrößen aber eindeutige Vorteile.

4.2 Bewegungsgleichungen bei kleinen Belastungen

Mit der kinetischen und der potentiellen Energie aus Abschnitt 4.1.4 liefert das Hamiltonsche Prinzip die Bewegungsgleichungen und die zugehörigen kinetischen Randbedingungen in den Verschiebungs- oder Verformungsgrößen. Ohne zusätzliche Annahmen werden diese Gleichungen sehr kompliziert. Bei vielen Anwendungen bleiben die Bewegungen des Balkens gegenüber der geraden und kräftefreien Referenzkonfiguration aus Bild 4-1 aber klein. Dann genügen bezüglich dieser Konfiguration linearisierte Gleichungen zur Beschreibung der Bewegungen. Sie sind nur bei hinreichend kleinen Belastungen brauchbar. Wenn Balken als Körper in Mehrkörpersystemen modelliert werden, führen sie große, beschleunigte Referenzbewegungen aus, die in großen Trägheitskräften resultieren. In solchen Fällen bleiben die Bewegungen gegenüber dem Balkenbezugssystem nur klein, wenn auch die Steifigkeiten gegenüber Verformungen (d. h. gegenüber Dehnung, Biegung und Torsion) in Richtung der großen Kräfte genügend hoch sind. Die Linearisierung der Bewegungsgleichungen bezüglich der geraden Referenzkonfiguration erfordert die Berücksichtigung dieser Bedingung. Sie resultiert in zusätzlichen (linearen) Termen, den sog. geometrischen Steifigkeiten, die ihre Ursache in quadratischen Termen aus den Beziehungen zwischen Verzerrungen und Verschiebungsableitungen haben. In diesem Abschnitt sind die für kleine Belastungen gültigen, linearisierten Bewegungsgleichungen zusammengestellt. Auf den zugehörigen Erläuterungen aufbauend werden im nächsten Abschnitt 4.3 die linearisierten Bewegungsgleichungen für gerade Balken unter großen Belastungen ermittelt. Die in diesem Zusammenhang benötigten Näherungen 2. Ordnung für die Verschiebungs-Verzerrungs-Beziehungen sind aber bereits hier – zusammen mit allen anderen linearisierten Ausdrücken – angegeben.

4.2.1 In den linearisierten Gleichungen benötigte Näherungen

Zur Herleitung der linearisierten Bewegungsgleichungen von Balken sind Näherungen bis zu in den Deformationskoordinaten quadratischen Termen erforderlich für die

* expliziten Zwangsgleichungen $\mathbf{u}(\mathbf{R},t) = \mathbf{u}\big(R_2, R_3, \mathbf{y}(R_1,t)\big)$ gemäß (4.14), d. h. für die Gleichungen $\mathbf{w} = \mathbf{w}(\mathbf{y})$ und $\mathbf{\Theta} = \mathbf{\Theta}(\mathbf{y})$ mit $\mathbf{y} = \mathbf{\upsilon}$ und $\mathbf{y} = \mathbf{\chi}$, wo $\mathbf{\upsilon}$ und $\mathbf{\chi}$ in (4.21) und (4.64) definiert wurden;

* Transformationsgleichungen zwischen den Verschiebungsgrößen $\mathbf{\upsilon}$ und den Verformungsgrößen $\mathbf{\chi}$;

* Verzerrungen $G_{\alpha\beta}$ und das elastische Potential gemäß (4.74) und (4.76).

Explizite Zwangsgleichungen

Bei Verwendung der Verschiebungsgrößen $\mathbf{\upsilon}$ aus (4.21) zur Darstellung von $\mathbf{u}(\mathbf{R},t)$ gemäß (4.14) ist $\mathbf{w}$ durch die drei ersten Elemente von $\mathbf{\upsilon}$ gegeben. Für die neben $\mathbf{w}$ noch benötigte Matrix $\mathbf{\Theta}$ gilt nach (4.11) bei Berücksichtigung aller in den Winkeln ϑ_α quadratischen Terme

$$\mathbf{\Theta} = \begin{bmatrix} 1 - \frac{1}{2}\left(\vartheta_2^2 + \vartheta_3^2\right) & \vartheta_3 & -\vartheta_2 \\ -\vartheta_3 + \vartheta_1\vartheta_2 & 1 - \frac{1}{2}\left(\vartheta_1^2 + \vartheta_3^2\right) & \vartheta_1 \\ +\vartheta_2 + \vartheta_1\vartheta_3 & -\vartheta_1 + \vartheta_2\vartheta_3 & 1 - \frac{1}{2}\left(\vartheta_1^2 + \vartheta_2^2\right) \end{bmatrix}. \tag{4.82}$$

Die Matrix beschreibt die Rotationen der Querschnitte des schubweichen Balkens aus Abschnitt 4.1.1 in einer Näherung 2. Ordnung. Die Koordinaten $\mathbf{u}(\mathbf{R},t)$ des Verschiebungsvektors erhält man aus (4.14) zu

$$\mathbf{u} = \begin{bmatrix} w_1 + R_2\left(-\vartheta_3 + \vartheta_1\vartheta_2\right) + R_3\left(+\vartheta_2 + \vartheta_1\vartheta_3\right) \\ w_2 - R_2\frac{1}{2}\left(\vartheta_1^2 + \vartheta_3^2\right) + R_3\left(-\vartheta_1 + \vartheta_2\vartheta_3\right) \\ w_3 + R_2\vartheta_1 - R_3\frac{1}{2}\left(\vartheta_1^2 + \vartheta_2^2\right) \end{bmatrix}. \tag{4.83}$$

Bei Bernoulli-Balken müssen ϑ_2 und ϑ_3 noch den Zwangsgleichungen (4.20) genügen. In einer Näherung 2. Ordnung gilt

$$\vartheta_2 = -w_3' + w_1'w_3', \qquad \vartheta_3 = w_2' - w_1'w_2'. \tag{4.84}$$

Damit wird aus (4.82)

$$\mathbf{\Theta} = \begin{bmatrix} 1 - \frac{1}{2}\left(w_2'^2 + w_3'^2\right) & w_2' - w_1'w_2' & w_3' - w_1'w_3' \\ -w_2' + w_1'w_2' - \vartheta_1 w_3' & 1 - \frac{1}{2}\left(w_2'^2 + \vartheta_1^2\right) & \vartheta_1 \\ -w_3' + w_1'w_3' + \vartheta_1 w_2' & -\vartheta_1 - w_2'w_3' & 1 - \frac{1}{2}\left(w_3'^2 + \vartheta_1^2\right) \end{bmatrix}, \tag{4.85}$$

und die expliziten Zwangsgleichungen (3.2) in den Verschiebungsgrößen (4.21) lauten mit $\mathbf{r}(\mathbf{R},t) = \mathbf{R} + \mathbf{u}(\mathbf{R},t)$ und $\mathbf{u} = [u_\alpha]$ in einer Näherung 2. Ordnung

$$\mathbf{u} = \begin{bmatrix} w_1 + R_2\left(-w_2' + w_1'w_2' - \vartheta_1 w_3'\right) + R_3\left(-w_3' + w_1'w_3' + \vartheta_1 w_2'\right) \\ w_2 - R_2\frac{1}{2}\left(w_2'^2 + \vartheta_1^2\right) - R_3\left(\vartheta_1 + w_2'w_3'\right) \\ w_3 + R_2\vartheta_1 - R_3\frac{1}{2}\left(w_3'^2 + \vartheta_1^2\right) \end{bmatrix}. \tag{4.86}$$

Die Angabe der entsprechenden Zwangsgleichungen in den Verformungsgrößen $\boldsymbol{\chi}$ aus (4.61) bis (4.64) erfordert nach den Erläuterungen am Ende des Abschnitts 4.1.3 die Lösungen der Differentialgleichungen (4.68) oder allgemeiner (4.58). In einer Näherung 2. Ordnung können diese Lösungen angegeben werden, wenn man $\mathbf{\Theta}$ an der Stelle $\boldsymbol{\chi} = \mathbf{0}$, also um $\mathbf{\Theta} = \mathbf{\Theta}_0 = \mathbf{E}$ entwickelt. Diese Entwicklung sei

$$\mathbf{\Theta} = \mathbf{\Theta}_0 + \mathbf{\Theta}_1 + \mathbf{\Theta}_2, \tag{4.87}$$

wo $\boldsymbol{\Theta}_1$ von erster und $\boldsymbol{\Theta}_2$ von zweiter Ordnung klein sind. Einsetzen von (4.87) in (4.58) liefert

$$\overset{\circ}{\boldsymbol{\Theta}}_0 + \overset{\circ}{\boldsymbol{\Theta}}_1 + \overset{\circ}{\boldsymbol{\Theta}}_2 \; = \; - \tilde{\boldsymbol{\kappa}} \left(\boldsymbol{\Theta}_0 + \boldsymbol{\Theta}_1 + \boldsymbol{\Theta}_2 \right), \tag{4.88}$$

wo $\boldsymbol{\Theta}_i = \boldsymbol{\Theta}_i(s)$. Da die Verformungsgrößen $\boldsymbol{\chi}$ von erster Ordnung klein sind, gilt dies wegen (4.62) und (4.63) auch für die in (4.88) erscheinenden Krümmungen κ_α.

Die Verformungsgrößen $\boldsymbol{\chi}$ sind in (4.61) bis (4.63) als Funktionen von R_1 und nicht von s definiert. Daher werden in (4.88) nicht die Ableitungen der $\boldsymbol{\Theta}_i$ nach s sondern nach R_1 benötigt. Wegen (4.28) und (4.61), also wegen $s' = 1 + \chi_1'$, gilt in einer Näherung 2. Ordnung

$$\overset{\circ}{\boldsymbol{\Theta}}_i = \frac{1}{s'}\, \boldsymbol{\Theta}_i' = \frac{1}{1+\chi_1'}\, \boldsymbol{\Theta}_i' = \left(1 - \chi_1'\right) \boldsymbol{\Theta}_i' \quad \text{wo} \quad \boldsymbol{\Theta}_i = \boldsymbol{\Theta}_i(R_1,t) \quad \text{und} \quad \boldsymbol{\Theta}_i' = \frac{d\boldsymbol{\Theta}_i}{dR_1}. \tag{4.89}$$

Einsetzen von (4.89) in (4.88) liefert nach einem Abgleich von Größen gleicher Ordnung

$$\left. \begin{aligned} \boldsymbol{\Theta}_0'(R_1,t) \; &= 0, \\ \boldsymbol{\Theta}_1'(R_1,t) \; &= \; -\tilde{\boldsymbol{\kappa}}(R_1,t)\, \boldsymbol{\Theta}_0(R_1,t), \\ \boldsymbol{\Theta}_2'(R_1,t) \; &= -\tilde{\boldsymbol{\kappa}}(R_1,t)\left(\boldsymbol{\Theta}_1(R_1,t) + \chi_1'(R_1,t)\, \boldsymbol{\Theta}_0(R_1,t) \right). \end{aligned} \right\} \tag{4.90}$$

Mit (4.62) und (4.63) erhält man aus (4.90) und (4.87) die Elemente $\Theta_{\alpha\beta}$ der Matrix $\boldsymbol{\Theta}$ aus (4.7), dargestellt durch die Verformungskoordinaten $\boldsymbol{\chi}$, in einer Näherung 2. Ordnung zu

$$\begin{aligned} \Theta_{11} &= 1 - \tfrac{1}{2}\left(\chi_2'^2 + \chi_3'^2 \right), \quad \Theta_{22} = 1 - \tfrac{1}{2}\left(\chi_2'^2 + \chi_4^2 \right), \quad \Theta_{33} = 1 - \tfrac{1}{2}\left(\chi_3'^2 + \chi_4^2 \right), \\[2mm] \Theta_{12} &= \chi_2' + \int_0^{R_1} \chi_1'\, \chi_2''\, d\xi - \int_0^{R_1} \chi_4\, \chi_3''\, d\xi, \quad \Theta_{13} = \chi_3' + \int_0^{R_1} \chi_1'\, \chi_3''\, d\xi + \int_0^{R_1} \chi_4\, \chi_2''\, d\xi, \\[2mm] \Theta_{21} &= -\chi_2' - \int_0^{R_1} \chi_1'\, \chi_2''\, d\xi - \int_0^{R_1} \chi_3'\, \chi_4\, d\xi, \quad \Theta_{23} = \chi_4 + \int_0^{R_1} \chi_1'\, \chi_4\, d\xi - \int_0^{R_1} \chi_3'\, \chi_2''\, d\xi, \\[2mm] \Theta_{31} &= -\chi_3' - \int_0^{R_1} \chi_1'\, \chi_3''\, d\xi + \int_0^{R_1} \chi_2'\, \chi_4\, d\xi, \quad \Theta_{32} = -\chi_4 - \int_0^{R_1} \chi_1'\, \chi_4\, d\xi - \int_0^{R_1} \chi_2'\, \chi_3''\, d\xi. \end{aligned} \tag{4.91}$$

Bei der Ermittlung von $\boldsymbol{\Theta}$ wurde angenommen, daß aus Randtermen bei $R_1 = 0$ resultierende Integrationskonstanten durchweg verschwinden. Angaben zur Berücksichtigung anderer Randterme findet man in [4], S. 79.

Die noch fehlende Darstellung von $\mathbf{w}$ durch die Verformungsgrößen $\boldsymbol{\chi}$ erschließt man aus $\underline{e}_1^2 = \underline{t}$. Dabei ist $\underline{e}_1^2$ durch die erste Zeile von $\boldsymbol{\Theta}$ gegeben mit den $\Theta_{\alpha\beta}$ aus (4.91) und $\underline{t}$ durch (4.51). Mit $s' = 1 + \chi_1'$ erhält man in einer Näherung 2. Ordnung

$$w_1 = \chi_1 - \frac{1}{2} \int_0^{R_1} \left(\chi_2'^2 + \chi_3'^2 \right) d\xi \,,$$

$$w_2 = \chi_2 + \int_0^{R_1} \chi_1' \, \chi_2' \, d\xi + \int_0^{R_1}\!\!\int_0^{\xi} \chi_1' \, \chi_2'' \, d\eta \, d\xi - \int_0^{R_1}\!\!\int_0^{\xi} \chi_4 \, \chi_3'' \, d\eta \, d\xi \,, \tag{4.92}$$

$$w_3 = \chi_3 + \int_0^{R_1} \chi_1' \, \chi_3' \, d\xi + \int_0^{R_1}\!\!\int_0^{\xi} \chi_1' \, \chi_3'' \, d\eta \, d\xi + \int_0^{R_1}\!\!\int_0^{\xi} \chi_4 \, \chi_2'' \, d\eta \, d\xi \,.$$

Die Gleichungen (4.91) und (4.92) ergeben zusammen mit (4.14) die expliziten Zwangsgleichungen für $\mathbf{u}(\mathbf{R},t)$ in den Verformungsgrößen $\boldsymbol{\chi}$.

Transformationsgleichungen

Die Gleichungen (4.92) sind bereits die hier gesuchten Transformationen der Verformungsgrößen $\boldsymbol{\chi}$ in die drei ersten Verschiebungskoordinaten $v_{1,2,3} = w_{1,2,3}$. Die Gleichung für die vierte Koordinate, den Winkel $v_4 = \vartheta_1$, erhält man durch Vergleich der Elemente Θ_{23} von $\boldsymbol{\Theta}$ aus (4.85) und (4.91). Damit ergibt sich insgesamt

$$\mathbf{v} = \begin{bmatrix} w_1 \\[2mm] w_2 \\[2mm] w_3 \\[2mm] \vartheta_1 \end{bmatrix} = \begin{bmatrix} \chi_1 - \frac{1}{2} \int_0^{R_1} \left(\chi_2'^2 + \chi_3'^2 \right) d\xi \\[2mm] \chi_2 + \int_0^{R_1} \chi_1' \, \chi_2' \, d\xi + \int_0^{R_1}\!\!\int_0^{\xi} \chi_1' \, \chi_2'' \, d\eta \, d\xi - \int_0^{R_1}\!\!\int_0^{\xi} \chi_4 \, \chi_3'' \, d\eta \, d\xi \\[2mm] \chi_3 + \int_0^{R_1} \chi_1' \, \chi_3' \, d\xi + \int_0^{R_1}\!\!\int_0^{\xi} \chi_1' \, \chi_3'' \, d\eta \, d\xi + \int_0^{R_1}\!\!\int_0^{\xi} \chi_4 \, \chi_2'' \, d\eta \, d\xi \\[2mm] \chi_4 + \int_0^{R_1} \chi_1' \, \chi_4' \, d\xi - \int_0^{R_1} \chi_3' \, \chi_2'' \, d\xi \end{bmatrix}. \tag{4.93}$$

Die Gleichungen (4.93) geben die Verschiebungsgrößen v_i, d. h. w_α und ϑ_1 als Funktionen der Verformungsgrößen χ_i in einer Näherung 2. Ordnung an. Die Umkehrfunktionen, also die Transformationen von w_α, ϑ_1 in die Verformungsgrößen χ_i werden ebenfalls benötigt. Nach (4.61) bis (4.63) ergeben sie sich, wenn man die Bogenlänge s und Krümmungen κ_α durch die Variablen w_α und ϑ_1 ausdrückt.

Eine Näherung 2. Ordnung für die κ_α erhält man, wenn in (4.67) die Ableitungen nach s mit (4.28), (4.61) und (4.92) durch Ableitungen nach R_1 ersetzt werden, wobei neben ϑ_1 auch die Winkel ϑ_2 und ϑ_3 wegen (4.84) von 1. Ordnung klein sind:

$$\boldsymbol{\kappa} = \begin{bmatrix} \vartheta_1' - \chi_1' \, \vartheta_1' - \vartheta_2 \, \vartheta_3' \\[1mm] \vartheta_2' - \chi_1' \, \vartheta_2' + \vartheta_1 \, \vartheta_3' \\[1mm] \vartheta_3' - \chi_1' \, \vartheta_3' - \vartheta_1 \, \vartheta_2' \end{bmatrix} = \begin{bmatrix} \vartheta_1' - w_1' \, \vartheta_1' - \vartheta_2 \, \vartheta_3' \\[1mm] \vartheta_2' - w_1' \, \vartheta_2' + \vartheta_1 \, \vartheta_3' \\[1mm] \vartheta_3' - w_1' \, \vartheta_3' - \vartheta_1 \, \vartheta_2' \end{bmatrix}. \tag{4.94}$$

Einarbeiten der Zwangsgleichungen (4.84) liefert

$$
\boldsymbol{\kappa} = \begin{bmatrix} \vartheta_1' - w_1' \, \vartheta_1' + w_3' \, w_2'' \\ - w_3'' + (w_1' \, w_3')' + w_1' \, w_3'' + \vartheta_1 \, w_2'' \\ + w_2'' - (w_1' \, w_2')' - w_1' \, w_2'' + \vartheta_1 \, w_3'' \end{bmatrix}. \tag{4.95}
$$

Für die in die Definition (4.61) von χ_1 eingehende Bogenlänge s ergibt sich aus (4.49) in einer Näherung 2. Ordnung

$$
s \;=\; R_1 + w_1 + \frac{1}{2} \int\limits_0^{R_1} \left(w_2'^2 + w_3'^2 \right) d\xi. \tag{4.96}
$$

Setzt man (4.95) und (4.96) in die Definitionsgleichungen (4.61) bis (4.63) der χ_i ein, so wird in einer Näherung 2. Ordnung

$$
\boldsymbol{\chi} = \begin{bmatrix} \chi_1 \\[1em] \chi_2 \\[1em] \chi_3 \\[1em] \chi_4 \end{bmatrix} = \begin{bmatrix} w_1 + \dfrac{1}{2} \int\limits_0^{R_1} \left(w_2'^2 + w_3'^2 \right) d\xi \\[1.5em] w_2 - \int\limits_0^{R_1} w_1' \, w_2' \, d\xi - \int\limits_0^{R_1}\!\int\limits_0^{\xi} w_1' \, w_2'' \, d\eta \, d\xi + \int\limits_0^{R_1}\!\int\limits_0^{\xi} \vartheta_1 \, w_3'' \, d\eta \, d\xi \\[1.5em] w_3 - \int\limits_0^{R_1} w_1' \, w_3' \, d\xi - \int\limits_0^{R_1}\!\int\limits_0^{\xi} w_1' \, w_3'' \, d\eta \, d\xi - \int\limits_0^{R_1}\!\int\limits_0^{\xi} \vartheta_1 \, w_2'' \, d\eta \, d\xi \\[1.5em] \vartheta_1 - \int\limits_0^{R_1} w_1' \, \vartheta_1' \, d\xi + \int\limits_0^{R_1} w_3' \, w_2'' \, d\xi \end{bmatrix}. \tag{4.97}
$$

Dies sind die gesuchten Umkehrungen der Transformationen (4.93), also die Transformationen der w_α, ϑ_1, d. h. der v_i, in die χ_i. Beide Gruppen von Transformationsgleichungen zeigen, daß die beiden Sätze von Variablen v_i und χ_i in linearer Näherung identisch sind.

Verzerrungen und elastisches Potential

Das elastische Potential U wurde in (4.74) und (4.76) mit Hilfe von Verschiebungs- und Verformungsgrößen $\boldsymbol{v}$ und $\boldsymbol{\chi}$ angegeben. Die Darstellung (4.76) von U durch die Koordinaten $\boldsymbol{\chi}$ ist sehr einfach, weil diese Größen die vier Verformungen eines Bernoulli-Balkens (Dehnung, Biegungen und Torsion) separat erfassen. Die Angabe von U mit Hilfe des Greenschen Verzerrungstensors $\mathbf{G}$ und der Verschiebungsgrößen $\boldsymbol{v}$, also unter Verwendung der Gleichungen (4.74), (4.86) und (2.248) wird erheblich verwickelter. Eine Analyse der Elemente $G_{\alpha\beta}$ von $\mathbf{G}$ zeigt aber, daß man neben den Koordinaten $\boldsymbol{\chi}$ auch andere Größen einführen kann, die in den hier benötigten Näherungen zu einer einfachen Darstellung der Verzerrungen und des elastischen Potentials führen. Solche Größen wurden in der Literatur vorgeschlagen – sie werden unten erläutert.

Die zur Angabe der Alternativen zu den Variablen χ erforderliche Interpretation der Verzerrungen $G_{\alpha\beta}$ wird am einfachsten, wenn man nicht vom Bernoulli-Balken, sondern vom allgemeineren Modell eines schubweichen Balkens ausgeht. Das Verschiebungsfeld solcher Balken ist durch (4.83) gegeben. Für die Verzerrungen erhält man mit (4.70) und (2.248)

$$
\begin{aligned}
G_{11} &= w_1' + R_3\,\vartheta_2' - R_2\,\vartheta_3' + \tfrac{1}{2}\left(w_1'^2 + w_2'^2 + w_3'^2\right) \\
&\quad + R_2\left(-w_1'\,\vartheta_3' + w_3'\,\vartheta_1' + \vartheta_1'\,\vartheta_2 + \vartheta_1\,\vartheta_2'\right) \\
&\quad + R_3\left(w_1'\,\vartheta_2' - w_2'\,\vartheta_1' + \vartheta_1'\,\vartheta_3 + \vartheta_1\,\vartheta_3'\right) \\
&\quad + \tfrac{1}{2}R_2^2\left(\vartheta_1'^2 + \vartheta_3'^2\right) + \tfrac{1}{2}R_3^2\left(\vartheta_1'^2 + \vartheta_2'^2\right) - R_2\,R_3\,\vartheta_2'\,\vartheta_3' , \\[2mm]
G_{12} &= \frac{1}{2}\Bigg(\underbrace{w_2' - \vartheta_3 - w_1'\,\vartheta_3 + w_3'\,\vartheta_1 + \vartheta_1\,\vartheta_2}_{\text{Schubverzerrung}} - \underbrace{R_3\left(\vartheta_1' - \vartheta_2\,\vartheta_3'\right)}_{\text{Torsion}} \Bigg) = G_{21} , \\[2mm]
G_{13} &= \frac{1}{2}\Bigg(\underbrace{w_3' + \vartheta_2 + w_1'\,\vartheta_2 - w_2'\,\vartheta_1 + \vartheta_1\,\vartheta_3}_{\text{Schubverzerrung}} + \underbrace{R_2\left(\vartheta_1' - \vartheta_2\,\vartheta_3'\right)}_{\text{Torsion}} \Bigg) = G_{31} .
\end{aligned}
\qquad (4.98)
$$

Die Verzerrungsmaße $G_{12} = G_{21}$ und $G_{13} = G_{31}$ setzen sich aus zwei Anteilen zusammen. Der erste ist über den Querschnitt konstant und der zweite hängt linear von den Querschnittskoordinaten R_2 und R_3 von P ab. Setzt man die für den Bernoulli-Balken geltenden Zwangsgleichungen (4.84) in G_{12} und G_{13} ein, so verschwindet der erste, über den Querschnitt konstante Anteil. Nicht verschwindende Werte dieser Anteile von G_{12} und G_{13} resultieren daher aus Winkeln ϑ_2 und ϑ_3, die den Zwangsgleichungen (4.84) nicht genügen, also Abweichungen der Querschnitte von einer zur Achse orthogonalen Fläche erfassen. Die Terme repräsentieren somit Scherungen oder Schubverzerrungen. Die in R_2 und R_3 linear veränderlichen Anteile erfassen dagegen Verdrehungen der Querschnitte um die Achse, also Torsionsverformungen. Für einen torsionsfreien Balken gilt demnach in einer Näherung 2. Ordnung

$$
\vartheta_1' = \vartheta_2\,\vartheta_3'. \qquad (4.99)
$$

Mit dieser Interpretation der Verzerrungsmaße (4.98) kann man die zur Beschreibung der Orientierung der Querschnitte eingeführten Winkel ϑ_α durch neue Deformationsvariable φ_α ersetzen, die (in einer Näherung 2. Ordnung) Abweichungen von den in (4.84) und (4.99) angegebenen Winkeln zur Beschreibung der Orientierung der Querschnitte eines torsionsfreien Bernoulli-Balkens angeben. Für diese φ_α gilt

$$
\left.
\begin{aligned}
\vartheta_1' &= + \vartheta_2\,\vartheta_3' + \varphi_1' , \\
\vartheta_2 &= -w_3' + w_1'\,w_3' + \varphi_2, \\
\vartheta_3 &= +w_2' - w_1'\,w_2' + \varphi_3 .
\end{aligned}
\right\} \qquad (4.100)
$$

In den Koordinaten φ_α nehmen die Verzerrungsmaße $G_{12} = G_{21}$ und $G_{13} = G_{31}$ aus (4.98) eine einfache Form an:

$$G_{12} = G_{21} = -\frac{1}{2}\left(\varphi_3 + R_3\,\varphi_1'\right) \quad \text{und} \quad G_{13} = G_{31} = +\frac{1}{2}\left(\varphi_2 + R_2\,\varphi_1'\right). \tag{4.101}$$

Die ersten Anteile reduzieren sich auf die halben Schubverzerrungswinkel φ_2 und φ_3 und die zweiten auf die halben Produkte $R_3\,\varphi_1'$ und $R_2\,\varphi_1'$ der Koordinaten von P mit der Ableitung des Torsionswinkels.

Für Bernoulli-Balken gilt mit (4.100) und (4.84)

$$\varphi_1' = \vartheta_1' + w_3'\,w_2'', \quad \varphi_2 = 0, \quad \varphi_3 = 0. \tag{4.102}$$

Ein Vergleich von φ_1' mit χ_4' aus der letzten Zeile von (4.97) zeigt, daß die Größen φ_1 und χ_4 bei dehnstarren Balken, also für $w_1' = 0$, übereinstimmen. Torsionsbewegungen von Bernoulli-Balken sind nach (4.102) gesperrt, wenn $\varphi_1' = 0$, also wenn $\vartheta_1' = -w_3'\,w_2''$. Diese Bedingung stimmt in einer Näherung 2. Ordnung mit der Bedingung $\chi_4 = 0$ für Torsionsfreiheit überein, da aus (4.97) für diesen Fall folgt, daß

$$\vartheta_1'(1 - w_1') = -w_3'\,w_2'' \quad \text{d. h.} \quad \vartheta_1' = \frac{-w_3'\,w_2''}{1 - w_1'} = -w_3'\,w_2'' \quad \text{also} \quad \varphi_1' = 0. \tag{4.103}$$

Mit (4.103) folgt aus (4.101), daß für torsionsfreie Bernoulli-Balken neben (4.70) auch noch

$$G_{12} = G_{21} = G_{31} = G_{13} = 0 \tag{4.104}$$

gilt. Bei torsionsfreien Bernoulli-Balken ist demnach nur das Element G_{11} des Greenschen Verzerrungstensors von Null verschieden.

Für Bernoulli-Balken (mit Torsion) ergibt sich aus (4.98) für die Elemente des Greenschen Verzerrungstensors unter Beachtung der Zwangsbedingungen (4.84) mit der in (4.100) definierten Koordinate φ_1 in einer Näherung 2. Ordnung

$$\left.\begin{aligned}
G_{11} &= w_1' - R_3\,w_3'' - R_2\,w_2'' + \frac{1}{2}\left(w_1'^2 + w_2'^2 + w_3'^2\right) \\
&\quad + R_2\left(w_1''w_3' + w_1'w_3'' - w_1'w_2'' - w_3''\varphi_1\right) + R_3\left(w_1''w_2' + w_1'w_2'' - w_1'w_3'' + w_2''\varphi_1\right) \\
&\quad + \frac{1}{2}R_2^2\left(\varphi_1'^2 + w_2''^2\right) + \frac{1}{2}R_3^2\left(\varphi_1'^2 + w_3''^2\right) + R_2\,R_3\,w_2''\,w_3''\,, \\
G_{12} &= G_{21} = -\frac{1}{2}R_3\,\varphi_1' \quad \text{und} \quad G_{13} = G_{31} = +\frac{1}{2}R_2\,\varphi_1'.
\end{aligned}\right\} \tag{4.105}$$

Mit diesen Verzerrungsmaßen erhält man nach (4.70) und (4.74) für das elastische Potential in einer Näherung 2. Ordnung unter Beachtung von (4.77) bis (4.81) und mit (2.265)

$$U = \frac{1}{2} \int\limits_0^\ell \left(\mathcal{E}\,A\,w_1'^2 + \mathcal{G}\,J_p\,\varphi_1'^2 + \mathcal{E}\,J_{33}\,w_2''^2 + \mathcal{E}\,J_{22}\,w_3''^2 \right) dR_1. \tag{4.106}$$

Nach (4.93) und (4.102) stimmt dieser Ausdruck für das elastische Potential in einer Näherung 2. Ordnung mit dem in (4.76) angegebenen Ausdruck überein, wenn man $J_p = J_T$ setzt. In [2], S. 23, 26 wird gezeigt, daß die beiden Ausdrücke (4.106) und (4.76) für U auch in einer Näherung 4. Ordnung identisch gleich sind, wenn die Längsdehnungen klein bleiben und wenn $J_p = J_T$ ist. Letzteres trifft bei Kreis- und Kreisringquerschnitten zu.

Die obige Herleitung zeigt, daß man neben den Verformungsgrößen χ_i auch noch andere Deformationsvariable angeben kann, die in einer einfachen Darstellung des Verzerrungszustands resultieren, [1]. Solche Koordinaten wurden bei Modellierung der Rotorblätter von Hubschraubern erörtert, [11-13]. Die Ergebnisse finden sich aber bereits in [16]. Die komplexe Herleitung solcher Koordinaten aus einer Analyse des Verzerrungszustands zeigt aber auch, daß man Größen zur separaten Beschreibung der vier Verformungen von Bernoulli-Balken einfacher mit Hilfsmitteln aus der Differentialgeometrie von Raumkurven definiert. Die in (4.100) eingeführten φ_α werden im nächsten Abschnitt zur Angabe der Bewegungsgleichungen schubweicher Balken verwendet, da sich mit ihrer Hilfe die zur Interpretation der Gleichungen erforderliche Trennung von Torsions- und Schubverzerrungen einfach angeben läßt.

4.2.2 Bewegungsgleichungen und Randbedingungen

Die Bewegungsgleichungen für das in Abschnitt 4.1 beschriebene Balkenmodell erhält man zusammen mit den Randbedingungen unter Verwendung des Hamiltonschen Prinzips. Die Vorgehensweise wird hier für den einfachsten Fall erläutert, in dem die auf den Balken einwirkenden Kräfte und damit alle Deformationen so klein sind, daß die Bewegungsgleichungen in den Deformationskoordinaten linearisiert werden können. Die Gültigkeit dieser Annahme soll insbesondere keine Voraussetzungen über die Größenordnung von Steifigkeiten erfordern.

Modellannahmen

Die Bewegungsgleichungen des Balkens aus Bild 4-1 werden unter der Annahme angegeben, daß

- die Querschnitte orthogonal zur Achse bleiben (Bernoulli-Balken), daß

- Produkte von Deformationsvariablen vernachlässigt werden können und daß

- das Koordinatensystem $\{O^1, \underline{e}^1\}$ ein Inertialsystem ist.

Mit diesen Annahmen erhält man die aus der technischen Balkentheorie bekannten, linearisierten Gleichungen für Längs-, Biege- und Torsionsschwingungen. In ihnen bleibt die Rotationsträgheit der Querschnitte unberücksichtigt. Zur Erläuterung dieser Vernachlässigung werden die Gleichungen zunächst für einen schubweichen Balken angegeben. Aus ihnen gewinnt man die Gleichungen für Bernoulli-Balken durch Nullsetzen der Schubverformungen. Mit den resultierenden Gleichungen läßt sich die Vernachlässigung der Rotationsträgheit der Querschnitte begründen. Die Bewegungen des schubweichen Balkens werden mit den Koordinaten w_α und mit den in (4.100) eingeführten Winkeln φ_α beschrieben.

Zur Herleitung der Bewegungsgleichungen dient das Hamiltonsche Prinzip (3.97). Die hierfür benötigten Variationen von kinetischer und potentieller Energie, sowie die virtuelle Arbeit der äußeren Kräfte werden unten nacheinander als Funktionen der sechs Deformationsvariablen w_α und φ_α angegeben.

Variation der kinetischen Energie

Für verschwindende Starrkörperbewegung, d. h. für $\mathbf{r}^l = 0$ und $\mathbf{A}^l = \mathbf{E}$ – vgl. Bild 4-1 – gilt nach (4.16) $^l\mathbf{r}^P = \mathbf{r}^P$ und die Variation δT der kinetischen Energie aus (4.69) ist

$$\delta T = \int\limits_{V_0} \rho_0\, \dot{\mathbf{r}}^{PT}\, \boldsymbol{\delta}\dot{\mathbf{r}}^P\, dV_0 . \tag{4.107}$$

Aus Bild 4-1 folgt für $\mathbf{r}^l = \mathbf{0}$ und $\mathbf{A}^l = \mathbf{E}$, daß $\mathbf{r}^P = \mathbf{R} + \mathbf{u}$, und man findet mit (4.83) in einer zur Angabe der linearisierten Gleichungen ausreichenden Näherung 1. Ordnung

$$\mathbf{r}^P = \left[R_1 + w_1 + R_3\,\vartheta_2 - R_2\,\vartheta_3,\ \ R_2 + w_2 - R_3\,\vartheta_1,\ \ R_3 + w_3 + R_2\,\vartheta_1 \right]^T . \tag{4.108}$$

Damit wird aus (4.107)

$$\delta T = \int\limits_{V_0} \rho_0 \Bigg(\left(\dot{w}_1 + R_3\,\dot{\vartheta}_2 - R_2\,\dot{\vartheta}_3 \right)\left(\delta\dot{w}_1 + R_3\,\delta\dot{\vartheta}_2 - R_2\,\delta\dot{\vartheta}_3 \right) $$
$$+ \left(\dot{w}_2 - R_3\,\dot{\vartheta}_1 \right)\left(\delta\dot{w}_2 - R_3\,\delta\dot{\vartheta}_1 \right) + \left(\dot{w}_3 + R_2\,\dot{\vartheta}_1 \right)\left(\delta\dot{w}_3 + R_2\,\delta\dot{\vartheta}_1 \right) \Bigg)\, dV_0 . \tag{4.109}$$

Im Hamiltonschen Prinzip (3.97) wird das Integral von δT über die Zeit benötigt. Um in diesem Integral anstelle der Zeitableitungen die Größen δw_α und $\delta\vartheta_\alpha$ selbst zu erhalten, verwendet man partielle Integrationen. So gilt beispielsweise für den ersten Term aus (4.109)

$$\int\limits_{t_0}^{t_1}\!\int\limits_{V_0} \rho_0\,\dot{w}_1\,\delta\dot{w}_1\, dV_0\, dt \ = \int\limits_{V_0} \left[\rho_0\,\dot{w}_1\,\delta w_1 \right]_{t_0}^{t_1} dV_0 - \int\limits_{t_0}^{t_1}\!\int\limits_{V_0} \rho_0\,\ddot{w}_1\,\delta w_1\, dV_0\, dt $$
$$= -\int\limits_{t_0}^{t_1}\!\int\limits_{V_0} \rho_0\,\ddot{w}_1\,\delta w_1\, dV_0\, dt , \tag{4.110}$$

da die virtuellen Verschiebungen nach (3.37) an den Integrationsgrenzen t_0 und t_1 verschwinden. Formt man alle Integrale aus (4.109) in entsprechender Weise um, so erhält man

$$\int\limits_{t_0}^{t_1} \delta T \, dt = -\int\limits_{t_0}^{t_1}\int\limits_{V_0} \rho_0\Bigl(\bigl(\ddot{w}_1 - R_3\,\ddot{\vartheta}_3 + R_3\,\ddot{\vartheta}_2\bigr)\delta w_1$$

$$+ \bigl(\ddot{w}_2 - R_3\,\ddot{\vartheta}_1\bigr)\delta w_2 + \bigl(\ddot{w}_3 + R_2\,\ddot{\vartheta}_1\bigr)\delta w_3$$

$$+ \Bigl(-R_3\,\ddot{w}_2 + R_2\,\ddot{w}_3 + \bigl(R_2^2 + R_3^2\bigr)\ddot{\vartheta}_1\Bigr)\delta\vartheta_1 \tag{4.111}$$

$$+ \Bigl(R_3\,\ddot{w}_1 + R_3^2\,\ddot{\vartheta}_2 - R_2\,R_3\,\ddot{\vartheta}_3\Bigr)\delta\vartheta_2$$

$$+ \Bigl(-R_2\,\ddot{w}_1 - R_2\,R_3\,\ddot{\vartheta}_2 + R_2^2\,\ddot{\vartheta}_3\Bigr)\delta\vartheta_3\Bigr)\, dV_0\, dt\,.$$

Die Integration über V_0 kann man aufspalten in eine Integration über die Querschnittsfläche $A_0 \equiv A$ an der Stelle R_1 und eine Integration über R_1 von $R_1 = 0$ bis $R_1 = \ell$, wo ℓ die Länge des Balkens in der Referenzkonfiguration ist. Da die Querschnitte starr sind, läßt sich die Integration über A_0 leicht ausführen. Dabei verschwinden nach (4.79) die Flächenmomente 1. Ordnung, wenn die Massenmittelpunkte der Querschnitte mit den Punkten $O^2(R_1)$ der Achse zusammenfallen. Mit (4.77) bis (4.81) erhält man aus (4.111), wenn man anstelle der ϑ_α die Winkel φ_α gemäß (4.100) einführt

$$\int\limits_{t_0}^{t_1} \delta T \, dt = -\int\limits_{t_0}^{t_1}\int\limits_{0}^{\ell} \rho_0\,\Bigl(A\bigl(\ddot{w}_1\,\delta w_1 + \ddot{w}_2\,\delta w_2 + \ddot{w}_3\,\delta w_3\bigr) + J_p\,\ddot{\varphi}_1\,\delta\varphi_1$$

$$+ \bigl(-J_{23}\bigl(\ddot{w}_2' + \ddot{\varphi}_3\bigr) + J_{22}\bigl(-\ddot{w}_3' + \ddot{\varphi}_2\bigr)\bigr)\bigl(-\delta w_3' + \delta\varphi_2\bigr) \tag{4.112}$$

$$+ \bigl(-J_{23}\bigl(-\ddot{w}_3' + \ddot{\varphi}_2\bigr) + J_{33}\bigl(\ddot{w}_2' + \ddot{\varphi}_3\bigr)\bigr)\bigl(\delta w_2' + \delta\varphi_3\bigr)\,\Bigr)\, dR_1\, dt\,.$$

Der Ausdruck vereinfacht sich wegen (4.80), wenn die 2-, 3-Richtungen des im Balkenquerschnitt festen Systems Hauptträgheitsachsen sind, also

$$\int\limits_{t_0}^{t_1} \delta T \, dt = -\int\limits_{t_0}^{t_1}\int\limits_{0}^{\ell} \rho_0\bigl(A\bigl(\ddot{w}_1\,\delta w_1 + \ddot{w}_2\,\delta w_2 + \ddot{w}_3\,\delta w_3\bigr) + J_p\,\ddot{\varphi}_1\,\delta\varphi_1$$

$$+ J_{33}\bigl(\ddot{w}_2' + \ddot{\varphi}_3\bigr)\bigl(\delta w_2' + \delta\varphi_3\bigr) + J_{22}\bigl(\ddot{\varphi}_2 - \ddot{w}_3'\bigr)\bigl(\delta\varphi_2 - \delta w_3'\bigr)\bigr)dR_1\, dt\,. \tag{4.113}$$

Variation der potentiellen Energie

Für die Variation des elastischen Potentials gilt nach (4.75) mit den in (4.98) angegebenen Verzerrungen $G_{\alpha\beta}$

$$\delta U = \int\limits_{V_0} \hat{E}\,\bigl(G_{11}\,\delta G_{11} + 2\,G_{12}\,\delta G_{12} + 2\,G_{13}\,\delta G_{13}\bigr)\, dV_0\,. \tag{4.114}$$

In linearer Näherung wird, wenn man ϑ_α durch φ_α gemäß (4.100) ausdrückt unter Verwendung von $\hat{\mathcal{E}}$ aus (4.72)

$$
\begin{aligned}
\delta U = \int_{V_0} \mathcal{E} \Bigg(& \left(w_1' - R_2\, w_2'' - R_3\, w_3'' + R_3\, \varphi_2' - R_2\, \varphi_3' \right) \delta w_1' \\
& + \left(-R_2\, w_1' + R_2^2\, w_2'' + R_2\, R_3\, w_3'' - R_2\, R_3\, \varphi_2' + R_2^2\, \varphi_3' \right)\left(\delta w_2'' + \delta\varphi_3' \right) \\
& + \left(R_3\, w_1' - R_2\, R_3\, w_2'' - R_3^2\, w_3'' + R_3^2\, \varphi_2'' - R_2\, R_3\, \varphi_3' \right)\left(-\delta w_3' + \delta\varphi_2' \right) \\
& + \frac{1}{2}\left(\varphi_3 + R_3\, \varphi_1'/(1+\mu) \right)\left(\delta\varphi_3 + R_3\, \delta\varphi_1' \right) \\
& + \frac{1}{2}\left(\varphi_2 + R_2\, \varphi_1'/(1+\mu) \right)\left(\delta\varphi_2 + R_2\, \delta\varphi_1' \right) \Bigg)\, dV_0\;.
\end{aligned}
\tag{4.115}
$$

Eine Integration über die Querschnittsflächen liefert mit den Definitionen aus (4.77) bis (4.81)

$$
\begin{aligned}
\delta U = \int_0^\ell \Bigg(& \mathcal{E}\, A \left(w_1'\, \delta w_1' + \frac{1}{2}\varphi_2\, \delta\varphi_2 + \frac{1}{2}\varphi_3\, \delta\varphi_3 \right) \\
& + \mathcal{E}\, J_{33} \left(\left(w_2'' + \varphi_3' \right)\left(\delta w_2'' + \delta\varphi_3' \right) + \varphi_1'\, \delta\varphi_1'/2(1+\mu) \right) \\
& + \mathcal{E}\, J_{22} \left(\left(-w_3'' + \varphi_2' \right)\left(-\delta w_3'' + \delta\varphi_2' \right) + \varphi_1'\, \delta\varphi_1'/2(1+\mu) \right) \\
& + \mathcal{E}\, J_{23} \left(\left(w_3'' - \varphi_2' \right)\left(\delta w_2'' + \delta\varphi_3' \right) + \left(-w_2'' - \varphi_3' \right)\left(-\delta w_3'' + \delta\varphi_2' \right) \right) \Bigg)\, dR_1\;.
\end{aligned}
\tag{4.116}
$$

Sind die 2- und 3-Richtungen des im Querschnitt festen Systems Hauptträgheitsachsen, so verschwindet in (4.116) wegen (4.80) der letzte Term, also

$$
\begin{aligned}
\delta U = \int_0^\ell \Bigg(& \mathcal{E}\, A \left(w_1'\, \delta w_1' + \frac{1}{2}\varphi_2\, \delta\varphi_2 + \frac{1}{2}\varphi_3\, \delta\varphi_3 \right) \\
& + \mathcal{E}\, J_{33} \left(\left(w_2'' + \varphi_3' \right)\left(\delta w_2'' + \delta\varphi_3' \right) + \varphi_1'\, \delta\varphi_1'/2(1+\mu) \right) \\
& + \mathcal{E}\, J_{22} \left(\left(-w_3'' + \varphi_2' \right)\left(-\delta w_3'' + \delta\varphi_2' \right) + \varphi_1'\, \delta\varphi_1'/2(1+\mu) \right) \Bigg)\, dR_1\;.
\end{aligned}
\tag{4.117}
$$

Virtuelle Arbeit der äußeren Kräfte

Die Querschnitte des Balkens sind starre Scheiben. Über den Querschnitt, also über R_2 und R_3, verteilte äußere Kräfte kann man reduzieren auf eine im Massenmittelpunkt des Querschnitts am Ort R_1 angreifende Kraft und ein zugehöriges Moment. Beide Größen hängen nur noch von der Koordinate R_1 ab. Die virtuelle Arbeit der Kraft und des Moments läßt sich darstellen in der Form

$$\delta' W_a = \int\limits_0^\ell \sum_\alpha \left(Q_{w\alpha}\, \delta w_\alpha + Q_{\varphi\alpha}\, \delta\varphi_\alpha \right) dR_1 \,. \tag{4.118}$$

Hamiltonsches Prinzip

Wenn die 2- und 3-Richtungen des querschnittfesten Koordinatensystems Hauptträgheitsachsen sind, besagt das Hamiltonsche Prinzip (3.97) unter Verwendung von (4.113), (4.117) und (4.118)

$$\int\limits_{t_0}^{t_1}\Biggl(\int\limits_0^\ell \Bigl(\rho_0\, A\left(\ddot{w}_1\, \delta w_1 + \ddot{w}_2\, \delta w_2 + \ddot{w}_3\, \delta w_3\right) + \rho_0\, J_p\, \ddot{\varphi}_1\, \delta\varphi_1$$
$$+\, \mathcal{E}\, A\left(w_1'\, \delta w_1' + \tfrac{1}{2}\varphi_2\, \delta\varphi_2 + \tfrac{1}{2}\varphi_3\, \delta\varphi_3\right)$$
$$+\, \mathcal{E}\, J_{33}\bigl((w_2'' + \varphi_3')\left(\delta\varphi_3' + \delta w_2''\right) + \varphi_1'\, \delta\varphi_1'/2(1+\mu)\bigr)$$
$$+\, \mathcal{E}\, J_{22}\bigl((\varphi_2' - w_3'')\left(\delta\varphi_2' - \delta w_3''\right) + \varphi_1'\, \delta\varphi_1'/2(1+\mu)\bigr)$$
$$+\, \rho_0\, J_{33}(\ddot{\varphi}_3 - \ddot{w}_2')\left(\delta\varphi_3 - \delta w_2'\right) + \rho_0\, J_{22}(\ddot{\varphi}_2 - \ddot{w}_3')\left(\delta\varphi_2 - \delta w_3'\right)$$
$$-\, \sum_\alpha \left(Q_{w\alpha}\, \delta w_\alpha + Q_{\varphi\alpha}\, \delta\varphi_\alpha\right)\Biggr) dR_1\Biggr) dt = 0\,. \tag{4.119}$$

Die Integrale über die Balkenlänge können durch partielle Integration so umgeformt werden, daß unter dem Integrationszeichen nur noch die virtuellen Verschiebungen δw_α und $\delta\varphi_\alpha$ stehen bleiben. So gilt beispielsweise

$$\int\limits_0^\ell \mathcal{E}\, A\, w_1'\, \delta w_1'\, dR_1 = \left[\mathcal{E}\, A\, w_1'\, \delta w_1 \right]_0^\ell - \int\limits_0^\ell (\mathcal{E}\, A\, w_1')'\, \delta w_1\, dR_1\,. \tag{4.120}$$

Terme mit zweiten Ableitungen virtueller Größen müssen zweimal partiell integriert werden, beispielsweise

$$\int\limits_0^\ell \mathcal{E}\, J_{33}\, w_2''\, \delta w_2''\, dR_1 = \left[\mathcal{E}\, J_{33}\, w_2''\, \delta w_2' - (\mathcal{E}\, J_{33}\, w_2'')'\, \delta w_2 \right]_0^\ell$$
$$+ \int\limits_0^\ell (\mathcal{E}\, J_{33}\, w_2'')''\, \delta w_2\, dR_1\,. \tag{4.121}$$

Mit diesen Umformungen erhält man aus (4.119) eine Summe von zwei Integralen

$$\int\limits_{t_0}^{t_1} \int\limits_{0}^{\ell} I_1 \, dR_1 \, dt \; + \; \int\limits_{t_0}^{t_1} I_2 \, dt \; = \; 0 \,, \quad \text{wo} \quad I_1 = \sum_{\alpha} \left(I_{1w\alpha} \delta w_\alpha + I_{1\varphi\alpha} \delta \varphi_\alpha \right) \tag{4.122}$$

nur Ausdrücke mit den virtuellen Verschiebungen δw_α und $\delta \varphi_\alpha$ enthält, während in I_2 auch Ableitungen dieser Größen vorkommen.

Bewegungsgleichungen und Randbedingungen

Mit den im Zusammenhang mit (3.103) bereits angesprochenen Argumenten aus der Variationsrechnung schließt man, daß I_1 und I_2 jeweils für sich verschwinden müssen, um (4.122) zu erfüllen. Wegen der Beliebigkeit der virtuellen Verschiebungen δw_α und $\delta \varphi_\alpha$ in I_1 erhält man aus $I_1 = 0$ sechs partielle Differentialgleichungen $I_{1w\alpha} = 0$ und $I_{1\varphi\alpha} = 0$ für die Deformationskoordinaten w_α und φ_α, während $I_2 = 0$ die Randbedingungen in diesen Koordinaten liefert. Die Bewegungsgleichungen sind

$$\rho_0 \, A \, \ddot{w}_1 \; - \left(\mathcal{E} \, A \, w_1' \right)' \hspace{6.5cm} - \; Q_{w1} \; = 0 \tag{4.123}$$

$$\rho_0 \, A \, \ddot{w}_2 \; - \left(\rho_0 \, J_{33} \left(\ddot{w}_2' + \ddot{\varphi}_3 \right) \right)' + \left(\mathcal{E} \, J_{33} \left(w_2'' + \varphi_3' \right) \right)'' \; - \; Q_{w2} \; = 0 \tag{4.124}$$

$$\rho_0 \, A \, \ddot{w}_3 \; - \left(\rho_0 \, J_{22} \left(\ddot{w}_3' - \ddot{\varphi}_2 \right) \right)' + \left(\mathcal{E} \, J_{22} \left(w_3'' + \varphi_2' \right) \right)'' \; - \; Q_{w3} \; = 0 \tag{4.125}$$

$$\rho_0 \, J_p \, \ddot{\varphi}_1 \; + \left(\frac{\mathcal{E}}{2(1+\mu)} \left(J_{22} + J_{33} \right) \varphi_1' \right)' \hspace{3.2cm} - \; Q_{\varphi 1} \; = 0 \tag{4.126}$$

$$\rho_0 \, J_{22} \left(\ddot{\varphi}_2 - \ddot{w}_3' \right) + \frac{1}{2} \mathcal{E} \, A \, \varphi_2 - \left(\mathcal{E} \, J_{22} \left(\varphi_2' - w_3'' \right) \right)' \hspace{1.3cm} - \; Q_{\varphi 2} \; = 0 \tag{4.127}$$

$$\rho_0 \, J_{33} \left(\ddot{\varphi}_3 + \ddot{w}_2' \right) + \frac{1}{2} \mathcal{E} \, A \, \varphi_3 - \left(\mathcal{E} \, J_{33} \left(\varphi_3' + w_2'' \right) \right)' \hspace{1.3cm} - \; Q_{\varphi 3} \; = 0 \,. \tag{4.128}$$

Die von diesen Gleichungen zu erfüllenden Randbedingungen ergeben sich zu

$$\left(\mathcal{E} \, A \, w_1' \, \delta w_1 + \rho_0 \, J_{33} \left(\ddot{\varphi}_3 + \ddot{w}_2' \right) \delta w_2 \right.$$

$$+ \, \mathcal{E} \, J_{33} \left(\varphi_3' + w_2'' \right) \delta w_2' - \left(\mathcal{E} \, J_{33} \left(\varphi_3' + w_2'' \right) \right)' \delta w_2$$

$$- \, \rho_0 \, J_{22} \left(\ddot{\varphi}_2 - \ddot{w}_3' \right) \delta w_3 - \mathcal{E} \, J_{22} \left(\varphi_2' - w_3'' \right) \delta w_3'$$

$$+ \left(\mathcal{E} \, J_{22} \left(\varphi_2' - w_3'' \right) \right)' \delta w_3$$

$$- \, \frac{\mathcal{E}}{2(1+\mu)} \left(J_{22} + J_{33} \right) \varphi_1' \, \delta \varphi_1$$

$$\left. + \, \mathcal{E} \, J_{22} \left(\varphi_2' - w_3'' \right) \delta \varphi_2 + \mathcal{E} \, J_{33} \left(\varphi_3' + w_2'' \right) \delta \varphi_3 \right) \Bigg|_0^{\ell} = 0 \,. \tag{4.129}$$

Die partiellen Differentialgleichungen (4.123) bis (4.128) zeigen, daß die Größen $Q_{w\alpha}$ und $Q_{\varphi\alpha}$, also die auf den Balken einwirkenden Kräfte und Momente, klein sein müssen, damit man kleine Deformationen w_α und φ_α erhält. Die Gleichung (4.123) beschreibt die Längs- oder Dehnungsschwingungen. Die Gleichung (4.126) für die Dreh- oder Torsionsschwingungen läßt sich mit der Definition von J_p aus (4.81) und mit (2.265) umformen in

$$J_p \left(\rho_0 \, \ddot{\varphi}_1 + \left(G \, \varphi_1' \right)' \right) - Q_{\varphi 1} = 0 \, . \tag{4.130}$$

Die Gleichungen (4.124) und (4.125) für die Quer- oder Biegeschwingungen $w_2(R_1,t)$ und $w_3(R_1,t)$ sind im Rahmen der bisher angegebenen Modellannahmen mit den Gleichungen (4.127) und (4.128) für die Scherschwingungen $\varphi_2(R_1,t)$ und $\varphi_3(R_1,t)$ der Balkenquerschnitte gekoppelt.

Im Fall des Bernoulli-Balkens gilt nach (4.102) $\varphi_2(R_1,t) \equiv \varphi_3(R_1,t) \equiv 0$ und die Gleichungen für die Biege- und für die Scherschwingungen gehen über in

$$\left. \begin{aligned}
\rho_0 \, A \, \ddot{w}_2 \quad &- \left(\rho_0 \, J_{33} \, \ddot{w}_2' \right)' + \left(E \, J_{33} \, w_2'' \right)'' = 0 \\[4pt]
\rho_0 \, A \, \ddot{w}_3 \quad &- \left(\rho_0 \, J_{22} \, \ddot{w}_3' \right)' + \left(E \, J_{22} \, w_3'' \right)'' = 0 \\[4pt]
\rho_0 \, J_{22} \, \ddot{w}_3' \; &- \left(E \, J_{22} \, w_3'' \right)' \qquad\qquad = 0 \\[4pt]
\rho_0 \, J_{33} \, \ddot{w}_2' \; &- \left(E \, J_{33} \, w_2'' \right)' \qquad\qquad = 0
\end{aligned} \right\} \tag{4.131}$$

wenn man, zur Vereinfachung der folgenden Diskussion, die äußeren Kräfte gleich Null setzt. Die beiden Gleichungen (4.131) für Biegeschwingungen enthalten neben den in der technischen Biegelehre, [20], S. 190, berücksichtigten Termen $\rho_0 \, A \, \ddot{w}_i + \left(E \, J_{jj} \, w_i'' \right)''$, $i = 2,3$, $j = 3,2$ auch noch die Größen $\left(\rho_0 \, J_{jj} \, \ddot{w}_i' \right)'$. Die technische Biegelehre geht von folgenden Annahmen aus:

- die Verformungen sind klein und die Querschnitte bleiben eben und orthogonal zur Achse,

- als Biegelinie stellt sich, auch bei Einwirkung von Querkräften, die aus einer reinen Momentenbelastung resultierende Kurve ein, eine Parabel.

Nach der technischen Biegelehre sind Moment und Querkraft proportional den 2. und 3. Ableitungen w_i'' und w_i''', $i = 2,3$. Die Ableitungen w_i' stimmen beim Bernoulli-Balken nach (4.84) in linearer Näherung mit den Beträgen der Drehwinkel ϑ_i überein. Die Terme $\rho_0 \, J_{jj} \, \ddot{w}_i'$ erfassen demnach den Einfluß der Rotationsträgheit der Querschnitte. Die beiden letzten Gleichungen (4.131) zeigen, daß eine Vernachlässigung des Querkrafteinflusses auf die Biegelinie, also die Vernachlässigung von w_i''', bedeutet, daß auch der Einfluß der Rotationsträgheit der Querschnitte unberücksichtigt bleibt:

$$\rho_0 \, J_{33} \, \ddot{w}_2' = \rho_0 \, J_{22} \, \ddot{w}_3' = 0 \, . \tag{4.132}$$

Mit diesen Annahmen ergeben sich aus (4.131), also aus (4.124) und (4.125), die aus der technischen Biegelehre bekannten Gleichungen für die Biegeschwingungen von Bernoulli-Balken

$$\left.\begin{array}{l} \rho_0\, A\, \ddot{w}_2 + \left(E\, J_{33}\, w_2''\right)'' - Q_{w2} = 0 \\[2mm] \rho_0\, A\, \ddot{w}_3 + \left(E\, J_{22}\, w_3''\right)'' - Q_{w3} = 0\,. \end{array}\right\} \tag{4.133}$$

Die hier vernachlässigte Rotationsträgheit der Querschnitte ist einer der drei zusätzlichen Terme, die in der für "kurze" Balken erforderlichen Theorie des Timoshenko-Balkens zur Modellierung von Biegeschwingungen berücksichtigt werden. Die beiden letzten Gleichungen (4.131) für die Scherschwingungen zeigen, daß die Vernachlässigung der Rotationsträgheit der Querschnitte nicht eine Frage der rechentechnischen Effizienz sondern der Konsistenz der Modellannahmen ist.

Mit $w_i''' \equiv 0$ und (4.132) findet man aus (4.129), daß für die Lösungen von (4.133) an den Rändern $R_1 = 0$ und $R_1 = \ell$ gelten muß

$$\left. \left(E\, J_{33}\, w_2''\, \delta w_2' + E\, J_{22}\, w_3''\, \delta w_3'\right)\right|_0^\ell = 0\,. \tag{4.134}$$

Häufig verwendet man die Gleichungen (4.133) auch für Fälle, in denen im Querschnitt nicht nur Biegemomente sondern auch Querkräfte übertragen werden. Dann beläßt man die Terme mit w''' in den aus (4.129) folgenden Gleichungen und erhält anstelle von (4.134) für die Randwerte

$$\left. \left(E\, J_{33} \left(w_2''\, \delta w_2' - w_2'''\delta w_2\right) + E\, J_{22} \left(w_3''\, \delta w_3' - w_3'''\delta w_3\right)\right)\right|_0^\ell = 0\,. \tag{4.135}$$

Für einen bei $R_1 = 0$ eingespannten und am anderen Ende $R_1 = \ell$ freien Balken gilt wegen der Einspannung bei $R_1 = 0$

$$\delta w_2(0) = \delta w_3(0) = \delta w_2'(0) = \delta w_3'(0) = 0\,. \tag{4.136}$$

Damit folgt aus (4.135)

$$E J_{33}\left(w_2''(\ell)\delta w_2'(\ell) - w_2'''(\ell)\delta w_2(\ell)\right) + E J_{22}\left(w_3''(\ell)\delta w_3'(\ell) - w_3'''(\ell)\delta w_3(\ell)\right) = 0\,. \tag{4.137}$$

Wegen der Beliebigkeit der Verschiebungen $\delta w_{2,3}$ und $\delta w_{2,3}'$ am Balkenende $R_1 = \ell$ folgen aus (4.137) die kinetischen (natürlichen) Randbedingungen

$$w_2''(\ell) = w_3''(\ell) = 0 \quad \text{und} \quad w_2'''(\ell) = w_3'''(\ell) = 0\,. \tag{4.138}$$

Sie besagen, daß am freien Rand $R_1 = \ell$ des Balkens sowohl das Biegemoment wie auch die Querkraft verschwinden müssen.

Zusammenfassung

Mit der in Abschnitt 4.1.1 angegebenen Modellierung des Balkens als dreidimensionales Kontinuum mit inneren Bindungen (die Querschnitte bleiben eben) erhält man die in der technischen Biegelehre verwendeten Gleichungen. Das Modell ist im Sinne der Kontinuumsmechanik eine Näherung. Die zu der Näherung führenden Modellannahmen sind nicht unproblematisch: Bei Angabe der Materialgleichungen ist man gezwungen, ein anisotropes Material einzuführen um Widersprüche im Modell zu beseitigen – vgl. (4.72). Die Widersprüche lassen sich mit komplexeren Modellen vermeiden, sind aber bei langen, schlanken Balken bedeutungslos. Bei kurzen, dicken Balken muß der Einfluß der Schubverformungen berücksichtigt werden, etwa mit dem Modell des sog. Timoshenko-Balkens – vgl. z. B. [4], S. 86.

Bei der Modellierung von Balken in Mehrkörpersystemen kann angenommen werden, daß sich die Bewegung des Balkens, wie in Bild 4-1 gezeigt, darstellen läßt, als Überlagerung einer großen Referenzbewegung und kleiner Verformungen. Eine dann mögliche Linearisierung der Bewegungsgleichungen in den Deformationsvariablen resultiert in Rechenzeitvorteilen, erfordert aber Sorgfalt: Auf den Balken wirken in solchen Fällen große Lasten, z. B. die aus der Führungsbewegung resultierenden Trägheitskräfte. Die für solche Fälle linearisierten Bewegungsgleichungen werden im nächsten Abschnitt besprochen.

4.3 Bewegungsgleichungen bei großen Belastungen

Die Bewegungsgleichungen (4.123) bis (4.128) gelten unter der Voraussetzung, daß die äußeren Kräfte $Q_{w\alpha}$ und $Q_{\varphi\alpha}$ hinreichend klein bleiben, also die gleiche Größenordnung besitzen wie die übrigen Terme, in denen die kleinen Deformationskoordinaten w_α und φ_α vorkommen. Balken führen als Körper von Mehrkörpersystemen i. a. aber große, beschleunigte Referenzbewegungen aus, die in großen Trägheitskräften resultieren. Bei großen Kräften bleiben die Deformationen nur klein, wenn die Steifigkeiten in Richtung der großen Kräfte genügend hoch sind. Bei Berücksichtigung dieser Annahme erscheinen in den linearisierten Modellgleichungen zusätzliche Terme, die geometrischen Steifigkeiten.

4.3.1 Modellannahmen

Zur Erläuterung geometrischer Steifigkeiten wird die folgende Aufgabe behandelt: Zu ermitteln sind die ebenen Bewegungen eines in der 1,3-Ebene rotierenden und bei $R_1 = 0$ eingespannten Balkens – vgl. Bild 4-5. Die Winkelgeschwindigkeit

$$\underline{\omega} = \underline{e}^{1^T}\boldsymbol{\omega}, \quad \boldsymbol{\omega} = \begin{bmatrix} 0 & \omega(t) & 0 \end{bmatrix}^T \tag{4.139}$$

sei vorgegeben.

Die Querschnitte des Balkens sollen stets orthogonal zur Tangente an die Achse bleiben und ihre Torsionsbewegungen seien gesperrt. Bei ebener Bewegung verbleiben als Verformungen nur Dehnungen und Biegungen in der 1,3-Ebene. Sie können entweder durch die Verformungsgrößen χ_1 und χ_3 aus (4.64) oder durch Verschiebungsgrößen aus (4.21), also durch die in Bild 4-5 eingetragenen Längs- und Querauslenkungen $w_1(R_1,t)$ und $w_3(R_1,t)$ der Punkte R_1 der Achse, dargestellt werden.

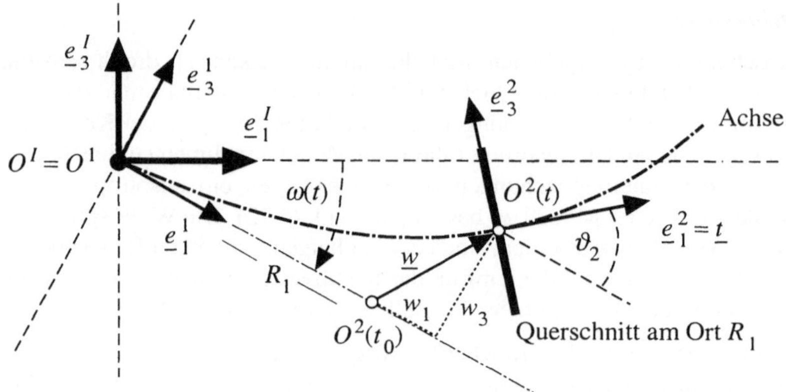

Bild 4-5: Beschreibung ebener Bewegungen eines in der 1,3-Ebene rotierenden Bernoulli-Balkens.

Probleme der angegebenen Form wurden als Testbeispiele vorgeschlagen, um die Güte der Modellierung von Balken in Mehrkörpersystemen zu prüfen, [14]. Die Winkelgeschwindigkeit $\omega(t)$ von $\{O^1, \underline{e}^1\}$ resultiert in nicht notwendigerweise kleinen Zentrifugalkräften in Balkenlängsrichtung. Der Ausdruck (4.123) für die Längsbewegungen zeigt, daß eine nicht kleine Längskraft zu einem nicht kleinen Term $\mathcal{E}Aw_1'$ führt. Demgemäß werden die Gleichungen zur Lösung des hier gestellten Problems hergeleitet unter den Annahmen, daß die

- Deformationskoordinaten w_1 und w_3 aus Bild 4-5 klein sind und daß Produkte kleiner Größen vernachlässigt werden können,

- Bewegungen von $\{O^1, \underline{e}^1\}$ und die resultierenden Trägheitskräfte nicht klein sind,

- Dehnsteifigkeit $\mathcal{E}A$ so groß ist, daß $\mathcal{E}Aw_1'$ nicht als kleiner Term angesehen werden kann.

Infolge der letzten Annahme erhält man in den linearisierten Bewegungsgleichungen zusätzliche, in (4.123) bis (4.128) nicht vorkommende Terme, die geometrischen Steifigkeiten.

4.3.2 Linearisierte Bewegungsgleichungen in Verschiebungsgrößen

Die Bewegungsgleichungen werden unter Verwendung des Hamiltonschen Prinzips ermittelt und in den Koordinaten w_1 und w_3 linearisiert. Wegen der großen Dehnsteifigkeit $\mathcal{E}A$ müssen dabei aber in den Ausgangsgleichungen für die Linearisierung auch in den Deformationskoordinaten quadratische Glieder mitgeführt werden. Da $\mathcal{E}A$ nur in δU und nicht in δT eingeht, genügt es, bei der Angabe von δT nur die in den Deformationskoordinaten linearen Terme zu berücksichtigen.

Variation der kinetischen Energie

Für die Variation δT der kinetischen Energie gilt (4.69) mit $^I\mathbf{r}^P$ gemäß (4.17), wobei $\mathbf{r}^1 \equiv 0$ und $\mathbf{A}^1 = \mathbf{A}^1(t)$. Bei ebenen, torsionsfreien Bewegungen des Bernoulli-Balkens gilt hier wegen $w_2 \equiv 0$ nach (4.84) und (4.99) auch $\vartheta_1 \equiv \vartheta_3 \equiv 0$. Für die Matrix $\boldsymbol{\Theta}$ aus (4.82) und (4.85) erhält man damit in einer Näherung 2. Ordnung

$$\boldsymbol{\Theta} = \begin{bmatrix} 1 - \frac{1}{2}\vartheta_2^2 & 0 & -\vartheta_2 \\ 0 & 1 & 0 \\ \vartheta_2 & 0 & 1 - \frac{1}{2}\vartheta_2^2 \end{bmatrix} = \begin{bmatrix} 1 - \frac{1}{2}w_3'^2 & 0 & w_3' - w_1'\,w_3' \\ 0 & 1 & 0 \\ -w_3' + w_1'\,w_3' & 0 & 1 - \frac{1}{2}w_3'^2 \end{bmatrix}. \tag{4.140}$$

Mit den angesprochenen Werten von $\mathbf{r}^1$, $\mathbf{A}^1$, $\mathbf{w}$ und $\boldsymbol{\Theta}$ folgt aus (4.17)

$$^I\mathbf{r}^P = \mathbf{A}^{1^T}\,{}^1\mathbf{r}^P \quad \text{wo} \quad {}^1\mathbf{r}^P = \begin{bmatrix} R_1 + w_1 + R_3\,\vartheta_2 \\ R_2 \\ R_3 + w_3 - \frac{1}{2}R_3\,\vartheta_2^2 \end{bmatrix}. \tag{4.141}$$

Mit der Poissonschen Gleichung aus [22], S. 81, also mit

$$\dot{\mathbf{A}}^{1^T} = \mathbf{A}^{1^T}\,\tilde{\boldsymbol{\omega}} \tag{4.142}$$

und mit $\boldsymbol{\omega}$ aus (4.139) erhält man für die in (4.69) benötigte Ableitung von (4.141)

$$^I\dot{\mathbf{r}}^P = \mathbf{A}^{1^T} \begin{bmatrix} \dot{w}_1 + R_3\,\dot{\vartheta}_2 - \left(R_3 + w_3 - \frac{1}{2}R_3\,\vartheta_2^2\right)\omega \\ 0 \\ \dot{w}_3 - R_3\,\vartheta_2\,\dot{\vartheta}_2 + \left(R_1 + w_1 + R_3\,\vartheta_2\right)\omega \end{bmatrix}. \tag{4.143}$$

Für die virtuellen Geschwindigkeiten $\boldsymbol{\delta}\,{}^I\dot{\mathbf{r}}^P$ erhält man, da die Referenzbewegung eine vorgegebene Funktion der Zeit ist:

$$\boldsymbol{\delta}\,{}^I\dot{\mathbf{r}}^P = \mathbf{A}^{1^T} \begin{bmatrix} \dfrac{d}{dt}\left(\delta w_1 + R_3\,\delta\vartheta_2\right) - \left(\delta w_3 - R_3\,\vartheta_2\,\delta\vartheta_2\right)\omega \\ 0 \\ \dfrac{d}{dt}\left(\delta w_3 - R_3\,\vartheta_2\,\delta\vartheta_2\right) + \left(\delta w_1 + R_3\,\delta\vartheta_2\right)\omega \end{bmatrix}, \tag{4.144}$$

wo nach (4.84)

$$\delta\vartheta_2 = w_3'\,\delta w_1' - \left(1 - w_1'\right)\delta w_3'. \tag{4.145}$$

Mit (4.143) und (4.144) ergibt sich aus (4.69) wegen $\mathbf{A}^1\mathbf{A}^{1^T} = \mathbf{E}$ unter Verwendung partieller Integrationen der Form (4.110) zur Elimination von $\delta\dot{w}_1$, $\delta\dot{w}_3$ und $\delta\dot{\vartheta}_2$

$$
\int\limits_{t_0}^{t_1} \delta T \, dt = \int\limits_{t_0}^{t_1} \left(\int\limits_{V_0} \left(\rho_0 \left(- \ddot{w}_1 - R_3 \ddot{\vartheta}_2 - (R_3 + w_3)\dot{\omega} - 2\dot{w}_3\,\omega \right. \right. \right.
$$

$$
+ (R_1 + w_1 + R_3\,\vartheta_2)\omega^2 \big)(\delta w_1 + R_3\,\delta\vartheta_2)
$$

$$
+ \rho_0 \left(- \ddot{w}_3 + (R_1 + w_1 + R_3\,\vartheta_2)\dot{\omega} + 2(\dot{w}_1 + R_3\,\dot{\vartheta}_2)\omega \right.
$$

$$
\left. \left. \left. + (R_3 + w_3)\omega^2 \right)(\delta w_3 - R_3\,\vartheta_2\,\delta\vartheta_2) \right) dV_0 \right) dt .
$$

$$(4.146)$$

Eine Integration über die Querschnitte liefert unter Beachtung von (4.77) bis (4.81) und von (4.84) und (4.145) bei Vernachlässigung aller in den Deformationskoordinaten nichtlinearen Terme

$$
\int\limits_{t_0}^{t_1} \delta T \, dt = \int\limits_{t_0}^{t_1} \left(\int\limits_{0}^{\ell} \left(\rho_0\, A\left(- \ddot{w}_1 - w_3\,\dot{\omega} - 2\dot{w}_3\,\omega + (R_1 + w_1)\omega^2 \right) \delta w_1 \right. \right.
$$

$$
+ \rho_0\, A\left(- \ddot{w}_3 + (R_1 + w_1)\dot{\omega} + 2\dot{w}_1\,\omega + w_3\,\omega^2 \right) \delta w_3
$$

$$(4.147)$$

$$
\left. \left. + \rho_0\, J_{22} \left(- w_3'\,\dot{\omega}\,\delta w_1' + (\dot{\omega} - w_1'\,\dot{\omega} - \ddot{w}_3')\,\delta w_3' \right) \right) dR_1 \right) dt .
$$

Ein Vergleich mit (4.113) zeigt bei Berücksichtigung von $w_2 \equiv \varphi_\alpha \equiv 0$, daß man infolge der vorgegebenen Winkelgeschwindigkeit $\omega(t)$ des Bezugssystems eine Reihe zusätzlicher Terme erhält, die aus der Beschleunigung $\dot{\omega}$ resultieren und die den Einfluß der Coriolisbeschleunigungen $2\dot{w}_i\,\omega$, $i = 1, 3$ und der Zentrifugalbeschleunigungen $-(w_1 + R_1)\omega^2$ und $-w_3\,\omega^2$ der Querschnitte erfassen. Beim hier betrachteten Bernoulli-Balken kann nach (4.132) die Rotationsträgheit $\rho_0\, J_{22}\,\ddot{w}_3'$ der Querschnitte gegenüber Verdrehungen w_3' vernachlässigt werden, womit in (4.147) ein weiterer Term entfällt.

Variation der potentiellen Energie

In δU aus (4.75) geht die große Dehnsteifigkeit $\mathcal{E} A$ ein und deshalb werden, wie in Abschnitt 4.3.1 erläutert, im Greenschen Verzerrungstensor $\mathbf{G}$ alle in den Deformationskoordinaten quadratischen Terme berücksichtigt. Der Tensor hat wegen (4.70) und (4.104) nur ein von Null verschiedenes Element G_{11}, für das man aus (4.98) mit $\vartheta_1 \equiv \vartheta_3 \equiv w_2 \equiv 0$ und mit ϑ_2 gemäß (4.84) erhält

$$
G_{11} = w_1' - R_3\,w_3'' + \frac{1}{2}\left(w_1'^2 + w_3'^2 \right) + R_3\,w_1''w_3' + \frac{1}{2}R_3^2\,w_3''^2 .
$$

$$(4.148)$$

Damit gilt

$$\delta U = \int\limits_{V_0} \mathcal{E}\, G_{11}\, \delta G_{11}\, dV$$

wo

$$\delta G_{11} = \delta w_1' + w_1'\, \delta w_1' + R_3\, w_3'\, \delta w_1'' + \left(w_3' + R_3\, w_1''\right)\delta w_3' - \left(R_3 - R_3^2\, w_3''\right)\delta w_3''.$$

$$(4.149)$$

Mit (4.148) findet man nach Integration über die Querschnitte

$$\delta U = \int\limits_0^\ell \bigg(\mathcal{E}\,A\left(\left(w_1' + \frac{3}{2}w_1'^2 + \frac{1}{2}w_3'^2\right)\delta w_1' + w_1'\,w_3'\,\delta w_3'\right)$$

$$+ \mathcal{E}\,J_{22}\left(\frac{1}{2}w_3''^2\,\delta w_1' - w_3'\,w_3''\,\delta w_1'' - w_1''\,w_3''\,\delta w_3' + \left(w_3'' + w_1'\,w_3'' - w_1''\,w_3'\right)\delta w_3''\right) \tag{4.150}$$

$$- \frac{3}{2}\,\mathcal{E}\,J_{222}\,w_3''^2\,\delta w_3'' \bigg)\, dR_1$$

mit dem in Analogie zu (4.78) definierten Flächenmoment 3. Ordnung

$$J_{222} = \int\limits_{A_0} R_3^3\, dA. \tag{4.151}$$

Berücksichtigt man Terme mit $\mathcal{E}\,A$ bis zur 2. Ordnung und ansonsten nur die in den Deformationskoordinaten linearen Glieder, so wird

$$\delta U = \int\limits_0^\ell \bigg(\mathcal{E}\,A\Big(\Big(w_1' + \frac{3}{2}w_1'^2 + \frac{1}{2}w_3'^2\Big)\delta w_1' + w_1'\,w_3'\,\delta w_3'\Big) + \mathcal{E}\,J_{22}\,w_3''\,\delta w_3''\bigg)\, dR_1. \tag{4.152}$$

Bewegungsgleichungen und Randbedingungen

Mit (4.147) und (4.152) und mit der virtuellen Arbeit der äußeren Kräfte aus (4.118) besagt das Hamiltonsche Prinzip (3.97) bei Vernachlässigung der Rotationsträgheit der Querschnitte gemäß (4.132), daß

$$\int\limits_{t_0}^{t_1}\int\limits_0^\ell \bigg(\rho_0\,A\left(-\ddot{w}_1 - w_3\,\dot{\omega} - 2\dot{w}_3\,\omega + (R_1 + w_1)\,\omega^2\right)\delta w_1$$

$$+ \rho_0\,A\left(-\ddot{w}_3 + (R_1 + w_1)\,\dot{\omega} + 2\dot{w}_1\,\omega + w_3\,\omega^2\right)\delta w_3$$

$$+ \rho_0\,J_{22}\left(-w_3'\,\dot{\omega}\,\delta w_1' + (1 - w_1')\,\dot{\omega}\,\delta w_3'\right) \tag{4.153}$$

$$- \mathcal{E}\,A\Big(\Big(w_1' + \frac{3}{2}w_1'^2 + \frac{1}{2}w_3'^2\Big)\delta w_1' + w_1'\,w_3'\,\delta w_3'\Big) - \mathcal{E}\,J_{22}\,w_3''\,\delta w_3''$$

$$+ Q_{w1}\,\delta w_1 + Q_{w3}\,\delta w_3 \bigg)\, dR_1\, dt = 0.$$

Wie oben aus (4.119) erschließt man hier aus (4.153) die noch nicht linearisierten Bewegungsgleichungen und die Randbedingungen. Die Bewegungsgleichungen lauten

$$
\left.
\begin{aligned}
&\rho_0\, A\left(\ddot{w}_1 + w_3\,\dot{\omega} + 2\,\dot{w}_3\,\omega - (R_1 + w_1)\,\omega^2\right) - \left(\rho_0\, J_{22}\; w_3'\right)'\dot{\omega} \\
&\hspace{4cm} -\left(\mathcal{E}\, A\left(w_1' + \tfrac{3}{2}\,w_1'^2 + \tfrac{1}{2}\,w_3'^2\right)\right)' - Q_{w1} = 0\,, \\
&\rho_0\, A\left(\ddot{w}_3 - (R_1 + w_1)\,\dot{\omega} - 2\,\dot{w}_1\,\omega - w_3\,\omega^2\right) \\
&\hspace{2cm} + \left(\rho_0\, J_{22}\,(1 - w_1')\right)'\dot{\omega} - \left(\mathcal{E}\, A\, w_1'\, w_3'\right)' + \left(\mathcal{E}\, J_{22}\; w_3''\right)'' - Q_{w3} = 0\,.
\end{aligned}
\right\}
\qquad (4.154)
$$

Für die Randwerte gilt

$$
\begin{aligned}
&-\left(\left(\rho_0\, J_{22}\; w_3'\,\dot{\omega} + \mathcal{E}\, A\left(w_1' + \tfrac{3}{2}\,w_1'^2 + \tfrac{1}{2}\,w_3'^2\right)\right)\delta w_1 \right. \\
&\left. \left. + \left(\rho_0\, J_{22}\,(1 - w_1')\,\dot{\omega} - \mathcal{E}\, A\, w_1'\, w_3' + \left(\mathcal{E}\, J_{22}\; w_3''\right)'\right)\delta w_3 - \mathcal{E}\, J_{22}\; w_3''\,\delta w_3'\right)\right|_{R_1=0}^{\ell} = 0\,.
\end{aligned}
\qquad (4.155)
$$

Die Bedingungen (4.155) können, wie in Abschnitt 4.2.2 erläutert, unter Verwendung der geometrischen Randbedingungen zur Angabe der dynamischen Randbedingungen für den jeweils vorliegenden Lagerungsfall ausgewertet werden.

Linearisierung

Die Gleichungen (4.154) beschreiben die Bewegungen des rotierenden Balkens, wobei nur diejenigen Terme 2. Ordnung berücksichtigt sind, die der eingangs begründeten Annahme Rechnung tragen, daß $\mathcal{E}\, A\, w_1'$ trotz kleiner Deformationen groß ist. Damit sich Glieder unterschiedlicher Größenordnung klar trennen lassen, werden dimensionslose Variable und Parameter eingeführt. Es sei

$$
\tau = \sqrt{\frac{\mathcal{E}\, J_{22}}{\rho_0\, A\, \ell^4}}\; t\,, \qquad x = \frac{R_1}{\ell}\,, \qquad W_1(x,\tau) = \frac{w_1(R_1,t)}{\ell}\,, \qquad W_3(x,\tau) = \frac{w_3(R_1,t)}{\ell}\,. \qquad (4.156)
$$

Die Winkelgeschwindigkeit $\omega(t)$ läßt sich bei der ebenen Bewegung aus Bild 4-5 als Ableitung $\dot{\alpha}(t)$ eines Winkels $\alpha(t)$ schreiben:

$$
\omega(t) = \dot{\alpha}(t)\,. \qquad (4.157)
$$

Die Balkenparameter sollen konstant sein, d. h. nicht von der Koordinate R_1 bzw. x abhängen. Äußere Kräfte seien nicht vorhanden, also $Q_{wi} = 0$, $i = 1, 3$ – vgl. (4.118). Außerdem wird das Verhältnis von Biege- und Dehnsteifigkeit als dimensionsloser Parameter

$$\varepsilon = \frac{\dfrac{\mathcal{E}\,J_{22}}{\rho_0\,A\,\ell^4}}{\dfrac{\mathcal{E}}{\rho_0\,\ell^2}} = \frac{\dfrac{\mathcal{E}\,J_{22}}{\ell^3}}{\dfrac{\mathcal{E}\,A}{\ell}} = \frac{J_{22}}{A\,\ell^2} \tag{4.158}$$

eingeführt. Mit (4.156) bis (4.158) erhält man aus (4.154) für die dimensionslosen Deformationskoordinaten $W_i = W_i(x,\tau)$, $i = 1, 3$ die Bewegungsgleichungen

$$\left.\begin{aligned}
&\frac{\partial^2 W_1}{\partial \tau^2} + W_3 \frac{d^2\alpha}{d\tau^2} + 2\frac{\partial W_3}{\partial \tau}\frac{d\alpha}{d\tau} - \left(x + W_1\right)\left(\frac{d\alpha}{d\tau}\right)^2 - \varepsilon\frac{\partial^2 W_3}{\partial x^2}\frac{d^2\alpha}{d\tau^2} \\
&\qquad\qquad -\frac{1}{\varepsilon}\frac{\partial}{\partial x}\left(\frac{\partial W_1}{\partial x} + \frac{3}{2}\left(\frac{\partial W_1}{\partial x}\right)^2 + \frac{1}{2}\left(\frac{\partial W_3}{\partial x}\right)^2\right) = 0\,, \\[2ex]
&\frac{\partial^2 W_3}{\partial \tau^2} - \left(x + W_1\right)\frac{d^2\alpha}{d\tau^2} - 2\frac{\partial W_1}{\partial \tau}\frac{d\alpha}{d\tau} - W_3\left(\frac{d\alpha}{d\tau}\right)^2 - \varepsilon\frac{\partial^2 W_1}{\partial x^2}\frac{d^2\alpha}{d\tau^2} \\
&\qquad\qquad -\frac{1}{\varepsilon}\frac{\partial}{\partial x}\left(\frac{\partial W_1}{\partial x}\frac{\partial W_3}{\partial x}\right) + \frac{\partial^4 W_3}{\partial x^4} = 0\,.
\end{aligned}\right\} \tag{4.159}$$

Bei im Vergleich zur Biegesteifigkeit $\mathcal{E}\,J_{22}\,/\,\ell^3$ des Balkens großer Längssteifigkeit $\mathcal{E}\,A\,/\,\ell$ ist ε aus (4.158) ein kleiner Parameter. Die Gleichungen (4.159) werden jetzt unter Berücksichtigung von $\varepsilon \ll 1$ bezüglich $W_1 \equiv W_3 \equiv 0$ linearisiert. Für die Lösungen von (4.159) setzt man in linearer Näherung an

$$W_1(x,\tau) = \varepsilon\,W_{11}(x,\tau) + O(\varepsilon^2) \quad \text{und} \quad W_3(x,\tau) = \varepsilon\,W_{31}(x,\tau) + O(\varepsilon^2). \tag{4.160}$$

Einsetzen von (4.160) in (4.159) liefert nach Abgleich von Größen der Ordnung ε^0

$$-x\left(\frac{d\alpha}{d\tau}\right)^2 - \frac{\partial^2 W_{11}}{\partial x^2} = 0 \qquad \text{und} \qquad -x\frac{d^2\alpha}{d\tau^2} = 0. \tag{4.161}$$

Die zweite Gleichung aus (4.161) besagt, daß es Lösungen der Form (4.160) nur gibt, wenn die Beschleunigung $d^2\alpha\,/\,d\tau^2$ d. h. $\dot{\omega}$ verschwindet oder zumindest klein ist, also wenn sie in der Form

$$\frac{d^2\alpha}{d\tau^2} = \frac{\rho_0\,A\,\ell^4}{\mathcal{E}\,J_{22}}\,\dot{\omega} = \varepsilon\frac{d^2\alpha_1}{d\tau^2} \tag{4.162}$$

darstellbar ist, wo $d^2\alpha_1\,/\,d\tau^2$ die gleiche Größenordnung besitzt wie die Funktionen $W_{11}(x,\tau)$ und $W_{31}(x,\tau)$ in (4.160). Die erste Gleichung aus (4.161) zeigt, daß sich die Längsbewegung $W_{11}(x,\tau)$ ausschließlich infolge der auf den Balken einwirkenden Zentrifugalkräfte ergibt, also aus

$$\frac{\partial^2 W_{11}(x,\tau)}{\partial x^2} = -x\left(\frac{d\alpha}{d\tau}\right)^2. \tag{4.163}$$

Einsetzen von (4.160) in die zweite Gleichung aus (4.159) liefert unter Berücksichtigung von (4.162) nach Abgleich von Termen der Größenordnung $O(\varepsilon)$

$$\frac{\partial^2 W_{31}}{\partial \tau^2} - x\frac{d^2\alpha_1}{d\tau^2} - 2\frac{\partial W_{11}}{\partial \tau}\frac{d\alpha}{d\tau} - W_{31}\left(\frac{d\alpha}{d\tau}\right)^2 - \frac{\partial}{\partial x}\left(\frac{\partial W_{11}}{\partial x}\frac{\partial W_{31}}{\partial x}\right) + \frac{\partial^4 W_{31}}{\partial x^4} = 0, \tag{4.164}$$

also die Gleichung zur Bestimmung von $W_{31}(x,\tau)$ aus (4.160). Die zur Lösung von (4.164) benötigte Funktion $W_{11}(x,\tau)$ erhält man aus (4.163). Näherungen für die Verformungen des rotierenden Balkens können damit aus (4.164) und (4.163) ermittelt werden. Diese Lösungen $W_1(x,\tau)$ und $W_3(x,\tau)$ besitzen nach (4.160) einen Fehler der Größenordnung $O(\varepsilon^2)$, wo ε durch (4.158) gegeben ist.

Zur Interpretation werden die Bewegungsgleichungen (4.163) und (4.164) wieder in den ursprünglich verwendeten Koordinaten $w_i(R_1,t)$ angeschrieben. Man findet:

$$\left.\begin{aligned}
\mathcal{E}Aw_1'' + \rho_0\,A\,R_1\,\omega^2 &= 0\,, \\
\rho_0\,A\left(\ddot{w}_3 - R_1\,\dot{\omega} - 2\dot{w}_1\,\omega - w_3\,\omega^2\right) - \mathcal{E}A\left(w_1'\,w_3'\right)' + \mathcal{E}J_{22}\,w_3'''' &= 0\,.
\end{aligned}\right\} \tag{4.165}$$

Nach der gleichen Vorgehensweise schließt man aus (4.155) unter Beachtung von (4.162), daß sich die Randbedingungen für die Lösungen von (4.165) ergeben aus

$$\left(-\mathcal{E}Aw_1'\,\delta w_1 + \left(\rho_0\,J_{22}\,\dot{\omega} - \mathcal{E}A\,w_1'\,w_3' + \mathcal{E}J_{22}\,w_3'''\right)\delta w_3 - \mathcal{E}J_{22}\,w_3''\delta w_3'\right)\Bigg|_{R_1=0}^{\ell} = 0. \tag{4.166}$$

Die erste Gleichung (4.165) folgt aus der ersten Gleichung (4.154) durch einen Abgleich von Termen der Ordnung $O(\varepsilon^0)$. Dagegen ergibt sich die zweite Gleichung (4.165) aus der zweiten Gleichung (4.154) durch Abgleich von Termen der Ordnung $O(\varepsilon)$. Die in der zweiten Gleichung (4.165) benötigte Längsdehnung des Balkens an der Stelle R_1 infolge der aus der Winkelgeschwindigkeit $\omega(t)$ resultierenden Kräfte ist gegeben durch

$$\mathcal{E}A\,w_1'' = -\rho_0\,A\,R_1\,\omega^2 \quad \text{also} \quad \mathcal{E}A\,w_1' = -\tfrac{1}{2}\rho_0\,A\left(R_1^2 - \ell^2\right)\omega^2. \tag{4.167}$$

Die Integrationskonstante im Ausdruck für $\mathcal{E}Aw_1'$ findet man aus der Randbedingung $w_1'(\ell,t) = 0$, die sich aus (4.166) für den hier betrachteten Fall eines am linken Ende eingespannten und am rechten Ende freien Balkens ergibt, also für $\delta w_1(0) = 0$, $\delta w_3(0) = 0$ und $\delta w_3'(0) = 0$.

Die Gleichung (4.167) für $\mathcal{E}A\,w_1'$ gibt die örtliche Änderung der Längsverschiebung $w_1(R_1,t)$ an infolge von

$$Z = -\frac{1}{2}\rho_0 A\left(R_1^2 - \ell^2\right)\omega^2 = -\rho_0 A(R_1 - \ell)\left(R_1 + \frac{\ell - R_1}{2}\right)\omega^2. \qquad (4.168)$$

Die Interpretation dieser Größe zeigt Bild 4-6: Z gemäß (4.168) ist die aus der Winkelgeschwindigkeit ω und der Balkenmasse $m = -\rho_0 A(R_1 - \ell) > 0$ außerhalb des Querschnitts an der Stelle R_1 resultierende Zentrifugalkraft $m r \omega^2$, die am Punkt $r = R_1 + (\ell - R_1)/2$ angreift.

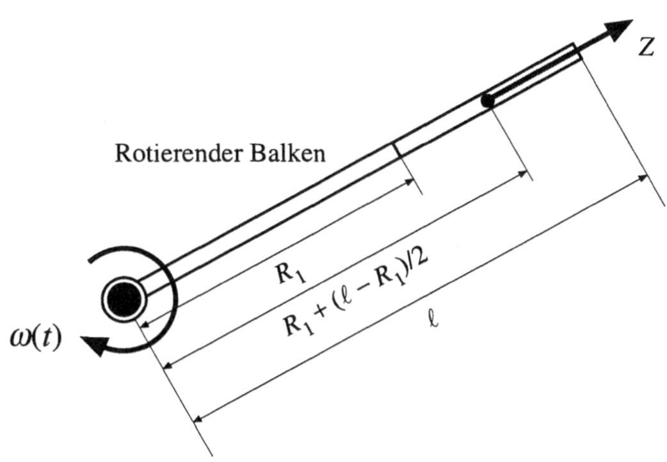

Bild 4-6: Zur Interpretation der an einem Querschnitt am Ort R_1 wirksamen Zentrifugalkraft Z.

Im Unterschied zur Gleichung (4.123) für die Längsdehnungen, die nur für kleine äußere Kräfte Q_{w1} gilt, ergibt sich die Längsdehnung aus (4.165) infolge großer Längskräfte, hier der Zentrifugalkräfte Z an den Querschnitten A. Im Gegensatz zu (4.123) werden in (4.165) die Schwingungen, die der aus $\omega(t)$ resultierenden Dehnung überlagert sind, nicht erfaßt. Wie eine Störungsrechnung – vgl. z. B. [18, 19] – unter Verwendung eines Ansatzes der Form (4.160) zeigt, können sie nur mit Hilfe einer Näherung gewonnen werden, in der alle im Parameter ε quadratischen Glieder berücksichtigt sind.

Die aus der ersten Gleichung (4.165) ermittelte Lösung (4.167) kann in die zweite Gleichung (4.165) eingesetzt werden, womit man die Gleichung für die Biegeschwingungen w_3 rotierender Balken umschreiben kann in

$$\rho_0 A\left(\ddot{w}_3 - R_1 \dot{\omega} - 2\dot{w}_1 \omega - \left(w_3 - R_1 w_3' - \frac{1}{2}\left(R_1^2 - \ell^2\right)w_3''\right)\omega^2\right) + E J_{22} w_3'''' = 0. \qquad (4.169)$$

Für die Randbedingungen ergibt sich mit (4.167) aus (4.166)

$$\left(\frac{1}{2}\rho_0 A\left(R_1^2 - \ell^2\right)\omega^2\,\delta w_1 + \left(\rho_0 J_{22}\dot{\omega} + \frac{1}{2}\rho_0 A\left(R_1^2 - \ell^2\right)\omega^2 w_3' + E J_{22} w_3'''\right)\delta w_3\right.$$
$$\left. - E J_{22} w_3''\,\delta w_3'\right)\Bigg|_{R_1=0}^{\ell} = 0. \qquad (4.170)$$

Geometrische   Steifigkeiten

Vergleicht man die zweite Gleichung (4.165) für $\omega \equiv 0$ mit den Gleichungen (4.133), erkennt man, daß ein zusätzlicher Term $-\mathcal{E}A(w_1' w_3')'$ vorkommt, der nicht von ω abzuhängen scheint. Erst (4.167) zeigt, daß

$$-\mathcal{E}A(w_1'w_3')' = \frac{1}{2}\rho_0 A\left(\left(R_1^2 - \ell^2\right)w_3'\right)' \omega^2 = \rho_0 A\left(R_1 w_3' + \frac{1}{2}\left(R_1^2 - \ell^2\right)w_3''\right)\omega^2, \qquad (4.171)$$

womit auch dieser Term für $\omega \equiv 0$ verschwindet. Der Term (4.171) aus (4.169) erfaßt den Einfluß der großen Zentrifugalkräfte, er resultiert aus in den Deformationskoordinaten nichtlinearen Termen im Verzerrungstensor und er modifiziert die Frequenz der Biegeschwingungen. Meist wird er als geometrische oder rotatorische Steifigkeit bezeichnet, je nachdem ob seine Herkunft aus der Nichtlinearität des Verzerrungstensors oder aus den Zentrifugalkräften betont werden soll.

Für Biegeschwingungen von Balken, die durch eine von der Zeit unabhängige Längskraft F belastet sind, findet man in der Literatur, z. B. in [10], S. 138:

$$\rho_0 A\ddot{w}_3 + \mathcal{E}J_{22} w_3''''+ \left(Fw_3'\right)' = 0. \qquad (4.172)$$

Nach (4.167) und (4.168) gilt $\mathcal{E}Aw_1' = Z$. Ein Vergleich von (4.172) für $F = -Z$ mit der zweiten Gleichung (4.165) zeigt, daß die zusätzlichen Terme $\rho_0 A(-R_1 \dot{\omega} - 2\dot{w}_1 \omega - w_3 \omega^2)$ erscheinen. Die beiden ersten Terme verschwinden für $\omega = const.$: Neben $\dot{\omega} \equiv 0$ gilt dann nach (4.167) auch $\dot{w}_1 \equiv 0$. Der letzte Term $-\rho_0 Aw_3 \omega^2$ verbleibt aber in (4.165). Er erfaßt die aus der Auslenkung w_3 resultierende Wirkung der Zentrifugalkräfte. Der Term ist in (4.172) nicht enthalten, da dort angenommen wurde, daß die Längskraft F in Richtung der Balkenachse in der Referenzkonfiguration wirkt. Zentrifugalkräfte wirken aber radial, wie in Bild 4-7 angedeutet, und sie liefern damit auch einen Beitrag $-\rho_0 Aw_3 \omega^2$ in 3-Richtung.

Insbesondere beschreibt (4.172) die Bewegung eines Balkens unter der Wirkung einer Längskraft F an seinem Ende $R_1 = \ell$. Die geometrische Steifigkeit ergibt sich dann als Fw_3''. Für $\ddot{w} = 0$ erhält man aus (4.172) eine Gleichung, die zur Ermittlung der kritischen Lasten des Eulerschen Knickstabs herangezogen werden kann, [17], S. 131. Geometrische Steifigkeiten sind demnach aus elementaren Darstellungen der Mechanik bekannte Größen. Sie spielen eine zentrale Rolle bei der Analyse der Stabilität von Strukturen unter großen Belastungen, [21].

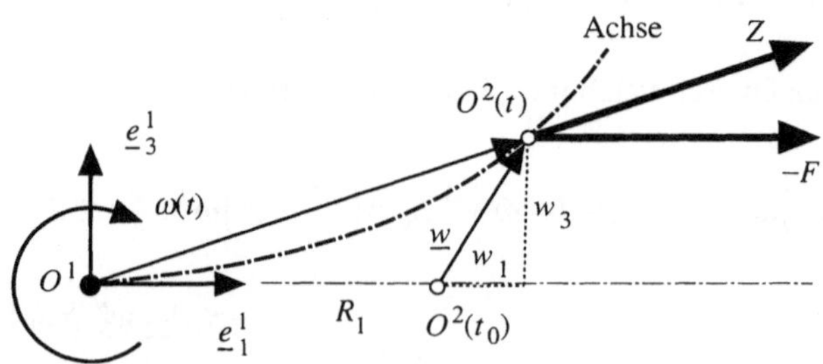

Bild 4-7:   Längskräfte und Zentrifugalkräfte am Balken.

In den Rechnungen, die zu den linearisierten Bewegungsgleichungen (4.165) führen, werden die meisten der in den Deformationskoordinaten nichtlinearen Terme im Verzerrungsmaß G_{11} aus (4.148) nicht benötigt. Man erhält die Gleichungen (4.165) auch, wenn man anstelle von (4.148) schreibt

$$G_{11} = w_1' + \frac{1}{2} w_3'^2 - R_3\, w_3'' \tag{4.173}$$

und linearisiert. Das Verzerrungsmaß (4.173) ist der Ausgangspunkt für die in [32], S. 220 angegebene Herleitung von Gleichungen für "große" Deformationen von Balken.

4.3.3 Linearisierte Bewegungsgleichungen in Verformungsgrößen

Die Linearisierung der Bewegungsgleichungen (4.154) in den Verschiebungskoordinaten w_1 und w_3 erfordert wegen des in beide Gleichungen eingehenden Parameters $\mathcal{E}A$ eine sorgfältige Buchhaltung über die Größenordnung von Termen. In den linearisierten Gleichungen (4.165) kommt der scheinbar nichtlineare $\mathcal{E} A\, w_1'\, w_3'$ Terme vor – erst nach Einsetzen der Lösung (4.167) der ersten Gleichung in die zweite erkennt man die Linearität dieser Gleichung – vgl. (4.169). Bei Beschreibung der Bewegung mit Hilfe der Verformungsgrößen χ_1 und χ_3 und bei Verwendung von U aus (4.76) geht der Parameter $\mathcal{E}A$ nur in eine Gleichung ein, in die für die Dehnung χ_1. Damit gestaltet sich der Linearisierungsprozeß einfacher. Um dies zu zeigen, werden die linearisierten Gleichungen hier nochmals unter Verwendung von χ_1 und χ_3 hergeleitet. Wegen (4.97) müssen sie mit den linearen Gleichungen (4.165), (4.169) und (4.170) in den Koordinaten w_1 und w_3 übereinstimmen.

Mit den Darstellungen (4.91) und (4.92) von $\boldsymbol{\Theta}$ und $\mathbf{w}$ lassen sich mit $^I\mathbf{r}^P$ gemäß (4.17), ebenso wie in Abschnitt 4.3.2, Bewegungsgleichungen und Randbedingungen in den Formen (4.154) und (4.155) mit Hilfe der Koordinaten χ_1 und χ_3 angeben. Man kann sich diese Rechnungen aber sparen, wenn man die aus (4.92) für ebene Bewegungen des Balkens aus Bild 4-5 folgenden Transformationsgleichungen

$$\left.\begin{aligned}
w_1(R_1,t) &= \chi_1(R_1,t) - \frac{1}{2} \int_0^{R_1} \chi_3'^2(\xi,t)\, d\xi \\[2ex]
w_3(R_1,t) &= \chi_3(R_1,t) + \int_0^{R_1} \chi_1'(\xi,t)\, \chi_3'(\xi,t)\, d\xi + \int_0^{R_1}\!\!\int_0^{\xi} \chi_1'(\eta,t)\, \chi_3''(\eta,t)\, d\eta\, d\xi
\end{aligned}\right\} \tag{4.174}$$

zur Umformung des Ausdrucks (4.147) für die Variation der kinetischen Energie verwendet. Man findet, wenn man die Rotationsträgheit der Querschnitte gemäß (4.132) nicht berücksichtigt und beachtet, daß wegen (4.162) Produkte von $\dot{\omega}$ und den Deformationskoordinaten vernachlässigt werden können

$$
\int_{t_0}^{t_1} \delta T\, dt = \int_{t_0}^{t_1}\int_0^{\ell}\Bigg(\rho_0\, A\big(-\ddot{\chi}_1 - \chi_3\,\dot{\omega} - 2\,\dot{\chi}_3\,\omega + (R_1 + \chi_1)\omega^2\big)\Big(\delta\chi_1 - \int_0^{R_1}\chi_3'\,\delta\chi_3'\,d\xi\Big)
$$

$$
+ \rho_0\, A\big(-\ddot{\chi}_3 + (R_1 + \chi_1)\dot{\omega} + 2\,\dot{\chi}_1\,\omega + \chi_3\,\omega^2\big)\delta\chi_3 \tag{4.175}
$$

$$
+ \rho_0\, J_{22}\big(-\chi_3'\,\dot{\omega}\,\delta\chi_1' + (1 - \chi_1')\,\dot{\omega}\,\delta\chi_3'\big)\Bigg)dR_1\, dt\,.
$$

Das folgende Integral I_1 in der ersten Zeile von (4.175) läßt sich durch partielle Integration umformen

$$
I_1 = -\int_{t_0}^{t_1}\int_0^{\ell}\Bigg(\rho_0\, A\, R_1\,\omega^2(t)\int_0^{R_1}\chi_3'(\xi,t)\,\delta\chi_3'(\xi,t)\,d\xi \Bigg)dR_1\, dt =
$$

$$
= -\int_{t_0}^{t_1}\Bigg(\rho_0\, A\,\tfrac{1}{2}\, R_1^2\,\omega^2(t)\int_0^{R_1}\chi_3'(\xi,t)\,\delta\chi_3'(\xi,t)\,d\xi \Bigg)\Bigg|_{R_1=0}^{\ell} dt \tag{4.176}
$$

$$
+ \int_{t_0}^{t_1}\int_0^{\ell}\Big(\rho_0\, A\,\tfrac{1}{2}\, R_1^2\,\omega^2(t)\,\chi_3'(R_1,t)\,\delta\chi_3'(R_1,t)\Big)dR_1\, dt\,,
$$

also

$$
I_1 = \int_{t_0}^{t_1}\int_0^{\ell}\Big(\rho_0\, A\,\tfrac{1}{2}\big(R_1^2 - \ell^2\big)\omega^2\,\chi_3'(R_1,t)\,\delta\chi_3'(R_1,t)\Big)dR_1\, dt\,. \tag{4.177}
$$

Die Variation δU des elastischen Potentials in den Koordinaten χ_1 und χ_3 kann man leicht aus dem einfachen Ausdruck (4.76) gewinnen und die virtuelle Arbeit $\delta' W_a$ der äußeren Kräfte wird durch eine (4.118) entsprechende Gleichung mit Hilfe von $Q_{\chi 1}$ und $Q_{\chi 3}$ dargestellt. Unter Verwendung dieser Gleichungen für δU und $\delta' W_a$ und des durch (4.177) und (4.175) gegebenen Ausdrucks für das Integral über δT läßt sich die Aussage (4.153) des Hamiltonschen Prinzips ersetzen durch

$$
\int_{t_0}^{t_1}\int_0^{\ell}\Bigg(\Big(\rho_0\, A\big(-\ddot{\chi}_1 - \chi_3\,\dot{\omega} - 2\,\dot{\chi}_3\,\omega + (R_1 + \chi_1)\omega^2\big)\delta\chi_1 - \big(\rho_0\, J_{22}\,\chi_3'\,\dot{\omega} + E A\,\chi_1'\big)\delta\chi_1'
$$

$$
+ \rho_0\, A\big(-\ddot{\chi}_3 + (R_1 + \chi_1)\dot{\omega} + 2\,\dot{\chi}_1\,\omega + \chi_3\,\omega^2\big)\delta\chi_3
$$

$$
+ \big(\rho_0\, J_{22}(1 - \chi_1')\dot{\omega} + \rho_0\, A\,\tfrac{1}{2}\big(R_1^2 - \ell^2\big)\chi_3'\,\omega^2\big)\delta\chi_3' \tag{4.178}
$$

$$
- E J_{22}\,\chi_3''\,\delta\chi_3'' + Q_{\chi 1}\,\delta\chi_1 + Q_{\chi 3}\,\delta\chi_3\Big)dR_1\Bigg)dt = 0\,.
$$

Hieraus ermittelt man durch partielle Integration die den Gleichungen (4.154) und (4.155) entsprechenden Ausgangsgleichungen für eine Linearisierung in den Koordinaten χ_1, χ_3. Wie in Abschnitt 4.3.2 findet man die Bewegungsgleichungen

$$\rho_0 A\left(\ddot{\chi}_1 + \chi_3\dot{\omega} + 2\dot{\chi}_3\omega - (R_1 + \chi_1)\omega^2\right) - \left(\rho_0 J_{22}\,\chi_3'\right)'\dot{\omega} - \mathcal{E}A\,\chi_1'' - Q_{\chi 1} = 0$$

$$\rho_0 A\left(\ddot{\chi}_3 - (R_1 + \chi_1)\dot{\omega} - 2\dot{\chi}_1\omega - \chi_3\omega^2\right)$$

$$+ \left(\rho_0 J_{22}(1 - \chi_1')\right)'\dot{\omega} - \left(\rho_0 A\tfrac{1}{2}\left(R_1^2 - \ell^2\right)\chi_3'\right)'\omega^2 + (\mathcal{E}J_{22}\,\chi_3'')'' - Q_{\chi 3} = 0 \qquad (4.179)$$

und die Randbedingungen

$$\left(-\left(\rho_0 J_{22}\,\chi_3'\dot{\omega} + \mathcal{E}A\,\chi_1'\right)\delta\chi_1 - \mathcal{E}J_{22}\,\chi_3''\,\delta\chi_3' \right.$$

$$\left. + \left(\rho_0 J_{22}(1 - \chi_1')\dot{\omega} + \tfrac{1}{2}\rho_0 A\left(R_1^2 - \ell^2\right)\chi_3'\omega^2 + (\mathcal{E}J_{22}\,\chi_3'')'\right)\delta\chi_3\right)\Bigg|_{R_1 = 0}^{\ell} = 0\,. \qquad (4.180)$$

Aus (4.179) und (4.180) erhält man für verschwindende äußere Kräfte $Q_{\chi 1}$ und $Q_{\chi 3}$, konstante Balkenparameter und unter Beachtung von (4.162) mit der Vorgehensweise aus Abschnitt 4.3.2 die linearisierten Bewegungsgleichungen

$$\mathcal{E}A\,\chi_1'' + \rho_0 A R_1\,\omega^2 = 0$$

$$\rho_0 A\left(\ddot{\chi}_3 - R_1\dot{\omega} - 2\dot{\chi}_1\omega - \left(\chi_3 - R_1\chi_3' - \tfrac{1}{2}\left(R_1^2 - \ell^2\right)\chi_3''\right)\omega^2\right) + \mathcal{E}J_{22}\,\chi_3'''' = 0 \qquad (4.181)$$

und die zugehörigen Randbedingungen

$$\left(-\mathcal{E}A\,\chi_1'\,\delta\chi_1 \right.$$

$$\left. + \left(\rho_0 J_{22}\dot{\omega} + \tfrac{1}{2}\rho_0 A\left(R_1^2 - \ell^2\right)\omega^2\chi_3' + \mathcal{E}J_{22}\,\chi_3'''\right)\delta\chi_3 - \mathcal{E}J_{22}\,\chi_3''\,\delta\chi_3'\right)\Bigg|_{R_1 = 0}^{\ell} = 0\,. \qquad (4.182)$$

Die Bewegungsgleichungen (4.181) in den Koordinaten χ_1, χ_3 sind identisch mit der ersten der Bewegungsgleichungen (4.165) und mit (4.169) in w_1, w_3. Die Gleichung (4.169) mußte aber erst durch Einsetzen der Lösung w_1 aus (4.167) ermittelt werden. Hier fällt die (4.169) entsprechende Gleichung aus (4.181) dagegen direkt an. Die Gleichungen (4.166) und (4.182) für die Randterme sind unter Berücksichtigung des Ausdrucks (4.167) für $\mathcal{E}Aw_1'$ ebenfalls identisch. Unterschiede zwischen Verschiebungs- und Verformungskoordinaten ergeben sich somit nur bei der Herleitung der Gleichungen: Bei Linearisierung der Gleichungen in χ_1, χ_3 macht man keinen Fehler, wenn man formal vorgeht und die nichtlinearen Terme in den Gleichungen (4.179) streicht. Der Grund liegt in der unterschiedlichen Struktur der nichtlinearen Gleichungen (4.154) und (4.179). Einmal treten die großen Terme mit $\mathcal{E}A$ in nur einer und das andere Mal in beiden Gleichungen auf. Kommen die Terme mit $\mathcal{E}A$ in beiden Gleichungen vor, so ist eine Buchführung über die Größenordnung von Termen erforderlich, um Fehler bei der Linearisierung zu vermeiden. Koordinaten, bei deren Verwendung eine formale Linearisierung für kleine Deformationen möglich ist, werden in [26], S. 58 als nichtlinear entkoppelt bezeichnet, und zur Beschreibung der Bewegungen von Mehrkörpersystemen empfohlen.

Die erste Gleichung (4.181) resultiert, wie die entsprechende Gleichung in (4.165), aus einem Abgleich von Größen der Ordnung $O(\varepsilon^0)$ und sie liefert eine Lösung χ_1, die (in dimensionslosen Variablen) einen Fehler der Ordnung $O(\varepsilon^2)$ besitzt – vgl. (4.160). Ermittelt man (4.181) durch formale Linearisierung von (4.179), so erscheinen in der ersten Gleichung neben $\mathcal{E}A\,\chi_1''$ weitere lineare Terme in den Deformationskoordinaten. Eine Störungsrechnung mit Ansätzen der Form (4.160) zeigt, daß sie zu einer Näherung von χ_1 gehören, die einen Fehler von der Größenordnung $O(\varepsilon^3)$ besitzt und aus einem Abgleich von Größen der Ordnung $O(\varepsilon^1)$ resultiert. Zur Herleitung der Gleichungen für diese Näherungen benötigt man aber eine Reihenentwicklung der nichtlinearen Gleichungen (4.159), in der auch kubische Terme berücksichtigt sind, die $\mathcal{E}A$ enthalten.

Veränderungen der ersten Gleichung aus (4.181) um einen unvollständigen Satz von Größen der Ordnung $O(\varepsilon)$ – hier einiger weiterer, in den Deformationskoordinaten linearer Terme – verbessern die Näherungen nicht. Die Berücksichtigung dieser überflüssigen Terme ist bei Simulationen von Mehrkörpersystemen eher mit Nachteilen verbunden. Da die Dehnsteifigkeit $\mathcal{E}A$ voraussetzungsgemäß hoch ist, resultiert eine Berücksichtigung der für die hier angestrebte Näherung überflüssigen linearen Terme aus (4.179) in (4.181) in einer Differentialgleichung für hochfrequente Dehnschwingungen $\chi_1(R_1,t)$. Sie können bei einer Simulation von Mehrkörpersystemen in einer Erhöhung der Rechenzeiten um eine Größenordnung resultieren, wie ein Beispiel in [23], S. 65 zeigt. Diese Effekte werden im Beispiel 5.2 dargestellt, nach Angabe des zur Lösung von (4.181) benötigten Ritzschen Verfahrens in Abschnitt 5.1.

- **Beispiel 4.1: Räumliche Bewegung rotierender Balken.** Mit den hier erläuterten Methoden wurden in [24] die Bewegungsgleichungen eines Balkens angegeben, der mit $\omega = const.$ wie in Bild 4-5 angegeben rotiert, bei dem aber Biegungen um beide Achsen und Torsionsbewegungen modelliert sind. Lediglich die Dehnungen wurden gesperrt, also $\chi_1 \equiv 0$. Solche Modelle werden zur Untersuchung der Schwingungen radialer Antennen rotierender Raumfahrzeuge verwendet. Man erhält die folgenden Bewegungsgleichungen

$$
\left.
\begin{aligned}
&\rho_0\,A\left(\ddot{\chi}_2 + \left(R_1\,\chi_2' + \tfrac{1}{2}\left(R_1^2 - \ell^2\right)\chi_2''\right)\omega^2\right) + \rho_0\left(J_{33}\,\chi_2\right)''\omega^2 - 2\,\rho_0\left(J_{22}\,\dot{\chi}_4\right)'\omega \\
&\hspace{6cm} - \rho_0\left(J_{33}\,\ddot{\chi}_2\right)'' + \left(\mathcal{E}J_{33}\,\chi_2''\right)'' = 0 \\[2mm]
&\rho_0\,A\left(\ddot{\chi}_3 + \left(-\chi_3 + R_1\,\chi_3' + \tfrac{1}{2}\left(R_1^2 - \ell^2\right)\chi_3''\right)\omega^2\right) \quad - \rho_0\left(J_{22}\,\ddot{\chi}_3\right)'' + \left(\mathcal{E}J_{22}\,\chi_3''\right)'' = 0 \\[2mm]
&\rho_0\left(J_p\,\ddot{\chi}_4 + \left(J_{33} - J_{22}\right)\chi_4\,\omega^2 - 2\left(J_{22}\,\dot{\chi}_3\right)'\omega\right) \hspace{2.5cm} - \left(\mathcal{G}J_T\,\chi_4\right)'' = 0
\end{aligned}
\right\}
\qquad (4.183)
$$

Sie entsprechen den Gleichungen (4.181) für den Fall ebener Bewegungen mit $\omega \neq const.$ und $\chi_1 \neq 0$. Außerdem erhält man einen (4.182) entsprechenden Ausdruck für die Randterme. Wegen seiner Komplexität wird er hier nicht angegeben.

Die zweite Gleichung (4.183) für die Biegungen χ_3 entspricht der zweiten Gleichung (4.181). Beim Vergleich muß berücksichtigt werden, daß bei der Herleitung von (4.183) $\dot{\omega} \equiv 0$ und $\chi_1 \equiv 0$ angenommen wurde und daß in (4.183) noch die in (4.181) vernachlässigte Rotationsträgheit $\rho_0 \left(J_{22}\, \ddot{\chi}_3 \right)'$ der Querschnitte – vgl. (4.132) – enthalten ist. Der Term $-\rho_0\, A\, \chi_3\, \omega^2$ in der zweiten Gleichung (4.183) erfaßt den in Bild 4-7 erläuterten Einfluß der Zentrifugalkraft infolge von Verschiebungen $w_3 = \chi_3$. Ein entsprechender Term kommt in der ersten Gleichung aus (4.183) nicht vor, da die Verschiebungen $w_2 = \chi_2$ parallel zur Rotationsachse aus Bild 4-5 sind. Die Terme $\rho_0 \left(J_{33}\, \ddot{\chi}_2 \right)''$ und $\rho_0 \left(J_{22}\, \ddot{\chi}_3 \right)''$ in (4.183) erfassen die Rotationsträgheit der Querschnitte. Daneben kommen noch die Terme $\rho_0 \left(J_{33}\, \chi_2 \right)'' \omega^2$ und $-2\,\rho_0 \left(J_{22}\, \dot{\chi}_4 \right)' \omega$ vor. In den meisten Anwendungen können sie, ebenso wie die Rotationsträgheit der Querschnitte und der Term $-2 \left(J_{22}\, \dot{\chi}_3 \right)' \omega$ vernachlässigt werden. Für kreisförmige Querschnitte gilt $J_{22} = J_{33}$ und $J_T = J_p$ und die Gleichungen (4.183) gehen über in

$$\left.\begin{aligned}
\rho_0\, A\, \ddot{\chi}_2 + \left(\mathcal{E}\, J_{33}\, \chi_2'' \right)'' - \left(Z\, \chi_2' \right)' &= 0 \\[2mm]
\rho_0\, A\, \ddot{\chi}_3 + \left(\mathcal{E}\, J_{22}\, \chi_3'' \right)'' - \left(Z\, \chi_3' \right)' - \rho_0\, A\, \chi_3\, \omega^2 &= 0 \\[2mm]
\rho_0\, J_p\, \ddot{\chi}_4 - \left(\mathcal{G}\, J_p\, \chi_4 \right)'' &= 0
\end{aligned}\right\} \qquad (4.184)$$

mit dem in (4.168) angegebenen Ausdruck für die aus ω resultierende Zentrifugalkraft Z. Diese Gleichungen reichen für die in [24] genannten Anwendungen aus.

4.3.4 Ermittlung geometrischer Steifigkeiten

Anstelle von (4.74) wurde im vorigen Abschnitt die Alternative (4.76) zur Angabe des elastischen Potentials U benutzt. Diese Darstellung von U durch die Verformungsgrößen χ_i kann man unter Verwendung der Transformationsgleichungen (4.97) auch in den Verschiebungsgrößen v_i angeben. Mit den resultierenden Gleichungen wird die Notwendigkeit zur Berücksichtigung geometrischer Steifigkeiten bei der Linearisierung von Bewegungsgleichungen in den Koordinaten v_i einfach überschaubar, [4], S. 78 ff, [2], S. 17. Wie unten erläutert, ergeben sich aus den Transformationsgleichungen (4.97) weitere Fälle, in denen geometrische Steifigkeiten berücksichtigt werden müssen.

In Abschnitt 4.3.2 wurden die Gleichungen für ebene Bewegungen eines rotierenden Balkens in den Verschiebungskoordinaten w_1 und w_3 angegeben. Der Steifigkeitsterm $\mathcal{E}\, A(w_1'\, w_3')'$ in der zweiten Gleichung (4.165) resultiert aus dem Term $\mathcal{E}\, A\, w_1'\, w_3'\, \delta w_3'$ in δU – vgl. (4.150) – und damit aus dem quadratischen Term $w_3'^2 / 2$ im Verzerrungsmaß G_{11} aus (4.148). Er allein wird in der Näherung (4.173) für G_{11} berücksichtigt. Die Verwendung dieses Verzerrungsmaßes G_{11} in U aus (4.74) liefert unter Beachtung von (4.70) und (4.104) (d. h. von $G_{\alpha\beta} \equiv 0$ für alle $G_{\alpha\beta} \neq G_{11}$) in einer Näherung 2. Ordnung

$$\delta U = \int\limits_0^\ell \mathcal{E}\, A\left(\left(\left(w_1' + \tfrac{1}{2} w_3'^2 \right) \delta w_1' + w_1'\, w_3'\, \delta w_3' \right) + \mathcal{E}\, J_{22}\, w_3''\, \delta w_3'' \right) dR_1\,. \qquad (4.185)$$

Benutzt man (4.185) anstelle von δU aus (4.150) – dort sind alle Terme 2. Ordnung berücksichtigt – so liefert die Vorgehensweise aus Abschnitt 4.3.2 die linearisierten Bewegungsgleichungen (4.165) und die zugehörigen Randwerte (4.166). Alle in (4.150) enthaltenen, aber in (4.185) nicht berücksichtigten quadratischen Terme entfallen bei der Linearisierung.

Im Abschnitt 4.3.3 sind die Bewegungsgleichungen für dasselbe Problem in den Verformungskoordinaten χ_1 und χ_3 angegeben. Anstelle von (4.74) mit G_{11} aus (4.173) und $G_{\alpha\beta} \equiv 0$ für alle übrigen α, β werden U und δU gemäß (4.76) unter Verwendung der Koordinaten χ_1 und χ_3 ermittelt, also

$$U = \frac{1}{2}\int\limits_0^\ell \left(\mathcal{E}A\,\chi_1'^2 + \mathcal{E}J_{22}\,\chi_3''^2 \right) dR_1 \quad \text{und} \quad \delta U = \int\limits_0^\ell \left(\mathcal{E}A\,\chi_1'\,\delta\chi_1' + \mathcal{E}J_{22}\,\chi_3''\,\delta\chi_3'' \right) dR_1 . \quad (4.186)$$

Bei dieser Vorgehensweise ergeben sich die Bewegungsgleichungen durch formales Streichen nichtlinearer Terme. Ausgehend von (4.186) kann man aber auch Bewegungsgleichungen in den Verschiebungskoordinaten w_1 und w_3 gewinnen. Dazu drückt man χ_1 und χ_3 mit Hilfe der Transformationen (4.97) durch die Verschiebungskoordinaten w_1 und w_3 aus. Der erste Summand im Integranden von δU aus (4.186) muß dabei wegen der großen Längssteifigkeit $\mathcal{E}A$ und der großen Kräfte in dieser Richtung in einer Näherung 2. Ordnung angegeben werden. Beim zweiten Summanden reicht eine Näherung 1. Ordnung aus, also

$$\chi_1' = w_1' + \frac{1}{2}w_3'^2 , \quad \delta\chi_1' = \delta w_1 + w_3'\,\delta w_3' \quad \text{und} \quad \chi_3'' = w_3'' , \quad \delta\chi_3'' = \delta w_3'' . \qquad (4.187)$$

Aus (4.186) erhält man mit (4.187) in einer Näherung 2. Ordnung wieder den Ausdruck (4.185) für δU. Wegen der großen Längskräfte Z hat der Term $\mathcal{E}A w_1' w_3' \delta w_3'$ die gleiche Größenordnung wie der aus der Biegesteifigkeit resultierende Term $\mathcal{E}J_{22}\,w_3''\delta w_3''$. Der Term $\mathcal{E}A w_1' w_3' \delta w_3'$ in (4.185), und damit der Steifigkeitsterm $\mathcal{E}A(w_1' w_3')'$ in der zweiten Gleichung (4.165), resultiert nach dieser Erläuterung aus dem nichtlinearen Term $w_3'^2/2$ in der Transformationsgleichung (4.187) zwischen der Verformungsgröße χ_1 und den Verschiebungsgrößen w_1 und w_3.

Die Transformationsgleichungen (4.187) für χ_1 zeigen, daß die Querbewegungen w_3 und die Längsbewegungen w_1 bei Deformationen des Balkens in einer Näherung 2. Ordnung gekoppelt sind: Selbst wenn die Dehnung χ_1 identisch verschwindet, ergibt sich bei Deformation des Balkens infolge einer Querbewegung $-w_3'^2/2$ auch eine Längsbewegung w_1. In den für kleine Deformationen linearisierten Bewegungsgleichungen (4.123) bis (4.128) spielten solche Kopplungen keine Rolle, da angenommen wurde, daß die auf den Balken wirkende Längskraft und die aus kleinen Längsbewegungen resultierenden Spannungen von der gleichen Größenordnung sind wie die entsprechenden Größen in den Gleichungen für die Querbewegung. Hier wird dagegen vorausgesetzt, daß der Balken gegenüber Dehnungen χ_1 erheblich steifer ist als gegenüber Biegungen. Dies hat zwei Folgen:

- Große Längskräfte, hier die Zentrifugalkräfte Z an den Querschnitten, sind erforderlich um Längsbewegungen w_1 zu bewirken, die in der gleichen Größenordnung liegen, wie die aus kleinen Querkräften resultierenden Querbewegungen w_3. Die Längsbewegungen w_1 ergeben sich aus der ersten Gleichung (4.165), also aus $\mathcal{E}A w_1'' = Z'$ mit Z aus (4.168).

- Der Koppelterm $-w_3'^2/2$ aus (4.187) ergibt in δU aus (4.185) den Term $\mathcal{E}Aw_1'w_3'\,\delta w_3'$. Er liefert in der zweiten Gleichung (4.165) für die Querbewegungen w_3 den Beitrag $\mathcal{E}A(w_1'w_3')' = (Zw_3')'$, eben den geometrischen Steifigkeitsterm.

Wegen der scheinbaren Nichtlinearität des Terms $\mathcal{E}Aw_1'w_3'$ wurde er zuweilen bei der Modellierung von Balken in Mehrkörpersystemen vergessen. Seine Bedeutung wurde in [14] nachdrücklich herausgestellt, sie ist aber im Zusammenhang mit Problemen der Elastostabilität und der Analyse von Schwingungen rotierender Balken schon lange bekannt, vgl. beispielsweise [21, 27, 33].

Nach der obigen Interpretation sind nicht mehr aufwendig zu berechnende Näherungen 2. Ordnung für Verzerrungsmaße, wie G_{11} aus (4.148) oder allgemeiner aus (4.98), die Quelle geometrischer Steifigkeiten, sondern die einfacher angebbaren Terme 2. Ordnung in den Transformationsgleichungen (4.97). Mit ihrer Hilfe kann man weitere Fälle erkennen, in denen bei der Linearisierung der Bewegungsgleichungen von Balken auf geometrische Steifigkeiten geachtet werden muß. Wenn

- eine der Steifigkeiten $\mathcal{E}A$, $\mathcal{G}J_T$, $\mathcal{E}J_{22}$ und $\mathcal{E}J_{33}$ aus (4.76) gegen eine der Deformationsmöglichkeiten χ_i um eine Größenordnung höher ist als die restlichen Steifigkeiten (die zur hohen Steifigkeit gehörende Deformationskoordinate sei $\chi_i = \chi_i^s$) und wenn

- in Richtung der hohen Steifigkeit so große Belastungen wirken, daß die Deformation χ_i^s von gleicher Größenordnung ist wie die restlichen χ_i,

so müssen bei der Berechnung von δU gemäß (4.76) in der zu χ_i^s gehörenden Transformationsgleichung (4.97) quadratische Terme berücksichtigt werden, wenn die linearisierten Bewegungsgleichungen in den Verschiebungskoordinaten $\mathbf{v}$, d. h. in w_α und ϑ_1 angegeben werden. Diese Kopplungen der Bewegungen resultieren in weiteren geometrischen Steifigkeiten.

Oben wurde der Fall *hoher Längssteifigkeit* $\mathcal{E}A$ und großer Belastungen in Richtung der Koordinate χ_1, der Dehnung, behandelt. Die geometrischen Steifigkeiten ergeben sich dabei aus den Termen 2. Ordnung in der ersten der Gleichungen (4.97). Wie in den Erläuterungen zur Gleichung (4.172) erwähnt, ist die Modellierung dieser geometrischen Steifigkeiten auch zum Verständnis des Knickens von Stäben unter Längslast erforderlich. Bei *hoher Biegesteifigkeit* $\mathcal{E}J_{22}$ oder $\mathcal{E}J_{33}$ und hohen Biegebelastungen resultieren die Terme 2. Ordnung aus der zweiten oder der dritten Transformationsgleichung (4.97) für χ_2 und χ_3 in geometrischen Steifigkeiten. Sie beschreiben Kopplungen von Querbewegungen w_2, w_3 und Drehungen ϑ_1 der Balkenquerschnitte, die im sogenannten Kippen von Balken resultieren – vgl. Beispiel 4.2. Weniger bekannt sind die aus der letzten Gleichung (4.97) folgenden geometrischen Steifigkeiten, die bei *hoher Torsionssteifigkeit* und hohen Torsionsbelastungen beachtet werden müssen. Die durch diese Gleichung erfaßten Kopplungen von Drehbewegungen ϑ_1 und Biegungen w_2 und w_3 resultieren in geometrischen Steifigkeiten, die für das Knicken langer, schlanker Wellen verantwortlich sind, wenn große Torsionsmomente einwirken [8], S. 388. In Mehrkörpersystemen müssen geometrische Steifigkeiten bei der Modellierung von Balken berücksichtigt werden, wenn entsprechend große Kräfte wirken. Sie ergeben sich meistens in Form der aus einer großen Referenzbewegung resultierenden Trägheitskräfte.

Zusammenfassend gilt demnach bei Balken:

- Bei Linearisierung der Bewegungsgleichungen in den Verschiebungskoordinaten v_i bzw. w_α, ϑ_1 müssen in δU quadratische Terme mitgeführt werden, wenn hohe Steifigkeiten großen Lasten entgegenwirken. Die quadratischen Terme in den Transformationsgleichungen (4.97) ergeben lineare Terme in den Bewegungsgleichungen, nachdem man die Deformationen in die Richtungen hoher Steifigkeit durch die in diesen Richtungen wirksamen Belastungen ausgedrückt hat – vgl. die Gleichgewichtsbedingungen aus (4.181) und (4.165) zwischen inneren und äußeren Kräften.

- Bei Beschreibung der Balkenbewegung durch die Verformungsgrößen χ_i kann man formal linearisieren – die Steifigkeitsterme sind in den so linearisierten Gleichungen enthalten.

Die mit (4.169) und der zweiten Gleichung (4.181) identische Gleichung (4.172), und die entsprechenden Gleichungen für die restlichen Fälle, in denen geometrische Steifigkeiten berücksichtigt werden müssen, zeigen einen Weg zur Ermittlung geometrischer Steifigkeiten bei Modellen, in denen man nicht auf Verformungsgrößen – hier χ_i – ausweichen kann und in Verschiebungsgrößen (hier w_α und ϑ_1) rechnen muß, z. B. bei Finite-Elemente-Strukturen. Die geometrischen Steifigkeiten sind lineare Funktionen der großen Belastungen – ein Beispiel sind die Steifigkeiten $\mathcal{E}Aw_1'$ aus (4.165), für die nach (4.167) und (4.168) $\mathcal{E}Aw_1' = Z$ gilt. Mit dieser Aussage lassen sich geometrische Steifigkeiten bei Verwendung von Finite-Elemente-Modellen für verformbare Körper in Mehrkörpersystemen berechnen – vgl. [31] und Abschnitt 6.3.5. Zur Ermittlung der geometrischen Steifigkeitsterme benötigt man aber Finite-Elemente-Programme, die geometrische Nichtlinearitäten berücksichtigen.

- **Beispiel 4.2: Kippen von Balken.** Ein bekanntes Beispiel für die Auswirkungen geometrischer Steifigkeiten ist – neben dem Ausknicken von Stäben unter Längsbelastung – das Abkippen von Kragträgern. Auf die Bedeutung des Phänomens zur Lösung einer Regelungsaufgabe wurde in [27], S. 16 ff hingewiesen. Ein solcher Träger ist in Bild 4-8 in einer Referenzlage und in einer ausgelenkten Lage dargestellt. Er sei am linken Ende eingespannt und am rechten Ende wirke eine Kraft F_3 in Richtung der 3-Achse. Der Balken habe, wie angedeutet, ein Profil, bei dem die Steifigkeit $\mathcal{E}J_{22}$ gegenüber einer Biegung um die 2-Achse wesentlich höher ist als die Biegesteifigkeit $\mathcal{E}J_{33}$ um die 3-Achse. Die Kraft F_3 sei genügend groß, um trotz der hohen Steifigkeit $\mathcal{E}J_{22}$ eine Deformation χ_3 zu bewirken, die in der gleichen Größenordnung liegt, wie die Deformation χ_2. Die Längsdehnung des Balkens sei vernachlässigbar klein. Demgemäß gilt

$$\chi_1(R_1,t) \equiv 0 \tag{4.188}$$

und die Deformationen des Balkens werden mit den in (4.62) und (4.63) definierten Variablen $\chi_2(R_1,t)$, $\chi_3(R_1,t)$ und $\chi_4(R_1,t)$ beschrieben.
Wie bisher wird angenommen, daß die $\chi_i(R_1,t)$ klein sind. Mit (4.188) folgt aus (4.97) und (4.92) in einer Näherung 2. Ordnung

$$w_1' + \tfrac{1}{2}\left(w_2'^2 + w_3'^2\right) = 0 \quad \text{und} \quad w_1' = -\tfrac{1}{2}\left(\chi_2'^2 + \chi_3'^2\right). \tag{4.189}$$

Die Gleichungen (4.189) zeigen, daß $w_1(R_1,t)$ wegen (4.188) von 2. Ordnung klein ist. Damit schließt man aus (4.97) und (4.93) in einer Näherung 2. Ordnung

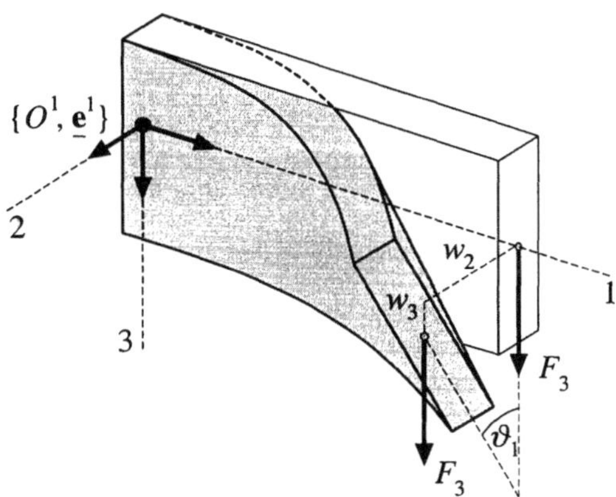

Bild 4-8: Biege-Torsions-Kopplung bei einem Balken mit sich stark unterscheidenden Biegesteifigkeiten.

$$\left.\begin{aligned}
\chi_2'' &= w_2'' + \vartheta_1\, w_3'' \\
\chi_3'' &= w_3'' - \vartheta_1\, w_2'' \\
\chi_4' &= \vartheta_1' + w_3'\, w_2''
\end{aligned}\right\} \qquad \text{und} \qquad \left.\begin{aligned}
w_2'' &= \chi_2'' - \chi_4\, \chi_3'' \\
w_3'' &= \chi_3'' + \chi_4\, \chi_2'' \\
\vartheta_1' &= \chi_4' - \chi_3'\, \chi_2'' \,.
\end{aligned}\right\} \tag{4.190}$$

Aus (4.190) folgt, daß die Querbewegungen w_2, w_3 und die Drehungen ϑ_1 der Querschnitte um die Längsachse gekoppelt sind: Selbst wenn die Deformationen χ_3 in Richtung der hohen Steifigkeit $\mathcal{E}\,J_{22}$ vernachlässigt werden, also wenn $\chi_3 \equiv 0$, so ergibt sich infolge der Querauslenkung w_2 und der Verdrehung ϑ_1 eine Querauslenkung w_3, für die

$$w_3'' = \vartheta_1\, w_2'' \,, \tag{4.191}$$

wie in Bild 4-8 veranschaulicht. Bei Einwirken einer großen Kraft F_3 liefert der Koppelterm $\vartheta_1\, w_2''$ einen Beitrag in den linearisierten Bewegungsgleichungen, also eine geometrische Steifigkeit infolge der Kopplung von Biegung und Torsion. Den Beitrag erhält man aus einer Näherung 2. Ordnung für die Verzerrungsenergie. Aus (4.76) folgt mit (4.188)

$$U = \frac{1}{2}\int\limits_0^\ell \left(\mathcal{G}\,J_T \chi_4'^{\,2} + \mathcal{E}\,J_{33}\,\chi_2''^{\,2} + \mathcal{E}\,J_{22}\,\chi_3''^{\,2}\right) dR_1 \,. \tag{4.192}$$

Mit der ersten Gleichung in (4.190) erhält man

$$U = \frac{1}{2}\int\limits_0^\ell \left(\mathcal{G}\,J_T \left(\vartheta_1' + w_3'\, w_2''\right)^2 + \mathcal{E}\,J_{33}\left(w_2'' + \vartheta_1\, w_3''\right)^2 + \mathcal{E}\,J_{22}\left(w_3'' - \vartheta_1\, w_2''\right)^2\right) dR_1 \tag{4.193}$$

und in einer Näherung 2. Ordnung

$$\delta U = \int\limits_0^\ell \Big(G\, J_T \big(\vartheta_1' + w_3'\, w_2''\big)\big(\delta\vartheta_1' + w_2''\,\delta w_3' + w_3'\,\delta w_2''\big) + \mathcal{E}\, J_{33}\big(w_2'' + \vartheta_1\, w_3''\big)\big(\delta w_2'' + w_3''\,\delta\vartheta_1 + \vartheta_1\,\delta w_3''\big)$$

$$+ \mathcal{E}\, J_{22}\big(w_3'' - \vartheta_1\, w_2''\big)\big(\delta w_3'' - w_2''\,\delta\vartheta_1 - \vartheta_1\,\delta w_2''\big)\Big)\, dR_1 \,. \tag{4.194}$$

Mit den Koordinaten F_α einer (am Ort R_1) auf den Balken einwirkenden Kraft $\underline{F}$ im Koordinatensystem $\{O^1, \underline{e}^1\}$ ergibt sich die virtuelle Arbeit der äußeren Kräfte zu

$$\delta'W_a = F^T \delta w, \quad F = \big[F_\alpha\big], \quad \delta w = \big[\delta w_\alpha\big] \tag{4.195}$$

und für $F_1 = F_2 = 0$ und $F_3 \neq 0$:

$$\delta'W_a = F_3\, \delta w_3 . \tag{4.196}$$

Mit der Diracschen Funktion

$$\hat{\delta}(x - a) \left\{ \begin{array}{ll} \equiv 0 & \text{für} \quad x \neq a \\[2ex] \neq 0 & \text{für} \quad x = a, \ \text{so daß} \ \int\limits_{-\infty}^{+\infty}\hat{\delta}(x - a)\, dx = 1 \end{array} \right\} \tag{4.197}$$

kann man mit $x = R_1 / \ell$ anstelle von (4.196) für die Arbeit der am Ort $R_1 = \ell$ wirkenden Kraft schreiben

$$\delta'W_a = \int\limits_0^\ell \hat{\delta}(R_1 - \ell)\, \frac{F_3}{\ell}\, \delta w_3\, dR_1 \,. \tag{4.198}$$

Nach Angabe der neben (4.194) und (4.198) noch fehlenden Gleichung für δT kann man das Hamiltonsche Prinzip (3.97) anwenden und die Gleichungen linearisieren. Wegen der großen Biegesteifigkeit um die 2-Achse müssen in δU alle Terme mit $\mathcal{E}\, J_{22}$ bis zu Größen 2. Ordnung mitgeführt werden, womit aus (4.194) wird

$$\delta U = \int\limits_0^\ell \Big(G\, J_T\, \vartheta_1'\, \delta\vartheta_1' - \mathcal{E}\, J_{22}\, w_2''\, w_3''\, \delta\vartheta_1 + \big(\mathcal{E}\, J_{33}\, w_2'' - \mathcal{E}\, J_{22}\, w_3''\, \vartheta_1\big)\, \delta w_2''$$

$$+ \mathcal{E}\, J_{22}\big(w_3'' - \vartheta_1\, w_2''\big)\, \delta w_3''\Big)\, dR_1 \,. \tag{4.199}$$

Mit (4.198) und (4.199) folgt aus (3.97) nach partieller Integration in Analogie zu (4.120) und (4.121) zur Beseitigung der Ableitungen virtueller Verschiebungen unter dem aus δU resultierenden Integral über R_1 :

$$\int\limits_{t_0}^{t_1}\Bigg(\delta T + \int\limits_0^\ell \bigg(\big(-G\, J_T\, \vartheta_1'' - \mathcal{E}\, J_{22}\, w_2''\, w_3''\big)\, \delta\vartheta_1 + \big(\mathcal{E}\, J_{33}\, w_2'' - \mathcal{E}\, J_{22}\, w_3''\, \vartheta_1\big)''\, \delta w_2$$

$$+ \bigg(\big(\mathcal{E}\, J_{22}\big(w_3'' - \vartheta_1\, w_2''\big)\big)'' - \frac{F_3}{\ell}\, \hat{\delta}(R_1 - \ell) \bigg)\, \delta w_3 \bigg)\, dR_1 \Bigg)\, dt$$

$$+ \int\limits_{t_0}^{t_1}\Bigg(-G\, J_T\, \vartheta_1''\, \delta\vartheta_1 + \big(\mathcal{E}\, J_{33}\, w_2'' - \mathcal{E}\, J_{22}\, w_3''\, \vartheta_1\big)\, \delta w_2' - \big(\mathcal{E}\, J_{33}\, w_2'' - \mathcal{E}\, J_{22}\, w_3''\, \vartheta_1\big)'\, \delta w_2 \tag{4.200}$$

$$+ \mathcal{E}\, J_{22}\big(w_3'' - \vartheta_1 w_2''\big)\, \delta w_3' - \big(\mathcal{E}\, J_{22}\big(w_3'' - \vartheta_1 w_2''\big)\big)'\, \delta w_3 \Bigg)\Bigg|_0^\ell \, dt = 0 \,.$$

Aus (4.200) erhält man durch Abgleich von Termen nullter und erster Ordnung die Bewegungsgleichungen und die Randbedingungen in den Deformationskoordinaten w_2, w_3 und ϑ_1. Für $\delta T \equiv 0$ liefern die Gleichungen für $R_1 = \ell$ die drei Gleichgewichtsbedingungen

$$\left.\begin{aligned}
-G\,J_T\,\vartheta_1''(\ell) \quad -\mathcal{E}\,J_{22}\,w_2''(\ell)\,w_3''(\ell) \quad &= 0 \\[2mm]
\left(\ \mathcal{E}\,J_{33}\,w_2''(\ell) \quad -\mathcal{E}\,J_{22}\,w_3''(\ell)\,\vartheta_1(\ell)\ \right)'' \quad &= 0 \\[2mm]
\mathcal{E}\,J_{22}\,w_3''''(\ell) \quad -\frac{F_3}{\ell} \quad &= 0 \,.
\end{aligned}\right\} \qquad (4.201)$$

Die aus der Kraft F_3 resultierende Absenkung $w_3(\ell)$ des Balkens ist durch die dritte Gleichung (4.201) gegeben. Den resultierenden Ausdruck $w_3''(\ell)$ kann man in die beiden ersten Gleichungen einsetzen und erhält zwei Gleichungen zur Bestimmung von $w_2(\ell)$ und $\vartheta_1(\ell)$. Die Gleichungen (4.201) bestätigen damit die in Bild 4-8 veranschaulichte Aussage: Infolge einer großen Kraft F_3 ergibt sich nicht nur eine Auslenkung w_3 sondern, wegen der Biege-Torsions-Kopplung (4.191), auch eine Auslenkung $w_2 \neq 0$ und eine Verdrehung $\vartheta_1 \neq 0$ der Querschnitte.

Berücksichtigt man zusätzlich die aus der Variation δT der kinetischen Energie stammenden Terme, so erhält man aus (4.200) die linearisierten Bewegungsgleichungen des Balkens aus Bild 4-8, in denen die aus der Biege-Torsions-Kopplung resultierenden geometrischen Steifigkeiten berücksichtigt sind. Bei der Modellierung von Balken in Mehrkörpersystemen wird die Erfassung solcher Steifigkeiten wichtig, wenn balkenförmige Strukturen mit stark unterschiedlichen Biegesteifigkeiten vorkommen, an deren Enden große Kräfte wirken, z. B. Trägheitskräfte beschleunigter Körper des Mehrkörpersystems. Da δT keine Terme nullter Ordnung enthält, ändert sich die dritte Gleichung (4.201) nicht. Sie entspricht der ersten Gleichung (4.165) für das Beispiel aus Bild 4-5. Die Gleichgewichtsbedingungen (4.201) und die Bewegungsgleichungen des Balkens aus Bild 4-8 kann man auch mit Hilfe der Verformungsgrößen χ_i angeben. Wie für das Beispiel aus Bild 4-5 findet man, daß sich die linearisierten Bewegungsgleichungen bei Verwendung der χ_i direkt ergeben, ohne daß man, wie bei den Koordinaten w_α und ϑ_1, zunächst w_3 aus einer Gleichgewichtsbedingung ermitteln und dann in die Bewegungsgleichungen einsetzen muß.

4.3.5 Gleichgewichtsbedingungen am verformten Balkenelement

Die oben erläuterte Vorgehensweise zur Angabe der linearisierten Bewegungsgleichungen von Balken, auf die große Kräfte wirken, läßt sich in ein anschauliches Verfahren umsetzen, die Formulierung der Gleichgewichtsbedingungen am verformten Balkenelement. Die Vorgehensweise wird an einem einfachen Beispiel erläutert.

● **Beispiel 4.3: Ermittlung der linearisierten Bewegungsgleichungen aus Gleichgewichtsbedingungen am verformten Balkenelement.** Die Vorgehensweise wird hier in ihrer einfachsten Form in Anlehnung an [9] S. 433 erläutert. Weitere Details und Verallgemeinerungen finden sich in beispielsweise in [9]. Bild 4.9 zeigt einen Balken unter der Einwirkung einer Längskraft F. An einem Balkenelement im Punkt $P(t)$ wirken die im Bild eingetragenen Kräfte und Momente. Dabei wird hier angenommen, daß die Längskraft konstant ist. Von R_1 abhängige, verteilte Längskräfte, wie z. B. Z aus (4.168), werden hier der Einfachheit halber ausgeschlossen.

Infolge der Belastung erfährt der Balken eine Längenänderung, für die nach (4.97) gilt

$$\chi_1'(R_1) = w_1'(R_1) + \frac{1}{2}\,w_3'^{\,2}(R_1)\,. \qquad (4.202)$$

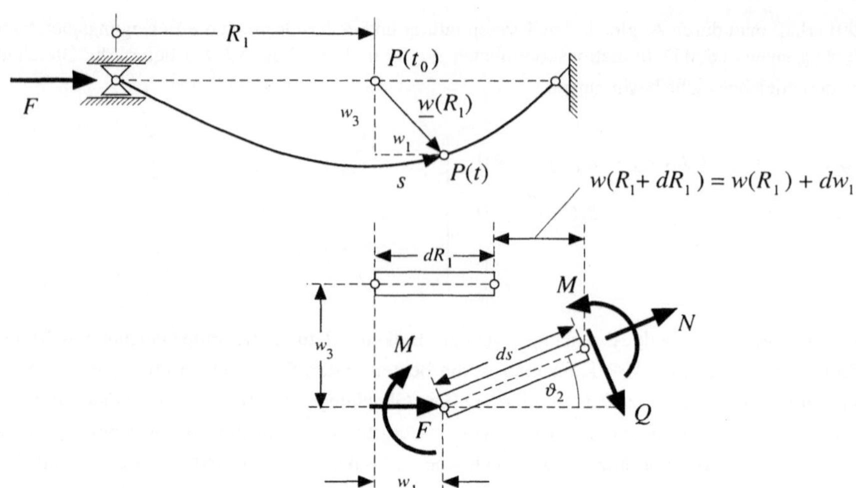

Bild 4-9: Gleichgewichtsbedingungen am verformten Balkenelement.

Das Materialgesetz für die Dehnung des Balkens liefert mit (4.202) in linearer Näherung

$$N = \mathcal{E} A \, \chi_1' = \mathcal{E} A \, w_1'. \tag{4.203}$$

Für Kräftegleichgewicht in Längsrichtung des verformten Elements aus Bild 4-9 muß gelten

$$F \cos \vartheta_2 + N = 0, \tag{4.204}$$

wo ϑ_2 durch (4.84) oder (4.20) gegeben ist. In linearer Näherung schließt man aus (4.203) und (4.204)

$$\mathcal{E} A \, w_1' + F = 0. \tag{4.205}$$

Für das am verformten Element wirksame Moment M gilt nach der technischen Biegelehre

$$M = \mathcal{E} J_{22} \frac{d\vartheta_2}{ds} = \frac{\mathcal{E} J_{22}}{s'} \vartheta_2'. \tag{4.206}$$

Mit (4.61) und (4.84) findet man in linearer Näherung

$$M = -\mathcal{E} J_{22} \, w_3''. \tag{4.207}$$

Nach Bild 4-9 gilt für das am verformten Element wirksame Moment

$$M = F w_3. \tag{4.208}$$

Einsetzen in (4.207) und zweimaliges Differenzieren liefert

$$\mathcal{E} J_{22} \, w_3'''' + F w_3'' = 0. \tag{4.209}$$

Dies ist für $\ddot{w} \equiv 0$ die in (4.172) angegebene Gleichung für die Biegelinie eines Balkens auf den große Längskräfte wirken. Verallgemeinerungen zur Herleitung von (4.209) finden sich in der Literatur, z. B. in [9].

5 Finite Elemente Modelle

Die Bewegungen der Kontinuumsmodelle aus den Kapiteln 2 und 4 werden durch partielle Differentialgleichungen beschrieben, deren Lösungen geometrischen und kinetischen Randbedingungen genügen müssen. Eine analytische Lösung der Gleichungen gelingt nur bei sehr einfachen Modellen und Randbedingungen. Technische Systeme haben in der Regel geometrische Formen und Materialeigenschaften, die von solchen einfachen Modellvorstellungen stark abweichen. Dies trifft auch bei den Randbedingungen für die Bewegungen der Systeme zu. Mit der Finite-Elemente-Methode (FEM) wurde eine effiziente, rechnerorientierte Vorgehensweise zur Untersuchung der Verformungen und Spannungen komplexer Strukturen entwickelt. Sie kann als spezielle Form des Ritzschen Verfahrens angesehen werden, bei der man die globalen Ansatzfunktionen für die gesamte Struktur aus lokal begrenzten Ansatzfunktionen zusammensetzt. Nach Erläuterung des Ritzschen Verfahrens werden die zur Modellierung elastischer Körper in Mehrkörpersystemen benötigten Bewegungsgleichungen von Finite-Elemente-Strukturen mit Hilfe des d'Alembertschen Prinzips angegeben. Die Darstellung umfaßt insbesondere auch die nach Kapitel 4 zur Modellierung flexibler Körper bei großen Referenzbewegungen erforderliche Berücksichtigung geometrisch nichtlinearer Probleme.

Standardwerke zur Methode der finiten Elemente sind u. a. [1, 2, 14, 17, 35]. Daneben gibt es eine umfangreiche Literatur zu Einzelthemen wie der Formulierung von Elementgleichungen für besondere Aufgaben, der Lösung spezieller, numerischer Probleme oder zu Anwendungen und Leistungen von Programmpaketen. Hier werden nur die zur Nutzung von Finite-Elemente-Modellen in Simulationsprogrammen für Mehrkörpersysteme erforderlichen Gleichungen zusammengestellt.

5.1 Die Verfahren von Ritz und Galerkin

Lösungen partieller Differentialgleichungen gewinnt man in einigen wenigen Fällen mit dem Verfahren der Trennung der Veränderlichen. Mit dem Verfahren ergeben sich Eigenfunktionen oder Eigenformen. Sie bilden vollständige Funktionensysteme und erlauben damit die Darstellung beliebiger Funktionen durch unendliche Reihen. Im Verfahren von Ritz und in dem mit ihm verwandten Verfahren von Galerkin werden Näherungslösungen mit Hilfe von Ansatzfunktionen angegeben, für die häufig Eigenfunktionen gewählt werden.

5.1.1 Eigenfunktionen

Die analytische Lösung partieller Differentialgleichungen gelingt nur in einfachen Fällen, [28]. Das Verfahren der Trennung der Veränderlichen führt bei einigen Schwingungsproblemen zum Ziel, vgl. z. B. [28], S. 109, [6], S. 137, [22], S. 143 oder [16], S. 269.

Gibt man $\mathbf{Div}\,\Sigma(\mathbf{R},t)$ aus (2.257) mit dem Materialgesetz (2.256) und den Verzerrungs-Verschiebungs-Beziehungen (2.248) an, so erhält man $\mathbf{Div}\,\Sigma(\mathbf{R},t) = \mathfrak{D}\mathbf{u}(\mathbf{R},t)$ mit einem Differentialoperator $\mathfrak{D}\mathbf{u}(\mathbf{R},t) = [\mathcal{D}_{\alpha\beta}(\mathbf{R},t)]$, der nur Ableitungen nach den Ortsvariablen R_α enthält. Damit lauten die Gleichungen für die Bewegungen $\mathbf{u}(\mathbf{R},t)$ eines Kontinuums

$$\rho_0\,\ddot{\mathbf{u}}(\mathbf{R},t) - \mathfrak{D}\mathbf{u}(\mathbf{R},t) = \mathbf{k}_0(\mathbf{R},t) \qquad \text{mit den Randbedingungen} \quad \mathfrak{B}(\mathbf{u}) = 0. \tag{5.1}$$

Der Operator $\mathfrak{B}(\mathbf{u})$ ergibt sich aus den Randbedingungen (2.259) und (2.260). Die zu einem Eigenwertproblem führende Lösung von Gleichungen der Form (5.1) mit dem Verfahren der Trennung der Veränderlichen ist beispielsweise in [26], S. 62 oder [15], S. 138 erläutert. Hier wird die Vorgehensweise am einfachen Beispiel ebener Bewegungen eines eingespannten Balkens dargestellt.

● **Beispiel 5.1: Eigenfunktionen des einseitig eingespannten Balkens.** Wenn man annimmt, daß alle Parameter des in Kapitel 4 betrachteten Balkens nicht von der Koordinate $x \equiv R_1$ abhängen, so ergeben sich die zur Beschreibung ebener Bewegungen erforderlichen Bewegungsgleichungen und Randbedingungen aus (4.133) und (4.138) mit $w \equiv w_2$, $J = J_{33}$ oder mit $w \equiv w_3$, $J = J_{22}$ zu

$$\rho_0\,A\,\ddot{w}(x,t) + \mathcal{E}\,J\,w''''(x,t) = Q_w \quad \text{mit} \quad w(0,t) = w'(0,t) = 0 \quad \text{und} \quad w''(\ell,t) = w'''(\ell,t) = 0. \tag{5.2}$$

Zur Lösung des Problems (5.2) macht man den Ansatz

$$w(x,t) = W(x)\,q(t). \tag{5.3}$$

Einsetzen in die Differentialgleichung (5.2) liefert

$$\rho_0\,A\,W(x)\,\ddot{q}(t) + \mathcal{E}\,J\,W''''(x)\,q(t) = Q_w. \tag{5.4}$$

Da die Differentialgleichung aus (5.2) linear ist, kann man ihre Lösung zusammensetzen aus einer Lösung der homogenen Gleichung und einer Partikularlösung zur rechten Seite Q_w. Für die Lösung der homogenen Gleichung folgt aus (5.4)

$$\frac{\mathcal{E}\,J\,W''''(x)}{\rho_0\,A\,W(x)} = -\frac{\ddot{q}(t)}{q(t)} = \omega^2 \tag{5.5}$$

mit einer Konstanten ω^2, da die orts- und zeitabhängigen Funktionen in (5.5) nur für diesem Fall übereinstimmen können. Mit dem Ansatz (5.3) ergeben sich also aus (5.2) zwei Sätze gewöhnlicher Differentialgleichungen zur Ermittlung der Funktionen $W(x)$ und $q(t)$, nämlich

$$W''''(x) - \beta^4 W(x) = 0 \quad \text{und} \quad \ddot{q}(t) + \omega^2\,q(t) = 0 \tag{5.6}$$

mit dem noch unbestimmten Parameter ω^2 und mit dem zugehörigen Parameter

$$\beta^4 = \frac{\omega^2\,\rho_0\,A}{\mathcal{E}\,J}. \tag{5.7}$$

Die Funktion $w(x,t)$ aus (5.3) muß neben der Differentialgleichung auch noch die Randbedingungen aus (5.2) erfüllen. Mit (5.3) folgt für $W(x)$

$$W(0) = W'(0) = 0 \quad \text{und} \quad W''(\ell) = W'''(\ell) = 0. \tag{5.8}$$

Die zweite Gleichung aus (5.6) besitzt die Lösung

$$q(t) = B_1 \sin\omega\,t + B_2 \cos\omega\,t \tag{5.9}$$

mit den beiden Integrationskonstanten B_1, B_2. Mit (5.9) wird die Wahl einer positiven Konstanten ω^2 in (5.5) verständlich: Nur in diesem Fall lassen sich die Randbedingungen erfüllen – vgl. auch [7], Bd. I, S. 246.

Der Ansatz (5.2) führt also auf die Untersuchung von Schwingungen des Balkens. Man ermittelt so aber nicht beliebige, den Gleichungen (5.2) genügende Schwingungen, sondern jene speziellen, in denen sich alle Querschnitte des Balkens im gleichen Rhythmus bewegen. Derartige Schwingungen heißen *Eigenschwingungen*. Dementsprechend führt der Ansatz (5.2) auf eine *Eigenwertaufgabe* für $W(x)$. Gesucht sind diejenigen Parameter $\beta = \beta_i$, für die die Randwertaufgabe

$$W''''(x) - \beta^4 W(x) = 0 , \quad W(0) = W'(0) = 0 , \quad W''(\ell) = W'''(\ell) = 0 \tag{5.10}$$

nichttriviale Lösungen $W(x) \neq 0$ besitzt. Solche Werte β_i heißen *Eigenwerte*. Sie lassen sich unter Beachtung der Randbedingungen aus einer *charakteristischen Gleichung* ermitteln. Die zu den Eigenwerten gehörenden nichttrivialen Lösungen $W(x) = W_i(x)$ von (5.10) heißen *Eigenfunktionen* oder *Eigenformen* des Balkens. Da die Gleichung (5.10) für $W(x)$ homogen ist, sind die Lösungen $W_i(x)$ nur bis auf konstante Faktoren festgelegt: mit den vier Randbedingungen erhält man eine eindeutige Gestalt der Lösungen $W_i(x)$, die von einem freien Parameter abhängen, der den Ausschlag an einer bestimmten Stelle angibt. Einsetzen der so gewonnen Lösungen $W_i(x)$ und von $q(t)$ aus (5.9) in den Ansatz (5.3) und Anpassen an die Anfangsbedingungen liefert die Lösung der homogenen, partiellen Differentialgleichung.

Im Fall der hier betrachteten Gleichung findet man aus (5.10)

$$W(x) = C_1 \sin \beta x + C_2 \cos \beta x + C_3 \sinh \beta x + C_4 \cosh \beta x . \tag{5.11}$$

Wegen der Randbedingungen für $x = 0$ gilt

$$C_4 = -C_2 , \quad C_3 = -C_1 . \tag{5.12}$$

Mit (5.12) erhält man aus den Randbedingungen für $x = \ell$ ein homogenes, lineares Gleichungssystem zur Bestimmung der Konstanten C_1 und C_2. Lösungen gibt es nur, wenn seine Determinante verschwindet. Aus dieser Bedingung ergibt sich die charakteristische Gleichung zur Berechnung der Eigenwerte $\beta = \beta_i$ des einseitig eingespannten Balkens zu

$$1 + \cos \beta \ell \cosh \beta \ell = 0 . \tag{5.13}$$

Sie hat unendlich viele Lösungen – vgl. Bild 5.1. Die ersten drei Lösungen $\beta_i \ell$ sind 1.8751, 4.6941, 7.8548 und für $i > 3$ gilt die Näherung $\beta_i \ell \approx (2i - 1)\pi / 2$. Aus den Eigenwerten β_i gemäß (5.13) erhält man mit (5.7) die *Eigenkreisfrequenzen* ω_i und die *Eigenfrequenzen* $f_i = \omega_i / 2\pi$.

Für die Eigenwerte kann man aus dem linearen Gleichungssystem für die Integrationskonstanten C_1 und C_2 eine der Konstanten als Funktion der anderen bestimmen und findet mit (5.11) die Eigenfunktionen

$$\begin{aligned} W_i(x) = A_i \big(&(\sin \beta_i \ell - \sinh \beta_i \ell)(\sin \beta_i x - \sinh \beta_i x) \\ &+ (\cos \beta_i \ell + \cosh \beta_i \ell)(\cos \beta_i x - \cosh \beta_i x) \big), \quad i = 1, 2, 3, \ldots \end{aligned} \tag{5.14}$$

mit den noch unbestimmten Konstanten A_i. Sie können durch Normierung, etwa durch $W_i(\ell) = 1$, festgelegt werden. Die drei ersten Eigenformen sind in Bild 5-2, zusammen mit den zugehörigen Eigenwerten, angegeben. Unter gewissen Voraussetzungen läßt sich zeigen, daß Eigenfunktionen (wie Polynome und trigonometrische Funktionen) vollständige Funktionensysteme bilden – vgl. z. B. [6], S. 151 oder [28], S. 111. Damit lassen sich beliebige Funktionen, insbesondere eine Partikularlösung $w(x,t)$ der Differentialgleichung (5.2) zur rechten Seite Q_w und zu den zugehörigen Randbedingungen, darstellen als Überlagerung der Eigenfunktionen

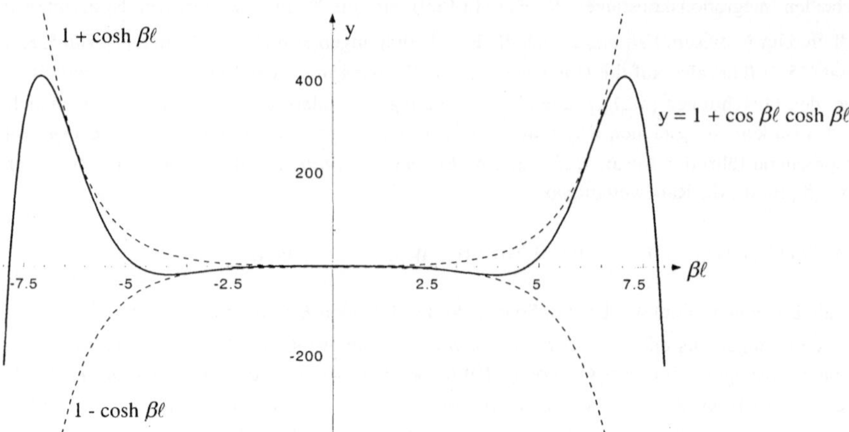

Bild 5-1:   Lösungen der charakteristischen Gleichung des einseitig eingespannten Balkens.

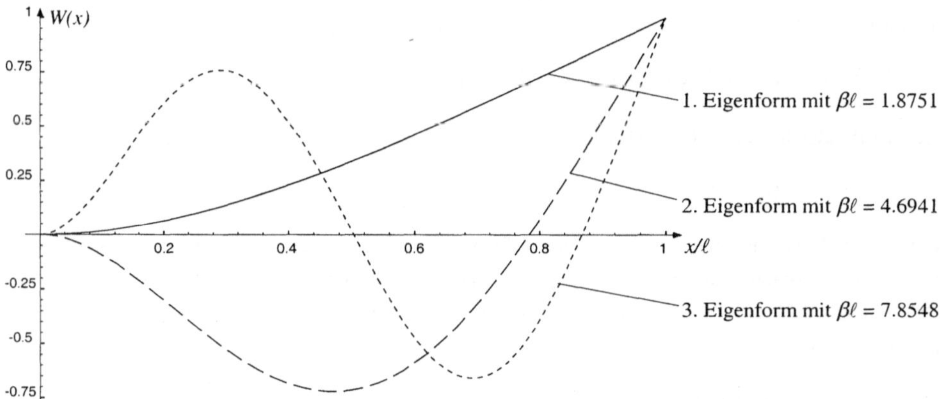

Bild 5-2:   Die drei ersten Eigenformen des einseitig eingespannten Balkens.

$$w(x,t) = \sum_{i=1}^{\infty} W_i(x)\, q_i(t). \tag{5.15}$$

In entsprechender Weise kann man auch aus (4.123) die Eigenformen für Dehnungsschwingungen von Balken gewinnen. Die Eigenformen sind in diesem Fall durch trigonometrische Funktionen gegeben, die beispielsweise in [5], S. 419 angegeben sind. Dort finden sich auch die Eigenformen von Balken für Torsionsschwingungen. Dieses Beispiel zeigt insbesondere, daß ω^2 auch in den Randbedingungen vorkommen kann – vgl. [16], S. 156 oder [6], S. 138.

Die Eigenschaft (5.15) der Eigenfunktionen nutzt man in der Modalanalyse mechanischer Systeme. Man approximiert $w(x,t)$ durch eine endliche Zahl von Eigenfunktionen, also

$$w(x,t) = \sum_{i=1}^{n_q} W_i(x)\, q_i(t) = \mathbf{W}^T(x)\mathbf{q}(t), \quad \text{wo} \quad \mathbf{W} = \left[W_i\right], \mathbf{q} = \left[q_i\right]\ i = 1, 2, \dots n_q \qquad (5.16)$$

oder allgemeiner für das Verschiebungsfeld $\mathbf{u}(\mathbf{R},t)$ aus (5.1)

$$\mathbf{u}(\mathbf{R},t) = \mathbf{\Phi}(\mathbf{R})\,\mathbf{q}(t), \quad \mathbf{\Phi}(\mathbf{R}) = \left[\Phi_{\alpha i}(\mathbf{R})\right], \quad \mathbf{q}(t) = \left[q_i(t)\right], \quad i = 1, 2, \dots n_q \qquad (5.17)$$

wo $\Phi_{\alpha i}(\mathbf{R}) = \Phi_{\alpha i}(R_1, R_2, R_3)$ geeignet gewählte Eigenfunktionen des Systems sind, [22], S. 143, [16]. Die Aussage (5.15) läßt erwarten, daß sich die Güte der Näherungen (5.16) und (5.17) durch Erhöhung von n_q steigern läßt. Weitere Näherungsverfahren zur Lösung partieller Differentialgleichungen, insbesondere von (5.1), und Vorläufer der Finite-Elemente-Methode und der Randelemente-Methode sind in [14], S. 9 ff beschrieben.

5.1.2 Die Verfahren von Ritz und Galerkin für diskrete Systeme

Die Bewegungsgleichungen eines Kontinuums erhält man mit dem Hamiltonschen Prinzip als Eulersche Gleichungen eines Variationsproblems. Zur Lösung dieser partiellen Differentialgleichungen ist man i. a. auf Näherungsverfahren angewiesen. Eine bewährte Vorgehensweise ist das Verfahren von Ritz. Es setzt nicht bei der Lösung der Bewegungsgleichungen selbst an sondern bei der Lösung der Variationsaufgabe, die zu den Bewegungsgleichungen führt. Bei kontinuierlichen Systemen approximiert das Verfahren die partiellen Bewegungsgleichungen durch einen Satz gewöhnlicher Differentialgleichungen. Das Verfahren wird auch zur Lösung von nichtlinearen Schwingungsproblemen bei diskreten Systemen eingesetzt. Die gewöhnlichen Differentialgleichungen für die Bewegungen solcher Systeme werden durch algebraische Gleichungen[*] approximiert. Am einfach überschaubaren Beispiel diskreter Systeme werden die wesentlichen Merkmale des Ritzschen Verfahrens erläutert. Eine seiner Deutungen erlaubt die Verallgemeinerung zum Galerkinschen Verfahren.

Grundgedanke des Ritzschen Verfahrens

Nach dem Hamiltonschen Prinzip ergeben sich die Bewegungen $y = y(t)$ diskreter Systeme von einem Freiheitsgrad aus einem Variationsproblem der Form

$$I(y) = \int_{t_0}^{t_1} F\big(y(t), \dot{y}(t), t\big)\, dt = \min. \qquad (5.18)$$

Für die Lösung $y = y(t)$ des Variationsproblems, und damit der Bewegungsgleichungen, macht man den Ansatz

$$y(t) = Y\big(t; a_1, a_2, \dots a_n\big), \qquad (5.19)$$

---

[*] Diese Terminologie hat sich eingebürgert, obwohl man hier auch transzendente Gleichungen erhalten kann. Genau genommen müßte man von "nicht differentiellen" Gleichungen sprechen.

der noch n unbestimmte Parameter a_i enthält. Der Ansatz liefert i. a. nicht die exakte Lösung sondern nur eine Approximation $\hat{y}(t)$. Setzt man (5.19) in (5.18) ein, so wird das Integral eine Funktion der n Parameter a_i und das Variationsproblem (5.18) geht in die Extremwertaufgabe $I(a_1, a_2, \ldots a_n) = \min.$ über. Für die a_i findet man die n algebraischen Gleichungen

$$\frac{\partial I(a_1, a_2, \ldots a_n)}{\partial a_i} = 0, \quad i = 1, 2, \ldots n. \tag{5.20}$$

Die aus (5.20) bestimmten Werte $a_i = \hat{a}_i$ liefern nach Einsetzen in (5.19) die Näherungslösung

$$\hat{y}(t) = Y(t; \hat{a}_1, \hat{a}_2, \ldots \hat{a}_n). \tag{5.21}$$

Da die Integrationsgrenzen t_0, t_1 aus (5.18) von den a_i aus (5.19) unabhängig sind, kann die Differentiation aus (5.20) unter dem Integralzeichen durchgeführt werden, womit sich die n Gleichungen (5.20) schreiben lassen als

$$\int_{t_0}^{t_1} \left(\frac{\partial F}{\partial y} \frac{\partial Y}{\partial a_i} + \frac{\partial F}{\partial \dot{y}} \frac{\partial \dot{Y}}{\partial a_i} \right) dt = 0, \quad i = 1, 2, \ldots n \quad \text{wo} \quad \dot{Y} = \frac{\partial Y(t; a_1, a_2, \ldots a_n)}{\partial t}. \tag{5.22}$$

Damit ist die von Ritz vorgeschlagene Vorgehensweise [18] bereits vollständig angegeben. Zur Deutung der Näherungslösung (5.21) werden aber noch ein paar Umformungen der Gleichungen (5.22) benötigt.

Spezielle Formen des Verfahrens

Der zweite Summand des Integranden aus (5.22) läßt sich durch partielle Integration umschreiben:

$$\int_{t_0}^{t_1} \frac{\partial F}{\partial \dot{y}} \frac{\partial \dot{Y}}{\partial a_i} \, dt = \left[\frac{\partial Y}{\partial a_i} \frac{\partial F}{\partial \dot{y}} \right]_{t_0}^{t_1} - \int_{t_0}^{t_1} \frac{\partial Y}{\partial a_i} \frac{d}{dt} \left(\frac{\partial F}{\partial \dot{y}} \right) dt. \tag{5.23}$$

Es sei $\mathbf{D}^E(\mathbf{y})$ die linke Seite der zum Variationsproblem (5.18) gehörenden Eulerschen Differentialgleichung $\mathbf{D}^E(\mathbf{y}) = 0$. Mit (5.23) wird aus der Gleichung (5.22) zur Bestimmung der $\hat{a}_i$:

$$\left[\frac{\partial Y}{\partial a_i} \frac{\partial F}{\partial \dot{y}} \right]_{t_0}^{t_1} - \int_{t_0}^{t_1} \frac{\partial Y}{\partial a_i} \mathbf{D}^E(\hat{y}) \, dt = 0, \quad \mathbf{D}^E(y) = \frac{d}{dt} \left(\frac{\partial F}{\partial \dot{y}} \right) - \frac{\partial F}{\partial y}, \quad i = 1, 2, \ldots n. \tag{5.24}$$

Zur Vereinfachung des Verfahrens wählt man die in (5.19) angesetzten Funktionen so, daß die ausintegrierten Terme in (5.24), die Randterme, verschwinden. Dann ergeben sich die $\hat{a}_i$ aus

$$\int_{t_0}^{t_1} \frac{\partial Y}{\partial a_i}\, \mathbf{D}^E(\hat{y})\, dt = 0 \quad \text{mit } Y \text{ so, daß} \quad \left[\frac{\partial Y}{\partial a_i}\frac{\partial F}{\partial \dot{y}}\right]_{t_0}^{t_1} = 0\,, \quad i = 1, 2, \dots n. \tag{5.25}$$

Wenn die Variationsaufgabe durch die spezielle Form (3.98) des Hamiltonschen Prinzips gegeben ist, also wenn $F(y,\dot{y},t) = L(y,\dot{y},t) = T(y,\dot{y}) - U(y)$, so ergibt sich die Eulersche Gleichung $\mathbf{D}^E(\mathbf{y}) = 0$ des Variationsproblems (5.18) in Form der Lagrangeschen Bewegungsgleichung 2. Art

$$\frac{d}{dt}\left(\frac{\partial T}{\partial \dot{y}}\right) + \frac{\partial T}{\partial y} - \frac{\partial U}{\partial y} = 0\,. \tag{5.26}$$

Meist wird die Lösung beim Ritzschen Verfahren in Form einer Summe angesetzt

$$y(t) = \sum_{i=1}^{n} a_i\, \Phi_i(t), \tag{5.27}$$

in der die $\Phi_i(t)$ geeignet gewählte Ansatz-, Koordinaten- oder Basisfunktionen sind, und in der die freien Parameter a_i als Koeffizienten auftreten. Mit (5.27) gehen die Bestimmungsgleichungen (5.25) für die Parameter $\hat{a}_i$ über in

$$\int_{t_0}^{t_1} \mathbf{D}^E(\hat{y}(t))\, \Phi_i(t)\, dt = 0 \quad \text{mit } \Phi_i \text{ so, daß} \quad \left[\Phi_i \frac{\partial F}{\partial \dot{y}}\right]_{t_0}^{t_1} = 0\,, \quad i = 1, 2, \dots n. \tag{5.28}$$

Man kann zeigen, daß eine Näherungslösung

$$\hat{y}(t) = \sum_{i=1}^{n} \hat{a}_i\, \Phi_i(t) \tag{5.29}$$

mit den $\hat{a}^i$ gemäß (5.28) für $n \to \infty$ in die wahre Lösung der Systemgleichungen übergeht, falls

- die Funktionen $\Phi_i(t)$ ein vollständiges Funktionensystem bilden (vgl. z. B. [7], Bd. I, S. 43 oder [28], S. 593) und falls

- das Funktional (5.18) ein Hamiltonscher Variationsausdruck $F = L = T - U$ ist.

Der Ansatz muß aber keineswegs die spezielle Form (5.27) haben. In [13], S. 215 ff werden Näherungen für Schwingungen mit allgemeinen Ansätzen der Form (5.21) gewonnen.

Deutungen der Näherungslösung nach Ritz

Die hier zusammengestellten Gleichungen erlauben zwei Interpretationen der mit dem Ritzschen Verfahren gewonnenen Näherung $\hat{y}$. Die Bewegungsgleichungen des Systems sind durch die Eulersche Gleichung $\mathbf{D}^E(\mathbf{y}) = 0$ gegeben. Ihre Lösungen machen das Funktional

(5.18) zu einem Extremum. Die Näherungslösungen $\hat{y}$ gemäß (5.21) oder (5.29) werden die Eulersche Gleichung i. a. aber nicht erfüllen, d. h. $\mathbf{D}^E(\hat{y}(t))$ wird nicht identisch verschwinden. Mit (5.24) und (5.28) sind die in $\hat{y}$ eingehenden Parameter $\hat{a}_i$ aber so bestimmt, daß das mit $\hat{y}$ berechnete Funktional (5.18) in Übereinstimmung mit den Aussagen der Prinzipe der Mechanik einen Extremwert annimmt. Das Näherungsverfahren kann damit so gedeutet werden, daß unter den unendlich vielen, durch den Ritzschen Ansatz (5.19) definierten Ersatzsystemen des mechanischen Systems mit (5.22) bzw. mit (5.24), (5.25) und (5.28) dasjenige herausgesucht wird, das die Prinzipe der Mechanik nicht verletzt, [34], S. 456.

Eine zweite Interpretation gewinnt man aus folgender Überlegung: Wenn man die Näherungslösung $\hat{y}$ gemäß (5.21) oder (5.29) in die Eulersche Gleichung des Variationsproblems einsetzt, so ergibt sich ein Fehler

$$\Delta^E = \Delta^E\left(t; \hat{a}_1, \hat{a}_2, \dots \hat{a}_n\right) = \mathbf{D}^E(\hat{y}(t)) \ . \tag{5.30}$$

Die Gleichungen (5.25) und (5.28) besagen, daß die Koeffizienten $\hat{a}_i$ mit dem Ritzschen Verfahren so festgelegt werden, daß

$$\left.\begin{aligned}
&\int_{t_0}^{t_1} \Delta^E\left(t; \hat{a}_1, \hat{a}_2, \dots, \hat{a}_n\right) \frac{\partial Y}{\partial a_i}\bigg|_{a_i = \hat{a}_i} dt \ = 0 \\[1em]
&\text{oder} \\[1em]
&\int_{t_0}^{t_1} \Delta^E\left(t; \hat{a}_1, \hat{a}_2, \dots, \hat{a}_n\right) \Phi_i(t)\, dt \qquad = 0
\end{aligned}\right\} \quad i = 1, 2, \dots n \ . \tag{5.31}$$

Das Verfahren liefert demnach Lösungen mit einem Fehler, der in einem vorgegebenen Intervall $t_0 \le t \le t_1$ in dem durch (5.31) gegebenen, gewichteten Mittel verschwindet. Mit anderen Worten: Im Ritzschen Verfahren werden die freien Parameter a_i, speziell die Koeffizienten der Ansatzfunktionen $\Phi_i(t)$, so bestimmt, daß der durch Nichterfüllen der Eulerschen Differentialgleichung, also der Bewegungsgleichung, entstehende Fehler Δ^E orthogonal zu $\partial Y/\partial a_i$ bzw. zu den Ansatzfunktionen $\Phi_i(t)$ ist, also im gewählten Funktionensystem nicht mehr verkleinert werden kann.

Das Galerkinsche Verfahren

Die eben angegebene Interpretation des Ritzschen Verfahrens wird im Galerkinschen Verfahren verallgemeinert. Bekanntlich gibt es nicht zu jedem mechanischen System einen Hamiltonschen Variationsausdruck der Form (3.98), wohl aber eine Bewegungsgleichung der allgemeinen Form

$$\mathbf{D}(y(t)) = 0, \tag{5.32}$$

wo $\mathfrak{D}$ ein passender Differentialoperator ist. Zur Ermittlung einer Näherungslösung der Differentialgleichung (5.32) macht man nach Galerkin – wie bei der Lösung der Variationsaufgabe (5.18) – den Ansatz (5.19) oder speziell (5.27). Die Koeffizienten $a_i = \hat{a}_i$ der Näherungslösungen (5.21) und (5.29) bestimmt man aus den Forderungen

$$\left.\begin{aligned} \int_{t_0}^{t_1} \Delta^D\left(t; \hat{a}_1, \hat{a}_2, \ldots \hat{a}_n\right) \frac{\partial Y}{\partial \hat{a}_i}\, dt &= 0 \\[2ex] \int_{t_0}^{t_1} \Delta^D\left(t; \hat{a}_1, \hat{a}_2, \ldots \hat{a}_n\right) \Phi_i(t)\, dt &= 0 \end{aligned}\right\} \quad \text{wo} \quad \Delta^D = \mathfrak{D}\big(\hat{y}(t)\big), \quad i = 1, 2, \ldots n\,. \tag{5.33}$$

Wenn es zu dem mechanischen System einen Hamiltonschen Variationsausdruck gibt, so gilt $\mathfrak{D} \equiv \mathfrak{D}^E$, und das Galerkinsche Verfahren (5.33) ist mit dem Ritzschen gemäß (5.31) identisch.

5.1.3 Modifikation der Verfahren für kontinuierliche Systeme

Verwendet man die Verfahren von Ritz und Galerkin bei kontinuierlichen Systemen, so erscheinen anstelle der unbekannten Parameter unbekannte Funktionen $q_i(t)$ der Zeit t. Sie ergeben sich als Lösungen gewöhnlicher Differentialgleichungen. Diese Modifikationen werden hier am Beispiel der in Kapitel 4 betrachteten eindimensionalen Kontinua mit der materiellen Koordinate $x = R_1$ erläutert.

Die Bewegungen der Punkte eines eindimensionalen Kontinuums werden beschrieben durch Funktionen der Form

$$\mathbf{y} = \mathbf{y}(x,t), \quad \mathbf{y}(x,t) = \big[y_i(x,t)\big], \quad i = 1, 2, \ldots n_y \tag{5.34}$$

und sie genügen dem verallgemeinerten Hamiltonschen Prinzip (3.97). Für die in Kapitel 4 betrachteten Modelle führt das Prinzip auf ein Variationsproblem der Form

$$\delta \int_{t_0}^{t_1}\int_{x_0}^{x_1} F\left(x, t, \mathbf{y}, \mathbf{y}_t, \mathbf{y}_x, \mathbf{y}_{xx}\right) dx\, dt = 0 \quad \text{mit} \quad \begin{cases} \mathfrak{B}\big(\mathbf{y}(x_0,t), \mathbf{y}(x_1,t)\big) = 0 \\[1ex] \mathfrak{B} = \big[\mathcal{B}_i\big], \quad i = 1, 2 \ldots n_R\,. \end{cases} \tag{5.35}$$

Dabei bezeichnet δ die in (3.42) definierte Variation eines Funktionals. Die Größen $\mathcal{B}_i$ sind Differentialoperatoren, mit denen sich die Randbedingungen aus Abschnitt 2.5.3 angeben lassen, denen die Lösungen $\mathbf{y}(x,t)$ an den Rändern $x = x_0$ und $x = x_1$ genügen müssen. Die n_R Bedingungen aus (5.35) lassen sich in die kinematischen Randbedingungen $\mathfrak{B}_I(\mathbf{y}) = 0$ und in die kinetischen Randbedingungen $\mathfrak{B}_{II}(\mathbf{y}) = 0$ unterteilen. Für $\mathfrak{B}$ gilt demnach

$$\mathfrak{B}\big(\mathbf{y}(x_0,t), \mathbf{y}(x_1,t)\big) = \begin{bmatrix} \mathfrak{B}_I\big(\mathbf{y}(x_0,t), \mathbf{y}(x_1,t)\big) \\[1ex] \mathfrak{B}_{II}\big(\mathbf{y}(x_0,t), \mathbf{y}(x_1,t)\big) \end{bmatrix}. \tag{5.36}$$

Ein paar Ergebnisse aus der Variationsrechnung

Das Variationsproblem (5.35) läßt sich umschreiben in – vgl. z. B. [8]

$$\int_{t_0}^{t_1}\int_{x_0}^{x_1}\left(\left(\frac{\partial F}{\partial \mathbf{y}}\right)^T \boldsymbol{\delta}\mathbf{y} + \left(\frac{\partial F}{\partial \mathbf{y}_t}\right)^T \boldsymbol{\delta}\dot{\mathbf{y}} + \left(\frac{\partial F}{\partial \mathbf{y}_x}\right)^T \boldsymbol{\delta}\mathbf{y}' + \left(\frac{\partial F}{\partial \mathbf{y}_{xx}}\right)^T \boldsymbol{\delta}\mathbf{y}''\right) dx\, dt = 0 \tag{5.37}$$

mit den $n_y \times 1$-Matrizen

$$\left.\begin{aligned}
\frac{\partial F}{\partial \mathbf{y}} &= \left[\frac{\partial F}{\partial y_i}\right], \quad \frac{\partial F}{\partial \mathbf{y}_t} = \left[\frac{\partial F}{\partial y_{it}}\right], \quad \frac{\partial F}{\partial \mathbf{y}_x} = \left[\frac{\partial F}{\partial y_{ix}}\right], \quad \frac{\partial F}{\partial \mathbf{y}_{xx}} = \left[\frac{\partial F}{\partial y_{ixx}}\right] \\
\boldsymbol{\delta}\mathbf{y} &= [\delta y_i], \quad \boldsymbol{\delta}\dot{\mathbf{y}} = [\delta y_{it}], \quad \boldsymbol{\delta}\mathbf{y}' = [\delta y_{ix}], \quad \boldsymbol{\delta}\mathbf{y}'' = [\delta y_{ixx}]
\end{aligned}\right\} \quad i = 1, 2, \ldots n_y. \tag{5.38}$$

Die Gleichung (5.37) wird durch partielle Integration so umgeformt, daß alle Ableitungen von $\boldsymbol{\delta}\mathbf{y}$ im Integrand des Doppelintegrals verschwinden:

$$\left.\begin{aligned}
&\int_{x_0}^{x_1}\left[\boldsymbol{\delta}\mathbf{y}^T\left(\frac{\partial F}{\partial \mathbf{y}_t}\right)\right]_{t_0}^{t_1} dx + \int_{t_0}^{t_1}\left[\boldsymbol{\delta}\mathbf{y}^T\left(\frac{\partial F}{\partial \mathbf{y}_x} - \frac{\partial}{\partial x}\left(\frac{\partial F}{\partial \mathbf{y}_{xx}}\right)\right) + \boldsymbol{\delta}\mathbf{y}'^T \frac{\partial F}{\partial \mathbf{y}_{xx}}\right]_{x_0}^{x_1} dt \\
&+ \int_{t_0}^{t_1}\int_{x_0}^{x_1}\boldsymbol{\delta}\mathbf{y}^T\left(\frac{\partial F}{\partial \mathbf{y}} - \frac{\partial}{\partial t}\left(\frac{\partial F}{\partial \mathbf{y}_t}\right) - \frac{\partial}{\partial x}\left(\frac{\partial F}{\partial \mathbf{y}_x}\right) + \frac{\partial^2}{\partial x^2}\left(\frac{\partial F}{\partial \mathbf{y}_{xx}}\right)\right) dx\, dt = 0\,.
\end{aligned}\right\} \tag{5.39}$$

Mit den Abkürzungen

$$\left.\begin{aligned}
\mathbf{B}_1(\mathbf{y}) &= \left[\frac{\partial F}{\partial \mathbf{y}_x} - \frac{\partial}{\partial x}\left(\frac{\partial F}{\partial \mathbf{y}_{xx}}\right)\right]_{x_0}^{x_1} & &= \left[\mathcal{B}_{1,i}(\mathbf{y})\right] \\
\mathbf{B}_2(\mathbf{y}) &= \frac{\partial F}{\partial \mathbf{y}_{xx}}\bigg|_{x_0}^{x_1} & &= \left[\mathcal{B}_{2i}(\mathbf{y})\right] \\
\mathbf{D}^E(\mathbf{y}) &= \frac{\partial F}{\partial \mathbf{y}} - \frac{\partial}{\partial t}\left(\frac{\partial F}{\partial \mathbf{y}_t}\right) - \frac{\partial}{\partial x}\left(\frac{\partial F}{\partial \mathbf{y}_x}\right) + \frac{\partial^2}{\partial x^2}\left(\frac{\partial F}{\partial \mathbf{y}_{xx}}\right) & &= \left[\mathcal{D}_i^E(\mathbf{y})\right]
\end{aligned}\right\} \quad i = 1, 2, \ldots n_y \tag{5.40}$$

und wegen $\boldsymbol{\delta}\mathbf{y}(x,t_0) = \boldsymbol{\delta}\mathbf{y}(x,t_1) = 0$ – vgl. (3.37) – erhält man aus (5.39)

$$\int_{t_0}^{t_1}\left[\boldsymbol{\delta}\mathbf{y}^T\mathbf{B}_1(\mathbf{y}) + \boldsymbol{\delta}\mathbf{y}'^T\mathbf{B}_2(\mathbf{y})\right]_{x_0}^{x_1} dt + \int_{t_0}^{t_1}\int_{x_0}^{x_1}\boldsymbol{\delta}\mathbf{y}^T\mathbf{D}^E(\mathbf{y}) dx\, dt = 0\,. \tag{5.41}$$

Mit (5.41) ist eine Form des Variationsproblems (5.35) gefunden, aus der man mit den aus der Variationsrechnung geläufigen Argumenten zwei Gleichungssätze erschließt, nämlich

- die n_y Eulerschen Gleichungen des Variationsproblems, d. h. die Bewegungsgleichungen

$$\mathbf{D}^E(\mathbf{y}) = 0, \tag{5.42}$$

- die Bedingungsgleichung für die Variationen auf dem Rand

$$\left[\delta\mathbf{y}^T\mathbf{B}_1(\mathbf{y}) + \delta\mathbf{y}'^T\mathbf{B}_2(\mathbf{y})\right]_{x_0}^{x_1} = 0. \tag{5.43}$$

Die kinematischen Randbedingungen $\mathbf{B}_I = 0$ aus (5.35), (5.36) liefern Bedingungen für einige oder alle Variationen auf dem Rand, also für die Größen $\delta y_i(x_0,t)$, $\delta y_i'(x_0,t)$, $\delta y_i(x_1,t)$ und $\delta y_i'(x_1,t)$. Falls die kinematischen Randbedingungen keinen vollständigen Satz von n_R Gleichungen (5.35) darstellen, müssen zusätzlich kinetische oder natürliche Randbedingungen beachtet werden. Man erhält sie aus (5.43) in der Form

$$\mathbf{B}_{II}\big(\mathbf{y}(x_0,t), \mathbf{y}(x_1,t)\big) = 0, \tag{5.44}$$

nach Berücksichtigung der kinematischen Bedingungen für die δy_i auf dem Rand. Die Gleichungen (5.42) und (5.43) zeigen, daß es bei Variationsproblemen gar keine völlig frei wählbaren Randpunkte der Lösung $\mathbf{y}(x,t)$ gibt. Sie muß dort immer den natürlichen Randbedingungen genügen – vgl. [8], S. 193.

Das Ritzsche Verfahren für kontinuierliche Systeme

Zur Lösung des Variationsproblems (5.35) macht man den Ansatz

$$\mathbf{y}(x,t) = \mathbf{\Phi}(x)\,\mathbf{q}(t) \quad \text{wo} \quad \left\{ \begin{array}{l} \mathbf{\Phi}(x) = \left[\Phi_{ij}(x)\right] \\[2mm] \mathbf{q}(t) = \left[q_j(t)\right] \end{array} \right\} \quad i = 1, 2, \ldots n_y,\, j = 1, 2, \ldots n_q \tag{5.45}$$

mit bekannten Ansatzfunktionen $\Phi_{ij}(x)$ und noch unbestimmten Funktionen $q_j(t)$. Der Ansatz soll den kinematischen Randbedingungen aus (5.36) für beliebige $q_j(t)$ genügen, d. h. daß die Ansatzfunktionen $\Phi_{ij}(x)$ diese Bedingungen erfüllen müssen, also

$$\mathbf{B}_I\big(\mathbf{\Phi}(x_0)\mathbf{q}(t), \mathbf{\Phi}(x_1)\mathbf{q}(t)\big) = 0 \quad \text{für beliebige } \mathbf{q}(t). \tag{5.46}$$

Mit $\delta\mathbf{q}(t) = \left[\delta q_j(t)\right]$, $\delta\dot{\mathbf{q}} = \left[\delta\dot{q}_j(t)\right]$ erhält man nach Wahl der Ansatzfunktionen aus (5.45)

$$\left. \begin{array}{ll} \delta\mathbf{y}(x,t) = \mathbf{\Phi}(x)\delta\mathbf{q}(t) & \delta\dot{\mathbf{y}}(x,t) = \mathbf{\Phi}(x)\delta\dot{\mathbf{q}}(t) \\[2mm] \delta\mathbf{y}'(x,t) = \mathbf{\Phi}'(x)\delta\mathbf{q}(t) & \delta\mathbf{y}''(x,t) = \mathbf{\Phi}''(x)\delta\mathbf{q}(t). \end{array} \right\} \tag{5.47}$$

Den Ansatz (5.45) setzt man in die Form (5.35) des Variationsproblems ein und erhält

$$\delta \int_{t_0}^{t_1} \left(\int_{x_0}^{x_1} F\big(x, t, \mathbf{\Phi}(x)\mathbf{q}(t), \mathbf{\Phi}(x)\dot{\mathbf{q}}(t), \mathbf{\Phi}'(x)\mathbf{q}(t), \mathbf{\Phi}''(x)\mathbf{q}(t)\big)\, dx \right) dt = 0 \,. \tag{5.48}$$

Dies ist ein neues, einfacheres Variationsproblem, in dem das Funktional nicht wie in (5.35) durch Wahl der von x und t abhängigen Funktionen $y_i(x,t)$, sondern durch Bestimmung von $q_j(t)$, zu einem Extremum gemacht werden soll. Da die Integration über x in (5.48) ausge-führt werden kann, läßt sich das neue Variationsproblem in folgender Form schreiben:

$$\delta \int_{t_0}^{t_1} \hat{F}(t, \mathbf{q}(t), \dot{\mathbf{q}}(t))\, dt = 0 \quad \text{also} \quad \int_{t_0}^{t_1} \left(\left(\frac{\partial \hat{F}}{\partial q} \right)^T \delta \mathbf{q} + \left(\frac{\partial \hat{F}}{\partial \dot{q}} \right)^T \delta \dot{\mathbf{q}} \right) dt = 0 \,. \tag{5.49}$$

Durch partielle Integration erhält man wegen $\delta \mathbf{q}(t_0) = 0$ und $\delta \mathbf{q}(t_1) = 0$ – vgl. (3.37) – aus der zweiten Darstellung des Problems (5.49):

$$\int_{t_0}^{t_1} \left(\left(\frac{\partial \hat{F}}{\partial \mathbf{q}} \right)^T - \frac{d}{dt} \left(\frac{\partial \hat{F}}{\partial \dot{\mathbf{q}}} \right)^T \right) \delta \mathbf{q}\, dt = 0 \,. \tag{5.50}$$

Hieraus folgen mit dem Fundamentallemma der Variationsrechnung die Eulerschen Gleichun-gen des Variationsproblems (5.49)

$$\frac{d}{dt} \left(\frac{\partial \hat{F}}{\partial \dot{\mathbf{q}}} \right) - \frac{\partial \hat{F}}{\partial \mathbf{q}} = 0 \quad \text{also} \quad \frac{d}{dt} \left(\frac{\partial \hat{F}}{\partial \dot{q}_j} \right) - \frac{\partial \hat{F}}{\partial q_j} = 0 \,, \quad j = 1, 2, \dots n_q \,. \tag{5.51}$$

Dies sind die n_q Lagrangeschen Bewegungsgleichungen des Ersatzsystems (5.49), das man mit dem Ritz-Ansatz (5.45) aus dem ursprünglichen System (5.35) erhält. Aus den Gleichun-gen lassen sich die noch nicht festgelegten Funktionen $q_j(t)$ bestimmen[*]. Wie im vorigen Abschnitt erkennt man, daß mit dem Ritzschen Verfahren unter den unendlich vielen Ersatz-systemen dasjenige herausgesucht wird, das die Prinzipe der Mechanik nicht verletzt.

Randbedingungen bei den Verfahren von Ritz und Galerkin

Von den Ansatzfunktionen wurde mit (5.46) gefordert, daß sie den kinematischen Randbedin-gungen genügen. Die Vorgehensweise garantiert, daß auch die kinetischen Randbedingungen im Rahmen der durch die Wahl der Ansatzfunktionen gegebenen Freiheiten erfüllt werden. Dies sieht man folgendermaßen: Einsetzen des Ansatzes (5.45) in (5.35) liefert die Bestim-mungsgleichungen (5.51) für $\mathbf{q}(t)$. Stattdessen kann man (5.45) auch in die Form (5.41) der Variationsaufgabe (5.35) einsetzen. Als Ergebnis erhält man die mit (5.51) gleichwertigen Forderungen

---

[*] Man kann das Problem auch "vollständig algebraisieren", indem man zur Lösung von (5.49) wiederum einen Ritz-Ansatz macht – vgl. [34], S. 457.

$$\int\limits_{t_0}^{t_1}\left[\delta\mathbf{q}^T\left(\boldsymbol{\Phi}^T\mathbf{B}_1(\boldsymbol{\Phi}\mathbf{q})+\boldsymbol{\Phi}'^T\mathbf{B}_2(\boldsymbol{\Phi}\mathbf{q})\right)\right]_{x_0}^{x_1}\,dt+\int\limits_{t_0}^{t_1}\int\limits_{x_0}^{x_1}\delta\mathbf{q}^T\boldsymbol{\Phi}^T\mathbf{D}^E(\boldsymbol{\Phi}\mathbf{q})\,dx\,dt=0 \tag{5.52}$$

mit den in (5.40) definierten Abkürzungen $\mathbf{B}_1$, $\mathbf{B}_2$ und $\mathbf{D}^E$. Mit der üblichen Schlußweise findet man aus (5.52) die mit (5.51) äquivalenten n_q Bewegungsgleichungen des Ersatzsystems zur Bestimmung von $\mathbf{q}(t)$

$$\int\limits_{x_0}^{x_1}\boldsymbol{\Phi}^T\mathbf{D}^E(\boldsymbol{\Phi}\mathbf{q})\,dx=0 \tag{5.53}$$

und die Gleichungen für die Randterme

$$\left[\delta\mathbf{q}^T\left(\boldsymbol{\Phi}^T\mathbf{B}_1(\boldsymbol{\Phi}\mathbf{q})+\boldsymbol{\Phi}'^T\mathbf{B}_2(\boldsymbol{\Phi}\mathbf{q})\right)\right]_{x_0}^{x_1}=0\ . \tag{5.54}$$

Die Gleichung (5.53) besagt für kontinuierliche Systeme – wie (5.31) für diskrete Systeme – daß die Funktionen $q_j(t)$ beim Ritzschen Verfahren so bestimmt werden, daß die Fehler

$$\boldsymbol{\Delta}^E=\mathbf{D}^E(\boldsymbol{\Phi}\mathbf{q})\,,\quad \boldsymbol{\Delta}^E=\left[\Delta_i^E\right]\,,\quad i=1,2,\dots n_y, \tag{5.55}$$

die sich beim Einsetzen des Näherungsansatzes (5.45) in die Bewegungsgleichungen des Systems ergeben, "im Mittel" verschwinden sollen, nachdem sie mit den Ansatzfunktionen $\boldsymbol{\Phi}$ gewichtet wurden. In den Gleichungen (5.54) ist der Ansatz (5.45) ebenfalls eingesetzt, wobei insbesondere die kinematischen Randbedingungen nach (5.46) berücksichtigt sind. Die Gleichungen (5.54) geben damit die kinetischen oder natürlichen Randbedingungen an, die somit, wie behauptet, auch in (5.51) enthalten sind.

Das Ritzsche Verfahren wird wie oben im Verfahren von Galerkin verallgemeinert. Es geht von den Bewegungsgleichungen

$$\mathbf{D}(\mathbf{y}(x,t))=0\,,\quad \mathbf{D}=\left[\mathcal{D}_i\right]\,,\quad i=1,2,\dots n_y \tag{5.56}$$

aus, wo $\mathcal{D}_i$ geeignete Differentialoperatoren sind. Nach Galerkin bestimmt man Näherungslösungen der Form (5.45), indem man Ansatzfunktionen $\Phi_{ij}(x)$ wählt und die unbekannten Funktionen $q_j(t)$ aus der Forderung

$$\int\limits_{x_0}^{x_1}\boldsymbol{\Phi}^T\mathbf{D}(\boldsymbol{\Phi}\mathbf{q})\,dx=0 \tag{5.57}$$

bestimmt. Die Galerkinsche Vorschrift stimmt mit dem Ritzschen Verfahren überein, wenn $\mathbf{D}=\mathbf{D}^E$ ist. Es gibt aber einen wichtigen Unterschied: Im Galerkinschen Verfahren fehlt die

Forderung (5.54) zur Erfüllung der Randbedingungen. Deshalb muß man hier von den Ansatzfunktionen fordern, daß sie neben den kinematischen auch die kinetischen Randbedingungen befriedigen. Diese Bedingung ist oft schwer zu erfüllen. Man erweitert das Galerkinsche Verfahren deshalb in (vgl. z. B. [4], S. 27)

$$\int_{x_0}^{x_1} \mathbf{\Phi}^T \mathbf{D}(\mathbf{\Phi q})\, dx + \mathcal{B}_{II}\big(\mathbf{\Phi}(x_0)\mathbf{q}(t), \mathbf{\Phi}(x_1)\mathbf{q}(t)\big) = 0. \tag{5.58}$$

Dabei sind $\mathcal{B}_{II} = 0$ die kinetischen Randbedingungen (5.44), die sich aus (5.43), genauer aus (5.54) ergeben, wenn man die kinematischen Randbedingungen berücksichtigt hat. Man erkennt leicht – vgl. auch [4], S. 26/28 – daß die "erweiterte" Galerkinsche Vorschrift (5.58) wieder zum Ritzschen Verfahren führt.

● **Beispiel 5.2: Bewegungen eines rotierenden Balkens.** Die Bewegungen des in der 1,3-Ebene rotierenden Balkens aus Bild 4-5 sollen mit dem Ritzschen Verfahren für drei Fälle ermittelt werden:

1. Berücksichtigung aller in den Verschiebungskoordinaten linearen Terme in den Variationsproblemen (4.153) oder (4.178),

2. Verwendung der bezüglich einer infolge der Zentrifugalkräfte gedehnten Konfiguration linearisierten Gleichungen (4.165) oder (4.181),

3. Vernachlässigung der geometrischen Steifigkeiten $(\mathcal{E} A\, w_1'\, w_3')' = (Z\, w_3')'$ mit $Z = -\rho_0\, A\,(R_1^2 - \ell^2)\,\omega^2 / 2$, aber sonst wie Fall 2.

Die Winkelgeschwindigkeit $\omega(t)$ des Balkenbezugssystems $\{O^1, \underline{e}^1\}$ sei vorgegeben mit

$$\omega(t) = \begin{cases} 0 & \text{für } t \leq 0 \\[2mm] \dfrac{\Omega}{T_0}\left(t - \dfrac{T_0}{2\pi}\sin(2\pi t / T_0)\right) & \text{für } 0 \leq t \leq T_0 \\[2mm] \Omega & \text{für } t \geq T_0 \end{cases} \qquad \text{wo}\quad T_0 = 30\,\text{s}, \quad \Omega = 3\,\text{rad/s}. \tag{5.59}$$

Die Funktion $\omega(t)$ beschreibt ein in der Zeit T_0 ablaufendes Anfahrmanöver von $\omega = 0$ auf den stationären Wert $\omega = \Omega$. Mit den Daten aus (5.59) erhält man den in Bild 5-3 gezeigten Verlauf der Winkelgeschwindigkeit $\omega(t)$ und der Winkelbeschleunigung $\dot{\omega}(t)$.

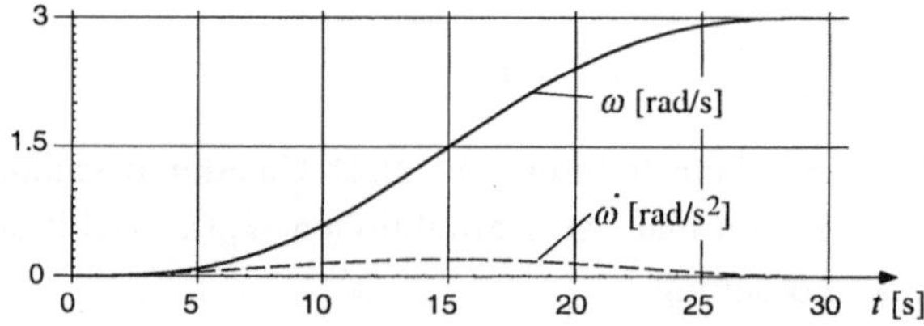

Bild 5-3:   Winkelgeschwindigkeit und -beschleunigung des Bezugssystems.

Die in (5.60) angegebenen Daten repräsentieren einen Balken, der den in [21] untersuchten NASA-Minimast approximiert – vgl. auch [20]:

$$\left.\begin{array}{llll}
\text{Balkenlänge} & \ell & = 20.3\,\text{m}, & \text{Elastizitätsmodul} \quad \mathcal{E} = 1.17 \cdot 10^{11}\,\text{N} / \text{m}^2, \\[2mm]
\text{Querschnittsfläche} & A & = 4 \cdot 10^{-4}\,\text{m}^2, & \text{Flächenträgheitsmoment} \quad J_{22} = 9.83 \cdot 10^{-5}\,\text{m}^4, \\[2mm]
\text{Dichte} & \rho_0 & = 1.2167 \cdot 10^4\,\text{kg} / \text{m}^3.
\end{array}\right\} \tag{5.60}$$

Die in Kapitel 4 zur Beschreibung der Bewegungen des Balkens verwendeten Variablen w_i und χ_i, $i = 1,3$ stimmen in linearer Näherung überein, d. h. $w_i \equiv \chi_i$. Die linearisierten Bewegungsgleichungen (4.165) und (4.181) ergeben sich aus den Variationsproblemen (4.153) und (4.178) und gelten unter den in Abschnitt 4.3.1 vereinbarten Annahmen. Sie wurden mit Hilfe des in (4.158) angegebenen Parameters ε formuliert. Der Parameter ε soll klein sein, was bedeutet, daß das Maß $\mathcal{E} A / \ell$ für die Dehnsteifigkeit sehr viel größer sein muß als das entsprechende Maß $\mathcal{E} J_{22} / \ell^3$ für die Biegesteifigkeit. Die Koordinaten w_i und χ_i sollen (nach Einführung von dimensionslosen Variablen) die Größenordnung $O(\varepsilon)$ besitzen – vgl. (4.160) – und die Beschleunigung $\dot{\omega}$ der vorgegebenen Bewegung soll von der gleichen Ordnung klein sein – vgl. (4.162). Außerdem wird, wie in (4.132) vereinbart, die aus der Winkelgeschwindigkeit $\dot{w}_3'$ resultierende Rotationsträgheit $\rho_0 J_{22} \ddot{w}_3'$ der Querschnitte vernachlässigt. Damit können auch die aus der Beschleunigung $\dot{\omega}$ resultierenden Terme $\rho_0 J_{22} \dot{\omega}$ vernachlässigt werden, da $\ddot{w}_3'$ und $\dot{\omega}$ voraussetzungsgemäß die gleiche Größenordnung $O(\varepsilon)$ besitzen.

Zur Lösung des Problems geht man nach Ritz von der zu den Bewegungsgleichungen führenden Variationsaufgabe aus. Zu ihrer Lösung macht man nach (5.45) den Ansatz

$$\mathbf{w}(R_1,t) \equiv \boldsymbol{\chi}(R_1,t) = \boldsymbol{\Phi}(R_1)\mathbf{q}(t), \quad \text{wo} \quad \mathbf{w} = \begin{bmatrix} w_1 \\ w_3 \end{bmatrix}, \quad \boldsymbol{\chi} = \begin{bmatrix} \chi_1 \\ \chi_3 \end{bmatrix}. \tag{5.61}$$

Es ist zweckmäßig, die Matrizen $\boldsymbol{\Phi}$ und $\mathbf{q}$ aus (5.61) so zu partitionieren, daß man die Ansätze für die beiden Bewegungen $w_1 \equiv \chi_1$ und $w_3 \equiv \chi_3$ separat schreiben kann, also

$$\left.\begin{array}{l}
w_i(R_1,t) \equiv \chi_i(R_1,t) = \boldsymbol{\Phi}_i^T(R_1)\mathbf{q}_i(t) \\[3mm]
\text{wo} \quad \boldsymbol{\Phi} = \begin{bmatrix} \boldsymbol{\Phi}_1^T & \vdots & \mathbf{0} \\ \hline \mathbf{0} & \vdots & \boldsymbol{\Phi}_3^T \end{bmatrix}, \quad \boldsymbol{\Phi}_i^T = \begin{bmatrix} \Phi_{ij} \end{bmatrix}, \quad \mathbf{q} = \begin{bmatrix} \mathbf{q}_1 \\ \hline \mathbf{q}_3 \end{bmatrix}, \quad \mathbf{q}_1 = \begin{bmatrix} q_j \end{bmatrix}, \quad \mathbf{q}_3 = \begin{bmatrix} q_j \end{bmatrix} \\[3mm]
\text{mit} \quad j = 1,2,\ldots n_{q1} \text{ für } i = 1 \text{ und } j = n_{q1}+1, n_{q1}+2, \ldots n_q \text{ für } i = 3.
\end{array}\right\} \tag{5.62}$$

Die Ansatzfunktionen $\boldsymbol{\Phi}(R_1)$ müssen Elemente eines vollständigen Funktionensystems sein und den geometrischen Randbedingungen genügen, d. h. im Beispiel des eingespannten Balkens aus Bild 4-5

$$\Phi_{1j}(0) = 0, \quad \Phi_{1j}'(\ell) = 0, \quad \Phi_{3j}(0) = 0, \quad \Phi_{3j}'(0) = 0, \quad j = 1,2,\ldots n_q. \tag{5.63}$$

Diese Bedingungen werden von Eigenfunktionen eines einseitig eingespannten Balkens erfüllt. Für die Biegeschwingungen w_3 sind die Eigenformen im Beispiel 5.1 angegeben und für Dehnungsschwingungen w_1 finden sie sich in der dort zitierten Literatur.

Der Ansatz (5.61) wird in das Variationsproblem (4.178) eingesetzt. Diese Formulierung in Verformungskoordinaten χ_i ist bequemer zu handhaben als die entsprechende Formulierung (4.153) in den Verschiebungskoordinaten w_i, da die Rechnungen zur Angabe der geometrischen Steifigkeiten $(\mathcal{E} A w_1' w_3')'$ durch $(Z w_3')'$ entfallen können. Man findet, wenn man die voraussetzungsgemäß vernachlässigbare Rotationsträgheit der Querschnitte und die hier nicht benötigten, aus äußeren Kräften resultierenden Terme wegläßt:

$$\int_{t_0}^{t_1}\left(\int_0^{\ell}\left(\delta\mathbf{q}_1^T\,\boldsymbol{\Phi}_1\,\rho_0\,A\left(-\boldsymbol{\Phi}_1^T\,\ddot{\mathbf{q}}_1-\boldsymbol{\Phi}_3^T\,\mathbf{q}_3\,\dot{\omega}-2\,\boldsymbol{\Phi}_3^T\,\dot{\mathbf{q}}_3\,\omega+\left(R_1+\boldsymbol{\Phi}_1^T\,\mathbf{q}_1\right)\omega^2\right)-\delta\mathbf{q}_1^T\,\boldsymbol{\Phi}_1'\,\mathcal{E}\,A\,\boldsymbol{\Phi}_1'^T\,\mathbf{q}_1\right.\right.$$

$$+\delta\mathbf{q}_3^T\,\boldsymbol{\Phi}_3\,\rho_0\,A\left(-\boldsymbol{\Phi}_3^T\,\ddot{\mathbf{q}}_3+\left(R_1+\boldsymbol{\Phi}_1^T\,\mathbf{q}_1\right)\dot{\omega}+2\,\boldsymbol{\Phi}_1^T\,\dot{\mathbf{q}}_1\,\omega+\boldsymbol{\Phi}_3^T\,\mathbf{q}_3\,\omega^2\right) \tag{5.64}$$

$$\left.\left.+\delta\mathbf{q}_3^T\,\boldsymbol{\Phi}_3'\,\rho_0\,A\,\tfrac{1}{2}\left(R_1^2-\ell^2\right)\omega^2\,\boldsymbol{\Phi}_3'^T\,\mathbf{q}_3-\delta\mathbf{q}_3^T\,\boldsymbol{\Phi}_3''\,\mathcal{E}\,J_{22}\,\boldsymbol{\Phi}_3''^T\,\mathbf{q}_3\right)\,dR_1\right)\,dt=0\;.$$

Die Eulerschen Gleichungen zu diesem Variationsproblem liefern die Näherungen (5.61). Bei Partitionierung der Matrizen in Analogie zu (5.62) findet man die Bewegungsgleichungen für *Fall 1* zu

$$\mathbf{M}\,\ddot{\mathbf{q}}+\mathbf{D}\,\dot{\mathbf{q}}+\mathbf{K}\,\mathbf{q}=\mathbf{h}\qquad\text{mit}\quad\left\{\begin{array}{ll}\mathbf{M}=\begin{bmatrix}\mathbf{M}_{11}&\mathbf{0}\\\hline\mathbf{0}&\mathbf{M}_{33}\end{bmatrix},&\mathbf{D}=\begin{bmatrix}\mathbf{0}&\mathbf{D}_{13}\\\hline\mathbf{D}_{31}&\mathbf{0}\end{bmatrix},\\[2ex]\mathbf{K}=\begin{bmatrix}\mathbf{K}_{11}&\mathbf{K}_{13}\\\hline\mathbf{K}_{31}&\mathbf{K}_{33}\end{bmatrix},&\mathbf{h}=\begin{bmatrix}\mathbf{h}_1\\\hline\mathbf{h}_3\end{bmatrix}.\end{array}\right. \tag{5.65}$$

Die Elemente der Matrizen aus (5.65) erhält man aus (5.64) als Integrale über die Ansatzfunktionen:

$$\mathbf{M}_{11}=+\int_0^{\ell}\rho_0\,A\,\boldsymbol{\Phi}_1\,\boldsymbol{\Phi}_1^T\,dR_1\qquad\qquad\mathbf{M}_{33}=+\int_0^{\ell}\rho_0\,A\,\boldsymbol{\Phi}_3\,\boldsymbol{\Phi}_3^T\,dR_1 \tag{5.66}$$

$$\mathbf{D}_{13}=+2\,\omega\int_0^{\ell}\rho_0\,A\,\boldsymbol{\Phi}_1\,\boldsymbol{\Phi}_3^T\,dR_1\qquad\mathbf{D}_{31}=-2\,\omega\int_0^{\ell}\rho_0\,A\,\boldsymbol{\Phi}_3\,\boldsymbol{\Phi}_1^T\,dR_1=-\mathbf{D}_{13} \tag{5.67}$$

$$\mathbf{K}_{11}=\mathbf{K}_{11L}-\omega^2\,\mathbf{M}_{11}\qquad\qquad\mathbf{K}_{33}=\mathbf{K}_{33L}-\omega^2\,\mathbf{M}_{33}+\omega^2\,\mathbf{K}_{geo}$$

$$\text{wo}\quad\mathbf{K}_{11L}=\int_0^{\ell}\mathcal{E}\,A\,\boldsymbol{\Phi}_1'\,\boldsymbol{\Phi}_1'^T\,dR_1\qquad\text{wo}\quad\mathbf{K}_{33L}=\int_0^{\ell}\mathcal{E}\,J_{22}\,\boldsymbol{\Phi}_3''\,\boldsymbol{\Phi}_3''^T\,dR_1\,,$$

$$\mathbf{K}_{geo}=\tfrac{1}{2}\int_0^{\ell}\rho_0\,A\left(\ell^2-R_1^2\right)\boldsymbol{\Phi}_3'\,\boldsymbol{\Phi}_3'^T\,dR_1 \tag{5.68}$$

$$\mathbf{K}_{13}=+\dot{\omega}\int_0^{\ell}\rho_0\,A\,\boldsymbol{\Phi}_1\,\boldsymbol{\Phi}_3^T\,dR_1\qquad\mathbf{K}_{31}=-\dot{\omega}\int_0^{\ell}\rho_0\,A\,\boldsymbol{\Phi}_3\,\boldsymbol{\Phi}_1^T\,dR_1=-\mathbf{K}_{13}$$

$$\mathbf{h}_1=+\omega^2\int_0^{\ell}\rho_0\,A\,R_1\,\boldsymbol{\Phi}_1\,dR_1\qquad\mathbf{h}_3=+\dot{\omega}\int_0^{\ell}\rho_0\,A\,R_1\,\boldsymbol{\Phi}_3\,dR_1\;. \tag{5.69}$$

Die Massenmatrix $\mathbf{M}$ ist symmetrisch und die Matrix $\mathbf{D}$ antimetrisch. Die aus den Steifigkeiten $\mathcal{E}\,A$ und $\mathcal{E}\,J_{22}$ resultierenden Beiträge $\mathbf{K}_{iiL}$ zu den Steifigkeitsmatrizen $\mathbf{K}_{ii}$ sind ebenfalls symmetrisch, wie die aus den Zentrifugalbeschleunigungen resultierenden Steifigkeiten $-\omega^2\,\mathbf{M}_{ii}$ und die geometrischen Steifigkeiten $\omega^2\,\mathbf{K}_{geo}$. Dagegen sind die aus den Beschleunigungen $\dot{\omega}$ resultierenden Beiträge in den Untermatrizen $\mathbf{K}_{13}$ und $\mathbf{K}_{31}$ antimetrisch. Die Integrale in diesen Termen sind identisch mit den Integralen in den aus Coriolisbeschleunigungen resultierenden Termen $\mathbf{D}_{13}$ und $\mathbf{D}_{31}$.

Im *Fall 2* reduziert sich das Gleichungssystem (5.65) nach den zu (4.165) führenden Erläuterungen. Es wird aus (5.64) gewonnen, wenn man in der ersten Gleichung (5.65) – vgl. erste Zeile von (5.64) – neben Termen mit $\mathcal{E}\,A\,\mathbf{q}_1$ alle von $\mathbf{q}_i$ unabhängigen Terme berücksichtigt und in der zweiten Gleichung (5.65) – vgl. zweite und dritte Zeile von (5.64) – alle in $\mathbf{q}_i$ linearen Terme. Man findet

$$\left. \begin{array}{l} \mathbf{K}_{11L}\,\mathbf{q}_1 = \mathbf{h}_1\,, \\[2mm] \mathbf{M}_{33}\,\ddot{\mathbf{q}}_3 + \left(\mathbf{K}_{33l} - \omega^2\,\mathbf{M}_{33} + \omega^2\,\mathbf{K}_{geo}\right)\mathbf{q}_3 = \mathbf{h}_3\,. \end{array} \right\} \tag{5.70}$$

Aus der ersten Gleichung folgt mit (5.69)

$$\mathbf{q}_1(t) = \mathbf{K}_{11L}^{-1}\,\mathbf{h}_1 = \omega^2(t)\,\mathbf{K}_{11L}^{-1}\int_0^\ell \rho_0\,A\,R_1\,\boldsymbol{\Phi}_1\,dR_1\,. \tag{5.71}$$

Aus (5.71) findet man mit der vorgegebenen Funktion $\omega(t)$

$$\mathbf{D}_{31}\,\dot{\mathbf{q}}_1(t) = 2\,\omega(t)\,\dot{\omega}(t)\,\mathbf{D}_{31}\,\mathbf{K}_{11L}^{-1}\int_0^\ell \rho_0\,A\,R_1\,\boldsymbol{\Phi}_1\,dR_1\,. \tag{5.72}$$

Die Matrix $\mathbf{K}_{11L}$ ist nach (5.68) der großen Dehnsteifigkeit $\mathcal{E}A$ proportional. Ihr Kehrwert ist demnach, wie $\dot{\omega}$, von erster Ordnung klein, womit der Term $\mathbf{D}_{31}\,\dot{\mathbf{q}}_1$ aus der zweiten Gruppe der Gleichungen (5.65) in (5.70) vernachlässigt werden kann.

Im *Fall 3* werden die durch $\mathbf{K}_{geo}$ aus (5.68) erfaßten geometrischen Steifigkeiten in (5.70) vernachlässigt.

Zur Angabe der Lösungen (5.61) des Problems werden die jeweils ersten Eigenformen für die Dehnungs- und Biegeschwingungen als Ansatzfunktionen $\Phi_{11}(R_1)$ und $\Phi_{31}(R_1)$ verwendet. Die zu den Daten aus (5.60) gehörenden Eigenfunktionen $\Phi_{11}(R_1)$ und $\Phi_{31}(R_1)$ sind in Bild 5-4 dargestellt. Die zugehörigen Eigenfrequenzen der Dehnungs- und Biegeschwingungen sind $f_{11} = 38.19\,\text{Hz}$ und $f_{31} = 2.0875\,\text{Hz}$. Eine Erhöhung der Zahl der Ansatzfunktionen ändert die unten folgenden Ergebnisse nur unwesentlich. Die zweiten Eigenfrequenzen für Dehnung bzw. Biegung liegen bei $f_{12} = 114.6\,\text{Hz}$ bzw. $f_{32} = 13.08\,\text{Hz}$.

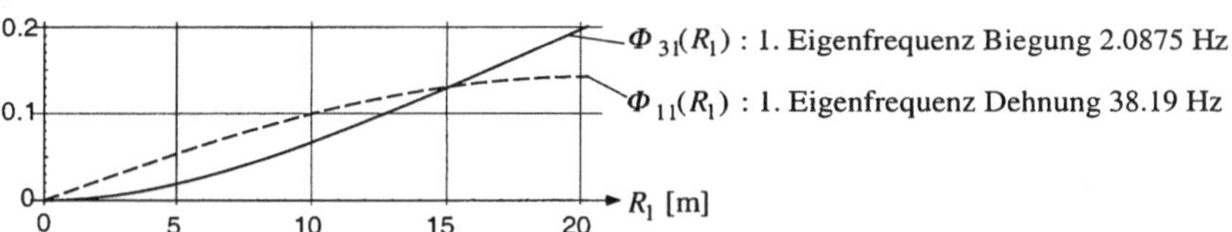

Bild 5-4: Die Ansatzfunktionen $\Phi_{11}(R_1)$ und $\Phi_{31}(R_1)$ zur Lösung der Bewegungsgleichungen.

Mit den Ansatzfunktionen aus Bild 5-4 und mit den Daten (5.60) findet man für die Matrizen (5.66) bis (5.69)

$$\left. \begin{array}{lll} \mathbf{M}_{11} = \mathbf{M}_{33} = M = 1.0\,, & \mathbf{D}_{13} = -\,\mathbf{D}_{31} = D = 1.91728\,\omega\,, & \mathbf{K}_{13} = -\,\mathbf{K}_{31} = K = 0.95864\,\dot{\omega}\,, \\[2mm] \mathbf{K}_{11L} = K_{11L} = 57577\,, & \mathbf{K}_{33L} = K_{33L} = 172.034\,, & \mathbf{K}_{geo} = K_{geo} = 1.19334\,\omega^2\,, \\[2mm] \mathbf{h}_1 = h_1 = 115.649\,\omega^2\,, & \mathbf{h}_3 = h_3 = 114.774\,\dot{\omega}\,. & \end{array} \right\} \tag{5.73}$$

Bild 5-5 zeigt die in den drei Fällen ermittelten Ergebnisse für die Querbewegungen $w_3(\ell,t)$ des Balkenendes für $\Omega = 3\,\text{rad/s}$ und $\Omega = 10\,\text{rad/s}$. In den Fällen 1 und 2 stimmen die Kurven im Rahmen der Darstellungsgenauigkeit überein. Dagegen resultiert die Vernachlässigung der geometrischen Steifigkeiten (Fall 3) in Abweichungen, da für die Auslenkung $w_3(\ell,t)$ nur der (destabilisierende) Einfluß $-\omega^2\,\mathbf{M}_{33}$ der Zentrifugalkräfte berücksichtigt wird. Hier ist es zweckmäßiger, diesen Term auch zu vernachlässigen, siehe Vergleich der Eigenfrequenzen in Tabelle 5.1. Die Abweichungen nehmen mit Erhöhung der Winkelgeschwindigkeit zu, siehe Bild 5-5, b. Auf derartige Fehler bei der Modellierung von Balken in Mehrkörpersystemen wurde in [12] hingewiesen. Wie in Abschnitt 4.3.4 erwähnt, ist die Notwendigkeit zur Berücksichtigung geometrischer Steifigkeiten bei rotierenden Balken aber seit langem bekannt, vgl. [3, 27, 33].

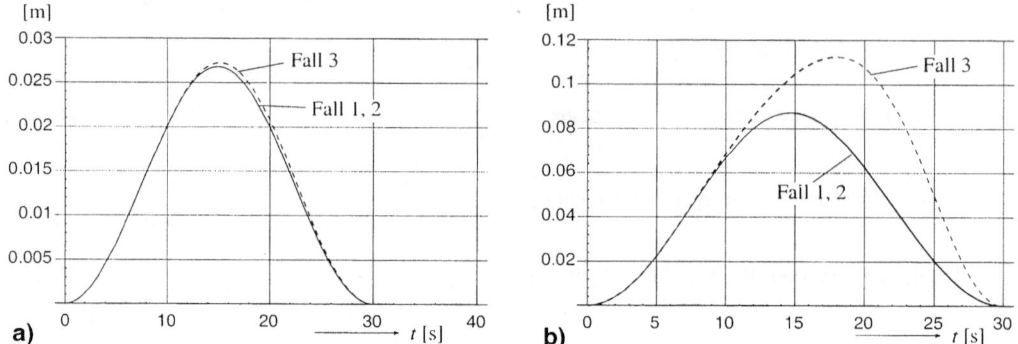

Bild 5-5:   Querbewegung $w_3(\ell,t)$ des Endquerschnitts eines rotierenden Balkens in den Fällen 1 bis 3.
Bild **a)** $\Omega = 3$ rad/s, Bild **b)** $\Omega = 10$ rad/s.

Da das System keine Strukturdämpfung besitzt, schwingt der Balken im quasi-stationären Zustand mit der ersten Biegefrequenz, siehe Bild 5-6. Wegen der langsam ansteigenden Anregung aus Bild 5-3 ist diese Bewegung aber sehr klein: Die Amplitude der Biegeschwingung liegt im Bereich von $3 \cdot 10^{-6}$ m.

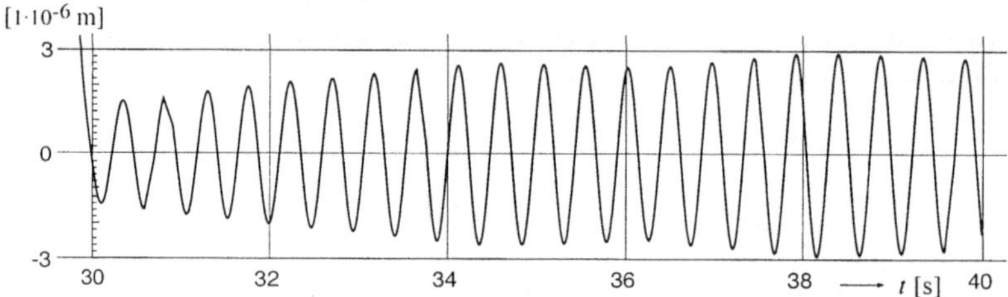

Bild 5-6:   Querbewegung $w_3(\ell,t)$ des Endquerschnitts eines mit $\Omega = 3$ rad/s rotierenden Balkens im Fall 2 im quasi-stationären Zustand.

Die Frequenz der Biegeschwingungen im eingeschwungenen Zustand hängt, wie die Auslenkung $w_3(\ell,t)$ aus Bild 5-5, von der Referenzbewegung ab. Aus der zweiten Gleichung in (5.70) folgt mit (5.73) und (5.59) für die Eigenfrequenz der Biegeschwingungen des rotierenden Balkens

$$f_{31rot} = \frac{1}{2\pi} \sqrt{\frac{K_{33L} + \Omega^2 \left(K_{geo} - M \right)}{M}} . \tag{5.74}$$

Tabelle 5.1 zeigt eine Auswertung dieser Gleichung für die beiden in Bild 5-5 betrachteten Winkelgeschwindigkeiten Ω.

Die zu den Fällen 1 bis 3 gehörende Längsbewegung $w_1(\ell,t)$ des Balkenendes ist in Bild 5-7 angegeben. Die Bewegung folgt dem $\omega^2(t)$ proportionalen Verlauf der Zentrifugalkräfte.

Die im Fall 1 zusätzlich berücksichtigten linearen Terme ergeben nach Kapitel 4.3 keine Genauigkeitssteigerung des Resultats, erhöhen aber gegenüber Fall 2 wegen der hohen Frequenz $f_{11} = 38.19$ Hz der Dehnungsschwingungen die Rechenzeiten bei der numerischen Integration der Gleichungen beträchtlich. Die Angabe einer

Näherung für diese Schwingungen, die alle zu ihrer Darstellung erforderlichen Terme enthält, erfordert nach den Gleichungen (4.159) und (4.160) ein Balkenmodell, in dem auch Terme 3. Ordnung berücksichtigt sind.

Tabelle 5.1: Einfluß der Winkelgeschwindigkeit auf die erste Biegefrequenz des Balkens.

	Eigenfrequenz $f_{31_{rot}}$ [Hz]		
Modell	mit K_{geo}	ohne K_{geo}	ohne $\left(K_{geo} - M_{11}\right)$
$\Omega = 3$ rad/s	2.09803	2.03216	2.087
$\Omega = 10$ rad/s	2.20168	1.35079	2.087

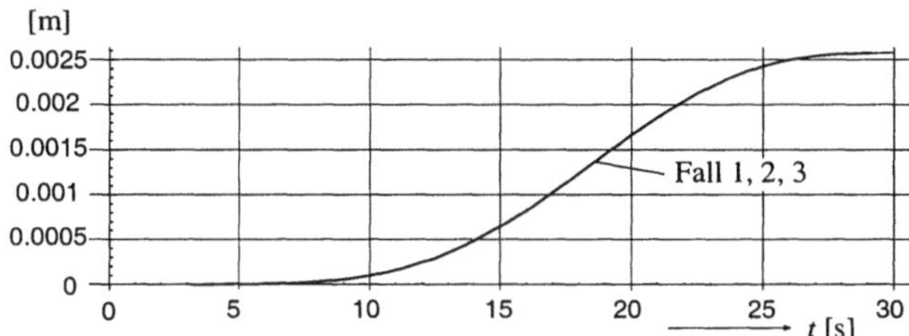

Bild 5-7: Längsbewegung $w_1(\ell,t)$ des Endquerschnitts eines mit $\Omega = 3$ rad/s rotierenden Balkens in den Fällen 1 bis 3.

Nach den Annahmen aus den Abschnitten 4.3.1 und 4.3.2 zur Herleitung der Bewegungsgleichungen (5.70) müssen die dimensionslosen Größen W_1, W_3 und $d^2\alpha / d\tau^2$ aus (4.156) und (4.162) von der Ordnung $O(\varepsilon)$ klein sein. Mit den Daten (5.60) ergibt sich der Parameter ε aus (4.158) zu

$$\varepsilon = \frac{J_{22}}{A\,\ell^2} \approx 6 \cdot 10^{-4}. \tag{5.75}$$

Aus den obigen Ergebnissen und aus Bild 5-3 entnimmt man für die Maximalwerte von w_3, w_1 und $\dot{\omega}$

$$w_{1\,max} = 2.57 \cdot 10^{-3}\ \text{m}, \quad w_{3\,max} = 2.68 \cdot 10^{-2}\ \text{m}, \quad \dot{\omega}_{max} = 0.2\ \text{rad/s}^2. \tag{5.76}$$

Nach (4.156) und (4.162) bedeutet dies mit den Systemparametern (5.60)

$$W_{1\,max} \approx 1 \cdot 10^{-4}, \quad W_{3\,max} \approx 1 \cdot 10^{-3}, \quad \left.\frac{d^2\alpha}{d\tau^2}\right|_{max} \approx 1 \cdot 10^{-2}. \tag{5.77}$$

Man erkennt, daß die Annahmen zur Herleitung der Bewegungsgleichungen in etwa erfüllt sind.

5.2 Kinematik von Finite-Elemente-Strukturen

Die Finite-Elemente-Methode ist ein rechnerorientiertes Verfahren zur Angabe eines Ritz-Ansatzes für die Lösungen der Gleichungen der Kontinuumsmechanik. Der Ansatz für das gesamte Kontinuum wird aus Ansätzen für Teilkörper, die finiten Elemente, gewonnen. Das sich durch eine solche physikalische Diskretisierung ergebende Modell eines Kontinuums bezeichnet man als Finite-Elemente-Struktur.

5.2.1 Die Finite-Elemente-Methode

Zur Lösung der Gleichungen (5.1) für die Bewegungen eines Kontinuums kann man das Ritzsche Verfahren anwenden, also in Analogie zu (5.45) schreiben

$$\mathbf{u}(\mathbf{R},t) = \sum_{i=1}^{n_q} \boldsymbol{\Phi}_{*i}(\mathbf{R})\, q_i(t) = \boldsymbol{\Phi}(\mathbf{R})\, \mathbf{q}(t) \tag{5.78}$$

$$\text{wo} \quad \boldsymbol{\Phi} = \big[\boldsymbol{\Phi}_{*i}\big] = \big[\Phi_{\alpha i}\big], \quad \mathbf{q} = \big[q_i\big], \quad i = 1, 2, \dots n_q.$$

Die Angabe *globaler* Ansatzfunktionen $\boldsymbol{\Phi}(\mathbf{R})$ für das Verschiebungsfeld des gesamten Körpers ist schwierig. Die Probleme resultieren vor allem aus der Bedingung, daß die Ansatzfunktionen den geometrischen Randbedingungen genügen müssen. Bei Körpern mit einfachen Rändern kann man solche Funktionen in Einzelfällen finden, aber bei komplizierten Berandungen ist die Suche nach globalen Ansatzfunktionen hoffnungslos. Globale Ansätze haben bei komplex geformten Körpern einen weiteren Nachteil. Man erhält i. a. zwar hinreichend genaue Ergebnisse zur Analyse von Verformungen, aber die aus den Verformungen resultierenden Spannungen erweisen sich oft als ungenau, insbesondere wenn sich infolge der Körperform Spannungsspitzen ergeben. Die Nachteile lassen sich mit *lokal* begrenzten Ansätzen für Teile des Kontinuums beseitigen. Sie müssen mit geeigneten Übergangsbedingungen zu einer Darstellung des gesamten Verschiebungsfelds zusammengesetzt werden. Die Methode der finiten Elemente ist ein rechnerorientiertes Verfahren zur Ermittlung lokaler Ritz-Ansätze und der zugehörigen Übergangsbedingungen zum Aufbau einer Darstellung des Verschiebungsfelds des gesamten Körpers. Sie basiert auf einer physikalischen Diskretisierung des Kontinuums in eine endliche Zahl von Teilkörpern, die *finiten Elemente*.

Ein einfaches Beispiel verdeutlicht den Grundgedanken der Vorgehensweise: Oft wählt man Polynome als Ansatzfunktionen. Ein Polynom dritter Ordnung beschreibt nach den Modellvorstellungen der technischen Biegelehre die Biegelinie eines schubstarren, homogenen Balkens, etwa infolge einer Einzellast am rechten Rand bei Einspannung am linken Rand. Die zweite Ableitung der Biegelinie gibt das Schnittmoment an den Punkten der Achse an. Wenn der Balken unterschiedliche, stückweise konstante Querschnitte besitzt oder wenn an beliebigen Stellen Einzelkräfte wirken, so ergeben sich im Momentenverlauf Knicke. In solchen Fällen resultiert ein einziger Polynomansatz für den gesamten Balken in u. U. beträchtlichen Fehlern, aber eine Unterteilung des Balkens in Abschnitte mit differenzierbarem Momentenverlauf und die Beachtung von Stetigkeitsbedingungen an den Übergängen erlaubt wiederum eine nach den Modellvorstellungen der technischen Biegelehre exakte Wiedergabe von Verformung und inneren Kräften. Die *Methode der finiten Elemente* ist eine Verallgemeinerung dieser Idee der physikalischen Diskretisierung. Das Kontinuum wird in geeignete Teile, die finiten Elemente, zerlegt. Sie werden so gewählt, daß ihre Verformungen und die zugehörigen inneren Kräfte mit Hilfe lokaler Ritz-Ansätze gut erfaßt werden können. Mit Stetigkeitsforderungen an den Rändern der Elemente erhält man Näherungen für Verformung und innere Kräfte des gesamten Kontinuums. Das Verfahren garantiert die Konvergenz der Näherung gegen die wahre Lösung bei Verfeinerung des Netzes der Elemente [1], S. 182.

Ein mit finiten Elementen modellierter Körper wird als *Finite-Elemente-Struktur* bezeichnet. Das einzelne finite Element ist ein deformierbarer Körper nach den Modellvorstellungen der Kontinuumsmechanik. Seine Verformungen und inneren Kräfte werden mit Hilfe des Ritzschen Verfahrens approximiert. Zum Zusammenbau beliebiger Strukturen benötigt man finite Elemente unterschiedlicher Formen und Verformungsmöglichkeiten und mit verschiedenen Materialgesetzen. Als Standardmodelle haben sich Stäbe und Balken im zwei- und dreidimensionalen Raum, Platten und Scheiben sowie dreidimensionale Volumenelemente bewährt. Darüber hinaus wurde eine Vielzahl spezieller Elemente entwickelt, die eine Analyse komplexer, flexibler Strukturen mit Gelenken oder Reib- und Stellelementen erlauben. Einen Überblick findet man beispielsweise in [1].

Für eine zu ihrer Längsebene symmetrische Hüftendoprothese zeigt Bild 5-8 eine Hälfte einer Finite-Elemente-Struktur, bestehend aus 3502 Volumenelementen und 7458 Knoten. Die Aufteilung des Körpers in finite Elemente, d. h. die Generierung eines geeigneten Netzes von finiten Elementen und die Wahl der Elemente wird in der einschlägigen Literatur besprochen – vgl. z. B. [1], S. 319 oder [14], S. 115. In vielen Programmen stehen auch Verfahren zur automatischen Netzgenerierung zur Verfügung.

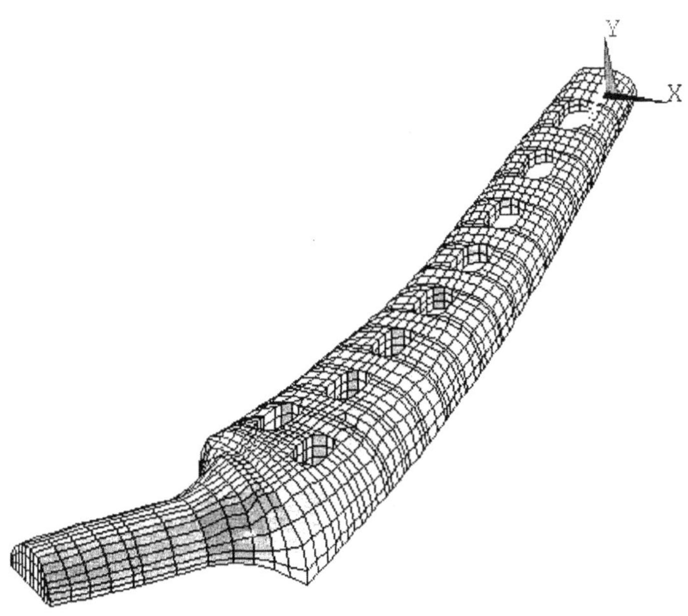

Bild 5-8:   Finite-Elemente-Modell einer halben Hüftendoprothese.

Die Gleichungen (5.1) ergeben sich aus den in Abschnitt 2.6 zusammengefaßten Aussagen der Elastizitätstheorie, wenn die Verzerrungen und Spannungen durch die Verschiebungen $\mathbf{u}(\mathbf{R},t)$ und ihre Ableitungen ausgedrückt werden. Finite-Elemente-Methoden, die einen Ansatz für diese Gleichungen liefern, bezeichnet man als *Deformationsmethoden*. Man kann die Aussagen der Elastizitätstheorie aber auch in Gleichungen zusammenfassen, in denen nur Spannungen vorkommen. Finite Element Methoden, die von einem Näherungsansatz für die Gleichungen in den Spannungskoordinaten ausgehen, bezeichnet man als *Kraftmethoden*. In den meisten Finite-Elemente-Programmen hat sich – insbesondere zur Untersuchung von Verformungen und Bewegungen – die Deformationsmethode durchgesetzt.

Nach Wahl der Ansatzfunktionen $\Phi(\mathbf{R})$ aus (5.78) werden die orts- und zeitabhängigen Bewegungen $\mathbf{u}(\mathbf{R},t)$ eines Kontinuums näherungsweise durch die nur von der Zeit abhängigen Funktionen $\mathbf{q}(t)$ erfaßt. Bei statischen Problemen, d. h. bei der Frage nach den Verschiebungen $\mathbf{u}(\mathbf{R})$ unter der Wirkung äußerer Kräfte, sind die Elemente von $\mathbf{q}$ konstant. Die Gleichungen (5.78) kann man nach Abschnitt 3.1.1 als explizite Zwangsgleichungen zur Definition der Lagezustandsgrößen $\mathbf{y} = \mathbf{q}$ einer Finite-Elemente-Struktur ansehen. Die Angabe der Bewegungsgleichungen der Struktur erfordert damit die Prinzipe der Mechanik. Hier wird das d'Alembertsche Prinzip verwendet. Die kinetischen Randbedingungen sind im Prinzip berücksichtigt und die Einhaltung der kinematischen Randbedingungen ist gewährleistet, da die Ansatzfunktionen $\Phi(\mathbf{R})$ diese Bedingungen erfüllen müssen.

Weiter müssen die Ansatzfunktionen $\Phi(\mathbf{R})$ den Kompatibilitätsbedingungen im Innern des Körpers genügen – an den Nahtstellen sollen sich die Elemente weder überlappen noch sollen sie auseinanderklaffen. Insbesondere müssen die Verzerrungen, die sich durch örtliche Ableitung der Verschiebungen, also der Ansatzfunktionen $\Phi(\mathbf{R})$ ergeben, endlich bleiben, vgl. [14], S. 63. Dies bedeutet, daß die Verzerrungen an den Nahtstellen der Elemente durch Sprungfunktionen, nicht aber durch Diracsche Funktionen dargestellt werden dürfen. Die Ansatzfunktionen müssen demnach stetig in den Funktionswerten (C^0-stetig) sein, falls zur Berechnung der Verzerrungsmaße – vgl. (2.248) – nur eine Ableitung erforderlich ist. Bei Balken werden nach (4.105) zur Angabe der Verzerrungen zweite Ableitungen der Verschiebungen nach den Ortskoordinaten benötigt. Dies trifft auch bei Platten zu. Dann muß auch die erste Ableitung von $\Phi(\mathbf{R})$ einen stetigen Verlauf aufweisen – $\Phi(\mathbf{R})$ muß C^1-stetig sein.

5.2.2 Bewegung eines Elements

Finite-Elemente-Systeme erhält man durch Aufteilung eines Kontinuums $\mathcal{K}$ in geometrisch einfache Teilkörper, die finiten Elemente. Bild 5-9 zeigt das aus Bild 2-1 bekannte Kontinuum $\mathcal{K}$ und ein finites Element e seines Finite-Elemente-Modells. Durch Beschreibung der Bewegungen seiner Punkte mit Hilfe von Verschiebungen der auf dem Rand liegenden Knoten und durch Formulierung der Bedingungen für den Zusammenhalt aller Elemente an den Knoten erhält man den Verschiebungsansatz (5.78).

Bewegung der Punkte eines Elements

Das Element e der Finite-Elemente-Struktur $\mathcal{K}$ aus Bild 5-9 wird hier als dreidimensionales Kontinuum modelliert. Gleichungen für andere Elemente erhält man durch Spezialisierung, z. B. für Balken unter Verwendung der Methoden aus Kapitel 4 – vgl. Beispiel 5.3. Die Bewegung des Elements wird zunächst bezüglich eines Element-Koordinatensystem $\{O^e, \underline{\mathbf{e}}^e\}$ angegeben. In der Referenzkonfiguration von $\mathcal{K}$ sind die Punkte P des Elements e durch die Koordinaten $\mathbf{x} = [x_\alpha]$ der Ortsvektoren $\underline{x}$ im Element-Koordinatensystem gekennzeichnet, also

$$\underline{x} = \underline{R} - \underline{R}^e = \underline{\mathbf{e}}^{e^T}\mathbf{x}, \quad \text{wo} \quad \mathbf{x} = [x_\alpha]. \tag{5.79}$$

Die Bewegungen der Punkte des Elements e bezüglich $\{O^e, \underline{\mathbf{e}}^e\}$ werden durch die Koordinaten $^e\mathbf{u}$ der Verschiebungsvektoren $\underline{u} = \underline{u}(\mathbf{x},t)$ in der Basis $\underline{\mathbf{e}}^e$ erfaßt, d. h.

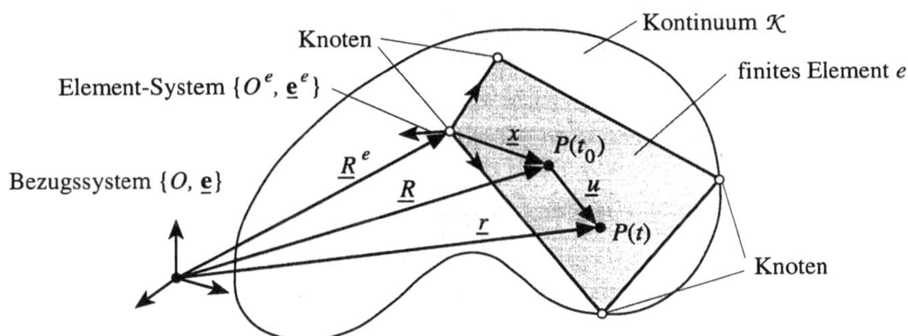

Bild 5-9:   Beschreibung der Bewegung eines Elements e einer Finite-Elemente-Struktur.

$$\underline{u}(\mathbf{x},t) = \underline{\mathbf{e}}^{e^T}\,{}^e\mathbf{u}(\mathbf{x},t), \quad {}^e\mathbf{u}(\mathbf{x},t) = \left[{}^e u_\alpha(\mathbf{x},t)\right]. \tag{5.80}$$

Wie in Kapitel 2 erläutert, erfaßt das Verschiebungsfeld ${}^e\mathbf{u}(\mathbf{x},t)$ Starrkörperbewegungen und Verzerrungen infinitesimaler Volumenelemente an den Punkten des Elements.

Ort und Orientierung des Element-Koordinatensystems $\{O^e, \underline{\mathbf{e}}^e\}$ relativ zu einem Bezugssystem $\{O, \underline{\mathbf{e}}\}$ zur Beschreibung der Bewegung der gesamten Struktur sind gegeben durch den Ortsvektor

$$\underline{R}^e = \underline{\mathbf{e}}^T\,\mathbf{R}^e, \quad \mathbf{R}^e = \left[R_\alpha^e\right] \tag{5.81}$$

und durch die Drehmatrix $\boldsymbol{\Gamma}^e$, deren Elemente mit drei Winkeln γ_α^e dargestellt werden, also

$$\underline{\mathbf{e}}^e = \boldsymbol{\Gamma}^e\,\underline{\mathbf{e}}, \quad \boldsymbol{\Gamma}^e = \left[\Gamma_{\alpha\beta}^e\right] \quad \text{mit} \quad \boldsymbol{\Gamma}^e = \boldsymbol{\Gamma}^e(\boldsymbol{\gamma}^e), \quad \boldsymbol{\gamma}^e = \left[\gamma_\alpha^e\right]. \tag{5.82}$$

Der Ort der Punkte P eines Elements e bezüglich $\{O, \underline{\mathbf{e}}\}$ wird in der Referenzkonfiguration und in der aktuellen Konfiguration durch die Vektoren $\underline{R}$, $\underline{r}$ und $\underline{u}$ aus (2.1), (2.2) und (2.9) beschrieben, also

$$\underline{R} = \underline{\mathbf{e}}^T\,\mathbf{R}, \quad \mathbf{R} = [R_\alpha], \qquad \underline{r} = \underline{\mathbf{e}}^T\,\mathbf{r}, \quad \mathbf{r} = [r_\alpha], \qquad \underline{u} = \underline{\mathbf{e}}^T\,\mathbf{u}, \quad \mathbf{u} = [u_\alpha]. \tag{5.83}$$

Mit (5.82) folgt aus (5.80)

$$\mathbf{u}(\mathbf{R},t) = \boldsymbol{\Gamma}^{e^T}\,{}^e\mathbf{u}(\mathbf{x},t), \quad \text{wo} \quad \mathbf{x} = \boldsymbol{\Gamma}^e(\mathbf{R}-\mathbf{R}^e) \text{ für } \mathbf{R} \text{ im Element } e, \tag{5.84}$$

und für die Bewegung der Punkte $\mathbf{R}$ des Elements e bezüglich $\{O, \underline{\mathbf{e}}\}$ gilt

$$\mathbf{r}(\mathbf{R},t) = \mathbf{R} + \mathbf{u}(\mathbf{R},t) = \mathbf{R}^e + \mathbf{\Gamma}^{e^T}\left(\mathbf{x} + {}^e\mathbf{u}(\mathbf{x},t)\right) \tag{5.85}$$

mit $\mathbf{x}$ aus (5.84).

Interpolationsmatrix

Das Verschiebungsfeld ${}^e\mathbf{u}(\mathbf{x},t) = [{}^e u_\alpha(\mathbf{x},t)]$ der Punkte des Elements e wird durch einen Ritz-Ansatz der Form (5.78), einen Verschiebungsansatz, approximiert. Die Zahl der unbekannten Koordinaten $q_i^e(t)$ sei n_q^e, womit man $3 \times n_q^e$ Ansatzfunktionen $\Phi_{\alpha i}^e$ benötigt:

$$\begin{rcases} {}^e\mathbf{u}(\mathbf{x},t) = \sum_{i=1}^{n_q^e} \mathbf{\Phi}_i^e(\mathbf{x})\, q_i^e(t) = \mathbf{\Phi}^e(\mathbf{x})\, \mathbf{q}^e(t) \\[2mm] \text{mit } \ \mathbf{\Phi}^e(\mathbf{x}) = \left[\mathbf{\Phi}_i^e(\mathbf{x})\right] = \left[\Phi_{\alpha i}^e(\mathbf{x})\right], \quad \mathbf{q}^e(t) = \left[q_i^e(t)\right], \quad i = 1, 2, \ldots n_q^e\,. \end{rcases} \tag{5.86}$$

Falls Elemente als Kontinua mit inneren Bindungen modelliert werden, ergibt sich das Verschiebungsfeld aus expliziten Zwangsgleichungen der Form (3.4) also

$$ {}^e\mathbf{u}(\mathbf{x},t) = {}^e\mathbf{u}\left(\mathbf{x}^r,\, t,\, \mathbf{y}(\mathbf{x}^y,t)\right), \tag{5.87}$$

wo die Größen $\mathbf{x}^r$ und $\mathbf{x}^y$ in Analogie zu $\mathbf{R}^r$ und $\mathbf{R}^y$ aus Abschnitt 3.1.1 definiert sind. In solchen Fällen führt man einen Ritz-Ansatz für die Deformationsvariablen $\mathbf{y}$ ein, also

$$\mathbf{y}(\mathbf{x}^y,t) = \sum_{i=1}^{n_q^e} \mathbf{\Phi}_i^e(\mathbf{x}^y)\, q_i^e(t) = \mathbf{\Phi}^e(\mathbf{x}^y)\, \mathbf{q}^e(t). \tag{5.88}$$

Bei Erläuterung der weiteren Vorgehensweise wird angenommen, daß die Elemente e gemäß (5.86) modelliert werden. Gleichungen der Form (5.88) werden in Beispielen für Balken verwendet.

Aus dem Ansatz (5.86) erhält man im Element-Koordinatensystem $\{O^e, \underline{\mathbf{e}}^e\}$ angegebene Verschiebungen und Verdrehungen von Koordinatensystemen, die am Rand des Elements befestigt sind. Es ist zweckmäßig, solche "Randgrößen" anstelle der Koordinaten $q_i^e(t)$ zur Beschreibung der Bewegungen einer Finite-Elemente-Struktur zu verwenden – sie werden zur Formulierung der Bedingungen für den Zusammenhalt der Struktur benötigt. Da in (5.86) nur n_q^e Größen $q_i^e(t)$ frei wählbar sind, gibt es auch nur an einer von n_q^e abhängigen Zahl von Randpunkten – den Knoten – frei wählbare Verschiebungen und ggf. Verdrehungen $z_i^e(t)$. Man sammelt sie in der Matrix der Element-Knotenkoordinaten

$$\mathbf{z}^e(t) = \left[z_i^e(t)\right], \quad i = 1, 2, \ldots n_q^e. \tag{5.89}$$

Nach Definition der $z_i^e(t)$ aus (5.89) kann man $\mathbf{z}^e(t)$ durch $\mathbf{q}^e(t)$ ausdrücken. Diesen Zusammenhang erfaßt eine $n_q^e \times n_q^e$-Transformationsmatrix $\mathbf{P}^e$ gemäß

$$\mathbf{z}^e(t) = \mathbf{P}^e \, \mathbf{q}^e(t). \tag{5.90}$$

Mit $\mathbf{q}^e = \mathbf{P}^{e^{-1}} \mathbf{z}^e$ und mit der $3 \times n_q^e$-*Interpolations-* oder *Formmatrix*

$$\mathbf{N}^e(\mathbf{x}) = \left[N_{\alpha i}^e(\mathbf{x}) \right] = \boldsymbol{\Phi}^e(\mathbf{x}) \, \mathbf{P}^{e^{-1}}, \quad i = 1, 2, \dots n_q^e \tag{5.91}$$

kann der Ansatz (5.86) für das Verschiebungsfeld aller Punkte P eines Elements e umgeschrieben werden in

$${}^e\mathbf{u}(\mathbf{x},t) = \mathbf{N}^e(\mathbf{x}) \, \mathbf{z}^e(t). \tag{5.92}$$

Das Verschiebungsfeld des Elements e wird damit dargestellt durch die Element-Knotenkoordinaten $\mathbf{z}^e$ – also durch Verschiebungen und Verdrehungen auf dem Rand von e – und durch die Interpolationsmatrix $\mathbf{N}^e$, deren Elemente nur von den lokalen Koordinaten $\mathbf{x}$ abhängen. In [1, 14, 35] findet man Interpolationsmatrizen für die wichtigsten finiten Elemente.

Zur Berechnung der Verzerrungen im Element e setzt man den Ansatz (5.92) in (2.251) ein. Das Bezugssystem $\{O, \underline{\mathbf{e}}\}$ und die Verschiebungen $\mathbf{u}(\mathbf{R},t)$ aus Kapitel 2 sind hier durch das Element-Koordinatensystem $\{O^e, \underline{\mathbf{e}}^e\}$ und die Verschiebungen ${}^e\mathbf{u}(\mathbf{x},t)$ zu ersetzen. Die Verzerrungs-Verschiebungs-Beziehungen (2.251) mit den Operatoren $\mathbf{L}(\mathbf{u}(\mathbf{R},t)) \equiv \mathbf{L}^e({}^e\mathbf{u}(\mathbf{x},t))$ aus (2.252) liefern die Verzerrungen $\boldsymbol{\varepsilon}^e(\mathbf{x},t)$ im Element-Koordinatensystem zu

$$\boldsymbol{\varepsilon}^e(\mathbf{x},t) = \mathbf{L}^e({}^e\mathbf{u}(\mathbf{x},t)) \, {}^e\mathbf{u}(\mathbf{x},t) = \left(\mathbf{L}_L^e + \tfrac{1}{2} \mathbf{L}_N^e (\mathbf{N}^e(\mathbf{x}) \mathbf{z}^e(t)) \right) \mathbf{N}^e(\mathbf{x}) \, \mathbf{z}^e(t). \tag{5.93}$$

Der Index e an der Operatormatrix $\mathbf{L}$ erinnert daran, daß die partiellen Ableitungen bezüglich der materiellen Koordinaten $\mathbf{x}$ des Elements gebildet werden und daß bei unterschiedlichen Elementen (Balken, Platten oder Schalen) auch verschiedene Operatoren $\mathbf{L}^e$ in die Gleichungen eingehen. Im Beispiel 5.3 wird $\mathbf{L}^e$ für ebene Balkenelemente angegeben.

In (5.93) wirkt der Operator $\mathbf{L}^e = \mathbf{L}^e({}^e\mathbf{u})$ auf ${}^e\mathbf{u}(\mathbf{x},t) = \mathbf{N}^e(\mathbf{x}) \mathbf{z}^e(t)$, d. h. auf die Interpolationsmatrix $\mathbf{N}^e(\mathbf{x})$. Mit der Verzerrungsmatrix $\mathbf{B}^e(\mathbf{x}, \mathbf{z}^e(t)) = \mathbf{L}^e(\mathbf{N}^e(\mathbf{x}) \mathbf{z}^e(t)) \, \mathbf{N}^e(\mathbf{x})$ eines Elements e erhält man

$$\boldsymbol{\varepsilon}^e(\mathbf{x},t) = \mathbf{B}^e(\mathbf{x}, \mathbf{z}^e(t)) \, \mathbf{z}^e(t). \tag{5.94}$$

Die Verzerrungsmatrix $\mathbf{B}^e$ läßt sich, wie der Operator $\mathbf{L}^e({}^e\mathbf{u})$, in einen linearen und einen nichtlinearen Anteil zerlegen, also – bei Verzicht auf Angabe der ab jetzt nicht mehr benötigten Abhängigkeit von $\mathbf{z}^e = \mathbf{z}^e(t)$:

$$\mathbf{B}^e(\mathbf{x},\mathbf{z}^e) = \mathbf{B}^e_L(\mathbf{x}) + \frac{1}{2}\mathbf{B}^e_N(\mathbf{x},\mathbf{z}^e)$$

$$\text{mit}\quad \mathbf{B}^e_L(\mathbf{x}) = \boldsymbol{L}^e_L\ \mathbf{N}^e(\mathbf{x}),\quad \mathbf{B}^e_N(\mathbf{x},\mathbf{z}^e) = \boldsymbol{L}^e_N(\mathbf{N}^e(\mathbf{x})\mathbf{z}^e)\ \mathbf{N}^e(\mathbf{x}).$$

$$(5.95)$$

Der Verschiebungsansatz aus (5.86) und (5.92) muß gewissen Anforderungen genügen, damit sich ein sinnvolles Finite-Elemente-Verfahren ergibt. Forderungen, die in diesem Zusammenhang eine Rolle spielen, betreffen die

- Stetigkeit des Verschiebungsansatzes,

- Darstellbarkeit von Starrkörperbewegungen und konstanten Verzerrungszuständen,

- Symmetrie und positive Definitheit der Steifigkeitsmatrix.

Diese Forderungen werden in [14], S. 128 ff genauer erläutert. Das unten angegebene Beispiel verdeutlicht die hier eingeführte Darstellung von Verschiebungen und Verzerrungen.

● **Beispiel 5.3 Interpolations- und Verzerrungsmatrix eines Balkenelements.** Für das ebene Balkenelement aus Bild 5-10 sollen die genannten Matrizen aus einem geeigneten Verschiebungsansatz ermittelt werden. Als Modell wird ein Bernoulli-Balken verwendet – vgl. Kapitel 4 – und es werden einfachheitshalber nur ebene Bewegungen betrachtet. Die Modellgleichungen können unter Annahme kleiner Bewegungen linearisiert werden, wobei aber der in Kapitel 4 erläuterte Einfluß großer Längskräfte berücksichtigt werden soll. Mit Hilfe der so ermittelten Matrizen ist zu prüfen, ob mit dem Ansatz Starrkörper-Verschiebungszustände und konstante Verzerrungszustände darstellbar sind.

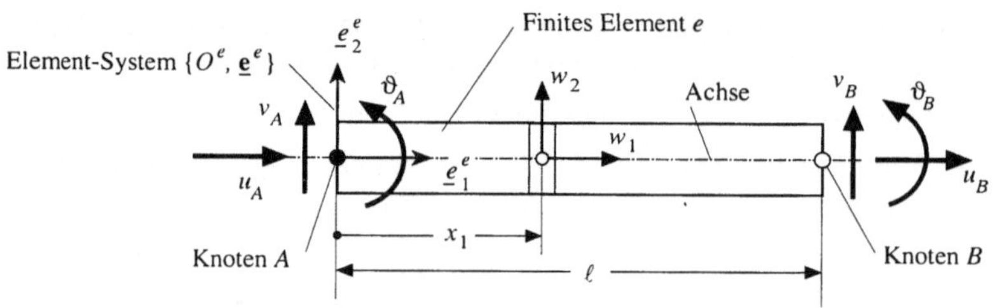

Bild 5-10: Ebenes Balkenelement der Länge ℓ mit den Knoten A und B.

Das Verschiebungsfeld eines Bernoulli-Balkens ist in einer Näherung 2. Ordnung durch (4.86) gegeben. Für ebene und torsionsfreie Bewegungen des Balkenelements aus Bild 5-10 gilt $w_3 \equiv \vartheta_1 \equiv 0$ und man erhält unter Verwendung der im Bild angegebenen Bezeichnungen und mit den Ableitungen $w'_\alpha(x_1) = dw_\alpha/dx_1$ für die in (5.80) definierten Verschiebungen eines Punkts im Element e

$$\left.\begin{aligned}
{}^e u_1(x_1,x_2) &= w_1(x_1) + x_2\big(-w'_2(x_1) + w'_1(x_1)\,w'_2(x_1)\big)\\
{}^e u_2(x_1,x_2) &= w_2(x_1) - \frac{1}{2}x_2\,w'^2_2(x_1).
\end{aligned}\right\}$$

$$(5.96)$$

Das Verschiebungsfeld ${}^e\mathbf{u}(\mathbf{x})$ des Elements kann demnach dargestellt werden mit Hilfe der beiden Funktionen

$$ {}^e\mathbf{w}(x_1) \equiv \mathbf{w}(x_1) = \begin{bmatrix} w_1(x_1)\\ w_2(x_1) \end{bmatrix}. $$

$$(5.97)$$

Sie erfassen Längs- und Querverschiebung der Punkte x_1 der Achse des Balkens im Element-Koordinatensystem $\{O^e, \underline{e}^e\}$ am linken Rand des Elements. Da hier nur die Interpolations- und die Verzerrungsmatrix berechnet werden sollen, ist die Abhängigkeit der Verschiebungen von der Zeit nicht von Interesse.

Die Ansätze der Form (5.86) werden hier, wie in (5.88) vorgeschlagen, für die $w_i(x_1)$ aus (5.97) angegeben. Sie können für die Längs- und für die Querverschiebung unterschiedlich gewählt werden. Für die Längsverschiebung reicht ein linearer Ansatz und bei der Querverschiebung wird ein kubischer Ansatz eingeführt. Dies ergibt insgesamt sechs Freiheitsgrade und erlaubt neben den Verschiebungen der Endquerschnitte auch deren Neigungen in den Element-Knotenkoordinaten (5.89) zu berücksichtigen. Die Ansätze werden in der dimensionslosen Längskoordinate

$$\xi = \frac{x_1}{\ell}, \quad \xi \in \{0, 1\} \tag{5.98}$$

formuliert. Es gilt

$$\left.\begin{aligned} w_1(x_1) &= q_1 + x_1\,q_2 \Rightarrow & w_1(\xi) &= q_1 + \xi\,\ell\,q_2 \\ w_2(x_1) &= q_3 + x_1\,q_4 + x_1^2\,q_5 + x_1^3\,q_6 \Rightarrow & w_2(\xi) &= q_3 + \xi\,\ell\,q_4 + (\xi\,\ell)^2\,q_5 + (\xi\,\ell)^3\,q_6 \end{aligned}\right\} \tag{5.99}$$

mit noch freien Parametern q_1 bis q_6. Schreibt man (5.99) wie in (5.86), also in der Form $\mathbf{w}(\xi) = \boldsymbol{\Phi}^e(\xi)\mathbf{q}^e$, so erhält man die Matrix der Ansatzfunktionen $\boldsymbol{\Phi}^e(\xi)$ und die der Koordinaten $\mathbf{q}^e$ zu

$$\boldsymbol{\Phi}^e(\xi) = \begin{bmatrix} 1 & \xi\ell & 0 & 0 & 0 & 0 \\ 0 & 0 & 1 & \xi\ell & (\xi\ell)^2 & (\xi\ell)^3 \end{bmatrix}, \quad \mathbf{q}^e = \begin{bmatrix} q_1 & q_2 & q_3 & q_4 & q_5 & q_6 \end{bmatrix}^T. \tag{5.100}$$

Anstelle der Koordinaten q_i aus (5.86) werden die Element-Knotenkoordinaten $\mathbf{z}^e$ aus (5.89) eingeführt. Für das vorliegende Beispiel sinnvolle $\mathbf{z}^e$ sind in Bild 5-10 dargestellt. Dem Element werden zwei Knoten A und B mit je drei Knotenfreiheitsgraden zugeordnet. Dies sind die Translationen u_A, v_A und u_B, v_B der Querschnitte in A und B in Richtung der Basisvektoren $\underline{e}_1^e$ und $\underline{e}_2^e$ sowie deren Rotationen ϑ_A und ϑ_B um $\underline{e}_3^e$. Der Drehwinkel $\vartheta_3(x_1)$ ergibt sich nach (4.84) in linearer Näherung als Ableitung der Querverschiebung $w_2(x_1)$ nach der Ortskoordinate, also

$$\vartheta_3(x_1) = w_2'(x_1) = \frac{dw_2(x_1)}{dx_1} = \frac{1}{\ell}\frac{dw_2(\xi)}{d\xi} = \frac{1}{\ell}w_{2,\xi}(\xi). \tag{5.101}$$

Die Matrix der Element-Knotenkoordinaten aus (5.89) ist

$$\mathbf{z}^e = \begin{bmatrix} u_A & v_A & \vartheta_A & u_B & v_B & \vartheta_B \end{bmatrix}^T \quad \text{wo} \quad \left\{\begin{aligned} u_A &\equiv w_1(0) & u_B &\equiv w_1(1) \\ v_A &\equiv w_2(0) & v_B &\equiv w_2(1) \\ \vartheta_A &\equiv w_{2,\xi}(0)/\ell & \vartheta_B &\equiv w_{2,\xi}(1)/\ell. \end{aligned}\right. \tag{5.102}$$

Die Transformationsmatrix $\mathbf{P}^e$ aus (5.90) findet man bei Angabe der Elemente von $\mathbf{z}^e$ aus (5.102) mit den Ansätzen aus (5.99). Man erhält:

$$
\left.
\begin{array}{lll}
w_1(0) & = q_1 & = u_A \\
w_2(0) & = q_3 & = v_A \\
w_{2,\xi}(0)/\ell & = q_4 & = \vartheta_A \\
w_1(1) & = q_1 + \ell\, q_2 & = u_B \\
w_2(1) & = q_3 + \ell\, q_4 + \ell^2 q_5 + \ell^3 q_6 & = v_B \\
w_{2,\xi}(1)/\ell & = q_4 + 2\,\ell\, q_5 + 3\,\ell^2 q_6 & = \vartheta_B
\end{array}
\right\}
\;\succ\;
\mathbf{z}^e = \mathbf{P}^e\,\mathbf{q}^e; \quad
\mathbf{P}^e =
\begin{bmatrix}
1 & 0 & 0 & 0 & 0 & 0 \\
0 & 0 & 1 & 0 & 0 & 0 \\
0 & 0 & 0 & 1 & 0 & 0 \\
1 & \ell & 0 & 0 & 0 & 0 \\
0 & 0 & 1 & \ell & \ell^2 & \ell^3 \\
0 & 0 & 0 & 1 & 2\ell & 3\ell^2
\end{bmatrix}.
\tag{5.103}
$$

Die Interpolationsmatrix $\mathbf{N}^e(\xi)$ wird in Analogie zu (5.92) für $\mathbf{w}$ aus (5.97) angegeben, also $\mathbf{w}(\xi) = \mathbf{N}^e(\xi)\,\mathbf{z}^e$. Aus (5.103) ergibt sich $\mathbf{N}^e(\xi)$ gemäß (5.91) zu – vgl. auch [35], S. 55,

$$
\mathbf{N}^e(\xi) =
\begin{bmatrix}
1-\xi & 0 & 0 & \xi & 0 & 0 \\
0 & 1-3\xi^2+2\xi^3 & \ell\left(\xi-2\xi^2+\xi^3\right) & 0 & 3\xi^2-2\xi^3 & \ell\left(-\xi^2+\xi^3\right)
\end{bmatrix}.
\tag{5.104}
$$

Mit den Verschiebungen $\mathbf{w}(\xi) = \mathbf{N}^e(\xi)\,\mathbf{z}^e$ der Punkte der Achse erhält man das Verschiebungsfeld ${}^e\mathbf{u}(\mathbf{x})$ aller Punkte des Balkens aus (5.96). Es wird zur Berechnung der Verzerrungen mit (2.251) oder (5.93) benötigt – vgl. auch Herleitung der Gleichungen (4.98).

Die Elemente von $\mathbf{N}^e(\xi)$ bezeichnet man als Interpolationsfunktionen. Sie geben den Verlauf von $\mathbf{w}(\xi) = \mathbf{N}^e(\xi)\,\mathbf{z}^e$ im Inneren des Elements an, wenn $\mathbf{z}^e$ durch Einheitsverschiebungen $= 1$, $v_{A,B} = 1$ oder durch Einheitsverdrehungen $\vartheta_{A,B} = 1/\ell$ gegeben ist. Bild 5-11 zeigt die zu diesen Werten von $\mathbf{z}^e$ gehörenden Funktionen $w_i(\xi)$, $i = 1,2$, also den Verlauf der Interpolationsfunktionen.

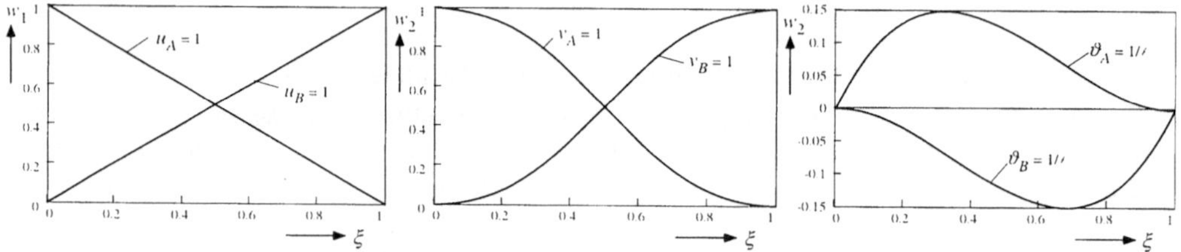

Bild 5-11: Die Interpolationsfunktionen des Balkenelements.
Sie geben den Verlauf von $\mathbf{w}(\xi)$ für Einheitsverschiebungen und -verdrehungen an den Knoten an.

Verschiebungsansätze wie (5.99) sollen es gestatten die Starrkörperbewegungen des Elements darzustellen. Bei Beschränkung auf ebene Bewegungen sind dies zwei Translationen in die Richtungen $\underline{e}_1^e$ und $\underline{e}_2^e$ und eine Rotation um $\underline{e}_3^e$. Diese drei Starrkörperformen sind in Bild 5-12 veranschaulicht. Sie werden durch die drei Koordinaten u, v und ϑ beschrieben. Für jede der drei Bewegungen sind im Bild auch die Element-Knotenkoordinaten $\mathbf{z}^e = \mathbf{z}_{s\alpha}^e$ aus (5.102) mit Hilfe von u, v und ϑ angegeben. Die zu den drei Starrkörperbewegungen gehörenden Verschiebungsfelder der Punkte der Achse seien $\mathbf{w}_{s\alpha}(\xi)$. Eine allgemeine, ebene Starrkörperbewegung $\mathbf{w}_s(\xi)$ ergibt sich als Überlagerung der Verschiebungsfelder $\mathbf{w}_{s\alpha}(\xi)$, also

$$
\left.
\begin{aligned}
\mathbf{w}_s(\xi) &= \mathbf{w}_{s1}(\xi) + \mathbf{w}_{s2}(\xi) + \mathbf{w}_{s3}(\xi) =
\begin{bmatrix}
1 & 0 & 0 \\
0 & 1 & -\tfrac{1}{2}\ell + \ell\,\xi
\end{bmatrix}
\begin{bmatrix}
u \\ v \\ \vartheta
\end{bmatrix}
=
\begin{bmatrix}
u \\
v + \left(-\tfrac{1}{2}\ell + \ell\,\xi\right)\vartheta
\end{bmatrix} \\[2mm]
\text{mit}\quad
\mathbf{w}_{s1}(\xi) &= \begin{bmatrix} 1 \\ 0 \end{bmatrix} u, \quad
\mathbf{w}_{s2}(\xi) = \begin{bmatrix} 0 \\ 1 \end{bmatrix} v, \quad
\mathbf{w}_{s3}(\xi) \overset{lin}{=} \begin{bmatrix} 0 \\ -\tfrac{1}{2}\ell + \ell\,\xi \end{bmatrix} \vartheta.
\end{aligned}
\right\}
\tag{5.105}
$$

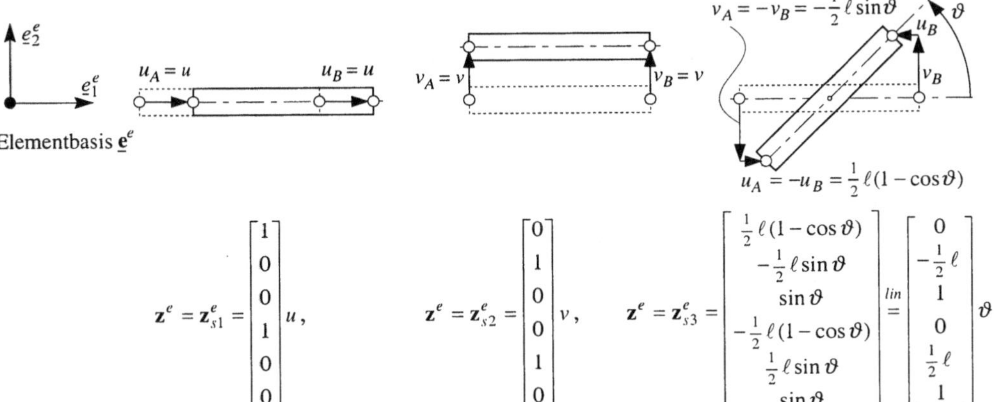

Elementbasis $\underline{\mathbf{e}}^e$

$$\mathbf{z}^e = \mathbf{z}_{s1}^e = \begin{bmatrix} 1 \\ 0 \\ 0 \\ 1 \\ 0 \\ 0 \end{bmatrix} u, \qquad \mathbf{z}^e = \mathbf{z}_{s2}^e = \begin{bmatrix} 0 \\ 1 \\ 0 \\ 0 \\ 1 \\ 0 \end{bmatrix} v, \qquad \mathbf{z}^e = \mathbf{z}_{s3}^e = \begin{bmatrix} \frac{1}{2}\ell(1-\cos\vartheta) \\ -\frac{1}{2}\ell\sin\vartheta \\ \sin\vartheta \\ -\frac{1}{2}\ell(1-\cos\vartheta) \\ \frac{1}{2}\ell\sin\vartheta \\ \sin\vartheta \end{bmatrix} \overset{lin}{=} \begin{bmatrix} 0 \\ -\frac{1}{2}\ell \\ 1 \\ 0 \\ \frac{1}{2}\ell \\ 1 \end{bmatrix} \vartheta$$

Bild 5-12: Die drei Starrkörperformen des ebenen Balkenelements und die zugehörigen Werte der Element-Knotenkoordinaten $\mathbf{z}^e$.

Mit Hilfe der Element-Knotenkoordinaten $\mathbf{z}^e$ wird dieses Feld beschrieben durch die Summe der zu den einzelnen Bewegungen gehörenden Werte $\mathbf{z}_{s\alpha}^e$ von $\mathbf{z}^e$, also durch

$$\mathbf{z}^e = \mathbf{z}_s^e = \mathbf{z}_{s1}^e + \mathbf{z}_{s2}^e + \mathbf{z}_{s3}^e \overset{lin}{=} \begin{bmatrix} 1 & 0 & 0 \\ 0 & 1 & -\frac{1}{2}\ell \\ 0 & 0 & 1 \\ 1 & 0 & 0 \\ 0 & 1 & \frac{1}{2}\ell \\ 0 & 0 & 1 \end{bmatrix} \begin{bmatrix} u \\ v \\ \vartheta \end{bmatrix} = \mathbf{S}^e \, \mathbf{y}_s^e, \quad \text{wo } \mathbf{y}_s^e = \begin{bmatrix} u \\ v \\ \vartheta \end{bmatrix}, \ \mathbf{S}^e = \begin{bmatrix} 1 & 0 & 0 \\ 0 & 1 & -\frac{1}{2}\ell \\ 0 & 0 & 1 \\ 1 & 0 & 0 \\ 0 & 1 & \frac{1}{2}\ell \\ 0 & 0 & 1 \end{bmatrix}. \quad (5.106)$$

Hierin sind $\mathbf{y}_s^e$ die in Bild 5-12 verwendeten Koordinaten zur Angabe der Starrkörperbewegungen. Die Matrix $\mathbf{S}^e$ der Starrkörperformen gibt somit an, wie sich die Knotenkoordinaten $\mathbf{z}^e = \mathbf{z}_s^e$ aus den Koordinaten $\mathbf{y}_s^e$ ergeben. Zuweilen ist es zweckmäßig, $\mathbf{y}_s^e$ in die Koordinaten $\mathbf{y}_t^e$ und $\mathbf{y}_r^e$ für Translationen und Rotationen zu partitionieren. Im hier betrachtenden Fall ist

$$\mathbf{y}_s^e = \begin{bmatrix} \mathbf{y}_t^e \\ \mathbf{y}_r^e \end{bmatrix} \quad \text{mit} \quad \mathbf{y}_t^e = \begin{bmatrix} u \\ v \end{bmatrix}, \qquad \mathbf{y}_r^e = [\vartheta]. \qquad (5.107)$$

Die entsprechende Partitionierung von $\mathbf{S}^e$ ist $\mathbf{S}^e = \begin{bmatrix} \mathbf{S}_t^e & \vdots & \mathbf{S}_r^e \end{bmatrix}$, womit man (5.106) umschreiben kann in

$$\mathbf{z}_s^e = \mathbf{S}^e \, \mathbf{y}_s^e \equiv \underbrace{\mathbf{S}_t^e \, \mathbf{y}_t^e}_{\mathbf{z}_t^e} + \underbrace{\mathbf{S}_r^e \, \mathbf{y}_r^e}_{\mathbf{z}_r^e} \quad \text{mit} \quad \mathbf{S}_t^e = \begin{bmatrix} 1 & 0 \\ 0 & 1 \\ 0 & 0 \\ 1 & 0 \\ 0 & 1 \\ 0 & 0 \end{bmatrix}, \qquad \mathbf{S}_r^e = \begin{bmatrix} 0 \\ -\frac{1}{2}\ell \\ 1 \\ 0 \\ \frac{1}{2}\ell \\ 1 \end{bmatrix}. \qquad (5.108)$$

Mit $\mathbf{z}_s^e$ aus (5.108) kann man das zu den Starrkörperbewegungen gehörende Verschiebungsfeld $\mathbf{w}(\xi) = \mathbf{w}_s(\xi)$ $= \mathbf{N}^e(\xi)\mathbf{z}_s^e$ der Punkte der Achse unter Verwendung der Matrix $\mathbf{N}^e(\xi)$ aus (5.104) ausrechnen. Man erhält

$$\mathbf{N}^e(\xi)\,\mathbf{z}_s^e = \mathbf{N}^e(\xi)\,\mathbf{S}^e\,\mathbf{y}_s^e = \begin{bmatrix} 1 & 0 & 0 \\ 0 & 1 & -\frac{1}{2}\ell+\ell\,\xi \end{bmatrix} \begin{bmatrix} u \\ v \\ \vartheta \end{bmatrix} \equiv \mathbf{w}_s(\xi), \tag{5.109}$$

also das in (5.105) angegebene Verschiebungsfeld $\mathbf{w}_s(\xi)$. Damit erlaubt die Interpolationsmatrix (5.104) die Darstellung von Starrkörperbewegungen, womit eine der oben genannten Forderungen an Verschiebungsansätze erfüllt ist.

Die Matrizen $\mathbf{N}^e$ und $\mathbf{S}^e$ genügen Gleichungen, die später, u. a. im Abschnitt 6.4.4, benötigt werden. Mit $\mathbf{w}_{s\alpha}(\xi)$ nach (5.105), $\mathbf{y}_t^e$ und $\mathbf{y}_r^e$ aus (5.107) und $\mathbf{S}^e = \begin{bmatrix} \mathbf{S}_t^e \mathrel{\vdots} \mathbf{S}_r^e \end{bmatrix}$ aus (5.108) erkennt man, daß

$$\mathbf{N}^e(\xi)\,\mathbf{S}_t^e = \mathbf{E} \quad \text{und} \quad \mathbf{N}^e(\xi)\,\mathbf{S}_r^e = \begin{bmatrix} 0 \\ -\frac{1}{2}\ell+\ell\,\xi \end{bmatrix}. \tag{5.110}$$

Diese Gleichungen gelten auch, wenn in (5.105) anstelle der Verschiebungen w, u und v und des Winkels ϑ die entsprechenden Geschwindigkeiten verwendet werden. Im Gegensatz zu den Gleichungen für die Lagevariablen gelten die Gleichungen für die Geschwindigkeiten auch bei beliebig großen Werten der Variablen.

Bei torsionsfreien Bernoulli-Balken ergibt sich nach (4.70) und (4.104) ein ebener Verzerrungszustand. Bei ihm verschwinden alle $G_{\alpha\beta}$ außer G_{11}. Die Dehnung G_{11} in Längsrichtung des Balkens hängt bei Betrachtung ebener Bewegungen von der Längskoordinate x_1 und von der Querschnittskoordinate x_2 ab. Man erhält $G_{11} = G_{11}^e$ für das hier untersuchte Element aus (4.98) unter Beachtung von (4.84) und mit $\vartheta_1 = \vartheta_2 = w_3 = 0$ für den hier betrachteten Fall ebener Bewegungen. In einer Entwicklung bis zu quadratischen Gliedern in den Verschiebungskoordinaten $w_i = w_i(x_1)$ aus (5.97) wird

$$\boldsymbol{\varepsilon}^e = \begin{bmatrix} G_{11}^e \end{bmatrix}, \quad G_{11}^e(x_1,x_2) = w_1' - x_2\,w_2'' + \frac{1}{2}(w_1'^2 + w_2'^2) + x_2\,w_1''\,w_2' + \frac{1}{2}x_2^2\,w_2''^2. \tag{5.111}$$

In (5.111) ist G_{11}^e durch die Verschiebungsvektoren $w_i = w_i(x_1)$ der Punkte der Balkenachse ausgedrückt. Schreibt man in Anlehnung an (2.251)

$$\boldsymbol{\varepsilon}^e = \mathbf{L}^e(\mathbf{w})\,\mathbf{w} \quad \text{mit} \quad \mathbf{L}^e(\mathbf{w}) = \mathbf{L}_L^e + \frac{1}{2}\mathbf{L}_N^e(\mathbf{w}), \tag{5.112}$$

so liefert (5.111) für die Operatormatrizen $\mathbf{L}_L^e$ und $\mathbf{L}_N^e$ aus (5.112):

$$\left. \begin{aligned} \mathbf{L}_L^e \quad &= \begin{bmatrix} \partial_1 & \mathrel{\vdots} & -x_2\,\partial_1^2 \end{bmatrix} \\ \mathbf{L}_N^e(\mathbf{w}) &= \begin{bmatrix} w_1'\,\partial_1 & \mathrel{\vdots} & w_2'\,\partial_1 + 2\,x_2\,w_1''\partial_1 + x_2^2\,w_2''\partial_1^2 \end{bmatrix} \end{aligned} \right\} \; \text{wo}\; \partial_1 = \frac{\partial(\,)}{\partial x_1} = \frac{\partial(\,)}{\ell\,\partial\xi}\; \text{und}\; \partial_1^2 = \frac{\partial^2(\,)}{\partial x_1^2}. \tag{5.113}$$

Nach den Erläuterungen zu (4.173) muß bei der Herleitung linearisierter Bewegungsgleichungen von Balken, auf die große Längskräfte wirken, in (5.111) nur der nichtlineare Term $w_2'^2/2$ berücksichtigt werden, also

$$G_{11}^e(x_1,x_2) = w_1' - x_2\,w_2'' + \frac{1}{2}w_2'^2. \tag{5.114}$$

Damit ergibt sich für $\mathbf{L}_N^e$ anstelle von (5.113)

$$\mathbf{L}^e_N(\mathbf{w}) = \begin{bmatrix} 0 & \vdots & w'_2\,\partial_1 \end{bmatrix}. \tag{5.115}$$

Bei Anwendung von $\mathbf{L}^e_L$ aus (5.113) und $\mathbf{L}^e_N$ aus (5.115) auf die Interpolationsmatrix (5.104) erhält man die lineare und die nichtlineare Verzerrungsmatrix, also $\mathbf{B}^e_L$ und $\mathbf{B}^e_N$. Die Matrizen geben den Zusammenhang zwischen den Verzerrungen $\boldsymbol{\varepsilon}^e$ und den Element-Knotenkoordinaten $\mathbf{z}^e$ an. Man findet:

$$\boldsymbol{\varepsilon}^e = \mathbf{B}^e\,\mathbf{z}^e = \left(\mathbf{B}^e_L + \tfrac{1}{2}\mathbf{B}^e_N\right)\mathbf{z}^e = \mathbf{B}^e_L\,\mathbf{z}^e + \mathbf{z}^{e^T}\,\widehat{\mathbf{B}}^e_N\,\mathbf{z}^e \quad \text{mit}$$

$$\mathbf{B}^e_L = \mathbf{L}^e_L\,\mathbf{N}^e = \frac{1}{\ell}\left[-1 \; \vdots \; \frac{x_2}{\ell}(6-12\,\xi) \; \vdots \; x_2(4-6\,\xi) \; \vdots \; 1 \; \vdots \; \frac{x_2}{\ell}(-6+12\,\xi) \; \vdots \; x_2(2-6\,\xi)\right], \tag{5.116}$$

$$\mathbf{B}^e_N = \mathbf{L}^e_N\,\mathbf{N}^e = \mathbf{z}^{e^T}\,\widehat{\mathbf{B}}^e_N \quad \text{und mit}$$

$$\widehat{\mathbf{B}}^e_N = \frac{1}{\ell^2}\begin{bmatrix} 0 & & & & & \\ 0 & \mathcal{B}_1 & & & \text{sym.} & \\ 0 & \mathcal{B}_2 & \mathcal{B}_3 & & & \\ 0 & 0 & 0 & 0 & & \\ 0 & -\mathcal{B}_1 & -\mathcal{B}_2 & 0 & \mathcal{B}_1 & \\ 0 & \mathcal{B}_4 & \mathcal{B}_5 & 0 & -\mathcal{B}_4 & \mathcal{B}_6 \end{bmatrix} \quad \text{wobei} \quad \begin{cases} \mathcal{B}_1 = 36\xi^2 - 72\xi^3 + 36\xi^4, \\ \mathcal{B}_2 = \ell(-6\xi + 30\xi^2 - 42\xi^3 + 18\xi^4), \\ \mathcal{B}_3 = \ell^2(1 - 8\xi + 22\xi^2 - 24\xi^3 + 9\xi^4), \\ \mathcal{B}_4 = \ell(12\xi^2 - 30\xi^3 + 18\xi^4), \\ \mathcal{B}_5 = \ell^2(-2\xi + 11\xi^2 - 18\xi^3 + 9\xi^4), \\ \mathcal{B}_6 = \ell^2(4\xi^2 - 12\xi^3 + 9\xi^4). \end{cases}$$

Um zu prüfen, ob die Verzerrungsmatrizen $\mathbf{B}^e_L$ und $\mathbf{B}^e_N$ mit den Starrkörperformen aus Bild 5-12 keine Verzerrungen liefern, berechnet man $\boldsymbol{\varepsilon}^e = \mathbf{B}^e\,\mathbf{z}^e$ mit $\mathbf{z}^e = \mathbf{z}^e_s$ aus (5.106). Es zeigt sich, daß $\mathbf{B}^e_L$ und $\mathbf{B}^e_N$ mit den Starrkörperformen $\mathbf{z}^e_s$ in linearer Näherung keine Verzerrungen $\boldsymbol{\varepsilon}^e$ liefern – der aus der nichtlinearen Verzerrungsmatrix $\mathbf{B}^e_N$ resultierende Term $\varepsilon^e = \vartheta^2/2$ wird in einer linearen Theorie vernachlässigt.

Bei Vorgabe von Verschiebungen (5.97), die einen nicht von x_1 abhängigen Verzerrungszustand angeben, soll auch der Ansatz (5.99) und die aus ihm resultierende Darstellung (5.116) ebenfalls von x_1 unabhängige Verzerrungen liefern. Im hier betrachteten Beispiel sind die Verzerrungen durch (5.114) gegeben. Von x_1 unabhängige Verzerrungen erhält man für $w'_1(x_1) = c_{11}$ und $w'_2(x_1) = c_{21}$. Diese Werte kennzeichnen einen Zustand, in dem der Balken an allen Querschnitten $x_1 = \xi\,\ell$ in gleicher Weise gedehnt ist. Für die zu diesem Verzerrungszustand gehörenden Verschiebungen erhält man

$$w_1(\xi) = c_{10} + c_{11}\,\ell\,\xi \quad \text{und} \quad w_2(\xi) = c_{20} + c_{21}\,\ell\,\xi \quad \text{mit den Konstanten } c_{ik}. \tag{5.117}$$

Die zu diesem Verschiebungszustand gehörenden Element-Knotenkoordinaten $\mathbf{z}^e$ ergeben sich nach (5.102) zu

$$u_A = c_{10} \quad v_A = c_{20}, \quad \vartheta_A = c_{21}, \quad u_B = c_{10} + c_{11}\,\ell \quad v_B = c_{20} + c_{21}\,\ell, \quad \vartheta_B = c_{21}. \tag{5.118}$$

Eine Auswertung von $\boldsymbol{\varepsilon}^e = \mathbf{B}^e_L\,\mathbf{z}^e$ mit $\mathbf{B}^e_L$ aus (5.116) liefert mit den Werten der Element-Knotenkoordinaten $\mathbf{z}^e$ aus (5.118) $\varepsilon^e = c_{11}$, also wie gefordert, einen von x_1 unabhängigen Verzerrungszustand.

Ein Verzerrungszustand mit überall gleicher Krümmung, also mit $w''_2 = c_{32}$, d. h. mit $w'_2 = c_{32}\,x_1 + c_{31}$ ist nach (5.114) nicht unabhängig von x_1. Ein von x_1 unabhängiges G^e_{11} könnte allenfalls mit $w'_1 = -\tfrac{1}{2}w'^2_2$ $= -\tfrac{1}{2}(c_{32}\,x_1 + c_{31})^2$ erreicht werden, aber ein derartiger Verschiebungszustand ist mit dem Modell nach (5.99) nicht darstellbar. Nur wenn der nichtlineare Term in G^e_{11} gemäß (5.114) unberücksichtigt bleibt, liefert $w''_2 = c_{32}$ einen von x_1 unabhängigen Verzerrungszustand. Ein solcher Fall wird auch noch betrachtet, also $w''_2 = c_{32}$ und $w'_1 = c_{41}$. Die zugehörigen Verschiebungen sind

$$w_1(\xi) = c_{40} + c_{41}\,\ell\,\xi \quad \text{und} \quad w_2(\xi) = c_{30} + c_{31}\,\ell\,\xi + c_{32}\,\ell^2\xi^2 \quad \text{mit den Konstanten } c_{ik}. \tag{5.119}$$

Die (5.119) entsprechenden Element-Knotenkoordinaten $\mathbf{z}^e$ ergeben sich mit (5.102) zu

$$u_A = c_{40}, \quad v_A = c_{30}, \quad \vartheta_A = c_{31}, \quad u_B = c_{40} + c_{41}\,\ell, \quad v_B = c_{30} + c_{31}\,\ell + c_{32}\,\ell^2, \quad \vartheta_B = c_{31} + 2\,c_{32}\,\ell. \tag{5.120}$$

Für den Lagerungsfall $w_2(0) = w_2(1) = 0$ sind das Verschiebungsfeld (5.119) und die Element-Knotenkoordinaten (5.120) einfach zu interpretieren. Für die Konstanten c_{3i} in (5.119) gilt dann $c_{30} = 0$ und $c_{32} = -c_{31}$. Damit folgt aus (5.120) das für die Biegelinie eines gelenkig gelagerten Balkens anschaulich sofort einleuchtende Ergebnis $\vartheta_A = -\vartheta_B = c_{31}$. Eine Auswertung von $\boldsymbol{\varepsilon}^e = \mathbf{B}_L^e\,\mathbf{z}^e$ mit $\mathbf{B}_L^e$ aus (5.116) liefert mit den $\mathbf{z}^e$ aus (5.120) den Ausdruck $\varepsilon^e = \ell(c_{41} - 2\,x_2\,c_{32})$, also ebenfalls einen von x_1 unabhängigen Verzerrungszustand.

5.2.3 Bewegung der Finite-Elemente-Struktur

Das Finite-Elemente-Modell eines Körpers, die Finite-Elemente-Struktur, setzt sich nach Bild 5-8 aus einem Netz von n_E Elementen zusammen, die an n_K Knoten miteinander verbunden sind. Die Bewegungen der Struktur werden durch die Gesamtheit der Element-Knotenkoordinaten $\mathbf{z}^e$ aus (5.89) beschrieben. Die Element-Knotenkoordinaten der gesamten Struktur sind aber nicht unabhängig. Sie müssen Bedingungen erfüllen, die den Zusammenhalt der Struktur an den Knoten gewährleisten. Mit diesen Bedingungen findet man n_F voneinander unabhängige Element-Knotenkoordinaten zur Beschreibung der Bewegung der ungelagerten Struktur. Infolge von Lagerungsbedingungen verringert sich die Zahl unabhängiger Koordinaten weiter.

Bild 5-13 zeigt eine bestimmt gelagerte Struktur bestehend aus $n_E = 2$ Stabelementen (Elemente $e = 1, 2$) mit den $n_K = 3$ Knoten ① ② ③. Die Stäbe können sich nur in Längsrichtung dehnen. Die $n_F = 6$ Koordinaten $u^{①}$, $v^{①}$, $u^{②}$, $v^{②}$, $u^{③}$ und $v^{③}$ der Knotenverschiebungen im Bezugssystem $\{O, \underline{\mathbf{e}}\}$ beschreiben die Bewegungen der ungelagerten Finite-Elemente-Struktur. An den Knoten ① und ③ sind die Stäbe drehbar gelagert, womit vier Freiheitsgrade der Struktur gesperrt werden. Damit besitzt die Struktur zwei Freiheitsgrade.

Die zwei Stabelemente haben je zwei Knoten A und B und die zugehörigen Knotenverschiebungen in den Element-Koordinatensystemen $\{O^e, \underline{\mathbf{e}}^e\}$ sind u_A^e und u_B^e. Sie können, wie in Bild 5-13 angegeben, durch die sechs Verschiebungen $u^{①}$ bis $v^{③}$ der drei Knoten im Bezugssystem $\{O, \underline{\mathbf{e}}\}$ ausgedrückt werden. Diese Gleichungen beschreiben den Zusammenhalt der Struktur am Knoten ②. Daneben müssen die Bewegungen der Struktur noch den Lagerungsbedingungen an den Knoten ① und ③ genügen. Sie sind in Bild 5-13 mit Hilfe der sechs Knotenverschiebungen im Bezugssystem $\{O, \underline{\mathbf{e}}\}$ angegeben. Diese Gleichungen zeigen, daß die Bewegungen der Struktur in den beiden Freiheitsgraden mit Hilfe der Knotenverschiebungen $u^{②}$ und $v^{②}$ erfaßt werden können.

Die Herleitung der Gleichungen aus Bild 5-13 läßt sich systematisieren. Für eine Finite-Elemente-Struktur aus n_E Elementen und n_K Knoten definiert man eine $n_F \times 1$-Matrix von *Finite-Elemente-System-Koordinaten*

$$\mathbf{z}_F = \big[z_{Fi}\big], \quad i = 1, 2, \ldots n_F, \tag{5.121}$$

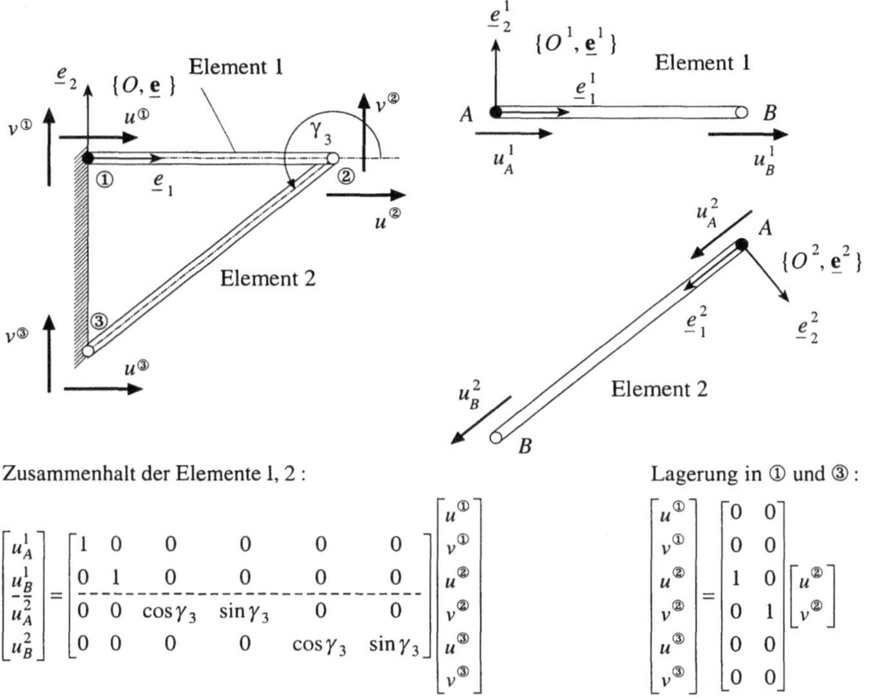

Zusammenhalt der Elemente 1, 2 :   Lagerung in ① und ③ :

$$
\begin{bmatrix} u_A^1 \\ u_B^1 \\ u_A^2 \\ u_B^2 \end{bmatrix}
=
\begin{bmatrix}
1 & 0 & 0 & 0 & 0 & 0 \\
0 & 1 & 0 & 0 & 0 & 0 \\
\hline
0 & 0 & \cos\gamma_3 & \sin\gamma_3 & 0 & 0 \\
0 & 0 & 0 & 0 & \cos\gamma_3 & \sin\gamma_3
\end{bmatrix}
\begin{bmatrix} u^① \\ v^① \\ u^② \\ v^② \\ u^③ \\ v^③ \end{bmatrix}
\qquad
\begin{bmatrix} u^① \\ v^① \\ u^② \\ v^② \\ u^③ \\ v^③ \end{bmatrix}
=
\begin{bmatrix}
0 & 0 \\
0 & 0 \\
1 & 0 \\
0 & 1 \\
0 & 0 \\
0 & 0
\end{bmatrix}
\begin{bmatrix} u^② \\ v^② \end{bmatrix}
$$

Bild 5-13: Gleichungen zur Beschreibung von Zusammenhalt und Lagerung einer einfachen Finite-Elemente-Struktur, formuliert mit Hilfe der Knotenkoordinaten $u^①$ bis $v^③$ im Bezugssystem $\{O,\underline{e}\}$ und der Element-Knotenkoordinaten $u_{A,B}^e$, $v_{A,B}^e$, $e=1,2$ in den Element-Koordinatensystemen $\{O^e,\underline{e}^e\}$.

wo z_{Fi} in der Basis $\underline{e}$ des Bezugssystems definierte Knotenkoordinaten sind. Bei einer dreidimensionalen Struktur mit Balken und Plattenelementen sind die Elemente von $\mathbf{z}_F$ Verschiebungen $\mathbf{u}^k = \begin{bmatrix} u_\alpha^k \end{bmatrix}$ und Winkel $\boldsymbol{\vartheta}^k = \begin{bmatrix} \vartheta_\alpha^k \end{bmatrix}$ für $\alpha = 1, 2, 3$ der $k = 1, 2, \ldots n_K$ Knoten der Struktur, also sechs Koordinaten je Knoten k. Die Winkel geben die Orientierung eines am Knoten k festen Dreibeins $\underline{e}^k$ bezüglich der Elementbasis $\underline{e}^e$ an gemäß $\underline{e}^e = \boldsymbol{\Theta}^k(\boldsymbol{\vartheta}^k)\,\underline{e}^k$. Für kleine Verformungen begnügt man sich mit der linearen Näherung $\boldsymbol{\Theta}^k(\boldsymbol{\vartheta}^k) \approx \mathbf{E} + \tilde{\boldsymbol{\vartheta}}^k$ der Drehmatrix. Mit den oben eingeführten Größen besitzt $\mathbf{z}_F$ den folgenden Aufbau

$$
\mathbf{z}_F = \begin{bmatrix} \vdots \\ \begin{bmatrix} \mathbf{u}^k \\ \boldsymbol{\vartheta}^k \end{bmatrix} \\ \vdots \end{bmatrix}. \tag{5.122}
$$

Bei Verwendung anderer Elemente ist $\mathbf{z}_F$ aus einer Untermenge von Knotenverschiebungen und -verdrehungen zusammengesetzt, siehe z. B. die Beschreibung der Elemente in [25].

Die Beziehung zwischen den Element-Knotenkoordinaten $\mathbf{z}^e$ eines Elements e und den Systemkoordinaten $\mathbf{z}_F$ enthält die Bedingungen für den Zusammenhalt der Struktur und sie berücksichtigt die unterschiedliche Orientierung der Elemente bezüglich $\{O, \underline{\mathbf{e}}\}$. Man schreibt

$$\mathbf{z}^e(t) = \mathbf{T}^e \, \mathbf{z}_F(t), \quad e = 1, 2, \dots n_E \tag{5.123}$$

mit den orthogonalen $n_q^e \times n_F$-Sammelmatrizen, [24], S. 482:

$$\mathbf{T}^e = \left[T_{ij}^e \right], \quad i = 1, 2, \dots n_q^e, \quad j = 1, 2, \dots n_F. \tag{5.124}$$

Die Sammelmatrix enthält Einsen, Nullen und Elemente der Drehmatrix $\boldsymbol{\Gamma}^e$. Mit (5.123) und (5.92) ergibt sich das Verschiebungsfeld der Punkte eines Elements e, dargestellt in der Elementbasis $\underline{\mathbf{e}}^e$, zu

$$^e\mathbf{u}(\mathbf{x},t) \;=\; \mathbf{N}^e(\mathbf{x})\,\mathbf{z}^e(t) \;=\; \mathbf{N}^e(\mathbf{x})\,\mathbf{T}^e\,\mathbf{z}_F(t). \tag{5.125}$$

Mit (5.82) und mit $\mathbf{R} = \mathbf{R}^e + \boldsymbol{\Gamma}^{eT}\mathbf{x}$ – vgl. Bild 5-9 – liefert eine Transformation der Gleichung in die Basis $\underline{\mathbf{e}}$ des Bezugssystems

$$\mathbf{u}(\mathbf{R},t) \;=\; \boldsymbol{\Gamma}^{eT}\,{}^e\mathbf{u}(\mathbf{x},t) \;=\; \boldsymbol{\Gamma}^{eT}\,\mathbf{N}^e(\mathbf{x})\,\mathbf{T}^e\,\mathbf{z}_F(t) \quad \begin{cases} \text{wo } \mathbf{x} = \boldsymbol{\Gamma}^e(\mathbf{R} - \mathbf{R}^e) \\ \text{und } \mathbf{R} \text{ im Element } e. \end{cases} \tag{5.126}$$

Mit (5.126) ist $\mathbf{u}(\mathbf{R},t)$ nur für diejenigen Punkte $\mathbf{R}$ definiert, die sich im gerade betrachteten Element e befinden. Um aus (5.126) eine Gleichung für das Verschiebungsfeld aller Punkte $\mathbf{R}$ der gesamten Struktur zu gewinnen, wird gefordert

$$\mathbf{N}^e(\mathbf{x}) \equiv 0 \quad \text{für } \mathbf{x} = \boldsymbol{\Gamma}^e(\mathbf{R} - \mathbf{R}^e) \text{ und } \mathbf{R} \underline{\text{ nicht}} \text{ im Element } e. \tag{5.127}$$

Damit kann man anstelle von (5.126) die für alle Punkte $\mathbf{R}$ der Struktur gültige Gleichung

$$\mathbf{u}(\mathbf{R},t) \;=\; \sum_{e=1}^{n_E} \boldsymbol{\Gamma}^{eT}\,\mathbf{N}^e(\mathbf{x})\,\mathbf{T}^e\,\mathbf{z}_F(t) \quad \text{wo} \quad \mathbf{x} = \boldsymbol{\Gamma}^e(\mathbf{R} - \mathbf{R}^e) \tag{5.128}$$

für das Verschiebungsfeld angeben. Dies ist ein globaler Ritz-Ansatz der Form (5.78), also

$$\mathbf{u}(\mathbf{R},t) \;=\; \boldsymbol{\Phi}(\mathbf{R})\,\mathbf{z}_F(t) \tag{5.129}$$

mit den globalen Ansatzfunktionen

$$\boldsymbol{\Phi}(\mathbf{R}) \;=\; \sum_{e=1}^{n_E} \boldsymbol{\Gamma}^{eT}\,\mathbf{N}^e(\mathbf{x})\,\mathbf{T}^e \quad \text{wo} \quad \mathbf{x} = \boldsymbol{\Gamma}^e(\mathbf{R} - \mathbf{R}^e). \tag{5.130}$$

Sie ergeben sich durch Aneinanderstückeln der lokalen Ansatzfunktionen aus (5.125). Die beim Ritzschen Verfahren beliebig wählbaren Koordinaten $\mathbf{q}(t)$ aus (5.78) wurden in (5.121) und (5.122) als Knotenverschiebungen und -verdrehungen $\mathbf{z}_F(t)$ festgelegt. Die Gleichungen (5.129) wurden mit $\mathbf{r} = \mathbf{R} + \mathbf{u}$ in (3.9) als explizite Zwangsgleichungen einer ungelagerten Finite-Elemente-Struktur eingeführt.

Wie das Beispiel aus Bild 5-13 zeigt, ist eine Struktur im allgemeinen mehrfach gelagert. Die Lagerungen resultieren in Einschränkungen der Bewegungsmöglichkeiten der Knoten auf dem Rand. Die zugehörigen Zwangsgleichungen erfassen im Rahmen des Finite-Elemente-Modells aus Bild 3-3 die geometrischen Randbedingungen für ein Kontinuum – vgl. Bild 2-22. Im Finite-Elemente-Modell werden die an kontinuierlich verteilten Punkten auf A_u zu erfüllenden Randbedingungen ersetzt durch Zwangsgleichungen für die Bewegungen einiger diskreter Punkte der Struktur, der gelagerten Knotenpunkte auf dem Rand. Die Lagerungsbedingungen werden durch Gleichungen der Form

$$\mathbf{z}_F(t) = \overline{\mathbf{T}}\,\overline{\mathbf{z}}_F(t) + \overline{\overline{\mathbf{T}}}\,\overline{\overline{\mathbf{z}}}_F(t) \tag{5.131}$$

mit bekannten Funktionen $\overline{\mathbf{z}}_F = \overline{\mathbf{z}}_F(t)$ erfaßt – vgl. (3.10). Für homogene Randbedingungen gilt

$$\overline{\mathbf{z}}_F(t) \equiv 0. \tag{5.132}$$

Die Größen $\mathbf{y}(t) = \overline{\overline{\mathbf{z}}}_F(t)$ sind die *Lagezustandsgrößen* (Minimalkoordinaten) einer Finite-Elemente-Struktur. Einsetzen von (5.131) in (5.128) liefert mit $\mathbf{r} = \mathbf{R} + \mathbf{u}$ die expliziten Zwangsgleichungen (3.11) für Finite-Elemente-Strukturen. Im Beispiel 5.4 werden die eben eingeführten kinematischen Gleichungen für eine Balkenstruktur angegeben.

● **Beispiel 5.4: Zusammenbau- und Lagerungsbedingungen einer Balkenstruktur.** Für die eingespannte Balkenstruktur aus Bild 5-14 ist die Matrix der Systemkoordinaten $\mathbf{z}_F$ anzugeben zusammen mit den Bedingungen (5.123) und (5.131) für Zusammenhalt und Lagerung der Struktur.
Die Balkenstruktur wird durch $n_E = 3$ ebene Balkenelemente aus Beispiel 5.3 modelliert. Damit erhält man $n_K = 4$ Knoten. Am Knoten ① ist die Struktur eingespannt. Die Matrix der Element-Knotenkoordinaten ist in

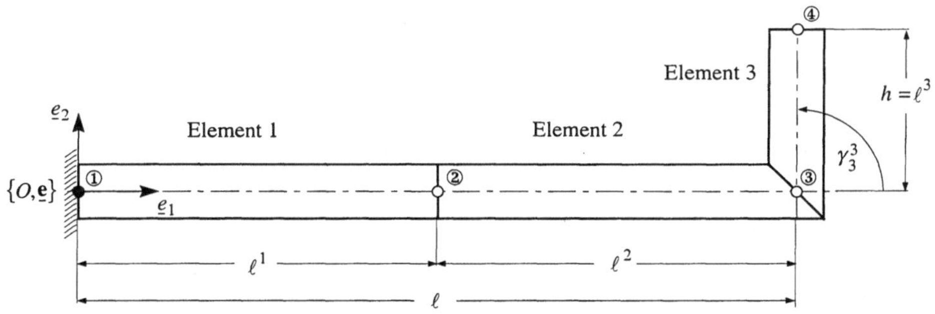

Bild 5-14: Eine ebene Balkenstruktur aus drei Balkenelementen zwischen vier Knoten.

(5.102) angegeben. Zu jedem Knoten $k = ①, ②, ③, ④$ der Struktur aus Bild 5-14 gehören demnach drei Knotenkoordinaten u^k, v^k und ϑ^k. Die Matrix der Systemkoordinaten $\mathbf{z}_F$ ist die Gesamtheit dieser Knotenkoordinaten, dargestellt in der Bezugsbasis $\underline{\mathbf{e}}$. Sie enthält $n_F = 3 \times 4 = 12$ Elemente, also

$$\mathbf{z}_F = \begin{bmatrix} u^① & v^① & \vartheta^① \mid u^② & v^② & \vartheta^② \mid u^③ & v^③ & \vartheta^③ \mid u^④ & v^④ & \vartheta^④ \end{bmatrix}^T. \tag{5.133}$$

Die Sammelmatrizen $\mathbf{T}^e, e = 1, 2, 3$ aus (5.123) beschreiben die Kopplung der Elemente 1 und 2, 2 und 3 sowie 3 und 4, wobei die Drehung des Elements 3 um den Winkel $\gamma_3^3 = 90°$ berücksichtigt wird. Im Einzelnen gilt für

• Element $e = 1$ mit den Knoten $A \equiv ①$, $B \equiv ②$ und mit der Drehmatrix $\mathbf{\Gamma}^1 = \mathbf{E}$:

$$\mathbf{z}^1 = \begin{bmatrix} u_A^1 \\ v_A^1 \\ \vartheta_A^1 \\ u_B^1 \\ v_B^1 \\ \vartheta_B^1 \end{bmatrix} = \mathbf{T}^1 \mathbf{z}_F \quad \text{mit} \quad \mathbf{T}^1 = \begin{bmatrix} \mathbf{E} & \mathbf{0} & \mathbf{0} & \mathbf{0} \\ \mathbf{0} & \mathbf{E} & \mathbf{0} & \mathbf{0} \end{bmatrix}; \tag{5.134}$$

• Element $e = 2$ mit den Knoten $A \equiv ②$, $B \equiv ③$ und mit der Drehmatrix $\mathbf{\Gamma}^2 = \mathbf{E}$:

$$\mathbf{z}^2 = \begin{bmatrix} u_A^2 \\ v_A^2 \\ \vartheta_A^2 \\ u_B^2 \\ v_B^2 \\ \vartheta_B^2 \end{bmatrix} = \mathbf{T}^2 \mathbf{z}_F \quad \text{mit} \quad \mathbf{T}^2 = \begin{bmatrix} \mathbf{0} & \mathbf{E} & \mathbf{0} & \mathbf{0} \\ \mathbf{0} & \mathbf{0} & \mathbf{E} & \mathbf{0} \end{bmatrix}; \tag{5.135}$$

• Element $e = 3$ mit den Knoten $A \equiv ③$, $B \equiv ④$ und mit der Drehmatrix $\mathbf{\Gamma}^3(\gamma_3^3)$, $\gamma_3^3 = 90°$:

$$\mathbf{z}^3 = \begin{bmatrix} u_A^3 \\ v_A^3 \\ \vartheta_A^3 \\ u_B^3 \\ v_B^3 \\ \vartheta_B^3 \end{bmatrix} = \mathbf{T}^3 \mathbf{z}_F \quad \text{mit} \quad \mathbf{T}^3 = \begin{bmatrix} \mathbf{0} & \mathbf{0} & \mathbf{\Gamma}^3 & \mathbf{0} \\ \mathbf{0} & \mathbf{0} & \mathbf{0} & \mathbf{\Gamma}^3 \end{bmatrix}, \quad \mathbf{\Gamma}^3 = \begin{bmatrix} 0 & 1 & 0 \\ -1 & 0 & 0 \\ 0 & 0 & 1 \end{bmatrix}. \tag{5.136}$$

In (5.134) bis (5.136) ist $\mathbf{0}$ eine 3×3 Nullmatrix, $\mathbf{E}$ eine 3×3 Einheitsmatrix und $\mathbf{\Gamma}^e, e = 1,2,3$ sind die in (5.82) eingeführten Drehmatrizen. Die Matrix $\mathbf{\Gamma}^3$ transformiert die in $\underline{\mathbf{e}}^e$ angegebenen Verschiebungen und Verdrehungen $u_{A,B}^3, v_{A,B}^3, \vartheta_{A,B}^3$ in die Knotenkoordinaten u^k, v^k, ϑ^k, $k = ③, ④$ in der Basis $\underline{\mathbf{e}}$.

Die Struktur ist am Knoten ① eingespannt. Demzufolge enthält die Matrix $\overline{\mathbf{z}}_F$ der Minimalkoordinaten nur die Koordinaten der Knoten ② bis ④. Die Bewegungen $u^①, v^①, \vartheta^①$ des Knotens ①, d. h. die Variablen $\overline{\mathbf{z}}_F$, verschwinden. Damit findet man für die Matrizen aus (5.131)

$$\overline{\overline{\mathbf{z}}}_F = \begin{bmatrix} u^② & v^② & \vartheta^② & | & u^③ & v^③ & \vartheta^③ & | & u^④ & v^④ & \vartheta^④ \end{bmatrix}^T, \overline{\mathbf{z}}_F = \begin{bmatrix} u^① & v^① & \vartheta^① \end{bmatrix}^T = 0,$$

$$\overline{\overline{\mathbf{T}}} = \begin{bmatrix} \mathbf{0} & \mathbf{0} & \mathbf{0} \\ \mathbf{E} & \mathbf{0} & \mathbf{0} \\ \mathbf{0} & \mathbf{E} & \mathbf{0} \\ \mathbf{0} & \mathbf{0} & \mathbf{E} \end{bmatrix}, \qquad \overline{\mathbf{T}} = \begin{bmatrix} \mathbf{E} \\ \mathbf{0} \\ \mathbf{0} \\ \mathbf{0} \end{bmatrix}. \tag{5.137}$$

Die Matrizen $\overline{\overline{\mathbf{T}}}$ und $\overline{\mathbf{T}}$ haben die Dimensionen 12×9 und 12×3.

5.3 Kinetik von Finite-Elemente-Strukturen

Die Bewegungsgleichungen einer Finite-Elemente-Struktur erhält man bei Approximation des Verschiebungsfelds eines Kontinuums durch den im vorigen Abschnitt angegebenen Ritz-Ansatz mit dem d'Alembertschen Prinzip. Anstelle der partiellen Differentialgleichungen aus Kapitel 2 ergeben sich gewöhnliche Differentialgleichungen in den Knotenkoordinaten zur Beschreibung der Strukturbewegungen und algebraische Gleichungen zur Lösung statischer Probleme. Wegen der Verzerrungs-Verschiebungs-Beziehungen sind die Gleichungen auch bei linearem Materialgesetz nichtlinear. Bei der Behandlung vieler technischer Probleme kommt man mit den linearisierten Gleichungen aus. Sie werden hier zusammen mit den zugehörigen Lösungsverfahren angegeben.

5.3.1 Bewegungsgleichungen

Zur Herleitung der Bewegungsgleichungen von Finite-Elemente-Strukturen wird zunächst angenommen, daß das Bezugssystem $\{O, \underline{\mathbf{e}}\}$ aus Bild 5-9 ein Inertialsystem ist – der Einfluß beschleunigter Bezugssysteme wird in Abschnitt 5.4 untersucht. Damit folgt aus (5.85) für die virtuellen Verschiebungen $\boldsymbol{\delta}\mathbf{r} = \boldsymbol{\delta}\mathbf{u}$, und für die absoluten Beschleunigungen der Punkte P des Kontinuums gilt $\ddot{\mathbf{r}} = \ddot{\mathbf{u}}$ – vgl. auch (3.30) und (2.227). Das d'Alembertsche Prinzip (3.70) besagt in der Form (3.104)

$$\int_{V_0} \boldsymbol{\delta}\mathbf{u}^T \rho_0\, \ddot{\mathbf{u}}\, dV_0 + \int_{V_0} \boldsymbol{\delta}\boldsymbol{\varepsilon}^T \boldsymbol{\sigma}\, dV_0 - \int_{V_0} \boldsymbol{\delta}\mathbf{u}^T \mathbf{k}_0\, dV_0 - \int_{A_{p0}} \boldsymbol{\delta}\mathbf{u}^T \overline{\mathbf{p}}_0\, dA_{p0} = 0. \tag{5.138}$$

Mit der Finite-Elemente-Methode wird das Verschiebungsfeld $\mathbf{u}(\mathbf{R}, t)$ durch (5.128) approximiert: Anstelle der von Ort und Zeit abhängigen Koordinaten $\mathbf{u}(\mathbf{R}, t)$ werden die nur von der Zeit abhängigen Systemkoordinaten $\mathbf{z}_F = \mathbf{z}_F(t)$ zur Beschreibung der Bewegung eingeführt. Betrachtet man ungelagerte Finite-Elemente-Strukturen, so sind die Koordinaten $\mathbf{z}_F$ Lagezustandsgrößen.

Für die virtuellen Verschiebungen der Struktur folgt aus (5.128), wenn man das hier nicht benötigte Argument t wegläßt

$$\boldsymbol{\delta}\mathbf{u}(\mathbf{R}) = \sum_{e=1}^{n_E} \boldsymbol{\Gamma}^{e\,T} \mathbf{N}^e(\mathbf{x}) \mathbf{T}^e\, \boldsymbol{\delta}\mathbf{z}_F \quad \text{wo} \quad \mathbf{x} = \boldsymbol{\Gamma}^e(\mathbf{R} - \mathbf{R}^e)\ \text{für}\ \mathbf{R}\ \text{in}\ e. \tag{5.139}$$

Für die Beschleunigung $\ddot{\mathbf{u}}$ erhält man aus (5.128)

$$\ddot{\mathbf{u}}(\mathbf{R}) = \sum_{e=1}^{n_E} \boldsymbol{\Gamma}^{e^T} \mathbf{N}^e(\mathbf{x}) \mathbf{T}^e \, \ddot{\mathbf{z}}_F \quad \text{wo} \quad \mathbf{x} = \boldsymbol{\Gamma}^e(\mathbf{R} - \mathbf{R}^e) \text{ für } \mathbf{R} \text{ in } e. \tag{5.140}$$

Mit (5.139) und (5.140) kann das erste Integral aus (5.138) durch $\mathbf{z}_F$ und $\delta\mathbf{z}_F$ dargestellt werden. Nach (5.127) gilt $\mathbf{N}^e(\mathbf{x}) \equiv 0$ für Punkte $\mathbf{R}$ bzw. $\mathbf{x}$, die nicht zum Element e gehören. Im Produkt $\delta\mathbf{u}^T \rho_0 \, \ddot{\mathbf{u}}$ der beiden Summen aus (5.139) und (5.140) erhält man damit Werte ungleich Null nur für zum gleichen Element e gehörende Summanden. Beachtet man weiter, daß $\boldsymbol{\Gamma}^e \boldsymbol{\Gamma}^{e^T} = \mathbf{E}$ und daß $\ddot{\mathbf{z}}_F$, $\delta\mathbf{z}_F$ und $\mathbf{T}^e$ nicht von $\mathbf{x}$ abhängen, so ergibt sich mit dem Volumen V_0^e des Elements e und mit seiner Dichte $\rho_0^e(\mathbf{x})$

$$\int_{V_0} \delta\mathbf{u}^T \rho_0 \, \ddot{\mathbf{u}} \, dV_0 \;=\; \delta\mathbf{z}_F^T \sum_{e=1}^{n_E} \left(\mathbf{T}^{e^T} \int_{V_0^e} \mathbf{N}^{e^T}(\mathbf{x}) \, \rho_0^e(\mathbf{x}) \, \mathbf{N}^e(\mathbf{x}) \, dV \; \mathbf{T}^e \right) \ddot{\mathbf{z}}_F. \tag{5.141}$$

Das Beispiel zeigt, daß die Integrale aus (5.138) über das Volumen V_0 bei Approximation des Kontinuums durch eine Finite-Elemente-Struktur übergehen in eine Summe von Integralen über die Volumina V_0^e der Elemente e der Struktur, also

$$\int_{V_0} (\ldots) \, dV \;=\; \sum_{e=1}^{n_E} \int_{V_0^e} (\ldots) \, dV. \tag{5.142}$$

Ortsunabhängige Größen – in (5.141) sind dies $\mathbf{T}^e$ und $\mathbf{T}^e \ddot{\mathbf{z}}_F(t)$ – lassen sich aus den Volumenintegralen herausziehen. Folglich kommen in den Integralen über V_0^e nur Kenngrößen der Elemente vor – in (5.141) die Dichte $\rho_0^e(\mathbf{x})$ und die Interpolationsfunktionen $\mathbf{N}^e(\mathbf{x})$. Die Interpolationsfunktionen geben nach (5.92) das Verschiebungsfeld des Elements e in der Elementbasis $\underline{\mathbf{e}}^e$ an. Die Integrale über V_0^e werden mit Hilfe der Sammelmatrizen $\mathbf{T}^e$ und der in ihnen enthaltenen Drehmatrizen $\boldsymbol{\Gamma}^e$ von $\underline{\mathbf{e}}^e$ in die Basis $\underline{\mathbf{e}}$ des Bezugssystems transformiert und zum Integral über das Volumen V_0 des gesamten Kontinuums zusammengesetzt.

Die restlichen Integrale aus (5.138) lassen sich in entsprechender Weise umformen. Als nächster Term aus (5.138) wird der Ausdruck für die virtuelle Arbeit der inneren Kräfte mit Hilfe der Koordinaten $\mathbf{z}_F$ angegeben. Die in der Elementbasis $\underline{\mathbf{e}}^e$ dargestellten Verzerrungen $^e\boldsymbol{\varepsilon}^e \equiv \boldsymbol{\varepsilon}^e$ im Element e lassen sich nach (5.94), (5.95) und (5.123) mit $\mathbf{z}_F$ ausdrücken[*]

---

[*] Wie angedeutet, entfällt bei den Verzerrungs- und später auch bei den Spannungskoordinaten der links oben stehende Index e für die Elementbasis, in der die Koordinaten angegeben sind – zur Notation vgl. (7.24).

$$\boldsymbol{\varepsilon}^{e}(\mathbf{x},\mathbf{z}_{F}) = \left(\mathbf{B}_{L}^{e}(\mathbf{x}) + \tfrac{1}{2}\mathbf{B}_{N}^{e}(\mathbf{x},\mathbf{z}_{F})\right)\mathbf{T}^{e}\,\mathbf{z}_{F}. \tag{5.143}$$

Aus dieser Gleichung schließt man für die virtuellen Verzerrungen

$$\delta\boldsymbol{\varepsilon}^{e}(\mathbf{x}) = \left(\mathbf{B}_{L}^{e}(\mathbf{x}) + \mathbf{B}_{N}^{e}(\mathbf{x},\mathbf{z}_{F})\right)\mathbf{T}^{e}\,\delta\mathbf{z}_{F}. \tag{5.144}$$

Bei der Herleitung von (5.144) aus (5.94) und (5.95) ist zu beachten, daß der Differential-operator $\mathbf{L}_{N}^{e}$ von den Knotenkoordinaten $\mathbf{z}^{e} = \mathbf{T}^{e}\,\mathbf{z}_{F}$ abhängt. Bei der Berechnung von $\delta\boldsymbol{\varepsilon}^{e}$ fallen daher innere Ableitungen an, die den Beitrag $\tfrac{1}{2}\mathbf{L}_{N}^{e}\,\mathbf{N}^{e}\,\mathbf{T}^{e}\,\delta\mathbf{z}_{F}$ liefern. Wegen dieses Beitrags fehlt in (5.144) gegenüber (5.143) der Faktor $\tfrac{1}{2}$ vor $\mathbf{B}_{N}^{e}$.

Neben den virtuellen Verzerrungen werden zur Berechnung des zweiten Terms aus (5.138) noch die im Element e wirksamen Spannungen benötigt. Ihre in der Elementbasis $\underline{e}^{e}$ angege-benen Koordinaten sind $^{e}\boldsymbol{\sigma}^{e} \equiv \boldsymbol{\sigma}^{e}$. Zu ihrer Berechnung wird das Materialgesetz (2.263) ver-wendet, also

$$\boldsymbol{\sigma}^{e}(\mathbf{x},\mathbf{z}_{F}) = \mathbf{H}^{e}\,\boldsymbol{\varepsilon}^{e}(\mathbf{x},\mathbf{z}_{F}), \tag{5.145}$$

mit den in (5.143) angegebenen Verzerrungen und der aus (2.264) bekannten 6×6-Material-matrix $\mathbf{H}^{e}$ eines homogenen, isotropen und elastischen Materials. Das Materialgesetz (5.145) gilt bei Linearisierung der Materialgleichungen um einen durch $\mathbf{z}_{F} = 0$ gekennzeichneten Referenzzustand, der nach (5.143) und (5.145) verzerrungs- und spannungsfrei ist.

In belasteten Strukturen wirken *Vorspannungen* $\boldsymbol{\sigma}_{0}^{e}$, die den Lasten das Gleichgewicht halten. Ein Beispiel ist der zwischen zwei festen Punkten eingespannte Stab. Der Referenzzustand zur Angabe der Verformungen ist nach wie vor durch $\mathbf{z}_{F} = 0$ gekennzeichnet und wegen (5.143) gilt auch $\boldsymbol{\varepsilon}^{e} = 0$. Das Materialgesetz (5.145) muß aber zur Erfassung solcher Fälle erweitert werden in $\boldsymbol{\sigma}^{e} = \boldsymbol{\sigma}_{0}^{e} + \mathbf{H}^{e}\,\boldsymbol{\varepsilon}^{e}$ – vgl. auch [35], S. 419.

Eine weitere Modifikation des Materialgesetzes ergibt sich, wenn *thermische Verzerrungen* $\boldsymbol{\varepsilon}_{T}^{e}$ berücksichtigt werden müssen. Bei Erwärmung des Materials von einer Referenztempe-ratur T_{0} auf eine Temperatur T gilt mit der Wärmeausdehnungsmatrix $\boldsymbol{\alpha}_{T}^{e}$ nach [35], S. 105

$$\boldsymbol{\varepsilon}_{T}^{e}(\mathbf{x}) = \boldsymbol{\alpha}_{T}^{e}\big(T(\mathbf{x}) - T_{0}\big). \tag{5.146}$$

Die an der Stelle $\boldsymbol{\sigma}_{0}^{e} \neq 0$ und $T \neq T_{0}$ linearisierten Materialgleichungen lauten damit

$$\boldsymbol{\sigma}^{e}(\mathbf{x},\mathbf{z}_{F}) = \boldsymbol{\sigma}_{0}^{e}(\mathbf{x}) + \mathbf{H}^{e}\left(\boldsymbol{\varepsilon}^{e}(\mathbf{x},\mathbf{z}_{F}) - \boldsymbol{\varepsilon}_{T}^{e}(\mathbf{x})\right). \tag{5.147}$$

Für $\mathbf{z}_{F} = 0$ gilt nach (5.143) weiterhin $\boldsymbol{\varepsilon}^{e} = 0$ und aus (5.147) folgt $\boldsymbol{\sigma}^{e}(\mathbf{x},0) = \boldsymbol{\sigma}_{0}^{e}(\mathbf{x}) - \mathbf{H}^{e}\,\boldsymbol{\varepsilon}_{T}^{e}(\mathbf{x})$.

Bild 5-15 zeigt die Linearisierung der Materialgleichungen gemäß (5.145) und (5.147) für den Fall eindimensionaler Spannungs- und Verzerrungszustände. Im Fall a) sind die Materialgleichungen für $\sigma_0^e = \sigma_0 = 0$ in der Umgebung von $\varepsilon^e = \varepsilon = 0$ und damit $\mathbf{z}_F = \mathbf{0}$ linearisiert. Dies gilt auch im Fall b), wobei aber $\sigma_0 \neq 0$. Im Fall c) werden die Materialgleichungen für $\sigma_0 = 0$ an der Stelle $\varepsilon = \varepsilon_T$, also für $\mathbf{z}_F \neq 0$, durch lineare Gleichungen approximiert.

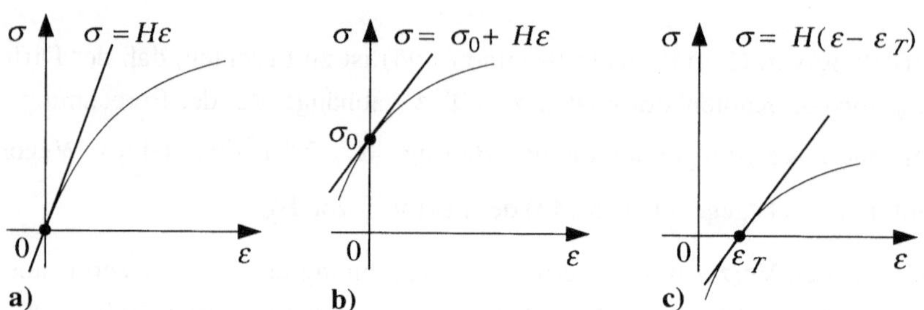

Bild 5-15: Linearisierung des Materialgesetzes für verschiedene Verzerrungszustände:
a) $\sigma_0 = 0$ und $T = T_0$, b) $\sigma_0 \neq 0$ und $T = T_0$, c) $\sigma_0 = 0$ und $T \neq T_0$.

Mit (5.147) findet man für das zweite Integral aus (5.138)

$$\int_{V_0} \delta\boldsymbol{\varepsilon}^T \boldsymbol{\sigma} \, dV_0 = \delta\mathbf{z}_F^T \sum_{e=1}^{n_E} \mathbf{T}^{e^T} \int_{V_0^e} \left(\mathbf{B}_L^e(\mathbf{x}) + \mathbf{B}_N^e(\mathbf{x}, \mathbf{z}_F)\right)^T \boldsymbol{\sigma}^e(\mathbf{x}, \mathbf{z}_F) \, dV$$

$$= \delta\mathbf{z}_F^T \sum_{e=1}^{n_E} \mathbf{T}^{e^T} \int_{V_0^e} \left(\mathbf{B}_L^e(\mathbf{x}) + \mathbf{B}_N^e(\mathbf{x}, \mathbf{z}_F)\right)^T \left(\mathbf{H}^e \boldsymbol{\varepsilon}^e(\mathbf{x}, \mathbf{z}_F) + \boldsymbol{\sigma}_0^e(\mathbf{x}) - \mathbf{H}^e \boldsymbol{\varepsilon}_T^e(\mathbf{x})\right) dV .$$

$$(5.148)$$

Der dritte Term in (5.138) enthält die in der Basis $\underline{\mathbf{e}}$ des Bezugssystems angegebene Volumenkraftdichte $\mathbf{k}_0 = \mathbf{k}_0(\mathbf{R})$ zur Darstellung der am Kontinuum wirksamen Volumenkräfte gemäß (2.219). Die an den Punkten $\mathbf{x}$ des Elements e wirksamen Volumenkräfte sind wegen $\mathbf{R} = \mathbf{R}^e + \boldsymbol{\Gamma}^{e^T}\mathbf{x}$ durch die Kraftdichte $\mathbf{k}_0(\mathbf{R}^e + \boldsymbol{\Gamma}^{e^T}\mathbf{x}) = \mathbf{k}_0^e(\mathbf{x})$ gegeben. Die in der Elementbasis $\underline{\mathbf{e}}^e$ dargestellte Kraftdichte ist ${}^e\mathbf{k}_0^e(\mathbf{x})$ und wegen (5.82) gilt $\mathbf{k}_0^e(\mathbf{x}) = \boldsymbol{\Gamma}^{e^T} {}^e\mathbf{k}_0^e(\mathbf{x})$. Mit (5.139) findet man

$$\int_{V_0} \delta\mathbf{u}^T \mathbf{k}_0 \, dV_0 = \delta\mathbf{z}_F^T \sum_{e=1}^{n_E} \mathbf{T}^{e^T} \int_{V_0^e} \mathbf{N}^{e^T}(\mathbf{x}) \, {}^e\mathbf{k}_0^e(\mathbf{x}) \, dV .$$

$$(5.149)$$

Für die in (2.220) eingeführte Schwerkraft gilt $\mathbf{k}_0^e = \rho_0^e \mathbf{g}$ mit den Koordinaten $\mathbf{g}$ des Vektors der Erdbeschleunigung in der Basis $\underline{\mathbf{e}}$ und mit der schon oben eingeführten Dichte im Element e. Somit gilt anstelle von (5.149) für Gewichtskräfte

$$\int_{V_0} \delta\mathbf{u}^T \mathbf{k}_0 \, dV_0 \;=\; \delta\mathbf{z}_F^T \sum_{e=1}^{n_E} \left(\mathbf{T}^{e^T} \int_{V_0^e} \mathbf{N}^{e^T}(\mathbf{x}) \, \rho_0^e(\mathbf{x}) \, dV \; \mathbf{\Gamma}^e \right) \mathbf{g}, \tag{5.150}$$

da weder $\mathbf{\Gamma}^e$ noch $\mathbf{g}$ von den Ortskoordinaten $\mathbf{x}$ anhängen.

Der letzte Term aus (5.138) mit den Oberflächenkräften wird wie der dritte mit den Volumenkräften umgeformt. Mit der Oberfläche A_{p0}^e des Elements e, mit der Oberflächenkraftdichte $\bar{\mathbf{p}}_0(\mathbf{R}^e + \mathbf{\Gamma}^e \mathbf{x}) = \bar{\mathbf{p}}_0^e(\mathbf{x})$ und mit der in $\underline{\mathbf{e}}^e$ angegebenen Oberflächenkraftdichte ${}^e\bar{\mathbf{p}}_0^e(\mathbf{x})$ für die $\bar{\mathbf{p}}_0^e(\mathbf{x}) = \mathbf{\Gamma}^{e^T} \, {}^e\bar{\mathbf{p}}_0^e(\mathbf{x})$ findet man

$$\int_{A_{p0}} \delta\mathbf{u}^T \bar{\mathbf{p}}_0 \, dA_{p0} = \delta\mathbf{z}_F^T \sum_{e=1}^{n_E} \mathbf{T}^{e^T} \int_{A_{p0}^e} \mathbf{N}^{e^T}(\mathbf{x}) \, {}^e\bar{\mathbf{p}}_0^e(\mathbf{x}) \, dA. \tag{5.151}$$

Mit den Gleichungen (5.141), (5.148), (5.150) und (5.151) wird aus (5.138)

$$\delta\mathbf{z}_F^T \left(\sum_{e=1}^{n_E} \left(\mathbf{T}^{e^T} \int_{V_0^e} \mathbf{N}^{e^T}(\mathbf{x}) \, \rho_0^e(\mathbf{x}) \, \mathbf{N}^e(\mathbf{x}) \, dV \; \mathbf{T}^e \right) \ddot{\mathbf{z}}_F \right.$$

$$+ \sum_{e=1}^{n_E} \mathbf{T}^{e^T} \int_{V_0^e} \left(\mathbf{B}_L^e(\mathbf{x}) + \mathbf{B}_N^e(\mathbf{x}, \mathbf{z}_F) \right)^T \left(\mathbf{H}^e \, \boldsymbol{\varepsilon}^e(\mathbf{x}, \mathbf{z}_F) + \boldsymbol{\sigma}_0^e(\mathbf{x}) - \mathbf{H}^e \, \boldsymbol{\varepsilon}_T^e(\mathbf{x}) \right) dV \left. \vphantom{\sum} \right)$$

$$\tag{5.152}$$

$$= \delta\mathbf{z}_F^T \left(\sum_{e=1}^{n_E} \mathbf{T}^{e^T} \int_{A_{p0}^e} \mathbf{N}^{e^T}(\mathbf{x}) \, {}^e\bar{\mathbf{p}}_0^e(\mathbf{x}) \, dA + \sum_{e=1}^{n_E} \mathbf{T}^{e^T} \int_{V_0^e} \mathbf{N}^{e^T}(\mathbf{x}) \, \rho_0^e(\mathbf{x}) \, dV \; \mathbf{\Gamma}^e \, \mathbf{g} \right).$$

Bei ungelagerten Finite-Elemente-Strukturen sind die n_F Elemente δz_{Fi} von $\delta\mathbf{z}_F$ voneinander unabhängige, beliebig wählbare Größen ungleich Null. Demnach kann (5.152) nur erfüllt werden, wenn die Koeffizienten von $\delta\mathbf{z}_F^T$ auf der linken und rechten Seite übereinstimmen. Dies liefert die Bewegungsgleichungen der ungelagerten Finite-Elemente-Struktur.

Die Gleichungen lassen sich nach Einführung von Abkürzungen für die Matrizen aus (5.152) einfacher anschreiben. Die $n_q^e \times n_q^e$-Matrizen

$$\mathbf{M}^e = \int_{V_0^e} \mathbf{N}^{e^T}(\mathbf{x}) \, \rho_0^e(\mathbf{x}) \, \mathbf{N}^e(\mathbf{x}) \, dV \tag{5.153}$$

aus der ersten Zeile von (5.152) sind die Element-Massenmatrizen. Aus ihnen erhält man die $n_F \times n_F$-Massenmatrix der gesamten Struktur zu

$$\mathbf{M}_F = \sum_{e=1}^{n_E} \mathbf{T}^{e^T} \mathbf{M}^e \, \mathbf{T}^e . \tag{5.154}$$

Die zweite Zeile von (5.152), eine $n_F \times 1$-Matrix, wird mit $\mathbf{k}_F(\mathbf{z}_F)$ bezeichnet. Diese Matrix der verallgemeinerten Spannungen wird in folgender Form dargestellt:

$$\mathbf{k}_F(\mathbf{z}_F) = \sum_{e=1}^{n_E} \mathbf{T}^{e^T} \underbrace{\int_{V_0^e} \left(\mathbf{B}_L^e(\mathbf{x}) + \mathbf{B}_N^e(\mathbf{x},\mathbf{z}_F)\right)^T \left(\mathbf{H}^e \, \boldsymbol{\varepsilon}^e(\mathbf{x},\mathbf{z}_F) + \boldsymbol{\sigma}_0^e(\mathbf{x}) - \mathbf{H}^e \, \boldsymbol{\varepsilon}_T^e(\mathbf{x})\right) dV}_{\mathbf{k}^e(\mathbf{z}_F)} \tag{5.155}$$

$$= \mathbf{K}_F \, \mathbf{z}_F + \mathbf{K}_{FN}(\mathbf{z}_F)\mathbf{z}_F + \mathbf{K}_{F0} \, \mathbf{z}_F + \mathbf{k}_{F0} \, .$$

Die Ausdrücke für die Summanden in (5.155) gewinnt man durch Einsetzen von $\boldsymbol{\varepsilon}^e(\mathbf{x},\mathbf{z}_F)$ aus (5.143). Für $\boldsymbol{\sigma}_0^e(\mathbf{x}) \equiv 0$ und $\boldsymbol{\varepsilon}_T^e(\mathbf{x}) \equiv 0$ erscheinen folgende Matrizen

$$\mathbf{K}^e \equiv \mathbf{K}_L^e = \int_{V_0^e} \mathbf{B}_L^{e^T}(\mathbf{x}) \, \mathbf{H}^e \, \mathbf{B}_L^e(\mathbf{x}) \, dV , \tag{5.156}$$

$$\mathbf{K}_N^e(\mathbf{z}_F) - \int_{V_0^e} \mathbf{B}_N^{e^T}(\mathbf{x},\mathbf{z}_F) \, \mathbf{II}^e \, \mathbf{B}_L^e(\mathbf{x}) \, dV$$

$$+ \frac{1}{2} \int_{V_0^e} \mathbf{B}_L^{e^T}(\mathbf{x}) \, \mathbf{H}^e \, \mathbf{B}_N^e(\mathbf{x},\mathbf{z}_F) \, dV + \frac{1}{2} \int_{V_0^e} \mathbf{B}_N^{e^T}(\mathbf{x},\mathbf{z}_F) \, \mathbf{H}^e \, \mathbf{B}_N^e(\mathbf{x},\mathbf{z}_F) \, dV . \tag{5.157}$$

Die Matrix $\mathbf{K}^e$ resultiert aus dem Anteil $\mathbf{B}_L^e$ der Verzerrungsmatrix und wird als lineare Element-Steifigkeitsmatrix bezeichnet. Zur Vereinfachung wird der Index L weggelassen. Der nichtlineare Anteil $\mathbf{B}_N^e$ liefert dementsprechend die nichtlineare Element-Steifigkeitsmatrix[*)] $\mathbf{K}_N^e$ – sie verschwindet für $\mathbf{z}_F = 0$.

Für $\boldsymbol{\sigma}_0^e(\mathbf{x}) \neq 0$ und $\boldsymbol{\varepsilon}_T^e(\mathbf{x}) \neq 0$ erhält man zwei weitere Matrizen, die aus dem linearen und dem nichtlinearen Anteil der Verzerrungsmatrix $\mathbf{B}^e$ resultieren. Der lineare Anteil $\mathbf{B}_L^e$ von $\mathbf{B}^e$ liefert die $n_q^e \times 1$-Matrix

$$\mathbf{k}_0^e = \int_{V_0^e} \mathbf{B}_L^{e^T}(\mathbf{x}) \left(\boldsymbol{\sigma}_0^e(\mathbf{x}) - \mathbf{H}^e \, \boldsymbol{\varepsilon}_T^e(\mathbf{x})\right) dV . \tag{5.158}$$

Die aus dem nichtlinearen Anteil $\mathbf{B}_N^e$ resultierende $n_q^e \times 1$-Matrix ist $\mathbf{K}_0^e \, \mathbf{z}^e = \mathbf{K}_0^e \, \mathbf{T}^e \, \mathbf{z}_F$, also

---

[*)] Der Einfluß dieser Nichtlinearitäten wird unten, im Beispiel 5.7, erläutert.

$$\mathbf{K}_0^e \underbrace{\mathbf{T}^e \mathbf{z}_F}_{\mathbf{z}^e} = \int\limits_{V_0^e} \mathbf{B}_N^e{}^T(\mathbf{x}, \mathbf{z}_F)\left(\boldsymbol{\sigma}_0^e(\mathbf{x}) - \mathbf{H}^e \boldsymbol{\varepsilon}_T^e(\mathbf{x})\right) dV. \tag{5.159}$$

Die $n_q^e \times n_q^e$-Matrix $\mathbf{K}_0^e$ wird als Element-Vorspannungsmatrix bezeichnet.

Die Elementmatrizen (5.156) bis (5.159) liefern bei Berücksichtigung der Summation über die Elemente der Struktur gemäß der ersten Zeile von (5.155) die $n_F \times n_F$-Steifigkeitsmatrizen aus der zweiten Zeile dieser Gleichung zu

$$\mathbf{K}_F = \sum_{e=1}^{n_E} \mathbf{T}^e{}^T \mathbf{K}^e \mathbf{T}^e, \qquad \mathbf{K}_{FN} = \sum_{e=1}^{n_E} \mathbf{T}^e{}^T \mathbf{K}_N^e \mathbf{T}^e, \qquad \mathbf{K}_{F0} = \sum_{e=1}^{n_E} \mathbf{T}^e{}^T \mathbf{K}_0^e \mathbf{T}^e \tag{5.160}$$

und die $n_F \times 1$-Matrix mit Beiträgen aus $\boldsymbol{\sigma}_0^e(\mathbf{x}) \neq 0$ und $\boldsymbol{\varepsilon}_T^e(\mathbf{x}) \neq 0$

$$\mathbf{k}_{F0} = \sum_{e=1}^{n_E} \mathbf{T}^e{}^T \mathbf{k}_0^e. \tag{5.161}$$

Die dritte Zeile von (5.152) enthält die äußeren Kräfte. Die entsprechenden generalisierten Kräfte werden, wie die verallgemeinerten Spannungen aus (5.155), in einer $n_F \times 1$-Matrix zusammengefaßt:

$$\mathbf{h}_F = \mathbf{h}_{F\overline{p}} + \mathbf{h}_{Fg}. \tag{5.162}$$

Der erste Term in (5.162) resultiert aus den verteilten Lasten $\overline{\mathbf{p}}_0$ auf dem Rand A_{p0}

$$\mathbf{h}_{F\overline{p}} = \sum_{e=1}^{n_E} \mathbf{T}^e{}^T \mathbf{h}_{\overline{p}}^e \qquad \text{mit} \qquad \mathbf{h}_{\overline{p}}^e = \int\limits_{A_{p0}^e} \mathbf{N}^e{}^T(\mathbf{x})\, {}^e\overline{\mathbf{p}}_0^e(\mathbf{x})\, dA \tag{5.163}$$

und der zweite aus den Gewichtskräften

$$\mathbf{h}_{Fg} = \sum_{e=1}^{n_E} \mathbf{T}^e{}^T \mathbf{h}_g^e \qquad \text{mit} \qquad \mathbf{h}_g^e = \underbrace{\int\limits_{V_0^e} \mathbf{N}^e{}^T(\mathbf{x})\, \rho_0^e(\mathbf{x})\, dV}_{\mathbf{C1}^{e^T}}\, \boldsymbol{\Gamma}^e{}^T \mathbf{g} = \mathbf{C1}^{e^T} \boldsymbol{\Gamma}^e\, \mathbf{g}. \tag{5.164}$$

In (5.164) erscheint eine – neben der Element-Massenmatrix $\mathbf{M}^e$ aus (5.153) – für die weiteren Untersuchungen (vgl. Abschnitte 5.4.2 und 6.4.1) wichtige $3 \times n_q^e$-Matrix mit Massenintegralen

$$\mathbf{C1}^e = \left[\mathbf{C1}_\alpha^e\right] = \int\limits_{V_0^e} \mathbf{N}^e(\mathbf{x})\, \rho_0^e(\mathbf{x})\, dV = \iint\limits_{V_0^e} \left[\mathbf{N}_{\alpha*}^e(\mathbf{x})\right] \rho_0^e(\mathbf{x})\, dV, \tag{5.165}$$

wo $\mathbf{N}^e_{\alpha*}(\mathbf{x})$ die drei Zeilen der Interpolationsmatrix $\mathbf{N}^e(\mathbf{x})$ aus (5.91) sind. Mit $\mathbf{C1}^e$ erhält man für die gesamte Struktur die $n_F \times 3$-Matrix

$$\mathbf{C}_{Ft} = \sum_{e=1}^{n_E} \mathbf{T}^{e^T} \mathbf{C1}^{e^T} \mathbf{\Gamma}^e .$$
(5.166)

Mit (5.166) folgt für die Gewichtskräfte

$$\mathbf{h}_{Fg} = \mathbf{C}_{Ft}\, \mathbf{g} .$$
(5.167)

Die Gleichungen (5.163) und (5.164) für die an einem Element e wirksamen Kräfte zeigen, daß die über das Element verteilten Kräfte $^e\overline{\mathbf{p}}_0^e(\mathbf{x})\, dA$ und $\rho_0^e(\mathbf{x})dV\,\mathbf{\Gamma}^e\,\mathbf{g}$ ersetzt werden durch je n_q^e Einzelkräfte $\mathbf{h}_{\overline{p}}^e$ und $\mathbf{h}_g^e$. Diese Einzelkräfte greifen an den Knoten der Elemente an und sind die zu den n_q^e Element-Knotenkoordinaten $\mathbf{z}^e$ aus (5.89) gehörenden, generalisierten Kräfte[*). Die an den Knoten der Elemente wirksamen Kräfte werden mit Hilfe der Sammelmatrizen $\mathbf{T}^e$ gemäß (5.163) und (5.164) in $\mathbf{h}_{F\overline{p}}$ und $\mathbf{h}_{Fg}$ zu den an der gesamten Struktur wirksamen Kräften zusammengefaßt. Die jeweils n_F Elemente von $\mathbf{h}_{F\overline{p}}$ und $\mathbf{h}_{Fg}$ sind die generalisierten Kräfte zu den n_F Systemkoordinaten $\mathbf{z}_F$ aus (5.121).

Die in (5.154), (5.155) und (5.162) eingeführten Matrizen erlauben die aus (5.152) folgenden Bewegungsgleichungen ungelagerter Finite-Elemente-Strukturen in der kompakten Form

$$\mathbf{M}_F\, \ddot{\mathbf{z}}_F + \mathbf{k}_F(\mathbf{z}_F) = \mathbf{h}_F$$
(5.168)

zu schreiben. Wenn die Struktur gelagert ist, sind die Systemkoordinaten $\mathbf{z}_F$ nicht mehr unabhängig – sie genügen dann den expliziten Zwangsgleichungen (5.131). Wegen der Lagerungen erscheinen in (5.168) zusätzlich Zwangskräfte $\overline{\mathbf{h}}_F$. Die Systembewegungen werden dann durch das folgende System differential-algebraischer Gleichungen beschrieben

$$\mathbf{M}_F\, \ddot{\mathbf{z}}_F + \mathbf{k}_F(\mathbf{z}_F) = \mathbf{h}_F + \overline{\mathbf{h}}_F \quad \text{wo} \quad \mathbf{z}_F = \overline{\overline{\mathbf{T}}}\, \overline{\overline{\mathbf{z}}}_F + \overline{\mathbf{T}}\, \overline{\mathbf{z}}_F .$$
(5.169)

Bei vielen Anwendungen muß die bisher nicht berücksichtigte Dämpfung der Strukturschwingungen modelliert werden. Dämpfungsmodelle finden sich in der Literatur, z. B. in [1]. Das einfachste Modell ist eine geschwindigkeitsproportionale Dämpfung, mit der anstelle von (5.169) gilt

$$\mathbf{M}_F\, \ddot{\mathbf{z}}_F + \mathbf{D}_F\, \dot{\mathbf{z}}_F + \mathbf{k}_F(\mathbf{z}_F) = \mathbf{h}_F + \overline{\mathbf{h}}_F \quad \text{wo} \quad \mathbf{z}_F = \overline{\overline{\mathbf{T}}}\, \overline{\overline{\mathbf{z}}}_F + \overline{\mathbf{T}}\, \overline{\mathbf{z}}_F$$
(5.170)

[*) Die Interpretation zeigt, daß man bei der Modellierung von Finite-Elemente-Strukturen an den Knoten Einzelkräfte und – falls die Knoten, wie im Fall von Balken, auch rotatorische Freiheitsgrade besitzen – Einzelmomente anbringen kann.

und wo $\mathbf{D}_F$ die Matrix der Strukturdämpfung ist. Kennt man Element-Dämpfungsmatrizen $\mathbf{D}^e$, so berechnet sich $\mathbf{D}_F$ aus

$$\mathbf{D}_F = \sum_{e=1}^{n_E} \mathbf{T}^{e^T} \mathbf{D}^e \mathbf{T}^e . \tag{5.171}$$

Die Gleichungen (5.170) enthalten für $\ddot{\mathbf{z}}_F \equiv \dot{\mathbf{z}}_F \equiv \mathbf{0}$ auch die zur Analyse statischer Probleme benötigten Gleichungen

$$\mathbf{k}_F(\mathbf{z}_F) = \mathbf{h}_F + \overline{\mathbf{h}}_F \qquad \text{mit} \qquad \mathbf{z}_F = \overline{\overline{\mathbf{T}}}\ \overline{\overline{\mathbf{z}}}_F + \overline{\mathbf{T}}\ \overline{\mathbf{z}}_F . \tag{5.172}$$

In den zuletzt genannten Gleichungen kommen noch die Zwangskräfte und -momente $\overline{\mathbf{h}}_F$ infolge einer Lagerung der Struktur vor. Mit dem d'Alembertschen Prinzip, genauer mit der aus ihm folgenden, formalen Vorgehensweise aus [19], Chap. 7.3, läßt sich (5.172) in zwei Sätze von Gleichungen aufspalten, in die reduzierten Bewegungsgleichungen zur Bestimmung der Systembewegungen und in die Gleichungen zur Ermittlung der Lagerreaktionen. Die Vorgehensweise wird hier für den Spezialfall unbeweglicher Lager, d. h. für $\overline{\mathbf{z}}_F \equiv 0$, verwendet.

Man interpretiert die Zwangsgleichungen $\mathbf{z}_F = \overline{\overline{\mathbf{T}}}\ \overline{\overline{\mathbf{z}}}_F + \overline{\mathbf{T}}\ \overline{\mathbf{z}}_F$ aus (5.170) wie in [19], Chap. 5.2: Die Spalten der Matrizen $\overline{\overline{\mathbf{T}}}$ und $\overline{\mathbf{T}}$ repräsentieren die zu den freien Bewegungen $\overline{\overline{\mathbf{z}}}_F$ und zu den gesperrten Bewegungen $\overline{\mathbf{z}}_F = 0$ der Struktur gehörenden Modes. Einsetzen der Zwangsgleichungen in die Bewegungsgleichungen aus (5.170) und Projektion auf die freien Modevektoren liefert wegen der Aussage $\overline{\overline{\mathbf{T}}}^T \overline{\mathbf{h}}_F = 0$ des d'Alembertschen Prinzips die *reduzierten Bewegungsgleichungen*

$$\overline{\overline{\mathbf{T}}}^T \mathbf{M}_F \overline{\overline{\mathbf{T}}}\ \ddot{\overline{\overline{\mathbf{z}}}}_F + \overline{\overline{\mathbf{T}}}^T \mathbf{D}_F \overline{\overline{\mathbf{T}}}\ \dot{\overline{\overline{\mathbf{z}}}}_F + \overline{\overline{\mathbf{T}}}^T \mathbf{k}_F(\overline{\overline{\mathbf{z}}}_F) = \overline{\overline{\mathbf{T}}}^T \mathbf{h}_F . \tag{5.173}$$

Eine Projektion auf die Spalten von $\overline{\mathbf{T}}$, also auf die Modevektoren gesperrter Bewegungen, liefert die Gleichungen zur Berechnung der *Lagerkräfte und -momente*

$$\overline{\mathbf{f}} = \overline{\mathbf{T}}^T \overline{\mathbf{h}}_F = \overline{\mathbf{T}}^T \mathbf{M}_F \overline{\overline{\mathbf{T}}}\ \ddot{\overline{\overline{\mathbf{z}}}}_F + \overline{\mathbf{T}}^T \mathbf{D}_F \overline{\overline{\mathbf{T}}}\ \dot{\overline{\overline{\mathbf{z}}}}_F + \overline{\mathbf{T}}^T \mathbf{k}_F - \overline{\mathbf{T}}^T \mathbf{h}_F . \tag{5.174}$$

Im Beispiel aus Bild 5-13 sind die Lagerreaktionen die in den Richtungen $\underline{e}_{1,2}$ wirksamen Kräfte $F_{1,2}^{①}$ und $F_{1,2}^{③}$ an den Knoten ① und ③.

Da die Matrizen $\overline{\mathbf{T}}$ und $\overline{\overline{\mathbf{T}}}$ in der Regel nur mit Nullen und Einsen belegt sind, können die Matrizenmultiplikationen in (5.173) und (5.174) durch Auswahl und Aufsummieren von Untermatrizen realisiert werden – vgl. [14], S. 103. Das unten folgende Beispiel 5.5 verdeutlicht die Vorgehensweise.

Häufig benötigt man die in der Umgebung von $\mathbf{z}_F = 0$ linearisierten Bewegungsgleichungen. Mit (5.155) folgt aus (5.170)

$$\mathbf{M}_F \, \ddot{\mathbf{z}}_F + \mathbf{D}_F \, \dot{\mathbf{z}}_F + \left(\mathbf{K}_F + \mathbf{K}_{FN}\left(\mathbf{z}_F\right) + \mathbf{K}_{F0} \right) \mathbf{z}_F + \mathbf{k}_{F0} = \mathbf{h}_F(\mathbf{z}_F) + \overline{\mathbf{h}}_F(\mathbf{z}_F)$$

$$\mathbf{z}_F = \overline{\overline{\mathbf{T}}} \, \overline{\overline{\mathbf{z}}}_F + \overline{\mathbf{T}} \, \overline{\mathbf{z}}_F \ . \tag{5.175}$$

Entwickelt man die Kräfte auf der rechten Seite an der Stelle $\mathbf{z}_F = \mathbf{0}$ und vernachlässigt in $\mathbf{z}_F$ nichtlineare Terme, so erhält man

$$\left. \begin{aligned} \mathbf{h}_F(\mathbf{z}_F) &= \mathbf{h}_{F0} + \Delta\mathbf{h}_F \ , \quad \Delta\mathbf{h}_F = \left. \frac{\partial \mathbf{h}_F}{\partial \mathbf{z}_F} \right|_{\mathbf{z}_F = 0} \mathbf{z}_F, \\[2mm] \overline{\mathbf{h}}_F(\mathbf{z}_F) &= \overline{\mathbf{h}}_{F0} + \Delta\overline{\mathbf{h}}_F \ , \quad \Delta\overline{\mathbf{h}}_F = \left. \frac{\partial \overline{\mathbf{h}}_F}{\partial \mathbf{z}_F} \right|_{\mathbf{z}_F = 0} \mathbf{z}_F. \end{aligned} \right\} \tag{5.176}$$

Mit (5.176) erhält man aus (5.175) die an der Stelle $\mathbf{z}_F = \mathbf{0}$ *linearisierten Gleichungen*

$$\mathbf{M}_F \, \ddot{\mathbf{z}}_F + \mathbf{D}_F \, \dot{\mathbf{z}}_F + \left(\mathbf{K}_F + \mathbf{K}_{F0} \right) \mathbf{z}_F = \mathbf{h}_{F0} + \Delta\mathbf{h}_F + \overline{\mathbf{h}}_{F0} + \Delta\overline{\mathbf{h}}_F - \mathbf{k}_{F0}$$

$$\mathbf{z}_F = \overline{\overline{\mathbf{T}}} \, \overline{\overline{\mathbf{z}}}_F + \overline{\mathbf{T}} \, \overline{\mathbf{z}}_F \ . \tag{5.177}$$

Sie beschreiben die Systembewegungen bei hinreichend kleinen Werten von $\mathbf{z}_F$, und sie enthalten noch die Gleichgewichtsbedingungen zwischen den äußeren Kräften $\mathbf{h}_{F0} + \overline{\mathbf{h}}_{F0}$ und den inneren Kräften $\mathbf{k}_{F0}$, die gemäß (5.161) und (5.158) durch die Spannungen $\boldsymbol{\sigma}_0^e$ dargestellt werden. Die Auswertung der Gleichgewichtsbedingungen

$$\mathbf{h}_{F0} + \overline{\mathbf{h}}_{F0} - \mathbf{k}_{F0} = \mathbf{0} \tag{5.178}$$

liefert demnach die zur Berechnung von $\mathbf{K}_{F0}$ aus (5.160) und (5.159) benötigten Vorspannungen $\boldsymbol{\sigma}_0^e$. Wenn (5.178) erfüllt ist, erhält man aus (5.177) die reduzierten, *linearisierten Bewegungsgleichungen*

$$\overline{\overline{\mathbf{T}}}^T \mathbf{M}_F \, \overline{\overline{\mathbf{T}}} \, \ddot{\overline{\overline{\mathbf{z}}}}_F + \overline{\overline{\mathbf{T}}}^T \mathbf{D}_F \, \overline{\overline{\mathbf{T}}} \, \dot{\overline{\overline{\mathbf{z}}}}_F + \overline{\overline{\mathbf{T}}}^T \left(\mathbf{K}_F + \mathbf{K}_{F0} \right) \overline{\overline{\mathbf{T}}} \, \overline{\overline{\mathbf{z}}}_F \ = \ \overline{\overline{\mathbf{T}}}^T \Delta\mathbf{h}_F \tag{5.179}$$

und die *linearisierten Gleichungen zur Berechnung der Lagerreaktionen*

$$\Delta\overline{\mathbf{f}} = \overline{\mathbf{T}}^T \Delta\overline{\mathbf{h}}_F = \overline{\mathbf{T}}^T \mathbf{M}_F \, \overline{\overline{\mathbf{T}}} \, \ddot{\overline{\overline{\mathbf{z}}}}_F + \overline{\mathbf{T}}^T \mathbf{D}_F \, \overline{\overline{\mathbf{T}}} \, \dot{\overline{\overline{\mathbf{z}}}}_F + \overline{\mathbf{T}}^T \left(\mathbf{K}_F + \mathbf{K}_{F0} \right) \overline{\overline{\mathbf{T}}} \, \overline{\overline{\mathbf{z}}}_F - \overline{\mathbf{T}}^T \Delta\mathbf{h}_F. \tag{5.180}$$

In den linearisierten Bewegungsgleichungen (5.179) erscheint insbesondere der aus Vorspannungen $\boldsymbol{\sigma}_0^e \neq \mathbf{0}$ und thermischen Verzerrungen $\boldsymbol{\varepsilon}_T^e \neq \mathbf{0}$ resultierende Beitrag $\mathbf{K}_{F0} \, \mathbf{z}_F$ – vgl. (5.158) bis (5.161). Er erfaßt Änderungen der Bewegungen infolge von Erwärmung und Vorspannung der Struktur und erlaubt auch die Angabe geometrischer Steifigkeiten. Solche Einflüsse werden im nächsten Abschnitt 5.3.2 besprochen. Im folgenden Beispiel sind die linearisierten Bewegungsgleichungen ohne Berücksichtigung dieser Terme angegeben.

● **Beispiel 5.5: Linearisierte Bewegungsgleichungen einer Finite-Elemente-Struktur.** Die an der Stelle $z_F = 0$ linearisierten Gleichungen (5.170) sollen für die Balkenstruktur aus Bild 5-14 angegeben werden. Die Struktur ist nach Bild 5-16 am Knoten ① eingespannt und durch ihr Gewicht ($g = 9.81\ m/s^2$) und eine horizontale Kraft F am Knoten ④ belastet. Thermische Verformungen und Vorspannungen sind nicht vorhanden, also $\varepsilon_T^e \equiv 0$ und $\sigma_0^e \equiv 0$. Mit (5.158) bis (5.161) folgt $\mathbf{k}_{F0} = 0$ und $\mathbf{K}_{F0} = 0$. Die Strukturdämpfung sei ohne Interesse, d. h. $\mathbf{D}_F \equiv 0$. Weiter sei die Kraft F hinreichend klein, so daß man die linearisierten Bewegungsgleichungen (5.177) mit $\mathbf{h}_{F0} = 0$ und $\overline{\mathbf{h}}_{F0} = 0$ – vgl. (5.176) – verwenden kann. Die Elementmatrizen $\mathbf{M}^e$, $\mathbf{K}^e$ und $\mathbf{C1}^e$ sowie die Systemmatrizen $\mathbf{M}_F$, $\mathbf{K}_F$, $\overline{\mathbf{h}}_F$ und $\mathbf{h}_F$ aus (5.177) sollen ermittelt werden. Der horizontale Arm der Struktur ist sehr weich und der senkrechte vergleichsweise steif. Die Parameter der Elemente sind in Tabelle 5.2 angegeben – vgl. auch [29].

Zunächst werden die Elementmatrizen und dann die Systemmatrizen für die gesamte Struktur angegeben.

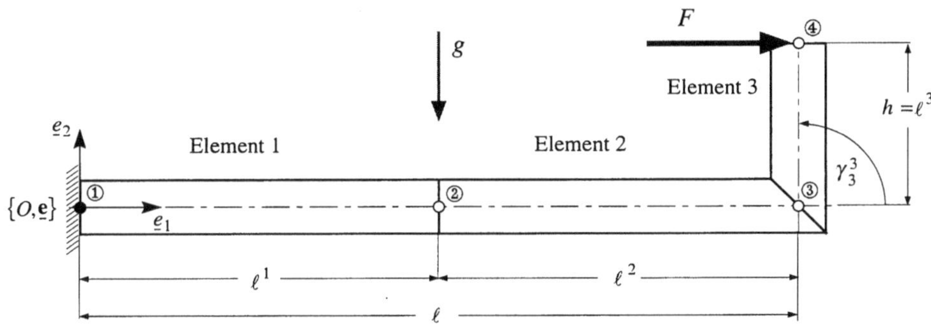

Bild 5-16: Kräfte an der ebenen Balkenstruktur aus Bild 5-14.

Tabelle 5.2: Parameter für die Balkenstruktur aus Bild 5-16.

Element e	Länge ℓ^e [m]	Breite b^e [m]	Höhe h^e [m]	Querschnitt A^e [m^2]	Flächenträgheitsmoment J_{33}^e [m^4]	Elastizitätsmodul $\mathcal{E}^e$ [N/m^2]	Dichte ρ_0^e [kg/m^3]
1	1.00	0.2	0.009	0.0018	$1.215 \cdot 10^{-8}$	$7 \cdot 10^{10}$	3000
2	1.00	0.2	0.009	0.0018	$1.215 \cdot 10^{-8}$	$7 \cdot 10^{10}$	3000
3	0.40	0.2	0.0095	0.0019	$1.429 \cdot 10^{-8}$	$21 \cdot 10^{10}$	7895

Element-Massenmatrizen $\mathbf{M}^e$ *und Massenmatrizen* $\mathbf{C1}^e$ *für ebene, schubstarre Balkenelemente.*

Die Volumenintegrale in (5.153) und (5.165) können für homogene Balkenelemente nach Einführung der Querschnittsfläche A^e umgeformt werden in

$$\int_{V_0^e} \rho_0^e(\ldots)\,dV = \rho_0^e\,A^e \int_0^{\ell^e} (\ldots)\,dx_1 = \rho_0^e A^e \ell^e \int_0^1 (\ldots)\,d\xi = m^e \int_0^1 (\ldots)\,d\xi \quad \text{mit} \quad x_1 = \xi\,\ell^e. \tag{5.181}$$

Das Produkt $\rho_0^e\,A^e\,\ell^e = m^e$ ist die Masse des Elements[*]. Mit der Interpolationsmatrix $\mathbf{N}^e$ aus (5.104) wird

---

[*] In der Literatur findet man auch Balkenelemente, bei denen die Massendrehträgheit in der Element-Massenmatrix berücksichtigt ist, z. B. [23]. Bei schlanken Balken kann man sie vernachlässigen.

$$\mathbf{M}^e = m^e \int_0^1 \mathbf{N}^{e^T}(\xi)\,\mathbf{N}^e(\xi)\,d\xi = \frac{m^e}{420}\begin{bmatrix} 140 & & & & & \\ 0 & 156 & & & sym. & \\ 0 & 22\ell^e & 4\ell^{e2} & & & \\ 70 & 0 & 0 & 140 & & \\ 0 & 54 & 13\ell^e & 0 & 156 & \\ 0 & -13\ell^e & -3\ell^{e2} & 0 & -22\ell^e & 4\ell^{e2} \end{bmatrix}. \tag{5.182}$$

Ebenso findet man aus (5.165)

$$\mathbf{C1}^e = m^e \int_0^1 \mathbf{N}^e(\xi)\,d\xi = \frac{m^e}{12}\begin{bmatrix} 6 & 0 & 0 & 6 & 0 & 0 \\ 0 & 6 & \ell^e & 0 & 6 & -\ell^e \\ 0 & 0 & 0 & 0 & 0 & 0 \end{bmatrix}. \tag{5.183}$$

Die dritte Zeile von $\mathbf{C1}^e$ enthält nur Nullen, da hier nur ebene Bewegungen betrachtet werden.

Lineare Element-Steifigkeitsmatrizen $\mathbf{K}^e$ *für ebene, schubstarre Balkenelemente.*

Für diese Matrizen werden nach (5.156) die Verzerrungsmatrizen $\mathbf{B}_L^e$ und die Materialmatrizen $\mathbf{H}^e$ benötigt. Für den hier betrachteten Balken ist $G_{11}(x_1, x_2)$ nach (5.111) das einzige Verzerrungsmaß. Mit dem Materialgesetz erhält man die Spannung $S_{11}(x_1, x_2) = \mathcal{E}\,G_{11}(x_1, x_2)$ in Längsrichtung des Balkens, also

$$\boldsymbol{\sigma}^e = \mathbf{H}^e\,\boldsymbol{\varepsilon}^e \quad \text{mit} \quad \boldsymbol{\sigma}^e = \big[S_{11}(x_1, x_2)\big], \quad \boldsymbol{\varepsilon}^e = \big[G_{11}(x_1, x_2)\big], \quad \mathbf{H}^e = \big[\mathcal{E}^e\big]. \tag{5.184}$$

Dabei ist $\mathcal{E}^e$ der Elastizitätsmodul des Elements e. Das Flächenträgheitsmoment des symmetrischen Balkenprofils ist J_{33}^e, womit

$$\left.\begin{aligned} &\int_{V_0^e}(\ldots)\,dV = A^e \ell^e \int_0^1 (\ldots)\,d\xi \\[2mm] &\int_{V_0^e}(\ldots)\,x_2\,dV = \ell^e \int_0^1 (\ldots)\int_{A^e} x_2\,dA\,d\xi = 0 \qquad \text{falls} \qquad \int_{A^e} x_2\,dA = 0 \\[2mm] &\int_{V_0^e}(\ldots)\,x_2^2\,dV = \ell^e \int_0^1 (\ldots)\int_{A^e} x_2^2\,dA\,d\xi = \ell^e J_{33}^e \int_0^1 (..)\,d\xi \quad \text{wo} \quad \int_{A^e} x_2^2\,dA = J_{33}^e\,. \end{aligned}\right\} \tag{5.185}$$

Mit diesen Gleichungen und Definitionen ergibt sich die lineare Element-Steifigkeitsmatrix ebener, schubstarrer Balkenelemente zu

$$\mathbf{K}^e = \int_{V_0^e} \mathbf{B}_L^{e^T}(\xi)\,\mathbf{H}^e\,\mathbf{B}_L^e(\xi)\,dV = \frac{\mathcal{E}^e}{\ell^{e3}}\begin{bmatrix} A^e\ell^{e2} & & & & & \\ 0 & 12 J_{33}^e & & & sym. & \\ 0 & 6 J_{33}^e\ell^e & 4 J_{33}^e\ell^{e2} & & & \\ -A^e\ell^{e2} & 0 & 0 & A^e\ell^{e2} & & \\ 0 & -12 J_{33}^e & -6 J_{33}^e\ell^e & 0 & 12 J_{33}^e & \\ 0 & 6 J_{33}^e\ell^e & 2 J_{33}^e\ell^{e2} & 0 & -6 J_{33}^e\ell^e & 4 J_{33}^e\ell^{e2} \end{bmatrix} \tag{5.186}$$

Systemmatrizen $\mathbf{M}_F$, $\mathbf{K}_F$, $\mathbf{h}_F$ *und* $\overline{\mathbf{h}}_F$ *und Matrizen des reduzierten Gleichungssystems.*

Die Systemmatrizen $\mathbf{M}_F$ und $\mathbf{K}_F$ erhält man durch Addition der mit $\mathbf{T}^{eT}$ und $\mathbf{T}^e$ multiplizierten Elementmatrizen $\mathbf{M}^e$ und $\mathbf{K}^e$ gemäß (5.154) und (5.160). Werte ungleich Null hat die Sammelmatrix $\mathbf{T}^e$ nur für die Knoten des Elements e – vgl. dazu auch Beispiel 5.4, Gleichungen (5.134) bis (5.136). Infolgedessen besitzen die Systemmatrizen $\mathbf{M}_F$ und $\mathbf{K}_F$ Bandstruktur. Sie ist für das hier betrachtete Beispiel in Bild 5-17 veranschaulicht. Die Matrizen haben die Dimension 12×12. Die Beiträge der 3×3 Elementmatrizen werden an den schattierten Stellen aufaddiert. Dabei sind die in $\mathbf{T}^e$ enthaltenen und durch $\boldsymbol{\Gamma}^e$ erfaßten Drehungen der Element-Koordinatensysteme zu berücksichtigen.

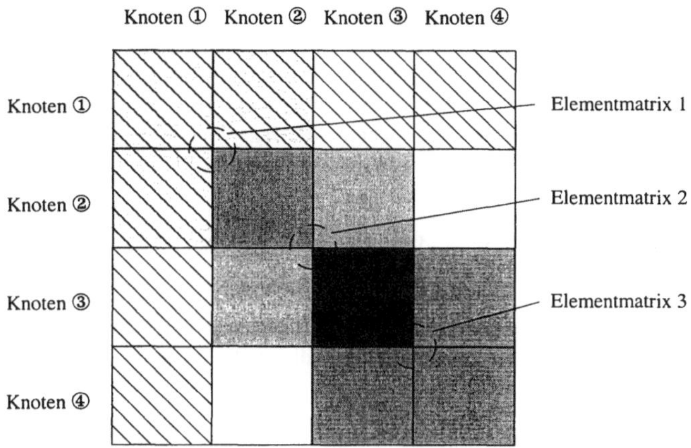

Bild 5-17: Zusammenfassung der Elementmatrizen zur Systemmatrix und Abspalten der reduzierten Matrizen. Die durch Schraffur gekennzeichneten Zeilen und Spalten gehören zu Koordinaten $\mathbf{z}_F$, die Lagerungsbedingungen unterliegen.

Das Einarbeiten der Bedingungen für die Lagerung der Struktur (Matrix $\overline{\overline{\mathbf{T}}}$) in die Systemmatrizen entspricht einem Streichen der Zeilen und Spalten mit den Nummern von Knoten, deren Bewegungen gesperrt sind. Damit ergeben sich unter Verwendung der in Tabelle 5.2 angegebenen Modellparameter die reduzierten Matrizen der Dimension 9×9 zu:

$$\overline{\overline{\mathbf{M}}}_F = \overline{\overline{\mathbf{T}}}^T \mathbf{M}_F \, \overline{\overline{\mathbf{T}}} = \begin{bmatrix} 360 & & & & & & & & \\ 0 & 401 & & & & & & & \\ 0 & 0 & 10 & & & sym. & & & \\ 90 & 0 & 0 & 403 & & & & & \\ 0 & 69 & 17 & 0 & 401 & & & & \\ 0 & -17 & -4 & -13 & -28 & 6.1 & & & \\ 0 & 0 & 0 & 77 & 0 & -7.4 & 223 & & \\ 0 & 0 & 0 & 0 & 100 & 0 & 0 & 200 & \\ 0 & 0 & 0 & 7.4 & 0 & -0.7 & 13 & 0 & 0.9 \end{bmatrix} \cdot 10^{-2} \qquad (5.187)$$

$$\overline{\overline{\mathbf{K}}}_F = \overline{\overline{\mathbf{T}}}^T \mathbf{K}_F \overline{\overline{\mathbf{T}}} = \begin{bmatrix} 25200 & & & & & & & & \\ 0 & 2.04 & & & & & sym. & & \\ 0 & 0 & 0.68 & & & & & & \\ -12600 & 0 & 0 & 12656 & & & & & \\ 0 & -1.02 & -0.51 & 0 & 99751 & & & & \\ 0 & 0.51 & 0.17 & -11.25 & -0.51 & 3.34 & & & \\ 0 & 0 & 0 & -56.27 & 0 & 11.25 & 56.27 & & \\ 0 & 0 & 0 & 0 & -99750 & 0 & 0 & 99750 & \\ 0 & 0 & 0 & -11.25 & 0 & 1.5 & 11.25 & 0 & 3 \end{bmatrix} \cdot 10^4 . \tag{5.188}$$

Der Lastvektor des Systems $\mathbf{h}_F$ aus (5.168) enthält den Beitrag der Erdbeschleunigung $\mathbf{g}$ und der Einzelkraft F am Knoten ④ – siehe Bild 5-16. Für die Erdbeschleunigung gilt $\mathbf{g} = [0, -9.81, 0]^T \ m/s^2$. Die Einzelkraft F kann man sich als Resultante generalisierter Oberflächenkräfte $\mathbf{h}_{F\overline{p}}$ vorstellen. Damit ergibt sich $\mathbf{h}_F$ gemäß (5.162) als Summe von $\mathbf{h}_{F\overline{p}}$ und $\mathbf{h}_{Fg}$. Aus (5.164) folgt

$$\overline{\overline{\mathbf{h}}}_{Fg} = \overline{\overline{\mathbf{T}}}^T \mathbf{h}_{Fg} = \overline{\overline{\mathbf{T}}}^T \sum_{e=1}^{3} \mathbf{T}^{e^T} \mathbf{C1}^{e^T} \mathbf{\Gamma}^e \mathbf{g} = \begin{bmatrix} 0 & -52.97 & 0 & 0 & -55.92 & 4.41 & 0 & -29.43 & 0 \end{bmatrix}^T . \tag{5.189}$$

Die Einzelkraft F in $\underline{e}_1$-Richtung ist die generalisierte Kraft zur Verschiebungskoordinate $u^{④}$ aus $\mathbf{z}_F$, also zum Element 10 von $\mathbf{z}_F$, vgl. (5.133). Daher erscheint F ebenfalls als Element 10 in $\mathbf{h}_{F\overline{p}}$. Die reduzierte Matrix $\overline{\overline{\mathbf{h}}}_F$ ergibt sich somit zu

$$\overline{\overline{\mathbf{h}}}_F = \overline{\overline{\mathbf{T}}}^T \mathbf{h}_F = \overline{\overline{\mathbf{T}}}^T \left(\mathbf{h}_{Fg} + \mathbf{h}_{F\overline{p}} \right) = \begin{bmatrix} 0 & -52.97 & 0 & 0 & -55.92 & 4.41 & F & -29.43 & 0 \end{bmatrix}^T . \tag{5.190}$$

Die Einheiten für die Verschiebungen und Verdrehungen sind [m] und [rad]. Die Knotenkräfte und -momente aus $\mathbf{h}_F$ sind in [N] und [Nm] angegeben.

Da die Struktur am Knoten ① eingespannt ist, sind die Größen $\overline{F}_1^{①}$, $\overline{F}_2^{①}$ und $\overline{L}_3^{①}$ Lagerreaktionen. Sie sind unbekannt. Die Matrix der Lagerkräfte und -momente hat den Aufbau

$$\left. \begin{aligned} \overline{\mathbf{h}}_F &= \begin{bmatrix} \overline{F}_1^{①} & \overline{F}_2^{①} & \overline{L}_3^{①} & 0 & 0 & 0 & 0 & 0 & 0 & 0 & 0 & 0 \end{bmatrix}^T \\ \text{also} \quad \overline{\mathbf{f}} &= \overline{\mathbf{T}}^T \overline{\mathbf{h}}_F = \begin{bmatrix} \overline{F}_1^{①} & \overline{F}_2^{①} & \overline{L}_3^{①} \end{bmatrix}^T \end{aligned} \right\} \tag{5.191}$$

und kann nach Ermittlung der Verformungen mit (5.174) berechnet werden.

5.3.2 Lösung statischer und dynamischer Probleme

Mit den in Abschnitt 5.3.1 angegebenen Bewegungsgleichungen kann man lineare und nichtlineare Probleme aus der Statik und der Kinetik elastischer Strukturen behandeln. Die Genauigkeit einer Analyse steigt i. a. mit der Zahl der finiten Elemente. Bei hohen Genauigkeitsanforderungen und detaillierter Beschreibung der Struktur haben Finite-Elemente-Modelle daher oft eine sehr hohe Systemordnung. Zur Vermeidung unnötig hoher Rechenzeiten wird man die für eine bestimmte Fragestellung einfachste Form der Bewegungsgleichungen (d. h. lineare oder nichtlineare und statische oder dynamische Gleichungen) benutzen. Für die verschiedenen Formen der Gleichungen wurden spezielle numerische Lösungsverfahren entwickelt.

Angaben hierzu findet man in [1, 14, 35]. Die wesentlichen Aussagen sind in der Tabelle 5.3 zusammengefaßt. Auf die dort genannten Verfahren wird hier nicht eingegangen.

Tabelle 5.3 Problemklassen und Lösungsverfahren

Problemklasse	*Gleichungen*	*Lösungsverfahren*
• Lineare Statik	lineare, gewöhnliche Gleichungen $$\left(\mathbf{K}_{Fl} + \mathbf{K}_{F0}\right)\mathbf{z}_F = \mathbf{h}_F + \overline{\mathbf{h}}_F - \mathbf{k}_{F0}$$ $$\mathbf{z}_F = \overline{\overline{\mathbf{T}}}\,\overline{\mathbf{z}}_F + \overline{\mathbf{T}}\,\overline{\mathbf{z}}_F$$	Cholesky Verfahren
• Lineare Dynamik	lineare Differentialgleichungen, homogen oder inhomogen $$\mathbf{M}_F\,\ddot{\mathbf{z}}_F + \mathbf{D}_F\,\dot{\mathbf{z}}_F + \left(\mathbf{K}_{Fl} + \mathbf{K}_{F0}\right)\mathbf{z}_F$$ $$= \mathbf{h}_F + \overline{\mathbf{h}}_F - \mathbf{k}_{F0}$$ $$\mathbf{z}_F = \overline{\overline{\mathbf{T}}}\,\overline{\mathbf{z}}_F + \overline{\mathbf{T}}\,\overline{\mathbf{z}}_F$$	Eigenwertberechnung nach Housholder Numerische Integration nach Newmark
• Nichtlineare Statik	nichtlineare, gewöhnliche Gln. $$\mathbf{k}_F(\mathbf{z}_F) = \mathbf{h}_F + \overline{\mathbf{h}}_F$$ $$\mathbf{z}_F = \overline{\overline{\mathbf{T}}}\,\overline{\mathbf{z}}_F + \overline{\mathbf{T}}\,\overline{\mathbf{z}}_F$$	Newton-Raphson Iteration mit Cholesky Verfahren
• Nichtlineare Dynamik	nichtlineare Differentialgleichungen $$\mathbf{M}_F\,\ddot{\mathbf{z}}_F + \mathbf{D}_F\dot{\mathbf{z}}_F + \mathbf{k}_F(\mathbf{z}_F) = \mathbf{h}_F + \overline{\mathbf{h}}_F$$ $$\mathbf{z}_F = \overline{\overline{\mathbf{T}}}\,\overline{\mathbf{z}}_F + \overline{\mathbf{T}}\,\overline{\mathbf{z}}_F$$	Numerische Integration nach Newmark mit Iteration

Lineare Analyse

Kleine Belastungen resultieren i. a. in kleinen Bewegungen der Struktur und die linearen Bewegungsgleichungen reichen zur Analyse solcher Probleme aus. Diese Annahme muß aber, wie im folgenden Beispiel gezeigt, nach Lösung des Problems durch Überprüfung der Werte der Systemkoordinaten $\mathbf{z}_F$ bestätigt werden, bevor sich aus den Lösungen weitergehende Schlüsse ziehen lassen.

● **Beispiel 5.6: Lineare Analyse einer Finite-Elemente-Struktur.** Für die Balkenstruktur aus Bild 5-16 sollen mit den in Beispiel 5.5 ermittelten Systemmatrizen angegeben werden:

a)   Verformungen, Lagerreaktionen, Normalkraft und Biegemoment bei Einwirkung von Gewicht und Horizontalkraft F unter Verwendung der linearen Theorie, wobei $F = 0$, -200 N, -400 N und 200 N;

b)   Eigenfrequenzen und Eigenvektoren;

c)   Eigenfrequenzen, die sich bei Erhöhung der Zahl der finiten Elemente zur Modellierung des horizontalen Balkenabschnitts von zwei auf zehn ergeben.

Bei Linearisierung bezüglich des Referenzzustands $\sigma_0^e = 0$, $\varepsilon_T^e = 0$ und $\mathbf{z}_F = 0$ folgt aus (5.179) für $\dot{\overline{\mathbf{z}}}_F = 0$ und $\ddot{\overline{\mathbf{z}}}_F = 0$ zur Lösung des statischen Problems

$$\overline{\overline{\mathbf{K}}}_F\,\overline{\mathbf{z}}_F = \overline{\overline{\mathbf{h}}}_F \quad \text{mit} \quad \overline{\overline{\mathbf{K}}}_F = \overline{\overline{\mathbf{T}}}^T \mathbf{K}_F\,\overline{\overline{\mathbf{T}}}\,, \quad \overline{\overline{\mathbf{h}}}_F = \overline{\overline{\mathbf{T}}}^T \Delta\mathbf{h}_F\,, \quad \Delta\mathbf{h}_F \equiv \mathbf{h}_F\,, \quad \overline{\mathbf{z}}_F = \overline{\overline{\mathbf{T}}}^T \mathbf{z}_F\,. \qquad (5.192)$$

Zur Angabe der Verformungen muß $\bar{\bar{z}}_F$ aus (5.192) ermittelt werden. Die Matrizen $\bar{\bar{K}}_F$ und $\bar{\bar{h}}_F$ finden sich in (5.188) und (5.190) für beliebige Werte von F. Die Knotenkoordinaten am Knoten ① verschwinden wegen der Einspannung. Zur Lösung von (5.192) können Programme wie Matlab, Mathematica oder Maple verwendet werden. Die so gewonnenen Ergebnisse sind in Tabelle 5.4, Zeile "Verformungen", für die vier Werte von F, Zeile "Lastfälle", zusammengestellt, gestützt auf das Modell mit drei finiten Elementen aus Bild 5-16.

In der linearen Theorie müssen die Verformungen klein bleiben, d. h. $|u| \ll \ell$, $|v| \ll \ell$ und $|\vartheta| < 0.1\,\mathrm{rad} = 6°$.

Diese Bedingung ist für die Lastfälle 1 und 4 verletzt. Im Lastfall 1 gilt am Knoten ③ $\vartheta^{③} = -13°$ und im Lastfall 4 wird $\vartheta^{③} = -23°$, siehe auch die Darstellungen der verformten Struktur in Tabelle 5.4. In diesen Fällen ist eine nichtlineare Analyse erforderlich.

Nach Ermittlung von z_F können die Lagerreaktionen am Knoten ① mit (5.180) ermittelt werden. Für das vorliegende Beispiel erhält man

$$\bar{f} = \begin{bmatrix} \bar{F}_1^{①} & \bar{F}_2^{①} & \bar{L}_3^{①} \end{bmatrix}^T = \bar{T}^T \, (K_F \, z_F - h_F). \tag{5.193}$$

Die mit dieser Gleichung ermittelten Ergebnisse finden sich in der Tabelle 5.4, "Lagerreaktionen". Wie zu erwarten, stehen $\bar{F}_1^{①}$ und F sowie $\bar{F}_2^{①}$ und die Gewichtskräfte im Gleichgewicht. Die Momente der beiden Kräfte ergeben das Reaktionsmoment $\bar{L}_3^{①}$, vgl. auch Bild 5-16.

Der Spannungsverlauf in der Balkenstruktur kann aus z_F mit (5.116) und dem Materialgesetz (5.184) ermittelt werden. In linearer Näherung gilt für die Spannung in einem Element e

$$S_{11}^e(\xi, x_2) = \mathcal{E}^e \, B_L^e(\xi, x_2) \, T^e \, z_F, \tag{5.194}$$

wobei $\mathcal{E}^e$ der Elastizitätsmodul und B_L^e die lineare Verzerrungsmatrix des Elements e nach (5.116) sind. Bei Balken unterscheidet man

$$\text{Normalspannungen } S_{Normal}^e = S_{11}^e(\xi, x_2 = 0) \text{ und Biegespannungen } S_{Bieg}^e = S_{11}^e - S_{Normal}^e. \tag{5.195}$$

Letztere nehmen ihre Maximalwerte auf dem Rand an, d. h. für $|x_2| = \tfrac{1}{2}h^e$, $h^e = $ Höhe des Profils im Balkenelement e. Die Spannungen sind positiv, wenn sie am linken Schnittufer in 1-Richtung wirken, also Zugspannungen entsprechen.

Da für die Dehnung des Balkens ein linearer Interpolationsansatz gewählt wurde, ist die Dehnung und damit die Normalspannung in einem Element konstant. Das Biegemoment ist der Krümmung proportional. Für die Biegung wurde daher ein kubischer Ansatz verwendet, was einen in ξ linearen Verlauf für die Krümmung ergibt. Anstelle der Spannungen sind in Tabelle 5.4 die Normalkraft und das Biegemoment angegeben. Sie ergeben sich mit A^e und J_{33}^e aus Tabelle 5.2 nach (5.195) zu

$$F_{Normal}^e(\xi) = A^e \, S_{11}^e(\xi, x_2 = 0), \qquad L_{Bieg}^e(\xi) = -\frac{J_{33}^e}{\tfrac{1}{2}h^e}\left(S_{11}^e(\xi, x_2 = \tfrac{1}{2}h^e) - S_{Normal}^e\right). \tag{5.196}$$

In den Elementen 1 und 2 ist die Normalkraft gleich der Last F. Im Element 3 ergibt sie sich infolge der verteilten Gewichtskraft zu $F_{Normal}^3 = -29{,}43\ \mathrm{N}$, was einer Druckkraft entspricht. Der Biegemomentenverlauf in den Elementen $e = 1, 2$ und 3 ist in Tabelle 5.4 angegeben. Bei einer Erhöhung der Zahl der finiten Elemente erhält man für die Verformung keine anderen Ergebnisse, aber in der Darstellung der Momente zeigen sich geringe Unterschiede, da der vorliegende Belastungsfall ein Biegemoment liefert, das in ξ nichtlinear ist. Daraus folgt, daß die Bedingung $\bar{L}_3^{①} = -\bar{L}_{Bieg}^1(\xi = 0)$ in der Einspannung am Knoten ① nicht exakt erfüllt wird. Wegen der konstanten Horizontalkraft gilt aber $\bar{F}_1^{①} = -F_{Normal}^1$.

Tabelle 5.4: Ergebnisse einer linearen Statikanalyse der Balkenstruktur mit drei Elementen

Lastfälle Horizontalkraft F	1 0 N	2 – 200 N	3 –400 N	4 200 N
Verformungen				
$u^{②}$ [mm]	0	0	0	0
$v^{②}$ [mm]	–102	–55	–8	–149
$\vartheta^{②}$ [rad]	–0.176	–0.082	0.012	–0.271
$u^{③}$ [mm]	0	0	0	0
$v^{③}$ [mm]	–309	–121	67	–497
$\vartheta^{③}$ [rad]	–0.221	–0.033	0.155	–0.410
$u^{④}$ [mm]	88	12	–65	165
$v^{④}$ [mm]	–309	–121	67	–497
$\vartheta^{④}$ [rad]	–0.221	–0.028	0.165	–0.415
unverformte und verformte Struktur				
Lagerreaktionen				
$\overline{F}_1^{①}$ [N]	0	200	400	- 200
$\overline{F}_2^{①}$ [N]	165	165	165	165
$\overline{L}_3^{①}$ [Nm]	224	144	64	304
Biegemoment				
$L^1_{Bieg}(\xi)$ [Nm]	$-219 + 138\,\xi$	$-139 + 138\,\xi$	$-59 + 138\,\xi$	$-299 + 138\,\xi$
$L^2_{Bieg}(\xi)$ [Nm]	$-81 + 85\,\xi$	$-1 + 85\,\xi$	$79 + 85\,\xi$	$-161 + 85\,\xi$
$L^3_{Bieg}(\xi)$ [Nm]	0	$80 - 80\,\xi$	$160 - 160\,\xi$	$-80 + 80\,\xi$

Die Eigenfrequenzen und Eigenformen der Struktur ermittelt man aus der zur linearen Bewegungsgleichung (5.179) gehörenden homogenen Gleichung. Für das hier betrachtete Beispiel gilt

$$\overline{\overline{\mathbf{M}}}_F\,\ddot{\overline{\mathbf{z}}}_F + \overline{\overline{\mathbf{K}}}_F\,\overline{\mathbf{z}}_F = \mathbf{0}, \tag{5.197}$$

mit $\overline{\overline{\mathbf{M}}}_F$ und $\overline{\overline{\mathbf{K}}}_F$ nach (5.187) und (5.188). Der Ansatz $\overline{\mathbf{z}}_F = \overline{\overline{\mathbf{Z}}}_{Fi}\cos\omega_i t$ liefert das reelle Eigenwertproblem

$$\left(\overline{\overline{\mathbf{K}}}_F - \omega_i^2\,\overline{\overline{\mathbf{M}}}_F\right)\overline{\overline{\mathbf{Z}}}_{Fi} = \mathbf{0}, \quad i = 1, 2, \ldots, \overline{n}_F. \tag{5.198}$$

Dabei ist $\overline{n}_F \equiv n_y$ die Zahl der Lagezustandsgrößen $\mathbf{y} \equiv \overline{\overline{\mathbf{z}}}_F$, $\omega_i = 2\pi f_i$ die Eigenkreisfrequenz und $\overline{\overline{\mathbf{Z}}}_{Fi}$ der Eigenvektor zur i-ten Eigenform. Das Problem (5.198) kann wieder mit einem der oben genannten Programme gelöst werden. Je nach Lösungsverfahren sind die Eigenvektoren unterschiedlich normiert. Hier werden die Normierungsfaktoren α_i so gewählt, daß die modalen Massen $M_{qi} = \overline{\overline{\mathbf{Z}}}_{Fi}^T\,\overline{\overline{\mathbf{M}}}_F\,\overline{\overline{\mathbf{Z}}}_{Fi}$ gleich Eins sind, also

$$\alpha_i\,\overline{\overline{\mathbf{Z}}}_{Fi}^T\,\overline{\overline{\mathbf{M}}}_F\,\overline{\overline{\mathbf{Z}}}_{Fi}\,\alpha_i = M_{qi} = 1. \tag{5.199}$$

Die ersten drei Eigenformen sind in Bild 5-18 angegeben. Sie erfassen vornehmlich Biegeschwingungen der Elemente 1 und 2, da das Element 3 sehr steif ist – vgl. Bild 5-16 und Tabelle 5.2. Die erste Form erinnert an die erste Biegeform eines einseitig eingespannten Balkens, die zweite und dritte Form dagegen eher an die erste und zweite Biegeform eines beidseitig gelagerten Balkens, [11].

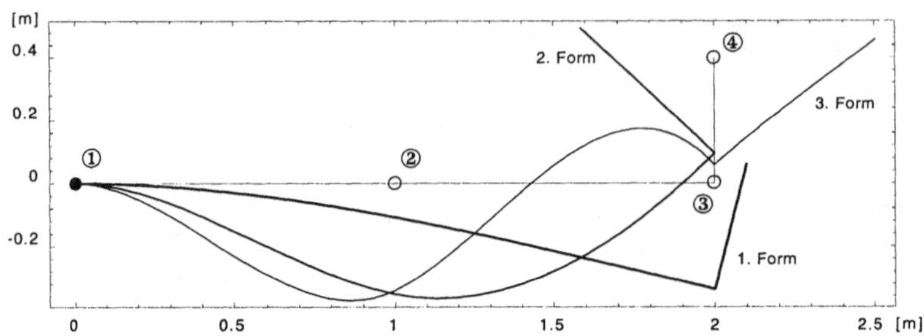

Bild 5-18: Drei Eigenformen der Balkenstruktur.

Ein Kontinuum hat unendlich viele Eigenformen. Da die Struktur mit nur drei Balkenelementen modelliert wurde, ergeben sich neun Freiheitsgrade, also neun Eigenformen. Nur das erste Drittel dieser Formen beschreibt das System i. a. hinreichend genau. Tabelle 5.5 gibt die ersten neun Eigenfrequenzen für die Biegeschwingungen der Struktur an. Sie wurden mit Finite-Elemente-Modellen aus drei und aus elf Elementen ermittelt. Diese Werte werden mit den Eigenfrequenzen eines Balkens mit starrer Endmasse verglichen, die mit einem in [30] beschriebenen Programm BEAM gewonnen wurden. BEAM basiert auf der Modellvorstellung des Bernoulli-Balkens, vgl. Kapitel 4, dessen Gleichungen mit einem Separationsansatz gelöst werden. Es zeigt sich, daß mit drei Elementen nur die ersten drei und mit elf Elementen die ersten acht Eigenfrequenzen (in Tabelle 5.5 schattierte Werte) mit einer Genauigkeit von 3 % berechnet werden können. Die erste Eigenform für Dehnungsschwingungen liegt bei ca. 400 Hz.

Zum Schluß noch ein Hinweis: Bestimmt gelagerte Strukturen besitzen nur Eigenfrequenzen $f_i > 0$, also Eigenformen, die zu Verformungen der Struktur gehören. Läßt die Lagerung einer Struktur Starrkörperbewegungen zu, so findet man aus (5.198) auch zu den Starrkörperformen gehörende Eigenfrequenzen $f_i = 0$.

Tabelle 5.5: Eigenfrequenzen der Balkenstruktur

	Eigenfrequenzen f_i [Hz]								
Modell	1 Biegung	2 Biegung	3 Biegung	4 Biegung	5 Biegung	6 Biegung	7 Biegung	8 Biegung	9 Biegung
3 Elemente	0.9614	7.068	17.04	43.05	163.5	479.0	630.0	1805	6443
11 Elemente	0.9614	7.037	16.67	33.42	61.39	99.62	147.5	203.6	255.2
BEAM	0.9614	7.060	17.21	34.45	63.02	102.1	151.1	210.2	279.1

Nichtlineare Analyse

Die *nichtlinearen Gleichungen* (5.170) bis (5.174) müssen bei Belastungen verwendet werden, die in großen Bewegungen resultieren. Sie werden bei statischen Problemen, also für $\dot{\bar{\mathbf{z}}}_F = \ddot{\bar{\mathbf{z}}}_F = 0$, mit einem Newton-Raphson-Iterationsverfahren gelöst. Dazu benötigt man die Jacobimatrix des nichtlinearen Gleichungssystems, d. h. die *Tangential-Steifigkeitsmatrix*

$\mathbf{K}_{FT} = \partial \mathbf{k}_F(\mathbf{z}_F)/\partial \mathbf{z}_F$ zu den aus den Spannungen resultierenden Kräften $\mathbf{k}_F(\mathbf{z}_F)$ in (5.155). Diese Matrix kann man bereits bei der Modellierung der Elemente angeben, vgl. [35], Kap. 19 oder [1], Abschn. 6.3. Benennt man die Systemkoordinaten im n-ten Iterationsschritt mit $\mathbf{z}_F^{(n)}$ ($n = 0$ sind die Anfangsschätzwerte) und die Verbesserung der Lösung mit $\Delta \mathbf{z}_F^{(n)}$, so lautet die Vorschrift zur Lösung des nichtlinearen, statischen Problems $\mathbf{k}_F(\mathbf{z}_F) = \mathbf{h}_F$:

$$
\left.
\begin{aligned}
&\text{Schritt 1:}\quad \mathbf{K}_{FT}^{(n)}\,\Delta\mathbf{z}_F^{(n)} = \mathbf{h}_F - \mathbf{k}_F(\mathbf{z}_F^{(n)}) \quad\text{mit}\quad \mathbf{K}_{FT}^{(n)} = \left.\frac{\partial \mathbf{k}_F(\mathbf{z}_F)}{\partial \mathbf{z}_F}\right|_{\mathbf{z}_F = \mathbf{z}_F^{(n)}} ;\\[2ex]
&\text{Schritt 2:}\quad \mathbf{z}_F^{(n+1)} = \mathbf{z}_F^{(n)} + \Delta\mathbf{z}_F^{(n)};\\[2ex]
&\text{Schritt 3:}\quad \left\|\Delta\mathbf{z}_F^{(n)}\right\| > \varepsilon_z \quad\Rightarrow\quad \text{zurück zu Schritt 1.}
\end{aligned}
\right\}
\qquad (5.200)
$$

Die Iteration wird mit $\mathbf{z}_F^{(0)}$ aus $\mathbf{K}_F\,\mathbf{z}_F^{(0)} = \mathbf{h}_F$ gestartet, und sie wird bei Unterschreitung eines Verschiebungsfehlers ε_z beendet. Weiter verfeinerte Lösungsverfahren sind in der oben genannten Literatur angegeben. Dort werden auch Verfahren erläutert, bei denen die Last $\mathbf{h}_F$ inkrementell aufgebracht wird. Im Iterationsverfahren (5.200) muß $\mathbf{h}_F$ dann durch die inkrementellen Lasten $\mathbf{h}_F^{(m)}$ ersetzt werden.

Die in (5.200) benötigte Tangential-Steifigkeitsmatrix $\mathbf{K}_{FT}$ muß noch angegeben werden. Mit $\mathbf{k}_F(\mathbf{z}_F)$ nach (5.155) und $\mathbf{z}^e = \mathbf{T}^e\,\mathbf{z}_F$ folgt mit $\mathbf{T}^e = \text{const.}$

$$
\mathbf{K}_{FT} = \frac{\partial \mathbf{k}_F(\mathbf{z}_F)}{\partial \mathbf{z}_F} = \sum_{e=1}^{n_E} \frac{\partial \mathbf{T}^{e\,T}\,\mathbf{k}^e(\mathbf{z}^e)}{\partial \mathbf{z}^e}\,\frac{\partial \mathbf{z}^e}{\partial \mathbf{z}_F} = \sum_{e=1}^{n_E} \mathbf{T}^{e\,T}\,\underbrace{\frac{\partial \mathbf{k}^e(\mathbf{z}^e)}{\partial \mathbf{z}^e}}_{\mathbf{K}_T^e(\mathbf{z}^e)}\,\mathbf{T}^e ,
\qquad (5.201)
$$

wo $\mathbf{K}_T^e(\mathbf{z}^e)$ die Element-Tangential-Steifigkeitsmatrix ist. Die Berechnung der Ableitung von $\mathbf{k}^e$ aus (5.201) erfordert nach (5.155) die Ermittlung der Ableitung der in (5.147) definierten Spannungen $\boldsymbol{\sigma}^e$. Mit (5.94) und (5.95) wird

$$
\boldsymbol{\sigma}^e(\mathbf{z}^e) = \mathbf{H}^e\left(\mathbf{B}_L^e + \tfrac{1}{2}\mathbf{B}_N^e(\mathbf{z}^e)\right)\mathbf{z}^e + \boldsymbol{\sigma}_0^e - \mathbf{H}^e\,\boldsymbol{\varepsilon}_T^e .
\qquad (5.202)
$$

Unter Beachtung von (5.95) und (2.252) findet man

$$
\frac{\partial \boldsymbol{\sigma}^e(\mathbf{z}^e)}{\partial \mathbf{z}^e} = \mathbf{H}^e\,\mathbf{B}_L^e + \tfrac{1}{2}\mathbf{H}^e\left(\mathbf{B}_N^e(\mathbf{z}^e) + \frac{\partial \mathbf{B}_N^e(\mathbf{z}^e)}{\partial \mathbf{z}^e}\mathbf{z}^e\right) = \mathbf{H}^e\,\mathbf{B}_L^e + \mathbf{H}^e\,\mathbf{B}_N^e(\mathbf{z}^e).
\qquad (5.203)
$$

Damit wird

$$\mathbf{K}_T^e = \frac{\partial \mathbf{k}^e(\mathbf{z}^e)}{\partial \mathbf{z}^e} = \frac{\partial \int_{V_0^e} \left(\mathbf{B}_L^e + \mathbf{B}_N^e(\mathbf{z}^e)\right)^T \boldsymbol{\sigma}^e(\mathbf{z}^e)\, dV}{\partial \mathbf{z}^e}$$

$$= \underbrace{\int_{V_0^e} \frac{\partial \mathbf{B}_N^e(\mathbf{z}^e)}{\partial \mathbf{z}^e}^T \boldsymbol{\sigma}^e(\mathbf{z}^e)\, dV}_{\mathbf{K}_\sigma^e(\mathbf{z}^e)} + \underbrace{\int_{V_0^e} \mathbf{B}_L^{e\,T} \frac{\partial \boldsymbol{\sigma}^e(\mathbf{z}^e)}{\partial \mathbf{z}^e}\, dV}_{\mathbf{K}^e} + \underbrace{\int_{V_0^e} \mathbf{B}_N^e(\mathbf{z}^e)^T \frac{\partial \boldsymbol{\sigma}^e(\mathbf{z}^e)}{\partial \mathbf{z}^e}\, dV}_{\mathbf{K}_v^e(\mathbf{z}^e)} . \qquad (5.204)$$

In (5.204) wurden in Anlehnung an [35], Kap. 19, eingeführt: Die

• *geometrische Steifigkeitsmatrix* $\mathbf{K}_\sigma^e$, die von den aktuellen Spannungen $\boldsymbol{\sigma}^e(\mathbf{z}^e)$ abhängt,

$$\mathbf{K}_\sigma^e(\boldsymbol{\sigma}^e) = \int_{V_0^e} \frac{\partial \mathbf{B}_N^e(\mathbf{z}^e)}{\partial \mathbf{z}^e}^T \boldsymbol{\sigma}^e\, dV, \qquad (5.205)$$

• *lineare Element-Steifigkeitsmatrix* $\mathbf{K}^e$, die aus (5.156) bekannt ist, und die

• *Matrix der großen Verschiebungen* $\mathbf{K}_v^e$

$$\mathbf{K}_v^e(\mathbf{z}^e) = \int_{V_0^e} \mathbf{B}_L^{e\,T} \mathbf{H}^e \mathbf{B}_N^e(\mathbf{z}^e)\, dV + \int_{V_0^e} \mathbf{B}_N^{e\,T}(\mathbf{z}^e) \mathbf{H}^e \left(\mathbf{B}_L^e + \mathbf{B}_N^e(\mathbf{z}^e)\right) dV. \qquad (5.206)$$

Damit folgt für (5.204)

$$\mathbf{K}_T^e(\mathbf{z}^e) = \mathbf{K}^e + \mathbf{K}_\sigma^e(\boldsymbol{\sigma}^e) + \mathbf{K}_v^e(\mathbf{z}^e). \qquad (5.207)$$

Nach [35], S. 465 sind die Elementmatrizen $\mathbf{K}_\sigma^e$ und $\mathbf{K}_v^e$ – und folglich auch $\mathbf{K}_T^e$ – symmetrisch. Entwickelt man den Integranden aus (5.159) an der Stelle $\mathbf{z}_F = \mathbf{0}$ in eine Taylorreihe, so zeigt ein Vergleich dieser Entwicklung mit (5.205), daß $\mathbf{K}_\sigma^e = \mathbf{K}_0^e$ für $\mathbf{z}^e = \mathbf{0}$, $\boldsymbol{\sigma}^e = \boldsymbol{\sigma}_0^e$ und $\boldsymbol{\varepsilon}_T^e = \mathbf{0}$. Damit lassen sich geometrische Steifigkeitsmatrizen bei Finite-Elemente-Modellen aus den Tangential-Steifigkeitsmatrizen ermitteln – vgl. Abschnitt 6.4.4.

Die Matrizen der gesamten Struktur sind in Analogie zu (5.160)

$$\mathbf{K}_{F\sigma} = \sum_{e=1}^{n_E} \mathbf{T}^{e\,T} \mathbf{K}_\sigma^e \mathbf{T}^e, \qquad \mathbf{K}_{Fv} = \sum_{e=1}^{n_E} \mathbf{T}^{e\,T} \mathbf{K}_v^e \mathbf{T}^e, \qquad \mathbf{K}_{FT} = \sum_{e=1}^{n_E} \mathbf{T}^{e\,T} \mathbf{K}_T^e \mathbf{T}^e. \qquad (5.208)$$

Mit (5.160) erhält man die in der Iterationsvorschrift (5.200) benötigte Tangential-Steifigkeitsmatrix $\mathbf{K}_{FT}^n$ zu

$$\mathbf{K}_{FT}^{(n)} = \mathbf{K}_F + \mathbf{K}_{F\sigma}^{(n)} + \mathbf{K}_{Fv}^{(n)}. \qquad (5.209)$$

Vielfach wird die Elementbasis $\underline{\mathbf{e}}^e$ zur Beschreibung der Orientierung der finiten Elemente bei einer Iteration der Bewegung der Elemente nachgeführt. Die zugehörigen Drehmatrizen sind nach (5.124) in der Sammelmatrix $\mathbf{T}^e$ enthalten. Um $\boldsymbol{\Gamma}^e$ (und damit $\mathbf{T}^e$) nach jedem Iterationsschritt an die aktuelle Orientierung $\underline{\mathbf{e}}^{e(n+1)}$ anzupassen, ermittelt man aus der Zustandsänderung $\Delta\mathbf{z}^e$ die Winkeländerung $\Delta\boldsymbol{\gamma}^e$ von $\underline{\mathbf{e}}^{e(n+1)}$ bezüglich $\underline{\mathbf{e}}^{e(n)}$. Für kleine Winkel $\Delta\boldsymbol{\gamma}^e$ gilt $\underline{\mathbf{e}}^{e(n+1)} = \left(\mathbf{E} - \Delta\tilde{\boldsymbol{\gamma}}^{e(n)}\right)\underline{\mathbf{e}}^{e(n)}$. Mit (5.82) erhält man

$$\boldsymbol{\Gamma}^{e(n+1)} = \boldsymbol{\Gamma}^{e(n)}\left(\mathbf{E} - \Delta\tilde{\boldsymbol{\gamma}}^{e(n)}\right). \tag{5.210}$$

Damit kommt zu den drei Anteilen der Element-Tangential-Steifigkeitsmatrix aus (5.207) noch eine $\Delta\boldsymbol{\gamma}^e$ abhängige Matrix hinzu. Erläuterungen hierzu findet man in der oben genannten Literatur. Aus Rechenzeitgründen werden aber oft Iterationsverfahren verwendet, bei denen in (5.207) nur die lineare und die geometrische Steifigkeitsmatrix berücksichtigt sind.

Mit (5.201) bis (5.210) ist die Newton-Raphson-Iteration (5.200) zur Lösung der nichtlinearen Gleichungen $\mathbf{k}_F(\mathbf{z}_F) = \mathbf{h}_F$ vollständig erläutert. Im folgenden Beispiel wird die Tangential-Steifigkeitsmatrix für eine Balkenstruktur angegeben und zur Lösung eines nichtlinearen, statischen Problems verwendet.

● **Beispiel 5.7: Nichtlineare Statikanalyse einer Finite-Elemente-Struktur.** Für die in Bild 5-16 dargestellte Balkenstruktur ist die Element-Tangential-Steifigkeitsmatrix anzugeben. Mit ihr soll die statische Verformung infolge der Gewichtskräfte unter Verwendung von (5.200) bis (5.203) berechnet werden. Die Ergebnisse sind mit denen der linearen Analyse aus Tabelle 5.4 zu vergleichen.

Bei der Herleitung der Verzerrungsmatrix $\mathbf{B}_N^e$ aus (5.116) für das hier betrachtete Balkenelement wurde nur der nichtlineare Term $1/2\, w_2'^2$ aus (5.111) berücksichtigt. Dies erlaubt zwar eine Behandlung von Problemen, bei denen es auf die Kopplung von Längs- und Querbewegungen ankommt – eine Analyse großer Verformungen ist mit dem Modell aber nicht möglich. Die Verschiebungen und Verzerrungen müssen daher in jedem Iterationsschritt des Newton-Raphson-Verfahrens klein bleiben. Dies erfordert die Aufteilung der Gesamtlast $\mathbf{h}_F$ in Lastinkremente $\Delta\mathbf{h}_F$, beispielsweise $\Delta\mathbf{h}_F = 1/2\,\mathbf{h}_F$. Für jedes der Lastinkremente wird eine Lösung des statischen Problems nach der Vorschrift (5.200) ermittelt. Da die Verformungen bei hinreichend kleinen Lastinkrementen klein bleiben, verschwindet die Matrix $\mathbf{K}_v^{e(n)}$ der großen Verschiebungen aus (5.206). Für die Berechnung der Tangential-Steifigkeitsmatrix $\mathbf{K}_{FT}^{(n)}$ in (5.209) sind nur die Elementmatrizen $\mathbf{K}^e$ und $\mathbf{K}_\sigma^{e(n)}$ erforderlich. Mit der Normalspannung $G_{11}^{e(n)}(x_2 = 0) = S_{Normal}^{e(n)} = \text{const.}$ und $\mathbf{B}_N^e(\mathbf{z}^e) = \mathbf{z}^{eT}\,\hat{\mathbf{B}}_N^e$ nach (5.116) ergibt sich aus (5.205) die geometrische Steifigkeitsmatrix

$$\mathbf{K}_\sigma^{e(n)} = \int\limits_{V_0^e} \hat{\mathbf{B}}_N^{e\,T} S_{Normal}^{e(n)}\, dV = S_{Normal}^{e(n)} \int\limits_{V_0^e} \hat{\mathbf{B}}_N^{e\,T}\, dV = S_{Normal}^{e(n)}\,\hat{\mathbf{K}}_\sigma^e, \quad \text{wo} \tag{5.211}$$

$$\hat{\mathbf{K}}_\sigma^e = \int\limits_{V_0^e} \hat{\mathbf{B}}_N^e\, dV = \frac{A^e}{30\,\ell^e}\begin{bmatrix} 0 & & & & & \\ 0 & 36 & & & sym. & \\ 0 & 3\ell^e & 4\ell^{e2} & & & \\ 0 & 0 & 0 & 0 & & \\ 0 & -36 & -3\ell^e & 0 & 36 & \\ 0 & 3\ell^e & -\ell^{e2} & 0 & -3\ell^e & 4\ell^{e2} \end{bmatrix} \tag{5.212}$$

eine konstante 6×6-Matrix ist.

Mit $\mathbf{B}_L^e$ nach (5.116) errechnet sich die aktuelle Normalspannung nach linearer Theorie aus einer Verschiebung $\Delta\mathbf{z}_F^{(n)}$ gemäß (5.194) und (5.195) zu

$$S_{Normal}^{e(n+1)} = S_{Normal}^{e(n)} + \mathcal{E}^e \left. \mathbf{B}_L^e \right|_{x_2=0} \mathbf{T}^{e(n+1)} \Delta\mathbf{z}_F^{(n)}. \tag{5.213}$$

Hierbei ist $\mathbf{T}^{e(n+1)}$ die aktuelle Sammelmatrix mit der aktuellen Elementdrehmatrix $\mathbf{\Gamma}^{e(n+1)}(\gamma_3^{e(n+1)})$.

Ort und Orientierung des Element-Koordinatensystems $\{O^e, \underline{\mathbf{e}}^e\}$ kann man aus der aktuellen Referenzkonfiguration der Knoten der Struktur bezüglich $\{O, \underline{\mathbf{e}}\}$ ermitteln. Wie unten, in Abschnitt 5.4.2 gezeigt, kann man die Referenzkonfiguration mit den Knotenkoordinaten $\mathbf{z}_F = \mathbf{Z}_{F0}$ angeben, wobei $\mathbf{R}^e + \mathbf{\Gamma}^{eT}\mathbf{x} = \mathbf{\Gamma}^{eT}\mathbf{N}^e\mathbf{T}^e\mathbf{Z}_{F0}$ gilt. Mit der $n_F \times 1$-Matrix $\mathbf{Z}_{F0}$ folgt

$$\mathbf{Z}_{F0}^{(n+1)} = \mathbf{Z}_{F0}^{(n)} + \Delta\mathbf{z}_F^{(n)} = \mathbf{Z}_{F0} + \mathbf{z}_F^{(n+1)}, \quad \text{mit} \quad \mathbf{z}_F^{(n+1)} = \mathbf{z}_F^{(n)} + \Delta\mathbf{z}_F^{(n)}. \tag{5.214}$$

Mit Hilfe des Differenzvektors $\underline{V} = \underline{\mathbf{e}}^T \mathbf{V}$ der Elementknotenpunkte A und B, siehe Bild 5-19, ergibt sich für die Orientierung der Elementbasis $\underline{\mathbf{e}}^e$ bezüglich $\underline{\mathbf{e}}$

$$\gamma_3^{e(n+1)} = \arctan V_2 / V_1 \tag{5.215}$$

und für die aktuelle Elementlänge

$$\ell^{e(n+1)} = \sqrt{V_1^2 + V_2^2}. \tag{5.216}$$

Für die Konvergenz des Verfahrens ist die korrekte Berechnung der aktuellen verallgemeinerten Spannungen $\mathbf{k}_F^{(n+1)}$, die der Last $\mathbf{h}_F^{(n+1)}$ das Gleichgewicht halten, entscheidend. Mit der Matrix $\mathbf{k}_F^{(n)}$ im Iterationsschritt n folgt aus (5.161), (5.156) und der Spannungsänderung $\Delta\boldsymbol{\sigma}^e = \mathbf{H}^e \mathbf{B}_L^e \mathbf{T}^e \Delta\mathbf{z}_F$

$$\mathbf{k}_F^{(n+1)} = \mathbf{k}_F^{(n)} + \sum_{e=1}^{n_E} \mathbf{T}^{e(n+1)^T} \mathbf{k}^{e(n+1)}$$

$$\text{mit} \quad \mathbf{k}^{e(n+1)} = \int_{V_0^e} \mathbf{B}_L^{e\,T} \boldsymbol{\sigma}^{e(n)} \, dV + \int_{V_0^e} \mathbf{B}_L^{e\,T} \mathbf{H}^e \mathbf{B}_L^e \, dV \, \mathbf{T}^{e(n+1)} \Delta\mathbf{z}_F^{(n)} = \mathbf{k}^{e(n)} + \mathbf{K}^e \, \mathbf{T}^{e(n+1)} \Delta\mathbf{z}_F^{(n)} \tag{5.217}$$

Das Iterationsverfahren kann nun wie folgt ablaufen:
1. Startwerte für $n = 0$ festlegen:

    Referenzkinematik $\qquad\qquad \mathbf{Z}_{F0}^{(n)} = \mathbf{Z}_{F0}, \qquad \gamma_3^{e(n)} = \gamma_3^e, \quad \mathbf{\Gamma}^{e(n)} = \mathbf{\Gamma}^e, \qquad \mathbf{T}^{e(n)} = \mathbf{T}^e,$

    Referenzspannungen $\qquad\quad S_{Normal}^{e(n)} = 0, \quad \mathbf{k}^{e(n)} = 0, \quad \mathbf{k}_F^{(n)} = 0.$

2. Lastinkrement festlegen: $\qquad \Delta\mathbf{h}_F = \mathbf{h}_{Fg}/2 \qquad$ mit $\mathbf{h}_{Fg}$ nach (5.189)

3. Berechnung einer inkrementellen Verschiebung $\Delta\mathbf{z}_F^{(n)}$ aus

$$\overline{\overline{\mathbf{T}}}^T \mathbf{K}_{FT}^{(n)} \overline{\overline{\mathbf{T}}} \, \Delta\overline{\overline{\mathbf{z}}}_F^{(n)} = \overline{\overline{\mathbf{T}}}^T \mathbf{h}_F^{(n)} - \overline{\overline{\mathbf{T}}}^T \mathbf{k}_F^{(n)} \quad \text{mit} \quad \mathbf{K}_{FT}^{(n)} = \sum_{e=1}^{n_E} \mathbf{T}^{e(n)^T} \left(\mathbf{K}^e + S_{Normal}^{e(n)} \, \widehat{\mathbf{K}}_\sigma^e \right) \mathbf{T}^{e(n)} \tag{5.218}$$

    als Tangential-Steifigkeitsmatrix.

4. Abbruchkriterium $\left\| \Delta\mathbf{z}_F^{(n)} \right\| < \varepsilon_z = 1.0 \cdot 10^{-6}$ prüfen. Falls es erfüllt ist, neues Lastinkrement unter 2. aufbringen bzw. Berechnung beenden, sonst weiter mit Schritt 5.

5. Neue Orte und Orientierungen sowie Sammelmatrizen der Elemente berechnen:

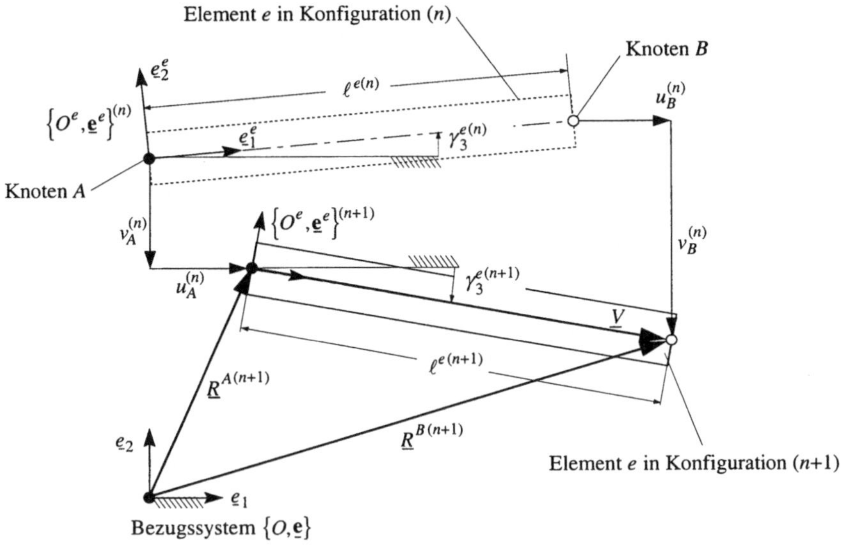

Bild 5-19: Ermittlung der Elementorientierung aus der Lage der Elementknoten A und B.

$\Delta z_F^{(n)} = \overline{\overline{\mathbf{T}}}\, \Delta \overline{\overline{z}}_F^{(n)}, \quad \mathbf{Z}_{F0}^{(n+1)}$ nach (5.214), $\quad \gamma_3^{e(n+1)}$ nach (5.215), $\quad \ell^{e(n+1)}$ nach (5.216),

$\Gamma^{e(n+1)}$ und $\mathbf{T}^{e(n+1)}$ gemäß (5.134) bis (5.136)

6. Aktuelle Spannungen berechnen: $S_{Normal}^{e(n+1)}$ nach (5.213), $\mathbf{k}^{e(n+1)}$ und $\mathbf{k}_F^{(n+1)}$ nach (5.217)

7. Rücksprung zu Punkt 3.

Die Lösung des Problems konvergiert für beide Lastinkremente nach sechs Iterationen. Die Ergebnisse sind in Tabelle 5.6 angegeben und denen der linearen Rechnung gegenübergestellt. Man erkennt eine Abweichung der nichtlinearen von der linearen Rechnung insbesondere in der Längsbewegung. Die vertikalen Auslenkungen ändern sich kaum.

Tabelle 5.6: Statikanalyse einer Balkenstruktur im Schwerefeld.

	Verformung der Balkenstruktur infolge der Erdbeschleunigung **g**					
	$u^{③}$ [mm]	$v^{③}$ [mm]	$\vartheta^{③}$ [rad]	$u^{④}$ [mm]	$v^{④}$ [mm]	$\vartheta^{④}$ [rad]
Lineare Analyse (L)	0	-309	-0.221	88	-309	-0.221
Nichtlineare Analyse (N)	-39	-302	-0.217	47	-316	-0.217
Verformte Struktur bei linearer und nichtlinearer Analyse						

Geometrische Steifigkeiten

Wie bei Balken müssen bei Finite-Elemente-Strukturen geometrische Steifigkeiten berücksichtigt werden, wenn die Struktur stark unterschiedliche Steifigkeiten besitzt und wenn sie in Richtung hohen Verformungswiderstands durch große Kräfte belastet ist. Die Verformungen der Struktur bleiben dann trotz der großen Kräfte klein, womit linearisierte Gleichungen zur Analyse statischer und dynamischer Probleme ausreichen. Die linearen Gleichungen müssen aber die geometrischen Steifigkeiten enthalten. Bei statischen Problemen erfassen diese Terme das Ausknicken von Strukturen unter hohen Lasten und bei dynamischen Problemen bewirken sie eine Änderung der Eigenwerte von Bewegungen mit geringem Verformungswiderstand.

Eine Verallgemeinerung der in Kapitel 4 für Balken angegebenen Vorgehensweise zur Berücksichtigung geometrischer Steifigkeiten bei Finite-Elemente-Strukturen findet sich in [35], Abschnitt 19.2.3. Hier werden geometrische Steifigkeiten vornehmlich für den bereits in Kapitel 4 für Balken betrachteten Fall benötigt, also für Strukturen, deren Bewegungsgleichungen in der Umgebung von $\mathbf{z}_F = \mathbf{0}$ linearisiert sind und die weder unter Vorspannung stehen noch thermisch belastet sind, also $\boldsymbol{\sigma}_0^e = \mathbf{0}$ und $\boldsymbol{\varepsilon}_T^e = \mathbf{0}$. Die Angabe der geometrischen Steifigkeiten $\mathbf{K}_\sigma^e$ aus (5.205) gelingt in solchen Fällen mit $\mathbf{K}_0^e$, da $\mathbf{K}_\sigma^e = \mathbf{K}_0^e$ für $\mathbf{z}^e = \mathbf{0}$, $\boldsymbol{\sigma}^e = \boldsymbol{\sigma}_0^e$ und $\boldsymbol{\varepsilon}_T^e = \mathbf{0}$ – vgl. Kommentare im Anschluß an (5.207). Die in diesem Fall erforderliche Vorgehensweise wird für dynamische Probleme ausführlich in Abschnitt 6.3.5 erläutert. Hier wird gezeigt, daß sich mit den Gleichungen Probleme der Elastostabilität untersuchen lassen, also das Ausknicken und -beulen hochbelasteter Strukturen.

Auf eine vorspannungsfreie Finite-Elemente-Struktur mit stark unterschiedlichen Steifigkeiten wirke in Richtung der hohen Steifigkeit eine große Last $\hat{\mathbf{h}}_F$. Gesucht ist die Last $\mathbf{h}_F = \lambda\,\hat{\mathbf{h}}_F$, unter der die Struktur knickt, wo λ ein noch zu bestimmender Faktor ist. Nach Kapitel 4 müssen in Richtung der hohen Belastung und damit in Richtung hoher Steifigkeit der Struktur lediglich die Gleichgewichtsbedingungen für die im Sinne von Abschnitt 4.3.2 großen Kräfte berücksichtigt werden. Diese Bedingungen liefern die aus $\mathbf{h}_F$ resultierenden Spannungen $\boldsymbol{\sigma}^e$ zur Angabe von $\mathbf{K}_\sigma^e$ aus (5.205). Setzt man $\boldsymbol{\sigma}^e = \boldsymbol{\sigma}_0^e$, so gilt, wie oben erwähnt, $\mathbf{K}_\sigma^e = \mathbf{K}_0^e$ und damit nach (5.208) und (5.160) auch $\mathbf{K}_{F\sigma} = \mathbf{K}_{F0}$. Mit diesem $\mathbf{K}_{F0}$ kann man (5.179) zur Lösung des Problems heranziehen. In Richtung hoher Steifigkeit – nur dort wirkt $\mathbf{h}_F$ – wertet man (5.179) für $\Delta\mathbf{h}_F = \mathbf{h}_F$ und $\mathbf{K}_{F0} = \mathbf{0}$ aus, um die resultierenden Knotenverschiebungen $\bar{\bar{\mathbf{z}}}_F = \bar{\bar{\mathbf{z}}}_{Fh}$ zu ermitteln, also

$$\bar{\bar{\mathbf{T}}}^T\,\mathbf{K}_F\,\bar{\bar{\mathbf{T}}}\,\bar{\bar{\mathbf{z}}}_{Fh} = \bar{\bar{\mathbf{T}}}^T\,\mathbf{h}_F \quad\Rightarrow\quad \bar{\bar{\mathbf{z}}}_{Fh} = \bar{\bar{\mathbf{K}}}_F^{-1}\,\bar{\bar{\mathbf{T}}}^T\,\mathbf{h}_F \quad \text{wo} \quad \bar{\bar{\mathbf{K}}}_F = \bar{\bar{\mathbf{T}}}^T\,\mathbf{K}_F\,\bar{\bar{\mathbf{T}}}. \tag{5.219}$$

Mit $\bar{\mathbf{z}}_F \equiv 0$ gilt $\mathbf{z}_{Fh} = \bar{\bar{\mathbf{T}}}\,\bar{\bar{\mathbf{z}}}_{Fh}$ – vgl. (5.172) – und die linearisierte Gleichung (5.143) liefert mit (5.145) die zu den Knotenverschiebungen $\bar{\bar{\mathbf{z}}}_{Fh}$ aus (5.219) gehörenden Spannungen zu

$$\boldsymbol{\sigma}^e = \boldsymbol{\sigma}_0^e = \mathbf{H}^e\,\mathbf{B}_L^e\,\bar{\bar{\mathbf{T}}}\,\bar{\bar{\mathbf{z}}}_{Fh} = \mathbf{H}^e\,\mathbf{B}_L^e\,\mathbf{T}^e\,\bar{\bar{\mathbf{T}}}\,\bar{\bar{\mathbf{K}}}_F^{-1}\,\bar{\bar{\mathbf{T}}}^T\,\mathbf{h}_F = \lambda\,\mathbf{H}^e\,\mathbf{B}_L^e\,\mathbf{T}^e\,\bar{\bar{\mathbf{T}}}\,\bar{\bar{\mathbf{K}}}_F^{-1}\,\bar{\bar{\mathbf{T}}}^T\,\hat{\mathbf{h}}_F. \tag{5.220}$$

Sie erlauben mit (5.159) die Berechnung von $\mathbf{K}_\sigma^e = \mathbf{K}_0^e$ und $\mathbf{K}_{F\sigma} = \mathbf{K}_{F0}$. Mit $\mathbf{K}_{F0}$ wird (5.179) für die noch nicht festgelegten, von $\bar{\bar{\mathbf{z}}}_{Fh}$ verschiedenen Verschiebungen $\bar{\bar{\mathbf{z}}}_F$ ausgewertet. Dies liefert die Verschiebungen in Richtung geringer Verformungswiderstände. Wegen (5.220) ist $\mathbf{K}_{F\sigma}$ eine lineare Funktion von λ, also $\mathbf{K}_{F\sigma} = \lambda\,\hat{\mathbf{K}}_{F\sigma}$. Da in Richtung der jetzt betrachteten Verschiebungen $\overline{\mathbf{z}}_F$ keine äußeren Kräfte wirksam sind, folgt aus (5.179) zur Ermittlung von λ

$$\overline{\overline{\mathbf{T}}}^{\,T}\left(\mathbf{K}_F + \lambda\,\hat{\mathbf{K}}_{F\sigma}\right)\overline{\overline{\mathbf{T}}}\,\overline{\mathbf{z}}_F = 0\,. \tag{5.221}$$

Diese Gleichung besitzt nichttriviale Lösungen $\overline{\mathbf{z}}_F \neq 0$ – sie beschreiben ein Ausknicken der Struktur – falls die Determinante des Gleichungssystems verschwindet. Dies liefert eine Gleichung zur Bestimmung von λ, also des kritischen Lastvektors (*Knicklast*) $\mathbf{h}_F = \lambda\,\hat{\mathbf{h}}_F$. Das folgende Beispiel verdeutlicht die Vorgehensweise.

● **Beispiel 5.8: Knicklast einer Finite-Elemente-Struktur.** Für die in Bild 5-14 dargestellte Balkenstruktur mit den Daten aus Tabelle 5.2 ist die am Knoten ③ wirksame kritische Knicklast F_{krit} zu berechnen. Einen Referenzwert erhält man nach Euler, z. B. gemäß [9], S. 435, zu

$$F_{krit} = \pi^2\,\frac{\mathcal{E}\,J_{33}}{4\,\ell^2} = 524.631\,\mathrm{N}\,. \tag{5.222}$$

Mit $\lambda = F_{krit}$ ist der kritische Knicklastvektor

$$\overline{\overline{\mathbf{h}}}_{F,krit} = \overline{\overline{\mathbf{T}}}^{\,T}\,\mathbf{h}_F = F_{krit}\,\overline{\overline{\mathbf{T}}}^{\,T}\,\hat{\mathbf{h}}_F \quad \text{mit} \quad \overline{\overline{\mathbf{T}}}^{\,T}\,\hat{\mathbf{h}}_F = \begin{bmatrix} 0 & 0 & 0 & -1 & 0 & 0 & 0 & 0 & 0 \end{bmatrix}. \tag{5.223}$$

Diese Belastung resultiert nach (5.220) in der Normalspannung

$$S_{Normal}^e = F_{krit}\,\hat{S}_{Normal}^e = F_{krit}\,E^e\,\mathbf{B}_L^e\Big|_{x_2=0}\,\mathbf{T}^e\,\overline{\overline{\mathbf{T}}}\,\overline{\overline{\mathbf{K}}}_F^{-1}\,\overline{\overline{\mathbf{T}}}^{\,T}\,\hat{\mathbf{h}}_F\,, \tag{5.224}$$

mit $\mathbf{B}_L^e$ nach (5.116), $\mathbf{T}^e$ und $\overline{\overline{\mathbf{T}}}$ nach (5.134) bis (5.137), $\overline{\overline{\mathbf{K}}}_F$ nach (5.188) und $\overline{\overline{\mathbf{T}}}^{\,T}\,\hat{\mathbf{h}}_F$ nach (5.223). Die geometrische Steifigkeitsmatrix $\mathbf{K}_\sigma^e = \mathbf{K}_0^e$ wurde in (5.211) und (5.212) angegeben. Sie wird mit (5.224) in der Form

$$\mathbf{K}_\sigma^e = F_{krit}\,\hat{\mathbf{K}}_\sigma^e = F_{krit}\,\hat{S}_{Normal}^e\,\hat{\mathbf{K}}_\sigma^e\,, \tag{5.225}$$

geschrieben. Die kritische Knicklast läßt sich als Lösung des Eigenwertproblems (5.221) finden. Nichttriviale Lösungen gibt es nur, falls

$$\det\left(\overline{\overline{\mathbf{T}}}^{\,T}\left(\mathbf{K}_F + F_{krit}\,\hat{\mathbf{K}}_{F\sigma}\right)\overline{\overline{\mathbf{T}}}\right) = 0\,. \tag{5.226}$$

Mit den oben genannten Zahlenwerten findet man aus (5.226) $F_{krit} = 524.90\,\mathrm{N}$. Bei Erhöhung der Zahl der finiten Balkenelemente nähert sich diese Lösung der analytischen Referenzlösung (5.222).

5.4 Finite-Elemente-Strukturen mit bewegtem Bezugssystem

Wenn das Bezugssystem zur Beschreibung der Verformung einer Finite-Elemente-Struktur beschleunigt bewegt wird, sind an der Struktur zusätzliche Trägheitskräfte wirksam. Sie werden in diesem Abschnitt angegeben. Dabei wird angenommen, daß die Bewegungen des Bezugssystems bekannte Funktionen der Zeit sind.

5.4.1 Bewegung des Bezugssystems

Das Bezugssystem $\{O, \underline{e}\}$ zur Angabe der Verformungen eines Kontinuums $\mathcal{K}$ sei beschleunigt bewegt. Sein Ort und seine Orientierung bezüglich des Inertialsystems $\{O^I, \underline{e}^I\}$ – vgl. Bild 5-20 – werden erfaßt durch

$$\underline{e} = \mathbf{A}^B \underline{e}^I, \qquad \mathbf{A}^B \equiv \mathbf{A} = \left[A_{\alpha\beta} \right], \tag{5.227}$$

$$\underline{r}^B = \underline{e}^T \mathbf{r}^B, \qquad \mathbf{r}^B = \left[r_\alpha^B \right]. \tag{5.228}$$

Die absoluten Geschwindigkeiten von $\{O, \underline{e}\}$ sind

$$\underline{\omega}^B \equiv \underline{\omega} = \underline{e}^T \boldsymbol{\omega}, \quad \boldsymbol{\omega} = \left[\omega_\alpha \right] \quad \text{wo} \quad \tilde{\boldsymbol{\omega}} = \mathbf{A}\,\dot{\mathbf{A}}^T, \tag{5.229}$$

$$\underline{v}^B \equiv \underline{v} = \underline{e}^T \mathbf{v}, \qquad \mathbf{v} = \left[v_\alpha \right] \quad \text{wo} \quad \mathbf{v} = \dot{\mathbf{r}}^B + \tilde{\boldsymbol{\omega}}\mathbf{r}^B. \tag{5.230}$$

Für die absoluten Beschleunigungen von $\{O, \underline{e}\}$ findet man

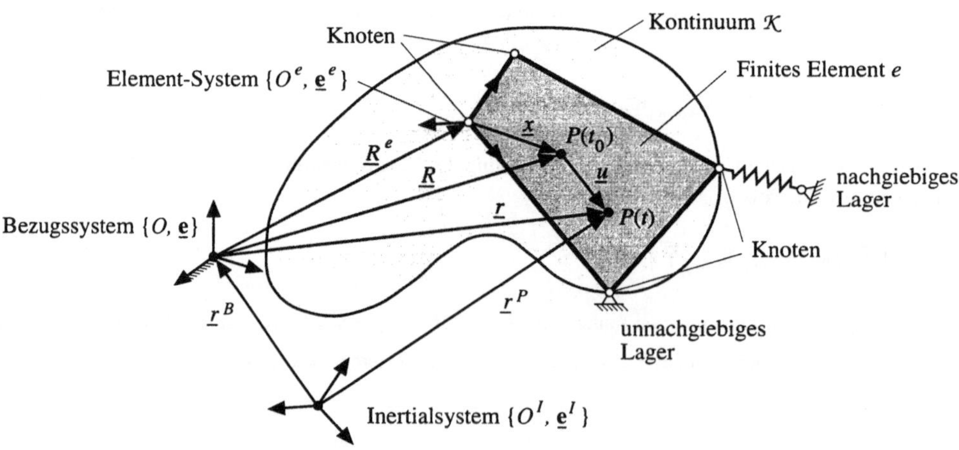

Bild 5-20: Bewegung des Elements e einer Finite-Elemente-Struktur bezüglich Inertial- und Bezugssystem. Die Lager sind, wie durch Schraffur angedeutet, im Bezugssystem feste Punkte.

$$\dot{\underline{\omega}}^B \equiv \dot{\underline{\omega}} = \underline{e}^T \dot{\boldsymbol{\omega}}, \quad \dot{\boldsymbol{\omega}} = [\dot{\omega}_\alpha], \tag{5.231}$$

$$\underline{a}^B \equiv \underline{a} = \underline{e}^T \mathbf{a}, \quad \mathbf{a} = [a_\alpha], \quad \text{wo} \quad \mathbf{a} = \dot{\mathbf{v}} + \tilde{\boldsymbol{\omega}}\mathbf{v}. \tag{5.232}$$

Wie in (5.227) bis (5.232) angedeutet, wird der Index B zur Kennzeichnung des Bezugssystems ab jetzt bei allen Symbolen außer $\mathbf{r}^B$ weggelassen.

Die Größen $\mathbf{r}^B(t)$, $\mathbf{A}(t)$, $\mathbf{v}(t)$ und $\boldsymbol{\omega}(t)$ seien bekannte Funktionen der Zeit. Sie beschreiben eine Referenzbewegung des Kontinuums. Die in Bild 5-20 angedeuteten (nachgiebigen und unnachgiebigen) Lager stützen sich auf im Bezugssystem $\{O, \underline{e}\}$ feste Punkte ab. Die unnachgiebigen Lager dienen zur Festlegung des Bezugssystems, also zur Definition von Referenzbewegung und Verformung – vgl. Abschnitte 6.2.1 und 6.3.6. Man kann sich $\mathcal{K}$ als Körper eines Mehrkörpersystems vorstellen, bei dem alle Bewegungen bis auf die Bewegungen seiner Punkte bezüglich $\{O, \underline{e}\}$, die Verformungen von $\mathcal{K}$, vorgegeben sind.

Der Körper $\mathcal{K}$ wird wie bisher als Finite-Elemente-Struktur modelliert. Stellt man zum Element e gehörende Vektoren in $\{O^e, \underline{e}^e\}$ dar, so findet man aus Bild 5-20 mit (5.85), (5.92) und (5.123) für den Ort der Punkte P eines repräsentativen Elements e[*)]

$$\left.\begin{array}{ll} \mathbf{r}^P(\mathbf{R},t) = \mathbf{r}^B(t) + \mathbf{r}(\mathbf{R},t) & \\[1ex] \text{mit} \quad \mathbf{r}(\mathbf{R},t) = \mathbf{R} + \mathbf{u}(\mathbf{R},t) & \\[1ex] \qquad\qquad = \mathbf{R}^e + \boldsymbol{\Gamma}^{e^T}\left(\mathbf{x} + {}^e\mathbf{u}(\mathbf{x},t)\right) = \mathbf{R}^e + \boldsymbol{\Gamma}^{e^T}\left(\mathbf{x} + \mathbf{N}^e(\mathbf{x})\,\mathbf{T}^e\,\mathbf{z}_F(t)\right) & \\[1ex] \text{wo} \qquad\quad \mathbf{x} = \boldsymbol{\Gamma}^e(\mathbf{R} - \mathbf{R}^e). & \end{array}\right\} \tag{5.233}$$

Die Ableitung von (5.233) nach der Zeit liefert unter Beachtung der Bewegung des Bezugssystems die Geschwindigkeit $\mathbf{v}^P(\mathbf{R},t)$ und die Beschleunigung $\mathbf{a}^P(\mathbf{R},t)$ von P zu

$$\left.\begin{array}{ll} \mathbf{v}^P(\mathbf{R},t) = \mathbf{v}(t) + \dot{\mathbf{r}}(\mathbf{R},t) + \tilde{\boldsymbol{\omega}}(t)\,\mathbf{r}(\mathbf{R},t) & \\[1ex] \text{mit} \quad \dot{\mathbf{r}}(\mathbf{R},t) = \dot{\mathbf{u}}(\mathbf{x},t) = \boldsymbol{\Gamma}^{e^T}\,{}^e\dot{\mathbf{u}}(\mathbf{x},t) = \boldsymbol{\Gamma}^{e^T}\,\mathbf{N}^e(\mathbf{x})\,\mathbf{T}^e\,\dot{\mathbf{z}}_F(t), & \end{array}\right\} \tag{5.234}$$

$$\left.\begin{array}{ll} \mathbf{a}^P(\mathbf{R},t) = \ddot{\mathbf{r}}(\mathbf{R},t) + \mathbf{a}(t) + \dot{\tilde{\boldsymbol{\omega}}}(t)\,\mathbf{r}(\mathbf{R},t) + 2\tilde{\boldsymbol{\omega}}(t)\,\dot{\mathbf{r}}(\mathbf{R},t) + \tilde{\boldsymbol{\omega}}(t)\tilde{\boldsymbol{\omega}}(t)\,\mathbf{r}(\mathbf{R},t) & \\[1ex] \text{mit} \quad \ddot{\mathbf{r}}(\mathbf{R},t) = \ddot{\mathbf{u}}(\mathbf{x},t) = \boldsymbol{\Gamma}^{e^T}\,{}^e\ddot{\mathbf{u}}(\mathbf{x},t) = \boldsymbol{\Gamma}^{e^T}\,\mathbf{N}^e(\mathbf{x})\,\mathbf{T}^e\,\ddot{\mathbf{z}}_F(t) & \end{array}\right\} \tag{5.235}$$

und mit $\mathbf{x}$ nach (5.233). Die fünf Anteile $\ddot{\mathbf{r}} = \ddot{\mathbf{u}}, \mathbf{a}, \dot{\tilde{\boldsymbol{\omega}}}\mathbf{r}, 2\tilde{\boldsymbol{\omega}}\dot{\mathbf{r}}, \tilde{\boldsymbol{\omega}}\tilde{\boldsymbol{\omega}}\mathbf{r}$ der Beschleunigung von P sind – vgl. [10], S. 110 – die Relativ- oder Verformungsbeschleunigung, die Translationsbeschleunigung des Ursprungs O des Bezugssystems, die Rotationsbeschleunigung seiner Basis $\underline{e}$, die Coriolisbeschleunigung und die Zentripetalbeschleunigung.

Da die Bewegungen des Bezugssystems bekannte Funktionen der Zeit sind, folgt mit (5.139) aus (5.233) für die virtuellen Verschiebungen $\boldsymbol{\delta}\mathbf{r}^P(\mathbf{R},t)$ der Punkte P eines Elements e

---

[*)] Bei Beschränkung auf die Punkte nur eines Elements e erspart man sich das Anschreiben der in (5.128) noch mitgeführten Summen.

$$\delta\mathbf{r}^P(\mathbf{R},t) = \delta\mathbf{r}(\mathbf{R},t) = \delta\mathbf{u}(\mathbf{R},t) = \mathbf{\Gamma}^{e^T}\,{}^e\delta\mathbf{u}(\mathbf{x},t)$$

$$= \mathbf{\Gamma}^{e^T}\mathbf{N}^e(\mathbf{x})\mathbf{T}^e\,\delta\mathbf{z}_F(t) \quad \text{wo} \quad \mathbf{x} = \mathbf{\Gamma}^e(\mathbf{R}-\mathbf{R}^e). \tag{5.236}$$

Die in den Gleichungen (5.233) bis (5.236) mitgeführten Argumente $\mathbf{R}$ und t der Variablen zur Angabe von Bewegungen und virtuellen Verschiebungen werden unten nicht mehr benötigt und ab jetzt weggelassen. Nur von den materiellen Koordinaten $\mathbf{x}$ im Element e abhängige Größen werden weiter kenntlich gemacht – die Information ist zur Auswertung von Integralen über die Elemente erforderlich.

5.4.2 Verallgemeinerte Trägheitskräfte

Zur Herleitung der Bewegungsgleichungen der Finite-Elemente-Struktur aus Bild 5-20 wird wieder das d'Alembertsche Prinzips (3.70) in der Form (3.104) verwendet. Es besagt mit $\delta\mathbf{r}^P = \delta\mathbf{u}$ gemäß (5.236) und mit $\mathbf{a}^P$ aus (5.235)

$$\int_{V_0}\delta\mathbf{u}^T\rho_0\,\ddot{\mathbf{u}}\,dV_0 \;+\int_{V_0}\delta\mathbf{u}^T\rho_0\,\mathbf{a}\,dV_0 + \int_{V_0}\delta\mathbf{u}^T\rho_0\,\dot{\tilde{\boldsymbol{\omega}}}\mathbf{r}\,dV_0$$

$$\Big|\int_{V_0}\delta\mathbf{u}^T\rho_0\,2\tilde{\boldsymbol{\omega}}\dot{\mathbf{r}}\,dV_0 + \int_{V_0}\delta\mathbf{u}^T\rho_0\,\tilde{\boldsymbol{\omega}}\tilde{\boldsymbol{\omega}}\mathbf{r}\,dV_0 \tag{5.237}$$

$$+\int_{V_0}\delta\boldsymbol{\varepsilon}^T\boldsymbol{\sigma}\,dV_0 - \int_{V_0}\delta\mathbf{u}^T\mathbf{k}_0\,dV_0 - \int_{A_{p0}}\delta\mathbf{u}^T\overline{\mathbf{p}}_0\,dA_{p0} = 0.$$

Ein Vergleich mit (5.138) zeigt, daß infolge der Bewegung des Bezugssystems neben $\ddot{\mathbf{u}}$ noch vier weitere Terme mit Beschleunigungen erscheinen. Sie resultieren in zusätzlichen Trägheitskräften, die durch die gegenüber (5.138) neuen Integrale in (5.237) erfaßt werden. Die Integrale werden, wie (5.141), unter Verwendung von (5.142) berechnet.

Verformungsbeschleunigung

Das Integral mit $\ddot{\mathbf{u}}$ wurde bereits in Abschnitt 5.3 ermittelt, vgl. (5.141). Als Ergebnis ergab sich mit den in (5.153) und (5.154) definierten Massenmatrizen $\mathbf{M}^e$ und $\mathbf{M}_F$

$$\int_{V_0}\delta\mathbf{u}^T\rho_0\,\ddot{\mathbf{u}}\,dV_0 \;=\; \delta\mathbf{z}_F^T\sum_{e=1}^{n_E}\mathbf{T}^{e^T}\mathbf{M}^e\,\mathbf{T}^e\,\ddot{\mathbf{z}}_F \;=\; \delta\mathbf{z}_F^T\,\mathbf{M}_F\,\ddot{\mathbf{z}}_F. \tag{5.238}$$

Translationsbeschleunigung

Das zweite, aus der Beschleunigung $\mathbf{a}$ von O resultierende Integral aus (5.237) läßt sich in der gleichen Weise wie das Integral (5.150) zur Berücksichtigung der Erdbeschleunigung $\mathbf{g}$ – vgl. auch $\mathbf{h}_{Fg}$ aus (5.162) und (5.164) – unter Verwendung der Matrizen $\mathbf{C1}^e$ und $\mathbf{C}_{Ft}$ aus (5.165) und (5.166) angeben:

$$\int\limits_{V_0} \delta\mathbf{u}^T \rho_0\, \mathbf{a}\, dV_0 = \delta\mathbf{z}_F^T \sum_{e=1}^{n_E} \mathbf{T}^{e^T} \int\limits_{V_0^e} \mathbf{N}^{e^T}(\mathbf{x})\rho_0^e(\mathbf{x})\, dV_0\, \boldsymbol{\Gamma}^e\, \mathbf{a}$$

$$= \delta\mathbf{z}_F^T \sum_{e=1}^{n_E} \mathbf{T}^{e^T} \mathbf{C1}^{e^T} \boldsymbol{\Gamma}^e\, \mathbf{a} = \delta\mathbf{z}_F^T\, \mathbf{C}_{Ft}\, \mathbf{a} = -\delta\mathbf{z}_F^T\, \mathbf{h}_{Fa}(t)\,. \tag{5.239}$$

Die Matrix

$$\mathbf{h}_{Fa}(t) = -\mathbf{C}_{Ft}\, \mathbf{a}(t) \tag{5.240}$$

enthält die aus der Translationsbeschleunigung $\mathbf{a}(t)$ des Ursprungs O des Bezugssystems resultierenden, verallgemeinerten Trägheitskräfte. Die zur Angabe von $\mathbf{h}_{Fa}$ erforderliche Elementmatrix $\mathbf{C1}^e$ ist eine der sechs Elementmatrizen $\mathbf{C1}^e$ bis $\mathbf{C6}^e$ mit Integralen über die Interpolationsfunktionen, die in [31] zur Erfassung der Trägheitskräfte an beschleunigt bewegten Finite-Elemente-Strukturen eingeführt wurden.

Rotationsbeschleunigung

Für die Beschleunigung $\dot{\tilde{\boldsymbol{\omega}}}\mathbf{r}$ im dritten Integral aus (5.237) ergibt sich mit $\mathbf{r}$ aus (5.233)

$$\dot{\tilde{\boldsymbol{\omega}}}\mathbf{r} = \tilde{\mathbf{r}}^T\dot{\boldsymbol{\omega}} = \left(\mathbf{R}^e + \boldsymbol{\Gamma}^{e^T}\mathbf{x} + \boldsymbol{\Gamma}^{e^T\,e}\mathbf{u}\right)^{\sim\,T}\dot{\boldsymbol{\omega}} = \left(\tilde{\mathbf{R}}^{e^T} + \boldsymbol{\Gamma}^{e^T}\tilde{\mathbf{x}}^T\boldsymbol{\Gamma}^e + \boldsymbol{\Gamma}^{e^T\,e}\tilde{\mathbf{u}}^T\boldsymbol{\Gamma}^e\right)\dot{\boldsymbol{\omega}}\,. \tag{5.241}$$

Damit folgt für das dritte Integral aus (5.237) unter Verwendung von (5.241), (5.236), (5.125) bis (5.129), $\mathbf{C1}^e$ aus (5.165) und mit der l-ten Zeile $\mathbf{T}_{l*}^e$ von $\mathbf{T}^e$ aus (5.124)

$$\int\limits_{V_0} \delta\mathbf{u}^T\dot{\tilde{\boldsymbol{\omega}}}\mathbf{r}\,\rho_0\,dV_0 = \delta\mathbf{z}_F^T \sum_{e=1}^{n_E} \mathbf{T}^{e^T} \left(\underbrace{\int\limits_{V_0^e} \mathbf{N}^{e^T}\rho_0^e\,dV\,\boldsymbol{\Gamma}^e\,\tilde{\mathbf{R}}^{e^T}}_{\mathbf{C1}^{e^T}} + \underbrace{\int\limits_{V_0^e} \mathbf{N}^{e^T}\tilde{\mathbf{x}}^T\rho_0^e\,dV\,\boldsymbol{\Gamma}^e}_{\mathbf{C2}^{e^T}} \right)\dot{\boldsymbol{\omega}}$$

$$+ \delta\mathbf{z}_F^T \sum_{e=1}^{n_E} \mathbf{T}^{e^T} \underbrace{\int\limits_{V_0^e} \mathbf{N}^{e^T}\left(\mathbf{N}^e\,\mathbf{T}^e\,\mathbf{z}_F\right)^{\sim\,T}\rho_0^e\,dV}_{\sum_{l=1}^{n_q^e}\mathbf{C5}_l^{e^T}\mathbf{T}_{l*}^e\,\mathbf{z}_F}\boldsymbol{\Gamma}^e\,\dot{\boldsymbol{\omega}} \tag{5.242}$$

$$= -\delta\mathbf{z}_F^T\,\mathbf{h}_{F\dot{\omega}}(\mathbf{z}_F,t)\,.$$

In (5.242) wurden die konstanten $3\times n_q^e$-Element-Massenmatrizen

$$\mathbf{C2}^e = \left[\mathbf{C2}_\alpha^e\right] = \int\limits_{V_0^e} \tilde{\mathbf{x}}\,\mathbf{N}^e(\mathbf{x})\,\rho_0^e(\mathbf{x})\,dV = \int\limits_{V_0^e} \begin{bmatrix} x_2\mathbf{N}_{3*}^e - x_3\mathbf{N}_{2*}^e \\ x_3\mathbf{N}_{1*}^e - x_1\mathbf{N}_{3*}^e \\ x_1\mathbf{N}_{2*}^e - x_2\mathbf{N}_{1*}^e \end{bmatrix}\rho_0^e\,dV, \tag{5.243}$$

und

$$\mathbf{C5}_l^e = \int\limits_{V_0^e} \tilde{\mathbf{N}}_{*l}^e(\mathbf{x})\,\mathbf{N}^e(\mathbf{x})\,\rho_0^e(\mathbf{x})\,dV = \int\limits_{V_0^e} \begin{bmatrix} \mathbf{N}_{1l}^e \\ \mathbf{N}_{2l}^e \\ \mathbf{N}_{3l}^e \end{bmatrix}^{\tilde{}}\begin{bmatrix} \mathbf{N}_{1*}^e \\ \mathbf{N}_{2*}^e \\ \mathbf{N}_{3*}^e \end{bmatrix}\rho_0^e(\mathbf{x})\,dV = \left[C5_{l\,\lambda k}^e\right] \tag{5.244}$$

eingeführt, wo $\mathbf{N}_{*l}^e$ die Spalten $l = 1,\dots n_q^e$ und $\mathbf{N}_{\alpha*}^e$ die bereits in (5.165) verwendeten Zeilen von $\mathbf{N}^e$ aus (5.91) sind. $C5_{l\,\lambda k}^e$ sind die Elemente von $\mathbf{C5}_l^e$ mit $\lambda = 1,2,3$ und $k = 1,\dots n_q^e$. Die aus $\dot{\boldsymbol{\omega}}$ resultierende verallgemeinerte Kraft $\mathbf{h}_{F\dot\omega}$ aus (5.242) enthält demnach einen konstanten Anteil und einen in den Systemkoordinaten $\mathbf{z}_F$ linearen Anteil. Die beiden Beiträge werden durch die Indizes null und eins gekennzeichnet, also

$$\mathbf{h}_{F\dot\omega}(\mathbf{z}_F,t) = -\,\mathbf{C}_{Fr}(\mathbf{z}_F)\,\dot{\boldsymbol{\omega}}(t) \quad \text{wo} \quad \mathbf{C}_{Fr}(\mathbf{z}_F) = \mathbf{C}_{Fr0} + \mathbf{C}_{Fr1}(\mathbf{z}_F). \tag{5.245}$$

Für die konstante $n_F \times 3$-Matrix $\mathbf{C}_{Fr0}$ gilt nach (5.242)

$$\mathbf{C}_{Fr0} = \sum_{e=1}^{n_E} \mathbf{T}^{e^T}\left(-\mathbf{C1}^{e^T}\,\boldsymbol{\Gamma}^e\,\tilde{\mathbf{R}}^e + \mathbf{C2}^{e^T}\,\boldsymbol{\Gamma}^e\right). \tag{5.246}$$

Der von $\mathbf{z}_F$ abhängige Anteil wird mit der $n_F \times 3$-Matrix

$$\mathbf{C}_{Fr1}(\mathbf{z}_F) = \sum_{e=1}^{n_E} \mathbf{T}^{e^T}\sum_{l=1}^{n_q^e}\left(\mathbf{C5}_l^{e^T}\,\mathbf{T}_{l*}^e\,\mathbf{z}_F\right)\boldsymbol{\Gamma}^e \tag{5.247}$$

erfaßt. Zur Angabe von $\mathbf{C5}_l^e$ ist es zweckmäßig, die $n_q^e \times n_q^e$-Element-Massenmatrizen

$$\mathbf{C3}_{\alpha\beta}^e = \int\limits_{V_0^e} \mathbf{N}_{\alpha*}^{e^T}(\mathbf{x})\,\mathbf{N}_{\beta*}^e(\mathbf{x})\,\rho_0^e(\mathbf{x})\,dV = \left[C3_{\alpha\beta_{kl}}^e\right] \quad \text{mit} \quad \mathbf{C3}_{\beta\alpha}^e = \mathbf{C3}_{\alpha\beta}^{e^{\,T}},\ \alpha,\beta = 1,2,3 \tag{5.248}$$

einzuführen. Mit den Elementen $C3_{\alpha\beta_{kl}}^e$ aus (5.248) für $\alpha \neq \beta$ folgt für $C5_{l\,\lambda k}^e$ nach (5.244)

$$C5_{l\,\lambda k}^e = -\,C3_{\mu\nu_{kl}}^e + C3_{\nu\mu_{kl}}^e, \tag{5.249}$$

wo die Indizes $\lambda,\ \mu$ und ν die zyklischen Permutationen von 1,2,3 durchlaufen. Mit (5.249) und mit $\boldsymbol{\Gamma}^e = \left[\Gamma_{\lambda\alpha}^e\right]$ kann man die drei Spalten der $n_F \times 3$-Matrix $\mathbf{C}_{Fr1}$ aus (5.247) auch in folgender Form angeben:

$$\mathbf{C}_{Fr1*\alpha}(\mathbf{z}_F) = \sum_{i=1}^{n_F} \sum_{e=1}^{n_E} \sum_{k,l=1}^{n_q^e} \sum_{\lambda=1}^{3} \mathbf{T}_{k*}^{e\,T}\left(-C3_{\mu\nu\,kl}^e + C3_{\nu\mu\,kl}^e\right)T_{li}^e\,\Gamma_{\lambda\alpha}^e\,z_{Fi}$$

$$= \sum_{i=1}^{n_F} \sum_{e=1}^{n_E} \sum_{\lambda=1}^{3} \mathbf{T}^{e\,T}\left(-\mathbf{C3}_{\mu\nu}^e + \mathbf{C3}_{\nu\mu}^e\right)\mathbf{T}_{*i}^e\,\Gamma_{\lambda\alpha}^e\,z_{Fi}\,. \tag{5.250}$$

Eine modifizierte Darstellung des in (5.245) erscheinenden Produkts $\mathbf{C}_{Fr1}\,\dot{\boldsymbol{\omega}}$ ergibt sich, wenn man das Produkt der drei Spalten von $\mathbf{C}_{Fr1}$ aus (5.250) und der Winkelbeschleunigung $\dot{\boldsymbol{\omega}}$ als Summe schreibt und die Summation über i durch ein Matrizenprodukt darstellt:

$$\mathbf{C}_{Fr1}(\mathbf{z}_F)\,\dot{\boldsymbol{\omega}} = \sum_{\alpha=1}^{3} \sum_{i=1}^{n_F} \sum_{e=1}^{n_E} \sum_{\lambda=1}^{3} \mathbf{T}^{e\,T}\left(-\mathbf{C3}_{\mu\nu}^e + \mathbf{C3}_{\nu\mu}^e\right)\mathbf{T}_{*i}^e\,\Gamma_{\lambda\alpha}^e\,z_{Fi}\,\dot{\omega}_\alpha$$

$$= \sum_{\alpha=1}^{3} \dot{\omega}_\alpha\left(\sum_{e=1}^{n_E} \mathbf{T}^{e\,T} \sum_{\lambda=1}^{3}\left(-\mathbf{C3}_{\mu\nu}^e + \mathbf{C3}_{\nu\mu}^e\right)\mathbf{T}^e\,\Gamma_{\lambda\alpha}^e\right)\mathbf{z}_F \tag{5.251}$$

$$= \sum_{\alpha=1}^{3} \dot{\omega}_\alpha\,\mathbf{K}_{Fr\alpha}\,\mathbf{z}_F\,.$$

Hierin sind

$$\mathbf{K}_{Fr\alpha} = \sum_{e=1}^{n_E} \mathbf{T}^{e\,T} \sum_{\lambda=1}^{3}\left(-\mathbf{C3}_{\mu\nu}^e + \mathbf{C3}_{\nu\mu}^e\right)\mathbf{T}^e\,\Gamma_{\lambda\alpha}^e \tag{5.252}$$

drei schiefsymmetrische $n_F \times n_F$-Matrizen, vgl. (5.248). Die Indizes λ, μ und ν durchlaufen die zyklischen Permutationen von 1, 2 und 3.

Zusammen mit $\mathbf{C1}^e$ aus (5.165) sind die sechs verschiedenen $n_q^e \times n_q^e$-Matrizen $\mathbf{C3}_{\alpha\beta}^e$ aus (5.248) die in [23], S. 344 eingeführten sieben *elementaren Element-Massenmatrizen* eines finiten Elements. Alle anderen Massenmatrizen lassen sich durch sie darstellen. Für die Element-Massenmatrix $\mathbf{M}^e$ aus (5.153) erkennt man beispielsweise mit (5.248)

$$\mathbf{M}^e = \mathbf{C3}_{11}^e + \mathbf{C3}_{22}^e + \mathbf{C3}_{33}^e\,. \tag{5.253}$$

Zur Darstellung von $\mathbf{C}_{Fr0}$ benötigt man nach (5.246) die Matrix $\mathbf{C2}^e$ aus (5.243), was der obigen Aussage aber nur scheinbar widerspricht. Wie im Beispiel 5.3 erläutert, können mit den Interpolationsfunktionen $\mathbf{N}^e(\mathbf{x})$ aus Starrkörperbewegungen der Elemente e resultierende Verschiebungsfelder dargestellt werden. Unter Verwendung dieser Eigenschaft der $\mathbf{N}^e(\mathbf{x})$ kann man zeigen, daß sich $\mathbf{C}_{Fr0}$ mit den Matrizen $\mathbf{C3}_{\alpha\beta}^e$ angeben läßt. Der Ort des Elements e in der Struktur ist nach Bild 5-20 durch den Vektor $\underline{R}^e$ gegeben. Er beschreibt eine Translationsbewegung des Elements von $\underline{R}^e = 0$ zu seinem Ort $\underline{R}^e \neq 0$. Das zu dieser Translationsbewegung gehörende Verschiebungsfeld der Punkte $\mathbf{x}$ eines Elements ist bei Darstellung von

$\underline{R}^e$ in der Elementbasis $\underline{e}^e$ – vgl. (5.81) und (5.82) – durch $\mathbf{\Gamma}^e\,\mathbf{R}^e + \mathbf{x}$ gegeben. Die Interpolationsfunktionen $\mathbf{N}^e(\mathbf{x})$ können dieses Verschiebungsfeld mit Hilfe der Werte

$$\mathbf{Z}_{F0} = \left[\mathbf{Z}_{F0}^e\right] = \left[Z_{F0i}\right], \quad e = 1, 2, \ldots, n_E, \quad i = 1, 2, \ldots, n_F \tag{5.254}$$

der Knotenkoordinaten $\mathbf{z}_F$ darstellen in der Form $\mathbf{\Gamma}^e\,\mathbf{R}^e + \mathbf{x} = \mathbf{N}^e(\mathbf{x})\,\mathbf{T}^e\,\mathbf{Z}_{F0}$. Nach Multiplikation mit $\mathbf{\Gamma}^{eT}$, also bei Darstellung der Verschiebungen in der Basis $\underline{e}$, erhält man

$$\mathbf{R} = \mathbf{R}^e + \mathbf{\Gamma}^{eT}\,\mathbf{x} = \mathbf{\Gamma}^{eT}\,\mathbf{N}^e(\mathbf{x})\,\mathbf{T}^e\,\mathbf{Z}_{F0}. \tag{5.255}$$

Die n_F Elemente von $\mathbf{Z}_{F0}$ geben also den Ort der Knoten der Struktur in der Referenzkonfiguration bezüglich $\{O, \underline{e}\}$ an. Mit (5.255) kann man anstelle von (5.233) schreiben

$$\left.\begin{aligned} \mathbf{r}(\mathbf{R}, t) &= \mathbf{\Gamma}^{eT}\,\mathbf{N}^e(\mathbf{x})\,\mathbf{T}^e\left(\mathbf{Z}_{F0} + \mathbf{z}_F(t)\right) \\[4pt] \text{wo}\quad \mathbf{x} &= \mathbf{\Gamma}^e(\mathbf{R} - \mathbf{R}^e) \ \ \text{für}\ \mathbf{R}\ \text{im Element}\ e. \end{aligned}\right\} \tag{5.256}$$

Mit Hilfe der Koordinaten $\mathbf{Z}_{F0}$ aus (5.255) läßt sich die erste Zeile von (5.242) umschreiben. Sie ergibt sich, wenn man das dritte Integral aus (5.237) für $\mathbf{z}_F \equiv 0$ auswertet. Nach (5.245) gilt $\mathbf{h}_{F\dot{\omega}}(0,t) = -\mathbf{C}_{Fr0}\,\dot{\boldsymbol{\omega}}(t)$. Aus (5.242) erhält man mit (5.255), wenn man beachtet, daß die zweite Zeile von (5.242) $\mathbf{C}_{Fr1}$ darstellt

$$\begin{aligned} \mathbf{h}_{F\dot{\omega}}(0,t) = -\mathbf{C}_{Fr0}\,\dot{\boldsymbol{\omega}}(t) &= -\sum_{e=1}^{n_E}\mathbf{T}^{eT}\int_{V_0^e}\mathbf{N}^{eT}\mathbf{\Gamma}^e\left(\mathbf{R}^e + \mathbf{\Gamma}^{eT}\mathbf{x}\right)^{\sim T}\rho_0^e\,dV\,\dot{\boldsymbol{\omega}}(t) \\[6pt] &= -\sum_{e=1}^{n_E}\mathbf{T}^{eT}\int_{V_0^e}\mathbf{N}^{eT}\mathbf{\Gamma}^e\left(\mathbf{\Gamma}^{eT}\mathbf{N}^e\,\mathbf{T}^e\,\mathbf{Z}_{F0}\right)^{\sim T}\rho_0^e\,dV\,\dot{\boldsymbol{\omega}}(t) \\[6pt] &= -\sum_{e=1}^{n_E}\mathbf{T}^{eT}\int_{V_0^e}\mathbf{N}^{eT}\left(\mathbf{N}^e\,\mathbf{T}^e\,\mathbf{Z}_{F0}\right)^{\sim T}\rho_0^e\,dV\,\mathbf{\Gamma}^e\,\dot{\boldsymbol{\omega}}(t) \\[6pt] &= -\mathbf{C}_{Fr1}\left(\mathbf{Z}_{F0}\right)\dot{\boldsymbol{\omega}}(t). \end{aligned} \tag{5.257}$$

Aus (5.257) erkennt man mit (5.251)

$$\mathbf{C}_{Fr0}\,\dot{\boldsymbol{\omega}} = \mathbf{C}_{Fr1}(\mathbf{Z}_{F0})\,\dot{\boldsymbol{\omega}} = \sum_{\alpha=1}^{3}\dot{\omega}_\alpha\,\mathbf{K}_{Fr\alpha}\,\mathbf{Z}_{F0}. \tag{5.258}$$

Damit kann $\mathbf{C}_{Fr0}$ durch die wegen (5.252) in $\mathbf{C}_{Fr1}$ enthaltenen Matrizen $\mathbf{C3}^e_{\alpha\beta}$ ausgedrückt werden, womit nachgewiesen ist, daß die Matrix $\mathbf{C2}^e$ zur Angabe der generalisierten Trägheitskräfte $\mathbf{h}_{F\dot{\omega}}$ nicht benötigt wird. Mit (5.258) und (5.251) erhält man anstelle von (5.245)

$$
\begin{aligned}
\mathbf{h}_{F\dot{\omega}}(\mathbf{z}_F,t) &= -\,\mathbf{C}_{Fr0}\,\dot{\boldsymbol{\omega}}(t) - \mathbf{C}_{Fr1}(\mathbf{z}_F)\,\dot{\boldsymbol{\omega}}(t) = -\,\mathbf{C}_{Fr}\,\dot{\boldsymbol{\omega}}(t) \\
&= -\sum_{\alpha=1}^{3} \dot{\omega}_\alpha(t)\,\mathbf{K}_{Fr\alpha}\left(\mathbf{Z}_{F0}+\mathbf{z}_F\right),
\end{aligned}
\tag{5.259}
$$

also eine Darstellung von $\mathbf{h}_{F\dot{\omega}}$ durch die nach (5.252) in $\mathbf{K}_{Fr\alpha}$ enthaltenen Elementmatrizen $\mathbf{C3}^e_{\alpha\beta}$, die Knotenkoordinaten $\mathbf{Z}_{F0}$ und $\mathbf{z}_F$ und die Winkelbeschleunigung $\dot{\boldsymbol{\omega}}$.

Coriolisbeschleunigung

Das vierte Integral in (5.237) kann in der gleichen Weise wie das vorige umgeformt werden. Dabei wird $\dot{\boldsymbol{\omega}}$ durch $2\,\boldsymbol{\omega}$ und $\mathbf{r}$ durch $\dot{\mathbf{r}}$ ersetzt. Mit (5.234) und (5.236) findet man

$$
\begin{aligned}
2\int_{V_0} \delta\mathbf{u}^T\,\tilde{\boldsymbol{\omega}}\dot{\mathbf{r}}\,\rho_0\,dV_0 &= 2\int_{V_0} \delta\mathbf{u}^T\,\dot{\tilde{\mathbf{u}}}^T\,\rho_0\,dV_0\;\boldsymbol{\omega}(t) \\
&= \delta\mathbf{z}_F^T\,2\sum_{e=1}^{n_E}\mathbf{T}^{eT}\int_{V_0^e}\mathbf{N}^{eT}(\mathbf{x})\left(\mathbf{N}^e(\mathbf{x})\mathbf{T}^e\,\dot{\mathbf{z}}_F\right)^{\sim T}\rho_0^e(\mathbf{x})\,dV\,\boldsymbol{\Gamma}^e\,\boldsymbol{\omega}(t) \tag{5.260}\\
&= -\,\delta\mathbf{z}_F^T\,\mathbf{h}_{F\omega}(\dot{\mathbf{z}}_F,t).
\end{aligned}
$$

Für die aus der Coriolisbeschleunigung resultierenden, verallgemeinerten Trägheitskräfte $\mathbf{h}_{F\omega}$ ergibt sich mit der Definition (5.251) von $\mathbf{C}_{Fr1}$

$$
\mathbf{h}_{F\omega}(\dot{\mathbf{z}}_F,t) = -\,2\,\mathbf{C}_{Fr1}(\dot{\mathbf{z}}_F)\,\boldsymbol{\omega}(t) = -\,2\sum_{\alpha=1}^{3}\omega_\alpha(t)\,\mathbf{K}_{Fr\alpha}\,\dot{\mathbf{z}}_F.
\tag{5.261}
$$

Die schiefsymmetrischen $n_F \times n_F$-Matrizen $\mathbf{K}_{Fr\alpha}$ ergeben sich mit (5.252). Im Gegensatz zu den $\dot{\omega}_\alpha\,\mathbf{K}_{Fr\alpha}\,\mathbf{z}_F$ aus (5.251) sind die Kräfte $\omega_\alpha\,\mathbf{K}_{Fr\alpha}\,\dot{\mathbf{z}}_F$ aus (5.261) Dämpfungskräfte. Sie werden oft als gyroskopische Kräfte bezeichnet.

Zentrifugalbeschleunigung

Zur Berechnung des fünften Terms aus (5.237) wird das Integral so umgeformt, daß die Winkelgeschwindigkeit $\boldsymbol{\omega}$ nicht mehr im Integranden vorkommt:

$$
\int_{V_0} \delta\mathbf{u}^T\,\tilde{\boldsymbol{\omega}}\tilde{\boldsymbol{\omega}}\mathbf{r}\,\rho_0\,dV_0 = \boldsymbol{\omega}^T\int_{V_0}\delta\tilde{\mathbf{u}}\,\tilde{\mathbf{r}}\,\rho_0\,dV_0\,\boldsymbol{\omega}(t) = -\,\delta\mathbf{z}_F^T\,\mathbf{h}_{F\omega\omega}(\mathbf{z}_F,t).
\tag{5.262}
$$

Die n_F Elemente von $\mathbf{h}_{F\omega\omega}(\mathbf{z}_F,t)$ sind die zu den n_F Systemkoordinaten $\mathbf{z}_F$ gehörenden verallgemeinerten Trägheitskräfte infolge der Zentrifugalbeschleunigung $-\tilde{\boldsymbol{\omega}}\tilde{\boldsymbol{\omega}}\mathbf{r}$. Zur Ermittlung von $\mathbf{h}_{F\omega\omega}$ aus (5.262) werden $\boldsymbol{\delta u}$ und $\mathbf{r}$ aus (5.236) und (5.256) verwendet. Mit den Elementen T_{nk}^e und T_{ml}^e von $\mathbf{T}^e$ aus (5.124), den Spalten $\boldsymbol{\Gamma}_{*\alpha}^e$ und $\boldsymbol{\Gamma}_{*\beta}^e$ von $\boldsymbol{\Gamma}^e$ aus (5.82), den Spalten $\mathbf{N}_{*n}^e$ und $\mathbf{N}_{*m}^e$ von $\mathbf{N}^e$ aus (5.91) und den in [31] eingeführten 3×3-Elementmatrizen

$$\mathbf{C6}_{kl}^e = \left[C6_{kl\alpha\beta}^e \right], \quad \text{wo} \quad C6_{kl\alpha\beta}^e = \sum_{n=1}^{n_q^e} \sum_{m=1}^{n_q^e} T_{nk}^e \, \boldsymbol{\Gamma}_{*\alpha}^{e\,T} \int\limits_{V_0^e} \tilde{\mathbf{N}}_{*n}^e \, \tilde{\mathbf{N}}_{*m}^e \, \rho_0^e \, dV \, \boldsymbol{\Gamma}_{*\beta}^e \, T_{ml}^e , \quad (5.263)$$

für $k = 1, 2, \dots n_F$ und $l = 1, 2, \dots n_F$ wird

$$-\boldsymbol{\delta z}_F^T \, \mathbf{h}_{F\omega\omega} = \boldsymbol{\omega}^T \sum_{e=1}^{n_E} \sum_{l=1}^{n_F} \sum_{k=1}^{n_F} \delta z_{Fk} \, \mathbf{C6}_{kl}^e \, (Z_{F0l} + z_{Fl}) \, \boldsymbol{\omega}$$

$$= \sum_{e=1}^{n_E} \sum_{k,l=1}^{n_F} \sum_{\alpha,\beta=1}^{3} \delta z_{Fk} \, C6_{kl\alpha\beta}^e \, \omega_\alpha \, \omega_\beta \, (Z_{F0l} + z_{Fl}). \tag{5.264}$$

Aus (5.263) folgt $\mathbf{C6}_{kl}^{e\,T} = \mathbf{C6}_{lk}^e$. Das Produkt der beiden Matrizen unter dem Integral in (5.263) läßt sich mit den in Abschnitt 7.1 angegebenen Gleichungen umformen und man erhält mit dem Kronecker-Symbol $\delta_{\lambda\mu}$ und den Elementen $\Gamma_{\lambda\alpha}^e$ und $\Gamma_{\mu\beta}^e$ der Matrix $\boldsymbol{\Gamma}^e$

$$C6_{kl\alpha\beta}^e = \sum_{n,m=1}^{n_q^e} \sum_{\lambda,\mu=1}^{3} T_{nk}^e \, \Gamma_{\lambda\alpha}^e \underbrace{\int\limits_{V_0^e} \left(N_{\lambda m}^e \, N_{\mu n}^e - \sum_{\gamma=1}^{3} N_{\gamma m}^e \, N_{\gamma n}^e \, \delta_{\lambda\mu} \right) \rho_0^e \, dV}_{\Xi_{\lambda\mu nm}^e} \, \Gamma_{\mu\beta}^e \, T_{ml}^e . \tag{5.265}$$

Die Integrale in (5.265) kann man in den $n_q^e \times n_q^e$-Matrizen $\Xi_{\lambda\mu}^e = \left[\Xi_{\lambda\mu nm}^e \right]$ zusammenfassen. Ein Vergleich mit (5.248) zeigt

$$\Xi_{\lambda\lambda}^e = -\left(\mathbf{C3}_{\mu\mu}^e + \mathbf{C3}_{\nu\nu}^e \right) \qquad \text{wo } \lambda, \mu, \nu = \text{zyklische Permutationen von } 1, 2, 3$$

$$\Xi_{\lambda\mu}^e = \Xi_{\mu\lambda}^{e\,T} = \mathbf{C3}_{\lambda\mu}^{e\,T} = \mathbf{C3}_{\mu\lambda}^e \quad \text{für } \lambda \neq \mu. \tag{5.266}$$

Damit erhält man anstelle von (5.263)

$$\mathbf{C6}_{kl}^e = \left[C6_{kl\alpha\beta}^e \right], \quad C6_{kl\alpha\beta}^e = \mathbf{T}_{*k}^{e\,T} \sum_{\lambda=1}^{3} \sum_{\mu=1}^{3} \Gamma_{\lambda\alpha}^e \, \Xi_{\lambda\mu}^e \, \Gamma_{\mu\beta}^e \, \mathbf{T}_{*l}^e , \tag{5.267}$$

wobei $\Xi_{\lambda\mu}^e$ nach (5.266) durch die in (5.248) definierten Matrizen $\mathbf{C3}_{\lambda\mu}^e$ angegeben werden kann. Bei einer Summation über alle Elemente e lassen sich aus $C6_{kl\alpha\beta}^e$ die $n_F \times n_F$-Matrizen

$$\mathbf{K}_{F\omega\alpha\beta} = \sum_{e=1}^{n_E} \left[C6_{kl\alpha\beta}^e \right] = \sum_{e=1}^{n_E} \mathbf{T}^{e\,T} \sum_{\lambda=1}^{3} \sum_{\mu=1}^{3} \Gamma_{\lambda\alpha}^e \, \Xi_{\lambda\mu}^e \, \Gamma_{\mu\beta}^e \, \mathbf{T}^e = \mathbf{K}_{F\omega\beta\alpha}{}^T, \tag{5.268}$$

für $\alpha, \beta = 1, 2, 3$ bilden. Mit ihnen schließt man aus (5.264)

$$\mathbf{h}_{F\omega\omega} = - \sum_{\alpha,\beta=1}^{3} \omega_\alpha \, \omega_\beta \, \mathbf{K}_{F\omega\alpha\beta} \left(\mathbf{Z}_{F0} + \mathbf{z}_F \right). \tag{5.269}$$

Die Matrizen $\mathbf{K}_{F\omega\alpha\beta}$ sind für $\alpha = \beta$ symmetrisch, wie (5.266) und (5.248) zeigen.

Die beiden Summen über α und β in (5.269) lassen sich durch nur eine Summe ausdrücken, wenn man die 6×1-Matrix

$$\boldsymbol{\omega}_q = \left[\omega_{qi} \right] = \left[\omega_1^2 \quad \omega_2^2 \quad \omega_3^2 \quad \omega_1\omega_2 \quad \omega_2\omega_3 \quad \omega_3\omega_1 \right]^T, \quad i = 1, 2, \cdots 6 \tag{5.270}$$

einführt und die sechs unabhängigen $n_F \times n_F$-Matrizen

$$\mathbf{K}_{F\omega i} = \mathbf{K}_{F\omega\alpha\beta} \qquad \text{wo} \quad \alpha = \beta = i \quad \text{für} \quad i = 1,2,3$$

$$\mathbf{K}_{F\omega i} = \mathbf{K}_{F\omega\alpha\beta} + \mathbf{K}_{F\omega\alpha\beta}{}^T \quad \text{wo} \begin{cases} \alpha = 1, \beta = 2 \text{ für } i = 4 \\ \alpha = 2, \beta = 3 \text{ für } i = 5 \\ \alpha = 3, \beta = 1 \text{ für } i = 6. \end{cases} \tag{5.271}$$

Damit wird aus (5.269)

$$\mathbf{h}_{F\omega\omega} = -\sum_{i=1}^{6} \omega_{qi} \, \mathbf{K}_{F\omega i} \left(\mathbf{Z}_{F0} + \mathbf{z}_F \right). \tag{5.272}$$

Nach Definition der $n_F \times 6$-Matrizen

$$\mathbf{O}_F(\mathbf{z}_F) = \mathbf{O}_{F0} + \mathbf{O}_{F1}(\mathbf{z}_F) \begin{cases} \mathbf{O}_{F0} \qquad = \left[\mathbf{O}_{F0i} \right] \qquad = \left[\mathbf{K}_{F\omega i} \, \mathbf{Z}_{F0} \right], \\ \mathbf{O}_{F1}(\mathbf{z}_F) = \left[\mathbf{O}_{F1i}(\mathbf{z}_F) \right] = \left[\mathbf{K}_{F\omega i} \, \mathbf{z}_F \right], \end{cases} \quad i = 1, 2, \ldots 6 \tag{5.273}$$

erhält man aus (5.272) unter Beachtung von (5.270) die folgende Darstellung der verallgemeinerten Zentrifugalkräfte

$$\mathbf{h}_{F\omega\omega}(\mathbf{z}_F, t) = -\sum_{i=1}^{6} \omega_{qi}(t)\ \mathbf{K}_{F\omega i}\ \left(\mathbf{Z}_{F0} + \mathbf{z}_F\right)$$
$$= -\mathbf{O}_{F0}\ \boldsymbol{\omega}_q(t) - \mathbf{O}_{F1}(\mathbf{z}_F)\ \boldsymbol{\omega}_q(t) = -\mathbf{O}_F\ \boldsymbol{\omega}_q(t). \tag{5.274}$$

Die zur Angabe von $\mathbf{h}_{F\omega\omega}$ ermittelte Matrix $\mathbf{O}_F$ wurde, wie in den vorhergehenden Fällen, in einen konstanten Anteil $\mathbf{O}_{F0}$ und in einen in $\mathbf{z}_F$ linearen Anteil $\mathbf{O}_{F1}$ zerlegt. Die Matrix ist in (5.273) mit Hilfe der sechs Matrizen $\mathbf{K}_{F\omega i}$ angegeben. Dies sind nach (5.271), (5.268) und (5.266) symmetrische Steifigkeitsmatrizen, die den Einfluß der Zentrifugalkräfte auf rotierende Strukturen erfassen. Wie $\omega^2 \mathbf{M}_{33}$ aus (5.70) destabilisieren sie deren Bewegungen – vgl. auch [4, 32] und Beispiel 5.9.

Zusammenfassung

Mit (5.238), (5.239), (5.242), (5.260) und (5.262) kann man die ersten fünf Integrale aus (5.237) in folgender Form angeben:

$$\int_{V_0} \delta\mathbf{r}^{P^T}\mathbf{a}^P \rho_0\, dV = \delta\mathbf{z}_F^T \left(\mathbf{M}_F\, \ddot{\mathbf{z}}_F - \mathbf{h}_{Fa}(t) - \mathbf{h}_{F\dot{\omega}}(\mathbf{z}_F,t) - \mathbf{h}_{F\omega}(\dot{\mathbf{z}}_F,t) - \mathbf{h}_{F\omega\omega}(\mathbf{z}_F,t) \right). \tag{5.275}$$

Die vier $\mathbf{h}$-Terme sind die aus der Bewegung des Bezugssystems resultierenden Trägheitskräfte. Sie sind durch die Gleichungen (5.240), (5.259), (5.261) und (5.274) gegeben und lassen sich mit den sieben elementaren Element-Massenmatrizen $\mathbf{C1}^e$ und $\mathbf{C3}^e_{\alpha\beta}$ aus (5.165) und (5.248), den Drehmatrizen $\boldsymbol{\Gamma}^e$ aus (5.82) und den Sammelmatrizen $\mathbf{T}^e$ aus (5.124) berechnen. Von der Zeit abhängige Bewegungen des Bezugssystems resultieren in zeitabhängigen Trägheitskräften, die in den Bewegungsgleichungen durch zeitabhängige Lasten und Steifigkeitsmatrizen und durch eine gyroskopische Dämpfungsmatrix erfaßt werden.

5.4.3 Bewegungsgleichungen

Die in (5.275) nicht berücksichtigten Integrale aus (5.237) wurden schon in Abschnitt 5.3 ermittelt. Damit erhält man die Bewegungsgleichungen bei bewegtem Bezugssystem, indem man die $\mathbf{h}$-Terme aus (5.275) zu den Bewegungsgleichungen aus Abschnitt 5.3 hinzufügt. Aus den *nichtlinearen Gleichungen* (5.170) wird

$$\mathbf{M}_F\, \ddot{\mathbf{z}}_F + \mathbf{D}_F\, \dot{\mathbf{z}}_F + \mathbf{k}_F(\mathbf{z}_F)$$
$$= \mathbf{h}_F(t) + \overline{\mathbf{h}}_F + \mathbf{h}_{Fa}(t) + \mathbf{h}_{F\dot{\omega}}(\mathbf{z}_F,t) + \mathbf{h}_{F\omega}(\dot{\mathbf{z}}_F,t) + \mathbf{h}_{F\omega\omega}(\mathbf{z}_F,t)\,, \tag{5.276}$$
$$\mathbf{z}_F = \overline{\overline{\mathbf{T}}}\, \overline{\mathbf{z}}_F + \overline{\mathbf{T}}\, \overline{\mathbf{z}}_F\,.$$

Trägheitskräfte an einem Kontinuum sind, wie das Gewicht, über das Volumen verteilte Kräfte. Im Finite-Elemente-Modell und in den zugehörigen Gleichungen (5.276) erscheinen sie als n_F generalisierte Kräfte. Ihre Deutung stimmt überein mit der Deutung der generalisierten Gewichts- und Oberflächenkräfte aus (5.167) und (5.163), d. h. die verallgemeinerten Trägheitskräfte sind an den Knoten der Finite-Elemente-Struktur wirksame Einzelkräfte und -momente.

Die *linearisierten Bewegungsgleichungen* erhält man aus (5.177). Die vom Systemzustand unabhängigen Anteile der Trägheitskräfte fügt man zu $\mathbf{h}_F = \mathbf{h}_{F0} + \mathbf{\Delta h}_F$ hinzu und erhält so $\mathbf{h}_{F\Sigma}$. Die zustandsabhängigen Anteile – sie sind durchweg linear in $\mathbf{z}_F$ oder $\dot{\mathbf{z}}_F$ – ergeben neue, modifizierte Dämpfungs- und Steifigkeitsmatrizen. Man findet

$$\mathbf{M}_F\,\ddot{\mathbf{z}}_F + \mathbf{D}_{F\Sigma}\,\dot{\mathbf{z}}_F + \mathbf{K}_{F\Sigma}\,\mathbf{z}_F = \mathbf{h}_{F\Sigma}(t) + \overline{\mathbf{h}}_F - \mathbf{k}_{F0}\,,$$

$$\mathbf{z}_F = \overline{\overline{\mathbf{T}}}\,\overline{\mathbf{z}}_F + \overline{\mathbf{T}}\,\overline{\mathbf{z}}_F \tag{5.277}$$

mit der modifizierten Dämpfungsmatrix – vgl. (5.261)

$$\mathbf{D}_{F\Sigma} = \mathbf{D}_F + 2\sum_{\alpha=1}^{3}\left(\omega_\alpha(t)\,\mathbf{K}_{Fr\alpha}\right), \tag{5.278}$$

der modifizierten Steifigkeitsmatrix – vgl. (5.259) und (5.274)

$$\mathbf{K}_{F\Sigma} = \mathbf{K}_F + \mathbf{K}_{F0} + \sum_{\alpha=1}^{3}\left(\dot{\omega}_\alpha(t)\,\mathbf{K}_{Fr\alpha}\right) + \sum_{i=1}^{6}\left(\omega_{qi}(t)\,\mathbf{K}_{F\omega i}\right) \tag{5.279}$$

und den modifizierten eingeprägten Kräften – vgl. (5.240), (5.245) und (5.274)

$$\mathbf{h}_{F\Sigma}(t) = \mathbf{h}_F - \mathbf{C}_{Ft}\,\mathbf{a}(t) - \mathbf{C}_{Fr0}\,\dot{\boldsymbol{\omega}}(t) - \mathbf{O}_{F0}\,\boldsymbol{\omega}_q(t). \tag{5.280}$$

Die Matrix $\boldsymbol{\omega}_q$ enthält nach (5.270) Produkte der Koordinaten ω_α der Winkelgeschwindigkeit des Bezugssystems. Das folgende Beispiel zeigt der Einfluß einer Rotation des Bezugssystems auf die Bewegung einer Balkenstruktur.

● **Beispiel 5.9 Linearisierte Bewegungsgleichungen einer rotierenden Finite-Elemente-Struktur.** Das Bezugssystem $\{O, \underline{\mathbf{e}}\}$ der Balkenstruktur aus Bild 5-14 rotiere um die Achse $\underline{e}_3^I$ des Inertialsystems $\{O^I, \underline{\mathbf{e}}^I\}$ mit der konstanten Winkelgeschwindigkeit $\omega_3 = 6$ rad/s – vgl. Bild 5-21. Gesucht sind die linearisierten Bewegungsgleichungen der rotierenden Struktur, die aus den zugehörigen Zentrifugalkräften resultierende Verformung und die durch geometrische Steifigkeiten verursachte Änderung der Eigenfrequenzen gegenüber dem im Beispiel 5.6 untersuchten Fall einer im Inertialsystem ruhenden Struktur.

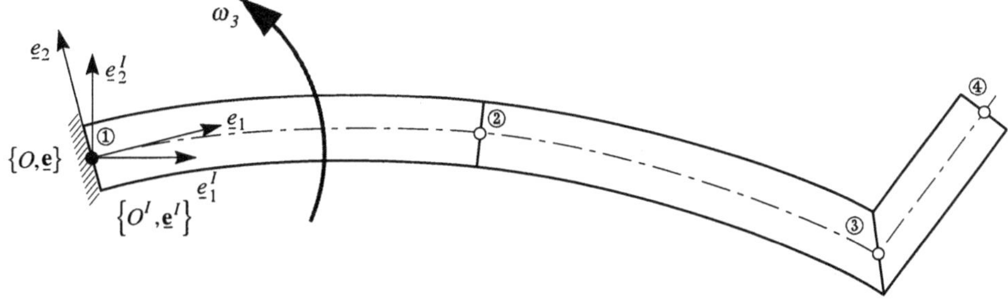

Bild 5-21 Rotation der ebenen Balkenstruktur aus Bild 5-14 um die Achse $\underline{e}_3^I$ des Inertialsystems $\{O^I, \underline{\mathbf{e}}^I\}$.

Die Matrizen $\mathbf{z}_F$, $\mathbf{M}_F$ und $\mathbf{K}_F$ in den linearisierten Bewegungsgleichungen (5.277) sind aus den Beispielen 5.2 und 5.3 bekannt – vgl. (5.133) sowie (5.182) und (5.186) für die zum Aufbau von $\mathbf{M}_F$ und $\mathbf{K}_F$ gemäß (5.154) und (5.160) benötigten Elementmatrizen $\mathbf{M}^e$ und $\mathbf{K}^e$. Eine Dämpfung der Bewegungen der Struktur wird nicht berücksichtigt, d. h. $\mathbf{D}_F = \mathbf{0}$. Wegen des Fehlens äußerer Lasten gilt $\mathbf{h}_F = \Delta\mathbf{h}_F = \mathbf{0}$. Die hier benötigten Geschwindigkeiten und Beschleunigungen des Bezugssystems sind

$$\mathbf{a} = \mathbf{0}, \quad \boldsymbol{\omega} = \begin{bmatrix} 0 & 0 & \omega_3 \end{bmatrix}^T, \quad \dot{\boldsymbol{\omega}} = \mathbf{0} \quad \text{und} \quad \boldsymbol{\omega}_q = \begin{bmatrix} 0 & 0 & \omega_3^2 & 0 & 0 & 0 \end{bmatrix}^T. \tag{5.281}$$

Zur Berechnung der Matrizen $\mathbf{D}_{F\Sigma}$, $\mathbf{K}_{F\Sigma}$ und $\mathbf{h}_{F\Sigma}$ aus (5.278) bis (5.280) sind demnach nur die Matrizen $\mathbf{O}_F^0$, $\mathbf{K}_{Fr\alpha}$ und $\mathbf{K}_{F\omega i}$ erforderlich. Da in (5.281) nur $\omega_3 \neq 0$ ist, müssen nur $\mathbf{K}_{Fr3}$ und $\mathbf{K}_{F\omega3}$ sowie die dritte Spalte von $\mathbf{O}_{F0}$ berechnet werden. Die angesprochenen Matrizen ergeben sich aus den elementaren Element-Massenmatrizen $\mathbf{C1}^e$ nach (5.165) und $\mathbf{C3}^e_{\alpha\beta}$ gemäß (5.248), wobei letztere nur für die Indizes $\alpha = \beta = 1, 2$ benötigt werden. Die Matrizen $\mathbf{C1}^e$ wurden bereits in (5.183) angegeben. Mit der Interpolationsmatrix aus (5.104) erhält man die hier gesuchten Matrizen $\mathbf{C3}^e_{\alpha\beta}$ zu

$$\mathbf{C3}^e_{11} = \frac{m^e}{6} \begin{bmatrix} 2 & & & & & \\ 0 & 0 & & & sym. & \\ 0 & 0 & 0 & & & \\ 1 & 0 & 0 & 2 & & \\ 0 & 0 & 0 & 0 & 0 & \\ 0 & 0 & 0 & 0 & 0 & 0 \end{bmatrix}, \quad \mathbf{C3}^e_{22} = \frac{m^e}{420} \begin{bmatrix} 0 & & & & & \\ 0 & 156 & & & sym. & \\ 0 & 22l^e & 4\ell^{e2} & & & \\ 0 & 0 & 0 & 0 & & \\ 0 & 54 & 13\ell^e & 0 & 156 & \\ 0 & -13\ell^e & -3\ell^{e2} & 0 & -22\ell^e & 4\ell^{e2} \end{bmatrix}$$

$$\mathbf{C3}^e_{12} = \mathbf{C3}^{e\ T}_{21} = \frac{m^e}{60} \begin{bmatrix} 0 & 21 & 3\ell^e & 0 & 9 & -2\ell^e \\ 0 & 0 & 0 & 0 & 0 & 0 \\ 0 & 0 & 0 & 0 & 0 & 0 \\ 0 & 9 & 2\ell^e & 0 & 21 & -3\ell^e \\ 0 & 0 & 0 & 0 & 0 & 0 \\ 0 & 0 & 0 & 0 & 0 & 0 \end{bmatrix}. \tag{5.282}$$

Unter Verwendung der $\boldsymbol{\Gamma}^e$ und $\mathbf{T}^e$ aus (5.134) bis (5.136) – vgl. Beispiel 5.4 – findet man, daß in (5.252) für $\alpha = 3$ nur der Term mit $\mu = 1$ und $\nu = 2$ von Null verschieden ist. Mit den Daten aus Tabelle 5.2 wird

$$\mathbf{K}_{Fr3} = \sum_{e=1}^{n_E} \mathbf{T}^{e\,T} \sum_{\lambda=1}^{3} \left(-\mathbf{C3}^e_{\mu\nu} + \mathbf{C3}^{e\,T}_{\nu\mu} \right) \boldsymbol{\Gamma}^e_{\lambda\alpha} \mathbf{T}^e = \sum_{e=1}^{n_E} \mathbf{T}^{e\,T} \left(-\mathbf{C3}^e_{12} + \mathbf{C3}^{e\,T}_{12} \right) \mathbf{T}^e$$

$$= \begin{bmatrix} 0 & & & & & & & & & & & \\ 189 & 0 & & & & & & & & schief\text{-} & & \\ 27 & 0 & 0 & & & & & & & sym. & & \\ 0 & -81 & -18 & 0 & & & & & & & & \\ 81 & 0 & 0 & 378 & 0 & & & & & & & \\ -18 & 0 & 0 & 0 & 0 & 0 & & & & & & \\ & & & 0 & -81 & -18 & 0 & & & & & \\ & \mathbf{0} & & 81 & 0 & 0 & 399 & 0 & & & & \\ & & & -18 & 0 & 0 & -27 & 12 & 0 & & & \\ & & & & & & 0 & -90 & 0 & 0 & & \\ & \mathbf{0} & & & \mathbf{0} & & 90 & 0 & -8 & 210 & 0 & \\ & & & & & & 0 & -8 & 0 & 0 & -12 & 0 \end{bmatrix} \cdot 10^{-2} \tag{5.283}$$

Die Matrix $\mathbf{K}_{F\omega3}$ erhält man aus (5.271), (5.268) und (5.266). Für $i = 3$ und die zugehörigen Werte $\alpha = \beta = 3$ ergeben nur Kombinationen der $\Gamma^e_{\lambda\alpha}$ und $\Gamma^e_{\mu\beta}$ aus (5.134) bis (5.136) mit $\lambda = \mu = 3$ nicht verschwindende Summanden, also

$$\mathbf{K}_{F\omega3} = \mathbf{K}_{F\omega33} = -\sum_{e=1}^{n_E} \mathbf{T}^{e^T} \left(\mathbf{C}3^e_{11} + \mathbf{C}3^e_{22}\right) \mathbf{T}^e = -\sum_{e=1}^{n_E} \mathbf{T}^{e^T} \mathbf{M}^e \, \mathbf{T}^e = -\mathbf{M}_F. \tag{5.284}$$

Die beiden letzten Aussagen in (5.284) folgen aus (5.253) und (5.154).
Die Matrix $\mathbf{O}_{F0}$ aus (5.273) hat sechs Spalten $\mathbf{O}_{F0i} = \mathbf{K}_{F\omega i}\,\mathbf{Z}_{F0}$. Sie wird zur Berechnung der Belastung $\mathbf{O}_{F0}\,\mathbf{\Omega}(t)$ aus (5.280) benötigt. Da nach (5.281) nur das dritte Element von $\boldsymbol{\omega}_q$ von Null verschieden ist, braucht man nur $\mathbf{O}_{F03} = \mathbf{K}_{F\omega3}\,\mathbf{Z}_{F0}$. Für die in (5.255) definierten Koordinaten $\mathbf{Z}_{F0}$ findet man mit (5.133) unter Verwendung von Bild 5-14 und der in Tabelle 5.2 angegebenen Parameter

$$\mathbf{Z}_{F0} = \begin{bmatrix} 0 & 0 & 0 \vdots 1 & 0 & 0 \vdots 2 & 0 & 0 \vdots 2 & 0.4 & 0 \end{bmatrix}^T. \tag{5.285}$$

Mit (5.284), (5.285) und (5.273) ergibt sich für die Spalte $i = 3$ der Matrix $\mathbf{O}_{F0}$

$$\mathbf{O}_{F03} = \mathbf{K}_{F\omega3}\,\mathbf{Z}_{F0} = \begin{bmatrix} -0.9 & 0 & 0 \vdots -5.4 & 0 & 0 \vdots -10.5 & -0.4 & 0.4 \vdots -6 & -0.8 & -0.4 \end{bmatrix}^T. \tag{5.286}$$

Nach (5.280) erhält man aus (5.281) und (5.286) die Belastung $\mathbf{h}_{F\Sigma} = -\mathbf{O}_{F0}\,\boldsymbol{\omega}_q$ der Struktur durch die Zentrifugalkräfte.
Bei Analyse der Struktur müssen geometrische Steifigkeiten berücksichtigt werden. Sie lassen sich mit der in Abschnitt 5.3 skizzierten Vorgehensweise angeben. Die aus $\mathbf{h}_{F\Sigma} = -\mathbf{O}_{F0}\,\boldsymbol{\omega}_q$ resultierenden Spannungen $\boldsymbol{\sigma}^e = \boldsymbol{\sigma}^e_0$ erhält man mit $\lambda\,\hat{\mathbf{h}}_F = \mathbf{h}_{F\Sigma} = -\mathbf{O}_{F0}\,\boldsymbol{\omega}_q$ aus (5.220). Wie im Beispiel 5.8 findet man hier für die Normalspannungen in den drei finiten Elementen

$$\left.\begin{aligned} S^e_{Normal} &= \boldsymbol{\mathcal{E}}^e\,\mathbf{B}^e_L\Big|_{x_2=0}\,\mathbf{T}^e\,\overline{\overline{\mathbf{T}}}\,\overline{\overline{\mathbf{K}}}_F^{-1}\,\overline{\overline{\mathbf{T}}}^T\,\mathbf{O}_{F0}\,\boldsymbol{\omega}_q \equiv \omega_3^2\,\hat{S}^2_{Normal} \\ \text{also} \quad \hat{S}^1_{Normal} &= 12167, \quad \hat{S}^2_{Normal} = 9167, \quad \hat{S}^3_{Normal} = 421. \end{aligned}\right\} \tag{5.287}$$

Daraus läßt sich mit (5.211) für $n = 0$ die geometrische Element-Steifigkeitsmatrix

$$\mathbf{K}^e_\sigma = S^e_{Normal}\,\hat{\mathbf{K}}^e_\sigma = \omega_3^2\,\hat{\hat{\mathbf{K}}}^e_\sigma \quad \text{wo} \quad \hat{\hat{\mathbf{K}}}^e_\sigma = \hat{S}^e_{Normal}\,\hat{\mathbf{K}}^e_\sigma \tag{5.288}$$

berechnen. Die Matrix $\hat{\mathbf{K}}^e_\sigma$ ist für ebene Balkenelemente in (5.212) gegeben. Mit $\mathbf{K}^e_\sigma$ kann man $\mathbf{K}_{F\sigma}$ aus (5.208) angeben. Wegen (5.288) ist $\mathbf{K}_{F\sigma}$ eine in ω_3^2 lineare Funktion.
Die zur Angabe der Bewegungsgleichungen (5.277) noch fehlenden Matrizen $\mathbf{M}_F$ und $\mathbf{K}_F$ sind bereits aus (5.187) und (5.188) bekannt. Der zur Berechnung von $\mathbf{K}_{F\Sigma}$ aus (5.279) erforderliche Term $\mathbf{K}_{F\omega3}$ wurde in (5.284) angegeben. Damit lauten die linearen Bewegungsgleichungen der mit ω_3 rotierenden Balkenstruktur

$$\overline{\overline{\mathbf{M}}}_F\,\ddot{\overline{\overline{\mathbf{z}}}}_F + \left(\overline{\overline{\mathbf{K}}}_F - \omega_3^2\,\overline{\overline{\mathbf{M}}}_F + \omega_3^2\,\overline{\overline{\mathbf{T}}}^T\,\hat{\mathbf{K}}_{F\sigma}\,\overline{\overline{\mathbf{T}}}\right)\overline{\overline{\mathbf{z}}}_F = -\overline{\overline{\mathbf{T}}}^T\,\mathbf{O}_{F03}\,\omega_3^2. \tag{5.289}$$

Die Lösung der Gleichungen für $\ddot{\overline{\overline{\mathbf{z}}}} \equiv 0$ und für $\omega_3 = 6$ rad/s liefert die in Bild 5-22 angegebenen, stationären Verformungen.
Eine Eigenwertanalyse von (5.289) liefert die Eigenfrequenzen aus Tabelle 5.7. Beim Vergleich mit den Eigenfrequenzen der nicht rotierenden Struktur – siehe Tabelle 5.5 – ist die Versteifung der Struktur durch die Rota-

tionsbewegung deutlich erkennbar, insbesondere in der ersten Eigenform. Der Effekt ist aus der Untersuchung der Schwingungen von Hubschrauber-Rotorblättern und Turbinenschaufeln bekannt. Eine Vernachlässigung der geometrischen Steifigkeiten führt, wie im Beispiel 5.2, zu falschen Ergebnissen, insbesondere wenn der destabilisierende Term $\mathbf{O}_{F1}(\mathbf{z}_F)\boldsymbol{\omega}_q = -\omega_3^2\,\overline{\overline{\mathbf{M}}}_F$ berücksichtigt wird – siehe nicht schattierte Zeile in Tabelle 5.7. Ein Modell mit 11 Elementen liefert, wie in Beispiel 5.6, etwas niedrigere Eigenfrequenzen.

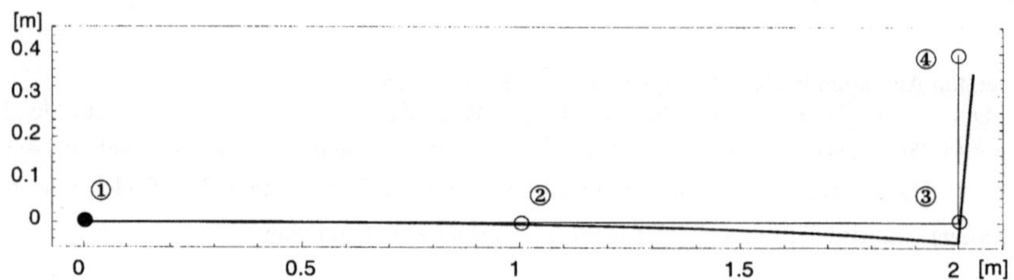

Bild 5-22:   Verformung der Struktur bezüglich des mit $\omega_3 = 6$ rad/s rotierenden Bezugssystems.

Tabelle 5.7: Eigenfrequenzen der rotierenden Balkenstruktur.

	Eigenfrequenzen f_i [Hz]		
Winkelgeschwindigkeit und Modell	1. Biegeform	2. Biegeform	3. Biegeform
$\omega_3 = 0$ rad/s.	0.9614	7.068	17.04
$\omega_3 = 6$ rad/s ohne $\mathbf{K}_{F\sigma}$	0.112	7.003	17.02
$\omega_3 = 6$ rad/s mit $\mathbf{K}_{F\sigma}$	1.054	7.550	17.35
11 Elemente, $\omega_3 = 6$ rad/s mit $\mathbf{K}_{F\sigma}$	1.044	7.478	17.09

6 Mehrkörpersysteme

Zur Simulation von Mehrkörpersystemen mit flexiblen Körpern müssen die in den Kapiteln 4 und 5 erläuterten Bewegungsgleichungen von Balken und Finite-Elemente-Modellen mit den Bewegungsgleichungen starrer Körper kombiniert werden unter Beachtung der zwischen den Körpern wirksamen Kräfte. Zur Modellierung der Bewegungen verformbarer Körper in Mehrkörpersystemen wurde eine Vielzahl von Verfahren vorgeschlagen, die sich grob in vier Gruppen einteilen lassen, [22], [67]

- die Methode des bewegten Bezugssystems,

- inkrementelle Finite-Elemente-Methoden,

- Finite-Elemente-Methoden, bei denen große Rotationen der in den Knoten festen Koordinatensysteme durch Winkel beschrieben werden,

- Finite-Elemente-Methoden, die große Elementbewegungen durch Knotenkoordinaten und ihre materiellen Ableitungen angeben.

Die erstgenannte Alternative geht von der Annahme aus, daß sich die Bewegungen flexibler Körper in einem Mehrkörpersystem zusammensetzen aus *Referenzbewegungen*, die durch die Bewegungen von Bezugssystemen der Körper erfaßt werden, und aus Bewegungen der Punkte der Körper relativ zu diesen Koordinatensystemen, den *Verformungen*. Die Referenzbewegungen dürfen beliebig groß werden, während die Verformungen klein bleiben sollen. Diese Annahme ist bei den meisten Anwendungen erfüllt und erlaubt die Linearisierung der Bewegungsgleichungen in den generalisierten Koordinaten zur Angabe der Verformungen. Die Verformungen flexibler Körper, die sich als Kontinua mit inneren Bindungen modellieren lassen, werden mit Hilfe des Ritzschen Verfahrens approximiert, wobei i. a. Ansatzfunktionen für den gesamten Körper gewählt werden, die nicht, wie bei der Methode der finiten Elemente, aus Ansatzfunktionen für Teile des Körpers zusammengesetzt sind. Häufig werden Eigenschwingungsformen zusammen mit statischen Formen verwendet. Dabei kommt man i. a. mit einer niedrigen Zahl von Ansatzfunktionen aus. Bei Modellierung flexibler Körper als Finite-Elemente-Strukturen gibt man die Verformung entweder mit Hilfe aller Knotenkoordinaten an oder mit einer erheblich reduzierten Zahl modaler Koordinaten. Die genauere Modellierung des Körpers erlaubt eine bessere Darstellung der zu den Verformungen gehörenden Spannungen, resultiert aber in einer höheren Systemordnung und damit auch größerem Rechenaufwand.

Die Wahl der Referenzbewegung, d. h. die Definition des Bezugssystems eines Körpers ist mit der Wahl der Ansatzfunktionen zur Darstellung der Verformung des Körpers verknüpft. Eine inkonsistente Wahl von Bezugssystem und Ansatzfunktionen führt zu Fehlern, wie schon in frühen Untersuchungen zur Dynamik von Mehrkörpersatelliten gezeigt wurde [43, 44]. Der Hinweis auf diese Fehlerquelle erübrigt sich bei heute aktuellen Problemen (u. a. elastische Roboter) nach [66] aber immer noch nicht.

Inkrementelle Finite-Elemente-Methoden sind die derzeit am weitesten verbreiteten Verfahren zur Analyse von Strukturen. In vielen Fällen werden vollständig oder auch nur teilweise linearisierte Systemgleichungen verwendet, die lediglich für Fälle gelten, in denen die Verformung der Struktur bezüglich einer bekannten Referenzkonfiguration eine aus Fehlerschranken abschätzbare Größe nicht überschreitet. Führen die an der Struktur wirksamen Lasten zu größeren Verformungen, so werden die Lasten inkrementell aufgebracht. Die zur gesamten Last gehörende Verformung wird ermittelt durch sukzessive Berechnung der zu den inkrementellen Lasten gehörenden Verformungen und der zu den neuen Verformungszuständen gehörenden, linearisierten Systemgleichungen. Bei der Analyse dynamischer Probleme und bei Verwendung sogenannter nicht-isoparametrischer Elemente ergeben sich Probleme. Die Knotenkoordinaten solcher Elemente stellen Starrkörperrotationen oft nur in linearer Näherung dar. Beschreibt man die Bewegung flexibler Körper in Mehrkörpersystemen mit Knotenkoordinaten dieser Elemente, so erhält man wegen der nur angenäherten Beschreibung der Starrkörperrotationen der Elemente bei großen Bewegungen u. a. eine falsche Massenmatrix, [65]. Die Methode des bewegten Bezugssystems vermeidet dieses Problem. Bei ihr bleiben die bei einer Finite-Elemente-Analyse anfallenden Starrkörperformen unberücksichtigt – die Starrkörperformen werden durch die Koordinaten zur Beschreibung der Referenzbewegung angegeben.

Aus nicht-isoparametrischen Elementen resultierende Probleme lassen sich auch mit den von J. C. Simo und A. A. Shabana angegebenen Gleichungen vermeiden, die im Gegensatz zur Methode des bewegten Bezugssystems auch große Verformungen von Finite-Elemente-Modellen in Mehrkörpersystemen erfassen. Große Starrkörperrotationen der Elemente werden in [69] durch Winkel beschrieben, um die sich die in den Knoten der Elemente festen Dreibeine verdrehen, während Shabana materielle Ableitungen der Ortsvektoren der Knoten zur Angabe der Rotationsbewegungen vorschlägt, [65]. Die Verfahren lassen sich zur Analyse großer Verformungen flexibler Körper in Mehrkörpersystemen einsetzen, resultieren aber wegen der im Vergleich zur Methode des bewegten Bezugssystems höheren Modellordnung auch in entsprechend höheren Rechenzeiten.

In diesem Kapitel wird nur die für die meisten der derzeit aktuellen Anwendungen besonders geeignete Methode des bewegten Bezugssystems detailliert erläutert.

6.1 Modellvorstellung

Beispiele technischer Systeme, die als Mehrkörpersysteme modelliert wurden, sind in den Bildern 1-2 und 1-5 bis 1-9 angegeben. Eine Analyse solcher Systeme erfordert die Kenntnis der

- Systembewegungen infolge der auf das System wirkenden, äußeren Kräfte und der

- aus diesen Bewegungen resultierenden, inneren Kräfte einschließlich der Zwangskräfte.

Äußere und innere Kräfte und Momente*) werden zuweilen auch als vorgegebene Antriebsbewegungen modelliert. Um solche Bewegungen aufrecht zu erhalten, sind Zwangskräfte erforderlich, die bei einer Systemanalyse oft benötigt werden.

Zur Ermittlung der Bewegungen und Zwangskräfte bildet man die Systeme auf die in Bild 6-1 angegebene Modellvorstellung Mehrkörpersystem ab und berechnet die gesuchten Größen durch Lösung der Systemgleichungen – vgl. auch Kapitel 1. Die Elemente des im Bild 6-1 dargestellten Modells sind

---

*) An den Punkten der in Kapitel 2 betrachteten Kontinua sind nur Kräfte wirksam. Die Wirkung solcher Kraftfelder an starren Körpern, starren Balkenquerschnitten oder Elementen eines Finite-Elemente-Modells kann durch generalisierte Kräfte oder Reduktionsresultanten des Kraftsystems, also durch Kräfte und Momente, dargestellt werden. Wenn hier von Kräften gesprochen wird, sind die in den Reduktionsresultanten enthaltenen Momente stets mit eingeschlossen.

- starre und flexible Körper,

- Kraftelemente,

- Gelenke und

- eine Umgebung, in der sich das Mehrkörpersystem bewegt.

Die *Umgebung* dient zur Modellierung einer bekannten Globalbewegung des Systems. Beispiele sind Bezugssysteme, die eine globale Bewegung eines Vielkörpersatelliten längs seiner Bahn erfassen oder eines Eisenbahnzugs längs seiner Trasse. Im Fall einer unbeschleunigten Globalbewegung ist das Bezugssystem ein Inertialsystem. Wenn die Umgebung einem abstrakten Koordinatensystem zur Erfassung der Globalbewegung des Mehrkörpersystems entspricht, so führt man zwischen ihm und einem der Körper ein fiktives Gelenk mit sechs Freiheitsgraden ein. Die Umgebung kann aber auch ein Koordinatensystem auf einem starren oder flexiblen Körper des Mehrkörpersystems sein, dessen gesamte Bewegung a priori bekannt ist. In diesem Fall sind – wie im Bild 6-1 angedeutet – zwischen den restlichen Körpern des Systems und der Umgebung i. a. Kraftelemente und/oder Gelenke vorhanden.

Die *Körper* repräsentieren die zur Analyse des Systems erforderlichen Massen, d. h. die Trägheit des Systems gegenüber Bewegungen. An den Körpern sind Kraftelemente und Gelenke sowie die zur Regelung von Systembewegungen benötigten Sensoren angebracht. Alle zuletzt genannten Bauteile werden als masselos angesehen. Ihre Befestigungspunkte auf den Körpern heißen hier *Knoten*. Zusätzliche Knoten liegen in allen Punkten von Körpern, deren Bewegung zur Beurteilung des Systemverhaltens benötigt wird. Bei Finite-Elemente-Strukturen stimmen diese Knoten mit den Knoten des Modells der Körper aus Kapitel 5.2 überein.

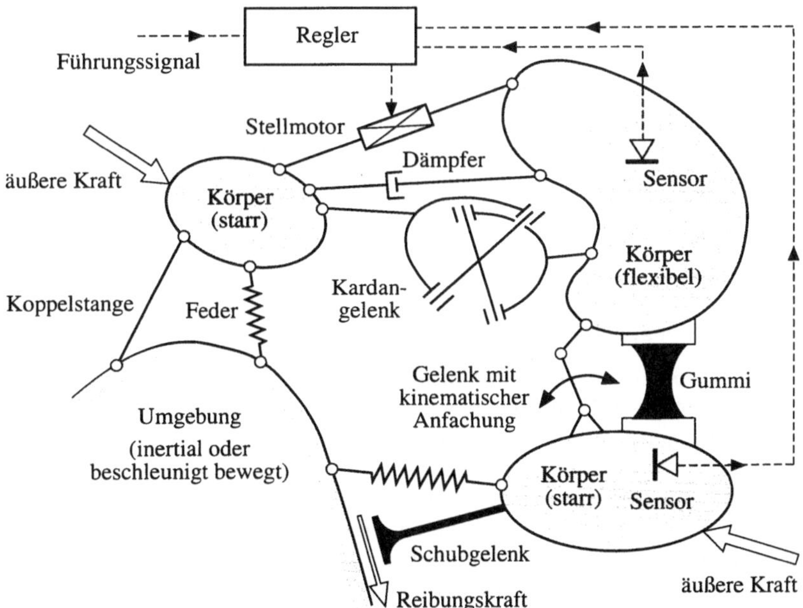

Bild 6-1: Modellvorstellung Mehrkörpersystem.

Die *Kraftelemente* dienen zur Modellierung eingeprägter Kräfte und Momente. Sie werden, wie in Bild 6-1, durch Symbole von Federn, Dämpfern, Stellmotoren und dergleichen veranschaulicht oder durch Pfeile, wie die an einem Schubgelenk wirksamen Reibungskräfte und die äußeren, eingeprägten Kräfte, beispielsweise das Gewicht der Körper. Kräfte treten immer paarweise auf. Die Gegenkräfte innerer Kräfte wirken innerhalb des Modells, während die Gegenkräfte äußerer Kräfte jenseits der Modellgrenzen angreifen. Äußere Kräfte wirken somit zwischen einem der Körper und der Umgebung. Die Wirkung äußerer Kräfte auf die Bewegung der Körper des Systems wird in den Modellgleichungen erfaßt, aber der Einfluß ihrer Gegenkräfte auf die Umgebung bleibt unberücksichtigt – deren Bewegung wird ja als a priori bekannt angesehen, und kann durch an ihr angreifende Kräfte nicht beeinflußt werden. Eingeprägte, innere Kräfte hängen von den Relativbewegungen der Körper ab. Eingeprägte, äußere Kräfte sind Funktionen der Relativbewegung von Körper und Umgebung, und sie werden oft am bequemsten als Funktionen der Absolutbewegung angegeben. Mit Relativ- und Absolutbewegungen ist die Menge der Größen, von denen eingeprägte Kräfte abhängen können, aber noch nicht erschöpft. Reibungskräfte sind Funktionen der in Gelenken wirksamen Zwangskräfte. Die von Stellmotoren aufgebrachten Kräfte werden – wie in Bild 6-1 veranschaulicht – beeinflußt von den durch Sensoren erfaßten Bewegungen beliebiger Punkte eines flexiblen Körpers, an dem die Motoren befestigt sind, oder von den Bewegungen der Punkte anderer Körper, mit denen die Stellelemente gar nicht direkt in Kontakt kommen. Außerdem sind die Stellkräfte Funktionen der Zustandsvariablen zur Beschreibung des Reglers.

Die *Gelenke* werden als masselos und unverformbar oder starr angesehen – vgl. [30], S. 74. Sie veranschaulichen Bindungen der Relativbewegungen der Körper und damit die Wirkungen der unbekannten Zwangskräfte. Beispiele für Gelenke sind die in Bild 6-1 angedeutete Koppelstange, das Schub- und das Kardangelenk und das Gelenk mit kinematischer Anfachung, bei dem sich eine Koppelstange in vorgegebener Weise bewegt. Eine umfangreiche Sammlung von Beispielen für Gelenke findet sich in [76]. Die aus den Gelenken resultierenden Zwangsbedingungen für die Systembewegungen haben hier ausschließlich die Form von Gleichungen. Bedingungen in Form von Ungleichungen, die sich beispielsweise bei der Modellierung von Kontaktvorgängen ergeben – vgl. [37] und dort zitierte Literatur – werden hier nicht betrachtet. Im Gegensatz zu den Zwangskräften sind die durch Gelenke gebundenen Relativbewegungen bekannt. Dabei kann man zwei Fälle unterscheiden:

1. Das Gelenk sperrt gewisse Freiheitsgrade der Relativbewegung von Koordinatensystemen in seinen Befestigungspunkten. Ein Beispiel ist das in Bild 6-1 angedeutete Kardangelenk, das drei Translationsbewegungen und eine Rotationsbewegung sperrt. Die bekannten Bewegungen sind dann gleich Null.

2. Bewegungen im Gelenk sind als Funktionen der Zeit vorgegeben, eine Option, die zur Modellierung der Antriebsbewegungen von Mechanismen häufig genutzt wird. In Bild 6.1 ist ein Gelenk mit kinematischer Anfachung veranschaulicht.

Kraftelemente und Gelenke repräsentieren, im Sinne der in [30], S. 82 erläuterten Klassifikation von Kräften, die im System wirksamen eingeprägten Kräfte und die Zwangskräfte. Sie greifen an den auf den Körpern liegenden Knoten an. Ein schematisches Diagramm, das aufzeigt, in welcher Form die Körper durch die an den Knoten befestigten Kraftelemente und Gelenke miteinander verbunden sind, bezeichnet man als *Topologie* des Mehrkörpersystems.

Formalismen für Mehrkörpersysteme sind Verfahren zur rechnergestützten Herleitung der Bewegungsgleichungen von Modellen der in Bild 6-1 veranschaulichten, allgemeinen Form unter Verwendung von Daten zur Beschreibung der oben genannten Elemente und ihrer topologischen Anordnung. Die Topologie des Systems kann man mit Hilfe von Graphen erfassen – vgl. [56], S. 184. Dabei unterscheidet man zwei Fälle:

1. Systeme mit *Baumstruktur*: Solche Systeme zerfallen in zwei getrennte Teilsysteme, wenn alle Gelenke zwischen jedem beliebigen Paar von Knoten des Systems entfernt werden und Kraftelemente unbeachtet bleiben. Die Bewegungsgleichungen derartiger Systeme sind leichter zu ermitteln, da sich die Zwangsbedingungen für die Systembewegungen sehr einfach als Gesamtheit der Zwangsbedingungen für die Relativbewegungen der Knoten ergeben.

2. Systeme mit *kinematisch geschlossenen Schleifen*: Dies sind Systeme, bei denen die eben genannte Bedingung nicht erfüllt ist. Bild 6-1 zeigt ein Beispiel: Auf dem Weg von der Umgebung über die drei Körper zurück zum Ausgangspunkt gibt es zwischen allen Körpern ein Gelenk. Man kann das System nicht in zwei Teile zerlegen, wenn man nur eines dieser Gelenke entfernt. Die Angabe der Bewegungsgleichungen von Systemen mit kinematisch geschlossenen Schleifen ist mit manchen Formalismen aufwendiger, da neben den aus Gelenken resultierenden Bindungsgleichungen auch noch die Verträglichkeitsbedingungen für die Bewegungen der Körper in den geschlossenen Schleifen beachtet werden müssen.

Die Elemente eines Mehrkörpersystems werden mit *hochgestellten* Indizes numeriert. Für die Bezeichnung der Indizes gelten folgende Regeln:

* *Körper* werden von 1 bis n numeriert, und allgemeine Körperindizes sind i und j.

* Die *Umgebung*, in der sich das Mehrkörpersystem bewegt, das globale Bezugssystem, erhält die Nummer $i = 0$.

* *Gelenke* erhalten die Nummern $s = 1$ bis n_G.

* *Kraftelemente* werden durch die Indizes $r = n_G + 1$ bis $n_G + n_{KE}$ gekennzeichnet.

* *Knoten* sind von 1 bis n_K numeriert, und allgemeine Knotenindizes sind k und l.

Die in Kapitel 1.1 angesprochenen, frühen Arbeiten zur Mehrkörperdynamik begründeten zwei Schulen, die sich eine ganze Zeit lang weiterentwickelten, ohne voneinander Kenntnis zu nehmen – vgl. z. B. [56], S. 24 und [61]. In beiden Schulen geht man zur Entwicklung von Formalismen für Systeme starrer Körper von den Bewegungsgleichungen der freigeschnittenen Körper des Systems aus. Mit Hilfe der Prinzipe der Mechanik lassen sich diese Gleichungen umformen in die

* Lagrangeschen Bewegungsgleichungen 1. Art, die zuweilen als *Deskriptorform* der Systemdarstellung bezeichnet werden. In ihnen erscheinen neben redundanten Variablen zur Angabe von Lage und Geschwindigkeit der Körper auch verallgemeinerte Zwangskräfte als Systemvariable.

* *Zustandsdarstellung* der Systembewegungen, in der die Zwangskräfte nicht vorkommen.

Bei Systemen mit geschlossenen Schleifen verwendet man auch Mischformen, z. B. die in [56], S. 292 angegebenen, partiell reduzierten Bewegungsgleichungen.

Ausgangspunkt zur Angabe von Formalismen sind also die Gleichungen zur Beschreibung der Bewegungen eines freigeschnittenen Körpers i des Mehrkörpersystems. Sie werden erfaßt durch die Lage- und Geschwindigkeitsvariablen

$$\mathbf{z}_I^i = \left[z_{Ij}^i \right] \quad \text{und} \quad \mathbf{z}_{II}^i = \left[z_{IIj}^i \right], \quad j = 1, 2, \dots n_z^i. \tag{6.1}$$

Bei starren Körpern ist $n_z^i = 6$, und die Variablen (6.1) hängen nur von der Zeit t ab. Die Bewegungen der hier betrachteten Modelle flexibler Körper werden bei Verwendung eines Ritz-Ansatzes zur Darstellung des Verschiebungsfelds der Körper mit $n_z^i > 6$ ebenfalls nur von der Zeit abhängigen Variablen $z_{Ij}^i = z_{Ij}^i(t)$ und $z_{IIj}^i = z_{IIj}^i(t)$ beschrieben. Die Gesamtheit der Variablen zur Angabe der Bewegungen des Mehrkörpersystems ist dann

$$\left. \begin{aligned} \mathbf{z}_I &= \mathbf{z}_I(t) = \left[z_{Ij}(t) \right] = \left[\mathbf{z}_I^i(t) \right] \\ \mathbf{z}_{II} &= \mathbf{z}_{II}(t) = \left[z_{IIj}(t) \right] = \left[\mathbf{z}_{II}^i(t) \right] \end{aligned} \right\} \quad \text{wo} \quad i = 1, 2, \dots n, \quad j = 1, 2, \dots n_z \quad \text{mit} \quad n_z = \sum_{i=1}^n n_z^i. \tag{6.2}$$

Die Bewegungsgleichungen der freigeschnittenen Körper i des Mehrkörpersystems nehmen eine besonders einfache Form an, wenn die Variablen $\mathbf{z}_I^i$ und $\mathbf{z}_{II}^i$ die Referenzbewegungen der Körper bezüglich eines Inertialsystems zusammen mit den eingangs angesprochenen Verformungen beschreiben. Solche Variable bezeichnet man als *Absolutgrößen*. Die Deskriptorform der Systemgleichungen wird häufig mit Hilfe dieser Variablen angegeben. Bei der Herleitung der Zustandsgleichungen geht man dagegen in vielen Fällen von Bewegungsgleichungen aus, die in *Relativgrößen* formuliert sind. Sie erfassen neben den Verformungen der Körper die Relativbewegungen über gewisse Gelenke des Mehrkörpersystems. Die hier verwendeten Absolut- und Relativgrößen werden in den Abschnitten 6.2.1 und 6.5.3 definiert.

Die Verwendung von Formalismen, die Bewegungsgleichungen in der Deskriptorform angeben, hat die Entwicklung der in den sechziger Jahren noch unzureichenden, numerischen Verfahren zur Lösung differential/algebraischer Gleichungen stark gefördert, [20, 32]. Dagegen waren Verfahren zur Integration der Zustandsgleichungen damals bereits gut entwickelt. Dies erklärt, daß man schon frühzeitig die Entwicklung von Formalismen zur Angabe der im Vergleich zu den Lagrangeschen Gleichungen erster Art wesentlich komplexeren Zustandsgleichungen angestrebt hat. Die sich in den sechziger Jahren noch stark unterscheidende Zuverlässigkeit von Verfahren zur numerischen Lösung der Deskriptor- und Zustandsgleichungen hatte zur Folge, daß die heute gut verstandenen Vor- und Nachteile der beiden Alternativen ein zuweilen heiß diskutiertes Thema waren. Während Absolutgrößen in einer einfachen Massenmatrix und vergleichsweise komplexen Ausdrücken für die generalisierten Kräfte resultieren, ergeben sich bei Verwendung von Relativgrößen eine sehr komplexe, zustandsabhängige Massenmatrix, aber (insbesondere bei Systemen mit Baumstruktur) sehr einfache generalisierte Kräfte.

6.2 Kinematik

Zur Beschreibung der Absolutbewegungen der Körper eines Mehrkörpersystems werden Variable eingeführt, die eine Linearisierung der Bewegungsgleichungen für kleine Verformungen der Körper erlauben. Die Formulierung der aus Gelenken resultierenden Bindungsgleichungen erfordert die Definition von Variablen zur Angabe der Relativbewegungen von Knoten benachbarter Körper. Mit Hilfsmitteln aus der linearen Algebra erhält man eine Interpretation der Bindungsgleichungen für die Geschwindigkeiten, die eine einfache Deutung der Herleitung kinetischer Bewegungsgleichungen mit den Prinzipen der Mechanik erlaubt.

6.2.1 Absolutbewegung der Körper

Jedem Körper i eines Mehrkörpersystems wird ein Koordinatensystem $\{O^i, \underline{e}^i\}$ zugeordnet – vgl. Bild 6-2. Die Wahl seines Ursprungs O^i und seiner Orientierung $\underline{e}^i$ wird später in diesem Abschnitt und in Abschnitt 6.3.6 erläutert. Das die Globalbewegung des Mehrkörpersystems erfassende Bezugssystem ist $\{O^0, \underline{e}^0\}$. Seine Bewegung wird in der gleichen Weise beschrieben wie die der Bezugssysteme der Körper $i \neq 0$.

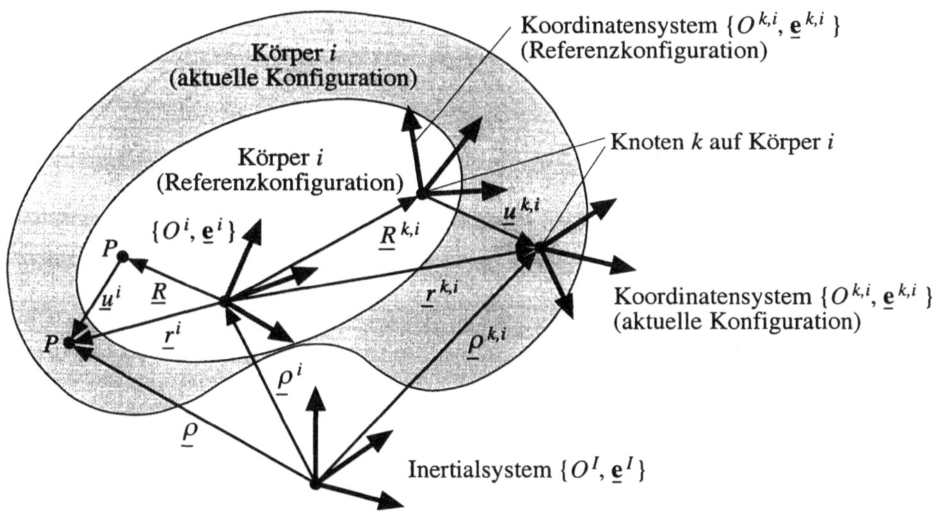

Bild 6-2: Vektoren zur Beschreibung der Bewegung des Körpers i eines Mehrkörpersystems.

Die Einführung des Bezugssystems $\{O^i, \underline{e}^i\}$ dient der Trennung der Bewegung eines flexiblen Körpers in eine durch die Bewegung von $\{O^i, \underline{e}^i\}$ erfaßte Referenzbewegung und in die als Verformung bezeichneten Relativbewegungen der Punkte des Körpers bezüglich seines Koordinatensystems. Wenn die so definierten Verformungen klein bleiben, können die Bewegungsgleichungen auch bei großer Referenzbewegung in den Verformungskoordinaten linearisiert werden.

Bewegungen der Bezugssysteme der Körper

Die Orientierung von $\{O^i, \underline{e}^i\}$, $i = 0, 1, 2, \ldots n$, gegenüber einem Inertialsystem $\{O^I, \underline{e}^I\}$ wird angegeben mit Hilfe der Drehmatrizen $\mathbf{A}^i$, also

$$\underline{e}^i(t) = \mathbf{A}^i(t)\,\underline{e}^I, \quad \mathbf{A}^i(t) = \left[A^i_{\alpha\beta}(t)\right] \quad \text{mit} \quad \mathbf{A}^i(t) = \mathbf{A}^i\!\left(\boldsymbol{\alpha}^i(t)\right), \text{wo } \boldsymbol{\alpha}^i(t) = \left[\alpha^i_\alpha(t)\right] \qquad (6.3)$$

für die jeweilige Aufgabe geeignete Winkel zur Parametrisierung von $\mathbf{A}^i$ sind. Die Vektoren

$$\underline{\rho}^i(t) = \underline{e}^{iT}(t)\,\boldsymbol{\rho}^i(t), \quad \boldsymbol{\rho}^i(t) = \left[\rho^i_\alpha(t)\right] \qquad (6.4)$$

aus Bild 6-2 geben den Ort des Ursprungs O^i des Koordinatensystems an. Für die absoluten Geschwindigkeiten von $\underline{e}^i$ und O^i gilt

$$\underline{\omega}^i(t) = \underline{e}^{iT}(t)\,\boldsymbol{\omega}^i(t), \quad \boldsymbol{\omega}^i(t) = \left[\omega^i_\alpha(t)\right], \quad \text{wo} \quad \tilde{\boldsymbol{\omega}}^i = \mathbf{A}^i\,\dot{\mathbf{A}}^{iT} \qquad (6.5)$$

und

$$\frac{{}^Id\underline{\rho}^i}{dt} = \dot{\underline{\rho}}^i(t) = \underline{v}^i(t) = \underline{e}^{iT}(t)\,\mathbf{v}^i(t), \quad \mathbf{v}^i = \left[v^i_\alpha\right], \quad \text{wo} \quad \mathbf{v}^i = \dot{\boldsymbol{\rho}}^i + \tilde{\boldsymbol{\omega}}^i\,\boldsymbol{\rho}^i. \qquad (6.6)$$

Die zu den Geschwindigkeiten aus (6.5) und (6.6) gehörenden Beschleunigungen sind

$$\frac{{}^Id\underline{\omega}^i}{dt} = \dot{\underline{\omega}}^i(t) = \underline{e}^{iT}(t)\,\dot{\boldsymbol{\omega}}^i(t), \quad \dot{\boldsymbol{\omega}}^i = \left[\dot{\omega}^i_\alpha\right] \qquad (6.7)$$

und

$$\frac{{}^Id^2\underline{\rho}^i}{dt^2} = \ddot{\underline{\rho}}^i(t) = \underline{a}^i(t) = \underline{e}^{iT}(t)\,\mathbf{a}^i(t), \quad \mathbf{a}^i = \left[a^i_\alpha\right], \quad \text{wo} \quad \mathbf{a}^i = \dot{\mathbf{v}}^i + \tilde{\boldsymbol{\omega}}^i\,\mathbf{v}^i. \qquad (6.8)$$

Bewegungen der Punkte der Körper

Das Koordinatensystem $\{O^i, \underline{e}^i\}$ des Körpers i aus Bild 6-2 entspricht dem Bezugssystem $\{O, \underline{e}\}$ aus Bild 2-1, das in Kapitel 2 zur Beschreibung der Bewegungen eines Kontinuums verwendet wurde. In einer Referenzkonfiguration des Körpers i – sie ist in Bild 6-2 hellgrau gezeichnet – ist der Ort seiner Punkte P bezüglich $\{O^i, \underline{e}^i\}$ gegeben durch die materiellen Koordinaten $\mathbf{R}$, also

$$\underline{R} = \underline{e}^{iT}\,\mathbf{R}, \quad \mathbf{R} = \left[R_\alpha\right]. \qquad (6.9)$$

Die Bewegungen der Punkte P bezüglich $\{O^i, \underline{e}^i\}$ werden in Analogie zu (2.2), (2.3) und (2.9), (2.10) beschrieben durch

$$\underline{r}^i(\mathbf{R},t) = \underline{e}^{iT}(t)\,\mathbf{r}^i(\mathbf{R},t), \quad \mathbf{r}^i = \left[r_\alpha^i\right] \tag{6.10}$$

und

$$\underline{u}^i(\mathbf{R},t) = \underline{e}^{iT}(t)\,\mathbf{u}^i(\mathbf{R},t), \quad \mathbf{u}^i = \left[u_\alpha^i\right] \tag{6.11}$$

und es gilt

$$\mathbf{r}^i(\mathbf{R},t) = \mathbf{R} + \mathbf{u}^i(\mathbf{R},t). \tag{6.12}$$

Bei Angabe der kinetischen Bewegungsgleichungen (2.226) und (2.228) wurde nach (2.222) angenommen, daß das Bezugssystem $\{O, \underline{e}\}$ aus Bild 2-1 ein Inertialsystem ist. Dies trifft für das Koordinatensystem $\{O^i, \underline{e}^i\}$ aus Bild 6-2 nicht zu. Die Bewegungen der Punkte $\mathbf{R}$ des Körpers i bezüglich des Inertialsystems $\{O^I, \underline{e}^I\}$ sind gegeben durch die Ortsvektoren

$$\underline{\rho}(\mathbf{R},t) = \underline{e}^{iT}(t)\,\boldsymbol{\rho}(\mathbf{R},t) = \underline{e}^{IT}\,{}^I\boldsymbol{\rho}(\mathbf{R},t), \quad \boldsymbol{\rho} = [\rho_\alpha], \quad {}^I\boldsymbol{\rho} = \left[{}^I\rho_\alpha\right] \tag{6.13}$$

aus Bild 6-2 und durch die absoluten Geschwindigkeiten

$$\underline{v}(\mathbf{R},t) = \underline{\dot{\rho}}(\mathbf{R},t) = \underline{e}^{iT}(t)\,\mathbf{v}(\mathbf{R},t), \quad \mathbf{v} = [v_\alpha]. \tag{6.14}$$

Die absoluten Beschleunigungen der Punkte P des Körpers sind

$$\underline{a}(\mathbf{R},t) = \underline{\ddot{\rho}}(\mathbf{R},t) = \underline{e}^{iT}(t)\,\mathbf{a}(\mathbf{R},t), \quad \mathbf{a} = [a_\alpha]. \tag{6.15}$$

Für die in (6.13) eingeführten Koordinaten $\boldsymbol{\rho}$ und ${}^I\boldsymbol{\rho}$ von $\underline{\rho}$ gilt wegen (6.3)

$${}^I\boldsymbol{\rho}(\mathbf{R},t) = \mathbf{A}^{iT}(t)\,\boldsymbol{\rho}(\mathbf{R},t). \tag{6.16}$$

Starre Körper

Bei starren Körpern ist $\{O^i, \underline{e}^i\}$ körperfest und der Ort von P bezüglich O^i ändert sich bei Bewegung des Körpers nicht. Dann gilt $\underline{u}^i \equiv 0$ und der Punkt P befindet sich bezüglich O^i zu allen Zeiten t am Ort $\underline{r}^i = \underline{R}$. Im Inertialsystem $\{O^I, \underline{e}^I\}$ ist der Ort von P gegeben durch

$$\underline{\rho}(\mathbf{R},t) = \underline{\rho}^i(t) + \underline{R}. \tag{6.17}$$

Mit den Variablen aus (6.3) bis (6.6) erhält man aus (6.17) die in der Basis $\underline{\mathbf{e}}^i$ angegebenen Koordinaten (6.13) bis (6.15) des Orts, der Geschwindigkeit und der Beschleunigung von P

$$\boldsymbol{\rho}(\mathbf{R},t) = \boldsymbol{\rho}^i(t) + \mathbf{R}, \tag{6.18}$$

$$\mathbf{v}(\mathbf{R},t) = \mathbf{v}^i(t) + \tilde{\boldsymbol{\omega}}^i(t)\,\mathbf{R}, \tag{6.19}$$

$$\mathbf{a}(\mathbf{R},t) = \mathbf{a}^i(t) + \left(\dot{\tilde{\boldsymbol{\omega}}}^i(t) + \tilde{\boldsymbol{\omega}}^i(t)\,\tilde{\boldsymbol{\omega}}^i(t)\right)\mathbf{R}. \tag{6.20}$$

Die Bewegung des Körpers bezüglich des Inertialsystems, d. h. Ort und Geschwindigkeit aller seiner durch die materiellen Koordinaten $\mathbf{R}$ gekennzeichneten Punkte, wird nach (6.16) und (6.18) bis (6.20) durch die nur von der Zeit abhängigen Funktionen $\boldsymbol{\rho}^i(t)$, $\boldsymbol{\alpha}^i(t)$, $\mathbf{v}^i(t)$ und $\boldsymbol{\omega}^i(t)$ erfaßt. Damit erhält man die Variablen $\mathbf{z}^i_I$ und $\mathbf{z}^i_{II}$ aus (6.1) zur Angabe der absoluten Lage und Geschwindigkeit eines starren Körpers zu

$$\mathbf{z}^i_I(t) = \left[z^i_{Ij}(t)\right] = \begin{bmatrix} \boldsymbol{\rho}^i(t) \\ \boldsymbol{\alpha}^i(t) \end{bmatrix}, \quad \mathbf{z}^i_{II}(t) = \left[z^i_{IIj}(t)\right] = \begin{bmatrix} \mathbf{v}^i(t) \\ \boldsymbol{\omega}^i(t) \end{bmatrix}, \quad j = 1, 2 \dots n^i_z, \quad n^i_z = 6. \tag{6.21}$$

Sie genügen nach (6.5) und (6.6) den kinematischen Bewegungsgleichungen

$$\dot{\mathbf{z}}^i_I = \mathbf{Z}^i(\mathbf{z}^i_I)\,\mathbf{z}^i_{II}, \quad \text{wo} \quad \mathbf{Z}^i = \begin{bmatrix} \mathbf{E} & \tilde{\boldsymbol{\rho}}^i \\ \mathbf{0} & \mathbf{Z}^i_r \end{bmatrix} \quad \text{und wo} \quad \mathbf{Z}^i_r = \mathbf{Z}^i_r(\boldsymbol{\alpha}^i) \tag{6.22}$$

die 3×3-Koeffizientenmatrizen in den kinematischen Bewegungsgleichungen der Rotationsbewegungen sind, die die Ableitungen $\dot{\boldsymbol{\alpha}}^i$ der Winkel $\boldsymbol{\alpha}^i$ durch die Koordinaten $\boldsymbol{\omega}^i$ der Winkelgeschwindigkeit ausdrücken – vgl. [56], S. 90.

Flexible Körper

Bei flexiblen Körpern ist die Wahl des Koordinatensystems $\{O^i, \underline{\mathbf{e}}^i\}$ mit der Wahl der Ansatzfunktionen zur Beschreibung der Bewegungen des Körpers verknüpft, [66]. Sie wird unten, nach Einführung der Ansatzfunktionen, erläutert.

Die Punkte P eines flexiblen Körpers i bewegen sich bezüglich $\{O^i, \underline{\mathbf{e}}^i\}$. Ihre Verschiebungen werden nach Bild 6-2 erfaßt durch die Vektoren $\underline{u}^i(\mathbf{R},t)$ aus (6.11) und der Ort von P bezüglich O^i ist gegeben durch die Vektoren $\underline{r}^i(\mathbf{R},t)$ aus (6.10). Anstelle von (6.17) gilt jetzt

$$\underline{\rho}(\mathbf{R},t) = \underline{\rho}^i(t) + \underline{r}^i(\mathbf{R},t) = \underline{\rho}^i(t) + \underline{R} + \underline{u}^i(\mathbf{R},t). \tag{6.23}$$

Hieraus findet man mit $\mathbf{r}^i(\mathbf{R},t)$ gemäß (6.12) anstelle von (6.18) bis (6.20) für die Koordinaten aus (6.13) bis (6.15)

$$\boldsymbol{\rho}(\mathbf{R},t) = \boldsymbol{\rho}^i(t) + \mathbf{R} + \mathbf{u}^i(\mathbf{R},t), \tag{6.24}$$

$$v(\mathbf{R},t) = \mathbf{v}^i(t) + \dot{\mathbf{u}}^i(\mathbf{R},t) + \tilde{\boldsymbol{\omega}}^i(t)\left(\mathbf{R} + \mathbf{u}^i(\mathbf{R},t)\right), \tag{6.25}$$

$$\mathbf{a}(\mathbf{R},t) = \mathbf{a}^i(t) + \ddot{\mathbf{u}}^i(\mathbf{R},t) + 2\,\tilde{\boldsymbol{\omega}}^i(t)\,\dot{\mathbf{u}}^i(\mathbf{R},t) + \left(\dot{\tilde{\boldsymbol{\omega}}}^i(t) + \tilde{\boldsymbol{\omega}}^i(t)\,\tilde{\boldsymbol{\omega}}^i(t)\right)\left(\mathbf{R} + \mathbf{u}^i(\mathbf{R},t)\right). \tag{6.26}$$

Im Unterschied zu (6.18) bis (6.20) erscheinen in den obigen Gleichungen anstelle von $\mathbf{R}$ die Funktionen $\mathbf{R} + \mathbf{u}^i(\mathbf{R},t)$ und zusätzlich noch zeitliche Ableitungen von $\mathbf{u}^i(\mathbf{R},t)$.

Balken und Finite-Elemente-Strukturen

Die Gleichungen (6.16) und (6.24) bis (6.26) beschreiben die Bewegungen eines nach der Modellvorstellung der Kontinuumsmechanik aus Kapitel 2 modellierten, flexiblen Körpers. In diesem Fall sind die Elemente des Körpers Punkte ohne rotatorische Freiheitsgrade. Zur Modellierung flexibler Körper in Mehrkörpersystemen werden hier Balken und Finite-Elemente-Strukturen verwendet. Bei diesen Modellen gibt es in den Punkten P des Körpers Koordinatensysteme $\{P, \underline{\mathbf{e}}\}$: Die in Kapitel 4 verwendeten Variablen beschreiben die Bewegungen der in den starren Querschnitten des Balkens festen Koordinatensysteme und die in (5.122) eingeführten Knotenkoordinaten $\mathbf{z}_F(t)$ erfassen die Bewegungen von Koordinatensystemen an den Knoten einer Finite-Elemente-Struktur. Die Gleichungen (6.24) bis (6.26) müssen für solche Modelle modifiziert werden.

Die bei Balken (sowie bei Platten- und Schalenmodellen) und bei Finite-Elemente-Strukturen mögliche Angabe unverformbarer Koordinatensysteme $\{P, \underline{\mathbf{e}}\}$ in den Punkten P der Körper ist für die Modellvorstellung Mehrkörpersystem aus Bild 6-1 von besonderer Bedeutung. Wie in Abschnitt 6.1.1 vereinbart, werden in den Knoten der Körper unverformbare Gelenke angebracht. Dies ist nur möglich, wenn es in den Knoten Koordinatensysteme gibt, die bei Bewegung des Körpers erhalten bleiben. Die in [70] aufgeworfene Frage nach der Verformung eines am Befestigungspunkt eines Gelenks auf einem flexiblen Körper festen Koordinatensystems erübrigt sich bei den hier betrachteten Modellen. Verwendet man Modelle, bei denen es keine unverformbaren Koordinatensysteme an den Befestigungspunkten der Gelenke gibt, so muß deren Existenz durch geeignete Randbedingungen garantiert werden.

Ein Koordinatensystem in einem beliebigen Punkt des flexiblen Körpers ist also $\{P, \underline{\mathbf{e}}\}$ – ein Beispiel ist das Koordinatensystem $\{O^{k,i}, \underline{\mathbf{e}}^{k,i}\}$ aus Bild 6-2. In der Referenzkonfiguration ist der Ort von P durch den Vektor $\underline{R}$ aus (6.9) gegeben und die Orientierung des Dreibeins $\underline{\mathbf{e}} = \underline{\mathbf{e}}(\mathbf{R})$ wird beschrieben durch

$$\underline{\mathbf{e}}(\mathbf{R}) = \boldsymbol{\Gamma}^i(\mathbf{R})\,\underline{\mathbf{e}}^i\ ,\quad \boldsymbol{\Gamma}^i = \left[\Gamma^i_{\alpha\beta}\right]. \tag{6.27}$$

Die Matrizen $\boldsymbol{\Gamma}^i(\mathbf{R})$ entsprechen den in (5.82) eingeführten Matrizen $\boldsymbol{\Gamma}^e$ zur Angabe der Orientierung der Elemente einer Finite-Elemente-Struktur in ihrer Referenzkonfiguration.

In der aktuellen Konfiguration gelangt das Koordinatensystem $\{P, \underline{\mathbf{e}}\}$ an den durch den Verschiebungsvektor $\underline{u}^i(\mathbf{R},t)$ aus (6.11) gegebenen Ort $\underline{r}^i(\mathbf{R},t)$, und seine Orientierung ist gegeben durch

$$\underline{\mathbf{e}}(\mathbf{R},t) = \mathbf{D}^i(\mathbf{R},t)\,\underline{\mathbf{e}}^i\quad \text{mit}\quad \mathbf{D}^i = \left[D^i_{\alpha\beta}\right]. \tag{6.28}$$

Es ist zweckmäßig, die Matrix $\mathbf{D}^i(\mathbf{R},t)$ darzustellen als Produkt der Matrix $\boldsymbol{\Gamma}^i(\mathbf{R})$ aus (6.27) und einer Matrix $\boldsymbol{\Theta}^i(\mathbf{R},t)$, die die Orientierung von $\underline{\mathbf{e}}$ in der aktuellen Konfiguration gegenüber der Orientierung dieser Basis in der Referenzkonfiguration erfaßt, also

$$\mathbf{D}^i(\mathbf{R},t) = \boldsymbol{\Theta}^i(\mathbf{R},t)\,\boldsymbol{\Gamma}^i(\mathbf{R}). \tag{6.29}$$

Die Matrizen $\boldsymbol{\Gamma}^i(\mathbf{R})$ werden, wie in (5.82), durch drei Winkel $\boldsymbol{\gamma}^i = [\gamma^i_\alpha]$ parametrisiert, also

$$\boldsymbol{\Gamma}^i = \boldsymbol{\Gamma}^i(\boldsymbol{\gamma}^i)\,, \quad \boldsymbol{\gamma}^i = \left[\gamma^i_\alpha\right], \tag{6.30}$$

und die Elemente der Matrizen $\boldsymbol{\Theta}^i(\mathbf{R},t)$ werden mit Hilfe der Winkel $\boldsymbol{\vartheta}^i = [\vartheta^i_\alpha]$ angegeben,

$$\boldsymbol{\Theta}^i = \boldsymbol{\Theta}^i\!\left(\boldsymbol{\vartheta}^i(\mathbf{R},t)\right)\,, \quad \boldsymbol{\vartheta}^i = \left[\vartheta^i_\alpha\right]. \tag{6.31}$$

Für kleine Abweichungen von der Referenzkonfiguration gilt in linearer Näherung

$$\boldsymbol{\Theta}^i(\mathbf{R},t) = \mathbf{E} - \tilde{\boldsymbol{\vartheta}}^i(\mathbf{R},t). \tag{6.32}$$

Die Winkelgeschwindigkeit von $\underline{\mathbf{e}}(\mathbf{R},t)$ bezüglich $\underline{\mathbf{e}}^i(t)$ ist

$$\underline{w}^i(\mathbf{R},t) = \underline{\mathbf{e}}^{iT}(t)\,\mathbf{w}^i(\mathbf{R},t)\,, \quad \mathbf{w}^i = \left[w^i_\alpha\right] \quad \text{wo} \quad \tilde{\mathbf{w}}^i = \boldsymbol{\Theta}^i\,\dot{\boldsymbol{\Theta}}^{iT}. \tag{6.33}$$

Bei kleinen Drehungen gilt

$$\mathbf{w}^i(\mathbf{R},t) = \dot{\boldsymbol{\vartheta}}^i(\mathbf{R},t). \tag{6.34}$$

Die Variablen zur Angabe von Ort, Geschwindigkeit und Beschleunigung von P bezüglich O^I wurden in (6.13) bis (6.15) definiert. Die entsprechenden Größen zur Beschreibung von Orientierung, Winkelgeschwindigkeit und -beschleunigung von $\underline{\mathbf{e}}(\mathbf{R},t)$ bezüglich $\underline{\mathbf{e}}^I$ sind

$$\underline{\mathbf{e}}(\mathbf{R},t) \;=\; \mathbf{A}(\mathbf{R},t)\,\underline{\mathbf{e}}^I\,, \quad \mathbf{A} = \left[A_{\alpha\beta}\right], \tag{6.35}$$

$$\underline{\omega}(\mathbf{R},t) \;=\; \underline{\mathbf{e}}^{iT}(t)\,\boldsymbol{\omega}(\mathbf{R},t)\,, \quad \boldsymbol{\omega} = \left[\omega_\alpha\right]. \tag{6.36}$$

$$\underline{b}(\mathbf{R},t) \;=\; \underline{\dot{\omega}} = \underline{\mathbf{e}}^{iT}(t)\,\mathbf{b}(\mathbf{R},t)\,, \quad \mathbf{b} = \left[b_\alpha\right] \quad \text{wo} \quad \mathbf{b} = \dot{\boldsymbol{\omega}} + \tilde{\boldsymbol{\omega}}^i\,\boldsymbol{\omega}. \tag{6.37}$$

Mit (6.28), (6.29) und (6.33) und mit (6.3) bis (6.7) erhält man für die in (6.35) bis (6.37) definierten Funktionen zur Angabe der Bewegungen von $\underline{\mathbf{e}}(\mathbf{R},t)$

$$\mathbf{A}(\mathbf{R},t) \;=\; \mathbf{D}^i(\mathbf{R},t)\,\mathbf{A}^i(t) = \boldsymbol{\Theta}^i(\mathbf{R},t)\,\boldsymbol{\Gamma}^i(\mathbf{R})\,\mathbf{A}^i(t), \tag{6.38}$$

$$\boldsymbol{\omega}(\mathbf{R},t) = \boldsymbol{\omega}^i(t) + \mathbf{w}^i(\mathbf{R},t), \tag{6.39}$$

$$\mathbf{b}(\mathbf{R},t) = \dot{\boldsymbol{\omega}}^i(t) + \dot{\mathbf{w}}^i(\mathbf{R},t) + \tilde{\boldsymbol{\omega}}^i(t)\,\mathbf{w}^i(\mathbf{R},t). \tag{6.40}$$

Für kleine Rotationen von $\underline{\mathbf{e}}(\mathbf{R},t)$ bezüglich $\underline{\mathbf{e}}^i(t)$ ergibt sich unter Verwendung von (6.32) und (6.34) in linearer Näherung

$$\mathbf{A}(\mathbf{R},t) = \left(\mathbf{E} - \tilde{\boldsymbol{\vartheta}}^i(\mathbf{R},t)\right)\boldsymbol{\Gamma}^i(\mathbf{R})\,\mathbf{A}^i(t), \tag{6.41}$$

$$\boldsymbol{\omega}(\mathbf{R},t) = \boldsymbol{\omega}^i(t) + \dot{\boldsymbol{\vartheta}}^i(\mathbf{R},t), \tag{6.42}$$

$$\mathbf{b}(\mathbf{R},t) = \dot{\boldsymbol{\omega}}^i(t) + \ddot{\boldsymbol{\vartheta}}^i(\mathbf{R},t) + \tilde{\boldsymbol{\omega}}^i(t)\,\dot{\boldsymbol{\vartheta}}^i(\mathbf{R},t). \tag{6.43}$$

Die Lage, Geschwindigkeit und Beschleunigung der Koordinatensysteme $\{P, \underline{\mathbf{e}}\}$ in den Punkten der als Balken oder Finite-Elemente-Strukturen modellierten Körper werden also gemäß (6.16), (6.24) bis (6.26) und (6.38) bis (6.40) beschrieben. Dabei sind die Bewegungen von $\{P, \underline{\mathbf{e}}\}$ gegenüber dem Inertialsystem aufgeteilt in zwei Teilbewegungen, nämlich in die durch $\boldsymbol{\rho}^i(t)$, $\boldsymbol{\alpha}^i(t)$, $\mathbf{v}^i(t)$ und $\boldsymbol{\omega}^i(t)$ erfaßte Bewegung von $\{O^i, \underline{\mathbf{e}}^i\}$ und in die Bewegungen der Koordinatensysteme $\{P, \underline{\mathbf{e}}\}$ bezüglich $\{O^i, \underline{\mathbf{e}}^i\}$. Die erste Bewegung hängt nur von der Zeit t ab und wird als Referenzbewegung bezeichnet. Zur Angabe der zweiten Bewegung dienen die in (6.11) und (6.31) eingeführten Variablen $\mathbf{u}^i(\mathbf{R},t)$ und $\boldsymbol{\vartheta}^i(\mathbf{R},t)$, sowie die Geschwindigkeiten $\dot{\mathbf{u}}^i(\mathbf{R},t)$ und $\mathbf{w}^i(\mathbf{R},t)$ aus (6.33), also die Funktionen

$$\mathbf{u}^i = \mathbf{u}^i(\mathbf{R},t), \quad \boldsymbol{\vartheta}^i = \boldsymbol{\vartheta}^i(\mathbf{R},t) \quad \text{und} \quad \dot{\mathbf{u}}^i = \dot{\mathbf{u}}^i(\mathbf{R},t), \quad \mathbf{w}^i = \mathbf{w}^i(\mathbf{R},t). \tag{6.44}$$

Diese Bewegung wird als Verformung bezeichnet. Referenzbewegung und Verformung sind keine eindeutig festgelegten Begriffe. Die Bedeutung und auch die Größe der Bewegungen hängen von Wahl des Bezugssystems $\{O^i, \underline{\mathbf{e}}^i\}$ ab.

Verformungsansatz

Die Verformungen (6.44) werden mit Hilfe des Ritzschen Verfahrens aus Abschnitt 5.1 approximiert. Damit lassen sich die Bewegungen $\mathbf{u}^i(\mathbf{R},t)$ und $\boldsymbol{\vartheta}^i(\mathbf{R},t)$, wie die Referenzbewegung, durch nur von der Zeit abhängige generalisierte Koordinaten

$$\mathbf{q}^i(t) = \left[q_k^i(t)\right], \quad k = 1, 2, \dots n_q^i \tag{6.45}$$

erfassen in der Form

$$\mathbf{u}^i(\mathbf{R},t) = \boldsymbol{\Phi}^i(\mathbf{R})\,\mathbf{q}^i(t), \quad \boldsymbol{\Phi}^i = \left[\Phi_{\alpha k}^i\right], \tag{6.46}$$

$$\boldsymbol{\vartheta}^i(\mathbf{R},t) = \boldsymbol{\Psi}^i(\mathbf{R})\,\mathbf{q}^i(t), \quad \boldsymbol{\Psi}^i = \left[\Psi_{\alpha k}^i\right]. \tag{6.47}$$

Die Ansatzfunktionen $\boldsymbol{\Phi}^i(\mathbf{R})$ und $\boldsymbol{\Psi}^i(\mathbf{R})$ müssen beim Ritzschen Verfahren Elemente eines vollständigen Funktionensystems sein, und sie müssen den geometrischen Randbedingungen für die Bewegungen $\mathbf{u}^i(\mathbf{R},t)$ und $\boldsymbol{\vartheta}^i(\mathbf{R},t)$ genügen, um zu gewährleisten, daß die Näherungen (6.46) und (6.47) für $n_q^i \to \infty$ gegen die wahre Lösung streben. Ein paar Hinweise zu ihrer Wahl finden sich in Abschnitt 6.5.5.

Ort, Geschwindigkeit und Beschleunigung von P bezüglich $\{O^I, \underline{\mathbf{e}}^I\}$ ergeben sich mit (6.46) aus den Gleichungen (6.24) bis (6.26) zu

$$\boldsymbol{\rho}(\mathbf{R},t) = \boldsymbol{\rho}^i(t) + \mathbf{R} + \boldsymbol{\Phi}^i(\mathbf{R})\,\mathbf{q}^i(t), \tag{6.48}$$

$$\mathbf{v}(\mathbf{R},t) = \mathbf{v}^i(t) + \boldsymbol{\Phi}^i(\mathbf{R})\,\dot{\mathbf{q}}^i(t) + \tilde{\boldsymbol{\omega}}^i(t)\left(\mathbf{R} + \boldsymbol{\Phi}^i(\mathbf{R})\,\mathbf{q}^i(t)\right), \tag{6.49}$$

$$\begin{aligned}
\mathbf{a}(\mathbf{R},t) = \ &\mathbf{a}^i(t) + \boldsymbol{\Phi}^i(\mathbf{R})\,\ddot{\mathbf{q}}^i(t) + 2\,\tilde{\boldsymbol{\omega}}^i(t)\,\boldsymbol{\Phi}^i(\mathbf{R})\,\dot{\mathbf{q}}^i(t) \\
&+ \left(\dot{\tilde{\boldsymbol{\omega}}}^i(t) + \tilde{\boldsymbol{\omega}}^i(t)\,\tilde{\boldsymbol{\omega}}^i(t)\right)\left(\mathbf{R} + \boldsymbol{\Phi}^i(\mathbf{R})\,\mathbf{q}^i(t)\right).
\end{aligned} \tag{6.50}$$

In entsprechender Weise erhält man nach Einsetzen von (6.47) in (6.38) bis (6.40) unter Beachtung der kinematischen Gleichung für $\mathbf{w}^i(\mathbf{R},t)$ aus (6.33) die Gleichungen zur Angabe der Rotationsbewegungen. Diese Gleichungen werden hier nur in der linearer Näherung (6.34) verwendet. Mit (6.47) folgt aus (6.29) und (6.32) für die Rotation des Dreibeins $\underline{\mathbf{e}}$ im Punkt $\mathbf{R}$ aufgrund einer Verformung des Körpers

$$\mathbf{D}^i(\mathbf{R},t) = \left(\mathbf{E} - \left(\boldsymbol{\Psi}^i(\mathbf{R})\,\mathbf{q}^i(t)\right)^{\tilde{}}\right)\boldsymbol{\Gamma}^i(\mathbf{R}). \tag{6.51}$$

Mit dieser Matrix und mit (6.47) erhält man aus (6.41) bis (6.43) für die Orientierung, Winkelgeschwindigkeit und Winkelbeschleunigung des in P festen Koordinatensystems $\{P, \underline{\mathbf{e}}\}$

$$\mathbf{A}(\mathbf{R},t) = \left(\mathbf{E} - \left(\boldsymbol{\Psi}^i(\mathbf{R})\,\mathbf{q}^i(t)\right)^{\tilde{}}\right)\boldsymbol{\Gamma}^i(\mathbf{R})\,\mathbf{A}^i(t), \tag{6.52}$$

$$\boldsymbol{\omega}(\mathbf{R},t) = \boldsymbol{\omega}^i(t) + \boldsymbol{\Psi}^i(\mathbf{R})\,\dot{\mathbf{q}}^i(t), \tag{6.53}$$

$$\mathbf{b}(\mathbf{R},t) = \dot{\boldsymbol{\omega}}^i(t) + \boldsymbol{\Psi}^i(\mathbf{R})\,\ddot{\mathbf{q}}^i(t) + \tilde{\boldsymbol{\omega}}^i(t)\,\boldsymbol{\Psi}^i(\mathbf{R})\,\dot{\mathbf{q}}^i(t). \tag{6.54}$$

Die Gleichungen (6.48) bis (6.50) und (6.52) bis (6.54) sind die expliziten Zwangsgleichungen für die hier betrachteten Modelle flexibler Körper. Die Variablen $\boldsymbol{\rho}^i(t)$, $\mathbf{A}^i(t)$, $\mathbf{v}^i(t)$ und $\boldsymbol{\omega}^i(t)$ beschreiben die Referenzbewegung und die generalisierten Koordinaten $\mathbf{q}^i(t)$ stellen die Verformungen gemäß (6.46), (6.47) dar. Sie werden unten häufig als Verformungskoordinaten bezeichnet.

Die Erläuterung der allgemeinen Vorgehensweise zur Angabe der Bewegungsgleichungen von Mehrkörpersystemen geht von der aus den Ansätzen (6.46), (6.47) resultierenden Darstellung der Bewegung aus. Die unten verwendeten Modellvorstellungen für flexible Körper, nämlich

- Kontinuum,

- Kontinua mit inneren Bindungen und

- Finite-Elemente-Strukturen

sind in den Gleichungen (6.46), (6.47) als Spezialfälle enthalten.

Die Beschreibung der Bewegung mit den allgemeinen Gleichungen (6.48) bis (6.50) und (6.52) bis (6.54) wird unten verwendet, um eine allgemeine Datenstruktur zur Beschreibung flexibler Körper in Mehrkörpersystem zu definieren. Die speziellen Gleichungen für Kontinua mit inneren Bindungen und Finite-Elemente-Strukturen sind in den eben angesprochenen Gleichungen enthalten – vgl. Kapitel 4 für Balken und Kapitel 5. Die den Ansätzen (6.46) und (6.47) zugrunde liegende Annahme, daß $\mathbf{u}^i$ und $\boldsymbol{\vartheta}^i$ von allen materiellen Koordinaten abhängen, trifft bei vielen Finite-Elemente-Modellen zu. Bei einfacheren Modellen, z. B. für ebene Bewegungen, sind gewisse Variable u_α^i und ϑ_α^i identisch gleich Null. Bei Kontinua mit inneren Bindungen ergeben sich die Gleichungen (6.48) bis (6.50) und (6.52) bis (6.54), wenn man die Ansätze (6.46), (6.47) für die Verformungskoordinaten dieser Modelle angibt. So kann das Verschiebungsfeld $\mathbf{u}^i(\mathbf{R},t)$ beispielsweise bei den in Abschnitt 4.1.1 betrachteten Balkenmodellen gemäß (4.14) durch die Funktionen $\mathbf{w}^i(R_1,t)$ und $\boldsymbol{\vartheta}^i(R_1,t)$ aus (4.15) dargestellt werden. Die Ansätze (6.46), (6.47) werden in solchen Fällen für diese, nur von R_1 abhängigen Funktionen angegeben.

Wahl des Körper-Koordinatensystems

Der Ort $\boldsymbol{\rho}(\mathbf{R},t)$ und die Orientierung $\mathbf{A}(\mathbf{R},t)$ von $\{P,\underline{\mathbf{e}}\}$ sind durch sechs Variable festgelegt. Diese Größen wurden in (6.24) und (6.38) aber durch die zwölf Variablen $\boldsymbol{\rho}^i(t)$, $\mathbf{u}^i(\mathbf{R},t)$, $\boldsymbol{\alpha}^i(t)$ und $\boldsymbol{\vartheta}^i(\mathbf{R},t)$, also in redundanter Form, ausgedrückt. Eine eindeutige Beschreibung der Bewegung erfordert die Angabe von sechs Bindungsgleichungen für die zwölf redundanten Variablen. Diese Gleichungen gewinnt man durch Wahl des Koordinatensystems $\{O^i,\underline{\mathbf{e}}^i\}$. Man kann es nach [14] mit kinematischen oder mit kinetischen Hilfsmitteln festlegen. In diesem Abschnitt wird nur von der ersten Möglichkeit Gebrauch gemacht, bei der $\{O^i,\underline{\mathbf{e}}^i\}$ an ausgewählte Punkte des Körpers gefesselt ist. Wie in [41, 42, 79] und [14] gezeigt, erweisen sich aber gerade einige der durch kinetische Aussagen festgelegten Koordinatensysteme als besonders vorteilhaft – sie bewegen sich zusammen mit dem Körper i im Sinne gewisser Kriterien optimal. Eine Erläuterung dieser zweiten Option erfordert in den Abschnitten 6.3.1 bis 6.3.5 erläuterte Größen und Gleichungen aus der Kinetik und findet sich demgemäß in Abschnitt 6.3.6.

Bei einer Festlegung von $\{O^i,\underline{\mathbf{e}}^i\}$ mit Hilfe von Körperpunkten werden zwei Möglichkeiten bevorzugt verwendet: Man läßt $\{O^i,\underline{\mathbf{e}}^i\}$ mit dem Koordinatensystem $\{P,\underline{\mathbf{e}}\}$ in einem der Punkte $\mathbf{R}$ des Körpers zusammenfallen oder man legt $\{O^i,\underline{\mathbf{e}}^i\}$ mit Hilfe dreier Punkte des Körpers fest. Bei Verwendung der ersten Option kann man beispielsweise wählen

$$\left\{O^i,\underline{\mathbf{e}}^i\right\} = \left\{P,\underline{\mathbf{e}}\right\}\Big|_{\mathbf{R}=0}. \tag{6.55}$$

Das Koordinatensystem $\{O^i,\underline{\mathbf{e}}^i\}$ soll also zu allen Zeiten t mit dem im Punkt $\mathbf{R}=\mathbf{0}$ festen Koordinatensystem $\{P,\underline{\mathbf{e}}\}$ des Körpers i zusammenfallen. Wegen der Festlegung des Ursprungs O^i gemäß (6.55) muß nach (6.24) gelten

$$\boldsymbol{\rho}(\mathbf{0},t) = \boldsymbol{\rho}^i(t) + \mathbf{u}^i(\mathbf{0},t) \overset{!}{=} \boldsymbol{\rho}^i(t). \tag{6.56}$$

Weiter folgt mit (6.38) aus der Forderung (6.55) zur Festlegung des Dreibeins $\underline{\mathbf{e}}^i$

$$\mathbf{A}(\mathbf{0},t) = \mathbf{D}^i(\mathbf{0},t)\,\mathbf{A}^i(t) \overset{!}{=} \mathbf{A}^i(t) \quad \text{wenn} \quad \boldsymbol{\Gamma}^i(\mathbf{0}) = \mathbf{E}. \tag{6.57}$$

Insgesamt ergeben sich nach (6.56) und (6.57) aus der Festlegung des Koordinatensystems $\{O^i, \underline{\mathbf{e}}^i\}$ gemäß (6.55) also die geometrischen Randbedingungen

$$\mathbf{u}^i(\mathbf{0},t) = \mathbf{0} \quad \text{und} \quad \boldsymbol{\vartheta}^i(\mathbf{0},t) = \mathbf{0}, \tag{6.58}$$

denen die Variablen (6.44) zur Beschreibung der Verformung des Körpers i genügen müssen. Die Randbedingungen (6.58) sind die sechs Gleichungen, die zur vollständigen Definition der in (6.24) bis (6.26) und (6.38) bis (6.40) und letztlich in (6.48) bis (6.50) und (6.52) bis (6.54) angegebenen Beschreibung der Bewegung eines flexiblen Körpers erforderlich sind. Diese Randbedingungen kann man bereits bei der Wahl der Ansatzfunktionen $\boldsymbol{\Phi}^i(\mathbf{R})$ und $\boldsymbol{\Psi}^i(\mathbf{R})$ aus (6.46) und (6.47) befriedigen durch die Forderungen

$$\boldsymbol{\Phi}^i(\mathbf{0}) = \mathbf{0} \quad \text{und} \quad \boldsymbol{\Psi}^i(\mathbf{0}) = \mathbf{0}. \tag{6.59}$$

Bei Wahl des Bezugssystems $\{O^i, \underline{\mathbf{e}}^i\}$ gemäß (6.55) müssen die Ansatzfunktionen $\boldsymbol{\Phi}^i(\mathbf{R})$ und $\boldsymbol{\Psi}^i(\mathbf{R})$ aus (6.46) und (6.47) also Elemente eines vollständigen Funktionensystems sein und den Forderungen (6.59) genügen. Beide Bedingungen werden von den Eigenfunktionen einer bei $\mathbf{R} = \mathbf{0}$ eingespannten Struktur erfüllt. Das Beispiel zeigt, daß die Wahl der Ansatzfunktionen $\boldsymbol{\Phi}^i(\mathbf{R})$ und $\boldsymbol{\Psi}^i(\mathbf{R})$ eng mit der Wahl des Bezugssystems $\{O^i, \underline{\mathbf{e}}^i\}$ verknüpft ist.

Zur Festlegung von $\{O^i, \underline{\mathbf{e}}^i\}$ mit Hilfe der drei Punkte P^1, P^2 und P^3 aus Bild 6-3, die durch die materiellen Koordinaten $\mathbf{R}^1$, $\mathbf{R}^2$ und $\mathbf{R}^3$ gekennzeichnet sind, kann man folgendermaßen vorgehen. Man legt den Ursprung O^i in einen der Punkte, beispielsweise

$$O^i = P\,\big|_{\mathbf{R}=\mathbf{R}^1}. \tag{6.60}$$

Die Basisvektoren $\underline{e}^i_\alpha$ ergeben sich dann zu

$$\underline{e}^i_2 = \underline{e}^i_3 \times \underline{e}^i_1 \quad \text{wo} \quad \underline{e}^i_1 = \frac{\underline{\rho}(\mathbf{R}^2,t) - \underline{\rho}(\mathbf{R}^1,t)}{\left|\,\underline{\rho}(\mathbf{R}^2,t) - \underline{\rho}(\mathbf{R}^1,t)\,\right|},$$

$$\underline{e}^i_3 = \frac{\left(\underline{\rho}(\mathbf{R}^2,t) - \underline{\rho}(\mathbf{R}^1,t)\right) \times \left(\underline{\rho}(\mathbf{R}^3,t) - \underline{\rho}(\mathbf{R}^1,t)\right)}{\left|\left(\underline{\rho}(\mathbf{R}^2,t) - \underline{\rho}(\mathbf{R}^1,t)\right) \times \left(\underline{\rho}(\mathbf{R}^3,t) - \underline{\rho}(\mathbf{R}^1,t)\right)\right|}. \tag{6.61}$$

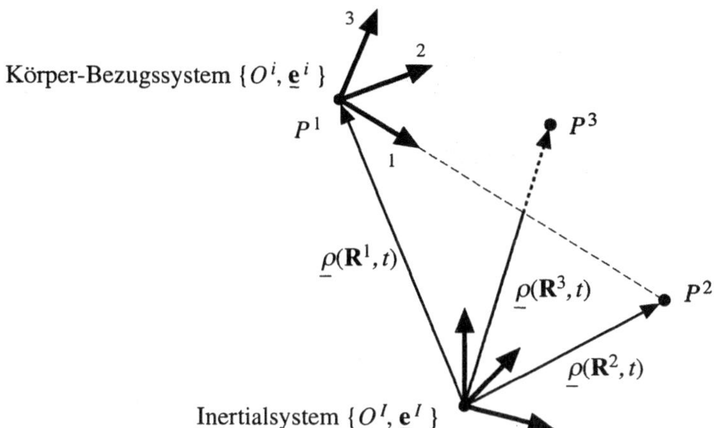

Bild 6-3: Festlegung des Körperbezugssystems mit Hilfe dreier Punkte des Körpers.

Zur Festlegung von $\{O^i, \underline{\mathbf{e}}^i\}$ genügt es, wenn nur P^1 in O^i vollständig fixiert ist, während sich P^2 längs der durch $\underline{e}^i_1$ gegebenen Geraden und P^3 in der von $\underline{e}^i_1$ und $\underline{e}^i_2$ aufgespannten Ebene beliebig bewegen dürfen. Bei dieser Wahl von $\{O^i, \underline{\mathbf{e}}^i\}$ müssen folgende Bedingungen erfüllt sein

$$\left.\begin{array}{ll}
\boldsymbol{\rho}(\mathbf{R}^1,t) = \boldsymbol{\rho}^i(t) + \mathbf{u}^i(\mathbf{R}^1,t) \overset{!}{=} \boldsymbol{\rho}^i(t), & \rho_2(\mathbf{R}^2,t) = \rho_2^i(t) + u_2^i(\mathbf{R}^2,t) \overset{!}{=} \rho_2^i(t), \\[2mm]
\rho_3(\mathbf{R}^2,t) = \rho_3^i(t) + u_3^i(\mathbf{R}^2,t) \overset{!}{=} \rho_3^i(t), & \rho_3(\mathbf{R}^3,t) = \rho_3^i(t) + u_3^i(\mathbf{R}^3,t) \overset{!}{=} \rho_3^i(t).
\end{array}\right\} \tag{6.62}$$

Damit ergeben sich die sechs Randbedingungen

$$\mathbf{u}^i(\mathbf{R}^1,t) = \mathbf{0}, \quad u_2^i(\mathbf{R}^2,t) = 0, \quad u_3^i(\mathbf{R}^2,t) = 0, \quad u_3^i(\mathbf{R}^3,t) = 0. \tag{6.63}$$

Sie werden von den Eigenfunktionen $\boldsymbol{\Phi}^i(\mathbf{R})$ einer bei $\mathbf{R}^1$, $\mathbf{R}^2$ und $\mathbf{R}^3$ gelenkig gelagerten Struktur erfüllt, wobei alle Lager drei Rotationen zulassen und die Lager bei $\mathbf{R}^2$ bzw. $\mathbf{R}^3$ auch noch eine bzw. zwei Translationen, also

$$\boldsymbol{\Phi}^i(\mathbf{R}^1) = \mathbf{0}, \quad \boldsymbol{\Phi}_{2*}^i(\mathbf{R}^2) = \mathbf{0}, \quad \boldsymbol{\Phi}_{3*}^i(\mathbf{R}^2) = \mathbf{0}, \quad \boldsymbol{\Phi}_{3*}^i(\mathbf{R}^3) = \mathbf{0}. \tag{6.64}$$

Die beiden Möglichkeiten zur Definition der Bewegungen von $\{O^i, \underline{\mathbf{e}}^i\}$ verdeutlichen nochmals die bereits oben betonte Aussage, daß Referenzbewegung und Verformung erst nach Wahl des Koordinatensystems $\{O^i, \underline{\mathbf{e}}^i\}$ eindeutig festgelegte Begriffe sind.

Lage- und Geschwindigkeitsvariable

In Analogie zu (6.21) erhält man für flexible Körper i eines Mehrkörpersystems aus (6.48) bis (6.50) und (6.52) bis (6.54) die Lage- und Geschwindigkeitsvariablen

$$\mathbf{z}_I^i(t) = \left[z_{Ij}^i(t) \right] = \begin{bmatrix} \boldsymbol{\rho}^i(t) \\ \boldsymbol{\alpha}^i(t) \\ \mathbf{q}^i(t) \end{bmatrix}, \quad \mathbf{z}_{II}^i(t) = \left[z_{IIj}^i(t) \right] = \begin{bmatrix} \mathbf{v}^i(t) \\ \boldsymbol{\omega}^i(t) \\ \dot{\mathbf{q}}^i(t) \end{bmatrix}, \quad j = 1, 2, \dots n_z^i, \quad n_z^i = 6 + n_q^i. \quad (6.65)$$

Sie genügen den kinematischen Bewegungsgleichungen

$$\dot{\mathbf{z}}_I^i = \mathbf{Z}^i(\mathbf{z}_I^i)\,\mathbf{z}_{II}^i \quad \text{wo} \quad \mathbf{Z}^i = \begin{bmatrix} \mathbf{E} & \tilde{\boldsymbol{\rho}}^i & \mathbf{0} \\ \mathbf{0} & \mathbf{Z}_r^i & \mathbf{0} \\ \mathbf{0} & \mathbf{0} & \mathbf{E} \end{bmatrix} \qquad (6.66)$$

mit $\mathbf{Z}_r^i$ aus (6.22).

Die in (6.48) bis (6.50) und (6.52) bis (6.54) angegebenen, expliziten Zwangsgleichungen für die hier betrachteten Modelle flexibler Körper in Mehrkörpersystemen zeigen, wie die Bewegungen der Koordinatensysteme $\{P, \underline{\mathbf{e}}\}$ in den Punkten des Körpers ausgedrückt werden durch die zur Beschreibung der Bewegung gewählten Variablen (6.65). In den weiter unten folgenden Erläuterungen wird eine Kurzform dieser Gleichungen benötigt. Mit (6.65) kann man die expliziten Zwangsgleichungen (6.48) und (6.52) für die Lagekoordinaten symbolisch schreiben in der Form

$$\boldsymbol{\rho} = \boldsymbol{\rho}(\mathbf{R}, \mathbf{z}_I^i(t)), \qquad (6.67)$$
$$\mathbf{A} = \mathbf{A}(\mathbf{R}, \mathbf{z}_I^i(t)). \qquad (6.68)$$

Von besonderer Bedeutung sind die expliziten Zwangsgleichungen für die Geschwindigkeiten und Beschleunigungen. Mit (6.65) erhält man anstelle von (6.49)

$$\left. \begin{aligned} \mathbf{v}(\mathbf{R},t) &= \mathbf{T}_t^i(\mathbf{R},\mathbf{q}^i)\,\mathbf{z}_{II}^i(t) \qquad \text{mit} \\[2mm] \mathbf{T}_t^i(\mathbf{R},\mathbf{q}^i) &= \left[\mathbf{E} \quad \left(\tilde{\mathbf{R}}^T + \tilde{\mathbf{u}}^{i^T}(\mathbf{R},\mathbf{q}^i) \right) \quad \boldsymbol{\Phi}^i(\mathbf{R}) \right] = \left[\mathbf{E} \quad -\left(\mathbf{R} + \boldsymbol{\Phi}^i(\mathbf{R})\mathbf{q}^i \right)^{\sim} \quad \boldsymbol{\Phi}^i(\mathbf{R}) \right] \end{aligned} \right\} \quad (6.69)$$

und entsprechend aus (6.53)

$$\boldsymbol{\omega}(\mathbf{R},t) = \mathbf{T}_r^i(\mathbf{R})\,\mathbf{z}_{II}^i(t) \qquad \text{mit} \qquad \mathbf{T}_r^i(\mathbf{R}) = \begin{bmatrix} \mathbf{0} & \mathbf{E} & \boldsymbol{\Psi}^i(\mathbf{R}) \end{bmatrix}. \qquad (6.70)$$

Die Matrizen $\mathbf{T}_t^i$ und $\mathbf{T}_r^i$ zeigen, wie sich die Geschwindigkeiten der Translations- und der Rotationsbewegung von $\{P, \underline{\mathbf{e}}\}$ aus den Geschwindigkeiten $\mathbf{z}_{II}^i$ errechnen. Während $\mathbf{T}_r^i$ eine Funktion der materiellen Koordinaten allein ist, hängt $\mathbf{T}_t^i$ auch noch von den generalisierten Koordinaten $\mathbf{q}^i = \mathbf{q}^i(t)$ ab. Die Argumente von $\mathbf{T}_t^i$ und $\mathbf{T}_r^i$ werden ab jetzt weggelassen.

Für die Beschleunigungen findet man aus (6.50) und (6.54) unter Beachtung von (6.8)

$$\mathbf{a}(\mathbf{R},t) = \mathbf{T}_t^i \, \dot{\mathbf{z}}_{II}^i + \boldsymbol{\zeta}_t^i \qquad \text{mit}$$

$$\boldsymbol{\zeta}_t^i = \tilde{\boldsymbol{\omega}}^i \left(\mathbf{v}^i + 2\,\dot{\mathbf{u}}^i + \tilde{\boldsymbol{\omega}}^i \left(\mathbf{R} + \mathbf{u}^i \right) \right) = \tilde{\boldsymbol{\omega}}^i \left(\mathbf{v}^i + 2\,\boldsymbol{\Phi}^i \dot{\mathbf{q}}^i + \tilde{\boldsymbol{\omega}}^i \left(\mathbf{R} + \boldsymbol{\Phi}^i \mathbf{q}^i \right) \right) \tag{6.71}$$

$$\mathbf{b}(\mathbf{R},t) = \mathbf{T}_r^i \, \dot{\mathbf{z}}_{II}^i + \boldsymbol{\zeta}_r^i \qquad \text{mit} \qquad \boldsymbol{\zeta}_r^i = \tilde{\boldsymbol{\omega}}^i \, \dot{\boldsymbol{\vartheta}}^i = \tilde{\boldsymbol{\omega}}^i \, \boldsymbol{\Psi}^i \, \dot{\mathbf{q}}^i . \tag{6.72}$$

Bewegung der Knoten

Wie oben vereinbart, sind Kraftelemente und Gelenke in den Knoten auf den Körpern befestigt. Die Nummer des Körpers i auf dem sich ein gegebener Knoten k befindet sei $i(k)$, also

$$i = i(k) = \text{Nummer des Körpers } i \text{ auf dem der Knoten } k \text{ liegt}. \tag{6.73}$$

Die Funktion $i = i(k)$ ist eindeutig, womit sich ihre Umkehrfunktion

$$k, i = i^{-1}(k) = \text{Nummer eines Knotens } k \text{ auf dem Körper } i \tag{6.74}$$

angeben läßt. Da sich auf dem Körper i mehrere Knoten k befinden können, ist die Umkehrfunktion $k, i = i^{-1}(k)$ mehrdeutig. Der Ort $P = O^{k,i}$ des Knotens k auf dem Körper i ist nach Bild 6-2 in der Referenzkonfiguration gegeben durch den Vektor

$$\underline{R} = \underline{R}^{k,i} = \underline{\mathbf{e}}^{i\,T} \, \mathbf{R}^{k,i} , \quad \mathbf{R}^{k,i} = \left[R_\alpha^{k,i} \right]. \tag{6.75}$$

Die Bewegungen der in den Knoten festen Koordinatensysteme $\{ O^{k,i}, \underline{\mathbf{e}}^{k,i} \}$ werden unten benötigt. Die bei umfangreichen Gleichungen lästige Mitführung des Arguments $\mathbf{R} = \mathbf{R}^{k,i}$ zur Kennzeichnung des Knotens wird durch folgende Notation vermieden. Die Orientierung des in $P = O^{k,i}$ festen Dreibeins $\underline{\mathbf{e}}(\mathbf{R}^{k,i}) = \underline{\mathbf{e}}^{k,i}$ wird nach (6.27) in der Referenzkonfiguration erfaßt durch

$$\underline{\mathbf{e}}^{k,i} = \boldsymbol{\Gamma}^{k,i} \, \underline{\mathbf{e}}^i \quad \text{mit} \quad \boldsymbol{\Gamma}^{k,i} = \left[\Gamma_{\alpha\beta}^{k,i} \right] \quad \text{wo} \quad \boldsymbol{\Gamma}^{k,i} = \boldsymbol{\Gamma}^i(\mathbf{R}^{k,i}). \tag{6.76}$$

In der aktuellen Konfiguration gelangt das Koordinatensystem $\{ O^{k,i}, \underline{\mathbf{e}}^{k,i} \}$ an den durch den Verschiebungsvektor

$$\underline{u}^i(\mathbf{R}^{k,i}, t) = \underline{u}^{k,i}(t) = \underline{\mathbf{e}}^{i\,T} \, \mathbf{u}^{k,i}(t) , \quad \mathbf{u}^{k,i} = \left[u_\alpha^{k,i} \right] \tag{6.77}$$

gegebenen Ort – vgl. (6.10), (6.11)

$$\underline{r}^i(\mathbf{R}^{k,i}, t) = \underline{r}^{k,i}(t) = \underline{\mathbf{e}}^{i\,T} \, \mathbf{r}^{k,i}(t) = \underline{\mathbf{e}}^{i\,T} \left(\mathbf{R}^{k,i} + \mathbf{u}^{k,i}(t) \right). \tag{6.78}$$

Die Orientierung von $\{ O^{k,i}, \underline{\mathbf{e}}^{k,i} \}$ ist nach (6.28) und (6.29) gegeben durch

$$\underline{\mathbf{e}}^{k,i}(t) = \mathbf{D}^{k,i}(t)\,\underline{\mathbf{e}}^i \quad \text{wo} \quad \mathbf{D}^{k,i}(t) = \mathbf{D}^i(\mathbf{R}^{k,i},t) = \mathbf{\Theta}^{k,i}(t)\,\mathbf{\Gamma}^{k,i}$$

$$\text{mit} \quad \mathbf{\Theta}^{k,i}(t) = \mathbf{\Theta}^i(\mathbf{R}^{k,i},t) = \mathbf{E} - \tilde{\boldsymbol{\vartheta}}^{k,i}(t), \quad \boldsymbol{\vartheta}^{k,i} = [\vartheta_\alpha^{k,i}], \tag{6.79}$$

wenn man die lineare Näherung (6.32) für $\mathbf{\Theta}^{k,i}$ verwendet. Die Matrizen $\mathbf{\Gamma}^{k,i}$ werden in Analogie zu $\mathbf{\Theta}^{k,i}$ aus (6.79) durch die Winkel $\boldsymbol{\gamma}^{k,i} = [\gamma_\alpha^{k,i}]$ parametrisiert – vgl. (6.30).

Mit (6.46) und (6.47) erhält für die durch $\mathbf{u}^{k,i}$ und $\boldsymbol{\vartheta}^{k,i}$ aus (6.77) und (6.79) erfaßten Verformungen an den Knoten

$$\mathbf{u}^{k,i}(t) = \mathbf{\Phi}^{k,i}\,\mathbf{q}^i(t) \quad \text{mit} \quad \mathbf{\Phi}^{k,i} = \mathbf{\Phi}^i(\mathbf{R}^{k,i}), \tag{6.80}$$

$$\boldsymbol{\vartheta}^{k,i}(t) = \mathbf{\Psi}^{k,i}\,\mathbf{q}^i(t) \quad \text{mit} \quad \mathbf{\Psi}^{k,i} = \mathbf{\Psi}^i(\mathbf{R}^{k,i}). \tag{6.81}$$

Die entsprechenden Verformungsgeschwindigkeiten sind bei Verwendung von (6.34)

$$\dot{\mathbf{u}}^{k,i}(t) = \mathbf{\Phi}^{k,i}\,\dot{\mathbf{q}}^i(t), \qquad \dot{\boldsymbol{\vartheta}}^{k,i}(t) = \mathbf{\Psi}^{k,i}\,\dot{\mathbf{q}}^i(t). \tag{6.82}$$

Weiter werden Ort und Orientierung der in den Knoten festen Koordinatensysteme $\{O^{k,i}, \underline{\mathbf{e}}^{k,i}\}$ bezüglich des Inertialsystems benötigt. Wenn man das bisher mitgeführte Argument t wegläßt, sind sie nach (6.24), (6.38) und (6.41) gegeben durch

$$\boldsymbol{\rho}(\mathbf{R}^{k,i},t) = \boldsymbol{\rho}^{k,i} = \boldsymbol{\rho}^i + \mathbf{r}^{k,i} = \boldsymbol{\rho}^i + \mathbf{R}^{k,i} + \mathbf{u}^{k,i}, \tag{6.83}$$

$$\mathbf{A}(\mathbf{R}^{k,i},t) = \mathbf{A}^{k,i} = \mathbf{D}^{k,i}\,\mathbf{A}^i = \left(\mathbf{E} - \tilde{\boldsymbol{\vartheta}}^{k,i}\right)\mathbf{\Gamma}^{k,i}\,\mathbf{A}^i, \tag{6.84}$$

mit $\mathbf{u}^{k,i}$ und $\boldsymbol{\vartheta}^{k,i}$ aus (6.80) und (6.81). Entsprechend findet man für die Geschwindigkeiten aus (6.69) und (6.70)

$$\mathbf{v}(\mathbf{R}^{k,i},t) = \mathbf{v}^{k,i} = \mathbf{T}_t^{k,i}\,\mathbf{z}_{II}^i, \qquad \mathbf{T}_t^{k,i} = \mathbf{T}_t^i\!\left(\mathbf{R}^{k,i},\mathbf{q}^i\right) = \left[\mathbf{E} \;\; \left(-\tilde{\mathbf{R}}^{k,i} - \tilde{\mathbf{u}}^{k,i}(\mathbf{q}^i)\right)\;\; \mathbf{\Phi}^{k,i}\right], \tag{6.85}$$

$$\boldsymbol{\omega}(\mathbf{R}^{k,i},t) = \boldsymbol{\omega}^{k,i} = \mathbf{T}_r^{k,i}\,\mathbf{z}_{II}^i, \qquad \mathbf{T}_r^{k,i} = \mathbf{T}_r^i\!\left(\mathbf{R}^{k,i}\right) = \left[\mathbf{0} \;\; \mathbf{E} \;\; \mathbf{\Psi}^{k,i}\right], \tag{6.86}$$

und für die Beschleunigungen gilt nach (6.71) und (6.72)

$$\mathbf{a}(\mathbf{R}^{k,i},t) = \mathbf{a}^{k,i} = \mathbf{T}_t^{k,i}\,\dot{\mathbf{z}}_{II}^i + \boldsymbol{\zeta}_t^{k,i} \quad \text{mit} \quad \boldsymbol{\zeta}_t^{k,i} = \tilde{\boldsymbol{\omega}}^i\left(\mathbf{v}^i + 2\,\dot{\mathbf{u}}^{k,i} + \tilde{\boldsymbol{\omega}}^i\left(\mathbf{R}^{k,i} + \mathbf{u}^{k,i}\right)\right), \tag{6.87}$$

$$\mathbf{b}(\mathbf{R}^{k,i},t) = \mathbf{b}^{k,i} = \mathbf{T}_r^{k,i}\,\dot{\mathbf{z}}_{II}^i + \boldsymbol{\zeta}_r^{k,i} \quad \text{mit} \quad \boldsymbol{\zeta}_r^{k,i} = \tilde{\boldsymbol{\omega}}^i\,\dot{\boldsymbol{\vartheta}}^{k,i}. \tag{6.88}$$

Damit sind alle unten benötigten Gleichungen zur Angabe der absoluten Bewegungen beliebiger Punkte der Körper eines Mehrkörpersystems zusammengestellt.

● **Beispiel 6.1: Eigenfunktionen von Balken als Ansatzfunktionen.** Bei der Modellierung von Balken in Mehrkörpersystemen verwendet man für die Ansatzfunktionen aus (6.46) und (6.47) häufig Eigenfunktionen – vgl. Beispiel 5.1. Das Verschiebungsfeld $\mathbf{u}^i(\mathbf{R},t) = \mathbf{u}(\mathbf{R},t)$ der Punkte $\mathbf{R}$ eines Bernoulli-Balkens, der ausschließlich Biegebewegungen $w_2(x,t) \equiv w(x,t)$, $x \equiv R_1$, in der 1,2-Ebene ausführt, ist nach (4.86) in linearer Näherung gegeben durch

$$\mathbf{u}(\mathbf{R},t) = \begin{bmatrix} u_1(\mathbf{R},t) \\ u_2(\mathbf{R},t) \\ 0 \end{bmatrix} = \begin{bmatrix} -R_2\, w'(x,t) \\ w(x,t) \\ 0 \end{bmatrix}, \quad x \equiv R_1. \tag{6.89}$$

Für die Rotationen $\boldsymbol{\vartheta}^i(\mathbf{R},t) = \boldsymbol{\vartheta}(\mathbf{R},t)$ der durch die Koordinate $x \equiv R_1$ gekennzeichneten Querschnitte gilt nach (4.84) in linearer Näherung

$$\boldsymbol{\vartheta}(\mathbf{R},t) = \begin{bmatrix} 0 \\ 0 \\ \vartheta_3(x,t) \end{bmatrix} = \begin{bmatrix} 0 \\ 0 \\ w'(x,t) \end{bmatrix}, \quad x \equiv R_1. \tag{6.90}$$

Demnach werden die Bewegungen aller Koordinatensysteme $\{P, \underline{\mathbf{e}}\}$ in den repräsentativen Punkten des Balkens erfaßt durch nur eine Funktion $w(x,t)$. Mit dem Ansatz

$$w(x,t) = W(x)\, q(t) \tag{6.91}$$

aus (5.3) erhält man zur Bestimmung von $W(x)$ die in (5.6) angegebene Differentialgleichung

$$W''''(x) - \beta^4\, W(x) = 0 \tag{6.92}$$

mit β^4 aus (5.7). Sie besitzt eine allgemeine Lösung der in (5.11) angegebenen Form mit noch unbekannten Eigenwerten $\beta = \beta_l$ und zugehörigen Integrationskonstanten A_l bis D_l, also

$$W(x) = W_l(x) = A_l \sin \beta_l\, x + B_l \cos \beta_l\, x + C_l \sinh \beta_l\, x + D_l \cosh \beta_l\, x\,. \tag{6.93}$$

Die Unbekannten, und damit die Eigenfunktionen $W_l(x)$, ergeben sich durch Berücksichtigung der aus der Lagerung des Balkens resultierenden Randbedingungen und einer beliebig wählbaren Normierungsvorschrift. Für einen gelenkig gelagerten Balken der Länge $\ell = 2$ m, der Massenbelegung $\mu = 5.04$ kg/m und mit der Normierungsvorschrift

$$\int_0^\ell W_l^2(x)\, \mu(x)\, dx = 1 \tag{6.94}$$

erhält man aus (6.93) die Eigenfunktionen von Biegeschwingungen (des gelenkig gelagerten Balkens) zu

$$W_l(x) = 0.445435 \sin(\beta_l\, x) \quad \text{wo} \quad \beta_l\, \ell = l\, \pi\,. \tag{6.95}$$

In Tabelle 6.1 sind die Eigenfunktionen $W_l(x)$ für diesen Lagerungsfall III zusammen mit fünf weiteren Fällen dargestellt. Dabei wurden alle $W_l(x)$ so normiert, daß der Betrag der Maximalwerte $|W_{\max}(x)| = 1$ ist. Eigenfunktionen für andere Lagerungen von Balken, z. B. mittels eines in w-Richtung freien Schubgelenks, sind in [23], S. 436 angegeben.

In den Fällen I und II ist der Balken durch die Lagerung gar nicht oder nur teilweise im Raum fixiert. Daher erscheinen in diesen Fällen unter den Eigenformen auch Starrkörperformen – im Fall I eine Rotation und eine Translation und im Fall II, wegen der gelenkigen Lagerung bei $x = 0$, nur eine Rotation.

Tabelle 6.1: Eigenfunktionen ebener Bewegungen eines Balkens bei verschiedenen Randbedingungen. Alle Eigenfunktionen sind so normiert, daß für den Betrag ihrer Maximalwerte $|W_{max}(x)| = 1$.

Fall	Randbedingungen	Eigenformen
I	frei - frei: $\quad W''(0) = W'''(0) = 0$ $\quad W''(\ell) = W'''(\ell) = 0$	
II	gelenkig - frei: $\quad W(0) = W''(0) = 0$ $\quad W''(\ell) = W'''(\ell) = 0$	
III	gelenkig - gelenkig: $\quad W(0) = W''(0) = 0$ $\quad W(\ell) = W''(\ell) = 0$	
IV	fest - frei: $\quad W(0) = W'(0) = 0$ $\quad W''(\ell) = W'''(\ell) = 0$	
V	fest - gelenkig: $\quad W(0) = W'(0)$ $\quad W(\ell) = W''(\ell) = 0$	
VI	fest - fest: $\quad W(0) = W'(0) = 0$ $\quad W(\ell) = W'(\ell) = 0$	

Die Eigenfunktionen für Biegeschwingungen des freien Balkens (Fall I) werden unten noch benötigt. Sie ergeben sich mit den oben genannten Parametern ℓ und μ und mit der Normierungsvorschrift (6.94) zu

$$W_l(x) = A_l \sin\beta_l\, x + B_l \cos\beta_l\, x + C_l \sinh\beta_l\, x + D_l \cosh\beta_l\, x \tag{6.96}$$

$$\text{wo}\quad A_l = -0.30946,\quad 0.31521,\quad 0.31496, \cdots,\qquad B_l = 0.31497,\quad 0.31497,\quad -0.31497, \cdots,$$

$$C_l = -0.30946,\quad -0.31521,\quad 0.31496, \cdots,\qquad D_l = 0.31497,\quad 0.31497,\quad -0.31497, \cdots,$$

$$\beta_l\,\ell = \quad 4.7300,\quad 7.8532,\quad 10.9956, \cdots .$$

Desweiteren werden in unten folgenden Beispielen auch die Eigenfunktionen eines einseitig bei $x = 0$ eingespannten Balkens verwendet – vgl. Fall IV. Für sie erhält man

$$W_l(x) = A_l \sin\beta_l\, x + B_l \cos\beta_l\, x + C_l \sinh\beta_l\, x + D_l \cosh\beta_l\, x$$

$$\text{wo}\quad A_l = \quad 0.23122,\quad 0.32079,\quad -0.31473, \cdots,\qquad B_l = -0.31497,\quad -0.31497,\quad 0.31497, \cdots,$$

$$C_l = -0.23121,\quad -0.32079,\quad 0.31473, \cdots,\qquad D_l = \quad 0.31497,\quad 0.31497,\quad -0.31497, \cdots, \tag{6.97}$$

$$\beta_l\,\ell = \quad 1.875,\quad 4.6941,\quad 7.8547, \cdots .$$

Alle Eigenfunktionen aus Tabelle 6.1 bilden vollständige Funktionensysteme und können zur Angabe von $\mathbf{u}(\mathbf{R},t)$ und $\boldsymbol{\vartheta}(\mathbf{R},t)$ gemäß (6.89) und (6.90) in (6.46) und (6.47) verwendet werden, also

$$\boldsymbol{\Phi}(x) = \begin{bmatrix} -R_2\,\mathbf{W}'(x) \\ \mathbf{W}(x) \\ 0 \end{bmatrix},\quad \boldsymbol{\Psi}(x) = \begin{bmatrix} 0 \\ 0 \\ \mathbf{W}'(x) \end{bmatrix}\quad \text{mit}\quad \mathbf{W} = \Big[W_1(x),\, W_2(x),\, \ldots\, W_{n_q}(x) \Big]. \tag{6.98}$$

Wählt man das die Referenzbewegung des Balkens erfassende Koordinatensystem $\{O^i, \underline{\mathbf{e}}^i\}$ aber gemäß (6.55) oder (6.60) und (6.61), so bleiben nur die den zugehörigen Randbedingungen (6.58) und (6.63) genügenden Eigenfunktionen der Fälle III und IV übrig. Sie werden jetzt detaillierter erläutert.

Aus der Festlegung (6.55) von $\{O^i, \underline{\mathbf{e}}^i\}$ ergeben sich die geometrischen Randbedingungen (6.58) für die Variablen (6.44) zur Angabe der Verformungen. Die Randbedingungen können bereits bei der Wahl der Ansatzfunktionen mit (6.59) befriedigt werden. Bei der Lösung der Systemgleichungen braucht man sich dann um die Bedingungen (6.58) nicht mehr zu kümmern.

Bei Balken bezeichnet man ein den Forderungen (6.55) und (6.58) genügendes Bezugssystem als *Tangentensystem* – vgl. z. B. [8], S. 8 und dort zitierte Literatur. Bei ebenen Biegebewegungen eines Bernoulli-Balkenmodells, dessen Bewegungen nach (6.89) und (6.90) durch $w(x,t)$ erfaßt werden, lauten die Randbedingungen (6.58)

$$w(0,t) = 0\quad \text{und}\quad w'(0,t) = 0 \tag{6.99}$$

was nach (6.91) für die Ansatzfunktionen

$$W_l(0) = 0\quad \text{und}\quad W_l'(0) = 0 \tag{6.100}$$

bedeutet. Der Name Tangentensystem für ein durch (6.99) festgelegtes Koordinatensystem $\{O^i, \underline{\mathbf{e}}^i\}$ erklärt sich aus Bild 6-4: Die 1-Achse des Koordinatensystems zeigt in Tangentenrichtung der Balkenachse am Ort $R_1 = 0$.

Man kann sich auch für andere Ansatzfunktionen zur Angabe der Verformungen $\mathbf{u}^i(\mathbf{R},t)$ und $\boldsymbol{\vartheta}^i(\mathbf{R},t)$ gemäß (6.46), (6.47) entscheiden. Dann ändert sich aber auch die Definition von $\{O^i, \underline{\mathbf{e}}^i\}$, und damit die Bedeutung der Variablen $\boldsymbol{\rho}^i, \boldsymbol{\alpha}^i, \mathbf{q}^i$ und $\mathbf{v}^i, \boldsymbol{\omega}^i, \dot{\mathbf{q}}^i$ aus (6.65). Eine bei Balken häufig verwendete Alternative zum Tangentensystem gemäß (6.99) ist das *Sehnensystem* aus Bild 6-5. In diesem Fall wird $\{O^i, \underline{\mathbf{e}}^i\}$ gemäß (6.60) und (6.61) festgelegt. Bei den hier betrachteten ebenen Bewegungen reichen die beiden Punkte $R_1 = 0$ und $R_1 = \ell$ zur Definition des Koordinatensystems aus. Ihre Bewegungen sollen durch die Funktionen $\rho(0,t)$ und $\rho_2(\ell,t)$ erfaßt werden. Dabei soll O^i im Punkt $R_1 = 0$ liegen, und der Basisvektor $\underline{e}_1^i$ des Dreibeins $\underline{e}^i$ soll zum Endpunkt $R_1 = \ell$ des Balkens zeigen. Wegen dieser Vereinbarungen gilt für die Punkte R_1 der Balkenachse

$$\rho(R_1,t) = \rho^i(t) + \begin{bmatrix} 1 \\ 0 \\ 0 \end{bmatrix} R_1 + \mathbf{u}^i(R_1,0,0,t) \quad \text{wo} \quad \begin{cases} \rho(0,t) = \rho^i(t) + \mathbf{u}^i(0,0,0,t) \stackrel{!}{=} \rho^i(t) \\ \rho_2(\ell,t) = \rho_2^i(t) + u_2^i(\ell,0,0,t) \stackrel{!}{=} \rho_2^i(t). \end{cases} \tag{6.101}$$

Hieraus ergeben sich unter Beachtung von (6.89) die geometrischen Randbedingungen

$$w(0,t) = 0 \quad \text{und} \quad w(\ell,t) = 0, \tag{6.102}$$

die wegen (6.91) auf die Bedingungen

$$W_l(0) = 0 \quad \text{und} \quad W_l(\ell) = 0 \tag{6.103}$$

führen. Sie werden von den Eigenfunktionen eines beidseitig gelenkig gelagerten Balkens erfüllt.

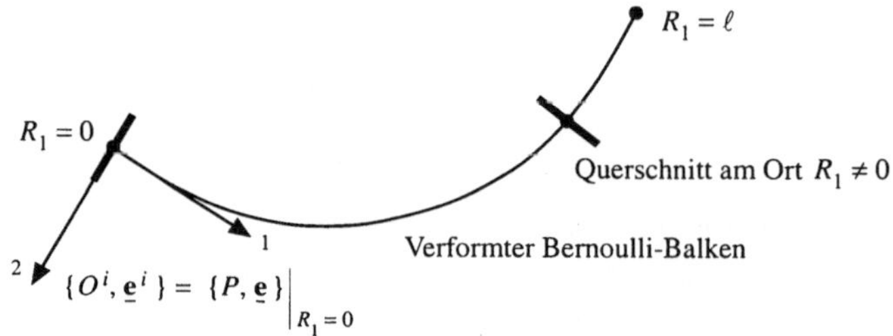

Bild 6-4: Tangentensystem bei einem Bernoulli-Balken.

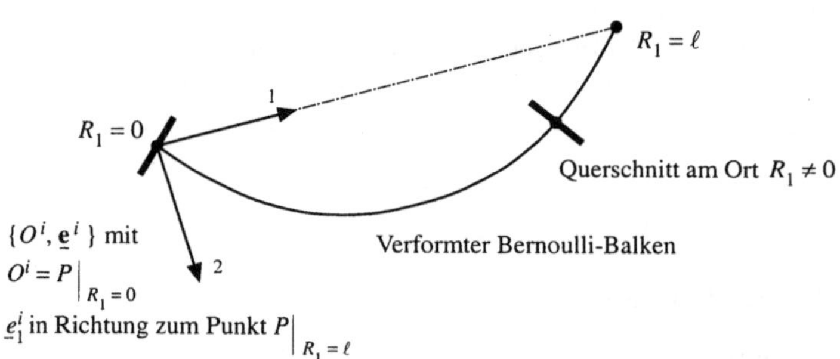

Bild 6-5: Sehnensystem bei einem Bernoulli-Balken.

Die zu den Randbedingungen (6.99) und (6.102) gehörenden Eigenfunktionen sind in Tabelle 6.1, Fälle III und IV, dargestellt. Ein Vergleich mit den Fällen I und II zeigt, daß unter den Eigenformen zu den Randbedingungen III und IV keine Starrkörperformen vorkommen. Das ist nicht überraschend. $\{O^i, \underline{e}^i\}$ wurde mit (6.99) und (6.102) gerade so gewählt, daß sich der Balken bezüglich dieses Koordinatensystems nicht mehr als starrer Körper bewegen kann. Dies erfordert bei räumlichen Bewegungen mindestens sechs und bei dem in Tabelle 6.1

verwendeten Modell wegen $w_1(x,t) \equiv 0$ nur zwei Randbedingungen. Im Fall II gibt es aber nur eine und im Fall I gar keine geometrischen Randbedingungen und dementsprechend gibt es in diesen Fällen unter den Eigenformen eine bzw. zwei Starrkörperformen. Damit stellt sich die Frage, ob und wie man die Eigenfunktionen aus den Fällen I und II als Ansatzfunktionen verwenden kann. Die Antwort erfordert Hilfsmittel aus der Kinetik und findet sich in Abschnitt 6.3.6.

Nun verbleiben noch die Fälle V und VI aus Tabelle 6.1. In ihnen kann das Koordinatensystem $\{O^i, \underline{e}^i\}$ zwar wie im Fall IV gewählt werden, aber die zugehörige Darstellung der Bewegungen ist nicht ganz unproblematisch: Man hat mehr Randbedingungen für $w(x,t)$ gefordert, als zur Festlegung des Koordinatensystems $\{O^i, \underline{e}^i\}$ erforderlich sind. Die Berücksichtigung der zusätzlichen Randbedingungen wird durch keine der Anforderungen zur Beschreibung der Systembewegungen erzwungen – sie sind überflüssig und möglicherweise sogar schädlich, da die zusätzlichen Bedingungen die Freiheiten zur Darstellung der Bewegungen einschränken.

6.2.2 Relativbewegung der Knoten

Die Körper eines Mehrkörpersystems sind durch die an den Knoten aus Bild 6-2 befestigten Gelenke und Kraftelemente verbunden. Als Beispiel zeigt Bild 6-6 ein Kardangelenk zwischen zwei verformten Körpern. Zur Formulierung der aus den Gelenken s resultierenden Bindungsgleichungen und zur Angabe der zu den Kraftelementen r gehörenden Kraftgesetze werden Variable zur Beschreibung der Relativbewegungen der in den Knoten festen Koordinatensysteme benötigt. Die Beschreibung der Relativbewegung der beiden Knoten aus Bild 6-6 wird für Gelenke s angegeben. Bei Kraftelementen müssen die Gelenkindizes s durch die Indizes r dieser Elemente ersetzt werden.

Zur Definition der Relativbewegung der Knoten wird dem Gelenk s eine Orientierung zugeordnet, die in Bild 6-6 durch einen gekrümmten Pfeil veranschaulicht ist. Die Nummern k und l der durch ein Gelenk s verbundenen Knoten sind

$$\left.\begin{array}{l} k = t(s) \\ l = f(s) \end{array}\right\} = \text{Nummer des Knotens} \left\{\begin{array}{l} \text{an der Spitze} \\ \text{am Ende} \end{array}\right\} \text{des Pfeils von Gelenk } s \qquad (6.104)$$

mit den in Anlehnung an die englischen Worte "from" und "to" gewählten Symbolen f und t.

Die Nummer des Körpers, auf dem der Knoten k liegt, ist nach (6.73) $i = i(k)$. Mit dem in (6.74) eingeführten Symbol k, i ist der Knoten k dem Körper i zugeordnet. In den folgenden Gleichungen gilt immer, wie in Bild 6-6,

$$k,i = t(s) = t \quad \text{und} \quad l,j = f(s) = f. \qquad (6.105)$$

Das Argument der Funktionen f und t wird, wenn möglich, weggelassen.

Relativbewegung von Knoten benachbarter Körper

Der Abstand der in den Knoten k, i und l, j auf den Körpern i und j festen Koordinatensysteme

$$\left\{O^{k,i}, \underline{e}^{k,i}\right\} \equiv \left\{O^t, \underline{e}^t\right\} \quad \text{und} \quad \left\{O^{l,j}, \underline{e}^{l,j}\right\} \equiv \left\{O^f, \underline{e}^f\right\} \qquad (6.106)$$

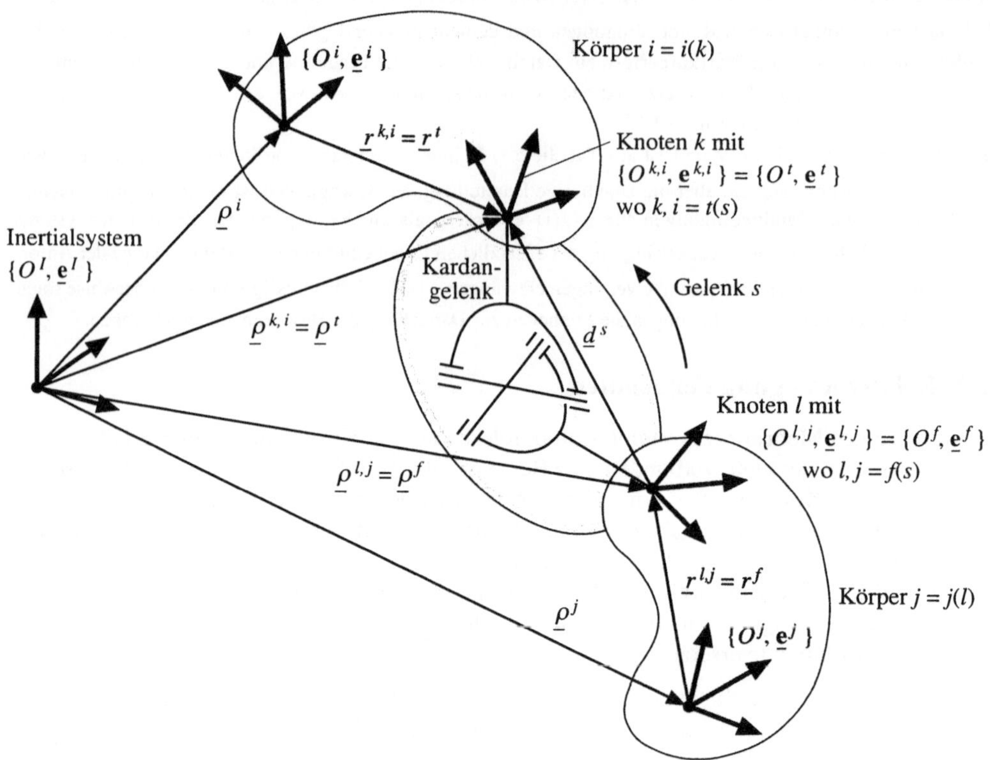

Bild 6-6: Beschreibung der Relativbewegungen der Knoten an einem Gelenk s.

wird erfaßt durch

$$\underline{d}^s = \underline{\rho}^{k,i} - \underline{\rho}^{l,j} = \underline{\rho}^t - \underline{\rho}^f = \underline{e}^{t\,T} \mathbf{d}^s, \quad \mathbf{d}^s = \left[d_\alpha^s\right]. \tag{6.107}$$

Der Vektor $\underline{d}^s$ zeigt in die gleiche Richtung wie der Gelenkpfeil und wird, wie alle Gelenk-
größen, in der Basis $\underline{e}^t = \underline{e}^{k,i}$ angegeben. Den Gelenken zugeordnete Größen wurden in [56]
in der Basis $\underline{e}^f$ dargestellt. Die in (6.107) vereinbarte Änderung der Darstellung vereinfacht
den in Abschnitt 6.5.4 erläuterten $O(n)$-Formalismus.

Für die relative Orientierung der beiden Koordinatensysteme (6.106) gilt

$$\underline{e}^t = \mathbf{B}^s \, \underline{e}^f, \quad \mathbf{B}^s = \left[B_{\alpha\beta}^s\right] \quad \text{mit} \quad \mathbf{B}^s = \mathbf{B}^s(\boldsymbol{\beta}^s) \quad \text{wo} \quad \boldsymbol{\beta}^s = [\beta_\alpha^s], \tag{6.108}$$

wobei $\mathbf{B}^s = \mathbf{E}$ in einer bekannten Referenzkonfiguration des Mehrkörpersystems. Diese Vereinbarung legt den Nullpunkt der zur Angabe von $\mathbf{B}^s$ verwendeten Winkel $\boldsymbol{\beta}^s$ fest.

Die Relativgeschwindigkeiten der Koordinatensysteme (6.106) werden angegeben mit

$$\underline{V}^s = \frac{{}^t d \underline{d}^s}{dt} = \underline{e}^{t\,T} \mathbf{V}^s , \qquad \mathbf{V}^s = \left[V_\alpha^s \right] \quad \text{wo} \quad \mathbf{V}^s = \dot{\mathbf{d}}^s , \tag{6.109}$$

$$\underline{\Omega}^s = \underline{\omega}^t - \underline{\omega}^f = \underline{e}^{t\,T} \mathbf{\Omega}^s , \quad \mathbf{\Omega}^s = \left[\Omega_\alpha^s \right] \quad \text{wo} \quad \tilde{\mathbf{\Omega}}^s = \mathbf{B}^s\, \dot{\mathbf{B}}^{s\,T} . \tag{6.110}$$

Die Beschleunigungen der Relativbewegungen sind

$$\frac{{}^t d \underline{V}^s}{dt} = \underline{e}^{t\,T} \dot{\mathbf{V}}^s , \quad \dot{\mathbf{V}}^s = \left[\dot{V}_\alpha^s \right], \tag{6.111}$$

$$\frac{{}^t d \underline{\Omega}^s}{dt} = \underline{e}^{t\,T} \dot{\mathbf{\Omega}}^s , \quad \dot{\mathbf{\Omega}}^s = \left[\dot{\Omega}_\alpha^s \right]. \tag{6.112}$$

Mit den oben eingeführten Größen kann man die relative Lage und Geschwindigkeit der durch ein Gelenk s verbundenen Knoten beschreiben mit Hilfe von je sechs Variablen

$$\mathbf{x}_I^s = \begin{bmatrix} \mathbf{d}^s \\ \boldsymbol{\beta}^s \end{bmatrix}, \quad \mathbf{x}_{II}^s = \begin{bmatrix} \mathbf{V}^s \\ \mathbf{\Omega}^s \end{bmatrix}. \tag{6.113}$$

Sie genügen den aus (6.109) und (6.110) folgenden, kinematischen Bewegungsgleichungen der Form

$$\dot{\mathbf{x}}_I^s = \mathbf{X}^s(\mathbf{x}_I^s)\, \mathbf{x}_{II}^s \quad \text{wo} \quad \mathbf{X}^s = \begin{bmatrix} \mathbf{E} & \mathbf{0} \\ \mathbf{0} & \mathbf{X}_r^s \end{bmatrix} \quad \text{und wo} \quad \mathbf{X}_r^s = \mathbf{X}_r^s(\boldsymbol{\beta}^s). \tag{6.114}$$

Absolut- und Relativbewegung

Die mit (6.113) erfaßte Relativbewegung zweier Knoten auf benachbarten Körpern läßt sich mit den zur Beschreibung der Absolutbewegungen der Körper eingeführten Variablen aus (6.65) angeben. Bei Herleitung dieser Gleichungen ist zu beachten, daß Vektoren, die zu Knoten k, i gehören, in der Basis $\underline{e}^i$ dargestellt sind – vgl. (6.75) bis (6.78) und (6.36), (6.37) für $\mathbf{R} = \mathbf{R}^{k,i}$ – während die Relativbewegungen (6.107) bis (6.112) in der Basis $\underline{e}^t = \underline{e}^{k,i}$ angegeben sind. In allen Gleichungen des Abschnitts gilt die in (6.105) vereinbarte Zuordnung von Gelenk-, Knoten- und Körperindizes, wobei die Kurzformen t und f für $t(s) = k, i$ und $f(s) = l, j$ bevorzugt verwendet werden.

Für die relative Orientierung der durch das Gelenk s verbundenen Knoten findet man mit (6.108), (6.79) und (6.3)

$$\mathbf{B}^s = \mathbf{D}^t\, \mathbf{A}^i\, \mathbf{A}^{j\,T}\, \mathbf{D}^{f\,T} . \tag{6.115}$$

Die Matrizen $\mathbf{D}^t$ und $\mathbf{D}^f$ ergeben sich mit (6.79) und (6.81) in linearer Näherung zu

$$\mathbf{D}^t = \left(\mathbf{E} - \tilde{\boldsymbol{\vartheta}}^t \right) \mathbf{\Gamma}^t , \quad \mathbf{D}^f = \left(\mathbf{E} - \tilde{\boldsymbol{\vartheta}}^f \right) \mathbf{\Gamma}^f \quad \text{wo} \quad \boldsymbol{\vartheta}^t = \mathbf{\Psi}^t\, \mathbf{q}^i , \quad \boldsymbol{\vartheta}^f = \mathbf{\Psi}^f\, \mathbf{q}^j . \tag{6.116}$$

Für die relative Winkelgeschwindigkeit gilt nach (6.110) mit (6.105) und (6.36)

$$\underline{\Omega}^s = \underline{\omega}^t - \underline{\omega}^f = \underline{e}^{i^T} \omega^t - \underline{e}^{j^T} \omega^f .$$
(6.117)

Bei Darstellung aller Vektoren in der Basis $\underline{e}^t = \underline{e}^{k,i}$ findet man mit (6.79), (6.108) und (6.86)

$$\mathbf{\Omega}^s = \mathbf{D}^t\, \mathbf{T}_r^t\, \mathbf{z}_{II}^i - \mathbf{B}^s\, \mathbf{D}^f\, \mathbf{T}_r^f\, \mathbf{z}_{II}^j .$$
(6.118)

In dieser Gleichung ist $\mathbf{\Omega}^s$ mit Hilfe der Drehmatrizen $\mathbf{B}^s = \mathbf{B}^s(\boldsymbol{\beta}^s)$, also mit den Variablen $\mathbf{x}_I^s$ aus (6.113) ausgedrückt. Bei Angabe der Bewegungsgleichungen in Absolutkoordinaten $\mathbf{z}_I^i$, $\mathbf{z}_{II}^i$ aus (6.65) ist eine Darstellung von $\mathbf{\Omega}^s$ erforderlich, in der nur die Matrizen $\mathbf{A}^i$, d. h. die Variablen $\mathbf{z}_I^i$ vorkommen. Für $\mathbf{B}^s\, \mathbf{D}^f$ gilt nach (6.115)

$$\mathbf{B}^s \mathbf{D}^f = \mathbf{D}^t\, \mathbf{A}^i\, \mathbf{A}^{j^T} .$$
(6.119)

Damit läßt sich (6.118) umschreiben in

$$\mathbf{\Omega}^s = \mathbf{D}^t\, {}^i\mathbf{\Omega}^s , \quad \text{wo} \quad {}^i\mathbf{\Omega}^s = \mathbf{T}_r^t\, \mathbf{z}_{II}^i - \mathbf{A}^i\, \mathbf{A}^{j^T}\, \mathbf{T}_r^f\, \mathbf{z}_{II}^j$$
(6.120)

die Koordinaten der relativen Winkelgeschwindigkeit $\underline{\Omega}^s$ in der Basis $\underline{e}^i$ sind.

An dieser Stelle ist eine Anmerkung zur Rechentechnik angebracht: Verwendet man in (6.118) die Drehmatrizen $\mathbf{B}^s$ aus (6.115) mit der linearen Näherung (6.116) für $\mathbf{D}^f$, so liefert das Produkt $\mathbf{D}^{f^T}\mathbf{D}^f$ anstelle von $\mathbf{E}$ den Wert $\mathbf{E} - \tilde{\boldsymbol{\vartheta}}^f\, \tilde{\boldsymbol{\vartheta}}^f$. Er ist für die Genauigkeit einer linearen Näherung irrelevant, erschwert aber einen Vergleich von in $\mathbf{q}$ linearisierten Bewegungsgleichungen, die mit verschiedenen Formalismen gewonnen wurden. In mit Formelmanipulatoren, wie Mathematica, ermittelten Systemgleichungen erscheint der Term $\mathbf{E} - \tilde{\boldsymbol{\vartheta}}^f\, \tilde{\boldsymbol{\vartheta}}^f$ bei Verwendung von (6.118) mit (6.116) und (6.115), entfällt aber bei Verwendung von (6.120).

Die absolute, zeitliche Ableitung von (6.110) liefert für die Winkelbeschleunigungen mit (6.112), (6.37) und (6.88)

$$\frac{{}^t d\underline{\Omega}^s}{dt} + \underline{\omega}^t \times \underline{\Omega}^s = \underline{b}^t - \underline{b}^f = \underline{e}^{i^T}\mathbf{b}^t - \underline{e}^{j^T}\mathbf{b}^f .$$
(6.121)

Hieraus erhält man mit den oben verwendeten Koordinatentransformationen und insbesondere mit (6.88) und (6.119)

$$\dot{\mathbf{\Omega}}^s = \mathbf{D}^t \left(\mathbf{T}_r^t\, \dot{\mathbf{z}}_{II}^i + \boldsymbol{\zeta}_r^t \right) - \mathbf{B}^s\, \mathbf{D}^f \left(\mathbf{T}_r^f\, \dot{\mathbf{z}}_{II}^j + \boldsymbol{\zeta}_r^f \right) - {}^t\tilde{\omega}^t\, \mathbf{\Omega}^s ,$$
(6.122)

wo $^t\boldsymbol{\omega}^t$ die Koordinaten von $\underline{\omega}^t$ in der Basis $\underline{\mathbf{e}}^t = \underline{\mathbf{e}}^{k,i}$ sind. Sie können entweder unter Verwendung von (6.110) und (6.86) mit $\mathbf{z}^j_{II}$ und $\boldsymbol{\Omega}^s$ angegeben werden oder unter Beachtung von (6.36) und (6.28) für $\mathbf{R} = \mathbf{R}^{k,i}$ und wiederum (6.86) mit $\mathbf{z}^i_{II}$ allein, also

$$^t\boldsymbol{\omega}^t = \begin{cases} \mathbf{B}^s\,\mathbf{D}^f\,\boldsymbol{\omega}^f + \boldsymbol{\Omega}^s = \mathbf{B}^s\,\mathbf{D}^f\,\mathbf{T}^f_r\,\mathbf{z}^j_{II} + \boldsymbol{\Omega}^s = \mathbf{D}^t\,\mathbf{A}^i\,\mathbf{A}^{j^T}\,\mathbf{T}^f_r\,\mathbf{z}^j_{II} + \boldsymbol{\Omega}^s \\ \mathbf{D}^t\,\boldsymbol{\omega}^t = \mathbf{D}^t\,\mathbf{T}^t_r\,\mathbf{z}^i_{II}\,. \end{cases} \qquad (6.123)$$

Mit $^i\boldsymbol{\Omega}^s$ aus (6.120) und mit (6.119) folgt aus (6.122)

$$\dot{\boldsymbol{\Omega}}^s = \mathbf{D}^t\,{}^i\dot{\boldsymbol{\Omega}}^s \qquad \text{wo} \qquad {}^i\dot{\boldsymbol{\Omega}}^s = \mathbf{T}^t_r\,\dot{\mathbf{z}}^i_{II} + \boldsymbol{\zeta}^t_r - \mathbf{A}^i\,\mathbf{A}^{j^T}\left(\mathbf{T}^f_r\,\dot{\mathbf{z}}^j_{II} + \boldsymbol{\zeta}^f_r\right) - \tilde{\boldsymbol{\omega}}^t\,{}^i\boldsymbol{\Omega}^s\,. \qquad (6.124)$$

Für den Abstand $\underline{d}^s$ der beiden Knoten aus Bild 6-6 gilt nach (6.107)

$$\underline{d}^s = \underline{\rho}^t - \underline{\rho}^f = \underline{\mathbf{e}}^{i^T}\boldsymbol{\rho}^t - \underline{\mathbf{e}}^{j^T}\boldsymbol{\rho}^f\,. \qquad (6.125)$$

Bei Darstellung aller Vektoren in der Basis $\underline{\mathbf{e}}^t = \underline{\mathbf{e}}^{k,i}$ wird mit (6.107), (6.108), (6.79), (6.83) und (6.119) und mit $\mathbf{u}^t = \boldsymbol{\Phi}^t\,\mathbf{q}^i$ und $\mathbf{u}^f = \boldsymbol{\Phi}^f\,\mathbf{q}^j$ nach (6.80)

$$\mathbf{d}^s = \mathbf{D}^t\left(\boldsymbol{\rho}^i + \mathbf{R}^t + \mathbf{u}^t\right) - \mathbf{B}^s\,\mathbf{D}^f\left(\boldsymbol{\rho}^j + \mathbf{R}^f + \mathbf{u}^f\right) = \mathbf{D}^t\,{}^i\mathbf{d}^s\,,$$
$$\text{wo} \quad {}^i\mathbf{d}^s = \boldsymbol{\rho}^i + \mathbf{R}^t + \mathbf{u}^t - \mathbf{A}^i\,\mathbf{A}^{j^T}\left(\boldsymbol{\rho}^j + \mathbf{R}^f + \mathbf{u}^f\right) \qquad (6.126)$$

die Koordinaten von $\underline{d}^s$ in der Basis $\underline{\mathbf{e}}^i$ sind.

Mit (6.14) für $\mathbf{R} = \mathbf{R}^{k,i}$ und für $\mathbf{R} = \mathbf{R}^{l,j}$ folgt aus (6.109)

$$\underline{V}^s + \underline{\omega}^t \times \underline{d}^s = \underline{v}^t - \underline{v}^f = \underline{\mathbf{e}}^{i^T}\mathbf{v}^t - \underline{\mathbf{e}}^{j^T}\mathbf{v}^f\,. \qquad (6.127)$$

Bei Darstellung der Vektoren in der Basis $\underline{\mathbf{e}}^t = \underline{\mathbf{e}}^{k,i}$ wird mit den oben verwendeten Transformationen und mit (6.85) und (6.86)

$$\mathbf{V}^s = \left(\mathbf{D}^t\,\mathbf{T}^t_t + \tilde{\mathbf{d}}^s\,\mathbf{D}^t\,\mathbf{T}^t_r\right)\mathbf{z}^i_{II} - \mathbf{B}^s\,\mathbf{D}^f\,\mathbf{T}^f_t\,\mathbf{z}^j_{II} = \mathbf{D}^t\,{}^i\mathbf{V}^s\,,$$
$$\text{wo} \quad {}^i\mathbf{V}^s = \left(\mathbf{T}^t_t + {}^i\tilde{\mathbf{d}}^s\,\mathbf{T}^t_r\right)\mathbf{z}^i_{II} - \mathbf{A}^i\,\mathbf{A}^{j^T}\,\mathbf{T}^f_t\,\mathbf{z}^j_{II} \qquad (6.128)$$

und wo $\mathbf{d}^s$ und $^i\mathbf{d}^s$ in (6.126) angegeben wurden.

Die zeitliche Ableitung von (6.127) im Inertialsystem liefert unter Beachtung von (6.15), (6.37), (6.111) und (6.109)

$$\frac{{}^{t}d\underline{V}^{s}}{dt} + \underline{b}^{t} \times \underline{d}^{s} + 2\underline{\omega}^{t} \times \underline{V}^{s} + \underline{\omega}^{t} \times \left(\underline{\omega}^{t} \times \underline{d}^{s}\right) = \underline{a}^{t} - \underline{a}^{f} = \underline{e}^{iT}\mathbf{a}^{t} - \underline{e}^{jT}\mathbf{a}^{f}. \tag{6.129}$$

Hieraus folgt mit (6.87) und (6.88) bei Darstellung aller Vektoren in der Basis $\underline{e}^{t} = \underline{e}^{k,i}$

$$\begin{aligned}
\dot{\mathbf{V}}^{s} = \mathbf{D}^{t}\left(\mathbf{T}_{t}^{t}\,\dot{\mathbf{z}}_{II}^{i} + \boldsymbol{\zeta}_{t}^{t}\right) + \tilde{\mathbf{d}}^{s}\,\mathbf{D}^{t}\left(\mathbf{T}_{r}^{t}\,\dot{\mathbf{z}}_{II}^{i} + \boldsymbol{\zeta}_{r}^{t}\right) \\
- \mathbf{B}^{s}\,\mathbf{D}^{f}\left(\mathbf{T}_{t}^{f} + \boldsymbol{\zeta}_{t}^{f}\right)\dot{\mathbf{z}}_{II}^{j} - {}^{t}\tilde{\boldsymbol{\omega}}^{t}\left(2\,\mathbf{V}^{s} + {}^{t}\tilde{\boldsymbol{\omega}}^{t}\,\mathbf{d}^{s}\right).
\end{aligned} \tag{6.130}$$

In dieser Gleichung kann $\mathbf{d}^{s}$ mit (6.126), $\mathbf{V}^{s}$ mit (6.128), ${}^{t}\boldsymbol{\omega}^{t}$ mit (6.123) und $\mathbf{B}^{s}\mathbf{D}^{f}$ mit (6.119) angegeben werden. Eine Alternative zu (6.130) erhält man mit (6.119), mit ${}^{i}\tilde{\mathbf{d}}^{s}$ aus (6.126), mit ${}^{i}\mathbf{V}^{s}$ aus (6.128) und mit $\boldsymbol{\omega}^{t}$ aus (6.123) zu

$$\dot{\mathbf{V}}^{s} = \mathbf{D}^{t}\,{}^{i}\dot{\mathbf{V}}^{s}, \quad \text{wo}$$

$$
{}^{i}\dot{\mathbf{V}}^{s} = \mathbf{T}_{t}^{t}\,\dot{\mathbf{z}}_{II}^{i} + \boldsymbol{\zeta}_{t}^{t} + {}^{i}\tilde{\mathbf{d}}^{s}\left(\mathbf{T}_{r}^{t}\,\dot{\mathbf{z}}_{II}^{i} + \boldsymbol{\zeta}_{r}^{t}\right) - \mathbf{A}^{i}\,\mathbf{A}^{jT}\left(\mathbf{T}_{t}^{f} + \boldsymbol{\zeta}_{t}^{f}\right)\dot{\mathbf{z}}_{II}^{j} - \tilde{\boldsymbol{\omega}}^{t}\left(2\,{}^{i}\mathbf{V}^{s} + \tilde{\boldsymbol{\omega}}^{t}\,{}^{i}\mathbf{d}^{s}\right). \tag{6.131}$$

Mit den Matrizen aus (6.113) lassen sich die Gleichungen zur Angabe der Relativbewegungen durch die Absolutbewegungen kompakter schreiben. Die Gleichungen (6.115) und (6.126) für die Lagevariablen werden symbolisch zusammengefaßt in

$$\mathbf{x}_{I}^{s} = \mathbf{x}_{I}^{s}(\mathbf{z}_{I}^{i}, \mathbf{z}_{I}^{j}) \quad \text{wo} \quad i = i(k) \ \text{mit} \ k,i = t(s) \ \text{und} \ j = j(l) \ \text{mit} \ l,j = f(s). \tag{6.132}$$

Die Transformationsgleichungen für die Geschwindigkeiten aus (6.128) und (6.118) oder (6.120) sind in $\mathbf{x}_{II}^{s}$, $\mathbf{z}_{II}^{i}$ und $\mathbf{z}_{II}^{j}$ linear, und sie lassen sich mit Hilfe zweier $6 \times n_{z}^{i}$-Transformationsmatrizen $\mathbf{T}^{t}$ und $\mathbf{T}^{f}$ angeben. Es sei

$$\mathbf{T}^{t} = \begin{bmatrix} \mathbf{D}^{t}\,\mathbf{T}_{t}^{t} + \tilde{\mathbf{d}}^{s}\,\mathbf{D}^{t}\,\mathbf{T}_{r}^{t} \\ \mathbf{D}^{t}\,\mathbf{T}_{r}^{t} \end{bmatrix} = \begin{bmatrix} \mathbf{D}^{t}\left(\mathbf{T}_{t}^{t} + {}^{i}\tilde{\mathbf{d}}^{s}\,\mathbf{T}_{r}^{t}\right) \\ \mathbf{D}^{t}\,\mathbf{T}_{r}^{t} \end{bmatrix} \quad \text{für } t = t(s) = k,i \tag{6.133}$$

und

$$\mathbf{T}^{f} = \begin{bmatrix} \mathbf{B}^{s}\,\mathbf{D}^{f}\,\mathbf{T}_{t}^{f} \\ \mathbf{B}^{s}\,\mathbf{D}^{f}\,\mathbf{T}_{r}^{f} \end{bmatrix} = \begin{bmatrix} \mathbf{D}^{t}\,\mathbf{A}^{i}\,\mathbf{A}^{jT}\,\mathbf{T}_{t}^{f} \\ \mathbf{D}^{t}\,\mathbf{A}^{i}\,\mathbf{A}^{jT}\,\mathbf{T}_{r}^{f} \end{bmatrix} \quad \text{für } f = f(s) = l,j. \tag{6.134}$$

Damit wird aus (6.128), (6.118) und (6.120)

$$\mathbf{x}_{II}^{s} = \mathbf{T}^{t}\,\mathbf{z}_{II}^{i} - \mathbf{T}^{f}\,\mathbf{z}_{II}^{j}, \quad t = t(s) = k,i, \quad f = f(s) = l,j \tag{6.135}$$

für das Gelenk s zwischen den Knoten k, i und l, j.

Die Beschleunigung des Körpers i läßt sich als Summe der Beschleunigung des Körpers j und der Relativbeschleunigung über das Gelenk s angeben. Mit

$$\boldsymbol{\xi}^s = \begin{bmatrix} -\mathbf{D}^t\,\boldsymbol{\zeta}_t^t - \tilde{\mathbf{d}}^s\,\mathbf{D}^t\,\boldsymbol{\zeta}_r^t + \mathbf{B}^s\,\mathbf{D}^f\,\boldsymbol{\zeta}_t^f + {}^t\tilde{\boldsymbol{\omega}}^t\left(2\,\mathbf{V}^s + {}^t\tilde{\boldsymbol{\omega}}^t\,\mathbf{d}^s\right) \\ -\mathbf{D}^t\,\boldsymbol{\zeta}_r^t + \mathbf{B}^s\,\mathbf{D}^f\,\boldsymbol{\zeta}_r^f + {}^t\tilde{\boldsymbol{\omega}}^t\,\boldsymbol{\Omega}^s \end{bmatrix}$$
$$= \begin{bmatrix} \mathbf{D}^t\left(-\boldsymbol{\zeta}_t^t - {}^i\tilde{\mathbf{d}}^s\,\boldsymbol{\zeta}_r^t + \mathbf{A}^i\,\mathbf{A}^{jT}\,\boldsymbol{\zeta}_t^f + \tilde{\boldsymbol{\omega}}^t\left(2\,{}^i\mathbf{V}^s + \tilde{\boldsymbol{\omega}}^t\,{}^i\mathbf{d}^s\right)\right) \\ \mathbf{D}^t\left(-\boldsymbol{\zeta}_r^t + \mathbf{A}^i\,\mathbf{A}^{jT}\,\boldsymbol{\zeta}_r^f + \tilde{\boldsymbol{\omega}}^t\,{}^i\boldsymbol{\Omega}^s\right) \end{bmatrix} \tag{6.136}$$

und mit der Vereinbarung (6.105) zu Gelenk-, Knoten-, und Körperindizes ergibt sich aus (6.122) und (6.130) unter Verwendung der Matrizen aus (6.133) und (6.134)

$$\mathbf{T}^t\,\dot{\mathbf{z}}_{II}^i = \mathbf{T}^f\,\dot{\mathbf{z}}_{II}^j + \dot{\mathbf{x}}_{II}^s + \boldsymbol{\xi}^s. \tag{6.137}$$

Die zweite Form von $\boldsymbol{\xi}^s$ in (6.136) enthält alle Koordinaten in Basis $\underline{\mathbf{e}}^i$, die mit der Matrix $\mathbf{D}^t$ in die Knotenbasis $\underline{\mathbf{e}}^t = \underline{\mathbf{e}}^{k,i}$ transformiert werden.

Damit sind die unten benötigten Transformationen zwischen Absolut- und Relativbewegungen komplett. Nach (6.51), (6.69) und (6.70) hängen die in (6.79), (6.85) und (6.86) definierten Matrizen $\mathbf{D}^t$, $\mathbf{T}_r^t$ und $\mathbf{T}_t^t$, $t = k,i$ bzw. $\mathbf{D}^f$, $\mathbf{T}_r^f$ und $\mathbf{T}_t^f$, $f = l,j$ aus den Transformationsgleichungen für die Geschwindigkeiten und Beschleunigungen von den Ansatzfunktionen $\boldsymbol{\Phi}^i(\mathbf{R})$, $\boldsymbol{\Psi}^i(\mathbf{R})$ bzw. $\boldsymbol{\Phi}^j(\mathbf{R})$, $\boldsymbol{\Psi}^j(\mathbf{R})$ und von den generalisierten Koordinaten $\mathbf{q}^i$ bzw. $\mathbf{q}^j$ zur Angabe der Verformungen der Körper ab. Bei starren Körpern sind die Matrizen konstant.

6.2.3 Bindung der Relativbewegung durch Gelenke

Das Gelenk s aus Bild 6-6 ist in den Knoten k, $i = t$ und l, $j = f$ befestigt und schränkt die Relativbewegungen der Koordinatensysteme aus (6.106) ein. Die Bindungsgleichungen lassen sich am bequemsten mit Hilfe der Variablen $\mathbf{x}_I^s$ und $\mathbf{x}_{II}^s$ aus (6.113) angeben. Mit den Transformationsgleichungen (6.132) und (6.135) erhält man dann die Bindungsgleichungen in den Variablen $\mathbf{z}_I^i$ und $\mathbf{z}_{II}^i$ aus (6.65). Nach Kapitel 3 kann man Bindungsgleichungen in impliziter und in expliziter Form angeben. Beide Darstellungen werden in Formalismen zur Angabe der Bewegungsgleichungen von Mehrkörpersystemen benötigt.

Implizite Bindungsgleichungen

Wegen der Bindungen sind die 2×6 Variablen $\mathbf{x}_I^s$ und $\mathbf{x}_{II}^s$ aus (6.113) redundant. Betrachtet man ausschließlich holonome Bindungen, so unterliegen die Relativbewegungen der Koordinatensysteme (6.106) jeweils n_c^s Zwangsbedingungen für die Lage- und Geschwindigkeitskoordinaten. Unter Verwendung von (6.114) können sie in der folgenden, allgemeinen Form geschrieben werden – vgl. auch (3.16) und (3.23):

$$\overline{\mathbf{g}}^{s}(\mathbf{x}_{I}^{s},t)=\mathbf{0}\,,\quad \overline{\mathbf{g}}^{s}=\left[\overline{g}_{l}^{s}\right],\quad l=1,2,\ldots n_{c}^{s}, \tag{6.138}$$

$$\overline{\mathbf{\psi}}^{s^{T}}\mathbf{x}_{II}^{s}=\overline{\mathbf{\eta}}_{II}^{s}\,,\quad \overline{\mathbf{\psi}}^{s^{T}}=\frac{\partial\overline{\mathbf{g}}^{s}}{\partial\mathbf{x}_{I}^{s}}\mathbf{X}^{s}\,,\quad \overline{\mathbf{\eta}}_{II}^{s}=-\frac{\partial\overline{\mathbf{g}}^{s}}{\partial t}. \tag{6.139}$$

Einsetzen der Transformationen (6.132) in (6.138) liefert die Bindungsgleichungen für die Lagevariablen $\mathbf{z}_{I}$ aus (6.65) und (6.2). Sie haben die allgemeine Form

$$\mathbf{g}^{s}(\mathbf{z}_{I},t)=\mathbf{0}\,,\quad \mathbf{g}^{s}=\left[g_{l}^{s}\right],\quad l=1,2,\ldots n_{c}^{s}, \tag{6.140}$$

wobei in $\mathbf{g}^{s}$ nur die Submatrizen $\mathbf{z}_{I}^{i}$ und $\mathbf{z}_{I}^{j}$ von $\mathbf{z}_{I}$ vorkommen mit $i=i(k)$ und $j=j(l)$, wo $k,i=t(s)$ und $l,j=f(s)$.

Entsprechend findet man durch Einsetzen von (6.135) in (6.139) die Zwangsgleichungen für die Geschwindigkeiten $\mathbf{z}_{II}^{i}$ aus (6.65)

$$\mathbf{G}^{t(s)}\mathbf{z}_{II}^{i}-\mathbf{G}^{f(s)}\mathbf{z}_{II}^{j}=\overline{\mathbf{\eta}}_{II}^{s}\quad \text{wo}\quad \begin{cases}\mathbf{G}^{t(s)}=\overline{\mathbf{\psi}}^{s^{T}}\,\mathbf{T}^{t(s)},\\[2mm]\mathbf{G}^{f(s)}=\overline{\mathbf{\psi}}^{s^{T}}\,\mathbf{T}^{f(s)}\end{cases}\quad \text{mit}\quad \begin{cases}t(s)=k,i,\\[2mm]f(s)=l,j.\end{cases} \tag{6.141}$$

Mit $\mathbf{z}_{II}$ aus (6.2) kann man (6.141) kompakter schreiben:

$$\mathbf{G}^{s}\,\mathbf{z}_{II}=\overline{\mathbf{\eta}}_{II}^{s}\quad \text{wo}\quad \mathbf{G}^{s}=\left[\mathbf{0}\cdots\mathbf{0}\quad \mathbf{G}^{k,i}\quad \mathbf{0}\cdots\mathbf{0}\quad -\mathbf{G}^{l,j}\quad \mathbf{0}\cdots\mathbf{0}\right]. \tag{6.142}$$

Die Matrix $\mathbf{G}^{s}$ hat die Dimension $n_{c}^{s}\times n_{z}$ und sie ist aus n Submatrizen der Dimension $n_{c}^{s}\times n_{z}^{i}$ aufgebaut. Für ein Gelenk s zwischen den Knoten $t=t(s)=k,i$ und $f=f(s)=l,j$ sind die Plätze der in $\mathbf{G}^{s}$ aus (6.142) von Null verschiedenen Matrizen $\mathbf{G}^{k,i}=\mathbf{G}^{t}$ und $\mathbf{G}^{l,j}=\mathbf{G}^{f}$ durch die Körpernummern $i=i(k)$ und $j=j(l)$ aus (6.73) gegeben.

Explizite Bindungsgleichungen

Wegen der Zwangsgleichungen (6.138) und (6.139) können die oben mit den je sechs Variablen $\mathbf{x}_{I}^{s}$ und $\mathbf{x}_{II}^{s}$ aus (6.113) angegebenen Relativbewegungen von Knoten durch jeweils

$$n_{f}^{s}=6-n_{c}^{s} \tag{6.143}$$

Lage- und Geschwindigkeitsvariable

$$\mathbf{\eta}_{I}^{s}=\left[\eta_{Ii}^{s}\right]\quad \text{und}\quad \mathbf{\eta}_{II}^{s}=\left[\eta_{IIi}^{s}\right],\quad i=1,2,\ldots n_{f}^{s} \tag{6.144}$$

dargestellt werden. Diese Variablen genügen kinematischen Bewegungsgleichungen, die sich aus der Definition von $\mathbf{\eta}_{I}^{s}$ und $\mathbf{\eta}_{II}^{s}$ ergeben. Sie haben die allgemeine Form

$$\dot{\boldsymbol{\eta}}_{I}^{s} = \mathbf{Y}^{s}(\boldsymbol{\eta}_{I}^{s})\,\boldsymbol{\eta}_{II}^{s} \quad \text{wo} \quad \mathbf{Y}^{s} = \left[Y_{ij}^{s}\right], \quad i,j = 1, 2, \dots n_{f}^{s}. \tag{6.145}$$

Die explizite Form der impliziten Zwangsgleichungen (6.138) und (6.139) ist – vgl. (3.14) und (3.19) sowie (6.114) und (6.145)

$$\mathbf{x}_{I}^{s} = \bar{\mathbf{f}}^{s}(\boldsymbol{\eta}_{I}^{s}, t), \quad \bar{\mathbf{f}}^{s} = \left[\bar{f}_{i}^{s}\right], \quad i = 1, 2, \dots 6, \tag{6.146}$$

$$\mathbf{x}_{II}^{s} = \boldsymbol{\varphi}^{s}\,\boldsymbol{\eta}_{II}^{s} + \overline{\boldsymbol{\chi}}^{s} \quad \text{wo} \quad \boldsymbol{\varphi}^{s} = \mathbf{X}^{s^{-1}}\frac{\partial \bar{\mathbf{f}}^{s}}{\partial \boldsymbol{\eta}_{I}^{s}}\mathbf{Y}^{s}, \quad \overline{\boldsymbol{\chi}}^{s} = \mathbf{X}^{s^{-1}}\frac{\partial \bar{\mathbf{f}}^{s}}{\partial t}. \tag{6.147}$$

Dabei ist $\boldsymbol{\varphi}^{s}$ eine $6 \times n_{f}^{s}$-Matrix und die Matrix $\overline{\boldsymbol{\chi}}^{s}$ mit den aus den Bindungen bekannten Geschwindigkeiten hat die Dimension 6×1. Die expliziten Zwangsgleichungen (6.146) und (6.147) kann man als Lösung der impliziten Zwangsgleichungen (6.138) und (6.139) auffassen. Sie geben die Lösungen der jeweils n_{c}^{s} Gleichungen (6.138) und (6.139) für die jeweils sechs Unbekannten $\mathbf{x}_{I}^{s}$ und $\mathbf{x}_{II}^{s}$ an mit Hilfe von n_{f}^{s} freien Parametern $\boldsymbol{\eta}_{I}^{s}$ und $\boldsymbol{\eta}_{II}^{s}$, die durch die Zwangsgleichungen (6.138) und (6.139) nicht festgelegt sind.

Diese Deutung der Zwangsgleichungen ist besonders wertvoll im Fall der in $\mathbf{x}_{II}^{s}$ und $\boldsymbol{\eta}_{II}^{s}$ linearen Zwangsgleichungen für die Geschwindigkeiten. Sie lassen sich im 6-dimensionalen, linearen Vektorraum $\mathcal{V}^{6}$ interpretieren. Der Raum wird von den sechs Spalten einer nicht singulären 6×6-Matrix

$$\widehat{\boldsymbol{\varphi}}^{s} = \left[\boldsymbol{\varphi}^{s}, \overline{\boldsymbol{\varphi}}^{s}\right] \quad \text{wo} \quad \boldsymbol{\varphi}^{s} = \left[\boldsymbol{\varphi}_{*i}^{s}\right], \quad \overline{\boldsymbol{\varphi}}^{s} = \left[\overline{\boldsymbol{\varphi}}_{*j}^{s}\right], \quad \begin{cases} i = 1, 2, \dots n_{f}^{s}, \\ j = 1, 2, \dots n_{c}^{s} \end{cases} \tag{6.148}$$

aufgespannt. Mit anderen Worten: Die $n_{f}^{s} + n_{c}^{s} = 6$ Spalten von $\widehat{\boldsymbol{\varphi}}^{s}$ bilden eine Basis des $\mathcal{V}^{6}$. Die Geschwindigkeiten $\mathbf{x}_{II}^{s}$ sind ein Element des Raums. Wegen der n_{c}^{s} Zwangsgleichungen (6.139) für die sechs Geschwindigkeiten $\mathbf{x}_{II}^{s}$ sind nur die $n_{f}^{s} = 6 - n_{c}^{s}$ Geschwindigkeiten $\boldsymbol{\eta}_{II}^{s}$ aus (6.144) unbekannt. Die n_{c}^{s} Geschwindigkeiten

$$\overline{\boldsymbol{\eta}}_{II}^{s} = \left[\overline{\eta}_{IIi}^{s}\right], \quad i = 1, 2, \dots n_{c}^{s} \tag{6.149}$$

aus (6.139) sind dagegen bekannt – sie sind in den sechs Elementen von $\overline{\boldsymbol{\chi}}^{s}$ aus (6.147) enthalten. Die n_{f}^{s} Spalten von $\boldsymbol{\varphi}^{s}$ und die $n_{c}^{s} = 6 - n_{f}^{s}$ Spalten von $\overline{\boldsymbol{\varphi}}^{s}$ werden nun so gewählt, daß bei Darstellung von $\mathbf{x}_{II}^{s}$ in der Basis $\widehat{\boldsymbol{\varphi}}^{s}$, also in der Gleichung

$$\mathbf{x}_{II}^{s} = \boldsymbol{\varphi}^{s}\,\boldsymbol{\eta}_{II}^{s} + \overline{\boldsymbol{\varphi}}^{s}\,\overline{\boldsymbol{\eta}}_{II}^{s}, \tag{6.150}$$

einerseits die n_f^s unbekannten Geschwindigkeiten $\boldsymbol{\eta}_{II}^s$ aus (6.144) als Koordinaten erscheinen und andererseits die n_c^s bekannten Geschwindigkeiten $\overline{\boldsymbol{\eta}}_{II}^s$ aus (6.149) und (6.139).

Die Spalten von $\widehat{\boldsymbol{\varphi}}^s$ sind i. a. nicht orthonormiert. Die Koordinaten $\boldsymbol{\eta}_{II}^s$ und $\overline{\boldsymbol{\eta}}_{II}^s$ von $\mathbf{x}_{II}^s$ ergeben sich daher nicht durch Projektion von $\mathbf{x}_{II}^s$ auf die von den Spalten der Matrix $\widehat{\boldsymbol{\varphi}}^s$ gebildete Basis des $\mathcal{V}^6$. Man erhält sie vielmehr durch Projektion auf die Spalten der zu $\widehat{\boldsymbol{\varphi}}^s$ dualen oder reziproken Basis $\widehat{\boldsymbol{\psi}}^s$, für die gilt

$$\widehat{\boldsymbol{\psi}}^{s^T} = \widehat{\boldsymbol{\varphi}}^{s^{-1}}, \quad \text{wo} \quad \widehat{\boldsymbol{\psi}}^s = \left[\boldsymbol{\psi}^s, \overline{\boldsymbol{\psi}}^s\right] \tag{6.151}$$

wie $\widehat{\boldsymbol{\varphi}}^s$ in (6.148) partitioniert ist. Wegen (6.151) gilt für die Submatrizen von $\widehat{\boldsymbol{\varphi}}^s$ und $\widehat{\boldsymbol{\psi}}^s$

$$\boldsymbol{\psi}^{s^T}\boldsymbol{\varphi}^s = \mathbf{E}, \quad \boldsymbol{\psi}^{s^T}\overline{\boldsymbol{\varphi}}^s = \mathbf{0}, \quad \overline{\boldsymbol{\psi}}^{s^T}\boldsymbol{\varphi}^s = \mathbf{0}, \quad \overline{\boldsymbol{\psi}}^{s^T}\overline{\boldsymbol{\varphi}}^s = \mathbf{E}. \tag{6.152}$$

Mit (6.152) erhält man aus (6.150) für die Koordinaten $\boldsymbol{\eta}_{II}^s$ von $\mathbf{x}_{II}^s$

$$\boldsymbol{\eta}_{II}^s = \boldsymbol{\psi}^{s^T}\mathbf{x}_{II}^s \tag{6.153}$$

und für die Koordinaten $\overline{\boldsymbol{\eta}}_{II}^s$ von $\mathbf{x}_{II}^s$ folgt entsprechend

$$\overline{\boldsymbol{\eta}}_{II}^s = \overline{\boldsymbol{\psi}}^{s^T}\mathbf{x}_{II}^s. \tag{6.154}$$

Die n_f^s Spalten von $\boldsymbol{\varphi}^s$ kennzeichnen nach (6.150) die im Gelenk freien Bewegungen, und sie werden demgemäß als Modevektoren freier Bewegungen bezeichnet. Entsprechend sind die n_f^s Spalten von $\boldsymbol{\psi}^s$ die dualen Modevektoren freier Bewegungen und die n_c^s Spalten von $\overline{\boldsymbol{\varphi}}^s$ und $\overline{\boldsymbol{\psi}}^s$ sind die Modevektoren und die dualen Modevektoren der gebundenen Bewegungen.

Die Gleichung (6.154) stimmt mit der aus (6.139) bekannten Form der impliziten Zwangsgleichungen überein. Die Darstellung (6.150) von $\mathbf{x}_{II}^s$ entspricht den expliziten Zwangsgleichungen (6.147) und es gilt

$$\overline{\boldsymbol{\chi}}^s = \overline{\boldsymbol{\varphi}}^s\,\overline{\boldsymbol{\eta}}_{II}^s. \tag{6.155}$$

Der erste Summand $\mathbf{x}_{II}^s = \boldsymbol{\varphi}^s\,\boldsymbol{\eta}_{II}^s$ aus (6.150) ist eine Lösung der homogenen, impliziten Zwangsgleichungen (6.139) für die Geschwindigkeiten $\mathbf{x}_{II}^s$. Damit gilt $\overline{\boldsymbol{\psi}}^{s^T}\boldsymbol{\varphi}^s\,\boldsymbol{\eta}_{II}^s = \mathbf{0}$ für beliebige Parameter $\boldsymbol{\eta}_{II}^s$, woraus folgt, daß $\overline{\boldsymbol{\psi}}^{s^T}\boldsymbol{\varphi}^s = \mathbf{0}$ in Übereinstimmung mit der dritten Gleichung aus (6.152). Weiterhin ist $\mathbf{x}_{II}^s = \overline{\boldsymbol{\chi}}^s = \overline{\boldsymbol{\varphi}}^s\,\overline{\boldsymbol{\eta}}_{II}^s$ eine Partikularlösung von (6.139). Damit folgt $\overline{\boldsymbol{\psi}}^{s^T}\overline{\boldsymbol{\varphi}}^s\,\overline{\boldsymbol{\eta}}_{II}^s = \overline{\boldsymbol{\eta}}_{II}^s$, was die vierte Gleichung aus (6.152) liefert.

Die Spalten von $\boldsymbol{\varphi}^s$ und $\overline{\boldsymbol{\varphi}}^s$ und damit von $\boldsymbol{\psi}^s$ und $\overline{\boldsymbol{\psi}}^s$ sind nicht eindeutig festgelegt. Mit (6.150) wird nur gefordert, daß $\boldsymbol{\varphi}^s$ und $\overline{\boldsymbol{\varphi}}^s$ zwei Unterräume des $\mathcal{V}^6$ aufspannen, den der freien und den der gebundenen Bewegungen. Die Forderung (6.151) legt $\boldsymbol{\psi}^s$ und $\overline{\boldsymbol{\psi}}^s$ bei gegebenen Modevektoren $\boldsymbol{\varphi}^s$ und $\overline{\boldsymbol{\varphi}}^s$ fest – sie besagt, daß die Spalten von $\boldsymbol{\psi}^s$ und $\overline{\boldsymbol{\psi}}^s$ zu den Spalten von $\boldsymbol{\varphi}^s$ und $\overline{\boldsymbol{\varphi}}^s$ orthogonal sein sollen und daß ihre Beträge so zu wählen sind, daß $\widehat{\boldsymbol{\psi}}^{s^T} \widehat{\boldsymbol{\varphi}}^s = \mathbf{E}$. Die Gleichungen (6.153) und (6.154) zeigen, daß die Basis $\widehat{\boldsymbol{\psi}}^s$ und mit (6.151) auch $\widehat{\boldsymbol{\varphi}}^s$ erst eindeutig definiert sind, wenn man sich für einen bestimmten Satz von Variablen $\boldsymbol{\eta}^s_{II}$ und $\overline{\boldsymbol{\eta}}^s_{II}$ zur Angabe der freien und der gebundenen Bewegungen entschieden hat. Sie repräsentieren, wie in (6.150) vereinbart, Minimalsätze von n^s_f und n^s_c Variablen zur Angabe der im Gelenk unbekannten und bekannten Geschwindigkeiten.

Zu den Zustandsgrößen $\boldsymbol{\eta}^s_{II}$ für die Geschwindigkeit gehören nach (6.144) und (6.145) die Lagezustandsgrößen $\boldsymbol{\eta}^s_I$. Beide, also $\boldsymbol{\eta}^s_I$ und $\boldsymbol{\eta}^s_{II}$, werden hier als Zustandsgrößen zur Angabe der Relativgeschwindigkeit im Gelenk s bezeichnet.

Absolut- und Relativbewegung

Die Beziehungen aus Abschnitt 6.2.2 zwischen den Absolutbewegungen der Körper und der Relativbewegung von Knoten gelten ohne Berücksichtigung der Bindungsgleichungen. Die impliziten Bindungsgleichungen wurden in (6.138) und (6.139) mit Hilfe der Variablen $\mathbf{x}^s_I$ und $\mathbf{x}^s_{II}$ aus (6.113) angegeben. Mit den Transformationsgleichungen (6.132) und (6.135) erhält man die impliziten Bindungsgleichungen (6.140) und (6.142) für die Variablen $\mathbf{z}^i_I$ und $\mathbf{z}^i_{II}$ zur Beschreibung der Absolutbewegungen der Körper. Die expliziten Bindungsgleichungen wurden in (6.146) und (6.150) ebenfalls zunächst in den Variablen $\mathbf{x}^s_I$ und $\mathbf{x}^s_{II}$ formuliert. Der Zusammenhang mit den Variablen $\mathbf{z}^i_I$ und $\mathbf{z}^i_{II}$ läßt sich leicht mit Hilfe von (6.132) und (6.135) herstellen. Mit diesen Gleichungen folgt aus (6.146) und (6.150)

$$\mathbf{x}^s_I(\mathbf{z}^i_I, \mathbf{z}^j_I) = \overline{\mathbf{f}}^s(\boldsymbol{\eta}^s_I, t), \tag{6.156}$$

$$\mathbf{T}^t \mathbf{z}^i_{II} - \mathbf{T}^f \mathbf{z}^j_{II} = \boldsymbol{\varphi}^s \boldsymbol{\eta}^s_{II} + \overline{\boldsymbol{\varphi}}^s \overline{\boldsymbol{\eta}}^s_{II}. \tag{6.157}$$

Zuweilen benötigt man die Gleichungen zur Ermittlung von $\boldsymbol{\eta}^s_I$ und $\boldsymbol{\eta}^s_{II}$ aus den Absolutbewegungen. Aus (6.156) folgt

$$\boldsymbol{\eta}^s_I = \overline{\mathbf{f}}^{s^{-1}}\left(\mathbf{x}^s_I(\mathbf{z}^i_I, \mathbf{z}^j_I), t\right), \tag{6.158}$$

wobei $\overline{\mathbf{f}}^{s^{-1}}$ die Lösung von (6.156) angibt. Ihre Ermittlung kann aufwendig sein. Einfacher ist die Angabe von $\boldsymbol{\eta}^s_{II}$. Durch Projektion auf $\boldsymbol{\psi}^s$ folgt aus (6.157) mit (6.152)

$$\boldsymbol{\eta}^s_{II} = \boldsymbol{\psi}^{sT} \left(\mathbf{T}^t \, \mathbf{z}^i_{II} - \mathbf{T}^f \, \mathbf{z}^j_{II} \right). \tag{6.159}$$

Entsprechend erhält man aus (6.157) durch Projektion auf $\overline{\boldsymbol{\psi}}^s$ die impliziten Zwangsgleichungen (6.142) in der Form

$$\overline{\boldsymbol{\eta}}^s_{II} = \overline{\boldsymbol{\psi}}^{sT} \left(\mathbf{T}^t \, \mathbf{z}^i_{II} - \mathbf{T}^f \, \mathbf{z}^j_{II} \right). \tag{6.160}$$

Unter Verwendung der Abkürzung $\overline{\boldsymbol{\chi}}^s$ aus (6.155) kann man (6.157) umschreiben in

$$\mathbf{T}^t \, \mathbf{z}^i_{II} = \mathbf{T}^f \, \mathbf{z}^j_{II} + \boldsymbol{\varphi}^s \, \boldsymbol{\eta}^s_{II} + \overline{\boldsymbol{\chi}}^s. \tag{6.161}$$

Damit ist die Absolutgeschwindigkeit des Körper i angegeben als Summe der Absolutgeschwindigkeit des Körper j und der Relativgeschwindigkeit im Gelenk s. Die entsprechende Gleichung wird auch für die Beschleunigung benötigt. Aus (6.150) folgt mit $\overline{\boldsymbol{\chi}}^s$ aus (6.155)

$$\dot{\mathbf{x}}^s_{II} = \boldsymbol{\varphi}^s \, \dot{\boldsymbol{\eta}}^s_{II} + \dot{\boldsymbol{\varphi}}^s \, \boldsymbol{\eta}^s_{II} + \dot{\overline{\boldsymbol{\chi}}}^s. \tag{6.162}$$

Mit (6.137) findet man für die Absolutbeschleunigung des Körpers i :

$$\mathbf{T}^t \, \dot{\mathbf{z}}^i_{II} = \mathbf{T}^f \, \dot{\mathbf{z}}^j_{II} + \boldsymbol{\varphi}^s \, \dot{\boldsymbol{\eta}}^s_{II} + \overline{\boldsymbol{\xi}}^s \quad \text{wo} \quad \overline{\boldsymbol{\xi}}^s = \boldsymbol{\xi}^s + \dot{\boldsymbol{\varphi}}^s \, \boldsymbol{\eta}^s_{II} + \dot{\overline{\boldsymbol{\chi}}}^s. \tag{6.163}$$

Wegen (6.136), (6.150) und (6.155) gilt $\overline{\boldsymbol{\xi}}^s = \overline{\boldsymbol{\xi}}^s(\mathbf{z}_I, \mathbf{z}_{II}, t)$.

Die oben angegebenen kinematischen Gleichungen werden unten für ein Beispiel zusammengestellt, die Balkenstruktur aus Bild 5-14, die hier als Mehrkörpersystem modelliert wird.

- **Beispiel 6.2: Kinematik einer Balkenstruktur.** Für die Struktur aus Bild 6-7 sollen ermittelt werden
    1. die Gleichgewichtslage und
    2. die Bewegungen, die sich nach Trennen der Federverbindung im Punkt C einstellen.

Die Daten der Struktur sind in Tabelle 6.2 zusammengestellt, [82]. Sie stimmen mit den Daten aus Tabelle 5.2 überein – vgl. Beispiel 5.5 – bis auf einige Abweichungen, die zur Folge haben, daß die hier betrachtete Struktur zwischen A und B noch weicher ist als die aus Bild 5-16. Zwischen den Punkten B und C ist die Struktur dagegen sehr steif und wird hier als starr angesehen. Die Struktur wurde auch in [8, 34, 47, 71, 82] untersucht. Es zeigt sich, daß geometrische Steifigkeiten bei diesem Problem eine dominante Rolle spielen.

Die Struktur wird nach Bild 6-8 als Mehrkörpersystem modelliert. Sie ist an einem Gestell der Länge ℓ^0 befestigt. Es ruht im Inertialraum und entspricht der Umgebung $i = 0$. Das Mehrkörpersystem besteht aus dem flexiblen Körper AB und dem starren Körper BC. Die beiden Körper erhalten die Nummern $i = 1$ und $i = 2$. Am Körper $i = 1$ gibt es die Knoten $k = 1$, 2 und 3, am Körper $i = 2$ die Knoten $k = 4$ und $k = 5$ und am Körper $i = 0$, der Umgebung, die Knoten $k = 6$ und $k = 7$. Knoten sind Punkte, deren Bewegungen aus den zur Beschreibung der Systembewegungen verwendeten Variablen ermittelt werden sollen. Dies sind insbesondere alle Punkte von Körpern, an denen Gelenke und Kraftelemente befestigt sind. Die Bewegungen des Knotens $k = 2$ werden zur Beurteilung der Systembewegungen herangezogen. Zwischen den Knoten $k = 7$ und $k = 1$ befindet sich ein Drehgelenk $s = 1$ und zwischen $k = 3$ und $k = 4$ ein Gelenk $s = 2$, das alle Relativbewegungen sperrt – ein "Sperrgelenk". Zwischen den Knoten $k = 5$ und $k = 6$ wirkt ein Kraftelement $r = 3$, die Feder, und im Drehgelenk $s = 1$ soll mit dem Kraftelement $r = 4$ ein viskoser Drehdämpfer berücksichtigt werden. Außerdem wirken Gewichtskräfte, deren Richtung in Bild 6-7 durch den Vektor $\underline{g}$ der Erdbeschleunigung angedeutet ist.

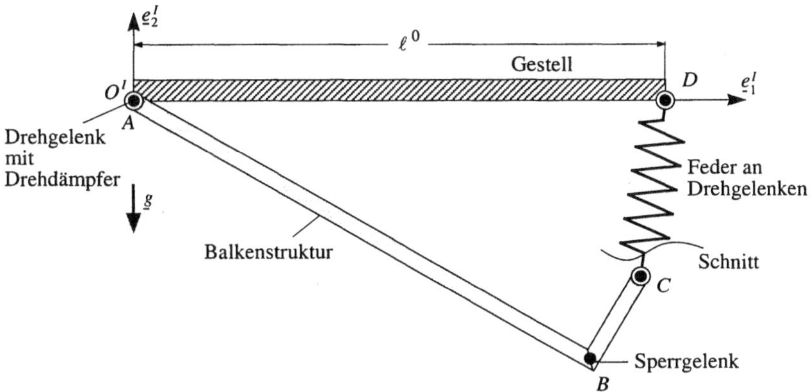

Bild 6-7: Balkenstruktur.

Zur Vorbereitung der Lösung der eingangs genannten Aufgaben sollen hier angegeben werden die
- Daten zur Beschreibung der Systemelemente, d. h. der Umgebung $i = 0$, der Körper i mit den Knoten k sowie der Gelenke s und der Kraftelemente r nebst ihrer Numerierung,
- Variablen $\mathbf{z}_I^i$, $\mathbf{z}_{II}^i$ und die Darstellung der Bewegungen der Körper mit Hilfe dieser Variablen,
- Variablen $\mathbf{x}_I^s$, $\mathbf{x}_{II}^s$ und entsprechend definierte Variable $\mathbf{x}_I^r$, $\mathbf{x}_{II}^r$ zur Beschreibung der Relativbewegungen von Knoten, an denen Gelenke s und Kraftelemente r befestigt sind,
- Transformationen zwischen den Variablen zur Angabe von Absolut- und Relativbewegung,
- aus den Gelenken resultierenden Bindungsgleichungen.

Umgebung

Sie wird durch das in Bild 6-7 angegebene Inertialsystem repräsentiert, also $\{O^I, \underline{e}^I\} = \{O^0, \underline{e}^0\}$. Der Ursprung O^I fällt mit dem Knoten $k = 7$ zusammen. Die Orientierung von $\underline{e}^I$ wird so gewählt, daß die Erdbeschleunigung $\underline{g}$ im Inertialsystem die Koordinaten

$$^I\mathbf{g} = \begin{bmatrix} 0 & -g & 0 \end{bmatrix}^T, \quad g = 9.81 \, \text{m} / \text{s}^2 \tag{6.164}$$

besitzt. Der Abstand der im globalen Bezugssystem festen Knoten $k = 6$ und $k = 7$ ist $\ell^0 = 2 \, \text{m}$.

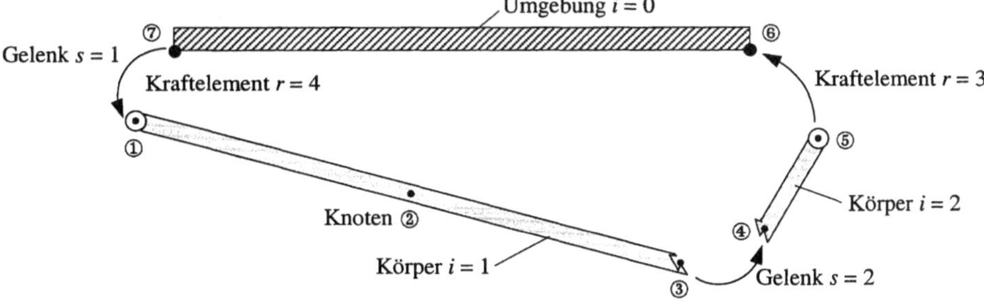

Bild 6-8: Modellierung der Balkenstruktur als Mehrkörpersystem. Knotennummern k sind eingekreist.

Tabelle 6.2: Parameter der Körper des Modells aus Bild 6-8.

Körper		$i = 1$	$i = 2$
Abmessungen [m]	Länge ℓ^i Höhe h^i Breite b^i	2.0 0.003 0.2	0.4 0.0095 0.2
Balkenquerschnitt [m²]	$A^i = b^i\, h^i$	0.0006	0.0019
Flächenträgheitsmoment [m⁴]	$J^i_{33} = \frac{1}{12} b^i\, h^{i3}$	$4.5 \cdot 10^{-10}$	$1.429 \cdot 10^{-8}$
Dichte [kg/m³]	ρ^i	8400	7895
Massenbelegung pro Länge [kg/m]	$\mu^i = A^i\, \rho^i$	5.04	15
Masse [kg]	$m^i = \mu^i\, \ell^i$	10.08	6
Massenmittelpunkt bez. O^i in der Referenzkonfiguration [m]	$\mathbf{c}^i_0$	$\begin{bmatrix} 1 & 0 & 0 \end{bmatrix}^T$	$\begin{bmatrix} 0.2 & 0 & 0 \end{bmatrix}^T$
Massenträgheitsmoment bez. O^i in Referenzkonfiguration [kg m²]	$I^i_{033} = \frac{1}{3} m^i\, \ell^{i2}$	13.44	0.32
Elastizitätsmodul [N/m²]	$\mathcal{E}^i$	$7 \cdot 10^{10}$	$21 \cdot 10^{10}$

Körper

Es werden nur ebene Bewegungen betrachtet, womit – vgl. (6.3) bis (6.6)

$$\boldsymbol{\rho}^i(t) = \begin{bmatrix} \rho^i_1(t) \\ \rho^i_2(t) \\ 0 \end{bmatrix}, \quad \boldsymbol{\alpha}^i(t) = \begin{bmatrix} 0 \\ 0 \\ \alpha^i_3(t) \end{bmatrix}, \quad \mathbf{v}^i(t) = \begin{bmatrix} v^i_1(t) \\ v^i_2(t) \\ 0 \end{bmatrix}, \quad \boldsymbol{\omega}^i(t) = \begin{bmatrix} 0 \\ 0 \\ \omega^i_3(t) \end{bmatrix}, \quad \mathbf{A}^i = \begin{bmatrix} \cos\alpha^i_3 & \sin\alpha^i_3 & 0 \\ -\sin\alpha^i_3 & \cos\alpha^i_3 & 0 \\ 0 & 0 & 1 \end{bmatrix} \quad (6.165)$$

und

$$\omega^i_3 = \dot{\alpha}^i_3, \quad v^i_1 = \dot{\rho}^i_1 - \rho^i_2\, \omega^i_3, \quad v^i_2 = \dot{\rho}^i_2 + \rho^i_1\, \omega^i_3. \tag{6.166}$$

Flexibler Körper $i = 1$: Der Körper, ein homogener Stab, wird als Bernoulli-Balken mit Längs- und Biegeverformung modelliert – vgl. Bild 6-9. Abmessungen und Materialparameter sowie der Ort des Massenmittelpunkts und das bei Beschränkung auf ebene Bewegungen erforderliche Trägheitsmoment des Körpers in seiner Referenzkonfiguration sind in Tabelle 6.2 angegeben. Als Bezugssystem $\{O^1, \underline{\mathbf{e}}^1\}$ wird das Sehnensystem aus Bild 6-5 gewählt. Sein Ursprung liegt im Knoten $k = 1$ und seine 1-Achse zeigt zum Knoten $k = 3$ – vgl. Bild 6-9.

Die durch $\{O^1, \underline{\mathbf{e}}^1\}$ erfaßte Referenzbewegung des Balkens ist durch die Funktionen aus (6.165) für $i = 1$ gegeben. Für das Verschiebungsfeld eines Bernoulli-Balkens gilt nach (4.86) in linearer Näherung

$$\mathbf{u}^1(\mathbf{R},t) = \begin{bmatrix} u^1_1(\mathbf{R},t) \\ u^1_2(\mathbf{R},t) \\ 0 \end{bmatrix} = \begin{bmatrix} w^1_1(R_1,t) - R_2\, w'^1_2(R_1,t) \\ w^1_2(R_1,t) \\ 0 \end{bmatrix}. \tag{6.167}$$

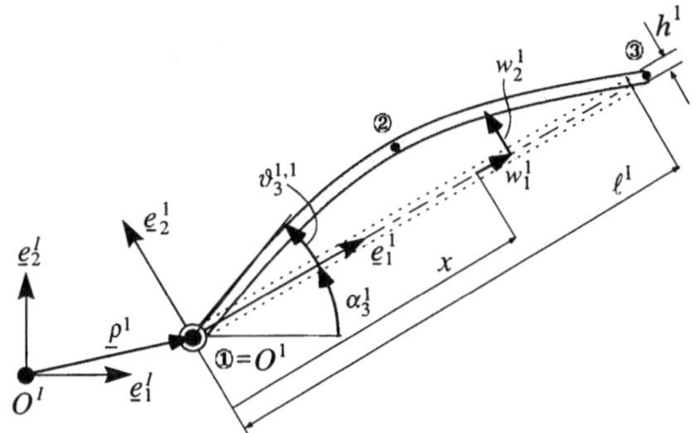

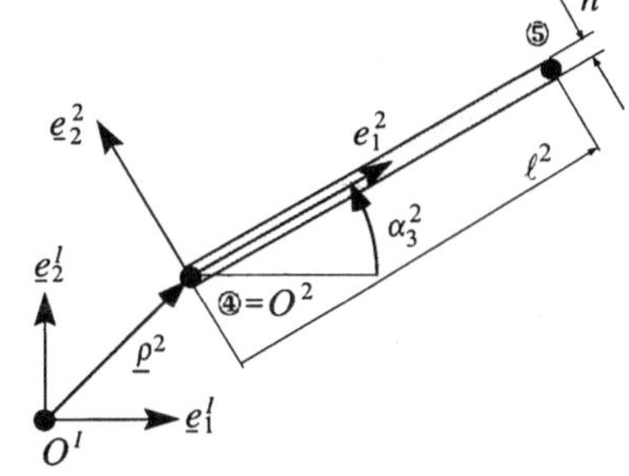

Bild 6-9: Bewegung des Körpers $i = 1$.   **Bild 6-10:** Bewegung des Körpers $i = 2$.

Die Funktionen $w_1^1(R_1,t)$ und $w_2^1(R_1,t)$ geben Längs- und Querverschiebungen der Punkte auf der Balkenachse an. Die Rotationen der in den Punkten eines Bernoulli-Balkens festen Koordinatensysteme $\{P, \underline{\mathbf{e}}\}$ werden nach (4.84) bei ebener Bewegung und Vernachlässigung von Torsionsbewegungen, also $\vartheta_1^1(R_1,t) \equiv 0$, in linearer Näherung beschrieben durch

$$\boldsymbol{\vartheta}^1(\mathbf{R},t) = \begin{bmatrix} \vartheta_1^1(\mathbf{R},t) \\ \vartheta_2^1(\mathbf{R},t) \\ \vartheta_3^1(\mathbf{R},t) \end{bmatrix} = \begin{bmatrix} 0 \\ 0 \\ \vartheta_3^1(R_1,t) \end{bmatrix} \quad \text{wo} \quad \vartheta_3^1(R_1,t) = w_2'^1(R_1,t). \tag{6.168}$$

Die Verformungen des Balkens werden somit durch die beiden Funktionen

$$w_1^1(x,t) \quad \text{und} \quad w_2^1(x,t) \quad \text{mit} \quad x \equiv R_1 \tag{6.169}$$

erfaßt. Sie werden gemäß (6.46) durch Ansatzfunktionen dargestellt. Dehnung und Biegung werden mit den jeweils ersten Eigenfunktionen $W_{11}^1(x) \equiv U_1^1(x)$ und $W_{22}^1(x) \equiv W_1^1(x)$ eines bei $x = 0$ mit einem Drehgelenk und bei $x = \ell$ mit einem Dreh-Schubgelenk gelagerten Balkens dargestellt, also

$$\mathbf{w}^1(x,t) = \begin{bmatrix} w_1^1(x,t) \\ w_2^1(x,t) \\ 0 \end{bmatrix} = \mathbf{W}^1(x)\,\mathbf{q}^1(t) \quad \text{mit} \quad \mathbf{q}^1 = \begin{bmatrix} q_1^1 \\ q_2^1 \end{bmatrix} \quad \text{und} \quad \mathbf{W}^1(x) = \begin{bmatrix} U_1^1(x) & 0 \\ 0 & W_1^1(x) \\ 0 & 0 \end{bmatrix}. \tag{6.170}$$

Diese Eigenfunktionen genügen den geometrischen Randbedingungen

$$\mathbf{w}^1(0,t) = \mathbf{0} \quad \text{und} \quad w_2^1(\ell,t) = 0, \tag{6.171}$$

die nach (6.63) ein Sehnensystem festlegen – vgl. auch (6.101). Die Eigenfunktionen für die Biegeschwingungen wurden in (6.95) angegeben und die Eigenformen für Dehnungsschwingungen ergaben sich mit der aus (6.171) folgenden, geometrischen Randbedingung $U_1^1(0) = 0$, mit der kinetischen Randbedingung $U_1'^1(\ell^1) = 0$ und mit der Normierungsvorschrift (6.94) zu

$$U_l^1(x) = 0.445435 \sin(\beta_l\, x) \quad \text{wo} \quad \beta_l\, \ell^1 = \left(l - \tfrac{1}{2}\right)\pi. \tag{6.172}$$

Die in (6.170) benötigte, erste Funktion erhält man für $l = 1$. Tabelle 6.3 enthält die Werte der Eigenfunktionen für die zu Knoten gehörenden Werte von x sowie die zu den Eigenformen gehörenden Eigenfrequenzen. Eine graphische Darstellung der Eigenform $W_1^1(x)$ findet sich in Tab. 6.1, Modell III. Mit diesen Eigenfunktionen ergibt sich das Verschiebungsfeld beliebiger Punkte $\mathbf{R}$ des Balkens gemäß (6.167) mit (6.170) zu

$$\mathbf{u}^1(\mathbf{R},t) = \mathbf{\Phi}^1(\mathbf{R})\,\mathbf{q}^1(t) \quad \text{mit} \quad \mathbf{\Phi}^1 = \begin{bmatrix} \Phi_{11}^1 & \Phi_{12}^1 \\ 0 & \Phi_{22}^1 \\ 0 & 0 \end{bmatrix} \quad \text{wo} \quad \begin{cases} \Phi_{11}^1 = U_1^1(x) \\ \Phi_{12}^1 = -R_2\,W_1'^1(x), \; x \equiv R_1. \\ \Phi_{22}^1 = W_1^1(x) \end{cases} \tag{6.173}$$

Für die Rotationen der Koordinatensysteme $\{P, \underline{\mathbf{e}}\}$ in den Punkten $\mathbf{R}$ gilt nach (6.168) und (6.170)

$$\boldsymbol{\vartheta}^1(\mathbf{R},t) = \mathbf{\Psi}^1(\mathbf{R})\,\mathbf{q}^1(t) \quad \text{mit} \quad \mathbf{\Psi}^1 = \begin{bmatrix} 0 & 0 \\ 0 & 0 \\ 0 & \Psi_{32}^1 \end{bmatrix}, \quad \Psi_{32}^1(x) = W_1'^1(x), \quad x \equiv R_1. \tag{6.174}$$

Die Variablen (6.65) zur Angabe der Absolutbewegungen des Körpers $i = 1$ sind nach (6.165) und (6.170)

$$\mathbf{z}_I^1 = \begin{bmatrix} \rho_1^1 & \rho_2^1 & \vdots & \alpha_3^1 & \vdots & q_1^1 & q_2^1 \end{bmatrix}^T, \quad \mathbf{z}_{II}^1 = \begin{bmatrix} v_1^1 & v_2^1 & \vdots & \omega_3^1 & \vdots & \dot{q}_1^1 & \dot{q}_2^1 \end{bmatrix}^T, \quad \text{womit} \quad n_z^1 = 5. \tag{6.175}$$

Aus (6.175) und (6.166) erhält man für die 5×5-Matrix $\mathbf{Z}^i$ in den kinematischen Gleichungen (6.66)

$$\mathbf{Z}^1 = \begin{bmatrix} 1 & 0 & \vdots & \rho_2^1 & \vdots & 0 \\ 0 & 1 & \vdots & -\rho_1^1 & \vdots & 0 \\ 0 & 0 & \vdots & 1 & \vdots & 0 \\ 0 & 0 & \vdots & 0 & \vdots & \mathbf{E} \end{bmatrix} \quad \text{mit der } 2\times 2\text{ - Einheitsmatrix } \mathbf{E}. \tag{6.176}$$

Tabelle 6.3: Funktionswerte der Eigenformen und Eigenfrequenzen des Körpers $i = 1$ der Balkenstruktur.

Eigenform l	1. Dehnung	2. Biegung
Funktionswerte für $x = 0$	$U_1^1 = 0,\qquad U_1'^1 = 0.350$	$W_1^1 = 0,\qquad W_1'^1 = 0.7,\qquad W_1''^1 = 0$
Funktionswerte für $x = \ell^i/2$	$U_1^1 = 0.315,\; U_1'^1 = 0.247$	$W_1^1 = 0.445,\; W_1'^1 = 0,\quad W_1''^1 = -1.099$
Funktionswerte für $x = \ell^i$	$U_1^1 = 0.445,\; U_1'^1 = 0$	$W_1^1 = 0,\qquad W_1'^1 = -0.7,\qquad W_1''^1 = 0$
Eigenfrequenz f_l in [Hz]	$\dfrac{1}{2\pi}\beta_l\sqrt{\dfrac{E^i A^i}{\mu^i}} = 361$	$\dfrac{1}{2\pi}\beta_l^2\sqrt{\dfrac{E^i J_{33}^i}{\mu^i}} = 0.98$

Mit den Variablen (6.175) kann man die Bewegung aller Knoten k auf dem Körper $i = 1$ angeben. Die Zuordnung von Körpern und Knoten gemäß (6.73) findet sich in Tabelle 6.4. Sie enthält auch den Ort $\mathbf{R}^{k,i}$ und die Orientierung $\mathbf{\Gamma}^{k,i}$ der Koordinatensysteme $\{O^{k,i}, \underline{\mathbf{e}}^{k,i}\}$ in der Referenzkonfiguration sowie die Werte $\mathbf{\Phi}^{k,i}$ und $\mathbf{\Psi}^{k,i}$ der Ansatzfunktionen an den Knoten k auf dem Körper $i = 1$. Sie lassen sich mit den in Tabelle 6.3 angegebenen Funktionswerten U_1^1, W_1^1 und $W_1'^1$ ermitteln.

Nach (6.83) erhält man unter Verwendung von (6.173) für den Ort der Knoten im Inertialsystem

$$\boldsymbol{\rho}^{k,1}(t) = \boldsymbol{\rho}^{1}(t) + \mathbf{R}^{k,1} + \mathbf{u}^{k,1}(t) \quad \text{mit} \quad \mathbf{u}^{k,1}(t) = \boldsymbol{\Phi}^{k,1}\,\mathbf{q}^{1}(t), \qquad \boldsymbol{\Phi}^{k,1} = \begin{bmatrix} \Phi_{11}^{k,1} & \Phi_{12}^{k,1} \\ 0 & \Phi_{22}^{k,1} \\ 0 & 0 \end{bmatrix}. \tag{6.177}$$

Entsprechend findet man aus (6.84) mit (6.79) und (6.174)

$$\mathbf{A}^{k,1}(t) = \mathbf{D}^{k,1}\,\mathbf{A}^{1}(t) = \boldsymbol{\Theta}^{k,1}(t)\,\boldsymbol{\Gamma}^{k,1}\,\mathbf{A}^{1}(t) \quad \text{mit} \quad \mathbf{D}^{k,1} = \boldsymbol{\Theta}^{k,1}\,\boldsymbol{\Gamma}^{k,1} \quad \text{und}$$

$$\boldsymbol{\Theta}^{k,1} = \begin{bmatrix} \cos\vartheta_3^{k,1} & \sin\vartheta_3^{k,1} & 0 \\ -\sin\vartheta_3^{k,1} & \cos\vartheta_3^{k,1} & 0 \\ 0 & 0 & 1 \end{bmatrix} \overset{\text{lin}}{=} \begin{bmatrix} 1 & \vartheta_3^{k,1}(t) & 0 \\ -\vartheta_3^{k,1}(t) & 1 & 0 \\ 0 & 0 & 1 \end{bmatrix}, \quad \vartheta_3^{k,1}(t) = \Psi_{32}^{k,1}\,q_2^1(t), \quad \boldsymbol{\Psi}^{k,1} = \begin{bmatrix} 0 \\ 0 \\ \Psi_{32}^{k,1} \end{bmatrix}. \tag{6.178}$$

Für $\boldsymbol{\rho}^{1}(t)$ und $\mathbf{A}^{1}(t)$ aus (6.177) und (6.178) gilt (6.165). Die Winkel aus $\mathbf{A}^{k,1}$ erhält man zu

$$\alpha_1^{k,1} = 0, \quad \alpha_2^{k,1} = 0, \quad \alpha_3^{k,1} = \alpha_3^1 + \vartheta_3^{k,1} + \gamma_3^{k,1}. \tag{6.179}$$

Damit sind Ort und Orientierung von $\{O^{k,1}, \underline{\mathbf{e}}^{k,1}\}$ durch die Variablen $\mathbf{z}_l^1$ aus (6.175) und die Parameter $\mathbf{R}^{k,1}$ und $\boldsymbol{\Gamma}^{k,1}$ aus Tabelle 6.4 ausgedrückt.

Tabelle 6.4: Knoten k auf den Körpern i, ihre Lage $\mathbf{R}^{k,i}$, $\boldsymbol{\Gamma}^{k,i}$ und Funktionswerte $\Phi_{\alpha l}^{k,i} \neq 0$, $\Psi_{\alpha l}^{k,i} \neq 0$.

Knoten k	Körper $i(k)$	Ort $\mathbf{R}^{k,i}$ [m]	Winkel $\boldsymbol{\gamma}^{k,i}$ und Matrix $\boldsymbol{\Gamma}^{k,i}$ von $\underline{\mathbf{e}}^{k,i}$	Funktionswerte $\Phi_{11}^{k,1}$, $\Phi_{12}^{k,1}$, $\Phi_{22}^{k,1}$, $\Psi_{32}^{k,1}$
1	1	$\mathbf{0}$	$\mathbf{0}$, $\quad$ E	0, $\quad$ 0, $\quad$ 0, $\quad$ 0.7
2	1	$[1 \quad 0 \quad 0]^T$	$\mathbf{0}$, $\quad$ E	0.315, 0.445, 0, $\quad$ 0
3	1	$[2 \quad 0 \quad 0]^T$	$\begin{bmatrix} 0 \\ 0 \\ \pi/2 \end{bmatrix}$, $\begin{bmatrix} 0 & 1 & 0 \\ -1 & 0 & 0 \\ 0 & 0 & 0 \end{bmatrix}$	0.445, 0, $\quad$ 0, $\quad$ -0.7
4	2	$\mathbf{0}$	$\mathbf{0}$, $\quad$ E	$-$
5	2	$[0.4 \quad 0 \quad 0]^T$	$\mathbf{0}$, $\quad$ E	$-$
6	0	$[2 \quad 0 \quad 0]^T$	$\mathbf{0}$, $\quad$ E	$-$
7	0	0	$\mathbf{0}$, $\quad$ E	$-$

Zur Angabe der Geschwindigkeiten $\mathbf{v}^{k,1}$ und $\boldsymbol{\omega}^{k,1}$ der Koordinatensysteme $\{O^{k,i}, \underline{\mathbf{e}}^{k,i}\}$ mit Hilfe der Variablen $\mathbf{z}_{II}^1$ benötigt man nach (6.85) und (6.86) die Matrizen $\mathbf{T}_t^{k,1}$ und $\mathbf{T}_r^{k,1}$. Unter Verwendung der $\boldsymbol{\Phi}^{k,i}$ und $\boldsymbol{\Psi}^{k,i}$ aus (6.177) und (6.178) findet man

$$\mathbf{T}_t^{k,1} = \begin{bmatrix} 1 & 0 & \vdots & -R_2^{k,1} - u_2^{k,1} & \vdots & \Phi_{11}^{k,1} & \Phi_{12}^{k,1} \\ 0 & 1 & \vdots & R_1^{k,1} + u_1^{k,1} & \vdots & 0 & \Phi_{22}^{k,1} \\ 0 & 0 & \vdots & 0 & \vdots & 0 & 0 \end{bmatrix}, \qquad \mathbf{T}_r^{k,1} = \begin{bmatrix} 0 & 0 & \vdots & 0 & \vdots & 0 & 0 \\ 0 & 0 & \vdots & 0 & \vdots & 0 & 0 \\ 0 & 0 & \vdots & 1 & \vdots & 0 & \Psi_{32}^{k,1} \end{bmatrix}. \tag{6.180}$$

Zur Angabe der Beschleunigungen sind nach (6.87) und (6.88) noch die Matrizen $\zeta_t^{k,1}$ und $\zeta_r^{k,1}$ erforderlich:

$$
\zeta_t^{k,1} = \begin{bmatrix} -\omega_3^1\left(v_2^1 + 2\,\dot{u}_2^{k,1} + \left(R_1^{k,1} + u_1^{k,1}\right)\omega_3^1\right) \\ \omega_3^1\left(v_1^1 + 2\,\dot{u}_1^{k,1} - \left(R_2^{k,1} + u_2^{k,1}\right)\omega_3^1\right) \\ 0 \end{bmatrix}, \qquad \zeta_r^{k,1} = \mathbf{0}. \tag{6.181}
$$

Insbesondere gilt mit $\mathbf{u}^{k,1}$ nach (6.177) und mit den Angaben in den Tabellen 6.3 und 6.4 für den
Knoten $k = 1$:

$$
\mathbf{T}_t^{1,1} = \begin{bmatrix} 1 & 0 & 0 & 0 & 0 \\ 0 & 1 & 0 & 0 & 0 \\ 0 & 0 & 0 & 0 & 0 \end{bmatrix}, \quad \mathbf{T}_r^{1,1} = \begin{bmatrix} 0 & 0 & 0 & 0 & 0 \\ 0 & 0 & 0 & 0 & 0 \\ 0 & 0 & 1 & 0 & 0.7 \end{bmatrix}, \quad \zeta_t^{1,1} = \begin{bmatrix} -\omega_3^1\,v_2^1 \\ \omega_3^1\,v_1^1 \\ 0 \end{bmatrix}. \tag{6.182}
$$

Knoten $k = 2$:

$$
\mathbf{T}_t^{2,1} = \begin{bmatrix} 1 & 0 & -0.445\,q_2^1 & 0.315 & 0 \\ 0 & 1 & 1+0.315\,q_1^1 & 0 & 0.445 \\ 0 & 0 & 0 & 0 & 0 \end{bmatrix}, \qquad \mathbf{T}_r^{2,1} = \begin{bmatrix} 0 & 0 & 0 & 0 & 0 \\ 0 & 0 & 0 & 0 & 0 \\ 0 & 0 & 1 & 0 & 0 \end{bmatrix},
$$

$$
\zeta_t^{2,1} = \begin{bmatrix} -\omega_3^1\left(v_2^1 + 2\cdot 0.445\,\dot{q}_2^1 + \left(1+0.315\,q_1^1\right)\omega_3^1\right) \\ \omega_3^1\left(v_1^1 + 2\cdot 0.315\,\dot{q}_1^1 - 0.445\,q_2^1\,\omega_3^1\right) \\ 0 \end{bmatrix}. \tag{6.183}
$$

Knoten $k = 3$:

$$
\mathbf{T}_t^{3,1} = \begin{bmatrix} 1 & 0 & 0 & 0.445 & 0 \\ 0 & 1 & 2+0.445\,q_1^1 & 0 & 0 \\ 0 & 0 & 0 & 0 & 0 \end{bmatrix}, \qquad \mathbf{T}_r^{3,1} = \begin{bmatrix} 0 & 0 & 0 & 0 & 0 \\ 0 & 0 & 0 & 0 & 0 \\ 0 & 0 & 1 & 0 & -0.7 \end{bmatrix},
$$

$$
\zeta_t^{3,1} = \begin{bmatrix} -\omega_3^1\left(v_2^1 + \left(2+0.445\,q_1^1\right)\omega_3^1\right) \\ \omega_3^1\left(v_1^1 + 2\cdot 0.445\,\dot{q}_1^1\right) \\ 0 \end{bmatrix}. \tag{6.184}
$$

Starrer Körper $i = 2$: Das Bezugssystem des starren Körpers $i = 2$ wird in den Knoten $k = 4$ gelegt – vgl.
Bilder 6-8 und 6-10. Massenmittelpunkt und Massenträgheitsmomente des Körpers bezüglich $\{O^2, \underline{\mathbf{e}}^2\}$ finden
sich in Tabelle 6.2. Die Variablen (6.65) sind

$$
\mathbf{z}_I^2 = \begin{bmatrix} \rho_1^2 \\ \rho_2^2 \\ \alpha_3^2 \end{bmatrix}, \quad \mathbf{z}_{II}^i = \begin{bmatrix} v_1^2 \\ v_2^2 \\ \omega_3^2 \end{bmatrix}, \quad \text{womit} \quad n_z^2 = 3. \tag{6.185}
$$

Aus (6.166) erhält man die 3×3-Matrix aus den kinematischen Bewegungsgleichungen (6.66) zu

$$\mathbf{Z}^2 = \begin{bmatrix} 1 & 0 & \rho_2^2 \\ 0 & 1 & -\rho_1^2 \\ 0 & 0 & 1 \end{bmatrix}. \tag{6.186}$$

Ort und Orientierung der Koordinatensysteme $\{O^{k,2}, \underline{e}^{k,2}\}$ in den Knoten $k = 4$ und $k = 5$ auf dem Körper $i = 2$ sind nach (6.83) und (6.84) gegeben durch

$$\rho^{k,2}(t) = \rho^2(t) + \mathbf{R}^{k,2} \quad \text{und} \quad \mathbf{A}^{k,2}(t) = \mathbf{\Gamma}^{k,2}\mathbf{A}^2(t) \tag{6.187}$$

mit $\rho^2(t)$ und $\mathbf{A}^2(t)$ aus (6.165) und mit $\mathbf{R}^{k,2}$ und $\mathbf{\Gamma}^{k,2}$ aus Tabelle 6.4. Für die Geschwindigkeiten $\mathbf{v}^{k,2}$ und $\mathbf{\omega}^{k,2}$ gilt (6.85) und (6.86), für die Beschleunigungen $\mathbf{a}^{k,2}$ und $\mathbf{b}^{k,2}$ (6.87) und (6.88). Die dort benötigten Matrizen $\mathbf{T}_t^{k,2}$ und $\mathbf{T}_r^{k,2}$ sowie $\zeta_{\!t}^{k,2}$ und $\zeta_{\!r}^{k,2}$ sind für $k = 4$ und für $k = 5$

$$\mathbf{T}_t^{4,2} = \begin{bmatrix} 1 & 0 & \vdots & 0 \\ 0 & 1 & \vdots & 0 \\ 0 & 0 & \vdots & 0 \end{bmatrix}, \quad \mathbf{T}_t^{5,2} = \begin{bmatrix} 1 & 0 & \vdots & 0 \\ 0 & 1 & \vdots & 0.4 \\ 0 & 0 & \vdots & 0 \end{bmatrix}, \quad \mathbf{T}_r^{4,2} = \mathbf{T}_r^{5,2} = \begin{bmatrix} 0 & 0 & \vdots & 0 \\ 0 & 0 & \vdots & 0 \\ 0 & 0 & \vdots & 1 \end{bmatrix}, \quad \zeta_{\!t}^{4,2} = \zeta_{\!t}^{5,2} = \begin{bmatrix} -\omega_3^2 v_2^2 \\ \omega_3^2 v_1^2 \\ 0 \end{bmatrix}. \tag{6.188}$$

Relativbewegung der Knoten und Bindungsgleichungen

Die Definition der Relativbewegung der Knoten erfordert die Festlegung der Funktionen (6.104). Sie beschreiben die Topologie des Mehrkörpersystems und sie finden sich in Tabelle 6.5.

Tabelle 6.5: Topologie des Mehrkörpersystems und Daten von Gelenken und Kraftelementen.

Elemente $e = s, e = r$	Knoten $t(e) = k,i$	Knoten $f(e) = l,j$	Elementdaten	Gelenkkoordinaten $\eta_I^s,\ \eta_{II}^s$
Drehgelenk $s = 1$	1,1	7,0	Drehachse: $\underline{n}^1 = \underline{e}^{1,1\,T}\,\mathbf{n}^1$, $\mathbf{n}^1 = \begin{bmatrix} 0 & 0 & 1 \end{bmatrix}^T$	$\beta_3^1,\ \Omega_3^1$
Sperrgelenk $s = 2$	4,2	3,1	$\mathbf{x}_I^2 \equiv \mathbf{0},\ \ \mathbf{x}_{II}^2 \equiv \mathbf{0}$	–
Kraftelement $r = 3$ (Feder)	6,0	5,2	spannungsfreie Länge $l_0^3 = 0.1$ m, lineare Steifigkeit $K^3 = 300$ N/m	–
Kraftelement $r = 4$ (Drehdämpfer)	1,1	7,0	Dämpfungskonstante $D^4 = 40$ Nms/rad $\underline{n}^4 = \underline{e}^{1,1\,T}\,\mathbf{n}^4$, $\mathbf{n}^4 = \begin{bmatrix} 0 & 0 & 1 \end{bmatrix}^T$	–

Mit den Funktionen (6.104) aus Tabelle 6.5 sind die zur Angabe der Relativbewegungen erforderlichen Matrizen $\mathbf{d}^e$, $\mathbf{B}^e$, $\mathbf{V}^e$ und $\mathbf{\Omega}^e$ aus (6.107) bis (6.110) für Gelenke $e = s$ und entsprechende Matrizen für Kraftelemente $e = r$ vollständig definiert. Zur Angabe dieser Matrizen sind die Variablen

$$\mathbf{x}_I^e = \begin{bmatrix} \mathbf{d}^e \\ \mathbf{\beta}^s \end{bmatrix}, \quad \mathbf{x}_{II}^e = \begin{bmatrix} \mathbf{V}^e \\ \mathbf{\Omega}^e \end{bmatrix} \tag{6.189}$$

erforderlich, die in (6.113) für Gelenke $e = s$ eingeführt wurden. Die Variablen (6.189) ergeben sich aus den Absolutbewegungen $\mathbf{z}_I^i$ und $\mathbf{z}_{II}^i$ gemäß (6.132) und (6.135). Anstelle von (6.132) werden hier die bei einer for-

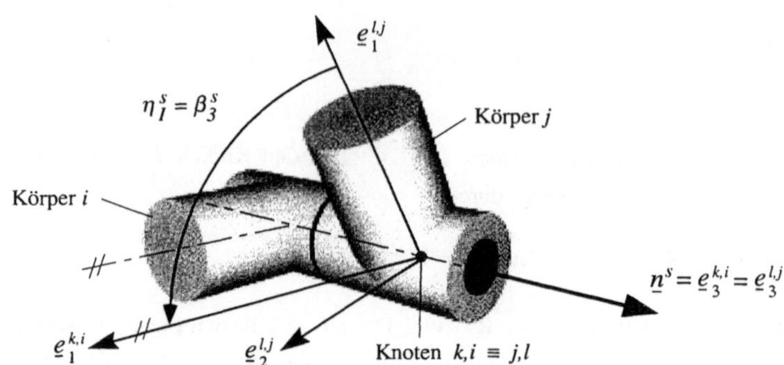

Bild 6-11: Drehachse und Drehwinkel beim Drehgelenk $s = 1$.

malen Herleitung der Bewegungsgleichungen von Mehrkörpersystemen benötigten Matrizen $\mathbf{B}^s$ aus (6.108) und $\mathbf{d}^s$ aus (6.107) angegeben – vgl. auch (6.115) und (6.126).

Bei Gelenken genügen die Variablen $\mathbf{x}_I^s$ und $\mathbf{x}_{II}^s$ den impliziten und expliziten Bindungsgleichungen (6.138), (6.139), (6.146) und (6.150). Die expliziten Bindungsgleichungen stellen die redundanten Variablen $\mathbf{x}_I^s$ und $\mathbf{x}_{II}^s$ durch den Minimalsatz von Variablen $\boldsymbol{\eta}_I^s$ und $\boldsymbol{\eta}_{II}^s$ aus (6.144) dar.

Drehgelenk $s = 1$:

Bild 6-11 zeigt ein Drehgelenk mit der 3-Achse als Drehachse. Die relative Orientierung der Koordinaten-systeme $\{O^{1,1}, \underline{e}^{1,1}\} = \{O^1, \underline{e}^1\}$ und $\{O^{7,0}, \underline{e}^{7,0}\} = \{O^l, \underline{e}^l\}$ am Gelenk $s = 1$ ist gegeben durch $\mathbf{B}^1$ gemäß (6.115) mit den Matrizen $\mathbf{D}^t$ und $\mathbf{D}^f$ aus (6.116). Sie sind durch (6.79) und (6.81) gegeben. Die Umgebung $i = 0$ ist ein starrer Körper, womit $\boldsymbol{\vartheta}^f = \boldsymbol{\vartheta}^{7,0} = 0$. Für den Knoten $k = 1$ auf dem Körper $i = 1$ gilt wegen (6.178) $\boldsymbol{\vartheta}^t = \boldsymbol{\vartheta}^{1,1} = \boldsymbol{\vartheta}^{1,1}(\mathbf{q}^1)$. Weiter gilt nach Tabelle 6.4 $\boldsymbol{\Gamma}^f = \boldsymbol{\Gamma}^t = \mathbf{E}$ womit

$$\mathbf{D}^t = \mathbf{D}^{1,1} = \begin{bmatrix} \cos\vartheta_3^{1,1} & \sin\vartheta_3^{1,1} & 0 \\ -\sin\vartheta_3^{1,1} & \cos\vartheta_3^{1,1} & 0 \\ 0 & 0 & 1 \end{bmatrix} \overset{\text{lin}}{=} \begin{bmatrix} 1 & \vartheta_3^{1,1} & 0 \\ -\vartheta_3^{1,1} & 1 & 0 \\ 0 & 0 & 1 \end{bmatrix} \quad \text{wo} \quad \vartheta_3^{1,1}(t) = 0.7\, q_2^1(t),$$

$$\mathbf{D}^f = \mathbf{D}^{7,0} = \mathbf{E}. \tag{6.190}$$

Damit folgt aus (6.115) und (6.178) wegen $\underline{e}^l = \underline{e}^0$, also $\mathbf{A}^0 = \mathbf{E}$ – vgl. Bild 6-7 und Bild 6-8

$$\mathbf{B}^1 = \mathbf{D}^{1,1}\,\mathbf{A}^1 = \mathbf{B}^1(\boldsymbol{\beta}^1) = \begin{bmatrix} \cos\beta_3^1 & \sin\beta_3^1 & 0 \\ -\sin\beta_3^1 & \cos\beta_3^1 & 0 \\ 0 & 0 & 1 \end{bmatrix} \quad \text{wo} \quad \beta_1^1 = 0, \quad \beta_2^1 = 0, \quad \beta_3^1 = \alpha_3^1 + \vartheta_3^{1,1}. \tag{6.191}$$

Entsprechend erhält man aus (6.126) mit $\mathbf{D}^{k,i}$ aus (6.190) mit $\mathbf{R}^{k,i}$ aus Tabelle 6.4 und mit $\boldsymbol{\rho}^0 = \mathbf{0}$

$$\mathbf{d}^1 = \mathbf{D}^{1,1}\,\boldsymbol{\rho}^1 = \mathbf{D}^{1,1}\,{}^1\mathbf{d}^1 = \begin{bmatrix} \rho_1^1\cos\vartheta_3^{1,1} + \rho_2^1\sin\vartheta_3^{1,1} \\ \rho_2^1\cos\vartheta_3^{1,1} - \rho_1^1\sin\vartheta_3^{1,1} \\ 0 \end{bmatrix} \overset{\text{lin}}{=} \begin{bmatrix} \rho_1^1 + \rho_2^1\,\vartheta_3^{1,1} \\ \rho_2^1 - \rho_1^1\,\vartheta_3^{1,1} \\ 0 \end{bmatrix} \quad \text{und} \quad {}^1\mathbf{d}^1 = \boldsymbol{\rho}^1. \tag{6.192}$$

Die Matrizen $\mathbf{B}^1$ und $\mathbf{d}^1$ sind mit $\mathbf{A}^1$ und $\boldsymbol{\rho}^1$ aus (6.165) durch die Variablen $\mathbf{z}_I^1$ aus (6.175) gegeben, womit die Gleichungen (6.132) für $s = 1$ bekannt sind.

Zur Angabe der Geschwindigkeiten $\boldsymbol{\Omega}^1$ und $\mathbf{V}^1$ aus $\mathbf{x}_{II}^1$ gemäß (6.189) sind nach (6.135), (6.133) und (6.134) neben $\mathbf{D}^t$ und $\mathbf{D}^f$, $\mathbf{B}^s$ und $\mathbf{d}^s$ auch noch die oben bereits angegebenen Matrizen $\mathbf{T}_r^t$ und $\mathbf{T}_r^f$ erforderlich. Der zum Knoten $l = f(1) = 7{,}0$ gehörende Körper ist $j = 0$. Für ihn gilt $\mathbf{z}_{II}^j \equiv 0$. Zum Knoten $k = t(1) = 1{,}1$ gehört der Körper $i = 1$, dessen Geschwindigkeit durch $\mathbf{z}_{II}^1$ aus (6.175) beschrieben wird. Mit den bisher angegebenen Matrizen folgt aus (6.135) und (6.133)

$$\mathbf{x}_{II}^1 = \begin{bmatrix} \mathbf{V}^1 \\ \boldsymbol{\Omega}^1 \end{bmatrix} = \mathbf{T}^t \, \mathbf{z}_{II}^1 \qquad \text{wo} \qquad \mathbf{T}^t = \mathbf{T}^{1,1} = \begin{bmatrix} \mathbf{D}^{1,1} \left(\mathbf{T}_t^{1,1} + \tilde{\boldsymbol{\rho}}^1 \, \mathbf{T}_r^{1,1} \right) \\ \mathbf{D}^{1,1} \, \mathbf{T}_r^{1,1} \end{bmatrix}. \tag{6.193}$$

Für die Beschleunigungen $\dot{\mathbf{x}}_{II}^1$ ist nach (6.137) noch die Matrix $\boldsymbol{\xi}^s$ erforderlich. Man findet mit den bisher angegebenen Matrizen, insbesondere mit $\boldsymbol{\zeta}_t^1$, $\boldsymbol{\zeta}_r^1$ und $^{1,1}\boldsymbol{\omega}^{1,1} = \mathbf{D}^{1,1} \, \boldsymbol{\omega}^{1,1} = \mathbf{D}^{1,1} \left(\boldsymbol{\omega}^1 + \dot{\boldsymbol{\vartheta}}^{1,1} \right) = \boldsymbol{\Omega}^1$ aus (6.182)

$$\dot{\mathbf{x}}_{II}^1 = \begin{bmatrix} \dot{\mathbf{V}}^1 \\ \dot{\boldsymbol{\Omega}}^1 \end{bmatrix} = \mathbf{T}^{1,1} \, \dot{\mathbf{z}}_{II}^1 - \boldsymbol{\xi}^1 \qquad \text{wo} \qquad \boldsymbol{\xi}^1 = \begin{bmatrix} -\mathbf{D}^{1,1} \, \boldsymbol{\zeta}_t^{1,1} + \tilde{\boldsymbol{\Omega}}^1 \left(2\,\mathbf{V}^1 + \tilde{\boldsymbol{\Omega}}^1 \, \mathbf{d}^1 \right) \\ \mathbf{0} \end{bmatrix}. \tag{6.194}$$

Einsetzen von (6.165) und (6.182) und Linearisierung für kleine $\vartheta_3^{1,1}$ liefert die Elemente der Matrizen in (6.193) und (6.194):

$$\mathbf{T}^{1,1} \overset{\text{lin}}{=} \begin{bmatrix} 1 & \vartheta_3^{1,1} & d_2^1 & 0 & 0.7\,d_2^1 \\ -\vartheta_3^{1,1} & 1 & -d_1^1 & 0 & -0.7\,d_1^1 \\ 0 & 0 & 0 & 0 & 0 \\ 0 & 0 & 0 & 0 & 0 \\ 0 & 0 & 0 & 0 & 0 \\ 0 & 0 & 1 & 0 & 0.7 \end{bmatrix}, \qquad \boldsymbol{\xi}^1 \overset{\text{lin}}{=} \begin{bmatrix} -\left(2\,\Omega_3^1 - \omega_3^1 \right) \hat{v}_2^1 + \Omega_3^{1\,2}\, d_1^1 \\ \left(2\,\Omega_3^1 - \omega_3^1 \right) \hat{v}_1^1 + \Omega_3^{1\,2}\, d_2^1 \\ 0 \\ 0 \\ 0 \\ 0 \end{bmatrix} \tag{6.195}$$

wo $d_1^1 = \rho_1^1 + \rho_2^1\, \vartheta_3^{1,1}$, $\quad d_2^1 = \rho_2^1 - \rho_1^1\, \vartheta_3^{1,1}$, $\quad \hat{v}_1^1 = v_1^1 + v_2^1\, \vartheta_3^{1,1}$, $\quad \hat{v}_2^1 = v_2^1 - v_1^1\, \vartheta_3^{1,1}$, $\quad \Omega_3^1 = \omega_3^1 + \dot{\vartheta}_3^{3,1}$.

Die durch (6.191) bis (6.194) beschriebenen Relativbewegungen genügen Bindungsgleichungen, die zu einem Gelenk mit der Drehachse

$$\underline{n}^1 = \underline{e}^{1,1^T} \, \mathbf{n}^1, \quad \mathbf{n}^1 = \begin{bmatrix} 0 & 0 & 1 \end{bmatrix}^T \tag{6.196}$$

gehören – vgl. Tabelle 6.5 und Bild 6-11. Damit ergeben sich je $n_c^1 = 5$ implizite Bindungsgleichungen (6.138) und (6.139) für die Lage- und Geschwindigkeitsvariablen $\mathbf{x}_I^1$ und $\mathbf{x}_{II}^1$ aus (6.189). Sie lauten für die Lagevariablen

$$\overline{\mathbf{g}}^1(\mathbf{x}_I^1) = \begin{bmatrix} d_1^1 & d_2^1 & d_2^1 & \beta_1^1 & \beta_2^1 \end{bmatrix}^T = \mathbf{0} \tag{6.197}$$

und für die Geschwindigkeitsvariablen

$$\mathbf{V}^1 = \mathbf{0}, \quad \Omega_1^1 = 0, \quad \Omega_2^1 = 0, \quad \text{also} \quad \overline{\mathbf{\psi}}^{1^T} \mathbf{x}_{II}^1 = \overline{\mathbf{\eta}}_{II}^1 \quad \text{wo} \quad \overline{\mathbf{\psi}}^{1^T} = \begin{bmatrix} 1 & 0 & 0 & 0 & 0 & 0 \\ 0 & 1 & 0 & 0 & 0 & 0 \\ 0 & 0 & 1 & 0 & 0 & 0 \\ 0 & 0 & 0 & 1 & 0 & 0 \\ 0 & 0 & 0 & 0 & 1 & 0 \end{bmatrix}, \quad \overline{\mathbf{\eta}}_{II}^1 = \begin{bmatrix} 0 \\ 0 \\ 0 \\ 0 \\ 0 \end{bmatrix}. \quad (6.198)$$

Zu den impliziten Bindungsgleichungen (6.197) und (6.198) gehören die expliziten Bindungsgleichungen (6.146). Sie geben die Relativbewegung der beiden Koordinatensysteme $\{O^{1,1}, \underline{e}^{1,1}\}$ und $\{O^{7,0}, \underline{e}^{7,0}\}$ durch je $n_f^1 = 1$ Zustandsvariable

$$\mathbf{\eta}_I^1 = \eta_I^1 = \beta_3^1 , \qquad \mathbf{\eta}_{II}^1 = \eta_{II}^1 = \Omega_3^1 = \dot{\beta}_3^1 \qquad (6.199)$$

aus (6.144) für Lage und Geschwindigkeit an. Für $\eta_I^1 = 0$ ergibt sich die Referenzkonfiguration des Mehrkörpersystems, in der die Koordinatensysteme $\{O^{1,1}, \underline{e}^{1,1}\} = \{O^1, \underline{e}^1\}$ und $\{O^{7,0}, \underline{e}^{7,0}\} = \{O^I, \underline{e}^I\}$ zusammenfallen. Aus (6.199) erhält man die kinematischen Bewegungsgleichungen (6.145) zu

$$\dot{\mathbf{\eta}}_I^1 = \mathbf{\eta}_{II}^1, \quad \text{also} \quad \mathbf{Y}^1 = \mathbf{E}. \qquad (6.200)$$

Mit (6.199) und (6.200) lauten die expliziten Bindungsgleichungen für die Lage

$$\mathbf{d}^1 = \mathbf{0} \quad \text{und} \quad \mathbf{B}^1(\eta_I^1) = \mathbf{n}^1 \, \mathbf{n}^{1^T} + \left(\mathbf{E} - \mathbf{n}^1 \, \mathbf{n}^{1^T}\right) \cos \eta_I^1 - \tilde{\mathbf{n}}^1 \sin \eta_I^1 = \begin{bmatrix} \cos \eta_I^1 & \sin \eta_I^1 & 0 \\ -\sin \eta_I^1 & \cos \eta_I^1 & 0 \\ 0 & 0 & 1 \end{bmatrix} \qquad (6.201)$$

und für die Geschwindigkeit

$$\mathbf{x}_{II}^1 = \mathbf{\varphi}^1 \, \mathbf{\eta}_{II}^1 + \overline{\mathbf{\varphi}}^1 \, \overline{\mathbf{\eta}}_{II}^1 \qquad \text{mit} \qquad \mathbf{\varphi}^1 = \begin{bmatrix} 0 \\ 0 \\ 0 \\ 0 \\ 0 \\ 1 \end{bmatrix}, \quad \overline{\mathbf{\varphi}}^1 = \begin{bmatrix} 1 & 0 & 0 & 0 & 0 \\ 0 & 1 & 0 & 0 & 0 \\ 0 & 0 & 1 & 0 & 0 \\ 0 & 0 & 0 & 1 & 0 \\ 0 & 0 & 0 & 0 & 1 \\ 0 & 0 & 0 & 0 & 0 \end{bmatrix}. \qquad (6.202)$$

Sperrgelenk $s = 2$:
Für das Gelenk $s = 2$ mit $t(s) = k, i = 4,2$ und $f(s) = l, j = 3,1$ werden die relative Lage und Geschwindigkeit der Koordinatensysteme $\{O^{4,2}, \underline{e}^{4,2}\} = \{O^2, \underline{e}^2\}$ und $\{O^{3,1}, \underline{e}^{3,1}\}$ benötigt, vgl. Bild 6-8. Ihre Angabe erfordert die Bewegungen der Knoten 3 und 4. Bei Berechnung der Bewegung des Knotens 3 müssen die Verformungen $u_1^{3,1}$, $u_2^{3,1}$ und $\vartheta_3^{3,1}$ des Körpers 1 berücksichtigt werden. Die Bewegung des Knotens 4 ist durch die Bewegung des Bezugssystems des starren Körpers 2 gegeben. Für die Orientierungen gilt mit $\mathbf{\Theta}^{3,1}(\mathbf{\vartheta}^{3,1})$ nach (6.178)

$$\mathbf{D}^l = \mathbf{D}^{4,2} = \mathbf{E} \quad \text{und} \quad \mathbf{D}^f = \mathbf{D}^{3,1} = \mathbf{\Theta}^{3,1}(\mathbf{\vartheta}^{3,1}) \, \mathbf{\Gamma}^{3,1} \quad \text{wo} \quad \mathbf{\vartheta}^{3,1} = \begin{bmatrix} 0 & 0 & \vartheta_3^{3,1} \end{bmatrix}^T, \quad \vartheta_3^{3,1} = -0.7 \, q_2^1 \qquad (6.203)$$

und

$$\mathbf{B}^2 = \mathbf{A}^2\,\mathbf{A}^{1^T}\,\mathbf{D}^{3,1^T} = \mathbf{B}^2(\boldsymbol{\beta}^2) \qquad \text{wo}$$
$$\beta_1^2 = \beta_2^2 = 0, \quad \beta_3^2 = \alpha_3^2 - \alpha_3^1 - \gamma_3^{3,1} - \vartheta_3^{3,1} = \alpha_3^2 - \alpha_3^1 - \pi/2 + 0.7\,q_2^1. \tag{6.204}$$

Die Ausdrücke für $\gamma_3^{3,1}$ und $\vartheta_3^{3,1}$ ergeben sich mit den in Tab. 6.4 angegebenen Gleichungen. Entsprechend erhält man aus (6.126) mit (6.203) für den relativen Abstand

$$\mathbf{d}^2 = {}^2\mathbf{d}^2 = \boldsymbol{\rho}^2 - \mathbf{B}^2\,\mathbf{D}^{3,1}\!\left(\boldsymbol{\rho}^1 + \mathbf{R}^{3,1} + \mathbf{u}^{3,1}\right) = \boldsymbol{\rho}^2 - \mathbf{A}^2\mathbf{A}^{1^T}\!\left(\boldsymbol{\rho}^1 + \mathbf{R}^{3,1} + \mathbf{u}^{3,1}\right). \tag{6.205}$$

Das Produkt der Drehmatrizen $\mathbf{A}^2\mathbf{A}^{1^T}$ ist nach (6.165) nur von der Differenz der Winkel α_3^1 und α_3^2 abhängig:

$$\mathbf{A}^2\mathbf{A}^{1^T} = \begin{bmatrix} \cos\hat{\beta}_3^2 & \sin\hat{\beta}_3^2 & 0 \\ -\sin\hat{\beta}_3^2 & \cos\hat{\beta}_3^2 & 0 \\ 0 & 0 & 1 \end{bmatrix} \qquad \text{wo} \quad \hat{\beta}_3^2 = \alpha_3^2 - \alpha_3^1. \tag{6.206}$$

Mit (6.206), (6.165) sowie mit $\mathbf{R}^{3,1}$ und $\mathbf{u}^{3,1}$ aus Tab. 6.4 erhält man für $\mathbf{d}^2$ in (6.205)

$$\mathbf{d}^2 = \begin{bmatrix} d_1^2 \\ d_2^2 \\ 0 \end{bmatrix} = \begin{bmatrix} \rho_1^2 \\ \rho_2^2 \\ 0 \end{bmatrix} - \mathbf{A}^2\mathbf{A}^{1^T} \begin{bmatrix} \rho_1^1 + 2 + 0.445\,q_1^1 \\ \rho_2^1 \\ 0 \end{bmatrix} = \begin{bmatrix} \rho_1^2 - \left(\rho_1^1 + 2 + 0.445\,q_1^1\right)\cos\hat{\beta}_3^2 - \rho_2^1\sin\hat{\beta}_3^2 \\ \rho_2^2 + \left(\rho_1^1 + 2 + 0.445\,q_1^1\right)\sin\hat{\beta}_3^2 - \rho_2^1\cos\hat{\beta}_3^2 \\ 0 \end{bmatrix}. \tag{6.207}$$

Wegen Verwendung von (6.119) kommen die Drehwinkel $\vartheta_3^{3,1}$ in (6.207) nicht vor. Zur Angabe der Relativgeschwindigkeiten $\mathbf{x}_{II}^2$ aus (6.135) und der Beschleunigungen $\dot{\mathbf{x}}_{II}^2$ aus (6.137) sind die Matrizen $\mathbf{T}^{3,1}$, $\mathbf{T}^{4,2}$ und $\boldsymbol{\xi}^{3,1}$ erforderlich. Mit den obigen Angaben, $\boldsymbol{\zeta}_r^{k,i} = \mathbf{0}$ und ${}^{4,2}\boldsymbol{\omega}^{4,2} \equiv \boldsymbol{\omega}^2$ erhält man für das Gelenk $s = 2$

$$\mathbf{x}_{II}^2 = \begin{bmatrix} \mathbf{V}^2 \\ \boldsymbol{\Omega}^2 \end{bmatrix} = \mathbf{T}^{4,2}\,\mathbf{z}_{II}^2 - \mathbf{T}^{3,1}\,\mathbf{z}_{II}^1 \qquad \text{wo} \qquad \mathbf{T}^{4,2} = \begin{bmatrix} \mathbf{T}_t^{4,2} + \tilde{\mathbf{d}}^2\,\mathbf{T}_r^{4,2} \\ \mathbf{T}_r^{4,2} \end{bmatrix}, \quad \mathbf{T}^{3,1} = \begin{bmatrix} \mathbf{A}^2\mathbf{A}^{1^T}\,\mathbf{T}_t^{3,1} \\ \mathbf{A}^2\mathbf{A}^{1^T}\,\mathbf{T}_r^{3,1} \end{bmatrix}, \tag{6.208}$$

$$\dot{\mathbf{x}}_{II}^2 = \mathbf{T}^{4,2}\,\dot{\mathbf{z}}_{II}^2 - \mathbf{T}^{3,1}\,\dot{\mathbf{z}}_{II}^1 - \boldsymbol{\xi}^2 \qquad \text{wo} \qquad \boldsymbol{\xi}^2 = \begin{bmatrix} -\boldsymbol{\zeta}_t^{4,2} + \mathbf{A}^2\mathbf{A}^{1^T}\boldsymbol{\zeta}_t^{3,1} + \tilde{\boldsymbol{\omega}}^2\left(2\,\mathbf{V}^2 + \tilde{\boldsymbol{\omega}}^2\,\mathbf{d}^2\right) \\ \mathbf{0} \end{bmatrix}. \tag{6.209}$$

Die in den obigen Ausdrücken für $\mathbf{T}^{3,1}$, $\mathbf{T}^{4,2}$ und $\boldsymbol{\xi}^{3,1}$ benötigten Matrizen wurden in (6.184) und (6.188) angegeben. Mit $\mathbf{A}^2\mathbf{A}^{1^T}$ aus (6.206) erhält man

$$\mathbf{T}^{3,1} = \left[\begin{array}{ccc:cc} \cos\hat{\beta}_3^2 & \sin\hat{\beta}_3^2 & \left(2 + 0.445\,q_1^1\right)\sin\hat{\beta}_3^2 & 0.445\cos\hat{\beta}_3^2 & 0 \\ -\sin\hat{\beta}_3^2 & \cos\hat{\beta}_3^2 & \left(2 + 0.445\,q_1^1\right)\cos\hat{\beta}_3^2 & -0.445\sin\hat{\beta}_3^2 & 0 \\ \hdashline 0 & 0 & 0 & 0 & 0 \\ 0 & 0 & 0 & 0 & 0 \\ 0 & 0 & 0 & 0 & 0 \\ 0 & 0 & 1 & 0 & -0.7 \end{array}\right], \quad \mathbf{T}^{4,2} = \left[\begin{array}{cc:c} 1 & 0 & d_2^2 \\ 0 & 1 & -d_1^2 \\ \hdashline 0 & 0 & 0 \\ 0 & 0 & 0 \\ 0 & 0 & 0 \\ 0 & 0 & 1 \end{array}\right], \tag{6.210}$$

$$\boldsymbol{\xi}^2 = \left[\begin{array}{c} \begin{bmatrix} \omega_3^2 v_2^2 - 2\,\omega_3^2 V_2^2 + \omega_3^{2^2} d_1^2 - \omega_3^1\!\left(v_2^1 + \omega_3^1(2 + 0.445\,q_1^1)\right)\cos\hat{\beta}_3^2 + \omega_3^1\!\left(v_1^1 + 0.89\,\dot{q}_1^1\right)\sin\hat{\beta}_3^2 \\ -\omega_3^2 v_1^2 + 2\,\omega_3^2 V_1^2 + \omega_3^{2^2} d_2^2 + \omega_3^1\!\left(v_2^1 + \omega_3^1(2 + 0.445\,q_1^1)\right)\sin\hat{\beta}_3^2 + \omega_3^1\!\left(v_1^1 + 0.89\,\dot{q}_1^1\right)\cos\hat{\beta}_3^2 \\ 0 \end{bmatrix} \\ \hdashline \mathbf{0} \end{array}\right]. \tag{6.211}$$

Das Sperrgelenk erlaubt keine Relativbewegungen der Knoten k, i und l, j, woraus sich $n_c^2 = 6$ implizite Bindungsgleichungen (6.138) und (6.139) für $\mathbf{x}_I^2$ und $\mathbf{x}_{II}^2$ ergeben. Sie lauten

$$\mathbf{x}_I^2 = \begin{bmatrix} \mathbf{d}^2 \\ \boldsymbol{\beta}^2 \end{bmatrix} = \mathbf{0}\ , \quad \mathbf{x}_{II}^2 = \begin{bmatrix} \mathbf{V}^2 \\ \boldsymbol{\Omega}^2 \end{bmatrix} = 0, \quad \text{also} \quad \overline{\boldsymbol{\psi}}^2 = \mathbf{E} \quad \text{und} \quad \boldsymbol{\eta}_{II}^2 = \mathbf{0}. \tag{6.212}$$

Die Zahl der Zustandsvariablen ist $n_f^2 = 0$ und für die Modevektoren aus (6.150) und (6.151) gilt

$$\overline{\boldsymbol{\psi}}^2 = \overline{\boldsymbol{\varphi}}^2 = \mathbf{E} \quad \text{und} \quad \boldsymbol{\psi}^2 = \boldsymbol{\varphi}^2 = \mathbf{0}. \tag{6.213}$$

Relativbewegung am Kraftelement $r = 3$ (Feder):
Für die Ermittlung der Federkraft wird der relative Abstand der durch das Kraftelement $r = 3$ verbundenen Knoten $t(r) = k,i = 6{,}0$ und $f(r) = l,j = 5{,}2$ benötigt, vgl. Tab. 6.5. Für $i = 0$ gilt $\boldsymbol{\rho}^0 = 0$ und $\mathbf{A}^0 = \mathbf{E}$. Für den starren Körper $j = 2$ gilt (6.185). Aus (6.115) und (6.116) schließt man mit den Daten aus Tabelle 6.4

$$\mathbf{D}^t = \mathbf{D}^{6,0} = \mathbf{E} \quad \text{und} \quad \mathbf{D}^f = \mathbf{D}^{5,2} = \mathbf{E} \quad \text{sowie} \quad \mathbf{B}^3 = \mathbf{A}^{2^T} \quad \text{und} \quad \mathbf{B}^3 \mathbf{D}^{5,2} = \mathbf{A}^{2^T}, \tag{6.214}$$

wo $\mathbf{A}^2 = \mathbf{A}^2(\alpha_3^2)$ in (6.165) gegeben ist. Aus (6.126) erhält man für einen Abstand von $\ell^0 = 2$ m

$$\mathbf{d}^3 = \mathbf{R}^{6,0} - \mathbf{A}^{2^T}\left(\boldsymbol{\rho}^2 + \mathbf{R}^{5,2}\right) = \begin{bmatrix} 2 - \left(0.4 + \rho_1^2\right)\cos\alpha_3^2 + \rho_2^2 \sin\alpha_3^2 \\ -\left(0.4 + \rho_1^2\right)\sin\alpha_3^2 - \rho_2^2 \cos\alpha_3^2 \\ 0 \end{bmatrix}. \tag{6.215}$$

Hieraus ergibt sich für die aktuelle Federlänge

$$\left|\mathbf{d}^3\right| = \sqrt{d_1^{3^2} + d_2^{3^2}} = \sqrt{\left(2 - \left(0.4 + \rho_1^2\right)\cos\alpha_3^2 + \rho_2^2 \sin\alpha_3^2\right)^2 + \left(\left(0.4 + \rho_1^2\right)\sin\alpha_3^2 + \rho_2^2 \sin\alpha_3^2\right)^2}. \tag{6.216}$$

Relativbewegung am Kraftelement $r = 4$ (Drehdämpfer):
Für den Drehdämpfer in A – vgl. Bild 6-7 – werden der Winkel β_3^4 und die Winkelgeschwindigkeit Ω_3^4 benötigt. Diese Größen findet man aus (6.191) und (6.193) mit (6.195) zu

$$\beta_3^4 = \beta_3^1 = \alpha_3^1 + \vartheta_3^{1,1} = \alpha_3^1 + 0.7\,q_2^1 \quad \text{und} \quad \Omega_3^4 = \Omega_3^1 = \omega_3^1 + \dot{\vartheta}_3^{1,1} = \omega_3^1 + 0.7\,\dot{q}_2^1. \tag{6.217}$$

Die hier zusammengestellten Gleichungen werden unten zur Angabe der durch Gelenke bedingten Einschränkungen der Relativbewegungen von Knoten k auf den Körpern i sowie zur Formulierung der Gesetze für die aus Kraftelementen resultierenden eingeprägten Kräfte benötigt.

6.3 Kinetik eines repräsentativen Körpers

Die Bewegungen der Körper eines Mehrkörpersystems unterliegen den Zwangsbedingungen aus den Abschnitten 6.2.1 und 6.2.3. Sie schränken einerseits die Bewegungen der Punkte eines Körpers ein und andererseits die Relativbewegungen der Knoten, die durch Gelenke mit anderen Knoten verbunden sind. Wegen der Bindungen erfordert die Angabe der Bewegungsgleichungen des Systems eine Verwendung der Prinzipe der Mechanik aus Kapitel 3. Die Systemgleichungen werden mit dem Jourdainschen Prinzip angegeben. Die zu seiner Formulierung benötigte virtuelle Leistung aller im System wirksamen Kräfte enthält Terme, die sich als Bewegungsgleichungen eines aus dem System herausgeschnittenen Körpers deuten lassen. Diese Gleichungen ermöglichen u. a. die Definition der im nächsten Hauptabschnitt zusammengestellten Daten zur Beschreibung der Körper. Der Einfluß der Gelenke wird im Hauptabschnitt 6.5 bei Angabe der Systemgleichungen berücksichtigt.

6.3.1 Kräfte am Körper i und kinetische Grundgleichungen

Der Körper i eines Mehrkörpersystems aus Bild 6-2 ist in Bild 6-12 zusammen mit den an ihm wirksamen Kräften dargestellt. Die hier verwendeten Modelle sind starre Körper, Balken und Finite-Elemente-Strukturen. Die Bewegungen ihrer Punkte unterliegen den im Abschnitt 6.2.1 erläuterten Zwangsbedingungen. Die expliziten Zwangsgleichungen (6.67) bis (6.72) zeigen, wie die Bewegungen aller Punkte eines Körpers i durch die in (6.65) definierten Variablen $\mathbf{z}_I^i(t)$ und $\mathbf{z}_{II}^i(t)$ erfaßt werden. Wegen der Gelenke zwischen den Körpern unterliegen die in (6.113) definierten Relativbewegungen $\mathbf{x}_I^s(t)$ und $\mathbf{x}_{II}^s(t)$ von Knoten den im Abschnitt 6.2.3 erläuterten Bindungsgleichungen. Damit ergeben sich zusätzliche Einschränkungen für die Variablen $\mathbf{z}_I^i(t)$ und $\mathbf{z}_{II}^i(t)$.

Beide Gruppen der eben angesprochenen Zwangsbedingungen, die Gleichungen zur Definition der Modelle der Körper und die Bindungsgleichungen infolge der Gelenke, werden zur Angabe der Bewegungsgleichungen eines Mehrkörpersystems benötigt. Es ist zweckmäßig, die beiden Gruppen getrennt zu betrachten. In diesem Abschnitt werden nur die Bindungsgleichungen zur Definition der Modelle der Körper berücksichtigt.

Die an den Punkten eines Körpers i wirksamen Kräfte und Momente sind die

- aus den Verzerrungen $\boldsymbol{\varepsilon} = \boldsymbol{\varepsilon}^i(\mathbf{R}, t)$ – vgl. (2.250) – resultierenden inneren Kräfte, die durch die Spannungen $\boldsymbol{\sigma} = \boldsymbol{\sigma}^i(\mathbf{R}, t)$ aus (2.254) erfaßt werden;

- durch die Kraftdichte $\overline{\mathbf{p}}_0 = \overline{\mathbf{p}}_0^i(\mathbf{R}, t)$ aus (2.233) gegebenen Oberflächenkräfte;

- Volumenkräfte, die mit der Kraftdichte $\mathbf{k}_0 = \mathbf{k}_0^i(\mathbf{R}, t)$ aus (2.219) angegeben werden;

- aus Gelenken und Kraftelementen resultierenden Einzelkräfte $\underline{F}^{k,i}$ und Momente $\underline{L}^{k,i}$, die an den Knoten der hier betrachteten Modelle von Körpern angreifen.

Die an den Knoten k,i wirksamen Kräfte und Momente werden, wie der Ort $\mathbf{r}^{k,i}$ aus (6.78) und die in (6.85) und (6.86) definierten Geschwindigkeiten $\mathbf{v}^{k,i}$ und $\boldsymbol{\omega}^{k,i}$ der Knoten in der Basis $\underline{\mathbf{e}}^i$ angegeben, also

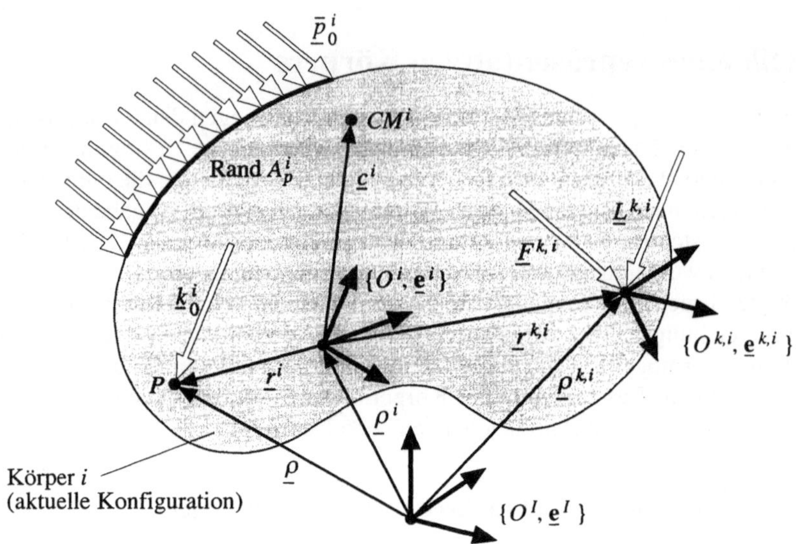

Bild 6-12:   Kräfte und Momente am Körper i eines Mehrkörpersystems.

$$\underline{F}^{k,i} = \underline{e}^{iT}\,\mathbf{F}^{k,i}\,,\quad \mathbf{F}^{k,i} = \left[F^{k,i}_\alpha\right],\quad \underline{L}^{k,i} = \underline{e}^{iT}\,\mathbf{L}^{k,i}\,,\quad \mathbf{L}^{k,i} = \left[L^{k,i}_\alpha\right]. \tag{6.218}$$

Als Modelle der Körper werden hier, wie im Anschluß an die Bindungsgleichungen (6.48) bis (6.54) erläutert, Kontinua, Kontinua mit inneren Bindungen und Finite-Elemente-Strukturen verwendet. Bei Kontinuumsmodellen sind $\boldsymbol{\varepsilon}^i$ und $\boldsymbol{\sigma}^i$ durch die Gleichungen aus Kapitel 2 gegeben, unter den Spannungen $\boldsymbol{\sigma}^i$ kommen keine Zwangsspannungen vor und an den Punkten des Körpers sind nur verteilte Kräfte und keine Momente wirksam. Bei Kontinuumsmodellen mit inneren Bindungen und bei Finite-Elemente-Strukturen sind gibt es in den Knoten der Körper unverformbare Flächen, an denen starre Gelenke angebracht werden können. Die Kräfte und Momente $\underline{F}^{k,i}$ und $\underline{L}^{k,i}$ sind generalisierte Kräfte, die als Reduktionsresultanten verteilter Kräfte an den unverformbaren Teilen der Oberfläche $A_{p0} = A^i_{p0}$ gedeutet werden können. Beispiele für solche Reduktionsresultanten wurden für starre Körper in (3.81), für Balken in (4.118) und für Finite-Elemente-Modelle in (5.163) erläutert. Zur Angabe der Verzerrungen $\boldsymbol{\varepsilon}^i$ und der Spannungen $\boldsymbol{\sigma}^i$ müssen bei solchen Modellen die in den Kapiteln 4 und 5 erläuterten Gleichungen verwendet werden.

Wegen der Bindungsgleichungen für die Relativbewegungen der Punkte eines einzelnen Körpers und für die Relativbewegungen von Knoten benachbarter Körper kommen unter den oben angesprochenen Kräften[*] neben bekannten, eingeprägten Kräften auch unbekannte Zwangskräfte vor. Zur Angabe der Bewegungsgleichungen benötigt man daher neben den Grundgleichungen der Mechanik aus Kapitel 2 noch die in Kapitel 3 erläuterten Prinzipe. Das Jourdainsche Prinzip (3.85) besagt, daß die gesamte virtuelle Leistung der im System wirk-

---

[*] Wenn von Kräften gesprochen wird, sind Momente stets mit eingeschlossen – vgl. Abschnitt 6.1.

samen Zwangskräfte verschwindet. Die virtuelle Leistung δP^i der am Körper i wirksamen Kräfte kann man mit den in (6.14) angegebenen Geschwindigkeiten $\mathbf{v} = \mathbf{v}(\mathbf{R},t)$ der Punkte des Körpers, mit seinem Volumen V_0^i in der Referenzkonfiguration, mit der in (2.213) definierten Masse

$$dm = \rho_0^i \, dV \quad \text{wo} \quad dV = dV_0^i = dR_1 \, dR_2 \, dR_3 \tag{6.219}$$

eines infinitesimalen Volumenelements, mit der Oberfläche $A_{p0} = A_{p0}^i$ aus Bild 2-22 und (2.235) und mit der Beschleunigung $\mathbf{a}(\mathbf{R},t)$ aus (6.15) angeben in der Form

$$\begin{aligned}
\delta P^i = \int\limits_{V_0^i} \delta\mathbf{v}^T \, \mathbf{a} \, dm + \int\limits_{V_0^i} \delta\dot{\boldsymbol{\varepsilon}}^{i^T} \boldsymbol{\sigma}^i \, dV \;-\; \int\limits_{V_0^i} \delta\mathbf{v}^T \, \mathbf{k}_0^i \, dV - \int\limits_{A_{p0}^i} \delta\mathbf{v}^T \, \overline{\mathbf{p}}_0^i \, dA \\
- \sum_{k:\, i=i(k)} \left(\delta\mathbf{v}^{k,i^T} \, \mathbf{F}^{k,i} + \delta\boldsymbol{\omega}^{k,i^T} \, \mathbf{L}^{k,i} \right).
\end{aligned} \tag{6.220}$$

Das Symbol $k: i = i(k)$ bedeutet mit der in (6.73) eingeführten Funktion $i(k)$, daß sich die Summe über alle Knoten k auf dem Körper $i = i(k)$ erstreckt. In (6.220) sind $\delta\mathbf{v}(\mathbf{R},t)$ die virtuellen Geschwindigkeiten der Punkte des Körpers, $\delta\mathbf{v}^{k,i}$ und $\delta\boldsymbol{\omega}^{k,i}$ sind die virtuellen Geschwindigkeiten der Koordinatensysteme $\{O^{k,i}, \underline{\mathbf{e}}^{k,i}\}$ in den Knoten k,i und $\delta\dot{\boldsymbol{\varepsilon}}^i$ sind virtuelle Verzerrungsgeschwindigkeiten. Alle können mit Hilfe der zur Beschreibung der Bewegung verwendeten Variablen angegeben werden. Nach (6.69) und (6.65) gilt

$$\delta\mathbf{v} = \mathbf{T}_t^i \, \delta\mathbf{z}_{II}^i \quad \text{wo} \quad \delta\mathbf{z}_{II}^i = \begin{bmatrix} \delta\mathbf{v}^i \\ \delta\boldsymbol{\omega}^i \\ \delta\dot{\mathbf{q}}^i \end{bmatrix}. \tag{6.221}$$

In ähnlicher Weise lassen sich $\delta\dot{\boldsymbol{\varepsilon}}^i$, $\delta\mathbf{v}^{k,i}$ und $\delta\boldsymbol{\omega}^{k,i}$ durch $\delta\mathbf{v}^i$, $\delta\boldsymbol{\omega}^i$ und $\delta\dot{\mathbf{q}}^i$ ausdrücken. Mit den Zwangsgleichungen (6.48) bis (6.50) und (6.52) bis (6.54) kann man damit alle Integrale und Summen aus (6.220) mit Hilfe der Variablen $\mathbf{z}_I^i(t)$ und $\mathbf{z}_{II}^i(t)$ und der virtuellen Geschwindigkeiten $\delta\mathbf{z}_{II}^i$ angeben.

Diese Rechnungen und die zugehörigen Deutungen der Integrale finden sich in den folgenden Abschnitten. Dabei wird die in Abschnitt 6.2.1 erläuterte Beschreibung der Bewegung der Körper verwendet. Zur Angabe der inneren Kräfte in Abschnitt 6.3.3 werden die Gleichungen für Kontinuumsmodelle aus Kapitel 2 benutzt. Aus diesen Gleichungen läßt sich der in Abschnitt 6.4.2 angegebene, allgemeine Datensatz zur Beschreibung flexibler Körper in Mehrkörpersystemen ableiten. Er berücksichtigt auch Kontinua mit inneren Bindungen und Finite-Elemente-Strukturen, da sich diese Modelle, wie in den Kapiteln 4 und 5 erläutert, aus dem in Kapitel 2 erläuterten Modell durch Berücksichtigung der entsprechenden Bindungsgleichungen ergeben.

6.3.2 Generalisierte Massen

Das erste Integral in (6.220) gibt die virtuelle Leistung der Trägheitskräfte an. Mit $\boldsymbol{\delta v}$ aus (6.221) und mit der Beschleunigung $\mathbf{a}$ aus (6.71) erhält man

$$\int\limits_{V_0^i} \boldsymbol{\delta v}^T \mathbf{a}\, dm = \delta \mathbf{z}_{II}^{i\,T}\left(\int\limits_{V_0^i} \mathbf{T}_t^{i\,T} \mathbf{T}_t^{i}\, dm\, \dot{\mathbf{z}}_{II}^{i} + \int\limits_{V_0^i} \mathbf{T}_t^{i\,T} \boldsymbol{\zeta}_t^{i}\, dm \right) = \delta \mathbf{z}_{II}^{i\,T}\left(\mathbf{M}^i\, \dot{\mathbf{z}}_{II}^{i} - \mathbf{h}_\omega^i \right) \qquad (6.222)$$

mit den Abkürzungen $\mathbf{M}^i$ und $-\mathbf{h}_\omega^i$ für die beiden Integrale. Das erste Integral aus (6.222) liefert die generalisierten Massen zu den generalisierten Geschwindigkeiten $\mathbf{z}_{II}^i$. Die Matrizen $\mathbf{T}_t^i$ sind nach (6.69) Funktionen der generalisierten Koordinaten $\mathbf{q}^i$, womit die Massenmatrix $\mathbf{M}^i$ ebenfalls von diesen Größen abhängt:

$$\mathbf{M}^i = \mathbf{M}^i(\mathbf{q}^i) = \int\limits_{V_0^i} \mathbf{T}_t^{i\,T}(\mathbf{R},\mathbf{q}^i)\, \mathbf{T}_t^{i}(\mathbf{R},\mathbf{q}^i)\, dm$$

$$= \int\limits_{V_0^i} \begin{bmatrix} \mathbf{E} \\ \left(\mathbf{R}+\boldsymbol{\Phi}^i \mathbf{q}^i\right)^{\sim} \\ \boldsymbol{\Phi}^{i\,T} \end{bmatrix} \begin{bmatrix} \mathbf{E} & -\left(\mathbf{R}+\boldsymbol{\Phi}^i \mathbf{q}^i\right)^{\sim} & \boldsymbol{\Phi}^i \end{bmatrix} dm\,. \qquad (6.223)$$

Die Massenmatrix $\mathbf{M}^i$ ist symmetrisch, sie hat die Dimension $n_z^i \times n_z^i$ und sie ist in der folgenden Gleichung entsprechend der Matrix $\mathbf{z}_{II}^i$ aus (6.65) partitioniert:

$$\mathbf{M}^i = \begin{bmatrix} \mathbf{M}_{tt}^i & & sym. \\ \mathbf{M}_{rt}^i & \mathbf{M}_{rr}^i & \\ \mathbf{M}_{et}^i & \mathbf{M}_{er}^i & \mathbf{M}_{ee}^i \end{bmatrix} = \begin{bmatrix} m^i\, \mathbf{E} & & sym. \\ m^i\, \tilde{\mathbf{c}}^i & \mathbf{I}^i & \\ \mathbf{C}_t^i & \mathbf{C}_r^i & \mathbf{M}_e^i \end{bmatrix}. \qquad (6.224)$$

Die Submatrizen von $\mathbf{M}^i$ aus (6.224) gehören zu Translationen und Rotationen des Bezugssystems $\{O^i, \underline{\mathbf{e}}^i\}$ – Indizes t, r, wie in (6.69) und (6.70) – sowie zu den durch $\mathbf{q}^i$ erfaßten Verformungen – Index e.

Aus (6.219) erhält man gemäß (2.213) die Masse des Körpers i zu

$$m^i = \int\limits_{V_0^i} dm = \int\limits_{V_0^i} \rho_0^i(\mathbf{R})\, dV \qquad (6.225)$$

und damit die in (6.224) angegebene 3×3-Submatrix $\mathbf{M}_{tt}^i = m^i\, \mathbf{E}$.

Der Massenmittelpunkt CM^i des Körpers i ist nach Bild 6-12 bezüglich O^i gegeben durch

$$\underline{c}^i = \underline{e}^{iT} \mathbf{c}^i , \quad \mathbf{c}^i = \left[c_\alpha^i \right]. \tag{6.226}$$

Für ihn gilt nach (2.238) unter Beachtung von (6.12), (6.46) und (6.219)

$$m^i \, \mathbf{c}^i = \int_{V_0^i} \mathbf{r}^i(\mathbf{R},t) \, dm = \int_{V_0^i} \Big(\mathbf{R} + \mathbf{u}^i(\mathbf{R},t) \Big) \, dm = \int_{V_0^i} \Big(\mathbf{R} + \mathbf{\Phi}^i(\mathbf{R}) \, \mathbf{q}^i(t) \Big) \, dm . \tag{6.227}$$

Damit ergibt sich aus (6.223) die 3×3-Submatrix $\mathbf{M}_{rt}^i$ von $\mathbf{M}^i$, wie in (6.224) angegeben, zu $m^i \, \tilde{\mathbf{c}}^i$.

Der Ort des Massenmittelpunkts hängt von der durch die generalisierten Koordinaten $\mathbf{q}^i$ erfaßten Verformung des Körpers ab. Im unverformten Referenzzustand erhält man den Ort des Massenmittelpunkts eines starren Körpers

$$\mathbf{c}^i = \mathbf{c}_0^i = \frac{1}{m^i} \int_{V_0^i} \mathbf{R} \, dm . \tag{6.228}$$

Bei Verformung ändert sich $\mathbf{c}^i$ in

$$\mathbf{c}^i = \mathbf{c}_0^i + \mathbf{c}_1^i(\mathbf{q}^i) \quad \text{wo} \quad \mathbf{c}_1^i(\mathbf{q}^i) = \frac{1}{m^i} \mathbf{C}_t^{iT} \, \mathbf{q}^i \tag{6.229}$$

mit dem Integral über die Ansatzfunktionen

$$\mathbf{C}_t^i = \mathbf{C}_{t0}^i = \int_{V_0^i} \mathbf{\Phi}^{iT}(\mathbf{R}) \, dm . \tag{6.230}$$

Das Integral (6.230) ergibt auch die Submatrix $\mathbf{M}_{et}^i$ aus (6.224).

Die Trägheitsmatrix des Körpers i bezüglich O^i ist bei Darstellung in der Basis $\underline{e}^i$ – vgl. (3.82) und [56], S. 131

$$\mathbf{I}^i = - \int_{V_0^i} \tilde{\mathbf{r}}^i \, \tilde{\mathbf{r}}^i \, dm = \int_{V_0^i} \tilde{\mathbf{r}}^i \, \tilde{\mathbf{r}}^{iT} \, dm = \int_{V_0^i} \Big(\tilde{\mathbf{R}} + \tilde{\mathbf{u}}^i(\mathbf{R},t) \Big) \Big(\tilde{\mathbf{R}} + \tilde{\mathbf{u}}^i(\mathbf{R},t) \Big)^T \, dm . \tag{6.231}$$

Mit $\mathbf{u}^i(\mathbf{R},t)$ aus (6.46) und mit (6.223) erkennt man, daß $\mathbf{I}^i$ mit der Submatrix $\mathbf{M}_{rr}^i$ aus (6.224) übereinstimmt. Die Trägheitsmatrix $\mathbf{I}^i$ setzt sich zusammen aus einem zur Referenzkonfiguration gehörenden Anteil $\mathbf{I}_0^i$, der Trägheitsmatrix des starren Körpers, und aus linearen und quadratischen Funktionen $\mathbf{I}_1^i$ und $\mathbf{I}_2^i$ der generalisierten Koordinaten $\mathbf{q}^i$, die den Einfluß der Verformung des Körpers erfassen, also

$$\mathbf{I}^i = \mathbf{I}^i(\mathbf{q}^i) = \mathbf{I}_0^i + \mathbf{I}_1^i(\mathbf{q}^i) + \mathbf{I}_2^i(\mathbf{q}^i) \qquad \text{wo} \qquad \mathbf{I}_0^i = \int_{V_0^i} \tilde{\mathbf{R}}\,\tilde{\mathbf{R}}^T dm$$

$$\mathbf{I}_1^i = \int_{V_0^i}\left(\tilde{\mathbf{R}}\left(\mathbf{\Phi}^i\mathbf{q}^i\right)^{\sim T} + \left(\mathbf{\Phi}^i\mathbf{q}^i\right)^{\sim}\tilde{\mathbf{R}}^T \right) dm, \qquad \mathbf{I}_2^i = \int_{V_0^i}\left(\mathbf{\Phi}^i\mathbf{q}^i\right)^{\sim}\left(\mathbf{\Phi}^i\mathbf{q}^i\right)^{\sim T} dm. \tag{6.232}$$

Für die Submatrix $\mathbf{M}_{er}^i = \mathbf{C}_r^i$ aus (6.224) findet man mit (6.223)

$$\mathbf{C}_r^i = \mathbf{C}_r^i(\mathbf{q}^i) = -\int_{V_0^i} \mathbf{\Phi}^{iT}\left(\mathbf{R} + \mathbf{\Phi}^i\mathbf{q}^i\right)^{\sim} dm = \int_{V_0^i} \mathbf{\Phi}^{iT}\left(\mathbf{R} + \mathbf{\Phi}^i\mathbf{q}^i\right)^{\sim T} dm. \tag{6.233}$$

$\mathbf{C}_r^i$ enthält den von $\mathbf{q}^i$ unabhängigen Term $\mathbf{C}_{r0}^i$ und einen in $\mathbf{q}^i$ linearen Anteil $\mathbf{C}_{r1}^i$, also

$$\mathbf{C}_r^i(\mathbf{q}^i) = \mathbf{C}_{r0}^i + \mathbf{C}_{r1}^i(\mathbf{q}^i)$$

$$\text{wo} \qquad \mathbf{C}_{r0}^i = \int_{V_0^i} \mathbf{\Phi}^{iT}\,\tilde{\mathbf{R}}^T dm \quad \text{und} \quad \mathbf{C}_{r1}^i(\mathbf{q}^i) = \int_{V_0^i} \mathbf{\Phi}^{iT}\left(\mathbf{\Phi}^i\mathbf{q}^i\right)^{\sim T} dm. \tag{6.234}$$

Die letzte der Submatrizen von $\mathbf{M}^i$ ist die $n_q^i \times n_q^i$-Matrix $\mathbf{M}_{ee}^i = \mathbf{M}_e^i$. Aus (6.223) findet man

$$\mathbf{M}_e^i = \int_{V_0^i} \mathbf{\Phi}^{iT}\,\mathbf{\Phi}^i\, dm. \tag{6.235}$$

Die Matrizen $\mathbf{M}_{et}^i = \mathbf{C}_t^i$ und $\mathbf{M}_{er}^i = \mathbf{C}_r^i$ aus (6.230) und (6.233) haben die Dimension $n_q^i \times 3$ und sie erfassen die Kopplung von Referenzbewegung und Verformung. Die übrigen 3×3-Submatrizen aus (6.224) gehören zur Referenzbewegung. Sie enthalten die Masse des Körpers i, den Ort seines Massenmittelpunkts und seine Trägheitsmatrix unter Berücksichtigung der Verformung des Körpers. Die Elemente der Koppelmatrizen $\mathbf{M}_{et}^i$ und $\mathbf{M}_{er}^i$ hängen auch von der Definition des Bezugssystems $\{O^i, \underline{\mathbf{e}}^i\}$ ab, und damit von der Wahl der Ansatzfunktionen – vgl. Abschnitt 6.3.6.

6.3.3 Generalisierte Kräfte

Die nicht durch $\mathbf{M}^i$ gemäß (6.222) und (6.223) erfaßten Integrale aus (6.220) ergeben die zu den Geschwindigkeiten $\mathbf{z}_{II}^i$ gehörenden, generalisierten Kräfte. Sie lassen sich einteilen in durch Kraftdichten vorgegebene Volumenkräfte, in die aus Verzerrungen des Körpers resultierenden inneren Kräfte und in Oberflächenkräfte.

Volumenkräfte

Der zweite Term aus (6.222) ist eine $n_z^i \times 1$-Matrix

$$\mathbf{h}_\omega^i = - \int\limits_{V_0^i} \mathbf{T}_t^{i^T} \boldsymbol{\zeta}_t^i \, dm = \begin{bmatrix} \mathbf{h}_{\omega t}^i \\ \mathbf{h}_{\omega r}^i \\ \mathbf{h}_{\omega e}^i \end{bmatrix} \tag{6.236}$$

und enthält alle aus den von $\dot{\mathbf{z}}_{II}^i$ verschiedenen Beschleunigungen des Bezugssystems resultierenden Trägheitskräfte. Sie sind über das Volumen des Körpers verteilt, gehören also zur gleichen Klasse von Kräften wie die durch die Kraftdichte $\mathbf{k}_0^i$ im dritten Integral aus (6.220) erfaßten Volumenkräfte. Beide Integrale werden hier mit Hilfe der Variablen $\mathbf{z}_I^i$, $\mathbf{z}_{II}^i$ und der Ansatzfunktionen $\boldsymbol{\Phi}^i$ ausgedrückt.

Mit $\mathbf{T}_t^i$ aus (6.69) und mit $\boldsymbol{\zeta}_t^i$ aus (6.71) findet man für die Submatrizen in (6.236)

$$\begin{bmatrix} \mathbf{h}_{\omega t}^i \\ \mathbf{h}_{\omega r}^i \\ \mathbf{h}_{\omega e}^i \end{bmatrix} = \begin{bmatrix} -\int\limits_{V_0^i} \tilde{\boldsymbol{\omega}}^i \left(\mathbf{v}^i + 2\boldsymbol{\Phi}^i \dot{\mathbf{q}}^i + \tilde{\boldsymbol{\omega}}^i \left(\mathbf{R} + \boldsymbol{\Phi}^i \mathbf{q}^i \right) \right) dm \\ -\int\limits_{V_0^i} \left(\mathbf{R} + \boldsymbol{\Phi}^i \mathbf{q}^i \right)^{\tilde{}} \tilde{\boldsymbol{\omega}}^i \left(\mathbf{v}^i + 2\boldsymbol{\Phi}^i \dot{\mathbf{q}}^i + \tilde{\boldsymbol{\omega}}^i \left(\mathbf{R} + \boldsymbol{\Phi}^i \mathbf{q}^i \right) \right) dm \\ -\int\limits_{V_0^i} \boldsymbol{\Phi}^{i^T} \tilde{\boldsymbol{\omega}}^i \left(\mathbf{v}^i + 2\boldsymbol{\Phi}^i \dot{\mathbf{q}}^i + \tilde{\boldsymbol{\omega}}^i \left(\mathbf{R} + \boldsymbol{\Phi}^i \mathbf{q}^i \right) \right) dm \end{bmatrix}. \tag{6.237}$$

Für die erste Submatrix $\mathbf{h}_{\omega t}^i$ erhält man mit (6.230) und (6.227), da $\mathbf{v}^i$ und $\boldsymbol{\omega}^i$ nicht von $\mathbf{R}$ abhängen

$$\mathbf{h}_{\omega t}^i = - m^i \tilde{\boldsymbol{\omega}}^i \mathbf{v}^i - 2 \tilde{\boldsymbol{\omega}}^i \mathbf{C}_t^{i^T} \dot{\mathbf{q}}^i - m^i \tilde{\boldsymbol{\omega}}^i \tilde{\boldsymbol{\omega}}^i \mathbf{c}^i. \tag{6.238}$$

In der zweiten Submatrix $\mathbf{h}_{\omega r}^i$ kommt das folgende Integral vor

$$\int\limits_{V_0^i} \left(\mathbf{R} + \boldsymbol{\Phi}^i \mathbf{q}^i \right)^{\tilde{}} 2\, \tilde{\boldsymbol{\omega}}^i \boldsymbol{\Phi}^i \dot{\mathbf{q}}^i \, dm = 2 \int\limits_{V_0^i} \left(\mathbf{R} + \boldsymbol{\Phi}^i \mathbf{q}^i \right)^{\tilde{}} \left(\boldsymbol{\Phi}^i \dot{\mathbf{q}}^i \right)^{\tilde{}T} dm \, \boldsymbol{\omega}^i. \tag{6.239}$$

Es kann als Summe von Produkten der Geschwindigkeiten $\boldsymbol{\omega}^i$ und $\dot{q}_l^i$ und der 3×3-Matrizen $\mathbf{G}_{rl}^i$ geschrieben werden

$$2 \int\limits_{V_0^i} \left(\mathbf{R} + \boldsymbol{\Phi}^i \mathbf{q}^i \right)^{\tilde{}} \left(\boldsymbol{\Phi}^i \dot{\mathbf{q}}^i \right)^{\tilde{}T} dm \, \boldsymbol{\omega}^i = \sum_{l=1}^{n_q^i} \mathbf{G}_{rl}^i (\mathbf{q}^i) \, \dot{q}_l^i \, \boldsymbol{\omega}^i. \tag{6.240}$$

Die Matrizen $\mathbf{G}_{rl}^i$ enthalten einen konstanten und einen in $\mathbf{q}^i$ linearen Anteil:

$$\mathbf{G}_{rl}^{i} = \mathbf{G}_{rl}^{i}(\mathbf{q}^{i}) = \mathbf{G}_{rl0}^{i} + \mathbf{G}_{rl1}^{i}(\mathbf{q}^{i}) \quad \text{wo} \quad \begin{cases} \mathbf{G}_{rl0}^{i} = -2 \int\limits_{V_0^i} \tilde{\mathbf{R}} \, \tilde{\boldsymbol{\Phi}}_{*l}^{i} \, dm \\[2em] \mathbf{G}_{rl1}^{i} = -2 \int\limits_{V_0^i} \left(\boldsymbol{\Phi}^{i} \mathbf{q}^{i} \right)^{\tilde{}} \, \tilde{\boldsymbol{\Phi}}_{*l}^{i} \, dm \end{cases} \tag{6.241}$$

und wo $\boldsymbol{\Phi}_{*l}^{i}$ die Spalte l von $\boldsymbol{\Phi}^{i}$ ist. Mit der aus (7.17) folgenden Beziehung $\tilde{\mathbf{R}} \tilde{\boldsymbol{\omega}}^{i} \tilde{\boldsymbol{\omega}}^{i} \mathbf{R} = -\tilde{\boldsymbol{\omega}}^{i} \tilde{\mathbf{R}} \tilde{\mathbf{R}} \boldsymbol{\omega}^{i}$ und mit (6.227), (6.231) und (6.240) erhält man

$$\mathbf{h}_{\omega r}^{i} = -m^{i} \tilde{\mathbf{c}}^{i} \tilde{\boldsymbol{\omega}}^{i} \mathbf{v}^{i} - \sum_{l=1}^{n_q^i} \mathbf{G}_{rl}^{i} \, \dot{q}_l^{i} \boldsymbol{\omega}^{i} - \tilde{\boldsymbol{\omega}}^{i} \mathbf{I}^{i} \, \boldsymbol{\omega}^{i} . \tag{6.242}$$

Der erste Summand der dritten Submatrix $\mathbf{h}_{\omega e}^{i}$ aus (6.237) kann mit $\mathbf{C}_{t}^{i}$ aus (6.230) in der Form $-\mathbf{C}_{t}^{i} \tilde{\boldsymbol{\omega}}^{i} \mathbf{v}^{i}$ geschrieben werden. Für den zweiten Summanden findet man

$$2 \int\limits_{V_0^i} \boldsymbol{\Phi}^{i^T} \tilde{\boldsymbol{\omega}}^{i} \boldsymbol{\Phi}^{i} \dot{\mathbf{q}}^{i} \, dm = 2 \int\limits_{V_0^i} \boldsymbol{\Phi}^{i^T} \left(\boldsymbol{\Phi}^{i} \dot{\mathbf{q}}^{i} \right)^{\tilde{}^T} dm \, \boldsymbol{\omega}^{i} = \sum_{l=1}^{n_q^i} \mathbf{G}_{el}^{i} \, \dot{q}_l^{i} \boldsymbol{\omega}^{i}, \tag{6.243}$$

mit den zur Koordinate $\dot{q}_l^{i}$ und zu den Ansatzfunktionen $\boldsymbol{\Phi}_{*l}^{i}$ gehörenden $n_q^i \times 3$-Matrizen

$$\mathbf{G}_{el}^{i} = -2 \int\limits_{V_0^i} \boldsymbol{\Phi}^{i^T} \, \tilde{\boldsymbol{\Phi}}_{*l}^{i} \, dm . \tag{6.244}$$

Der dritte Summand von $\mathbf{h}_{\omega e}^{i}$ kann mit (7.13) umgeformt werden

$$\int\limits_{V_0^i} \boldsymbol{\Phi}^{i^T} \tilde{\boldsymbol{\omega}}^{i} \tilde{\boldsymbol{\omega}}^{i} \left(\mathbf{R} + \boldsymbol{\Phi}^{i} \mathbf{q}^{i} \right) dm = \left[\boldsymbol{\omega}^{i^T} \int\limits_{V_0^i} \tilde{\boldsymbol{\Phi}}_{*k}^{i}{}^T \left(\mathbf{R} + \boldsymbol{\Phi}^{i} \mathbf{q}^{i} \right)^{\tilde{}^T} dm \, \boldsymbol{\omega}^{i} \right]$$
$$= \left[\boldsymbol{\omega}^{i^T} \mathbf{O}_{ek}^{i}(\mathbf{q}^{i}) \, \boldsymbol{\omega}^{i} \right], \quad k = 1, 2, \dots n_q^i \tag{6.245}$$

mit den zu den Ansatzfunktionen $\boldsymbol{\Phi}_{*k}^{i}$ gehörenden 3×3-Matrizen

$$\mathbf{O}_{ek}^{i} = \left[O_{ek\alpha\beta}^{i} \right] \quad \text{wo} \quad \mathbf{O}_{ek}^{i}(\mathbf{q}^{i}) = \mathbf{O}_{ek0}^{i} + \mathbf{O}_{ek1}^{i}(\mathbf{q}^{i}),$$
$$\text{mit} \quad \mathbf{O}_{ek0}^{i} = \int\limits_{V_0^i} \tilde{\boldsymbol{\Phi}}_{*k}^{i} \, \tilde{\mathbf{R}} \, dm, \quad \mathbf{O}_{ek1}^{i} = \int\limits_{V_0^i} \tilde{\boldsymbol{\Phi}}_{*k}^{i} \left(\boldsymbol{\Phi}^{i} \mathbf{q}^{i} \right)^{\tilde{}} dm. \tag{6.246}$$

Mit (6.230), (6.243) und (6.245) erhält man für $\mathbf{h}_{\omega e}^{i}$ aus (6.237)

$$\mathbf{h}_{\omega e}^{i} = - \mathbf{C}_{t}^{i}\,\tilde{\boldsymbol{\omega}}^{i}\,\mathbf{v}^{i} - \sum_{l=1}^{n_{q}^{i}} \mathbf{G}_{el}^{i}\,\dot{q}_{l}^{i}\,\boldsymbol{\omega}^{i} - \left[\boldsymbol{\omega}^{i^{T}} \mathbf{O}_{ek}^{i}(\mathbf{q}^{i})\,\boldsymbol{\omega}^{i}\right], \quad k = 1, 2, \ldots n_{q}^{i}. \tag{6.247}$$

Eine Alternative zur Angabe des dritten Terms auf der rechten Seite von (6.247) findet sich in [84]. Mit der 6×1-Matrix

$$\boldsymbol{\omega}_{q}^{i} = \begin{bmatrix} \omega_{1}^{i\,2} & \omega_{2}^{i\,2} & \omega_{3}^{i\,2} & \omega_{1}^{i}\,\omega_{2}^{i} & \omega_{2}^{i}\,\omega_{3}^{i} & \omega_{1}^{i}\,\omega_{3}^{i} \end{bmatrix}^{T} \tag{6.248}$$

quadratischer Terme in den Koordinaten ω_{α}^{i} von $\boldsymbol{\omega}^{i}$ und mit der $n_{q}^{i} \times 6$-Matrix

$$\mathbf{O}_{e}^{i} = \mathbf{O}_{e}^{i}(\mathbf{q}^{i}) = \left[O_{ekm}^{i}\right], \quad k = 1, 2, \ldots n_{q}^{i}, \quad m = 1, 2, \ldots 6 \quad \text{also}$$
$$\mathbf{O}_{e}^{i} = \left[O_{ek11}^{i} \quad O_{ek22}^{i} \quad O_{ek33}^{i} \quad O_{ek12}^{i} + O_{ek21}^{i} \quad O_{ek23}^{i} + O_{ek32}^{i} \quad O_{ek31}^{i} + O_{ek13}^{i}\right], \tag{6.249}$$

deren Elemente $O_{ek\alpha\beta}^{i}$ die Elemente der 3×1-Matrizen $\mathbf{O}_{ek}^{i}$ aus (6.246) sind, kann man den letzten Term aus (6.247) schreiben in der Form

$$\left[\boldsymbol{\omega}^{i^{T}} \mathbf{O}_{ek}^{i}(\mathbf{q}^{i})\,\boldsymbol{\omega}^{i}\right] = \mathbf{O}_{e}^{i}(\mathbf{q}^{i})\,\boldsymbol{\omega}_{q}^{i} = \left(\mathbf{O}_{e0}^{i} + \mathbf{O}_{e1}^{i}(\mathbf{q}^{i})\right)\boldsymbol{\omega}_{q}^{i}. \tag{6.250}$$

In (6.250) ist $\mathbf{O}_{e0}^{i}$ von den Verformungskoordinaten $\mathbf{q}^{i}$ unabhängig und $\mathbf{O}_{e1}^{i}$ ist eine lineare Funktion der $\mathbf{q}^{i}$. Die Berechnung der Matrizen $\mathbf{O}_{e0}^{i}$ und $\mathbf{O}_{e1}^{i}$ wird in Abschnitt 6.4.1 erläutert.

Einsetzen von (6.238), (6.242), (6.247) und (6.250) in (6.237) liefert die Matrix der verallgemeinerten Trägheitskräfte in der Form

$$\mathbf{h}_{\omega}^{i} = \begin{bmatrix} - m^{i}\,\tilde{\boldsymbol{\omega}}^{i}\,\mathbf{v}^{i} - 2\,\tilde{\boldsymbol{\omega}}^{i}\,\mathbf{C}_{t}^{i^{T}}\,\dot{\mathbf{q}}^{i} - m^{i}\,\tilde{\boldsymbol{\omega}}^{i}\,\tilde{\boldsymbol{\omega}}^{i}\,\mathbf{c}^{i} \\[2mm] - m^{i}\,\tilde{\mathbf{c}}^{i}\,\tilde{\boldsymbol{\omega}}^{i}\,\mathbf{v}^{i} - \displaystyle\sum_{l=1}^{n_{q}^{i}} \mathbf{G}_{rl}^{i}\,\dot{q}_{l}^{i}\,\boldsymbol{\omega}^{i} - \tilde{\boldsymbol{\omega}}^{i}\,\mathbf{I}^{i}\,\boldsymbol{\omega}^{i} \\[2mm] - \mathbf{C}_{t}^{i}\,\tilde{\boldsymbol{\omega}}^{i}\,\mathbf{v}^{i} - \displaystyle\sum_{l=1}^{n_{q}^{i}} \mathbf{G}_{el}^{i}\,\dot{q}_{l}^{i}\,\boldsymbol{\omega}^{i} - \mathbf{O}_{e}^{i}\,\boldsymbol{\omega}_{q}^{i} \end{bmatrix}. \tag{6.251}$$

Die Kräfte im dritten Integral aus (6.220) sind, wie die Trägheitskräfte aus (6.251), über das Volumen des Körpers verteilt. Das wichtigste Beispiel einer Volumenkraft ist die aus einem homogenen Schwerefeld resultierende Gewichtskraft. In diesem Fall ist $\mathbf{k}_{0}^{i} = \rho_{0}^{i}\,\mathbf{g}$ mit den Koordinaten $\mathbf{g}$ der Erdbeschleunigung in der Basis $\underline{\mathbf{e}}^{i}$. Sie hängen i. a. von den in (6.3) eingeführten Winkeln $\boldsymbol{\alpha}^i$ ab, also von den Lagevariablen z^i_l. Mit (6.221) und (6.219) erhält man in diesem Fall für das dritte Integral aus (6.220)

$$\int\limits_{V_0^i} \delta \mathbf{v}^T \mathbf{k}_0 \, dV = \delta \mathbf{z}^i_{ll}{}^T \mathbf{h}^i_g \quad \text{mit} \quad \mathbf{h}^i_g = \mathbf{h}^i_g(\mathbf{z}^i_l) = \int\limits_{V_0^i} \mathbf{T}^i_t{}^T dm \, \mathbf{g}. \tag{6.252}$$

Mit $\mathbf{T}^i_t$ aus (6.69) folgt unter Verwendung der in (6.225), (6.227) und (6.230) definierten Integrale für die generalisierten Gewichtskräfte $\mathbf{h}^i_g$ aus (6.252)

$$\mathbf{h}^i_g = \begin{bmatrix} \mathbf{h}^i_{gt} \\ \mathbf{h}^i_{gr} \\ \mathbf{h}^i_{ge} \end{bmatrix} = \int\limits_{V_0^i} \mathbf{T}^i_t{}^T dm \, \mathbf{g} = \int\limits_{V_0^i} \begin{bmatrix} \mathbf{E} \\ \left(\mathbf{R} + \boldsymbol{\Phi}^i \mathbf{q}^i\right)^\sim \\ \boldsymbol{\Phi}^{iT} \end{bmatrix} dm \, \mathbf{g} = \begin{bmatrix} m^i \mathbf{E} \\ m^i \tilde{\mathbf{c}}^i \\ \mathbf{C}^i_t \end{bmatrix} \mathbf{g}. \tag{6.253}$$

Innere Kräfte

Das zweite Integral aus (6.220) mit der virtuellen Leistung der inneren Kräfte wird folgendermaßen dargestellt:

$$\int\limits_{V_0^i} \delta \dot{\boldsymbol{\varepsilon}}^i{}^T \boldsymbol{\sigma}^i \, dV = -\delta \mathbf{z}^i_{ll}{}^T \mathbf{h}^i_e. \tag{6.254}$$

Die generalisierten, inneren Kräfte $\mathbf{h}^i_e$ werden hier für das in Kapitel 2 erläuterte Kontinuumsmodell angegeben. Die entsprechenden Kräfte für Balken und Finite-Elemente-Strukturen erhält man in ähnlicher Weise durch Berücksichtigung der zu diesen Modellvorstellungen gehörenden Zwangsgleichungen, wie in den Kapiteln 4 und 5 erläutert – vgl. auch Abschnitte 6.4.3 und 6.4.4.

Die inneren Kräfte $\mathbf{h}^i_e$ hängen von den Verzerrungen $\boldsymbol{\varepsilon}^i$ aus (2.250) ab. Mit den Differentialoperatoren $\boldsymbol{L}^i(\mathbf{u}^i)$ aus (2.251) und (2.252) gilt bei Verwendung des Ansatzes (6.46)

$$\boldsymbol{\varepsilon}^i = \boldsymbol{L}^i \mathbf{u}^i = \left(\boldsymbol{L}^i_L + \tfrac{1}{2}\boldsymbol{L}^i_N\right) \boldsymbol{\Phi}^i \mathbf{q}^i. \tag{6.255}$$

Mit der in Analogie zu (5.94) und (5.95) definierten $6 \times n^i_q$-Verzerrungsmatrix $\mathbf{B}^i = \mathbf{B}^i(\mathbf{R}, \mathbf{q}^i) = \boldsymbol{L}^i(\boldsymbol{\Phi}^i(\mathbf{R})\mathbf{q}^i)\,\boldsymbol{\Phi}^i(\mathbf{R})$ des Körpers i erhält man

$$\boldsymbol{\varepsilon}^i = \mathbf{B}^i \mathbf{q}^i = \left(\mathbf{B}^i_L + \tfrac{1}{2}\mathbf{B}^i_N\right) \mathbf{q}^i. \tag{6.256}$$

Die Verzerrungsmatrix $\mathbf{B}^i$ ist in (6.256), wie der Operator $\boldsymbol{L}^i(\mathbf{u}^i)$ in (6.255), als Summe zweier Anteile angegeben

$$\mathbf{B}_L^i = \mathbf{B}_L^i(\mathbf{R}) = \mathbf{L}_L^i \, \boldsymbol{\Phi}^i(\mathbf{R}) , \quad \mathbf{B}_N^i = \mathbf{B}_N^i(\mathbf{R},\mathbf{q}^i) = \mathbf{L}_N^i(\boldsymbol{\Phi}^i(\mathbf{R})\mathbf{q}^i)\,\boldsymbol{\Phi}^i(\mathbf{R}) . \tag{6.257}$$

Die Elemente des Differentialoperators $\mathbf{L}_N^i$ enthalten nach (2.252) die Koordinaten $\mathbf{u}^i(\mathbf{R},t) = \boldsymbol{\Phi}^i(\mathbf{R})\,\mathbf{q}^i(t)$ der Verschiebungsvektoren. Bei Ableitung von $\mathbf{L}_N^i\,\boldsymbol{\Phi}^i\,\mathbf{q}^i$ nach der Zeit fallen daher innere Ableitungen an, die sich zu $\frac{1}{2}\,\mathbf{B}_N^i\,\dot{\mathbf{q}}$ ergeben. Damit findet man aus (6.256) für die Verzerrungsgeschwindigkeiten $\dot{\boldsymbol{\varepsilon}}^i = (\mathbf{B}_L^i + \frac{1}{2}\,\mathbf{B}_N^i + \frac{1}{2}\,\mathbf{B}_N^i)\,\dot{\mathbf{q}}^i$ und somit für die virtuellen Verzerrungsgeschwindigkeiten

$$\delta\dot{\boldsymbol{\varepsilon}}^i = \left(\mathbf{B}_L^i + \mathbf{B}_N^i\right)\delta\dot{\mathbf{q}}^i . \tag{6.258}$$

Die zur Auswertung des Integrals (6.254) ebenfalls benötigten Spannungen $\boldsymbol{\sigma}^i$ aus (2.254) erhält man mit Hilfe des Materialgesetzes (2.256). Ein lineares Materialgesetz der in (5.147) erläuterten Form liefert bei Verzicht auf die Berücksichtigung thermischer Verzerrungen mit der Materialmatrix $\mathbf{H}^i = \mathbf{H}^i(\mathbf{R})$ aus (2.264) und mit den in Abschnitt 5.3.1 erläuterten Vorspannungen $\boldsymbol{\sigma}_0^i = \boldsymbol{\sigma}_0^i(\mathbf{R})$

$$\boldsymbol{\sigma}^i(\mathbf{R},t) = \boldsymbol{\sigma}_0^i(\mathbf{R}) + \mathbf{H}^i(\mathbf{R})\,\boldsymbol{\varepsilon}^i(\mathbf{R},t) = \boldsymbol{\sigma}_0^i + \mathbf{H}^i\left(\mathbf{B}_L^i + \frac{1}{2}\mathbf{B}_N^i\right)\mathbf{q}^i . \tag{6.259}$$

Mit (6.258) und (6.259) folgt für die virtuelle Leistung der inneren Kräfte

$$\int_{V_0^i} \delta\dot{\boldsymbol{\varepsilon}}^{iT}\boldsymbol{\sigma}^i \, dV = \delta\dot{\mathbf{q}}^{iT}\,\mathbf{k}_e^i \quad \text{mit} \quad \mathbf{k}_e^i = \begin{cases} \displaystyle\int_{V_0^i} \left(\mathbf{B}_L^i + \mathbf{B}_N^i\right)^T \boldsymbol{\sigma}^i \, dV \\[4mm] \displaystyle\int_{V_0^i} \left(\mathbf{B}_L^i + \mathbf{B}_N^i\right)^T \left(\boldsymbol{\sigma}_0^i + \mathbf{H}^i\,\boldsymbol{\varepsilon}^i\right) dV . \end{cases} \tag{6.260}$$

Die $n_q^i \times 1$-Matrix $\mathbf{k}_e^i$ mit den verallgemeinerten inneren Kräften setzt sich aus vier Anteilen zusammen

$$\mathbf{k}_e^i = \mathbf{k}_e^i(\mathbf{q}^i) = \mathbf{k}_{e0}^i + \mathbf{K}_{e0}^i\,\mathbf{q}^i + \mathbf{K}_e^i\,\mathbf{q}^i + \mathbf{K}_{eN}^i(\mathbf{q}^i)\,\mathbf{q}^i , \tag{6.261}$$

die sich aus (6.260) mit $\boldsymbol{\varepsilon}^i$ gemäß (6.256) ergeben. Die beiden ersten Terme aus (6.261) enthalten die verallgemeinerten Kräfte infolge der Vorspannungen $\boldsymbol{\sigma}_0^i$:

$$\mathbf{k}_{e0}^i = \int_{V_0^i} \mathbf{B}_L^{i\,T}(\mathbf{R})\,\boldsymbol{\sigma}_0^i(\mathbf{R})\,dV , \tag{6.262}$$

$$\mathbf{K}_{e0}^i\,\mathbf{q}^i(t) = \int_{V_0^i} \mathbf{B}_N^{i\,T}\left(\mathbf{R},\mathbf{q}^i(t)\right)\boldsymbol{\sigma}_0^i(\mathbf{R})\,dV . \tag{6.263}$$

Die $n_q^i \times 1$-Matrix $\mathbf{k}_{e0}^i$ ist von $\mathbf{q}^i$ unabhängig. Die $n_q^i \times n_q^i$-Matrix $\mathbf{K}_{e0}^i$ erfaßt die aus $\boldsymbol{\sigma}_0^i$ resultierenden Steifigkeiten.

Der dritte Beitrag in (6.261) enthält den ausschließlich zu $\mathbf{B}_L^i$ gehörenden Beitrag zur generalisierten Steifigkeitsmatrix

$$\mathbf{K}_e^i = \mathbf{K}_{eL}^i = \int_{V_0^i} \mathbf{B}_L^{i\,T}(\mathbf{R})\, \mathbf{H}^i(\mathbf{R})\, \mathbf{B}_L^i(\mathbf{R})\, dV. \tag{6.264}$$

Die lineare Steifigkeitsmatrix $\mathbf{K}_e^i$ ist symmetrisch und sie hat die Dimension $n_q^i \times n_q^i$.

Der letzte Beitrag $\mathbf{K}_{eN}^i(\mathbf{q}^i)\,\mathbf{q}^i$ aus (6.261) enthält alle aus Verformungen $\mathbf{q}^i$ resultierenden nichtlinearen Terme. Aus (6.260) findet man mit (6.256)

$$\mathbf{K}_{eN}^i = \mathbf{K}_{eN}^i(\mathbf{q}^i) = \int_{V_0^i} \mathbf{B}_N^{i\,T}\, \mathbf{H}^i\, \mathbf{B}_L^i\, dV + \frac{1}{2} \int_{V_0^i} \left(\mathbf{B}_L^i + \mathbf{B}_N^i\right)^T \mathbf{H}^i\, \mathbf{B}_N^i\, dV. \tag{6.265}$$

Neben der Steifigkeit verformbarer Körper benötigt man zuweilen auch eine Modellierung der Strukturdämpfung. Dämpfungsmodelle finden sich in der Literatur, z. B. in [7]. Das einfachste Modell ist eine den Geschwindigkeiten $\dot{\mathbf{q}}^i$ proportionale Dämpfung $\mathbf{D}_e^i\,\dot{\mathbf{q}}^i$. Oft nimmt man auch an, daß die Dämpfungsmatrix $\mathbf{D}_e^i$ der Massen- und der Steifigkeitsmatrix proportional ist, also

$$\mathbf{D}_e^i = \beta_M^i\, \mathbf{M}_e^i + \beta_K^i\, \mathbf{K}_e^i. \tag{6.266}$$

Zuweilen gibt man für jede generalisierte Koordinate q_k^i unterschiedliche Dämpfungsfaktoren an ("modale" Dämpfung). Für die freien Strukturschwingungen eines Körpers i gilt bei Verwendung orthogonaler Eigenschwingungsformen

$$M_{ek}^i\, \ddot{q}_k^i + D_{ek}^i\, \dot{q}_k^i + K_{ek}^i\, q_k^i = 0\,, \quad k = 1, 2, \ldots n_q^i, \tag{6.267}$$

wobei M_{ek}^i, D_{ek}^i und K_{ek}^i die k-ten Elemente auf der Diagonalen der Matrizen $\mathbf{M}_e^i, \mathbf{D}_e^i$ und $\mathbf{K}_e^i$ sind, [48], S. 400. Die zur k-ten Eigenschwingungsform gehörende Dämpfung kann man mit dem Lehrschen Dämpfungsmaß ζ_k^i vorgeben, [46], S. 65. Damit erhält man

$$\mathbf{D}_e^i = \mathbf{diag}\left[D_{ek}^i\right] \quad \text{mit} \quad D_{ek}^i = 2\,\zeta_k^i\, \sqrt{K_{ek}^i\, M_{ek}^i}\,. \tag{6.268}$$

Bei Berücksichtigung von Dämpfungsmatrizen $\mathbf{D}_e^i$ erhält man anstelle von (6.261)

$$\mathbf{k}_e^i = \mathbf{k}_e^i(\mathbf{q}^i, \dot{\mathbf{q}}^i) = \mathbf{k}_{e0}^i + \mathbf{K}_{e0}^i\, \mathbf{q}^i + \mathbf{K}_e^i\, \mathbf{q}^i + \mathbf{K}_{eN}^i(\mathbf{q}^i)\, \mathbf{q}^i + \mathbf{D}_e^i\, \dot{\mathbf{q}}^i. \tag{6.269}$$

Mit (6.269) und mit $\delta\mathbf{z}_{II}^{i}$ aus (6.221) folgt aus (6.260) für die $n_z^i \times 1$-Matrix der verallgemeinerten inneren Kräfte $\mathbf{h}_e^i$ aus (6.254)

$$\mathbf{h}_e^i = \mathbf{h}_e^i(\mathbf{q}^i, \dot{\mathbf{q}}^i) = \begin{bmatrix} \mathbf{0} \\ \mathbf{0} \\ -\mathbf{k}_e^i(\mathbf{q}^i, \dot{\mathbf{q}}^i) \end{bmatrix} = \begin{bmatrix} \mathbf{0} \\ \mathbf{0} \\ -\mathbf{k}_{e0}^i - \mathbf{K}_{e0}^i\,\mathbf{q}^i - \mathbf{K}_e^i\,\mathbf{q}^i - \mathbf{K}_{eN}^i\,\mathbf{q}^i - \mathbf{D}_e^i\,\dot{\mathbf{q}}^i \end{bmatrix}. \qquad (6.270)$$

Oberflächenkräfte

Das vierte Integral und die Summe aus (6.220) ist die virtuelle Leistung aller Oberflächenkräfte. Die mit der Kraftdichte $\overline{\mathbf{p}}_0^i$ dargestellten Kräfte sind bekannte, äußere, eingeprägte Kräfte und die durch $\mathbf{F}^{k,i}$ und $\mathbf{L}^{k,i}$ erfaßten Kräfte resultieren aus Kraftelementen und Gelenken an den Knoten k, i. Wegen der Bindungsgleichungen der Gelenke sind in $\mathbf{F}^{k,i}$ und $\mathbf{L}^{k,i}$ auch unbekannte Zwangskräfte enthalten. Die beiden Terme werden dargestellt in der Form

$$\int\limits_{A_{p0}^i} \delta\mathbf{v}^T\,\overline{\mathbf{p}}_0^i\,dA \;+\; \sum_{k:\,i=i(k)} \left(\delta\mathbf{v}^{k,i^T}\,\mathbf{F}^{k,i} + \delta\boldsymbol{\omega}^{k,i^T}\,\mathbf{L}^{k,i} \right) \;=\; \delta\mathbf{z}_{II}^{i^T}\left(\mathbf{h}_p^i + \mathbf{h}_d^i\right) \qquad (6.271)$$

mit der $n_z^i \times 1$-Matrix $\mathbf{h}_p^i + \mathbf{h}_d^i$ der verallgemeinerten Oberflächenkräfte. Dabei sind in $\mathbf{h}_p^i$ die kontinuierlich verteilten, zur Kraftdichte $\overline{\mathbf{p}}_0^i$ gehörenden, generalisierten Kräfte gesammelt und $\mathbf{h}_d^i$ enthält die diskreten, aus Gelenken und Kraftelementen an den Knoten k, i des Körpers i resultierenden Kräfte. Mit aus (6.221) und mit den aus (6.85) und (6.86) folgenden Ausdrücken

$$\delta\mathbf{v}^{k,i} = \mathbf{T}_t^{k,i}(\mathbf{q}^i)\,\delta\mathbf{z}_{II}^i, \qquad \delta\boldsymbol{\omega}^{k,i} = \mathbf{T}_r^{k,i}\,\delta\mathbf{z}_{II}^i \qquad (6.272)$$

für die virtuellen Geschwindigkeiten der Knoten k, i findet man für die beiden Summanden aus (6.271)

$$\mathbf{h}_p^i = \int\limits_{A_{p0}^i} \mathbf{T}_t^{i^T}(\mathbf{R}, \mathbf{q}^i)\,\overline{\mathbf{p}}_0^i(\mathbf{R}, t)\,dA, \qquad (6.273)$$

$$\mathbf{h}_d^i = \sum_{k:\,i=i(k)} \left(\mathbf{T}_t^{k,i^T}(\mathbf{q}^i)\,\mathbf{F}^{k,i} + \mathbf{T}_r^{k,i^T}\,\mathbf{L}^{k,i} \right). \qquad (6.274)$$

Für die verteilten Oberflächenkräfte (6.273) gilt mit $\mathbf{T}_t^i$ aus (6.69)

$$\mathbf{h}_p^i = \begin{bmatrix} \mathbf{h}_{pt}^i \\ \mathbf{h}_{pr}^i \\ \mathbf{h}_{pe}^i \end{bmatrix} \quad \text{wo} \quad \begin{cases} \mathbf{h}_{pr}^i = \int\limits_{A_{po}^i} \left(\mathbf{R} + \boldsymbol{\Phi}^i(\mathbf{R})\mathbf{q}^i(t) \right)^{\sim} \overline{\mathbf{p}}_0^i(\mathbf{R},t)\, dA \\[2mm] \mathbf{h}_{pt}^i = \int\limits_{A_{po}^i} \overline{\mathbf{p}}_0^i(\mathbf{R},t)\, dA\,, \quad \mathbf{h}_{pe}^i = \int\limits_{A_{po}^i} \boldsymbol{\Phi}^{i^T}(\mathbf{R})\, \overline{\mathbf{p}}_0^i(\mathbf{R},t)\, dA\,. \end{cases} \tag{6.275}$$

Entsprechend gilt für die generalisierten, diskreten Kräfte wegen (6.85) und (6.86)

$$\mathbf{h}_d^i = \begin{bmatrix} \mathbf{h}_{dt}^i \\ \mathbf{h}_{dr}^i \\ \mathbf{h}_{de}^i \end{bmatrix} = \sum_{k:\, i=i(k)} \left(\begin{bmatrix} \mathbf{E} \\ \left(\mathbf{R}^{k,i} + \boldsymbol{\Phi}^{k,i}\mathbf{q}^i \right)^{\sim} \\ \boldsymbol{\Phi}^{k,i^T} \end{bmatrix} \mathbf{F}^{k,i} + \begin{bmatrix} \mathbf{0} \\ \mathbf{E} \\ \boldsymbol{\Psi}^{k,i^T} \end{bmatrix} \mathbf{L}^{k,i} \right). \tag{6.276}$$

Ihre Berechnung wird im nächsten Abschnitt erläutert.

6.3.4 Kraftsysteme in Kraftelementen und Gelenken

Die Größen $\mathbf{F}^{k,i}$ und $\mathbf{L}^{k,i}$ in $\mathbf{h}_d^i$ aus (6.274) sind nach (6.218) die Koordinaten der Reduktionsresultanten $\underline{F}^{k,i}$ und $\underline{L}^{k,i}$ der durch Kraftelemente oder Gelenke zwischen den Körpern übertragenen Schnittkräfte und -momente. Sie werden hier für ein Gelenk s angegeben. Bei Kraftelementen muß der Gelenkindex s, wie bei Definition der Relativbewegungen in Abschnitt 6.2.2, durch r ersetzt werden.

Bild 6-13 zeigt das Gelenk s aus Bild 6-6 zwischen den Knoten $k, i = t(s)$ und $l, j = f(s)$ auf den Körpern $i = i(k)$ und $j = j(l)$. Für die Zuordnung von Gelenk- Knoten- und Körpernummern gelten die Vereinbarungen aus (6.104) und (6.105). Das Gelenk ist an Teilen der Oberflächen der Körper i und j angebracht, die in den Koordinatensystemen $\{O^{k,i}, \underline{e}^{k,i}\}$ und $\{O^{l,j}, \underline{e}^{l,j}\}$ unverformt bleiben. Durch Aufschneiden der Verbindungen zwischen den Körpern und dem Gelenk werden über die Schnittflächen verteilte Kräfte freigelegt. Die Reduktionsresultanten dieser über die unverformbaren Schnittflächen verteilten Schnittkräfte sind $\underline{F}^{k,i}$, $\underline{L}^{k,i}$ und $\underline{F}^{l,j}$, $\underline{L}^{l,j}$. Die Bezugspunkte zur Reduktion der eben angesprochenen Kraftsysteme sind $O^{k,i}$ und $O^{l,j}$.

Die Schnittgrößen $\underline{F}^{k,i}$, $\underline{L}^{k,i}$ und $\underline{F}^{l,j}$, $\underline{L}^{l,j}$ lassen sich durch die im Gelenk übertragenen Kräfte und Momente

$$\underline{F}^s = \underline{e}^{t(s)^T} \mathbf{F}^s\,, \quad \mathbf{F}^s = \left[F_\alpha^s \right] \quad \text{und} \quad \underline{L}^s = \underline{e}^{t(s)^T} \mathbf{L}^s\,, \quad \mathbf{L}^s = \left[L_\alpha^s \right] \tag{6.277}$$

ausdrücken. Die in $O^{l,j} = O^f$ am Körper j wirksamen Schnittgrößen seien

$$\underline{F}^{l,j} = -\underline{F}^s \quad \text{und} \quad \underline{L}^{l,j} = -\underline{L}^s\,. \tag{6.278}$$

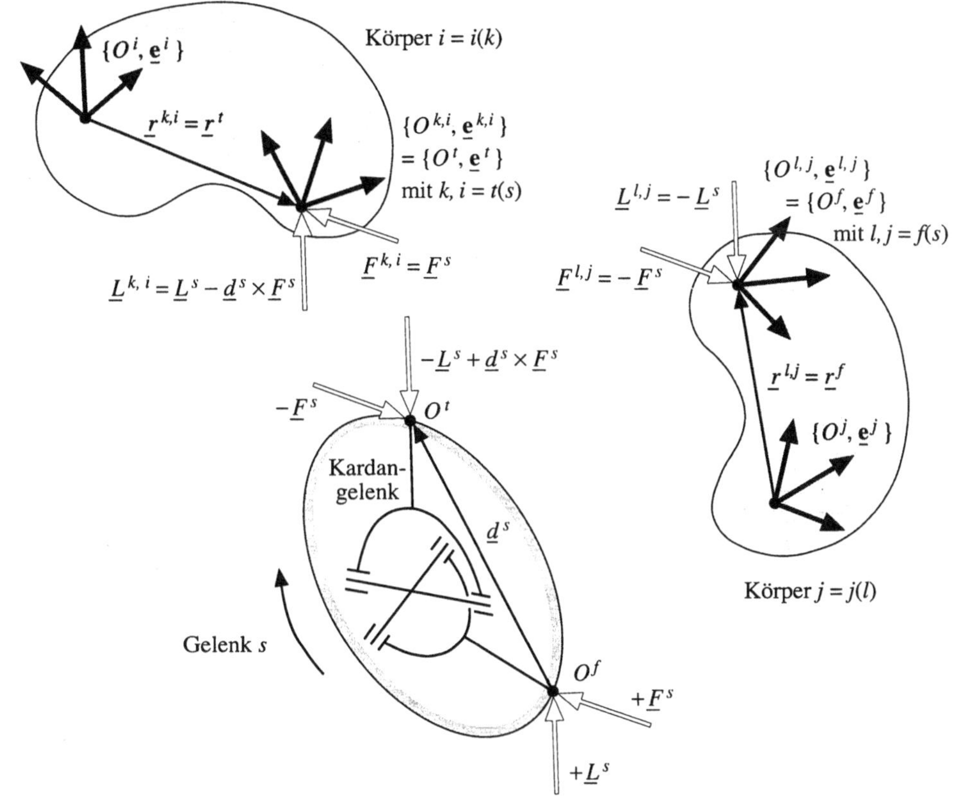

Bild 6-13: Schnittkräfte und -momente am Gelenk s eines Mehrkörpersystems.

Am Gelenk s sind dann im Punkt O^f die Größen $+\underline{F}^s$ und $+\underline{L}^s$ wirksam – vgl. Bild 6-13. Hieraus folgt, daß im Punkt O^t des Gelenks die Größen $-\underline{F}^s$ und $-\underline{L}^s + \underline{d}^s \times \underline{F}^s$ angreifen. Am Punkt $O^{k,i} = O^t$ des Körpers i wirken dann

$$\underline{F}^{k,i} = +\underline{F}^s \quad \text{und} \quad \underline{L}^{k,i} = +\underline{L}^s - \underline{d}^s \times \underline{F}^s. \tag{6.279}$$

Die Resultanten $\underline{F}^{k,i}$, $\underline{L}^{k,i}$ des Kraftsystems am Knoten k, i sind nach (6.218) in der Basis $\underline{e}^i$ dargestellt, während $\underline{F}^s$, $\underline{L}^s$ und $\underline{d}^s$ gemäß (6.277) und (6.107) in der Basis $\underline{e}^{t(s)} = \underline{e}^{k,i}$ angegeben sind. Mit (6.105) und (6.79) folgt aus (6.279)

$$\mathbf{F}^{k,i} = \mathbf{D}^{k,i^T} \mathbf{F}^s, \quad \mathbf{L}^{k,i} = \mathbf{D}^{k,i^T} \left(\mathbf{L}^s - \tilde{\mathbf{d}}^s \mathbf{F}^s \right). \tag{6.280}$$

Aus (6.278) folgt unter Beachtung von (6.105), (6.79) und (6.108)

$$\mathbf{F}^{l,j} = -\mathbf{D}^{l,j^T} \mathbf{B}^{s^T} \mathbf{F}^s, \quad \mathbf{L}^{l,j} = -\mathbf{D}^{l,j^T} \mathbf{B}^{s^T} \mathbf{L}^s. \tag{6.281}$$

Für die am Knoten k, i auf einem Körper i wirksamen Kräfte und Momente infolge eines dort angebrachten Gelenks s gilt somit

$$\mathbf{F}^{k,i} = \mathbf{D}^{k,i^T} \mathbf{F}^s , \qquad \mathbf{L}^{k,i} = \mathbf{D}^{k,i^T} \left(\mathbf{L}^s - \tilde{\mathbf{d}}^s \mathbf{F}^s \right) \quad \text{falls } k,i = t(s)$$

$$\mathbf{F}^{k,i} = - \mathbf{D}^{k,i^T} \mathbf{B}^{s^T} \mathbf{F}^s , \quad \mathbf{L}^{k,i} = - \mathbf{D}^{k,i^T} \mathbf{B}^{s^T} \mathbf{L}^s \qquad \text{falls } k,i = f(s).$$

$$\tag{6.282}$$

Die an einem Gelenk s wirksamen Resultanten (6.277) sind durchweg unbekannte Zwangskräfte und -momente. Kennzeichnet man solche Größen durch einen Index c (für forces), so gilt

$$\underline{F}^s = \underline{F}^s_c , \quad \underline{L}^s = \underline{L}^s_c \quad \text{und} \quad \mathbf{F}^s = \mathbf{F}^s_c , \quad \mathbf{L}^s = \mathbf{L}^s_c. \tag{6.283}$$

Mit (6.282) liefert (6.283) die an den Knoten k, i des Körpers i wirksamen Zwangskräfte

$$\mathbf{F}^{k,i} = \mathbf{F}^{k,i}_c \quad \text{und} \quad \mathbf{L}^{k,i} = \mathbf{L}^{k,i}_c . \tag{6.284}$$

Bei Kraftelementen gelten die Gleichungen (6.277) bis (6.282) ebenfalls, wenn man die Indizes s durch r ersetzt. Im Gegensatz zu Gelenken liefern Kraftelemente ausschließlich eingeprägte Kräfte und Momente. Mit dem Index f (für force element) zur Kennzeichnung solcher Größen gilt

$$\underline{F}^r = \underline{F}^r_f , \quad \underline{L}^r = \underline{L}^r_f \quad \text{und} \quad \mathbf{F}^r = \mathbf{F}^r_f , \quad \mathbf{L}^r = \mathbf{L}^r_f. \tag{6.285}$$

Die Koordinaten $\mathbf{F}^r_f$ und $\mathbf{L}^r_f$ können als Funktionen des Bewegungszustands der Körper und der Zeit angegeben werden. Mit (6.285) liefert (6.282) die an den Knoten k, i des Körpers i wirksamen eingeprägten Kräfte und Momente

$$\mathbf{F}^{k,i} = \mathbf{F}^{k,i}_f \quad \text{und} \quad \mathbf{L}^{k,i} = \mathbf{L}^{k,i}_f . \tag{6.286}$$

Mit (6.284) und (6.286) kann man die Matrix $\mathbf{h}^i_d$ aus (6.274) in zwei Summanden aufteilen

$$\mathbf{h}^i_d = \mathbf{h}^i_f + \mathbf{h}^i_c . \tag{6.287}$$

Mit den Abkürzungen

$$\mathbf{h}^{ik}_f = \begin{bmatrix} \mathbf{T}^{k,i^T}_t & \mathbf{T}^{k,i^T}_r \end{bmatrix} \begin{bmatrix} \mathbf{F}^{k,i}_f \\ \mathbf{L}^{k,i}_f \end{bmatrix} \quad \text{und} \quad \mathbf{h}^{ik}_c = \begin{bmatrix} \mathbf{T}^{k,i^T}_t & \mathbf{T}^{k,i^T}_r \end{bmatrix} \begin{bmatrix} \mathbf{F}^{k,i}_c \\ \mathbf{L}^{k,i}_c \end{bmatrix} \tag{6.288}$$

für die Summanden aus (6.274) folgt aus (6.287) und (6.274)

$$\mathbf{h}^i_f = \sum_{k:i=i(k_r)} \mathbf{h}^{ik}_f \qquad \text{und} \qquad \mathbf{h}^i_c = \sum_{k:i=i(k_s)} \mathbf{h}^{ik}_c \, . \tag{6.289}$$

Dabei sind $k = k_r$ bzw. $k = k_s$ Knoten, an denen Kraftelemente r bzw. Gelenke s angebracht sind.

Die in (6.288) und (6.289) erscheinenden Koordinaten von Kräften und Momenten an den Knoten wurden mit (6.282) durch die in Gelenken und in Kraftelementen wirksamen Kräfte und Momente $\mathbf{F}^s_c, \mathbf{L}^s_c$ und $\mathbf{F}^r_f, \mathbf{L}^r_f$ aus (6.283) und (6.285) ausgedrückt. Diese Größen werden in den 6×1-Matrizen

$$\boldsymbol{\Lambda}^s_c = \begin{bmatrix} \mathbf{F}^s_c \\ \mathbf{L}^s_c \end{bmatrix} \qquad \text{und} \qquad \boldsymbol{\Lambda}^r_f = \begin{bmatrix} \mathbf{F}^r_f \\ \mathbf{L}^r_f \end{bmatrix} \tag{6.290}$$

zusammengefaßt. Mit den in (6.133) und (6.134) eingeführten Matrizen $\mathbf{T}^t$ und $\mathbf{T}^f$ und mit (6.282) erkennt man, daß sich die generalisierten Kräfte aus (6.288) dann in der folgenden Form schreiben lassen:

$$\mathbf{h}^{ik}_f = \begin{cases} + \mathbf{T}^{t^T} \boldsymbol{\Lambda}^r_f & \text{falls } t = t(r) = k,i \\[2ex] - \mathbf{T}^{f^T} \boldsymbol{\Lambda}^r_f & \text{falls } f = f(r) = k,i \end{cases} \quad \text{wo} \quad k = k_r, \tag{6.291}$$

$$\mathbf{h}^{ik}_c = \begin{cases} + \mathbf{T}^{t^T} \boldsymbol{\Lambda}^s_c & \text{falls } t = t(s) = k,i \\[2ex] - \mathbf{T}^{f^T} \boldsymbol{\Lambda}^s_c & \text{falls } f = f(s) = k,i \end{cases} \quad \text{wo} \quad k = k_s. \tag{6.292}$$

Die diskreten generalisierten Kräfte $\mathbf{h}^i_d$ aus (6.276) erhält man somit aus (6.287), (6.289), (6.291) und (6.292), wo $\boldsymbol{\Lambda}^r_f$ und $\boldsymbol{\Lambda}^s_c$ die in den Kraftelementen r und in den Gelenken s wirksamen Kräfte und Momente aus (6.290) sind.

6.3.5 Linearisierung und geometrische Steifigkeiten

Mit den zu den generalisierten Geschwindigkeiten $\mathbf{z}^i_{II}$ gehörenden generalisierten Massen und Kräften aus (6.222), (6.252), (6.254), (6.271) und (6.287) kann man die virtuelle Leistung δP^i aus (6.220) umschreiben in

$$\delta P^i = \delta \mathbf{z}^{i\,T}_{II} \left(\mathbf{M}^i \, \dot{\mathbf{z}}^i_{II} - \mathbf{h}^i_\omega - \mathbf{h}^i_g - \mathbf{h}^i_e - \mathbf{h}^i_p - \mathbf{h}^i_f - \mathbf{h}^i_c \right). \tag{6.293}$$

Die Gesamtheit der generalisierten, eingeprägten Kräfte (applied forces) ist

$$\mathbf{h}^i_a = \mathbf{h}^i_\omega + \mathbf{h}^i_g + \mathbf{h}^i_e + \mathbf{h}^i_p + \mathbf{h}^i_f. \tag{6.294}$$

Sie setzt sich zusammen aus den kontinuierlich verteilten Kräften $\mathbf{h}_\omega^i + \mathbf{h}_g^i + \mathbf{h}_e^i + \mathbf{h}_p^i$ und den diskreten Kräften $\mathbf{h}_f^i$ aus Kraftelementen. Bei Mehrkörpersystemen ohne Gelenke s kommen in (6.293) keine Zwangskräfte vor, also $\mathbf{h}_c^i \equiv 0$. Für ein solches System besagt das Jourdainsche Prinzip

$$\sum_{i=1}^{n} \delta \mathbf{z}_{II}^{i\,T} \left(\mathbf{M}^i \, \dot{\mathbf{z}}_{II}^i - \mathbf{h}_a^i \right) = 0. \tag{6.295}$$

Die Elemente von $\delta \mathbf{z}_{II}^i$ sind bei Systemen ohne Gelenke voneinander unabhängige, beliebig wählbare Größen. Demnach kann (6.295) nur erfüllt werden, wenn die Ausdrücke in den n Klammern der Summe verschwinden, also wenn die kinetischen Bewegungsgleichungen

$$\mathbf{M}^i \, \dot{\mathbf{z}}_{II}^i = \mathbf{h}_a^i \,, \quad i = 1, 2, \dots n \tag{6.296}$$

erfüllt sind. Zusammen mit den n kinematischen Bewegungsgleichungen (6.66) liefern sie für den Spezialfall eines Mehrkörpersystems ohne Gelenke die gesamte Systembeschreibung. Bei Systemen mit Gelenken sind die Elemente von $\delta \mathbf{z}_{II}^i$ wegen der zu den Gelenken gehörenden Bindungsgleichungen voneinander abhängig. Aus (6.293) gewinnt man mit den Bindungsgleichungen aus Abschnitt 6.2.3 Formalismen zur Herleitung der Bewegungsgleichungen solcher Mehrkörpersysteme. Sie werden in Hauptabschnitt 6.5 erläutert.

Die Verformungen $\mathbf{u}^i(\mathbf{R},t)$ und $\boldsymbol{\vartheta}^i(\mathbf{R},t)$ der Körper bleiben bei vielen Anwendungen klein. Die Ansatzfunktionen aus (6.46) und (6.47) seien so normiert, daß mit $\mathbf{u}^i(\mathbf{R},t)$ und $\boldsymbol{\vartheta}^i(\mathbf{R},t)$ auch $\mathbf{q}^i(t)$ klein bleibt. Die Bewegungsgleichungen lassen sich dann durch Vernachlässigung aller in den Verformungskoordinaten $\mathbf{q}^i$ nichtlinearen Terme linearisieren. Die Herleitung der Formalismen im Hauptabschnitt 6.5 geht von (6.293) aus, einer Gleichung, in der neben den generalisierten eingeprägten Kräften $\mathbf{h}_a^i$ auch noch die generalisierten Zwangskräfte $\mathbf{h}_c^i$ infolge der Gelenke aus (6.292) vorkommen, also die Gesamtheit der generalisierten Kräfte zu den Geschwindigkeiten $\mathbf{z}_{II}^i$:

$$\mathbf{h}_z^i = \mathbf{h}_a^i + \mathbf{h}_c^i. \tag{6.297}$$

Wenn man den Ausdruck in der Klammer aus (6.293) gleich Null setzt, erhält man die Bedingungen für Gleichgewicht der am Körper i wirksamen Kräfte und der Trägheitskräfte $\mathbf{M}^i \, \dot{\mathbf{z}}_{II}^i$, also

$$\mathbf{M}^i \, \dot{\mathbf{z}}_{II}^i = \mathbf{h}_z^i. \tag{6.298}$$

Dies sind die kinetischen Bewegungsgleichungen eines aus dem Mehrkörpersystem herausgeschnittenen Körpers i. Zur Linearisierung dieser Gleichungen für kleine Verformungen ist es zweckmäßig, die Kräfte $\mathbf{h}_z^i$ folgendermaßen zu trennen:

$$\mathbf{h}_z^i = \mathbf{h}^i + \mathbf{h}_e^i \quad \text{mit} \quad \mathbf{h}^i = \mathbf{h}_\omega^i + \mathbf{h}_g^i + \mathbf{h}_p^i + \mathbf{h}_f^i + \mathbf{h}_c^i = \mathbf{h}_\omega^i + \mathbf{h}_g^i + \mathbf{h}_p^i + \mathbf{h}_d^i \qquad (6.299)$$

und mit $\mathbf{h}_e^i$ aus (6.270).

Linearisierung

Gesucht sind die für kleine $\mathbf{q}^i$, $\dot{\mathbf{q}}^i$ und $\ddot{\mathbf{q}}^i$ linearisierten Gleichungen (6.298). Bei ihrer Herleitung wird vorausgesetzt, daß die zu $\mathbf{q}^i \equiv \mathbf{0}$ gehörende Referenzkonfiguration spannungsfrei ist, also daß

$$\boldsymbol{\sigma}_0^i = \mathbf{0}. \qquad (6.300)$$

Hinweise zur Modifikation der Gleichungen für Fälle, in denen diese Annahme nicht zutrifft, finden sich am Ende des Abschnitts.

Zur Linearisierung der Gleichungen (6.298) geht man davon aus, daß eine Nominalbewegung $\mathbf{z}_I^i = \mathbf{z}_{I0}^i$ und $\mathbf{z}_{II}^i = \mathbf{z}_{II0}^i$ für gewisse Systemparameter, beispielsweise für die Kräfte $\mathbf{h}^i = \mathbf{h}_0^i$, bekannt ist. Man fragt nach den durch $\Delta\mathbf{z}_I^i$ und $\Delta\mathbf{z}_{II}^i$ erfaßten, kleinen Störungen der Bewegung, also nach den Lösungen

$$\left.\begin{array}{l} \mathbf{z}_I^i = \mathbf{z}_{I0}^i + \Delta\mathbf{z}_I^i \, , \\[2mm] \mathbf{z}_{II}^i = \mathbf{z}_{II0}^i + \Delta\mathbf{z}_{II}^i \, , \end{array}\right\} \quad \mathbf{z}_{I0}^i = \begin{bmatrix} \boldsymbol{\rho}_0^i \\ \boldsymbol{\alpha}_0^i \\ \mathbf{0} \end{bmatrix}, \quad \mathbf{z}_{II0}^i = \begin{bmatrix} \mathbf{v}_0^i \\ \boldsymbol{\omega}_0^i \\ \mathbf{0} \end{bmatrix}, \quad \Delta\mathbf{z}_I^i = \begin{bmatrix} \Delta\boldsymbol{\rho}^i \\ \Delta\boldsymbol{\alpha}^i \\ \mathbf{q}^i \end{bmatrix}, \quad \Delta\mathbf{z}_{II}^i = \begin{bmatrix} \Delta\mathbf{v}^i \\ \Delta\boldsymbol{\omega}^i \\ \dot{\mathbf{q}}^i \end{bmatrix}, \qquad (6.301)$$

die sich bei einer kleinen Änderung der Parameter, hier der Kräfte $\mathbf{h}^i = \mathbf{h}_0^i$ in $\mathbf{h}^i = \mathbf{h}_0^i + \Delta\mathbf{h}^i$, einstellen. Wie die folgenden Erläuterungen zeigen, sind die zur Linearisierung der Gleichungen vorgeschlagenen Annahmen aus (6.301) nicht unproblematisch.

Mit (6.301) gilt für die Matrizen aus (6.299) und (6.298) in linearer Näherung

$$\begin{aligned} \mathbf{M}^i &= \mathbf{M}^i(\mathbf{z}_I^i) = \mathbf{M}_0^i + \Delta\mathbf{M}^i \, , \\[2mm] \mathbf{h}^i &= \mathbf{h}^i(\mathbf{z}_I^i, \mathbf{z}_{II}^i) = \mathbf{h}_0^i + \Delta\mathbf{h}^i \, , \quad \mathbf{h}_e^i = \mathbf{h}_e^i(\mathbf{z}_I^i, \mathbf{z}_{II}^i) \doteq \mathbf{h}_{e0}^i + \Delta\mathbf{h}_e^i \, , \end{aligned} \qquad (6.302)$$

wo $\mathbf{M}_0^i = \mathbf{M}^i(\mathbf{z}_{I0}^i)$, $\mathbf{h}_0^i = \mathbf{h}^i(\mathbf{z}_{I0}^i, \mathbf{z}_{II0}^i)$ und $\mathbf{h}_{e0}^i = \mathbf{h}_e^i(\mathbf{z}_{I0}^i, \mathbf{z}_{II0}^i)$ und wo $\Delta\mathbf{M}^i$, $\Delta\mathbf{h}^i$ und $\Delta\mathbf{h}_e^i$ lineare Funktionen von $\Delta\mathbf{z}_I^i$ und $\Delta\mathbf{z}_{II}^i$ sind. Mit (6.300) bis (6.302) erhält man aus (6.298) und (6.299) bei Vernachlässigung in $\mathbf{q}^i$ nichtlinearer Terme die kinetischen Gleichungen für die Nominalbewegung und die Störungen. Die Gleichungen für die Nominalbewegung $\mathbf{z}_{I0}^i$, $\mathbf{z}_{II0}^i$ ergeben sich unter Beachtung von (6.300), (6.270) und (6.262) zu

$$\mathbf{M}_0^i \, \dot{\mathbf{z}}_{II0}^i = \mathbf{h}_0^i + \mathbf{h}_{e0}^i \quad \text{mit} \quad \mathbf{h}_{e0}^i = \mathbf{0}. \qquad (6.303)$$

Für die Störungen $\Delta \mathbf{z}^i_I$, $\Delta \mathbf{z}^i_{II}$ findet man bei Vernachlässigung der in den Verformungen $\mathbf{q}^i$ nichtlinearen Kräfte $\mathbf{K}^i_{eN}(\mathbf{q}^i)\,\mathbf{q}^i$ aus (6.270) unter Beachtung von (6.300), (6.262) und (6.263)

$$\mathbf{M}^i_0\,\Delta\dot{\mathbf{z}}^i_{II} = \Delta\mathbf{h}^i + \Delta\mathbf{h}^i_e - \Delta\mathbf{M}^i\,\dot{\mathbf{z}}^i_{II0}\,, \quad \Delta\mathbf{h}^i_e = \begin{bmatrix} [\mathbf{0}] \\ -\Delta\mathbf{k}^i_e \end{bmatrix}, \quad \Delta\mathbf{k}^i_e = \mathbf{K}^i_e\,\mathbf{q}^i + \mathbf{D}^i_e\,\dot{\mathbf{q}}^i. \quad (6.304)$$

Mit den partitionierten Matrizen aus (6.301), mit $\mathbf{h}^i_{e0}$ aus (6.303), mit den Summanden von $\mathbf{h}^i$ aus (6.299) und mit den im Anschluß an (6.224) vereinbarten Bezeichnungen der Indizes von Submatrizen läßt sich (6.303) aufteilen in die beiden Gleichungen

$$\begin{bmatrix} \mathbf{M}^i_{tt0} & \mathbf{M}^i_{tr0} \\ \mathbf{M}^i_{rt0} & \mathbf{M}^i_{rr0} \end{bmatrix} \begin{bmatrix} \dot{\mathbf{v}}^i_0 \\ \dot{\boldsymbol{\omega}}^i_0 \end{bmatrix} = \begin{bmatrix} \mathbf{h}^i_{\omega t0} + \mathbf{h}^i_{gt0} + \mathbf{h}^i_{pt0} + \mathbf{h}^i_{dt0} \\ \mathbf{h}^i_{\omega r0} + \mathbf{h}^i_{gr0} + \mathbf{h}^i_{pr0} + \mathbf{h}^i_{dr0} \end{bmatrix}, \quad (6.305)$$

$$\mathbf{M}^i_{et0}\,\dot{\mathbf{v}}^i_0 + \mathbf{M}^i_{er0}\,\dot{\boldsymbol{\omega}}^i_0 = \mathbf{h}^i_{\omega e0} + \mathbf{h}^i_{ge0} + \mathbf{h}^i_{pe0} + \mathbf{h}^i_{de0}. \quad (6.306)$$

Die erste Gleichung (6.305) erlaubt die Bestimmung der zu den Kräften auf der rechten Seite gehörenden Nominalbewegung $\mathbf{z}^i_{I0}, \mathbf{z}^i_{II0}$ aus (6.301). Die zweite Gleichung (6.306) zeigt, daß eine Linearisierung der Gleichungen mit den Annahmen aus (6.300) und (6.301) nicht ohne weiteres möglich ist. Die Submatrizen $\mathbf{h}^i_{\omega e0} + \mathbf{h}^i_{ge0} + \mathbf{h}^i_{pe0} + \mathbf{h}^i_{de0}$ von $\mathbf{h}^i_0$, also die in der Nominalkonfiguration wirksamen generalisierten Kräfte, müssen der Bedingung (6.306) genügen, damit es Lösungen $\mathbf{z}^i_{I0}, \mathbf{z}^i_{II0}$ gemäß (6.301) und (6.300) gibt, also Bewegungen mit einer spannungsfreien Referenzkonfiguration $\mathbf{q}^i = \mathbf{0}$.

Bei Kennzeichnung der aus Störungen der Bewegung $\mathbf{z}^i_{I0}, \mathbf{z}^i_{II0}$ resultierenden Terme mit Δ – vgl. (6.302) – erhält man aus (6.304) die linearisierten Gleichungen für die Störungen zu

$$\begin{bmatrix} \mathbf{M}^i_{tt0} & \mathbf{M}^i_{tr0} & \mathbf{M}^i_{te0} \\ \mathbf{M}^i_{rt0} & \mathbf{M}^i_{rr0} & \mathbf{M}^i_{re0} \\ \mathbf{M}^i_{et0} & \mathbf{M}^i_{er0} & \mathbf{M}^i_{ee0} \end{bmatrix} \begin{bmatrix} \Delta\dot{\mathbf{v}}^i \\ \Delta\dot{\boldsymbol{\omega}}^i \\ \ddot{\mathbf{q}}^i \end{bmatrix} = \begin{bmatrix} \Delta\mathbf{h}^i_{\omega t} + \Delta\mathbf{h}^i_{gt} + \Delta\mathbf{h}^i_{pt} + \Delta\mathbf{h}^i_{dt} \\ \Delta\mathbf{h}^i_{\omega r} + \Delta\mathbf{h}^i_{gr} + \Delta\mathbf{h}^i_{pr} + \Delta\mathbf{h}^i_{dr} \\ \Delta\mathbf{h}^i_{\omega e} + \Delta\mathbf{h}^i_{ge} + \Delta\mathbf{h}^i_{pe} + \Delta\mathbf{h}^i_{de} \end{bmatrix} + \begin{bmatrix} \mathbf{0} \\ \mathbf{0} \\ -\Delta\mathbf{k}^i_e \end{bmatrix}$$
$$- \begin{bmatrix} \Delta\mathbf{M}^i_{tt} & \Delta\mathbf{M}^i_{tr} \\ \Delta\mathbf{M}^i_{rt} & \Delta\mathbf{M}^i_{rr} \\ \Delta\mathbf{M}^i_{et} & \Delta\mathbf{M}^i_{er} \end{bmatrix} \begin{bmatrix} \dot{\mathbf{v}}^i_0 \\ \dot{\boldsymbol{\omega}}^i_0 \end{bmatrix}. \quad (6.307)$$

Mit $\mathbf{v}^i_0$ und $\boldsymbol{\omega}^i_0$ aus (6.305) können die Massen und Kräfte aus (6.307) angegeben werden, womit sich die Störungen $\Delta\mathbf{v}^i$, $\Delta\boldsymbol{\omega}^i$ und $\mathbf{q}^i$ bestimmen lassen.

Die Definition von Nominaltermen und Störungen erübrigt sich, wenn man die linearisierten Gleichungen (6.298) mit Hilfe der Variablen $\dot{\mathbf{v}}^i$, $\dot{\boldsymbol{\omega}}^i$ und $\ddot{\mathbf{q}}^i$ angibt. Man nimmt also an, daß

$\mathbf{q}^i, \dot{\mathbf{q}}^i$ und $\ddot{\mathbf{q}}^i$ klein sind und erhält aus (6.298) mit den in Abschnitt 6.3.2 angegebenen, generalisierten Massen die in den Verformungskoordinaten $\mathbf{q}^i$ linearisierten Gleichungen

$$
\begin{bmatrix} m^i\,\mathbf{E} & m^i\,\tilde{\mathbf{c}}^{i\,T} & \mathbf{C}_t^{i\,T} \\ m^i\,\tilde{\mathbf{c}}^i & \mathbf{I}^i & \mathbf{C}_r^{i\,T} \\ \mathbf{C}_t^i & \mathbf{C}_r^i & \mathbf{M}_e^i \end{bmatrix} \begin{bmatrix} \dot{\mathbf{v}}^i \\ \dot{\boldsymbol{\omega}}^i \\ \ddot{\mathbf{q}}^i \end{bmatrix} = \begin{bmatrix} \mathbf{h}_{\omega t}^i + \mathbf{h}_{gt}^i + \mathbf{h}_{pt}^i + \mathbf{h}_{dt}^i \\ \mathbf{h}_{\omega r}^i + \mathbf{h}_{gr}^i + \mathbf{h}_{pr}^i + \mathbf{h}_{dr}^i \\ \mathbf{h}_{\omega e}^i + \mathbf{h}_{ge}^i + \mathbf{h}_{pe}^i + \mathbf{h}_{de}^i \end{bmatrix} + \begin{bmatrix} \mathbf{0} \\ \mathbf{0} \\ -\mathbf{k}_e^i \end{bmatrix},
\tag{6.308}
$$

wo wegen (6.300) und (6.270)

$$
\mathbf{k}_e^i = \Delta\mathbf{k}_e^i = \mathbf{K}_e^i\,\mathbf{q}^i + \mathbf{D}_e^i\,\dot{\mathbf{q}}^i.
\tag{6.309}
$$

Die Gleichungen (6.308) enthalten neben in $\mathbf{q}^i, \dot{\mathbf{q}}^i$ und $\ddot{\mathbf{q}}^i$ linearen Termen, den Störungen, auch Nominalterme ohne $\mathbf{q}^i, \dot{\mathbf{q}}^i$ und $\ddot{\mathbf{q}}^i$. Die Matrix $\mathbf{I}_2^i$ in $\mathbf{I}^i = \mathbf{I}^i(\mathbf{q}^i)$ aus (6.232) und die Matrix $\mathbf{G}_{r l1}^i$ aus (6.241) in $\mathbf{h}_{\omega r}^i$ aus (6.242) werden bei Linearisierung der Gleichungen (6.308) vernachlässigt. Desgleichen entfällt der Term $\mathbf{C}_{r1}^{i\,T}\ddot{\mathbf{q}}^i$ – vgl. (6.234) – auf der linken Seite von (6.308), während der Term $\mathbf{C}_{r1}^i\,\dot{\boldsymbol{\omega}}^i$ in den linearisierten Gleichungen verbleibt. Die Massenmatrix aus (6.308) wird demnach bei Vernachlässigung von Termen zweiter Ordnung unsymmetrisch. Dies bedeutet, daß in den linearisierten Gleichungen (6.308) nicht zusammengehörende, generalisierte Massen und Kräfte verwendet werden, also daß eine Linearisierung der Gleichungen unter den Annahmen (6.300) und (6.301) Probleme aufwirft.

Die Problematik der Annahmen (6.300) und (6.301) zeigt sich auch mit der folgenden Überlegung. Bei Nominalbewegung sind am Körper i die durch den Index 0 gekennzeichneten, großen Kräfte aus (6.305) und (6.306) wirksam. Infolge dieser Kräfte dürfen sich nach (6.300) und (6.301) aber keine Spannungen $\boldsymbol{\sigma}^i \neq \mathbf{0}$ ergeben, da sowohl $\boldsymbol{\sigma}_0^i$ als auch $\mathbf{H}^i\,\boldsymbol{\varepsilon}^i$ in (6.259) verschwinden. Allenfalls können Zwangsspannungen vorkommen, die bei einer späteren Verwendung der Prinzipe der Mechanik zur Angabe der Bewegungsgleichungen des Mehrkörpersystems entfallen. Erst wenn die Störungen aus (6.307) wirksam werden, ergeben sich Verformungen $\mathbf{q}^i \neq \mathbf{0}$ und damit auch Spannungen $\boldsymbol{\sigma}^i \neq \mathbf{0}$.

Ein Ausweg aus den angesprochenen Problemen ergibt sich in drei Fällen:

1. Der Körper i ist starr.

2. Die Kräfte $\mathbf{h}_0^i$ sind identisch Null, womit aus (6.305) und (6.306) $\dot{\mathbf{v}}_0^i \equiv \dot{\boldsymbol{\omega}}_0^i \equiv \mathbf{0}$ folgt und womit die gesamte Bewegung des Körpers i durch die Gleichungen (6.307) erfaßt wird.

3. Der Körper ist nur schwer verformbar durch die Nominalkräfte aus (6.305) aber leicht verformbar infolge kleiner, nicht nominaler Kräfte. Dies bedeutet, daß der Körper sich stark unterscheidende Steifigkeiten zur Aufnahme der Kräfte verschiedener Größenordnung besitzen muß.

Im ersten Fall gelten die Gleichungen (6.308) für $\mathbf{q}^i \equiv \mathbf{0}$, alle Spannungen $\boldsymbol{\sigma}^i$ sind Zwangsspannungen und die dritte Zeile der Gleichungen entfällt. Der zweite Fall wurde in [81, 82] untersucht und kann hier ausgeschlossen werden – es sollen ja gerade Bewegungen ermittelt werden, die sich aus den hier großen Referenzbewegungen und den kleinen Verformungen zusammensetzen. Der dritte Fall erfordert nach Kapitel 4.3 die Berücksichtigung geometrischer Steifigkeiten.

Geometrische Steifigkeiten

Diese Terme erscheinen nach Kapitel 4.3 in linearisierten Bewegungsgleichungen eines Körpers i, wenn der Körper sich stark unterscheidende Steifigkeiten gegenüber verschiedenen Verformungen besitzt und wenn an ihm genügend große Kräfte zur Überwindung der hohen Verformungswiderstände wirksam sind. Zur genaueren Formulierung der Bedingungen werden die n_q^i Verformungskoordinaten $\mathbf{q}^i$ aus (6.308) unterteilt in die beiden Gruppen von n_{qw}^i Koordinaten $\overline{\mathbf{q}}^i = \mathbf{q}_w^i$ und von n_{qs}^i Koordinaten $\overline{\overline{\mathbf{q}}}^i = \mathbf{q}_s^i$, also

$$\mathbf{q}^i = \begin{bmatrix} \overline{\mathbf{q}}^i \\ \overline{\overline{\mathbf{q}}}^i \end{bmatrix} \quad \text{wo} \quad \overline{\mathbf{q}}^i = \mathbf{q}_w^i \quad \text{und} \quad \overline{\overline{\mathbf{q}}}^i = \mathbf{q}_s^i. \tag{6.310}$$

Der einfache und der doppelte Querstrich wird in den folgenden Gleichungen, wie in (6.310), neben den Indizes w und s zur Unterscheidung von Submatrizen verwendet, die zu Verformungen $\mathbf{q}_w^i$ und $\mathbf{q}_s^i$ gehören.

Wenn die $\mathbf{q}_w^i$ und die $\mathbf{q}_s^i$ klein bleiben, ergeben sich die aus ihnen resultierenden Spannungen $\boldsymbol{\sigma}_w^i$ und $\boldsymbol{\sigma}_s^i$ nach (6.259) bei Beachtung von (6.300) in linearer Näherung zu

$$\boldsymbol{\sigma}^i = \boldsymbol{\sigma}_w^i + \boldsymbol{\sigma}_s^i \quad \text{mit} \quad \boldsymbol{\sigma}_w^i = \mathbf{H}^i\,\mathbf{B}_L^i \begin{bmatrix} \mathbf{q}_w^i \\ \mathbf{0} \end{bmatrix} \quad \text{und} \quad \boldsymbol{\sigma}_s^i = \mathbf{H}^i\,\mathbf{B}_L^i \begin{bmatrix} \mathbf{0} \\ \mathbf{q}_s^i \end{bmatrix}. \tag{6.311}$$

Zur Ermittlung linearer Näherungen für die Unbekannten $\dot{\mathbf{v}}^i$, $\dot{\boldsymbol{\omega}}^i$ und $\ddot{\mathbf{q}}^i$ aus (6.298) wird angenommen, daß die unten angegebenen Voraussetzungen erfüllt sind. Die bei Formulierung der Voraussetzungen verwendeten Begriffe "groß" und "klein" gelten im Sinne der in Abschnitt 4.3.2 verwendeten Klassifikation der Größenordnung von Termen in dimensionslosen Gleichungen. Eine Herleitung der linearisierten Gleichungen inklusive geometrischer Steifigkeiten unter Verwendung dimensionsloser Gleichungen findet sich in [58]. Die Voraussetzungen sind:

1. Der Körper i sei leicht verformbar (weich) für die durch $\mathbf{q}_w^i$ beschriebenen Bewegungen und schwer verformbar (steif) gegenüber Bewegungen, die durch $\mathbf{q}_s^i$ erfaßt werden.

2. Die zu Bewegungen $\mathbf{q}_w^i$ führenden, generalisierten Kräfte auf der rechten Seite der Bewegungsgleichungen (6.298) seien klein, womit $\mathbf{q}_w^i$ und wegen (6.311) auch $\boldsymbol{\sigma}_w^i$ klein bleiben. Große Kräfte, die Bewegungen $\mathbf{q}_w^i$ zur Folge hätten, kommen nicht vor.

3. Die generalisierten Kräfte, die Bewegungen $\mathbf{q}_s^i$ bewirken, seien groß. Die $\mathbf{q}_s^i$ sollen aber trotz dieser Annahme nur eine Größe erreichen, die eine Verwendung der linearisierten

Gleichungen (6.311) zur Ermittlung von $\boldsymbol{\sigma}_s^i$ erlaubt. Wegen der hohen Steifigkeiten des Körpers i gegenüber Bewegungen $\mathbf{q}_s^i$ werden die Spannungen $\boldsymbol{\sigma}_s^i$ ebenfalls groß in dem Sinn, daß alle von Null verschiedenen Elemente der Matrix $\boldsymbol{\sigma}_s^i\,\mathbf{q}^{iT}$ die gleiche Größenordnung besitzen wie die großen, generalisierten Kräfte, die in Bewegungen $\mathbf{q}_s^i$ resultieren.

Es wird also vorausgesetzt, daß am Körper i, im Sinne der in Abschnitt 4.3.2 verwendeten Einteilung der Größenordnung von Termen, "kleine" und "große" Kräfte angreifen, die aber in ausschließlich "kleinen" Bewegungen $\mathbf{q}_w^i$ und $\mathbf{q}_s^i$ des Körpers resultieren. Probleme, bei denen große Kräfte zu großen Verformungen führen, werden hier nicht betrachtet.

Die Ermittlung geometrischer Steifigkeiten wurde in Kapitel 4 am Beispiel von Balken detailliert erläutert – vgl. auch [8, 71]. Eine Verallgemeinerung des Verfahrens für Finite-Elemente-Strukturen findet sich in [58]. Die Ergebnisse sind in der folgenden Vorgehensweise zur Berechnung der Verformungen $\mathbf{q}_s^i$, der zugehörigen Spannungen $\boldsymbol{\sigma}_s^i$ und der aus ihnen resultierenden, inneren Kräfte $\mathbf{K}_{geo}^i(\boldsymbol{\sigma}_s^i)\,\mathbf{q}^i$ infolge geometrischer Steifigkeiten zusammengefaßt.

Die Ermittlung einer in $\mathbf{q}^i$ linearen Näherung für die Gleichungen (6.298) unter Beachtung von (6.300) und der obigen Voraussetzungen ergibt einen zusätzlichen, in $\mathbf{q}^i$ linearen Term in $\mathbf{k}_e^i$ aus (6.309). Seine Ermittlung erfordert die Analyse der Definitionsgleichung (6.260) von $\mathbf{k}_e^i$ unter den oben formulierten Voraussetzungen. Aus (6.260) folgt mit (6.300) und mit $\boldsymbol{\sigma}^i$ aus (6.311)

$$\mathbf{k}_e^i = \int\limits_{V_0^i}\mathbf{B}_L^{i\,T}\,\boldsymbol{\sigma}_w^i\,dV + \int\limits_{V_0^i}\mathbf{B}_L^{i\,T}\,\boldsymbol{\sigma}_s^i\,dV + \int\limits_{V_0^i}\mathbf{B}_N^{i\,T}(\mathbf{q}^i)\,\boldsymbol{\sigma}_w^i\,dV + \int\limits_{V_0^i}\mathbf{B}_N^{i\,T}(\mathbf{q}^i)\,\boldsymbol{\sigma}_s^i\,dV. \qquad (6.312)$$

Die beiden ersten Terme sind wegen (6.257) und (6.311) in $\mathbf{q}^i$ linear. Das dritte Integral aus (6.312) liefert nur in $\mathbf{q}^i$ nichtlineare Terme und entfällt bei Linearisierung von (6.298). Dagegen liefert das vierte Integral mit $\mathbf{B}_N^i(\mathbf{q}^i)$ und $\boldsymbol{\sigma}_s^i$ wegen Voraussetzung 3 einen in $\mathbf{q}^i$ linearen Beitrag. Er entspricht dem Term $\mathcal{E}A(w_1'\,w_3')'$ aus (4.165), der sich nach (4.167) und (4.168) zu $(Z\,w_3')'$ ergibt. Die im Integranden des vierten Integrals erscheinende Matrix

$$\mathbf{B}_N^i(\mathbf{q}^i) = \left[B_{Nkl}^i(\mathbf{q}^i)\right] \qquad (6.313)$$

enthält nach (6.257) keine von $\mathbf{q}^i$ unabhängigen Terme – diese sind in $\mathbf{B}_L^i$ enthalten. Wenn man den Integranden an der Stelle $\mathbf{q}^i = \mathbf{0}$ in eine Taylorreihe entwickelt und nur die in $\mathbf{q}^i$ linearen Terme berücksichtigt, so erhält man

$$\int\limits_{V_0^i}\mathbf{B}_N^{i\,T}\,\boldsymbol{\sigma}_s^i\,dV = \left[\sum_{m=1}^{n_q^i}\left(\sum_{k=1}^{6}\int\limits_{V_0^i}\left.\frac{\partial B_{Nkl}^i}{\partial q_m^i}\right|_{\mathbf{q}^i=\mathbf{0}}\sigma_{sk}^i\,dV\right)q_m^i\right] = \mathbf{K}_{geo}^i\,\mathbf{q}^i \qquad (6.314)$$

mit der $n_q^i \times n_q^i$-Matrix

$$\mathbf{K}_{geo}^i = \left[\sum_{k=1}^6 \int_{V_0^i} \left. \frac{\partial B_{Nkl}^i}{\partial q_m^i} \right|_{\mathbf{q}^i=0} \sigma_{sk}^i \, dV \right]. \tag{6.315}$$

Nach (6.314) und (6.311) ist $\mathbf{K}_{geo}^i \mathbf{q}^i$ ein Term zweiter Ordnung in $\mathbf{q}^i$. Wegen Voraussetzung 3 besitzt er aber die gleiche Größenordnung wie die beiden ersten, in $\mathbf{q}^i$ linearen Terme aus (6.312). Das Produkt $\mathbf{K}_{geo}^i \mathbf{q}^i$ gibt die aus geometrischen Steifigkeiten resultierenden, inneren Kräfte an. Es wird sich als in $\mathbf{q}^i$ linear erweisen, da die Spannungen σ_s^i durch von $\mathbf{q}^i$ unabhängige Nominalkräfte ersetzt werden können. Die Matrix $\mathbf{K}_{geo}^i$ ist nach [95], S. 459 symmetrisch und sie wird als geometrische Steifigkeitsmatrix bezeichnet.

Aus (6.312) wird mit (6.314) und mit (6.311) und (6.264) in der zur Angabe der linearisierten Gleichungen (6.298) benötigten, linearen Näherung, wenn man zusätzlich, wie in (6.269), in $\mathbf{k}_e^i$ auch noch Dämpfungskräfte berücksichtigt

$$\mathbf{k}_e^i = \mathbf{K}_e^i \begin{bmatrix} \mathbf{q}_w^i \\ \mathbf{0} \end{bmatrix} + \mathbf{K}_e^i \begin{bmatrix} \mathbf{0} \\ \mathbf{q}_s^i \end{bmatrix} + \mathbf{K}_{geo}^i \mathbf{q}^i + \mathbf{D}_e^i \dot{\mathbf{q}}^i = \left(\mathbf{K}_e^i + \mathbf{K}_{geo}^i \right) \mathbf{q}^i + \mathbf{D}_e^i \dot{\mathbf{q}}^i. \tag{6.316}$$

Unter Vernachlässigung der in $\mathbf{q}^i$ nichtlinearen Terme erhält man aus (6.298) wieder die Gleichungen (6.308), wobei $\mathbf{k}_e^i$ jetzt aber durch (6.316) gegeben ist. Die dritte Zeile der Gleichungen (6.308) kann mit den in den Abschnitten 6.3.2 und 6.3.3 angegebenen generalisierten Massen und Kräften, mit $\mathbf{a}^i$ aus (6.8), mit $\mathbf{k}_e^i$ aus (6.316) und bei Trennung der Bewegungen gemäß (6.301) in der folgenden Form geschrieben werden

$$\mathbf{C}_t^i \left(\mathbf{a}_0^i + \Delta\mathbf{a}^i \right) + \mathbf{C}_r^i \left(\dot{\boldsymbol{\omega}}_0^i + \Delta\dot{\boldsymbol{\omega}}^i \right) + \mathbf{M}_e^i \ddot{\mathbf{q}}^i = - \mathbf{K}_{geo}^i \mathbf{q}^i$$

$$- \sum_{l=1}^{n_q^i} \mathbf{G}_{el}^i \dot{q}_l^i \boldsymbol{\omega}_0^i - \mathbf{O}_e^i \left(\boldsymbol{\omega}_{q0}^i + \Delta\boldsymbol{\omega}_q^i \right) + \mathbf{C}_t^i \left(\mathbf{g}_0 + \Delta\mathbf{g} \right) \tag{6.317}$$

$$- \mathbf{K}_e^i \mathbf{q}^i - \mathbf{D}_e^i \dot{\mathbf{q}}^i + \mathbf{h}_{pe0}^i + \Delta\mathbf{h}_{pe}^i + \mathbf{h}_{de0}^i + \Delta\mathbf{h}_{de}^i .$$

Diese Gleichungen lassen sich unter den oben genannten Voraussetzungen mit (6.310) in zwei Teilsysteme trennen, nämlich in Gleichgewichtsbedingungen für die nominalen Kräfte vom Typ der ersten und in Bewegungsgleichungen für die Störungen vom Typ der zweiten Gleichung aus (4.165). Die Teilsysteme sind einfacher anzusprechen, wenn man die Matrizen aus (6.317), wie $\mathbf{q}^i$ in (6.310), partitioniert, also

$$\begin{bmatrix}\overline{\mathbf{C}}_t^i\\\overline{\overline{\mathbf{C}}}_t^i\end{bmatrix}\left(\mathbf{a}_0^i+\Delta\mathbf{a}^i\right)+\begin{bmatrix}\overline{\mathbf{C}}_r^i\\\overline{\overline{\mathbf{C}}}_r^i\end{bmatrix}\left(\dot{\boldsymbol\omega}_0^i+\Delta\dot{\boldsymbol\omega}^i\right)+\begin{bmatrix}\overline{\mathbf{M}}_e^i\\\overline{\overline{\mathbf{M}}}_e^i\end{bmatrix}\begin{bmatrix}\ddot{\mathbf{q}}_w^i\\\ddot{\mathbf{q}}_s^i\end{bmatrix}=-\begin{bmatrix}\overline{\mathbf{K}}_{geo}^i\\\overline{\overline{\mathbf{K}}}_{geo}^i\end{bmatrix}\begin{bmatrix}\mathbf{q}_w^i\\\mathbf{q}_s^i\end{bmatrix}$$

$$-\sum_l\begin{bmatrix}\overline{\mathbf{G}}_{el}^i\\\overline{\overline{\mathbf{G}}}_{el}^i\end{bmatrix}\dot{q}_{wl}^i\,\boldsymbol\omega_0^i-\sum_l\begin{bmatrix}\overline{\mathbf{G}}_{el}^i\\\overline{\overline{\mathbf{G}}}_{el}^i\end{bmatrix}\dot{q}_{sl}^i\,\boldsymbol\omega_0^i-\begin{bmatrix}\overline{\mathbf{O}}_e^i\\\overline{\overline{\mathbf{O}}}_e^i\end{bmatrix}\left(\boldsymbol\omega_{q0}^i+\Delta\boldsymbol\omega_q^i\right)+\begin{bmatrix}\overline{\mathbf{C}}_t^i\\\overline{\overline{\mathbf{C}}}_t^i\end{bmatrix}\left(\mathbf{g}_0+\Delta\mathbf{g}\right)\quad(6.318)$$

$$-\begin{bmatrix}\mathbf{K}_{eww}^i & \mathbf{K}_{ews}^i\\\mathbf{K}_{esw}^i & \mathbf{K}_{ess}^i\end{bmatrix}\begin{bmatrix}\mathbf{q}_w^i\\\mathbf{q}_s^i\end{bmatrix}-\begin{bmatrix}\overline{\mathbf{D}}_e^i\\\overline{\overline{\mathbf{D}}}_e^i\end{bmatrix}\begin{bmatrix}\dot{\mathbf{q}}_w^i\\\dot{\mathbf{q}}_s^i\end{bmatrix}+\begin{bmatrix}\overline{\mathbf{h}}_{pe0}^i+\Delta\overline{\mathbf{h}}_{pe}^i+\overline{\mathbf{h}}_{de0}^i+\Delta\overline{\mathbf{h}}_{de}^i\\\overline{\overline{\mathbf{h}}}_{pe0}^i+\Delta\overline{\overline{\mathbf{h}}}_{pe}^i+\overline{\overline{\mathbf{h}}}_{de0}^i+\Delta\overline{\overline{\mathbf{h}}}_{de}^i\end{bmatrix}.$$

Ein Abgleich der Terme nullter Ordnung, der Nominalterme, aus (6.318) liefert

$$\begin{bmatrix}\mathbf{K}_{eww}^i & \mathbf{K}_{ews}^i\\\mathbf{K}_{esw}^i & \mathbf{K}_{ess}^i\end{bmatrix}\begin{bmatrix}\mathbf{0}\\\mathbf{q}_s^i\end{bmatrix}=-\begin{bmatrix}\overline{\mathbf{C}}_t^i\\\overline{\overline{\mathbf{C}}}_t^i\end{bmatrix}\left(\mathbf{a}_0^i-\mathbf{g}_0\right)-\begin{bmatrix}\overline{\mathbf{C}}_{r0}^i\\\overline{\overline{\mathbf{C}}}_{r0}^i\end{bmatrix}\dot{\boldsymbol\omega}_0^i-\begin{bmatrix}\overline{\mathbf{O}}_{e0}^i\\\overline{\overline{\mathbf{O}}}_{e0}^i\end{bmatrix}\boldsymbol\omega_{q0}^i$$
$$+\begin{bmatrix}\overline{\mathbf{h}}_{pe0}^i+\overline{\mathbf{h}}_{de0}^i\\\overline{\overline{\mathbf{h}}}_{pe0}^i+\overline{\overline{\mathbf{h}}}_{de0}^i\end{bmatrix}.\qquad(6.319)$$

Damit die Gleichungen (6.319), wie angenommen, die mit Voraussetzung 2 verträglichen Lösungen $\mathbf{q}_w^i=\mathbf{0}$ besitzen, müssen folgende Bedingungen erfüllt sein:

1. Die Matrix $\mathbf{K}_{ews}^i$ muß (in der hier betrachteten linearen Näherung) verschwinden, da die Gleichungen (6.319) andernfalls redundant sind und damit Widersprüche enthalten können, also

$$\mathbf{K}_{ews}^i=\mathbf{K}_{esw}^{i^T}=\mathbf{0}.\qquad(6.320)$$

2. Nominalkräfte, die zu Verformungen $\mathbf{q}_w^i\neq\mathbf{0}$ führen könnten, müssen wegen Voraussetzung 2 verschwinden, womit sich unter Beachtung von (6.320) ergibt

$$-\overline{\mathbf{C}}_t^i\left(\mathbf{a}_0^i-\mathbf{g}_0\right)-\overline{\mathbf{C}}_{r0}^i\,\dot{\boldsymbol\omega}_0^i-\overline{\mathbf{O}}_{e0}^i\,\boldsymbol\omega_{q0}^i+\overline{\mathbf{h}}_{pe0}^i+\overline{\mathbf{h}}_{de0}^i=\mathbf{0}.\qquad(6.321)$$

3. Die Steifigkeiten in $\mathbf{K}_{ess}^i$ müssen groß sein, damit $\mathbf{q}_s^i$ trotz großer Kräfte auf der rechten Seite von (6.319) klein bleibt.

Mit diesen Bedingungen folgt aus (6.319)

$$\mathbf{K}_{ess}^i\,\mathbf{q}_s^i=-\overline{\overline{\mathbf{C}}}_t^i\left(\mathbf{a}_0^i-\mathbf{g}_0\right)-\overline{\overline{\mathbf{C}}}_{r0}^i\,\dot{\boldsymbol\omega}_0^i-\overline{\overline{\mathbf{O}}}_{e0}^i\,\boldsymbol\omega_{q0}^i+\overline{\overline{\mathbf{h}}}_{pe0}^i+\overline{\overline{\mathbf{h}}}_{de0}^i.\qquad(6.322)$$

Unter der Voraussetzung, daß $\mathbf{K}_{eww}^i$ und $\mathbf{K}_{ess}^i$ aus (6.319) vollen Rang besitzen, erhält man somit die von den Nominalkräften verursachten Verformungen $\mathbf{q}_s^i$ zu

$$\begin{bmatrix} \mathbf{0} \\ \mathbf{q}_s^i \end{bmatrix} = \mathbf{K}_e^{i^{-1}} \left(-\mathbf{C}_t^i \left(\mathbf{a}_0^i - \mathbf{g}_0 \right) - \mathbf{C}_{r0}^i \, \dot{\boldsymbol{\omega}}_0^i - \mathbf{O}_{e0}^i \, \boldsymbol{\omega}_{q0}^i + \mathbf{h}_{pe0}^i + \mathbf{h}_{de0}^i \right). \tag{6.323}$$

Die aus den Verformungen $\mathbf{q}_s^i$ resultierenden Spannungen $\boldsymbol{\sigma}_s^i$ ergeben sich mit (6.311)

$$\boldsymbol{\sigma}_s^i = \mathbf{H}^i \, \mathbf{B}_L^i \, \mathbf{K}_e^{i^{-1}} \left(-\mathbf{C}_t^i \left(\mathbf{a}_0^i - \mathbf{g}_0 \right) - \mathbf{C}_{r0}^i \, \dot{\boldsymbol{\omega}}_0^i - \mathbf{O}_{e0}^i \, \boldsymbol{\omega}_{q0}^i + \mathbf{h}_{pe0}^i + \mathbf{h}_{de0}^i \right). \tag{6.324}$$

Diese Gleichung für $\boldsymbol{\sigma}_s^i$ entspricht der aus der ersten Gleichung (4.165) ermittelten Gleichgewichtsbedingung (4.167). Mit den Spannungen $\boldsymbol{\sigma}_s^i$ aus (6.324) erhält man die geometrische Steifigkeitsmatrix $\mathbf{K}_{geo}^i$ mit (6.315). Der Abgleich der Nominalterme aus (6.318) liefert demnach die Verformungen $\mathbf{q}_s^i$ aus (6.323), die aus nominellen Belastungen resultierenden Spannungen $\boldsymbol{\sigma}_s^i$ aus (6.324) und die zu den Spannungen $\boldsymbol{\sigma}_s^i$ gehörenden, geometrischen Steifigkeiten gemäß (6.315). Nach Abgleich der Nominalterme verbleibt in (6.318)

$$\begin{bmatrix} \overline{\mathbf{C}}_t^i \\ \overline{\overline{\mathbf{C}}}_t^i \end{bmatrix} \Delta\mathbf{a}^i + \begin{bmatrix} \overline{\mathbf{C}}_{r0}^i \\ \overline{\overline{\mathbf{C}}}_{r0}^i \end{bmatrix} \Delta\dot{\boldsymbol{\omega}}^i + \begin{bmatrix} \overline{\mathbf{M}}_e^i \\ \overline{\overline{\mathbf{M}}}_e^i \end{bmatrix} \begin{bmatrix} \ddot{\mathbf{q}}_w^i \\ \ddot{\mathbf{q}}_s^i \end{bmatrix} = - \begin{bmatrix} \overline{\mathbf{K}}_{geo}^i \\ \overline{\overline{\mathbf{K}}}_{geo}^i \end{bmatrix} \begin{bmatrix} \mathbf{q}_w^i \\ \mathbf{q}_s^i \end{bmatrix}$$

$$- \sum_l \begin{bmatrix} \overline{\mathbf{G}}_{el}^i \\ \overline{\overline{\mathbf{G}}}_{el}^i \end{bmatrix} \dot{q}_{wl}^i \, \boldsymbol{\omega}_0^i - \sum_l \begin{bmatrix} \overline{\mathbf{G}}_{el}^i \\ \overline{\overline{\mathbf{G}}}_{el}^i \end{bmatrix} \dot{q}_{sl}^i \, \boldsymbol{\omega}_0^i - \begin{bmatrix} \overline{\mathbf{C}}_{r1}^i \\ \overline{\overline{\mathbf{C}}}_{r1}^i \end{bmatrix} \dot{\boldsymbol{\omega}}_0^i - \begin{bmatrix} \overline{\mathbf{O}}_{e0}^i \\ \overline{\overline{\mathbf{O}}}_{e0}^i \end{bmatrix} \Delta\boldsymbol{\omega}_q^i - \begin{bmatrix} \overline{\mathbf{O}}_{e1}^i \\ \overline{\overline{\mathbf{O}}}_{e1}^i \end{bmatrix} \boldsymbol{\omega}_{q0}^i \tag{6.325}$$

$$+ \begin{bmatrix} \overline{\mathbf{C}}_t^i \\ \overline{\overline{\mathbf{C}}}_t^i \end{bmatrix} \Delta\mathbf{g} - \begin{bmatrix} \mathbf{K}_{eww}^i & \mathbf{0} \\ \mathbf{0} & \mathbf{K}_{ess}^i \end{bmatrix} \begin{bmatrix} \mathbf{q}_w^i \\ \mathbf{0} \end{bmatrix} - \begin{bmatrix} \overline{\mathbf{D}}_e^i \\ \overline{\overline{\mathbf{D}}}_e^i \end{bmatrix} \begin{bmatrix} \dot{\mathbf{q}}_w^i \\ \dot{\mathbf{q}}_s^i \end{bmatrix} + \begin{bmatrix} \Delta\overline{\mathbf{h}}_{pe}^i + \Delta\overline{\mathbf{h}}_{de}^i \\ \Delta\overline{\overline{\mathbf{h}}}_{pe}^i + \Delta\overline{\overline{\mathbf{h}}}_{de}^i \end{bmatrix}.$$

Die zu den Gleichungen (4.165) führenden Rechnungen aus Kapitel 4, in denen neben der Größenordnung von Variablen auch die Größenordnung von Parametern, hier der Steifigkeiten, berücksichtigt wird, und ähnliche Untersuchungen zu Finite-Elemente-Strukturen in [58] zeigen, daß $\mathbf{q}_s^i$ mit (6.323) bei großen Steifigkeiten $\mathbf{K}_{ess}^i$ bereits in der durch lineare Gleichungen gegebenen Näherung bestimmt ist. Damit benötigt man zur Bestimmung einer linearen Näherung von $\mathbf{q}_w^i$ nur die erste Zeile der partitionierten Gleichungen (6.325), also die Gleichungen

$$\overline{\mathbf{C}}_t^i \, \Delta\mathbf{a}^i + \overline{\mathbf{C}}_{r0}^i \, \Delta\dot{\boldsymbol{\omega}}^i + \overline{\mathbf{M}}_e^i \begin{bmatrix} \ddot{\mathbf{q}}_w^i \\ \ddot{\mathbf{q}}_s^i \end{bmatrix} = -\overline{\mathbf{K}}_{geo}^i \begin{bmatrix} \mathbf{q}_w^i \\ \mathbf{q}_s^i \end{bmatrix} - \sum_{l=1}^{n_q^i} \overline{\mathbf{G}}_{el}^i \, \dot{q}_l^i \, \boldsymbol{\omega}_0^i - \overline{\mathbf{C}}_{r1}^i \, \dot{\boldsymbol{\omega}}_0^i$$

$$\tag{6.326}$$

$$- \overline{\mathbf{O}}_{e0}^i \, \Delta\boldsymbol{\omega}_q^i - \overline{\mathbf{O}}_{e1}^i \, \boldsymbol{\omega}_{q0}^i + \overline{\mathbf{C}}_t^i \, \Delta\mathbf{g} - \mathbf{K}_{eww}^i \, \mathbf{q}_w^i - \overline{\mathbf{D}}_e^i \begin{bmatrix} \dot{\mathbf{q}}_w^i \\ \dot{\mathbf{q}}_s^i \end{bmatrix} + \Delta\overline{\mathbf{h}}_{pe}^i + \Delta\overline{\mathbf{h}}_{de}^i \, .$$

Die in der zweiten Zeile von (6.325) auch noch vorkommenden, in $\mathbf{q}^i$ linearen Terme liefern Beiträge zu Näherungen höherer Ordnung für $\mathbf{q}_s^i$, die über die Aussagekraft einer linearen

Theorie hinausgehen. In solchen Näherungen müssen neben diesen linearen Termen auch noch in $\mathbf{q}_s^i$ quadratische Terme berücksichtigt werden, nämlich in Produkten mit $\mathbf{K}_{ess}^i$.

Zur Bestimmung der $12 + n_q^i$ Unbekannten $\dot{\mathbf{v}}_0^i$, $\dot{\boldsymbol{\omega}}_0^i$, $\Delta\dot{\mathbf{v}}_0^i$, $\Delta\dot{\boldsymbol{\omega}}^i$, $\ddot{\mathbf{q}}_s^i$ und $\ddot{\mathbf{q}}_w^i$ in den linearisierten Bewegungsgleichungen, die man mit den Annahmen (6.300) und (6.301) und unter den im Anschluß an (6.311) formulierten Voraussetzungen gewinnt, steht damit eine der Zahl der Unbekannten entsprechende Zahl von Gleichungen zur Verfügung, nämlich

- die sechs Gleichungen (6.305) für die Nominalbeschleunigungen $\dot{\mathbf{v}}_0^i$ und $\dot{\boldsymbol{\omega}}_0^i$,

- die n_{qs}^i Gleichungen (6.322) für die Verformungen $\mathbf{q}_s^i$,

- die beiden ersten Zeilen von (6.307) mit $\mathbf{q}^i$ gemäß (6.310) sowie die Gleichungen (6.326). Dies sind $6 + n_{qw}^i$ Gleichungen zur Bestimmung der gleichen Zahl von Unbekannten $\Delta\dot{\mathbf{v}}_0^i$, $\Delta\dot{\boldsymbol{\omega}}^i$ und $\ddot{\mathbf{q}}_w^i$.

Die in (6.326) benötigten geometrischen Steifigkeiten ergeben sich aus (6.315). Das Resultat zeigt, daß sich die Gleichungen (6.298) unter den Annahmen (6.300) und (6.301) linearisieren lassen, wenn die im Anschluß an (6.311) genannten Voraussetzungen erfüllt sind. Die in diesen Gleichungen erscheinenden Massenmatrizen sind symmetrisch im Gegensatz zur Massenmatrix aus (6.308), die bei Vernachlässigung von Termen zweiter Ordnung unsymmetrisch wird.

Berücksichtigung geometrischer Steifigkeiten in Mehrkörpersystemen

Die eben angegebenen Gleichungen zur Berücksichtigung geometrischer Steifigkeiten lassen sich, wie in [58] demonstriert, gut zur Untersuchung spezieller Systeme verwenden. Sie eignen sich aber nur schlecht zur Entwicklung allgemeiner Simulationsprogramme, da die Trennung der Bewegungen des Körpers i in Nominalbewegungen $\mathbf{z}_{I0}^i$, $\mathbf{z}_{II0}^i$ und in Störungen $\Delta\mathbf{z}_I^i$, $\Delta\mathbf{z}_{II}^i$ die Definition der die Nominalbewegung und die Störungen verursachenden Kräfte $\mathbf{h}_0^i$ und $\Delta\mathbf{h}^i$ aus (6.303) und (6.304) erfordert. Eine Trennung der Bewegungen erübrigt sich, wenn man die linearisierten Gleichungen in den Variablen $\dot{\mathbf{v}}^i$, $\dot{\boldsymbol{\omega}}^i$ und $\ddot{\mathbf{q}}^i$ formuliert. In den Gleichungen muß man dann aber auch nicht benötigte Terme erster und zweiter Ordnung mitführen, da die zum Streichen der überflüssigen Terme erforderliche Trennung der Bewegungen nicht bekannt ist. Häufig spricht man von einer Theorie zweiter Ordnung, wenn man derartige Verfahren zur Angabe geometrischer Steifigkeiten verwendet – vgl. beispielsweise [40] S. 334 ff.

Man geht von den in $\mathbf{q}^i$ linearisierten Gleichungen (6.308) aus, wobei $\mathbf{k}_e^i$ aber durch (6.316) gegeben ist. Der Term zweiter Ordnung $\mathbf{C}_{r1}^{i\,T}\ddot{\mathbf{q}}^i$ verbleibt in den Gleichungen, um die Symmetrie der Massenmatrix zu erhalten. Die zur Ermittlung geometrischer Steifigkeiten benötigte dritte Zeile der Gleichungen (6.308) ist durch (6.317) gegeben. Die Gleichung läßt sich ohne Trennung von Nominalbewegung und Störungen schreiben in der Form

$$\mathbf{C}_t^i\, \mathbf{a}^i + \mathbf{C}_r^i\, \dot{\boldsymbol{\omega}}^i + \mathbf{M}_e^i\, \ddot{\mathbf{q}}^i = -\mathbf{K}_{geo}^i\, \mathbf{q}^i - \sum_{l=1}^{n_q^i} \mathbf{G}_{el}^i\, \dot{q}_l^i\, \boldsymbol{\omega}^i - \mathbf{O}_e^i\, \boldsymbol{\omega}_q^i + \mathbf{C}_t^i\, \mathbf{g}$$

$$-\mathbf{K}_e^i\, \mathbf{q}^i - \mathbf{D}_e^i\, \dot{\mathbf{q}}^i + \mathbf{h}_{pe}^i + \mathbf{h}_{de}^i\,. \tag{6.327}$$

Die beiden ersten Zeilen von (6.308) sind zusammen mit (6.327) wegen der nicht mehr erforderlichen Trennung von Nominalbewegung und Störungen zur Angabe von Formalismen für Mehrkörpersysteme besser geeignet als die im vorigen Unterabschnitt angegebenen Gleichungen. Bei manchen Modellen hat dieser Vorteil wegen des Mitführens nicht benötigter Terme zweiter Ordnung aber rechentechnische Nachteile zur Folge. Sie werden am Schluß des Abschnitts erläutert.

Die unter Verwendung einer Trennung der Bewegung des Körpers in eine Nominalbewegung und Störungen gewonnenen Ergebnisse werden jetzt für die Gleichungen (6.327) modifiziert. Durch Abgleich der Nominalterme aus (6.327), also mit (6.319) bis (6.323), gewinnt man die Gleichungen (6.324) zur Angabe der Spannungen $\boldsymbol{\sigma}_s^i$. Da hier nur die Information zur Verfügung steht, daß $\mathbf{q}^i$ klein ist, schreibt man anstelle von (6.324)

$$\boldsymbol{\sigma}_s^i = \mathbf{H}^i\, \mathbf{B}_L^i\, \mathbf{K}_e^{i\,-1}\left(-\mathbf{C}_t^i\left(\mathbf{a}^i - \mathbf{g}\right) - \mathbf{C}_{r0}^i\, \dot{\boldsymbol{\omega}}^i - \mathbf{O}_{e0}^i\, \boldsymbol{\omega}_q^i + \mathbf{h}_{pe}^i + \mathbf{h}_{de}^i\right). \tag{6.328}$$

Aus diesen Spannungen $\boldsymbol{\sigma}_s^i$ ergeben sich die geometrischen Steifigkeiten nach (6.315). Sie können sich von den mit den Spannungen (6.324) ermittelten Steifigkeiten $\mathbf{K}_{geo}^i$ um von erster Ordnung kleine Größen unterscheiden, da die Nominalwerte $\mathbf{a}_0^i, \mathbf{g}_0^i, \dot{\boldsymbol{\omega}}_0^i, \boldsymbol{\omega}_{q0}^i, \mathbf{h}_{pe0}^i$ und $\mathbf{h}_{de0}^i$ aus (6.324) in (6.328) durch die entsprechenden aktuellen Werte $\mathbf{a}_0^i + \Delta\mathbf{a}^i$ etc. ersetzt sind.

Die geometrischen Steifigkeiten aus (6.315) und (6.328) lassen sich in einer zur Entwicklung von Formalismen und Rechenprogrammen für Mehrkörpersysteme nützlicheren Form schreiben, [6, 89]. Die Gleichungen (6.315) und (6.328) zeigen, daß die Steifigkeiten $\mathbf{K}_{geo}^i$ lineare Funktionen sind der Beschleunigungen $\mathbf{a}^i - \mathbf{g}$ und $\dot{\boldsymbol{\omega}}^i$, der Produkte von Winkelgeschwindigkeiten aus $\boldsymbol{\omega}_q^i$ und der Oberflächenkräfte $\mathbf{h}_{pe}^i$ und $\mathbf{h}_{de}^i$. Für die kontinuierlich verteilten Oberflächenkräfte $\mathbf{h}_{pe}^i$ gilt (6.275) und die diskreten, generalisierten Kräfte $\mathbf{h}_{de}^i$ lassen sich mit (6.276) durch die an den Knoten k,i wirksamen Kräfte $\mathbf{F}^{k,i}$ und Momente $\mathbf{L}^{k,i}$ ausdrücken. Nimmt man an, daß $\overline{\mathbf{p}}_0^i$ aus (6.275) von $\mathbf{R}$ unabhängig ist, so ist $\mathbf{K}_{geo}^i$ überdies eine lineare Funktion von $\overline{\mathbf{p}}_0^i$ und man kann schreiben

$$\mathbf{K}_{geo}^i = \sum_{\alpha=1}^{3}\left(\left(a_\alpha^i - g_\alpha\right)\mathbf{K}_{0t\alpha}^i + \dot{\omega}_\alpha^i\, \mathbf{K}_{0r\alpha}^i + \overline{p}_{0\alpha}^i\, \mathbf{K}_{0p\alpha}^i\right)$$

$$+ \sum_{m=1}^{6}\omega_{qm}^i\, \mathbf{K}_{0\omega m}^i + \sum_{k:i=i(k)}\left(\sum_{\alpha=1}^{3}\left(F_\alpha^{k,i}\, \mathbf{K}_{0F\alpha}^{k,i} + L_\alpha^{k,i}\, \mathbf{K}_{0L\alpha}^{k,i}\right)\right). \tag{6.329}$$

In (6.329) sind die noch nicht definierten Matrizen $\mathbf{K}^i_{0t\alpha}$ bis $\mathbf{K}^{k,i}_{0L\alpha}$ geometrische Steifigkeiten infolge von Einheitsbelastungen der Form $a^i_\alpha - g_\alpha$, $\dot{\omega}^i_\alpha$, $\overline{p}^i_{0\alpha}$, ω^i_{qm}, $F^{k,i}_\alpha$ und $L^{k,i}_\alpha$. Sie ergeben sich nach (6.315) zu

$$\mathbf{K}^i_{0\#} = \left[\sum_{k=1}^{6} \int_{V^i_0} \frac{\partial B^i_{Nkl}}{\partial q^i_m} \bigg|_{\mathbf{q}^i=0} \sigma^i_{s\#_k} \, dV \right] \quad \text{mit den Indizes } \# = t\alpha, r\alpha, p\alpha, \omega m, F\alpha \text{ oder } L\alpha. \quad (6.330)$$

Dabei sind die $\sigma^i_{s\#_k}$ Spannungen infolge der Einheitsbelastungen. Die $\mathbf{K}^i_{0\#}$ sind damit, im Gegensatz zu $\mathbf{K}^i_{geo}$, vom Zustand und von der Zeit unabhängige Einflußzahlen, was die rechentechnische Berücksichtigung geometrischer Steifigkeiten erheblich erleichtert. Mit

$$\mathbf{\Sigma}^i = \mathbf{\Sigma}^i(\mathbf{R}) = \mathbf{H}^i \, \mathbf{B}^i_L \, \mathbf{K}^{i\,-1}_e \tag{6.331}$$

und mit der Definition der generalisierten Kräfte $\mathbf{h}^i_{pe}$ und $\mathbf{h}^i_{de}$ aus (6.275) und (6.276) erhält man aus (6.328) für die Spannungen $\boldsymbol{\sigma}^i_{s\#} = \left[\sigma^i_{s\#_k} \right]$ unter den Integralen aus (6.330)

$$\boldsymbol{\sigma}^i_{st\alpha} = -\,\mathbf{\Sigma}^i \, \mathbf{C}^i_t , \qquad \boldsymbol{\sigma}^i_{sr\alpha} = -\,\mathbf{\Sigma}^i \, \mathbf{C}^i_{r0} , \qquad \boldsymbol{\sigma}^i_{sp\alpha} = \mathbf{\Sigma}^i \int_{A^i_{p0}} \boldsymbol{\Phi}^{i\,T} \, dA$$

$$\boldsymbol{\sigma}^i_{s\omega m} = -\,\mathbf{\Sigma}^i \, \mathbf{O}^i_{e0*m} , \qquad \boldsymbol{\sigma}^i_{sF\alpha} = \mathbf{\Sigma}^i \, \boldsymbol{\Phi}^{k,i}_{\alpha*} , \qquad \boldsymbol{\sigma}^i_{sL\alpha} = \mathbf{\Sigma}^i \, \boldsymbol{\Psi}^{k,i}_{\alpha*} . \tag{6.332}$$

In (6.332) sind $\mathbf{O}^i_{e0*m}$ die Spalten $m = 1$ bis 6 der Matrizen $\mathbf{O}^i_{e0}$ aus (6.245) bis (6.250).

Mit den Matrizen $\mathbf{K}^i_{0\#}$ gemäß (6.330) bis (6.332) kann man die folgenden Matrizen angeben:

$$\mathbf{C}^i_{t\,geo} = \left[\mathbf{K}^i_{0t1}\,\mathbf{q}^i \quad \mathbf{K}^i_{0t2}\,\mathbf{q}^i \quad \mathbf{K}^i_{0t3}\,\mathbf{q}^i \right], \qquad \mathbf{C}^i_{r\,geo} = \left[\mathbf{K}^i_{0r1}\,\mathbf{q}^i \quad \mathbf{K}^i_{0r2}\,\mathbf{q}^i \quad \mathbf{K}^i_{0r3}\,\mathbf{q}^i \right],$$

$$\mathbf{O}^i_{e\,geo} = \left[\mathbf{K}^i_{0\omega1}\,\mathbf{q}^i \quad \mathbf{K}^i_{0\omega2}\,\mathbf{q}^i \quad \mathbf{K}^i_{0\omega3}\,\mathbf{q}^i \quad \mathbf{K}^i_{0\omega4}\,\mathbf{q}^i \quad \mathbf{K}^i_{0\omega5}\,\mathbf{q}^i \quad \mathbf{K}^i_{0\omega6}\,\mathbf{q}^i \right],$$

$$\boldsymbol{\Phi}^{k,i\,T}_{geo} = \left[\mathbf{K}^i_{0F1}\,\mathbf{q}^i \quad \mathbf{K}^i_{0F2}\,\mathbf{q}^i \quad \mathbf{K}^i_{0F3}\,\mathbf{q}^i \right], \qquad \boldsymbol{\Psi}^{k,i\,T}_{geo} = \left[\mathbf{K}^i_{0L1}\,\mathbf{q}^i \quad \mathbf{K}^i_{0L2}\,\mathbf{q}^i \quad \mathbf{K}^i_{0L3}\,\mathbf{q}^i \right],$$

$$\mathbf{H}^i_{p\,geo} = \left[\mathbf{K}^i_{0p1}\,\mathbf{q}^i \quad \mathbf{K}^i_{0p2}\,\mathbf{q}^i \quad \mathbf{K}^i_{0p3}\,\mathbf{q}^i \right]. \tag{6.333}$$

Mit (6.333) erhält man die aus den nominalen Kräften auf der rechten Seite von (6.328) resultierenden inneren Kräfte infolge geometrischer Steifigkeiten zu

$$\mathbf{K}^i_{geo}\,\mathbf{q}^i = \mathbf{C}^i_{t\,geo}\,\mathbf{a}^i + \mathbf{C}^i_{r\,geo}\,\dot{\boldsymbol{\omega}}^i + \mathbf{O}^i_{e\,geo}\,\boldsymbol{\omega}^i_q$$
$$+ \mathbf{H}^i_{p\,geo}\,\overline{\mathbf{p}}^i_0 + \sum_{k:i=i(k)} \left(\boldsymbol{\Phi}^{k,i\,T}_{geo}\,\mathbf{F}^{k,i} + \boldsymbol{\Psi}^{k,i\,T}_{geo}\,\mathbf{L}^{k,i} \right). \tag{6.334}$$

Setzt man den Ausdruck (6.334) für die inneren Kräfte $\mathbf{K}^i_{geo}\,\mathbf{q}^i$ in (6.327) ein, so wird

$$
\begin{aligned}
\left(\mathbf{C}^i_t + \mathbf{C}^i_{t\,geo}\right)\dot{\mathbf{v}}^i &+ \left(\mathbf{C}^i_r + \mathbf{C}^i_{r\,geo}\right)\dot{\boldsymbol{\omega}}^i + \mathbf{M}^i_e\,\ddot{\mathbf{q}}^i = \\
&- \sum_{l=1}^{n^i_q} \mathbf{G}^i_{el}\,\dot{q}^i_l\,\boldsymbol{\omega}^i - \left(\mathbf{O}^i_e + \mathbf{O}^i_{e\,geo}\right)\boldsymbol{\omega}^i_q + \left(\mathbf{C}^i_t + \mathbf{C}^i_{t\,geo}\right)\left(\mathbf{g} - \tilde{\boldsymbol{\omega}}^i\,\mathbf{v}^i\right) \\
&- \mathbf{K}^i_e\,\mathbf{q}^i - \mathbf{D}^i_e\,\dot{\mathbf{q}}^i + \mathbf{h}^i_{pe} + \mathbf{H}^i_{p\,geo}\,\bar{\mathbf{p}}^i_0 \\
&+ \sum_{k:i=i(k)} \left(\left(\boldsymbol{\Phi}^{k,i\,T} + \boldsymbol{\Phi}^{k,i\,T}_{geo}\right)\mathbf{F}^{k,i} + \left(\boldsymbol{\Psi}^{k,i\,T} + \boldsymbol{\Psi}^{k,i\,T}_{geo}\right)\mathbf{L}^{k,i}\right).
\end{aligned}
\tag{6.335}
$$

In dieser Form (6.335) kann der Ausdruck für die dritte Zeile von (6.308) einfach mit den Gleichungen aus den beiden ersten Zeilen kombiniert werden. Zur Berücksichtigung geometrischer Steifigkeiten setzt man demzufolge

$$
\mathbf{C}^i_t := \mathbf{C}^i_t + \mathbf{C}^i_{t\,geo}\,, \quad \mathbf{C}^i_r := \mathbf{C}^i_r + \mathbf{C}^i_{r\,geo}\,, \quad \mathbf{O}^i_e := \mathbf{O}^i_e + \mathbf{O}^i_{e\,geo}\,,
\tag{6.336}
$$

ändert die Koeffizientenmatrizen von $\mathbf{F}^{k,i}$ und $\mathbf{L}^{k,i}$ gemäß

$$
\boldsymbol{\Phi}^{k,i} := \boldsymbol{\Phi}^{k,i} + \boldsymbol{\Phi}^{k,i}_{geo}\,, \quad \boldsymbol{\Psi}^{k,i} := \boldsymbol{\Psi}^{k,i} + \boldsymbol{\Psi}^{k,i}_{geo}
\tag{6.337}
$$

und schreibt für die kontinuierlich verteilten Oberflächenkräfte

$$
\mathbf{h}^i_{pe} := \mathbf{h}^i_{pe} + \mathbf{H}^i_{p\,geo}\,\bar{\mathbf{p}}^i_0\,.
\tag{6.338}
$$

Mit den Änderungen (6.336) bis (6.338) der Matrizen $\mathbf{C}^i_t, \mathbf{C}^i_r, \mathbf{O}^i_e, \boldsymbol{\Phi}^{k,i}, \boldsymbol{\Psi}^{k,i}$ und $\mathbf{h}^i_{pe}$ sind die geometrischen Steifigkeiten in der dritten Zeile der linearisierten Gleichungen (6.308) berücksichtigt, wobei dort nach wie vor (6.309) gilt, also

$$
\mathbf{k}^i_e = \mathbf{k}^i_e\Big|_{\sigma^i_0 = 0} = \mathbf{K}^i_e\,\mathbf{q}^i + \mathbf{D}^i_e\,\dot{\mathbf{q}}^i\,.
\tag{6.339}
$$

Mit der Änderung von $\mathbf{C}^i_t$ und $\mathbf{C}^i_r$ gemäß (6.336) ändern sich aber auch $\mathbf{C}^{i\,T}_t$ und $\mathbf{C}^{i\,T}_r$ aus (6.308). Die Modifikationen $\mathbf{C}^i_{t\,geo}$ und $\mathbf{C}^i_{r\,geo}$ von $\mathbf{C}^i_t$ und $\mathbf{C}^i_r$ aus (6.336) sind wegen (6.333) proportional zu $\mathbf{q}^i$. Da $\mathbf{C}^{i\,T}_t$ und $\mathbf{C}^{i\,T}_r$ in (6.308) mit $\ddot{\mathbf{q}}^i$ multipliziert werden, resultieren die Änderungen von $\mathbf{C}^{i\,T}_t$ und $\mathbf{C}^{i\,T}_r$ in Termen zweiter Ordnung, die in den linearisierten Gleichungen bedeutungslos sind. Ähnlich verhält es sich mit den generalisierten Kräften auf der rechten Seite von (6.308). Die Änderung von $\mathbf{C}^i_t$ in $\mathbf{h}^i_{\omega t}$ aus (6.251) liefert in einen Term zweiter Ordnung. Dies trifft auch für die aus der Änderung von $\boldsymbol{\Phi}^{k,i}$ gemäß (6.337) resultierende Änderung von $\mathbf{h}^i_{dr}$ in (6.276) zu und für eine entsprechende Änderung von $\mathbf{h}^i_{pr}$ in

(6.275). Damit können die Änderungen (6.336) bis (6.338) zur Berücksichtigung geometrischer Steifigkeiten für die Gesamtheit der linearisierten Bewegungsgleichungen (6.308) verwendet werden. Sie bilden die Grundlage zur Angabe von Formalismen in Abschnitt 6.5.

Die Angabe der Gleichungen (6.335) und damit von (6.308) erfordert die Entscheidung, welche der geometrischen Steifigkeitsterme aus (6.334) bei Analyse der Bewegungen eines gegebenen Modells berücksichtigt werden sollen. Eine Entscheidungshilfe gewinnt man mit der dritten der im Anschluß an (6.311) genannten Voraussetzungen. Wenn die Größenordnungen $\mathbf{a}_0^i = \mathbf{a}^i$, $\dot{\boldsymbol{\omega}}_0^i = \dot{\boldsymbol{\omega}}^i$ etc. der Belastungen $\mathbf{a}^i$, $\dot{\boldsymbol{\omega}}^i$, $\boldsymbol{\omega}_q^i$, $\mathbf{g}$, $\mathbf{h}_{pe}^i$ und $\mathbf{h}_{de}^i$ aus (6.328) bekannt sind, kann man die zu jeder Belastung gehörende Größenordnung von $\mathbf{K}_{geo}^i$ mit (6.329) ermitteln.

Falls sie in der gleichen Größenordnung liegt wie die Steifigkeiten $\mathbf{K}_e^i$, so müssen die entsprechenden geometrischen Steifigkeiten berücksichtigt werden.

Mit dieser Möglichkeit zur Überprüfung der Notwendigkeit zur Modellierung geometrischer Steifigkeiten läßt sich auch der im Anschluß an (6.327) angesprochene, rechentechnische Nachteil der Gleichungen (6.335) erläutern. Wie im vorhergehenden Unterabschnitt angegeben und in [58] mit Methoden der Störungsrechnung begründet, benötigt man in einer linearen Näherung anstelle der beiden ersten Zeilen von (6.308) und der Gleichung (6.335) für die dritte Zeile von (6.308) nur die im Anschluß an (6.326) zusammengestellten Gleichungen. Falls sich der Einfluß von $\dot{\mathbf{v}}_0^i$ aus $\mathbf{a}_0^i$ und von $\dot{\boldsymbol{\omega}}_0^i$ auf $\mathbf{K}_{geo}^i$ als irrelevant erweist, sind die Gleichungen (6.322) zur Bestimmung von $\mathbf{q}_s^i$ nicht mehr über die Beschleunigungen $\dot{\mathbf{v}}_0^i$ und $\dot{\boldsymbol{\omega}}_0^i$ mit den übrigen Gleichungen für die Bewegungen des Körpers gekoppelt. Damit kann man $\mathbf{q}_s^i$ aus (6.323) ermitteln und $\dot{\mathbf{q}}_s^i$ und $\ddot{\mathbf{q}}_s^i$ in (6.327) oder (6.318) angeben. Zur Ermittlung der Bewegungen des Körpers müssen dann nur noch die Gleichungen für $\dot{\mathbf{v}}^i$, $\dot{\boldsymbol{\omega}}^i$ und $\ddot{\mathbf{q}}_w^i$ integriert werden. In ihnen kommen die hohen Steifigkeiten $\mathbf{K}_{ess}^i$ nicht vor, womit eine sonst anfallende, numerische Integration hochfrequenter Schwingungen entfällt. Ergebnisse aus [58] zeigen, daß damit ausgeprägte Reduktionen von Simulationszeiten erzielbar sind.

Zum Abschluß noch der angekündigte Kommentar zu Fällen mit nicht spannungsfreiem Referenzzustand des Körpers, also mit $\boldsymbol{\sigma}_0^i \neq \mathbf{0}$, anstelle des hier betrachteten Falls $\boldsymbol{\sigma}_0^i \equiv \mathbf{0}$. Wenn derartige Vorspannungen des Körpers bekannt sind, können die aus ihnen resultierenden, inneren Kräfte mit (6.262) und (6.263) ermittelt werden. Solche Fälle werden beispielsweise in [90], S. 138 ff behandelt für Fälle, in denen die Spannungen $\boldsymbol{\sigma}_0^i \neq \mathbf{0}$ aus bekannten Lasten resultieren (initial stress problems) oder Temperaturspannungen sind (thermal stress problems). Sollte es erforderlich sein, in solchen Fällen auch noch geometrische Steifigkeiten zu berücksichtigen, so kann man wie oben verfahren. Die in den obigen Rechnungen für einen spannungsfreien Referenzzustand $\boldsymbol{\sigma}_0^i \equiv \mathbf{0}$ ermittelten Spannungen $\boldsymbol{\sigma}_s^i$ müssen dann für einen Referenzzustand mit $\boldsymbol{\sigma}_0^i \neq \mathbf{0}$ modifiziert werden. In solchen Fällen gilt für $\mathbf{k}_e^i$ in $\mathbf{h}_e^i$ aus (6.270) anstelle von (6.339)

$$\mathbf{k}_e^i = \mathbf{k}_e^i \Big|_{\boldsymbol{\sigma}_0^i \neq \mathbf{0}} = \ \mathbf{k}_{e0}^i + \mathbf{K}_{e0}^i \, \mathbf{q}^i + \mathbf{K}_e^i \, \mathbf{q}^i + \mathbf{D}_e^i \, \dot{\mathbf{q}}^i. \tag{6.340}$$

Die linearisierten Bewegungsgleichungen des Körpers i sind dann durch (6.298) gegeben, wobei

- in allen Matrizen nur die in $\mathbf{q}^i$ linearen Terme berücksichtigt werden und wo

- geometrischen Steifigkeiten durch Modifikation von Matrizen gemäß (6.336) bis (6.338) Rechnung getragen wird.

Die Gleichungen (6.298) bilden die Basis zur Definition eines objektorientierten Datensatzes zur Beschreibung starrer und flexibler Körper in Mehrkörpersystemen, der Hauptschnitt 6.4 erläutert wird.

6.3.6 Wahl des Körperbezugssystems

In Abschnitt 6.2.1 wurde das Körperbezugssystem $\{O^i, \underline{\mathbf{e}}^i\}$ durch Fesselung an ausgewählte Punkte $\mathbf{R}$ des Körpers festgelegt, also mit Hilfe kinematischer Gleichungen. Eine derartige Definition des Bezugssystems resultiert in geometrischen Randbedingungen für die Verformungen $\mathbf{u}^i(\mathbf{R},t)$ und $\boldsymbol{\vartheta}^i(\mathbf{R},t)$, wie die beiden Beispiele zur Wahl von $\{O^i, \underline{\mathbf{e}}^i\}$ gemäß (6.55) sowie (6.60) und (6.61) zeigen. Die Randbedingungen kann man mit Hilfe der Ansatzfunktionen aus (6.46) und (6.47) befriedigen. Die sechs geometrischen Randbedingungen zur Festlegung von $\{O^i, \underline{\mathbf{e}}^i\}$ haben zur Folge, daß die Ansatzfunktionen keine Starrkörperformen enthalten. In Tabelle 6.1 (Beispiel 6.1) sind eine Reihe von Eigenfunktionen eines Balkens angegeben. Sie bilden vollständige Funktionensysteme und können damit als Ansatzfunktionen verwendet werden. In den Fällen I bzw. II gibt es gar keine bzw. nur drei geometrische Randbedingungen und die Eigenfunktionen enthalten daher auch Starrkörperformen. Es stellt sich die Frage, ob man diese Funktionen zur Angabe der Verformungen gemäß (6.46) und (6.47) verwenden kann. Dies gelingt, wenn $\{O^i, \underline{\mathbf{e}}^i\}$ mit kinetischen Größen, mit dem Impuls und dem Drehimpuls des Körpers i, festlegt wird.

Impuls und Drehimpuls

Für den absoluten Impuls $_I\underline{J}^i$ und für den absoluten Drehimpuls $_I\underline{H}^i$ des Körpers i, also für die auf den Ursprung O^I des Inertialsystems bezogenen Impulsgrößen, gilt nach (2.237), (2.242), (6.13) und (6.14)

$$_I\underline{J}^i(t) = \int_{V_0^i} \underline{\dot{\rho}}(\mathbf{R},t)\,dm = \underline{\mathbf{e}}^{i\,T} {}_I\mathbf{J}^i(t)\,, \quad {}_I\mathbf{J}^i(t) = \int_{V_0^i} \mathbf{v}(\mathbf{R},t)\,dm\,, \tag{6.341}$$

$$_I\underline{H}^i(t) = \int_{V_0^i} \left(\underline{\rho}(\mathbf{R},t) \times \underline{\dot{\rho}}(\mathbf{R},t) \right) dm = \underline{\mathbf{e}}^{i\,T} {}_I\mathbf{H}^i(t)\,, \quad {}_I\mathbf{H}^i(t) = \int_{V_0^i} \tilde{\rho}(\mathbf{R},t)\,\mathbf{v}(\mathbf{R},t)\,dm\,. \tag{6.342}$$

Der relative Impuls $_O\underline{J}^i$ und der relative Drehimpuls $_O\underline{H}^i$ des Körpers i bezüglich O^i, also die aus Verformung des Körpers resultierenden Impulsgrößen, sind

$$_O\underline{J}^i(t) = \int\limits_{V_0^i} \frac{{}^i d\underline{r}^i(\mathbf{R},t)}{dt}\, dm = \underline{\mathbf{e}}^{iT}\, _O\mathbf{J}^i(t), \tag{6.343}$$

$$_O\underline{H}^i(t) = \int\limits_{V_0^i} \left(\underline{r}^i(\mathbf{R},t) \times \frac{{}^i d\underline{r}^i(\mathbf{R},t)}{dt} \right) dm = \underline{\mathbf{e}}^{iT}\, _O\mathbf{H}^i(t). \tag{6.344}$$

Mit (6.10) und (6.12) erhält man wegen $\dot{\mathbf{R}} = \mathbf{0}$ unter Verwendung der Gleichung (6.227) für den Ort des Massenmittelpunkts

$$_O\mathbf{J}^i(t) = \int\limits_{V_0^i} \dot{\mathbf{r}}^i(\mathbf{R},t)\, dm = \int\limits_{V_0^i} \dot{\mathbf{u}}^i(\mathbf{R},t)\, dm \quad\text{wo}\quad \int\limits_{V_0^i} \dot{\mathbf{r}}^i(\mathbf{R},t)\, dm = m^i\, \dot{\mathbf{c}}^i(t), \tag{6.345}$$

$$_O\mathbf{H}^i = \int\limits_{V_0^i} \tilde{\mathbf{r}}^i\, \dot{\mathbf{u}}^i\, dm = \int\limits_{V_0^i} \left(\tilde{\mathbf{R}} + \tilde{\mathbf{u}}^i \right) \dot{\mathbf{u}}^i\, dm. \tag{6.346}$$

Für die Koordinaten $_I\mathbf{J}^i$ des absoluten Impulses folgt aus (6.341) mit (6.25) und mit (6.227) und (6.345)

$$_I\mathbf{J}^i(t) = m^i\, \mathbf{v}^i(t) + m^i\, \tilde{\boldsymbol{\omega}}^i(t)\mathbf{c}^i(t) + \,_O\mathbf{J}^i(t). \tag{6.347}$$

Ähnlich erhält man aus (6.342) unter Verwendung von (6.24) und (6.25) sowie mit $\mathbf{I}^i$ aus (6.231), $\mathbf{c}^i$ aus (6.227) und mit $_O\mathbf{J}^i$, $_O\mathbf{H}^i$ aus (6.345), (6.346)

$$_I\mathbf{H}^i = \mathbf{I}^i\, \boldsymbol{\omega}^i + m^i\, \tilde{\boldsymbol{\rho}}^i\, \mathbf{v}^i + \tilde{\boldsymbol{\rho}}^i\, _O\mathbf{J}^i + m^i\, \tilde{\boldsymbol{\rho}}^i\, \tilde{\boldsymbol{\omega}}^i\mathbf{c}^i + m^i\, \tilde{\mathbf{c}}^i\, \mathbf{v}^i + \,_O\mathbf{H}^i. \tag{6.348}$$

Die Ausdrücke für Impuls und Drehimpuls vereinfachen sich, wenn man den Massenmittelpunkt CM^i als Bezugspunkt einführt. Für $\mathbf{c}^i = \mathbf{0}$ folgt aus (6.345)

$$_O\mathbf{J}^i\,\bigg|_{O^i = CM^i} \equiv \mathbf{J}^i = \mathbf{0} \tag{6.349}$$

und aus (6.347) wird

$$_I\mathbf{J}^i(t) = m^i\, \mathbf{v}^i(t), \tag{6.350}$$

wo $\mathbf{v}^i$ in (6.350) die absolute Geschwindigkeit des Massenmittelpunkts $O^i = CM^i$ ist. Der Drehimpuls bezüglich des Massenmittelpunkts ist

$$_O\mathbf{H}^i\,\bigg|_{O^i = CM^i} \equiv \mathbf{H}^i = \int\limits_{V_0^i} \tilde{\mathbf{r}}^i\, \dot{\mathbf{u}}^i\, dm = \int\limits_{V_0^i} \left(\tilde{\mathbf{R}} + \tilde{\mathbf{u}}^i \right) \dot{\mathbf{u}}^i\, dm, \tag{6.351}$$

wobei der Ort $\mathbf{r}^i$ der Punkte des Körpers in (6.351) bezüglich CM^i angegeben ist. Der Ausdruck für $\mathbf{H}^i$ vereinfacht sich gegenüber $_O\mathbf{H}^i$ im Unterschied zu $\mathbf{J}^i$ für $O^i = CM^i$ nicht. Aber wegen $\mathbf{c}^i = \mathbf{0}$ und wegen (6.349) erhält man bei dieser Wahl von O^i für $_I\mathbf{H}^i$ aus (6.348)

$$_I\mathbf{H}^i = \mathbf{I}^i\,\boldsymbol{\omega}^i(t) + m^i\,\tilde{\boldsymbol{\rho}}^i\,\mathbf{v}^i + \mathbf{H}^i. \tag{6.352}$$

Die Impulskoordinaten können, nach Berücksichtigung des Ansatzes (6.46) für $\mathbf{u}^i(\mathbf{R},t)$, mit den Variablen $\mathbf{z}^i_I$ und $\mathbf{z}^i_{II}$ aus (6.65) angegeben werden. Insbesondere erhält man für $_O\mathbf{J}^i$ und $_O\mathbf{H}^i$ mit (6.46) aus (6.345) und (6.346) unter Verwendung von $\mathbf{C}^i_t$ und $\mathbf{C}^i_r$ aus (6.230) und (6.233)

$$_O\mathbf{J}^i(t) = \mathbf{C}^{i\,T}_t\,\dot{\mathbf{q}}^i(t) \quad \text{und} \quad _O\mathbf{H}^i(t) = \mathbf{C}^{i\,T}_r(\mathbf{q}^i)\,\dot{\mathbf{q}}^i(t). \tag{6.353}$$

Die in der Massenmatrix aus (6.224) erscheinenden Integrale $\mathbf{C}^i_t$ und $\mathbf{C}^i_r$ haben damit eine einfache Bedeutung: Bei Multiplikation mit den generalisierten Geschwindigkeiten $\dot{\mathbf{q}}^i(t)$ liefern sie den aus Verformung des Körpers resultierenden, relativen Impuls $_O\mathbf{J}^i$ und den entsprechenden Drehimpuls $_O\mathbf{H}^i$.

Die durch $\mathbf{u}^i(\mathbf{R},t)$ und $\boldsymbol{\vartheta}^i(\mathbf{R},t)$, oder nach Wahl der Ansatzfunktionen aus (6.46) und (6.47) durch $\mathbf{q}^i(t)$, beschriebenen Verformungen sind erst nach Festlegung von $\{O^i, \underline{e}^i\}$ eindeutig definiert. Mit der in Kapitel 6.2.1 erläuterten Fesselung von $\{O^i, \underline{e}^i\}$ an Punkte des Körpers i wurden Starrkörperformen unter den Ansatzfunktionen ausgeschlossen. Eine entsprechende Definition von Verformungen durch Wahl eines Koordinatensystems $\{O^i, \underline{e}^i\}$, das sich im Sinne gewisser Kriterien optimal mit dem Körper bewegt, ohne an ausgewählte Punkte $\mathbf{R}$ des Körpers gefesselt zu sein, gelingt mit Hilfe der oben eingeführten Größen.

Hauptachsensystem

Bei ihm liegt der Ursprung O^i im Massenmittelpunkt CM^i und die Basisvektoren $\underline{e}^i_\alpha$ fallen mit den zentralen Hauptträgheitsachsen des verformten Körpers zusammen. Die erste Bedingung liefert drei Gleichungen und drei weitere erhält man aus der Darstellung (6.232) des Trägheitstensors $\mathbf{I}^i$: Die nicht auf der Hauptdiagonalen liegenden Elemente von $\mathbf{I}^i$, die Deviationsmomente, müssen verschwinden. Damit ist ein Hauptachsensystem festgelegt durch die sechs Forderungen

$$\mathbf{c}^i = \left[c^i_\alpha\right] = \mathbf{0} \quad \text{und} \quad I^i_{\alpha\beta} = I^i_{\beta\alpha} = 0 \quad \text{für} \quad \alpha \neq \beta \quad \text{wo} \quad \mathbf{I}^i = \left[I^i_{\alpha\beta}\right]. \tag{6.354}$$

Mit dieser Wahl von $\{O^i, \underline{e}^i\}$ vereinfachen sich $_I\mathbf{J}^i$ und $_I\mathbf{H}^i$ aus (6.350) und (6.352) und damit die Massenmatrix $\mathbf{M}^i$ aus (6.224): $\mathbf{M}^i_{rr} = \mathbf{I}^i$ hat Diagonalform und die Submatrizen $\mathbf{M}^i_{rt} = m^i\,\tilde{\mathbf{c}}^i$ und $\mathbf{M}^i_{et} = \mathbf{C}^i_t$ verschwinden wegen $\mathbf{c}^i \equiv \mathbf{0}$ – vgl. (6.345) und (6.353).

Zwischen den Bedingungsgleichungen (6.354) für ein Hauptachsensystem und den Bedingungen (6.58) und (6.63) zur Festlegung von $\{O^i, \underline{\mathbf{e}}^i\}$ mit Hilfe körperfester Punkte besteht ein wesentlicher Unterschied. Im letzteren Fall sind die Gleichungen Randbedingungen für die Verformungen $\mathbf{u}^i(\mathbf{R},t)$ und $\boldsymbol{\vartheta}^i(\mathbf{R},t)$, gelten also nur für gewisse Punkte $\mathbf{R}$ des Körpers, und lassen sich bei Wahl der Ansatzfunktionen berücksichtigen – vgl. Beispiel 6.1. Dagegen betreffen die Bedingungsgleichungen (6.354) zur Festlegung des Hauptachsensystems alle Punkte $\mathbf{R}$ des Körpers. Sie müssen bei der Lösung der Systemgleichungen beachtet werden. Ansatzfunktionen, die Bedingungen der Form (6.354) genügen, und leicht handhabbare Methoden zu ihrer Berücksichtigung lassen sich für die weiter unten erläuterten Koordinatensysteme $\{O^i, \underline{\mathbf{e}}^i\}$ einfach angeben.

Tisserand-System

Bei diesem System (auch mean axis frame oder Gylden frame, [43]) werden der Ursprung O^i und die Orientierung von $\underline{\mathbf{e}}^i$ so festgelegt, daß – vgl. [14, 15, 28, 35, 54, 74, 79]

$$_O\mathbf{J}^i(t) = \int\limits_{V_0^i} \dot{\mathbf{u}}^i(\mathbf{R},t)\, dm = m^i\, \dot{\mathbf{c}}^i(t) \equiv \mathbf{0} \quad \text{also} \quad \mathbf{c}^i(t) \equiv \mathbf{0}, \tag{6.355}$$

$$_O\mathbf{H}^i(t) = \mathbf{H}^i(t) = \int\limits_{V_0^i}\left(\tilde{\mathbf{R}} + \tilde{\mathbf{u}}^i(\mathbf{R},t)\right)\dot{\mathbf{u}}^i(\mathbf{R},t)\, dm \equiv \mathbf{0}. \tag{6.356}$$

Sowohl der relative Impuls $_O\mathbf{J}^i$ aus (6.345) wie auch der relative Drehimpuls $_O\mathbf{H}^i$ aus (6.346) sollen bei Verformung des Körpers, also für beliebige Werte von $\mathbf{q}^i$, $\dot{\mathbf{q}}^i$, verschwinden. Die erste Forderung (6.355) legt den Ursprung $O^i = CM^i$ des Körperbezugssystems fest und die zweite Forderung (6.356) seine Orientierung $\underline{\mathbf{e}}^i$. Nach der ersten Gleichung aus (6.353) und mit $_O\mathbf{J}^i$ aus (6.345) verschwinden bei einem Tisserand-System wegen der Forderung (6.355), wie beim Hauptachsensystem, die beiden Koppelmatrizen $\mathbf{M}_{rt}^i$ und $\mathbf{M}_{et}^i$ in $\mathbf{M}^i$ aus (6.224). Wegen (6.356) verschwindet in $\mathbf{M}^i$ nach der zweiten Gleichung aus (6.353) auch $\mathbf{C}_r^i$, womit die Massenmatrix bei dieser Wahl von $\{O^i, \underline{\mathbf{e}}^i\}$ Blockdiagonalform annimmt.

Für die absoluten Impuls- und den Drehimpulskoordinaten aus (6.347) und (6.348) gilt wegen (6.355) und (6.356) bei Wahl eines Tisserand-Systems

$$_I\mathbf{J}^i = m^i\, \mathbf{v}^i \quad \text{und} \quad _I\mathbf{H}^i = \mathbf{I}^i\, \boldsymbol{\omega}^i(t) + m^i\, \tilde{\boldsymbol{\rho}}^i\, \mathbf{v}^i. \tag{6.357}$$

Diese Ausdrücke für $_I\mathbf{J}^i$ und $_I\mathbf{H}^i$ erhält man auch bei starren Körpern, falls $O^i = CM^i$. Dies zeigt ein Vergleich von (6.357) mit (6.350) und (6.352): Da bei starren Körpern $\dot{\mathbf{u}}^i(\mathbf{R},t) \equiv \mathbf{0}$, folgt aus (6.351) $\mathbf{H}^i \equiv \mathbf{0}$, womit (6.352) mit der zweiten Gleichung aus (6.357) übereinstimmt. Die Orientierung von $\underline{\mathbf{e}}^i$ ist beim Tisserand-System demnach so gewählt, daß sich für $_I\mathbf{J}^i$ und $_I\mathbf{H}^i$ die gleichen Ausdrücke wie beim starren Körper ergeben. Während $\mathbf{I}^i$ bei starren Körpern aber konstant ist, hängt die Trägheitsmatrix bei flexiblen Körpern, wie in (6.232) angegeben, vom Verformungszustand ab.

Aus den Bedingungen (6.355) und (6.356) läßt sich eine weitere Eigenschaft des Tisserand-Systems ableiten. Mit der Trennung der Bewegung des Körpers i in Referenzbewegung und Verformung gemäß Bild 6-2 ist auch eine entsprechende Aufteilung der kinetischen Energie verbunden in die alleine aus der Verformung des Körpers resultierende kinetische Energie

$$T_e^i = \frac{1}{2} \int\limits_{V_0^i} \dot{\mathbf{r}}^{i\,T} \dot{\mathbf{r}}^i \, dm \qquad\qquad\qquad (6.358)$$

und in den zur Referenzbewegung gehörenden Anteil. Das Tisserand-System ist so gewählt, daß die Energie T_e^i aus (6.358) zum Minimum wird, [14, 80]. In den Bewegungsgleichungen des Körpers i führt dies zum Verschwinden der Kopplung von Referenzbewegung und Verformung in der Massenmatrix – vgl. [2, 3].

Die Bedingungen (6.355) und (6.356) für ein Tisserand-System lassen sich bei Verwendung von $_0\mathbf{J}^i$ und $_0\mathbf{H}^i$ aus (6.353) mit Hilfe der generalisierten Koordinaten $\mathbf{q}^i$ angeben

$$\mathbf{C}_t^{i\,T} \dot{\mathbf{q}}^i(t) = \mathbf{0} \quad \text{und} \quad \mathbf{C}_r^{i\,T}(\mathbf{q}^i)\, \dot{\mathbf{q}}^i(t) = \mathbf{0}. \qquad\qquad (6.359)$$

Wegen der sechs Zwangsgleichungen (6.359) sind die Verformungsgeschwindigkeiten $\dot{\mathbf{q}}^i$ nicht mehr voneinander unabhängig. Ein einfacher Weg zur Berücksichtigung dieser Zwangsgleichungen wird unten begründet: In der Darstellung der Verformungen $\mathbf{u}^i(\mathbf{R},t)$ und $\boldsymbol{\vartheta}^i(\mathbf{R},t)$ gemäß (6.46) und (6.47) wählt man als Ansatzfunktionen Eigenformen ungelagerter Strukturen und berücksichtigt die Bedingungen (6.359) durch Streichen der in diesen Systemen von Eigenformen vorkommenden Starrkörperformen.

Buckens-System

Das Tisserand-System wurde in [74], Band 2, S. 504 ff. und in [28] zur Untersuchung von Problemen der Himmelsmechanik eingeführt. Die zugehörigen Bindungsgleichungen (6.355) und (6.356) gelten bei beliebig großen Verformungen der Körper. In vielen Anwendungen wird, wie auch hier, bei Herleitung der Bewegungsgleichungen angenommen, daß die Verformungen klein bleiben, womit man Produkte der Verformungsvariablen $\mathbf{u}^i(\mathbf{R},t)$ und $\boldsymbol{\vartheta}^i(\mathbf{R},t)$, also der generalisierten Koordinaten $\mathbf{q}^i(t)$, in den Bewegungsgleichungen vernachlässigen kann. Damit wird aus (6.355) und (6.356) und aus (6.359)

$$\int\limits_{V_0^i} \dot{\mathbf{u}}^i(\mathbf{R},t)\, dm = \mathbf{0} \quad \text{also} \quad \mathbf{C}_t^{i\,T} \dot{\mathbf{q}}^i(t) = \mathbf{0} \qquad\qquad (6.360)$$

$$\int\limits_{V_0^i} \tilde{\mathbf{R}}\,\dot{\mathbf{u}}^i(\mathbf{R},t)\, dm = \mathbf{0} \quad \text{also} \quad \mathbf{C}_{r0}^{i\,T} \dot{\mathbf{q}}^i(t) = \mathbf{0} \qquad\qquad (6.361)$$

mit $\mathbf{C}_{r0}^i$ aus (6.234). Ein System dessen Ort und Orientierung durch die Forderungen (6.360) und (6.361) festgelegt sind, nennt man zuweilen Buckens-System, [11, 14]. Es stimmt bis auf in den Verformungskoordinaten $\mathbf{u}^i(\mathbf{R},t)$ und $\boldsymbol{\vartheta}^i(\mathbf{R},t)$ bzw. in $\mathbf{q}^i(t)$ nichtlineare Terme

mit dem Tisserand-System überein. Häufig bezeichnet man ein durch die Forderungen (6.360) und (6.361) festgelegtes System daher ebenfalls als Tisserand-System (axis frame), [2].

Bei der Wahl von $\{O^i, \underline{\mathbf{e}}^i\}$ gemäß (6.360) und (6.361) verschwindet $\mathbf{H}^i$ aus (6.351) nur bei Vernachlässigung der in den Verformungskoordinaten quadratischen Terme. Daher nimmt die kinetische Energie aus (6.358) beim Buckens-System keinen Minimalwert an. Das System besitzt aber eine entsprechende, in [79], S. 903 erläuterte Eigenschaft. Bei ihm werden Referenzbewegung und Verformung so getrennt, daß das Integral der in $\{O^i, \underline{\mathbf{e}}^i\}$ gemessenen Quadrate der Verschiebungen der Punkte des Körpers zum Minimum wird, also

$$\frac{1}{2} \int\limits_{V_0^i} \mathbf{u}^{i^T} \mathbf{u}^i \, dm = \min. \tag{6.362}$$

Diese Eigenschaft des Buckens-Systems erinnert an die Beschreibung der Bewegungen eines starren Körpers gemäß (3.5) und Bild 3-2. Beim starren Körper verschwinden die Verschiebungen $\mathbf{u}^i(\mathbf{R}, t)$, wenn $\{O^i, \underline{\mathbf{e}}^i\}$ körperfest ist. Mit dem Buckens-System wird $\{O^i, \underline{\mathbf{e}}^i\}$ bei verformbaren Körpern so festgelegt, daß man sich der Beschreibung der Bewegung des starren Körpers gemäß (3.5) in bestmöglicher Weise nähert. Das Buckens-System ist demnach das zur Angabe der in den Verformungskoordinaten linearisierten Gleichungen (6.298) am besten geeignete Bezugssystem: Wegen (6.362) nehmen die Verformungskoordinaten bei dieser Wahl von $\{O^i, \underline{\mathbf{e}}^i\}$ ihre kleinstmöglichen Werte an.

Es wird sich zeigen, daß man die Bedingungen (6.360) und (6.361) für $\mathbf{q}^i(t)$ wie oben beim Tisserand-System berücksichtigen kann: Man stellt $\mathbf{u}^i(\mathbf{R}, t)$ und $\boldsymbol{\vartheta}^i(\mathbf{R}, t)$ gemäß (6.46) und (6.47) durch Eigenformen ungelagerter Strukturen dar und streicht die Starrkörperformen.

Durch Starrkörperformen festgelegte Koordinatensysteme

Starrkörperformen von ungelagerten, deformierbaren Körpern, genauer von sog. semidefiniten Systemen, [14], S. 4, sind Bewegungen, die keine inneren Kräfte wecken, bei denen sich also die Spannungen nicht ändern, womit nach (6.259) die Verformungen $\mathbf{q}^i(t)$ verschwinden. Mit Hilfe der Starrkörperformen kann $\{O^i, \underline{\mathbf{e}}^i\}$ ebenfalls festgelegt werden: Das Koordinatensystem soll Bewegungen des Körpers folgen, bei denen keine Spannungsänderungen auftreten, womit gewährleistet ist, daß die inneren Kräfte nur von den Verformungen (und nicht auch noch von der Referenzbewegung) abhängen.

Das System $\{O^i, \underline{\mathbf{e}}^i\}$ folge also den durch die Starrkörperformen gegebenen Bewegungen. Eine Interpretation der Variablen aus (6.65) bei einem durch diese Forderung festgelegten Bezugssystem erscheint zu komplex, womit es nur umständlich zu handhaben wäre. Es besitzt aber eine in [13, 14] und in [79] hergeleitete Eigenschaft, die seine einfache Verwendung ermöglicht: Ein durch die Starrkörperformen festgelegtes Koordinatensystem kann sich gegenüber einem Tisserand-System nicht bewegen. Bei Beschränkung auf kleine Bewegungen und die entsprechend linearisierten Gleichungen ruht ein so festgelegtes Koordinatensystem gegenüber einem Buckens-System. Der Nachweis dieser Aussage zeigt, daß man die Bedingungen (6.360) und (6.361) für ein Buckens-System durch Streichen der Starrkörperformen in den Eigenfunktionen ungelagerter Strukturen berücksichtigen kann.

Die zu *kleinen* Bewegungen einer ungelagerten Struktur gehörenden Eigenformen $\boldsymbol{\Phi}^i_{*j}$ mögen das Verschiebungsfeld $\mathbf{u}^i(\mathbf{R},t)$ gemäß (6.46) darstellen. Die Eigenformen zur Eigenfrequenz $f = 0$ gehören zu Starrkörperbewegungen der Struktur. Die drei ersten Eigenformen

$$\boldsymbol{\Phi}^i_t = \begin{bmatrix} \boldsymbol{\Phi}^i_{*1} & \boldsymbol{\Phi}^i_{*2} & \boldsymbol{\Phi}^i_{*3} \end{bmatrix} = \begin{bmatrix} 1 & 0 & 0 \\ 0 & 1 & 0 \\ 0 & 0 & 1 \end{bmatrix} = \mathbf{E} \tag{6.363}$$

gehören zu Translationsbewegungen und die nächsten drei Eigenformen zu (kleinen) Rotationsbewegungen, also

$$\boldsymbol{\Phi}^i_r = \frac{1}{\ell}\begin{bmatrix} \boldsymbol{\Phi}^i_{*4} & \boldsymbol{\Phi}^i_{*5} & \boldsymbol{\Phi}^i_{*6} \end{bmatrix} = \frac{1}{\ell}\tilde{\mathbf{R}}. \tag{6.364}$$

Der Parameter ℓ in (6.364) dient zur Normierung. Die Matrizen $\boldsymbol{\Phi}^i$ und $\mathbf{q}^i$ aus (6.46) können damit folgendermaßen partitioniert werden:

$$\boldsymbol{\Phi}^i = \begin{bmatrix} \boldsymbol{\Phi}^i_t & \boldsymbol{\Phi}^i_r & \boldsymbol{\Phi}^i_e \end{bmatrix} \quad \text{und} \quad \mathbf{q}^{i^T} = \begin{bmatrix} \mathbf{q}^i_t & \mathbf{q}^i_r & \mathbf{q}^i_e \end{bmatrix}. \tag{6.365}$$

Die zu $\boldsymbol{\Phi}^i_t$ und $\boldsymbol{\Phi}^i_r$ gehörenden, generalisierten Koordinaten $\mathbf{q}^i_t$ und $\mathbf{q}^i_r$ beschreiben Starrkörperbewegungen der Struktur. Die Eigenformen $\boldsymbol{\Phi}^i_e$ gehören zu von Null verschiedenen Eigenfrequenzen, womit die Koordinaten $\mathbf{q}^i_e$ Verformungen des Körpers erfassen.

Zu nicht gleichen Eigenfrequenzen gehörende Eigenschwingungsformen sind orthogonal. Bei Normierung der Eigenformen gilt somit

$$\int_{V^i_0} \boldsymbol{\Phi}^{i^T}_e \, \boldsymbol{\Phi}^i_e \, dm = \mathbf{E}, \quad \int_{V^i_0} \boldsymbol{\Phi}^{i^T}_t \, \boldsymbol{\Phi}^i_e \, dm = \mathbf{0}, \quad \int_{V^i_0} \boldsymbol{\Phi}^{i^T}_r \, \boldsymbol{\Phi}^i_e \, dm = \mathbf{0}. \tag{6.366}$$

Mit der in (6.365) angegebenen Partitionierung der Matrizen $\boldsymbol{\Phi}^i$ und $\mathbf{q}^i$ kann man anstelle von (6.46) schreiben

$$\mathbf{u}^i(\mathbf{R},t) = \begin{bmatrix} \boldsymbol{\Phi}^i_t(\mathbf{R}) & \boldsymbol{\Phi}^i_r(\mathbf{R}) & \boldsymbol{\Phi}^i_e(\mathbf{R}) \end{bmatrix} \begin{bmatrix} \mathbf{q}^i_t(t) \\ \mathbf{q}^i_r(t) \\ \mathbf{q}^i_e(t) \end{bmatrix}. \tag{6.367}$$

Der Nachweis, daß die Relativbewegungen eines Buckens-Systems und eines Koordinatensystems, das die Starrkörperbewegungen einer ungelagerten Struktur mitmacht, verschwinden, wird hier für die kleinen Bewegungen $\mathbf{q}^i_t(t)$ und $\mathbf{q}^i_r(t)$ erbracht, [14], S. 7 und [79], S. 908. Mit (6.367) wird aus den Bindungsgleichungen (6.360) und (6.361)

$$\int\limits_{V_0^i} \mathbf{\Phi}_t^i(\mathbf{R})\, dm\, \dot{\mathbf{q}}_t^i(t) + \int\limits_{V_0^i} \mathbf{\Phi}_r^i(\mathbf{R})\, dm\, \dot{\mathbf{q}}_r^i(t) + \int\limits_{V_0^i} \mathbf{\Phi}_e^i(\mathbf{R})\, dm\, \dot{\mathbf{q}}_e^i(t) = \mathbf{0}. \tag{6.368}$$

$$\int\limits_{V_0^i} \tilde{\mathbf{R}}\, \mathbf{\Phi}_t^i(\mathbf{R})\, dm\, \dot{\mathbf{q}}_t^i(t) + \int\limits_{V_0^i} \tilde{\mathbf{R}}\, \mathbf{\Phi}_r^i(\mathbf{R})\, dm\, \dot{\mathbf{q}}_r^i(t) + \int\limits_{V_0^i} \tilde{\mathbf{R}}\, \mathbf{\Phi}_e^i(\mathbf{R})\, dm\, \dot{\mathbf{q}}_e^i(t) = \mathbf{0}. \tag{6.369}$$

Zum Nachweis des Verschwindens der eben genannten Relativbewegungen wird neben diesen Gleichungen die Orthogonalität (6.366) der Eigenfunktionen benötigt. In (6.366) sind die zur gleichen Eigenfrequenz $f = 0$ gehörenden Starrkörperformen $\mathbf{\Phi}_t^i$ und $\mathbf{\Phi}_r^i$ ausgeschlossen. Ihre Orthogonalität ist an zusätzliche Bedingungen geknüpft. Die Eigenformen $\mathbf{\Phi}_t^i$ sind zu $\mathbf{\Phi}_r^i$ orthogonal, wenn

$$\int\limits_{V_0^i} \mathbf{\Phi}_t^{i^T}\, \mathbf{\Phi}_r^i\, dm = \mathbf{0}. \tag{6.370}$$

Mit (6.363) erkennt man, daß (6.370) erfüllt ist, falls

$$\int\limits_{V_0^i} \mathbf{\Phi}_r^i\, dm = \mathbf{0}. \tag{6.371}$$

Mit (6.364) folgt, daß (6.371) erfüllt ist, wenn

$$\int\limits_{V_0^i} \mathbf{R}\, dm = \mathbf{0}. \tag{6.372}$$

Demnach sind $\mathbf{\Phi}_t^i$ und $\mathbf{\Phi}_r^i$ orthogonal, falls der Ursprung O^i des Körperbezugssystems bei den durch $\mathbf{q}_t^i(t)$ und $\mathbf{q}_r^i(t)$ erfaßten Starrkörperbewegungen im Massenmittelpunkt CM^i der Referenzkonfiguration des Körpers liegt.

Mit (6.363) folgt aus der zweiten Gleichung (6.366)

$$\int\limits_{V_0^i} \mathbf{\Phi}_e^i\, dm = \mathbf{0}. \tag{6.373}$$

Wegen (6.373) und (6.371) kann die Bedingung (6.368), nach der der Ursprung O^i des Buckens-Systems auch in der aktuellen Konfiguration mit dem Massenmittelpunkt CM^i des Körpers zusammenfallen soll, mit Hilfe von $\mathbf{\Phi}_t^i$ alleine angegeben werden. Dies sind drei Gleichungen, die wegen (6.363) nach Auswertung der Integrale unter Verwendung von (6.225) in der unten angegebenen Form umgeschrieben werden können:

$$\int\limits_{V_0^i} \mathbf{\Phi}_t^i(\mathbf{R})\, dm\, \dot{\mathbf{q}}_t^i(t) = \mathbf{0} \quad \Rightarrow \quad m^i\, \mathbf{E}\, \dot{\mathbf{q}}_t^i(t) = \mathbf{0}. \tag{6.374}$$

Die Determinante des homogenen, linearen Gleichungssystems (6.374) ist für $m^i \neq 0$ von Null verschieden, womit die Gleichungen nur die triviale Lösung

$$\dot{\mathbf{q}}_t^i(t) \equiv \mathbf{0} \tag{6.375}$$

besitzen. Dies zeigt, daß die Bedingung $O^i = CM^i$ für den Ursprung des Buckens-Systems nur erfüllt ist, wenn in der Darstellung (6.367) des Verschiebungsfelds $\mathbf{u}^i(\mathbf{R},t)$ die Translationsbewegungen $\dot{\mathbf{q}}_t^i(t)$ identisch verschwinden.

Aus der dritten Gleichung in (6.366) folgt mit (6.364)

$$\int\limits_{V_0^i} \tilde{\mathbf{R}}\, \boldsymbol{\Phi}_e^i \, dm = \mathbf{0}. \tag{6.376}$$

Dies ist das dritte der Integrale aus (6.369). Das erste Integral in dieser Gleichung verschwindet, falls $O^i = CM^i$, was man mit (6.363) und (6.372) erkennt. Damit kann man die Bedingung (6.369) für die Orientierung des Buckens-Systems mit $\boldsymbol{\Phi}_r^i$ alleine angeben. Mit (6.364) und mit der Trägheitsmatrix $\mathbf{I}_0^i$ aus (6.232) erhält man

$$\int\limits_{V_0^i} \tilde{\mathbf{R}}\tilde{\mathbf{R}}\, dm\, \dot{\mathbf{q}}_r^i(t) = \mathbf{0} \quad \Rightarrow \quad \mathbf{I}_0^i\, \dot{\mathbf{q}}_r^i(t) = \mathbf{0}. \tag{6.377}$$

Da die Trägheitsmatrix positiv definit ist, hat die Bedingungsgleichung (6.377) zur Festlegung der Orientierung des Buckens-Systems nur die triviale Lösung

$$\dot{\mathbf{q}}_r^i(t) \equiv \mathbf{0}. \tag{6.378}$$

Die Gleichungen (6.375) und (6.378) zeigen, daß ein Koordinatensystem $\{O^i, \underline{\mathbf{e}}^i\}$, das den Starrkörperbewegungen ungelagerter Strukturen, also den durch $\dot{\mathbf{q}}_t^i(t)$ und $\mathbf{q}_r^i(t)$ gegebenen Bewegungen folgt, bezüglich eines Buckens-Systems ruht. Dabei sind die Starrkörperformen für die Rotationsbewegung in der linearen Näherung (6.364) angegeben und das Buckens-System ist durch die Bedingungen (6.360) und (6.361) festgelegt.

Die eingangs aufgeworfene Frage nach der Verwendung von Eigenfunktionen ungelagerter Strukturen als Ansatzfunktionen ist damit für den Fall kleiner Bewegungen geklärt. Solche Eigenfunktionen können zur Darstellung der Verformungen gemäß (6.46) und (6.47) verwendet werden, wobei als Ansatzfunktionen aber nur Eigenschwingungsformen berücksichtigt werden. Starrkörperformen müssen unberücksichtigt bleiben. Das Körperbezugssystem ist dann durch die Bedingungen (6.360) und (6.361) festgelegt, um die man sich bei der Lösung der Systemgleichungen nicht zu kümmern braucht. Dies gilt aber nur, wenn man die Ansatzfunktionen, wie oben erläutert, wählt, eine Bedingung, gegen die nach [66], S. 397 zuweilen verstoßen wird.

Eigenschwingungsformen erhält man aus linearisierten Gleichungen, in denen Starrkörperrotationen nur in linearer Näherung berücksichtigt sind. Eigenschwingungsformen ungelagerter Strukturen genügen daher bei Streichen der Starrkörperbewegungen, wie oben gezeigt, der Bedingung $\mathbf{C}_{r0}^{i\,T}\,\dot{\mathbf{q}}^i(t) = \mathbf{0}$ aus (6.361) für ein Buckens-System. Sie verletzen i. a. aber die entsprechende Bedingung für ein Tisserand-System. Nach der zweiten Gleichung (6.359) und wegen (6.234) muß für dieses System $\mathbf{C}_{r0}^{i\,T}\,\dot{\mathbf{q}}^i(t) + \mathbf{C}_{r1}^{i\,T}(\mathbf{q}^i)\,\dot{\mathbf{q}}^i(t) = \mathbf{0}$ gelten. Bei der Berechnung der Eigenformen ungelagerter Strukturen bleibt der nichtlineare Term $\mathbf{C}_{r1}^{i\,T}\,\dot{\mathbf{q}}^i(t)$ unberücksichtigt, womit i. a. $\mathbf{C}_{r1}^{i\,T}\,\dot{\mathbf{q}}^i(t) \neq \mathbf{0}$. Die Koppelmatrix $\mathbf{C}_{r1}^i$ muß nach Abschnitt 6.3.5 in den für kleine $\mathbf{q}^i$ linearisierten Bewegungsgleichungen (6.308) berücksichtigt werden. Wegen $\mathbf{C}_{r1}^i \neq \mathbf{0}$ führt die Wahl eines Buckens-Systems und die zugehörige Verwendung von Eigenformen ungelagerter Strukturen nicht notwendigerweise zu einer Blockdiagonalform der Massenmatrix $\mathbf{M}^i$. Dies wird nur erreicht, wenn man ein Tisserand-System wählt und die Nebenbedingung $\mathbf{C}_{r1}^{i\,T}\,\dot{\mathbf{q}}^i(t) = \mathbf{0}$ berücksichtigt. Ihre Einhaltung ist durch Streichen der (linearisierten) Starrkörperformen i. a. nicht gewährleistet.

Das Verschwinden der Koppelmatrizen $\mathbf{C}_t^i$ und $\mathbf{C}_r^i$ bei einer Wahl von Buckens- oder Tisserand-Systemen wird zuweilen als Vorteil hervorgehoben. Er wird aber zunichte gemacht, wenn geometrische Steifigkeiten berücksichtigt werden müssen, was sich nach (6.336) in einer Änderung der Matrizen $\mathbf{C}_t^i$ und $\mathbf{C}_r^i$ niederschlägt. Die Wahl eines Buckens- oder Tisserand-Systems zur Vermeidung einer Kopplung von Referenzbewegung und Verformung in der Massenmatrix lohnt somit nur, wenn geometrische Steifigkeiten keine Rolle spielen.

Eigenfunktionen, die nur einige, aber keinen vollständigen Satz von sechs Starrkörperformen enthalten, z. B. die Eigenfunktionen des Falls II aus Tabelle 6.1, kann man in entsprechender Weise verwenden: Man streicht die Starrkörperformen. In solchen Fällen sind dann aber nicht alle sechs Bedingungen für ein Tisserand- oder Buckens-System erfüllt. So liegt der Ursprung von $\{O^i, \underline{e}^i\}$ im Fall II aus Tabelle 6.1 beispielsweise nicht in CM^i sondern am linken Rand des Balkens, während für die Orientierung von $\underline{e}^i$ nach wie vor (6.361) gilt.

● **Beispiel 6.3: Kopplung von Referenzbewegung und Verformung bei Verwendung der Eigenfunktionen von Balken als Ansatzfunktionen.** In Tabelle 6.1 sind Ansatzfunktionen zur Beschreibung der Verformungen von Balken gemäß (6.89) bis (6.91) angegeben, die verschiedenen Randbedingungen genügen. Die Wahl der Ansatzfunktionen ist mit der Festlegung des Bezugssystems $\{O^i, \underline{e}^i\}$ des Körpers i verknüpft: An Punkte des Körpers gefesselte Bezugssysteme gehören zu Ansatzfunktionen, die geometrischen Randbedingungen genügen, während die eben erläuterten Bezugssysteme Ansatzfunktionen erfordern, die kinetische Bedingungen erfüllen. Im Beispiel 6.1 wurde gezeigt, daß mit den Ansatzfunktionen der Fälle III und IV aus Tabelle 6.1 das Sehnen- und das Tangentensystem aus den Bildern 6-5 und 6-4 festgelegt sind. Die Verwendung der Ansatzfunktionen aus den Fällen I und II erfordert dagegen Bezugssysteme $\{O^i, \underline{e}^i\}$, deren Ursprung und Orientierung aus Forderungen nach dem Verschwinden von Impulsgrößen folgen.
Verschiedene Ansatzfunktionen und die zugehörige Wahl von $\{O^i, \underline{e}^i\}$ resultieren in unterschiedlichen Koppeltermen $\mathbf{C}_t^i$ und $\mathbf{C}_r^i$ in der Massenmatrix $\mathbf{M}^i$ aus (6.224). Um dies zu verdeutlichen, werden die Koppelterme bei Verwendung der Ansatzfunktionen der Fälle I bis IV aus Tabelle 6.1 für die Punkte x auf der Achse des Balkens angegeben unter Verwendung der Daten des Körpers $i = 1$ aus Tabelle 6.2. Neben den im Beispiel 6.1 ausschließlich betrachteten Biegebewegungen werden hier auch Dehnungen der Balkenachse berücksichtigt.

Für Punkte auf der Achse des als Balken modellierten Körpers $i = 1$ aus Tabelle 6.2 und aus Bild 6-9 gilt

$$\mathbf{R} = \begin{bmatrix} x & 0 & 0 \end{bmatrix}^T \quad \text{wo} \quad x \equiv R_1. \tag{6.379}$$

Damit ist das Verschiebungsfeld $\mathbf{u}^i(\mathbf{R},t)$ dieser Punkte $\mathbf{R}$ nach (6.167) gegeben durch

$$\mathbf{u}^i(\mathbf{R},t)\bigg|_{\mathbf{R}_2 = \mathbf{R}_3 = 0} = \mathbf{w}^i(x,t) = \begin{bmatrix} w_1^i(x,t) \\ w_2^i(x,t) \\ 0 \end{bmatrix} = \mathbf{\Phi}^i(x)\,\mathbf{q}^i(t). \tag{6.380}$$

Bei Berücksichtigung der beiden ersten Eigenformen $U_1^i(x)$ und $U_2^i(x)$ von Längsbewegungen und der drei ersten Eigenformen $W_1^i(x)$, $W_2^i(x)$ und $W_3^i(x)$ von Biegebewegungen des Balkens gilt

$$\mathbf{\Phi}^i(x) = \begin{bmatrix} U_1^i(x) & U_2^i(x) & 0 & 0 & 0 \\ 0 & 0 & W_1^i(x) & W_2^i(x) & W_3^i(x) \\ 0 & 0 & 0 & 0 & 0 \end{bmatrix} \quad \text{und} \quad \mathbf{q}^i(t) = \begin{bmatrix} q_1^i(t) \\ q_2^i(t) \\ q_3^i(t) \\ q_4^i(t) \\ q_5^i(t) \end{bmatrix}, \tag{6.381}$$

wobei q_1^i und q_2^i zu Längs- und q_3^i, q_4^i und q_5^i zu Biegebewegungen gehören. Die Eigenfunktionen $U_j^i(x)$ und $W_j^i(x)$ aus (6.381) seien gemäß (6.94) normiert, womit in (6.224) $\mathbf{M}_e^i = \mathbf{E}$ gilt.

Mit (6.379) und (6.381) und mit den in Tabelle 6.2 definierten Parametern μ^i und ℓ^i erhält man für $\mathbf{C}_{t0}^i$ und $\mathbf{C}_{r0}^i$ aus (6.230) und (6.234)

$$\mathbf{C}_{t0}^i = \mu^i \int_0^{\ell^i} \mathbf{\Phi}^{i\,T}(x)\,dx = \mu^i \int_0^{\ell^i} \begin{bmatrix} U_1^i(x) & U_2^i(x) & 0 & 0 & 0 \\ 0 & 0 & W_1^i(x) & W_2^i(x) & W_3^i(x) \\ 0 & 0 & 0 & 0 & 0 \end{bmatrix}^T dx, \tag{6.382}$$

$$\mathbf{C}_{r0}^i = \mu^i \int_0^{\ell^i} \left(\tilde{\mathbf{R}}\,\mathbf{\Phi}^i(x) \right)^T dx = \mu^i \int_0^{\ell^i} \begin{bmatrix} 0 & 0 & 0 & 0 & 0 \\ 0 & 0 & 0 & 0 & 0 \\ 0 & 0 & x\,W_1^i(x) & x\,W_2^i(x) & x\,W_3^i(x) \end{bmatrix}^T dx. \tag{6.383}$$

Die Matrix $\mathbf{C}_{r1}^i$ ist durch (6.234) gegeben. Nach (6.353) ist $\mathbf{C}_r^{i\,T}\dot{\mathbf{q}}^i$ der Drehimpuls $_O\mathbf{H}^i$ des Körpers i bezüglich O^i. Wegen der hier betrachteten ebenen Bewegungen kommen nur Rotationen um die 3-Achse von $\{O^i, \underline{\mathbf{e}}^i\}$ vor, womit nur die dritte Spalte des Drehimpulses und damit nur die dritte Spalte $\mathbf{C}_{r*3}^i$ von $\mathbf{C}_r^i$ von Null verschieden ist. Daher wird auch nur die dritte Spalte $\mathbf{C}_{r1*3}^i$ von $\mathbf{C}_{r1}^i$ aus (6.234) benötigt. Mit der α-ten Zeile $\mathbf{\Phi}_{\alpha *}^i$ von $\mathbf{\Phi}^i$ aus (6.381) und wegen $\mathbf{\Phi}_{3*}^i = \mathbf{0}$ gilt

$$\left(\mathbf{\Phi}^i\,\mathbf{q}^i \right)^{\tilde{}} = \begin{bmatrix} 0 & 0 & \mathbf{\Phi}_{2*}^i\,\mathbf{q}^i \\ 0 & 0 & -\mathbf{\Phi}_{1*}^i\,\mathbf{q}^i \\ -\mathbf{\Phi}_{2*}^i\,\mathbf{q}^i & \mathbf{\Phi}_{1*}^i\,\mathbf{q}^i & 0 \end{bmatrix}. \tag{6.384}$$

Mit (6.381) und (6.384) folgt aus (6.234), da die dritte Zeile von $\mathbf{\Phi}^i$ nur Nullen enthält

$$\mathbf{C}^i_{r1*3}(\mathbf{q}^i) = \mu^i \int_0^{\ell^i} \left(\boldsymbol{\Phi}^{iT}_{2*} \boldsymbol{\Phi}^i_{1*} - \boldsymbol{\Phi}^{iT}_{1*} \boldsymbol{\Phi}^i_{2*} \right) dx\, \mathbf{q}^i = \mu^i \int_0^{\ell^i} \begin{bmatrix} 0 & & & & \\ 0 & 0 & schief & & \\ U^i_1 W^i_1 & U^i_2 W^i_1 & 0 & & \\ U^i_1 W^i_2 & U^i_2 W^i_2 & 0 & 0 & \\ U^i_1 W^i_3 & U^i_2 W^i_3 & 0 & 0 & 0 \end{bmatrix} dx\, \mathbf{q}^i . \tag{6.385}$$

Die drei Matrizen (6.382), (6.383) und (6.385) sind in Tabelle 6.6 unter Verwendung der Eigenfunktionen von Längs- und Biegebewegung aus (6.381) für die Fälle I bis IV von Randbedingungen angegeben. Die Randbedingungen sind in der zweiten Spalte der Tabelle definiert.

Tabelle 6.6: Kopplung von Referenzbewegungen und Verformungen in der Massenmatrix $\mathbf{M}^i$ bei Verwendung verschiedener Ansatzfunktionen, also verschiedener Definitionen von $\{O^i, \underline{\mathbf{e}}^i\}$.

Fall	*Randbedingungen*	Matrix $\mathbf{C}^i_{t0}$	Matrix $\mathbf{C}^i_{r0}$	Matrix $\mathbf{C}^i_{r1*3}(\mathbf{q}^i)$
I	frei - frei: $U_l'^i(0) = U_l'^i(\ell) = 0$ $W_l'''^i(0) = W_l''''^i(0) = 0$ $W_l'''^i(\ell) = W_l''''^i(\ell) = 0$	$\mathbf{0}$	$\mathbf{0}$	$\begin{bmatrix} 0 & & & & \\ 0 & 0 & schief & & \\ 0 & 0.98 & 0 & & \\ -0.12 & 0 & 0 & 0 & \\ 0 & 0.19 & 0 & 0 & 0 \end{bmatrix} \mathbf{q}^i$
II	gelenkig - frei: $U_l^i(0) = U_l'^i(\ell) = 0$ $W_l^i(0) = W_l''^i(0) = 0$ $W_l'''^i(\ell) = W_l''''^i(\ell) = 0$	$\begin{bmatrix} 2.86 & 0 & 0 \\ 0.95 & 0 & 0 \\ 0 & -1.17 & 0 \\ 0 & 0.63 & 0 \\ 0 & -0.44 & 0 \end{bmatrix}$	$\mathbf{0}$	$\begin{bmatrix} 0 & & & & \\ 0 & 0 & schief & & \\ -0.12 & -0.97 & 0 & & \\ -0.02 & 0.22 & 0 & 0 & \\ -0.01 & 0.06 & 0 & 0 & 0 \end{bmatrix} \mathbf{q}^i$
III	gelenkig - gelenkig: $U_l^i(0) = U_l'^i(\ell) = 0$ $W_l^i(0) = W_l''^i(0) = 0$ $W_l^i(\ell) = W_l''^i(\ell) = 0$	$\begin{bmatrix} 2.86 & 0 & 0 \\ 0.95 & 0 & 0 \\ 0 & 2.86 & 0 \\ 0 & 0 & 0 \\ 0 & 0.95 & 0 \end{bmatrix}$	$\begin{bmatrix} 0 & 0 & 0 \\ 0 & 0 & 0 \\ 0 & 0 & 2.86 \\ 0 & 0 & -1.43 \\ 0 & 0 & 0.95 \end{bmatrix}$	$\begin{bmatrix} 0 & & & & \\ 0 & 0 & schief & & \\ 0.85 & 0.51 & 0 & & \\ -0.34 & 0.73 & 0 & 0 & \\ 0.22 & -0.28 & 0 & 0 & 0 \end{bmatrix} \mathbf{q}^i$
IV	fest - frei: $U_l^i(0) = U_l'^i(\ell) = 0$ $W_l^i(0) = W_l'^i(0) = 0$ $W_l'''^i(\ell) = W_l''''^i(\ell) = 0$	$\begin{bmatrix} 2.86 & 0 & 0 \\ 0.95 & 0 & 0 \\ 0 & 2.48 & 0 \\ 0 & 1.38 & 0 \\ 0 & -0.81 & 0 \end{bmatrix}$	$\begin{bmatrix} 0 & 0 & 0 \\ 0 & 0 & 0 \\ 0 & 0 & 3.61 \\ 0 & 0 & 0.58 \\ 0 & 0 & -0.20 \end{bmatrix}$	$\begin{bmatrix} 0 & & & & \\ 0 & 0 & schief & & \\ 0.96 & -0.28 & 0 & & \\ 0.27 & 0.86 & 0 & 0 & \\ -0.06 & -0.40 & 0 & 0 & 0 \end{bmatrix} \mathbf{q}^i$

Die Fälle aus Tabelle 6.6 entsprechen den in Tabelle 6.1 nur für Biegebewegungen betrachteten Fällen I bis IV. Im Fall I werden Ansatzfunktionen eines ungelagerten Balkens verwendet. Die Matrizen $\mathbf{C}^i_t = \mathbf{C}^i_{t0}$ und $\mathbf{C}^i_{r0}$ verschwinden, und nur $\mathbf{C}^i_{r1}$ ist von Null verschieden. Dies entspricht den Bedingungen (6.360) und (6.361) für ein Buckens-System, für das damit auch die entsprechenden Submatrizen von $\mathbf{M}^i$ aus (6.224) verschwinden. Der von Null verschiedene Beitrag $\mathbf{C}^i_{r1}$ zeigt, daß die Bedingung (6.356) für ein Tisserand-System, d. h. die zweite Bedingung aus (6.359), nicht erfüllt ist. Der von Null verschiedene Beitrag resultiert aus dem bei Definition des Buckens-Systems nicht berücksichtigten Term $\tilde{\mathbf{u}}^i \dot{\mathbf{u}}^i$ unter dem Integral aus (6.356).

Die drei letzten Spalten von $\mathbf{C}^i_{r1*3}\,\mathbf{q}^i$ gehören nach (6.381) zu den Biegeformen. Werden nur diese verwendet, so sind alle Bedingungen (6.355), (6.356) oder (6.359) für ein Tisserand-System erfüllt. Im Fall II ist die Bedingung (6.360) für ein Buckens-System verletzt: Der Ursprung O^i des Koordinatensystems $\{O^i, \underline{\mathbf{e}}^i\}$ liegt im Punkt $x = 0$ des Balkens, womit sich $\mathbf{C}^i_{t0} \neq 0$ ergibt. Dagegen ist die Orientierung von $\{O^i, \underline{\mathbf{e}}^i\}$ durch (6.361) festgelegt und dementsprechend verschwindet die Koppelmatrix $\mathbf{C}^i_{r0}$. In den Fällen III und IV mit den zu einem Sehnen- und zu einem Tangentensystem gehörenden Ansatzfunktionen sind alle Koppelmatrizen von Null verschieden.

6.4 Daten von Mehrkörpersystemen

Mit den bisher angegebenen Gleichungen lassen sich die Daten zusammenstellen, die zur Beschreibung der Elemente von Mehrkörpersystemen, also der Körper, Gelenke, Kraftelemente und der Umgebung erforderlich sind. Zu den Systemdaten gehören auch Daten zur Angabe der Topologie des Systems. Die Beschreibung von Gelenken, Kraftelementen, Umgebung und Topologie ist aus der Literatur zu Systemen starrer Körper gut bekannt und kann hier kurz gehalten werden. Die Daten verformbarer Körper werden detaillierter erläutert.

6.4.1 Daten der Körper

Die Bewegungsgleichungen von Mehrkörpersystemen erhält man mit dem Jourdainschen Prinzip unter Verwendung der virtuellen Leistungen aus (6.220). Die beiden ersten Integrale in (6.220) lassen sich nach (6.222) und (6.254) mit den Matrizen $\mathbf{M}^i, \mathbf{h}^i_\omega$ und $\mathbf{h}^i_e$ angeben. Sie sind in (6.224), (6.237) und (6.270) mit Submatrizen dargestellt. Die Gleichungen aus den Abschnitten 6.3.1 bis 6.3.3 zeigen, daß sich diese Submatrizen schreiben lassen als Produkte der Elemente von $\mathbf{z}^i_I$ und $\mathbf{z}^i_{II}$ aus (6.65) mit Ausdrücken, die sich aus gewissen (weiter unten zusammengestellten) *Grunddaten* der Körper errechnen. Die mit den Grunddaten ermittelten Ausdrücke werden als *Standarddaten* der Körper bezeichnet. Unter den Standarddaten sind alle vom Systemzustand und von der Zeit unabhängigen Terme zusammengefaßt, die man zur Angabe der Systemgleichungen benötigt und die vor einer Simulation der Bewegungen des Systems ermittelt werden können. Sie werden in einem Datensatz SID ("Standard Input Data") abgelegt, [83, 84, 86]. Dieser Datensatz wurde in [52] und in [85, 87, 88] für die dort beschriebenen Programmentwicklungen verwendet.

Die Standarddaten lassen sich gliedern in Ausdrücke, die erforderlich sind zur Berechnung der

- Bewegung der Koordinatensysteme $\{O^{k,i}, \underline{\mathbf{e}}^{k,i}\}$ in den Knoten k auf den Körpern i, also der Matrizen $\mathbf{r}^{k,i}$ und $\mathbf{u}^{k,i}$ aus (6.78), $\mathbf{\Theta}^{k,i}$ aus (6.79) und $\dot{\mathbf{u}}^{k,i}, \dot{\boldsymbol{\vartheta}}^{k,i}$ aus (6.82);

- Größen $m^i, \mathbf{c}^i, \mathbf{I}^i, \mathbf{C}^i_t, \mathbf{C}^i_r$ und $\mathbf{M}^i_e$ zur Angabe von $\mathbf{M}^i$ aus (6.224), also der zu den generalisierten Geschwindigkeiten $\mathbf{z}^i_{II}$ gehörenden, generalisierten Massen;

- Matrizen $\mathbf{G}^i_{re}, \mathbf{G}^i_{el}$ und $\mathbf{O}^i_{ek}$, die nach (6.251) zusätzlich erforderlich sind, um die Submatrizen von $\mathbf{h}^i_\omega$ aus (6.236) zu berechnen;

- Spannungen $\boldsymbol{\sigma}^i$ aus (6.259), der zu ihnen gehörenden inneren Kräfte $\mathbf{k}^i_{e0}, \mathbf{K}^i_{e0}, \mathbf{K}^i_e$ und $\mathbf{K}^i_{eN}$ und der Dämpfung $\mathbf{D}^i_e$, die nach (6.270) alle in $\mathbf{h}^i_e$ zusammengefaßt sind;

- der geometrischen Steifigkeiten $\mathbf{K}^i_{geo}$ aus (6.315) bei Linearisierung der Bewegungsgleichungen in den generalisierten Koordinaten $\mathbf{q}^i$.

Die Ermittlung der hier genannten Matrizen wird unten in der gerade angegebenen Reihenfolge erläutert, wobei geometrische Steifigkeiten gemäß (6.336) bis (6.338) berücksichtigt werden. Die meisten Matrizen hängen von den Verformungskoordinaten $\mathbf{q}^i$ ab und lassen sich an der Stelle $\mathbf{q}^i = \mathbf{0}$ nach Potenzen von $\mathbf{q}^i$ entwickeln, wobei alle Potenzreihen, bis auf wenige Ausnahmen, nach der ersten oder zweiten Potenz von $\mathbf{q}^i$ abbrechen. Die Koeffizienten dieser Potenzreihen machen den Hauptteil der Standarddaten aus. Die Standarddaten beschränken sich nicht auf Ausdrücke, die zur Ermittlung der in $\mathbf{q}^i$ linearisierten Gleichungen aus Abschnitt 6.3.5 benötigt werden. Vielmehr werden alle Daten berücksichtigt, die zur Berechnung aller Größen aus (6.298) erforderlich sind. Mit diesen Daten können auch Bewegungsgleichungen angegeben werden, in denen in $\mathbf{q}^i$ nichtlineare Terme vorkommen. Die nichtlinearen Gleichungen (6.298) enthalten auch die in $\mathbf{q}^i$ nichtlinearen Steifigkeitsmatrizen $\mathbf{K}^i_{eN}$. Die geometrischen Steifigkeiten $\mathbf{K}^i_{geo}$ bleiben in den nichtlinearen Gleichungen unberücksichtigt.

Die Definition der Standarddaten gründet sich auf die in Abschnitt 6.2.1 erläuterte Beschreibung der Bewegung eines Körpers und auf dessen Modellierung als Kontinuum gemäß Kapitel 2. In den Gleichungen (6.298) erscheinen auch bei Kontinuumsmodellen nicht benötigte Größen, nämlich Variable zur Beschreibung von Rotationen der Koordinatensysteme $\{P, \underline{e}\}$ – vgl. (6.27) – und die Einzelkräfte und -momente aus (6.218). Sie sind erforderlich, um Körper als Kontinua mit inneren Bindungen oder als Finite-Elemente-Strukturen zu modellieren. Die Standarddaten geben also eine allgemeine Form der zur Beschreibung flexibler Körper benötigten Daten an für Kontinuumsmodelle, bei denen die Bewegungen der einzelnen Punkte noch Zwangsbedingungen unterliegen, die aus speziellen Modellvorstellungen und aus dem Ritz-Ansatz (6.46), (6.47) resultieren. In Modellen von Mehrkörpersystemen werden i. a. Balken und Finite-Elemente-Strukturen verwendet. Die Berechnung der entsprechenden, speziellen Standarddaten erfordert die Berücksichtigung der entsprechenden Bindungsgleichungen für die Bewegungen der Punkte des Körpers und findet sich in den Abschnitten 6.4.3 bis 6.4.5. Der Rest dieses Abschnitts 6.4.1 dient der Definition der Standarddaten, die in Abschnitt 6.4.2 in einem allgemeinen, objektorientierten Datensatz zusammengefaßt werden.

Bewegung der Knotenkoordinatensysteme

Ein Knoten k wird dem Körper i zugeordnet durch die Funktion k, i. Die Zahl der Knoten auf dem Körper i sei n^i_K. In der Referenzkonfiguration des Körpers befindet sich $O^{k,i}$ bezüglich $\{O^i, \underline{e}^i\}$ am Ort $\mathbf{R}^{k,i}$ und die Orientierung des Dreibeins $\underline{e}^{k,i}$ ist durch $\mathbf{\Gamma}^{k,i}$ gegeben. Die Verformungen des Körpers werden nach Wahl der Ansatzfunktionen $\mathbf{\Phi}^i(\mathbf{R})$ und $\mathbf{\Psi}^i(\mathbf{R})$ durch die nur von der Zeit t abhängigen Variablen $\mathbf{q}^i(t)$ erfaßt. Zur Berechnung der Bewegungen von $\{O^{k,i}, \underline{e}^{k,i}\}$ müssen somit folgende Grunddaten des Modells eines Körpers i für alle Knoten $k = 1, 2, \ldots n^i_K$ bekannt sein:

- die Funktionen k, i aus (6.74),

- die Matrizen $\mathbf{R}^{k,i}$ und $\mathbf{\Gamma}^{k,i}$ aus (6.75) und (6.76),

- die zur Angabe der Verformung des Körpers gemäß (6.46) und (6.47) verwendeten Ansatzfunktionen, also die Spalten $\boldsymbol{\Phi}_{*l}^i$ und $\boldsymbol{\Psi}_{*l}^i$, $l = 1, 2, \ldots n_q^i$ von $\boldsymbol{\Phi}^i(\mathbf{R})$ und $\boldsymbol{\Psi}^i(\mathbf{R})$.

Bei bekannten Grunddaten und bei gegebenem Zustand lassen sich Ort und Orientierung der Koordinatensysteme $\{O^{k,i}, \underline{\mathbf{e}}^{k,i}\}$ mit $\mathbf{r}^{k,i}$ und $\mathbf{u}^{k,i}$ gemäß (6.78) und (6.80) und mit $\boldsymbol{\vartheta}^{k,i}$ gemäß (6.81) angeben. Zur Berechnung dieser Größen sind die ebenfalls in (6.80) und (6.81) definierten Werte $\boldsymbol{\Phi}^{k,i}$ und $\boldsymbol{\Psi}^{k,i}$ der Ansatzfunktionen erforderlich. Mit $\boldsymbol{\vartheta}^{k,i}$ aus (6.81) erhält man die Matrizen $\boldsymbol{\Theta}^{k,i}$ gemäß (6.79). Die Ableitung der Gleichungen (6.80) und (6.81) nach der Zeit liefert mit (6.34) die Geschwindigkeiten $\dot{\mathbf{u}}^{k,i}$ und $\dot{\boldsymbol{\vartheta}}^{k,i}$ von $\{O^{k,i}, \underline{\mathbf{e}}^{k,i}\}$ aus (6.82). Die Standarddaten zur Berechnung von $\mathbf{u}^{k,i}$, $\dot{\mathbf{u}}^{k,i}$, $\dot{\boldsymbol{\vartheta}}^{k,i}$ und $\boldsymbol{\Theta}^{k,i}$, $k = 1, 2, \ldots n_K^i$ für einen gegebenen Zustand des Körper i und eine gegebene Zeit sind demnach

- n_q^i,   also die Zahl der zur Darstellung der Verformungen verwendeten Koordinaten $\mathbf{q}^i$

und zur Berechnung von

- $\mathbf{r}^{k,i}$: $\mathbf{R}^{k,i}$ und $\boldsymbol{\Phi}_{*l}^{k,i}$, $l = 1, 2, \ldots n_q^i$ – vgl. (6.78) und (6.80);

- $\dot{\mathbf{u}}^{k,i}$: $\boldsymbol{\Phi}^{k,i}$ – vgl. (6.82);

- $\dot{\boldsymbol{\vartheta}}^{k,i}$: $\boldsymbol{\Psi}^{k,i}$ – vgl. (6.82);

- $\boldsymbol{\Theta}^{k,i}$: $\mathbf{E}$ und $\tilde{\boldsymbol{\Psi}}_{*l}^{k,i}$ – vgl. (6.79) und (6.81).

Die zur Angabe von $\mathbf{r}^{k,i}$ erforderlichen Daten sind ein Beispiel für die oben angesprochenen, abbrechenden Potenzreihen. Nach (6.78) und (6.80) sind $\mathbf{R}^{k,i}$ die Terme nullter und $\boldsymbol{\Phi}_{*l}^{k,i} q_l^i$ die Terme erster Ordnung.

Generalisierte Massen

Die Berechnung der generalisierten Massen zu den generalisierten Geschwindigkeiten $\mathbf{z}_{II}^i$ erfordert neben den bereits genannten Ansatzfunktionen folgende Grunddaten:

- die in (2.211) definierte Dichte $\rho_0 = \rho_0^i(\mathbf{R})$ in der Referenzkonfiguration des Körpers i,

- das in Abschnitt 2.2.3 definierte Volumen $V_0 = V_0^i$ des Körpers i in seiner Referenzkonfiguration.

Mit diesen Daten erhält man die Masse m^i gemäß (6.225). Der Ort des Massenmittelpunkts ist durch $\underline{c}^i$ aus (6.226) mit $\mathbf{c}^i$ gemäß (6.229) und (6.230) gegeben und für die Koordinaten $\mathbf{I}^i$ des Trägheitstensors aus (6.231) gelten die Gleichungen aus (6.232). Die zu den Verformungskoordinaten $\mathbf{q}^i$ gehörenden, generalisierten Massen $\mathbf{M}_e^i$ sind in (6.235) angegeben und für die durch $\mathbf{C}_t^i$ und $\mathbf{C}_r^i$ erfaßte Kopplung von Referenzbewegung und Verformung des Körpers i gilt (6.230) und (6.234).

Die Berechnung von m^i, $\mathbf{c}_0^i$ und $\mathbf{I}_0^i$ erfordert nach (6.225), (6.228) und (6.232) die Angabe von zehn Integralen. Sie repräsentieren Masse, Massenmittelpunkt und Massenträgheits- und Deviationsmomente eines starren Körpers. Bei verformbaren Körpern müssen zusätzliche

Integrale zur Ermittlung der Submatrizen von $\mathbf{M}^i$ berechnet werden. In [84] sind sechs Integrale zusammengestellt, mit denen sich diese Matrizen angeben lassen. Mit der α-ten Zeile $\mathbf{\Phi}^i_{\alpha*}$ und der l-ten Spalte $\mathbf{\Phi}^i_{*l}$ von $\mathbf{\Phi}^i$ und mit $l, k = 1, \ldots n^i_q$ und $\alpha, \beta = 1, 2, 3$ können die sechs Integrale geschrieben werden in der Form:

$$\mathbf{C1}^i = \int\limits_{V^i_0} \mathbf{\Phi}^i \, dm = \left[C1^i_{\alpha l} \right], \tag{6.386}$$

$$\mathbf{C2}^i = \int\limits_{V^i_0} \mathbf{\tilde{R}} \, \mathbf{\Phi}^i \, dm = \left[C2^i_{\alpha l} \right], \tag{6.387}$$

$$\mathbf{C3}^i_{\alpha\beta} = \int\limits_{V^i_0} \mathbf{\Phi}^{iT}_{\alpha*} \, \mathbf{\Phi}^i_{\beta*} \, dm = \left[C3^i_{\alpha\beta kl} \right] = \mathbf{C3}^{iT}_{\beta\alpha}, \tag{6.388}$$

$$\mathbf{C4}^i_l = \int\limits_{V^i_0} \mathbf{\tilde{R}} \, \mathbf{\tilde{\Phi}}^i_{*l} \, dm = \left[C4^i_{l\alpha\beta} \right], \tag{6.389}$$

$$\mathbf{C5}^i_l = \int\limits_{V^i_0} \mathbf{\tilde{\Phi}}^i_{*l} \, \mathbf{\Phi}^i \, dm = \left[C5^i_{l\alpha k} \right], \tag{6.390}$$

$$\mathbf{C6}^i_{kl} = \int\limits_{V^i_0} \mathbf{\tilde{\Phi}}^i_{*k} \, \mathbf{\tilde{\Phi}}^i_{*l} \, dm = \left[C6^i_{kl\alpha\beta} \right] = \mathbf{C6}^{iT}_{lk} . \tag{6.391}$$

Die Matrizen $\mathbf{C1}^i$, $\mathbf{C2}^i$ und $\mathbf{C5}^i_l$ haben die Dimension $3 \times n^i_q$, die Dimension von $\mathbf{C3}^i_{\alpha\beta}$ ist $n^i_q \times n^i_q$, und $\mathbf{C4}^i_l$ und $\mathbf{C6}^i_{kl}$ sind 3×3-Matrizen. Die Elemente der $\mathbf{C}$-Matrizen sind nicht unabhängig: Die Elemente der Matrix $\mathbf{C2}^i$ sind gegeben durch die Elemente von $\mathbf{C4}^i_l$ in der Form

$$C2^i_{1l} = C4^i_{l32} - C4^i_{l23}, \quad C2^i_{2l} = C4^i_{l13} - C4^i_{l31}, \quad C2^i_{3l} = C4^i_{l21} - C4^i_{l12}, \tag{6.392}$$

und die Elemente von $\mathbf{C5}^i_l$ und $\mathbf{C6}^i_{kl}$ lassen sich aus den $\mathbf{C3}^i_{\alpha\beta}$ ermitteln gemäß

$$C5^i_{l1k} = C3^i_{32kl} - C3^i_{23kl}, \quad C5^i_{l2k} = C3^i_{13kl} - C3^i_{31kl}, \quad C5^i_{l3k} = C3^i_{21kl} - C3^i_{12kl}, \tag{6.393}$$

$$\left. \begin{aligned} C6^i_{kl11} &= -C3^i_{22kl} - C3^i_{33kl}, \quad C6^i_{kl22} = -C3^i_{11kl} - C3^i_{33kl}, \\ C6^i_{kl33} &= -C3^i_{11kl} - C3^i_{22kl} \quad \text{und} \\ C6^i_{kl\alpha\beta} &= C3^i_{\beta\alpha kl} = C3^i_{\alpha\beta lk} \quad \text{für} \quad \alpha \neq \beta. \end{aligned} \right\} \tag{6.394}$$

Für den Ort des Massenmittelpunkts erhält man unter Beachtung von (6.229) und (6.230) mit $\mathbf{c}^i_0$ aus (6.228) und mit der Matrix $\mathbf{C1}^i$ aus (6.386)

$$\mathbf{c}^i = \mathbf{c}^i_0 + \mathbf{c}^i_1 \quad \text{wo} \quad \mathbf{c}^i_1 = \frac{1}{m^i} \mathbf{C1}^i \, \mathbf{q}^i . \tag{6.395}$$

Für den Anteil $\mathbf{I}_1^i$ von $\mathbf{I}^i$ aus (6.232) findet man mit $\mathbf{C4}_l^i$ aus (6.389)

$$\mathbf{I}_1^i = -\sum_{l=1}^{n_q^i} \int_{V_0^i} \left(\tilde{\mathbf{R}}\, \tilde{\mathbf{\Phi}}_{*l}^i + \left(\tilde{\mathbf{R}}\, \tilde{\mathbf{\Phi}}_{*l}^i \right)^T \right) dm \; q_l^i = -\sum_{l=1}^{n_q^i} \left(\mathbf{C4}_l^i + \mathbf{C4}_l^{i\,T} \right) q_l^i. \tag{6.396}$$

Die sechs verschiedenen Elemente von $\mathbf{I}_2^i = \left[I_{2\alpha\beta}^i \right]$ aus (6.232) lassen sich mit $\mathbf{C6}_{kl}^i$ aus (6.391) angeben und letztlich, wegen (6.394), durch die Matrizen $\mathbf{C3}_{\alpha\beta}^i$ darstellen in der Form

$$\left.\begin{aligned}
I_{2\alpha\alpha}^i &= -\sum_{k=1}^{n_q^i} \sum_{l=1}^{n_q^i} C6_{kl\alpha\alpha}^i \; q_l^i \, q_k^i = \mathbf{q}^{i\,T} \left(\mathbf{C3}_{\beta\beta}^i + \mathbf{C3}_{\gamma\gamma}^i \right) \mathbf{q}^i \\[2pt]
&\quad \text{wo} \quad \alpha, \beta, \gamma = \text{zyklische Permutationen von } 1,2,3 \text{ und} \\[4pt]
I_{2\alpha\beta}^i &= -\sum_{k=1}^{n_q^i} \sum_{l=1}^{n_q^i} C6_{kl\alpha\beta}^i \; q_l^i \, q_k^i = -\mathbf{q}^{i\,T} \mathbf{C3}_{\beta\alpha}^i \, \mathbf{q}^i = -\mathbf{q}^{i\,T} \mathbf{C3}_{\alpha\beta}^{i\,T} \, \mathbf{q}^i \quad \text{für } \alpha \neq \beta.
\end{aligned}\right\} \tag{6.397}$$

Die Koppelmatrix $\mathbf{C}_t^i$ aus (6.230) ergibt sich mit $\mathbf{C1}^i$ aus (6.386) zu

$$\mathbf{C}_t^i = \mathbf{C}_{t0}^i = \int_{V_0^i} \mathbf{\Phi}^{i\,T} (\mathbf{R})\, dm = \mathbf{C1}^{i\,T}. \tag{6.398}$$

Für die Summanden $\mathbf{C}_{r0}^i$ und $\mathbf{C}_{r1}^i$ der Koppelmatrix $\mathbf{C}_r^i$ aus (6.234) findet man mit $\mathbf{C2}^i$ aus (6.387) und mit $\mathbf{C5}_l^i$ aus (6.390)

$$\mathbf{C}_{r0}^i = \mathbf{C2}^{i\,T}, \tag{6.399}$$

$$\mathbf{C}_{r1}^i = \sum_{l=1}^{n_q^i} \mathbf{C5}_l^{i\,T} \, q_l^i = \left[\mathbf{K}_{r1}^i \, \mathbf{q}^i \quad \mathbf{K}_{r2}^i \, \mathbf{q}^i \quad \mathbf{K}_{r3}^i \, \mathbf{q}^i \right]. \tag{6.400}$$

Die Matrizen $\mathbf{K}_{r\alpha}^i$ im zweiten Ausdruck für $\mathbf{C}_{r1}^i$ aus (6.400) haben die Dimension $n_q^i \times n_q^i$, sie sind schiefsymmetrisch, und sie ergeben sich mit (6.393) zu

$$\mathbf{K}_{r\alpha}^i = -\,\mathbf{C3}_{\beta\gamma}^i + \mathbf{C3}_{\beta\gamma}^{i\,T} = \left[K_{r\alpha kl}^i \right] = \left[C5_{l\alpha k}^i \right], \tag{6.401}$$
$$\text{wo} \quad \alpha, \beta, \gamma = \text{zyklische Permutationen von } 1,2,3.$$

Die Massenmatrix $\mathbf{M}_e^i$ aus (6.235) ergibt sich als Summe der Matrizen $\mathbf{C3}_{\alpha\alpha}^i$ aus (6.388)

$$\mathbf{M}_e^i = \int\limits_{V_0^i} \mathbf{\Phi}^{i^T} \mathbf{\Phi}^i \, dm = \mathbf{C3}_{11}^i + \mathbf{C3}_{22}^i + \mathbf{C3}_{33}^i. \tag{6.402}$$

Mit den Gleichungen (6.386) bis (6.402) erhält man die Standarddaten zur Berechnung der generalisierten Massen aus (6.224). Man benötigt zur Angabe von

- $\mathbf{M}_{tt}^i$: m^i aus (6.225);

- $\mathbf{M}_{rt}^i$: $m^i \, \mathbf{c}_0^i$ aus (6.228) und wegen (6.395) die Matrizen $\mathbf{C1}^i$ aus (6.386);

- $\mathbf{M}_{rr}^i = \mathbf{I}^i$: $\mathbf{I}_0^i$ aus (6.232), wegen (6.396) $\mathbf{C4}_l^i + \mathbf{C4}_l^{i^T}$ aus (6.389) und wegen (6.397) die Matrizen $\mathbf{C6}_{kl}^i$ aus (6.391), die sich nach (6.394) durch die Elemente von $\mathbf{C3}_{\alpha\beta}^i$ ausdrücken lassen;

- $\mathbf{M}_{et}^i = \mathbf{C}_t^i$: $\mathbf{C1}^{i^T}$ – vgl. (6.224) und (6.398);

- $\mathbf{M}_{er}^i = \mathbf{C}_r^i$: $\mathbf{C2}^{i^T}$ wegen (6.399) und $\mathbf{K}_{r\alpha}^i$ wegen (6.305) – vgl. auch (6.234) – wobei sich die $\mathbf{K}_{r\alpha}^i$ mit (6.401) aus den $\mathbf{C3}_{\alpha\beta}^i$ ermitteln lassen;

- $\mathbf{M}_{ee}^i = \mathbf{M}_e^i$: $\mathbf{C3}_{11}^i + \mathbf{C3}_{22}^i + \mathbf{C3}_{33}^i$ – vgl. (6.402).

Außer m^i sind alle der hier angegebenen Standarddaten Entwicklungskoeffizienten von Potenzreihen, die nach der ersten, und bei $\mathbf{I}^i$ nach der zweiten, Potenz von $\mathbf{q}^i$ abbrechen.

Generalisierte Trägheitskräfte

Die Angabe der generalisierten Trägheitskräfte $\mathbf{h}_\omega^i$ aus (6.236) erfordert nach den Gleichungen (6.238), (6.242) und (6.247) für die Submatrizen von $\mathbf{h}_\omega^i$ keine neuen Grunddaten. Man benötigt aber zusätzliche Standarddaten zur Berechnung der Matrizen $\mathbf{G}_{rl}^i$ aus (6.241), $\mathbf{G}_{el}^i$ aus (6.244) und $\mathbf{O}_{ek}^i$ aus (6.246) oder $\mathbf{O}_e^i$ aus (6.249).

Die Matrix $\mathbf{G}_{rl}^i$ aus (6.241) kann mit den Matrizen $\mathbf{C4}_l^i$ und $\mathbf{C6}_{kl}^i$ aus (6.389) und (6.391) angegeben werden:

$$\mathbf{G}_{rl}^i = -2 \int\limits_{V_0^i} \tilde{\mathbf{R}}\, \tilde{\mathbf{\Phi}}_{*l}^i \, dm - 2 \sum_{k=1}^{n_q^i} \int\limits_{V_0^i} \tilde{\mathbf{\Phi}}_{*k}^i \, \tilde{\mathbf{\Phi}}_{*l}^i \, dm \, q_k^i = -2\, \mathbf{C4}_l^i - 2 \sum_{k=1}^{n_q^i} \mathbf{C6}_{kl}^i \, q_k^i. \tag{6.403}$$

Die Matrix $\mathbf{G}_{el}^i$ aus (6.244) ergibt sich mit $\mathbf{C5}_l^i$ aus (6.390) zu

$$\mathbf{G}_{el}^i = 2 \int\limits_{V_0^i} \left(\tilde{\mathbf{\Phi}}_{*l}^i \, \mathbf{\Phi}^i\right)^T dm = 2\, \mathbf{C5}_l^{i^T}. \tag{6.404}$$

Mit diesem Ergebnis, mit (6.393) und mit den Matrizen $\mathbf{K}^i_{r\alpha}$ aus (6.400) und (6.401) folgt für die Summe aus (6.247)

$$\sum_{l=1}^{n^i_q} \mathbf{G}^i_{el}\,\dot{q}^i_l = \sum_{l=1}^{n^i_q} 2\,\mathbf{C5}^{iT}_l\,\dot{q}^i_l = 2\left[\mathbf{K}^i_{r1}\,\dot{\mathbf{q}}^i \quad \mathbf{K}^i_{r2}\,\dot{\mathbf{q}}^i \quad \mathbf{K}^i_{r3}\,\dot{\mathbf{q}}^i\right]. \tag{6.405}$$

Die Berechnung der zur Angabe des dritten Summanden von $\mathbf{h}^i_{\omega e}$ aus (6.247) benötigten Matrizen $\mathbf{O}^i_{ek}$, $k = 1, 2, \ldots n^i_q$ aus (6.246) gelingt mit den Matrizen $\mathbf{C4}^i_l$ und $\mathbf{C6}^i_{kl}$ aus (6.389) und (6.391). Man findet

$$\mathbf{O}^i_{ek} = \int\limits_{V^i_0}\left(\tilde{\mathbf{R}}\,\tilde{\boldsymbol{\Phi}}^i_{*k}\right)^T dm + \sum_{l=1}^{n^i_q}\int\limits_{V^i_0}\tilde{\boldsymbol{\Phi}}^i_{*k}\,\tilde{\boldsymbol{\Phi}}^i_{*l}\,dm\,q^i_l = \mathbf{C4}^{iT}_k + \sum_{l=1}^{n^i_q}\mathbf{C6}^i_{kl}\,q^i_l. \tag{6.406}$$

Alternativ kann der dritte Summand der Submatrix $\mathbf{h}^i_{\omega e}$ aus (6.247) nach (6.250) dargestellt werden unter Verwendung der 6×1-Matrix $\boldsymbol{\omega}^i_q$ aus (6.248) und der $n^i_q\times 6$-Matrix $\mathbf{O}^i_e$ aus (6.249). Mit (6.406) erhält man die in (6.250) eingeführten Matrizen $\mathbf{O}^i_{e0}$ und $\mathbf{O}^i_{e1}$, also

$$\left[\boldsymbol{\omega}^{iT}\sum_{l=1}^{n^i_q}\mathbf{O}^i_{ek}\,\boldsymbol{\omega}^i\right] = \mathbf{O}^i_e\,\boldsymbol{\omega}^i_q \quad \text{wo} \quad \mathbf{O}^i_e = \mathbf{O}^i_{e0} + \mathbf{O}^i_{e1}. \tag{6.407}$$

Für die konstante $n^i_q\times 6$-Matrix $\mathbf{O}^i_{e0}$ gilt

$$\mathbf{O}^i_{e0} = \left[C4^i_{k11} \quad C4^i_{k22} \quad C4^i_{k33} \quad C4^i_{k12}+C4^i_{k21} \quad C4^i_{k23}+C4^i_{k32} \quad C4^i_{k31}+C4^i_{k13}\right], \tag{6.408}$$

wo $k = 1, 2, \ldots n^i_q$. Die $n^i_q\times 1$-Matrix $\mathbf{O}^i_{e1}$ ist eine lineare Funktionen der $\mathbf{q}^i$. Man findet

$$\mathbf{O}^i_{e1}\,\boldsymbol{\omega}^i_q = \left[\boldsymbol{\omega}^{iT}\sum_{l=1}^{n^i_q}\mathbf{C6}^i_{kl}\,q^i_l\,\boldsymbol{\omega}^i\right] = \sum_{\alpha,\beta=1}^{3}\mathbf{K}^i_{\omega\alpha\beta}\,\mathbf{q}^i\,\omega^i_\alpha\,\omega^i_\beta. \tag{6.409}$$

Die noch nicht definierten Matrizen $\mathbf{K}^i_{\omega\alpha\beta}$ aus (6.409) ergeben sich, wenn man die Elemente von $\mathbf{C6}^i_{kl}$ mit (6.394) durch die Elemente von $\mathbf{C3}^i_{\alpha\beta}$ ausdrückt und Matrizen so definiert, daß die Summe über l aus dem zweiten Term in (6.409) durch die Summen über α und β im dritten Term ersetzt werden kann. Man erhält die $n^i_q\times n^i_q$-Matrizen

$$\mathbf{K}^i_{\omega\alpha\beta} = \left[K^i_{\omega\alpha\beta_{kl}} \right] = \left[C6^i_{kl\alpha\beta} \right], \qquad \text{also}$$

$$\mathbf{K}^i_{\omega\alpha\beta} = \mathbf{C3}^i_{\alpha\beta} \qquad \text{für} \quad \alpha \neq \beta \tag{6.410}$$

$$\mathbf{K}^i_{\omega\alpha\alpha} = -\,\mathbf{C3}^i_{\beta\beta} - \mathbf{C3}^i_{\gamma\gamma}, \quad \alpha,\beta,\gamma = \text{zyklische Permutationen von 1, 2, 3.}$$

Bezeichnet man die m-te Spalte der $n^i_q \times 6$-Matrix $\mathbf{O}^i_{e1}$ mit $\mathbf{O}^i_{e1_{*m}}$, so kann man schreiben

$$\mathbf{O}^i_{e1} = \left[\mathbf{O}^i_{e1_{*1}} \quad \mathbf{O}^i_{e1_{*2}} \quad \mathbf{O}^i_{e1_{*3}} \quad \mathbf{O}^i_{e1_{*4}} \quad \mathbf{O}^i_{e1_{*5}} \quad \mathbf{O}^i_{e1_{*6}} \right]. \tag{6.411}$$

Für die sechs Spalten von $\mathbf{O}^i_{e1}$ gilt nach (6.409)

$$\mathbf{O}^i_{e1_{*m}} = \mathbf{K}^i_{\omega\alpha\alpha}\,\mathbf{q}^i \qquad \text{wo} \quad \alpha = m = 1, 2, 3,$$

$$\mathbf{O}^i_{e1_{*m}} = \left(\mathbf{K}^i_{\omega\alpha\beta} + \mathbf{K}^{i^T}_{\omega\alpha\beta} \right)\mathbf{q}^i \quad \text{wo} \quad \begin{cases} \alpha = 1, \beta = 2 & \text{für} \quad m = 4, \\ \alpha = 2, \beta = 3 & \text{für} \quad m = 5, \\ \alpha = 3, \beta = 1 & \text{für} \quad m = 6. \end{cases} \tag{6.412}$$

Die Gleichungen (6.392) bis (6.412) zeigen, daß sich alle Submatrizen von $\mathbf{M}^i$ und $\mathbf{h}^i_\omega$ mit den drei Integralen $\mathbf{C1}^i$, $\mathbf{C3}^i_{\alpha\beta}$ und $\mathbf{C4}^i_l$, $l = 1, 2, \ldots n^i_q$ angeben lassen.

Zur Angabe von $\mathbf{h}^i_\omega$ benötigt man nach (6.251), neben den bereits zur Angabe der Submatrizen von $\mathbf{M}^i$ genannten Größen, die Matrizen $\mathbf{G}^i_{rl}$, $\mathbf{G}^i_{el}$ und $\mathbf{O}^i_e$. Folgende Standarddaten sind erforderlich zur Berechnung von

- $\mathbf{G}^i_{rl}$: $\quad -2\,\mathbf{C4}^i_l$ und $-2\,\mathbf{C6}^i_{kl}$ wegen (6.403);

- $\mathbf{G}^i_{el}$: $\quad 2\,\mathbf{K}^i_{r\alpha}$ wegen (6.405);

- $\mathbf{O}^i_e$: $\quad \mathbf{C4}^i_{l\alpha\beta}$ wegen (6.407) und (6.408) und $\mathbf{K}^i_{\omega\alpha\beta}$ aus (6.410) wegen (6.409).

Wie zuvor setzen sich die Standarddaten zusammen aus Koeffizienten von Potenzreihen, die hier alle nach den in $\mathbf{q}^i$ linearen Termen abbrechen.

Innere Kräfte

Zur Berechnung der inneren Kräfte $\mathbf{h}^i_e$ aus (6.254) sind wegen (6.259) bis (6.270) bisher noch nicht angesprochene Grunddaten eines Körpers i erforderlich und zwar:

- die im Materialgesetz erscheinenden Vorspannungen $\boldsymbol{\sigma}^i_0(\mathbf{R})$;

- die Materialparameter zur Angabe der Elemente der im Materialgesetz (6.259) erscheinenden Matrix $\mathbf{H}^i(\mathbf{R})$ – für das Hookesche Gesetz, vgl. (2.264);

- die zur Angabe der Verzerrungsmatrizen $\mathbf{B}_L^i$ und $\mathbf{B}_N^i$ in (6.259) und (6.256) benötigten Operatoren $\mathbf{L}_L^i$ und $\mathbf{L}_N^i$ aus (6.257);

- die zur Angabe der Dämpfungsmatrix $\mathbf{D}_e^i$ erforderlichen Parameter, beispielsweise die Parameter β_M^i und β_K^i aus (6.266) oder die Lehrschen Dämpfungsmaße ζ_k^i aus (6.268).

Zur Beurteilung von Systembewegungen benötigt man oft die Spannungen in den verformbaren Körpern eines Mehrkörpersystems. Hier werden nur die Spannungen an den Knoten k,i angegeben. Für sie gilt nach (6.259) mit $\mathbf{H}^{k,i} = \mathbf{H}^i(\mathbf{R}^{k,i})$ und $\mathbf{B}_L^{k,i} = \mathbf{B}_L^i(\mathbf{R}^{k,i})$ in linearer Näherung

$$\boldsymbol{\sigma}^{k,i} = \boldsymbol{\sigma}_0^{k,i} + \widehat{\boldsymbol{\sigma}}_e^{k,i}\,\mathbf{q}^i \quad \text{wo} \quad \boldsymbol{\sigma}^{k,i} = \boldsymbol{\sigma}^i(\mathbf{R}^{k,i}), \quad \boldsymbol{\sigma}_0^{k,i} = \boldsymbol{\sigma}_0^i(\mathbf{R}^{k,i}), \quad \widehat{\boldsymbol{\sigma}}_e^{k,i} = \mathbf{H}^{k,i}\,\mathbf{B}_L^{k,i}. \quad (6.413)$$

Die so ermittelten Spannungen hängen wegen (6.257) von der Wahl der Ansatzfunktionen ab und können bei schlecht gewählten Ansatzfunktionen ungenau sein. Probleme der Berechnung von Spannungen in flexiblen Körpern eines Mehrkörpersystems werden beispielsweise in [18, 52, 57, 93] behandelt.

Für die aus den Spannungen resultierenden inneren Kräfte $\mathbf{h}_e^i$ gilt (6.270). Die nichtlineare Steifigkeitsmatrix $\mathbf{K}_{eN}^i$ kann man an der Stelle $\mathbf{q}^i = \mathbf{0}$ in eine Taylorreihe nach Potenzen von q_k^i entwickeln. Mit Hilfe der Entwicklungskoeffizienten läßt sie sich in der gewünschten Genauigkeit angeben. Die Standarddaten zur Berechnung der Spannungen $\boldsymbol{\sigma}^{k,i}$ und der inneren Kräfte $\mathbf{h}_e^i$ sind

- $\boldsymbol{\sigma}_0^{k,i}$ und $\widehat{\boldsymbol{\sigma}}_e^{k,i}$ aus (6.413);

- $\mathbf{k}_{e0}^i$ gemäß (6.262);

- die Spalten $\mathbf{K}_{e0*l}^i$ von $\mathbf{K}_{e0}^i$ aus (6.263);

- $\mathbf{K}_e^i$ gemäß (6.264);

- die Entwicklungskoeffizienten $\mathbf{K}_{eN*l}^i$ der Steifigkeitsmatrix $\mathbf{K}_{eN}^i$ aus (6.265);

- $\mathbf{D}_e^i$ gemäß (6.266) und (6.268).

Bei Kontinuumsmodellen kommen in $\mathbf{K}_{eN}^i$ nur in q_k^i quadratische Terme vor. Kontinua mit inneren Bindungen, wie z. B. Balken, liefern dagegen auch Terme höherer Ordnung.

Geometrische Steifigkeiten

Bei Linearisierung der Bewegungsgleichungen (6.308) für kleine Verformungen müssen bei großen Belastungen der Körper die geometrischen Steifigkeiten $\mathbf{K}_{geo}^i$ aus (6.315) berücksichtigt werden. Die in Abschnitt 6.3.5 erläuterte Vorgehensweise hat zur Folge, daß sich die Matrizen aus (6.336) bis (6.338) in allen Systemgleichungen ändern. Die Standarddaten zur

Berechnung der aus geometrischen Steifigkeiten resultierenden Änderungen sind durch (6.330) bis (6.333) gegeben. Man benötigt:

- $\mathbf{K}^i_{0t\alpha}$ und $\mathbf{K}^i_{0r\alpha}$ zur Modifikation von $\mathbf{C}^i_t$ und $\mathbf{C}^i_r$;

- $\mathbf{K}^i_{0\omega m}$, $m = 1, \ldots 6$ zur Modifikation von $\mathbf{O}^i_e$;

- $\mathbf{K}^i_{0F\alpha}$ und $\mathbf{K}^i_{0L\alpha}$ zur Modifikation der Faktoren der an den Knoten k,i wirksamen Kräfte $\mathbf{F}^{k,i}$ und $\mathbf{L}^{k,i}$;

- $\mathbf{H}^i_{p\,geo}$ zur Modifikation des Beitrags von $\mathbf{h}^i_{pe}$.

Mit den Daten zur Berücksichtigung geometrischer Steifigkeiten sind alle Standarddaten eines Körpers i bekannt. Sie gestatten die Berechnung aller Matrizen aus den nichtlinearen, oder aus den unter Berücksichtigung geometrischer Steifigkeiten linearisierten, kinetischen Bewegungsgleichungen (6.298), mit Ausnahme der Matrizen zur Angabe diskreter, generalisierter Kräfte $\mathbf{h}^i_f$ aus (6.299). Zu ihrer Berechnung dienen die Daten der Kraftelemente, die in Abschnitt 6.4.6 besprochen werden.

6.4.2 Ein objektorientierter Datensatz zur Beschreibung der Körper

Die in Abschnitt 6.4.1 erläuterten Standarddaten der Körper eines Mehrkörpersystems wurden in [84] in einem strukturierten Datensatz SID zusammengefaßt in Ergänzung einer objektorientierten Beschreibung der Daten von Systemen starrer Körper, [55]. Die Standarddaten starrer und verformbarer Körper sind in der Klasse *modal* aus Tabelle 6.7 enthalten. Die Objekte der Klasse *modal* gehören ihrerseits zu den Klassen *refmod*, *node* und *taylor*, die in Tabelle 6.8 beschrieben sind.

Die Klasse *refmod* enthält die Masse des Körpers i, einen Namen zur einfachen Identifikation der zur Beschreibung seiner Verformung verwendeten Koordinaten $\mathbf{q}^i$ und deren Zahl n^i_q. Für $n^i_q = 0$ ist der Körper starr.

Die Klasse *node* enthält für alle Knoten $k = 1, 2, \ldots n^i_K$ auf einem Körper i die in Tabelle 6.8 angegebenen Größen. Neben den Namen des Knotens k und des Bezugssystems $\{O^i, \underline{\mathbf{e}}^i\}$ des Körpers i sind dies die in Abschnitt 6.4.1 genannten Standarddaten zur Berechnung der Bewegungen der Knotenkoordinatensysteme $\{O^{k,i}, \underline{\mathbf{e}}^{k,i}\}$. Die Matrizen $\mathbf{\Phi}^{k,i}$ und $\mathbf{\Psi}^{k,i}$ müssen gemäß (6.337) modifiziert werden für Knoten k, i, an denen diskrete Kräfte $\mathbf{F}^{k,i}$ und Momente $\mathbf{L}^{k,i}$ wirksam sind, falls bei der Modellierung der Bewegungen des Körpers i geometrische Steifigkeiten berücksichtigt werden. Außerdem enthält die Klasse *node* noch die zur Berechnung der Spannungen aus (6.413) erforderlichen Größen $\mathbf{\sigma}^{k,i}_0$ und $\widehat{\mathbf{\sigma}}^{k,i}_e$.

Die Klasse *taylor* dient zur Angabe der Entwicklungskoeffizienten von Potenzreihen aller von $\mathbf{q}^i$ abhängigen Matrizen unter den Standarddaten. Dies sind die in Tabelle 6.7 zusammengestellten Objekte. Die letzte Spalte der Tabelle gibt die Ordnung der Potenzreihe an.

Tabelle 6.7:　Die Klasse *modal* der Standarddaten eines elastischen Körpers.

Klasse *modal*		Standarddaten eines elastischen Körpers i	
Objekt	**Klasse**	**Erläuterung der Objekte**	**Ordnung in $\mathbf{q}^i$**
refmod	*refmod*	Masse und Name der Koordinaten $\mathbf{q}^i$	–
frame	*node*	Daten zur Berechnung der Bewegung von $\{O^{k,i}, \underline{\mathbf{e}}^{k,i}\}$ an den Knoten $k = 1, 2, \ldots n_K^i$ auf dem Körper i und der Spannungen $\boldsymbol{\sigma}^{k,i}$ aus (6.413) in $O^{k,i}$.	–
mCM	*taylor*	Produkt der Masse m^i und der Koordinaten des Massenmittelpunkts $\mathbf{c}^i$ aus (6.227).	1
mmi	*taylor*	Massenträgheits- und Deviationsmomente $I_{\alpha\beta}^i$ aus (6.232) für die Indizes $\alpha\beta = 11, 22, 33, 12, 13, 23$.	2
Ct	*taylor*	Kopplung $\mathbf{C}_t^i$ von Translationen und Verformungen gemäß (6.230) und (6.336).	1
Cr	*taylor*	Kopplung $\mathbf{C}_r^i$ von Rotationen und Verformungen gemäß (6.233) und (6.336).	1
Me	*taylor*	Massenmatrix $\mathbf{M}_e^i$ aus (6.235).	0
Gr	*taylor*	Daten (6.403) zur Berechnung der generalisierten Corioliskräfte aus $\mathbf{h}_{\omega r}^i$ gemäß (6.242).	1
Ge	*taylor*	Daten (6.404) zur Berechnung der generalisierten Corioliskräfte aus $\mathbf{h}_{\omega e}^i$ gemäß (6.247).	0
Oe	*taylor*	Daten (6.407) und (6.336) zur Berechnung der generalisierten Zentrifugalkräfte aus $\mathbf{h}_{\omega e}^i$ gemäß (6.247).	1
ksigma	*taylor*	Daten zur Berechnung der Kräfte infolge von Vorspannungen gemäß (6.262), (6.263).	1
Ke	*taylor*	Steifigkeitsmatrizen gemäß (6.264), (6.265).	1
De	*taylor*	Dämpfungsmatrix gemäß (6.266) oder (6.268).	0

Die Klasse *taylor* ist in Tabelle 6.8 erläutert. Sie enthält alle zur Angabe der Größe der Matrizen erforderlichen Zahlen. Tabelle 6.9 enthält die Definition aller Objekte der Klasse *taylor* aus Tabelle 6.8, also die Standarddaten zur Berechnung der Bewegung der Knotenkoordinatensysteme, der Spannungen (6.413), der neun Integrale zur Berechnung des Produkts $m^i \mathbf{c}_0^i$ und der Koordinaten $\mathbf{I}_0^i$ des Trägheitstensors starrer Körper sowie der generalisierten Massen zu den generalisierten Geschwindigkeiten $\mathbf{z}_{II}^i$ bei verformbaren Körpern, wie in Abschnitt 6.4.1 erläutert. Außerdem enthält die Klasse *taylor* nach Tabelle 6.9 die Standarddaten zur Berechnung der generalisierten Trägheitskräfte gemäß (6.403) bis (6.412) und schließlich die Standarddaten zur Ermittlung der inneren Kräfte.

Tabelle 6.8   Die Klassen *node*, *refmod* und *taylor* der Standarddaten.

Objekt	Klasse	Erläuterung der Objekte	Ordnung in $\mathbf{q}^i$
Klasse ***refmod***			
mass	*double*	Masse m^i des Körpers i gemäß (6.225).	0
nelastq	*integer*	Zahl n_q^i der Koordinaten $\mathbf{q}^i$ aus (6.45).	–
ielastq	*char*20*	Namen zur Identifikation der q_l^i, $l = 1, 2, \dots n_q^i$.	–
Klasse ***node***			
node	*char*8*	Name des Knotens k,i am Ort $\mathbf{R}^{k,i}$.	–
rframe	*char*8*	Name des Körperbezugssystems $\{O^i, \underline{\mathbf{e}}^i\}$.	–
origin	*taylor*	Ort von $O^{k,i}$ bezüglich O^i gemäß (6.78).	1
AP	*taylor*	Orientierung von $\underline{\mathbf{e}}^{k,i}$ bezüglich $\underline{\mathbf{e}}^i$ gemäß (6.79): $$\underline{\mathbf{e}}^i = \mathbf{D}^{k,i^T}\, \underline{\mathbf{e}}^{k,i} \quad \text{mit} \quad \mathbf{D}^{k,i} \equiv \mathbf{AP}^T = \left(\mathbf{E} - \tilde{\vartheta}^{k,i}\right)\Gamma^{k,i}.$$	1
phi	*taylor*	Matrizen $\mathbf{\Phi}^{k,i}$ aus (6.80) und (6.337).	1
psi	*taylor*	Matrizen $\mathbf{\Psi}^{k,i}$ aus (6.81) und (6.337).	1
sigma	*taylor*	Spannungen $\boldsymbol{\sigma}^{k,i}(\mathbf{q}^i) = \boldsymbol{\sigma}_0^{k,i} + \hat{\boldsymbol{\sigma}}_e^{k,i}\,\mathbf{q}^i$ aus (6.413).	1
Klasse ***taylor*** Taylorentwicklung einer Matrix $\mathbf{M}(\mathbf{q}) = [M_{uv}(\mathbf{q})]$ mit den Elementen $M_{uv}(\mathbf{q}) = M_{0uv} + M_{1ulv}\,q_l + M_{2uklv}\,q_k\,q_l + \dots$			
order	*integer*	Ordnung der Taylorentwicklung, *order* ≥ 0.	
nrow	*integer*	Zahl der Zeilen der Matrix $\mathbf{M}$, *nrow* ≥ 1.	
ncol	*integer*	Zahl der Spalten der Matrix $\mathbf{M}$, *ncol* ≥ 1.	
nq	*integer*	Dimension n_q^i von $\mathbf{q}$.	
nqn	*integer*	Dimensionen der in der zweiten und in höheren Entwicklungen benötigten Matrizen, *nqn* ≥ 0.	

struct	*integer*	Struktur der Matrix $\mathbf{M}$, $0 \leq$ *struct* ≤ 4 mit der Bedeutung
		struct $= 0$: $\mathbf{M}$ ist eine Nullmatrix;
		struct $= 1$: $\mathbf{M}$ ist diagonal (nrow = ncol);
		struct $= 2$: $\mathbf{M}$ ist symmetrisch, $M_{uv} = M_{vu}$ (nrow = ncol);
		struct $= 3$: $\mathbf{M}$ ist beliebig aufgebaut;
		struct $= 4$: $\mathbf{M}$ ist eine Einheitsmatrix (nrow = ncol).	

M0	*double* (nrow, ncol)	Koeffizientenmatrix nullter Ordnung.	
M1	*double* (nrow, nq, ncol)	Koeffizientenmatrix erster Ordnung.	
Mn	*double* (nrow, nqn, ncol)	Koeffizientenmatrix zweiter und höherer Ordnung.	

Tabelle 6.9:　Objekte der Klasse *taylor* aus den Tabellen 6.7 und 6.8.

　　　　*) Die Objekte *origin*, *phi*, *psi* und *AP* werden für alle Knoten k des Körpers i benötigt.

　　　　‡) Diese Matrizen entfallen bei Linearisierung in den Verformungskoordinaten.

Objekt	order	nrow	ncol	nq	nqn	struct	M0	M1	Mn
origin *)	1	3	1	n_q^i	0	3	$\mathbf{R}^{k,i}$	$\mathbf{\Phi}_{*l}^{k,i}$	0
phi *)	1	3	n_q^i	n_q^i	0	3	$\mathbf{\Phi}^{k,i}$	$\mathbf{K}_{0F\alpha}^i$	0
psi *)	1	3	n_q^i	n_q^i	0	3	$\mathbf{\Psi}^{k,i}$	$\mathbf{K}_{0L\alpha}^i$	0
AP *)	1	3	3	n_q^i	0	3	$\mathbf{E}$	$\tilde{\mathbf{\Psi}}_{*l}^{k,i}$	0
sigma *)	1	6	1	n_q^i	0	3	$\mathbf{\sigma}_0^{k,i}$	$\hat{\mathbf{\sigma}}_e^{k,i}$	0
mCM	1	3	1	n_q^i	0	3	$m^i \mathbf{c}_0^i$	$\mathbf{C1}^i$	0
mmi	2	3	3	n_q^i	$n_q^{i\,2}$	2	$\mathbf{I}_0^i$	$-\mathbf{C4}_l^i - \mathbf{C4}_l^{iT}$	$-\mathbf{C6}_{kl}^i$ ‡)
Ct	1	n_q^i	3	n_q^i	0	3	$\mathbf{C1}^{iT}$	$\mathbf{K}_{0t\alpha}^i$	0
Cr	1	n_q^i	3	n_q^i	0	3	$\mathbf{C2}^{iT}$	$\mathbf{K}_{r\alpha}^i + \mathbf{K}_{0r\alpha}^i$	0
Me	0	n_q^i	n_q^i	n_q^i	0	$1 \vee 2$	$\sum_\alpha \mathbf{C3}_{\alpha\alpha}^i$	0	0
Gr	1	3	$n_q^i \cdot 3$	n_q^i	0	3	$-2\,\mathbf{C4}_l^i$	$-2\,\mathbf{C6}_{kl}^i$ ‡)	0
Ge	0	n_q^i	$n_q^i \cdot 3$	n_q^i	0	3	$2\,\mathbf{K}_{r\alpha}^i$	0	0
Oe	1	n_q^i	6	n_q^i	0	3	$C4_{l\alpha\beta}^i$	$\mathbf{K}_{\omega\alpha\beta}^i + \mathbf{K}_{0\omega m}^i$	0
ksigma	1	n_q^i	1	n_q^i	0	3	$\mathbf{k}_{e0}^i$	$\mathbf{K}_{e0*l}^i$	0
Ke	1	n_q^i	n_q^i	n_q^i	0	$1 \vee 2$	$\mathbf{K}_e^i$	$\mathbf{K}_{eN*l}^i$ ‡)	$\mathbf{K}_{eN*l}^i$ ‡)
De	0	n_q^i	n_q^i	n_q^i	0	$1 \vee 2$	$\mathbf{D}_e^i$	0	0

Die Matrizen $\mathbf{C1}^i$ bis $\mathbf{C6}^i$ wurden für $l, k = 1, \ldots n_q^i$ in (6.386) bis (6.391) angegeben. Geometrische Steifigkeiten lassen sich durch Modifikation der Matrizen $\mathbf{\Phi}^{k,i}$, $\mathbf{\Psi}^{k,i}$, $\mathbf{C}_t^i$, $\mathbf{C}_r^i$ und $\mathbf{O}_e^i$ gemäß (6.336) bis (6.338) berücksichtigen mit Hilfe der Matrizen $\mathbf{K}_{0F\alpha}^i$, $\mathbf{K}_{0L\alpha}^i$, $\mathbf{K}_{0t\alpha}^i$, $\mathbf{K}_{0r\alpha}^i$ und $\mathbf{K}_{0\omega m}^i$. Die aus verteilten Oberflächenkräften resultierenden Steifigkeiten $\mathbf{H}_{p\,geo}^i$ werden selten benötigt und sind unter den in Tab. 6.9 zusammengestellten Daten nicht berücksichtigt.

Die Definition der Standarddaten basiert auf der allgemeinen Modellvorstellung Kontinuum aus Kapitel 2. Zur Modellierung flexibler Körper in Mehrkörpersystemen werden aber Modelle der Technischen Dynamik verwendet, also Kontinua mit inneren Bindungen, wie die in Kapitel 4 erläuterten Balkenmodelle oder die Finite-Elemente-Modelle aus Kapitel 5. Die speziellen Modelle ergeben sich aus dem allgemeinen Kontinuumsmodell durch Einschränkung der Bewegungsmöglichkeiten seiner Punkte. Mit den entsprechenden Bindungsgleichungen erhält man aus den allgemeinen Gleichungen, die der Definition der Datenstruktur aus den Tabellen 6.7 bis 6.9 zugrunde liegen, die Standarddaten der speziellen Modelle der Körper eines Mehrkörpersystems. Sie lassen sich mit Preprozessoren aus den Grunddaten der Modelle berechnen, wie Bild 6-14 für Balken und Finite-Elemente-Modelle zeigt. Die restlichen Daten des Mehrkörpersystems kann man in einer zweiten Datei, z. B. wie in [55] vorgeschlagen, ablegen. Die Gesamtheit der Daten erlaubt eine Simulation gleicher Mehrkörpersysteme mit verschiedenen Programmen und erleichtert damit den Vergleich von Simulationsergebnissen.

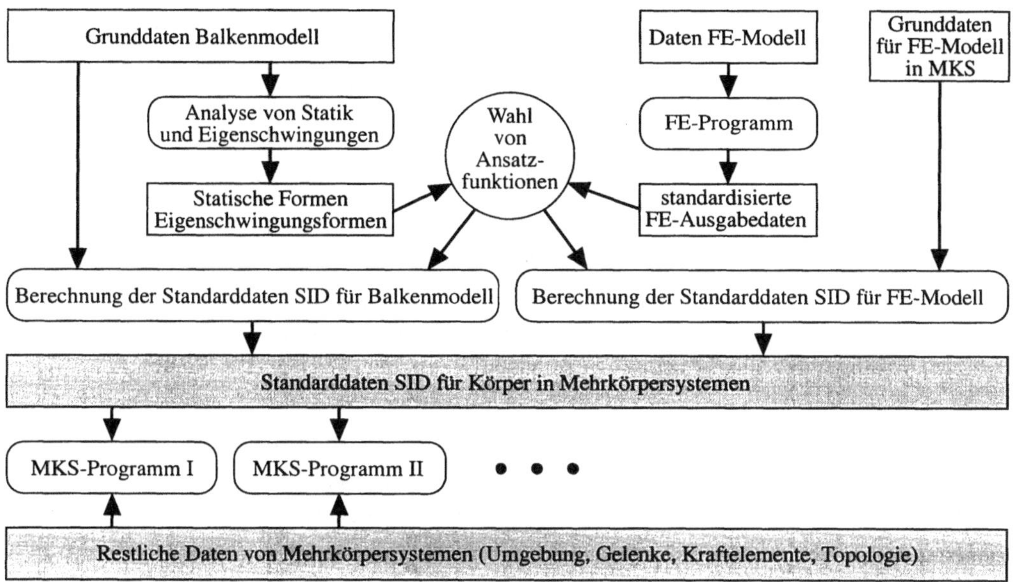

Bild 6-14: Preprozessoren zur Berechnung der Standarddaten SID von Körpern.

Standarddaten von Balkenmodellen

Für die Bewegungen der Punkte von Balken gelten die Bindungsgleichungen (4.14). Kleine Rotationen der Querschnitte lassen sich in der linearen Näherung $\boldsymbol{\Theta}^i(x,t) = \mathbf{E} - \tilde{\boldsymbol{\vartheta}}^i(x,t)$ beschreiben mit den in (4.8) definierten Winkeln $\boldsymbol{\vartheta}^i(x,t)$, $x \equiv R_1$. Mit diesen $\boldsymbol{\Theta}^i$ erhält man für das in (4.14) angegebene Verschiebungsfeld $\mathbf{u}^i(\mathbf{R},t) = \mathbf{w}^i(x,t) - \tilde{\mathbf{R}}^Q \boldsymbol{\vartheta}^i(x,t)$, wo $\mathbf{R}^Q$ die Koordinaten (4.12) der Punkte des Querschnitts an der Stelle $x = R_1$ sind. Die Bewegungen aller Punkte $\mathbf{R}$ eines Balkens sind demnach durch die Deformationsvariablen aus (4.15) darstellbar. Sie werden in Analogie zu (6.46) und (6.47) in der Form $\mathbf{w}^i(x,t) = \mathbf{W}^i(x)\,\mathbf{q}^i(t)$ und $\boldsymbol{\vartheta}^i(x,t) = \boldsymbol{\Xi}^i(x)\,\mathbf{q}^i(t)$ angegeben. Nach Wahl der Ansatzfunktionen $\mathbf{W}^i(x)$ und $\boldsymbol{\Xi}^i(x)$ sind die zur Beschreibung der Verformungen gemäß (6.46), (6.47) verwendeten Koordinaten $\mathbf{q}^i(t)$ definiert: Für alle Punkte $\mathbf{R}$ im durch $x \equiv R_1$ gekennzeichneten Querschnitt gilt wegen seiner Unverformbarkeit $\boldsymbol{\vartheta}^i(x,t) = \boldsymbol{\vartheta}^i(\mathbf{R},t)$ und mit dieser Aussage und mit der obigen Darstellung von $\mathbf{u}^i(\mathbf{R},t)$ gewinnt man aus $\mathbf{W}^i(x)$ und $\boldsymbol{\Xi}^i(x)$ die Matrizen $\boldsymbol{\Phi}^i(\mathbf{R})$ und $\boldsymbol{\Psi}^i(\mathbf{R})$ aus (6.46), (6.47). Mit ihnen kann man die Standarddaten zur Berechnung der Bewegung der

Knotenkoordinatensysteme $\{O^{k,i}, \underline{\mathbf{e}}^{k,i}\}$, der generalisierten Massen aus $\mathbf{M}^i$ und der generalisierten Trägheitskräfte $\mathbf{h}^i_\omega$ unter Verwendung der Gleichungen aus Abschnitt 6.4.1 ermitteln.

Wegen der inneren Bindungsgleichungen vereinfachen sich bei Balken, wie in Kapitel 4 erläutert, die Verzerrungsmaße $G_{\alpha\beta}$. Mit diesen speziellen $G_{\alpha\beta}$ gewinnt man die speziellen Formen der Operatoren $\mathbf{L}^i_L$ und $\mathbf{L}^i_N$ aus (6.255) für Balkenmodelle und damit gemäß (6.257) auch die Verzerrungsmatrizen $\mathbf{B}^i_L$ und $\mathbf{B}^i_N$. Sie werden zusammen mit den Grunddaten zur Angabe von $\boldsymbol{\sigma}^i_0$, $\mathbf{H}^i$ und $\mathbf{D}^i_e$ benötigt zur Berechnung der Standarddaten für die inneren Kräfte $\mathbf{h}^i_e$ sowie der Standarddaten $\boldsymbol{\sigma}^{k,i}_0$ und $\widehat{\boldsymbol{\sigma}}^{k,i}_e$ aus (6.413) zur Angabe der aus den Systembewegungen resultierenden Spannungen an den Knoten. Geometrische Steifigkeiten $\mathbf{K}^i_{geo}$ aus (6.315) und (6.330) bis (6.338) erhält man bei Balken, wie in Hauptabschnitt 4.3 angegeben, durch Berücksichtigung gewisser nichtlinearer Terme in den Verzerrungsmaßen $G_{\alpha\beta}$. Dies erlaubt die Ermittlung der in (6.329) benötigten Matrizen $\mathbf{K}^i_{0\#}$, womit alle für Balken erforderlichen Spezialisierungen der allgemeinen Gleichungen aus Abschnitt 6.4.1 bekannt sind.

Zur Berechnung der Standarddaten von Balken dient der Preprozessor auf der linken Seite von Bild 6-14. Die Vorgehensweise zur Ermittlung der Daten ist in der zweiten Spalte der Tabelle 6.10 zusammengefaßt. Nach Definition des Modells ergeben sich aus den inneren Bindungsgleichungen die Variablen $\mathbf{w}^i(x,t)$ und $\boldsymbol{\vartheta}^i(x,t)$ zur Beschreibung der Bewegungen des Balkens. Ein Ritz-Ansatz für diese Variablen liefert die Definition der $\mathbf{q}^i(t)$ zur Beschreibung der Verformungen gemäß (6.46), (6.47). Als Ansatzfunktionen $\mathbf{W}^i(x)$ und $\Xi^i(x)$ wählt man meistens Eigenschwingungsformen und statische Formen unter Berücksichtigung der Bedingungen aus den Abschnitten 6.2.1 und 6.3.6 zur Festlegung von $\{O^i, \underline{\mathbf{e}}^i\}$. Diese Formfunktionen werden, wie Bild 6-14 zeigt, mit einem ersten Vorlaufprogramm ermittelt. Die Auswahl der zur Lösung eines bestimmten Problems benötigten Ansatzfunktionen wird in Abschnitt 6.5.5 erläutert und muß dem Benutzer des Programms überlassen werden.

Nach Definition der zur Darstellung der Bewegungen gewählten Funktionen $\mathbf{W}^i(x)$ und $\Xi^i(x)$ kann man in einem zweiten Rechenschritt die Funktionen $\boldsymbol{\Phi}^i(\mathbf{R})$ und $\boldsymbol{\Psi}^i(\mathbf{R})$ aus (6.46), (6.47) ermitteln und die in Abschnitt 6.4.1 angegebenen Integrale (6.386) bis (6.391) auswerten, womit sich die Standarddaten zur Berechnung von $\mathbf{u}^{k,i}, \boldsymbol{\Theta}^{k,i}, \mathbf{M}^i$ und $\mathbf{h}^i_\omega$ angeben lassen. Die im Balkenmodell verwendeten Verzerrungen $G_{\alpha\beta}$ liefern die Differentialoperatoren $\mathbf{L}^i_L$ und $\mathbf{L}^i_N$, womit sich die Standarddaten für $\mathbf{h}^i_e$, $\boldsymbol{\sigma}^{k,i}_0$ und $\widehat{\boldsymbol{\sigma}}^{k,i}_e$ angeben lassen und eine Berücksichtigung der in Abschnitt 4.3.4 erläuterten nichtlinearen Terme in den Verzerrungsmaßen liefert die Matrizen $\mathbf{K}^i_{0\#}$. Die Berechnung der Standarddaten in einem zweiten Vorlaufprogramm erfordert, wie in Bild 6-14 angedeutet, neben den in einer Analyse von Statik und Eigenschwingungen ermittelten Funktionen $\mathbf{W}^i(x)$ und $\Xi^i(x)$ auch einige Grunddaten, beispielsweise die Matrizen $\mathbf{R}^{k,i}, \boldsymbol{\Gamma}^{k,i}$ zur Festlegung der Knotenkoordinatensysteme gemäß (6.75) und (6.76). Einzelheiten zur Berechnung der Standarddaten von Balken finden sich, zusammen mit einem einfachen Beispiel, in Abschnitt 6.4.3.

Tabelle 6.10: Spezielle Form der Standarddaten bei Balken und Finite-Elemente-Strukturen.

	Balken	*Finite-Elemente-Strukturen*
$\mathbf{\Phi}^i(\mathbf{R})$, $\mathbf{\Psi}^i(\mathbf{R})$	Bindungsgleichungen – vgl. (4.14): $$\mathbf{u}^i(\mathbf{R},t) = \mathbf{w}^i(x,t) - \tilde{\mathbf{R}}^Q\,\boldsymbol{\vartheta}^i(x,t)$$ wo $x = R_1$, $\mathbf{R}^Q = \begin{bmatrix} 0 & R_2 & R_3 \end{bmatrix}^T$ Definition von $\mathbf{q}^i$: $$\left.\begin{array}{l} \mathbf{w}^i(x,t) = \mathbf{W}^i(x)\,\mathbf{q}^i(t) \\ \boldsymbol{\vartheta}^i(x,t) = \mathbf{\Xi}^i(x)\,\mathbf{q}^i(t) \end{array}\right\} \Rightarrow \mathbf{q}^i(t)$$ Mit (6.40), (6.41): $$\Rightarrow \mathbf{\Phi}^i(\mathbf{R}),\, \mathbf{\Psi}^i(\mathbf{R})$$ $$\Rightarrow \text{SID für } \mathbf{u}^{k,i},\, \mathbf{\Theta}^{k,i},\, \mathbf{M}^i,\, \mathbf{h}^i_\omega$$	Bindungsgleichungen – vgl. (5.128), (5.131): $$\mathbf{u}^i(\mathbf{R},t) = \Sigma\,\mathbf{z}^i_F(t) = \Sigma\,\overline{\overline{\mathbf{T}}}^i\,\overline{\overline{\mathbf{z}}}^i_F(t),$$ wo $\Sigma = \sum_{e=1}^{n_E} \mathbf{\Gamma}^{e^T}\mathbf{N}^e(\mathbf{x})\mathbf{T}^e$, $\mathbf{x} = \mathbf{\Gamma}^e(\mathbf{R}-\mathbf{R}^e)$ Alternativen zur Definition von $\mathbf{q}^i$: 1. $\overline{\overline{\mathbf{z}}}^i_F(t) \equiv \mathbf{q}^i(t) \Rightarrow \mathbf{\Phi}^i(\mathbf{R}) = \Sigma\,\overline{\overline{\mathbf{T}}}^i$ 2. $\overline{\overline{\mathbf{z}}}^i_F(t) = \mathbf{\Phi}^i_F\,\mathbf{q}^i(t) \Rightarrow \mathbf{\Phi}^i(\mathbf{R}) = \Sigma\,\overline{\overline{\mathbf{T}}}^i\,\mathbf{\Phi}^i_F$ Aus (5.122), (6.80) und (6.81) $\Rightarrow \mathbf{\Phi}^{k,i},\, \mathbf{\Psi}^{k,i}$ $$\Rightarrow \text{SID für } \mathbf{u}^{k,i},\, \mathbf{\Theta}^{k,i},\, \mathbf{M}^i,\, \mathbf{h}^i_\omega$$
$\mathbf{L}^i_L$, $\mathbf{L}^i_N$	Verzerrungsmaße $G_{\alpha\beta}$ aus (4.101) bis (4.105): $\Rightarrow \mathbf{L}^i_L,\, \mathbf{L}^i_N \Rightarrow \mathbf{B}^i_L,\, \mathbf{B}^i_N$ $$\Rightarrow \text{SID für } \mathbf{h}^i_e,\, \sigma^{k,i}_0\,\widehat{\sigma}^{k,i}_e$$	$\mathbf{L}^i_L,\, \mathbf{L}^i_N$ und $\mathbf{B}^i_L,\, \mathbf{B}^i_N$ aus $\mathbf{L}^e_L,\, \mathbf{L}^e_N$ und $\mathbf{B}^e_L,\, \mathbf{B}^e_N$ für die Elemente e mit (5.93) und (5.95) $$\Rightarrow \text{SID für } \mathbf{h}^i_e,\, \sigma^{k,i}_0\,\widehat{\sigma}^{k,i}_e$$
$\mathbf{K}^i_{geo}$	Nichtlineare Terme in $G_{\alpha\beta}$ aus Abschnitt 4.3.4: $$\Rightarrow \text{SID für } \mathbf{K}^i_{0\#}$$	Tangentialsteifigkeitsmatrizen aus Abschnitt 5.3.2: $$\Rightarrow \text{SID für } \mathbf{K}^i_{0\#}$$

Standarddaten von Finite-Elemente-Modellen

Wie die Erläuterung der Standarddaten von Balken zeigt, beruht deren Berechnung auf der Kenntnis von $\mathbf{\Phi}^i(\mathbf{R})$ und $\mathbf{\Psi}^i(\mathbf{R})$, von $\mathbf{L}^i_L$ und $\mathbf{L}^i_N$ und derjenigen nichtlinearen Terme in den Verzerrungs-Verschiebungs-Beziehungen, die zur Berücksichtigung geometrischer Steifigkeiten erforderlich sind. Diese Größen benötigt man auch zur Ermittlung der Standarddaten von Finite-Elemente-Modellen in Mehrkörpersystemen. Die inneren Bindungsgleichungen (5.128) zeigen, wie die Bewegungen der Punkte $\mathbf{R}$ solcher Modelle durch die Variablen $\mathbf{z}_F(t)$ = $\mathbf{z}^i_F(t)$ beschrieben werden. Die $\mathbf{z}^i_F(t)$ sind nach (5.122) Verschiebungen $\mathbf{u}^k = \mathbf{u}^{k,i}$ und Verdrehungen $\boldsymbol{\vartheta} = \boldsymbol{\vartheta}^{k,i}$ der Koordinatensysteme $\{O^{k,i}, \underline{\mathbf{e}}^{k,i}\}$ in den Knoten der Struktur.

Bei der Festlegung der Variablen $\mathbf{q}^i(t)$ zur Beschreibung der Verformungen eines Finite-Elemente-Modells in einem Mehrkörpersystem macht man von zwei Möglichkeiten Gebrauch:

1. *Knotenkoordinaten:* Man beschreibt die Bewegungen der Struktur durch die Knotenkoordinaten aus (5.121). Dabei müssen aber die aus der Festlegung des Bezugssystems $\{O^i, \underline{\mathbf{e}}^i\}$ folgenden kinematischen oder kinetischen Bedingungen aus den Abschnitten 6.2.1 oder 6.3.6 beachtet werden – vgl. auch [64], S. 331 bis 342. Die Verwendung der sechs kinematischen Bedingungen (6.58) oder (6.63) resultiert in Lagerungsbedingungen der allgemeinen Form (5.131) mit $\overline{\mathbf{z}}_F(t) = \overline{\mathbf{z}}^i_F(t) \equiv \mathbf{0}$, also $\mathbf{z}^i_F(t) = \overline{\overline{\mathbf{T}}}^i\,\overline{\overline{\mathbf{z}}}^i_F(t)$. Die Zahl der Elemente von $\overline{\overline{\mathbf{z}}}^i_F$ ist $\overline{\overline{n}}^i_F = n^i_F - 6$ mit n^i_F aus (5.121). Die kinetischen Bedingungen aus Abschnitt 6.3.6 liefern sechs in den Geschwindigkeiten lineare Gleichungen, beispiels-

weise (6.359) oder (6.360) und (6.361) mit $\dot{\mathbf{q}}^i = \dot{\mathbf{z}}_F^i$. Die allgemeine Form $\dot{\mathbf{z}}_F^i(t) = \overline{\overline{\mathbf{T}}}^i\, \dot{\overline{\overline{\mathbf{z}}}}_F^i(t)$ ihrer Lösung enthält $\overline{n}_F^i$ unabhängige Knotengeschwindigkeiten $\dot{\overline{\overline{\mathbf{z}}}}_F^i$. Wegen der kinematischen oder der kinetischen Bedingungen für $\{O^i, \underline{\mathbf{e}}^i\}$ sind demnach $\overline{n}_F^i$ Knotenkoordinaten $\overline{\overline{\mathbf{z}}}_F^i$ voneinander unabhängig. Sie werden zur Beschreibung der Bewegung der Struktur herangezogen, also

$$\mathbf{q}^i(t) \equiv \overline{\overline{\mathbf{z}}}_F^i(t) \quad \text{wo} \quad \overline{\overline{\mathbf{z}}}_F^i = \left[\overline{\overline{z}}_{Fj}^i\right], \quad j = 1, 2, \dots \overline{n}_F^i, \quad \overline{n}_F^i = n_q^i = n_F^i - 6. \tag{6.414}$$

Die Ansatzfunktionen $\mathbf{\Phi}^i(\mathbf{R})$ erhält man mit (6.46) und (6.414) aus den Bindungsgleichungen (5.128) und den Lagerungsbedingungen (5.131) – vgl. Tabelle 6.10. Die Funktionen $\mathbf{\Phi}^i(\mathbf{R})$ und $\mathbf{\Psi}^i(\mathbf{R})$ sind bei Finite-Elemente-Modellen nur an den durch $\mathbf{R} = \mathbf{R}^{k,i}$ gegebenen Knoten verfügbar. Nach den Gleichungen aus den Abschnitten 6.3.2 und 6.3.3 und insbesondere nach (6.276) werden aber auch nur diese Werte benötigt. Die $3 \times \overline{n}_F^i$-Matrizen $\mathbf{\Phi}^{k,i}$ und $\mathbf{\Psi}^{k,i}$ ergeben sich mit (6.80) und (6.81) aus der Definition (5.122) der Knotenkoordinaten – vgl. Abschnitt 6.4.4.

2. *Modale Koordinaten:* Man wählt geeignete Eigenvektoren $\overline{\overline{\mathbf{z}}}_{Fv}^i$, $v = 1, 2, \dots n_{Eig}^i < n_F^i$ der durch die linearisierten Gleichungen $\mathbf{M}_F^i\, \ddot{\mathbf{z}}_I^i + \mathbf{K}_F^i\, \mathbf{z}_F^i = \mathbf{0}$, $\mathbf{z}_F^i(t) = \overline{\overline{\mathbf{T}}}^i\, \overline{\overline{\mathbf{z}}}_F^i(t)$ beschriebenen Strukturschwingungen – vgl. (5.179) – und statische Verformungen $\overline{\overline{\mathbf{z}}}_{Fs\mu}^i$ unter geeigneten Lasten $\mathbf{h}_{F\mu} = \mathbf{h}_{F\mu}^i$, $\mu = 1, 2, \dots n_{stat}^i$ und sammelt die Spalten $\overline{\overline{\mathbf{z}}}_{Fv}^i$ und $\overline{\overline{\mathbf{z}}}_{Fs\mu}^i$ in der Matrix $\mathbf{\Phi}_F^i$. Die Bedingungen zur Festlegung von $\{O^i, \underline{\mathbf{e}}^i\}$ lassen sich bei Ermittlung von $\overline{\overline{\mathbf{z}}}_{Fv}^i$ und $\overline{\overline{\mathbf{z}}}_{Fs\mu}^i$, wie in den Abschnitten 6.2.1 und 6.3.6 erläutert, durch geeignete Lagerung der Struktur oder durch Streichen von Starrkörperformen berücksichtigen. Die Verformungskoordinaten $\mathbf{q}^i(t)$ werden definiert durch die Zuordnung

$$\overline{\overline{\mathbf{z}}}_F^i(t) = \mathbf{\Phi}_F^i\, \mathbf{q}^i(t), \quad \mathbf{\Phi}_F^i = \left[\overline{\overline{\mathbf{z}}}_{Fv}^i, \overline{\overline{\mathbf{z}}}_{Fs\mu}^i\right], \quad v = 1, 2, \dots n_{Eig}^i, \quad \mu = 1, 2, \dots n_{stat}^i. \tag{6.415}$$

Die Ansatzfunktionen $\mathbf{\Phi}^i(\mathbf{R})$ aus (6.46) erhält man mit (6.415) aus den Bindungsgleichungen (5.128) – vgl. Tabelle 6.10 – und die Werte $\mathbf{\Psi}^{k,i}$ aus (5.122) und (6.81). Einzelheiten werden in Abschnitt 6.4.5 erläutert.

Während die erste Alternative zur Wahl von $\mathbf{q}^i$ in einer i. a. hohen Systemordnung resultiert, kann diese bei der zweiten Alternative durch geeignete Wahl der Spalten von $\mathbf{\Phi}_F^i$ klein gehalten werden – vgl. Abschnitt 6.5.5.

Die Verzerrungsmaße $\mathbf{L}_L^i$ und $\mathbf{L}_N^i$ ergeben sich bei Finite-Elemente-Modellen aus den in den einzelnen Elementen e der Struktur verwendeten Gleichungen (5.93) und liefern mit (5.95) die Verzerrungsmatrizen, womit sich die Standarddaten für $\mathbf{h}_e^i$ angeben lassen. Geometrische Steifigkeiten berechnet man hier wie in Abschnitt 5.3.2 erläutert.

Bei der eben skizzierten Vorgehensweise zur Ermittlung der Standarddaten von Finite-Elemente-Modellen in Mehrkörpersystemen ergibt sich ein rechentechnisches Problem: Zur Angabe der Daten benötigt man Informationen, die in den Ergebnisdateien gängiger Finite-Elemente-Programme nicht enthalten sind. Wenn man solche Programme ohne eine (i. a. nur mit detaillierten Spezialkenntnissen mögliche) Ergänzung der Ergebnisdateien nutzen will, muß man die Standarddaten flexibler Körper in Mehrkörpersystemen aus standardisierten Ergebnissen von Finite-Elemente-Programmen ermitteln. Ein Weg zur Lösung dieses Problems wird in Abschnitt 6.4.4 angegeben.

6.4.3 Standarddaten von Balkenmodellen

Die Definition der Standarddaten aus den Abschnitten 6.4.1 und 6.4.2 basiert auf dem Kontinuumsmodell aus Kapitel 2. Aus diesem Modell lassen sich nach Kapitel 4 Balkenmodelle durch Angabe innerer Bindungsgleichungen gewinnen. Mit ihnen erhält man die zu Beginn des Abschnitts 6.4.1 und in Tabelle 6.9 zusammengestellten Standarddaten.

Für das Verschiebungsfeld eines schubweichen Balkens gilt nach (4.12) bis (4.14)

$$\mathbf{u}^i(\mathbf{R},t) = \mathbf{w}^i(x,t) + \left(\mathbf{\Theta}^{i^T}(x,t) - \mathbf{E}\right)\mathbf{R}^Q, \quad x \equiv R_1. \tag{6.416}$$

Aus (4.11) folgt in linearer Näherung für kleine Rotationen $\mathbf{\vartheta}^i(x,t)$ gemäß (4.240)

$$\mathbf{\Theta}^i(x,t) = \mathbf{E} - \tilde{\mathbf{\vartheta}}^i(x,t). \tag{6.417}$$

Bei den schubstarren Bernoulli-Balken gilt nach (4.84) in linearer Näherung, wenn auch Dehnungs- und Torsionsbewegungen berücksichtigt werden

$$\mathbf{\vartheta}^i(x,t) = \left[\vartheta_1^i(x,t) \quad -w_3'^i(x,t) \quad w_2'^i(x,t)\right]^T. \tag{6.418}$$

Mit (6.416) erhält man in linearer Näherung für das Verschiebungsfeld

$$\mathbf{u}^i(\mathbf{R},t) = \mathbf{w}^i(x,t) - \tilde{\mathbf{R}}^Q\,\mathbf{\vartheta}^i(x,t), \quad x \equiv R_1. \tag{6.419}$$

Die Bewegungen des Balkens werden nach (6.418) und (6.419) durch die vier Deformationsvariablen $w_\alpha^i(x,t)$ und $\vartheta_1^i(x,t)$ beschrieben, wobei $w_1^i(x,t)$ Dehnungen, $w_{2,3}^i(x,t)$ Biegungen und $\vartheta_1^i(x,t)$ Torsionsbewegungen erfassen. Die vier Variablen $w_\alpha^i(x,t)$ und $\vartheta_1^i(x,t)$ lassen sich mit Hilfe des Ritzschen Verfahrens approximieren

$$\mathbf{w}^i(x,t) = \mathbf{W}^i(x)\,\mathbf{q}^i(t), \quad \vartheta_1^i(x,t) = \mathbf{\Xi}_{1*}^i(x)\,\mathbf{q}^i(t). \tag{6.420}$$

Aus (6.420) und (6.418) erhält man für die Rotationen der Koordinatensysteme $\{P, \underline{\mathbf{e}}\}$ in den Punkten P des hier verwendeten Balkenmodells unter Beachtung von (6.47)

$$\boldsymbol{\vartheta}^i(\mathbf{R},t) = \boldsymbol{\Psi}^i(\mathbf{R})\,\mathbf{q}^i(t) \quad \text{mit} \quad \boldsymbol{\Psi}^i(\mathbf{R}) = \boldsymbol{\Xi}^i(x) = \begin{bmatrix} \boldsymbol{\Xi}_{1*}^i(x) \\ -\mathbf{W}_{3*}'^i(x) \\ \mathbf{W}_{2*}'^i(x) \end{bmatrix}, \quad x \equiv R_1. \tag{6.421}$$

Mit (6.46), (6.420) und (6.421) erhält man aus (6.419)

$$\mathbf{u}^i(\mathbf{R},t) = \boldsymbol{\Phi}^i(\mathbf{R})\,\mathbf{q}^i(t) \quad \text{mit} \quad \boldsymbol{\Phi}^i(\mathbf{R}) = \mathbf{W}^i(x) - \tilde{\mathbf{R}}^Q\,\boldsymbol{\Xi}^i(x), \quad x \equiv R_1. \tag{6.422}$$

Die Ansatzfunktionen $\boldsymbol{\Phi}^i(\mathbf{R})$ und $\boldsymbol{\Psi}^i(\mathbf{R})$ aus (6.422) und (6.421) können in den Gleichungen aus Abschnitt 6.4.1 zur Berechnung der in den Tabellen 6.7 bis 6.9 genannten Standarddaten verwendet werden. Dabei werden Integrale über das Volumen V_0^i ersetzt durch Integrale über die Länge ℓ^i des Balkens unter Verwendung der in (4.77) bis (4.81) eingeführten Grunddaten von Balken.

Zur Ermittlung der Daten für die inneren Kräfte müssen die Verzerrungsmatrizen $\mathbf{B}_L^i$ und $\mathbf{B}_N^i$ unter Beachtung von Abschnitt 4.1.4 modifiziert werden. Bei dem hier verwendeten Modell eines Bernoulli-Balkens mit Torsion sind die Verzerrungen durch (4.101) bis (4.105) gegeben. In linearer Näherung gilt

$$
\begin{aligned}
G_{11} &= w_1' - R_3\,w_3'' - R_2\,w_2''\,, \\
G_{12} &= G_{21} = -\tfrac{1}{2}\,R_3\,\vartheta_1'\,, \quad G_{13} = G_{31} = +\tfrac{1}{2}\,R_2\,\vartheta_1'\,, \\
G_{22} &= G_{33} = G_{32} = G_{23} = 0\,.
\end{aligned}
\tag{6.423}
$$

Geometrische Steifigkeiten werden gemäß Hauptabschnitt 4.3 ermittelt. Zur Erfassung der aus großen Längsbelastungen des Balkens resultierenden geometrischen Steifigkeiten müssen nach den zu (4.173) führenden Erläuterungen im Verzerrungsmaß G_{11} die folgenden, quadratischen Terme aus (4.105) berücksichtigt werden

$$G_{11} = w_1' - R_3\,w_3'' - R_2\,w_2'' + \tfrac{1}{2}\left(w_2'^2 + w_3'^2\right). \tag{6.424}$$

Mit Hilfe dieser Gleichungen erhält man die Standarddaten für kleine Verformungen eines Bernoulli-Balkens mit Dehnung und Torsion. Die Berechnung der Daten findet sich für den Fall ebener Bewegungen ohne Torsion in Beispiel 6.4. Für räumliche Bewegungen gemäß (6.419) sind die Daten in [83] angegeben. Im dort verwendeten Modell werden auch Rotationsträgheiten der Querschnitte, konzentrierte Massen und geometrische Steifigkeiten infolge großer Längskräfte berücksichtigt. Das Modell ist die Grundlage eines Preprozessors BEAM [85] zur Berechnung der Standarddaten von Balkenmodellen für Mehrkörperprogramme. Hinweise zur Berücksichtigung weiterer geometrischer Steifigkeiten bei Balkenmodellen finden sich in [59].

● **Beispiel 6.4: Standarddaten der Balkenstruktur.** Für den elastischen Körper $i = 1$ und den starren Körper $i = 2$ der Balkenstruktur aus den Bildern 6-7 bis 6-10 sollen die in den für kleine Verformungen linearisierten Bewegungsgleichungen benötigten Standarddaten aus den Tabellen 6.7 bis 6.9 angegeben werden. Dies sind

1. die Objekte *mCM* bis *Oe* aus Tabelle 6.9, die zur Berechnung generalisierter Massen und Trägheitskräfte erforderlich sind – Matrizen $\mathbf{M}^i$, $\mathbf{h}^i_\omega$ und $\mathbf{h}^i_g$,

2. die Objekte *ksigma* bis *De* zur Angabe innerer Kräfte – Matrix $\mathbf{h}^i_e$,

3. das Objekt *sigma* der Klasse *node* zur Angabe der Spannungen $\boldsymbol{\sigma}^{k,i}$ an den Knoten, und

4. die Beiträge $\mathbf{K}^i_{0\#}$ zur Modellierung geometrischer Steifigkeiten gemäß (6.333) und (6.336) bis (6.338).

Die Daten der Objekte der Klassen *refmod* und *node* wurden, bis auf *sigma*, bereits im Beispiel 6.2 angegeben – vgl. Tabellen 6.2, 6.3 und 6.4.

Standarddaten zur Angabe generalisierter Massen und Trägheitskräfte.
Körper $i = 1$: Aus Tabelle 6.2 entnimmt man: Masse $m^1 = 10.08$ kg, Massenmittelpunkt $\mathbf{c}^1_0 = [1\ 0\ 0]^T$ m, Massenträgheitsmoment $I^1_{033} = 13.44$ kgm^2. Alle anderen Elemente der Massenträgheitsmatrix $\mathbf{I}^1_0$ können bei den hier betrachteten, ebenen Bewegungen gleich Null gesetzt werden. Neben diesen Daten werden die $\mathbf{C}$-Matrizen aus (6.386) bis (6.391) und die in Tabelle 6.9 genannten $\mathbf{K}$-Matrizen benötigt, wobei $\boldsymbol{\Phi}^i(\mathbf{R})$ durch (6.422) gegeben ist. Bei Vernachlässigung der Torsion $\vartheta^i_1(x,t)$ und der Verschiebung $w^i_3(x,t)$ kann man die Biegelinie $\mathbf{u}^i(x,t)$ des Balkens mit den im Beispiel 6.2 eingeführten Funktionen $U^1_1(x)$ und $W^1_1(x)$ aus (6.170) angeben. Die zugehörigen Variablen sind $\mathbf{q}^1 = \begin{bmatrix} q^1_1 & q^1_2 \end{bmatrix}^T$, womit $n^1_q = 2$. Die Matrix $\boldsymbol{\Psi}^i(\mathbf{R})$ wird in den folgenden Rechnungen nicht benötigt, und die Matrix $\boldsymbol{\Phi}^i(\mathbf{R})$ aus (6.422) nur für $x = R_1$, also

$$\boldsymbol{\Phi}^i(\mathbf{R})\Big|_{R_1 = R_2 = 0} = \boldsymbol{\Phi}^i(x) = \begin{bmatrix} U^i_1(x) & 0 \\ 0 & W^i_1(x) \\ 0 & 0 \end{bmatrix}. \tag{6.425}$$

In (6.425) erscheint, wie in allen weiteren Gleichungen, der allgemeine Körperindex i. Dies erlaubt eine spätere Verwendung der Gleichungen für andere Körper. Hier gilt $i = 1$.
Aus (6.386) bis (6.391) erhält man mit (6.425) die $\mathbf{C}$-Matrizen und aus (6.401) und (6.410) die Matrizen $\mathbf{K}^i_{r\alpha}$ und $\mathbf{K}^i_{\omega\alpha\beta}$. Die Volumenintegrale vereinfachen sich für den Balken mit konstanter Massenbelegung $\mu^i = 5.04$ kg/m in Linienintegrale über die Länge $\ell^i = 2$ m:

$$\int_{V^1_0}(\cdots(x))\ dm = \mu^i \int_{x=0}^{\ell^i}(\cdots(x))\,dx = 5.04 \int_{x=0}^{2}(\cdots(x))\,dx. \tag{6.426}$$

Alle Matrizen lassen sich mit Programmen wie Mathematica ermitteln. Wegen der Betrachtung ebener Bewegungen und der zugehörigen Form (6.175) von $\mathbf{z}^i_I$ und $\mathbf{z}^i_{II}$ müssen nur spezielle Elemente der Matrizen berechnet werden. Man kommt mit den Zeilen eins und zwei von $\mathbf{C1}^i$ aus, mit der dritten Zeile von $\mathbf{C2}^i$ und $\mathbf{C5}^i$ und mit den Elementen (3,3) von $\mathbf{C4}^i$ und $\mathbf{C6}^i$. Die Matrizen $\mathbf{K}^i_{r1}$ und $\mathbf{K}^i_{r2}$ und die $\mathbf{K}^i_{\omega\alpha\beta}$ für $\alpha,\beta \neq 3$ verschwinden. In den folgenden Gleichungen ist $\boldsymbol{\Phi}^i_{\alpha*}$ die α-te Zeile und $\boldsymbol{\Phi}^i_{*l}$ die Spalte l-te der Matrix $\boldsymbol{\Phi}^i$. Man erhält:

$$\mathbf{C1}^i = \mu^i \int_0^{\ell^i}\boldsymbol{\Phi}^i(x)\,dx = \begin{bmatrix} \mathbf{C1}^i_{\alpha*} \end{bmatrix}, \quad \begin{cases} \mathbf{C1}^i_{1*} = \mu^i \int_0^{\ell^i}\begin{bmatrix} U^i_1(x) & 0 \end{bmatrix}dx & = \begin{bmatrix} 2.86 & 0 \end{bmatrix} \\[2ex] \mathbf{C1}^i_{2*} = \mu^i \int_0^{\ell^i}\begin{bmatrix} 0 & W^i_1(x) \end{bmatrix}dx & = \begin{bmatrix} 0 & 2.86 \end{bmatrix} \end{cases} \tag{6.427}$$

$$\mathbf{C2}^i = \mu^i \int_0^{\ell^i} \tilde{\mathbf{R}}\, \boldsymbol{\Phi}^i(x)\, dx = \left[\mathbf{C2}^i_{\alpha*}\right], \quad \mathbf{C2}^i_{3*} = \mu^i \int_0^{\ell^i} \begin{bmatrix} 0 & x\, W_1^i(x) \end{bmatrix} dx = \begin{bmatrix} 0 & 2.86 \end{bmatrix} \tag{6.428}$$

$$\mathbf{C3}^i_{11} = \mu^i \int_0^{\ell^i} \boldsymbol{\Phi}^{i\,T}_{1*}(x)\, \boldsymbol{\Phi}^i_{1*}(x)\, dx \quad = \mu^i \int_0^{\ell^i} \begin{bmatrix} U_1^{i\,2}(x) & 0 \\ 0 & 0 \end{bmatrix} dx \quad = \begin{bmatrix} 1 & 0 \\ 0 & 0 \end{bmatrix}$$

$$\mathbf{C3}^i_{22} = \mu^i \int_0^{\ell^i} \boldsymbol{\Phi}^{i\,T}_{2*}(x)\, \boldsymbol{\Phi}^i_{2*}(x)\, dx \quad = \mu^i \int_0^{\ell^i} \begin{bmatrix} 0 & 0 \\ 0 & W_1^{i\,2}(x) \end{bmatrix} dx \quad = \begin{bmatrix} 0 & 0 \\ 0 & 1 \end{bmatrix} \tag{6.429}$$

$$\mathbf{C3}^i_{12} = \mathbf{C3}^{i\,T}_{21} = \mu^i \int_0^{\ell^i} \boldsymbol{\Phi}^{i\,T}_{1*}(x)\, \boldsymbol{\Phi}^i_{2*}(x)\, dx = \mu^i \int_0^{\ell^i} \begin{bmatrix} 0 & U_1^i\, W_1^i \\ 0 & 0 \end{bmatrix} dx \quad = \begin{bmatrix} 0 & 0.85 \\ 0 & 0 \end{bmatrix}$$

$$\mathbf{C3}^i_{13} = \mathbf{C3}^i_{23} = \mathbf{C3}^i_{31} = \mathbf{C3}^i_{32} = \mathbf{C3}^i_{33} \quad = \mathbf{0}$$

$$\mathbf{C4}^i_l = \mu^i \int_{x=0}^{\ell^i} \tilde{\mathbf{R}}\, \tilde{\boldsymbol{\Phi}}^i_{*l}(x)\, dx = \left[C4^i_{l\alpha\beta}\right], \quad C4^i_{133} = \mu^i \int_0^{\ell^i} -x\, U_1^i(x)\, dx = -3.64, \quad C4^i_{233} = C4^i_{233} = 0 \tag{6.430}$$

$$\mathbf{C5}^i_l = \mu^i \int_0^{\ell^i} \tilde{\boldsymbol{\Phi}}^i_{*l}\, \boldsymbol{\Phi}^i(x)\, dx, \quad \begin{bmatrix} \mathbf{C5}^i_{13*} \\ \mathbf{C5}^i_{23*} \\ \mathbf{C5}^i_{33*} \end{bmatrix} = \mathbf{K}^i_{r3} = -\mathbf{C3}^i_{12} + \mathbf{C3}^{i\,T}_{12} = \begin{bmatrix} 0 & -0.85 \\ 0.85 & 0 \end{bmatrix} \tag{6.431}$$

$$\mathbf{C6}^i_{kl} = \mu^i \int_0^{\ell^i} \tilde{\boldsymbol{\Phi}}^i_{*l}\, \boldsymbol{\Phi}^i_{*k}(x)\, dx = \begin{bmatrix} -C3^i_{22kl} - C3^i_{33kl} & C3^i_{12lk} & C3^i_{13lk} \\ C3^i_{12kl} & -C3^i_{11kl} - C3^i_{33kl} & C3^i_{23lk} \\ C3^i_{13kl} & C3^i_{23kl} & -C3^i_{11kl} - C3^i_{22kl} \end{bmatrix} = \left[C6^i_{kl\alpha\beta}\right], \tag{6.432}$$

$$K^i_{\omega 33kl} \equiv C6^i_{kl33}, \quad \mathbf{K}^i_{\omega 33} = \left[K^i_{\omega 33kl}\right] = -\mathbf{C3}^i_{11} - \mathbf{C3}^i_{22} = -\mathbf{E}$$

Mit den bisher angegebenen Standarddaten lassen sich die Submatrizen $m^i\mathbf{c}^i$, $\mathbf{I}^i$, $\mathbf{C}^i_t$, $\mathbf{C}^i_r$ und $\mathbf{M}^i_e$ der Massenmatrix $\mathbf{M}^i$ und der Matrix der verallgemeinerten Kräfte $\mathbf{h}^i_\omega$ aus (6.251) angeben, wenn geometrische Steifigkeiten vorerst unberücksichtigt bleiben. Die 5×5-Massenmatrix $\mathbf{M}^i$ aus (6.224) und die 5×1-Matrix $\mathbf{h}^i_\omega$ sind

$$\mathbf{M}^i = \begin{bmatrix} m^i & & \vdots & & \text{sym.} \\ 0 & m^i & \vdots & & \\ \hline -m^i c_2^i & m^i c_1^i & I_{33}^i & \vdots & \\ \hline \mathbf{C}^i_{t*1} & \mathbf{C}^i_{t*2} & \mathbf{C}^i_{r*3} & \vdots & \mathbf{M}^i_e \end{bmatrix}, \quad \mathbf{h}^i_\omega = \begin{bmatrix} +m^i \omega_3^i v_2^i + 2\omega_3^i \mathbf{C}^{i\,T}_{t*2} \dot{\mathbf{q}}^i + \omega_3^{i\,2} m^i c_1^i \\ -m^i \omega_3^i v_1^i - 2\omega_3^i \mathbf{C}^{i\,T}_{t*1} \dot{\mathbf{q}}^i + \omega_3^{i\,2} m^i c_2^i \\ \hline -\omega_3^i \left(v_1^i m^i c_1^i + v_2^i m^i c_2^i\right) - \sum_{l=1}^{n_q^i} G^i_{rl33} \dot{q}_l^i \omega_3^i \\ \hline \omega_3^i \left(v_2^i \mathbf{C}^i_{t*1} - v_1^i \mathbf{C}^i_{t*2}\right) - \sum_{l=1}^{n_q^i} \mathbf{G}^i_{el*3} \dot{q}_l^i \omega_3^i - \mathbf{O}^i_{e*3} \omega_3^{i\,2} \end{bmatrix}. \tag{6.433}$$

Der Term $\tilde{\boldsymbol{\omega}}^i\, \mathbf{I}^i\, \boldsymbol{\omega}^i$ in $\mathbf{h}^i_\omega$ verschwindet für ebene Probleme. Die Werte der Größen aus (6.433) ergeben sich für dimensionslose $\mathbf{q}^i$ zu:

$$
\begin{aligned}
m^i &\quad [\text{kg}] & &= 10.08 \\
m^i c_1^i &\quad [\text{kgm}] \;= m^i c_{01}^i + \mathbf{C1}^i_{1*}\, \mathbf{q}^i & &= 10.08 + 2.86\, q_1^i \\
m^i c_2^i &\quad [\text{kgm}] \;= m^i c_{02}^i + \mathbf{C1}^i_{2*}\, \mathbf{q}^i & &= 2.86\, q_2^i \\
I_{33}^i &\quad [\text{kgm}^2] = I_{033}^i - 2\sum_{l=1}^{n_q^i} \mathbf{C4}^i_{l33}\, q_l^i & &= 13.44 + 7.28\, q_1^i
\end{aligned}
\tag{6.434}
$$

$$\mathbf{M}_e^i \quad [\text{kgm}] \quad = \mathbf{C3}_{11}^i + \mathbf{C3}_{22}^i \qquad\qquad\qquad = \mathbf{E}$$

$$\mathbf{C}_{t*1}^i \quad [\text{kg}] \quad = \mathbf{C1}_{1*}^{i\,T} \qquad\qquad\qquad\qquad = \begin{bmatrix} 2.86 \\ 0 \end{bmatrix}$$

$$\mathbf{C}_{t*2}^i \quad [\text{kg}] \quad = \mathbf{C1}_{2*}^{i\,T} \qquad\qquad\qquad\qquad = \begin{bmatrix} 0 \\ 2.86 \end{bmatrix} \qquad\qquad (6.434)$$

$$\mathbf{C}_{r*3}^i \quad [\text{kgm}] \quad = \mathbf{C2}_{3*}^{i\,T} + \mathbf{K}_{r3}^i\,\mathbf{q}^i \qquad\qquad = \begin{bmatrix} -0.85\,q_2^i \\ 2.86 + 0.85\,q_1^i \end{bmatrix}$$

$$\sum_{l=1}^{n_q^i} G_{rl33}^i\,\dot{q}_l^i = -\sum_{l=1}^{n_q^i}\left(2\,\mathbf{C4}_{l33}^i\right)\dot{q}_l^i = \begin{bmatrix} G_{r133}^i & G_{r233}^i \end{bmatrix}\dot{\mathbf{q}}^i, \quad \text{wo}$$

$$\begin{bmatrix} G_{r133}^i & G_{r233}^i \end{bmatrix} \quad [\text{kgm}^2] \qquad\qquad\qquad = \begin{bmatrix} 7.28 & 0 \end{bmatrix}$$

$$\sum_{l=1}^{n_q^i} \mathbf{G}_{el*3}^i\,\dot{q}_l^i = \sum_{l=1}^{n_q^i} 2\,\mathbf{C5}_{l3*}^{i\,T}\,\dot{q}_l^i = \begin{bmatrix} G_{e1*3}^i & G_{e2*3}^i \end{bmatrix}\dot{\mathbf{q}}^i = 2\,\mathbf{K}_{r3}^i\,\dot{\mathbf{q}}^i \quad \text{wo} \qquad (6.435)$$

$$\begin{bmatrix} G_{e1*3}^i & G_{e2*3}^i \end{bmatrix} \quad [\text{kgm}] \qquad\qquad\qquad = \begin{bmatrix} 0 & -1.7 \\ 1.7 & 0 \end{bmatrix}$$

$$\mathbf{O}_{e*3}^i \quad [\text{kgm}] \quad = \begin{bmatrix} \mathbf{C4}_{133}^i \\ \mathbf{C4}_{233}^i \end{bmatrix} + \mathbf{K}_{\omega 33}^i\,\mathbf{q}^i \qquad = \begin{bmatrix} -3.64 - q_1^i \\ -q_2^i \end{bmatrix}$$

Mit (6.434) lassen sich auch die generalisierten Gewichtskräfte $\mathbf{h}_g^i$ aus (6.253) angeben. Die Koordinaten der Erdbeschleunigung in der Bezugsbasis $\underline{e}^i$ findet man mit $\mathbf{A}^i$ aus (6.165) und mit $^l\mathbf{g}$ aus (6.164) zu

$$\mathbf{g} = \mathbf{A}^i\,{}^l\mathbf{g} = \begin{bmatrix} -\sin\alpha_3^i & -\cos\alpha_3^i & 0 \end{bmatrix}^T g. \qquad\qquad (6.436)$$

Damit erhält man für die generalisierten Gewichtskräfte am Körper $i = 1$

$$\mathbf{h}_g^i = \begin{bmatrix} m^i & 0 & 0 \\ 0 & m^i & 0 \\ \hdashline -m^i c_2^i & m^i c_1^i & 0 \\ \hdashline \mathbf{C}_{t*1}^i & \mathbf{C}_{t*2}^i & 0 \end{bmatrix} \mathbf{g} = \begin{bmatrix} m^i & 0 \\ 0 & m^i \\ \hdashline -m^i c_2^i & m^i c_1^i \\ \hdashline \mathbf{C}_{t*1}^i & \mathbf{C}_{t*2}^i \end{bmatrix} \begin{bmatrix} -\sin\alpha_3^i \\ -\cos\alpha_3^i \end{bmatrix} 9.81. \qquad (6.437)$$

Körper $i = 2$: Aus Tabelle 6.2 entnimmt man für den starren Körper:

$$m^2 = 6\,\text{kg}, \quad \mathbf{c}_0^2 = \begin{bmatrix} 0.2 & 0 & 0 \end{bmatrix}^T \text{m}, \quad I_{033}^2 = 0.32\,\text{kgm}^2. \qquad (6.438)$$

Damit findet man $\mathbf{M}^i$ und $\mathbf{h}_\omega^i$ für $i = 2$ zu

$$\mathbf{M}^i = \begin{bmatrix} m^i & & \text{sym} \\ 0 & m^i & \\ \hdashline -m^i c_{02}^i & m^i c_{01}^i & I_{033}^i \end{bmatrix} = \begin{bmatrix} 6 & 0 & 0 \\ 0 & 6 & 1.2 \\ \hdashline 0 & 1.2 & 0.32 \end{bmatrix}, \quad \mathbf{h}_\omega^i = \begin{bmatrix} m^i \omega_3^i v_2^i + \omega_3^{i\,2} m^i c_{01}^i \\ -m^i \omega_3^i v_1^i \\ \hdashline -\omega_3^i\left(v_1^i m^i c_{01}^i\right) \end{bmatrix} = \begin{bmatrix} 6\omega_3^i v_2^i + 1.2\,\omega_3^{i\,2} \\ -6\omega_3^i v_1^i \\ \hdashline -1.2\,\omega_3^i v_1^i \end{bmatrix} \;(6.439)$$

Die generalisierten Gewichtskräfte am starren Körper $i = 2$ ergeben sich zu

$$\mathbf{h}_g^i = \begin{bmatrix} m^i & 0 & 0 \\ \hdashline 0 & m^i & 0 \\ \hdashline -m^i c_{02}^i & m^i c_{01}^i & 0 \end{bmatrix} \mathbf{g} = -9.81 \begin{bmatrix} 6\sin\alpha_3^i \\ 6\cos\alpha_3^i \\ 1.2\cos\alpha_3^i \end{bmatrix}. \tag{6.440}$$

Standarddaten zur Angabe innerer Kräfte.

Körper i = 1: Bei torsionsfreien Bernoulli-Balken verschwinden wegen $\vartheta_1^i(x,t) \equiv 0$ nach (6.423) alle Elemente $G_{\alpha\beta}$ des Greenschen Verzerrungstensors bis auf G_{11}. Das Verzerrungsmaß $G_{11} = G_{11}^i$ hängt bei ebenen Bewegungen nur von $R_1 = x$ und von R_2 ab. Bei Berücksichtigung geometrischer Steifigkeiten infolge großer Längskräfte folgt aus (6.424) für die Verzerrungen des hier betrachteten Balkens der unten angegebene Ausdruck für G_{11}^i, der nach (6.255) mit den Operatormatrizen $\mathbf{L}_L^i$ und $\mathbf{L}_N^i$ angegeben wird:

$$G_{11}^i(x,R_2) = w_1'^i - R_2\, w_2''^i + \tfrac{1}{2}\left(w_2'^i\right)^2 \quad\text{also}\quad \left[G_{11}^i\right] = \boldsymbol{\varepsilon}^i = \left(\mathbf{L}_L^i + \tfrac{1}{2}\mathbf{L}_N^i(\mathbf{w}^i)\right)\mathbf{w}^i. \tag{6.441}$$

Für die Operatormatrizen erhält man somit

$$\mathbf{L}_L^i = \begin{bmatrix} \partial_1 & -R_2\,\partial_1^2 \end{bmatrix}, \quad \mathbf{L}_N^i(\mathbf{w}^i) = \begin{bmatrix} 0 & w_2'^i\,\partial_1 \end{bmatrix}, \quad\text{wo}\quad \partial_1 = \frac{\partial(\,)}{\partial x} \quad\text{und}\quad \partial_1^2 = \frac{\partial^2(\,)}{\partial x^2}. \tag{6.442}$$

Mit $\mathbf{L}_L^i$ und $\mathbf{L}_N^i$ aus (6.442) und mit $w^1(x,t)$ aus (6.170) erhält man die Verzerrungsmatrizen $\mathbf{B}_L^i$ und $\mathbf{B}_N^i$ aus (6.257). Sie geben den Zusammenhang zwischen den Verzerrungen $\boldsymbol{\varepsilon}^i$ und den Verformungskoordinaten $\mathbf{q}^i$ nach (6338) an. Man findet:

$$\boldsymbol{\varepsilon}^i = \mathbf{B}^i\,\mathbf{q}^i = \left(\mathbf{B}_L^i + \tfrac{1}{2}\mathbf{B}_N^i\right)\mathbf{q}^i = \mathbf{B}_L^i\,\mathbf{q}^i + \tfrac{1}{2}\mathbf{q}^{i^T}\,\widehat{\mathbf{B}}_N^i\,\mathbf{q}^i$$

$$\text{mit}\quad \mathbf{B}_L^i(x,R_2) = \mathbf{L}_L^i(R_2)\,\mathbf{W}^i(x) = \begin{bmatrix} U_1'^i(x) & -R_2\,W_1''^i(x) \end{bmatrix} \tag{6.443}$$

$$\mathbf{B}_N^i(x,\mathbf{q}^i) = \mathbf{L}_N^i(\mathbf{w}^i)\,\mathbf{W}^i = \mathbf{q}^{i^T}\,\widehat{\mathbf{B}}_N^i(x) \quad\text{wo}\quad \widehat{\mathbf{B}}_N^i(x) = \begin{bmatrix} 0 & 0 \\ 0 & W_1'^i(x)\,W_1'^i(x) \end{bmatrix}.$$

Die Verzerrungen $G_{11}(x,R_2)$ aus (6.441) liefern mit dem Materialgesetz (4.72) die Spannungen $S_{11}(x,R_2)$, also $S_{11}(x,R_2) = \mathcal{E}^i\,G_{11}(x,R_2)$, mit dem Elastizitätsmodul $\mathcal{E}^i$ aus Tabelle 6.2. Vorspannungen $\boldsymbol{\sigma}_0^i$ sind nicht vorhanden, womit sich für das Materialgesetz aus (6.259) ergibt

$$\boldsymbol{\sigma}^i = \mathbf{H}^i\,\boldsymbol{\varepsilon}^i \quad\text{mit}\quad \boldsymbol{\sigma}^i = \begin{bmatrix} S_{11}(x,R_2) \end{bmatrix}, \quad \mathbf{H}^i = \begin{bmatrix} \mathcal{E}^i \end{bmatrix}. \tag{6.444}$$

Mit diesen Angaben lassen sich die verallgemeinerten inneren Kräfte $\mathbf{h}_e^i$ aus (6.270) errechnen. Wegen $\boldsymbol{\sigma}_0^i = \mathbf{0}$ verschwinden die Matrizen $\mathbf{k}_{e0}^i$ und $\mathbf{K}_{e0}^i$ – vgl. (6.262) und (6.263). Die lineare Steifigkeitsmatrix $\mathbf{K}_e^i$ aus (6.264) erhält man mit der Verzerrungsmatrix $\mathbf{B}_L^i$ aus (6.443) und mit der Materialmatrix $\mathbf{H}^i$ aus (6.444). Die Auswertung des Integrals aus (6.264) liefert mit der in (4.77) eingeführten Querschnittsfläche A^i und mit dem Flächenträgheitsmoment J_{33}^i aus (4.78) unter Verwendung der in Tabelle 6.2 angegebenen Werte dieser Größen

$$\mathbf{K}_e^i = \int\limits_{V_0^i} \mathbf{B}_L^{i^T}\,\mathcal{E}^i\,\mathbf{B}_L^i\,dV = \int\limits_0^{\ell^i} \begin{bmatrix} \mathcal{E}^i A^i U_1'^{i^2}(x) & 0 \\ 0 & \mathcal{E}^i J_{33}^i W_1''^{i^2}(x) \end{bmatrix} dx = \mathbf{diag}\begin{bmatrix} 5.14\cdot 10^6 & 38.05 \end{bmatrix}\ [\text{N}]. \tag{6.445}$$

Mit der Normierungsvorschrift aus (6.94) findet man die linearen Steifigkeiten auch aus den Frequenzen f_k der Eigenfunktionen aus Tabelle 6.3

$$\mathbf{K}_e^i = \mathbf{diag}\left[\, (2\pi f_k)^2 \,\right].\tag{6.446}$$

Die Dämpfungsmatrix ergibt sich mit 20 % Lehrscher Dämpfung nach (6.268) zu

$$\mathbf{D}_e^i = \mathbf{diag}\left[\, 2\,\zeta_k^i\,\sqrt{K_{ek}^i\,M_{ek}^i}\,\right] = \mathbf{diag}[906.9 \quad 2.47]\ [\mathrm{Ns}]\tag{6.447}$$

Standarddaten zur Angabe der Spannungen.
Körper $i = 1$: Zur Analyse von Simulationsergebnissen werden der Maximalwert des Biegemoments L_{Bieg}^i und die Normalkraft F_{Normal}^i an den Knoten $k = 1, 2, 3$ aus Tabelle 6.4 verwendet. Die Normalspannung S_{Normal}^i und die Biegespannung S_{Bieg}^i an einem Knoten des Balkens ergeben sich mit (6.443) und (6.444) zu

$$\begin{aligned}
S_{Normal}^i(x) &= S_{11}^i(x, R_2)\big|_{R_2=0} &&= \mathcal{E}^i\, U_1'^{\,i}(x)\, q_1^i, \\
S_{Bieg}^i(x, R_2) &= S_{11}^i(x, R_2) - S_{Normal}^i(x) = -\mathcal{E}^i\, R_2\, W_1''^{\,i}(x)\, q_2^i.
\end{aligned}\tag{6.448}$$

Die Biegespannung erreicht am Rand, bei $R_2 = h^i/2$, ihren Maximalwert. Das zugehörige Biegemoment ist

$$L_{Bieg}^i(x) = -\frac{J_{33}^i}{h^i/2}\, S_{Bieg}^i(x, R_2)\big|_{R_2 = h^i/2} = \mathcal{E}^i\, J_{33}^i\, W_1''^{\,i}(x)\, q_2^i.\tag{6.449}$$

Für die Normalkraft infolge der Normalspannungen gilt

$$F_{Normal}^i(x) = A^i\, S_{Normal}^i(x) = \mathcal{E}^i\, A^i\, U_1'^{\,i}(x)\, q_1^i.\tag{6.450}$$

Die beiden Größen (6.449) und (6.450) werden für $x = x^{k,i} = R_1^{k,i}$ in $\boldsymbol{\sigma}^{k,i}$ zusammengefaßt und nach (6.413) als lineare Form in $\mathbf{q}^i$ geschrieben. Wegen $\boldsymbol{\sigma}_0^{k,i} = 0$ und mit den $\mathbf{R}^{k,i}$ aus Tabelle 6.4 erhält man

$$\begin{aligned}
\boldsymbol{\sigma}^{k,i} &= \begin{bmatrix} F_{Normal}^i(x^{k,i})\ [\mathrm{N}] \\ L_{Bieg}^i(x^{k,i})\ [\mathrm{Nm}] \end{bmatrix} = \widehat{\boldsymbol{\sigma}}_e^{k,i}\, \mathbf{q}^i\,, \quad \text{wo} \\[2mm]
\widehat{\boldsymbol{\sigma}}_e^{1,1} &= \begin{bmatrix} 1.469\cdot 10^7 & 0 \\ 0 & 0 \end{bmatrix},\quad
\widehat{\boldsymbol{\sigma}}_e^{2,1} = \begin{bmatrix} 1.039\cdot 10^7 & 0 \\ 0 & -34.62 \end{bmatrix},\quad
\widehat{\boldsymbol{\sigma}}_e^{3,1} = \mathbf{0}
\end{aligned}\tag{6.451}$$

die Einflußzahlen zur Angabe der Elemente von $\boldsymbol{\sigma}^{k,i}$ sind. Nach Ermittlung der Verformungen $\mathbf{q}^i(t)$ lassen sich die $\boldsymbol{\sigma}^{k,i}$ mit (6.451) an den drei Knoten des Körpers $i = 1$ berechnen. Insbesondere müssen die $\boldsymbol{\sigma}^{k,i}$ am Rand mit den dort wirksamen Kräften $\mathbf{F}^{k,i}$ und den Momenten $\mathbf{L}^{k,i}$ aus (6.218) und Bild 6-13 übereinstimmen. So muß beispielsweise für $x = 0$ am Gelenk $s = 1$ wegen (6.218) und (6.280) gelten:

$$F_{Normal}^i(0) = F_{Normal}^{1,1} = -F_1^{1,1}, \qquad L_{Bieg}^i(0) = L_{Bieg}^{1,1} = -L_3^{1,1} = 0.\tag{6.452}$$

Standarddaten zur Angabe geometrischer Steifigkeiten.
Körper $i = 1$: Mit den Parametern aus Tabelle 6.2 erhält man eine Längssteifigkeit, die erheblich größer ist als die Biegesteifigkeit, nämlich

$$\frac{\mathcal{E}^i A^i}{\ell^i} = 2.1 \cdot 10^7 \text{ N/m} \quad \text{gegenüber} \quad \frac{\mathcal{E}^i J_{33}^i}{\ell^{i3}} = 3.9 \text{ N/m} . \tag{6.453}$$

Nach Abschnitt 6.3.5 müssen daher bei Analyse der Biegeschwingungen geometrische Steifigkeiten gemäß (6.329) und (6.330) berücksichtigt werden, wenn in der durch den Index 1 gekennzeichneten Längsrichtung des Balkens Kräfte wirken, die zu hinreichend großen Spannungen $\sigma_{s\#k}^i = \sigma_{s\#1}^i$ führen. Die Kräfte in Längsrichtung des Balkens können sein: Trägheitskräfte infolge der Beschleunigung a_1^i, Gewichtskräfte infolge g_1^i, Zentrifugalkräfte infolge $\omega_{q3}^i = (\omega_3^i)^2$ oder Kräfte $F_1^{k,i}$ an den Knoten $k = 1, 2, 3$ des Körpers $i = 1$. Demzufolge wird aus (6.329)

$$\mathbf{K}_{geo}^i = \left(a_1^i - g_1^i\right) \mathbf{K}_{0t1}^i + \omega_{q3}^i \, \mathbf{K}_{0\omega3}^i + \sum_{k=1}^{3} \mathbf{K}_{0F1}^{k,i} \, F_1^{k,i} , \tag{6.454}$$

wo $\mathbf{K}_{0t1}^i$, $\mathbf{K}_{0\omega3}^i$ und $\mathbf{K}_{0F1}^{k,i}$ geometrische Steifigkeitsmatrizen infolge von Einheitsbelastungen durch $(a_1^i - g_1^i)$, $\omega_{q3}^i = (\omega_3^i)^2$ und $F_1^{k,i}$ sind. Diese $\mathbf{K}$-Matrizen ergeben sich nach (6.330) aus $\mathbf{B}_N^i$ gemäß (6.443) und aus den Spannungen $\sigma_{s\#1}^i$, $\# = t1, \omega3, F1$. Für sie gilt nach (6.331) und (6.332) mit $\mathbf{H}^i$ aus (6.444), $\mathbf{B}_L^i$ aus (6.443) und $\mathbf{K}_e^i$ aus (6.445)

$$\sigma_{s\#1}^i(x) = \begin{cases} -\mathcal{E}^i \, U_1'^i(x) \, C_{t11}^i / K_{e11}^i & \text{für} \quad \# = t1 , \\ -\mathcal{E}^i \, U_1'^i(x) \, O_{e013}^i / K_{e11}^i & \text{für} \quad \# = \omega3 , \\ \mathcal{E}^i \, U_1'^i(x) \, \Phi_{11}^{k,i} / K_{e11}^i & \text{für} \quad \# = F1 . \end{cases} \tag{6.455}$$

Für die Matrizen $\mathbf{K}_{0\#}^i$ erhält man mit (6.330) und (6.443) nach Integration über R_2 und R_3

$$\mathbf{K}_{0\#}^i = A^i \int_{x=0}^{\ell^i} \widehat{\mathbf{B}}_N^{iT}(x) \; \sigma_{s\#1}^i(x) \, dx , \quad \# = t1, \omega3, F1. \tag{6.456}$$

Die in (6.455) benötigten Elemente von $\mathbf{C}_t^i, \mathbf{O}_{e0}^i$ und $\boldsymbol{\Phi}^{k,i} = \boldsymbol{\Phi}^i(\mathbf{R}^{k,i})$, $\mathbf{R}^{k,i} = \left[x^{k,i} \; 0 \; 0\right]^T$ sind in (6.434), (6.435), (6.425) und (6.172) angegeben. Bezeichnet man die aus den Kräften $F_1^{k,i}$ an den Knoten $k = 1, 2, 3$ resultierenden Spannungen mit $\sigma_{sF11}^i\big|_k$, so erhält man aus (6.455)

$$A^i \sigma_{st1_1}^i(x) = -8.17\cos(0.78\,x), \qquad A^i \sigma_{s\omega3_1}^i(x) = 10.4\cos(0.78\,x),$$
$$A^i \sigma_{sF11}^i(x)\big|_{k=1} = 0, \quad A^i \sigma_{sF11}^i(x)\big|_{k=2} = 0.9\cos(0.78\,x), \quad A^i \sigma_{sF11}^i(x)\big|_{k=3} = 1.27\cos(0.78\,x). \tag{6.457}$$

Mit (6.456) ergeben sich die in (6.454) benötigten $\mathbf{K}$-Matrizen zu

$$\mathbf{K}_{0t1}^i = \begin{bmatrix} 0 & 0 \\ 0 & -2.377 \end{bmatrix} [\text{kg}], \qquad \mathbf{K}_{0\omega3}^i = \begin{bmatrix} 0 & 0 \\ 0 & 3.026 \end{bmatrix} [\text{kgm}],$$
$$\mathbf{K}_{0F1}^{1,1} = \mathbf{0}, \quad \mathbf{K}_{0F1}^{2,1} = \begin{bmatrix} 0 & 0 \\ 0 & 0.211 \end{bmatrix}, \quad \mathbf{K}_{0F1}^{3,1} = \begin{bmatrix} 0 & 0 \\ 0 & 0.370 \end{bmatrix} [\text{N}]. \tag{6.458}$$

Mit $\mathbf{L}_L^i$ gemäß (6.442) erhält man aus (2.273) für $\ddot{\mathbf{u}} \equiv 0$ eine einfach zu integrierende Differentialgleichung für die Spannungen $\boldsymbol{\sigma}^i$ aus (6.444). Diese Gleichung ergibt sich mit $S_{11}^i(x) = \mathcal{E}^i \, w_1'^i(x)$ und mit $\ddot{w}_1^i \equiv 0$ auch aus

(4.123). Ersetzt man $\mathbf{k}_0$ in (2.273) oder Q_{w1} in (4.123) durch die zur Angabe geometrischer Steifigkeiten benötigten Belastungen aus (6.328), so erhält man eine Differentialgleichungen für die Spannungen $\sigma^i_{s\#1}$, also die (6.328) zugrunde liegenden Gleichgewichtsbedingungen. In diese Gleichungen ist die Ritzsche Näherung (6.420) noch nicht eingearbeitet. Mit dem Operator ∂_1 aus (6.442) lauten die Gleichgewichtsbedingungen bei Belastung des Balkens durch

Beschleunigungen $a^i_1 - g_1 = 1$, $\# = t1$:

$$A^i\, \partial_1 \sigma^i_{st11}(x) - \mu^i = 0 \;\Rightarrow\; A^i\, \sigma^i_{st11}(x) = \mu^i \int_{\eta=x}^{\ell^i} d\eta + A^i\, \sigma^i_{st11}(\ell^i) = \mu^i\left(x - \ell^i\right) = 5.04\,(x-2)$$

$$\Rightarrow\; \mathbf{K}^i_{0t1} = \mu^i \int_{x=0}^{\ell^i} \hat{\mathbf{B}}^{iT}_N(x)\left(x - \ell^i\right) dx = \mu^i \int_{x=0}^{\ell^i} \begin{bmatrix} 0 & 0 \\ 0 & W'^{i2}_1(x) \end{bmatrix}\left(x - \ell^i\right) dx = \begin{bmatrix} 0 & 0 \\ 0 & -2.47 \end{bmatrix} \text{[kg]}$$

$$\tag{6.459}$$

die aus $\omega^i_{q3} = 1$ resultierenden Zentrifugalbeschleunigungen, $\# = \omega 3$:

$$A^i\, \partial_1 \sigma^i_{s\omega31}(x) + \mu^i\, x = 0 \;\Rightarrow\; A^i\, \sigma^i_{s\omega31}(x) = -\mu^i \int_{\eta=x}^{\ell^i} \eta\, d\eta + A^i\, \sigma^i_{s\omega31}(\ell^i)$$

$$= \tfrac{1}{2}\mu^i\left(\ell^{i2} - x^2\right) = 2.52\left(4 - x^2\right)$$

$$\Rightarrow\; \mathbf{K}^i_{0\omega3} = \frac{\mu^i}{2} \int_{x=0}^{\ell^i} \hat{\mathbf{B}}^{iT}_N(x)\left(\ell^{i2} - x^2\right) dx = \frac{\mu^i}{2} \int_{x=0}^{\ell^i} \begin{bmatrix} 0 & 0 \\ 0 & W'^{i2}_1(x) \end{bmatrix}\left(\ell^{i2} - x^2\right) dx = \begin{bmatrix} 0 & 0 \\ 0 & 3.04 \end{bmatrix} \text{[kgm]}$$

$$\tag{6.460}$$

Längskräfte an den Knoten $k = 1,2,3$, $\# = F1$:

$$A^i\, \sigma^i_{sF11}(x) = 1 \quad \text{für} \quad 0 \le x \le x^{k,i}, \qquad \text{sonst} \quad A^i\, \sigma^i_{sF11}(x) = 0$$

$$\Rightarrow\; \mathbf{K}^{k,i}_{0F1} = \int_{x=0}^{x^{k,i}} \hat{\mathbf{B}}^{iT}_N(x)\, dx = \int_{x=0}^{x^{k,i}} \begin{bmatrix} 0 & 0 \\ 0 & W'^{i2}_1(x) \end{bmatrix} dx,$$

$$\tag{6.461}$$

$$\text{hier} \quad \mathbf{K}^{1,1}_{0F1} = \mathbf{0}, \quad \mathbf{K}^{2,1}_{0F1} = \begin{bmatrix} 0 & 0 \\ 0 & 0.245 \end{bmatrix}, \quad \mathbf{K}^{3,1}_{0F1} = \begin{bmatrix} 0 & 0 \\ 0 & 0.49 \end{bmatrix} \text{[N]}.$$

Die geometrischen Steifigkeitsmatrizen für Einheitslasten aus (6.458) und aus (6.459) bis (6.461) differieren. Die Unterschiede resultieren aus der groben Approximation der Spannungen aus (6.455) mit nur einer Eigenform $U^1_1(x)$ aus (6.172). Die den Gleichungen (6.459) bis (6.461) zugrunde liegende Vorgehensweise zur Ermittlung der Spannungen $\sigma^i_{s\#1}$ läßt sich aber nur für einfache Modelle angeben, bei denen $\mathbf{L}^i_L$ explizit zur Verfügung steht. Bei komplexeren Modellen, wie z. B. Finite-Elemente-Strukturen, muß man die zur Berechnung der geometrischen Steifigkeiten benötigten Spannungen $\sigma^i_{s\#k}$ nach (6.331) und (6.332) ermitteln.

Die zu Einheitslasten gehörenden geometrischen Steifigkeitsmatrizen $\mathbf{K}^i_{0\#}$ ergeben bei Multiplikation mit den aktuellen Belastungen die geometrische Steifigkeitsmatrix $\mathbf{K}^i_{geo}$ aus (6.454). Zur Klärung der Frage ob geometrischen Steifigkeiten bei dem vorliegenden Modell zur Analyse der Biegeschwingungen des Balkens berücksichtigt werden müssen, setzt man typische, aktuelle Lasten in (6.454) ein und vergleicht die resultierenden Steifigkeiten mit den Steifigkeiten aus $\mathbf{K}^i_e$. So liefert beispielsweise die Erdbeschleunigung $g = 9.81$ m/s^2 in (6.454) eine Steifigkeit von 24.2 N, ein im Vergleich mit der linearen Steifigkeit von 38.05 N aus $\mathbf{K}^i_e$ signifikanter Beitrag. Die Matrix $\mathbf{K}^i_{0\omega3}$ liefert bei einer Winkelgeschwindigkeit von 1 rad/s eine Änderung der Steifigkeit von ca. 10 %. Wenn die Balkenachse mit der Richtung $\underline{e}^I_2$ aus Bild 6-7 zusammenfällt, so wirkt im

Knoten $k = 3$ die Knotenkraft $F_1^{3,1} = $ m^2 g $= 58.86$ N. Die resultierende geometrische Steifigkeit ergibt sich zu 28.8 N und ändert die Biegesteifigkeit um 76 %. Alle genannten Belastungen ergeben eine Erhöhung der Steifigkeit des Balkens gegenüber Biegebewegungen.

6.4.4 Standarddaten von FE-Modellen – Knotenkoordinaten

Zur Analyse von Verformung und Bewegung flexibler Körper beliebiger Gestalt, also zur Lösung der entsprechenden statischen und dynamischen Probleme, wurde eine Vielzahl von Finite-Elemente-Programmen entwickelt [9], wie z. B. ANSYS [72], NASTRAN [53] und ABAQUS [1]. Die Programme erlauben eine detaillierte Erfassung von Verformungen und inneren Kräften. Eine Analyse dynamischer Probleme, bei denen sich die Bewegung des Körpers gemäß Bild 6-2 aus einer großen Referenzbewegung und kleinen Verformungen zusammensetzt, kann aber erhebliche Rechenzeiten erfordern. Sie lassen sich bei Verwendung reduzierter Finite-Elemente-Modelle zur Berücksichtigung komplex geformter, flexibler Körper in Mehrkörpersystemen herabdrücken. Die Bewegungen des Mehrkörpersystems werden mit den Gleichungen aus den Hauptabschnitten 6.2 und 6.3 beschrieben. Ihre Herleitung erfordert die Kenntnis der Standarddaten aus Abschnitt 6.4.2. Sie müssen für Körper beliebiger Form mit Hilfe vorhandener Finite-Elemente-Programme gewonnen werden.

In den Ausgabedateien von Finite-Elemente-Programmen sind die Standarddaten nicht verfügbar. Zu ihnen gehören nach Tabelle 6.9 die Werte $\boldsymbol{\Phi}^{k,i}$ und $\boldsymbol{\Psi}^{k,i}$ der Ansatzfunktionen an den Knoten, die Matrizen $\mathbf{C1}^i$ bis $\mathbf{C6}_{kl}^i$ aus (6.386) bis (6.394) und die mit ihrer Hilfe angebbaren Matrizen $\mathbf{K}_{r\alpha}^i$ und $\mathbf{K}_{\omega\alpha\beta}^i$ aus (6.401) und (6.410). Die $\mathbf{C}$- und $\mathbf{K}$-Matrizen sind Volumenintegrale, deren Integranden von den Ansatzfunktionen $\boldsymbol{\Phi}^i(\mathbf{R})$ abhängen. Diese lassen sich nach (5.130) durch die Interpolationsfunktionen $\mathbf{N}^e(\mathbf{x})$ der zur Modellierung des Körpers verwendeten finiten Elemente ausdrücken, und damit können sie, wie in Hauptabschnitt 5.4 gezeigt, mit deren Hilfe berechnet werden. Wie die Standarddaten sind die Ansatzfunktionen $\boldsymbol{\Phi}^i(\mathbf{R})$ aus (5.130), d. h. insbesondere die Interpolationsfunktionen $\mathbf{N}^e(\mathbf{x})$, in den Ausgabedateien aber nicht enthalten. Ebenso fehlen dort Angaben zur Massenverteilung des Körpers in seiner Referenzkonfiguration, also die in den Tabellen 6.8 und 6.9 benötigten Größen m^i, $\mathbf{c}_0^i$ und $\mathbf{I}_0^i$ aus (6.225), (6.228) und (6.232). Dies gilt auch für die Matrizen $\mathbf{k}_{e0}^i$, $\mathbf{K}_{e0*l}^i$, $\mathbf{K}_e^i$, $\mathbf{K}_{eN*l}^i$ und $\mathbf{D}_e^i$ zur Angabe der inneren Kräfte zu – vgl. (6.261) – sowie für die Matrizen $\hat{\boldsymbol{\sigma}}_e^{k,i}$ zur Berechnung der Spannungen gemäß (6.413) und für die Matrizen $\mathbf{K}_{0\#}^i$ aus (6.330) zur Angabe geometrischer Steifigkeiten. In diesem Abschnitt wird erläutert, wie man die angesprochenen Daten mit Hilfe vorhandener Finite-Elemente-Programme, zumindest näherungsweise, ermittelt.

In den Ausgabedateien der Programme finden sich die meisten der in den Gleichungen (5.173) und (5.174) vorkommenden Matrizen, also die Massenmatrix $\mathbf{M}_F$, die in $\mathbf{k}_F$ gemäß (5.155) enthaltenen Dämpfungs- und Steifigkeitsmatrizen $\mathbf{D}_F$ und $\mathbf{K}_F$ und die Matrix $\mathbf{h}_F$ mit den am Körper wirksamen Lasten. Insbesondere enthalten die Ausgabedateien die aus Vorspannungen $\boldsymbol{\sigma}_0$ resultierenden Matrizen $\mathbf{k}_{F0}$ und $\mathbf{K}_{F0}$ aus (5.155) und (5.158) bis (5.161). Auch die zu gegebenen Lasten $\mathbf{h}_F$ gehörenden Verformungen und Spannungen, speziell die Lösungen $\bar{\bar{\mathbf{z}}}_F = \bar{\bar{\mathbf{z}}}_F^i$ des statischen Problems (5.192) und des Eigenwertproblems (5.198), d. h. die Eigenvektoren $\overline{\overline{\mathbf{z}}}_{Fv} = \overline{\overline{\mathbf{z}}}^{\,i}_{Fv}$, $v = 1, 2, \ldots n^i_F$ sind in den Dateien abgelegt. Die Matrizen $\overline{\mathbf{T}}$ und $\overline{\overline{\mathbf{T}}}$ mit den Informationen über freie und gesperrte Knotenbewegungen sind dort ebenfalls verfügbar.

Die Berechnung der Standarddaten wird zuerst bei Definition der Verformungskoordinaten $\mathbf{q}^i$ aus (6.45) gemäß (6.414) erläutert, also für die erste der beiden Alternativen aus Tabelle 6.10 zur Verwendung von Finite-Elemente-Modellen in Mehrkörpersystemen. In der englischsprachigen Literatur wird die Vorgehensweise wegen Verwendung der Knotenkoordinaten $\overline{\overline{\mathbf{z}}}^{\,i}_F$ des Finite-Elemente-Modells häufig als "nodal approach" bezeichnet. Bei der zweiten Alternative, wählt man die $\mathbf{q}^i$ gemäß (6.415). Diese sogenannte modale Beschreibung der Verformung des Körpers ("modal approach") kann nach Herleitung der zu (6.414) gehörenden Gleichungen zur Ermittlung der Standarddaten leicht angegeben werden und findet sich in Abschnitt 6.4.5.

Zur Berechnung der Standarddaten für beide Alternativen (6.414) und (6.415) wird angenommen, daß die in Tabelle 6.11 in acht Gruppen gegliederten Daten eines Finite-Elemente-Modells

- nach Analyse mit einem *beliebigen* Finite-Elemente-Programm verfügbar sind

- und daß sie, bis auf die unter Nr. 8 genannten Daten, zu einem *ungelagerten*, also frei beweglichen Modell gehören, dessen Knotenkoordinaten somit auch eine Darstellung von Starrkörperbewegungen erlauben.

Die Ermittlung der Daten erfordert die Analyse des Finite-Elemente-Modells unter verschiedenen Belastungen und Anregungen sowie für verschiedene Lagerungen, und kann aufwendig sein. Die unter Nr. 8 genannten Daten braucht man zur Berechnung der Standarddaten nur im Fall einer modalen Beschreibung der Verformung des Körpers. Diese Daten werden mit dem Modell einer gelagerten Struktur ermittelt, wobei die Art der Lagerung aus der Festlegung des Bezugssystems $\{O^i, \underline{\mathbf{e}}^i\}$ des Körpers folgt – vgl. Abschnitte 6.2.1 und 6.3.6.

Als einzige Information über die Massenverteilung im Finite-Elemente-Modell eines Körpers steht nach Tabelle 6.11 die Massenmatrix $\mathbf{M}^i_F$ zur Verfügung. Damit stellt sich das Problem, diejenigen Matrizen unter den Standarddaten, die Integrale über die Massenverteilung enthalten, aus $\mathbf{M}^i_F$ zu ermitteln. Dies gelingt, weil sich mit den Interpolationsfunktionen auch Starrkörperbewegungen beschreiben lassen. Wegen der beschränkten Information über die Massenverteilung kann man für einige der Matrizen aber nur Näherungen angeben.

Bei einer weit verbreiteten Näherung ("lumped mass approach") werden die im Finite-Elemente-Modell über die einzelnen Elemente verteilten Massen durch konzentrierte Massen und Massenträgheitsmomente in den Knoten ersetzt. Die Matrix $\mathbf{M}^i_F$ hat bei dieser Modellvorstellung Blockdiagonalstruktur und anstelle der zur Angabe der verallgemeinerten Trägheitskräfte aus Abschnitt 6.4.2 erforderlichen Massenintegrale über die Interpolationsfunktionen erscheinen einfach zu berechnende Summen über die Knotenmassen. Ein Vergleich der beiden Modelle mit diskreter und kontinuierlicher Massenbelegung (lumped and consistent mass model) findet sich in [63]. Aus Modellen mit diskreter Massenverteilung gewonnene Näherungen für die Trägheitskräfte werden zuweilen zur Simulation von Mehrkörpersystemen benutzt, [94].

Tabelle 6.11:　Zur Angabe der Standarddaten erforderliche Ergebnisse einer Finite-Elemente-Analyse.

Nr.	*Beschreibung*
1	Name der Finite-Elemente-Struktur zur Modellierung des Körpers i eines Mehrkörpersystems.
2	Anzahl n_K^i der Knotenkoordinatensysteme $\{O^{k,i}, \underline{\mathbf{e}}^{k,i}\}$ und die sie festlegenden Koordinaten $\mathbf{R}^{k,i}$ und Drehmatrizen $\mathbf{\Gamma}^{k,i}$ aus (6.75) und (6.76) für $k = 1, 2, \dots n_K^i$.
3	Anzahl der Freiheitsgrade n_F^i der ungelagerten Finite-Elemente-Struktur sowie Zahl der Freiheitsgrade je Knoten k, also Aufbau von $\mathbf{z}_F = \mathbf{z}_F^i$ aus (5.121) und (5.122).
4	Zu den Knotenkoordinaten $\mathbf{z}_F^i$ aus Nr. 3 gehörende Massenmatrix $\mathbf{M}_F^i$.
5	Zu den Knotenkoordinaten $\mathbf{z}_F^i$ aus Nr. 3 gehörende Matrizen $\mathbf{k}_{F0}^i, \mathbf{K}_{F0}^i, \mathbf{K}_F^i$ und $\mathbf{D}_F^i$ zur Angabe innerer Kräfte. $\mathbf{K}_{FN}^i$ wird hier nicht verwendet.
6	Matrizen $\boldsymbol{\sigma}_0^{k,i}$ und $\hat{\boldsymbol{\sigma}}^{k,i}$ zur Berechnung der Spannungen an den Knoten k,i nach (6.413).
7	Tangential-Steifigkeitsmatrizen $\mathbf{K}_{FT}^i$ aus (5.201) und (5.207) für $\boldsymbol{\sigma}^e \equiv \boldsymbol{\sigma}_{s\#}^e$ und für $\mathbf{z}^e = \mathbf{0}$ zur Ermittlung der geometrischen Steifigkeiten aus (6.330) für die sechs durch den Index # gekennzeichneten Belastungen – vgl. auch (6.329).
8	Knotenverschiebungen $\bar{\bar{\mathbf{z}}}_F^i$ wo $\mathbf{z}_F^i = \bar{\bar{\mathbf{T}}}^i\, \bar{\bar{\mathbf{z}}}_F^i$ bei einer ◊ Eigenwertanalyse, also Eigenvektoren $\bar{\bar{\mathbf{z}}}_F^i = \bar{\bar{\mathbf{z}}}_{Fv}^i,\ v = 1, 2, \dots n_F^i$; ◊ Statikanalyse, also $\bar{\bar{\mathbf{z}}}_F^i = \bar{\bar{\mathbf{z}}}_{Fs\mu}^i$ infolge der Kräfte $\mathbf{h}_{F\mu} = \mathbf{h}_{F\mu}^i,\ \mu = 1, 2, \dots n_{stat}^i$.

Bewegung der Knotenkoordinatensysteme

Mit der Definition der Verformungskoordinaten $\mathbf{q}^i = \bar{\bar{\mathbf{z}}}_F^i$ aus (6.414) erhält man die Bindungsgleichungen (6.46). Aus (5.128) folgt zunächst für die $\mathbf{z}_F^i$

$$\mathbf{u}^i(\mathbf{R}, t) = \sum_{e=1}^{n_E^i} \mathbf{\Gamma}^{e^T} \mathbf{N}^e(\mathbf{x})\, \mathbf{T}^e\, \mathbf{z}_F^i(t) \quad \text{wo} \quad \mathbf{x} = \mathbf{\Gamma}^e\, (\mathbf{R} - \mathbf{R}^e). \tag{6.462}$$

Die Knotenkoordinaten $\mathbf{z}_F^i$ oder ihre Ableitungen $\dot{\mathbf{z}}_F^i$ müssen, wie im Zusammenhang mit (6.414) erläutert, den kinematischen Bedingungen (5.131) mit $\bar{\mathbf{z}}_F^i \equiv \mathbf{0}$ oder den kinetischen Bedingungen aus Abschnitt 6.3.6 genügen, also

$$\mathbf{z}_F^i(t) = \bar{\bar{\mathbf{T}}}^i\, \bar{\bar{\mathbf{z}}}_F^i(t) = \bar{\bar{\mathbf{T}}}^i\, \mathbf{q}^i(t) \quad \text{und} \quad \dot{\mathbf{z}}_F^i(t) = \bar{\bar{\mathbf{T}}}^i\, \dot{\mathbf{q}}^i(t). \tag{6.463}$$

Die Gleichungen (6.463) resultieren aus der Festlegung des Bezugssystems $\{O^i, \underline{\mathbf{e}}^i\}$. Die Elemente von $\overline{\overline{\mathbf{T}}}^i$ sind bei kinematischen Bedingungen i. a. konstant und die kinetischen Bedingungen für ein Buckens- oder Tisserand-System können nach Abschnitt 6.3.6 durch Streichen der Starrkörperformen berücksichtigt werden.

Aus (6.462) erhält man die in (5.130) angegebenen Ansatzfunktionen $\mathbf{\Phi} = \mathbf{\Phi}^i_{frei}$ des ungelagerten Finite-Elemente-Modells. Bei Berücksichtigung von (6.463) ergeben sich durch Vergleich mit (6.46) die zu den hier verwendeten Koordinaten $\mathbf{q}^i$ gehörenden Ansatzfunktionen

$$\mathbf{\Phi}^i(\mathbf{R}) = \sum_{e=1}^{n_E^i} \mathbf{\Gamma}^{e^T} \mathbf{N}^e(\mathbf{x}) \, \mathbf{T}^e \, \overline{\overline{\mathbf{T}}}^i \,, \quad \mathbf{x} = \mathbf{\Gamma}^e(\mathbf{R} - \mathbf{R}^e). \tag{6.464}$$

Zur Angabe der Bewegungen $\mathbf{u}^{k,i}$ und $\boldsymbol{\vartheta}^{k,i}$ der Knotenkoordinatensysteme $\{O^{k,i}, \underline{\mathbf{e}}^{k,i}\}$ sind nach Abschnitt 6.4.1 die Matrizen $\mathbf{\Phi}^{k,i}$ und $\mathbf{\Psi}^{k,i}$ aus (6.80) und (6.81) erforderlich, die hier die Dimension $3 \times \overline{\overline{n}}_F^i$ haben, wo $\overline{\overline{n}}_F^i = n_F^i - 6$. Die Knotenbewegungen $\mathbf{u}^{k,i}$ und $\boldsymbol{\vartheta}^{k,i}$ sind nach (5.122) in der Matrix $\mathbf{z}_F^i$ der Knotenkoordinaten der ungelagerten Struktur enthalten. Damit erhält man unter Berücksichtigung von (6.463)

$$\mathbf{\Phi}^{k,i} = \left[\mathbf{0}, \ldots \mathbf{0}, [\mathbf{E}, \mathbf{0}], \mathbf{0}, \ldots \mathbf{0}\right] \overline{\overline{\mathbf{T}}}^i \quad \text{und} \quad \mathbf{\Psi}^{k,i} = \left[\mathbf{0}, \ldots \mathbf{0}, [\mathbf{0}, \mathbf{E}], \mathbf{0}, \ldots \mathbf{0}\right] \overline{\overline{\mathbf{T}}}^i. \tag{6.465}$$

Die Faktoren von $\overline{\overline{\mathbf{T}}}^i$ in (6.465) sind $3 \times n_F^i$-Matrizen und enthalten außer den 3×6-Matrizen $[\mathbf{E}, \mathbf{0}]$ und $[\mathbf{0}, \mathbf{E}]$ nur Nullen. Der Platz der von Null verschiedenen Submatrizen ist durch die Knotennummer k gegeben. Die $\overline{\overline{\mathbf{T}}}^i$ enthalten i. a. auch nur Nullen und Einsen, womit sich die Multiplikation einer Matrix mit $\overline{\overline{\mathbf{T}}}^i$ auf das Streichen von Zeilen und Spalten reduziert.

Mit (6.465) und mit den nach Zeile 2 aus Tabelle 6.11 bekannten materiellen Koordinaten $\mathbf{R}$ der Knoten k,i sind die Standarddaten $\mathbf{R}^{k,i}, \mathbf{\Phi}^{k,i}$ und $\mathbf{\Psi}^{k,i}$ aus Tabelle 6.9 für das hier betrachtete Modell eines Körpers i bekannt.

Generalisierte Massen und Trägheitskräfte

Die generalisierten Massen zu den Geschwindigkeiten $\mathbf{z}_{II}^i$ sind nach (6.224) in $m^i \mathbf{E}$, $\mathbf{I}^i$, $m^i \tilde{\mathbf{c}}^i$, $\mathbf{C}_t^i$, $\mathbf{C}_r^i$ und $\mathbf{M}_e^i$ enthalten. Diese Matrizen lassen sich nach Abschnitt 6.4.1 mit den $\mathbf{C}$-Matrizen aus (6.386) bis (6.391) berechnen. Zur Angabe der generalisierten Trägheitskräfte $\mathbf{h}_\omega^i$ aus (6.222) und (6.236) wurden in Abschnitt 6.4.1 noch die Matrizen $\mathbf{K}_{r\alpha}^i$ und $\mathbf{K}_{\omega\alpha\beta}^i$ eingeführt, die sich nach (6.401) und (6.410) durch die $\mathbf{C}$-Matrizen ausdrücken lassen. Alle Matrizen wurden in Abschnitt 5.4.2 mit den Interpolationsfunktionen des Finite-Elemente-Modells angegeben, müssen hier aber aus seiner Massenmatrix $\mathbf{M}_F^i$ ermittelt werden.

Zur Lösung der Aufgabe betrachtet man die kinetische Energie T des Körpers i, [3, 47]. Sie kann mit den Ableitungen $\dot{\mathbf{z}}_F^i$ der Knotenkoordinaten des Finite-Elemente-Modells angegeben werden, also

$$2T = \dot{\mathbf{z}}_F^{i\,T} \mathbf{M}_F^i \, \dot{\mathbf{z}}_F^i \quad \text{wo} \quad \mathbf{M}_F^i = \sum_{e=1}^{n_E^i} \mathbf{T}^{e\,T} \mathbf{M}^e \, \mathbf{T}^e$$

$$\text{und} \quad \mathbf{M}^e = \int_{V_0^e} \mathbf{N}^{e\,T}(\mathbf{x}) \, \rho_0^e(\mathbf{x}) \, \mathbf{N}^e(\mathbf{x}) \, dV \tag{6.466}$$

oder mit den Geschwindigkeiten $\mathbf{z}_{II}^i$ aus (6.65):

$$2T = \mathbf{z}_{II}^{i\,T} \mathbf{M}^i \, \mathbf{z}_{II}^i = \mathbf{v}^{i\,T} m^i \, \mathbf{E} \mathbf{v}^i + \boldsymbol{\omega}^{i\,T} \mathbf{I}^i \, \boldsymbol{\omega}^i + \dot{\mathbf{q}}^{i\,T} \mathbf{M}_e^i \, \dot{\mathbf{q}}^i$$

$$+ 2\,\boldsymbol{\omega}^{i\,T} m^i \, \tilde{\mathbf{c}}^i \, \mathbf{v}^i + 2\,\dot{\mathbf{q}}^{i\,T} \mathbf{C}_t^i \, \mathbf{v}^i + 2\,\dot{\mathbf{q}}^{i\,T} \mathbf{C}_r^i \, \boldsymbol{\omega}^i . \tag{6.467}$$

In den beiden Darstellungen von T kommen die oben genannten Matrizen vor. Die Gleichungen zur Ermittlung der Submatrizen von $\mathbf{M}^i$ aus $\mathbf{M}_F^i$ gewinnt man bei Angabe der Geschwindigkeiten $\dot{\mathbf{z}}_F^i$ des frei beweglichen Finite-Elemente-Modells mit den Elementen von $\mathbf{z}_{II}^i$, also mit den Geschwindigkeiten $\mathbf{v}^i(t)$ und $\boldsymbol{\omega}^i(t)$ des Bezugssystems $\{O^i, \underline{\mathbf{e}}^i\}$ und mit den Verformungsgeschwindigkeiten $\dot{\mathbf{q}}^i(t)$.

Die Angabe von $\dot{\mathbf{z}}_F^i$ mit Hilfe von $\mathbf{v}^i(t)$ und $\boldsymbol{\omega}^i(t)$ erfordert die Starrkörperformen des Finite-Elemente-Modells. Sie sind gegeben durch die Verschiebungsfelder $\mathbf{u}^i(\mathbf{R},t) = \mathbf{u}_t^i(\mathbf{R},t)$ und $\mathbf{u}^i(\mathbf{R},t) = \mathbf{u}_r^i(\mathbf{R},t)$ zu Translations- und Rotationsbewegungen des Modells in seiner Referenzkonfiguration. Eine Translationsbewegung mit der Geschwindigkeit $\mathbf{v}^i(t)$ resultiert nach (5.84) in den Geschwindigkeiten

$$\dot{\mathbf{u}}^i(\mathbf{R},t) = \dot{\mathbf{u}}_t^i(\mathbf{R},t) = \boldsymbol{\Gamma}^{e\,T\,e} \dot{\mathbf{u}}_t(\mathbf{x},t) = \mathbf{v}^i(t) , \quad \mathbf{x} = \boldsymbol{\Gamma}^e \, (\mathbf{R} - \mathbf{R}^e) \tag{6.468}$$

der Punkte $\mathbf{R}$ eines finiten Elements e. Die Interpolationsfunktionen $\mathbf{N}^e(\mathbf{x})$ aus (5.91) müssen nach Abschnitt 5.2.2 in der Lage sein, zu Starrkörperformen gehörende Verschiebungszustände und ihre zeitlichen Ableitungen, wie (6.468), darzustellen. Damit kann man nach (5.92) schreiben

$$^e\dot{\mathbf{u}}_t(\mathbf{x},t) = \boldsymbol{\Gamma}^e \, \mathbf{v}^i(t) = \mathbf{N}^e(\mathbf{x}) \, \dot{\mathbf{z}}_t^e(t) \tag{6.469}$$

mit den zu $\mathbf{v}^i(t)$ gehörenden Werten $\dot{\mathbf{z}}^e(t) = \dot{\mathbf{z}}_t^e(t)$ der zeitlichen Ableitungen der Knotenkoordinaten des Elements e aus (5.89). Die Geschwindigkeiten sind in (6.469) in der Basis des Element-Koordinatensystems $\{O^e, \underline{\mathbf{e}}^e\}$ angegeben. Die Geschwindigkeiten $\dot{\mathbf{u}}^k = \dot{\mathbf{u}}^{k,i}$ aller Knoten des Modells sind nach (5.122) in der Ableitung der Matrix $\mathbf{z}_F(t) = \mathbf{z}_F^i(t)$ aus (5.121) enthalten, wobei die Verschiebungen $\mathbf{u}^k = \mathbf{u}^{k,i}$ nach (5.84) im Bezugssystem $\{O, \underline{\mathbf{e}}\} = \{O^i, \underline{\mathbf{e}}^i\}$ dargestellt sind. Für die Geschwindigkeiten der Knotenkoordinatensysteme $\{O^{k,i}, \underline{\mathbf{e}}^{k,i}\}$ gilt bei der hier betrachteten Translationsbewegung $\dot{\mathbf{u}}^{k,i} = \mathbf{v}^i$ und $\dot{\boldsymbol{\vartheta}}^{k,i} = \mathbf{0}$ womit

$$\dot{\mathbf{z}}_F^i(t) = \dot{\mathbf{z}}_{Ft}^i(t) = \mathbf{S}_t^i\,\mathbf{v}^i(t) \quad \text{mit} \quad \mathbf{S}_t^i = \begin{bmatrix} \begin{bmatrix} \vdots \\ \mathbf{E} \\ \mathbf{0} \\ \vdots \end{bmatrix} \end{bmatrix}. \tag{6.470}$$

Nach (6.470) erhält man die n_F^i Elemente von $\dot{\mathbf{z}}_F^i(t) = \dot{\mathbf{z}}_{Ft}^i(t)$ aus den drei Geschwindigkeiten $\mathbf{v}^i(t)$ von O^i mit der $n_F^i \times 3$-Matrix $\mathbf{S}_t^i$. Sie vermittelt den Zusammenhang zwischen den redundanten Koordinaten $\dot{\mathbf{z}}_{Ft}^i(t)$ und dem Minimalsatz $\mathbf{v}^i(t)$ von Koordinaten zur Angabe der Starrkörperformen der Translationsbewegung und sollte nicht verwechselt werden mit der Matrix $\mathbf{\Phi}_t^i$ aus (6.367), die diesen Zusammenhang zwischen $\mathbf{u}^i(\mathbf{R},t) = \mathbf{u}_t^i(\mathbf{R},t)$ und $\mathbf{q}^i(t) = \mathbf{q}_t^i(t)$ herstellt.

Die Knotenkoordinaten $\mathbf{z}^e$ der Elemente sind den Systemkoordinaten $\mathbf{z}_F^i$ gemäß (5.123) durch die Sammelmatrizen $\mathbf{T}^e$ aus (5.124) zugeordnet, also

$$\dot{\mathbf{z}}_t^e(t) = \mathbf{T}^e\,\dot{\mathbf{z}}_{Ft}^i(t). \tag{6.471}$$

Mit (6.471) und (6.470) folgt aus (6.469)

$$\mathbf{v}^i = \mathbf{\Gamma}^{e^T}\mathbf{N}^e\,\mathbf{T}^e\,\mathbf{S}_t^i\,\mathbf{v}^i \quad \text{also} \quad \left(\mathbf{\Gamma}^{e^T}\mathbf{N}^e\,\mathbf{T}^e\right)\mathbf{S}_t^i = \mathbf{E}. \tag{6.472}$$

Demnach sind die Spalten von $\mathbf{S}_t^i$ orthonormal zu den Zeilen von $(\mathbf{\Gamma}^{e^T}\mathbf{N}^e\,\mathbf{T}^e)$ – vgl. auch Beispiel 5.3, insbesondere (5.110). In diesem Ausdruck kommen die in $\{O^e, \underline{\mathbf{e}}^e\}$ angegebenen Interpolationsfunktionen $\mathbf{N}^e$ vor. Sie können mit $\mathbf{\Gamma}^e$ aus (5.82) ins Bezugssystem $\{O^i, \underline{\mathbf{e}}^i\}$ transformiert werden. Im Klammerausdruck aus (6.472) stehen demnach die in $\{O^i, \underline{\mathbf{e}}^i\}$ dargestellten Interpolationsfunktionen, da $\mathbf{T}^e$ die Matrizen $\mathbf{\Gamma}^e$ enthält – vgl. beispielsweise (5.136).

Den Gleichungen (6.470) bis (6.472) entsprechende Aussagen werden insbesondere zu Rotationsbewegungen benötigt. Die Punkte $\mathbf{R}$ eines finiten Elements e der mit $\boldsymbol{\omega}^i(t)$ in ihrer Referenzkonfiguration rotierenden Struktur aus den Bildern 5-9 und 5-20 haben die Geschwindigkeiten $\tilde{\boldsymbol{\omega}}^i\,\mathbf{R}$, womit nach (5.84) gilt

$$\dot{\mathbf{u}}^i(\mathbf{R},t) = \dot{\mathbf{u}}_r^i(\mathbf{R},t) = \mathbf{\Gamma}^{e^T}\,{}^e\dot{\mathbf{u}}_r(\mathbf{x},t) = \tilde{\mathbf{R}}^T\boldsymbol{\omega}^i(t), \quad \mathbf{x} = \mathbf{\Gamma}^e\,(\mathbf{R} - \mathbf{R}^e). \tag{6.473}$$

Da die Interpolationsfunktionen Rotationen der Struktur als starrer Körper darstellen können, gilt nach (5.92) mit $\mathbf{x}$ aus (6.473)

$$^e\dot{\mathbf{u}}_r(\mathbf{x},t) = \mathbf{\Gamma}^e\,\tilde{\mathbf{R}}^T\boldsymbol{\omega}^i(t) = \mathbf{N}^e(\mathbf{x})\,\dot{\mathbf{z}}_r^e(t) \tag{6.474}$$

mit den zu $\boldsymbol{\omega}^i(t)$ gehörenden Werten $\dot{\mathbf{z}}^e(t) = \dot{\mathbf{z}}^e_r(t)$. Die in $\{O^i, \underline{\mathbf{e}}^i\}$ angegebenen Geschwindigkeiten der Knotenkoordinatensysteme $\{O^{k,i}, \underline{\mathbf{e}}^{k,i}\}$ sind bei der hier betrachteten Rotationsbewegung $\dot{\mathbf{u}}^{k,i} = -\tilde{\mathbf{R}}^{k,i} \boldsymbol{\omega}^i$ und $\dot{\boldsymbol{\vartheta}}^{k,i} = \boldsymbol{\omega}^i$. Nach (5.122) gilt somit für die Geschwindigkeiten aller Knoten

$$\dot{\mathbf{z}}^i_F(t) = \dot{\mathbf{z}}^i_{Fr}(t) = \mathbf{S}^i_r\, \boldsymbol{\omega}^i(t) \quad \text{mit} \quad \mathbf{S}^i_r = \begin{bmatrix} \begin{bmatrix} -\tilde{\mathbf{R}}^{k,i} \\ \mathbf{E} \end{bmatrix} \\ \vdots \end{bmatrix}. \tag{6.475}$$

Wegen (5.123) ist

$$\dot{\mathbf{z}}^e_r(t) = \mathbf{T}^e\, \dot{\mathbf{z}}^i_{Fr}(t) \tag{6.476}$$

und man erhält aus (6.474) mit (6.476) und (6.475)

$$\tilde{\mathbf{R}}^T \boldsymbol{\omega}^i = \boldsymbol{\Gamma}^{eT} \mathbf{N}^e \mathbf{T}^e \mathbf{S}^i_r\, \boldsymbol{\omega}^i \quad \text{also} \quad \left(\boldsymbol{\Gamma}^{eT} \mathbf{N}^e \mathbf{T}^e\right) \mathbf{S}^i_r = \tilde{\mathbf{R}}^T. \tag{6.477}$$

Die Gleichung wird unten zur Umformung gewisser Beiträge zu der in der Form (6.467) angegebenen kinetischen Energie T benötigt.

Mit (6.470) und (6.475) sind die Ableitungen $\dot{\mathbf{z}}^i_F$ der Knotenkoordinaten des ungelagerten Finite-Elemente-Modells eines Körpers i durch die Geschwindigkeiten $\mathbf{v}^i(t)$ und $\boldsymbol{\omega}^i(t)$ und die Formmatrizen $\mathbf{S}^i_t$ und $\mathbf{S}^i_r$ ausgedrückt. Die Formmatrizen zu der durch $\mathbf{q}^i(t)$ erfaßten Verformung des Körpers fehlen noch. Sie ergeben sich wegen $\mathbf{q}^i(t) \equiv \overline{\overline{\mathbf{z}}}^i_F(t)$ durch Ableitung von (6.463) nach der Zeit, also

$$\dot{\mathbf{z}}^i_F(t) = \dot{\mathbf{z}}^i_{Fe}(t) = \mathbf{S}^i_e\, \dot{\mathbf{q}}^i(t) \quad \text{mit} \quad \mathbf{S}^i_e = \overline{\overline{\mathbf{T}}}^i, \tag{6.478}$$

wo $\dot{\mathbf{z}}^i_F = \dot{\mathbf{z}}^i_{Fe}$ die zu einer Verformung des Körpers gehörenden Ableitungen der Knotenkoordinaten $\mathbf{z}^i_F$ sind.

Damit sind alle zur Ermittlung der Submatrizen von $\mathbf{M}^i$ aus $\mathbf{M}^i_F$ erforderlichen Gleichungen verfügbar. Die gesuchten Gleichungen ergeben sich aus (6.466) und (6.467). Es gilt $\dot{\mathbf{z}}^i_F = \dot{\mathbf{z}}^i_{Ft} + \dot{\mathbf{z}}^i_{Fr} + \dot{\mathbf{z}}^i_{Fe}$ mit $\dot{\mathbf{z}}^i_{Ft}, \dot{\mathbf{z}}^i_{Fr}$ und $\dot{\mathbf{z}}^i_{Fe}$ aus (6.470), (6.475) und (6.478). Setzt man diesen Ausdruck für $\dot{\mathbf{z}}^i_F$ in T aus (6.466) ein, so erkennt man durch Vergleich mit (6.467), daß sich die sechs Submatrizen von $\mathbf{M}^i$ aus $\mathbf{M}^i_F$ ergeben, indem man $\mathbf{M}^i_F$ auf die sechs verschiedenen Kombinationen von $\mathbf{S}^i_t, \mathbf{S}^i_r$ und $\mathbf{S}^i_e$ projiziert. Da in $\mathbf{S}^i_r$ aber nur die Bewegungen der in ihrer Referenzkonfiguration (d. h. mit $\mathbf{q}^i \equiv \dot{\mathbf{q}}^i \equiv \mathbf{0}$) rotierenden Struktur berücksichtigt sind, erhält man die von $\mathbf{q}^i$ abhängigen Submatrizen von $\mathbf{M}^i$ nur an der Stelle $\mathbf{q}^i = \dot{\mathbf{q}}^i = \mathbf{0}$, also

$$m^i \, \mathbf{E} = \mathbf{S}_t^{i\,T} \, \mathbf{M}_F^i \, \mathbf{S}_t^i, \qquad \mathbf{I}_0^i = \mathbf{S}_r^{i\,T} \, \mathbf{M}_F^i \, \mathbf{S}_r^i, \qquad \mathbf{M}_e^i = \mathbf{S}_e^{i\,T} \, \mathbf{M}_F^i \, \mathbf{S}_e^i, \tag{6.479}$$

$$m^i \, \tilde{\mathbf{c}}_0^i = \mathbf{S}_r^{i\,T} \, \mathbf{M}_F^i \, \mathbf{S}_t^i, \qquad \mathbf{C}_t^i = \mathbf{S}_e^{i\,T} \, \mathbf{M}_F^i \, \mathbf{S}_t^i, \qquad \mathbf{C}_{r0}^i = \mathbf{S}_e^{i\,T} \, \mathbf{M}_F^i \, \mathbf{S}_r^i,$$

mit m^i, $\mathbf{I}_0^i$, $\mathbf{c}_0^i$, $\mathbf{C}_t^i$ und $\mathbf{C}_{r0}^i$ aus (6.225), (6.232), (6.228), (6.230) und (6.234).

Mit (6.479) sind auch die ersten der in Tabelle 6.9 benötigten $\mathbf{C}$-Matrizen gewonnen. Aus (6.398), (6.399) und (6.402) folgt:

$$\mathbf{C}_t^i \;\; = \mathbf{C}_{t0}^i = \mathbf{C1}^{i\,T} = \mathbf{S}_e^{i\,T} \, \mathbf{M}_F^i \, \mathbf{S}_t^i, \tag{6.480}$$

$$\mathbf{C}_{r0}^i = \mathbf{C2}^{i\,T} = \mathbf{S}_e^{i\,T} \, \mathbf{M}_F^i \, \mathbf{S}_r^i, \tag{6.481}$$

$$\mathbf{M}_e^i \;\; = \mathbf{C3}_{11}^i + \mathbf{C3}_{22}^i + \mathbf{C3}_{33}^i = \mathbf{S}_e^{i\,T} \, \mathbf{M}_F^i \, \mathbf{S}_e^i. \tag{6.482}$$

Anstelle der in ihrer Referenzkonfiguration rotierenden Struktur, mit der sich $\mathbf{S}_r^i$ aus (6.475) ergibt, wird in [47] eine im verformten Zustand erstarrte, rotierende Struktur betrachtet. Dann hängt $\mathbf{S}_r^i$ vom Verformungszustand $\mathbf{q}^i$ ab, und man erhält aus (6.479) weitere Gleichungen für $\mathbf{C}_{r1}^i(\mathbf{q}^i)$, $\mathbf{I}_1^i(\mathbf{q}^i)$ und $\mathbf{I}_2^i(\mathbf{q}^i)$. Diese Gleichungen lassen sich einfacher gewinnen, wenn man von den Definitionen der Größen $\mathbf{C}_{r1}^i(\mathbf{q}^i)$, $\mathbf{I}_1^i(\mathbf{q}^i)$ und $\mathbf{I}_2^i(\mathbf{q}^i)$ ausgeht.

Die Matrix $\mathbf{C}_{r1}^i(\mathbf{q}^i)$ aus (6.234) läßt sich nach (6.400) in der Form

$$\mathbf{C}_{r1}^i(\mathbf{q}^i) = \left[\mathbf{K}_{r1}^i \, \mathbf{q}^i \;\; \mathbf{K}_{r2}^i \, \mathbf{q}^i \;\; \mathbf{K}_{r3}^i \, \mathbf{q}^i \right] \tag{6.483}$$

schreiben, wo $\mathbf{K}_{r\alpha}^i$ die aus (6.401) bekannten, schiefsymmetrischen $n_q^i \times n_q^i$-Matrizen sind. Sie lassen sich für Finite-Elemente-Modelle mit den Matrizen $\mathbf{K}_{Fr\alpha}^i$ aus (5.252) angeben, die ihrerseits mit den Element-Massenmatrizen $\mathbf{C3}_{\alpha\beta}^e$, $\alpha \neq \beta$ aus (5.248) berechnet werden können. Mit (6.464) und $\overline{\overline{\mathbf{T}}}^i \equiv \mathbf{S}_e^i$ gemäß (6.478) erhält man aus (6.234) durch Vergleich mit (5.252) und (5.248)

$$\mathbf{K}_{r\alpha}^i = \mathbf{S}_e^{i\,T} \, \mathbf{K}_{Fr\alpha}^i \, \mathbf{S}_e^i. \tag{6.484}$$

Nach (5.253) gilt für die Element-Massenmatrizen aus (6.466) $\mathbf{M}^e = \mathbf{C3}_{11}^e + \mathbf{C3}_{22}^e + \mathbf{C3}_{33}^e$. $\mathbf{M}^e$ enthält also nur die $\mathbf{C3}_{\alpha\alpha}^e$ und es ist unmöglich, die $\mathbf{K}_{r\alpha}^i = \mathbf{K}_{Fr\alpha}^i$ bei nicht-isoparametrischen Elementen aus $\mathbf{M}_F^i$ zu bestimmen. Mit der Blockdiagonalmatrix

$$\hat{\boldsymbol{\omega}}_\alpha^i = \frac{\partial}{\partial \omega_\alpha^i} \, \mathbf{diag} \left[\begin{bmatrix} \tilde{\boldsymbol{\omega}}^i & 0 \\ 0 & \tilde{\boldsymbol{\omega}}^i \end{bmatrix}^k \right], \quad k = 1, 2, \dots n_K^i \tag{6.485}$$

läßt sich aber eine Näherung angeben, [47], S. 22. Die Matrix $\widehat{\boldsymbol{\omega}}^i_\alpha$ ergibt sich durch Ableitung einer Matrix, auf deren Diagonale für jede Knotenvariable $\mathbf{u}^k = \mathbf{u}^{k,i}$ und $\boldsymbol{\vartheta}^k = \boldsymbol{\vartheta}^{k,i}$ aus (5.122) die 3×3-Matrix $\tilde{\boldsymbol{\omega}}^i$ steht. Bei Ableitung nach ω^i_α verschwinden alle Elemente von $\widehat{\boldsymbol{\omega}}^i_\alpha$ bis auf die vier Elemente der beiden Matrizen $\tilde{\boldsymbol{\omega}}^i$, die gleich $\pm\omega^i_\alpha$ sind. Die entsprechenden Plätze werden mit ± 1 belegt. Mit der Matrix $\widehat{\boldsymbol{\omega}}^i_\alpha$ aus (6.485) gilt

$$\mathbf{K}^i_{Fr\alpha} \approx \frac{1}{2}\left(\mathbf{M}^i_F\,\widehat{\boldsymbol{\omega}}^i_\alpha + \widehat{\boldsymbol{\omega}}^i_\alpha\,\mathbf{M}^i_F\right), \tag{6.486}$$

wobei gewährleistet ist, daß auch die Näherungen für die $\mathbf{K}^i_{Fr\alpha}$ – und damit auch die $\mathbf{K}^i_{r\alpha}$ gemäß (6.484) – schiefsymmetrisch bleiben.

Die Matrix $\mathbf{I}^i_1$ aus (6.232) mit Beiträgen aus der Verformung des Körpers zur Trägheitsmatrix läßt sich durch Umformung des entsprechenden Anteils $\boldsymbol{\omega}^{iT}\mathbf{I}^i_1\,\boldsymbol{\omega}^i$ der kinetischen Energie gewinnen. Mit $\mathbf{I}^i_1$ aus (6.232), mit den durch (6.464) gegebenen Ansatzfunktionen $\boldsymbol{\Phi}^i$ des hier betrachteten Modells des Körpers i und bei Verwendung von (6.477) zur Elimination von $\tilde{\mathbf{R}}$ erhält man

$$\begin{aligned}
\boldsymbol{\omega}^{iT}\mathbf{I}^i_1\,\boldsymbol{\omega}^i &= \boldsymbol{\omega}^{iT}\,\mathbf{S}^{iT}_r\sum_{e=1}^{n^i_E}\mathbf{T}^{eT}\int_{V^e_0}\mathbf{N}^{eT}\boldsymbol{\Gamma}^e\left(\boldsymbol{\Gamma}^{eT}\mathbf{N}^e\mathbf{T}^e\,\overline{\overline{\mathbf{T}}}^i\,\mathbf{q}^i\right)^{\sim\,T}dm\,\boldsymbol{\omega}^i \\[2mm]
&\quad + \boldsymbol{\omega}^{iT}\sum_{e=1}^{n^i_E}\int_{V^e_0}\left(\boldsymbol{\Gamma}^{eT}\mathbf{N}^e\mathbf{T}^e\,\overline{\overline{\mathbf{T}}}^i\,\mathbf{q}^i\right)^{\sim}\boldsymbol{\Gamma}^{eT}\mathbf{N}^e\,dm\,\mathbf{T}^e\mathbf{S}^i_r\,\boldsymbol{\omega}^i\,.
\end{aligned} \tag{6.487}$$

Aus (6.487) folgt mit (6.463) und mit $\mathbf{C}^i_{Fr1} = \mathbf{C}^i_{Fr1}(\mathbf{z}^i_F)$ aus (5.247) unter Beachtung von (5.244)

$$\boldsymbol{\omega}^{iT}\mathbf{I}^i_1\,\boldsymbol{\omega}^i = \boldsymbol{\omega}^{iT}\left(\mathbf{S}^{iT}_r\,\mathbf{C}^i_{Fr1} + \mathbf{C}^{iT}_{Fr1}\,\mathbf{S}^i_r\right)\boldsymbol{\omega}^i = \boldsymbol{\omega}^{iT}\mathbf{S}^{iT}_r\,\mathbf{C}^i_{Fr1}\,\boldsymbol{\omega}^i + \left(\mathbf{C}^i_{Fr1}\,\boldsymbol{\omega}^i\right)^T\mathbf{S}^i_r\,\boldsymbol{\omega}^i\,. \tag{6.488}$$

Mit der Darstellung (5.251) von $\mathbf{C}^i_{Fr1}\,\boldsymbol{\omega}^i$ folgt aus (6.488) mit (6.463), mit $\overline{\overline{\mathbf{T}}}^i \equiv \mathbf{S}^i_e$ gemäß (6.478) und mit den Spalten $\mathbf{S}^i_{r*\beta}$ der Matrix $\mathbf{S}^i_r$ aus (6.475) für die Matrix $\mathbf{I}^i_1$

$$\mathbf{I}^i_1(\mathbf{q}^i) = \left[I^i_{1\alpha\beta}(\mathbf{q}^i)\right] \quad \text{wo} \quad I^i_{1\alpha\beta}(\mathbf{q}^i) = \mathbf{S}^{iT}_{r*\alpha}\mathbf{K}^i_{Fr\beta}\mathbf{S}^i_e\,\mathbf{q}^i + \mathbf{S}^{iT}_{r*\beta}\mathbf{K}^i_{Fr\alpha}\mathbf{S}^i_e\,\mathbf{q}^i. \tag{6.489}$$

Die Matrizen $\mathbf{K}^i_{Fr\alpha}$ sind durch die Näherung (6.486) gegeben. Ein Vergleich von (6.489) mit (6.396) liefert die in Tabelle 6.9 benötigten 3×3-Matrizen $\mathbf{C4}^i_l$:

$$\mathbf{C4}^i_l = \left[C4^i_{l\alpha\beta}\right] \quad \text{wo} \quad C4^i_{l\alpha\beta} = -\mathbf{S}^{iT}_{r*\alpha}\,\mathbf{K}^i_{Fr\beta}\,\mathbf{S}^i_{e*l}\,, \quad l = 1, 2, \dots n^i_q. \tag{6.490}$$

Der in (6.232) angegebene Beitrag $\mathbf{I}_2^i$ zur Trägheitsmatrix des verformten Körpers läßt sich nach (6.397) auch mit den Elementen $C6_{kl\alpha\beta}^i$ der 3×3-Matrizen $\mathbf{C6}_{kl}^i$ aus (6.391) angeben. Mit (5.263) findet man

$$\boldsymbol{\omega}^{i^T}\mathbf{I}_2^i(\mathbf{q}^i)\,\boldsymbol{\omega}^i = -\sum_{\alpha,\beta=1}^{3}\omega_\alpha^i\sum_{k,l=1}^{n_q^i}C6_{kl\alpha\beta}^i\,q_k^i\,q_l^i\,\omega_\beta^i$$

$$= -\sum_{\alpha,\beta=1}^{3}\omega_\alpha^i\sum_{e=1}^{n_E^i}\sum_{k,l=1}^{n_q^i}\boldsymbol{\Gamma}_{*\alpha}^{e^T}\sum_{r,s=1}^{n_q^i}\sum_{n,m=1}^{n_q^e}S_{enr}^i\,T_{nk}^e\int_{V_0^e}\tilde{N}_{*n}^e\,\tilde{N}_{*m}^e\,dm\,T_{ml}^e\,S_{ems}^i\,\boldsymbol{\Gamma}_{*\beta}^e\,q_k^i\,q_l^i\,\omega_\beta^i.$$

$$(6.491)$$

Die Summe über k, l kann nach (5.263) und (5.267) durch die 3×3-Matrizen $\mathbf{C6}_{kl}^e = \left[C6_{kl\alpha\beta}^e\right]$ ausgedrückt werden. Sie enthalten nach (5.266) die Matrizen $\mathbf{C3}_{\alpha\beta}^e$, die wegen (5.253) aus $\mathbf{M}^e$ nicht ermittelt werden können. Eine Näherung läßt sich mit den in (6.410) eingeführten $n_q^i \times n_q^i$-Matrizen $\mathbf{K}_{\omega\alpha\beta}^i$ angeben

$$\mathbf{K}_{\omega\alpha\beta}^i = \mathbf{S}_e^{i^T}\hat{\boldsymbol{\omega}}_\alpha^i\,\mathbf{M}_F^i\,\hat{\boldsymbol{\omega}}_\beta^i\,\mathbf{S}_e^i \tag{6.492}$$

mit $\hat{\boldsymbol{\omega}}_\alpha^i$ aus (6.485). Die Matrizen $\mathbf{K}_{\omega\alpha\beta}^i$ müssen für $\alpha = \beta$ symmetrisch sein, was mit (6.492) gewährleistet ist. Aus (6.491) und (6.410) erhält man die Elemente $I_{2\alpha\beta}^i$ von $\mathbf{I}_2^i(\mathbf{q}^i)$:

$$I_{2\alpha\beta}^i(\mathbf{q}^i) = -\mathbf{q}^{i^T}\mathbf{K}_{\omega\alpha\beta}^i\,\mathbf{q}^i. \tag{6.493}$$

Mit diesen Gleichungen sind diejenigen Standarddaten aus den Tabellen 6.8 und 6.9 mit Hilfe von $\mathbf{M}_F^i$ angegeben, die zur Ermittlung generalisierter Massen und Trägheitskräfte benötigt werden: Die Masse m^i aus Tabelle 6.8 erhält man mit (6.479). Die Daten $\mathbf{c}_0^i$ und $\mathbf{C1}^i$ ergeben sich aus (6.479) und (6.480). Für $\mathbf{I}_0^i$ gilt (6.479), für $\mathbf{C4}_l^i$ (6.490) und zur Berechnung von $\mathbf{C6}_{kl}^i$ stehen (6.410) und (6.492) zur Verfügung. Die Matrizen $\mathbf{C2}^i$ sind durch (6.481) gegeben und die Summe der $\mathbf{C3}_{\alpha\alpha}^i$ durch (6.482). Die $\mathbf{K}_{r\alpha}^i$ ergeben sich mit (6.484) und (6.486) und die $\mathbf{K}_{\omega\alpha\beta}^i$ aus (6.492). Diese Matrizen erlauben nach Abschnitt 6.4.1 die Berechnung aller Elemente von $\mathbf{M}^i$, $\mathbf{h}_\omega^i$ und $\mathbf{h}_g^i$.

Innere Kräfte

Zur Angabe von $\mathbf{h}_e^i$ sind nach (6.270) und Tabelle 6.9 die Matrizen $\mathbf{k}_{e0}^i$, $\mathbf{K}_{e0}^i$, $\mathbf{K}_e^i$, $\mathbf{K}_{eN}^i$ und $\mathbf{D}_e^i$ erforderlich. Sie wurden in (6.262) bis (6.268) für ein allgemeines Modell angegeben. Für ein Finite-Elemente-Modell eines Körpers i, dessen Verformungen in einem Mehrkörpersystem gemäß (6.414) beschrieben werden, findet man durch Vergleich der genannten Gleichungen mit (5.156) bis (5.161) unter Berücksichtigung von (6.463) und (6.478) – vgl. auch (5.173)

$$\mathbf{k}_{e0}^i = \mathbf{S}_e^{i\,T}\,\mathbf{k}_{F0}^i\,, \qquad\qquad \mathbf{K}_{e0}^i = \mathbf{S}_e^{i\,T}\,\mathbf{K}_{F0}^i\,\mathbf{S}_e^i\,,$$
$$\mathbf{K}_e^i = \mathbf{S}_e^{i\,T}\,\mathbf{K}_F^i\,\mathbf{S}_e^i\,, \qquad\qquad \mathbf{D}_e^i = \mathbf{S}_e^{i\,T}\,\mathbf{D}_F^i\,\mathbf{S}_e^i\,. \tag{6.494}$$

Die Steifigkeitsmatrix $\mathbf{K}_F^i$ und, falls im Finite-Elemente-Modell berücksichtigt, die Dämpfungsmatrix $\mathbf{D}_F^i$ sind in den Ergebnisdateien von Finite-Elemente-Programmen abgelegt. Falls $\mathbf{D}_F^i = \mathbf{0}$, kann eine zur Simulation des Mehrkörpersystems evtl. benötigte Dämpfung mit Hilfe der Gleichungen (6.266) oder (6.268) gewonnen werden.

Die zu $\boldsymbol{\sigma}_0^i$ gehörenden inneren Kräfte $\mathbf{k}_{e0}^i$ und $\mathbf{K}_{e0}^i\,\mathbf{q}^i$ aus (6.494) sind nur bei vorgespannten Finite-Elemente-Strukturen ungleich Null. Die den Einfluß der Vorspannungen erfassenden Matrizen $\mathbf{k}_{F0}^i$ und $\mathbf{K}_{F0}^i$ werden von Finite-Elemente-Programmen zusammen mit $\mathbf{K}_F^i$ generiert. Dabei werden die Vorspannungen $\boldsymbol{\sigma}_0^i$ zunächst aus vorzugebenden Dehnungen, Verschiebungen oder thermischen Belastungen berechnet. Mit $\boldsymbol{\sigma}_0^i$ ergeben sich aus (5.158) bis (5.161) die Matrizen $\mathbf{k}_{F0}^i$ und $\mathbf{K}_{F0}^i$, die sich in den Ergebnisdateien der Programme finden.

Geometrische Steifigkeiten

Nach (6.329) und kann die geometrische Steifigkeitsmatrix $\mathbf{K}_{geo}^i$ mit den Matrizen $\mathbf{K}_{0\#}^i$ aus (6.330) angegeben werden. Die $\mathbf{K}_{0\#}^i$ resultieren aus den durch den Index $\#$ gekennzeichneten Einheitsbelastungen. Bei Multiplikation mit den aktuellen Werten der Beschleunigungen $a_\alpha^i - g_\alpha$, der Winkelbeschleunigungen $\dot{\omega}_\alpha^i$, der Produkte von Winkelgeschwindigkeiten ω_{qm}^i, der Oberflächenbelastungen $\bar{p}_{0\alpha}^i$, der Knotenkräfte $F_\alpha^{k,i}$ und der -momente $L_\alpha^{k,i}$ erhält man $\mathbf{K}_{geo}^i$.

Die in (6.330) definierten Matrizen $\mathbf{K}_{0\#}^i$ müssen mit Finite-Elemente-Programmen ermittelt werden. Dies gelingt, wenn man die Struktur, wie durch die Wahl von $\{O^i,\underline{\mathbf{e}}^i\}$ festgelegt, lagert und Einheitsbelastungen der Formen $a_\alpha^i - g_\alpha$, $\dot{\omega}_\alpha^i$, $\bar{p}_{0\alpha}^i$, ω_{qm}^i, $F_\alpha^{k,i}$ und $L_\alpha^{k,i}$ aussetzt.

Die aus den Einheitsbelastungen resultierenden Verformungen liefern die Spannungen $\boldsymbol{\sigma}_{s\#k}^i$ aus (6.330). Nach einer solchen Analyse sind in den Ausgabedateien von Finite-Elemente-Programmen die Tangentialsteifigkeiten $\mathbf{K}_{FT} = \mathbf{K}_{FT}^i$ aus (5.201) verfügbar. Sie ergeben sich aus den Tangential-Steifigkeitsmatrizen $\mathbf{K}_T^e$ der Elemente e aus (5.207). Für $\mathbf{z}^e = \mathbf{0}$ gilt $\mathbf{K}_V^e = \mathbf{0}$ und die Matrizen $\mathbf{K}_T^e$ enthalten dann für $\boldsymbol{\sigma}^e = \boldsymbol{\sigma}_{s\#}^e$ neben $\mathbf{K}_\sigma^e$ nur noch die linearen Steifigkeiten $\mathbf{K}^e$. Die Matrizen $\mathbf{K}^e$ liefern nach (5.160) $\mathbf{K}_F^i$. Die $\mathbf{K}_\sigma^e$ ergeben nach (5.201) den Beitrag $\mathbf{K}_{F\sigma} = \mathbf{K}_{F\sigma}^i$ zu $\mathbf{K}_{FT}^i$, also die Steifigkeitsmatrix infolge der Spannungen $\boldsymbol{\sigma}^e = \boldsymbol{\sigma}_{s\#}^e$. Folglich findet man die Matrizen $\mathbf{K}_{0\#}^i$ für die Lastfälle $\#$ aus (6.330) aus der Differenz $\mathbf{K}_{FT}^i - \mathbf{K}_F^i$. Nach Ermittlung der Matrizen $\mathbf{K}_{FT}^i$ für die benötigten Lastfälle $\#$ erhält man

$$\mathbf{K}_{0\#}^i = \mathbf{S}_e^{i\,T} \left(\mathbf{K}_{FT}^i - \mathbf{K}_F^i \right) \mathbf{S}_e^i \quad \text{mit den Indizes } \# = t\alpha,\, r\alpha,\, p\alpha,\, \omega m,\, F\alpha \text{ oder } L\alpha, \tag{6.495}$$

womit die Daten $\mathbf{K}_{0\#}^i$ aus Tabelle 6.9 bekannt sind.

Wie (6.330) zeigt, müssen für eine Struktur mit n_K^i Knoten $12 + 6n_K^i$ Lastfälle analysiert werden, was einen hohen Rechenaufwand erfordert und überdies Daten erheblichen Umfangs liefert. In der Praxis begnügt man sich mit der Berechnung von Lastfällen in Richtungen α – und damit von Matrizen $\mathbf{K}_{0\#}^i$ – für nur diejenigen Knoten k, die in den kinetischen Bewegungsgleichungen des Mehrkörpersystems benötigt werden. Kriterien zur Berücksichtigung der Lastfälle wurden am Ende des Abschnitts 6.3.5 angegeben.

Spannungen an den Knoten

Zur Angabe der Spannungen $\boldsymbol{\sigma}^{k,i}$ an den Knoten k,i sind nach (6.413) die Matrizen $\boldsymbol{\sigma}_0^{k,i}$ und $\widehat{\boldsymbol{\sigma}}_e^{k,i}$ erforderlich. Die Vorspannungen $\boldsymbol{\sigma}_0^{k,i}$ sind nach Tabelle 6.11 verfügbar. Die Berechnung der Matrizen $\widehat{\boldsymbol{\sigma}}_e^{k,i}$ erfordert die Analyse weiterer Lastfälle mit Finite-Elemente-Programmen. Dabei wird für jeweils eine Verformungskoordinate $q_l^i = \overline{\overline{z}}_{Fl}^i,\, l = 1,\cdots,n_q^i$ eine Einheitsverschiebung vorgegeben, während alle übrigen Knotenverschiebungen verschwinden. Die nicht mit $\overline{\overline{z}}_{Fl}^i = q_l^i$ gegebenen Werte von $\mathbf{z}_F^i$ sind durch die Lagerungsbedingungen festgelegt, womit man alle Elemente der Matrizen $\mathbf{z}_F^i = \mathbf{z}_{Fl}^i,\, l = 1,\cdots,n_q^i$ kennt. Mit den $\mathbf{z}_{Fl}^i$ erhält man aus (5.145) und (5.143) für $\mathbf{B}_N^e \equiv \mathbf{0}$ und mit $\mathbf{x}^{k,i} = \boldsymbol{\Gamma}^e(\mathbf{R}^{k,i} - \mathbf{R}^e)$ die Einflußzahlen

$$\widehat{\boldsymbol{\sigma}}_{e*l}^{k,i} \equiv \boldsymbol{\sigma}^e(\mathbf{x}^{k,i}) = \mathbf{H}^e\, \mathbf{B}_L^e(\mathbf{x}^{k,i})\mathbf{T}^e\, \mathbf{S}_e^i\, \overline{\overline{\mathbf{z}}}_{Fl}^i \quad \text{wo} \quad \overline{\overline{\mathbf{z}}}_{Fl}^i = \left[\overline{\overline{z}}_{Fkl}^i \right]$$
$$\text{mit} \quad \overline{\overline{z}}_{Fkl}^i = 1 \quad \text{für } k = l,\, \text{sonst } \overline{\overline{z}}_{Fkl}^i = 0. \tag{6.496}$$

Sie werden in den Matrizen

$$\widehat{\boldsymbol{\sigma}}_e^{k,i} = \left[\widehat{\boldsymbol{\sigma}}_{e*l}^{k,i} \right],\quad l = 1, 2, \cdots n_q^i \tag{6.497}$$

zusammengefaßt. Die Vorgehensweise ist nur für kleine n_q^i praktikabel, da sie andernfalls die Berechnung und Speicherung einer erheblichen Zahl von Einflußzahlen erfordert.

Zusammenfassung

Bei Beschreibung der Verformungen des als Finite-Elemente-Struktur modellierten Körpers i mit den Koordinaten $\mathbf{q}^i$ aus (6.414), also durch die Bewegung der Koordinatensysteme $\{O^{k,i},\, \underline{\mathbf{e}}^{k,i}\}$ des Finite-Elemente-Modells, ist die Ermittlung der zugehörigen Standarddaten aus Ergebnissen gängiger Finite-Elemente-Programme in manchen Fällen nur näherungsweise möglich. Die zur Angabe des Verschiebungsfelds $\mathbf{u}^i(\mathbf{R},t)$ gemäß (6.46) und (6.464) benötigten Interpolationsfunktionen $\mathbf{N}^e(\mathbf{x})$ sind in den Ergebnisdateien von Finite-Elemente-Programmen nicht verfügbar. Dies hat zur Folge, daß die Verschiebungen $\mathbf{u}^i(\mathbf{R},t)$ der Punkte $\mathbf{R}$ des Körpers i nur an den Knoten $\mathbf{R} = \mathbf{R}^{k,i}$ bekannt sind. Daneben kennt man an den Knoten mit (6.47) und (6.464) die Rotationsbewegungen $\boldsymbol{\vartheta}^{k,i}(t) = \boldsymbol{\vartheta}(\mathbf{R}^{k,i},t)$ der Knotenkoordinatensysteme $\{O^{k,i}, \underline{\mathbf{e}}^{k,i}\}$. Demnach müssen alle Punkte des Körpers i, deren Bewegung bei Verwendung des Finite-Elemente-Modells im Mehrkörpersystem benötigt wird, Knoten des Finite-Elemente-Modells sein. Wichtige Beispiele sind Befestigungspunkte von Gelenken, Kraftelementen und Sensoren und Punkte, deren Bewegung zur Beurteilung des Systemverhaltens erforderlich ist. Die Bewegung der Knoten kann mit (6.465), (6.46) und (6.47) aus den Variablen (6.65) ermittelt werden.

Das folgende Beispiel zeigt die Berechnung der Standarddaten für ein Finite-Elemente-Modell eines Körpers i, wenn dessen Bewegung durch Knotenkoordinaten angegeben wird.

● **Beispiel 6.5: Finite-Elemente-Modell des Körpers i = 1 der Balkenstruktur.** Der verformbare Körper des Mehrkörpersystems aus Bild 6-7 wurde in den Beispielen 6.2 und 6.4 als Balken, d. h. als Kontinuum mit inneren Bindungen, angesehen. Mit den finiten Elementen aus Beispiel 5.3 kann er aber auch als Finite-Elemente-Struktur aus zwei Elementen modelliert werden – vgl. Bild 6-15. Mit den Verformungskoordinaten $\mathbf{q}^i = \mathbf{q}^1$ gemäß (6.414) kann dieses Modell des Körpers $i = 1$ im Mehrkörpersystem aus Bild 6-8 verwendet werden. Die Definition der Verformungskoordinaten erfordert die Festlegung des Bezugssystems $\{O^i, \underline{\mathbf{e}}^i\}$ des Körpers. Hier wird das in Bild 6-9 angedeutete Sehnensystem gewählt.

Ausgehend von der Massenmatrix $\mathbf{M}_F^i$, der Steifigkeitsmatrix $\mathbf{K}_F^i$ und der Matrix $\overline{\overline{\mathbf{T}}}^i$ aus den zu einem Sehnensystem gehörenden Bindungsgleichungen (6.463) sollen die Standarddaten zur Verwendung des Modells im Mehrkörpersystem aus Bild 6-7 angegeben werden. Die Geometrie- und Massendaten finden sich in Tabelle 6.2. Die Länge der beiden Elemente aus Bild 6-15 ist $\ell^e = \ell^i / 2$.

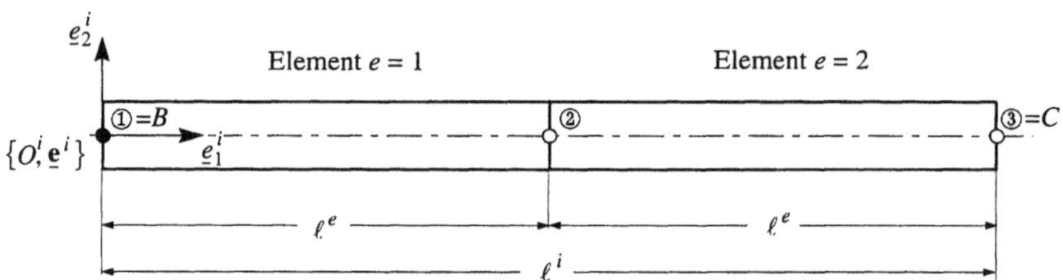

Bild 6-15: Finite-Elemente-Modell des elastischen Körpers der Balkenstruktur aus Bild 6-7.

Bewegungsgleichungen des Finite-Elemente-Modells.
Nach (5.102) hat jeder Knoten k der Elemente aus Bild 6-15 drei Freiheitsgrade. Die zur Beschreibung des gesamten Modells erforderlichen $n_F^i = 9$ Knotenkoordinaten sind – vgl. auch (5.133)

$$\mathbf{z}_F^i = \begin{bmatrix} u^① & v^① & \vartheta^① & | & u^② & v^② & \vartheta^② & | & u^③ & v^③ & \vartheta^③ \end{bmatrix}^T. \tag{6.498}$$

Die Sammelmatrizen $\mathbf{T}^e$ für die beiden Elemente $e = 1$ und $e = 2$ ergeben sich aus (5.134) und (5.135), wenn man die zum Element 3 aus Bild 5-14 gehörenden Submatrizen streicht, also

$$\mathbf{T}^1 = \begin{bmatrix} \mathbf{E} & \mathbf{0} & \mathbf{0} \\ \mathbf{0} & \mathbf{E} & \mathbf{0} \end{bmatrix}, \qquad \mathbf{T}^2 = \begin{bmatrix} \mathbf{0} & \mathbf{E} & \mathbf{0} \\ \mathbf{0} & \mathbf{0} & \mathbf{E} \end{bmatrix}. \tag{6.499}$$

Ein Sehnensystem fordert die Erfüllung der Randbedingungen (6.102) – vgl. auch Bild 6-5. Damit ergeben sich die $\bar{\bar{n}}_F^i = n_q^i = 6$ Knotenkoordinaten $\bar{\bar{\mathbf{z}}}_F^i$ aus (6.463) zu

$$\bar{\bar{\mathbf{z}}}_F^i = \left[\vartheta^{①} \mid u^{②} \quad v^{②} \quad \vartheta^{②} \mid u^{③} \quad \vartheta^{③}\right]^T \tag{6.500}$$

und die 9×6-Matrix $\bar{\bar{\mathbf{T}}}^i$ aus (6.463) ist

$$\bar{\bar{\mathbf{T}}}^i = \left[\begin{array}{c|c|cc} \mathbf{E}_{*3} & \mathbf{0} & \mathbf{0} & \mathbf{0} \\ \hline \mathbf{0} & \mathbf{E} & \mathbf{0} & \mathbf{0} \\ \hline \mathbf{0} & \mathbf{0} & \mathbf{E}_{*1} & \mathbf{E}_{*3} \end{array}\right] \quad \text{mit den Spalten } \mathbf{E}_{*1} = \begin{bmatrix} 1 \\ 0 \\ 0 \end{bmatrix}, \ \mathbf{E}_{*3} = \begin{bmatrix} 0 \\ 0 \\ 1 \end{bmatrix} \text{ von } \mathbf{E}. \tag{6.501}$$

Im Beispiel 6.4 wurden die Verformungen durch die beiden Variablen $\mathbf{q}^i$ angegeben, die das Verschiebungsfeld der Punkte des Balkens gemäß (6.380) mit $\boldsymbol{\Phi}^i$ aus (6.425) beschreiben. Dagegen werden die Verformungen hier durch die sechs Knotenvariablen $\mathbf{q}^i = \bar{\bar{\mathbf{z}}}_F^i$ aus (6.500) erfaßt.

Der Verschiebungsansatz aus (5.100) bis (5.104) ergibt die Element-Massenmatrix $\mathbf{M}^e$ aus (5.182) und die Element-Steifigkeitsmatrix $\mathbf{K}^e$ aus (5.186). Mit den Parametern des Körpers $i = 1$ aus Tab. 6.2 und mit den Sammelmatrizen aus (6.499) findet man die Massen- und die Steifigkeitsmatrix aus den Bewegungsgleichungen (5.177) des ungelagerten Finite-Elemente-Modells zu:

$$\mathbf{M}_F^i = \sum_{e=1}^{2} \mathbf{T}^{e^T} \mathbf{M}^e \, \mathbf{T}^e = \left[\begin{array}{ccc|ccc|ccc} 168 & & & & & & & & \\ 0 & 187.2 & & & & & & & \\ 0 & 26.4 & 4.8 & & & \textit{sym.} & & & \\ \hline 84 & 0 & 0 & 336 & & & & & \\ 0 & 64.8 & 15.6 & 0 & 374.4 & & & & \\ 0 & -15.6 & -3.6 & 0 & 0 & 9.6 & & & \\ \hline 0 & 0 & 0 & 84 & 0 & 0 & 168 & & \\ 0 & 0 & 0 & 0 & 64.8 & 15.6 & 0 & 187.2 & \\ 0 & 0 & 0 & 0 & -15.6 & -3.6 & 0 & -26.4 & 4.8 \end{array}\right] \cdot 10^{-2} \tag{6.502}$$

$$\mathbf{K}_F^i = \sum_{e=1}^{2} \mathbf{T}^{e^T} \mathbf{K}^e \, \mathbf{T}^e = \left[\begin{array}{ccc|ccc|ccc} 4.2 \cdot 10^7 & & & & & & & & \\ 0 & 378 & & & & & & & \\ 0 & 189 & 126 & & & \textit{sym.} & & & \\ \hline -4.2 \cdot 10^7 & 0 & 0 & 8.4 \cdot 10^7 & & & & & \\ 0 & -378 & -189 & 0 & 756 & & & & \\ 0 & 189 & 63 & 0 & 0 & 252 & & & \\ \hline 0 & 0 & 0 & -4.2 \cdot 10^7 & 0 & 0 & 4.2 \cdot 10^7 & & \\ 0 & 0 & 0 & 0 & -378 & -189 & 0 & 378 & \\ 0 & 0 & 0 & 0 & 189 & 63 & 0 & -189 & 126 \end{array}\right] \tag{6.503}$$

Die Partitionierung der Matrizen aus (6.502), (6.503) entspricht der Unterteilung der Knotenvariablen in (6.498). Eine entsprechende Partitionierung wird auch in den unten folgenden Matrizen verwendet.

Standarddaten für die Bewegung der Knotenkoordinatensysteme.
Die Knotenkoordinaten $\bar{\bar{\mathbf{z}}}_F^i$ aus (6.500) werden gemäß (6.414) zur Beschreibung der Verformung des Körpers $i = 1$ herangezogen. Für die $n_K^i = 3$ Knoten des Körpers erhält man die Matrizen $\boldsymbol{\Phi}^{k,i}$ und $\boldsymbol{\Psi}^{k,i}$ nach (6.465) zu

$$
\begin{aligned}
\boldsymbol{\Phi}^{k,i} &= \left[\Phi_{\alpha l}^{k,i}\right] \quad \text{wo} \quad
\begin{cases}
\Phi_{1l}^{k,i} = 1 & \text{falls} \quad \overline{\overline{z}}_{Fl}^{\,i} \equiv u^k \quad \text{sonst} \quad \Phi_{1l}^{k,i} = 0 \\[4pt]
\Phi_{2l}^{k,i} = 1 & \text{falls} \quad \overline{\overline{z}}_{Fl}^{\,i} \equiv v^k \quad \text{sonst} \quad \Phi_{2l}^{k,i} = 0 \\[4pt]
\Phi_{3l}^{k,i} = 0
\end{cases} \\[10pt]
\boldsymbol{\Psi}^{k,i} &= \left[\Psi_{\alpha l}^{k,i}\right] \quad \text{wo} \quad
\begin{cases}
\Psi_{1l}^{k,i} = 0 \\[4pt]
\Psi_{2l}^{k,i} = 0 \\[4pt]
\Psi_{3l}^{k,i} = 1 & \text{falls} \quad \overline{\overline{z}}_{Fl}^{\,i} \equiv \vartheta^k \quad \text{sonst} \quad \Psi_{3l}^{k,i} = 0
\end{cases}
\end{aligned}
\quad , \quad l = 1,\dots 6, \ k = 1,2,3 . \qquad (6.504)
$$

Die materiellen Koordinaten $\mathbf{R}^{k,i}$ der Knoten sind in Tabelle 6.4 angegeben.

Standarddaten zur Angabe generalisierter Massen und Trägheitskräfte.

Zur ihrer Bestimmung sind neben $\mathbf{S}_e^i$ aus (6.478) die Formmatrizen $\mathbf{S}_t^i$ und $\mathbf{S}_r^i$ aus (6.470) und (6.475) erforderlich. Bei dem hier betrachteten, ebenen Problem haben $\boldsymbol{\omega}^i$ bzw. $\mathbf{v}^i$ nur eine bzw. zwei von Null verschiedene Koordinaten. Reduziert man die Zahl der Elemente der Matrizen $\boldsymbol{\omega}^i$ und $\mathbf{v}^i$ entsprechend, so erhält man aus (6.470) und (6.475) mit $\mathbf{R}^{k,i}$ aus Tabelle 6.4

$$
\mathbf{S}_t^i = \begin{bmatrix} 1 & 0 & 0 & 1 & 0 & 0 & 1 & 0 & 0 \\ 0 & 1 & 0 & 0 & 1 & 0 & 0 & 1 & 0 \end{bmatrix}^T , \qquad
\mathbf{S}_r^i = \begin{bmatrix} 0 & 0 & 1 & 0 & 1 & 1 & 0 & 2 & 1 \end{bmatrix}^T . \qquad (6.505)
$$

Mit den Matrizen $\mathbf{S}_t^i, \mathbf{S}_r^i$ und $\mathbf{S}_e^i = \overline{\overline{\mathbf{T}}}^{\,i}$ findet man unter Verwendung der Gleichungen (6.479) bis (6.482)

$$
m^i \, \mathbf{E} = \mathbf{S}_t^{i\,T} \mathbf{M}_F^i \, \mathbf{S}_t^i = \begin{bmatrix} 10.8 & 0 \\ 0 & 10.8 \end{bmatrix} \ \succ \ m^i = 10.8 \,\text{kg}, \qquad (6.506)
$$

$$
c_{0_1}^i = \frac{1}{m^i}\left(\mathbf{S}_r^{i\,T} \mathbf{M}_F^i \, \mathbf{S}_t^i\right)_{32} = 1.0 \,\text{m} , \qquad
c_{0_2}^i = \frac{1}{m^i}\left(\mathbf{S}_r^{i\,T} \mathbf{M}_F^i \, \mathbf{S}_t^i\right)_{13} = 0 \,\text{m}, \qquad (6.507)
$$

$$
\mathbf{I}_0^i = \mathbf{S}_r^{i\,T} \mathbf{M}_F^i \, \mathbf{S}_r^i \ \succ \ I_{0_{33}}^i = 13.44 \,\text{kgm}^2 . \qquad (6.508)
$$

Diese Größen sind bereits aus Tabelle 6.2 bekannt. Weiter erhält man

$$
\mathbf{C1}^i = \mathbf{S}_t^{i\,T} \mathbf{M}_F^i \, \mathbf{S}_e^i = \begin{bmatrix} 0 & 5.04 & 0 & 0 & 2.52 & 0 \\ 0.42 & 0 & 5.04 & 0 & 0 & -0.42 \end{bmatrix}, \qquad (6.509)
$$

$$
\mathbf{C2}^i = \mathbf{S}_r^{i\,T} \mathbf{M}_F^i \, \mathbf{S}_e^i = \begin{bmatrix} 0.168 & 0 & 5.04 & 0.336 & 0 & -0.672 \end{bmatrix}, \qquad (6.510)
$$

$$
\mathbf{M}_e^i = \mathbf{C3}_{11}^i + \mathbf{C3}_{22}^i + \mathbf{C3}_{33}^i = \mathbf{S}_e^{i\,T} \mathbf{M}_F^i \, \mathbf{S}_e^i . \qquad (6.511)
$$

Die Transformation von $\mathbf{M}_F^i$ in $\mathbf{M}_e^i$ aus (6.511) entspricht wegen (6.501) einem Streichen der ersten, zweiten und achten Zeile und Spalte von $\mathbf{M}_F^i$.

Da hier nur $\omega_3^i \neq 0$, wird auch nur die Matrix $\mathbf{K}_{r3}^i$ aus (6.483) benötigt. Sie kann mit (6.484) und der Näherung (6.486) oder mit der unten angegebenen Alternative ermittelt werden. Aus (6.485) erhält man zunächst

$$
\widehat{\boldsymbol{\omega}}_3^i = \mathbf{0} \quad \text{außer} \quad \widehat{\omega}_{321}^i = -\widehat{\omega}_{312}^i = 1, \quad \widehat{\omega}_{354}^i = -\widehat{\omega}_{345}^i = 1, \quad \widehat{\omega}_{387}^i = -\widehat{\omega}_{378}^i = 1, \qquad (6.512)
$$

was mit (6.486) $\mathbf{K}_{Fr3}^i$ liefert. In der unten angegebenen Alternative zur Approximation dieser Matrix wird das arithmetische Mittel aus (6.486) zur Approximation der Elemente K_{Fr3kl}^i von $\mathbf{K}_{Fr3}^i$ nur verwendet, falls die beiden Elemente $\widehat{M}_{kl}^i$ und $\widehat{M}_{lk}^i$ der Matrix $\widehat{\mathbf{M}}^i = \mathbf{M}_F^i \, \widehat{\boldsymbol{\omega}}_3^i$ von Null verschieden sind. Verschwindet eines der beiden Elemente $\widehat{M}_{kl}^i$ oder $\widehat{M}_{lk}^i$, ist K_{Fr3kl}^i durch das von Null verschiedene Element gegeben, also

$$\widehat{\mathbf{M}}^i = \left[\widehat{M}^i_{kl}\right] = \mathbf{M}^i_F\,\widehat{\boldsymbol{\omega}}^i_3 \quad \text{liefert} \quad \mathbf{K}^i_{Fr3} = \left[K^i_{Fr3kl}\right], \quad \text{wo für die Elemente } k \neq l \text{ gilt:}$$

$$\begin{cases} K^i_{Fr3kl} = \widehat{M}^i_{kl} \text{ und } K^i_{Fr3lk} = -\widehat{M}^i_{kl}, & \text{falls } \widehat{M}^i_{lk} = 0, \\[2mm] K^i_{Fr3kl} = -K^i_{Fr3lk} = \tfrac{1}{2}\,sign(\widehat{M}^i_{kl})\left(\left|\widehat{M}^i_{kl}\right| + \left|\widehat{M}^i_{lk}\right|\right), & \text{falls } \widehat{M}^i_{kl} \neq 0 \text{ und } \widehat{M}^i_{lk} \neq 0. \end{cases} \qquad (6.513)$$

Mit dieser Approximation wird

$$\mathbf{K}^i_{r3} = \mathbf{S}^{i\,T}_e\,\mathbf{K}^i_{Fr3}\,\mathbf{S}^i_e = \begin{bmatrix} 0 & & & & & \\ -15.6 & 0 & & \text{asym} & & \\ 0 & 355.2 & 0 & & & \\ 0 & 0 & 0 & 0 & & \\ 0 & 0 & -74.4 & -15.6 & 0 & \\ 0 & -15.6 & 0 & 0 & -26.4 & 0 \end{bmatrix} \cdot 10^{-2}. \qquad (6.514)$$

Während die Zahlenwerte (6.514) gegenüber den exakten Werten gemäß (5.252) und (5.248) einen maximalen relativen Fehler von 7 % aufweisen, liefert die Näherung (6.486) dagegen einen Fehler, der in gewissen Elementen 53 % erreicht.

Mit $\mathbf{K}^i_{Fr3}$, $\mathbf{S}^i_r$ und $\mathbf{S}^i_e$ läßt sich nach (6.490) die Matrix $\mathbf{C4}^i_l$ angeben. Im ebenen Fall sind nur die Elemente (3,3) von Null verschieden. Sie ergeben sich mit $\mathbf{K}^i_{Fr3}$ aus (6.513) für alle Koordinaten $l = 1, \ldots, n^i_q$ zu:

$$C4^i_{l33} = -\mathbf{S}^{i\,T}_{r3*}\,\mathbf{K}^i_{Fr3}\,\mathbf{S}^i_{e*l} = 0, \quad -5.04, \quad 0, \quad 0, \quad -4.188, \quad 0 \quad \text{für } l = 1,\ldots,6. \qquad (6.515)$$

Diese mit (6.513) gewonnenen Zahlenwerte weichen von den mit der exakten Matrix $\mathbf{K}^i_{Fr3}$ ermittelten Werten um weniger als 1 % ab.

Neben $\mathbf{K}^i_{r3}$ wird noch die Matrix $\mathbf{K}^i_{\omega33}$ benötigt. Der exakte Wert der Matrix ergibt sich mit $\mathbf{K}_{F\omega3} = \mathbf{K}^i_{F\omega3} = -\mathbf{M}^i_F$ aus (5.284) unter Berücksichtigung von (6.511) zu

$$\mathbf{K}^i_{\omega33} = \mathbf{S}^{i\,T}_e\,\mathbf{K}^i_{F\omega3}\,\mathbf{S}^i_e = -\mathbf{S}^{i\,T}_e\,\mathbf{M}^i_F\,\mathbf{S}^i_e = -\mathbf{M}^i_e. \qquad (6.516)$$

Eine Auswertung der Näherung (6.492) ergibt bei den Diagonalelementen Abweichungen von maximal 15 %.

Standarddaten zur Angabe der inneren Kräfte.

Die Steifigkeitsmatrix $\mathbf{K}^i_e$ ergibt sich nach (6.494) aus (6.503) und (6.501), also wie $\mathbf{M}^i_e$ aus $\mathbf{M}^i_F$, durch Streichen der bereits genannten Zeilen und Spalten von $\mathbf{K}^i_F$. Da der Körper nicht vorgespannt ist, gilt $\mathbf{k}^i_{e0} \equiv \mathbf{0}$ und $\mathbf{K}^i_{e0} \equiv \mathbf{0}$. Die nichtlineare Steifigkeitsmatrix $\mathbf{K}^i_{eN}$ wird nicht berücksichtigt.

Zur Modellierung der Strukturdämpfung wird (6.266) mit $\beta^i_K = 0.2$ gewählt, also eine steifigkeitsproportionale Dämpfung. Damit erhält man

$$\mathbf{D}^i_e = \beta^i_K\,\mathbf{K}^i_e = 0.2 \cdot \mathbf{K}^i_e. \qquad (6.517)$$

Standarddaten zur Angabe der geometrischer Steifigkeiten.

Die bei der Analyse des Mehrkörpersystems aus Bild 6-7 zu berücksichtigenden geometrischen Steifigkeiten resultieren aus der Beschleunigung $(a^i_1 - g^i_1)$, aus der $\omega^i_{q3} = (\omega^i_3)^2$ proportionalen Zentrifugalbeschleunigung sowie aus der Kraft $F^{k,i}_1$ am Knoten $k = 3$ des Körpers i. Die Einflußzahlen $\mathbf{K}^i_{0t1}$, $\mathbf{K}^i_{0\omega3}$ und $\mathbf{K}^{k,i}_{0F1}$ ergeben sich aus (6.495), wobei nach (6.478) $\mathbf{S}^i_e = \overline{\overline{\mathbf{T}}}^i$. Die Steifigkeitsmatrix $\mathbf{K}^i_F$ ist durch (6.503) gegeben und die

Tangential-Steifigkeitsmatrizen $\overline{\overline{\mathbf{T}}}^T \mathbf{K}_{FT} \overline{\overline{\mathbf{T}}} = \overline{\overline{\mathbf{T}}}^{i^T} \mathbf{K}_{FT}^i \overline{\overline{\mathbf{T}}}^i$ findet man aus (5.218) für $n = 1$. Dabei ist nach (5.211) $\mathbf{K}_\sigma^{e(1)} = S_{Normal}^{e(1)} \hat{\mathbf{K}}_\sigma^e$, wo $\hat{\mathbf{K}}_\sigma^e$ in (5.212) angegeben wurde. Die Normalspannungen S_{Normal}^e ergeben sich nach (5.224) und (5.223) aus einer Belastung $\overline{\overline{\mathbf{T}}} \mathbf{h}_F$, die im hier betrachteten Fall durch $\overline{\overline{\mathbf{T}}} \mathbf{h}_{F\Sigma}$ mit $\mathbf{h}_{F\Sigma}$ aus (5.280) gegeben ist. Dabei werden in (5.280) für den hier betrachteten Belastungsfall $\mathbf{h}_{F0} = \mathbf{0}$ und $\dot{\boldsymbol{\omega}}(t) \equiv \mathbf{0}$ gesetzt und in $\mathbf{a}(t)$, $\boldsymbol{\omega}_q(t)$ und $\Delta\mathbf{h}_F$ werden nur $a_1 = 1$, $\omega_{q3} = \omega_3^2 = 1$ und $F_1^{k,i} = 1$ berücksichtigt. Für die drei Lastfälle findet man bei $k = 3$ am Balken $i = 1$

$$\mathbf{K}_{0t1}^i = \mathbf{S}_e^{i\,T} \mathbf{K}_{F0t1}^i \mathbf{S}_e^i = \begin{bmatrix} -100.8 & & & & & \\ 0 & 0 & & & \text{sym} & \\ 75.6 & 0 & -1210 & & & \\ 25.2 & 0 & 50.4 & -134.4 & & \\ 0 & 0 & 0 & 0 & 0 & \\ 0 & 0 & -25.2 & 8.4 & 0 & -33.6 \end{bmatrix} \cdot 10^{-2}, \tag{6.518}$$

$$\mathbf{K}_{0\omega3}^i = \mathbf{S}_e^{i\,T} \mathbf{K}_{F0\omega3}^i \mathbf{S}_e^i = \begin{bmatrix} 123.2 & & & & & \\ 0 & 0 & & & \text{sym} & \\ -92.4 & 0 & 1613 & & & \\ -30.8 & 0 & -50.4 & 179.2 & & \\ 0 & 0 & 0 & 0 & 0 & \\ 0 & 0 & 42 & -14 & 0 & 56 \end{bmatrix} \cdot 10^{-2}, \tag{6.519}$$

$$\mathbf{K}_{0F1}^{i,3} = \mathbf{S}_e^{i\,T} \mathbf{K}_{F0F1}^{i,3} \mathbf{S}_e^i = \begin{bmatrix} 13.33 & & & & & \\ 0 & 0 & & & \text{sym} & \\ -10 & 0 & 240 & & & \\ -3.33 & 0 & 0 & 26.67 & & \\ 0 & 0 & 0 & 0 & 0 & \\ 0 & 0 & 10 & -3.33 & 0 & 13.33 \end{bmatrix} \cdot 10^{-2}. \tag{6.520}$$

Standarddaten zur Angabe der Spannungen an den Knoten.
Wie in (6.451) aus Beispiel 6.4 werden in $\boldsymbol{\sigma}^{k,i}$ nicht die Spannungen selbst sondern die Normalkraft $F_{Normal}^{k,i}$ und das Biegemoment $L_{Bieg}^{k,i}$ im Körper i an den Knoten k zur Auswertung der Simulationsergebnisse herangezogen. Wegen $\boldsymbol{\sigma}_0^{k,i} \equiv \mathbf{0}$ gilt nach (6.413)

$$\boldsymbol{\sigma}^{k,i} = \begin{bmatrix} F_{Normal}^i(x^{k,i}) \ [\mathrm{N}] \\ L_{Bieg}^i(x^{k,i}) \ [\mathrm{Nm}] \end{bmatrix} = \hat{\boldsymbol{\sigma}}_e^{k,i} \, \mathbf{q}^i. \tag{6.521}$$

Die $n_q^i = 6$ Spalten der Matrizen $\hat{\boldsymbol{\sigma}}_e^{k,i}$ aus (6.497) ergeben sich mit (6.496) für die drei Knoten $k = 1, 2, 3$ des Körpers $i = 1$ zu

$$\hat{\boldsymbol{\sigma}}_e^{1,1} = \begin{bmatrix} 0 & 4.2 \cdot 10^7 & 0 & 0 & 0 & 0 \\ -126 & 0 & 189 & -63 & 0 & 0 \end{bmatrix}, \quad \hat{\boldsymbol{\sigma}}_e^{2,1} = \begin{bmatrix} 0 & -4.2 \cdot 10^7 & 0 & 0 & 4.2 \cdot 10^7 & 0 \\ 0 & 0 & -189 & -126 & 0 & 63 \end{bmatrix},$$

$$\hat{\boldsymbol{\sigma}}_e^{3,1} = \begin{bmatrix} 0 & -4.2 \cdot 10^7 & 0 & 0 & 4.2 \cdot 10^7 & 0 \\ 0 & 0 & 189 & 63 & 0 & 126 \end{bmatrix}. \tag{6.522}$$

Die Gleichungen (6.521) und (6.522) entsprechen den Gleichungen (6.451) zur Ermittlung der Spannungen bei Verwendung eines Balkenmodells für den Körper $i = 1$. Mit diesen Angaben liegen alle hier benötigten Standarddaten des Körpers $i = 1$ aus den Tabellen 6.7 und 6.9 vor.

6.4.5 Standarddaten von FE-Modellen – modale Koordinaten

Die in der Zusammenfassung des vorigen Abschnitts angegebenen Folgen des Fehlens der Interpolationsfunktionen in den Ergebnisdateien von Finite-Elemente-Programmen bleiben bestehen, wenn man anstelle von (6.414) die Definition (6.415) der Verformungsvariablen verwendet. Mit dieser Beschreibung der Verformung des Körpers läßt sich die Zahl der Koordinaten $\mathbf{q}^i$, und damit die zur Simulation des Systems erforderliche Rechenzeit, erheblich reduzieren. Anstelle der $\bar{n}_F^i = n_F^i - 6$ Variablen $\bar{\mathbf{z}}_F^i$ aus (6.414) verwendet man die n_q^i Variablen $\mathbf{q}^i$, die $\bar{\mathbf{z}}_F^i$ gemäß (6.415) mit Hilfe von n_{Eig}^i Eigenfunktionen und n_{stat}^i statischen Verformungen des Körpers approximieren. Durch geeignete Wahl der Funktionen läßt sich eine hinreichend genaue Darstellung der Verformung des Körpers mit nur

$$n_q^i = n_{Eig}^i + n_{stat}^i \ll \bar{\bar{n}}_z^i \qquad (6.523)$$

Variablen erreichen. Beide Formen, die Eigenfunktionen und die statischen Verformungen, müssen den Bedingungen zur Festlegung des Koordinatensystems $\{O^i, \underline{\mathbf{e}}^i\}$ genügen. Dies bedeutet, daß die Spalten von $\mathbf{\Phi}_F^i$ aus (6.415) durch Lösung von Eigenwertproblemen und statischen Problemen ermittelt werden müssen, die den geometrischen Randbedingungen (6.58) oder (6.63) genügen müssen, falls $\{O^i, \underline{\mathbf{e}}^i\}$ durch die kinematischen Bedingungen aus Abschnitt 6.2.1 festgelegt wird. Bei Wahl eines Buckens- oder Tisserand-Systems verwendet man in (6.415) Eigenformen ungelagerter Strukturen, wobei Starrkörperformen unberücksichtigt bleiben.

Nach der Wahl von $\mathbf{\Phi}_F^i$ aus (6.415) ist die Ermittlung der Standarddaten einfach. Für $\mathbf{\Phi}^{k,i}$ und $\mathbf{\Psi}^{k,i}$ gilt (6.465), wenn man $\bar{\bar{\mathbf{T}}}^i$ durch $\bar{\bar{\mathbf{T}}}^i \mathbf{\Phi}_F^i$ ersetzt, also

$$\mathbf{\Phi}^{k,i} = [\mathbf{0}, \dots \mathbf{0}, [\mathbf{E}, \mathbf{0}], \mathbf{0}, \dots \mathbf{0}] \, \bar{\bar{\mathbf{T}}}^i \, \mathbf{\Phi}_F^i \text{ und } \mathbf{\Psi}^{k,i} = [\mathbf{0}, \dots \mathbf{0}, [\mathbf{0}, \mathbf{E}], \mathbf{0}, \dots \mathbf{0}] \, \bar{\bar{\mathbf{T}}}^i \, \mathbf{\Phi}_F^i. \qquad (6.524)$$

Ebenso behalten die in Abschnitt 6.4.4 angegebenen Gleichungen zur Ermittlung der Standarddaten für die generalisierten Massen, Trägheitskräfte und inneren Kräfte sowie für die geometrischen Steifigkeiten ihre Gültigkeit, wenn man $\mathbf{S}_e^i$ aus (6.478) ersetzt durch

$$\mathbf{S}_e^i := \bar{\bar{\mathbf{T}}}^i \, \mathbf{\Phi}_F^i. \qquad (6.525)$$

Mit den durch (6.524) und (6.525) gegebenen Modifikationen der Gleichungen aus Abschnitt 6.4.4 sind die bei einer modalen Beschreibung der Verformung des Körpers benötigten Standarddaten leicht zu ermitteln. Die aus den Vorschriften (6.524) und (6.525) folgenden Transformationen der Daten aus Abschnitt 6.4.4 bezeichnet man als Modaltransformation, wenn $\mathbf{\Phi}_F^i$ alle Eigenvektoren enthält, also $n_q^i = n_{Eig}^i = \bar{\bar{n}}_F^i$, [7], S. 566, [68], S. 653. Mit der

Modaltransformation erreicht man eine Entkopplung der Bewegungsgleichungen von Finite-Elemente-Strukturen.

Bei Finite-Elemente-Modellen mit sehr vielen Knoten scheitert die Ermittlung hoher Eigenfrequenzen und der zugehörigen Eigenvektoren an numerischen Problemen. Solche Eigenvektoren leisten i. a. aber auch nur einen geringen Beitrag zur Darstellung der Bewegung und werden zur Angabe reduzierter Modelle vernachlässigt, [7], S. 576, und [16, 17]. Hier werden neben einer geeigneten Zahl von Eigenformen nach (6.415) auch statische Formen verwendet.

Transformationen der Systemmatrizen mit der zugehörigen Matrix $\mathbf{\Phi}_F^i$ werden ebenfalls als Modaltransformation bezeichnet.

Im folgenden Beispiel werden die Daten für ein reduziertes Finite-Elemente-Modell des verformbaren Körper $i = 1$ der Balkenstruktur aus Bild 6-7 ermittelt und mit den Daten aus Beispiel 6.4, also des Bernoulli-Balken-Modells, verglichen.

● **Beispiel 6.6: Standarddaten des flexiblen Körpers der Balkenstruktur bei modaler Beschreibung der Verformung.** Das Bezugssystem $\{O^i, \underline{e}^i\}$ ist für den Körper $i = 1$ des Mehrkörpersystems aus Bild 6-8 das in Bild 6-9 skizzierte Sehnensystem. Die zu seiner Festlegung erforderlichen Bedingungen sind durch (6.63) gegeben. Sie werden von den Eigenformen der Finite-Elemente-Struktur aus Bild 6-15 eingehalten, wenn sie im Knoten ① durch ein unverschiebliches und im Knoten ③ durch ein verschiebliches Gelenk gelagert ist. Die jeweils erste Eigenform für Biegung und Dehnung werden in der Matrix $\mathbf{\Phi}_F^i$ zusammengefaßt und zur Darstellung der Verformung der Struktur gemäß (6.415) herangezogen. Die zu dieser Darstellung der Bewegung des Körpers $i = 1$ gehörenden Standarddaten sind anzugeben.

Berechnung der Matrizen $\mathbf{\Phi}_F^i$ *und* $\mathbf{S}_e^i$.

Die zu dem Sehnensystem aus Bild 6-9 gehörende Matrix $\overline{\overline{\mathbf{T}}}^i$ ist in (6.501) angegeben. Das zugehörige Eigenwertproblem der Form (5.198) liefert sechs Eigenformen mit den Eigenfrequenzen

$$f_l^i = \begin{bmatrix} 0.986 & 4.36 & 10.96 & 19.97 & 370.2 & 1293 \end{bmatrix} \text{Hz} . \tag{6.526}$$

Die fünfte Eigenfrequenz gehört zu Dehnungs- und alle anderen zu Biegeschwingungen. Die erste und fünfte Eigenform werden in der 6×2-Matrix $\mathbf{\Phi}_F^i$ aus (6.415) zusammengefaßt, also

$$\mathbf{\Phi}_F^i = \begin{bmatrix} \mathbf{\Phi}_{F*l}^i \end{bmatrix} \equiv \begin{bmatrix} \overline{\overline{\mathbf{z}}}_{F5}^i & \overline{\overline{\mathbf{z}}}_{F1}^i \end{bmatrix}, \tag{6.527}$$

wobei sich die Bedeutung der Elemente der Spalten $\overline{\overline{\mathbf{z}}}_F^i = \overline{\overline{\mathbf{z}}}_{Fj}^i$ aus (6.500) ergibt. Die Verformungen werden somit durch zwei modale Koordinaten $\mathbf{q}^i = [q_1^i, q_2^i]^T$ dargestellt. Bei Normierung der Eigenvektoren erhält man mit (6.501) die 9×2 Matrix $\mathbf{S}_e^i$ gemäß (6.525)

$$\mathbf{S}_e^i = \overline{\overline{\mathbf{T}}}^i \, \mathbf{\Phi}_F^i = \begin{bmatrix} 0 & 0 & 0 & 0.332 & 0 & 0 & 0.469 & 0 & 0 \\ 0 & 0 & 0.71 & 0 & 0.449 & 0 & 0 & 0 & -0.71 \end{bmatrix}^T . \tag{6.528}$$

Mit (6.482) erhält man

$$\mathbf{S}_e^{i\,T} \mathbf{M}_F^i \mathbf{S}_e^i = \mathbf{E}, \quad \text{also} \quad \mathbf{M}_e^i \equiv \mathbf{E} . \tag{6.529}$$

Die Funktionswerte der normierten Eigenformen an den Knoten des in Beispiel 6.2 verwendeten Balkenmodells finden sich in Tabelle 6.3. Ein Vergleich mit den Werten des Finite-Elemente-Modells aus (6.528) unter Beachtung der aus (6.527) und (6.498) ersichtlichen Bedeutung der Elemente von $\boldsymbol{\Phi}_F^i$ zeigt, daß die Abweichungen gering sind.

Ermittlung der Standarddaten durch Modaltransformation.
Die Matrizen $\boldsymbol{\Phi}^{k,i}$ und $\boldsymbol{\Psi}^{k,i}$ ergeben sich aus (6.524) und enthalten wegen (6.525) die Elemente von $\mathbf{S}_e^i$ gemäß (6.528):

$$\boldsymbol{\Phi}^{1,1}=\mathbf{0},\; \boldsymbol{\Phi}^{2,1}=\begin{bmatrix}0.332 & 0\\ 0 & 0.449\\ 0 & 0\end{bmatrix},\; \boldsymbol{\Phi}^{3,1}=\begin{bmatrix}0.469 & 0\\ 0 & 0\\ 0 & 0\end{bmatrix},\; \boldsymbol{\Psi}^{1,1}=\begin{bmatrix}0 & 0\\ 0 & 0\\ 0 & 0.71\end{bmatrix},\; \boldsymbol{\Psi}^{2,1}=\mathbf{0},\; \boldsymbol{\Psi}^{3,1}=\begin{bmatrix}0 & 0\\ 0 & 0\\ 0 & -0.71\end{bmatrix}. \tag{6.530}$$

Die **C**-Matrizen ergeben sich mit $\mathbf{S}_e^i$ aus (6.528), $\mathbf{M}_F^i$ aus (6.502) und mit den Formmatrizen $\mathbf{S}_t^i$ und $\mathbf{S}_r^i$ gemäß (6.505) nach (6.509) bis (6.516) zu

$$\mathbf{C1}^i = \mathbf{S}_t^{i\,T}\,\mathbf{M}_F^i\,\mathbf{S}_e^i = \begin{bmatrix}2.85 & 0\\ 0 & 2.85\end{bmatrix},$$

$$\mathbf{C2}^i = \mathbf{S}_r^{i\,T}\,\mathbf{M}_F^i\,\mathbf{S}_e^i = \begin{bmatrix}0 & 2.85\end{bmatrix},$$

$$\mathbf{C3}_{11}^i + \mathbf{C3}_{22}^i + \mathbf{C3}_{33}^i = \mathbf{M}_e^i = \mathbf{S}_e^{i\,T}\,\mathbf{M}_F^i\,\mathbf{S}_e^i = \mathbf{E},$$

$$C4_{l33}^i = -\mathbf{S}_{r3*}^{i\,T}\,\mathbf{K}_{Fr3}^i\,\mathbf{S}_{e*l}^i = \begin{pmatrix}-3.63 & 0\end{pmatrix}\quad \text{für } l=1,2, \tag{6.531}$$

$$C5_{l3*}^i = \mathbf{K}_{r3*l}^i,\quad l=1,2\quad \text{wo}\quad \mathbf{K}_{r3}^i = \begin{bmatrix}K_{r\alpha*l}^i\end{bmatrix} = \mathbf{S}_e^{i\,T}\,\mathbf{K}_{Fr3}^i\,\mathbf{S}_e^i = \begin{bmatrix}0 & -0.846\\ 0.846 & 0\end{bmatrix},$$

$$C6_{kl33}^i = K_{\omega33kl}^i,\quad k,l=1,2\quad \text{wo}\quad \mathbf{K}_{\omega33}^i = \begin{bmatrix}K_{\omega33kl}^i\end{bmatrix} = \mathbf{S}_e^{i\,T}\,\mathbf{K}_{F\omega\alpha\beta}^i\,\mathbf{S}_e^i = -\mathbf{M}_e^i = -\mathbf{E}.$$

Ein Vergleich mit den unter Verwendung des Balkenmodells in Beispiel 6.4 gefundenen **C**-Matrizen aus (6.427) bis (6.432) zeigt geringe Abweichungen, die mit zunehmender Zahl der finiten Elemente des hier verwendeten Modells abnehmen.
Die lineare modale Steifigkeitsmatrix findet man mit (6.494) und (6.525) und mit $\mathbf{K}_F^i$ aus (6.503) zu

$$\mathbf{K}_e^i = \mathbf{S}_e^{i\,T}\,\mathbf{K}_F^i\,\mathbf{S}_e^i = \mathbf{diag}\begin{bmatrix}5.41\cdot10^6 & 38.35\end{bmatrix}. \tag{6.532}$$

Die Matrizen zur Angabe der geometrischen Steifigkeiten am Knoten $k=3$ ergeben sich mit (6.525) und (6.495) aus (6.518) bis (6.520) zu

$$\mathbf{K}_{0t1}^i = \begin{bmatrix}0 & 0\\ 0 & -2.468\end{bmatrix}[\text{kg}],\quad \mathbf{K}_{0\omega3}^i = \begin{bmatrix}0 & 0\\ 0 & 3.29\end{bmatrix}[\text{kgm}],\quad \mathbf{K}_{0F1}^{3,1} = \begin{bmatrix}0 & 0\\ 0 & 0.49\end{bmatrix}[\text{N}]. \tag{6.533}$$

Ein Vergleich mit den unter Verwendung des Balkenmodells in Beispiel 6.4 gewonnenen Matrizen (6.459) bis (6.461) zeigt nur geringe Differenzen.
Die Standarddaten zur Bestimmung der in (6.521) definierten Größen $\boldsymbol{\sigma}^{k,i}$ erhält man unter Beachtung von (6.525) aus (6.496). Mit der $\mathbf{S}_e^i$ gemäß (6.528) ergibt sich aus (6.496) anstelle von (6.522)

$$\widehat{\boldsymbol{\sigma}}_e^{1,1} = \begin{bmatrix}1.39\cdot10^7 & 0\\ 0 & -3.98\end{bmatrix},\quad \widehat{\boldsymbol{\sigma}}_e^{2,1} = \begin{bmatrix}5.77\cdot10^6 & 0\\ 0 & -40.44\end{bmatrix},\quad \widehat{\boldsymbol{\sigma}}_e^{3,1} = \begin{bmatrix}5.77\cdot10^6 & 0\\ 0 & -3.98\end{bmatrix}. \tag{6.534}$$

Ein Vergleich dieser Einflußzahlen mit den entsprechenden Zahlen aus (6.451), die mit dem Balkenmodell gewonnen wurden, läßt erhebliche Unterschiede erkennen. Sie resultieren aus den unterschiedlichen Ansatzfunktionen und zeigen sich vor allem an den Rändern, also in den Knoten $k = 1$ und 3.

6.4.6 Restliche Daten eines Mehrkörpersystems

Die neben den Körperdaten noch benötigten Angaben zur Definition eines Mehrkörpersystems sind nach Bild 6-1 Daten zur Beschreibung von Gelenken, Kraftelementen und Umgebung, sowie die Daten zur Angabe der Systemtopologie. Sie werden hier unter Verwendung der bisher angegebenen Gleichungen zusammengestellt. Ausführlichere Erläuterungen solcher Daten, insbesondere von Gelenken, finden sich beispielsweise in [27, 31, 56].

Umgebung

Die Umgebung, in der sich das Mehrkörpersystem bewegt, wird durch ein globales Bezugssystem $\{O^0, \underline{e}^0\}$ repräsentiert. Seine Bewegung bezüglich eines Inertialsystems $\{O^I, \underline{e}^I\}$ wird beschrieben durch die

- in (6.3) bis (6.8) definierten Funktionen $\mathbf{A}^0(t)$, $\boldsymbol{\omega}^0(t)$, $\dot{\boldsymbol{\omega}}^0(t)$ und $\boldsymbol{\rho}^0(t)$, $\mathbf{v}^0(t)$, $\mathbf{a}^0(t)$.

Bei bekannter Bewegung von $\{O^0, \underline{e}^0\}$ spricht man von einem kinematischen Bezugssystem im Gegensatz zu dynamischen Bezugssystemen, deren Bewegung unbekannt ist – vgl. [56, 92]. Dynamische Bezugssysteme werden hier nicht betrachtet. In vielen Anwendungen ist $\{O^0, \underline{e}^0\}$ ein Inertialsystem.

Gelenke

Gelenke schränken nach Abschnitt 6.2.3 die Relativbewegungen der durch sie verbundenen Koordinatensysteme $\{O^{k,i}, \underline{e}^{k,i}\}$ aus Bild 6-6 ein. Sie resultieren in den unbekannten Zwangskräften $\mathbf{F}^s = \mathbf{F}_c^s$ und -momenten $\mathbf{L}^s = \mathbf{L}_c^s$ aus (6.283) und (6.277). Die an den Knoten k, i, an denen das Gelenk angebracht ist, wirksamen Kräfte $\mathbf{F}_c^{k,i}$ und Momente $\mathbf{L}_c^{k,i}$ ergeben sich nach (6.282). Zur Berücksichtigung der zu einem Gelenk s gehörenden Bindungsgleichungen in den Bewegungsgleichungen eines Mehrkörpersystems sind erforderlich die

- impliziten Zwangsgleichungen (6.138) und (6.139), sowie deren Zahl n_c^s oder die

- expliziten Zwangsgleichungen (6.146) und die Form (6.150) der Zwangsgleichungen (6.147) für die Geschwindigkeiten, womit die zur Beschreibung der Relativbewegungen im Gelenk verwendeten Variablen $\boldsymbol{\eta}_I^s$ und $\boldsymbol{\eta}_{II}^s$ definiert werden,

- kinematischen Bewegungsgleichungen, denen die Variablen $\boldsymbol{\eta}_I^s$ und $\boldsymbol{\eta}_{II}^s$ genügen, also die Matrizen $\mathbf{Y}^s$ aus (6.145).

Wie in Abschnitt 6.5.2 gezeigt, werden die oben genannten Angaben zu $\boldsymbol{\eta}_I^s$ und $\boldsymbol{\eta}_{II}^s$ nur für Formalismen benötigt, in denen diese Variablen zur Beschreibung der Systembewegungen verwendet werden.

Eine breite Palette von Gelenken ist in [76] angegeben. Die aus ihnen resultierenden Bindungsgleichungen können in den Formen (6.138), (6.139) und (6.146), (6.150) angegeben werden – vgl. [56], S. 104, [31], S. 361 oder [27], S. 52. Ein Beispiel ist das Drehgelenk aus Bild 6-11, dessen Daten in Tabelle 6.5 angegeben sind. Die zugehörigen Bindungsgleichungen wurden im Zusammenhang mit den Gleichungen (6.196) bis (6.202) erläutert. Man sammelt solche Gleichungen in Bibliotheken und muß dann nur noch eine Kennung zur Identifikation eines bestimmten Gelenks angeben, sowie die in den Bindungsgleichungen vorkommenden Parameter, z. B. die Richtung der Achse eines Zylindergelenks im Knotenkoordinatensystem $\{O^t, \underline{e}^t\}$ – vgl. Kommentar zu (6.107).

Zur vollständigen Beschreibung von Gelenken reichen die impliziten oder die expliziten Bindungsgleichungen aus. Oft legt man in Gelenkbibliotheken aber beide Formen der Bindungsgleichungen ab, da beide bei gewissen Formalismen zur Herleitung der Bewegungsgleichungen benötigt werden – vgl. beispielsweise Abschnitt 6.5.4.

Kraftelemente

Sie resultieren in den eingeprägten Kräften $\mathbf{F}_f^r$ und Momenten $\mathbf{L}_f^r$ aus (6.285) zwischen den Körpern des Systems. Mit (6.286) und mit (6.282) für $s = r$ erhält man die an den Knoten der Körper wirksamen, diskreten eingeprägten Kräfte $\mathbf{F}_f^{k,i}$ und Momente $\mathbf{L}_f^{k,i}$. Mit diesen Größen kann man die generalisierten Kräfte $\mathbf{h}_f^i$ angeben – vgl. (6.289), (6.288), (6.290) und (6.291). Zur Beschreibung der Kraftelemente benötigt man demnach die

- Kraftgesetze, einschließlich der zu ihrer Auswertung erforderlichen Parameter, zur Berechnung der Koordinaten $\mathbf{F}_f^r$ und $\mathbf{L}_f^r$ der eingeprägten, diskreten Kräfte und Momente aus (6.277) für $s = r$.

In den meisten Fällen sind $\mathbf{F}_f^r$ und $\mathbf{L}_f^r$ Funktionen des relativen Bewegungszustands der Körper. Sie können aber auch von Zwangskräften (Reibung) abhängen oder von Zustandsgrößen eines Regelungssystems (Stellkräfte). Kraftgesetze kann man, wie die bei Gelenken benötigten Bindungsgleichungen, in Bibliotheken sammeln. Beispiele finden sich in der Literatur, z. B. [31], S. 215, [64], S. 155 oder [27], S. 338 zur Modellierung von Kontaktkräften. Hier verwendete Beispiele sind die Feder und der Drehdämpfer des Modells aus Bild 6-7. Die zugehörigen Kraftgesetze liefern die generalisierten Kräfte $\mathbf{h}_f^i$ – vgl. Beispiel 6-7 – unter Verwendung der Parameter aus Tabelle 6.5.

Topologie

Zur vollständigen Beschreibung des Systems werden noch benötigt die

- Funktionen $t(s)$ und $f(s)$ aus (6.105) für alle Gelenke $s = 1, 2, \ldots n_G$ sowie die entsprechenden Funktionen für die Kraftelemente $r = n_G + 1, \ldots n_G + n_{KE}$.

Sie geben an, wie die Knoten k auf den Körpern $i = 1, 2, \ldots n$ und im globalen Bezugssystem $i = 0$ durch Gelenke und Kraftelemente miteinander verbunden werden. Die Knoten und die in ihnen festen Koordinatensysteme $\{O^{k,i}, \underline{e}^{k,i}\}$ wurden bereits unter den Daten der Körper mit Hilfe von $\mathbf{R}^{k,i}$ und $\mathbf{\Gamma}^{k,i}$ aus (6.75) und (6.76) festgelegt. Es sei daran erinnert, daß

Knoten nicht nur Befestigungspunkte von Kraftelementen und Gelenken zu sein brauchen. Sie können auch verwendet werden, um an interessierenden Punkten des Körpers Bewegungen und Spannungen zu berechnen oder um dort die für Regelungssysteme benötigten Sensoren anzubringen. Beispiele für Topologiedaten finden sich in Tabelle 6.5 unter Verwendung der Numerierung von Körpern und Knoten aus Bild 6-8.

Die bisher angesprochenen Daten dienen nur der Herleitung der Systemgleichungen. Zur Animation der aus diesen Gleichungen ermittelten Systembewegungen sind weitere Daten über die Abmessungen der Körper erforderlich. Man gewinnt sie am bequemsten aus CAD-Systemen. Ein Beispiel für die dann erforderliche Kopplung von Simulationsprogrammen für Mehrkörpersysteme mit CAD-Programmen findet sich in [75].

6.5 Formalismen

Formalismen für Mehrkörpersysteme sind rechnerorientierte Verfahren zur Ermittlung der Systemmatrizen in den Bewegungsgleichungen aus den Daten zur Beschreibung der Systeme. Zur Umsetzung der Formalismen in Simulationsprogramme gibt es zwei Wege:

- *Numerische Programme.* Bei ihnen werden die Systemmatrizen aus den Systemdaten für einen gegebenen Zustand und für eine gegebene Zeit berechnet und zur numerischen Integration der Bewegungsgleichungen bereitgestellt.

- *Symbolische Programme.* Dies sind Rechenprogramme, die ihrerseits wiederum ein speziell dem vom Benutzer definierten Mehrkörpersystem angepaßtes Programm erzeugen, mit dem die Bewegungsgleichungen ermittelt werden.

Beispiele für beide Arten von Simulationsprogrammen finden sich in [60]. Hier werden nur Formalismen zur Angabe der Deskriptorform oder der Zustandsform der Bewegungsgleichungen erläutert, ohne Fragen ihrer Implementierung auf Rechnern zu erörtern.

6.5.1 Deskriptorform der Bewegungsgleichungen

Die absoluten Bewegungen der Körper $i = 1, 2, \ldots n$ eines Mehrkörpersystems werden beschrieben durch die in (6.65), (6.2) und (6.1) definierten Variablen $\mathbf{z}_I$ und $\mathbf{z}_{II}$. Bei starren Körpern gilt $\mathbf{q}^i \equiv \dot{\mathbf{q}}^i \equiv \mathbf{0}$ – vgl. (6.21). Die Bewegungen genügen den kinematischen Bewegungsgleichungen

$$\dot{\mathbf{z}}_I = \mathbf{Z}(\mathbf{z}_I)\,\mathbf{z}_{II} \quad \text{wo} \quad \mathbf{Z} = \mathbf{diag}\left[\mathbf{Z}^i\right], \quad i = 1, 2, \ldots n \qquad (6.535)$$

mit den $n_z^i \times n_z^i$-Matrizen $\mathbf{Z}^i$ aus (6.66). Zur Angabe der kinetischen Bewegungsgleichungen werden die Matrizen aus (6.293) wie die $\mathbf{Z}^i$ in (6.535) zusammengefaßt. Die $n_z \times n_z$-Matrix

$$\mathbf{M} = \mathbf{diag}\left[\mathbf{M}^i\right], \quad i = 1, 2, \ldots n \qquad (6.536)$$

mit n_z aus (6.2) und (6.65) enthält die generalisierten Massen zu den generalisierten Geschwindigkeiten $\mathbf{z}_{II}$. Die $\mathbf{M}^i$ aus (6.224) sind nach Abschnitt 6.3.3 Funktionen der Verformungskoordinaten $\mathbf{q}^i$. Für starre Körper ist $\mathbf{M}^i$ konstant. Die $n_z \times 1$-Matrizen

$$\mathbf{h}_a = \left[\mathbf{h}_a^i\right] = \left[\mathbf{h}_\omega^i + \mathbf{h}_g^i + \mathbf{h}_e^i + \mathbf{h}_p^i + \mathbf{h}_f^i\right], \quad \mathbf{h}_c = \left[\mathbf{h}_c^i\right], \quad i = 1, 2, \ldots n \tag{6.537}$$

enthalten die generalisierten Kräfte aus (6.294) und (6.289). Mit der $n_z \times 1$-Matrix

$$\delta\mathbf{z}_{II} = \left[\delta\mathbf{z}_{II}^i\right], \quad i = 1, 2, \ldots n \tag{6.538}$$

der virtuellen Geschwindigkeiten aus (6.221) und mit den Matrizen aus (6.536) und (6.537) wird aus der in (6.293) angegebenen, virtuellen Leistung aller an den Körpern des Systems wirksamen Kräfte

$$\delta P = \sum_{i=1}^n \delta P^i = \delta\mathbf{z}_{II}^T \left(\mathbf{M}\,\dot{\mathbf{z}}_{II} - \mathbf{h}_a - \mathbf{h}_c\right) = \delta\mathbf{z}_{II}^T \left(\mathbf{M}\,\dot{\mathbf{z}}_{II} - \mathbf{h}_z\right). \tag{6.539}$$

Abgesehen von dem im Zusammenhang mit (6.295) betrachteten Sonderfall sind die Elemente von $\delta\mathbf{z}_{II}$ voneinander abhängig, da $\mathbf{z}_I$ und $\mathbf{z}_{II}$ noch den durch die Gelenke bedingten Zwangsgleichungen genügen müssen. Die wegen eines Gelenks s zwischen den Knoten $k, i = t(s)$ und $l, j = f(s)$ auf den Körpern i und j gültigen Bedingungen für die Lagevariablen $\mathbf{z}_I$ haben die in (6.140) angegebene Form. Für das gesamte Mehrkörpersystem mit n_G Gelenken erhält man

$$n_c = \sum_{s=1}^{n_G} n_c^s \tag{6.540}$$

Zwangsgleichungen für die Lagevariablen der Form

$$\mathbf{g}(\mathbf{z}_I, t) = \mathbf{0} \quad \text{wo} \quad \mathbf{g} = \left[\mathbf{g}^s\right] = \left[g_i\right] \quad \text{mit} \quad s = 1, 2, \ldots n_G, \quad i = 1, 2, \ldots n_c. \tag{6.541}$$

Die aus einem Gelenk s resultierenden Zwangsgleichungen für die Geschwindigkeiten sind in (6.142) angegeben. Für das gesamte Mehrkörpersystem gilt

$$\mathbf{G}\mathbf{z}_{II} = \boldsymbol{\kappa} \quad \text{wo} \quad \begin{cases} \mathbf{G} = \left[\mathbf{G}^s\right] = \left[G_{ij}\right] \\ \boldsymbol{\kappa} = \left[\bar{\boldsymbol{\eta}}_{II}^s\right] = \left[\kappa_i\right] \end{cases} \quad \text{mit} \quad i = 1, 2, \ldots n_c, \quad j = 1, 2, \ldots n_z. \tag{6.542}$$

Die Matrizen $\mathbf{G}$ und $\boldsymbol{\kappa}$ können auch durch Ableitung von $\mathbf{g}$ aus (6.541) unter Verwendung von (6.535) gewonnen werden

$$G(z_I,t) = \frac{\partial g(z_I,t)}{\partial z_I} Z(z_I), \quad \kappa(z_I,t) = -\frac{\partial g(z_I,t)}{\partial t}. \tag{6.543}$$

Mit der in (6.139) angegebenen Interpretation von $\overline{\eta}_{II}^{s}$ folgt, daß die virtuellen Geschwindigkeiten δz_{II} aus (6.538) den n_c Gleichungen

$$G\,\delta z_{II} = 0 \tag{6.544}$$

genügen. Das Jourdainsche Prinzip besagt, daß die Zwangskräfte h_c virtuell leistungslos sind, also daß

$$\delta z_{II}^{T}\, h_c = 0, \tag{6.545}$$

womit aus (6.539) folgt

$$\delta z_{II}^{T}\left(M\,\dot{z}_{II} - h_a\right) = 0. \tag{6.546}$$

Mit der Methode der Lagrangeschen Multiplikatoren schließt man aus (6.545), (6.544) und (6.539) – vgl. [12], S. 150 – daß sich die n_z Zwangskraftkoordinaten h_c aus (6.537) darstellen lassen durch nur n_c generalisierte Zwangskräfte, die Lagrangeschen Multiplikatoren μ, in der Form

$$h_c = G^{T}\mu, \quad \mu = \left[\mu_j\right], \quad j = 1, 2, \ldots n_c. \tag{6.547}$$

Damit erhält man aus (6.539) die Lagrangeschen Bewegungsgleichungen 1. Art

$$M\,\dot{z}_{II} - G^{T}\mu = h_a. \tag{6.548}$$

Zusammen mit den kinematischen Bewegungsgleichungen (6.535) und den Zwangsbedingungen (6.541) oder (6.542) liefern sie die Deskriptorform der Darstellung der Systembewegungen durch die $2n_z + n_c$ Variablen

$$z_I = \left[z_{Ii}\right], \quad z_{II} = \left[z_{IIi}\right], \quad \mu = \left[\mu_j\right], \quad i = 1, 2, \ldots n_z, \quad j = 1, 2, \ldots n_c. \tag{6.549}$$

Zur Ermittlung der Bewegungen und Zwangskräfte steht somit eine der Zahl der Variablen (6.549) entsprechende Zahl von Gleichungen zur Verfügung, nämlich die kinematischen und die kinetischen Bewegungsgleichungen sowie n_c Zwangsbedingungen für die Lagevariablen z_I oder für die Geschwindigkeiten z_{II}. Falls erforderlich kann man aus (6.542) auch Zwangsbedingungen für die Beschleunigungen $\dot{z}_{II}$ gewinnen. Bei Berücksichtigung der Zwangsgleichungen für die Lagevariablen lauten die Systemgleichungen

$$\left.\begin{array}{rl}
\dot{\mathbf{z}}_I & = \mathbf{Z}\,\mathbf{z}_{II}\,, \\[4pt]
\mathbf{M}\,\dot{\mathbf{z}}_{II} - \mathbf{G}^T\boldsymbol{\mu} & = \mathbf{h}_a\,, \\[4pt]
\mathbf{g}(\mathbf{z}_I, t) & = \mathbf{0}\,.
\end{array}\right\} \qquad (6.550)$$

Die Systembewegungen werden also durch ein System von Differentialgleichungen beschrieben, das mit einem System gewöhnlicher Gleichungen gekoppelt ist. Obwohl die Zwangsgleichungen auch transzendent sein können, spricht man meist von algebraischen Gleichungen und bezeichnet das ganze System (6.550) als System differential-algebraischer Gleichungen. Mit der Lösung solcher Gleichungssysteme verbundene numerische Probleme werden in [20] erläutert.

Zur rechnergestützten Ermittlung der Systemgleichungen (6.550) müssen die Systemmatrizen $\mathbf{Z}, \mathbf{M}, \mathbf{h}_a, \mathbf{G}$ und $\mathbf{g}$ mit Hilfe der Systemdaten angegeben werden. Die Matrix $\mathbf{Z}$ ergibt sich aus (6.535) mit $\mathbf{Z}^i$ aus (6.66) und $\mathbf{Z}_r^i$ aus (6.22). Für die Matrix $\mathbf{M}$ gilt (6.536) mit $\mathbf{M}^i$ aus (6.224). Zur Berechnung der Submatrizen von $\mathbf{M}^i$ stehen die Gleichungen (6.225), (6.227), (6.230), (6.232), (6.234) und (6.235) zur Verfügung. Die Berechnung der Submatrizen von $\mathbf{h}_a^i$ aus (6.537) wurde, bis auf $\mathbf{h}_f^i$, in Abschnitt 6.3.3 erläutert. Zur Angabe der Matrizen $\mathbf{h}_\omega^i$, $\mathbf{h}_g^i$, $\mathbf{h}_e^i$ und $\mathbf{h}_p^i$ dienen die Gleichungen (6.251), (6.253), (6.270) und (6.273). Geometrische Steifigkeiten können gemäß (6.329) bis (6.334) berücksichtigt werden.

Die angesprochenen Gleichungen lassen sich, wie in den Abschnitten 6.4.3 bis 6.4.5 gezeigt, für die hier betrachteten Modelle flexibler Körper modifizieren, womit man alle Matrizen gemäß Abschnitt 6.4.1 unter Verwendung der im Datensatz SID aus Abschnitt 6.4.2 abgelegten Daten einfach ermitteln kann. Bei starren Körpern ist $\mathbf{q}^i \equiv \mathbf{0}$, womit $\mathbf{h}_e^i \equiv 0$ und $\mathbf{h}_\omega^i$ und $\mathbf{h}_g^i$ können nach (6.251) und (6.253) mit Hilfe der Körperdaten m^i, $\mathbf{I}^i = \mathbf{I}_0^i$ und $\mathbf{c}^i = \mathbf{c}_0^i$ sowie mit den Submatrizen $\mathbf{v}^i$ und $\boldsymbol{\omega}^i$ von $\mathbf{z}_{II}^i$ angegeben werden. Die Oberflächenkräfte aus $\mathbf{h}_p^i$ lassen sich in diesem Fall durch ihre Reduktionsresultanten ersetzen.

Die aus Kraftelementen resultierenden generalisierten Kräfte $\mathbf{h}_f^i$ ergeben sich aus (6.289) mit $\mathbf{h}_f^{ik}$ aus (6.291) und (6.290). Die Auswertung dieser Gleichungen erfordert die Kenntnis

- der Topologiedaten $k, i = f(s)$ und $l, j = t(s)$ aus (6.105) für $s = r$,

- von $\mathbf{T}_t^{k,i}$ und $\mathbf{T}_r^{k,i}$ aus (6.85) und (6.86), sowie $\mathbf{T}^t$ und $\mathbf{T}^f$ aus (6.133) und (6.134) und

- von $\mathbf{F}_f^r$ und $\mathbf{L}_f^r$ aus (6.285) und (6.277) für $s = r$.

Zur Berechnung von $\mathbf{F}_f^r$ und $\mathbf{L}_f^r$ dienen Funktionen, die in Bibliotheken von Kraftelementen abgelegt sind.

Die Matrizen $\mathbf{g}$ und $\mathbf{G}$ ergeben sich aus den Daten der Gelenke s. Die Angabe von $\mathbf{G}$ gemäß (6.542) und (6.142) erfordert die Kenntnis der Matrizen $\mathbf{G}^t$ und $\mathbf{G}^f$ aus (6.141) zusammen mit den Angaben $k, i = f(s)$ und $l, j = t(s)$ zur Systemtopologie. Die in (6.141) benötigten Matrizen $\overline{\boldsymbol{\psi}}^s$ sind nach Abschnitt 6.4.6 in einer Gelenkbibliothek abgelegt. Die Matrizen $\overline{\mathbf{g}}^s$ sind in der Gelenkbibliothek ebenfalls verfügbar und ergeben die Matrizen $\mathbf{g}^s$ aus (6.140).

Aus ihnen erhält man **g** aus (6.541). Das unten folgende Beispiel verdeutlicht die Vorgehensweise zur Berechnung der Matrizen.

Beispiel 6.7: Lösung der Deskriptorform der Bewegungsgleichungen einer Balkenstruktur.
Für die Struktur aus Bild 6-7 sollen mit den in den Beispielen 6.2 und 6.4 ermittelten Elementmatrizen und unter Verwendung der Deskriptorform der Systemgleichungen die drei folgenden Probleme gelöst werden:
Ermittlung der

a) Gleichgewichtslage der durch die Feder an den Punkt D gefesselten Struktur;

b) Gleichgewichtslage der ungefesselten Struktur, die sich nach Trennen der Federverbindung in C einstellt;

c) Bewegungen, die sich nach einem Trennen der Federverbindung ausgehend von der unter a) ermittelten Gleichgewichtslage ergeben.

Der Körper $i = 1$ sei, wie in Beispiel 6.2 erläutert, als Bernoulli-Balken modelliert, womit seine Verformungen mit den beiden Eigenformen aus (6.170) angegeben werden. Die zugehörigen Standarddaten wurden im Beispiel 6.4 ermittelt.

Kinematik des Gesamtsystems.
Die Lage- und Geschwindigkeitsvariablen der Körper $i = 1$ und $i = 2$ aus (6.175) und (6.185) lassen sich nach (6.2) in den Matrizen $\mathbf{z}_I$ und $\mathbf{z}_{II}$ aus (6.549) zusammenfassen

$$\mathbf{z}_I = \begin{bmatrix} \mathbf{z}_I^1 \\ \mathbf{z}_I^2 \end{bmatrix} = \begin{bmatrix} \rho_1^1 & \rho_2^1 & \vdots & \alpha_3^1 & \vdots & q_1^1 & q_2^1 & | & \rho_1^2 & \rho_2^2 & \alpha_3^2 \end{bmatrix}^T \quad \text{und}$$

$$\mathbf{z}_{II} = \begin{bmatrix} \mathbf{z}_{II}^1 \\ \mathbf{z}_{II}^2 \end{bmatrix} = \begin{bmatrix} v_1^1 & v_2^1 & \vdots & \omega_3^1 & \vdots & \dot{q}_1^1 & \dot{q}_2^1 & | & v_1^2 & v_1^2 & \omega_3^2 \end{bmatrix}^T , \quad \text{womit} \quad n_z = n_z^1 + n_z^2 = 8. \tag{6.551}$$

Die Variablen (6.551) genügen den kinematischen Bewegungsgleichungen

$$\dot{\mathbf{z}}_I = \mathbf{Z}(\mathbf{z}_I)\,\mathbf{z}_{II} \quad \text{mit} \quad \mathbf{Z}(\mathbf{z}_I) = \begin{bmatrix} \mathbf{Z}^1(\mathbf{z}_I^1) & \mathbf{0} \\ \mathbf{0} & \mathbf{Z}^2(\mathbf{z}_I^2) \end{bmatrix}, \tag{6.552}$$

wo $\mathbf{Z}$ eine 8×8-Matrix mit den Submatrizen $\mathbf{Z}^1(\mathbf{z}_I^1)$ und $\mathbf{Z}^2(\mathbf{z}_I^2)$ aus (6.176) und (6.186) ist.

Die aus den beiden Gelenken $s = 1$ und $s = 2$ resultierenden impliziten Bindungsgleichungen (6.197), (6.198) und (6.212) liefern die Zwangsgleichungen (6.541) und (6.542) für die Variablen $\mathbf{z}_I$ und $\mathbf{z}_{II}$. Da hier nur ebene Bewegungen vorkommen, ergeben sich je $n_c = 5$ linear unabhängige Gleichungen. Zeilen und Spalten der Systemmatrizen, die zu den aus der Ebene herausführenden Bewegungen gehören, enthalten ausschließlich Nullen und entfallen. Für die Lagevariablen findet man

$$\mathbf{g}(\mathbf{z}_I) = \begin{bmatrix} d_1^1 \\ d_2^1 \\ d_1^2 \\ d_2^2 \\ \beta_3^2 \end{bmatrix} = \begin{bmatrix} \rho_1^1 \cos 0.7\, q_2^1 + \rho_2^1 \sin 0.7\, q_2^1 \\ \rho_2^1 \cos 0.7\, q_2^1 - \rho_1^1 \sin 0.7\, q_2^1 \\ \rho_1^2 - \left(\rho_1^1 + 2 + 0.445\, q_1^1\right)\cos\left(\alpha_3^2 - \alpha_3^1\right) - \rho_2^1 \sin\left(\alpha_3^2 - \alpha_3^1\right) \\ \rho_2^2 + \left(\rho_1^1 + 2 + 0.445\, q_1^1\right) \sin\left(\alpha_3^2 - \alpha_3^1\right) - \rho_2^1 \cos\left(\alpha_3^2 - \alpha_3^1\right) \\ \alpha_3^2 - \alpha_3^1 - \pi/2 + 0.7\, q_2^1 \end{bmatrix} = \mathbf{0}. \tag{6.553}$$

Für die Geschwindigkeitsvariablen gilt nach (6.141) und (6.542)

$$\mathbf{G}(\mathbf{z}_I)\,\mathbf{z}_{II} = \mathbf{0} \text{ mit } \mathbf{G} = \begin{bmatrix} \mathbf{G}^{11} & \mathbf{0} \\ -\mathbf{G}^{21} & \mathbf{G}^{22} \end{bmatrix},$$

wo $\mathbf{G}^{11} = \overline{\boldsymbol{\psi}}^{1T}\,\mathbf{T}^{1,1}$, $\mathbf{G}^{21} = \overline{\boldsymbol{\psi}}^{2T}\,\mathbf{T}^{3,1}$, $\mathbf{G}^{22} = \overline{\boldsymbol{\psi}}^{2T}\,\mathbf{T}^{4,2}$, also mit $\hat{\beta}_3^2 = \left(\alpha_3^2 - \alpha_3^1\right)$

$$\mathbf{G} = \begin{bmatrix} \cos 0.7\,q_2^1 & \sin 0.7\,q_2^1 & d_2^1 & 0 & 0.7\,d_2^1 & 0 & 0 & 0 \\ -\sin 0.7\,q_2^1 & \cos 0.7\,q_2^1 & -d_1^1 & 0 & -0.7\,d_1^1 & 0 & 0 & 0 \\ -\cos\hat{\beta}_3^2 & -\sin\hat{\beta}_3^2 & -\left(2+0.445\,q_1^1\right)\sin\hat{\beta}_3^2 & -0.445\cos\hat{\beta}_3^2 & 0 & 1 & 0 & -d_2^2 \\ \sin\hat{\beta}_3^2 & -\cos\hat{\beta}_3^2 & -\left(2+0.445\,q_1^1\right)\cos\hat{\beta}_3^2 & 0.445\sin\hat{\beta}_3^2 & 0 & 0 & 1 & d_1^2 \\ 0 & 0 & -1 & 0 & 0.7 & 0 & 0 & 1 \end{bmatrix}. \tag{6.554}$$

Die Matrix $\boldsymbol{\kappa}$ aus (6.542) ist identisch gleich Null.

Wie in (6.554) angedeutet, ergibt sich $\mathbf{G}$ mit den Matrizen $\overline{\boldsymbol{\psi}}^i$ und $\mathbf{T}^{k,i}$. Mit der einfachen Belegung von $\overline{\boldsymbol{\psi}}^1$ und $\overline{\boldsymbol{\psi}}^2$ aus (6.198) und (6.212) erhält man die Teilmatrizen $\mathbf{G}^{11}$ bzw. $\mathbf{G}^{21}$ und $\mathbf{G}^{22}$ aus der ersten und zweiten Zeile von $\mathbf{T}^{1,1}$ gemäß (6.195) bzw. aus der ersten, zweiten und sechsten Zeile von $\mathbf{T}^{3,1}$ und $\mathbf{T}^{4,2}$ gemäß (6.210). In den beiden Gleichungen (6.553) und (6.554) sind die nichtlinearen Gleichungen (6.192) für $\mathbf{d}^1$ berücksichtigt, also die nicht linearisierte Drehmatrix $\mathbf{D}^{1,1}$, die gemäß (6.79) den Einfluß der Verformung des Körpers $i = 1$ auf die Orientierung der Knotenkoordinatensysteme erfaßt. Damit kann $\mathbf{G}$ gemäß (6.543) auch durch Ableitung von $\mathbf{g}$ ermittelt werden.

Kinetik des Gesamtsystems.
Die Angabe der kinetischen Gleichungen (6.548) erfordert die Berechnung von $\mathbf{M}$ und $\mathbf{h}_a$ sowie die Interpretation von $\boldsymbol{\mu}$ zur Angabe von $\mathbf{h}_c$ gemäß (6.547). Die zweite Aufgabe kann man mit den Gleichungen (6.292), (6.290) und (6.289) lösen. Sie liefern eine Darstellung von $\mathbf{h}_c$ durch $\boldsymbol{\Lambda}_c^1$ und $\boldsymbol{\Lambda}_c^2$:

$$\mathbf{h}_c = \begin{bmatrix} \mathbf{h}_c^1 \\ \mathbf{h}_c^2 \end{bmatrix} = \begin{bmatrix} \mathbf{T}^{1,1T} \\ \mathbf{0} \end{bmatrix}\boldsymbol{\Lambda}_c^1 + \begin{bmatrix} -\mathbf{T}^{3,1T} \\ \mathbf{T}^{4,2T} \end{bmatrix}\boldsymbol{\Lambda}_c^2 = \begin{bmatrix} \mathbf{T}^{1,1T}\,\overline{\boldsymbol{\psi}}^1 \\ \mathbf{0} \end{bmatrix}\boldsymbol{\mu}^1 + \begin{bmatrix} -\mathbf{T}^{3,1T}\,\overline{\boldsymbol{\psi}}^2 \\ \mathbf{T}^{4,2T}\,\overline{\boldsymbol{\psi}}^2 \end{bmatrix}\boldsymbol{\mu}^2. \tag{6.555}$$

Da die Matrizen $\overline{\boldsymbol{\psi}}^1$ und $\overline{\boldsymbol{\psi}}^2$ nach (6.198) und (6.212) nur Spalten der Einheitsmatrix enthalten, ist es einfach, die Darstellung von $\mathbf{h}_c$ durch $\boldsymbol{\Lambda}_c^1$ und so umzuschreiben, daß die Submatrizen von $\mathbf{G}$ aus (6.554) in den Koeffizientenmatrizen erscheinen. Nach (6.547) erhält man dann die Lagrangeschen Multiplikatoren als Zwangskraftkoordinaten, wie im letzten Ausdruck auf der rechten Seite von (6.555) angegeben. Dies liefert die Deutung der noch nicht definierten Variablen $\boldsymbol{\mu}$:

$$\boldsymbol{\mu} = \begin{bmatrix} \boldsymbol{\mu}^1 \\ \boldsymbol{\mu}^2 \end{bmatrix} = \left[\mu_i\right] = \begin{bmatrix} \mu_1 = F_{c1}^1 = \text{Zwangskraft aus } s = 1 \text{ am Körper 1 in Richtung } \underline{e}_1^{1,1},\ [\text{N}] \\ \mu_2 = F_{c2}^1 = \text{Zwangskraft aus } s = 1 \text{ am Körper 1 in Richtung } \underline{e}_2^{1,1},\ [\text{N}] \\ \mu_3 = F_{c1}^2 = \text{Zwangskraft aus } s = 2 \text{ am Körper 2 in Richtung } \underline{e}_1^{4,2},\ [\text{N}] \\ \mu_4 = F_{c2}^2 = \text{Zwangskraft aus } s = 2 \text{ am Körper 2 in Richtung } \underline{e}_2^{4,2},\ [\text{N}] \\ \mu_5 = L_{c3}^2 = \text{Zwangsmoment aus } s = 2 \text{ am Körper 2 in Richtung } \underline{e}_3^{4,2},[\text{Nm}] \end{bmatrix}. \tag{6.556}$$

Für die Massenmatrix aus den kinetischen Gleichungen (6.548) gilt nach (6.536)

$$\mathbf{M}(\mathbf{z}_I) = \mathbf{diag}\left[\mathbf{M}^1(\mathbf{q}^1)\quad \mathbf{M}^2\right] \tag{6.557}$$

mit den im Beispiel 6.4 ermittelten Massenmatrizen $\mathbf{M}^1(\mathbf{q}^1)$ und $\mathbf{M}^2$ aus (6.433) und (6.439). Die Matrix $\mathbf{h}_a$ ergibt sich nach (6.537) aus $\mathbf{h}_f^i$ und aus den Beiträgen der generalisierten Trägheitskräfte $\mathbf{h}_\omega^i(\mathbf{z}_I,\mathbf{z}_{II})$ nach

(6.433) und (6.439), der Gewichtskräfte $\mathbf{h}_g^i(\mathbf{z}_I^i)$ nach (6.437) und (6.440) sowie aus dem Beitrag $\mathbf{h}_e^1(\mathbf{z}_I^1, \mathbf{z}_{II}^1)$ der inneren Kräfte des elastischen Körpers $i = 1$ und aus den verteilten Oberflächenkräften $\mathbf{h}_p^i$. Letztere sind hier nicht vorhanden, also $\mathbf{h}_p \equiv \mathbf{0}$ und für die inneren Kräfte gilt (6.270), wobei hier, wie in Beispiel 6.4 erläutert, $\mathbf{k}_{e0}^i \equiv \mathbf{0}$, $\mathbf{K}_{e0}^i \equiv \mathbf{K}_{eN}^i \equiv \mathbf{0}$ und wo $\mathbf{K}_e^1$ und $\mathbf{D}_e^1$ durch (6.445) und (6.447) gegeben sind. Damit gilt

$$\mathbf{h}_\omega = \begin{bmatrix} \mathbf{h}_\omega^1 \\ \hline \mathbf{h}_\omega^2 \end{bmatrix}, \quad \mathbf{h}_g = \begin{bmatrix} \mathbf{h}_g^1 \\ \hline \mathbf{h}_g^2 \end{bmatrix}, \quad \mathbf{h}_e = \begin{bmatrix} \mathbf{h}_e^1 \\ \hline \mathbf{0} \end{bmatrix} = \begin{bmatrix} \mathbf{0} \\ \hline -\mathbf{K}_e^1 \mathbf{q}^1 - \mathbf{D}_e^1 \dot{\mathbf{q}}^1 \\ \hline \mathbf{0} \end{bmatrix}. \tag{6.558}$$

Die geometrischen Steifigkeiten aus (6.329) werden gemäß (6.336) bis (6.338) und (6.333) berücksichtigt, wobei hier nur die Lastfälle $(a_1^i - g_1^i)$, $\omega_{q3}^i = \omega_3^{i2}$ und $F_1^{k,i}$ für $k,i = 3,1$ von Bedeutung sind – vgl. Beispiel 6.4. Die zugehörigen Matrizen $\mathbf{K}_{0\#}^i$ sind in (6.459) bis (6.461) angegeben. Damit erhält man

$$\mathbf{C}_{t*1}^i := \mathbf{C}_{t*1}^i + \mathbf{K}_{0t1}^i \mathbf{q}^i, \quad \mathbf{O}_{e*3}^i := \mathbf{O}_{e*3}^i + \mathbf{K}_{0\omega3}^i \mathbf{q}^i, \quad \boldsymbol{\Phi}_{1*}^{k,i} := \boldsymbol{\Phi}_{1*}^{k,i} + \boldsymbol{\Phi}_{geo_{1*}}^{k,i} \text{ wo } \boldsymbol{\Phi}_{geo_{1*}}^{k,i} = \mathbf{q}^{i^T} \mathbf{K}_{0F1}^i. \tag{6.559}$$

Die beiden ersten Beiträge aus (6.559) ändern die Massenmatrix $\mathbf{M}^i$ und $\mathbf{h}_\omega^i$ aus (6.433) sowie $\mathbf{h}_g^i$ aus (6.437). Die dritte Änderung berücksichtigt den Beitrag der Längskraft $F_1^{k,i} = F_1^{3,1}$ am Knoten $k,i = 3,1$ zu den geometrischen Steifigkeiten. Er wird nach (6.337) und (6.335) durch Änderung des Koeffizienten von $\mathbf{F}^{k,i}$ um den Beitrag $\boldsymbol{\Phi}_{geo}^{k,i^T}$ erfaßt. Die Kraft $F_1^{3,1}$ ist eine Zwangskraft, die in den kinetischen Bewegungsgleichungen (6.548) in der Matrix $\mathbf{G}^T \boldsymbol{\mu}$ enthalten ist. Die Änderung $\boldsymbol{\Phi}_{geo}^{k,i}$ ergibt damit eine Änderung der Matrix $\mathbf{G}$, also

$$\mathbf{G} := \mathbf{G} + \mathbf{G}_{geo}, \tag{6.560}$$

wobei $\mathbf{G}_{geo}$ den Einfluß der aus $F_1^{3,1}$ resultierenden geometrischen Steifigkeiten angibt. $\mathbf{G}_{geo}$ läßt sich ermitteln, wenn man analysiert, in welcher Form $\mathbf{G}$ von den gemäß (6.559) geänderten $\boldsymbol{\Phi}^{k,i}$ abhängt. In (6.554) wurde $\mathbf{G}$ durch vier Submatrizen $\mathbf{G}^{ij}$ dargestellt. Da hier aus $F_1^{3,1}$, d. h. aus der Zwangskraft $\mathbf{F}_c^2$ am Gelenk $s = 2$ resultierende Einflüsse von Interesse sind, ist nach (6.556) nur eine Analyse von $\mathbf{G}^{21}$ erforderlich. Nach (6.554) gilt $\mathbf{G}^{21} = \overline{\boldsymbol{\psi}}^{2^T} \mathbf{T}^{3,1}$. Der für Kräfte maßgebende Teil von $\mathbf{T}^{3,1}$ ist nach (6.208) durch $\mathbf{A}^2 \mathbf{A}^{1^T} \mathbf{T}_t^{3,1}$ gegeben. Die Matrix $\mathbf{T}_t^{3,1}$ enthält nach (6.180) $\boldsymbol{\Phi}^{k,i} = \boldsymbol{\Phi}^{3,1}$ nur in den beiden letzten Spalten, wobei nach (6.559) nur $\boldsymbol{\Phi}_{1*}^{3,1}$ geändert wird. Damit ergibt sich $\mathbf{G}_{geo}$ zu

$$\mathbf{G}_{geo} = \begin{bmatrix} \mathbf{0} & \mathbf{0} \\ \mathbf{G}_{geo}^{21} & \mathbf{0} \end{bmatrix}, \quad \text{wo} \quad \mathbf{G}_{geo}^{21} = \mathbf{G}_{geo}^{21}(\mathbf{q}^1) = \overline{\boldsymbol{\psi}}^{2^T} \mathbf{A}^2 \mathbf{A}^{1^T} \begin{bmatrix} 0 & 0 & 0 & \Phi_{geo_{11}}^{3,1}(\mathbf{q}^1) & \Phi_{geo_{12}}^{3,1}(\mathbf{q}^1) \\ 0 & 0 & 0 & 0 & 0 \\ 0 & 0 & 0 & 0 & 0 \end{bmatrix}. \tag{6.561}$$

Diese Änderung von $\mathbf{G}$ wird nur in den kinetischen Gleichungen aus (6.548) berücksichtigt, aber nicht in den Bindungsgleichungen (6.542) für die Geschwindigkeiten.

Die generalisierten Kräfte $\mathbf{h}_f$ aus (6.537) enthalten die Beiträge der Feder $r = 3$ und des Drehdämpfers $r = 4$. Die in der Basis $\underline{\mathbf{e}}^{6.0} = \underline{\mathbf{e}}^0$ angegebenen Koordinaten $\mathbf{F}_f^r = \mathbf{F}_f^3$ der Federkraft sind

$$\mathbf{F}_f^3 = -F^3 \mathbf{n}^3 \quad \text{wo} \quad F^3 = K^3 \left(\left| \mathbf{d}^3 \right| - l_0^3 \right), \quad \mathbf{n}^3 = \frac{\mathbf{d}^3}{\left| \mathbf{d}^3 \right|} \tag{6.562}$$

mit den in Tabelle 6.5 angegebenen Parametern und mit $\mathbf{d}^3$ und $|\mathbf{d}^3|$ aus (6.215) und (6.216). Nach (6.562) positive Federkräfte sind Zugkräfte. Damit ergibt sich für die Matrix $\mathbf{\Lambda}^3_f$ aus (6.290) und (6.285)

$$\mathbf{\Lambda}^3_f = \begin{bmatrix} F^3_{f1} & F^3_{f2} & F^3_{f3} & L^3_{f1} & L^3_{f2} & L^3_{f3} \end{bmatrix}^T$$
$$= -\frac{F^3}{|\mathbf{d}^3|}\begin{bmatrix} \mathbf{d}^3 \\ \mathbf{0} \end{bmatrix} = -\frac{F^3}{|\mathbf{d}^3|}\begin{bmatrix} d^3_1 & d^3_2 & 0 & 0 & 0 & 0 \end{bmatrix}^T \quad \text{mit} \quad F^3 = 300\left(\left|\mathbf{d}^3\right| - 0.1\right) \ [\text{N}]. \tag{6.563}$$

Die diskreten, eingeprägten generalisierten Kräfte $\mathbf{h}^2_f$ am Körper $i = 2$ erhält man mit (6.289), (6.290) und (6.291). Mit $\mathbf{T}^f = \mathbf{T}^{5,2}$ nach (6.134) findet man unter Verwendung von (6.165), (6.214) und (6.188)

$$\mathbf{h}^2_f = \mathbf{h}^{25}_f = -\mathbf{T}^{5,2^T}\mathbf{\Lambda}^3_f = -\begin{bmatrix} \mathbf{A}^{2^T}\mathbf{T}^{5,2}_t \\ \mathbf{A}^{2^T}\mathbf{T}^{5,2}_r \end{bmatrix}^T \mathbf{\Lambda}^3_f = \frac{F^3}{|\mathbf{d}^3|}\begin{bmatrix} d^3_1 \cos\alpha^2_3 + d^3_2 \sin\alpha^2_3 \\ -d^3_1 \sin\alpha^2_3 + d^3_2 \cos\alpha^2_3 \\ \hline 0.4\left(-d^3_1 \sin\alpha^2_3 + d^3_2 \cos\alpha^2_3\right) \end{bmatrix}. \tag{6.564}$$

In entsprechender Weise erhält man die Matrix der generalisierten Kräfte infolge des Drehdämpfers $r = 4$ zwischen den Knoten $k,i = 1,1$ und $l,j = 7,0$. Die in der Basis $\underline{\mathbf{e}}^{1,1}$ angegebenen Koordinaten $\mathbf{L}^r_f = \mathbf{L}^4_f$ sind

$$\mathbf{L}^4_f = -L^4\,\mathbf{n}^4 \quad \text{wo} \quad L^4 = D^4\,\Omega^4. \tag{6.565}$$

Mit $\Omega^4 = \Omega^4_3$ nach (6.210) und mit den Parametern aus Tabelle 6.5 findet man

$$\mathbf{\Lambda}^4_f = \begin{bmatrix} F^4_{f1} & F^4_{f2} & F^4_{f3} & L^4_{f1} & L^4_{f2} & L^4_{f3} \end{bmatrix}^T$$
$$= -L^4\begin{bmatrix} \mathbf{0} \\ \mathbf{n}^4 \end{bmatrix} = -L^4\begin{bmatrix} 0 & 0 & 0 & 0 & 0 & 1 \end{bmatrix}^T \quad \text{mit} \quad L^4 = 40\,\Omega^4 \ [\text{Nm}]. \tag{6.566}$$

Mit $\mathbf{T}^{1,1}$ aus (6.195) wird unter Verwendung der zur Ermittlung von (6.564) angegebenen Gleichungen

$$\mathbf{h}^1_f = \mathbf{h}^{11}_f = \mathbf{T}^{1,1^T}\mathbf{\Lambda}^4_f = L^4\begin{bmatrix} 0 & 0 \vdots -1 \,\vdots\, 0 & -0.7 \end{bmatrix}^T, \tag{6.567}$$

womit alle aus Kraftelementen resultierenden generalisierten Kräfte

$$\mathbf{h}_f(\mathbf{z}_I,\mathbf{z}_{II}) = \begin{bmatrix} \mathbf{h}^1_f(\mathbf{z}_{II}) \\ \mathbf{h}^2_f(\mathbf{z}_I) \end{bmatrix} \tag{6.568}$$

bekannt sind. Die generalisierten eingeprägten Kräfte $\mathbf{h}_a$ ergeben sich gemäß (6.537), also

$$\mathbf{h}_a = \mathbf{h}_\omega + \mathbf{h}_g + \mathbf{h}_e + \mathbf{h}_f, \tag{6.569}$$

aus (6.568) und (6.558).

a) Gleichgewichtslage der Balkenstruktur mit Federfesselung.
Die Ermittlung der Gleichgewichtslage erfordert die Lösung der gewöhnlichen Gleichungen, die man aus den Differentialgleichungen (6.550) für $\mathbf{z}_{II} = \dot{\mathbf{z}}_{II} = 0$ erhält. Für diese Werte verschwinden in (6.558) $\mathbf{h}_\omega$ und $\mathbf{D}^1_e\,\dot{\mathbf{q}}^1$ und wegen $\Omega^4 = 0$ folgt aus (6.565) $L^4 = 0$, womit in (6.568) $\mathbf{h}^1_f \equiv \mathbf{0}$. Damit erhält man ein System von $n_z + n_c = 13$ nichtlinearen Gleichungen

$$-\mathbf{G}^T(\mathbf{z}_I)\,\boldsymbol{\mu} = \mathbf{h}_a(\mathbf{z}_I) \left.\vphantom{\begin{matrix}a\\b\end{matrix}}\right\}$$
$$\mathbf{g}(\mathbf{z}_I) \qquad = \mathbf{0} \qquad \qquad \tag{6.570}$$

für die Unbekannten $\mathbf{z}_I$ und $\boldsymbol{\mu}$ aus (6.551) und (6.556). Es läßt sich mit Iterationsverfahren, z. B. aus Mathematica, lösen. Mit den Startwerten $\mathbf{z}_I = \boldsymbol{\mu} = \mathbf{0}$ findet man

$$\mathbf{z}_I\big|_{\mathrm{a})} = \begin{bmatrix} 0 & 0 & \vdots & -0.421 & \vdots & 3\cdot10^{-6} & -0.397 & \vert & -0.548 & -1.923 & \vdots & 1.428 \end{bmatrix}^T ,$$
$$\boldsymbol{\mu}\big|_{\mathrm{a})} = \begin{bmatrix} -59.6\,\mathrm{N} & 28.7\,\mathrm{N} & -42.0\,\mathrm{N} & 21.4\,\mathrm{N} & 6.9\,\mathrm{Nm} \end{bmatrix}^T , \tag{6.571}$$

wo der Index a) die Werte aus (6.571) als Lösungen des Problems a) ausweist im Unterschied zu den unten folgenden Lösungen des Problems b). In (6.571) sind Verschiebungen in [m] und Winkel in [rad] angegeben. Die Variablen q_1^1 und q_2^1 sind dimensionslos. Die zu (6.571) gehörende Gleichgewichtslage ist in Bild 6-16 dargestellt. Die Verschiebung des Knotens 2,1 ergibt sich mit (6.177), mit den in Tabelle 6.4 angegebenen Werten und mit q_2^1 aus (6.571) zu $u_1^{2,1} = 1\cdot10^{-6}$ m, $u_2^{2,1} = -0.177$ m. Die Federkraft beträgt $F^3=101.1$ N (Zug) bei einer Länge von $|\mathbf{d}^3| = 0.437$ m. Wie aus (6.571) zu erkennen, ist die Längsdehnung infolge der Längskraft – im Knoten 3,1 hat sie den Wert von $\mu_4 = F_{c2}^2 = 21.4$ N (Zug) – klein und könnte bei der Lösung des Problems vernachlässigt werden. Die Verschiebung des Knotens 3,1 ergibt sich zu $u_1^{3,1} = 1.3\cdot10^{-6}$ m und $u_2^{3,1} = 0$ m und genügt damit den geometrischen Randbedingungen (6.171) zur Festlegung des Bezugssystems des Körpers $i = 1$. Die Zwangskräfte $\boldsymbol{\mu}$ aus (6.571) sind unter Verwendung von (6.556) in Bild 6-17 zusammen mit F^3 und mit den Gewichtskräften dargestellt.

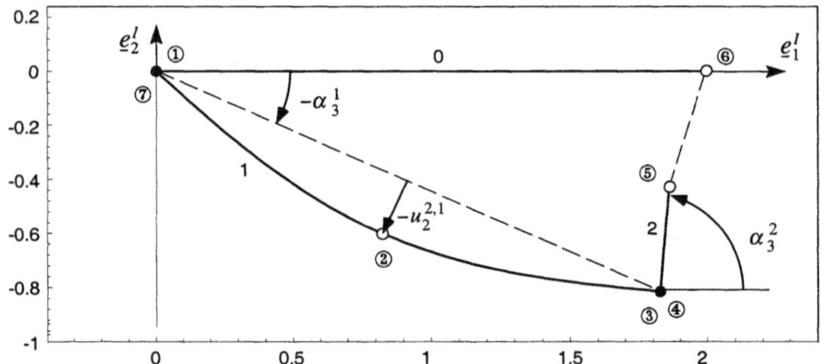

Bild 6-16: Gleichgewichtslage der Balkenstruktur im Fall a).

Die Matrix $\boldsymbol{\sigma}^{k,i}$ enthält nach (6.451) für das hier betrachtete Balkenmodell die Längskraft $F_{Normal}^{k,i}$ und das Biegemoment $L_{Bieg}^{k,i}$ an den Knoten des Balkens. Mit den Werten (6.571) erhält man aus (6.451)

$$\boldsymbol{\sigma}^{k,i} = \begin{bmatrix} F_{Normal}^i(x^{k,i}) \\ L_{Bieg}^i(x^{k,i}) \end{bmatrix} = \begin{bmatrix} F_{Normal}^{k,i} \\ L_{Bieg}^{k,i} \end{bmatrix} \text{ wo } \boldsymbol{\sigma}^{1,1}\big|_{\mathrm{a})} = \begin{bmatrix} 44.3\,\mathrm{N} \\ 0 \end{bmatrix},\ \boldsymbol{\sigma}^{2,1}\big|_{\mathrm{a})} = \begin{bmatrix} 31.3\,\mathrm{N} \\ 13.7\,\mathrm{Nm} \end{bmatrix},\ \boldsymbol{\sigma}^{3,1}\big|_{\mathrm{a})} = \begin{bmatrix} 0 \\ 0 \end{bmatrix}. \tag{6.572}$$

Die inneren Kräfte $F_{Normal}^{k,i}$ und Momente $L_{Bieg}^{k,i}$ müssen an den Knoten $k,i = 1,1$ und $k,i = 3,1$ mit den dort wirksamen Schnittkräften aus Bild 6-17 im Gleichgewicht stehen, also die kinetischen Randbedingungen erfüllen. So muß am Knoten 1,1 nach (6.452) gelten $F_{Normal}^{1,1} = -\mathbf{D}_{*1}^{1,1T}\begin{bmatrix} \mu_1 & \mu_2 & 0 \end{bmatrix}^T = 49.4$ N. Stattdessen liefert

(6.572) $F_{Normal}^{1,1} = 44.3$ N. Am Knoten 3.1 gilt nach (6.572) $F_{Normal}^{3,1} = 0$ und $L_{Bieg}^{3,1} = 0$, während die Lagrange-schen Multiplikatoren aus (6.556) die Werte $F_{Normal}^{3,1} = 9.0$ N und $L_{Bieg}^{3,1} = -\mu_5 = -6.9$ Nm liefern. Die Ursache dieser Diskrepanz liegt in der schlechten Darstellung der Spannungen durch die Ansatzfunktionen aus (6.170). Sie können beispielsweise an der Stelle $x = \ell$ keine von Null verschiedenen Spannungen darstellen, verletzen also die kinetischen Randbedingungen. Eine weitergehende Analyse des Problems und ein Lösungsweg finden sich in Abschnitt 6.5.5.

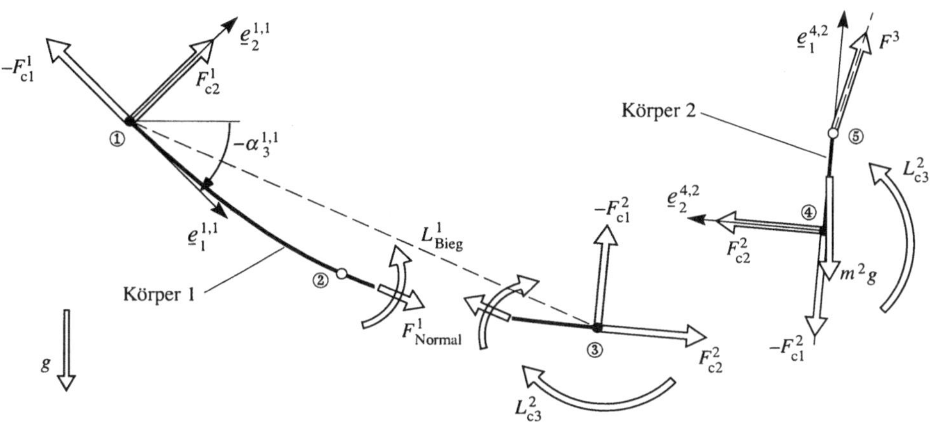

Bild 6-17:   Schnittkräfte an den Gelenken, an der Feder und im Körper $i = 1$ der Balkenstruktur im Fall a).

b) Gleichgewichtslage der Balkenstruktur ohne Federfesselung.
Setzt man die Federkraft in (6.564) gleich Null, so liefert (6.570) die Gleichgewichtslage der Balkenstruktur für den Fall b). Das Ergebnis ist in Bild 6-18 dargestellt und die zugehörigen Werte der Variablen z_l und μ sowie die inneren Kräfte und Momente $\sigma^{k,i}$ sind

$$\left.\begin{aligned}
\mathbf{z}_l\big|_{b)} &= \begin{bmatrix} 0 & 0 & \vdots & -1.640 & \vdots & 1\cdot10^{-5} & 0.111 & | & -0.155 & -1.994 & \vdots & -0.145 \end{bmatrix}^T, \\
\boldsymbol{\mu}\big|_{b)} &= \begin{bmatrix} -157.7\,\text{N} & 1.5\,\text{N} & -8.5\,\text{N} & 58.2\,\text{N} & 11.6\,\text{Nm} \end{bmatrix}^T, \\
\boldsymbol{\sigma}^{1,1}\big|_{b)} &= \begin{bmatrix} 154.7\,\text{N} \\ 0 \end{bmatrix}, \quad \boldsymbol{\sigma}^{2,1}\big|_{b)} = \begin{bmatrix} 109.4\,\text{N} \\ -3.8\,\text{Nm} \end{bmatrix}, \quad \boldsymbol{\sigma}^{3,1}\big|_{b)} = \begin{bmatrix} 0 \\ 0 \end{bmatrix}.
\end{aligned}\right\} \tag{6.573}$$

Die Verschiebung des Knotens 2,1 ergibt sich hier zu $u_1^{2,1} = 3\cdot10^{-6}$ m, $u_2^{2,1} = 0.049$ m und für den Knoten 3,1 gilt $u_1^{3,1} = 5\cdot10^{-6}$ m. Die Drehwinkel $\alpha_3^{k,i} = \alpha_3^i + \vartheta_3^{k,i}$ an den Knoten $k,i = 1,1$ und $k,i = 3,1$ ergeben sich mit (6.573), (6.178) und Tab. 6.4 zu

$$\left.\begin{aligned}
\alpha_3^{1,1} &= \alpha_3^1 + 0.7\,q_2^1 = -1.562 \text{ rad} = -89.5°, \\
\alpha_3^{3,1} &= \alpha_3^1 + \frac{\pi}{2} - 0.7\,q_2^1 = \alpha_3^{4,1} = \alpha_3^2 = -0.145 \text{ rad} = -8.3°.
\end{aligned}\right\} \tag{6.574}$$

Die Ergebnisse zeigen nur geringe Abweichungen gegenüber [8, 34, 47, 71, 82] obwohl hier nur eine Schwingungsform zur Beschreibung der Biegebewegungen verwendet wurde. In der Gleichgewichtslage b) liefern die geometrischen Steifigkeiten einen signifikanten Beitrag zu den Verformungen. Dies zeigt sich in Bild 6-18 links bei Vergleich der Lösung (durchgezogene Linie) mit einer im Bild ebenfalls angegebenen Lösung, zu deren Ermittlung nur die lineare Steifigkeitsmatrix verwendet wurde (gepunktete Linie). Die gestrichelte Linie zeigt die Gleichgewichtslage der Struktur mit einem starren Körper $i = 1$.

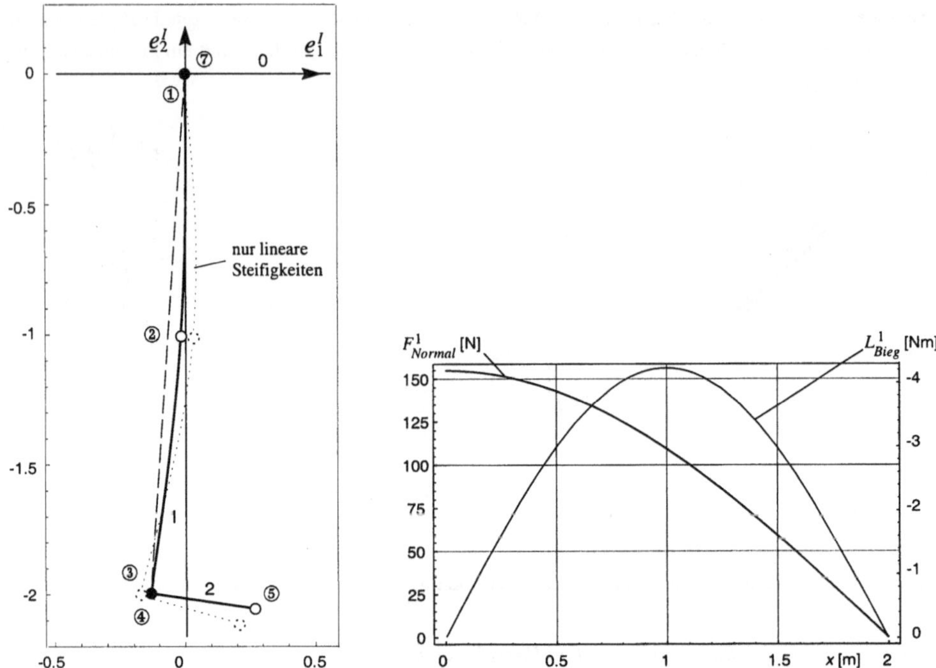

Bild 6-18:   Gleichgewichtslage und Verlauf von Normalkraft und Biegemoment im Lastfall b).

In Bild 6-18 rechts sind die in Bild 6-17 eingezeichneten Schnittgrößen im Inneren des Balkens, die Normalkraft $F_{Normal}^1(x)$ und das Biegemoment $L_{Bieg}^1(x)$, für alle Punkte der Balkenachse angegeben. Sie wurden mit (6.450) und (6.449) ermittelt. An den Enden des Balkens, in den Knoten 1,1 und 3,1, zeigen sich erneut die bereits im Lastfall a) angesprochenen Differenzen zwischen den Schnittgrößen und den dort wirksamen Gelenkkräften.

c) Einschwingvorgang aus der Gleichgewichtslage a) in b).
Die zu einer Trennung der Federverbindung in C – vgl. Bild 6-7 – gehörenden Anfangsbedingungen für die Bewegung der Struktur sind $\mathbf{z}_I(0) \equiv \mathbf{z}_I\big|_{a)}$ und $\mathbf{z}_{II}(0) = \mathbf{0}$. Die Bewegung ist in den Bildern 6-19 dargestellt.

Wegen der Strukturdämpfung $\mathbf{D}_e^1$ aus (6.447) und wegen des Drehdämpfers im Gelenk bei A klingt die Pendelbewegung ab und die Struktur kommt in der Gleichgewichtslage b) zur Ruhe. Zur Ermittlung der Bewegung müssen die differential-algebraischen Gleichungen (6.550) gelöst werden. Dabei ist $\mathbf{M}$ durch (6.557) und $\mathbf{h}_a$ durch (6.569), (6.558), (6.564), (6.567) und (6.568) mit $F^3 = 0$ gegeben. Da sich mit Mathematica keine differential-algebraischen Gleichungen lösen lassen, wurde das Integrationsprogramm ODASSL aus [26] eingesetzt. Bild 6-19, links zeigt die Struktur zu einigen ausgewählten Zeitpunkten und insbesondere die aus Fall b) bekannte Gleichgewichtslage (dicke Striche), die sich nach Abklingen der Bewegungen einstellt. In Bild 6-19, rechts ist der zeitliche Verlauf des Winkels $\alpha_3^2(t)$ – vgl. Bild 6-16 – wiedergegeben.

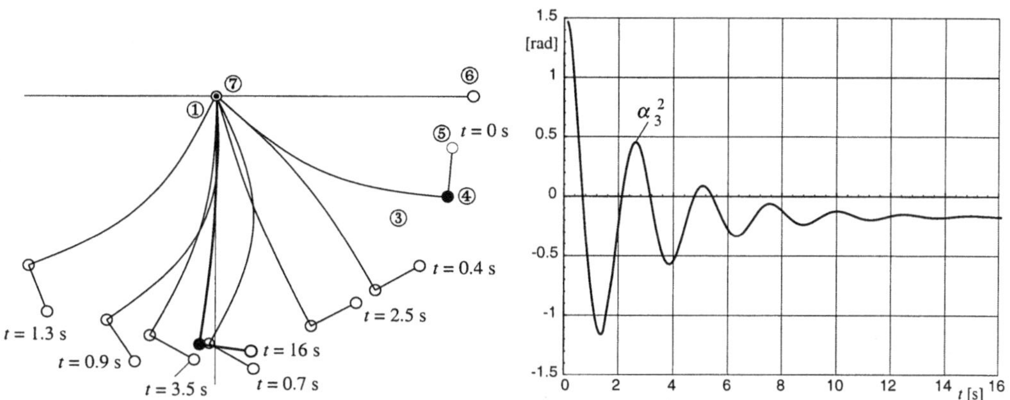

Bild 6-19: Konfigurationen der Balkenstruktur beim Einschwingen aus der Gleichgewichtslage a) in b) und zugehöriger Verlauf des Drehwinkels $\alpha_3^2(t)$.

6.5.2 Zustandsform der Bewegungsgleichungen

Wegen der jeweils n_c Zwangsgleichungen (6.541) und (6.542) können Lage und Geschwindigkeit eines Mehrkörpersystems mit je

$$n_f = n_z - n_c \tag{6.575}$$

Zustandsvariablen

$$\mathbf{y}_I = \left[y_{I,i} \right], \quad \mathbf{y}_{II} = \left[y_{II,i} \right], \quad i = 1, 2, \ldots n_f \tag{6.576}$$

angegeben werden. Sie genügen den kinematischen Bewegungsgleichungen

$$\dot{\mathbf{y}}_I = \mathbf{Y}_I\left(\mathbf{y}_I, \mathbf{y}_{II}\right) \quad \text{mit} \quad \mathbf{Y}_I\left(\mathbf{y}_I, \mathbf{y}_{II}\right) = \mathbf{Y}\left(\mathbf{y}_I\right) \mathbf{y}_{II}, \tag{6.577}$$

die sich aus der Definition der Variablen (6.576) ergeben. Die allgemeine Form (6.577) der Bewegungsgleichungen folgt mit Hilfe der Zwangsgleichungen aus (6.535).

Explizite Bindungsgleichungen

Wie in Abschnitt 6.2.3 für ein einzelnes Gelenk gezeigt, erhält man aus den impliziten Bindungsgleichungen (6.541) und (6.542) die expliziten Bindungsgleichungen. Sie lauten für die Lagevariablen

$$\mathbf{z}_I = \mathbf{f}(\mathbf{y}_I, t), \quad \mathbf{f} = \left[f_i \right], \quad i = 1, 2, \ldots n_z. \tag{6.578}$$

Bei Beschränkung auf holonome Bindungen ergeben sich die expliziten Bindungsgleichungen für die Geschwindigkeiten mit (6.577) durch Ableitung von (6.578) nach der Zeit zu

$$\mathbf{z}_{II} = \boldsymbol{\varphi}\,\mathbf{y}_{II} + \overline{\boldsymbol{\varphi}}\,\overline{\mathbf{y}}_{II} = \boldsymbol{\varphi}\,\mathbf{y}_{II} + \overline{\boldsymbol{\chi}}, \quad \text{wo} \quad \overline{\boldsymbol{\chi}} = \overline{\boldsymbol{\varphi}}\,\overline{\mathbf{y}}_{II} \tag{6.579}$$

mit den unbekannten Geschwindigkeiten $\mathbf{y}_{II}$ aus (6.576) und mit den wegen der Zwangsbedingungen bekannten Geschwindigkeiten

$$\overline{\mathbf{y}}_{II} = \left[\overline{\mathbf{y}}_{II,i}\right], \quad i = 1, 2, \dots n_c . \tag{6.580}$$

Für die Matrizen auf der rechten Seite von (6.579) findet man

$$\boldsymbol{\varphi} = \mathbf{Z}^{-1}\frac{\partial \mathbf{f}(\mathbf{y}_I,t)}{\partial \mathbf{y}_I}\,\mathbf{Y} \quad \text{und} \quad \overline{\boldsymbol{\chi}} = \overline{\boldsymbol{\varphi}}\,\overline{\mathbf{y}}_{II} = \mathbf{Z}^{-1}\frac{\partial \mathbf{f}(\mathbf{y}_I,t)}{\partial t} . \tag{6.581}$$

Nochmalige Ableitung von (6.579) liefert die Zwangsgleichungen für die Beschleunigungen

$$\dot{\mathbf{z}}_{II} = \boldsymbol{\varphi}\,\dot{\mathbf{y}}_{II} + \overline{\boldsymbol{\chi}}_B$$

$$\text{wo} \quad \overline{\boldsymbol{\chi}}_B = \left(\frac{\partial \boldsymbol{\varphi}(\mathbf{y}_I,t)}{\partial \mathbf{y}_I}\,\mathbf{Y}\,\mathbf{y}_{II} + \frac{\partial \boldsymbol{\varphi}(\mathbf{y}_I,t)}{\partial t}\right)\mathbf{y}_{II} + \frac{\partial \overline{\boldsymbol{\chi}}(\mathbf{y}_I,t)}{\partial \mathbf{y}_I}\,\mathbf{Y}\,\mathbf{y}_{II} + \frac{\partial \overline{\boldsymbol{\chi}}(\mathbf{y}_I,t)}{\partial t} . \tag{6.582}$$

Die Bindungsgleichungen (6.579) für die Geschwindigkeiten lassen sich nach Abschnitt 6.2.3 in einem linearen Vektorraum interpretieren. Er hat hier die Dimension n_z. Die Basis

$$\widehat{\boldsymbol{\varphi}} = \left[\boldsymbol{\varphi}, \overline{\boldsymbol{\varphi}}\right], \quad \boldsymbol{\varphi} = \left[\boldsymbol{\varphi}_{*i}\right], \quad \overline{\boldsymbol{\varphi}} = \left[\overline{\boldsymbol{\varphi}}_{*j}\right], \quad i = 1, 2, \dots n_f, \quad j = 1, 2, \dots n_c \tag{6.583}$$

des n_z-dimensionalen Vektorraums $\mathcal{V}^{n_z}$ ist in (6.579) so gewählt, daß bei Darstellung der Geschwindigkeiten $\mathbf{z}_{II}$ einerseits die unbekannten Geschwindigkeiten $\mathbf{y}_{II}$ und andererseits die bekannten Geschwindigkeiten $\overline{\mathbf{y}}_{II}$ als Koordinaten erscheinen.

Gleichungen zur Angabe der Koordinaten $\mathbf{y}_{II}$ und $\overline{\mathbf{y}}_{II}$ aus (6.579) findet man mit der durch

$$\widehat{\boldsymbol{\psi}}^T = \widehat{\boldsymbol{\varphi}}^{-1} \quad \text{und} \quad \widehat{\boldsymbol{\psi}} = \left[\boldsymbol{\psi}, \overline{\boldsymbol{\psi}}\right] \tag{6.584}$$

gegebenen, dualen oder reziproken Basis $\widehat{\boldsymbol{\psi}}$ des $\mathcal{V}^{n_z}$. Für die Submatrizen von $\widehat{\boldsymbol{\varphi}}$ und $\widehat{\boldsymbol{\psi}}$ gilt wegen (6.584)

$$\boldsymbol{\psi}^T\boldsymbol{\varphi} = \mathbf{E}, \quad \overline{\boldsymbol{\psi}}^T\boldsymbol{\varphi} = \mathbf{0}, \quad \boldsymbol{\psi}^T\overline{\boldsymbol{\varphi}} = \mathbf{0}, \quad \overline{\boldsymbol{\psi}}^T\overline{\boldsymbol{\varphi}} = \mathbf{E} . \tag{6.585}$$

Damit erhält man aus (6.579) einerseits

$$\boldsymbol{\psi}^T\mathbf{z}_{II} = \mathbf{y}_{II}, \tag{6.586}$$

also die Deutung der unbekannten Geschwindigkeiten $\mathbf{y}_{II}$ als Projektionen von $\mathbf{z}_{II}$ auf die dualen Modevektoren $\boldsymbol{\psi}$ freier Bewegungen und andererseits

$$\overline{\boldsymbol{\psi}}^T \mathbf{z}_{II} = \overline{\mathbf{y}}_{II}.\tag{6.587}$$

Dies sind Bedingungsgleichungen für die Geschwindigkeiten $\mathbf{z}_{II}$, also die Zwangsgleichungen (6.542) für die Bewegungen des Systems, da die Geschwindigkeiten $\overline{\mathbf{y}}_{II}$ bekannt sind. Ein Vergleich zeigt:

$$\overline{\boldsymbol{\psi}}^T \equiv \mathbf{G} \quad \text{und} \quad \overline{\mathbf{y}}_{II} \equiv \boldsymbol{\kappa}.\tag{6.588}$$

Generalisierte Kräfte

Die generalisierten Kräfte $\mathbf{h}_z$ aus (6.539), also

$$\mathbf{h}_z = \mathbf{h}_a + \mathbf{h}_c,\tag{6.589}$$

sind, wie die generalisierten Geschwindigkeiten $\mathbf{z}_{II}$ aus (6.579), ein Element des $\mathcal{V}^{n_z}$. Man kann sie daher mit Hilfe der Modevektoren aus (6.583) und (6.584) darstellen. Bei Verwendung der reziproken Basis $\hat{\boldsymbol{\psi}}$ aus (6.584) gilt

$$\mathbf{h}_z = \boldsymbol{\psi}\,\boldsymbol{\lambda} + \overline{\boldsymbol{\psi}}\,\overline{\boldsymbol{\lambda}}, \quad \boldsymbol{\lambda} = \left[\lambda_i\right], \quad \overline{\boldsymbol{\lambda}} = \left[\lambda_j\right], \quad i = 1, 2, \ldots n_f, \, j = 1, 2, \ldots n_c.\tag{6.590}$$

Mit (6.585) lassen sich die Koordinaten $\boldsymbol{\lambda}$ bzw. $\overline{\boldsymbol{\lambda}}$ deuten als die Projektionen der generalisierten Kräfte $\mathbf{h}_z$ auf die Modevektoren $\boldsymbol{\varphi}$ bzw. $\overline{\boldsymbol{\varphi}}$ freier bzw. gebundener Bewegungen:

$$\boldsymbol{\lambda} = \boldsymbol{\varphi}^T \mathbf{h}_z = \boldsymbol{\varphi}^T \left(\mathbf{h}_a + \mathbf{h}_c\right), \quad \overline{\boldsymbol{\lambda}} = \overline{\boldsymbol{\varphi}}^T \mathbf{h}_z = \overline{\boldsymbol{\varphi}}^T \left(\mathbf{h}_a + \mathbf{h}_c\right).\tag{6.591}$$

Den Gleichungen (6.579), (6.585), (6.590) und (6.591) liegen bisher nur kinematische Aussagen zu Grunde. Die zur Angabe kinetischer Bewegungsgleichungen benötigten Gesetze über die Natur der Zwangskräfte kann man in diese Gleichungen mit Hilfe der Prinzipe der Mechanik einarbeiten. Das Jourdainsche Prinzip besagt nach (6.545), daß die generalisierten Zwangskräfte $\mathbf{h}_c$ virtuell leistungslos sind, wobei die virtuellen Geschwindigkeiten $\delta\mathbf{z}_{II}$ nach (6.544) und (6.588) den linearen Gleichungen

$$\overline{\boldsymbol{\psi}}^T \delta\mathbf{z}_{II} = \mathbf{0}\tag{6.592}$$

genügen. Wie aus den Erläuterungen zu (6.150) bekannt, ist der erste Summand $\boldsymbol{\varphi}\,\mathbf{y}_{II}$ aus (6.579) eine Lösung der zu (6.587) gehörenden, homogenen Zwangsgleichungen. Damit folgt aus (6.592)

$$\delta\mathbf{z}_{II} = \boldsymbol{\varphi}\,\delta\mathbf{y}_{II}\tag{6.593}$$

mit den virtuellen Geschwindigkeiten

$$\delta \mathbf{y}_{II} = \left[\delta y_{IIi} \right], \quad i = 1, 2, \ldots n_f.$$
(6.594)

Mit (6.593) ergibt sich aus (6.545)

$$\delta \mathbf{y}_{II}^{T} \, \boldsymbol{\varphi}^{T} \, \mathbf{h}_c = 0.$$
(6.595)

Während die n_z Elemente von $\delta \mathbf{z}_{II}$ in der durch (6.592) gegebenen Linearkombination verschwinden, sind die n_f Elemente von $\delta \mathbf{y}_{II}$ aus (6.594) von Null verschiedene, beliebig wählbare Größen. Damit folgt aus (6.595)

$$\boldsymbol{\varphi}^{T} \, \mathbf{h}_c = \mathbf{0},$$
(6.596)

und man erhält für die Koordinaten (6.591) von $\mathbf{h}_z$

$$\boldsymbol{\lambda} = \boldsymbol{\varphi}^{T} \, \mathbf{h}_a \quad \text{und} \quad \overline{\boldsymbol{\lambda}} = \overline{\boldsymbol{\varphi}}^{T} \left(\mathbf{h}_a + \mathbf{h}_c \right).$$
(6.597)

Die Prinzipe der Mechanik lehren somit, daß die bei Angabe von $\mathbf{h}_z$ in der Basis $[\boldsymbol{\psi}, \overline{\boldsymbol{\psi}}]$ erscheinenden Koordinaten $\boldsymbol{\lambda}$ die zu den unbekannten, generalisierten Geschwindigkeiten $\mathbf{y}_{II}$ gehörenden, generalisierten, eingeprägten Kräfte darstellen. Sie sind bekannte Funktionen der Zustandsvariablen. Die Koordinaten $\overline{\boldsymbol{\lambda}}$ sind die zu den bekannten, generalisierten Geschwindigkeiten $\overline{\mathbf{y}}_{II}$ gehörenden generalisierten Kräfte. Sie sind unbekannt, da sie $\mathbf{h}_c$ enthalten.

Nach (6.547) und (6.588) werden die Zwangskräfte $\mathbf{h}_c$ durch die zu den Zwangsgleichungen (6.587) gehörenden Lagrangeschen Multiplikatoren $\boldsymbol{\mu}$ dargestellt in der Form

$$\mathbf{h}_c = \overline{\boldsymbol{\psi}} \, \boldsymbol{\mu}.$$
(6.598)

Die Deutung der Elemente von $\boldsymbol{\mu}$ ergibt sich in Analogie zur Deutung der Koordinaten $\overline{\boldsymbol{\lambda}}$ in (6.597) mit (6.585) aus (6.598) zu

$$\boldsymbol{\mu} = \overline{\boldsymbol{\varphi}}^{T} \, \mathbf{h}_c.$$
(6.599)

Die Lagrangeschen Multiplikatoren sind die Projektionen der Zwangskräfte $\mathbf{h}_c$ auf die Modevektoren $\overline{\boldsymbol{\varphi}}$ gebundener Bewegungen. Mit (6.599) erhält man aus (6.597)

$$\overline{\boldsymbol{\lambda}} = \boldsymbol{\mu} + \overline{\boldsymbol{\varphi}}^{T} \, \mathbf{h}_a.$$
(6.600)

Zustandsgleichungen und Zwangskräfte

Mit (6.593) und (6.582) erhält man aus (6.546)

$$\delta \mathbf{y}_{II}^{T} \, \boldsymbol{\varphi}^{T} \left(\mathbf{M} \, \boldsymbol{\varphi} \, \dot{\mathbf{y}}_{II} + \mathbf{M} \, \overline{\boldsymbol{\chi}}_B - \mathbf{h}_a \right) = 0,$$
(6.601)

also die mit $\dot{\mathbf{y}}_{II}$ und $\delta\mathbf{y}_{II}$ formulierte Aussage des Jourdainschen Prinzips. Mit der zu den Geschwindigkeiten $\mathbf{y}_{II}$ gehörenden generalisierten $n_f \times n_f$-Massenmatrix

$$\mathbf{M}_y = \boldsymbol{\varphi}^T \mathbf{M}\, \boldsymbol{\varphi}, \tag{6.602}$$

und mit der $n_f \times 1$-Matrix

$$\mathbf{h}_y = \boldsymbol{\varphi}^T \left(\mathbf{h}_a - \mathbf{M}\, \overline{\boldsymbol{\chi}}_B\right) \tag{6.603}$$

der zu $\mathbf{y}_{II}$ gehörenden, generalisierten eingeprägten Kräfte und Trägheitskräfte folgt aus (6.601), da die Elemente von $\delta\mathbf{y}_{II}$ beliebig wählbare Größen ungleich Null sind

$$\mathbf{M}_y\, \dot{\mathbf{y}}_{II} = \mathbf{h}_y. \tag{6.604}$$

Die n_f Gleichungen (6.604) sind die zu den kinematischen Zustandsgleichungen (6.577) gehörenden, kinetischen Zustandsgleichungen

$$\dot{\mathbf{y}}_{II} = \mathbf{Y}_{II}(\mathbf{y}_I, \mathbf{y}_{II}, t) \quad \text{mit} \quad \mathbf{Y}_{II} = \mathbf{M}_y^{-1}\mathbf{h}_y. \tag{6.605}$$

Sie zeigen, daß man die Systembewegungen $\mathbf{y}_I(t)$ und $\mathbf{y}_{II}(t)$ ohne Kenntnis der Zwangskräfte $\mathbf{h}_c$ bestimmen kann. Diese Kräfte werden bei einer Systemanalyse aber oft benötigt. Man kann sie mit der aus (6.547), (6.548) und (6.582) folgenden Gleichung

$$\mathbf{h}_c = \mathbf{M}\left(\boldsymbol{\varphi}\, \dot{\mathbf{y}}_{II} + \overline{\boldsymbol{\chi}}_B\right) - \mathbf{h}_a \tag{6.606}$$

bestimmen. Mit der $n_c \times n_f$-Matrix

$$\overline{\mathbf{M}}_y = \overline{\boldsymbol{\varphi}}^T \mathbf{M}\, \boldsymbol{\varphi} \tag{6.607}$$

und mit der $n_c \times 1$-Matrix

$$\overline{\mathbf{h}}_y = \overline{\boldsymbol{\varphi}}^T \left(\mathbf{h}_a - \mathbf{M}\, \overline{\boldsymbol{\chi}}_B\right) \tag{6.608}$$

erhält man aus (6.606) mit (6.599) eine Gleichung für die Lagrangeschen Multiplikatoren:

$$\boldsymbol{\mu} = \overline{\mathbf{M}}_y\, \dot{\mathbf{y}}_{II} - \overline{\mathbf{h}}_y. \tag{6.609}$$

Wie die Bewegungsgleichungen (6.604) zeigen, tragen die Projektionen $\overline{\boldsymbol{\varphi}}^T \mathbf{h}_a$ der eingeprägten Kräfte $\mathbf{h}_a$, wie die durch $\boldsymbol{\mu}$ gemäß (6.599) dargestellten Zwangskräfte $\mathbf{h}_c$, zu den durch $\mathbf{y}_I(t)$ und $\mathbf{y}_{II}(t)$ beschriebenen Bewegungen des Systems nichts bei. Beide Summanden von $\overline{\boldsymbol{\lambda}}$ aus (6.600) kommen demnach nicht zur Erzeugung von Beschleunigungen $\dot{\mathbf{y}}_{II}(t)$, gehen also quasi verloren. Der Begriff der verlorenen Kräfte spielte in der Anfangszeit der Entwicklung der Prinzipe der Mechanik eine zentrale Rolle – vgl. [12], S. 66 und [73], S. 35. Hier werden die verlorenen Kräfte, also die Koordinaten $\overline{\lambda}$ von $\mathbf{h}_z$, wie in [56] vorgeschlagen, als generalisierte Zwangskräfte zu den Geschwindigkeiten $\overline{\mathbf{y}}_{II}$ bezeichnet, in Analogie zu den aus den Lagrangeschen Bewegungsgleichungen 2. Art bekannten, generalisierten eingeprägten Kräfte λ.

Deutung der Gleichungen im linearen Vektorraum

Die Herleitung der Zustandsgleichungen und der Gleichungen zur Ermittlung der Zwangskräfte läßt sich im linearen Vektorraum $\mathcal{V}^{n_z}$ interpretieren. Die Dimension des Raums entspricht der Anzahl der zur Beschreibung der Bewegungen verwendeten, redundanten Geschwindigkeitskoordinaten $\mathbf{z}_{II}$. Mit den Zwangsgleichungen für die Geschwindigkeiten sind zwei Unterräume des $\mathcal{V}^{n_z}$ in eindeutiger Weise festgelegt, in denen ausschließlich die freien Bewegungen einerseits und die gebundenen Bewegungen andererseits vorkommen. Beide Unterräume lassen sich in beliebiger Weise durch Basisvektoren $\boldsymbol{\varphi}$ und $\boldsymbol{\psi}$ bzw. $\overline{\boldsymbol{\varphi}}$ und $\overline{\boldsymbol{\psi}}$ aufspannen. Bei vorgegebenen Koordinaten $\mathbf{z}_{II}$ liegen die Basisvektoren $\boldsymbol{\varphi}$ und $\boldsymbol{\psi}$ mit der Wahl der Geschwindigkeitszustände $\mathbf{y}_{II}$ nach (6.579) und (6.586) fest. Eine Basis $\overline{\boldsymbol{\psi}}$ kann man durch Formulierung der impliziten Zwangsgleichungen (6.587), d. h. durch die Wahl der Koordinaten $\overline{\mathbf{y}}_{II}$ der bekannten Geschwindigkeiten, festlegen. Eine bessere Nutzung der Freiheit zur Wahl der Basisvektoren $\overline{\boldsymbol{\varphi}}$ und $\overline{\boldsymbol{\psi}}$ des Unterraums der gebundenen Bewegungen ergibt sich aber aus den Gleichungen (6.599) und (6.600) zur Definition von $\boldsymbol{\mu}$ und $\overline{\lambda}$. Man wählt $\overline{\boldsymbol{\varphi}}$ so, daß die Elemente von $\boldsymbol{\mu}$ und $\overline{\lambda}$ zur Systembeurteilung benötigte Größen sind. Mit festliegenden Basisvektoren $\boldsymbol{\varphi}$ und $\overline{\boldsymbol{\varphi}}$ ergeben sich $\boldsymbol{\psi}$ und $\overline{\boldsymbol{\psi}}$ aus (6.584).

Verfahren zur Herleitung der Bewegungsgleichungen mechanischer Systeme werden zuweilen in analytische und synthetische Methoden eingeteilt, [38], S. 26 bis 37, [10], S. 81. Mit der oben angegebenen Interpretation der Zwangsgleichungen (6.579) und (6.587), mit der Darstellung (6.590) der im System wirksamen Kräfte und mit der Deutung (6.597) ihrer Koordinaten in der Basis [$\boldsymbol{\psi}$, $\overline{\boldsymbol{\psi}}$] kann man eine Vorschrift zur Herleitung der Gleichungen (6.604) und (6.609) angeben, die der Klasse der synthetischen Methoden zuzurechnen ist. Man geht von den Gleichungen (6.298) aus, die man durch Freischneiden der n Körper des Systems und Anbringen der Schnittkräfte gemäß Bild 6-12 erhält. Sie lauten mit (6.297)

$$\mathbf{M}^i \, \dot{\mathbf{z}}^i_{II} = \mathbf{h}^i_z \,, \quad \mathbf{h}^i_z = \mathbf{h}^i_a + \mathbf{h}^i_c \,, \quad i = 1, 2, \ldots n \tag{6.610}$$

und lassen sich zu den Systemgleichungen

$$\mathbf{M} \, \dot{\mathbf{z}}_{II} = \mathbf{h}_a + \mathbf{h}_c \quad \text{oder} \quad \mathbf{M} \, \dot{\mathbf{z}}_{II} = \mathbf{h}_z \tag{6.611}$$

zusammenfassen mit den Matrizen $\mathbf{M}$, $\mathbf{h}_a$, $\mathbf{h}_c$ und $\mathbf{h}_z$ aus (6.536), (6.537) und (6.589).

Nach (6.586) ergeben sich die Geschwindigkeiten $\mathbf{y}_{II}$ aus $\mathbf{z}_{II}$ durch Projektion in den Unterraum der freien Bewegungen. Entsprechend erhält man aus (6.611) Bewegungsgleichungen für $\mathbf{y}_{II}$ durch Projektion in diesen Unterraum. Alle Projektionen von Kräften, die nicht im Unterraum der freien Bewegungen liegen – sie liegen damit im Unterraum der gebundenen

Bewegungen – tragen zur Beschleunigung $\dot{\mathbf{y}}_{II}$ des System nichts bei. Dies gilt nach dem Jourdainschen Prinzip (6.596) insbesondere für die Gesamtheit der Zwangskräfte $\mathbf{h}_c$. Sie werden demnach zwar nicht zur Ermittlung der Systembewegung benötigt, wohl aber zur Beurteilung eines Systementwurfs. Da die Zwangskräfte $\mathbf{h}_c$ ein Element des Unterraums der gebundenen Bewegungen sind, gewinnt man die Gleichungen zu ihrer Berechnung, wenn man die Bewegungsgleichungen in den redundanten Koordinaten $\mathbf{z}_{II}$ auf eine geeignete Basis dieses Unterraums projiziert.

Zum Nachweis der Gültigkeit dieser Aussagen trennt man mit (6.579) und (6.590) die generalisierten Geschwindigkeiten $\mathbf{z}_{II}$ und die zugehörigen Kräfte $\mathbf{h}_z$ in die beiden Anteile, die in den Unterräumen der freien und der gebundenen Bewegungen des $\mathcal{V}^{n_z}$ liegen und findet unter Verwendung von (6.582)

$$\mathbf{M}\,\boldsymbol{\varphi}\,\dot{\mathbf{y}}_{II} = \boldsymbol{\psi}\,\boldsymbol{\lambda} + \overline{\boldsymbol{\psi}}\,\overline{\boldsymbol{\lambda}} - \mathbf{M}\,\overline{\boldsymbol{\chi}}_B. \tag{6.612}$$

Durch Projektion auf die Modevektoren $\boldsymbol{\varphi}$ der freien Bewegungen erhält man unter Beachtung der Orthogonalitätsbedingungen (6.585) die kinetischen Zustandsgleichungen (6.604) mit den in (6.602) und (6.603) angegebenen Matrizen. Projiziert man die Gleichungen (6.612) dagegen in den Unterraum der gebundenen Bewegungen, also auf $\overline{\boldsymbol{\varphi}}$, so erhält man mit (6.607) und unter Beachtung der Orthogonalitätsbedingungen (6.585)

$$\overline{\boldsymbol{\lambda}} = \overline{\mathbf{M}}_y\,\dot{\mathbf{y}}_{II} + \overline{\boldsymbol{\varphi}}^T\,\mathbf{M}\,\overline{\boldsymbol{\chi}}_B. \tag{6.613}$$

Hieraus ergibt sich mit (6.600) die in (6.609) angegebene Gleichung für $\boldsymbol{\mu}$. Aus ihr erhält man unter Beachtung von (6.598) durch Multiplikation mit $\overline{\boldsymbol{\psi}}$

$$\mathbf{h}_c = \overline{\boldsymbol{\psi}}\,\overline{\boldsymbol{\varphi}}^T \left(\mathbf{M}\,\boldsymbol{\varphi}\,\dot{\mathbf{y}}_{II} + \mathbf{M}\,\overline{\boldsymbol{\chi}}_B - \mathbf{h}_a \right). \tag{6.614}$$

Die beiden Darstellungen (6.606) und (6.614) von $\mathbf{h}_c$ stimmen überein, was man folgendermaßen erkennt: Nach (6.584) gilt $\widehat{\boldsymbol{\varphi}}^T\,\widehat{\boldsymbol{\psi}} = \mathbf{E}$. Hieraus ergibt sich durch Multiplikation mit $\widehat{\boldsymbol{\psi}}$ von links und mit $\widehat{\boldsymbol{\psi}}^{-1} = \widehat{\boldsymbol{\varphi}}^T$ von rechts, daß $\widehat{\boldsymbol{\psi}}\widehat{\boldsymbol{\varphi}}^T\,\widehat{\boldsymbol{\psi}}\widehat{\boldsymbol{\varphi}}^T = \mathbf{E}$, also daß $\widehat{\boldsymbol{\psi}}\widehat{\boldsymbol{\varphi}}^T = \mathbf{E}$. Mit den in (6.583) und (6.584) angegebenen Partitionierungen der Matrizen $\widehat{\boldsymbol{\varphi}}$ und $\widehat{\boldsymbol{\psi}}$ folgt

$$\boldsymbol{\psi}\,\boldsymbol{\varphi}^T + \overline{\boldsymbol{\psi}}\,\overline{\boldsymbol{\varphi}}^T = \mathbf{E} \quad \text{also} \quad \overline{\boldsymbol{\psi}}\,\overline{\boldsymbol{\varphi}}^T = \mathbf{E} - \boldsymbol{\psi}\,\boldsymbol{\varphi}^T. \tag{6.615}$$

Mit dieser Beziehung gilt $\overline{\boldsymbol{\psi}}\,\overline{\boldsymbol{\varphi}}^T\,\mathbf{h}_c = (\mathbf{E} - \boldsymbol{\psi}\,\boldsymbol{\varphi}^T)\,\mathbf{h}_c$, woraus mit (6.596) folgt, daß

$$\overline{\boldsymbol{\psi}}\,\overline{\boldsymbol{\varphi}}^T\,\mathbf{h}_c = \mathbf{h}_c. \tag{6.616}$$

Einsetzen von $\mathbf{h}_c$ aus (6.606) auf der linken Seite dieser Gleichung ergibt den in (6.614) angegebenen Ausdruck für die Zwangskräfte.

Mit den obigen Gleichungen ergibt sich eine, hier in fünf Schritte gegliederte, formale Vorgehensweise zur Angabe der Zustandsgleichungen und der Gleichungen zur Ermittlung der Zwangskräfte:

1. Wähle einen Satz von je n_z redundanten Lage- und Geschwindigkeitskoordinaten $\mathbf{z}_I$ und $\mathbf{z}_{II}$ gemäß (6.2) und ermittle die Matrizen $\mathbf{M}$, $\mathbf{h}_a$ und $\mathbf{h}_c$ aus den Bewegungsgleichungen (6.611). Die Angabe von $\mathbf{h}_c$ beschränkt auf die Definition der Koordinaten der an den Körpern wirksamen Kräfte und Momente. Die Elemente von $\mathbf{h}_a$ und $\mathbf{h}_c$ müssen zu den generalisierten Geschwindigkeiten $\mathbf{z}_{II}$ gehörende, generalisierte Kräfte sein.

2. Wähle einen Satz von je n_f Zustandsgrößen $\mathbf{y}_I$ und $\mathbf{y}_{II}$ zur Angabe von Lage und Geschwindigkeit des Systems gemäß (6.576) und ermittle $\mathbf{Y} = \mathbf{Y}(\mathbf{y}_I)$ aus (6.577), also die kinematischen Bewegungsgleichungen in den Zustandsvariablen $\mathbf{y}_I$ und $\mathbf{y}_{II}$.

3. Ermittle die expliziten Zwangsgleichungen (6.578) und (6.579) für die Lage- und die Geschwindigkeitskoordinaten unter Berücksichtigung der Definitionen von $\mathbf{z}_I$, $\mathbf{z}_{II}$ und von $\mathbf{y}_I$, $\mathbf{y}_{II}$ aus den Schritten 1 und 2. Zur Angabe der Bewegungsgleichungen werden nur die zu $\mathbf{y}_{II}$ gehörenden Modevektoren $\boldsymbol{\varphi}$ freier Bewegungen benötigt. Die Definition der vorgegebenen Bewegungen $\overline{\mathbf{y}}_{II}$, also die Trennung des Produkts $\overline{\boldsymbol{\chi}} = \overline{\boldsymbol{\varphi}}\,\overline{\mathbf{y}}_{II}$ in die Faktoren $\overline{\boldsymbol{\varphi}}$ und $\overline{\mathbf{y}}_{II}$ ist erst in Schritt 5, bei Berechnung der Zwangskräfte, erforderlich.

4. Formuliere die Zustandsgleichungen (6.604), d. h. berechne die Matrizen $\mathbf{M}_y$ und $\mathbf{h}_y$ aus (6.602) und (6.603).

5. Wähle die Modevektoren $\overline{\boldsymbol{\varphi}}$ so, daß die Elemente von $\boldsymbol{\mu} = \overline{\boldsymbol{\varphi}}^T \mathbf{h}_c$ die zur Systembeurteilung erforderlichen Koordinaten der Zwangskräfte $\mathbf{h}_c$ sind, und ermittle die Matrizen $\overline{\mathbf{M}}_y$ und $\overline{\mathbf{h}}_y$ aus (6.607) und (6.608). Die Lagrangeschen Multiplikatoren $\boldsymbol{\mu}$ ergeben sich nach Lösung der Zustandsgleichungen (6.604) aus (6.609). Sie stellen die zu $\overline{y}_{IIi}(t) \equiv 0$ und zu $\overline{y}_{IIi}(t) \neq 0$, also zum Sperren von Bewegungen und zum Aufrechterhalten a priori bekannter Bewegungen, erforderlichen Kräfte und Momente dar. Dabei können gezielt nur diejenigen Elemente von $\boldsymbol{\mu}$ ermittelt werden, die zur Systembeurteilung von Interesse sind. Die Koordinaten $\mathbf{h}_c$ können mit (6.606) oder (6.614) berechnet werden.

Diese, auf dem Jourdainschen Prinzip beruhende, Vorschrift entspricht den sogenannten Kaneschen Gleichungen – vgl. [36], [56], S. 206 und, für Anwendungen bei Mehrkörpersystemen, [33]. Unterschiede beschränken sich auf Darstellung und Terminologie. Während die Gleichungen hier in Matrizenform angegeben sind, werden die entsprechenden Bewegungsgleichungen in [36] in symbolischer Schreibweise, also ohne Angabe der Vektoren und Tensoren in einer bestimmten Basis, angeschrieben. Dabei spielen sog. partial velocities eine zentrale Rolle. Ihre Koordinaten sind die hier verwendeten Modevektoren $\boldsymbol{\varphi}$ freier Bewegungen.

Reibung und geometrische Steifigkeiten

Mit dem Jourdainschen Prinzip wurden durch $\boldsymbol{\mu}$ erfaßte Zwangskräfte aus den Bewegungsgleichungen (6.604) eliminiert. Sie verbleiben aber in den Gleichungen, wenn die eingeprägten Kräfte von Zwangskräften abhängen. Eine Elimination der Zwangskräfte ist auch in solchen Fällen möglich. Sie wird besonders einfach, wenn die eingeprägten Kräfte lineare Funktionen der Zwangskräfte sind. In solchen Fällen kommt zu der von den Zwangskräften unabhängigen Matrix $\mathbf{h}_a$ noch ein Term $\mathbf{h}_{a\mu}\,\boldsymbol{\mu}$ hinzu, also

$$\mathbf{h}_a \;\Rightarrow\; \mathbf{h}_a + \mathbf{h}_{a\mu}\,\boldsymbol{\mu}. \tag{6.617}$$

Bei Coulombscher Reibung ergibt sich die $n_z \times n_c$-Matrix $\mathbf{h}_{a\mu}$ aus den Beiträgen $\mathbf{h}^i_f$ zu $\mathbf{h}^i_a$ gemäß (6.294). Für die $\mathbf{h}^i_f$ gilt (6.289) und (6.291), wobei sich die Matrizen $\boldsymbol{\Lambda}^r_f$ gemäß (6.290) aus den Kräften $\mathbf{F}^r_f$ und Momenten $\mathbf{L}^r_f$ in Kraftelementen zusammensetzen. Diese Größen sind bei Coulombscher Reibung lineare Funktionen von $\boldsymbol{\mu}$.

Ein Beitrag der Form $\mathbf{h}_{a\mu}\,\boldsymbol{\mu}$ ergibt sich aber auch, wenn geometrische Steifigkeiten infolge von Zwangskräften berücksichtigt werden müssen. Wie im Beispiel 6.7 erläutert, ändert sich in solchen Fällen $\mathbf{G} \equiv \overline{\boldsymbol{\psi}}^T$ gemäß (6.560). Demzufolge nehmen die Bewegungsgleichungen (6.548) mit $\mathbf{G}_{geo} \equiv \overline{\boldsymbol{\psi}}^T_{geo}$ dann die folgende Form an

$$\mathbf{M}\,\dot{\mathbf{z}}_{II} - \overline{\boldsymbol{\psi}}\,\boldsymbol{\mu} = \mathbf{h}_a + \overline{\boldsymbol{\psi}}_{geo}\,\boldsymbol{\mu}. \tag{6.618}$$

Diese Gleichungen lassen sich mit (6.582) und (6.585) in die reduzierten Gleichungen (6.604) umformen, wobei zu $\mathbf{h}_a$ gemäß (6.617) der Term $\mathbf{h}_{a\mu}\,\boldsymbol{\mu}$ hinzukommt mit

$$\mathbf{h}_{a\mu} = \overline{\boldsymbol{\psi}}_{geo} = \mathbf{G}^T_{geo}. \tag{6.619}$$

Die Ergänzung der von den Zwangskräften unabhängigen Matrix $\mathbf{h}_a$ um den Term $\mathbf{h}_{a\mu}\,\boldsymbol{\mu}$ gemäß (6.617) liefert anstelle der Bewegungsgleichungen (6.604) und der Gleichungen (6.609) zur Berechnung der Zwangskräfte:

$$\mathbf{M}_y\,\dot{\mathbf{y}}_{II} = \mathbf{h}_y + \boldsymbol{\varphi}^T\,\mathbf{h}_{a\mu}\,\boldsymbol{\mu}, \tag{6.620}$$

$$\boldsymbol{\mu} = \overline{\mathbf{M}}_y\,\dot{\mathbf{y}}_{II} - \overline{\mathbf{h}}_y - \overline{\boldsymbol{\varphi}}^T\,\mathbf{h}_{a\mu}\,\boldsymbol{\mu}. \tag{6.621}$$

Aus (6.621) ergibt sich

$$\boldsymbol{\mu} = \left(\mathbf{E} + \overline{\boldsymbol{\varphi}}^T\,\mathbf{h}_{a\mu}\right)^{-1}\left(\overline{\mathbf{M}}_y\,\dot{\mathbf{y}}_{II} - \overline{\mathbf{h}}_y\right). \tag{6.622}$$

Mit (6.622) kann man $\boldsymbol{\mu}$ aus den Bewegungsgleichungen (6.620) eliminieren. Die resultierenden Zustandsgleichungen erlauben eine Analyse von Systemen mit Reibung oder mit geometrischen Steifigkeiten infolge von Zwangskräften. Die Massenmatrix dieser Gleichungen ist aber unsymmetrisch und die Angabe der Gleichungen erfordert nach (6.622) die Inversion einer $n_c \times n_c$-Matrix.

● **Beispiel 6.8: Zustandsform der Bewegungsgleichungen der Balkenstruktur.** Für das Mehrkörpersystem aus Bild 6-7 soll die Zustandsform der Bewegungsgleichungen in den oben erläuterten Schritten ermittelt werden.

Schritt 1: Nicht reduzierte Systemgleichungen.
Die in den Gleichungen (6.611) verwendeten Variablen $\mathbf{z}_I$ und $\mathbf{z}_{II}$ wurden in (6.551) definiert. Die Matrizen $\mathbf{M}$, $\mathbf{h}_a$ und $\mathbf{h}_c$ aus diesen Gleichungen finden sich in (6.557), (6.558), (6.568), (6.569) und (6.555).

Schritt 2: Zustandsvariable und kinematische Bewegungsgleichungen.
Die Zahl der Zustandsvariablen $\mathbf{y}_I$ und $\mathbf{y}_{II}$ ergibt sich gemäß (6.575) mit n_z aus (6.551) und mit $n_c = 5$ gemäß (6.553) zu $n_f = 3$. Als Zustandsvariable (6.576) werden gewählt – vgl. Bild 6-9 und (6.170):

$$\mathbf{y}_I = \begin{bmatrix} \alpha_3^1 & q_1^1 & q_2^1 \end{bmatrix}^T, \quad \mathbf{y}_{II} = \begin{bmatrix} \omega_3^1 & \dot{q}_1^1 & \dot{q}_2^1 \end{bmatrix}^T \quad \text{und} \quad \dot{\mathbf{y}}_I = \mathbf{y}_{II} \quad \text{also} \quad \mathbf{Y} = \mathbf{E}. \tag{6.623}$$

Schritt 3: Explizite Zwangsgleichungen.
Aus (6.541) erhält man die expliziten Bindungsgleichungen (6.578). Die Modevektoren $\boldsymbol{\varphi}$ und die bekannten Geschwindigkeiten $\overline{\boldsymbol{\varphi}}\,\overline{\mathbf{y}}_{II}$ aus (6.579) ermittelt man gemäß (6.581). Hier findet man aus (6.553)

$$\text{mit } \hat{\vartheta}_3^1 = \left(\pi/2 - 0.7\, q_2^1 \right): \qquad \overline{\boldsymbol{\chi}} = 0,$$

$$f(\mathbf{y}_I) = \begin{bmatrix} \mathbf{0} \\ \hline \alpha_3^1 \\ \hline \mathbf{q}^1 \\ \hline \left(2 + 0.445\, q_1^1\right)\cos \hat{\vartheta}_3^1 \\ -\left(2 + 0.445\, q_1^1\right)\sin \hat{\vartheta}_3^1 \\ \alpha_3^1 + \hat{\vartheta}_3^1 \end{bmatrix}, \quad \boldsymbol{\varphi} = \boldsymbol{\varphi}(\mathbf{y}_I) = \begin{bmatrix} \mathbf{0} & \mathbf{0} & \mathbf{0} \\ \hline 1 & 0 & 0 \\ \hline \mathbf{0} & \mathbf{E}_{*1} & \mathbf{E}_{*2} \\ \left(2 + 0.445\, q_1^1\right)\sin \hat{\vartheta}_3^1 & 0.445\cos \hat{\vartheta}_3^1 & 0 \\ \left(2 + 0.445\, q_1^1\right)\cos \hat{\vartheta}_3^1 & -0.445\sin \hat{\vartheta}_3^1 & 0 \\ 1 & 0 & -0.7 \end{bmatrix}. \tag{6.624}$$

Die Matrizen $\mathbf{0}$ in (6.624) haben die Dimension 2×1 und $\mathbf{E}_{*\alpha}$ sind Spalten der 2×2-Einheitsmatrix. Die Matrix $\overline{\boldsymbol{\chi}}_B$ zur Angabe der Beschleunigungen erhält man gemäß (6.582) aus (6.624) zu

$$\overline{\boldsymbol{\chi}}_B(\mathbf{y}_I, \mathbf{y}_{II}) = \begin{bmatrix} \mathbf{0} \\ \hline \left(0.445\,\omega_3^1 + 0.31\,\dot{q}_2^1\right)\dot{q}_1^1 \cos 0.7\, q_2^1 - 0.7\,\omega_3^1 \dot{q}_2^1 \left(2 + 0.445\, q_1^1\right)\sin 0.7\, q_2^1 \\ \left(0.445\,\omega_3^1 + 0.31\,\dot{q}_2^1\right)\dot{q}_1^1 \sin 0.7\, q_2^1 + 0.7\,\omega_3^1 \dot{q}_2^1 \left(2 + 0.445\, q_1^1\right)\cos 0.7\, q_2^1 \\ 0 \end{bmatrix}, \tag{6.625}$$

wo $\mathbf{0}$ eine 5×1-Matrix ist.

Schritt 4: Kinetische Zustandsgleichungen.
Die Matrizen $\mathbf{M}_y$ und $\mathbf{h}_y$ aus den kinetischen Gleichungen (6.604) ergeben sich mit $\boldsymbol{\varphi}$ aus (6.624) und mit $\mathbf{M}$ und $\mathbf{h}_a$ aus (6.557) bis (6.569) gemäß (6.602) und (6.603). Wegen (6.560) muß auch ein Term $\mathbf{h}_{a\mu}\,\boldsymbol{\mu}$ zur Erfassung der geometrischen Steifigkeiten infolge der Zwangskraft F_1^{31} berücksichtigt werden – vgl. (6.618) bis (6.622). Wegen der Komplexität aller zuletzt genannten Matrizen wird auf ihre Angabe verzichtet.
Lösungen der gewöhnlichen Differentialgleichungen (6.577) und (6.605) können mit numerischen Verfahren gewonnen werden, die im Gegensatz zu den im Beispiel 6.6 erforderlichen DAE-Lösern weit verbreitet sind. Hier wurde das in Mathematica verfügbare Integrationsprogramm verwendet, das wieder die in Bild 6-19 dargestellten Bewegungen liefert.

Schritt 5: Ermittlung der Zwangskräfte
Nach Ermittlung der Bewegungen $\mathbf{y}_I(t)$ und $\mathbf{y}_{II}(t)$ können die Zwangskräfte mit (6.606) berechnet werden. Dabei müssen geometrische Steifigkeiten gemäß (6.619) und (6.622) berücksichtigt werden. Sucht man ganz

bestimmte Zwangskraftkoordinaten $\boldsymbol{\mu}$, so kann man diese durch geeignete Wahl der Modevektoren gebundener Bewegungen definieren.

Die Matrix $\boldsymbol{\varphi}$ aus (6.624) liegt nach Definition von $\mathbf{z}_{II}$ und $\mathbf{y}_{II}$ fest. Mit (6.588), also mit

$$\overline{\boldsymbol{\psi}}^T = \mathbf{G} , \tag{6.626}$$

gilt $\overline{\boldsymbol{\psi}}^T \boldsymbol{\varphi} = \mathbf{0}$, was man durch Multiplikation von $\mathbf{G}$ und $\boldsymbol{\varphi}$ aus (6.554) und (6.624) bestätigen kann. Damit ist die zweite der Gleichungen (6.585) erfüllt ist. Die erste Gleichung $\boldsymbol{\psi}^T \boldsymbol{\varphi} = \mathbf{E}$ besagt, daß $\boldsymbol{\psi}$ orthogonal zu $\boldsymbol{\varphi}$ sein muß. Mit

$$\boldsymbol{\psi}^T = \begin{bmatrix} 0 & 0 & 1 & 0 & 0 & 0 & 0 & 0 \\ 0 & 0 & 0 & 1 & 0 & 0 & 0 & 0 \\ 0 & 0 & 0 & 0 & 1 & 0 & 0 & 0 \end{bmatrix} \tag{6.627}$$

ist diese Bedingung erfüllt. Mit (6.626) und (6.627) ist die gesamte Matrix $\widehat{\boldsymbol{\psi}} = [\boldsymbol{\psi}, \overline{\boldsymbol{\psi}}]$ bekannt, womit ihre Inverse bestimmt werden kann. Sie liefert nach (6.584) $\widehat{\boldsymbol{\varphi}}$. Damit erhält man insbesondere die noch nicht angegebene Matrix $\overline{\boldsymbol{\varphi}}$ zu

$$\overline{\boldsymbol{\varphi}}^T(\mathbf{y}_I) = \begin{bmatrix} \cos 0.7\,q_2^1 & \sin 0.7\,q_2^1 & 0 & 0 & 0 & \sin 1.4\,q_2^1 & -\cos 1.4\,q_2^1 & 0 \\ -\sin 0.7\,q_2^1 & \cos 0.7\,q_2^1 & 0 & 0 & 0 & \cos 1.4\,q_2^1 & \sin 1.4\,q_2^1 & 0 \\ 0 & 0 & 0 & 0 & 0 & 1 & 0 & 0 \\ 0 & 0 & 0 & 0 & 0 & 0 & 1 & 0 \\ 0 & 0 & 0 & 0 & 0 & 0 & 0 & 1 \end{bmatrix} . \tag{6.628}$$

Die Auswertung von (6.622) liefert mit den Modevektoren $\overline{\boldsymbol{\varphi}}$ aus (6.628), unter Verwendung der in Schritt 4 ermittelten Bewegungen, die Zwangskräfte $\boldsymbol{\mu}$ gemäß (6.556). Auch auf ihre Angabe wird wegen der Komplexität der Ausdrücke verzichtet. Die Auswertung der Gleichungen liefert wieder die aus Beispiel 6.7 bekannten Ergebnisse.

6.5.3 Bewegungsgleichungen in Relativkoordinaten

Die Herleitung der Zustandsform wird besonders einfach, wenn man von Bewegungsgleichungen ausgeht, in denen die absoluten Geschwindigkeiten $\mathbf{v}^i(t)$ und $\boldsymbol{\omega}^i(t)$ in $\mathbf{z}_{II}^i$ aus (6.65) durch eine geeignete Untermenge der in (6.113) definierten Relativgeschwindigkeiten $\mathbf{V}^s$ und $\boldsymbol{\Omega}^s$ ersetzt sind. Entsprechend werden die Lagevariablen $\boldsymbol{\rho}^i(t)$ und $\boldsymbol{\alpha}^i(t)$ aus (6.65) durch $\mathbf{d}^s(t)$ und $\boldsymbol{\beta}^s(t)$ aus (6.113) ersetzt. Zur Beschreibung der Verformungen der Körper verwendet man nach wie vor die Variablen $\mathbf{q}^i(t)$ und $\dot{\mathbf{q}}^i(t)$. Die Einführung der neuen Variablen liefert anstelle von (6.611) Bewegungsgleichungen, in denen die Ausdrücke für die generalisierten Zwangskräfte $\mathbf{h}_c$ besonders einfach sind, was deren Elimination erleichtert. Dagegen werden sowohl die in (6.611) einfach aufgebaute Massenmatrix $\mathbf{M}$ aus (6.536) wie auch die generalisierten Trägheitskräfte aus $\mathbf{h}_a$ in den transformierten Gleichungen sehr komplex. Die neue Massenmatrix ist voll besetzt und ihre Elemente hängen von den Lagevariablen ab.

Die Definition von Systemvariablen durch Relativbewegungen erfordert die Unterscheidung von Systemen mit Baumstruktur einerseits und mit geschlossenen Schleifen andererseits.

Wegen der Verformbarkeit der Körper des Systems muß die in [56] angegebene Definition dieser Begriffe geändert werden. Die modifizierte Definition stützt sich auf ein Subsystem des Mehrkörpersystems, in dem alle Kraftelemente unberücksichtigt bleiben. Ein Mehrkörpersystem besitzt *Baumstruktur,* wenn das Subsystem ohne Kraftelemente bei Entfernung eines beliebigen Gelenks in zwei getrennte Teile zerfällt. Die Zustandsgleichungen von Systemen mit Baumstruktur sind besonders einfach zu ermitteln, da sich die Zwangsbedingungen für die Systembewegungen ohne weitere Umformungen als Gesamtheit der Bindungsgleichungen für die Relativbewegungen der Knoten auf den Körpern ergeben. Bei Systemen mit *kinematisch geschlossenen Schleifen* zerfällt das Subsystem nicht in zwei Teile – ein Beispiel ist das Schubkurbelgetriebe aus Bild 6-24. Die Angabe der Zustandsgleichungen wird aufwendiger, da neben den aus Gelenken resultierenden Bindungsgleichungen auch noch kinematische Verträglichkeitsbedingungen berücksichtigt werden müssen.

Schleifen heißen kinematisch geschlossen, wenn alle Körper in der Schleife durch Gelenke verbunden sind. Dagegen bezeichnet man Schleifen als kinematisch offen, wenn die Wechselwirkung mindestens eines Paars von Körpern ausschließlich über Kraftelemente erfolgt. Systeme mit *kinematisch offenen Schleifen* lassen sich wie Systeme mit Baumstruktur behandeln. Man muß lediglich die Relativbewegungen der durch ausschließlich Kraftelemente verbundenen Körper ermitteln, um die an den Knoten der Körper wirksamen Kräfte anzugeben.

Systemen mit kinematisch geschlossenen Schleifen kann man *Subsysteme mit Baumstruktur* zuordnen. Sie ergeben sich, wenn man alle Gelenke entfernt, die Schleifen schließen. Es ist zweckmäßig, zwei Klassen von Gelenken zu unterscheiden – vgl. auch [56], S. 200:

1. *Primäre* Gelenke: Dies sind die Gelenke eines Subsystems mit Baumstruktur, das, wie oben definiert, alle Körper des ursprünglichen Systems enthält.

2. *Sekundäre* Gelenke: Sie kommen nur bei Systemen mit kinematisch geschlossenen Schleifen vor, und sie schließen die Systemschleifen.

Die Aufteilung der Gelenke eines Mehrkörpersystems mit geschlossenen Schleifen in primäre und sekundäre Gelenke ist nicht eindeutig. Die Zahl der Optionen zur Wahl der beiden Klassen von Gelenken ergibt sich aus den Matrizen zur Beschreibung eines Graphen, der die topologische Struktur des Mehrkörpersystems erfaßt, [56], S. 184.

Die Indizes primärer bzw. sekundärer Gelenke seien $s = a$ bzw. $s = c$. Die Zahl der primären Gelenke stimmt mit der Zahl n der Körper überein und diese Gelenke erhalten die Nummern $a = 1, 2, \ldots n$. Die Nummern sekundärer Gelenke sind $c = n + 1$, $n + 2, \ldots n_G$. Betrachtet man die primären Gelenke allein, also Systeme mit Baumstruktur oder die durch Streichen der sekundären Gelenke entstehenden Subsysteme, so gibt es für jeden Körper i des Systems ein eindeutig festgelegtes Gelenk a, das auf dem Weg vom Körper i zum globalen Bezugssystem $i = 0$ liegt. Es wird als inneres Gelenk a am Körper i bezeichnet und erhält die gleiche Nummer wie der Körper, also

$$a = i \quad \text{für inneres Gelenk } a \text{ am Körper } i. \tag{6.629}$$

Die nicht reduzierten Systemgleichungen (6.535) und (6.611) wurden mit den in (6.65) definierten Variablen $\mathbf{z}_I^i$ und $\mathbf{z}_{II}^i$ formuliert. Sie beschreiben die absoluten Bewegungen der Bezugssysteme $\{O^i, \underline{\mathbf{e}}^i\}$ der Körper i sowie deren Verformungen. Diese Variablen werden ersetzt durch neue Variable $\mathbf{x}_I^i$ und $\mathbf{x}_{II}^i$, für die gilt:

$$\mathbf{x}_I^i := \begin{bmatrix} \mathbf{x}_I^a \\ \mathbf{q}^i \end{bmatrix} = \begin{bmatrix} \mathbf{d}^a \\ \boldsymbol{\beta}^a \\ \mathbf{q}^i \end{bmatrix}, \quad \mathbf{x}_{II}^i := \begin{bmatrix} \mathbf{x}_{II}^a \\ \dot{\mathbf{q}}^i \end{bmatrix} = \begin{bmatrix} \mathbf{V}^a \\ \boldsymbol{\Omega}^a \\ \dot{\mathbf{q}}^i \end{bmatrix}, \quad a = i = 1, 2, \dots n. \tag{6.630}$$

Der Doppelpunkt vor dem Gleichheitszeichen in (6.630) besagt, daß die bisherige Bedeutung der Symbole $\mathbf{x}_I^s$ und $\mathbf{x}_{II}^s$ aus (6.113) für $s = a = i = 1, 2, \dots n$ ersetzt wird durch die neuen, rechts von := stehenden Größen: In $\mathbf{x}_I^i$ und $\mathbf{x}_{II}^i$, $i = 1, 2, \dots n$ kommen neben den sechs Variablen $\mathbf{x}_I^a$ und $\mathbf{x}_{II}^a$, $a = 1, 2, \dots n$ zur Angabe der Relativbewegungen über das innere Gelenk $a = i$ auf dem Körper i auch noch die Variablen $\mathbf{q}^i$ und $\dot{\mathbf{q}}^i$ zur Angabe seiner Verformungen hinzu. Die in (6.630) definierten Variablen kann man zusammenfassen zu

$$\mathbf{x}_I = \begin{bmatrix} \mathbf{x}_I^i \end{bmatrix} = \begin{bmatrix} x_{Ik}^i \end{bmatrix}, \quad \mathbf{x}_{II} = \begin{bmatrix} \mathbf{x}_{II}^i \end{bmatrix} = \begin{bmatrix} x_{IIk}^i \end{bmatrix}, \quad i = 1, 2, \dots n, \quad k = 1, 2, \dots n_x^i, \quad n_x^i = n_z^i. \tag{6.631}$$

Die Zahl n_z^i der Variablen $\mathbf{z}_I^i$ und $\mathbf{z}_{II}^i$ aus (6.2) stimmt mit der Zahl n_x^i der neuen Variablen $\mathbf{x}_I^i$ und $\mathbf{x}_{II}^i$ aus (6.631) überein. Aus (6.133) bis (6.135) erkennt man, daß für die in (6.630) und (6.631) definierten Geschwindigkeiten gilt

$$\mathbf{z}_{II} = \mathbf{T}_{zx}\, \mathbf{x}_{II} \tag{6.632}$$

mit einer, von den Lagevariablen abhängigen Transformationsmatrix $\mathbf{T}_{zx}$. Aus (6.632) folgt für die virtuellen Geschwindigkeiten aus (6.538)

$$\delta \mathbf{z}_{II} = \mathbf{T}_{zx}\, \delta \mathbf{x}_{II} \quad \text{mit} \quad \delta \mathbf{x}_{II} = \begin{bmatrix} \delta \mathbf{x}_{II}^i \end{bmatrix} \quad \text{wo} \quad \delta \mathbf{x}_{II}^i = \begin{bmatrix} \delta \mathbf{V}^a \\ \delta \boldsymbol{\Omega}^a \\ \delta \dot{\mathbf{q}}^i \end{bmatrix}, \quad a = i. \tag{6.633}$$

Mit (6.633) kann man die Aussage (6.545) des Jourdainschen Prinzips umschreiben in

$$\delta \mathbf{x}_{II}^T\, \mathbf{T}_{zx}^T\, \mathbf{h}_c = \delta \mathbf{x}_{II}^T\, \mathbf{h}_{cx} = 0 \tag{6.634}$$

mit den zu den generalisierten Geschwindigkeiten $\mathbf{x}_{II}$ aus (6.631) gehörenden, generalisierten Zwangskräften

$$\mathbf{h}_{cx} = \mathbf{T}_{zx}^T\, \mathbf{h}_c. \tag{6.635}$$

Die Aussage (6.546) des Jourdainschen Prinzips geht mit (6.632) und (6.633) über in

$$\delta \mathbf{x}_{II}^{T}\left(\mathbf{M}_{x}\,\dot{\mathbf{x}}_{II}-\mathbf{h}_{ax}\right)=0 \quad \text{wo} \quad \mathbf{M}_{x}=\mathbf{T}_{zx}^{T}\,\mathbf{M}\,\mathbf{T}^{zx}, \quad \mathbf{h}_{ax}=\mathbf{T}_{zx}^{T}\left(\mathbf{h}_{a}-\mathbf{M}\dot{\mathbf{T}}_{zx}\,\mathbf{x}_{II}\right). \qquad (6.636)$$

Die Matrizen $\mathbf{h}_{ax}$ und $\mathbf{M}_{x}$ kann man in die zu den Variablen $\mathbf{x}_{II}^{i}$ aus (6.631) gehörenden Submatrizen zerlegen, also

$$\mathbf{h}_{ax}=\left[\mathbf{h}_{ax}^{i}\right], \quad \mathbf{h}_{ax}^{i}=\left[h_{axk}^{i}\right], \qquad i=1,2,\ldots n, \quad k=1,2,\ldots n_{x}^{i},$$
$$\mathbf{M}_{x}=\left[\mathbf{M}_{x}^{ij}\right], \quad \mathbf{M}_{x}^{ij}=\left[M_{xkl}^{ij}\right], \qquad j=1,2,\ldots n, \quad l=1,2,\ldots n_{x}^{j}. \qquad (6.637)$$

Die Massenmatrix $\mathbf{M}_{x}$ aus (6.636) ist i. a. voll besetzt und ihre Elemente hängen von den Lagevariablen ab, da $\mathbf{T}_{zx}$ eine Funktion dieser Größen ist. Die $n_{x}^{i}\times n_{x}^{j}$-Submatrizen $\mathbf{M}_{x}^{ij}$ von $\mathbf{M}_{x}$ verschwinden also für $i\neq j$ im Unterschied zu den Submatrizen von $\mathbf{M}$ aus (6.536) nicht. Dem Nachteil einer voll besetzten und zustandsabhängigen Massenmatrix steht aber auch ein Vorteil gegenüber. In [56] wird für Systeme starrer Körper gezeigt, daß die Ausdrücke für die zu den Geschwindigkeiten $\mathbf{x}_{II}^{i}$ aus (6.630) gehörenden generalisierten Zwangskräfte aus (6.635) eine Form annehmen, die eine einfache Reduktion der Systemgleichungen auf Zustandsform erlaubt und die auch bei Systemen mit den hier verwendeten Modellen flexibler Körper erhalten bleibt: Bei *Systemen mit Baumstruktur* erhält man

$$\mathbf{h}_{cx}=\left[\mathbf{h}_{cx}^{i}\right] \quad \text{wo} \quad \mathbf{h}_{cx}^{i}=\begin{bmatrix}\mathbf{F}_{c}^{a}\\ \mathbf{L}_{c}^{a}\\ \mathbf{0}\end{bmatrix}=\begin{bmatrix}\boldsymbol{\Lambda}_{c}^{a}\\ \mathbf{0}\end{bmatrix}, \quad a=i, \qquad (6.638)$$

mit den in (6.277), (6.283) und (6.290) definierten Größen $\mathbf{F}_{c}^{a}, \mathbf{L}_{c}^{a}$ und $\boldsymbol{\Lambda}_{c}^{a}$. Die folgenden Erläuterungen beschränken sich auf solche Systeme.

Die Ausgangsgleichungen zur Angabe der Zustandsform der kinetischen Gleichungen sind in (6.610) in den Geschwindigkeiten $\mathbf{z}_{II}^{i}$ formuliert. Die entsprechenden Gleichungen in den Geschwindigkeiten $\mathbf{x}_{II}^{i}$ lauten

$$\sum_{j=1}^{n}\mathbf{M}_{x}^{ij}\,\dot{\mathbf{x}}_{II}^{j}=\mathbf{h}_{x}^{i}, \quad \mathbf{h}_{x}^{i}=\mathbf{h}_{ax}^{i}+\mathbf{h}_{cx}^{i}, \quad i=1,2,\ldots n. \qquad (6.639)$$

Sie haben wegen (6.638) eine spezielle Form. In jedem der n Blöcke von Gleichungen erscheint nur eine Gruppe der am Körper i wirksamen Zwangskräfte, nämlich die Zwangskräfte $\mathbf{h}_{cx}^{i}$ infolge des inneren Gelenks $a=i$ am Körper i. Die Gleichungen (6.639) erhält man aus (6.610) mit Hilfe von (6.632). Solche Transformationen der Bewegungsgleichungen wurden in [56] und in [92] unter Verwendung graphentheoretischer Konzepte ausführlich erläutert.

Die physikalische Deutung der Gleichungen (6.639) ist etwas komplexer als die der Gleichungen (6.610). Während letztere die Bewegungen der n freigeschnittenen Körper des Systems erfassen, beschreiben die Gleichungen (6.639) die Bewegungen von n Subsystemen des Mehrkörpersystems. Das i-te Subsystem ist das Ensemble von Körpern, die sich außerhalb des Gelenks $a = i$ befindet. Man erhält dieses Subsystem, indem man das innere Gelenk $a = i$ am Körper i schneidet, zusammen mit allen Kraftelementen, die Körper außerhalb von $a = i$ mit Körpern innerhalb von $a = i$ verbinden. Diese Deutung der Bewegungsgleichungen (6.639) wurde wohl erstmals von Velman bei Erläuterung des "nested-body-approach" angegeben, [77]. Mit ihr wird auch die Bedeutung der generalisierten Kräfte $\mathbf{h}^i_{ax}$ und $\mathbf{h}^i_{cx}$ klar. Die Matrix $\mathbf{h}^i_{cx}$ enthält, wie in (6.638) festgestellt, die Zwangskräfte am Gelenk $a = i$. Die generalisierten, eingeprägten Kräfte $\mathbf{h}^i_{ax}$ ergeben sich gemäß (6.637) und (6.636) aus $\mathbf{h}_a$, also aus den in (6.537) angegebenen Matrizen $\mathbf{h}^i_\omega, \mathbf{h}^i_g, \mathbf{h}^i_e, \mathbf{h}^i_p$ und $\mathbf{h}^i_f$. Damit setzt sich $\mathbf{h}^i_{ax}$ zusammen aus Beiträgen der verteilten Kräfte $\mathbf{h}^i_\omega, \mathbf{h}^i_g, \mathbf{h}^i_e$ und $\mathbf{h}^i_p$ an den zum Subsystem gehörenden Körpern i und aus Beiträgen der diskreten Kräfte $\mathbf{h}^i_f$. Letztere resultieren aus denjenigen Kraftelementen, die zur Definition des Subsystems geschnitten wurden. Alle anderen, aus Kraftelementen und Gelenken resultierenden Kräfte kommen im Subsystem i gar nicht oder paarweise mit entgegengesetztem Vorzeichen vor, womit sie in der i-ten Gleichung des Systems (6.639) nicht erscheinen. Weitere Deutungen von Elementen der Matrizen $\mathbf{M}^{ij}_x$ und $\mathbf{h}^i_x$ finden sich in [56, 92].

Die Bindungsgleichungen für die Bewegungen des durch (6.639) beschriebenen Systems sind durch die impliziten Zwangsgleichungen (6.138) und (6.139) und durch die expliziten Zwangsgleichungen (6.146) und (6.150) gegeben, wobei $s = a = i = 1, 2, \ldots n$. Wegen der Bindungen lassen sich die Variablen $\mathbf{x}^i_I$ und $\mathbf{x}^i_{II}$ durch die Zustandsgrößen

$$\mathbf{y}_I = \left[\mathbf{y}^i_I \right], \quad \mathbf{y}_{II} = \left[\mathbf{y}^i_{II} \right], \quad i = 1, 2, \ldots n \tag{6.640}$$

ausdrücken, für die man mit den in (6.144) eingeführten Variablen $\boldsymbol{\eta}^a_I$ und $\boldsymbol{\eta}^a_{II}$ erhält

$$\mathbf{y}^i_I = \begin{bmatrix} \boldsymbol{\eta}^a_I \\ \mathbf{q}^i \end{bmatrix}, \quad \mathbf{y}^i_{II} = \begin{bmatrix} \boldsymbol{\eta}^a_{II} \\ \dot{\mathbf{q}}^i \end{bmatrix}, \quad a = i = 1, 2, \ldots n. \tag{6.641}$$

Die Zustandsgrößen (6.640) genügen nach (6.145) und (6.577) kinematischen Bewegungsgleichungen der Form

$$\dot{\mathbf{y}}^i_I = \mathbf{Y}^i_I = \mathbf{Y}^i \, \mathbf{y}^i_{II}, \quad \text{mit} \quad \mathbf{Y}^i := \begin{bmatrix} \mathbf{Y}^i & \mathbf{0} \\ \mathbf{0} & \mathbf{E} \end{bmatrix}, \quad i = 1, 2, \ldots n. \tag{6.642}$$

In (6.642) wird $\mathbf{Y}^i$ gegenüber (6.145) neu definiert, um zu berücksichtigen, daß in (6.641) neben $\boldsymbol{\eta}^a_I, \boldsymbol{\eta}^a_{II}$ auch noch $\mathbf{q}^i, \dot{\mathbf{q}}^i$ vorkommen. Die Matrix $\mathbf{Y}(\mathbf{y}_I)$ aus (6.577) besitzt demnach bei Verwendung der Variablen (6.641) Blockdiagonalform:

$$\mathbf{Y} = \mathbf{diag}\left[\mathbf{Y}^i \right]. \tag{6.643}$$

Die expliziten Bindungsgleichungen $\mathbf{x}_I = \mathbf{f}_x(\mathbf{y}_I,t)$ für die Variablen $\mathbf{x}_I$ haben die gleiche Form wie die Bindungsgleichungen (6.578) für die Variablen $\mathbf{z}_I$, wobei sich die Elemente von $\mathbf{f}_x$ aber sehr einfach aus den Bindungsgleichungen (6.146) für die Gelenke ergeben:

$$\mathbf{x}_I = \mathbf{f}_x(\mathbf{y}_I,t), \quad \text{mit} \quad \mathbf{x}_I = \left[\mathbf{x}_I^i\right] \quad \text{und} \quad \mathbf{f}_x = \left[\bar{\mathbf{f}}^i(\boldsymbol{\eta}_I^i,t)\right], \quad i = 1, 2, \ldots n. \tag{6.644}$$

Die expliziten Bindungsgleichungen für $\mathbf{x}_{II}$ lauten in Analogie zu (6.579)

$$\mathbf{x}_{II} = \boldsymbol{\varphi}_x\,\mathbf{y}_{II} + \bar{\boldsymbol{\varphi}}_x\,\bar{\mathbf{y}}_{II} = \boldsymbol{\varphi}_x\,\mathbf{y}_{II} + \bar{\boldsymbol{\chi}}_x, \quad \bar{\boldsymbol{\chi}}_x = \bar{\boldsymbol{\varphi}}_x\,\bar{\mathbf{y}}_{II}. \tag{6.645}$$

Die zu den Variablen $\mathbf{x}_{II}$ gehörenden Modevektoren $\boldsymbol{\varphi}_x$ und $\bar{\boldsymbol{\varphi}}_x$ haben die einfache Form

$$\boldsymbol{\varphi}_x = \mathbf{diag}\left[\boldsymbol{\varphi}_x^i\right], \quad \bar{\boldsymbol{\varphi}}_x = \mathbf{diag}\left[\bar{\boldsymbol{\varphi}}_x^i\right]. \tag{6.646}$$

Die Submatrizen aus (6.646) sind die zu den Variablen $\mathbf{x}_{II}^i$ aus (6.630) gehörenden Modevektoren, also

$$\mathbf{x}_{II}^i = \boldsymbol{\varphi}_x^i\,\mathbf{y}_{II}^i + \bar{\boldsymbol{\varphi}}_x^i\,\bar{\mathbf{y}}_{II}^i \quad \text{wo} \quad i = 1,2,\ldots n. \tag{6.647}$$

Sie ergeben sich mit den mit den in (6.150) eingeführten Modevektoren $\boldsymbol{\varphi}^i, \bar{\boldsymbol{\varphi}}^i$, mit der Definition von $\mathbf{x}_{II}^i$ aus (6.630) und mit den Zustandsgrößen aus (6.641) zu

$$\boldsymbol{\varphi}_x^i = \begin{bmatrix} \boldsymbol{\varphi}^i & \mathbf{0} \\ \mathbf{0} & \mathbf{E} \end{bmatrix}, \quad \bar{\boldsymbol{\varphi}}_x^i = \begin{bmatrix} \bar{\boldsymbol{\varphi}}^i \\ \mathbf{0} \end{bmatrix}. \tag{6.648}$$

Anstelle eines $\mathcal{V}^6$ spannen sie einen $\mathcal{V}^{n_x^i}$, $n_x^i = n_z^i$ auf. Für die im System bekannten Geschwindigkeiten aus (6.645) gilt mit den im Gelenk $s = i$ bekannten Geschwindigkeiten $\bar{\boldsymbol{\eta}}_{II}^i$ aus (6.149)

$$\bar{\mathbf{y}}_{II} = \left[\bar{\mathbf{y}}_{II}^i\right] = \left[\bar{\boldsymbol{\eta}}_{II}^i\right] \quad \text{und} \quad \bar{\boldsymbol{\chi}}_x = \left[\bar{\boldsymbol{\chi}}_x^i\right] \quad \text{mit} \quad \bar{\boldsymbol{\chi}}_x^i = \bar{\boldsymbol{\varphi}}_x^i\,\bar{\mathbf{y}}_{II}^i = \bar{\boldsymbol{\varphi}}_x^i\,\bar{\boldsymbol{\eta}}_{II}^i. \tag{6.649}$$

Die Matrizen in den (6.586) und (6.587) entsprechenden Gleichungen

$$\boldsymbol{\psi}_x^T\,\mathbf{x}_{II} = \mathbf{y}_{II} \quad \text{und} \quad \bar{\boldsymbol{\psi}}_x^T\,\mathbf{x}_{II} = \bar{\mathbf{y}}_{II} \tag{6.650}$$

für die Variablen $\mathbf{x}_{II}$ aus (6.631) und (6.630) haben ebenfalls Blockdiagonalform:

$$\boldsymbol{\psi}_x = \mathbf{diag}\left[\boldsymbol{\psi}_x^i\right], \quad \bar{\boldsymbol{\psi}}_x = \mathbf{diag}\left[\bar{\boldsymbol{\psi}}_x^i\right]. \tag{6.651}$$

Die Matrizen $\boldsymbol{\psi}_x^i$ und $\overline{\boldsymbol{\psi}}_x^i$ enthalten die zu den Variablen $\mathbf{x}_{II}^i$ gehörenden Modevektoren der reziproken Basis des $\mathcal{V}^{n_x^i}$

$$\boldsymbol{\psi}_x^i = \begin{bmatrix} \boldsymbol{\psi}^i & \mathbf{0} \\ \mathbf{0} & \mathbf{E} \end{bmatrix}, \quad \overline{\boldsymbol{\psi}}_x^i = \begin{bmatrix} \overline{\boldsymbol{\psi}}^i \\ \mathbf{0} \end{bmatrix}. \tag{6.652}$$

Damit kann man anstelle von (6.650) schreiben

$$\boldsymbol{\psi}_x^{i\,T} \mathbf{x}_{II}^i = \mathbf{y}_{II}^i \quad \text{und} \quad \overline{\boldsymbol{\psi}}_x^{i\,T} \mathbf{x}_{II}^i = \overline{\mathbf{y}}_{II}^i \quad \text{wo} \quad i = 1, 2, \dots n. \tag{6.653}$$

Die Aussage (6.634) des Jourdainschen Prinzips geht mit (6.647) und (6.638) über in

$$\delta \mathbf{y}_{II}^T \, \mathbf{diag}\big[\boldsymbol{\varphi}_x^i\big]^T \big[\mathbf{h}_{cx}^i\big] = 0. \tag{6.654}$$

Hieraus folgt

$$\boldsymbol{\varphi}_x^{i\,T} \mathbf{h}_{cx}^i = \mathbf{0}, \quad \text{für} \quad i = 1, 2, \dots n. \tag{6.655}$$

Dies bedeutet, daß man das Jourdainsche Prinzip bei Beschreibung der Bewegungen des Mehrkörpersystems durch die Relativgeschwindigkeiten $\mathbf{x}_{II}^i$ lokal, d. h. für jedes innere Gelenk $a = i$ am Körper i separat anwenden kann, eine Aussage, die sich bereits in einer frühen Arbeit [77] zu Systemen starrer Körper findet, allerdings unter Angabe einer Begründung, die sich eher auf Plausibilität als auf die Prinzipe der Mechanik stützt.

Die Gleichungen (6.644) bis (6.655) zeigen, daß man die Vorgehensweise aus Abschnitt 6.5.2 bei Verwendung der Variablen (6.631) auf jede der n Gleichungen (6.639) separat anwenden kann. Aus (6.639) erhält man mit (6.647) und (6.655) die kinetischen Zustandsgleichungen (6.604), also

$$\sum_{j=1}^{n} \mathbf{M}_y^{ij} \, \dot{\mathbf{y}}_{II}^j = \mathbf{h}_y^i, \quad i = 1, 2, \dots n \tag{6.656}$$

mit den reduzierten Matrizen aus (6.602) und (6.603), für die hier gilt

$$\mathbf{M}_y^{ij} = \boldsymbol{\varphi}_x^{i\,T} \mathbf{M}_x^{ij} \boldsymbol{\varphi}_x^j, \quad \mathbf{h}_y^i = \boldsymbol{\varphi}_x^{i\,T} \left(\mathbf{h}_{ax}^i - \sum_{j=1}^{n} \mathbf{M}_x^{ij} \, \overline{\boldsymbol{\chi}}_B^j \right) \tag{6.657}$$

mit der in Analogie zu (6.582) eingeführten Abkürzung

$$\overline{\boldsymbol{\chi}}_B^j = \dot{\boldsymbol{\varphi}}_x^j \, \mathbf{y}_{II}^j + \dot{\overline{\boldsymbol{\chi}}}_x^j. \tag{6.658}$$

Mit den Systemmatrizen

$$\mathbf{M}_y = \left[\mathbf{M}_y^{ij}\right], \quad \mathbf{h}_y = \left[\mathbf{h}_y^{i}\right], \quad i = 1, 2, \ldots n, \quad j = 1, 2, \ldots n \tag{6.659}$$

ergibt sich die Form (6.604) der Systemgleichungen.

Die Zwangskräfte $\mathbf{h}_{cx}^{i}$ aus (6.638) findet man mit den (6.606) entsprechenden Gleichungen

$$\mathbf{h}_{cx}^{i} = \sum_{j=1}^{n} \mathbf{M}_x^{ij} \left(\boldsymbol{\varphi}_x^{j}\, \dot{\mathbf{y}}_{II}^{j} + \overline{\boldsymbol{\chi}}_B^{j}\right) - \mathbf{h}_{ax}^{i}\,, \quad i = 1, 2, \ldots n. \tag{6.660}$$

Für die zu den Zwangsgleichungen aus (6.650) gehörenden Lagrangeschen Multiplikatoren $\boldsymbol{\mu}^{i}$ gilt

$$\mathbf{h}_{cx}^{i} = \overline{\boldsymbol{\psi}}_x^{i}\, \boldsymbol{\mu}^{i} \quad \text{und} \quad \boldsymbol{\mu}^{i} = \overline{\boldsymbol{\varphi}}_x^{i\,T}\, \mathbf{h}_{cx}^{i}. \tag{6.661}$$

Die Zwangskraftkoordinaten $\boldsymbol{\mu}^{i}$ erhält man aus (6.660) somit zu – vgl. auch (6.609)

$$\boldsymbol{\mu}^{i} = \overline{\boldsymbol{\varphi}}_x^{i\,T} \left(\sum_{j=1}^{n} \mathbf{M}_x^{ij} \left(\boldsymbol{\varphi}_x^{j}\, \dot{\mathbf{y}}_{II}^{j} + \overline{\boldsymbol{\chi}}_B^{j}\right) - \mathbf{h}_{ax}^{i} \right). \tag{6.662}$$

Die hier für Systeme mit Baumstruktur angegebene Vorgehensweise kann, wie in [56] für Systeme starrer Körper erläutert, zur Behandlung von Systemen mit geschlossenen Schleifen modifiziert werden. Die Verallgemeinerungen finden sich im nächsten Abschnitt, bei Erläuterung der $O(n)$-Formalismen zur Ermittlung expliziter Zustandsgleichungen.

6.5.4 $O(n)$-Formalismen

Die Angabe der rechten Seite der kinetischen Zustandsgleichungen (6.605) erfordert die Inversion der Matrix $\mathbf{M}_y$. Ihre Dimension $n_f \times n_f$, mit n_f aus (6.575), ist proportional zur Zahl n der Körper des Mehrkörpersystems. Der Rechenaufwand zur Ermittlung der Inversen von $\mathbf{M}_y$ steigt demnach mit der dritten Potenz von n. Seit Beginn der siebziger Jahre kennt man sog. $O(n)$-Formalismen [62], die es gestatten, die explizite Form (6.605) der kinetischen Bewegungsgleichungen bei Systemen mit Baumstruktur mit einem Rechenaufwand anzugeben, der nur linear mit der Zahl n der Körper des Mehrkörpersystems wächst.

Modell und Notation

$O(n)$-Formalismen lassen sich am einfachsten anschreiben für Mehrkörpersysteme in Form einer unverzweigten Kette von Körpern – vgl. Bild 6-20. Solche Systeme werden zuerst betrachtet. Die bei verzweigten Systemen mit Baumstruktur und bei Systemen mit geschlossenen Schleifen erforderlichen Verallgemeinerungen folgen später.

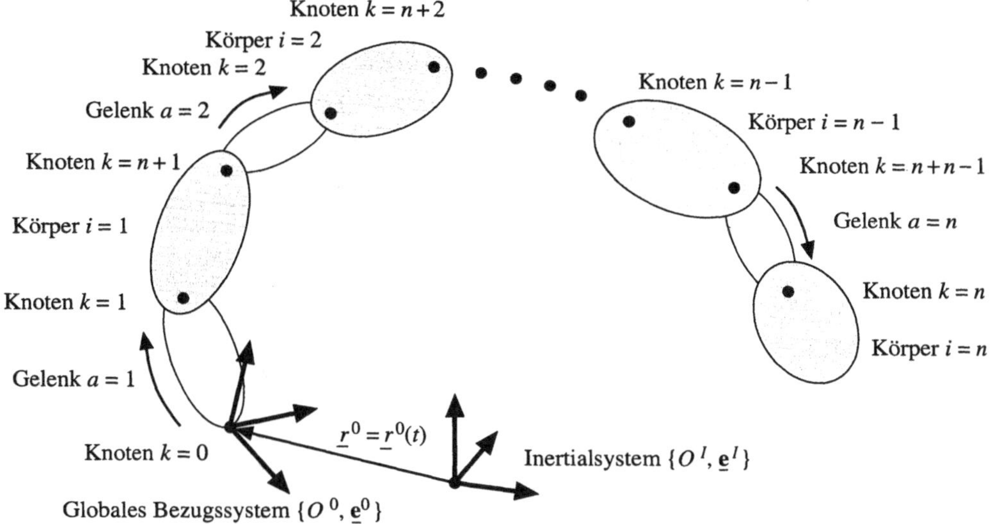

Bild 6-20: Mehrkörpersystem in Form einer einfachen Kette.

Die Körper des Systems werden fortlaufend mit $i = 1, 2, \dots n$ numeriert, beginnend beim Körper $i = 1$ am globalen Bezugssystem $i = 0$. Bei Systemen mit Baumstruktur, und insbesondere bei den hier betrachteten, unverzweigten Ketten, kommen nur n primäre Gelenke $s = a$ vor, die mit $a = 1, 2, \dots n$ numeriert werden. Das innere Gelenk a am Körper i erhält, wie in (6.629) vereinbart, die gleiche Nummer wie der Körper, also $a = i$. Es ist am inneren Knoten des Körpers i befestigt, also an demjenigen Knoten k auf dem Körper i, der auf dem Weg zum Bezugssystem $i = 0$ liegt. Der innere Knoten erhält, wie das innere Gelenk, die gleiche Nummer wie der Körper, also

$$k = i \quad \text{für inneren Knoten } k \text{ auf dem Körper } i. \tag{6.663}$$

Bei unverzweigten Ketten gibt es neben dem inneren Knoten $k = i$ auf jedem Körper i nur noch einen weiteren Knoten, an dem ein Gelenk befestigt ist, den äußeren Knoten auf dem Weg zum Ende der Kette. Er erhält die Nummer $k = n + i$, also

$$k = n + i \quad \text{für äußeren Knoten } k \text{ auf dem Körper } i. \tag{6.664}$$

Der innere Befestigungspunkt des Gelenks $a = 1$ liegt im Bezugssystem $i = 0$. Der zugehörige Knoten erhält die Nummer $k = 0$, also

$$k = 0 \quad \text{für Befestigungspunkt des Gelenks } a = 1 \text{ im Bezugssystem } i = 0. \tag{6.665}$$

Das Gelenk $a = i$ liegt somit für $a > 1$ zwischen den Knoten $k = n + i - 1$ und $k = i$ auf den Körpern $i - 1$ und i und das Gelenk $a = 1$ befindet sich zwischen $k = 0$ und $k = 1$. Die Orientierung des Gelenks a wird, wie in Bild 6-20 angedeutet, so gewählt, daß der Gelenkpfeil aus Bild 6-6 nach außen zeigt. Mit dem in (6.74) eingeführten Symbol k,i für den Knoten k auf dem Körper i gilt

$$f(1) = 0,0; \quad t(1) = 1,1 \quad \text{und} \quad f(a) = (n+i-1),(i-1); \quad t(a) = i,i \quad \text{für} \quad a = i > 1. \tag{6.666}$$

Der Körper j aus Bild 6-6, auf dem der Knoten $l, j = f(a) = f(i)$ liegt, ist

$$j = i - 1 \quad \text{mit} \quad l, j = f(a) = f(i), \quad i = 1, 2, \ldots n. \tag{6.667}$$

Für $i = 1$ ergibt sich $j = 0$, also der Index des globalen Bezugssystems.

Die Gelenke verursachen die generalisierten Zwangskräften $\mathbf{h}_c^i$ aus (6.537). Außerdem wirken eingeprägte Kräfte, aus denen man die generalisierten eingeprägten Kräfte $\mathbf{h}_\omega^i$, $\mathbf{h}_g^i$, $\mathbf{h}_e^i$, $\mathbf{h}_p^i$ und $\mathbf{h}_f^i$ aus (6.537) und letztlich $\mathbf{h}_a^i$ erhält.

Zur Analyse der speziellen Systeme aus Bild 6-20 werden auf jedem Körper i drei Koordinatensysteme benötigt, nämlich das Bezugssystem $\{O^i, \underline{\mathbf{e}}^i\}$ und die im inneren und im äußeren Knoten auf dem Körper i festen Koordinatensysteme $\{O^{k,i}, \underline{\mathbf{e}}^{k,i}\}$ – vgl. Bild 6-12. Mit der Numerierung der Knoten aus (6.663) und (6.664) kennzeichnen die Symbole

$$\left. \begin{array}{l} \{O^{n+i,i}, \underline{\mathbf{e}}^{n+i,i}\} \\[2mm] \{O^{i,i}, \underline{\mathbf{e}}^{i,i}\} \end{array} \right\} \text{das Koordinatensystem im} \left\{ \begin{array}{l} \text{äußeren} \\[1mm] \text{inneren} \end{array} \right\} \text{Knoten des Körpers } i. \tag{6.668}$$

Für $i = 0$ erhält man in (6.668) bisher noch nicht definierte Koordinatensysteme $\{O^{n,0}, \underline{\mathbf{e}}^{n,0}\}$ und $\{O^{0,0}, \underline{\mathbf{e}}^{0,0}\}$. Es sei

$$\left\{ O^{n,0}, \underline{\mathbf{e}}^{n,0} \right\} \equiv \left\{ O^{0,0}, \underline{\mathbf{e}}^{0,0} \right\} \equiv \left\{ O^0, \underline{\mathbf{e}}^0 \right\}. \tag{6.669}$$

Der Ort von $O^{n,0}$ bezüglich O^0 ist bei formaler Verwendung von (6.75) für $k,i = n,0$ durch die Koordinaten $\mathbf{R}^{n,0}$ gegeben. Entsprechend wird die Orientierung von $\underline{\mathbf{e}}^{n,0}$ bezüglich $\underline{\mathbf{e}}^0$ bei formaler Verwendung von (6.79) für $i = 0$ durch eine Matrix $\mathbf{D}^{n,0}$ erfaßt. Mit (6.669) gilt

$$\mathbf{R}^{n,0} = \mathbf{0} \quad \text{und} \quad \mathbf{D}^{n,0} = \mathbf{E}. \tag{6.670}$$

$O(n)$-Formalismen werden zunächst für die oben beschriebenen Mehrkörpersysteme angegeben. Bei ihnen sind die Rekursionsvorschriften zur Ermittlung der Systemmatrizen mit der in (6.663) bis (6.667) eingeführten Numerierung der Systemelemente besonders einfach.

Zur Herleitung der Formalismen werden drei Sätze von Gleichungen benötigt:

1. Die kinematischen Gleichungen, die die absoluten Bewegungen des Koordinatensystems $\{O^i, \underline{\mathbf{e}}^i\}$ eines Körpers i ausdrücken durch die

- absoluten Bewegungen von $\{O^j, \underline{e}^j\}$ auf dem inneren Körper $j = i - 1$,

- Verformungen der Körper i und $j = i - 1$ und durch die

- Relativbewegungen der Knoten $k = i$ und $k = n + i - 1$ auf den beiden Körpern i und j.

2. Die kinetischen Bewegungsgleichungen eines Körpers i infolge der an ihm wirksamen Kräfte und Momente.

3. Die Gleichungen zur Beschreibung der Auswirkungen der Bindungen auf die unter 1. und 2. genannten kinematischen und kinetischen Gleichungen. Dies sind die expliziten Bindungsgleichungen (6.578) und (6.579) und die zugehörigen Darstellungen (6.598) und (6.599) der Zwangskräfte, in die die Aussage (6.596) der Prinzipe der Mechanik eingearbeitet ist.

Diese drei Gruppen von Gleichungen sind in den drei folgenden Unterabschnitten zusammengestellt.

Kinematische Gleichungen

Aus (6.115) folgt mit (6.666), mit der oben vereinbarten Numerierung von Körpern, Gelenken und Knoten und mit den Vereinbarungen (6.669) und (6.670)

$$\mathbf{A}^i = \mathbf{D}^{t^T} \mathbf{B}^s \mathbf{D}^f \mathbf{A}^j = \mathbf{D}^{i,i^T} \mathbf{B}^i \mathbf{D}^{(n+i-1),(i-1)} \mathbf{A}, \quad i = 1, 2, \dots n. \tag{6.671}$$

Dabei geben die Matrizen $\mathbf{A}^i$ die absolute Orientierung der Koordinatensysteme $\{O^i, \underline{e}^i\}$ gemäß (6.3) an und $\mathbf{B}^i$ erfaßt die relative Orientierung der Koordinatensysteme $\{O^{i,i}, \underline{e}^{i,i}\}$ und $\{O^{(n+i-1),(i-1)}, \underline{e}^{(n+i-1),(i-1)}\}$ auf den Körpern i und $i - 1$ gemäß (6.108). Die Matrix $\mathbf{D}^{i,i}$ gibt die Orientierung von $\underline{e}^{i,i}$ bezüglich $\underline{e}^i$ nach (6.79) an und $\mathbf{D}^{(n+i-1),(i-1)}$ beschreibt die Orientierung von $\underline{e}^{(n+i-1),(i-1)}$ bezüglich $\underline{e}^{i-1}$. Mit (6.671) kann $\mathbf{A}^i$ aus $\mathbf{A}^{i-1}$ und aus den Verformungen der Körper i und $i - 1$ sowie aus der durch $\mathbf{B}^i$ erfaßten Relativbewegung über das Gelenk $a = i$ ermittelt werden, wobei die Bewegung $\mathbf{A}^0(t)$ des Bezugssystems bekannt ist. Bei den hier betrachteten Systemen und mit der in (6.663) bis (6.665) eingeführten Numerierung läßt sich diese Rekursionsvorschrift, wie aus (6.671) ersichtlich, unter alleiniger Verwendung der Körperindizes i schreiben. Entsprechend erhält man aus (6.126)

$$\boldsymbol{\rho}^i = -\left(\mathbf{R}^t + \boldsymbol{\Phi}^t \mathbf{q}^i\right) + \mathbf{D}^{t^T} \mathbf{d}^i + \mathbf{D}^{t^T} \mathbf{B}^i \mathbf{D}^f \left(\boldsymbol{\rho}^{i-1} + \mathbf{R}^f + \boldsymbol{\Phi}^f \mathbf{q}^{i-1}\right) \tag{6.672}$$

mit den Indizes t und f aus (6.666). Die Gleichung gestattet unter Beachtung von (6.670) die rekursive Berechnung von $\boldsymbol{\rho}^i$, da $\boldsymbol{\rho}^0(t)$ bekannt und $\mathbf{q}^0 \equiv \mathbf{0}$ ist.

Die Geschwindigkeit $\mathbf{z}^i_{II}$ des Körpers i ergibt sich aus (6.135). Unter Beachtung von (6.666), der oben eingeführten Numerierung der Elemente der hier betrachteten Systeme und mit der Definition (6.630) der Variablen $\mathbf{x}^i_{II}$ kann man (6.135) umschreiben in

$$\mathbf{Q}^i \mathbf{z}^i_{II} = \mathbf{S}^{i-1} \mathbf{z}^{i-1}_{II} + \mathbf{x}^i_{II}. \tag{6.673}$$

Die beiden Matrizen $\mathbf{Q}^i$ und $\mathbf{S}^{i-1}$ haben die Dimension $n_z^i \times n_z^i$. Aus (6.133) und (6.134) erhält man

$$\mathbf{Q}^i = \left[\frac{\mathbf{T}^{t(i)}}{\mathbf{0} \quad \mathbf{E}} \right] = \left[\begin{array}{cc} \mathbf{D}^{i,i}\,\mathbf{T}_t^{i,i} + \tilde{\mathbf{d}}^i\,\mathbf{D}^{i,i}\,\mathbf{T}_r^{i,i} \\ \mathbf{D}^{i,i}\,\mathbf{T}_r^{i,i} \\ \hline \mathbf{0} \qquad\qquad \mathbf{E} \end{array} \right] \tag{6.674}$$

mit einer $n_q^i \times 6$-Matrix $\mathbf{0}$ und der $n_q^i \times n_q^i$-Einheitsmatrix $\mathbf{E}$, sowie

$$\mathbf{S}^{i-1} = \left[\frac{\mathbf{T}^{f(i)}}{\mathbf{0}} \right] = \left[\begin{array}{c} \mathbf{B}^i\,\mathbf{D}^{(n+i-1),(i-1)}\,\mathbf{T}_t^{(n+i-1),(i-1)} \\ \mathbf{B}^i\,\mathbf{D}^{(n+i-1),(i-1)}\,\mathbf{T}_r^{(n+i-1),(i-1)} \\ \hline \mathbf{0} \end{array} \right] \tag{6.675}$$

mit der $n_q^i \times n_z^i$-Matrix $\mathbf{0}$.

Für die Beschleunigungen $\dot{\mathbf{z}}_{II}^i$ ergibt sich aus (6.137) unter Verwendung von $\mathbf{Q}^i$ und $\mathbf{S}^{i-1}$

$$\mathbf{Q}^i\,\dot{\mathbf{z}}_{II}^i = \mathbf{S}^{i-1}\,\dot{\mathbf{z}}_{II}^{i-1} + \dot{\mathbf{x}}_{II}^i + \boldsymbol{\xi}^i . \tag{6.676}$$

Die Matrizen $\boldsymbol{\xi}^i$ aus (6.676) werden, ähnlich wie die Matrizen $\mathbf{x}_{II}^i$ in (6.630), neu definiert. Aus (6.136) erhält man unter Beachtung der hier verwendeten Numerierung von Körpern, Gelenken und Knoten

$$\boldsymbol{\xi}^i := \left[\frac{\boldsymbol{\xi}^i}{\mathbf{0}} \right] = \left[\begin{array}{c} \mathbf{D}^t\,\boldsymbol{\zeta}_t^t - \tilde{\mathbf{d}}^i\,\mathbf{D}^t\,\boldsymbol{\zeta}_r^t + \mathbf{B}^i\,\mathbf{D}^f\,\boldsymbol{\zeta}_t^f + {}^t\tilde{\boldsymbol{\omega}}^t\left(2\,\mathbf{V}^i + {}^t\tilde{\boldsymbol{\omega}}^t\,\mathbf{d}^i\right) \\ -\mathbf{D}^t\,\boldsymbol{\zeta}_r^t + \mathbf{B}^i\,\mathbf{D}^f\,\boldsymbol{\zeta}_r^f + {}^t\tilde{\boldsymbol{\omega}}^t\,\boldsymbol{\Omega}^i \\ \hline \mathbf{0} \end{array} \right] \tag{6.677}$$

mit einer $n_q^i \times 1$-Matrix $\mathbf{0}$. Für die Indizes t und f gilt (6.666) und die Matrizen $\boldsymbol{\zeta}_t^t$, $\boldsymbol{\zeta}_r^t$ und ${}^t\boldsymbol{\omega}^t$ wurden in (6.71), (6.72) und (6.123) angegeben; $\mathbf{V}^i$ und $\boldsymbol{\Omega}^i$ sind nach (6.630) Submatrizen von $\mathbf{x}_{II}^i$. Sie wurden in (6.109) und (6.110) definiert.

Da die durch

$$\mathbf{z}_{II}^0(t) = \left[\begin{array}{c} \mathbf{v}^0(t) \\ \boldsymbol{\omega}^0(t) \\ \mathbf{0} \end{array} \right] \tag{6.678}$$

gegebene Geschwindigkeit des globalen Bezugssystems bekannt ist, gestatten die Gleichungen (6.671) bis (6.677) die rekursive Berechnung der absoluten Geschwindigkeiten und Beschleunigungen von $\{O^i, \underline{e}^i\}$ aus den Verformungen der Körper und aus den Relativbewegungen über die Gelenke.

Kinetische Gleichungen

Die Ausgangsgleichungen zur formalen Herleitung der kinetischen Zustandsgleichungen (6.656) wurden in (6.610) angegeben. Bei den Mehrkörpersystemen aus Bild 6-20 gibt es auf jedem Körper nur einen inneren und einen äußeren Knoten. Am inneren Knoten $k = i$ des Körpers i, also am Knoten $k,i = i,i$, ist das Gelenk $a = i$ angebracht, wobei $k,i = i,i = t(i)$. Infolgedessen wirken in diesem Knoten nach (6.292) und Bild 6-13 die Zwangskräfte

$$\mathbf{h}_c^{ik} = \mathbf{T}^{t(i)^T} \mathbf{\Lambda}_c^i = \mathbf{T}^{k,i^T} \mathbf{\Lambda}_c^i \quad \text{mit} \quad k = i, \tag{6.679}$$

wobei die Elemente von $\mathbf{\Lambda}_c^i$ in (6.290) und (6.277) definiert wurden. Mit $\mathbf{Q}^i$ aus (6.674) und mit $\mathbf{h}_{cx}^i$ aus (6.638) kann man schreiben

$$\mathbf{h}_c^{ik} = \mathbf{Q}^{i^T} \mathbf{h}_{cx}^i \quad \text{mit} \quad k = i. \tag{6.680}$$

Am äußeren Knoten $k = n + i$ des Körpers i befindet sich das Gelenk $a = i + 1$ und es gilt $k,i = (n + i),i = f(i + 1)$. In diesem Knoten wirkt gemäß (6.292)

$$\mathbf{h}_c^{ik} = -\mathbf{T}^{f(i+1)^T} \mathbf{\Lambda}_c^{i+1} = -\mathbf{T}^{k,i^T} \mathbf{\Lambda}_c^{i+1} \quad \text{mit} \quad k = n + i. \tag{6.681}$$

Mit $\mathbf{S}^i$ aus (6.675) und mit $\mathbf{h}_{cx}^i$ aus (6.638) folgt

$$\mathbf{h}_c^{ik} = -\mathbf{S}^{i^T} \mathbf{h}_{cx}^{i+1} \quad \text{mit} \quad k = n + i. \tag{6.682}$$

Nach (6.289) erhält man aus (6.680) und (6.682)

$$\mathbf{h}_c^i = \mathbf{h}_c^{ii} + \mathbf{h}_c^{i(n+i)} = \mathbf{Q}^{i^T} \mathbf{h}_{cx}^i - \mathbf{S}^{i^T} \mathbf{h}_{cx}^{i+1}. \tag{6.683}$$

Damit sind die generalisierten Zwangskräfte $\mathbf{h}_c^i$ aus den Bewegungsgleichungen (6.610) in den generalisierten Geschwindigkeitsvariablen $\mathbf{z}_{II}^i$ ausgedrückt durch die generalisierten Zwangskräfte $\mathbf{h}_{cx}^i$ aus den entsprechenden Gleichungen (6.639) in den Variablen $\mathbf{x}_{II}^i$. In den Transformationsgleichungen (6.683) für die generalisierten Kräfte erscheinen die bereits aus den Transformationsgleichungen (6.673) für die generalisierten Geschwindigkeiten bekannten Matrizen.

Mit (6.683) nehmen die Bewegungsgleichungen (6.610) die folgende Form an

$$\mathbf{M}^i \, \dot{\mathbf{z}}_{II}^i = \mathbf{h}_a^i + \mathbf{Q}^{i^T} \mathbf{h}_{cx}^i - \mathbf{S}^{i^T} \mathbf{h}_{cx}^{i+1}, \tag{6.684}$$

wobei für die generalisierten eingeprägten Kräfte $\mathbf{h}_a^i$ (6.537) gilt. Die einzelnen Beiträge $\mathbf{h}_\omega^i$, $\mathbf{h}_g^i$, $\mathbf{h}_e^i$, $\mathbf{h}_p^i$ und $\mathbf{h}_f^i$ ergeben sich mit den in den Abschnitten 6.3.3 und 6.3.4 angegebenen Gleichungen und für $\mathbf{M}^i$ gelten die Gleichungen aus Abschnitt 6.3.2.

Einfluß der Bindungen

Die Bindungsgleichungen und die Darstellung der Zwangskräfte $\mathbf{h}_{cx}^i$ unter Berücksichtigung der Aussagen der Prinzipe der Mechanik sind in den bisherigen Gleichungen noch nicht berücksichtigt. Bei den hier betrachteten Systemen mit Baumstruktur, und insbesondere bei den einfachen Ketten aus Bild 6-20, sind die in (6.641) definierten Variablen $\mathbf{y}_I^i$ und $\mathbf{y}_{II}^i$ Zustandsgrößen. Die Bewegungseinschränkungen durch Gelenke werden mit den expliziten Bindungsgleichungen (6.644) für die Lagevariablen $\mathbf{x}_I^i$ erfaßt. In Formalismen werden sie in der rechentechnisch bequemeren Form

$$\mathbf{B}^i = \mathbf{B}^i(\boldsymbol{\eta}_I^i, t), \quad \mathbf{d}^i = \mathbf{d}^i(\boldsymbol{\eta}_I^i, t) \tag{6.685}$$

benötigt. Diese Gleichungen geben die in (6.671) und (6.672) und in (6.674), (6.675) und (6.677) benötigen Matrizen durch die Zustandsgrößen $\mathbf{y}_I^i$ aus (6.641) an.

Die aus den Gelenken $a = i$ resultierenden expliziten und impliziten Zwangsgleichungen für die Geschwindigkeiten $\mathbf{x}_{II}$ wurden in (6.647) und (6.653) mit Hilfe der Modevektoren $\boldsymbol{\varphi}_x^i, \overline{\boldsymbol{\varphi}}_x^i$ und $\boldsymbol{\psi}_x^i, \overline{\boldsymbol{\psi}}_x^i$ aus (6.646) und (6.651) angegeben. Mit der bekannten Geschwindigkeit (6.678) des globalen Bezugssystems $i = 0$ kann $\mathbf{z}_{II}^i$ bei gegebenen Zustandsvariablen $\mathbf{y}_I^i$ und $\mathbf{y}_{II}^i$ und bei gegebener Zeit t ermittelt werden: Mit (6.647) erhält man die Geschwindigkeiten $\mathbf{x}_{II}^i$, womit sich (6.673) rekursiv auswerten läßt, wenn eine Inverse von $\mathbf{Q}^i$ bekannt ist.

Die Matrix $\mathbf{Q}^i$ hat die Dimension $n_z^i \times n_z^i$ mit $n_z^i = 6 + n_q^i$. Die Zahl n_q^i der Ansatzfunktionen zur Darstellung der Verformungen des Körpers i wird bei der Simulation von Mehrkörpersystemen durch Wahl der $\mathbf{q}^i$ gemäß (6.415) nach Abschnitt 6.4.5 i. a. klein gehalten. Die Inverse von $\mathbf{Q}^i$ kann man wegen ihres aus (6.674) ersichtlichen, relativ einfachen Aufbaus oft analytisch mit Hilfe von Formelmanipulatoren ermitteln. Komplexere Probleme erfordern den Einsatz numerischer Verfahren. Häufig umgeht man das Problem der Bestimmung einer Inversen von $\mathbf{Q}^i$ durch eine spezielle Wahl von $\{O^i, \underline{\mathbf{e}}^i\}$, vgl. [62]: Wenn das Koordinatensystem des Körpers i mit dem Koordinatensystem $\{P, \underline{\mathbf{e}}\}$ im inneren Knoten $k = i,i$ zusammenfällt, also wenn

$$\left\{O^i, \underline{\mathbf{e}}^i\right\} = \left\{O^{i,i}, \underline{\mathbf{e}}^{i,i}\right\}, \tag{6.686}$$

kann die Inverse von $\mathbf{Q}^i$ aus (6.674) angegeben werden. Für die Wahl (6.686) von $\{O^i, \underline{\mathbf{e}}^i\}$ gilt nach (6.85) und (6.86) $\mathbf{T}_t^{i,i} = [\mathbf{E}\,\mathbf{0}\,\mathbf{0}]$ und $\mathbf{T}_t^{i,i} = [\mathbf{0}\,\mathbf{E}\,\mathbf{0}]$ und nach (6.79) $\mathbf{D}^{i,i} = \mathbf{E}$. Damit folgt aus (6.674)

$$
\mathbf{Q}^i = \begin{bmatrix} \mathbf{E} & \tilde{\mathbf{d}}^i & \mathbf{0} \\ \mathbf{0} & \mathbf{E} & \mathbf{0} \\ \hline \mathbf{0} & \mathbf{0} & \mathbf{E} \end{bmatrix} \quad \text{und} \quad \mathbf{Q}^{i^{-1}} = \begin{bmatrix} \mathbf{E} & -\tilde{\mathbf{d}}^i & \mathbf{0} \\ \mathbf{0} & \mathbf{E} & \mathbf{0} \\ \mathbf{0} & \mathbf{0} & \mathbf{E} \end{bmatrix} . \tag{6.687}
$$

Die einfache Ermittlung der Inversen aus (6.687) ist einer der Gründe für die weite Verbreitung von Formalismen, bei denen das Bezugssystem $\{O^i, \underline{\mathbf{e}}^i\}$ im Befestigungspunkt des inneren Gelenks $a = i$ liegen muß. Die Wahl (6.686) hat aber auch negative Auswirkungen. Nach den Erläuterungen zu (6.55) müssen die Ansatzfunktionen zur Darstellung der Verformungen gemäß (6.46), (6.47) am inneren Gelenkpunkt den Randbedingungen (6.58) genügen. Andere Ansatzfunktionen können nur verwendet werden, wenn man die Einhaltung der Randbedingungen bei der Lösung der Systemgleichungen durch Berücksichtigung der algebraischen Gleichungen (6.58) erzwingt, was zusätzlichen Aufwand und den Einsatz von DAE-Lösern erfordert. Wegen der in vielen Fällen möglichen Ermittlung der Inversen von $\mathbf{Q}^i$ wird $\{O^i, \underline{\mathbf{e}}^i\}$ hier in Abstimmung mit der Wahl der Ansatzfunktionen festgelegt.

Die expliziten Bindungsgleichungen für die Beschleunigungen sind nach (6.647) und (6.649)

$$
\dot{\mathbf{x}}_{II}^i = \boldsymbol{\varphi}_x^i \, \dot{\mathbf{y}}_{II}^i + \dot{\boldsymbol{\varphi}}_x^i \, \mathbf{y}_{II}^i + \dot{\bar{\bar{\boldsymbol{\chi}}}}_x^i . \tag{6.688}
$$

Die entsprechenden impliziten Gleichungen ergeben sich aus (6.653) zu

$$
\overline{\boldsymbol{\psi}}_x^{i\,T} \, \dot{\mathbf{x}}_{II}^i = \dot{\bar{\mathbf{y}}}_{II}^i - \dot{\overline{\boldsymbol{\psi}}}_x^{i\,T} \, \mathbf{x}_{II}^i , \tag{6.689}
$$

womit alle hier benötigten kinematischen Gleichungen zur Beschreibung der Bindungen zusammengestellt sind.

Die in den kinetischen Gleichungen (6.684) erscheinenden Zwangskräfte $\mathbf{h}_{cx}^i$ können mit der Aussage (6.545) des Jourdainschen Prinzips eliminiert werden. Bei Beschreibung der Bewegungen mit Hilfe der Relativgeschwindigkeiten $\mathbf{x}_{II}^i$ aus (6.630) kann das Jourdainsche Prinzip in der "lokalen Form" (6.655) angewandt werden. Aus dieser Gleichung folgt, daß die Zwangskräfte $\mathbf{h}_{cx}^i$ durch die zu den Zwangsgleichungen (6.653) gehörenden Lagrangeschen Multiplikatoren $\boldsymbol{\mu}^i$ gemäß (6.661) dargestellt werden können. Die in dieser Darstellung und in (6.688) und (6.689) benötigten Modevektoren $\boldsymbol{\varphi}_x^i, \overline{\boldsymbol{\varphi}}_x^i$ und $\boldsymbol{\psi}_x^i, \overline{\boldsymbol{\psi}}_x^i$ genügen (6.152) entsprechenden Orthogonalitätsbedingungen.

Rekursiv lösbare Blöcke von Systemgleichungen

Der Zustand der hier betrachteten Mehrkörpersysteme aus Bild 6-20 wird durch die in (6.640) und (6.641) definierten Zustandsgrößen $\mathbf{y}_I$ und $\mathbf{y}_{II}$ beschrieben. Gesucht sind Rechenvorschriften zur Ermittlung der rechten Seiten $\mathbf{Y}_I$ und $\mathbf{Y}_{II}$ der expliziten Bewegungsgleichungen (6.577) und (6.605) für den zu einer gegebenen Zeit t gegebenen Zustand $\mathbf{y}_I(t)$, $\mathbf{y}_{II}(t)$. Außerdem benötigt man die infolge der Systembewegungen in den Befestigungspunkten von Gelenken wirksamen Zwangskräfte $\mathbf{h}_{cx}^i$ aus (6.638).

Zur Lösung der Aufgabe wurde eine ganze Palette von $O(n)$-Formalismen vorgeschlagen. Eine Übersicht über die ersten Arbeiten zu dem Thema findet sich in [62]. Diese Beiträge resultieren in nahezu identischen Rechenverfahren und unterscheiden sich vorwiegend in der zur Angabe der expliziten Systemgleichungen verwendeten Variablen und Prinzipe der Mechanik. Eine frühe Arbeit [78] zur Herleitung der expliziten Bewegungsgleichungen mit Hilfe des Gaußschen Prinzips und deren Verwendung zur Simulation der Bewegungen von Robotern enthält bereits alle wesentlichen Ergebnisse, hat aber zur Entwicklung allgemeiner Simulationsprogramme für Mehrkörpersysteme nichts beigetragen – sie wurde von der Fachwelt übersehen. Neuere Arbeiten zur Reduktion des Rechenaufwands der Formalismen, der oft nur bei gewissen Systemen zum Tragen kommt, sind in [20] kommentiert. Ein in diesem Zusammenhang nützlicher Gedanke findet sich in [21]. Der Rechenaufwand zur Simulation der Bewegungen eines Mehrkörpersystems setzt sich zusammen aus dem Aufwand zur Berechnung der rechten Seiten $\mathbf{Y}_I$ und $\mathbf{Y}_{II}$ und aus dem Aufwand zur numerischen Lösung der Systemgleichungen. Durch eine Anpassung der Ermittlung der Systemgleichungen an spezielle Bedürfnisse numerischer Integrationsverfahren kann man die Effizienz von Simulationsprogrammen steigern. Eine bestimmte Klasse von Integratoren ermittelt beispielsweise für eine Zeit t Schätzwerte des Zustands $\mathbf{y}_I$, $\mathbf{y}_{II}$ und seiner Ableitungen $\dot{\mathbf{y}}_I$, $\dot{\mathbf{y}}_{II}$. Mit diesen Schätzwerten ergibt sich in den Systemgleichungen ein Fehler, das sogenannte Residuum. Eine Lösung der Systemgleichungen wird ermittelt, indem man das Residuum zu Null macht. Diese Integratoren benötigen somit in erster Linie gar nicht den Wert der rechten Seite für einen gegebenen Zustand und eine gegebene Zeit sondern vielmehr das Residuum. Es läßt sich effizienter direkt, d. h. ohne Ermittlung der rechten Seiten, berechnen. Der zugehörige "Residuenformalismus" und seine Nutzung sind in [21] beschrieben. Das Verfahren bewährt sich insbesondere bei Systemen mit geschlossenen Schleifen, bei denen $O(n)$-Formalismen eine Systembeschreibung durch differential-algebraische Gleichungen liefern und bei denen die in [20] erläuterten DAE-Löser benötigt werden.

Aus der Vielzahl der in der Literatur angegebenen $O(n)$-Formalismen werden hier zwei Beiträge erläutert. Ende der achtziger Jahre hat R. Wehage erstmals für Systeme starrer Körper gezeigt, [91], daß die zur Angabe der Zustandsform benötigten Gleichungen eine Struktur besitzen, die es erlaubt, die Gleichungen so zu gruppieren, daß man die expliziten Bewegungsgleichungen (6.577) und (6.605) durch rekursive Lösung gewisser Blöcke von Gleichungen ermitteln kann. Die Vorgehensweise läßt sich für Systeme mit flexiblen Körpern modifizieren, [5] und erlaubt sowohl die Angabe der Deskriptorform wie auch der Zustandsform der Systemgleichungen. Dieses Verfahren wird hier zuerst erläutert. Der Rechenaufwand zur Ermittlung der Zustandsform läßt sich, wie anschließend gezeigt, noch weiter reduzieren.

Die zur Angabe der expliziten Form der kinetischen Zustandsgleichungen erforderlichen Informationen sind

1. Die kinetischen Bewegungsgleichungen

also die Gleichungen (6.684) in den redundanten Variablen $\mathbf{z}_I^i$ und $\mathbf{z}_{II}^i$ unter Berücksichtigung der Darstellung (6.661) der am Körper i wirksamen Zwangskräfte, also

$$\mathbf{M}^i\,\dot{\mathbf{z}}_{II}^i = \mathbf{h}_a^i + \mathbf{Q}^{i^T}\,\overline{\boldsymbol{\psi}}_x^i\,\boldsymbol{\mu}^i - \mathbf{S}^{i^T}\,\overline{\boldsymbol{\psi}}_x^{i+1}\,\boldsymbol{\mu}^{i+1}. \tag{6.690}$$

2. Die expliziten Bindungsgleichungen für die Absolutbeschleunigungen resultierend aus dem inneren Gelenk $a = i$ am Körper i. Mit ξ^i aus (6.677) und mit $\boldsymbol{\varphi}_x^i$ und $\overline{\boldsymbol{\chi}}_x^i$ aus (6.648) und (6.649) sei in Analogie zu $\overline{\boldsymbol{\xi}}^s$ aus (6.163)

$$\overline{\boldsymbol{\xi}}^i = \boldsymbol{\xi}^i + \dot{\boldsymbol{\varphi}}_x^i \, \mathbf{y}_{II}^i + \dot{\overline{\boldsymbol{\chi}}}_x^i. \tag{6.691}$$

Damit ergibt sich aus (6.676) und (6.688)

$$\mathbf{Q}^i \, \dot{\mathbf{z}}_{II}^i - \mathbf{S}^{i-1} \, \dot{\mathbf{z}}_{II}^{i-1} - \boldsymbol{\varphi}_x^i \, \dot{\mathbf{y}}_{II}^i = \overline{\boldsymbol{\xi}}^i. \tag{6.692}$$

3. Die impliziten Bindungsgleichungen für die Absolutbeschleunigungen
resultierend aus dem inneren Gelenk $a = i$ am Körper i. Mit

$$\overline{\overline{\boldsymbol{\xi}}}^i = -\,\overline{\boldsymbol{\psi}}_x^{i\,T} \boldsymbol{\xi}^i + \dot{\overline{\boldsymbol{\psi}}}_x^{i\,T} \mathbf{x}_{II}^i - \ddot{\overline{\mathbf{y}}}_{II}^i \tag{6.693}$$

ergibt sich aus (6.676) und (6.689)

$$-\,\overline{\boldsymbol{\psi}}_x^{i\,T} \mathbf{Q}^i \, \dot{\mathbf{z}}_{II}^i + \overline{\boldsymbol{\psi}}_x^{i\,T} \mathbf{S}^{i-1} \, \dot{\mathbf{z}}_{II}^{i-1} = \overline{\overline{\boldsymbol{\xi}}}^i. \tag{6.694}$$

Die Unbekannten in den Gleichungen (6.690), (6.692) und (6.694) sind $\dot{\mathbf{z}}_{II}^i$, $\boldsymbol{\mu}^i$ und $\dot{\mathbf{y}}_{II}^i$. Wenn man sie in einer Matrix $\mathbf{b}^i$ sammelt, so kann man alle Gleichungen zusammen mit der trivialen Gleichung $\mathbf{0}\,\dot{\mathbf{y}}_{II}^i = \mathbf{0}$ mit einer symmetrischen Matrix $\mathbf{C}^i$ und mit den Matrizen $\mathbf{W}^i$ und $\mathbf{p}^i$ in der folgenden Form schreiben, [20], S. 25:

$$\mathbf{W}^{i+1\,T} \mathbf{b}^{i+1} + \mathbf{C}^i \, \mathbf{b}^i + \mathbf{W}^i \, \mathbf{b}^{i-1} = \mathbf{p}^i. \tag{6.695}$$

Die Matrix $\mathbf{b}^i$ ist folgendermaßen aufgebaut

$$\mathbf{b}^i = \left[b_k^i \right] = \left[\dot{\mathbf{z}}_{II}^{i\,T} \quad \boldsymbol{\mu}^{i\,T} \quad \dot{\mathbf{y}}_{II}^{i\,T} \quad \mathbf{0} \right]^T \quad \text{mit} \quad k = 1, 2, \dots n_b^i, \quad n_b^i = n_z^i + n_c^i + 2n_y^i. \tag{6.696}$$

Ordnet man die Gleichungen in der Reihenfolge (6.690), (6.694), $\mathbf{0}\,\dot{\mathbf{y}}_{II}^i = \mathbf{0}$ und (6.692), so findet man

$$\mathbf{C}^i = \begin{bmatrix} \mathbf{M}^i & -\mathbf{Q}^{i\,T}\overline{\boldsymbol{\psi}}_x^i & \mathbf{0} & \mathbf{Q}^{i\,T} \\ -\overline{\boldsymbol{\psi}}_x^{i\,T}\mathbf{Q}^i & \mathbf{0} & \mathbf{0} & \mathbf{0} \\ \mathbf{0} & \mathbf{0} & \mathbf{0} & -\boldsymbol{\varphi}_x^{i\,T} \\ \mathbf{Q}^i & \mathbf{0} & -\boldsymbol{\varphi}_x^i & \mathbf{0} \end{bmatrix}, \quad \mathbf{W}^i = \begin{bmatrix} \mathbf{0} & \mathbf{0} & \mathbf{0} & \mathbf{0} \\ \overline{\boldsymbol{\psi}}_x^{i\,T}\mathbf{S}^{i-1} & \mathbf{0} & \mathbf{0} & \mathbf{0} \\ \mathbf{0} & \mathbf{0} & \mathbf{0} & \mathbf{0} \\ -\mathbf{S}^{i-1} & \mathbf{0} & \mathbf{0} & \mathbf{0} \end{bmatrix} \tag{6.697}$$

und

$$\mathbf{p}^i = \begin{bmatrix} \mathbf{h}_{ges}^{i^T} & \overline{\overline{\boldsymbol{\xi}}}^{i^T} & \mathbf{0} & \overline{\boldsymbol{\xi}}^{i^T} \end{bmatrix}^T.$$

(6.698)

Die letzte Spalte von $\mathbf{C}^i$ wird nach (6.695) und (6.696) mit Null multipliziert. Sie wurde in (6.697) so mit Submatrizen gefüllt, daß sich eine symmetrische Matrix $\mathbf{C}^i$ ergibt.

Aus den Gleichungen (6.695) kann man $\mathbf{b}^i$ rekursiv ermitteln. Da es am Körper $i = n$ keinen äußeren Knoten gibt, gilt

$$\mathbf{W}^{n+1} = \mathbf{0}$$

(6.699)

und für $i = 0$ nimmt die Matrix $\mathbf{b}^i$ den Wert

$$\mathbf{b}^0 = \begin{bmatrix} \dot{\mathbf{z}}_{II}^{0^T} & \mathbf{0} & \mathbf{0} & \mathbf{0} \end{bmatrix}^T$$

(6.700)

an mit den Beschleunigungen $\dot{\mathbf{z}}_{II}^0$ des globalen Bezugssystems, die nach (6.678) bekannt sind. Mit (6.699) und (6.700) besitzen die Gleichungen (6.695) für das gesamte Mehrkörpersystem folgende Struktur:

$$\begin{bmatrix} \mathbf{C}^n & \mathbf{W}^n & \mathbf{0} & & \cdots & & \mathbf{0} \\ \mathbf{W}^{n^T} & \mathbf{C}^{n-1} & \mathbf{W}^{n-1} & \mathbf{0} & & \cdots & \mathbf{0} \\ & & \ddots & & & & \\ \mathbf{0} & \cdots & \mathbf{0} & \mathbf{W}^{i+1^T} & \mathbf{C}^i & \mathbf{W}^i & \mathbf{0} & \cdots & \mathbf{0} \\ & & & & \ddots & & \\ \mathbf{0} & & \cdots & & \mathbf{0} & \mathbf{W}^{3^T} & \mathbf{C}^2 & \mathbf{W}^2 & \mathbf{0} \\ \mathbf{0} & & \cdots & & & \mathbf{0} & \mathbf{W}^{2^T} & \mathbf{C}^1 & \mathbf{W}^1 \end{bmatrix} \begin{bmatrix} \mathbf{b}^n \\ \vdots \\ \mathbf{b}^i \\ \vdots \\ \mathbf{b}^2 \\ \mathbf{b}^1 \\ \mathbf{b}^0 \end{bmatrix} = \begin{bmatrix} \mathbf{p}^n \\ \vdots \\ \mathbf{p}^i \\ \vdots \\ \mathbf{p}^2 \\ \mathbf{p}^1 \end{bmatrix}.$$

(6.701)

Die i-te Gleichung (6.695) des Systems (6.701) läßt sich umformen in

$$\hat{\mathbf{C}}^i \mathbf{b}^i = \hat{\mathbf{p}}^i - \mathbf{W}^i \mathbf{b}^{i-1}$$

(6.702)

mit noch unbekannten Matrizen $\hat{\mathbf{C}}^i$ und $\hat{\mathbf{p}}^i$. Aus (6.702) folgt

$$\mathbf{b}^i = \left(\hat{\mathbf{C}}^i\right)^{-1} \left(\hat{\mathbf{p}}^i - \mathbf{W}^i \mathbf{b}^{i-1}\right).$$

(6.703)

Setzt man dies in die Gleichung (6.695) für $i := i - 1$ ein, so erhält man

$$\left(\mathbf{C}^{i-1} - \mathbf{W}^{i^T}\left(\hat{\mathbf{C}}^i\right)^{-1} \mathbf{W}^i\right) \mathbf{b}^{i-1} = \left(\mathbf{p}^{i-1} - \mathbf{W}^{i^T}\left(\hat{\mathbf{C}}^i\right)^{-1} \hat{\mathbf{p}}^i\right) - \mathbf{W}^{i-1} \mathbf{b}^{i-2},$$

(6.704)

also die Gleichung (6.702) für $i - 1$, wobei

$$\hat{\mathbf{C}}^{i-1} = \mathbf{C}^{i-1} - \mathbf{W}^{i\,T}\left(\hat{\mathbf{C}}^i\right)^{-1}\mathbf{W}^i \quad \text{und} \quad \hat{\mathbf{p}}^{i-1} = \mathbf{p}^{i-1} - \mathbf{W}^{i\,T}\left(\hat{\mathbf{C}}^i\right)^{-1}\hat{\mathbf{p}}^i. \tag{6.705}$$

Wegen (6.699) gilt nach (6.695) und (6.702) für $i = n$

$$\hat{\mathbf{C}}^n = \mathbf{C}^n \quad \text{und} \quad \hat{\mathbf{p}}^n = \mathbf{p}^n. \tag{6.706}$$

Die Matrizen $\hat{\mathbf{C}}^i$ und $\hat{\mathbf{p}}^i$ können somit durch rekursive Auswertung von (6.705) für $i = n$, $i = n-1$ bis $i = 2$ ermittelt werden, womit alle Koeffizientenmatrizen aus den Gleichungen (6.702) bekannt sind. Wegen (6.700) kann man (6.702) für $i = 1$ lösen, womit man $\mathbf{b}^1$ erhält. Mit diesem Ergebnis läßt sich (6.702) für $i = 2$ lösen und durch Fortsetzung der Rekursion bis $i = n$ erhält man alle Matrizen $\mathbf{b}^i$.

Zusammengefaßt erhält man zur Ermittlung der rechten Seiten

$$\mathbf{Y}_I = \left[\mathbf{Y}_I^i\right] \quad \text{und} \quad \mathbf{Y}_{II} = \left[\mathbf{Y}_{II}^i\right], \quad i = 1, 2, \ldots n \tag{6.707}$$

der kinematischen und kinetischen Bewegungsgleichungen (6.577) und (6.605) und von $\mathbf{h}_{cx}^i$ aus (6.638) bei gegebener Zeit t und bei gegebenem Zustand $\mathbf{y}_I, \mathbf{y}_{II}$ aus (6.640) und (6.641) folgende Rechenvorschrift:

1. **Vorwärtsrekursion.** Für $i = 1, 2, \ldots n$ berechne:

   - $\mathbf{Y}_I^i$ mit (6.642);

   - $\mathbf{B}^i, \mathbf{d}^i$ mit (6.685), $\mathbf{D}^{k,i}$ mit (6.79), $\mathbf{T}_t^{k,i}, \mathbf{T}_r^{k,i}$ mit (6.85), (6.86), $\mathbf{A}^i, \boldsymbol{\rho}^i$ mit (6.671) und (6.672) und $\mathbf{Q}^i, \mathbf{S}^i$ mit (6.674) und (6.675);

   - $\mathbf{x}_{II}^i$ mit (6.647), $\overline{\boldsymbol{\chi}}_x^i, \dot{\overline{\boldsymbol{\chi}}}_x^i$ mit (6.649), $\mathbf{z}_{II}^i$ mit (6.673), $\boldsymbol{\zeta}_t^{k,i}, \boldsymbol{\zeta}_r^{k,i}$ mit (6.87) und (6.88) und $\boldsymbol{\xi}^i$ mit (6.677);

   - $\mathbf{h}_a^i$ mit (6.537) und den in den Abschnitten 6.3.3 und 6.3.4 angegebenen Gleichungen;

   - $\mathbf{M}^i$ mit (6.224) und den in Abschnitt 6.3.2 angegebenen Gleichungen;

   - $\overline{\boldsymbol{\xi}}^i$ mit (6.691);

   - $\overline{\overline{\boldsymbol{\xi}}}^i, \mathbf{C}^i, \mathbf{W}^i$ und $\mathbf{p}^i$ mit (6.693), (6.697) und (6.698).

2. **Rückwärtsrekursion.** Für $i = n, n-1, \ldots 2$ berechne mit $\hat{\mathbf{C}}^n$ und $\hat{\mathbf{p}}^n$ aus (6.706):

   - $\hat{\mathbf{C}}^{i-1}, \left(\hat{\mathbf{C}}^{i-1}\right)^{-1}$ und $\hat{\mathbf{p}}^{i-1}$ mit (6.705).

3. **Vorwärtsrekursion.** Für $i = 1, 2, \ldots n$ ermittle mit $\mathbf{b}^0$ aus (6.700)

   - $\mathbf{b}^i$ mit (6.703), was nach (6.696) insbesondere $\dot{\mathbf{y}}_{II}^i = \mathbf{Y}_{II}^i$ und $\boldsymbol{\mu}^i$ liefert;

- $\mathbf{h}^i_{cx}$ mit der ersten Gleichung (6.661).

Mit dem hier angegebenen Formalismus ist das eingangs gestellte Problem der Ermittlung der expliziten Zustandsgleichungen und der zu einer gegebenen Bewegung gehörenden Zwangskräfte gelöst. Die Rechnungen erfordern wegen (6.703) die Inversion der Matrizen $\hat{\mathbf{C}}^i$. Ihre Dimension ist $n^i_b \times n^i_b$ mit n^i_b aus (6.696), also erheblich kleiner als die Dimension der in (6.605) zu invertierenden Matrix $\mathbf{M}_y$, was die hier angegebene Vorgehensweise im Vergleich zur Berechnung und Inversion von $\mathbf{M}_y$ bei einer genügend großen Zahl n von Körpern effizienter macht. Die oben angegebenen Gleichungen liefern mit $\mathbf{b}^i$ aus (6.696) auch $\dot{\mathbf{z}}^i_{II}$ und können somit auch zur Ermittlung der expliziten Form der Systemgleichungen (6.550) in Deskriptorform verwendet werden.

Verbesserung der Effizienz des Rechenverfahrens

Die eben angegebene Vorgehensweise ist zwar sehr übersichtlich, erfordert aber die Inversion der $n^i_b \times n^i_b$-Matrix $\hat{\mathbf{C}}^i$. Die in den ersten Publikationen [4, 24, 25, 78] zu $O(n)$-Formalismen angegebenen Verfahren kommen mit der Inversion einer kleineren Matrix der Dimension $n^i_f \times n^i_f$ aus. Die zur Herleitung dieser Rechenvorschrift benötigten Gleichungen sind

- die kinetischen Bewegungsgleichungen (6.684),

- die Darstellung (6.676) der Beschleunigungen $\dot{\mathbf{z}}^i_{II}$ durch die Beschleunigungen $\dot{\mathbf{z}}^{i-1}_{II}$ und durch die Relativbeschleunigungen $\dot{\mathbf{x}}^i_{II}$,

- die Aussagen (6.647) und (6.692) zur Berücksichtigung der aus Gelenken resultierenden Zwangsbedingungen, sowie die Darstellung (6.661) der Zwangskräfte $\mathbf{h}^i_{cx}$ zusammen mit den Orthogonalitätsbedingungen (6.152) für $\boldsymbol{\varphi}^i_x, \overline{\boldsymbol{\varphi}}^i_x$ und $\boldsymbol{\psi}^i_x, \overline{\boldsymbol{\psi}}^i_x$.

Die Bewegungsgleichungen (6.684) lassen sich mit der aus (6.692) folgenden Gleichung

$$\dot{\mathbf{z}}^i_{II} = \mathbf{Q}^{i-1}\left(\mathbf{S}^{i-1}\,\dot{\mathbf{z}}^{i-1}_{II} + \boldsymbol{\varphi}^i_x\,\dot{\mathbf{y}}^i_{II} + \overline{\boldsymbol{\xi}}^i\right) \tag{6.708}$$

umschreiben in

$$\hat{\mathbf{M}}^i\,\dot{\mathbf{z}}^i_{II} = \hat{\mathbf{h}}^i_a + {\mathbf{Q}^i}^T\,\mathbf{h}^i_{cx} \tag{6.709}$$

mit rekursiv ermittelbaren Matrizen $\hat{\mathbf{M}}^i$ und $\hat{\mathbf{h}}^i_a$. In den Gleichungen (6.709) kommen nur die Zwangskräfte $\mathbf{h}^i_{cx}$ am inneren Gelenk $a = i$ des Körpers i vor. Infolgedessen können sie, wie die Gleichungen (6.639), durch Projektion auf die Modevektoren $\boldsymbol{\varphi}^i_x$ und $\overline{\boldsymbol{\varphi}}^i_x$ und lokale Anwendung des Jourdainschen Prinzips (6.655) in Zustandsgleichungen und in Gleichungen zur Berechnung der Zwangskräfte getrennt werden. Die Entwicklung einer Rechenvorschrift zur Ermittlung der Zustandsgleichungen und der Zwangskräfte erfordert somit die Lösung zweier Probleme:

1. Angabe der Matrizen $\hat{\mathbf{M}}^i$ und $\hat{\mathbf{h}}^i_a$ aus (6.709);

2. Trennung von (6.709) in Zustandsgleichungen und Gleichungen für die Zwangskräfte.

Die Lösung des zweiten Problems ist einfach. Um die Zwangskräfte $\mathbf{h}^i_{cx}$ auf der rechten Seite von (6.709) ohne Faktor zu erhalten, wird die Gleichung mit der Inversen von $\mathbf{Q}^{iT}$ multipliziert. Ersetzt man überdies $\dot{\mathbf{z}}^i_{II}$ durch $\dot{\mathbf{y}}^i_{II}$ gemäß (6.708), so wird aus (6.709)

$$\hat{\mathbf{M}}^i_Q\,\boldsymbol{\varphi}^i_x\,\dot{\mathbf{y}}^i_{II} = \hat{\mathbf{h}}^i_Q - \hat{\mathbf{M}}^i_Q\,\mathbf{S}^{i-1}\,\dot{\mathbf{z}}^{i-1}_{II} + \mathbf{h}^i_{cx} \tag{6.710}$$

mit den transformierten, generalisierten Massen und Kräften

$$\hat{\mathbf{M}}^i_Q = \mathbf{Q}^{i-1^T}\,\hat{\mathbf{M}}^i\,\mathbf{Q}^{i-1} \quad\text{und}\quad \hat{\mathbf{h}}^i_Q = \mathbf{Q}^{i-1^T}\,\hat{\mathbf{h}}^i_a - \hat{\mathbf{M}}^i_Q\,\overline{\boldsymbol{\xi}}^i \tag{6.711}$$

und mit der aus (6.691) bekannten Matrix $\overline{\boldsymbol{\xi}}^i$. Mit (6.655) folgt aus (6.710) bei Projektion auf die Modevektoren $\boldsymbol{\varphi}^i_x$ freier Bewegungen

$$\dot{\mathbf{y}}^i_{II} = \hat{\mathbf{M}}^{i\,-1}_y\left(\hat{\mathbf{h}}^i_y - \boldsymbol{\varphi}^{i\,T}_x\,\hat{\mathbf{M}}^i_Q\,\mathbf{S}^{i-1}\,\dot{\mathbf{z}}^{i-1}_{II}\right) \tag{6.712}$$

mit den reduzierten, generalisierten Massen und Kräften

$$\hat{\mathbf{M}}^i_y = \boldsymbol{\varphi}^{i\,T}_x\,\hat{\mathbf{M}}^i_Q\,\boldsymbol{\varphi}^i_x \quad\text{und}\quad \hat{\mathbf{h}}^i_y = \boldsymbol{\varphi}^{i\,T}_x\,\hat{\mathbf{h}}^i_Q. \tag{6.713}$$

Bei Projektion von (6.710) auf die Modevektoren $\overline{\boldsymbol{\varphi}}^i_x$ gebundener Bewegungen erhält man unter Beachtung von (6.661)

$$\boldsymbol{\mu}^i = \overline{\hat{\mathbf{M}}}^i_y\,\dot{\mathbf{y}}^i_{II} - \overline{\hat{\mathbf{h}}}^i_y + \overline{\boldsymbol{\varphi}}^{i\,T}_x\,\hat{\mathbf{M}}^i_Q\,\mathbf{S}^{i-1}\,\dot{\mathbf{z}}^{i-1}_{II} \tag{6.714}$$

mit den in Analogie zu (6.713) definierten Projektionen

$$\overline{\hat{\mathbf{M}}}^i_y = \overline{\boldsymbol{\varphi}}^{i\,T}_x\,\hat{\mathbf{M}}^i_Q\,\boldsymbol{\varphi}^i_x \quad\text{und}\quad \overline{\hat{\mathbf{h}}}^i_y = \overline{\boldsymbol{\varphi}}^{i\,T}_x\,\hat{\mathbf{h}}^i_Q \tag{6.715}$$

generalisierter Massen und Kräfte.

Wenn die Matrizen $\hat{\mathbf{M}}^i$ und $\hat{\mathbf{h}}^i_a$ aus (6.709) bekannt sind, gestatten die Gleichungen (6.712) und (6.714) die rekursive Berechnung von $\dot{\mathbf{y}}^i_{II}$ und $\boldsymbol{\mu}^i$, also die Angabe der expliziten Form (6.605) der kinetischen Bewegungsgleichungen und der zugehörigen Gleichungen (6.609) für die Zwangskräfte. Für $i = 1$ ist $\dot{\mathbf{z}}^0_{II}$ nach (6.678) nämlich bekannt, womit sich $\dot{\mathbf{y}}^1_{II}$ und $\boldsymbol{\mu}^1$ aus (6.712) und (6.714) ermitteln lassen. Mit (6.708) kann man dann $\dot{\mathbf{z}}^1_{II}$ angeben und die Rechnungen für $i = 2$ bis $i = n$ wiederholen, womit sich alle $\dot{\mathbf{y}}^i_{II}$ und $\boldsymbol{\mu}^i$ rekursiv ergeben. Zur

Auswertung der Gleichungen ist lediglich die Inversion der $n_f^i \times n_f^i$-Matrizen $\hat{\mathbf{M}}_y^i$ aus (6.713) erforderlich im Gegensatz zu den größeren Matrizen $\hat{\mathbf{C}}^i$ aus (6.703).

Die Lösung des ersten Problems, die Bestimmung der Matrizen $\hat{\mathbf{M}}^i$ und $\hat{\mathbf{h}}_a^i$ aus (6.709), ist für $i = n$ trivial. Da es an diesem Körper kein äußeres Gelenk gibt, folgt aus (6.684)

$$\hat{\mathbf{M}}^n = \mathbf{M}^n \quad \text{und} \quad \hat{\mathbf{h}}_a^n = \mathbf{h}_a^n. \tag{6.716}$$

Zur Bestimmung von $\hat{\mathbf{M}}^i$ und $\hat{\mathbf{h}}_a^i$ für Körper $i \neq n$ wird die für den Körper i gültige Gleichung (6.684) für den Körper $i-1$ angeschrieben, also

$$\mathbf{M}^{i-1} \, \dot{\mathbf{z}}_{II}^{i-1} = \mathbf{h}_a^{i-1} + \mathbf{Q}^{i-1^T} \mathbf{h}_{cx}^{i-1} - \mathbf{S}^{i-1^T} \mathbf{h}_{cx}^i. \tag{6.717}$$

Diese Gleichung läßt sich mit (6.710) und (6.712) in die Form (6.709) bringen, indem man die Zwangskräfte $\mathbf{h}_{cx}^i$ durch die Beschleunigungen $\dot{\mathbf{z}}_{II}^{i-1}$ ausdrückt. Mit $\dot{\mathbf{y}}_{II}^i$ aus (6.712) erhält man für $\mathbf{h}_{cx}^i$ aus (6.710), wenn man Terme ohne und mit $\dot{\mathbf{z}}_{II}^{i-1}$ sammelt

$$\mathbf{h}_{cx}^i = \left(\hat{\mathbf{M}}_Q^i \, \boldsymbol{\varphi}_x^i \, \hat{\mathbf{M}}_y^{i\,-1} \, \hat{\mathbf{h}}_y^i - \hat{\mathbf{h}}_Q^i \right) + \hat{\mathbf{M}}_Q^i \left(\mathbf{E} - \boldsymbol{\varphi}_x^i \, \hat{\mathbf{M}}_y^{i\,-1} \, \boldsymbol{\varphi}_x^{i\,T} \, \hat{\mathbf{M}}_Q^i \right) \mathbf{S}^{i-1} \, \dot{\mathbf{z}}_{II}^{i-1}. \tag{6.718}$$

Setzt man diesen Ausdruck für $\mathbf{h}_{cx}^i$ in (6.717) ein, so erhält man die Form (6.709) der kinetischen Bewegungsgleichungen für den Körperindex $i-1$. Für die Matrizen $\hat{\mathbf{M}}^{i-1}$ und $\hat{\mathbf{h}}_a^{i-1}$ in diesen Gleichungen ergibt sich

$$\hat{\mathbf{M}}^{i-1} = \mathbf{M}^{i-1} + \mathbf{S}^{i-1^T} \, \hat{\mathbf{M}}_Q^i \left(\mathbf{E} - \boldsymbol{\varphi}_x^i \, \hat{\mathbf{M}}_y^{i\,-1} \, \boldsymbol{\varphi}_x^{i\,T} \, \hat{\mathbf{M}}_Q^i \right) \mathbf{S}^{i-1}, \tag{6.719}$$

$$\hat{\mathbf{h}}_a^{i-1} = \mathbf{h}_a^{i-1} - \mathbf{S}^{i-1^T} \left(\hat{\mathbf{M}}_Q^i \, \boldsymbol{\varphi}_x^i \, \hat{\mathbf{M}}_y^{i\,-1} \, \hat{\mathbf{h}}_y^i - \hat{\mathbf{h}}_Q^i \right). \tag{6.720}$$

Nach (6.716) sind $\hat{\mathbf{M}}^n$ und $\hat{\mathbf{h}}_a^n$ bekannt. Damit kann man $\hat{\mathbf{M}}^i$ und $\hat{\mathbf{h}}_a^i$ mit (6.719) und (6.720) rekursiv für $i = n, n-1, \ldots 1$ ermitteln, da sich sowohl $\hat{\mathbf{M}}_y^i$ und $\hat{\mathbf{h}}_y^i$ als auch $\hat{\mathbf{M}}_Q^i$ und $\hat{\mathbf{h}}_Q^i$ auf den rechten Seiten mit (6.713) und (6.711) aus $\hat{\mathbf{M}}^i$ und $\hat{\mathbf{h}}_a^i$ ergeben.

Insgesamt ergibt sich folgende Rechenvorschrift:

1. Vorwärtsrekursion. Für $i = 1, 2, \ldots n$ ermittle:

- die in der Vorschrift zur Lösung der Gleichungen (6.695) genannten Matrizen bis auf die im letzten Punkt zu berechnenden Matrizen $\bar{\bar{\boldsymbol{\xi}}}^i, \mathbf{C}^i, \mathbf{W}^i$ und $\mathbf{p}^i$.

2. Rückwärtsrekursion. Für $i = n, n-1, \ldots 2$ berechne mit $\hat{\mathbf{M}}^n$ und $\hat{\mathbf{h}}_a^n$ aus (6.716):

- $\hat{\mathbf{M}}_Q^i$ und $\hat{\mathbf{h}}_Q^i$ mit (6.711);

- $\hat{\mathbf{M}}_y^i$ und $\hat{\mathbf{h}}_y^i$ sowie $\bar{\hat{\mathbf{M}}}_y^i$ und $\bar{\hat{\mathbf{h}}}_y^i$ mit (6.713) und (6.715);

- $\hat{\mathbf{M}}^{i-1}$ und $\hat{\mathbf{h}}_a^{i-1}$ mit (6.719) und (6.720).

3. Vorwärtsrekursion. Für $i = 1, 2, \ldots n$ ermittle mit $\dot{\mathbf{z}}^0$ gemäß (6.678) die

- rechte Seite $\mathbf{Y}_{II}^i$ aus (6.707) des i-ten Blocks der kinetischen Bewegungsgleichungen $\dot{\mathbf{y}}_{II}^i = \mathbf{Y}_{II}^i$ gemäß (6.712), was die Inversion von $\hat{\mathbf{M}}_y^i$ erfordert;

- Zwangskräfte $\boldsymbol{\mu}^i$ mit (6.714);

- Beschleunigungen $\dot{\mathbf{z}}_{II}^i$ mit (6.708).

Die zur Lösung von (6.550) benötigten Variablen $\mathbf{z}_I^i, \mathbf{z}_{II}^i$ und $\boldsymbol{\mu}^i$ fallen auch bei diesem Formalismus an, wenn man die kinematischen Bewegungsgleichungen (6.577) in den Variablen $\mathbf{y}_I^i, \mathbf{y}_{II}^i$ durch die entsprechenden Gleichungen (6.535) in den Variablen $\mathbf{z}_I^i, \mathbf{z}_{II}^i$ ersetzt.

Modifikationen für beliebige Systeme

Die Verallgemeinerung der oben angegebenen Vorgehensweise für *Systeme mit Baumstruktur* ist einfach. Man benötigt lediglich eine Liste der Körper, an denen es mehr als ein äußeres Gelenk gibt. Die beiden Vorwärtsrekursionen im oben angegebenen Formalismus müssen sich an diesen Körpern verzweigen, um alle Ketten im System abzuarbeiten. Bei der Rückwärtsrekursion muß man an den Körpern mit mehreren äußeren Gelenken die Beiträge aller äußeren Ketten aufaddieren. Die Behandlung von verzweigten Ketten ist somit lediglich ein Buchhaltungsproblem.

Bei Systemen mit *kinematisch offenen Schleifen* gibt es zwischen den Körpern am Ende der vom Bezugssystem ausgehenden Ketten Kraftelemente. Die aus diesen Elementen r resultierenden Kräfte $\mathbf{h}_f^{ik}$ errechnen sich gemäß (6.291) aus $\boldsymbol{\Lambda}_f^r$. Zur Angabe von $\boldsymbol{\Lambda}_f^r$ ist die Relativbewegung der durch das Kraftelement r verbundenen Körper erforderlich. Entsprechende Relativbewegungen werden auch bei kinematisch geschlossenen Schleifen benötigt. Ihre Berechnung wird dort erläutert.

Bei Systemen mit *kinematisch geschlossenen Schleifen* gibt es zwischen den Endkörpern des in Kapitel 6.5.3 definierten Subsystems mit Baumstruktur sekundäre Gelenke c. Sie resultieren in zusätzlichen Zwangsbedingungen für die Systembewegungen. Zur Beschreibung von Systemen mit kinematisch geschlossenen Schleifen sollen weiterhin die Variablen $\mathbf{y}_I$ und $\mathbf{y}_{II}$ aus (6.640) und (6.641) verwendet werden, die jetzt aber den zu sekundären Gelenken gehörenden Zwangsbedingungen genügen müssen und die damit nicht mehr voneinander unabhängige Zustandsvariable sind. Wegen der Zwangsbedingungen erscheinen in den Bewegungsgleichungen die zugehörigen Zwangskräfte. Die Formulierung der Bewegungsgleichungen für solche Systeme erfordert die Angabe

- der Relativbewegungen über die sekundären Gelenke und der zugehörigen Zwangsbedingungen,

- der zu diesen Zwangsbedingungen gehörenden Lagrangeschen Multiplikatoren zur Darstellung der Zwangskräfte.

Es seien i und j zwei Endkörper des Subsystems mit Baumstruktur, die durch ein sekundäres Gelenk c verbunden sind. Das Gelenk ist, wie in Bild 6-6 dargestellt, zwischen den Knoten

$$k,i = t(c) \quad \text{und} \quad l,j = f(c) \tag{6.721}$$

angebracht. Die relative Orientierung der Koordinatensysteme in diesen Knoten ist durch $\mathbf{B}^c$ aus (6.115) gegeben und für den relativen Abstand $\mathbf{d}^c$ gilt (6.126). Aus den Matrizen $\mathbf{B}^c$ und $\mathbf{d}^c$ lassen sich die Lagevariablen

$$\mathbf{x}_I^c = \mathbf{x}_I^c(\mathbf{z}_I) = \begin{bmatrix} \mathbf{d}^c \\ \boldsymbol{\beta}^c \end{bmatrix} \tag{6.722}$$

ermitteln. Die Variablen $\mathbf{x}_I^c$ sind also wie in (6.113) angegeben definiert, und sie enthalten, im Unterschied zu den $\mathbf{x}_I^a$ aus (6.630) keine Verformungskoordinaten $\mathbf{q}^i$. Für die zu $\mathbf{x}_I^c$ gehörenden Relativgeschwindigkeiten $\mathbf{x}_{II}^c$ aus (6.113) gilt nach (6.135)

$$\mathbf{x}_{II}^c = \begin{bmatrix} \mathbf{V}^c \\ \boldsymbol{\Omega}^c \end{bmatrix} = {}'\mathbf{T}^{t(c)}\, \mathbf{z}_{II}^i - {}'\mathbf{T}^{f(c)}\, \mathbf{z}_{II}^j . \tag{6.723}$$

Die durch $\mathbf{x}_I^c$ und $\mathbf{x}_{II}^c$ beschriebenen Relativbewegungen lassen sich mit den oben angegebenen Gleichungen aus den Absolutbewegungen, also letztlich aus den Variablen $\mathbf{y}_I$ und $\mathbf{y}_{II}$ errechnen – vgl. Punkte 2 und 3 der ersten Vorwärtsrekursion des im Anschluß an (6.707) angegebenen Formalismus.

Wegen des Gelenks c müssen die Relativbewegungen (6.722) und (6.723) den n_c^c Zwangsbedingungen (6.138) und (6.139) genügen. Mit (6.722) und (6.723) nehmen die Zwangsbedingungen für die Lagekoordinaten die folgende Form an

$$\overline{\mathbf{g}}^c\!\left(\mathbf{x}_I^c(\mathbf{z}_I), t\right) = \mathbf{0} \tag{6.724}$$

und für die Geschwindigkeiten gilt

$$\overline{\boldsymbol{\psi}}^{c^T} \mathbf{T}^{t(c)}\, \mathbf{z}_{II}^i - \overline{\boldsymbol{\psi}}^{c^T} \mathbf{T}^{f(c)}\, \mathbf{z}_{II}^j = \overline{\boldsymbol{\eta}}_{II}^c . \tag{6.725}$$

Die infolge eines Gelenks c zwischen zwei Körpern wirksamen Kräfte $\boldsymbol{\Lambda}_c^c$ sind in Bild 6-13 dargestellt. An den Knoten aus (6.721) wirken nach (6.292) die aus $\boldsymbol{\Lambda}_c^c$ resultierenden, generalisierten Zwangskräfte

$$\mathbf{h}_{cc}^{ik} = \begin{cases} + \mathbf{T}^{t(c)^T}\, \boldsymbol{\Lambda}_c^c & \text{falls} \quad t(c) = k,i \\[2mm] - \mathbf{T}^{f(c)^T}\, \boldsymbol{\Lambda}_c^c & \text{falls} \quad f(c) = k,i . \end{cases} \tag{6.726}$$

Die Koordinaten $\boldsymbol{\Lambda}_c^c$ lassen sich nach (6.638) und (6.661) durch die n_c^c Lagrangeschen Multiplikatoren

$$\boldsymbol{\mu}^c = \left[\mu_k^c\right], \quad k = 1, 2, \dots n_c^c \tag{6.727}$$

darstellen in der Form

$$\boldsymbol{\Lambda}_c^c = \overline{\boldsymbol{\psi}}^c \, \boldsymbol{\mu}^c \quad \text{wo} \quad \boldsymbol{\mu}^c = \overline{\boldsymbol{\phi}}^{c^T} \boldsymbol{\Lambda}_c^c. \tag{6.728}$$

Mit den Gleichungen (6.726) bis (6.728) gilt nach (6.690) für die Endkörper i und j, zwischen denen ein sekundäres Gelenk c wirksam ist,

$$\mathbf{M}^i \, \dot{\mathbf{z}}_{II}^i = \mathbf{h}_a^i + \mathbf{Q}^{i^T} \overline{\boldsymbol{\psi}}_x^i \boldsymbol{\mu}^i \quad \text{wo} \quad \mathbf{h}_a^i := \mathbf{h}_a^i + \mathbf{h}_{cc}^{ik}. \tag{6.729}$$

Dies ist die dem oben angegebenen Formalismus zugrunde liegende Form der kinetischen Bewegungsgleichungen für Endkörper, wobei aber der Ausdruck für $\mathbf{h}_a^i$ durch Addition von $\mathbf{h}_{cc}^{ik}$ modifiziert wurde. Diese Matrix läßt sich bei gegebenen Lagrangeschen Multiplikatoren $\boldsymbol{\mu}^c$ mit (6.726) und (6.728) berechnen. Für Körper i, die nicht Endkörper des Subsystems mit Baumstruktur sind, gilt nach wie vor (6.690).

Mit den oben zusammengestellten Gleichungen kann der $O(n)$-Formalismus aus dem vorigen Unterabschnitt zur Angabe der Bewegungsgleichungen von Systemen mit kinematisch geschlossenen Schleifen erweitert werden. Die Systembewegungen werden beschrieben durch die Variablen $\mathbf{y}_I$ und $\mathbf{y}_{II}$ aus (6.640) und (6.641) sowie durch die

$$n_\mu = \sum_{c=n+1}^{n_G} n_c^c. \tag{6.730}$$

Lagrangeschen Multiplikatoren

$$\boldsymbol{\mu}_C = \left[\boldsymbol{\mu}^c\right], \quad c = n+1, n+2, \dots n_G. \tag{6.731}$$

Die Systemvariablen $\mathbf{y}_I$, $\mathbf{y}_{II}$ und $\boldsymbol{\mu}$ genügen den kinematischen Bewegungsgleichungen (6.642), also – vgl. auch (6.643)

$$\dot{\mathbf{y}}_I = \mathbf{diag}\left[\mathbf{Y}^i\right]\left[\mathbf{y}_{II}^i\right] \tag{6.732}$$

und den kinetischen Bewegungsgleichungen

$$\dot{\mathbf{y}}_{II} = \mathbf{Y}_{II} = \left[\mathbf{Y}_{II}^i\right] \quad \text{wo} \quad \mathbf{Y}_{II}^i = \mathbf{Y}_{II}^i(\mathbf{y}_I, \mathbf{y}_{II}, \boldsymbol{\mu}_C, t), \tag{6.733}$$

sowie den Zwangsgleichungen für die Lagevariablen

$$\bar{\mathbf{g}}_C(\mathbf{y}_I, t) = \mathbf{0} \quad \text{wo} \quad \bar{\mathbf{g}}_C = \left[\bar{\mathbf{g}}^c\right] \tag{6.734}$$

mit $\bar{\mathbf{g}}^c$ aus (6.724) und den aus (6.725) folgenden Zwangsgleichungen für die Geschwindigkeiten. Sie haben die allgemeine Form

$$\bar{\mathbf{\Psi}}_C^T\, \mathbf{y}_{II} = \bar{\mathbf{\eta}}_C, \tag{6.735}$$

da die in (6.725) erscheinenden Absolutgeschwindigkeiten $\mathbf{z}_{II}^i$ und $\mathbf{z}_{II}^j$ aus $\mathbf{y}_{II}$ ermittelt werden können. Die Matrizen $\mathbf{Y}_{II}^i, \bar{\mathbf{g}}_C, \bar{\mathbf{\Psi}}_C$ und $\bar{\mathbf{\eta}}_C$ gewinnt man im Rahmen des $O(n)$-Formalismus aus dem letzten Unterabschnitt durch folgende Modifikationen:

In der ersten Vorwärtsrekursion werden zusätzlich berechnet:

- nach Ermittlung der Absolutbewegungen $\mathbf{A}^i$ und $\mathbf{\rho}^i$ die Matrizen $\mathbf{B}^c$ und $\mathbf{d}^c$ mit (6.115) und (6.126) und aus ihnen die Variablen $\mathbf{x}_I^c$;

- nach Ermittlung von $\mathbf{z}_{II}^i$ die Relativgeschwindigkeiten $\mathbf{x}_{II}^c$ mit (6.723);

- mit $\mathbf{x}_I^c$ und $\mathbf{x}_{II}^c$ die Zwangsgleichungen (6.724) und (6.725);

- nach Ermittlung von $\mathbf{h}_a^i$ die in (6.729) angegebene Modifikation von $\mathbf{h}_a^i$ für die durch sekundäre Gelenke $s = c$ verbundenen Endkörper eines Subsystems mit Baumstruktur.

Mit diesen Modifikationen ergeben sich die Systemgleichungen (6.732) bis (6.735). Zu ihrer Lösung sind die in [20] erläuterten Verfahren für DAE erforderlich. Eine der speziellen Struktur der hier erläuterten Formalismen angepaßte Methode zur numerischen Lösung der Bewegungsgleichungen findet sich in [45].

6.5.5 Hinweise zur Wahl der Ansatzfunktionen

Mit der Wahl der Ansatzfunktionen $\mathbf{\Phi}^i(\mathbf{R})$ und $\mathbf{\Psi}^i(\mathbf{R})$ wird die Güte der Näherung (6.46), (6.47) zur Darstellung der Verformung eines Körpers festgelegt. Die Ansatzfunktionen sollen beim Ritzschen Verfahren Elemente eines vollständigen Funktionensystems sein und den geometrischen Randbedingungen genügen. Geometrische Randbedingungen ergeben sich nach Abschnitt 6.2.1 bei Festlegung des Körperbezugssystems $\{O^i, \mathbf{e}^i\}$ durch kinematische Bedingungen. Das Bezugssystem kann nach Abschnitt 6.3.6 aber auch mit kinetischen Gleichungen festgelegt werden, womit man kinetische oder natürliche Randbedingungen erhält. Solche Randbedingungen ergeben sich auch bei Einbettung des Körpers i in ein Mehrkörpersystem: An den Rändern sind infolge der dort angebrachten Kraftelemente und Gelenke die diskreten Kräfte und Momente $\mathbf{F}^{k,i}$ und $\mathbf{L}^{k,i}$ aus (6.218) wirksam, die in den generalisierten Kräften $\mathbf{h}_d^i$ aus (6.276) resultieren.

Bei Problemen mit natürlichen Randbedingungen wählt man als Ansatzfunktionen am besten *Vergleichsfunktionen*. Dies sind bei einer Differentialgleichung p-ter Ordnung $2p$ mal differenzierbare Funktionen, die alle, also die kinematischen und die kinetischen Randbedingungen befriedigen, [50, 51]. In den hier betrachteten Anwendungen ist es aber schwierig, ja meistens aussichtslos, solche Funktionen zu finden. Daher arbeitet man oft mit *zulässigen Funktionen*, die im Gegensatz zu den Vergleichsfunktionen nur p mal differenzierbar zu sein brauchen und nur den geometrischen Randbedingungen genügen müssen. Obwohl die Vollständigkeit des Systems der zulässigen Funktionen eine Konvergenz der Näherung gegen die wahre Lösung garantiert, ist die Konvergenzgeschwindigkeit oft gering. Die in [51] vorgeschlagenen *Quasi-Vergleichsfunktionen* beheben diesen Mangel – vgl. auch [29, 49]. Unter Quasi-Vergleichsfunktionen versteht man eine Linearkombination zulässiger Funktionen verschiedener, einfacher Randwertprobleme, die die Erfüllung aller Randbedingungen des zu lösenden Problems erlauben.

Zur Reduktion von Rechenzeiten ist man bestrebt, die Zahl n_q^i von Koordinaten $\mathbf{q}^i$ zur Darstellung der Verformung eines Körpers i klein zu halten, aber dennoch eine gute Approximation von Verformung und inneren Kräften zu erreichen. Als Ansatzfunktionen wählt man neben statischen Formen häufig Eigenschwingungsformen. Aus der Analyse von Strukturen ist bekannt, daß Eigenformen zu hohen Eigenfrequenzen – abgesehen von Resonanzfällen bei Schwingungsproblemen – nur wenig zur Darstellung der Verformung beitragen und damit unberücksichtigt bleiben können – vgl. z. B. [7], S. 576. Beim Streichen von Eigenformen zu höheren Eigenwerten muß man aber darauf achten, daß die gewählten Eigenformen die gewünschten Verformungen überhaupt darstellen können. Bei Balken (allgemeiner bei Kontinua mit inneren Bindungen) erfordert dies eine Analyse, inwieweit die Deformationsvariablen zur Angabe der einzelnen Bewegungen wie Dehnung, Biegung, Torsion und Scherung benötigt werden, also ob Ansätze für die einzelnen Deformationsvariablen berücksichtigt werden müssen. Bei Finite-Elemente-Modellen komplexer Strukturen sind die eben erwähnten Bewegungen den Eigenformen nicht mehr eindeutig zuzuordnen. Im zur Analyse des Problems erforderlichen Frequenzbereich wählt man die zu den niedrigsten Eigenfrequenzen gehörenden Formen so aus, daß sie in der Lage sind, die interessierenden Bewegungen darzustellen. Dies erfordert eine Sichtung der Eigenformen und kann, wie im Beispiel 6.6, dazu führen, daß man nicht einfach alle Eigenformen zu den niedrigsten Eigenfrequenzen wählt, sondern vielmehr die jeweils niedrigsten, die zur Angabe der als relevant eingestuften Verformungen erforderlich sind.

Ein weiterer Grund für eine schlechte Darstellung der Verformungen und insbesondere der zugehörigen inneren Kräfte liegt bei den hier betrachteten Anwendungen häufig in der Unfähigkeit der zulässigen Funktionen, also beispielsweise der Eigenformen, die aus Gelenken und Kraftelementen resultierenden kinetischen Randbedingungen zu befriedigen. Das Problem läßt sich durch Verwendung von Quasi-Vergleichsfunktionen lösen, indem man neben Eigenschwingungsformen auch statische Formen berücksichtigt. Sie gestatten, neben den geometrischen auch die kinetischen Randbedingungen einzuhalten.

Aus den obigen Erläuterungen folgt, daß man bei der Wahl der Ansatzfunktionen u. a. die folgenden Alternativen und deren Auswirkungen auf die Darstellung der Systembewegungen beachten muß:

1. *Wahl des Bezugssystems* $\{O^i, \underline{\mathbf{e}}^i\}$: Sie resultiert, wie in den Abschnitten 6.2.1 und 6.3.6 gezeigt, in geometrischen oder kinetischen Randbedingungen, denen die Ansatzfunktionen genügen müssen. Diese Randbedingungen werden von den Eigenformen für die der Wahl von $\{O^i, \underline{\mathbf{e}}^i\}$ entsprechende Lagerung der Struktur erfüllt. Beim Einbinden eines Körpers i

in ein Mehrkörpersystem mit Hilfe von Gelenken und Kraftelementen ergeben sich aber, neben den aus der Wahl von $\{O^i, \underline{e}^i\}$ resultierenden Bedingungen, weitere kinetische Randbedingungen, denen die Eigenfunktionen ebenfalls genügen sollten. Solche Eigenfunktionen sind i. a. aber nicht bekannt. Zur Darstellung der Verformung des Körpers begnügt man sich daher mit Eigenfunktionen, die nur den aus der Wahl des Bezugssystems folgenden Randbedingungen genügen. Für verschiedene Bezugssysteme $\{O^i, \underline{e}^i\}$ erhält man verschiedene Eigenfunktionen, und es ist klar, daß sie die darzustellende Bewegung in unterschiedlicher Güte approximieren.

An dieser Stelle ist eine Warnung angebracht: Wie in Abschnitt 6.5.4 erwähnt, wird das Koordinatensystem $\{O^i, \underline{e}^i\}$ bei $O(n)$-Formalismen wegen der einfachen Invertierbarkeit von $\mathbf{Q}^i$ aus (6.687) oft gemäß (6.686) festgelegt. In solchen Fällen muß man Eigenformen eingespannter Strukturen als Ansatzfunktionen verwenden. Andere Eigenfunktionen lassen sich nur nutzen, wenn man die aus (6.686) folgenden, geometrischen Randbedingungen berücksichtigt. Dazu bieten sich zwei Wege an: Man berücksichtigt die Randbedingungen zur Festlegung von $\{O^i, \underline{e}^i\}$ als algebraische Gleichungen für die Variablen $\mathbf{q}^i$ bei der Lösung der Systemgleichungen oder man transformiert die nicht zur Wahl von $\{O^i, \underline{e}^i\}$ passenden Eigenfunktionen nach [66] so, daß sie den Bedingungen zur Festlegung des Bezugssystems genügen.

2. *Auswahl der Eigenfunktionen:* Mit der Wahl von $\{O^i, \underline{e}^i\}$ ist zwar ein System von Eigenfunktionen festgelegt, aber es erhebt sich die Frage, welche Elemente des Systems zu Darstellung der Verformung des Körpers i herangezogen werden sollen. Bei Einbettung eines Körpers in ein Mehrkörpersystem werden an ihm, neben äußeren Kräften, die aus Gelenken, Kraftelementen und Referenzbewegung resultierenden Kräfte wirksam. Bei Kenntnis der Größenordnung der Belastungen $\mathbf{h}^i_\omega$, $\mathbf{h}^i_g$, $\mathbf{h}^i_p$, $\mathbf{h}^i_f$ und $\mathbf{h}^i_c$ aus (6.537) kann man die zugehörigen Verformungen mit der Steifigkeitsmatrix $\mathbf{K}^i_e$ aus (6.264) abschätzen. Eine derartige Analyse erleichtert die Auswahl der Eigenfunktionen zur Darstellung der Verformungen: Die von den Belastungen verursachten Verformungen müssen sich mit den Eigenfunktionen angeben lassen. Die Lösung der zugehörigen statischen Probleme wird allemal erforderlich, wenn Fragen der Berücksichtigung geometrischer Steifigkeiten zu klären sind – vgl. Erläuterungen am Ende von Abschnitt 6.3.5. Falls ein System von Eigenfunktionen verwendet wird, das die aus der Wahl von $\{O^i, \underline{e}^i\}$ folgenden Bedingungen nicht erfüllt, so können sie, wie in [66] angegeben, transformiert werden. Die angesprochenen Untersuchungen müssen dann mit den modifizierten Eigenfunktionen durchgeführt werden.

3. *Verwendung statischer Formen:* Die bisher angesprochenen Eigenfunktionen genügen i. a. nur den geometrischen Randbedingungen. Durch zusätzliche Berücksichtigung statischer Formen gemäß (6.415) kann man auch eine Befriedigung der kinetischen Randbedingungen erreichen. Damit erhält man neben einer höheren Güte der Approximation der Verformungen vor allem eine Verbesserung der Darstellung innerer Kräfte.

4. *Verwendung von Finite-Elemente-Modellen der Körper:* Anstelle der gemäß (6.415) definierten $\mathbf{q}^i$ kann man alle Knotenkoordinaten $\overline{\mathbf{z}}^i_F$ eines Finite-Elemente-Modells des Körpers i gemäß (6.414) zur Darstellung seiner Verformung im Mehrkörpersystem heran-

ziehen. Die Verbesserung der Darstellung der Bewegung des Körpers geht aber mit einer, bei praxisnahen Problemen oft erheblichen, Erhöhung der Zahl n_q^i der generalisierten Koordinaten $\mathbf{q}^i$ einher. In solchen Fällen ist es angebracht, vorab Verfahren zur Reduktion des Finite-Elemente-Modells zu verwenden – vgl. beispielsweise [16, 17].

5. *Diskretisierung der Körper:* Die hier angegebenen Gleichungen verlieren ihre Gültigkeit, wenn die Verformungen $\mathbf{u}^i(\mathbf{R},t)$ und $\boldsymbol{\vartheta}^i(\mathbf{R},t)$ eines Körpers i nicht klein bleiben. In vielen Fällen kann kommt man bei Verletzung dieser Annahme aber noch mit den hier angegebenen Verfahren weiter, wenn man den betreffenden Körper des Mehrkörpersystems "physikalisch" diskretisiert, d. h. in Teilkörper zerlegt und diese mit Sperrgelenken koppelt. Die Aufteilung des Körpers muß so gewählt werden, daß die Verformungen der Teilkörper klein bleiben. Dies erlaubt die Modellierung größerer Verformungen mit den hier angegebenen Gleichungen. Wie unter Punkt 4 erhöht sich bei dieser Vorgehensweise aber die Systemordnung.

Im folgenden Beispiel 6.9 werden Auswirkungen der ersten vier Alternativen bei einer Modellierung der Balkenstruktur aus Bild 6-7 angegeben. Insbesondere werden Konsequenzen der Alternativen auf die Darstellung von Verformungen und inneren Kräften gezeigt. Das zweite Beispiel 6.10 demonstriert die Analyse eines einfachen Mehrkörpersystems mit einer geschlossenen Schleife, eines Schubkurbelgetriebes mit flexibler Kurbel- und Koppelstange. An diesem Beispiel werden auch die Möglichkeiten der unter Punkt 5 genannten physikalischen Diskretisierung zur Analyse größerer Verformungen der Körper erläutert.

● **Beispiel 6.9: Darstellung von Verformung und inneren Kräften bei Verwendung verschiedener Ansatzfunktionen.** Im Beispiel 6.7 wurden die Gleichgewichtskonfigurationen der Balkenstruktur aus den Bildern 6-16 und 6-18 und die Bewegungen aus Bild 6-19 ermittelt unter Verwendung der beiden Eigenfunktionen $U_1^1(x)$ und $W_1^1(x)$ aus (6.170). Sie sind nach (6.172) und (6.95) die ersten Eigenformen für Dehnungs- und Biegeschwingungen eines gemäß (6.171) gelenkig gelagerten Balkens. Diese geometrischen Randbedingungen gehören zu dem Sehnensystem $\{O^1, \underline{e}^1\}$ aus Bild 6-9.

Das den eben angesprochenen Ergebnissen zugrunde liegende Modell ist in Tabelle 6.12 als Modell S1 bezeichnet. Die mit diesem Modell ermittelten Ergebnisse aus Bild 6-18 für die Verformungen der Struktur zeigen nur geringe Abweichungen gegenüber den in [8, 34, 47, 71, 82] angegebenen Lösungen, die mit komplexeren Modellen gewonnen wurden. Dagegen sind die Werte (6.573) des Biegemoments an den Knoten völlig falsch. Insbesondere verschwindet das Moment nach $\boldsymbol{\sigma}^{3,1}$ aus (6.573) am Knoten $k,i = 3,1$, während das Ergebnis (6.573) für $\boldsymbol{\mu}$ zeigt, daß an dieser Stelle ein Moment $L_{Bieg}^{3,1} = -11.6$ Nm wirkt. Die Diskrepanz ist durch die Wahl der Ansatzfunktion $W_1^1(x)$ bedingt: An der Stelle $x = \ell$ gilt nach (6.95) $W_1''^1(\ell) = 0$ – mit $W_1^1(x)$ können von Null verschiedene Momente $L_{Bieg}^{3,1} = L_{Bieg}^1(\ell) \sim W_1''^1(\ell)$ gar nicht dargestellt werden. Mit anderen Worten: Die Ansatzfunktion $W_1^1(x)$ kann die kinetischen Randbedingungen nicht erfüllen. Auch eine Berücksichtigung zusätzlicher Funktionen $W_l^1(x) = W_l(x)$ gemäß (6.95) hilft nicht weiter, da $W_l^1(\ell) = 0$ für alle l. Ähnliches gilt für die Ansatzfunktion $U_1^1(x)$ und die mit ihrer Hilfe angegebene Normalkraft $F_{Normal}^1(x)$ aus (6.573): Von Null verschiedene Normalkräfte an den Rändern $x = 0$ und $x = \ell$ können mit $U_1^1(x)$ nicht erfaßt werden.

In diesem Beispiel wird gezeigt, wie sich die Darstellung von Verformung und inneren Kräften mit den oben angegebenen Alternativen zur Modellierung des Körpers $i = 1$ der Balkenstruktur ändert. Insbesondere werden untersucht:

- der Einfluß der Wahl von $\{O^1, \underline{e}^1\}$ und die damit verbundene Wahl eines Systems von Eigenfunktionen für die Ansatzfunktionen, wobei auch Funktionen berücksichtigt werden, die den Bedingungen zur Festlegung des Bezugssystems $\{O^1, \underline{e}^1\}$ nicht genügen und daher, wie in [66] vorgeschlagen, modifiziert sind;

- die Änderung der Ergebnisse bei Variation der Zahl der zur Darstellung der Verformung verwendeten Eigenfunktionen eines bestimmten Systems;

- die Auswirkungen der Berücksichtigung statischer Formen zur Befriedigung der kinetischen Randbedingungen und die damit einhergehende Darstellung der inneren Kräfte;

- die Verbesserungen der Ergebnisse, die man mit Finite-Elemente-Modellen des Körpers $i = 1$ erzielen kann.

Zur Analyse der Alternativen dienen die in den Tabellen 6.12 bis 6.14 angegebenen Modelle. Der Vergleich der Alternativen wird mit Ergebnissen zum Problem b) aus Beispiel 6.7 durchgeführt, also mit Werten zur Kennzeichnung der in Bild 6-18 angegebenen Gleichgewichtskonfiguration der Struktur. Diese Werte sind:

- die Koordinaten $\rho_1^{2,1}$ und $\rho_3^{3,1}$ der durch $\mathbf{\rho}^{2,1}$ und $\mathbf{\rho}^{3,1}$ gegebenen Orte der Knoten 2,1 und 3,1 in der Gleichgewichtskonfiguration b) bezüglich O^1;

- die durch $\alpha_3^{1,1}$ und $\alpha_3^{3,1}$ erfaßten Orientierungen der Koordinatensysteme $\{O^{1,1}, \underline{e}^{1,1}\}$ und $\{O^{3,1}, \underline{e}^{3,1}\}$ auf dem Körper $i = 1$ in den Knoten $k = 1$ und $k = 3$ bezüglich des Inertialsystems;

- der Verlauf der Normalkraft $F_{Normal}^1(x)$ und des Biegemomentes $L_{Bieg}^1(x)$ über der Längsachse des Balkens und insbesondere die Werte $F_{Normal}^{k,i}$ und $L_{Bieg}^{k,i}$ an den drei Knoten $k = 1, 2, 3$ des Körpers $i = 1$.

Eine Referenzlösung wurde mit einem Finite-Elemente-Modell aus zehn Balkenelementen gemäß Beispiel 5.3 ermittelt, wobei ein Tangentensystem als Bezugssystem $\{O^1, \underline{e}^1\}$ verwendet wurde. Mit diesem Modell erhält man:

$$\rho_1^{2,1} = -0.0199\ \text{m}, \quad \rho_1^{3,1} = -0.1360\ \text{m}, \quad \alpha_3^{1,1} = -1.5814\ \text{rad}, \quad \alpha_3^{3,1} = -0.2369\ \text{rad},$$

$$F_{Normal}^{1,1} = 152.8\ \text{N}, \quad F_{Normal}^{2,1} = 108.3\ \text{N}, \quad F_{Normal}^{3,1} = 63.8\ \text{N}, \tag{6.736}$$

$$L_{Bieg}^{1,1} = 0\ \text{Nm}, \quad L_{Bieg}^{2,1} = -2.47\ \text{Nm}, \quad L_{Bieg}^{3,1} = -11.37\ \text{Nm}.$$

Die Werte für $\rho_1^{3,1}$ und $\alpha_3^{1,1}$ stimmen mit denen aus [34] überein. Da die Normalkräfte in den Balkenelementen konstant sind und da der Knoten 2 zwischen den Elementen 5 und 6 liegt, ergibt sich die Normalkraft $F_{Normal}^{2,1}$ in (6.736) als Mittelwert der Kräfte in den Elementen 5 und 6. Die Schnittkräfte und -momente am Rand lassen sich auch aus den Zwangskräften $\mathbf{\mu}$ gemäß (6.556) berechnen. Man erhält die von (6.736) geringfügig abweichenden Werte

$$F_{Normal}^{1,1} = 157.7\ \text{N}, \quad F_{Normal}^{3,1} = 58.8\ \text{N},, \quad L_{Bieg}^{3,1} = -11.44\ \text{Nm}. \tag{6.737}$$

Aus den Tabellen 6.12 bis 6.14 ist ersichtlich, wie sich die Werte $\rho_1^{2,1}$, $\rho_1^{3,1}$, $\alpha_3^{3,1}$, $F_{Normal}^{2,1}$ und $L_{Bieg}^{2,1}$ bei den dort angegebenen Modellen ändern. Tabelle 6.12 zeigt Ergebnisse, die man mit einem Sehnensystem erhält und die Tabellen 6.13 bzw. 6.14 geben Ergebnisse bei Wahl eines Tangenten- bzw. Buckens-Systems an. Die Abweichungen sind als relative Fehler in ‰ angegeben. Sie errechnen sich beispielsweise für $\Delta\rho_1^{2,1}$ gemäß

$$\Delta\rho_1^{2,1} = \frac{\rho_{1M}^{2,1} - \rho_{1R}^{2,1}}{\rho_{1R}^{2,1}}, \tag{6.738}$$

wo $\rho_{1R}^{2,1}$ der Wert der Referenzlösung aus (6.736) ist und $\rho_{1M}^{2,1}$ der zum jeweiligen Modell gehörende Wert. Für die restlichen Werte aus den Tabellen gelten entsprechende Gleichungen.

Tabelle 6.12: Ansatzfunktionen und Kennwerte der Lösung bei Verwendung eines Sehnensystems.

Modell (n_q^i)	Bezugssystem und Ansatzfunktionen	Ansatzfunktionen für $\cdots$Dehnung, —Biegung	$\Delta\rho_1^{2,1}$	$\Delta\rho_1^{3,1}$	$\Delta\alpha_3^{3,1}$	$\Delta F_{Normal}^{2,1}$	$\Delta L_{Bieg}^{2,1}$
S1 (2)	Sehnensystem mit 1. Eigenform Dehnung 1. Eigenform Biegung	Beispiel 6.2	-50	1	-386	10	538
S2 (6)	Sehnensystem mit 1. – 3. Eigenform Dehnung 1. – 3. Eigenform Biegung		30	7	-166	-4	-316
S3 (15)	Sehnensystem mit 1. – 5. Eigenform Dehnung 1.–10. Eigenform Biegung		-6	3	-52	-2	162
S4 (6)	Sehnensystem mit 1. – 3. Eigenform Dehnung 1. – 3. Eigenform Biegung für einseitig gelagerten Balken, modifiziert, [66].		45	1	-263	-4	-109
S5 (2)	Sehnensystem mit Statikform Kraft F_1 Statikform Moment L_3		-362	37	-49	-3	477
S6 (4)	Sehnensystem mit 1. Eigenform Dehnung 1. Eigenform Biegung Statikform Kraft F_1 Statikform Moment L_3		-15	1	3	56	20
S7 (8)	S2 & S5		-5	1	4	-14	16
S8 (6)	Sehnensystem mit 2 finiten Elementen	Beispiel 6.5	60	-4	-25	-2	-109
S9 (12)	Sehnensystem mit 4 finiten Elementen		10	-1	--5	-2	-49

1. Sehnensystem.

Die mit einem Sehnensystem gewonnen Ergebnisse wurden im Beispiel 6.7 ausführlich erläutert. Wie die Diagramme aus Bild 6-18 zeigen, können mit den zugehörigen Ansatzfunktionen $U_l^1(x)$ und $W_l^1(x)$ aus (6.172) und (6.95) Normalkräfte $F_{Normal}^1(\ell) \neq 0$ und Biegemomente $L_{Bieg}^1(0) \neq 0$ und $L_{Bieg}^1(\ell) \neq 0$ nicht dargestellt werden. Dies ist bei der hier betrachteten Balkenstruktur für $L_{Bieg}^1(0)$ kein Problem, aber die beiden Werte $F_{Normal}^1(\ell)$ und $L_{Bieg}^1(\ell)$ sind i. a. von Null verschieden.

Tabelle 6.13: Ansatzfunktionen und Kennwerte der Lösung bei Verwendung eines Tangentensystems.

Modell	*Bezugssystem und*	*Ansatzfunktionen für*	*Abweichungen von Referenzlösung [‰]*				
(n_q^i)	*Ansatzfunktionen*	·····Dehnung, ——Biegung	$\Delta\rho_1^{2,1}$	$\Delta\rho_1^{3,1}$	$\Delta\alpha_3^{3,1}$	$\Delta F_{Normal}^{2,1}$	$\Delta L_{Bieg}^{2,1}$
T2 (6)	Tangentensystem mit 1. – 3. Eigenform Dehnung 1. – 3. Eigenform Biegung		-50	-1	-317	-1	660
T7 (8)	Tangentensystem mit 1. – 3. Eigenform Dehnung 1. – 3. Eigenform Biegung Statikform Kraft F_1 Statikform Moment L_3		5	2	1	-12	-109
T8 (6)	Tangentensystem mit 2 finiten Elementen		196	-21	-57	-2	-300
T9 (12)	Tangentensystem mit 4 finiten Elementen		45	-5	-14	-2	-130

Tabelle 6.14: Ansatzfunktionen und Kennwerte der Lösung bei Verwendung eines Buckens-Systems.

Modell	*Bezugssystem und*	*Ansatzfunktionen für*	*Abweichungen von Referenzlösung [‰]*				
(n_q^i)	*Ansatzfunktionen*	·····Dehnung, ——Biegung	$\Delta\rho_1^{2,1}$	$\Delta\rho_1^{3,1}$	$\Delta\alpha_3^{3,1}$	$\Delta F_{Normal}^{2,1}$	$\Delta L_{Bieg}^{2,1}$
B2 (6)	Buckens-System mit 1. – 3. Eigenform Dehnung 1. – 3. Eigenform Biegung		55	3	-247	-730	-352
B7 (8)	B2 & S5		-10	1	3	-2	53
B10 (9)	B7 mit einer zusätzlichen Statikform aus verteilter Längskraft		-10	1	3	-2	53

1.1 Erhöhung der Zahl der Eigenfunktionen (Modelle S2 und S3).

Bei Verwendung zusätzlicher Eigenfunktionen zur Angabe der Verformungen, also mit $n_q^i = 6$ bzw. $n_q^i = 15$ anstelle von $n_q^i = 2$ gehen die Abweichungen von der Referenzlösung bei den Verschiebungen von 5% auf 3% bzw. 6‰ zurück und bei den Verdrehungen von 39% auf 17% bzw. 5%.

Die kinetischen Randbedingungen lassen sich natürlich nach wie vor nicht befriedigen. Was sich bei Erhöhung der Zahl der Eigenfunktionen aber ändert, ist die Approximation von $F_{Normal}^1(x)$ und $L_{Bieg}^1(x)$ im Intervall $0 \leq x \leq \ell$. Die Funktionen für das Modell S1 aus Bild 6-18 sind in Bild 6-21 nochmals zusammen mit denen für die Modelle S2, S3 und S4 und mit der Referenzlösung angegeben. Die Referenzlösung wurde mit dem im Zusammenhang mit (6.736) angesprochenen Finite-Elemente-Modell gewonnen. Da die Interpolationsfunktionen der Balkenelemente zur Angabe der Dehnung linear sind, können nur konstante Normalkräfte dargestellt werden, was den treppenförmigen Verlauf von $F^1_{Normal}(x)$ im linken, oberen Diagramm aus Bild 6-21 erklärt. Die aus μ gemäß (6.573) unter Beachtung von (6.556) und (6.218) folgenden, kinetischen Randbedingungen $F^1_{Normal}(0) = 157.7\,\text{N}$ und $F^1_{Normal}(\ell) = 57.2\,\text{N}$ können von der Referenzlösung daher nicht erfüllt werden. Bei den zu S1 bis S3 gehörenden Näherungen $F^1_{Normal}(x)$ und $L^1_{Bieg}(x)$ – obere Diagramme[*] aus Bild 6-21 – erkennt man, daß die Eigenfunktionen versuchen, den wahren Verlauf im gewichteten Mittel aus (5.53) bestmöglich darzustellen. Dies hat zur Folge, daß die Abweichungen in der Mitte des Intervalls bei Erhöhung der Zahl der Eigenfunktionen kleiner werden und daß die Lösungen an den Rändern, an denen die kinetischen Bedingungen nicht erfüllt werden, immer stärker oszillieren – vgl. insbesondere den Verlauf des Biegemoments im Fall S3. Er erinnert an das bei Darstellung unstetiger, periodischer Funktionen durch Fourierreihen bekannte Gibbssche Phänomen, vgl. z. B. [19], S. 395 oder [39], S. 392. Wenn die Zahl der Eigenfunktionen über alle Grenzen wächst, werden Kraft und Moment korrekt wiedergegeben, aber wegen ungleichmäßiger Konvergenz der Reihen ist die Güte der Näherung an den Rändern auch bei Verwendung sehr vieler Eigenfunktionen schlecht.

1.2 Anpassen von Ansatzfunktionen an die Randbedingungen für ein Sehnensystem (Modell S4)
Die Eigenfunktionen $W^i_{III}(x)$ des einseitig gelenkig gelagerten Balkens, Fall II in Tab. 6.1, verletzen die Bedingungen (6.103) für ein Sehnensystem. Wie in [66] vorgeschlagen, kann man solche Eigenfunktionen aber verwenden, wenn man sie so transformiert, daß die neuen, transformierten Funktionen (6.103) befriedigen. Die Eigenfunktionen $W^i_{III}(x)$ verletzen die Bedingungen (6.103) an der Stelle $x = \ell$ wegen $W^i_{III}(\ell) \neq 0$. Bei einer Drehung des Koordinatensystems, in dem die Funktionen $W^i_{III}(x)$ dargestellt sind, gewinnt man modifizierte Funktionen $W^i_I(x)$, die der Bedingung $W^i_I(x) = 0$ genügen. Man erhält

$$W^i_I(x) = W^i_{III}(x) - x\,W^i_{III}(\ell^i). \tag{6.739}$$

Die modifizierten Funktionen sind in Tabelle 6.12 im Diagramm zum Modell S4 angegeben. Wie die Kennwerte für die Abweichungen von der Referenzlösung zeigen, gewinnt man auf diesem Weg keine besonders gute Approximation der Verformungen. Dies gilt auch für die inneren Kräfte – vgl. Bild 6-21, obere Diagramme. Dennoch ist dies eine wertvolle Option zur Modellierung flexibler Körper in Mehrkörpersystemen: Eigenfunktionen komplex geformter Körper (z. B. Tragflügel eines Flugzeugs) werden häufig ohne Kenntnis von Anforderungen an die Randbedingungen für eine Systemanalyse zur Verfügung gestellt. Eine nochmalige Berechnung in Kenntnis der Randbedingungen verbietet sich meistens wegen hohen Aufwands. In solchen Fällen eröffnet die hier angegebene Vorgehensweise einen Weg, auf dem man dennoch zu Ergebnissen kommt.

1.3 Statische Formen (Modell S5).
Um den kinetischen Randbedingungen bei $x = \ell$ Rechnung zu tragen, werden zwei statische Formen gewählt, die auch den geometrischen Randbedingungen für ein Sehnensystem genügen, also zu einem gelenkig gelagerten Balken gehören. Die erste Funktion $U^1_1(x) = U^1_s(x)$ gibt die Verschiebung $w^1_1(x,t)$ aus (6.170) infolge einer Längskraft F_1 bei $x = \ell = \ell^1$ an

$$U^1_s(x) = a_s\,x \qquad \text{wo} \qquad a_s = \frac{F_1}{\mathcal{E}^1\,A^1} = 0.238095 \quad \text{für} \quad F_1 = 1 \cdot 10^7\,\text{N}. \tag{6.740}$$

---

[*] In den Bildern 6-21 bis 6-23 sind die aus μ ermittelten Werte (6.737) von Normalkraft und Biegemoment an den Rändern mit • gekennzeichnet.

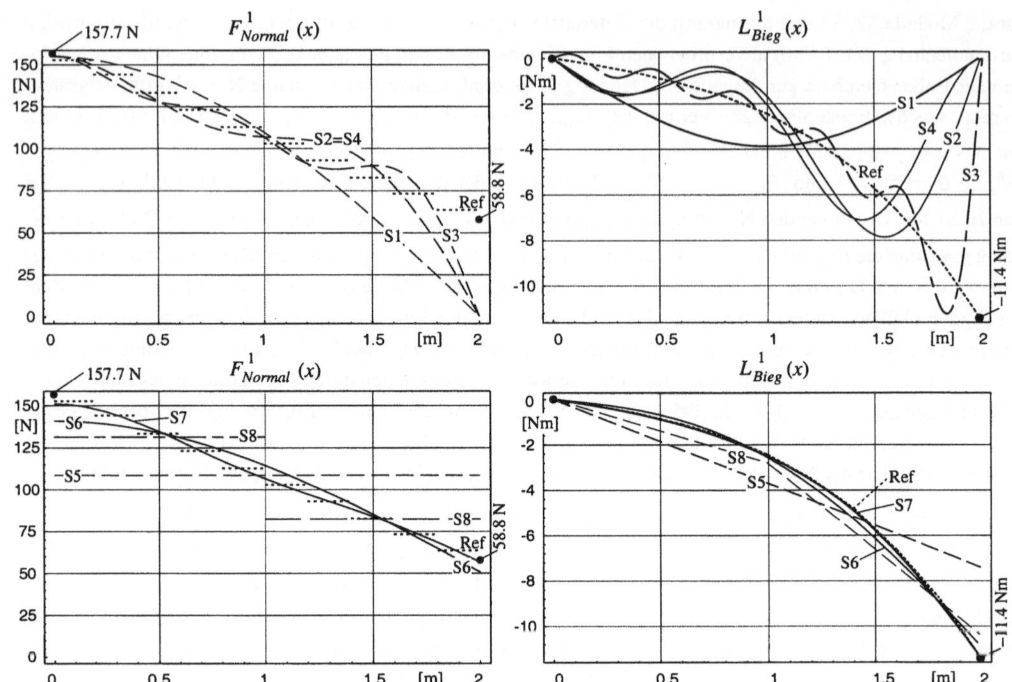

Bild 6-21: Normalkraft und Biegemoment für die Gleichgewichtskonfiguration b) aus Bild 6-18 bei Verwendung der Modelle S1 bis S8 aus Tabelle 6.12. Die Referenzlösung ist mit Ref gekennzeichnet.

Die zweite Form $W_1^1(x) = W_s^1(x)$ stellt Verschiebungen $w_2^1(x,t)$ infolge eines Moments L_3 bei $x = \ell = \ell^1$ für einen gelenkig gelagerten Balken dar, [23], S. 227,

$$W_s^1(x) = a_s\left(\frac{x}{\ell} - \frac{x^3}{\ell^3}\right) \qquad \text{wo} \qquad a_s = \frac{L_3\,\ell^2}{6\,\mathcal{E}^1\,J_{33}^1} = 1.0582 \qquad \text{für} \quad L_3 = 50\,\text{Nm}\,. \tag{6.741}$$

Mit F_1 und L_3 ergibt sich die Massenmatrix zu $\mathbf{M}_e^1 = \mathbf{diag}[0.762 \quad 0.86]$. Die Lasten wurden so gewählt, daß die Statikformen ähnlich wie die Eigenformen normiert sind, für die mit (6.94) $\mathbf{M}_e^1 = \mathbf{E}$ gilt.

Tabelle 6.12, Modell S5, zeigt, daß die Verformungen mit den Formen (6.740) und (6.741) schlecht erfaßt werden. Die Abweichungen betragen bis zu 36 %. Die Randkräfte und -momente bei $x = \ell$ sind hier aber von Null verschieden – vgl. Kurven für S5 in Bild 6-21, untere Diagramme, wobei sich zeigt, daß das Ritzsche Verfahren die im Sinne von (5.53) bestmöglichen Lösungen liefert. Da $U_1^1(x)$ in x linear ist, wird die Kraft durch eine Konstante angenähert. Für das Moment ergibt sich wegen (6.741) eine Gerade.

1.4 Kombination von statischen Formen und Eigenformen (Modelle S6 und S7).

Nach den bisher angegebenen Ergebnissen kann man erwarten, daß eine Kombination von statischen Formen und Eigenschwingungsformen die Güte der Ritzschen Näherungen verbessert, da dann alle Randbedingungen befriedigt werden können. Die mit den Modellen S6 bzw. S7 erzielten Ergebnisse aus Tabelle 6.12 und Bild 6-21, untere Diagramme, bestätigen dies. Man erkennt, daß die Abweichungen in den Verformungen von -15 ‰ auf -5 ‰ zurückgehen. Der Fehler beim Drehwinkel liegt bei ca. 3 ‰. Am deutlichsten ist die Verbesserung der Darstellung von Kraft und Moment in Bild 6-21 – der maximale Fehler liegt bei 3 %.

Die Kombination von statischen Formen und Eigenformen erfordert noch einen Kommentar. Eigenfunktionen sind meistens orthogonal bezüglich der Massenmatrix $\mathbf{M}_e^i$ nach (6.235) und der Steifigkeitsmatrix $\mathbf{K}_e^i$ nach (6.264), womit die mit ihnen angegebenen modalen Massen- und Steifigkeitsmatrizen Diagonalform annehmen. Dies trifft i. a. weder bei einem System von Statikformen zu noch bei ihrer Kombination mit Eigenformen. Es ist aber oft nützlich, einen Satz orthogonaler Formen zu verwenden, da sich dann beispielsweise die zur Angabe der Zustandsform erforderliche Inversion der Massenmatrix $\mathbf{M}^i$ erübrigt. Zu $\mathbf{M}_e^i$ orthogonale Ansatzfunktionen $\boldsymbol{\Phi}_{orth}^i$ erhält man aus gegebenen Formen $\boldsymbol{\Phi}^i$ nach folgender Vorschrift: Mit den Formen $\boldsymbol{\Phi}^i$ ermittelt man eine Eigenvektormatrix $\mathbf{U}^i$ zum Eigenwertproblem

$$\left(\int_{V_0^i} \boldsymbol{\Phi}^{iT} \boldsymbol{\Phi}^i \, dm \right) \mathbf{U}^i = \mathbf{0} \quad \text{und setzt} \quad \boldsymbol{\Phi}_{orth}^i = \boldsymbol{\Phi}^i \mathbf{U}^i. \tag{6.742}$$

Die Steifigkeitsmatrix $\mathbf{K}_e^i$ wird damit aber nicht zwingend diagonal. Um dies zu erreichen, muß man eine Eigenvektormatrix aus $\left(\mathbf{M}_e^{i-1} \mathbf{K}_e^i \right) \mathbf{U}^i = \mathbf{0}$ bestimmen. Überdies werden die Formen häufig normiert, z. B. mit der Forderung $\mathbf{M}_e^i = \mathbf{E}$.

1.5 Finite-Elemente-Modelle (Modelle S8 und S9).

Wie in Abschnitt 6.4.2 erläutert, kann man zur Definition der Variablen $\mathbf{q}^i$ anstelle von (6.415) auch (6.414) verwenden. Dies bedeutet, daß man komplette Finite-Elemente-Modelle zur Beschreibung verformbarer Körper in Mehrkörpersystemen heranzieht. Für den Körper $i = 1$ wird hier das im Beispiel 6.5 verwendete Modell mit zwei finiten Elementen (Modell S8) und ein entsprechendes Modell mit vier Elementen (Modell S9) untersucht. Die Randbedingungen (6.171) für ein Sehnensystem ergeben die zur Angabe der Systemgleichungen benötigte Matrix $\overline{\overline{\mathbf{T}}}^i = \overline{\overline{\mathbf{T}}}^1$ aus (6.463).

Tabelle 6.12 zeigt, daß beim Modell S8 in den Verformungen noch Fehler bis zu 6% auftreten, die mit S9 auf weniger als 1% zurückgehen. Die unteren Diagramme aus Bild 6-21 geben Normalkraft und Biegemoment für das Modell S8 an. Die Funktionen zeigen die durch die Ordnung der Interpolationsfunktionen bedingten Sprünge und Knicke. Deren Zahl nimmt bei Erhöhung der Zahl der Elemente (Modell S9 und Referenzmodell) zu, während die Größe der Sprünge abnimmt – vgl. hierzu [40], S. 117 - 128. Bei Verwendung von 4 Elementen liegt der Fehler der Normalkraft aber immer noch bei 16 %.

2. Tangentensystem (Modelle T2 bis T9).

Anstelle des Sehnensystems wird bei den Modellen S2, S7, S8 und S9 ein Tangentensystem verwendet, was die Modelle T2, T7, T8 und T9 aus Tabelle 6.13 ergibt. Ein Vergleich der Modelle zeigt die Auswirkungen der durch die Wahl von $\{O^1, \underline{\mathbf{e}}^1\}$ festgelegten Eigenfunktionen auf die Darstellung der Bewegungen.

Die zu einem Tangentensystem gehörenden Randbedingungen (6.99) für die Biegebewegungen liefern die Eigenfunktionen (6.97). Die Eigenschwingungsformen für Dehnungen sind nach wie vor durch (6.172) gegeben. Im Modell T2 werden die jeweils ersten drei Eigenfunktionen für Dehnung und Biegung verwendet. Wie aus Tabelle 6.13 im Vergleich mit dem Modell S2 aus Tabelle 6.12 ersichtlich, wachsen die Fehler in den Verformungen nahezu auf das Doppelte. Die Normalkraft ändert sich wegen der für Sehnen- und Tangentensysteme identischen Eigenfunktionen (6.172) für Dehnungsschwingungen nicht. Ein Vergleich der Werte aus den Tabellen 6.12 und 6.13 für das Biegemoment zeigt, daß sich die Abweichungen bei T2 gegenüber S2 ebenfalls in etwa verdoppeln.

Wegen der Übereinstimmung der Normalkräfte zeigt Bild 6-22 nur den Verlauf der Biegemomente. Die aus Bild 6-21 schon bekannten Momente für ein Sehnensystem sind in Bild 6-22 zu Vergleichszwecken mit dargestellt. In der Kurve für T2 erkennt man die starke Verletzung der Randbedingung bei $x = 0$, deren Erfüllung beim Sehnensystem (Kurve S2) erzwungen wird.

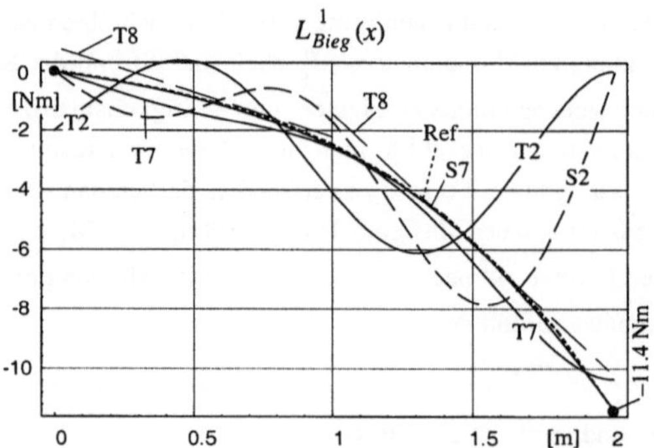

Bild 6-22:   Biegemoment für die Gleichgewichtskonfiguration b) aus Bild 6-18 bei Verwendung der Modelle T2 bis T8 aus Tabelle 6.13. Die Referenzlösung ist mit Ref gekennzeichnet.

Durch Hinzunahme statischer Formen (Modell T7) werden die Ergebnisse verbessert. Die statische Form für die Dehnung ist durch (6.740) gegeben und zur Darstellung der Biegung $w^1_2(x,t)$ findet man in Analogie zu (6.741) für einen bei $x = 0$ eingespannten Balken, der durch ein Moment L_3 bei $x = \ell = \ell^1$ belastet wird

$$W^i_s(x) = a_s\, x^2 \qquad \text{wo} \qquad a_s = \frac{L_3}{2\,\mathcal{E}^i\,J^i_{33}} = 0.15873 \quad \text{für} \quad L_3 = 10\,\text{Nm} \tag{6.743}$$

Mit dem Modellen S7 und T7 ergeben sich nach den Tabellen 6.12 und 6.13 ähnlich gute Werte in den Verformungen und bei der Normalkraft F^{21}_{Normal}. Der Wert des Fehlers beim Biegemoment fällt mit -11% für T7 aus dem Rahmen. Dies erkennt man auch aus Bild 6-22, wo S7 im Vergleich zu T7 deutlich näher an der Referenzlösung liegt. Mit dem Modell T8 ergeben sich die für Finite-Elemente-Modelle typischen Unstetigkeiten in der Darstellung innerer Kräfte, wobei der Momentenverlauf beim Modell T8, im Unterschied zu S8, auch noch einen Sprung aufweist – vgl. dazu [40], S. 117.

3. Buckens-System (Modelle B2, B7 und B10).

Zur Abrundung der Analyse des Einflusses von Eigenfunktionen auf die Darstellung von Verformungen und inneren Kräften wird für $\{O^1, \underline{e}^1\}$ ein Buckens-System gewählt. Sein Ursprung liegt wegen (6.360) im Massenmittelpunkt und seine Orientierung ist durch die Forderung (6.361) festgelegt. Sie besagt, daß die Basis $\underline{e}^1$ so rotiert, daß der aus Verformung des Körpers resultierende relative Drehimpuls aus (6.346) in linearer Näherung verschwindet.

Die zu einem Buckens-System gehörenden Bedingungen (6.360) und (6.361) sind nach Abschnitt 6.3.6 erfüllt, wenn man als Ansatzfunktionen die Eigenfunktionen eines ungelagerten Balkens verwendet und Starrkörperformen unberücksichtigt läßt – vgl. auch Beispiel 6.3. Die Eigenformen für Biegeschwingungen wurden in (6.96) angegeben, und für Dehnungsschwingungen erhält man nach Streichen der Starrkörperformen:

$$U^i_l(x) = 0.445435\cos(\beta_l\, x) \qquad \text{wo} \qquad \beta_k\, \ell^i = l\,\pi. \tag{6.744}$$

Im Modell B2 werden, wie in den Modellen S2 und T2, die jeweils ersten drei Eigenformen für Dehnung und Biegung zur Darstellung der Verformungen des Körpers $i = 1$ verwendet. Die Ergebnisse finden sich in Tabelle 6.14. Auffallend sind die hohen Werte der Abweichungen von der Referenzlösung in der Normalkraft $F^{2,1}_{Normal}$ und im Biegemoment $L^{2,1}_{Bieg}$. Dies wird mit Bild 6-23 verständlich: Die kinetischen Randbedingungen können von den Eigenfunktionen nur für das Moment bei $x = 0$ erfüllt werden.

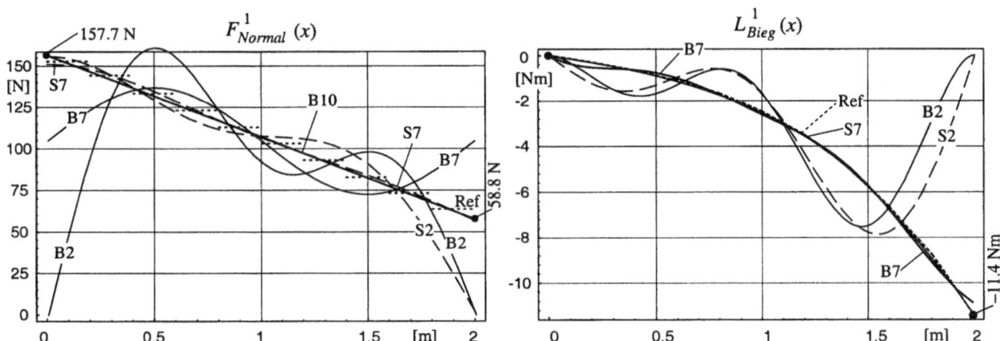

Bild 6-23: Normalkraft und Biegemoment für die Gleichgewichtskonfiguration b) aus Bild 6-18 bei Verwendung der Modelle B2, B7 und B10 aus Tab. 6.14. Die Referenzlösung ist mit Ref gekennzeichnet.

Die Darstellung der Verformungen verbessert sich auch hier bei Hinzunahme statischer Formen, die eine Befriedigung der kinetischen Randbedingungen erlauben. Im Modell B7 wurden die statischen Formen (6.740) und (6.741) berücksichtigt. Wie Bild 6-23 zeigt, ist die Approximation des Moments $L_{Bieg}^1(x)$ hier ähnlich gut wie im Modell S7, während bei der Approximation von $F_{Normal}^1(x)$ in der Modellierung B7 große Abweichungen bestehen bleiben. Dies erklärt sich aus dem Unterschied der kinetischen Randbedingungen beim Sehnen- und Buckens-System. Die Eigenformen für Dehnungsschwingungen können bei einem Sehnensystem für $x = 0$ eine von Null verschiedene Kraft darstellen, während die Kraft bei $x = 1$ verschwinden muß – vgl. Diagramme S1 bis S4 im Bild 6-21, links oben. Bei den Eigenformen zum Buckens-System verschwindet die Kraft dagegen an beiden Rändern. Die Berücksichtigung einer statischen Form, die lediglich die Darstellung einer konstanten Kraft erlaubt, verbessert die Ergebnisse nur unwesentlich, wie B7 zeigt, da die Kraft dann an beiden Rändern gleich sein muß. Erst die Hinzunahme einer weiteren Form, die eine Darstellung von an beiden Rändern verschiedenen und unabhängigen Kräften erlaubt, verbessert die Approximation, wie aus der Kurve B10 im Bild 6-23, linkes Diagramm ersichtlich. Die zusätzliche Form gehört nach Tabelle 6.14 zu einer linear verteilten Längskraft.

Zusammenfassung.

Die Beispiele zeigen, daß sich die Verformungen flexibler Körper in Mehrkörpersystemen gut darstellen lassen mit Hilfe von Quasi-Vergleichsfunktionen, die sich, wie im (6.415) vorgeschlagen, zusammensetzen aus Eigenschwingungsformen und statischen Formen. Die Eigenformen müssen den geometrischen oder kinematischen Randbedingungen zur Festlegung des Bezugssystems $\{O^i, \underline{e}^i\}$ des Körpers i genügen, und die statischen Formen werden so gewählt, daß sich die aus der Einbettung des Körpers i in das Mehrkörpersystem resultierenden kinetischen Randbedingungen befriedigen lassen.

● **Beispiel 6.10: Simulation der Bewegungen eines Schubkurbelgetriebes.** Die Bewegungsgleichungen in Deskriptorform des ebenen Schubkurbelgetriebes aus Bild 6-24 sollen ermittelt werden zur Angabe der
a)   statischen Gleichgewichtslage für zwei weiter unten definierte Getriebestellungen und der
b)   Bewegungen der Körper bei konstanter Winkelgeschwindigkeit der Kurbel.
Die Lösung der Aufgabe erfordert die Behandlung von vier bisher noch nicht angesprochenen Problemen:
1.   Simulation eines Systems mit einer kinematisch geschlossenen Schleife,
2.   Modellierung von Antriebsbewegungen (kinematische Anfachungen),
3.   Berücksichtigung von Reibungskräften,
4.   Analyse größerer Verformungen mit Hilfe einer physikalischen Diskretisierung der Körper.

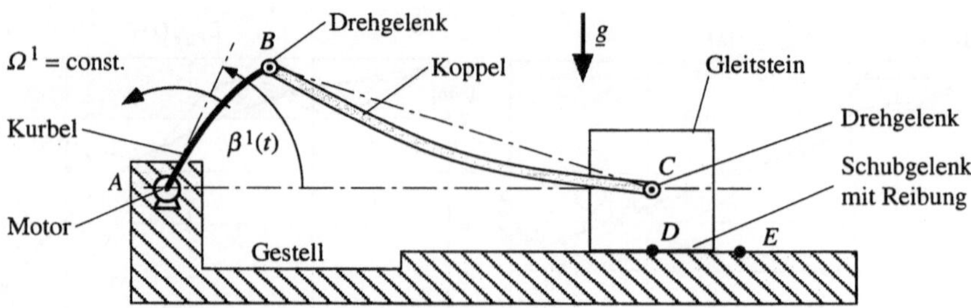

Bild 6-24:   Ebenes Schubkurbelgetriebe mit flexiblen Bauteilen.

Tabelle 6.15: Parameter der Körper des Schubkurbelgetriebes.

Körper		$i = 1$	$i = 2$	$i = 3$
Abmessungen [m]	Länge ℓ^i	0.6	2.0	0.1
	Höhe h^i	0.003	0.003	0.1
	Breite b^i	0.2	0.2	0.1
Querschnitt [m²]	$A^i = b^i\, h^i$	0.0006	0.0006	0.01
Flächenträgheitsmoment [m⁴]	$J^i_{33} = \frac{1}{12} b^i\, h^{i3}$	$4.5\cdot 10^{-10}$	$4.5\cdot 10^{-10}$	
Dichte [kg/m³]	ρ^i	8400	8400	8400
Massenbelegung pro Länge [kg/m]	$\mu^i = A^i\, \rho^i$	5.04	5.04	84
Masse [kg]	$m^i = \mu^i\, \ell^i$	3.024	10.08	8.4
Massenmittelpunkt bez. O^i in der Referenzkonfiguration [m]	$\mathbf{c}^i_0$	$[0.3\ \ 0\ \ 0]^T$	$[1\ \ 0\ \ 0]^T$	$\mathbf{0}$
Massenträgheitsmoment bez. O^i in Referenzkonfiguration [kg m²]	$I^i_{033} = \frac{1}{3} m^i\, \ell^{i2}$	≈ 0.363	13.44	0.028
Elastizitätsmodul [N m²]	$\mathcal{E}^i$	$7\cdot 10^{10}$	$7\cdot 10^{10}$	
Eigenwerte und Konstante A_1, B_1, C_1, D_1 in den Eigenfunktionen (6.93):	$\beta_1\, \ell^i$ A_1 B_1 C_1 D_1	1.8751 0.422145 -0.575055 -0.422145 0.575055	π 0.445435 0 0 0	$-$
Eigenfrequenz [Hz]	f_1	3.886	0.98	$-$
Funktionswerte für: $x = 0$ $x = \ell^i/2$ $x = \ell^i$	$W^i_1(x),\, W'^{\,i}_1(x)$ $W'''^{\,i}_1(x)$	0, 0, 11.23 0.39, 2.23, 3.81 1.15, 2.64, 0	0, 0.7, 0 0.445, 0, -1.1 0, -0.7, 0	$-$

Modellbeschreibung

Das Getriebe besteht aus Kurbel, Koppel, Gleitstein und Gestell. Die von einem Motor angetriebene Kurbel (Körper $i = 1$) dreht sich gegenüber dem Gestell (Körper $i = 0$) um A mit konstanter Winkelgeschwindigkeit Ω^1. Die Kurbel wird als Bernoulli-Balken (nur Biegung) modelliert. Die Parameter des Körpers stimmen bis auf die Länge $\ell^1 = 0.6$ m mit denen des Körpers $i = 1$ aus Tabelle 6.2 überein – vgl. Tabelle 6.15. Sein Bezugssystem ist das Tangentensystem $\{O^1, \underline{e}^1\}$ aus Bild 6-25. Die Koppel (Körper $i = 2$) ist ebenfalls ein Bernoulli-Balken der Länge $\ell^1 = 2$ m und sonst mit der Kurbel gleichen Parametern. Bezugssystem ist das Sehnensystem aus Bild 6-25. Der Gleitstein $i = 3$ ist ein starrer Körper mit den Parametern aus Tabelle 6.15. Der Ort der Knoten auf den Körpern ist aus Bild 6-25 ersichtlich. Kurbel, Koppel und Gleitstein sind durch Drehgelenke (Gelenke $s = 1, 2, 3$) in A, B und C verbunden. Zwischen D und E auf Gleitstein und Gestell befindet sich ein Schubgelenk $s = 4$, und es wirken Coulombsche Reibungskräfte (Kraftelement $r = 5$). Außerdem wirken Gewichtskräfte in der durch $\underline{g}$ gegebenen Richtung. Die Gelenk- und Topologiedaten des damit vollständig beschriebenen Mehrkörpersystems mit $n = 3$ Körpern, $n_G = 4$ Gelenken und einem Kraftelement finden sich in Tabelle 6.16.

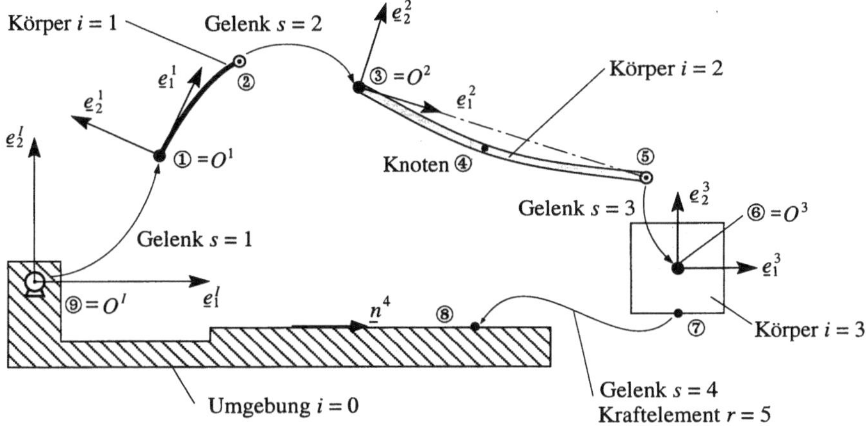

Bild 6-25: Mehrkörpermodell des Schubkurbelgetriebes aus Bild 6-24. Der Knoten $k, i = 8, 0$ liegt im Punkt E aus Bild 6-24, wobei $D = E$, wenn $\beta^1 = 0°$ und die Körper 1 und 2 unverformt sind.

Tabelle 6.16: Gelenk- und Topologiedaten des Mehrkörpersystems Schubkurbelgetriebe.

Elemente $e = s, e = r$	Knoten $t(e) = k, i$	Knoten $f(e) = l, j$	Elementdaten	Gelenkkoordinaten η_I^s, η_{II}^s
Drehgelenk $s = 1$ mit kinematischer Führung	1,1	9,0	Drehachse: $\mathbf{n}^1 = \begin{bmatrix} 0 & 0 & 1 \end{bmatrix}^T$ $\beta^1 = 0.2\,t$ rad, $\Omega^1 = 0.2$ rad/s	–
Drehgelenk $s = 2$	3,2	2,1	Drehachse: $\mathbf{n}^2 = \begin{bmatrix} 0 & 0 & 1 \end{bmatrix}^T$	β_3^2, Ω_3^2
Drehgelenk $s = 3$	6,3	5,2	Drehachse: $\mathbf{n}^3 = \begin{bmatrix} 0 & 0 & 1 \end{bmatrix}^T$	β_3^3, Ω_3^3
Schubgelenk $s = 4$	8,0	7,3	Schubachse: $\mathbf{n}^4 = \begin{bmatrix} 1 & 0 & 0 \end{bmatrix}^T$	d_1^4, V_1^4
Kraftelement $r = 5$ (Gleitreibung)	8,0	7,3	Richtung der Reibkraft: $\mathbf{n}^5 = \mathbf{n}^4$ Reibbeiwert $\mu_{Reib}^5 = 0.05$	–

Absolutbewegung der Körper

Die Deskriptorform der Bewegungsgleichungen wird unter Verwendung der Variablen (6.65) angegeben. Die Verformungen der Körper $i = 1$ und $i = 2$ werden wie in (6.173) und (6.174), aber mit $q_2^i \equiv 0$, beschrieben. Außerdem werden nur Punkte $x = R_1$ der Balkenachse betrachtet, womit $\Phi_{12}^i \equiv 0$, mit Φ_{12}^i gemäß (6.173). Damit lassen sich die Verformungen der beiden Körper erfassen durch

$$u_2^i(x,t) = W_1^i(x)\, q_1^i(t)\,, \quad \vartheta_3^i(x,t) = W_1'^i(x)\, q_1^i(t)\,, \quad i = 1, 2\,, \tag{6.745}$$

wo die $W_1^1(x)$ bzw. $W_1^2(x)$ die jeweils erste Eigenform (6.93) für Biegeschwingungen eines nach den Bedingungen für ein Tangenten- bzw. Sehnensystem gelagerten Balkens sind – vgl. Tabelle 6.15. Die Variablen (6.65) zur Angabe der Absolutbewegungen von Kurbel und Koppel ergeben sich mit (6.165) und (6.745) zu

$$\mathbf{z}_I^i = \begin{bmatrix} \rho_1^i & \rho_2^i & \vdots & \alpha_3^i & \vdots & q_1^i \end{bmatrix}^T\,, \quad \mathbf{z}_{II}^i = \begin{bmatrix} v_1^i & v_2^i & \vdots & \omega_3^i & \vdots & \dot{q}_1^i \end{bmatrix}^T\,, \quad \text{womit } n_z^i = 4 \text{ und } n_q^i = 1 \text{ für } i = 1, 2. \tag{6.746}$$

Sie genügen den kinematischen Gleichungen (6.66) mit der 4×4-Matrix

$$\mathbf{Z}^i = \left[\begin{array}{ccccc} 1 & 0 & \vdots & \rho_2^i & \vdots & 0 \\ 0 & 1 & \vdots & -\rho_1^i & \vdots & 0 \\ \hdashline 0 & 0 & \vdots & 1 & \vdots & 0 \\ \hdashline 0 & 0 & \vdots & 0 & \vdots & 1 \end{array} \right] \quad \text{für } i = 1, 2. \tag{6.747}$$

Die Bewegungen des als starrer Körper modellierten Gleitsteins werden mit

$$\mathbf{z}_I^3 = \begin{bmatrix} \rho_1^3 & \rho_2^3 & \vdots & \alpha_3^3 \end{bmatrix}^T\,, \quad \mathbf{z}_{II}^3 = \begin{bmatrix} v_1^3 & v_2^3 & \vdots & \omega_3^3 \end{bmatrix}^T\,, \quad n_z^3 = 3 \text{ und } \mathbf{Z}^3 = \begin{bmatrix} 1 & 0 & \vdots & \rho_2^3 \\ 0 & 1 & \vdots & -\rho_1^3 \\ \hdashline 0 & 0 & \vdots & 1 \end{bmatrix} \tag{6.748}$$

erfaßt. Der Ort des Ursprungs der Knotenkoordinatensysteme $\{O^{k,i}, \underline{e}^{k,i}\}$ in der Referenzkonfiguration ergibt sich aus den Körperdaten und für die entsprechende Orientierung gilt

$$\Gamma^{k,i} = \mathbf{E}. \tag{6.749}$$

Damit kann man die zur Angabe der Bewegungsgleichungen benötigten Matrizen $\mathbf{T}_t^{k,i}$, $\mathbf{T}_r^{k,i}$ und $\boldsymbol{\zeta}_t^{k,i}$, $\boldsymbol{\zeta}_r^{k,i}$ aus (6.87), (6.88) wie im Beispiel 6.2 berechnen.

Relativbewegung der Knoten an Gelenken und Kraftelementen

Die zur Definition der Variablen $\mathbf{d}^e$, $\mathbf{B}^e$, $\mathbf{V}^e$ und $\boldsymbol{\Omega}^e$ aus (6.107) bis (6.110) und $\mathbf{x}_{II}^e$ aus (6.189) für Gelenke $e = s$ und Kraftelemente $e = r$ erforderlichen Funktionen aus (6.104) sind aus Bild 6-25 ersichtlich und in Tabelle 6.16 angegeben. Mit ihnen erhält man in Analogie zu der ausführlichen Darstellung in Beispiel 6.2 die Matrizen aus (6.107) bis (6.137) zur Beschreibung der Relativbewegungen. Man ermittelt für das

Drehgelenk $s = 1$ zwischen $k,i = 1,1$ und $l,j = 9,0$:

$$\left. \begin{aligned} &\mathbf{B}^1(\boldsymbol{\beta}^1) = \mathbf{D}^{1,1}\mathbf{A}^1 = \mathbf{A}^1\,, \quad \mathbf{d}^1 = \mathbf{D}^{1,1}\left(\boldsymbol{\rho}^1 + \mathbf{R}^{1,1} + \mathbf{u}^{1,1} \right) = \boldsymbol{\rho}^1 = {}^1\mathbf{d}^1 \quad \text{wo } \mathbf{R}^{1,1} = \mathbf{u}^{1,1} = \mathbf{0}, \mathbf{D}^{1,1} = \mathbf{E}, \\ &\mathbf{x}_{II}^1 = \begin{bmatrix} \mathbf{V}^1 \\ \boldsymbol{\Omega}^1 \end{bmatrix} = \mathbf{T}^{1,1}\,\mathbf{z}_{II}^1\,, \quad \dot{\mathbf{x}}_{II}^1 = \mathbf{T}^{1,1}\,\dot{\mathbf{z}}_{II}^1 - \boldsymbol{\xi}^1\,. \end{aligned} \right\} \tag{6.750}$$

Drehgelenk $s = 2$ zwischen $k,i = 3,2$ und $l,j = 2,1$:

$$\left.\begin{aligned}
&\mathbf{B}^2(\beta^2) = \mathbf{D}^{3,2}\mathbf{A}^2{\mathbf{A}^1}^T\mathbf{D}^{2,1^T}, \quad \mathbf{d}^2 = \mathbf{D}^{3,2}\,{}^2\mathbf{d}^2, \quad {}^2\mathbf{d}^2 = \boldsymbol{\rho}^2 - \mathbf{A}^2{\mathbf{A}^1}^T\left(\boldsymbol{\rho}^1 + \mathbf{R}^{2,1} + \mathbf{u}^{2,1}\right), \\
&\mathbf{x}_{II}^2 = \begin{bmatrix} \mathbf{V}^2 \\ \boldsymbol{\Omega}^2 \end{bmatrix} = \mathbf{T}^{3,2}\,\mathbf{z}_{II}^2 - \mathbf{T}^{2,1}\,\mathbf{z}_{II}^1, \quad \dot{\mathbf{x}}_{II}^2 = \mathbf{T}^{3,2}\,\dot{\mathbf{z}}_{II}^2 - \mathbf{T}^{2,1}\,\dot{\mathbf{z}}_{II}^1 - \boldsymbol{\xi}^2.
\end{aligned}\right\} \quad (6.751)$$

Drehgelenk $s = 3$ zwischen $k,i = 6,3$ und $l,j = 5,2$:

$$\left.\begin{aligned}
&\mathbf{B}^3(\beta^3) = \mathbf{A}^3{\mathbf{A}^2}^T\mathbf{D}^{5,2^T}, \quad \mathbf{d}^3 = {}^3\mathbf{d}^3 = \boldsymbol{\rho}^3 - \mathbf{A}^3{\mathbf{A}^2}^T\left(\boldsymbol{\rho}^2 + \mathbf{R}^{5,2} + \mathbf{u}^{5,2}\right), \\
&\mathbf{x}_{II}^3 = \begin{bmatrix} \mathbf{V}^3 \\ \boldsymbol{\Omega}^3 \end{bmatrix} = \mathbf{T}^{6,3}\,\mathbf{z}_{II}^3 - \mathbf{T}^{5,2}\,\mathbf{z}_{II}^2, \quad \dot{\mathbf{x}}_{II}^3 = \mathbf{T}^{6,3}\,\dot{\mathbf{z}}_{II}^3 - \mathbf{T}^{5,2}\,\dot{\mathbf{z}}_{II}^2 - \boldsymbol{\xi}^3.
\end{aligned}\right\} \quad (6.752)$$

Schubgelenk $s = 4$ und Kraftelement $r = 5$ zwischen $k,i = 8,0$ und $l,j = 7,3$:

$$\left.\begin{aligned}
&\mathbf{B}^4(\beta^4) = {\mathbf{A}^3}^T, \quad \mathbf{d}^4 = {}^0\mathbf{d}^4 = -{\mathbf{A}^3}^T\left(\boldsymbol{\rho}^3 + \mathbf{R}^{7,3}\right), \\
&\mathbf{x}_{II}^4 = \begin{bmatrix} \mathbf{V}^4 \\ \boldsymbol{\Omega}^4 \end{bmatrix} = -\mathbf{T}^{7,3}\,\mathbf{z}_{II}^3, \quad \dot{\mathbf{x}}_{II}^4 = -\mathbf{T}^{7,3}\,\dot{\mathbf{z}}_{II}^3 - \boldsymbol{\xi}^4.
\end{aligned}\right\} \quad (6.753)$$

Bindungsgleichungen

Nach Berechnung der Relativbewegung der Knoten, zwischen denen Gelenke angebracht sind, lassen sich die impliziten bzw. expliziten Bindungsgleichungen (6.138), (6.139) bzw. (6.146), (6.147) angeben. Zur Herleitung der Deskriptorform der Bewegungsgleichungen sind nur die expliziten Bindungsgleichungen erforderlich. Für die Drehgelenke $s = 2$ und $s = 3$ gelten die Gleichungen (6.197) und (6.198). Die beiden anderen Gelenke wurden bisher noch nicht verwendet. Dies sind:

Drehgelenk mit kinematischer Anfachung $s = 1$: Ein Drehgelenk sperrt fünf Freiheitsgrade der Relativbewegung der Knotenkoordinatensysteme. Die verbleibende Bewegung ist nach Tabelle 6.16 als Antriebsbewegung

$$\beta^1(t) = \Omega^1\, t = \beta_3^1(t) \tag{6.754}$$

vorgegeben. Damit liefert das Gelenk $n_c^s = n_c^1 = 6$ Bindungsgleichungen, womit $n_f^1 = 0$. Die hier benötigten impliziten Bindungsgleichungen (6.138) und (6.139) lauten mit $e = 1$ und mit $\mathbf{x}_I^1$ und $\mathbf{x}_{II}^1$ aus (6.189)

$$\left.\begin{aligned}
&\overline{\mathbf{g}}^1(\mathbf{x}_I^1, t) = \begin{bmatrix} d_1^1 & d_2^1 & d_3^1 & \beta_1^1 & \beta_2^1 & \beta_3^1 - \Omega^1 t \end{bmatrix}^T = \mathbf{0}, \\
&\overline{\boldsymbol{\psi}}^{1^T}\mathbf{x}_{II}^1 = \overline{\boldsymbol{\eta}}_{II}^1 \quad \text{wo} \quad \overline{\boldsymbol{\psi}}^1 = \mathbf{E}, \quad \overline{\boldsymbol{\eta}}_{II}^1 = \begin{bmatrix} 0 & 0 & 0 & 0 & 0 & \Omega^1 \end{bmatrix}^T,
\end{aligned}\right\} \quad (6.755)$$

mit der 6×6-Einheitsmatrix $\mathbf{E}$ und mit d_α^1 und β_α^1 aus (6.750).

Schubgelenk $s = 4$: Das Gelenk zwischen Gleitstein und Gestell ist ein Schubgelenk, dessen allgemeine Form Bild 6-26 zeigt. Es ist zwischen den Knoten 7,3 und 8,0 angebracht und erlaubt eine Translationsbewegung in Richtung seiner Achse $\underline{n}^s = \underline{n}^4$ aus Bild 6-25, wo – vgl. auch Tabelle 6.16:

$$\underline{n}^4 = \underline{\mathbf{e}}^{t^T}\mathbf{n}^4 = \underline{\mathbf{e}}^{8,0^T}\mathbf{n}^4 = \underline{\mathbf{e}}^{l^T}\mathbf{n}^4, \quad \mathbf{n}^4 = \begin{bmatrix} 1 & 0 & 0 \end{bmatrix}^T. \tag{6.756}$$

Die fünf expliziten Bindungsgleichungen für die Lagevariablen $\mathbf{x}_I^4$ und für die Geschwindigkeiten $\mathbf{x}_{II}^4$ lauten:

$$\overline{\mathbf{g}}^4(\mathbf{x}_I^4) = \begin{bmatrix} d_2^4 & d_3^4 & \beta_1^4 & \beta_2^4 & \beta_3^4 \end{bmatrix}^T = \mathbf{0} \quad \text{und} \quad \overline{\boldsymbol{\psi}}^{4T}\, \mathbf{x}_{II}^4 = \mathbf{0}, \quad \overline{\boldsymbol{\psi}}^4 = \begin{bmatrix} \mathbf{E}_{*2}\ \mathbf{E}_{*3}\ \mathbf{E}_{*4}\ \mathbf{E}_{*5}\ \mathbf{E}_{*6} \end{bmatrix}, \quad (6.757)$$

wo $\mathbf{E}_{*k}$ die k-ten Spalten der 6×6-Einheitsmatrix sind und wo d_α^1 und β_α^1 gemäß (6.753) berechnet werden.

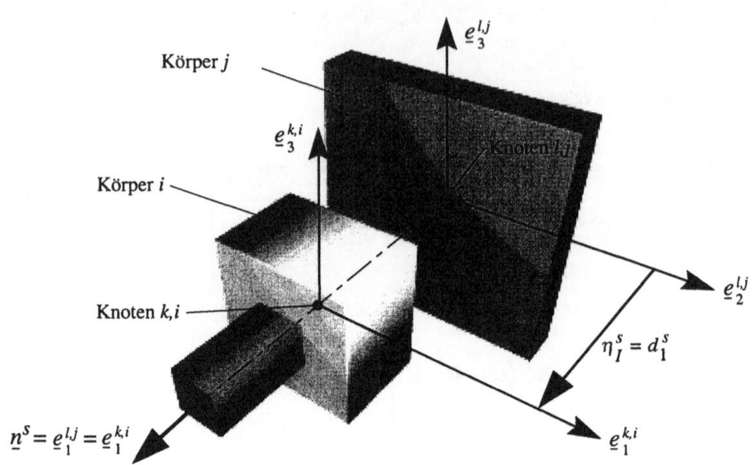

Bild 6-26: Definition von Schubachse und Verschiebung beim Schubgelenk $s = 4$.

Generalisierte Massen und Kräfte.

Zur Angabe der Matrizen $\mathbf{M}^i$, $\mathbf{h}_\omega^i$, $\mathbf{h}_g^i$, $\mathbf{h}_e^i$ und $\mathbf{h}_p^i$ aus (6.536) und (6.537) werden die Standarddaten der Körper i des Mehrkörpersystems aus Abschnitt 6.4.2 benötigt. Sie lassen sich, wie im Beispiel 6.4 ausführlich erläutert, aus den Grunddaten der Körper errechnen. Da keine verteilten Oberflächenkräfte wirken, gilt $\mathbf{h}_p^i = \mathbf{0}$.

Generalisierte Massen, Trägheits- und Gewichtskräfte.

Die generalisierten Massen und die generalisierten Trägheits- und Gewichtskräfte sind für
Körper $i = 1$ (Kurbel):

$$\mathbf{M}^1 = \left[\begin{array}{ccc:c} 3.024 & & & \text{sym.} \\ 0 & 3.024 & & \\ \hdashline -1.36\,q_1^1 & 0.907 & 0.363 & \\ \hdashline 0 & 1.36 & 0.59 & 1 \end{array}\right],$$

$$\mathbf{h}_\omega^1 = \left[\begin{array}{c} 3.024\,\omega_3^1 v_2^1 + 2.72\,\omega_3^1 \dot{q}_1^1 + 0.907\,\omega_3^{1^2} \\ -3.024\,\omega_3^1 v_1^1 + 1.36\,q_1^1 \omega_3^{1^2} \\ \hdashline -\omega_3^1\left(0.907\,v_1^1 + 1.36\,q_1^1 v_2^1\right) \\ \hdashline -1.36\,\omega_3^1 v_1^1 + \omega_3^{1^2} q_1^1 \end{array}\right], \qquad \mathbf{h}_g^1 = \left[\begin{array}{cc} 3.024 & 0 \\ 0 & 3.024 \\ \hdashline -1.36\,q_1^1 & 0.907 \\ \hdashline 0 & 1.36 \end{array}\right]\begin{bmatrix} -\sin\alpha_3^1 \\ -\cos\alpha_3^1 \end{bmatrix} 9.81.$$

$$(6.758)$$

Körper $i = 2$ (Koppel):

$$\mathbf{M}^2 = \left[\begin{array}{ccc:c} 10.08 & & & \text{sym.} \\ 0 & 10.08 & & \\ \hdashline -2.86\,q_1^2 & 10.08 & 13.44 & \\ \hdashline 0 & 2.86 & 2.86 & 1 \end{array}\right], \qquad (6.759)$$

$$\mathbf{h}_\omega^2 = \begin{bmatrix} 10.08\,\omega_3^2\,v_2^2 + 5.72\,\omega_3^2\,\dot{q}_1^2 + 10.08\,\omega_3^{2^2} \\ \hline -10.08\,\omega_3^2\,v_1^2 + 2.86\,q_1^2\,\omega_3^{2^2} \\ \hline -\omega_3^2\left(10.08\,v_1^2 + 2.86\,q_1^2\,v_2^2\right) \\ -2.86\,\omega_3^2\,v_1^2 + \omega_3^{2^2}\,q_1^2 \end{bmatrix}, \qquad \mathbf{h}_g^2 = \begin{bmatrix} 10.08 & 0 \\ 0 & 10.08 \\ -2.86\,q_1^2 & 10.08 \\ \hline 0 & 2.86 \end{bmatrix} \begin{bmatrix} -\sin\alpha_3^2 \\ -\cos\alpha_3^2 \end{bmatrix} 9.81. \tag{6.759}$$

Körper $i = 3$ (Gleitstein):

$$\mathbf{M}^3 = \begin{bmatrix} 8.4 & 0 & 0 \\ 0 & 8.4 & 0 \\ 0 & 0 & 0.028 \end{bmatrix}, \qquad \mathbf{h}_\omega^3 = \begin{bmatrix} 8.4\,\omega_3^i\,v_2^i \\ -8.4\,\omega_3^i\,v_1^i \\ 0 \end{bmatrix}, \qquad \mathbf{h}_g^i = -9.81 \begin{bmatrix} 8.4\sin\alpha_3^i \\ 8.4\cos\alpha_3^i \\ 0 \end{bmatrix}. \tag{6.760}$$

Generalisierte innere Kräfte.
Für die beiden flexiblen Körper $i = 1$ und $i = 2$ müssen zusätzlich die inneren Kräfte $\mathbf{h}_e^i$ aus (6.270), d. h. wegen Linearisierung und $\boldsymbol{\sigma}_0^i = \mathbf{0}$, die Matrizen $\mathbf{K}_e^i$ und $\mathbf{D}_e^i$ angegeben werden sowie die zur Berücksichtigung geometrischer Steifigkeiten benötigten Matrizen $\mathbf{K}_{0\#}^i$ aus (6.330). Zur Interpretation der Simulationsergebnisse werden auch noch die Matrizen $\hat{\boldsymbol{\sigma}}^{k,i}$ aus (6.413) ermittelt.

Körper $i = 1$ (Kurbel):
Die Biegefrequenz der Kurbel liegt nach Tabelle 6.15 bei 3.886 Hz, woraus sich mit (6.446) die lineare Steifigkeitsmatrix und mit (6.447) bei 10 % Lehrscher Dämpfung die Dämpfungsmatrix ergeben:

$$\mathbf{K}_e^1 = [596.2]\ [\mathrm{N}], \qquad \mathbf{D}_e^1 = [4.88]\ [\mathrm{Ns}]. \tag{6.761}$$

Da hier keine Längsdehnung modelliert wurde, fällt nach (6.449) nur ein Biegemoment und keine Normalkraft an. Mit W''^1 aus Tabelle 6.15 erhält man für die Knoten $k = 1$ und 2 auf dem Körper $i = 1$:

$$\hat{\boldsymbol{\sigma}}_e^{1,1} = \begin{bmatrix} 0 \\ 353.8 \end{bmatrix}, \ \hat{\boldsymbol{\sigma}}_e^{2,1} = \begin{bmatrix} 0 \\ 0 \end{bmatrix} \ \text{zur Angabe von}\ \boldsymbol{\sigma}^{k,i} = \begin{bmatrix} F_{Normal}^i(x)\ [\mathrm{N}] \\ L_{Bieg}^i(x)\ [\mathrm{Nm}] \end{bmatrix} = \hat{\boldsymbol{\sigma}}_e^{k,i}\ \mathbf{q}^i. \tag{6.762}$$

Geometrische Steifigkeiten lassen sich mit (6.456) erfassen, wobei in den Einheitslastmatrizen aus (6.459) bis (6.461) wegen $q_2^i \equiv 0$ die erste Zeile und Spalte gestrichen werden müssen. Die Auswertung der dort angegebenen Integrale liefert mit der Ansatzfunktion aus Tabelle 6.15

$$\mathbf{K}_{0t1}^1 = [-2.62]\ [\mathrm{kg}], \qquad \mathbf{K}_{0\omega3}^1 = [1.19]\ [\mathrm{kgm}], \qquad \mathbf{K}_{0F1}^{1,1} = [0], \qquad \mathbf{K}_{0F1}^{2,1} = [2.56]\,[\mathrm{N}]. \tag{6.763}$$

Körper $i = 2$ (Koppel):
Wie beim Körper $i = 1$ erhält man mit der Biegefrequenz von 0.98 Hz aus Tabelle 6.15 und mit 10 % Lehrscher Dämpfung

$$\mathbf{K}_e^2 = [38.05]\ [\mathrm{N}], \qquad \mathbf{D}_e^2 = [1.23]\ [\mathrm{Ns}]. \tag{6.764}$$

Die Matrizen aus (6.762) zur Angabe der inneren Kräfte sind für die Knoten 3 bis 5 auf dem Körper $i = 2$

$$\hat{\boldsymbol{\sigma}}_e^{3,2} = \begin{bmatrix} 0 \\ 0 \end{bmatrix}, \ \hat{\boldsymbol{\sigma}}_e^{4,2} = \begin{bmatrix} 0 \\ -34.62 \end{bmatrix}, \ \hat{\boldsymbol{\sigma}}_e^{5,2} = \begin{bmatrix} 0 \\ 0 \end{bmatrix}. \tag{6.765}$$

Geometrische Steifigkeiten werden wie oben nach (6.456) erfaßt, wo

$$\mathbf{K}_{0t1}^2 = [-2.47][\text{kg}], \quad \mathbf{K}_{0\omega3}^2 = [3.04][\text{kgm}], \quad \mathbf{K}_{0F1}^{3,2} = [0], \quad \mathbf{K}_{0F1}^{4,2} = [0.245], \quad \mathbf{K}_{0F1}^{5,2} = [0.49][\text{N}]. \quad (6.766)$$

die für den Körper $i = 2$ erforderlichen Einflußzahlen sind.

Deskriptorform der Bewegungsgleichungen.

Kinematik des Gesamtsystems.

Die Lage- und Geschwindigkeitsvariablen der Körper $i = 1, 2$ und 3 aus (6.746) und (6.748) ergeben nach (6.2) die $n_z = n_z^1 + n_z^2 + n_z^3 = 11$ Variablen $\mathbf{z}_I$ und $\mathbf{z}_{II}$ aus (6.549):

$$\mathbf{z}_I = \begin{bmatrix} \mathbf{z}_I^1 \\ \mathbf{z}_I^2 \\ \mathbf{z}_I^3 \end{bmatrix} = \begin{bmatrix} \rho_1^1 & \rho_2^1 & \vdots & \alpha_3^1 & \vdots & q_1^1 & | & \rho_1^2 & \rho_2^2 & \vdots & \alpha_3^2 & \vdots & q_1^2 & | & \rho_1^3 & \rho_2^3 & \vdots & \alpha_3^3 \end{bmatrix}^T,$$

$$\mathbf{z}_{II} = \begin{bmatrix} \mathbf{z}_{II}^1 \\ \mathbf{z}_{II}^2 \\ \mathbf{z}_{II}^3 \end{bmatrix} = \begin{bmatrix} v_1^1 & v_2^1 & \vdots & \omega_3^1 & \vdots & \dot{q}_1^1 & | & v_1^2 & v_2^2 & \vdots & \omega_3^2 & \vdots & \dot{q}_2^2 & | & v_1^3 & v_2^3 & \vdots & \omega_3^3 \end{bmatrix}^T. \qquad (6.767)$$

Sie genügen den kinematischen Bewegungsgleichungen

$$\dot{\mathbf{z}}_I = \mathbf{Z}(\mathbf{z}_I)\,\mathbf{z}_{II} \quad \text{mit} \quad \mathbf{Z}(\mathbf{z}_I) = \mathbf{diag}\begin{bmatrix} \mathbf{Z}^1(\mathbf{z}_I^1) & \mathbf{Z}^2(\mathbf{z}_I^2) & \mathbf{Z}^3(\mathbf{z}_I^3) \end{bmatrix}, \qquad (6.768)$$

wo $\mathbf{Z}$ eine 11×11-Matrix mit den Submatrizen $\mathbf{Z}^1(\mathbf{z}_I^1)$, $\mathbf{Z}^2(\mathbf{z}_I^2)$ und $\mathbf{Z}^3(\mathbf{z}_I^3)$ aus (6.747) und (6.748) ist.

Aus den Bindungsgleichungen (6.755), (6.197), (6.198) und (6.757) infolge der Gelenke $s = 1$ bis 4 lassen sich die impliziten Zwangsgleichungen (6.541) und (6.542) für $\mathbf{z}_I$ und $\mathbf{z}_{II}$ angeben. Da hier nur ebene Bewegungen betrachtet werden, ergeben sich $n_c = 9$ linear unabhängige Gleichungen für $\mathbf{z}_I$. Mit $\hat{\alpha}^{32} = \alpha_3^3 - \alpha_3^2$ und $\hat{\alpha}^{21} = \alpha_3^2 - \alpha_3^1$ findet man

$$\mathbf{g}(\mathbf{z}_I) = \begin{bmatrix} d_1^1 \\ d_2^1 \\ \beta_3^1 \\ d_1^2 \\ d_2^2 \\ d_1^3 \\ d_2^3 \\ d_2^4 \\ \beta_3^4 \end{bmatrix} = \begin{bmatrix} \rho_1^1 \\ \rho_2^1 \\ \alpha_3^1 - \Omega^1 t \\ {}^2d_1^2 \cos 0.7\,q_1^2 + {}^2d_2^2 \sin 0.7\,q_1^2 \\ -{}^2d_1^2 \sin 0.7\,q_1^2 + {}^2d_2^2 \cos 0.7\,q_1^2 \\ \rho_1^3 - \left(2 + \rho_1^2\right)\cos\hat{\alpha}^{32} - \rho_2^2 \sin\hat{\alpha}^{32} \\ \rho_2^3 + \left(2 + \rho_1^2\right)\sin\hat{\alpha}^{32} - \rho_2^2 \cos\hat{\alpha}^{32} \\ -0.05 - \rho_1^3 \sin\alpha_3^3 + \left(0.05 - \rho_2^3\right)\cos\alpha_3^3 \\ -\alpha_3^3 \end{bmatrix} \quad \text{wo} \begin{cases} {}^2d_1^2 = \rho_1^2 \\ \quad -\left(0.6 + \rho_1^1\right)\cos\hat{\alpha}^{21} \\ \quad -\left(\rho_2^1 + 1.15\,q_1^1\right)\sin\hat{\alpha}^{21}, \\ {}^2d_2^2 = \rho_2^2 \\ \quad +\left(0.6 + \rho_1^1\right)\sin\hat{\alpha}^{21} \\ \quad -\left(\rho_2^1 + 1.15\,q_1^1\right)\cos\hat{\alpha}^{21}. \end{cases} \qquad (6.769)$$

Für die Geschwindigkeiten erhält man die 9 linear unabhängige Gleichungen

$$\mathbf{G}(\mathbf{z}_I,t)\,\mathbf{z}_{II} = \boldsymbol{\kappa}(t) \quad \text{mit} \quad \mathbf{G}(\mathbf{z}_I,t) = \frac{\partial \mathbf{g}(\mathbf{z}_I,t)}{\partial \mathbf{z}_I}\,\mathbf{Z}(\mathbf{z}_I)$$

$$\text{und} \quad \boldsymbol{\kappa}(t) = -\frac{\partial \mathbf{g}(\mathbf{z}_I,t)}{\partial t} = \begin{bmatrix} 0 & 0 & \Omega^1 & 0 & 0 & 0 & 0 & 0 & 0 \end{bmatrix}^T = \text{const.} \qquad (6.770)$$

Zeilen und Spalten der Systemmatrizen, die zu den aus der Ebene herausführenden Bewegungen gehören, entfallen. Wegen der Größe (9×11) und Komplexität der Matrix $\mathbf{G}$ wird auf ihre Angabe verzichtet.

Kinetik des Gesamtsystems.

Die Formulierung der kinetischen Gleichungen (6.548) erfordert die Angabe der Matrizen $\mathbf{M}$ und $\mathbf{h}_a$ sowie die Interpretation der Systemvariablen $\boldsymbol{\mu}$, die $\mathbf{h}_c$ gemäß (6.547) darstellen.

Die Bedeutung der Elemente von $\boldsymbol{\mu}$ läßt sich aus den $n_c = 9$ Bindungsgleichungen (6.770) ableiten – vgl. auch (6.598) und (6.599):

$$\boldsymbol{\mu} = \left[\mu_i\right] = \begin{bmatrix} \mu_1 = F_{c1}^1 = \text{Zwangskraft aus } s=1 \text{ am Körper 1 in Richtung } \underline{e}_1^{1,1},\ [\text{N}] \\ \mu_2 = F_{c2}^1 = \text{Zwangskraft aus } s=1 \text{ am Körper 1 in Richtung } \underline{e}_2^{1,1},\ [\text{N}] \\ \mu_3 = L_{c3}^1 = \text{Zwangsmoment aus } s=1 \text{ am Körper 1 in Richtung } \underline{e}_3^{1,1},\ [\text{Nm}] \\ \mu_4 = F_{c1}^2 = \text{Zwangskraft aus } s=2 \text{ am Körper 2 in Richtung } \underline{e}_1^{3,2},\ [\text{N}] \\ \mu_5 = F_{c2}^2 = \text{Zwangskraft aus } s=2 \text{ am Körper 2 in Richtung } \underline{e}_2^{3,2},\ [\text{N}] \\ \mu_6 = F_{c1}^3 = \text{Zwangskraft aus } s=3 \text{ am Körper 3 in Richtung } \underline{e}_1^{6,3},\ [\text{N}] \\ \mu_7 = F_{c2}^3 = \text{Zwangskraft aus } s=3 \text{ am Körper 3 in Richtung } \underline{e}_2^{6,3},\ [\text{N}] \\ \mu_8 = F_{c2}^4 = \text{Zwangskraft aus } s=4 \text{ am Körper 0 in Richtung } \underline{e}_2^{8,0} \equiv \underline{e}_2^I,\ [\text{N}] \\ \mu_9 = L_{c3}^4 = \text{Zwangsmoment aus } s=4 \text{ am Körper 0 in Richtung } \underline{e}_3^{8,0} \equiv \underline{e}_3^I,\ [\text{Nm}] \end{bmatrix}. \tag{6.771}$$

Für $\mathbf{M}$ gilt nach (6.536)

$$\mathbf{M}(\mathbf{z}_I) = \mathbf{diag}\left[\mathbf{M}^1(\mathbf{q}^1)\quad \mathbf{M}^2(\mathbf{q}^2)\quad \mathbf{M}^3\right] \tag{6.772}$$

mit den Elementmatrizen $\mathbf{M}^1(\mathbf{q}^1)$, $\mathbf{M}^2(\mathbf{q}^2)$ und $\mathbf{M}^3 = const.$ aus (6.758), (6.759) und (6.760).

Die Matrix $\mathbf{h}_a$ in (6.537) enthält die Beiträge $\mathbf{h}_\omega^1(\mathbf{z}_I^1,\mathbf{z}_{II}^1)$, $\mathbf{h}_\omega^2(\mathbf{z}_I^2,\mathbf{z}_{II}^2)$, $\mathbf{h}_\omega^3(\mathbf{z}_{II}^3)$, $\mathbf{h}_g^1(\mathbf{z}_I^1)$, $\mathbf{h}_g^2(\mathbf{z}_I^2)$ und $\mathbf{h}_g^3(\mathbf{z}_I^3)$ nach (6.758), (6.759) und (6.760), die Beiträge $\mathbf{h}_e^1(\mathbf{z}_I^1,\mathbf{z}_{II}^1)$ und $\mathbf{h}_e^2(\mathbf{z}_I^2,\mathbf{z}_{II}^2)$ der inneren Kräfte der elastischen Körper $i = 1$ und 2 nach (6.270), wo $\mathbf{K}_e^1$, $\mathbf{D}_e^1$, $\mathbf{K}_e^2$ und $\mathbf{D}_e^2$ durch (6.761) und (6.764) gegeben sind, sowie die $\mathbf{h}_f^i$ aus (6.289) und (6.291). Der einzige Beitrag zu $\mathbf{h}_f^i$ resultiert aus dem Kraftelement $r = 5$ zur Modellierung der Reibung im Schubgelenk $s = 4$ zwischen den Knoten $k,i = 8,0$ und $l,j = 7,3$. Die Reibkraft $\mathbf{F}_f^r = \mathbf{F}_f^5$ – vgl. (6.285) und (6.277) – errechnet sich aus

$$\mathbf{F}_f^r = -F^r\,\mathbf{n}^r \quad \text{mit}\quad F^r = \mu_{Reib}^r\left|F_{c2}^s\right|\frac{\eta_{II}^s}{\left|\eta_{II}^s\right|} \quad \text{und}\quad r=5,\quad s=4, \tag{6.773}$$

wo $F_{c2}^4 = \mu_8$ gemäß (6.771) und wo μ_{Reib}^r der Reibbeiwert aus Tabelle 6.16 und η_{II}^4 die Relativgeschwindigkeit im Gelenk 4 sind. Mit den Daten aus Tabelle 6.16 und mit $\eta_{II}^4 = V_1^4 = V_1^4(\mathbf{z}_I^3,\mathbf{z}_{II}^3)$ aus (6.753) folgt für die Matrix $\boldsymbol{\Lambda}_f^5$ gemäß (6.290) und (6.285)

$$\boldsymbol{\Lambda}_f^5 = -F^5\begin{bmatrix} \mathbf{n}^5 \\ \mathbf{0} \end{bmatrix} = -F^5\begin{bmatrix} 1 & 0 & 0 & 0 & 0 & 0 \end{bmatrix}^T \quad \text{mit}\quad F^5 = 0.05\left|\mu_8\right|\frac{V_1^4}{\left|V_1^4\right|}\ [\text{N}]. \tag{6.774}$$

Die generalisierten Kräfte $\mathbf{h}_f^3$ findet man aus (6.289) und (6.291) mit $\mathbf{T}^{7,3}$ aus (6.753) – vgl. auch (6.134) – zu

$$\mathbf{h}_f^3 = \mathbf{h}_f^{37} = -\mathbf{T}^{7,3\,T}\,\boldsymbol{\Lambda}_f^5 = -\begin{bmatrix} \mathbf{A}^{3\,T}\mathbf{T}_t^{7,3} \\ \mathbf{A}^{3\,T}\mathbf{T}_r^{7,3} \end{bmatrix}\boldsymbol{\Lambda}_f^5 = F^5\begin{bmatrix} \cos\alpha_3^3 \\ -\sin\alpha_3^3 \\ \hline 0.05\cos\alpha_3^3 \end{bmatrix}. \tag{6.775}$$

Wegen (6.774) hängt $\mathbf{h}_f = \left[\mathbf{h}_f^i\right]$ nicht nur von $\mathbf{z}_I$ und $\mathbf{z}_{II}$ sondern auch noch von der Zwangskraft μ_8 ab. Damit ergibt sich insgesamt

$$\mathbf{h}_a = \mathbf{h}_\omega + \mathbf{h}_g + \mathbf{h}_e + \mathbf{h}_f,\quad \mathbf{h}_\omega = \begin{bmatrix} \mathbf{h}_\omega^1 \\ \mathbf{h}_\omega^2 \\ \mathbf{h}_\omega^3 \end{bmatrix},\quad \mathbf{h}_g = \begin{bmatrix} \mathbf{h}_g^1 \\ \mathbf{h}_g^2 \\ \mathbf{h}_g^3 \end{bmatrix},\quad \mathbf{h}_e = \begin{bmatrix} \mathbf{h}_e^1 \\ \mathbf{h}_e^2 \\ \hline 0 \end{bmatrix} = \begin{bmatrix} 0 \\ \hline -\mathbf{K}_e^1\mathbf{q}^1 - \mathbf{D}_e^1\dot{\mathbf{q}} \\ \hline 0 \\ \hline -\mathbf{K}_e^2\mathbf{q}^2 - \mathbf{D}_e^2\dot{\mathbf{q}} \\ \hline 0 \end{bmatrix},\quad \mathbf{h}_f = \begin{bmatrix} 0 \\ 0 \\ \mathbf{h}_f^3 \end{bmatrix}. \tag{6.776}$$

Geometrische Steifigkeiten werden mit den Matrizen $\mathbf{K}_{0\#}^i$ aus (6.763) und (6.766) gemäß (6.559) berücksichtigt. Die Beiträge der Kräfte $F_1^{k,i}$ mit $k,i = 2,1$ und $5,2$ in den Gelenken $s = 2$ und $s = 3$ werden wie im Beispiel 6.7 gemäß (6.560) mit (6.766) mit einer Matrix $\mathbf{G}_{geo}$ zur Modifikation von $\mathbf{G}$ aus (6.770) erfaßt.

Analyse des Schubkurbelgetriebes.

Die eingangs genannte Aufgabe läßt sich mit den oben eingeführten Begriffen genauer formulieren. Es sollen bestimmt werden

a) die Gleichgewichtslage für die Stellung $\beta^1 = 0°$ der Kurbel und

b) für $\beta^1 = 57.3°$ unter Vernachlässigung der Haftreibung zwischen Gestell und Gleitstein, sowie

c) die Bewegungen der Körper bei einem vollen Umlauf der Kurbel mit $\beta^1(t) = 0.2\,t$ rad.

Die Vernachlässigung der Gleitreibung bei Bestimmung der Gleichgewichtskonfigurationen zu den beiden Kurbelstellungen garantiert eindeutige Lösungen der Probleme a) und b).

Gleichgewichtslagen des Schubkurbelgetriebes für $\beta^1 = 0°$ und $\beta^1 = 57.3°$.

Die Aufgaben a) und b) erfordern die Lösung von $n_z + n_c = 20$ nichtlinearen Gleichungen (6.570) für $\mathbf{z}_I$ und $\boldsymbol{\mu}$ aus (6.767) und (6.771), wobei $\mathbf{h}_f \equiv \mathbf{0}$ und $\beta^1 = 0°$ oder $\beta^1 = 57.3°$. Bei einer Antriebsgeschwindigkeit von $\Omega^1 = 0.2$ rad/s werden diese Winkel zu den Zeiten $t = 0$ und $t = 5$ s erreicht.

Als Ergebnis der Aufgabe a) erhält man, z. B. mit Mathematica nach einer Newton-Raphson Iteration mit den Startwerten $\mathbf{z}_I = \boldsymbol{\mu} = \mathbf{0}$, folgende Werte der Systemvariablen und Biegemomente gemäß (6.762) und (6.765)

$$\left.\begin{aligned} \mathbf{z}_I\big|_{\mathrm{a})} &= [0\quad 0\,\vdots\,0\,\vert\,-0.116\,\vert\,0.590\quad -0.174\,\vdots\,0.067\,\vert\,-0.735\,\vert\,2.595\quad 0\,\vdots\,0]^T, \\[4pt] \boldsymbol{\mu}\big|_{\mathrm{a})} &= [0\quad 78.4\,\mathrm{N}\quad 38.2\,\mathrm{Nm}\quad -22.1\,\mathrm{N}\quad 44.0\,\mathrm{N}\quad 0\quad -50.1\,\mathrm{N}\quad -132.5\,\mathrm{N}\quad 0]^T, \\[4pt] L_{Bieg}^{1,1}\big|_{\mathrm{a})} &= -41.2\,\mathrm{Nm},\quad L_{Bieg}^{2,1}\big|_{\mathrm{a})} = 0,\quad L_{Bieg}^{3,2}\big|_{\mathrm{a})} = 0,\quad L_{Bieg}^{4,2}\big|_{\mathrm{a})} = 25.4\,\mathrm{Nm},\quad L_{Bieg}^{5,2}\big|_{\mathrm{a})} = 0. \end{aligned}\right\} \tag{6.777}$$

Verschiebungen sind in [m] und Winkel in [rad] angegeben. Die Variablen q_1^1 und q_1^2 sind dimensionslos. Die zu (6.777) gehörende Gleichgewichtslage ist in Bild 6-27 dargestellt. Die Verformung am Knoten 2,1 ergibt sich zu $u_2^{2,1} = -0.134$ m, die am Knoten 4,2 zu $u_2^{4,2} = -0.327$ m. Das Biegemoment im Knoten 1,1 beträgt $L_{Bieg}^{1,1} = -41.2$ Nm. Es sollte $-L_{c3}^{1,1} = -\mu_3 = -38.2$ Nm sein, was zeigt, daß sich die entsprechende kinetische Randbedingung mit nur einer Ansatzfunktion nur schlecht erfüllen läßt.

Für $\beta^1 = 57.3°$, also bei der Aufgabe b), ergeben sich die Werte

$$\mathbf{z}_I\big|_{b)} = \begin{bmatrix} 0 & 0 \vdots 1.0 \vdots -0.085 \mid 0.294 & 0.532 \vdots -0.228 \vdots -0.713 \mid 2.355 & 0 \vdots 0 \end{bmatrix}^T,$$

$$\boldsymbol{\mu}\big|_{b)} = \begin{bmatrix} 68.5 & 44.0\,\mathrm{N} & 26.8\,\mathrm{Nm} & -34.4\,\mathrm{N} & 38.7\,\mathrm{N} & 0 & -47.1\,\mathrm{N} & -129.5\,\mathrm{N} & 0 \end{bmatrix}^T, \tag{6.778}$$

$$L_{Bieg}^{1,1}\big|_{b)} = -30.1\,\mathrm{Nm}, \quad L_{Bieg}^{2,1}\big|_{b)} = 0, \quad L_{Bieg}^{3,2}\big|_{b)} = 0, \quad L_{Bieg}^{4,2}\big|_{b)} = 24.7\,\mathrm{Nm}, \quad L_{Bieg}^{5,2}\big|_{b)} = 0.$$

Die resultierende Getriebestellung ist in Bild 6-27 ebenfalls eingezeichnet zusammen mit einer Lösung, bei der geometrische Steifigkeiten nicht berücksichtigt sind.

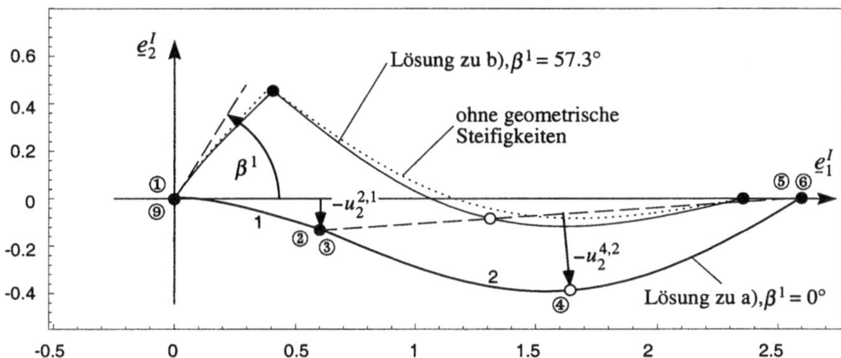

Bild 6-27: Gleichgewichtskonfigurationen des Schubkurbelgetriebes in den Fällen a) und b).

Bewegung des Getriebes bei konstanter Antriebsgeschwindigkeit $\Omega^1 = 0.2$ rad/s.

Die Bewegung beginnt mit $\mathbf{z}_I(0) \equiv \mathbf{z}_I\big|_{\beta^1=0}$ und $\mathbf{G}(\mathbf{z}_I(0))\,\mathbf{z}_{II}(0) = \boldsymbol{\kappa}$ zur Zeit $t = 0$. Die Kurbel dreht sich mit konstanter Winkelgeschwindigkeit von $\Omega^1 = 0.2$ rad/s. Wegen der $\mathbf{D}_e^i$ aus (6.761) und (6.764) werden die Biegeschwingungen von Kurbel und Koppel gedämpft. Neben den Gewichtskräften wirkt im Schubgelenk die Reibkraft F^5 aus (6.774).

Zur Ermittlung der Bewegungen dienen die $2\,n_z + n_c = 31$ Gleichungen (6.550). Dabei ist $\mathbf{M}$ durch (6.772) und $\mathbf{h}_a$ durch (6.776) gegeben. Das Gleichungssystem wurde mit ODASSL aus [26] gelöst. Der Sprung der Reibkraft beim Vorzeichenwechsel der Relativgeschwindigkeit $V^4 = V_1^4$ resultiert in numerischen Problemen. Sie lassen sich bei Approximation des Sprungs durch eine Rampe vermeiden.

Bild 6-28 zeigt das Getriebe zu ausgewählten Zeitpunkten, wobei die Verformungen der Koppel verdächtig groß sind – vgl. unten. In Bild 6-29 ist die Reibkraft F^5 (mit Rampe), die Geschwindigkeit V_1^4 sowie die Verformungsvariable q_1^2 für die Koppel als Funktion der Zeit von $t = 0$ bis 33 s angegeben. Das Zeitintervall gehört zu einer fast vollständigen Umdrehung der Kurbel. Die Verformung der Koppel wird vornehmlich durch Gewichtskräfte verursacht. Der Einfluß der Reibkraft auf die Verformung zeigt sich bei der Koppel. Wird der Gleitstein geschoben, so erhöht die Reibkraft die Verformungen der Koppel, da sie dort zusätzliche Druckkräfte hervorruft. Beim Ziehen des Gleitsteins verursacht die Reibung in der Koppel Zugkräfte, die ihre Durchbiegung verringern. Die zur Ermittlung der Reibkraft benötigte Zwangskraft $\boldsymbol{\mu}_8$ schwankt zwischen -127 und -133 N.

Physikalische Diskretisierung.

Die obigen Lösungen wurden berechnet unter Verwendung der ersten Eigenfunktionen $W_1^i(x)$ eines eingespannten bzw. eines beidseitig gelenkig gelagerten Balkens zur Angabe der Verformungen der Körper $i = 1$ (Kurbel) bzw. $i = 2$ (Koppel). Diese Beschreibung der Verformungen sei Modell I. Wie Bild 6-27 zeigt, ergeben sich infolge der Schwerkraft, insbesondere bei der Koppel, große Verformungen. Im Fall a), also $\beta^1 = 0°$, erhält man

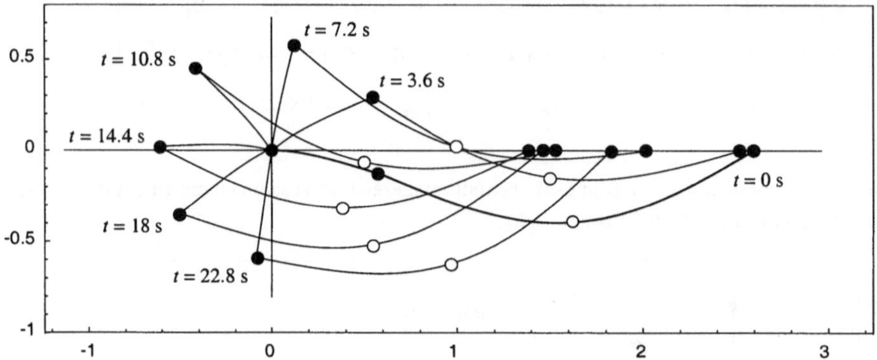

Bild 6-28:   Konfigurationen des Schubkurbelgetriebes im Fall c) für Zeiten zwischen t = 0 und 22.8 s.

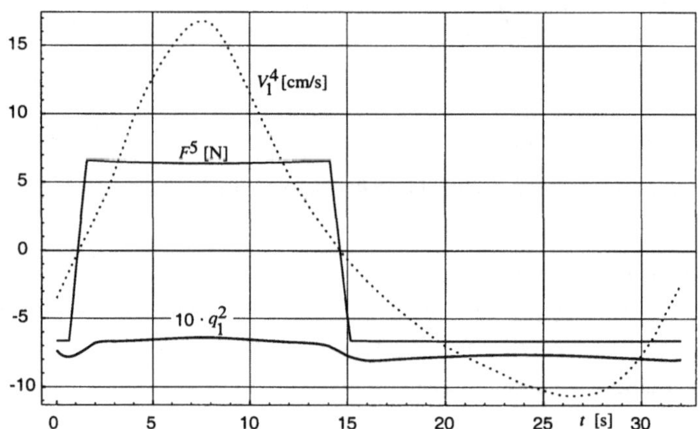

Bild 6-29:   Reibkraft F^5, Relativgeschwindigkeit V_1^4 und Verformungsvariable q_1^2 der Koppel.

im Knoten k,i = 5,2 einen Drehwinkel $\vartheta_3^{5,2}$ = 0.51 rad = 29.5°. Damit sind die Annahmen, unter denen man die Bewegungsgleichungen für kleine Verformungen linearisieren kann, deutlich verletzt: Die Näherungen sin $\vartheta_3^{5,2}$ = $\vartheta_3^{5,2}$ und cos $\vartheta_3^{5,2}$ = 1 sind unzureichend.

Um die Größe der Verformungen eines Körpers zu reduzieren bieten sich zwei Möglichkeiten: Man kann den Körper, wie eingangs in Option 5 vorgeschlagen, in Teilkörper zerlegen, und man kann sein Bezugssystem so wählen, daß die Verformungen möglichst klein werden – vgl. Abschnitte 6.2.1 und 6.3.6. Zur Analyse dieser Möglichkeiten wird die Gleichgewichtslage β^1 = 0° unter Verwendung der Modelle II bis IV und Ref aus Tabelle 6.17 bestimmt. Bei der Wahl der Bezugssysteme der Körper genügt es, Sehnen- und Tangentensysteme zu betrachten: Die Orientierung eines Buckens-Systems unterscheidet sich bei den hier betrachteten Balken nicht von der eines Sehnensystems und die Verlegung des Ursprungs des Körperbezugssystems in den Massenmittelpunkt trägt nichts zur Verkleinerung der oben angesprochenen Winkel bei.

Im Modell II wird die Koppel in zwei Körper aufgeteilt, die durch ein Sperrgelenk gemäß Beispiel 6.2 verbunden sind. Die Verformungen der Teilkörper zwischen den Knoten 3,2 und 4,2 und zwischen 4,2 und 5,2 werden durch je eine Eigenform des gelenkig gelagerten Balkens aus Fall III der Tabelle 6.1 (Sehnensystem) beschrie-

Tabelle 6.17: Modelle von Kurbel und Koppel des Schubkurbelgetriebes.

Modell	Kurbel ($i = 1$)	Koppel ($i = 2$)
I	*ein* Körper mit *einer* Biegeform zu einem *Tangentensystem*	*ein* Körper mit *einer* Biegeform zu einem *Sehnensystem*
II	wie I	*zwei* Körper mit je *einer* Biegeform zu einem *Sehnensystem*
III	wie I	*zwei* Körper mit je *einer* Biegeform zu einem *Tangentensystem*
IV	*ein* Körper mit *einer* Biegeform zu einem *Sehnensystem*	wie II
Ref	*zwei* Körper mit je *einer* Biegeform zu *Sehnensystemen* und *zwei* Statikformen zu einer Kraft F^2 und zu einem Moment L^3 bei $x = \ell^1/2$	*drei* Körper mit je *einer* Biegeform zu einem *Sehnensystem* und *zwei* Statikformen zu Momenten L^3 bei $x = 0$ und $x = \ell^2/3$

ben. Im Modell III wird das Sehnensystem durch ein Tangentensystem ersetzt, womit die Verformungen der Teilkörper mit je einer Eigenform des einseitig gefesselten Balkens gemäß Fall IV aus Tabelle 6.1 angegeben werden. Im Modell IV ist die Koppel wie im Fall II aufgeteilt, und bei der Kurbel wird zur Angabe der Verformungen anstelle des Tangentensystems ein Sehnensystem verwendet.

Die Modelle II bis IV ermöglichen eine Analyse der durch Aufteilung der Körper und durch Wahl ihrer Bezugssysteme erzielbaren Verkleinerung der Verformungen. Einfachheitshalber wird in allen Modellen nur eine Eigenform verwendet. Eine Ermittlung der Gleichgewichtslagen für $\beta^1 = 0°$ liefert die in Bild 6-30 dargestellten Konfigurationen des Schubkurbelgetriebes und die in Tabelle 6.18 zusammengestellten Kennwerte dieser Lösungen. Die Verformungen der Teilkörper der Koppel bleiben beim Modell II deutlich kleiner als die Verformung der Koppel im Modell I: Der Winkel $\vartheta_3^{5,2}$ am Knoten 5,2 fällt von 0.514 rad auf 0.209 rad. Wie das Modell III zeigt, gilt dies aber nur bei Verwendung von Sehnensystemen. Tangentensysteme bringen, wie aufgrund eines Vergleichs der Bilder 6-4 und 6-5 zu erwarten, nichts. Der Winkel $\vartheta_3^{2,1}$ ist aber bei allen Modellen I, II und III mit ca. -0.3 rad zu groß. Daher werden im Modell IV die Verformungen der Kurbel durch eine Biegeform eines Sehnensystems beschrieben. Damit ergibt sich ein Wert von $\vartheta_3^{2,1} = -0.132$ rad .

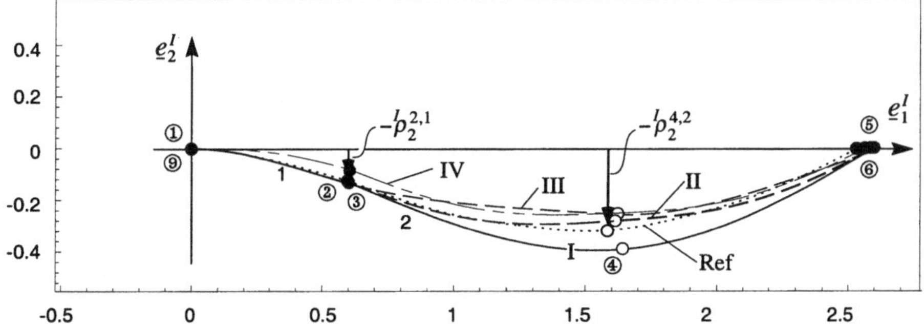

Bild 6-30: Gleichgewichtskonfigurationen des Schubkurbelgetriebes für $\beta^1 = 0°$ bei Verwendung der Modelle I bis IV und Ref.
Die Modelle I bis III liefern zu große Verformungen, da die durch lineare Näherungen in den Gleichungen (6.298) bedingten Fehler bei Beschreibung der Verformung der Körper zu groß werden.

Tabelle 6.18: Kennwerte der Gleichgewichtskonfigurationen des Schubkurbelgetriebes für $\beta^1 = 0°$ bei Verwendung der Modelle I, II, III, IV und Ref.

Modell	I	II	III	IV	Ref
Ort $^I\rho_2^{2,1}$ des Knotens 2,1 im Inertialsystem [m]	−0.134	−0.134	−0.136	−0.079	−0.132
Ort $^I\rho_2^{4,2}$ des Knotens 4,2 im Inertialsystem [m]	−0.394	−0.277	−0.253	−0.250	−0.359
Ort $^I\rho_1^{6,3}$ des Knotens 6,3 im Inertialsystem [m]	2.596	2.551	2.621	2.548	2.481
Absolutwinkel $\alpha_3^{2,1}$ am Knoten 2,1 [rad]	−0.307	−0.308	−0.312	−0.264	−0.326
Absolutwinkel $\alpha_3^{3,2}$ am Knoten 3,2 [rad]	−0.447	−0.356	−0.265	−0.385	−0.412
Absolutwinkel $\alpha_3^{4,2}$ am Knoten 4,2 [rad]	0.067	0.071	0.059	0.042	0.072
Absolutwinkel $\alpha_3^{5,2}$ am Knoten 5,2 [rad]	0.581	0.490	0.371	0.463	0.547
Verformung $\vartheta_3^{2,1}$ am Knoten 2,1 [rad]	−0.307	−0.308	−0.312	−0.132	−0.074
Verformung $\vartheta_3^{3,2}$ am Knoten 3,2 [rad]	−0.514	−0.214	0.0	−0.213	−0.090
Verformung $\vartheta_3^{5,2}$ am Knoten 5,2 [rad]	0.514	0.209	0.430	0.211	0.088
Biegemoment $L_{Bieg}^{1,1} = -\mu_3$ am Knoten 1,1 [Nm]	−38.1	−38.3	−38.7	−38.1	−37.4
Biegemoment $L_{Bieg}^{4,2}$ am Knoten 4,2 [Nm]	25.4	0.0	34.6	0.0	22.9

Die obige Analyse zeigt, daß man die Verformungen bei Aufteilung der Körper und Verwendung von Sehnensystemen so klein halten kann, daß eine Linearisierung der Gleichungen (6.298) gerechtfertigt ist. Nach den Ergebnissen aus dem Beispiel 6.9 kann man aber nicht erwarten, die Verformungen der Körper mit nur einer Eigenform gut darzustellen. Die Problematik der mit den Modellen I bis IV erzielten Ergebnisse zeigt sich z. B. im Absinken der Auslenkung $^I\rho_2^{2,1}$ des Knotens 2,1 von ca. -0.13 m bei den Modellen I bis III auf -0.079 m beim Modell IV. Offenbar kann die erste Eigenform für Biegeschwingungen das tatsächliche Verformungsverhalten nur unzureichend beschreiben, wenn der Balken, wie beim Sehnensystem vorgeschrieben, gelagert ist. Dies zeigt sich auch beim Vergleich mit Ergebnissen einer detaillierten Finite-Elemente-Analyse. Diese Ergebnisse lassen sich aber gut mit dem durch Ref gekennzeichneten Modell nachbilden. Dabei ist die Kurbel in zwei und die Koppel in drei Teilkörper aufgeteilt. Für die Teilkörper der Kurbel werden die erste Biegeform zusammen mit zwei Statikformen infolge einer Kraft und eines Moments am Ende eines einseitig eingespannten Balkens verwendet. Für die Teilkörper der Koppel wird ebenfalls die erste Biegeform verwendet sowie zwei Statikformen infolge von Momenten an den Enden eines beidseitig gelenkig gelagerten Balkens. Alle Statikformen sind so gewählt, daß sich die kinetischen Randbedingungen erfüllen lassen.

Zusammenfassung.

Das Beispiel zeigt, daß die relativ großen Verformungen der Körper deren physikalische Diskretisierung erfordern. Bei Verwendung der Eigenformen zu einem Sehnensystem und von Statikformen zur Erfüllung der kinetischen Randbedingungen kann man die mit einem detaillierten Finite-Elemente-Modell gewonnen Ergebnisse bei Aufteilung der Kurbel in zwei und der Koppel in drei Körper reproduzieren unter Verwendung der in $\mathbf{q}^i$ linearisierten Gleichungen. Auf diesem Weg kann man effiziente Modelle gewinnen, die sich auch zur Analyse der Systembewegungen einsetzen lassen.

7 Anhang: Symbole und Bezeichnungen

7.1 Grundlagen

Die hier verwendete Notation folgt, bis auf einige Änderungen zur Unterscheidung von Vektoren, Tensoren und Matrizen, den in R. E. Roberson, R. Schwertassek, *Dynamics of Multibody Systems* angegebenen Regeln, die hier in aktualisierter Form zusammengestellt sind. Einzelne Größen (z. B. Skalare, Parameter und Variable) werden in Normaldruck unter Verwendung eines beliebigen Alphabets angegeben, also a, A, α. Matrizen sind durch Fettdruck gekennzeichnet, d. h. $\mathbf{a}, \mathbf{A}, \boldsymbol{\alpha}$. Es ist

$$\mathbf{A} = \left[A_{ij} \right], \quad \left\{ \begin{matrix} i = 1, 2, \dots n \\ j = 1, 2, \dots m \end{matrix} \right\} \quad \text{die } n \times m\text{ - Matrix} \quad \mathbf{A} = \begin{bmatrix} A_{11} & A_{12} & \cdots & A_{1m} \\ A_{21} & A_{22} & \cdots & A_{2m} \\ \vdots & \vdots & \ddots & \vdots \\ A_{n1} & A_{n2} & \cdots & A_{nm} \end{bmatrix} \tag{7.1}$$

und

$$\mathbf{a} = \left[a_i \right], \quad i = 1, 2, \dots n \quad \text{die } n \times 1\text{ - Matrix} \quad \mathbf{a} = \begin{bmatrix} a_1 \\ a_2 \\ \vdots \\ a_n \end{bmatrix}. \tag{7.2}$$

Einfach indizierte Matrizen, wie (7.2), sind immer Spalten. Zeilen werden als Transponierte von Spalten geschrieben, also

$$\mathbf{a}^T = \left[a_1, a_2, \dots a_n \right]. \tag{7.3}$$

Die i-te Zeile und die j-te Spalte von $\mathbf{A}$ aus (7.1) sind

$$\mathbf{A}_{i*} = \left[A_{i1} \quad A_{i2} \quad \cdots \quad A_{im} \right] \quad \text{und} \quad \mathbf{A}_{*j} = \begin{bmatrix} A_{1j} \\ A_{2j} \\ \vdots \\ A_{nj} \end{bmatrix}. \tag{7.4}$$

Griechische Indizes α, β, γ durchlaufen stets die Werte 1, 2, 3, womit

$$\mathbf{b} = \left[b_\alpha \right] \quad \text{und} \quad \mathbf{C} = \left[C_{\alpha\beta} \right] \tag{7.5}$$

3×1- und 3×3-Matrizen sind. Die Transponierte und die Inverse von $\mathbf{A}$ sind $\mathbf{A}^T$ und $\mathbf{A}^{-1}$. Determinante und Spur von $\mathbf{A}$ sind $\det \mathbf{A}$ und $\operatorname{sp}\mathbf{A}$ und Diagonalmatrizen werden mit **diag** gekennzeichnet. Die Einheitsmatrix ist

$$\mathbf{E} = \mathbf{diag}[1] = \left[\delta_{ij} \right] \quad \text{mit dem Kronecker - Symbol} \quad \delta_{ij} = \begin{cases} 1 & \text{für } i = j \\ 0 & \text{sonst.} \end{cases} \tag{7.6}$$

Tensoren 1. Stufe und 2. Stufe werden hier stets als *Vektoren* und *Tensoren* bezeichnet und durch ein- und zweimaliges Unterstreichen gekennzeichnet, z. B. $\underline{v}$ und $\underline{\underline{T}}$.

Es ist es zweckmäßig, Matrizen einzuführen, deren Elemente Vektoren sind. Ein hier häufig benutztes Beispiel ist die Matrix mit den drei Basisvektoren $\underline{e}_\alpha$ eines kartesischen Koordinatensystems

$$\underline{\mathbf{e}} = \left[\underline{e}_\alpha \right] = \begin{bmatrix} \underline{e}_1 \\ \underline{e}_2 \\ \underline{e}_3 \end{bmatrix}. \tag{7.7}$$

Sie kennzeichnet dessen *Basis* oder *Dreibein*. Ein kartesisches Koordinatensystems ist durch Angabe seines Ursprungs O und seiner Basis $\underline{\mathbf{e}}$ vollständig definiert und wird mit $\{O, \underline{\mathbf{e}}\}$ angegeben.

Mit der bisher vereinbarten Symbolen kann man *Vektoren und Tensoren in einer kartesischen Basis* $\underline{\mathbf{e}}$ folgendermaßen darstellen:

$$\begin{aligned} \underline{v} &= v_1 \underline{e}_1 + v_2 \underline{e}_2 + v_3 \underline{e}_3 = \mathbf{v}^T \underline{\mathbf{e}} = \underline{\mathbf{e}}^T \mathbf{v} \quad \text{wo} \quad \mathbf{v} = \left[v_\alpha \right] \\ &\text{und} \\ \underline{\underline{T}} &= T_{11} \underline{e}_1 \underline{e}_1 + T_{12} \underline{e}_1 \underline{e}_2 + T_{13} \underline{e}_1 \underline{e}_3 \\ &\quad + T_{21} \underline{e}_2 \underline{e}_1 + T_{22} \underline{e}_2 \underline{e}_2 + T_{23} \underline{e}_2 \underline{e}_3 \\ &\quad + T_{31} \underline{e}_3 \underline{e}_1 + T_{32} \underline{e}_3 \underline{e}_2 + T_{33} \underline{e}_3 \underline{e}_3 = \underline{\mathbf{e}}^T \mathbf{T} \underline{\mathbf{e}} \quad \text{wo} \quad \mathbf{T} = \left[T_{\alpha\beta} \right]. \end{aligned} \tag{7.8}$$

Zwei ohne Verknüpfungssymbol nebeneinander stehende Vektoren wie $\underline{e}_\alpha \underline{e}_\beta$ bezeichnet man zuweilen als *Dyade*. Die Vektoren $v_\alpha \underline{e}_\alpha$ bzw. die Dyaden $T_{\alpha\beta} \underline{e}_\alpha \underline{e}_\beta$ werden *Komponenten* und die Zahlen v_α bzw. $T_{\alpha\beta}$ *Koordinaten* oder *Maßzahlen* von $\underline{v}$ bzw. $\underline{\underline{T}}$ in der Basis $\underline{\mathbf{e}}$ genannt.

Die begriffliche Trennung von Vektoren $\underline{v}$ und Tensoren $\underline{\underline{T}}$ einerseits und ihrer Koordinaten $\mathbf{v} = [v_\alpha]$ und $\mathbf{T} = [T_{\alpha\beta}]$ in der Basis $\underline{\mathbf{e}}$ andererseits ist erforderlich, wenn Darstellungen dieser Größen in unterschiedlichen Koordinatensystemen verwendet werden. Oft wird aber ausschließlich eine und nur eine Darstellung in ein und derselben Basis $\underline{\mathbf{e}}$ benutzt. Dann wird hier auch einfach vom "Vektor $\mathbf{v}$" und vom "Tensor $\mathbf{T}$" gesprochen, ohne ausdrücklich darauf hinzuweisen, daß es sich um Koordinaten dieser Größen in der Basis $\underline{\mathbf{e}}$ handelt.

Für das *skalare Produkt* der Basisvektoren eines kartesischen Koordinatensystems gilt mit dem Kronecker-Symbol aus (7.6)

$$\underline{e}_\alpha \cdot \underline{e}_\beta = \delta_{\alpha\beta} \quad \text{womit} \quad \underline{\mathbf{e}} \cdot \underline{\mathbf{e}}^T = \begin{bmatrix} \underline{e}_1 \cdot \underline{e}_1 & \underline{e}_1 \cdot \underline{e}_2 & \underline{e}_1 \cdot \underline{e}_3 \\ \underline{e}_2 \cdot \underline{e}_1 & \underline{e}_2 \cdot \underline{e}_2 & \underline{e}_2 \cdot \underline{e}_3 \\ \underline{e}_3 \cdot \underline{e}_1 & \underline{e}_3 \cdot \underline{e}_2 & \underline{e}_3 \cdot \underline{e}_3 \end{bmatrix} = \mathbf{E}. \tag{7.9}$$

Damit kann man die hier benötigten skalaren Produkte von Vektoren und Tensoren, also von

$$\underline{u} = \underline{\mathbf{e}}^T \mathbf{u}, \quad \mathbf{u} = [u_\alpha], \qquad \underline{v} = \underline{\mathbf{e}}^T \mathbf{v}, \quad \mathbf{v} = [v_\alpha] \quad \text{und} \quad \underline{\underline{T}} = \underline{\mathbf{e}}^T \mathbf{T} \underline{\mathbf{e}}, \quad \mathbf{T} = \left[T_{\alpha\beta} \right], \tag{7.10}$$

in der folgenden Form schreiben:

$$\left. \begin{aligned} \underline{u} \cdot \underline{v} &= \mathbf{u}^T \underline{\mathbf{e}} \cdot \underline{\mathbf{e}}^T \mathbf{v} &&= \mathbf{u}^T \mathbf{v}, \\ \underline{\underline{T}} \cdot \underline{v} &= \underline{\mathbf{e}}^T \mathbf{T} \underline{\mathbf{e}} \cdot \underline{\mathbf{e}}^T \mathbf{v} = \underline{\mathbf{e}}^T \mathbf{T} \mathbf{v} = \mathbf{v}^T \mathbf{T}^T \underline{\mathbf{e}}, \\ \underline{v} \cdot \underline{\underline{T}} &= \mathbf{v}^T \underline{\mathbf{e}} \cdot \underline{\mathbf{e}}^T \mathbf{T} \underline{\mathbf{e}} = \mathbf{v}^T \mathbf{T} \underline{\mathbf{e}} = \underline{\mathbf{e}}^T \mathbf{T}^T \mathbf{v}. \end{aligned} \right\} \tag{7.11}$$

Das *Kreuzprodukt* der beiden Vektoren $\underline{u}$ und $\underline{v}$ aus (7.10) kann mit Hilfe des Tilde-Operators als Tensoroperation geschrieben werden. Der Operator ordnet den drei Koordinaten $\mathbf{u}$ eines Vektors $\underline{u}$ die schiefsymmetrische 3×3-Matrix $\tilde{\mathbf{u}}$, wie unten angegeben, zu. Damit gilt

$$\underline{u} \times \underline{v} = \underline{\underline{\tilde{u}}} \cdot \underline{v} = \underline{\mathbf{e}}^T \tilde{\mathbf{u}} \mathbf{v} = \mathbf{v}^T \tilde{\mathbf{u}}^T \underline{\mathbf{e}} \quad \text{wo} \quad \underline{\underline{\tilde{u}}} = \underline{\mathbf{e}}^T \tilde{\mathbf{u}} \underline{\mathbf{e}} \quad \text{und} \quad \tilde{\mathbf{u}} = \begin{bmatrix} 0 & -u_3 & u_2 \\ u_3 & 0 & -u_1 \\ -u_2 & u_1 & 0 \end{bmatrix}. \tag{7.12}$$

Wegen der Eigenschaften $\underline{u} \times \underline{v} = -\underline{v} \times \underline{u}$ und $\underline{u} \times \underline{u} = 0$ des Kreuzprodukts gilt

$$\tilde{\mathbf{u}} \mathbf{v} = -\tilde{\mathbf{v}} \mathbf{u} \tag{7.13}$$

und

$$\tilde{\mathbf{u}} \mathbf{u} = \mathbf{0}. \tag{7.14}$$

Außerdem gilt

$$(\tilde{\mathbf{u}} \mathbf{v})^\sim = \mathbf{v} \mathbf{u}^T - \mathbf{u} \mathbf{v}^T = \tilde{\mathbf{u}} \tilde{\mathbf{v}} - \tilde{\mathbf{v}} \tilde{\mathbf{u}}, \tag{7.15}$$

$$\tilde{\mathbf{u}} \tilde{\mathbf{v}} = \left(\mathbf{v} \mathbf{u}^T - \mathbf{u}^T \mathbf{v} \mathbf{E} \right). \tag{7.16}$$

Mehrfach wird hier die Umformung eines Ausdrucks der Form $\tilde{\mathbf{u}}\tilde{\mathbf{v}}\tilde{\mathbf{v}}\mathbf{u}$ benötigt. Aus (7.15) folgt $\tilde{\mathbf{u}}\tilde{\mathbf{v}} = \tilde{\mathbf{v}}\tilde{\mathbf{u}} + (\tilde{\mathbf{u}}\mathbf{v})^\sim$. Mit (7.13), mit dieser Beziehung und mit (7.14) gilt:

$$\tilde{\mathbf{u}}\tilde{\mathbf{v}}\tilde{\mathbf{v}}\mathbf{u} = -\tilde{\mathbf{u}}\tilde{\mathbf{v}}\tilde{\mathbf{u}}\mathbf{v} = -\tilde{\mathbf{v}}\tilde{\mathbf{u}}\tilde{\mathbf{u}}\mathbf{v} - (\tilde{\mathbf{u}}\mathbf{v})^\sim (\tilde{\mathbf{u}}\mathbf{v}) = -\tilde{\mathbf{v}}\tilde{\mathbf{u}}\tilde{\mathbf{u}}\mathbf{v}. \tag{7.17}$$

Das *dyadische Produkt* zweier Vektoren (7.10) ist

$$\underline{u}\,\underline{v} = \underline{\mathbf{e}}^T \mathbf{u}\mathbf{v}^T \underline{\mathbf{e}} \quad \text{also ein Tensor } \underline{\underline{T}} = \underline{u}\,\underline{v} \text{ mit den Koordinaten } \mathbf{T} = \mathbf{u}\mathbf{v}^T. \tag{7.18}$$

Das dreifache Vektorprodukt wird hier u. a. zur Angabe von Zentrifugalbeschleunigungen benötigt. Mit dem dyadischen Produkt läßt es sich als Tensoroperation schreiben:

$$\underline{u} \times (\underline{v} \times \underline{w}) = (\underline{v}\,\underline{u} - \underline{v}\cdot\underline{u}\,\underline{\underline{E}}) \cdot \underline{w}. \tag{7.19}$$

Dies bedeutet für die Koordinaten in der Basis $\underline{\mathbf{e}}$

$$\tilde{\mathbf{u}}\tilde{\mathbf{v}}\mathbf{w} = (\mathbf{v}\mathbf{u}^T - \mathbf{u}^T\mathbf{v}\,\mathbf{E})\,\mathbf{w}. \tag{7.20}$$

Relative Größen werden durch zwei *rechts oben stehende Indizes* gekennzeichnet. Der erste Index gibt das bewegte Objekt (Punkt, Körper, Dreibein etc.) an und der zweite das Bezugsobjekt. Die Orientierung eines kartesischen Dreibeins $\underline{\mathbf{e}}^2$ relativ zu einem zweiten Dreibein $\underline{\mathbf{e}}^1$ wird damit durch eine Drehmatrix $\mathbf{A} = \mathbf{A}^{21}$ beschrieben, also

$$\underline{\mathbf{e}}^2 = \mathbf{A}^{21}\,\underline{\mathbf{e}}^1 \quad \text{mit} \quad (\mathbf{A}^{21})^{-1} = (\mathbf{A}^{21})^T \quad \text{und} \quad \det \mathbf{A}^{21} = +1. \tag{7.21}$$

Aus (7.21) folgt

$$\underline{\mathbf{e}}^1 = \mathbf{A}^{12}\,\underline{\mathbf{e}}^2 \quad \text{mit} \quad \mathbf{A}^{12} = (\mathbf{A}^{21})^{-1} = (\mathbf{A}^{21})^T. \tag{7.22}$$

Zu sogenannten Elementardrehungen (Drehungen um die drei Achsen $\underline{\mathbf{e}}_\alpha$ der Basisvektoren eines kartesischen Koordinatensystems $\{O, \underline{\mathbf{e}}\}$) gehörende Drehmatrizen werden mit

$$\mathbf{A}^{21} = {}^\alpha\mathbf{A}(\vartheta) \tag{7.23}$$

bezeichnet. Der Index α gibt die Drehachse $\underline{\mathbf{e}}_\alpha$ an und ϑ den Drehwinkel.

Die Koordinaten von Vektoren und Tensoren in den beiden Dreibeinen $\underline{\mathbf{e}}^1$ und $\underline{\mathbf{e}}^2$ werden durch *links oben stehende Indizes* unterschieden, also

$$\begin{aligned}
&\underline{v} = \underline{\mathbf{e}}^{1^T}\, {}^1\mathbf{v} = \underline{\mathbf{e}}^{2^T}\, {}^2\mathbf{v} && \text{wo}\quad {}^1\mathbf{v} = \left[{}^1 v_\alpha\right] \quad \text{und} \quad {}^2\mathbf{v} = \left[{}^2 v_\alpha\right] \\
&\underline{\underline{T}} = \underline{\mathbf{e}}^{1^T}\, {}^1\mathbf{T}\, \underline{\mathbf{e}}^1 = \underline{\mathbf{e}}^{2^T}\, {}^2\mathbf{T}\, \underline{\mathbf{e}}^2 && \text{wo}\quad {}^1\mathbf{T} = \left[{}^1 T_{\alpha\beta}\right] \quad \text{und} \quad {}^2\mathbf{T} = \left[{}^2 T_{\alpha\beta}\right].
\end{aligned} \tag{7.24}$$

Matrizen enthalten die kartesischen Koordinaten von Vektoren und Tensoren, wenn bei einem Basiswechsel gemäß (7.21) gilt

$$ {}^2\mathbf{v} = \mathbf{A}^{21}\, {}^1\mathbf{v} \quad \text{und} \quad {}^2\mathbf{T} = \mathbf{A}^{21}\, {}^1\mathbf{T}\, \mathbf{A}^{12}. \tag{7.25}$$

Demnach ist insbesondere $\underline{\underline{u}}$ aus (7.12) ein Tensor, da

$$ \left(\mathbf{A}^{21}\, {}^1\mathbf{u}\right)^{\sim} = {}^2\tilde{\mathbf{u}} = \mathbf{A}^{21}\, {}^1\tilde{\mathbf{u}}\, \mathbf{A}^{12}. \tag{7.26}$$

Ableitungen von Vektoren $\underline{v} = \underline{\mathbf{e}}^{i^T}\, {}^i\mathbf{v}$ mit den Koordinaten ${}^i\mathbf{v} = [{}^i v_\alpha]$ in einer Basis $\underline{\mathbf{e}}^i$, sog. *relative Ableitungen,* werden mit

$$ \frac{{}^i d\underline{v}}{dt} = \underline{\mathbf{e}}^{i^T}\, {}^i\dot{\mathbf{v}} \quad \text{wo} \quad {}^i\dot{\mathbf{v}} = \left[\frac{d\, {}^i v_\alpha}{dt}\right] = \left[{}^i\dot{v}_\alpha\right] \tag{7.27}$$

bezeichnet. Die relative Ableitung eines Vektors $\underline{v} = \underline{\mathbf{e}}^T\, \mathbf{v}$ mit den Koordinaten $\mathbf{v} = [v_\alpha]$ in der Basis $\underline{\mathbf{e}}$ ist

$$ \frac{{}^* d\underline{v}}{dt} = \underline{\mathbf{e}}^T\, \dot{\mathbf{v}} \quad \text{wo} \quad \dot{\mathbf{v}} = \left[\frac{dv_\alpha}{dt}\right] = \left[\dot{v}_\alpha\right]. \tag{7.28}$$

Mit der Winkelgeschwindigkeit $\underline{\omega}^{21}$ von $\underline{\mathbf{e}}^2$ bezüglich $\underline{\mathbf{e}}^1$ gilt für relative Ableitungen

$$ \frac{{}^1 d\underline{v}}{dt} = \frac{{}^2 d\underline{v}}{dt} + \underline{\omega}^{21} \times \underline{v} \quad \left\{\begin{array}{l} \text{also}\ \ \underline{\mathbf{e}}^{1^T}\, {}^1\dot{\mathbf{v}} = \underline{\mathbf{e}}^{2^T}\left({}^2\dot{\mathbf{v}} + {}^2\tilde{\boldsymbol{\omega}}^{21}\, {}^2\mathbf{v}\right) \\[2mm] \text{oder}\ \ {}^1\dot{\mathbf{v}} = \mathbf{A}^{12}\left({}^2\dot{\mathbf{v}} + {}^2\tilde{\boldsymbol{\omega}}^{21}\, {}^2\mathbf{v}\right) \end{array}\right\} \text{wo}\ \underline{\omega}^{21} = \underline{\mathbf{e}}^{2^T}\, {}^2\boldsymbol{\omega}^{21}. \tag{7.29}$$

Zeitliche Ableitungen in einem Inertialsystem $\{O^I, \underline{\mathbf{e}}^I\}$ von Vektoren $\underline{v} = \underline{\mathbf{e}}^{I^T}\, {}^I\mathbf{v}$ mit den Koordinaten ${}^I\mathbf{v} = [{}^I v_\alpha]$ heißen *absolute Ableitungen* und sie werden durch einen über den Vektor gesetzten Punkt gekennzeichnet, also

$$ \dot{\underline{v}} \equiv \frac{{}^I d\underline{v}}{dt} = \underline{\mathbf{e}}^{I^T}\, {}^I\dot{\mathbf{v}} \quad \text{wo} \quad {}^I\dot{\mathbf{v}} = \left[{}^I\dot{v}_\alpha\right]. \tag{7.30}$$

Oft ist es erforderlich, Bezugspunkte von Vektoren und Tensoren anzugeben. Sie werden mit *links unten stehenden Indizes* angegeben. So ist der Ort eines Punktes P bezüglich O gegeben durch den Ortsvektor

$$_O\underline{r} = \underline{\mathbf{e}}^T\,_O\mathbf{r}\,, \quad _O\mathbf{r} = \left[\,_O r_\alpha\right] \tag{7.31}$$

und entsprechend ist

$$_O\underline{\underline{I}} = \int\limits_m \left(_O\underline{r}\cdot_O\underline{r}\ \underline{\underline{E}} - {}_O\underline{r}\ _O\underline{r}\right)dm \quad \text{mit dem Einheitstensor } \underline{\underline{E}} = \underline{\mathbf{e}}^T\,\mathbf{E}\,\underline{\mathbf{e}} \tag{7.32}$$

der Trägheitstensor eines starren Körpers mit den Punkten P, deren Ort bezüglich O durch die Ortsvektoren (7.31) gegeben ist.

7.2 Zusammenfassung von Bezeichnungsregeln

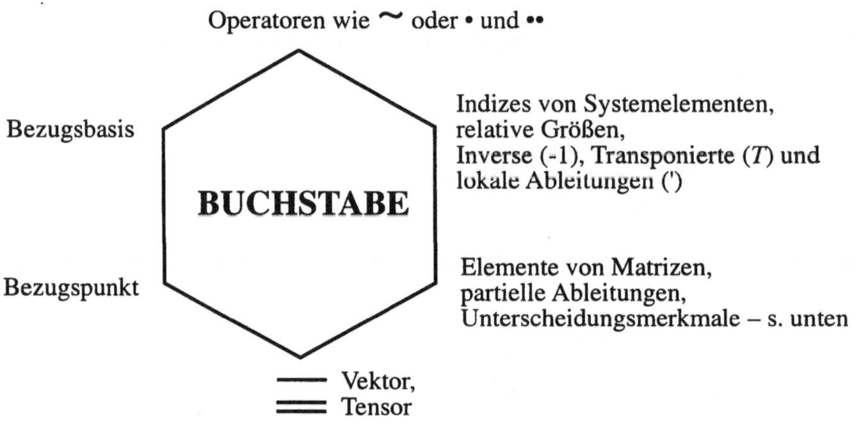

An Buchstaben können bis zu sechs Indizes, wie oben dargestellt, angebracht werden. Die

Schriftart

kennzeichnet, bei Verwendung von

Kursivdruck: einzelne Größen;

Fettdruck: Matrizen, deren Elemente Zahlen oder Vektoren sein können.

Die sechs in der Figur angedeuteten Plätze um einen Buchstaben werden folgendermaßen genutzt: Es bezeichnen oder bedeuten:

Über dem Buchstaben

$(\dot{\ })$ und $(\ddot{\ })$ erste und zweite Ableitungen nach der Zeit;

$(\overset{\circ}{\ })$ und $(\overset{\circ\circ}{\ })$ erste und zweite Ableitungen nach der Bogenlänge – nur in Abschnitt 4.2.2;

$\overset{\sim}{(\ )}$	Tilde-Operator zur Angabe des Kreuzprodukts – vgl. (7.12);
$\overset{\wedge}{(\ )}$	variierte Größen – vgl. (3.36) – oder Näherungslösungen – vgl. (5.21);
$\overset{\frown}{(\ )}$	Koeffizientenmatrix einer Taylorentwicklung – vgl. (5.116);

Rechts oben

$(...)'$ und $(...)''$	erste und zweite Ableitung nach einer Ortskoordinate;
$(...)^i$	zum Objekt (Punkt, Körper, Dreibein etc.) gehörend, z. B. $\underline{e}^i$;
$(...)^I$	zum Inertialsystem gehörend, z. B. $\underline{e}^I$;
$(...)^T$	Transponierte einer Matrix;
$(...)^{-1}$	Inverse einer Matrix;
$(...)^{12}$	Indizes zur Angabe relativer Größen, vgl. (7.21), wobei der erste Index das bewegte Objekt (Punkt, Körper, Dreibein etc.) und der zweite das Bezugsobjekt kennzeichnet;
$(...)^{k,i}$	Größen am Knoten k auf dem Körper i, vgl. (6.74) und (6.75).

Rechts unten

$(...)_{,x}$ und $(...)_{,\alpha}$	partielle Ableitung nach x und nach R_α;
α, β, γ	Indizes der Elemente von Matrizen mit Wertebereich 1,2,3;
i, j, k	Indizes der Elemente von Matrizen mit beliebigem Wertebereich.

Daneben dient dieser Platz zur Unterscheidung von Größen, die durch gleiche Buchstaben bezeichnet wurden. Beispiele sind $\mathbf{L}_L$ und $\mathbf{L}_N$ aus (2.251) oder $\mathbf{M}^i_{tt}, \mathbf{M}^i_{rr}$ etc. aus (6.224).

Unter dem Buchstaben

$(\underline{\ })$ und $(\underset{=}{\ })$	Vektor (Tensor 1. Stufe) und Tensor (2. Stufe).

Links unten

$_O(...)$	mit Bezug auf den Punkt O definierte Größen.

Links oben

$^i(...)$	mit Bezug auf das Dreibein $\underline{e}^i$ definierte Größen;
$^*(...)$	mit Bezug auf das Dreibein $\underline{e}$ definierte Größen.

Klammern

Gewöhnliche Klammern verschiedener Größen, also $((\dots))$, werden zur Zusammenfassung von Ausdrücken in Formeln verwendet. Eckige Klammern [ ] fassen Elemente von Matrizen zusammen – vgl. (7.1) und (7.2) – und geschweifte Klammern { } schließen die Elemente von Mengen ein. Insbesondere ist $\{O, \underline{e}\}$ ein kartesisches Koordinatensystem mit dem Ursprung O und der Basis $\underline{e}$.

Ableitungen

Die Symbole $d(\ )/dx$ und $\partial(\ )/\partial x$ bezeichnen gewöhnliche und partielle Ableitungen von Funktionen, wobei alternativ auch Striche und Punkte zur Kennzeichnung von Ableitungen nach dem Ort und nach der Zeit verwendet werden. Punkte über einen Vektor $\underline{v}$, also $\dot{\underline{v}}$, kennzeichnen nach (7.30) absolute Ableitungen des Vektors, d. h. zeitliche Ableitungen im Inertialsystem. Relative Ableitungen von Vektoren werden, wie in (7.27) bis (7.29) erläutert, angegeben. Partielle Ableitungen nach einer Variablen x werden auch mit Kommas und rechts unten stehenden Indizes geschrieben.

Literaturverzeichnis

Kapitel 1

[1] M. Balazs, *et al.*, *Planeten-Wälz-Gewindespindel, Neues Hochleistungsstellglied als Kernstück des künstlichen Muskels.* F&M, Feinwerktechnik, Mikrotechnik, Messtechnik, 103, (5), 1995, pp. 4.

[2] A. K. Banerjee, J. M. Dickens, *Dynamics of an Arbitrary Flexible Body in Large Rotation and Translation.* AIAA J. Guidance, 13(2), 1990, pp. 221-227.

[3] A. K. Banerjee, T. R. Kane, *Dynamics of a Plate in Large Overall Motion.* J. Appl. Mech., 56, 1989, pp. 887-892.

[4] K. J. Bathe, *Finite Element Procedures in Engineering Analysis.* Prentice-Hall, Englewood Cliffs, NJ., 1982.

[5] T. Belytschko, B. J. Hsie, *Nonlinear Transient Finite Element Analysis with Convected Coordinates.* Intl. Journal for Numerical Methods in Engineering, vol. 7, 1979, pp. 255-271.

[6] M. Botz, *Zur Dynamik von Mehrkörpersystemen mit elastischen Balken*, Technische Hochschule Darmstadt, Fachbereich Mechanik, Dissertation, 1992.

[7] W. Braune, O. Fischer, *Über den Schwerpunkt des menschlichen Körpers mit Rücksicht auf die Ausrüstung des deutschen Infanteristen.* Abh. d. königl. sächs. Ges. d. Wiss., 26, 1889, pp. 560-672.

[8] H. Bremer, *Kinetik starr-elastischer Mehrkörpersysteme.* Fortschr.-Ber. der VDI-Zeitschr., Reihe 11: Schwingungstechnik, Nr. 53, VDI-Verlag, Düsseldorf, 1983.

[9] H. Bremer, *Dynamik und Regelung mechanischer Systeme.* Teubner Studienbücher, Mechanik, B. G. Teubner, Stuttgart, 1988.

[10] H. Bremer, F. Pfeiffer, *Elastische Mehrkörpersysteme.* Teubner Studienbücher, Mechanik, B. G. Teubner, Stuttgart, 1992.

[11] D. A. Calahan, *Computer-Aided Network Design.* McGraw-Hill, New-York, 1968.

[12] A. Cardona, *An Integrated Approach to Mechanism Analysis*, Universite de Liege, Publications de la Faculté des Sciences Appliquées n° 127, 1989.

[13] A. Cardona, M. Geradin, *SAMCEF: module d'analyse de mecanismes MECANO (manual d'utilisation)*, Univ. of Liege, LTAS report 1987.

[14] M. A. Chace, *Analysis of Time-Dependence of Multi-Freedom Mechanical Systems in Relative Coordinates.* ASME J. of Engineering for Industry, 89, 1967, pp. 119-125.

[15] J. Dietrich, B. Gombert, *Vorrichtung zur Umwandlung einer Dreh- in eine Axialbewegung*, Deutsches Patent, P 195 16 199.8-12, 1995.

[16] S. v. Dombrowski, *Modellierung von Balken bei großen Verformungen für ein kraftreflektierendes Eingabegerät*, Universität Stuttgart, Diplomarbeit, 1997.

[17] E. Eich-Soellner, C. Führer, *Numerical Methods in Multibody Dynamics.* Teubner-Verlag, Stuttgart, 1998.

[18] A. Eichberger, *Simulation von Mehrkörpersystemen auf parallelen Rechnerarchitekturen*, Universität-Gesamthochschule Duisburg, Fachbereich Maschinenbau, Dissertation, 1993.

[19] A. Eichberger, *Transputer-Based Multibody System Dynamic Simulation, Part I: The Residual Algorithm – A Modified Inverse Dynamic Formulation, Part II: Parallel Implementation – Results.* Mechanics of Structures and Machines, 22(2), 1994, pp. 211-261.

[20] O. Fischer, *Theoretische Grundlagen für eine Mechanik der lebenden Körper.* B. G. Teubner, Leipzig, 1906.

[21] O. Fischer, *Kinematik organischer Gelenke.* F. Vieweg, Braunschweig, 1907.

[22] D. P. Flanagan, L. M. Taylor, *An Accurate Numerical Algorithm for Stress Integration with Finite Rotations.* Computer Methods in Appl.Mech. and Eng., vol. 62(8), 1987, pp. 1621-1636.

[23] A. Föppl, *Vorlesungen über Technische Mechanik, 3. Band, Festigkeitslehre.* B. G. Teubner, Leipzig, 1900.

[24] H. Försching, *Grundlagen der Aeroelastik.* Springer-Verlag, Berlin, 1974.

[25] C. Führer, *Differential-algebraische Gleichungssysteme in mechanischen Mehrkörpersystemen*, Mathematisches Institut, Technische Universität München, Dissertation, 1988.

[26] L. Gaul, J. Lenz, D. Sachau, *Active Damping of Space Structures by Contact Pressure Control in Joints*, 15th Intl. Modal Analysis Conf. (IMAC), Orlando, Florida, 1997.

[27] M. Géradin, *et al.*, *Finite Element Modelling Concepts in Multibody Dynamics*, in *Computer Aided Analysis of Rigid and Flexible Mechanical Systems*, (M. F. Pereira and J. Ambrosio, eds.), Kluwer Academic Publishers, Dordrecht, 1994, pp. 233-284.

[28] D. Gong, *Numerical Simulation of Mechanisms and Manipulator Robots with Flexible Links and Flexible Joints*, Delft University of Technology, Ph.-D.-Thesis, 1995.

[29] U. Hänle, *Modellierung und Berechnung dynamisch beanspruchter elastischer Strukturen bei endlichen Rotationen*, Universität Stuttgart, Dissertation, 1995.

[30] E. J. Haug, R. C. Deyo, eds. *Real-Time Integration Methods for Mechanical System Simulation*, NATO ASI Series F: Computer and Systems Sciences, vol. 69, Springer-Verlag, Berlin, 1991.

[31] G. Heisig, *Zum statischen und dynamischen Verhalten von Tiefbohrsträngen in räumlich gekrümmten Bohrlöchern*, Technische Universität Braunschweig, Dissertation, 1993.

[32] W. W. Hooker, G. Margulis, *The Dynamical Attitude Equations for an n-Body Satellite*. J. of Astronaut. Sci., 12, 1965, pp. 123-128.

[33] T. J. R. Hughes, L. Winget, *Finite Rotation Effects in Numerical Integration of Rate Constitutive Equations Arising in Large Deformation Analysis*. Intl. Journal for Numerical Methods in Engineering, vol. 15(12), 1980, pp. 1862-1867.

[34] S. K. Ider, F. M. Amirouche, *Nonlinear Modeling of Flexible Multibody Systems Dynamics Subjected to Variable Constraints*. J. Applied Mechanics, 56, 1989, pp. 444-450.

[35] M. Jahnke, *Ein Beitrag zur Untersuchung elastischer Mehrkörpersysteme unter Nutzung von Finite-Elemente-Software*. Fortschr.-Ber. der VDI-Zeitschr., Reihe 11: Schwingungstechnik, Nr. 214, VDI-Verlag, Düsseldorf, 1994.

[36] R. Johanni, *Automatisches Aufstellen der Bewegungsgleichungen von baumstrukturierten Mehrkörpersystemen mit elastischen Körpern*, TU München, Lehrst. B für Mech., Diplomarbeit, 1984.

[37] T. R. Kane, R. R. Ryan, A. K. Banerjee, *Dynamics of a Cantilever Beam Attached to a Moving Base*. J. Guidance, Control, and Dynamics, 10(2), 1987, pp. 139-151.

[38] F. Kiessling, *Modellierung des aeroelastischen Gesamtsystems einer Windturbine mit Hilfe symbolischer Programmierung*, Techn. Universität Braunschweig, Dissertation, 1984.

[39] S.-S. Kim, E. J. Haug, *A Recursive Formulation for Flexible Multibody Dynamics, Part I*. Computer Methods in Applied Mechanics and Engineering, 74, 1988, pp. 251-269.

[40] S.-S. Kim, E. J. Haug, *Selection of Deformation Modes for Flexible Multibody Dynamics*. Mech. Struct. & Mach., 18(4), 1990, pp. 565-586.

[41] K. Klotter, *Technische Schwingungslehre, Zweiter Band: Schwinger mit mehreren Freiheitsgraden*. Springer-Verlag, Berlin, 1960.

[42] K. Knothe, H. Wessels, *Finite Elemente*. Springer-Verlag, Berlin, 1991.

[43] W. P. Koppens, *et al.*, *The Dynamics of a Deformable Body Experiencing Large Displacements*. J. Appl. Mech., 55, 1988, pp. 676-680.

[44] P. W. Likins, *Finite Element Appendage Equations for Hybrid Coordinate Dynamic Analysis*. Intl. Journal of Solids and Structures, vol. 8, 1972, pp. 709-731.

[45] P. W. Likins, *Geometric Stiffness Characteristics of a Rotating Elastic Appendage*. Intl. Journal of Solids and Structures, vol. 10, 1974, pp. 161-167.

[46] P. W. Likins, *Robert E. Roberson: A Personal Tribute*. Mech. Struct. & Mach., 17(2), 1989, pp. 131-133.

[47] A. E. H. Love, *A Treatise on the Mathematical Theory of Elasticity*. First American Printing of the Fourth Edition 1927, Dover Publications, New York, 1944.

[48] D. Mangler, *Die Berechnung geometrisch nichtlinearer Probleme der Dynamik unter Nutzung linearer FEM-Programme*, Otto-von-Guericke-Universität, Magdeburg, Dissertation, 1994.

[49] F. Melzer, *Symbolisch-numerische Modellierung elastischer Mehrkörpersysteme mit Anwendung auf rechnerische Lebensdauervorhersagen*, Universität Stuttgart, Dissertation, 1993.

[50] L. Prandtl, *Kipp-Erscheinungen − Ein Fall von instabilem elastischem Gleichgewicht*, Ludwigs-Maximilian Universität zu München, Sektion II der philosophischen Fakultät, Inaugural-Dissertation, 1899.

[51] J. Rauh, *Ein Beitrag zur Modellierung elastischer Balkensysteme*. Fortschr.-Ber. der VDI-Zeitschr., Reihe 18: Mechanik/Bruchmechanik, Nr. 37, VDI-Verlag, Düsseldorf, 1987.

[52] R. E. Roberson, *Computer-oriented dynamic modeling of spacecraft: historical evolution of Eulerian multibody formalisms since 1750*, IAF-Paper 77-A 11, 28th Intl. Astronaut. Congr., Prague, 1977.

[53] R. E. Roberson, R. Schwertassek, *Dynamics of Multibody Systems*. Springer-Verlag, Berlin, 1988.

[54] R. E. Roberson, J. Wittenburg, *A Dynamical Formalism for an Arbitrary Number of Interconnected Rigid Bodies With Reference to the Problem of Satellite Attitude Control*, in Proc. of 3rd IFAC Congr., London, 1966, pp. 46D.2-46D.9.

[55] W. Rulka, *SIMPACK – A Computer Program for Simulations of Large-Motion Multibody Systems*, in *Multibody System Handbook*, (W. Schiehlen, ed.), Springer-Verlag, Berlin, 1990, pp. 265-284.

[56] W. Rulka, *Effiziente Simulation der Dynamik mechatronischer Systeme für industrielle Anwendungen*, Technische Universität Wien, Fakultät für Maschinenbau, Dissertation, 1998.

[57] W. Rulka, A. Eichberger, *SIMPACK: An Analysis and Design Tool for Mechanical Systems*, in *Multibody Computer Codes in Vehicle System Dynamics*, (W. Kortüm and R. S. Sharp, eds.), Vol. 22, Supplement to Vehicle System Dynamics, Swets and Zeitlinger, Amsterdam, 1993, pp. 122-126.

[58] R. R. Ryan, *Flexibility Modeling Methods in Multibody Dynamics*, Stanford Univ., Ph. D. Thesis, 1986.

[59] J. Ryu, S.-Sup-Kim, S.-Soo-Kim, *A General Approach to Stress Stiffening Effects on Flexible Multibody Dynamic Systems*. Mech. Struct. & Mach., 22(2), 1994, pp. 157-180.

[60] D. Sachau, *Berücksichtigung von Körperverformung und Fügestellen in der Mehrkörpersimulation mit Anwendung auf aktive Raumfahrtstrukturen*, Universität Stuttgart, Dissertation, 1996.

[61] R. Schwertassek, *On a Systematic Way to Compute Geometric Stiffness Terms in Multibody System Simulation, Paper AAS 95-391, AAS/AIAA Astrodyn. Spec. Conf., Halifax, Canada*, 1995.

[62] R. Schwertassek, *Flexible Bodies in Multibody Systems*, in *Computational Methods in Mechanical Systems*, (J. Angeles and E. Zakhariev, eds.), Springer-Verlag, Berlin, 1997, pp. 329-363.

[63] R. Schwertassek, A. Eichberger, *Recursive Generation of Multibody System Equations in Terms of Graph Theoretic Concepts*. Mech. Struct. & Mach., 17(2), 1989, pp. 197-218.

[64] R. Schwertassek, R. E. Roberson, *A Perspective on Computer-Oriented Multibody Dynamical Formalisms and their Implementations*, in *Dynamics of Multibody Systems, IUTAM/IFToMM Symp., Udine 1985*, (G. Bianchi and W. Schiehlen, eds.), Springer-Verlag, Berlin, 1986, pp. 261-273.

[65] R. Schwertassek, W. Rulka, *Aspects of Efficient and Reliable Multibody System Simulation*, in *Real-Time Integration Methods for Mechanical System Simulation*, (E. J. Haug and R. C. Deyo, eds.), Springer-Verlag, Berlin, 1991, pp. 55-96.

[66] A. A. Shabana, *Constrained Motion of Deformable Bodies*. International Journal for Numerical Methods in Engineering, (32), 1991, pp. 1813-1831.

[67] A. A. Shabana, *An Absolute Nodal Coordinate Formulation for the Large Rotation and Deformation Analysis of Flexible Bodies*, Department of Mechanical Engineering, University of Illinois at Chicago, Techn. Report MBS96-1-UIC, 1996.

[68] A. A. Shabana, *Finite Element Incremental Approach and Exact Rigid Body Inertia*. ASME Journal of Mechanical Design, vol. 118(2), 1996, pp. 171-178.

[69] A. A. Shabana, *Flexible Multibody Dynamics: Review of Past and Recent Developments*. Multibody System Dynamics, 1, 1997, pp. 189-222.

[70] A. A. Shabana, R. Schwertassek, *Equivalence of the Floating Frame of Reference Approach and Finite Element Formulations*. Intl. J. of Non-Linear Mechanics, 33(3), 1998, pp. 417-432.

[71] J. C. Simo, L. Vu-Quoc, *On the Dynamics of Flexible Beams under Large Overall Motions – The Plane Case, Parts I and II*. J. Appl. Mech., 53, 1986, pp. 849-854 and 855-863.

[72] R. P. Singh, R. J. VanderVoort, P. W. Likins, *Dynamics of Flexible Bodies in Tree Topology – A Computer Oriented Approach*, in Proc. of AIAA/ASME ASCE 25th Structures, Struct. Dyn. & Mat. Conf., Palm Springs, CA, 1984, pp. 327-337.

[73] D. Söffker, *Zur Modellbildung und Regelung längenvariabler, elastischer Roboterarme*. Fortschr. Ber. VDI, Reihe 8: Meß-, Steuerungs- und Regelungstechnik, Nr. 584, VDI-Verlag, Düsseldorf, 1996.

[74] P. Sokol, *Kinematik und Dynamik von Mehrkörperschleifen mit elastischen Körpern*, Universität Gesamthochschule Duisburg, Dissertation, 1991.

[75] K. Sorge, *Mehrkörpersysteme mit starr-elastischen Subsystemen*. Fortschr.-Ber. VDI, Reihe 11: Schwingungstechnik, Nr. 184, VDI-Verlag, Düsseldorf, 1993.

[76] I. Szabo, *Geschichte der mechanischen Prinzipien*. Birkhäuser-Verlag, Basel, 1979.

[77] A. Truckenbrodt, *Bewegungsverhalten und Regelung hybrider Mehrkörpersysteme mit Anwendung auf Industrieroboter*. Fortschr.-Ber. der VDI-Zeitschr., Reihe 8: Meß-, Steuerungs- und Regelungstechnik, Nr. 33, VDI-Verlag, Düsseldorf, 1980.

[78] A. F. Vereshchagin, *Computer Simulation of the Dynamics of Complicated Mechanisms of Robot-Manipulators*. Engineering Cybernetics, (6), 1974, pp. 65-70.

[79]   O. Verlinden, *Simulation du comportement dynamique de systemes multicorps flexibles comportant des membrures de forme complexe*, Faculte Polytechnique de Mons, Ph.-D.-Thesis, 1994.

[80]   L. Vu-Quoc, S. Li, *Dynamics of sliding geometrically-exact beams: large angle maneuver and parametric resonance.* Comput. Methods Appl. Engrg., 120, 1995, pp. 65-118.

[81]   O. Wallrapp, *Entwicklung rechnergestützter Methoden der Mehrkörperdynamik in der Fahrzeugtechnik*, Deutsche Forschungsanstalt für Luft- und Raumfahrt (DLR), Köln, Forschungsbericht DFVLR-FB 89-17, 1989.

[82]   O. Wallrapp, *Standard Input Data of Flexible Members for Multibody System Codes,* in *Advanced Multibody System Dynamics – Simulation and Software Tools,* (W. Schiehlen, ed.), Kluwer Academic Publishers, Dordrecht, 1993, pp. 445-450.

[83]   O. Wallrapp, *Standardization of Flexible Body Modeling in Multibody System Codes, Part I: Definition of Standard Input Data.* Mechanics of Structures and Machines, 22(3), 1994, pp. 283-304.

[84]   O. Wallrapp, D. Sachau, *Space Flight Dynamic Simulations Using Finite Element Analysis Results in Multibody System Codes,* in Proc. of 2nd Intl. Conf. on Comp. Struct. Technology, Athens, Greece, 1994, CIVIL-COMP Press, pp. 149-158.

[85]   F. Weidenhammer, *Gekoppelte Biegeschwingungen von Laufschaufeln im Fliehkraftfeld.* Ing. Archiv, 39, 1970, pp. 281.

[86]   K. H. Well, *Entwurfsmethoden für die Struktur-Fluid Regelung*, Sonderforschungsbereich 409 "Adaptive Strukturen im Flugzeugbau und Leichtbau", Universität Stuttgart, Antrag zum Teilprojekt A2, 1996.

[87]   H. Wentscher, *Design and analysis of semi-active landing gears for transport aircraft*, Technische Universität München, Dissertation, 1995.

[88]   H. Wentscher, W. Kortüm, W. Krüger, *Fuselage vibration control using semi-active nose gear*, in Proc. of AGARG-Tagung, 81st Meeting of the Structures and Materials Panel, Banff, Can., 1995.

[89]   J. Wittenburg, *Dynamics of Systems of Rigid Bodies.* Leitfäden der angewandten Mathematik und Mechanik, ed. H. Görtler, Vol. 33, B. G. Teubner, Stuttgart, 1977.

[90]   J. Wittenburg, *Topological Description of Articulated Systems,* in *Computer-Aided Analysis of Rigid and Flexible Mechanical Systems,* (M. S. Pereira and J. Ambrosio, eds.), Kluwer, Dordrecht, 1994, pp. 159-196.

[91]   S.-C. Wu, C.-W. Chang, J. M. Housner, *Finite Element Approach for Transient Analysis of Multibody Systems.* Journ. of Guidance, Control, and Dynamics, 15(4), 1992, pp. 847-854.

[92]   S.-C. Wu, E. J. Haug, S.-S. Kim, *A Variational Approach to Dynamics of Flexible Multibody Systems.* Mech. Struct. & Mach, 17(1), 1989, pp. 3-32.

[93]   S. C. Wu, E. J. Haug, *Geometric Nonlinear Substructuring for Dynamics of Flexible Mechanical Systems.* Intl. J. Num. Math. Eng., 26, 1988.

[94]   H. J. Yim, B. Dopker, E. J. Haug, *Computational Methods for Stress Analysis of Mechanical Components in Dynamic Systems,* in Proc. of 1st Annual Symp. on Mech. System Design in a Concurrent Eng. Environment, Univ. of Iowa, Iowa City, 1989.

[95]   W. S. Yoo, E. J. Haug, *Dynamics of Articulated Structures, Part I, Theory.* Jour. Struct. Mech., 14(1), 1986, pp. 105-126.

[96]   O. C. Zienkiewicz, R. L. Taylor, *The Finite Element Method: Basic Formulation and Linear Problems.* Vol. 1, McGraw-Hill Book Company, London, 1991.

[97]   O. C. Zienkiewicz, R. L. Taylor, *The Finite Element Method: Solid and Fluid Mechanics Dynamics and Non-linearity.* Vol. 2, McGraw-Hill Book Company, London, 1991.

Kapitel 2

[1]   K. J. Bathe, *Finite-Elemente-Methoden.* Springer-Verlag, Berlin, 1986.

[2]   E. Becker, W. Bürger, *Kontinuumsmechanik.* B. G. Teubner Verlag, Stuttgart, 1975.

[3]   A. Budó, *Theoretische Mechanik.* 4. Aufl., Deutscher Verlag der Wissenschaften, Berlin, 1967.

[4]   S. Chandrasekhar, *Newton's Principia for the Common Reader.* Claredon Press, Oxford, 1995.

[5]   A. Duschek, *Höhere Mathematik, I. Band.* 4. Aufl., Springer-Verlag, Wien, 1965.

[6]   A. Duschek, A. Hochrainer, *Grundzüge der Tensorrechnung in analytischer Darstellung, II. Teil: Tensoranalysis.* 2. Aufl., Springer-Verlag, Wien, 1961.

[7]   A. Duschek, A. Hochrainer, *Grundzüge der Tensorrechnung in analytischer Darstellung, III. Teil: Anwendungen in Physik und Technik.* 2. Aufl., Springer-Verlag, Wien, 1965.

[8] A. Duschek, A. Hochrainer, *Grundzüge der Tensorrechnung in analytischer Darstellung, I. Teil: Tensoralgebra.* 5. Aufl., Springer-Verlag, Wien, 1968.

[9] Y. C. Fung, *Foundations of Solid Mechanics.* Prentice-Hall, Englewood Cliffs, N. J., 1965.

[10] Y. C. Fung, *A First Course in Continuum Mechanics.* Prentice-Hall, Englewood Cliffs, N. J., 1977.

[11] G. Hamel, *Theoretische Mechanik.* Berichtigter Reprint 1978, Die Grundlehren der mathematischen Wissenschaften, eds. W. Blaschke, *et al.*, Vol. 57, Springer-Verlag, Berlin, 1949.

[12] E. Klingbeil, *Tensorrechnung für Ingenieure.* BI-Hochschultaschenbücher, Vol. 197, BI-Wissenschaftsverlag, Mannheim, 1989.

[13] H. Parkus, *Mechanik der festen Körper.* Springer-Verlag, Wien, 1966.

[14] R. E. Roberson, R. Schwertassek, *Dynamics of Multibody Systems.* Springer-Verlag, Berlin, 1988.

[15] W. Schiehlen, *Technische Dynamik.* Teubner Studienbücher, Mechanik, B. G. Teubner, Stuttgart, 1986.

[16] I. H. Shames, C. L. Dym, *Energy and Finite Element Methods in Structural Mechanics.* Hemisphere Pub. Co., New York, 1985.

[17] I. Szabo, *Geschichte der mechanischen Prinzipien.* Birkhäuser-Verlag, Basel, 1979.

[18] S. P. Timoshenko, J. N. Goodier, *Theory of Elasticity.* Intl. Ed., 22nd Printing, McGraw-Hill, Singapore, 1987.

[19] C. Truesdell, W. Noll, *Non-Linear Field Theories of Mechanics,* in *Handbuch der Physik,* (S. Flügge, ed.), Vol. III/3, Springer-Verlag, Berlin, 1965, pp. 1 - 602.

[20] C. Truesdell, R. Toupin, *The Classical Field Theories,* in *Handbuch der Physik,* (S. Flügge, ed.), Vol. III/1, Springer-Verlag, Berlin, 1960, pp. 226 - 790.

[21] K. Washizu, *Variational Methods in Elasticity and Plasticity.* Third Ed., Pergamon Press, Oxford, 1982.

[22] O. C. Zienkiewicz, R. L. Taylor, *The Finite Element Method: Basic Formulation and Linear Problems.* Vol. 1, McGraw-Hill Book Company, London, 1991.

Kapitel 3

[1] Y. Basar, W. Krätzig, *Mechanik der Flächentragwerke.* Grundlagen der Ingenieurwissenschaften, eds. W. Krätzig, *et al.*, Vieweg, Braunschweig, 1985.

[2] H. Bremer, *Dynamik und Regelung mechanischer Systeme.* Teubner Studienbücher, Mechanik, B. G. Teubner, Stuttgart, 1988.

[3] H. Bremer, F. Pfeiffer, *Elastische Mehrkörpersysteme.* Teubner Studienbücher, Mechanik, B. G. Teubner, Stuttgart, 1992.

[4] A. Budó, *Theoretische Mechanik.* 4. Aufl., Deutscher Verlag der Wissenschaften, Berlin, 1967.

[5] L. Collatz, *Funktionalanalysis und numerische Mathematik.* Nachdruck der ersten Aufl., Grundlehren der math. Wiss., eds. B. Eckmann und B. L. v. d. Waerden, Vol. 120, Springer-Verlag, Berlin, 1968.

[6] R. Courant, D. Hilbert, *Methoden der mathematischen Physik.* Heidelberger Taschenbücher, Band 30, Springer-Verlag, Berlin, 1968.

[7] A. Duschek, *Höhere Mathematik, III. Band.* 2. Aufl., Springer-Verlag, Wien, 1960.

[8] A. Duschek, *Höhere Mathematik, II. Band.* 3. Aufl., Springer-Verlag, Wien, 1963.

[9] A. Duschek, *Höhere Mathematik, I. Band.* 4. Aufl., Springer-Verlag, Wien, 1965.

[10] A. Duschek, A. Hochrainer, *Grundzüge der Tensorrechnung in analytischer Darstellung, II. Teil: Tensoranalysis.* 2. Aufl., Springer-Verlag, Wien, 1961.

[11] U. Fischer, W. Stephan, *Prinzipien und Methoden der Dynamik.* VEB Fachbuchverlag, Leipzig, 1972.

[12] J. Garcia de Jalon, E. Bayo, *Kinematic and Dynamic Simulation of Multibody Systems, The Real Time Challenge.* Mechanical Engineering Series, ed. F. F. Ling, Springer-Verlag, New York, 1994.

[13] G. Hamel, *Theoretische Mechanik.* Berichtigter Reprint 1978, Die Grundlehren der mathematischen Wissenschaften, eds. W. Blaschke, *et al.*, Vol. 57, Springer-Verlag, Berlin, 1949.

[14] E. J. Haug, *Computer-Aided Kinematics and Dynamics of Mechanical Systems, Volume I: Basic Methods.* Allyn and Bacon, Boston, 1989.

[15] R. L. Huston, *Multibody Dynamics.* Butterworth-Heinemann, Boston, 1990.

[16] L. Meirovitch, *Methods of Analytical Dynamics.* McGraw-Hill, New York, 1970.

[17] P. E. Nikravesh, *Computer-Aided Analysis of Mechanical Systems.* Prentice Hall, Englewood Cliffs, NJ, 1988.

[18] N. Orlandea, *Node-Analogous, Sparsity-Oriented Methods for Simulation of Mechanical Systems*, University of Michigan, Ph.-D.-Thesis, 1973.

[19] H. Parkus, *Mechanik der festen Körper*. Springer-Verlag, Wien, 1966.

[20] M. Päsler, *Prinzipe der Mechanik*. Walter de Gruyter & Co., Berlin, 1968.

[21] R. E. Roberson, R. Schwertassek, *Dynamics of Multibody Systems*. Springer-Verlag, Berlin, 1988.

[22] W. Schiehlen, *Technische Dynamik*. Teubner Studienbücher, Mechanik, B. G. Teubner, Stuttgart, 1986.

[23] W. O. Schiehlen, ed. *Multibody Systems Handbook*, Springer-Verlag, Berlin, 1990.

[24] R. Schwertassek, K.-H. Senger, *Representation of Joints in Multibody Systems*. ZAMM, 68(2), 1988, pp. 111-119.

[25] A. A. Shabana, *Dynamics of Multibody Systems*. J. Wiley & Sons, New York, 1989.

[26] I. Szabo, *Geschichte der mechanischen Prinzipien*. Birkhäuser-Verlag, Basel, 1979.

[27] A. N. Tychonoff, A. A. Samarski, *Differentialgleichungen der mathematischen Physik*. Deutscher Verlag der Wissenschaften, Berlin, 1959.

[28] V. Z. Vlasov, *Thin-Walled Elastic Beams*, Translation published for the National Science Foundation, Washington D. C. and the Department of Commerce, U.S.A. by the Israel Program for Scientific Translations, PST Cat. No 428, 1961.

[29] E. Volterra, *The Equations of Motion for Curved Elastic Bars Deduced by the Use of the "Method of Internal Constraints"*. Ingenieur-Archiv, XXIII, 1955, pp. 402-409.

[30] E. Volterra, *The Equations of Motion for Curved and Twisted Elastic Bars Deduced by the Use of the "Method of Internal Constraints"*. Ingenieur-Archiv, XXIV, 1956, pp. 392-400.

[31] K. Washizu, *Variational Methods in Elasticity and Plasticity*. 3. Ed., Pergamon Press, Oxford, 1982.

[32] J. Wittenburg, *Dynamics of Systems of Rigid Bodies*. Leitfäden der angewandten Mathematik und Mechanik, ed. H. Görtler, Vol. 33, B. G. Teubner, Stuttgart, 1977.

[33] W. S. Wlassow, *Dünnwandige elastische Stäbe*. VEB Verlag für Bauwesen, Berlin, 1965.

[34] C. Woernle, *Ein systematisches Verfahren zur Aufstellung der geometrischen Schließbedingungen in kinematischen Schleifen mit Anwendung bei der Rückwärtstransformation für Industrieroboter*, Universität Stuttgart, Dissertation, 1988.

Kapitel 4

[1] S. Albrecht, *Bewegungsgleichungen elastischer Balken und Platten für MKS-Simulationen*, Deutsche Forschungsanstalt für Luft- und Raumfahrt (DLR), Institut für Dynamik der Flugsysteme, Oberpfaffenhofen, Bericht IB 515-92-09, 1992.

[2] M. Botz, *Zur Dynamik von Mehrkörpersystemen mit elastischen Balken*, Technische Hochschule Darmstadt, Fachbereich Mechanik, Dissertation, 1992.

[3] H. Bremer, *Kinetik starr-elastischer Mehrkörpersysteme*. Fortschr.-Ber. der VDI-Zeitschr., Reihe 11: Schwingungstechnik, Nr. 53, VDI-Verlag, Düsseldorf, 1983.

[4] H. Bremer, F. Pfeiffer, *Elastische Mehrkörpersysteme*. Teubner Studienbücher, Mechanik, B. G. Teubner, Stuttgart, 1992.

[5] E. Brommundt, *Erzwungene Schwingungen eindimesionaler Kontinua*, Techn. Hochschule Darmstadt, Habilitationsschrift, 1968.

[6] H. Clemens, *Stabilitätsprobleme elastischer Stäbe und Platten mit nichtlinearer Verformungskinematik*, Universität Karlsruhe, Dissertation, 1983.

[7] A. Duschek, *Höhere Mathematik, II. Band*. 3. Aufl., Springer-Verlag, Wien, 1963.

[8] A. Föppl, *Vorlesungen über Technische Mechanik, 3. Band, Festigkeitslehre*. B. G. Teubner, Leipzig, 1900.

[9] P. Gummert, K. A. Reckling, *Mechanik*. Vieweg, Braunschweig, 1986.

[10] P. Hagedorn, *Technische Schwingungslehre*. Vol. 2, Lineare Schwingungen kontinuierlicher mechanicher Systeme, Springer-Verlag, Berlin, 1989.

[11] D. H. Hodges, *Nonlinear Equations for Dynamics of Pretwisted Beams Undergoing Small Strains and Large Rotations*, NASA, TP 2470, 1985.

[12] D. H. Hodges, R. A. Ormiston, *On the Nonlinear Deformation Geometry of Euler Bernoulli Beams*, NASA, TP 1566, 1980.

[13] J. C. Houbolt, G. W. Brooks, *Differential Equations of Motion for Combined Flapwise Bending*, NASA, TN 3905, 1957.

[14]   T. R. Kane, R. R. Ryan, A. K. Banerjee, *Dynamics of a Cantilever Beam Attached to a Moving Base.* J. Guidance, Control, and Dynamics, 10(2), 1987, pp. 139-151.

[15]   K. Knothe, H. Wessels, *Finite Elemente.* Springer-Verlag, Berlin, 1991.

[16]   A. E. H. Love, *A Treatise on the Mathematical Theory of Elasticity.* First American Printing of the Fourth Edition 1927, Dover Publications, New York, 1944.

[17]   K. Marguerre, *Technische Mechanik, 2.Teil: Elastostatik.* Heidelberger Taschenbücher, Springer-Verlag, Berlin, 1967.

[18]   A. H. Nayfeh, *Perturbation Methods.* John Wiley&Sons, New York, 1973.

[19]   A. H. Nayfeh, D. T. Mook, *Nonlinear Oscillations.* John Wiley&Sons, 1979.

[20]   H. Parkus, *Mechanik der festen Körper.* Springer-Verlag, Wien, 1966.

[21]   L. Prandtl, *Kipp-Erscheinungen – Ein Fall von instabilem elastischem Gleichgewicht,* Ludwigs-Maximilian Universität zu München, Sektion II der philosophischen Fakultät, Inaugural-Dissertation, 1899.

[22]   R. E. Roberson, R. Schwertassek, *Dynamics of Multibody Systems.* Springer-Verlag, Berlin, 1988.

[23]   D. Sachau, *Berücksichtigung von Körperverformung und Fügestellen in der Mehrkörpersimulation mit Anwendung auf aktive Raumfahrtstrukturen,* Universität Stuttgart, Dissertation, 1996.

[24]   D. Sachau, *Continuum Methods for Large Flexible Spacecraft, Equations of Motion for Cables and Radial Beams,* DLR, Institute for Robotics and System Dynamics, Technical Note TN 1200, 1996.

[25]   W. Schiehlen, *Technische Dynamik.* Teubner Studienbücher, Mechanik, B. G. Teubner, Stuttgart, 1986.

[26]   K. Sorge, *Mehrkörpersysteme mit starr-elastischen Subsystemen.* Fortschr.-Ber. VDI, Reihe 11: Schwingungstechnik, Nr. 184, VDI-Verlag, Düsseldorf, 1993.

[27]   A. Truckenbrodt, *Bewegungsverhalten und Regelung hybrider Mehrkörpersysteme mit Anwendung auf Industrieroboter.* Fortschr.-Ber. der VDI-Zeitschr., Reihe 8: Meß-, Steuerungs- und Regelungstechnik, Nr. 33, VDI-Verlag, Düsseldorf, 1980.

[28]   P. Vielsack, *Theorie der Elastika,* Universität Karlsruhe, Institut für Mechanik, Vorlesungsscript 1984.

[29]   E. Volterra, *The Equations of Motion for Curved Elastic Bars Deduced by the Use of the "Method of Internal Constraints".* Ingenieur-Archiv, XXIII, 1955, pp. 402-409.

[30]   E. Volterra, *The Equations of Motion for Curved and Twisted Elastic Bars Deduced by the Use of the "Method of Internal Constraints".* Ingenieur-Archiv, XXIV, 1956, pp. 392-400.

[31]   O. Wallrapp, D. Sachau, *Space Flight Dynamic Simulations Using Finite Element Analysis Results in Multibody System Codes,* in Proc. of 2nd Intl. Conf. on Comp. Struct. Technology, Athens, Greece, 1994, CIVIL-COMP Press, pp. 149-158.

[32]   K. Washizu, *Variational Methods in Elasticity and Plasticity.* Third Ed., Pergamon Press, Oxford, 1982.

[33]   F. Weidenhammer, *Gekoppelte Biegeschwingungen von Laufschaufeln im Fliehkraftfeld.* Ing. Archiv, 39, 1970, pp. 281.

[34]   F. Ziegler, *Technische Mechanik der festen und flüssigen Körper.* Springer-Verlag, Wien, 1985.

Kapitel 5

[1]   K. J. Bathe, *Finite-Elemente-Methoden.* Springer-Verlag, Berlin, 1986.

[2]   C. A. Brebbia, *Finite Element Systems, A Handbook.* Springer-Verlag, Berlin, 1982.

[3]   H. Bremer, *Kinetik starr-elastischer Mehrkörpersysteme.* Fortschr.-Ber. der VDI-Zeitschr., Reihe 11: Schwingungstechnik, Nr. 53, VDI-Verlag, Düsseldorf, 1983.

[4]   H. Bremer, F. Pfeiffer, *Elastische Mehrkörpersysteme.* Teubner Studienbücher, Mechanik, B. G. Teubner, Stuttgart, 1992.

[5]   A. Budó, *Theoretische Mechanik.* 4. Aufl., Deutscher Verlag der Wissenschaften, Berlin, 1967.

[6]   L. Collatz, *Differentialgleichungen.* B. G. Teubner, Stuttgart, 1981.

[7]   R. Courant, D. Hilbert, *Methoden der mathematischen Physik.* Heidelberger Taschenbücher, Band 30, Springer-Verlag, Berlin, 1968.

[8]   A. Duschek, *Höhere Mathematik, III. Band.* 2. Aufl., Springer-Verlag, Wien, 1960.

[9]   S. Falk, *Technische Mechanik, Dritter Band: Mechanik des elastischen Körpers.* Springer-Verlag, Berlin, 1969.

[10]   P. Gummert, K. A. Reckling, *Mechanik.* Vieweg, Braunschweig, 1986.

[11]   G. Heisig, *Zum statischen und dynamischen Verhalten von Tiefbohrsträngen in räumlich gekrümmten Bohrlöchern,* Technische Universität Braunschweig, Dissertation, 1993.

[12]   T. R. Kane, R. R. Ryan, A. K. Banerjee, *Dynamics of a Cantilever Beam Attached to a Moving Base.* J. Guidance, Control, and Dynamics, 10(2), 1987, pp. 139-151.

[13]   K. Klotter, *Technische Schwingungslehre.* Vol. 1: Einfache Schwinger, Teil B: Nichtlineare Schwingungen, Springer-Verlag, Berlin, 1980.

[14]   K. Knothe, H. Wessels, *Finite Elemente.* Springer-Verlag, Berlin, 1991.

[15]   L. Meirovitch, *Analytical Methods in Vibrations.* The MacMillan Company, New York, 1967.

[16]   L. Meirovitch, *Dynamics and Control of Structures.* J. Wiley &Sons, New York, 1990.

[17]   J. S. Przemieniecki, *Theory of Matrix Structural Analysis.* McGraw-Hill, New York, 1968.

[18]   W. Ritz, *Theorie der Transversalschwingungen einer quadratischen Platte mit freien Rändern.* Ann. d. Physik, IV, 1909, pp. 737-786.

[19]   R. E. Roberson, R. Schwertassek, *Dynamics of Multibody Systems.* Springer-Verlag, Berlin, 1988.

[20]   D. Sachau, *Berücksichtigung elastischer Körper in Mehrkörpersimulationen,* Deutsche Forschungsanstalt für Luft- und Raumfahrt (DLR), Institut für Dynamik der Flugsysteme, Oberpfaffenhofen, Bericht IB 515-93-19, 1993.

[21]   D. Sachau, *Berücksichtigung von Körperverformung und Fügestellen in der Mehrkörpersimulation mit Anwendung auf aktive Raumfahrtstrukturen,* Universität Stuttgart, Dissertation, 1996.

[22]   W. Schiehlen, *Technische Dynamik.* Teubner Studienbücher, Mechanik, B. G. Teubner, Stuttgart, 1986.

[23]   A. A. Shabana, *Dynamics of Multibody Systems.* J. Wiley & Sons, New York, 1989.

[24]   I. H. Shames, C. L. Dym, *Energy and Finite Element Methods in Structural Mechanics.* Hemisphere Publ. Corp., New York, 1985.

[25]   Swanson-Analysis-Syst., *ANSYS User's Manual for Rev. 5.0.* Vol. I to IV, Swanson Analysis System Inc., Houston, PA, 1992.

[26]   I. Szabó, *Höhere Technische Mechanik.* Springer-Verlag, Berlin, 1985.

[27]   A. Truckenbrodt, *Bewegungsverhalten und Regelung hybrider Mehrkörpersysteme mit Anwendung auf Industrieroboter.* Fortschr.-Ber. der VDI-Zeitschr., Reihe 8: Meß-, Steuerungs- und Regelungstechnik, Nr. 33, VDI-Verlag, Düsseldorf, 1980.

[28]   A. N. Tychonoff, A. A. Samarski, *Differentialgleichungen der mathematischen Physik.* Deutscher Verlag der Wissenschaften, Berlin, 1959.

[29]   O. Wallrapp, *Entwicklung rechnergestützter Methoden der Mehrkörperdynamik in der Fahrzeugtechnik,* Deutsche Forschungsanstalt für Luft- und Raumfahrt (DLR), Köln, Forschungsbericht DFVLR-FB 89-17, 1989.

[30]   O. Wallrapp, *Beam – A Pre-Processor for Mode Shape Analysis of Straight Beam Structures and Generation of the SID File for MBS Codes, User's Manual,* Deutsche Forschungsanstalt für Luft- und Raumfahrt (DLR), Inst. Robotik und Systemdynamik, Oberpfaffenhofen, Report Version 3.0, March 1994.

[31]   O. Wallrapp, *Standardization of Flexible Body Modeling in Multibody System Codes, Part I: Definition of Standard Input Data.* Mechanics of Structures and Machines, 22(3), 1994, pp. 283-304.

[32]   O. Wallrapp, R. Schwertassek, *Representation of Geometric Stiffening in Multibody System Simulation.* Int. Journal for Numerical Methods in Engineering, 32, 1991, pp. 1833-1850.

[33]   F. Weidenhammer, *Gekoppelte Biegeschwingungen von Laufschaufeln im Fliehkraftfeld.* Ing. Archiv, 39, 1970, pp. 281.

[34]   F. Ziegler, *Technische Mechanik der festen und flüssigen Körper.* Springer-Verlag, Wien, 1985.

[35]   O. C. Zienkiewicz, *Methode der finiten Elemente.* Carl Hanser Verlag, München, 1984.

Kapitel 6

[1]   ABAQUS, *User's Manual, Vol. I and Vol II.* Karlsson & Sorensen, Inc., Hibbit, 1995.

[2]   O. P. Agrawal, A. A. Shabana, *Dynamic Analysis of Multibody Systems Using Component Modes.* Computers & Structures, 21(6), 1985, pp. 1303 - 1312.

[3]   O. P. Agrawal, A. A. Shabana, *Application of Deformable-Body Mean Axis to Flexible Multibody System Dynamics.* Computer Methods in Applied Mechanics and Engineering, 56, 1986, pp. 217-245.

[4]   W. W. Armstrong, *Recursive Solution to the Equations of Motion of an N Link Manipulator,* in Proc. of 5th World Congress Theory of Machines and Mechanisms, 1979, pp. 1343-1346.

[5]   A. K. Banerjee, *Block-Diagonal Equations for Multibody Elastodynamics with Geometric Stiffness and Constraints.* Journal of Guidance, Control, and Dynamics, 16(6), 1993, pp. 1092- 1100.

[6]   A. K. Banerjee, J. M. Dickens, *Dynamics of an Arbitrary Flexible Body in Large Rotation and Translation.* AIAA J. Guidance, 13(2), 1990, pp. 221-227.

[7]   K. J. Bathe, *Finite-Elemente-Methoden.* Springer-Verlag, Berlin, 1986.

[8]   M. Botz, *Zur Dynamik von Mehrkörpersystemen mit elastischen Balken*, Technische Hochschule Darmstadt, Fachbereich Mechanik, Dissertation, 1992.

[9]   C. A. Brebbia, *Finite Element Systems, A Handbook.* Springer-Verlag, Berlin, 1982.

[10] H. Bremer, *Dynamik und Regelung mechanischer Systeme.* Teubner Studienbücher, Mechanik, B. G. Teubner, Stuttgart, 1988.

[11] F. Buckens, *The Influence of Elastic Components on the Attitude Stability of a Satellite*, in Proc. of Fifth International Symposium on Space Technology and Science, Tokyo, 1963, AGNE Publishers, pp. 193 - 203.

[12] A. Budó, *Theoretische Mechanik.* 4. Aufl., Deutscher Verlag der Wissenschaften, Berlin, 1967.

[13] J. R. Canavin, *Vibration of a Flexible Spacecraft with Momentum Exchange Controllers*, University of California, Los Angeles, Dissertation, 1976.

[14] J. R. Canavin, P. W. Likins, *Floating Reference Frames for Flexible Spacecraft*, in Proc. of AIAA 15th Aerospace Sciences Meeting, Los Angeles, Cal., 1977, pp. 1-13.

[15] R. K. Cavin III, A. R. Dusto, *Hamilton's Principle: Finite-Element Methods and Flexible Body Dynamics.* AIAA Journal, 15(12), 1977, pp. 1684 - 1690.

[16] R. R. Craig, M. C. C. Bampton, *Coupling of Substructures for Dynamic Analysis.* AIAA Journal, 6(7), 1968, pp. 1313-1319.

[17] R. R. Craig, C.- J. Chang, *On the Use of Attachment Modes in Substructure Coupling for Dynamic Analysis, Paper 77-405*, in Proc. of Dynamics and Structural Dynamics AIAA/ASME 18th Structures, Structural Dynamics and Material Conference, 1977, pp. 89-99.

[18] S. Dietz, H. Netter, D. Sachau, *Fatigue Life Prediction by Coupling FEM and MBS Calculations*, in Proc. of First Symp. on Multibody Dynamics and Vibr. at 16th Annual Conf. ASME on Mech. Vibr. and Noise, Sacramento, CA., 1997.

[19] A. Duschek, *Höhere Mathematik, I. Band.* 4. Aufl., Springer-Verlag, Wien, 1965.

[20] E. Eich-Soellner, C. Führer, *Numerical Methods in Multibody Dynamics.* Teubner-Verlag, Stuttgart, 1998.

[21] A. Eichberger, *Simulation von Mehrkörpersystemen auf parallelen Rechnerarchitekturen*, Universität-Gesamthochschule Duisburg, Fachbereich Maschinenbau, Dissertation, 1993.

[22] J. L. Escalona, H. A. Hussdien, A. A. Shabana, *Application of the Absolute Nodal Coordinate Formulation.* submitted for publication, 1997.

[23] S. Falk, *Technische Mechanik, Dritter Band: Mechanik des elastischen Körpers.* Springer-Verlag, Berlin, 1969.

[24] R. Featherstone, *The Calculation of Robot Dynamics Using Articulated-Body Inertias.* Robotics Research, 2(1), 1983, pp. 13-30.

[25] R. Featherstone, *Robot Dynamics Algorithms*, Univ. of Edinburgh, Ph. D-Thesis, 1984.

[26] C. Führer, *Differential-algebraische Gleichungssysteme in mechanischen Mehrkörpersystemen*, Mathematisches Institut, Technische Universität München, Dissertation, 1988.

[27] J. Garcia de Jalon, E. Bayo, *Kinematic and Dynamic Simulation of Multibody Systems, The Real Time Challenge.* Mechanical Engineering Series, ed. F. F. Ling, Springer-Verlag, New York, 1994.

[28] H. Gylden, *Recherches sur la Rotation de la Terre.* Actes de la Societe Royale des Sciences d'Upsal, 1871, pp. 1-21.

[29] P. Hagedorn, *Quasi-Comparison Functions in the Dynamics of Elastic Multibody Systems*, in Proc. of 8th VPI&SU Symposium on Dynamics and Control of Large Structures, Blacksburg, VA, 1991, Virginia Polytechnic Institute and State University, pp. 97 - 108.

[30] G. Hamel, *Theoretische Mechanik.* Berichtigter Reprint 1978, Die Grundlehren der mathematischen Wissenschaften, eds. W. Blaschke, *et al.*, Vol. 57, Springer-Verlag, Berlin, 1949.

[31] E. J. Haug, *Computer-Aided Kinematics and Dynamics of Mechanical Systems, Volume I: Basic Methods.* Allyn and Bacon, Boston, 1989.

[32] E. J. Haug, R. C. Deyo, eds. *Real-Time Integration Methods for Mechanical System Simulation*, NATO ASI Series F: Computer and Systems Sciences, vol. 69, Springer-Verlag, Berlin, 1991.

[33] R. L. Huston, *Multibody Dynamics.* Butterworth-Heinemann, Boston, 1990.

[34] M. Jahnke, *Ein Beitrag zur Untersuchung elastischer Mehrkörpersysteme unter Nutzung von Finite-Elemente-Software.* Fortschr.-Ber. der VDI-Zeitschr., Reihe 11: Schwingungstechnik, Nr. 214, VDI-Verlag, Düsseldorf, 1994.

[35] T. R. Kane, D. A. Levinson, *Large Motions of Unrestrained Space Trusses.* Journal of the Astronautical Sciences, 28(1), 1980, pp. 49 - 88.

[36] T. R. Kane, D. A. Levinson, *Dynamics, Theory and Applications.* McGraw-Hill, New York, 1985.

[37] T. Klisch, *Kontaktmechanik in Starrkörpersystemen,* Universität Karlsruhe, Fakultät für Maschinenbau, Dissertation, Shaker Verlag, Aachen, 1997.

[38] K. Klotter, *Technische Schwingungslehre, Zweiter Band: Schwinger mit mehreren Freiheitsgraden.* Springer-Verlag, Berlin, 1960.

[39] K. Knopp, *Theorie und Anwendung der unendlichen Reihen.* 4. Aufl., Die Grundlehren der mathematischen Wissenschaften, eds. W. Blaschke, *et al.*, Vol. II, Springer-Verlag, Berlin, 1947.

[40] K. Knothe, H. Wessels, *Finite Elemente.* Springer-Verlag, Berlin, 1991.

[41] W. P. Koppens, *The Dynamics of Systems of Deformable Bodies,* TU Eindhoven, Dissertation, 1989.

[42] W. P. Koppens, *et al.*, *The Dynamics of a Deformable Body Experiencing Large Displacements.* J. Appl. Mech., 55, 1988, pp. 676-680.

[43] R. A. Laskin, P. W. Likins, R. W. Longman, *Dynamical Equations of a Free-Free Beam Subject to Large Overall Motions.* J. Astronautical Society, XXXI(4), 1983, pp. 507-528.

[44] P. W. Likins, *Modal Method for Analysis of Free Rotations of Space-craft.* AIAA J., 5(7), 1967, pp. 1304 - 1308.

[45] C. Lubich, *et al.*, *MEXX – Numerical Software for the Integration of Constrained Mechanical Multibody Systems,* Konrad Zuse Informationszentrum für Informationstechnik, Berlin, Preprint SC 92-12 1992.

[46] K. Magnus, *Schwingungen.* B. G. Teubner, Stuttgart, 1969.

[47] D. Mangler, *Die Berechnung geometrisch nichtlinearer Probleme der Dynamik unter Nutzung linearer FEM-Programme,* Otto-von-Guericke-Universität, Magdeburg, Dissertation, 1994.

[48] L. Meirovitch, *Analytical Methods in Vibrations.* The MacMillan Company, New York, 1967.

[49] L. Meirovitch, P. Hagedorn, *A New Approach to the Modelling of Distributed Non-Self-Adjoined Systems.* Journal of Sound and Vibration, 178(2), 1994, pp. 227-241.

[50] L. Meirovitch, M. K. Kwak, *A Method for Improving the Convergence Characteristics of Substructure Synthesis,* in Proc. of Int. Symp. on Advanced Computers for Dynamics and Design, Tsuchiura, Japan, 1989.

[51] L. Meirovitch, M. K. Kwak, *Convergence of the Classical Rayleigh-Ritz Method and the Finite Element Method.* AIAA Journal, 28(8), 1990, pp. 1509-1516.

[52] F. Melzer, *Symbolisch-numerische Modellierung elastischer Mehrkörpersysteme mit Anwendung auf rechnerische Lebensdauervorhersagen,* Universität Stuttgart, Dissertation, 1993.

[53] M. P. Miller, *Getting Started with MSC/NASTRAN - User's Guide.* MacNeal-Schwendler Corp., 1993.

[54] R. D. Milne, *Some Remarks on the Dynamics of Deformable Bodies.* AIAA J., 6(3), 1968, pp. 556 -558.

[55] M. Otter, *et al.*, *An Object Oriented Data Model for Multibody Systems,* in *Proc. Int. Symp. on Advanced Multibody System Dynamics,* (W. Schiehlen, ed.), Kluwer Acad. Publ., 1993, pp. 19-48.

[56] R. E. Roberson, R. Schwertassek, *Dynamics of Multibody Systems.* Springer-Verlag, Berlin, 1988.

[57] J. Ryu, S.-Sup-Kim, S.-Soo-Kim, *A General Approach to Stress Stiffening Effects on Flexible Multibody Dynamic Systems.* Mech. Struct. & Mach., 22(2), 1994, pp. 157-180.

[58] D. Sachau, *Berücksichtigung von Körperverformung und Fügestellen in der Mehrkörpersimulation mit Anwendung auf aktive Raumfahrtstrukturen,* Universität Stuttgart, Dissertation, 1996.

[59] T. Sandlass, *Herleitung aller geometrischen Steifigkeitsterme eines Bernoulli-Balkens und Implementierung im SIMPACK-Präprozessor BEAM,* Universität Stuttgart, Studienarbeit, 1996.

[60] W. O. Schiehlen, ed. *Multibody Systems Handbook,* Springer-Verlag, Berlin, 1990.

[61] R. Schwertassek, R. E. Roberson, *A Perspective on Computer-Oriented Multibody Dynamical Formalisms and their Implementations,* in *Dynamics of Multibody Systems, IUTAM/IFToMM Symp., Udine 1985,* (G. Bianchi and W. Schiehlen, eds.), Springer-Verlag, Berlin, 1986, pp. 261-273.

[62] R. Schwertassek, W. Rulka, *Aspects of Efficient and Reliable Multibody System Simulation,* in *Real-Time Integration Methods for Mechanical System Simulation,* (E. J. Haug, R. C. Deyo, eds.), Springer-Verlag, Berlin, 1991, pp. 55-96.

[63] A. A. Shabana, *Automated Analysis of Constrained Systems of Rigid and Flexible Bodies.* Journal of Vibration, Acoustics, Stress and Reliability in Design, 107, 1985, pp. 431-439.

[64] A. A. Shabana, *Dynamics of Multibody Systems.* J. Wiley & Sons, New York, 1989.

[65] A. A. Shabana, *Finite Element Incremental Approach and Exact Rigid Body Inertia*. ASME Journal of Mechanical Design, vol. 118(2), 1996, pp. 171-178.

[66] A. A. Shabana, *Resonance Conditions and Deformable Body Coordinate Systems*. J. Sound and Vibration, 192(1), 1996, pp. 389-398.

[67] A. A. Shabana, *Flexible Multibody Dynamics: Review of Past and Recent Developments*. Multibody System Dynamics, 1, 1997, pp. 189-222.

[68] I. H. Shames, C. L. Dym, *Energy and Finite Element Methods in Structural Mechanics*. Hemisphere Pub. Co., New York, 1985.

[69] J. C. Simo, L. Vu-Quoc, *On the Dynamics of Flexible Beams under Large Overall Motions – The Plane Case, Parts I and II*. J. Appl. Mech., 53, 1986, pp. 849-854 and 855-863.

[70] P. Sokol, *Kinematik und Dynamik von Mehrkörperschleifen mit elastischen Körpern*, Universität Gesamthochschule Duisburg, Dissertation, 1991.

[71] K. Sorge, *Mehrkörpersysteme mit starr-elastischen Subsystemen*. Fortschr.-Ber. VDI, Reihe 11: Schwingungstechnik, Nr. 184, VDI-Verlag, Düsseldorf, 1993.

[72] Swanson-Analysis-Syst., *ANSYS User's Manual for Rev. 5.0*. Vol. I to IV, Swanson Analysis System Inc., Houston, PA, 1992.

[73] I. Szabo, *Geschichte der mechanischen Prinzipien*. Birkhäuser-Verlag, Basel, 1979.

[74] F. Tisserand, *Traite de Mechanique Celeste*. Gauthier-Villars, Paris, 1891.

[75] W. Trautenberg, *Integration der Bewegungssimulation in den Kontaktprozeß*, in Proc. of Parametrische Produktmodellierung – Einsatz von CA-Systemen im Entwicklungsprozeß, Berlin, 1997, TU-Berlin, Inst. Fahrzeugtechnik.

[76] VDI, *Einfache räumliche Kurbelgetriebe, Systematik und Begriffsbestimmungen*, VDI-Gesellschaft für Konstruktion und Entwicklung, VDI-Richtlinien VDI 2156, September 1975.

[77] J. R. Velman, *Simulation Results for a Dual-Spin Spacecraft*, in *Proc. Sympos. Attitude Stabilization and Control of Dual-Spin Spacecraft*, SAMSO-TR-68-191, Air Force Systems Command, Space and Missile Systems Organization, El Segundo CA, 1967, pp. 11-23.

[78] A. F. Vereshchagin, *Computer Simulation of the Dynamics of Complicated Mechanisms of Robot-Manipulators*. Engineering Cybernetics, (6), 1974, pp. 65-70.

[79] B. F. Veubeke, *The Dynamics of Flexible Bodies*. Intl. J. Eng. Sci., 14, 1976, pp. 895 - 913.

[80] B. F. Veubeke, *Nonlinear Dynamics of Flexible Bodies*, European Space Agency, Neuilly, France, Dynamics and Control of Non-Rigid Spacecraft, Special Report 117, July 1976.

[81] O. Wallrapp, *Die linearen Bewegungsgleichungen von elastischen Mehrkörperfahrzeugen*, Deutsche Forschungsanstalt für Luft- und Raumfahrt (DLR), Inst. Dyn. Flugsysteme, Oberpfaffenhofen, Interner Bericht IB 515-80-4, 1980.

[82] O. Wallrapp, *Entwicklung rechnergestützter Methoden der Mehrkörperdynamik in der Fahrzeugtechnik*, Deutsche Forschungsanstalt für Luft- und Raumfahrt (DLR), Köln, Forschungsbericht DFVLR-FB 89-17, 1989.

[83] O. Wallrapp, *Standard Input Data of Flexible Bodies for Multibody System Codes*, DLR, German Aerospace Establishment, Institute for Robotics and System Dynamics, Oberpfaffenhofen, Report IB 515-93-04, 1993.

[84] O. Wallrapp, *Standard Input Data of Flexible Members for Multibody System Codes*, in *Advanced Multibody System Dynamics – Simulation and Software Tools*, (W. Schiehlen, ed.), Kluwer Academic Publishers, Dordrecht, 1993, pp. 445-450.

[85] O. Wallrapp, *Beam – A Pre-Processor for Mode Shape Analysis of Straight Beam Structures and Generation of the SID File for MBS Codes, User's Manual*, Deutsche Forschungsanstalt für Luft- und Raumfahrt (DLR), Inst. Robotik und Systemdynamik, Oberpfaffenhofen, Report Version 3.0, March 1994.

[86] O. Wallrapp, *Standardization of Flexible Body Modeling in Multibody System Codes, Part I: Definition of Standard Input Data*. Mechanics of Structures and Machines, 22(3), 1994, pp. 283-304.

[87] O. Wallrapp, A. Eichberger, J. Gerl, *FEMBS – An Interface Between FEM Codes and MBS Codes, User Manual for ANSYS, NASTRAN, and ABAQUS*, INTEC GmbH, Wessling, Report Version 3.0, January 1997.

[88] O. Wallrapp, D. Sachau, *Space Flight Dynamic Simulations Using Finite Element Analysis Results in Multibody System Codes*, in Proc. of 2nd Intl. Conf. on Comp. Struct. Technology, Athens, Greece, 1994, CIVIL-COMP Press, pp. 149-158.

[89] O. Wallrapp, J. Santos, J. Ryu, *Superposition Method for Stress Stiffening in Flexible Multibody Dynamics*, in *Dynamics of Flexible Structures in Space*, (C. L. Kirk and J. L. Junkins, eds.), Comp. Mech. Publ. & Springer-Verlag, London, 1990, pp. 233-247.

[90] K. Washizu, *Variational Methods in Elasticity and Plasticity*. Third Ed., Pergamon Press, Oxford, 1982.

[91] R. A. Wehage, *Application of Matrix Partitioning and Recursive Projection to Order n Solution of Constrained Equations of Motion*, in Proc. of 20th Biennial ASME Mechanisms Conference, Orlando, Florida, 1988.

[92] J. Wittenburg, *Dynamics of Systems of Rigid Bodies*. Leitfäden der angewandten Mathematik und Mechanik, ed. H. Görtler, Vol. 33, B. G. Teubner, Stuttgart, 1977.

[93] H. J. Yim, B. Dopker, E. J. Haug, *Computational Methods for Stress Analysis of Mechanical Components in Dynamic Systems*, in Proc. of 1st Annual Symp. on Mech. System Design in a Concurrent Eng. Environment, Univ. of Iowa, Iowa City, 1989.

[94] W. S. Yoo, E. J. Haug, *Dynamics of Articulated Structures, Part I, Theory*. Jour. Struct. Mech., 14(1), 1986, pp. 105-126.

[95] O. C. Zienkiewicz, *Methode der finiten Elemente*. Carl Hanser Verlag, München, 1984.

Sachwortverzeichnis